前言 (Pref

為何撰寫本書

從事機器學習教育訓練已屆五年，其間也在『IT 邦幫忙』撰寫上百篇的文章 (https://ithelp.ithome.com.tw/users/20001976/articles)，從學員及讀者的回饋獲得許多寶貴意見，期望能將整個歷程集結成冊，同時，相關領域的進展也在飛速變化，過往的文章內容需要翻新，因此藉機再重整思緒，想一想如何能將演算法的原理解釋得更簡易清晰，協助讀者跨入 AI 的門檻，另外，也避免流於空談，盡量增加應用範例，希望能達到即學即用，不要有過多理論的探討。

AI 是一個將資料轉化為知識的過程，演算法就是過程中的生產設備，最後產出物是模型，再將模型植入各種硬體裝置，例如電腦、手機、智慧音箱、自駕車、醫療診斷儀器、…等，這些裝置就擁有特殊專長的智慧，再進一步整合各項技術就構建出智慧製造、智慧金融、智慧交通、智慧醫療、智慧城市、智慧家庭、…等應用系統。AI 的應用領域如此的廣闊，個人精力有限，當然不可能具備十八般武藝，樣樣精通，惟有從基礎紮根，再擴及有興趣的領域，因此，筆者撰寫這本書的初衷，非常單純，就是希望讀者在紮根的過程中，貢獻一點微薄的力量。

PyTorch vs. TensorFlow

深度學習的初學者常會問『應該選擇 PyTorch 或 TensorFlow 套件』，依筆者個人看法，PyTorch、TensorFlow 好比倚天劍與屠龍刀，各有擅場，兩個套件的發展方向有所不同，例如在偵錯方面，PyTorch 比較容易，但 TensorFlow/Keras 建模、訓練、預測都只要一行程式，另外，物件偵測主流演算法 YOLO，第四版以 TensorFlow 開發，第五版則以 PyTorch 開發，若我們只懂 TensorFlow，那就無法使用最新版了。

PyTorch 與 TensorFlow 基本設計概念是相通的，可以採用相同的 approach，同時學會兩個套件，本書主要以 PyTorch 開發，另一本姊妹作『深度學習 -- 最佳入門邁向 AI 專題實戰』，則以 TensorFlow 為主，兩相對照，可以發現要兼顧一點也不難，還可以比較彼此的優劣。

本書主要的特點

1. 由於筆者身為統計人，希望能『以統計 / 數學為出發點』，介紹深度學習必備的數理基礎，但又不希望內文有太多數學公式的推導，讓離開校園已久的在職者看到一堆數學符號就心生恐懼，因此，嘗試以『程式設計取代定理證明』，縮短學習歷程，增進學習樂趣。
2. PyTorch 版本變動快速，幾乎每一、兩個月就更新一個小版本，並且不斷的推出新擴充模組，本書期望對 PyTorch 主體架構作完整性的介紹外，也儘可能對最新的模組功能作深入探討。
3. 各種演算法介紹以理解為主，輔以大量圖表說明，摒棄長篇大論。
4. 完整的範例程式及各種演算法的延伸應用，以實用為要，希望能觸發讀者靈感，能在專案或產品內應用。
5. 介紹日益普及的演算法與相關套件的使用，例如 YOLO(物件偵測)、GAN(生成對抗網路)/DeepFake(深度偽造)、OCR(辨識圖像中的文字)、臉部辨識、BERT/Transformer、聊天機器人 (ChatBot)、強化學習 (Reinforcement Learning)、自動語音辨識 (ASR)、知識圖譜 (Knowledge Graph) 等。

目標對象

1. 深度學習的入門者：必須熟悉 Python 程式語言及機器學習基本概念。
2. 資料工程師：以應用系統開發為職志，希望能應用各種演算法，進行實作。
3. 資訊工作者：希望能擴展深度學習知識領域。
4. 從事其他領域的工作，希望能一窺深度學習奧秘者。

閱讀重點

1. 第一章介紹 AI 的發展趨勢，鑑古知今，瞭解前兩波 AI 失敗的原因，比較第三波發展的差異性。
2. 第二章介紹深度學習必備的統計 / 數學基礎，徹底理解神經網路求解的方法 (梯度下降法) 與原理。

3. 第三章介紹 PyTorch 基礎功能，包括張量 (Tensor) 運算、自動微分、神經層及神經網路模型。
4. 第四章開始實作，依照機器學習 10 項流程，以 PyTorch 撰寫完整的範例，包括各式的損失函數、優化器、效能衡量指標。
5. 第五章介紹 PyTorch 進階功能，包括各種工具，如資料集 (Dataset) 及資料載入器 (DataLoader)、前置處理、TensorBoard 以及 TorchServe 佈署工具，包括 Web、桌面程式。
6. 第六 ~ 十章介紹圖像 / 視訊的演算法及各式應用。
7. 第十一 ~ 十四章介紹自然語言處理、語音及各式應用。
8. 第十五章介紹 AlphaGo 的基礎 -- 『強化學習』演算法。
9. 第十六章介紹圖神經網路 (Graph Neural Network, GNN)。
10. 本書範例程式碼全部收錄在 https://github.com/mc6666/PyTorch_Book。

致謝

因個人能力有限，還是有許多議題成為遺珠之憾，仍待後續的努力，過程中要感謝冠瑀在編輯 / 校正 / 封面構想的盡心協助，也感謝深智出版社的大力支援，使本書得以順利出版，最後要謝謝家人的默默支持。

內容如有疏漏、謬誤或有其他建議，歡迎來信指教 (mkclearn@gmail.com)。

歡迎加入「邁向 PyTorch 影像辨識之路」

目錄 (Contents)

第一篇 深度學習導論

第 1 章 深度學習 (Deep Learning) 導論

第 2 章 神經網路 (Neural Network) 原理

第二篇 PyTorch 基礎篇

第 3 章 PyTorch 學習路徑與主要功能

第 4 章 神經網路實作

第 5 章 PyTorch 進階功能

第 6 章 卷積神經網路 (Convolutional Neural Network)

第 7 章 預先訓練的模型 (Pre-trained Model)

第三篇 進階的影像應用

第 8 章 物件偵測 (Object Detection)

第 9 章 進階的影像應用

第 10 章 生成對抗網路 (GAN)

第四篇 自然語言處理

第 11 章 自然語言處理的介紹

第 12 章 自然語言處理的演算法

第 13 章 聊天機器人 (ChatBot)

第 14 章 語音辨識

第五篇 強化學習 (Reinforcement Learning)

第 15 章 強化學習

第六篇 圖神經網路 (GNN)

第 16 章 圖神經網路 (GNN)

第一篇

深度學習導論

在正式邁進深度學習的殿堂之前，我們先來回答幾個初學者經常會有的疑問：

❶ 人工智慧已歷經三波浪潮，而這一波是否又即將進入寒冬？

❷ 人工智慧、資料科學、資料探勘、機器學習、深度學習，上述概念彼此之間到底有何關聯？

❸ 機器學習的開發流程與一般應用系統開發有何差異？

❹ 深度學習的學習路徑為何？建議從哪裡開始？

❺ 為什麼要先學習數學與統計，才能把深度學習學好？

❻ 先學哪一套深度學習框架比較好？ TensorFlow 或 PyTorch ？

❼ 如何準備開發環境？

本書著重在程式的實作上，有別於傳統學校強調理論基礎的教學，讓讀者能夠快速掌握深度學習的應用領域，學以致用，強化即戰力。

第 1 章

深度學習 (Deep Learning) 導論

首先，我們先釐清幾個概念，讓各位對這領域有個初步的了解與學習方向：

❶ 何謂人工智慧？目前進展如何？

❷ 何謂『機器學習』(Machine Learning)、『深度學習』(Deep Learning)？

❸ 深度學習的套件百百種，究竟要學哪一套深度學習框架比較好？TensorFlow 或 PyTorch？

1-1 人工智慧的三波浪潮

話說人工智慧 (Artificial Intelligence, AI) 並非近幾年才興起，其實目前已是它的第三波熱潮了，前兩波都經歷 10 餘年後，各由於一些因素而退燒，而最近這一波熱潮延續至今也將近十年 (2010~) 了，會不會高點已過又將走向谷底呢？要回答這問題，我們需要知道過去學者在研究上有了哪些突破與成果，以及導致前兩次發展衰退的原因，才能夠鑑往知來，所以先重點回顧一下近代 AI 發展史。

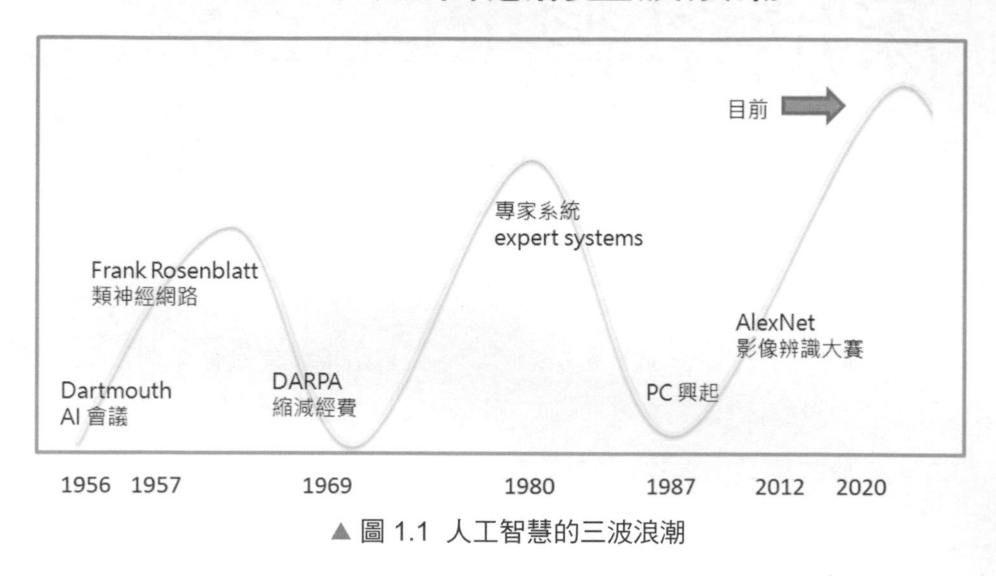

▲ 圖 1.1 人工智慧的三波浪潮

❶ 1956 年在達特茅斯 (Dartmouth) 學院舉辦 AI 會議，確立第一波浪潮的開始。

❷ 1957 年 Frank Rosenblatt 創建感知器 (Perceptron)，即簡易的神經網路，可惜當時還無法解決複雜多層的神經網路，是直至 1980 年代才被想出解決辦法。

❸ 1969 年美國國防部 (DARPA) 基於投資報酬率過低的理由，決定縮減 AI 研究經費，AI 邁入第一波寒冬。

❹ 1980 年專家系統 (Expert System) 興起，企圖將各行各業專家的內隱知識，外顯為一條條的規則，從而建立起專家系統，不過因陳義過高，且需要使用

大型且昂貴的電腦設備，才能夠建構相關系統，故而發展受挫，又不巧適逢個人電腦 (PC) 的流行，相較之下，鋒頭就被掩蓋下去了，至此，AI 邁入第二波寒冬。

❺ 2012 年多倫多大學 Geoffrey Hinton 研發團隊利用分散式計算環境及大量影像資料，結合過往的神經網路知識，開發了 AlexNet 神經網路，並參加 ImageNet 影像辨識大賽，結果大放異彩，一下子把錯誤率降低了十幾個百分比，就此興起 AI 第三波浪潮，至今仍方興未艾。

回到前面的問題上，第三波熱潮算下來也有十年 (2010~2022) 的時間了，會不會又將邁入寒冬呢？其實仔細觀察會發現，這波熱潮相較於過去前兩波，具備了以下幾項的優勢：

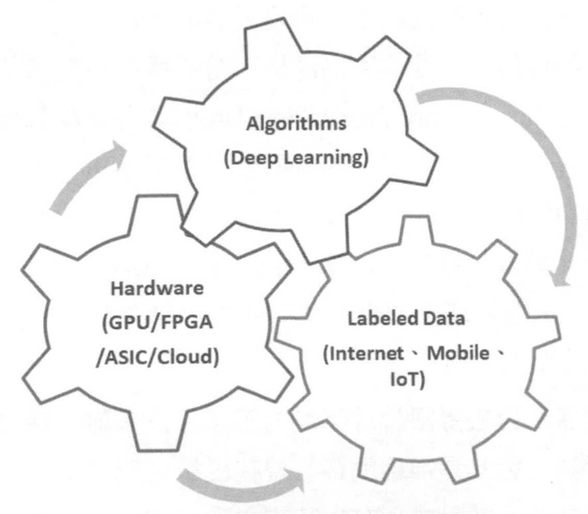

▲ 圖 1.2 第三波 AI 浪潮的觸媒

❶ 先架構好基礎功能，從影像、語音、文字辨識開始，再逐步往上構建各式的應用，例如自駕車 (Self Driving)、對話機器人 (ChatBot)、機器人 (Robot)、智慧醫療、智慧城市…等，這種由下往上的發展方式比較扎實。

❷ 硬體的快速發展：

2.1 摩爾定律的發展速度：IC 上可容納的電晶體數目，約每隔 18 個月至兩年便會增加一倍，簡單來說，就是 CPU 每隔兩年便會增快一倍，過去 50 年均循此軌跡發展，此定律在未來十年也應該會繼續適用，之後或許

像量子電腦 (Quantum Computing) 等新科技會繼續接棒，它號稱目前電腦要計算幾百年的工作，量子電腦只需 30 分鐘就搞定了，如果成真，到那時可能又是另一番光景了。

2.2 雲端資料中心的建立：各大 IT 公司在世界各地興建大型的資料中心，收費模式採取『用多少付多少』(Pay as you go)。由於模型訓練時，通常需要大量運算，如果改採用雲端方案的話，一般企業就不須在前期購買昂貴設備，僅需支付必要的運算費用，也免去冗長的採購流程，只要幾分鐘就可以開通 (Provisioning) 所需設備，省錢省時。

2.3 GPU/ NPU 的開發：深度學習主要是以矩陣運算，而 GPU 在這方面的運算能力比 CPU 快上非常多倍，所以專門生產 GPU 的美商輝達 (NVidia) 公司因而備受矚目，市值甚至超越 Intel [1]。當然其他硬體及系統廠商不會錯失如此龐大的商機，紛紛積極搶食這塊大餅，所以各式的 NPU(Neural-network Processing Unit) 或 xPU 相繼出籠，使得運算速度越來越快，故而模型訓練的時間能夠大幅縮短，由於模型調校通常需要反覆訓練，所以能在短時間內得到答案的話，對資料科學家而言會是一大福音。另外，連接現場裝置的電腦 (Raspberry pi、Jetson Nano、Arduino…)，體積越來越小，運算能力也越來越強，對於『邊緣運算』也有莫大的助益，例如路口監視器、無人機…等。

❸ 演算法推陳出新：過去受限於計算能力不足，許多無法在短時間完成訓練的演算法一一解封，尤其是神經網路，現在已經能夠建構上百層的模型，包含高達上兆個的參數，並且成功在短時間內調校出最佳模型，因此，模型設計就可以更複雜，演算法邏輯也能更加完備。

❹ 大量資料的蒐集及標註 (Labeling)：人工智慧必須仰賴大量資料，來讓電腦學習，從中挖掘知識，近年來因網際網路 (Internet) 及手機 (Mobile) 的盛行，企業除了透過社群媒體蒐集大量資料之外，還可藉由物聯網 (IoT) 的感測器產生源源不斷的資料，作為深度學習的養份 (訓練資料)，又加上這些大型網路公司的銀彈充足，只要雇用大量人力進行資料標註，來確保資料的品質，就能使得訓練出來的模型越趨精準。

綜合上述趨勢發展所提供的跡象顯示，與前兩波相比，第三波熱潮不僅因為 AI 研究成果已有一定程度的積累，硬體的發展也跟上了理論的腳步，而且大環境的支持也相對成熟，所以筆者推測目前這波在短期內應該可以樂觀以待。

1-2 AI 的學習地圖

AI 發展史可劃分成三個階段，分別為『人工智慧』(Artificial Intelligence)、『機器學習』(Machine Learning)、『深度學習』(Deep Learning)，演進過程其實就是逐步縮小研究範圍，聚焦在特定的演算法，機器學習是人工智慧的部份領域，而深度學習又屬於機器學習的部份演算法。

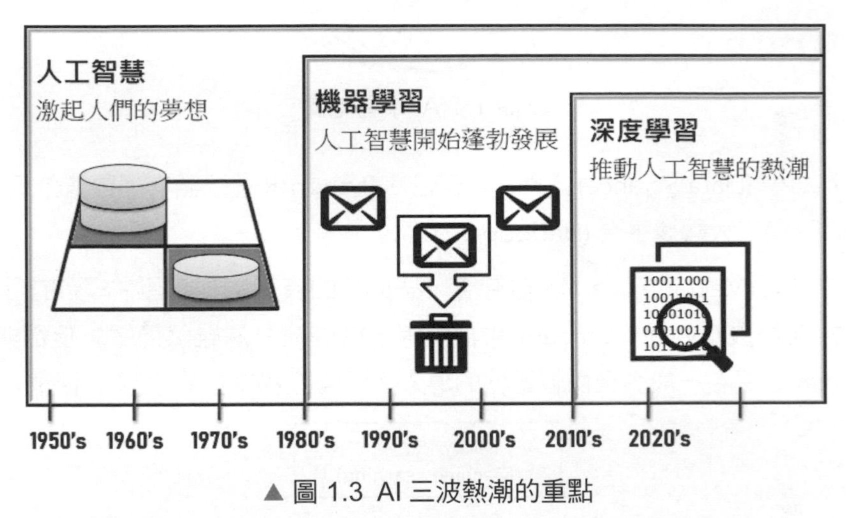

▲ 圖 1.3 AI 三波熱潮的重點

而大部分的教育機構在規劃 AI 的學習地圖時，即依照這個軌跡逐步深入各項技術，通常分為四個階段：

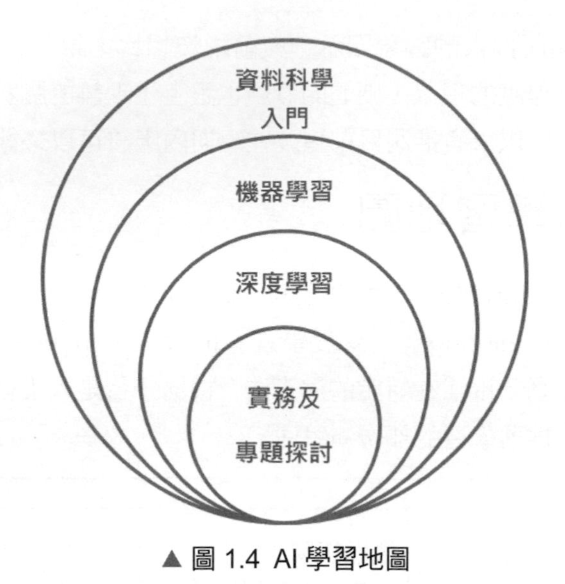

▲ 圖 1.4　AI 學習地圖

❶ 資料科學 (Data Science) 入門：內容包括 Python/R 程式語言、數據分析 (Data Analysis)、大數據平台 (Hadoop、Spark) …等。

❷ 機器學習 (Machine Learning)：包含一些典型的演算法，如迴歸、羅吉斯迴歸、支援向量機 (SVM)、K-means 集群…等，這些演算法雖然簡單，但卻非常實用，較容易在一般企業內普遍性的導入。通常機器學習的分類如下圖：

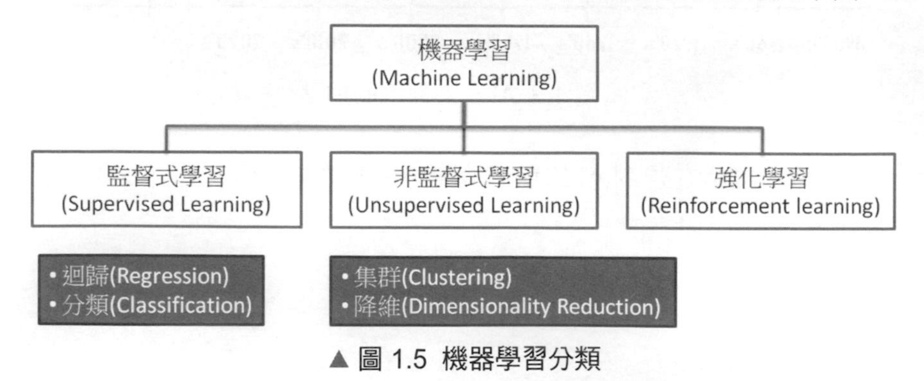

▲ 圖 1.5　機器學習分類

最新的發展還有半監督學習 (Semi-supervised Learning)、自我學習 (Self Learning)、聯合學習 (Federated Learning)…等，不一而足，千萬不要被分類限制了你的想像。

另外，資料探勘 (Data Mining) 與機器學習的演算法大量重疊，其間的差異，有一說是資料探勘著重在挖掘資料的隱藏樣態 (Pattern)，而機器學習則著重於預測。

❸ 深度學習 (Deep Learning)：深度學習屬於機器學習中的一環，所謂深度 (Deep) 是指多層式架構的模型，例如各種神經網路 (Neural Network) 模型、強化學習 (Reinforcement learning, RL) 演算法⋯等，透過多層的神經層或 try-and-error 的方式來優化 (Optimization) 或反覆求解。

❹ 實務及專題探討 (Capstone Project)：將各種演算法應用於各類領域 / 行業，強調專題探討及產業應用實作。

1-3 TensorFlow vs. PyTorch

深度學習 (Deep Learning) 的套件過去曾經百家爭鳴，數量多達 20 幾套，然而經過幾年下來的廝殺，目前僅存幾個我們常聽到的主流套件了。

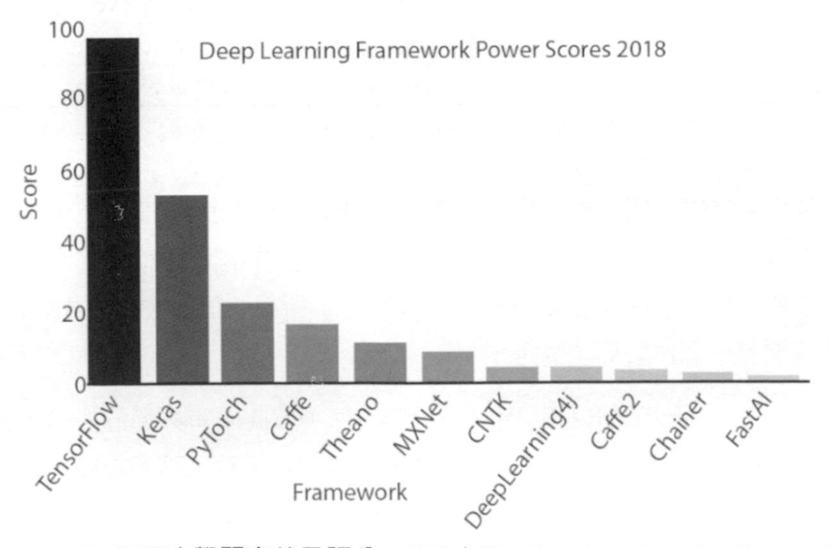

▲ 圖 1.6 2018 年深度學習套件及評分，圖片來源：Top 5 Deep Learning Frameworks to Watch in 2021 and Why TensorFlow [2]

目前比較活躍的套件包括：

❶ Google TensorFlow。

❷ Facebook PyTorch。

❸ Apache MXNet。

❹ Berkeley Caffe。

其中又以 TensorFlow、PyTorch 佔有率較高，一般企業廣泛使用的是 TensorFlow，而學術界則是偏好 PyTorch，各擅勝場。兩者的功能也是互相模仿與競逐，差異比較整理如下表。

比較項目	TensorFlow	PyTorch
彈性		勝
效能	勝	
簡易訓練指令 (fit)	Keras	PyTorch Lightning
視覺化介面工具	TensorBoard	TensorBoardX
佈署工具	TensorFlow Serving	TorchServe
TinyML	TensorFlow Lite	PyTorch Live
預訓模型 Hub	TensorFlow Hub	PyTorch Hub

▲ 圖 1.7 TensorFlow、PyTorch 比較表

由上表可見兩者的功能基本上大同小異，因此有人認為既然很相似，那就學習其中一種即可，但考量到它們所專長的應用領域各有不同，並且網路上的擴充套件或範例程式常常只存在其中一種語言開發，所以，同時熟悉 TensorFlow、PyTorch，會是一個比較周全的選擇。

好在 TensorFlow、PyTorch 都是深度學習的套件，彼此間有共通的概念，只要遵循本書的學習路徑就能一舉兩得，沒有想像中的困難，熟悉兩個套件，還有助於設計概念的深入了解。因此本書介紹 PyTorch 的方式，會與另一本以 TensorFlow 為主題的『深度學習最佳入門邁向 AI 專題實戰』[3] 相互對照。

根據官網說明及個人使用經驗，PyTorch 有以下特點：

❶ Python First：PyTorch 與 Python 完美整合，在定義模型類別內可以任意加入偵錯或轉換的 Python 程式碼，TensorFlow/Keras 則需透過 Callback 才能

在模型訓練過程中傳出訊息，PyTorch 官方認為 Python 有豐富的套件，例如 NumPy/SciPy/Scikit-learn 等，毋需另外發明輪子 (reinvent the wheel where appropriate)。

❷ 除錯容易：TensorFlow/Keras 提供 fit 指令進行模型訓練，雖然簡單，但不易偵錯，PyTorch 則須自行撰寫優化程序，雖然繁瑣，但可隨時查看預測結果及損失函數變化，不必等到模型訓練完後才能察看結果。

❸ GPU 記憶體管理較佳，筆者使用 GTX1050Ti，記憶體只有 4GB 時，執行 2 個以 TensorFlow 開發的 Notebook 檔案時，常會發生記憶體不足的狀況，但使用 PyTorch，即使 3、4 個 Notebook 檔案也沒有問題。

❹ 簡潔快速：與 Intel MKL and NVIDIA (cuDNN, NCCL) 函數庫整合，可提升執行的速度，程式可選擇 CPU 或 GPU 運算，自由掌控記憶體的使用量。

❺ 無痛擴充：PyTorch 提供 C/C++ extension API，有效整合，不需橋接的包裝程式 (wrapper)。

1-4 機器學習開發流程

一般來說，機器學習開發流程 (Machine learning workflow)，有許多種建議的模型，例如資料探勘 (Data Mining) 流程，包括 CRISP-DM (cross-industry standard process for data mining,)、Google Cloud 建議的流程 [4]... 等，個人偏好的流程如下：

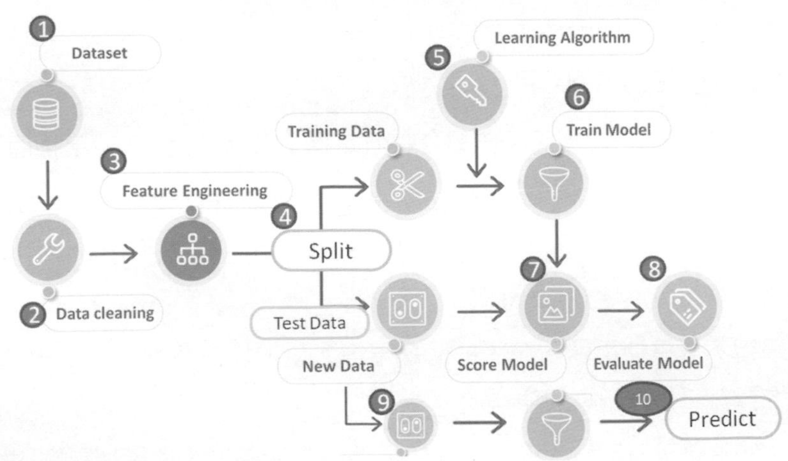

▲ 圖 1.8 機器學習開發流程 (Machine Learning Workflow)

概分為 10 個步驟，不含較高層次的企業需求瞭解 (Business Understanding)，只包括實際開發的步驟：

❶ 蒐集資料，彙整為資料集 (Dataset)。

❷ 資料清理 (Data Cleaning)、資料探索與分析 (Exploratory Data Analysis, EDA)：EDA 通常透過描述統計量及統計圖來觀察資料的分佈，瞭解資料的特性、極端值 (Outlier)、變數之間的關聯性。

❸ 特徵工程 (Feature Engineering)：原始蒐集的資料未必是影響預測目標的關鍵因素，有時候需要進行資料轉換，才得以找到關鍵的影響變數。

❹ 資料切割 (Data Split)：切割為訓練資料 (Training Data) 及測試資料 (Test Data)，一份資料提供模型訓練之用，另一份資料則用在衡量模型效能，例如準確度，切割的主要原因是確保測試資料不會參與訓練，以維持其公正性，即 Out-of-Sample Test。

❺ 選擇演算法 (Learning Algorithms)：依據問題的類型選擇適合的演算法。

❻ 模型訓練 (Model Training)：以演算法及訓練資料，進行訓練產出模型。

❼ 模型計分 (Score Model)：計算準確度等效能指標，評估模型的準確性。

❽ 模型評估 (Evaluate Model)：比較多個參數組合、多個演算法的準確度，找出最佳參數與演算法。

❾ 佈署 (Deploy)：複製最佳模型至正式環境 (Production Environment)，製作使用介面或提供 API，通常以網頁服務 (Web Services) 方式開發。

❿ 預測 (Predict)：正式開始服務用戶，用戶傳入新資料或檔案後，輸入至模型進行預測，並傳回預測結果。

機器學習開發流程與一般應用系統開發有何差異？最大的差別如下圖所示：

❶ 一般應用系統利用輸入資料與轉換邏輯產生輸出，例如撰寫報表，根據轉換規則將輸入欄位轉換為輸出欄位，但機器學習則先產生模型，再根據模型進行預測，故而重用性 (Reuse) 高。

❷ 機器學習不單只使用輸入資料，還會蒐集大量的歷史資料或從網際網路中爬出一堆資料，作為塑模的飼料。

❸ 新產生的資料可再回饋入模型，重新訓練，自我學習，使模型更聰明。

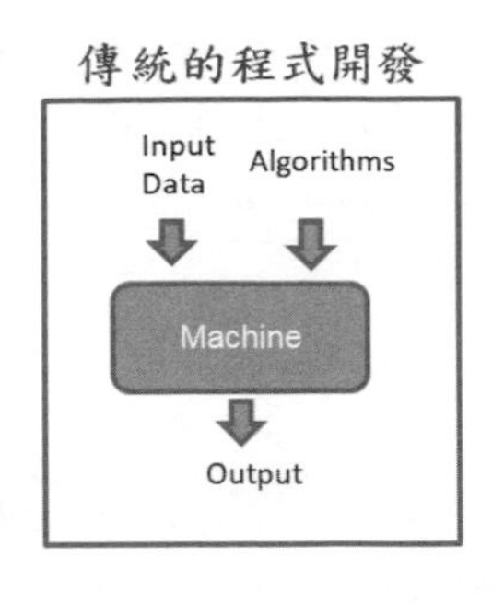

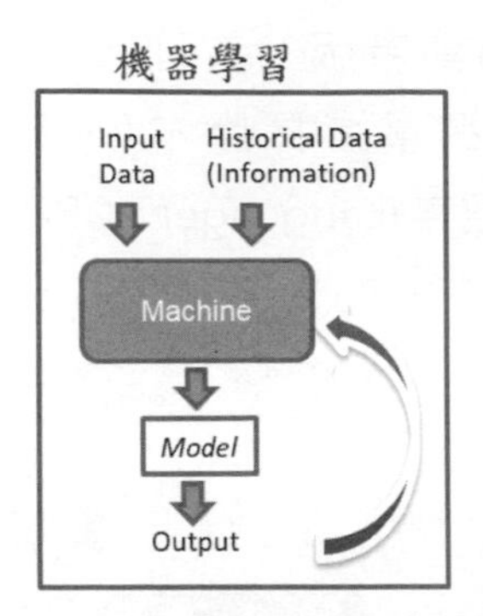

▲ 圖 1.9 機器學習與一般應用系統開發流程的差異

1-5 開發環境安裝

Python 是目前機器學習主流的程式語言，可以直接在本機安裝開發環境，亦能使用雲端環境，首先介紹本機安裝的程序，建議依照以下順序安裝：

❶ 安裝 Anaconda：建議安裝此軟體，它內含 Python 及上百個常用套件。先至 https://www.anaconda.com/products/individual 下載安裝檔，在 Windows 作業系統安裝時，建議執行到下列畫面時，兩者都勾選，就可將安裝路徑加入至環境變數 Path 內，這樣就能在任何目錄下均可執行 python 程式。Mac/Linux 則須自行修改登入檔 (profile)，增加 Anaconda 安裝路徑。

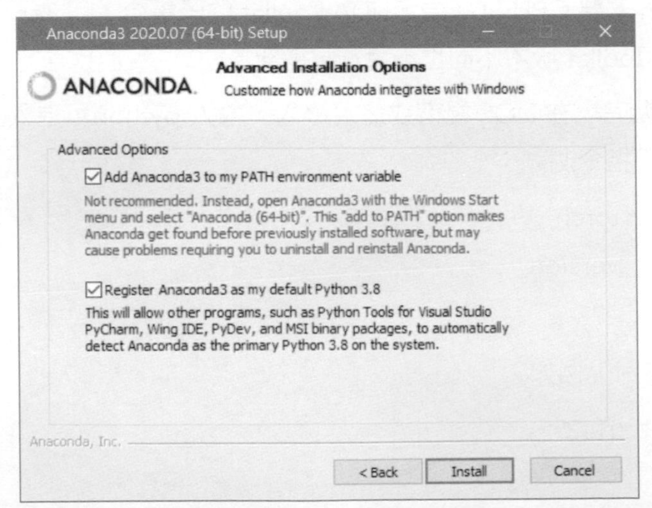

▲ 圖 1.10 Anaconda 安裝注意事項，將安裝路徑加入至環境變數 Path 內

❷ 安裝 PyTorch 最新版：參閱 PyTorch 官網 (https://pytorch.org/get-started/locally/)，依選單選擇版本 (PyTorch Build)、作業系統 (Your OS)、指令 (Package)、語言 (Language)、CPU/GPU，選完後，會自動產生安裝指令在最下面一列，指令的 pip3 應改為 pip 如下：

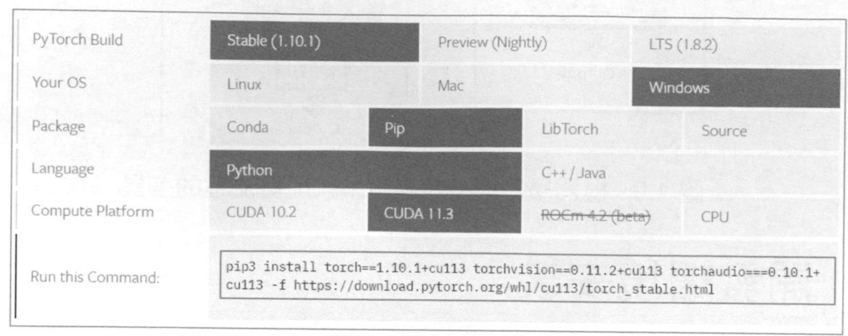

▲ 圖 1.11 PyTorch 安裝畫面

❸ Windows 作業系統安裝時，在檔案總管的路徑輸入 cmd，開啟 DOS 視窗，Mac/Linux 則須開啟終端機，依序輸入上一步驟產生的指令，例如：

pip install torch==1.10.1+cu113 torchvision==0.11.2+cu113 torchaudio===0.10.1+cu113 -f https://download.pytorch.org/whl/cu113/torch_stable.html

★ PyTorch 安裝 GPU SDK 為 CUDA Toolkit 的子集合，與 TensoFlow 安裝的 CUDA Toolkit 版本不同也不會互相衝突。

❹ 測試：安裝完，在 DOS 視窗或終端機內，輸入 python，進入互動式環境，再輸入以下指令測試：

```
> >>import torch
>>>torch.__version__
>>>exit()
```

- 會出現版本別，例如：

  1.10.0+cu113

❗注意 目前只支援 NVidia 獨立顯卡，若是較舊型的顯卡必須查閱驅動程式搭配的版本資訊請參考 NVIDIA 官網說明 [5]，例如下表：

Table 2. CUDA Toolkit and Compatible Driver Versions

CUDA Toolkit	Linux x86_64 Driver Version	Windows x86_64 Driver Version
CUDA 11.1.1 Update 1	>=455.32	>=456.81
CUDA 11.1 GA	>=455.23	>=456.38
CUDA 11.0.3 Update 1	>= 450.51.06	>= 451.82
CUDA 11.0.2 GA	>= 450.51.05	>= 451.48
CUDA 11.0.1 RC	>= 450.36.06	>= 451.22
CUDA 10.2.89	>= 440.33	>= 441.22
CUDA 10.1 (10.1.105 general release, and updates)	>= 418.39	>= 418.96
CUDA 10.0.130	>= 410.48	>= 411.31
CUDA 9.2 (9.2.148 Update 1)	>= 396.37	>= 398.26
CUDA 9.2 (9.2.88)	>= 396.26	>= 397.44
CUDA 9.1 (9.1.85)	>= 390.46	>= 391.29
CUDA 9.0 (9.0.76)	>= 384.81	>= 385.54
CUDA 8.0 (8.0.61 GA2)	>= 375.26	>= 376.51
CUDA 8.0 (8.0.44)	>= 367.48	>= 369.30
CUDA 7.5 (7.5.16)	>= 352.31	>= 353.66
CUDA 7.0 (7.0.28)	>= 346.46	>= 347.62

▲ 圖 1.12 CUDA Toolkit 版本與驅動程式的搭配

5. 奉勸各位讀者，太舊型的顯卡，若不能安裝 PyTorch/TensorFlow 支援的版本，就不用安裝 CUDA Toolkit、cuDNN SDK 了，因為顯卡記憶體過小，執行 PyTorch/TensorFlow 時常會發生記憶體不足 (OOM) 的錯誤，徒增困擾。

1-6 免費雲端環境開通

以上是本機的安裝，再來我們談談雲端環境的開通，幾乎 Google GCP、AWS、Azure 都有提供機器學習的開發環境，這裡介紹免費的 Google 雲端環境 Colaboratory，要有 Gmail 帳號才能使用，具備以下特點：

1. 免安裝，只須開通：常用的套件均已預先安裝，包括 TensorFlow、PyTorch。
2. 免費的 GPU：使用 GPU 進行深度學習的模型訓練會快上許多倍，Colaboratory 提供 NVIDIA Tesla K80 GPU 顯卡，含 12GB 記憶體，真是佛心啊。
3. 使用限制：Colaboratory 在使用時會即時開通 Docker container，限連續使用 12 小時，逾時的話虛擬環境會被回收，虛擬機內的所有程式、資料一律會消失，要特別注意。

開通程序：

❶ 使用 Google Chrome 瀏覽器，進入雲端硬碟 (Google drive) 介面。

❷ 建立一個目錄，例如『0』，並切換至該目錄。

❸ 在螢幕中間按滑鼠右鍵，點選『更多』>『連結更多應用程式』。

❹ 在搜尋欄輸入『Colaboratory』，找到後點擊該 App，按『Connect』按鈕

即可開通。

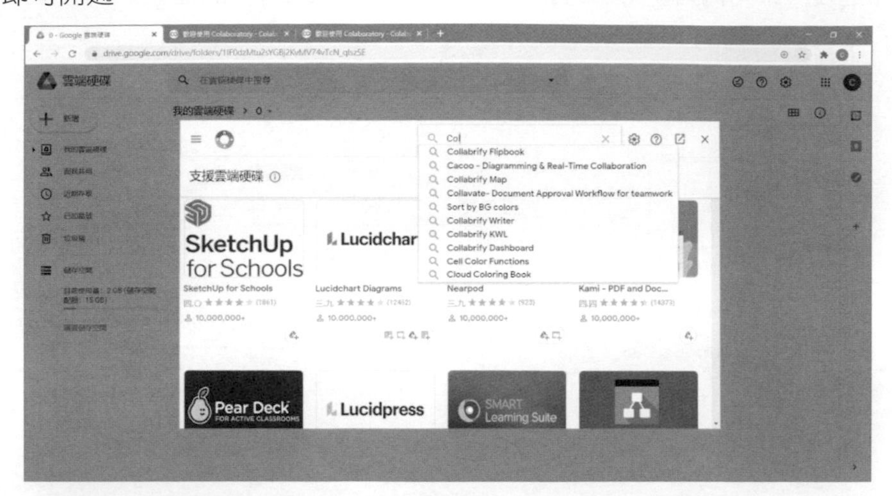
雲端硬碟
我的雲端硬碟 > 0
Col
Collabrify Flipbook
Cacoo - Diagramming & Real-Time Collaboration
Collabrify Map
Collavate- Document Approval Workflow for teamwork
Sort by BG colors
Collabrify Writer
Collabrify KWL
Collabrify Dashboard
Cell Color Functions
Cloud Coloring Book
支援雲端硬碟
SketchUp for Schools
Lucidchart Diagrams
Nearpod
Kami - PDF and Doc...
Pear Deck
Lucidpress
SMART Learning Suite

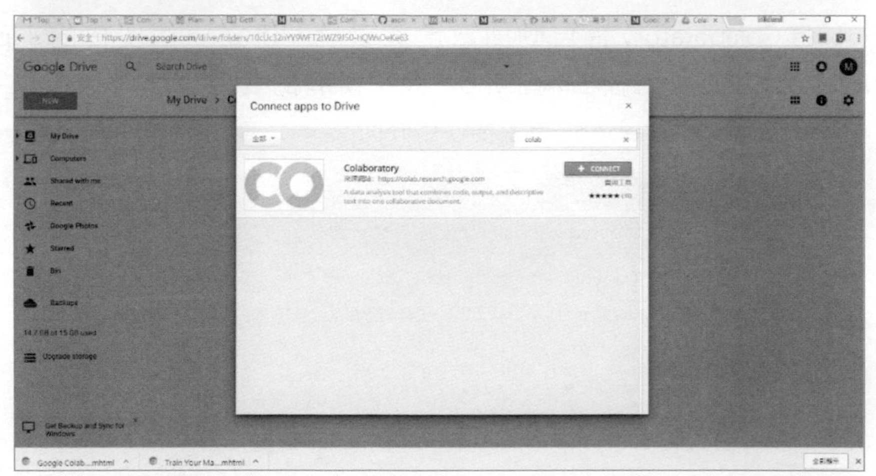
Google Drive
Search Drive
My Drive
Connect apps to Drive
colab
Colaboratory
CONNECT
Computers
Shared with me
Recent
Google Photos
Starred
Bin
Backups
Upgrade storage

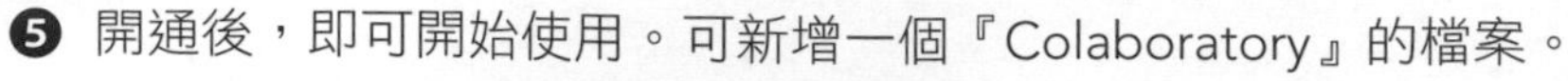

❺ 開通後，即可開始使用。可新增一個『Colaboratory』的檔案。

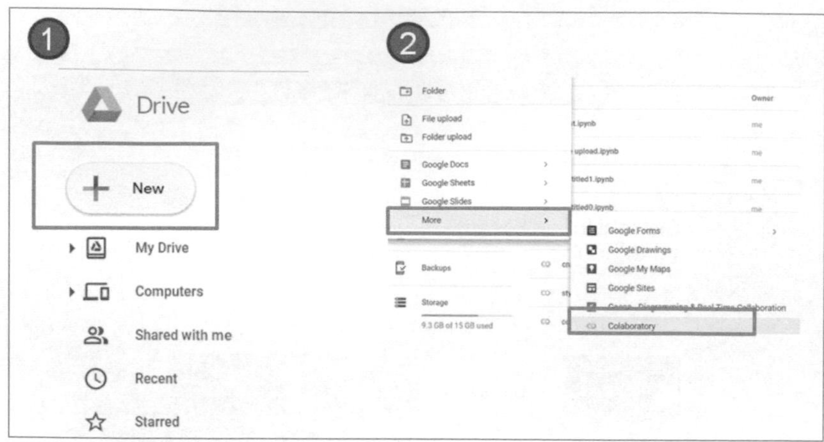

❻ Google Colaboratory 會自動開啟虛擬環境，建立一個空白的 Jupyter Notebook 檔案，附檔名為 ipynb，幾乎所有的雲端環境及大數據平台 Databricks 都以 Notebook 為主要使用介面。

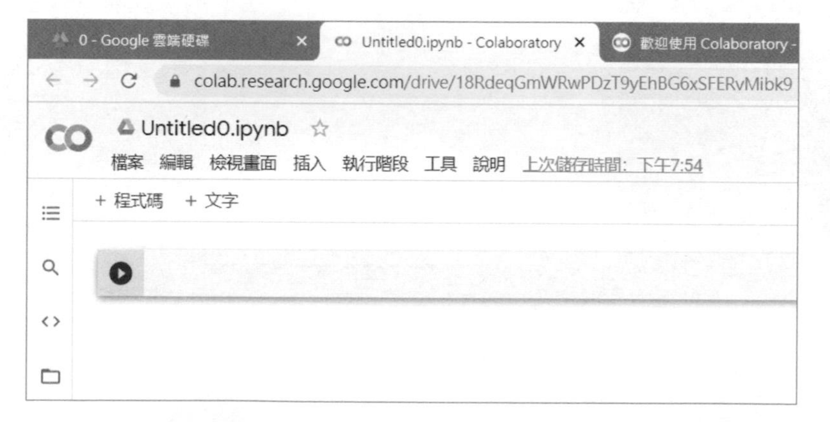

❼ 或者直接以滑鼠雙擊 (Double click) Notebook 檔案，也可自動開啟虛擬環境，進行編輯與執行。本機的 Notebook 檔案也可上傳至雲端硬碟，點擊使用，完全不用轉換，非常方便。

❽ 若要支援 GPU 可設定運行環境使用 GPU 或 TPU，TPU 為 Google 發明的 NPU。

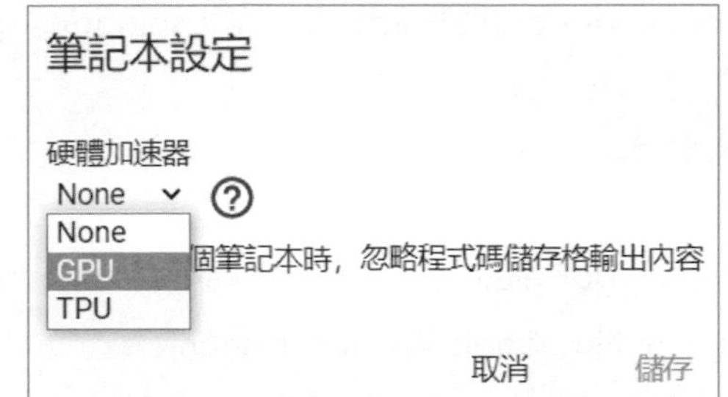

❾ 『Colaboratory』相關操作，可參考官網說明 [6]。

本書所附的範例程式，一律為 Notebook 檔案，考慮到 Notebook 可以使用 Markdown 語法來撰寫美觀的說明，包括數學式，並且程式也可以分格，單獨執行，便於講解，相關的用法可以參考『Jupyter Notebook: An Introduction』[7]。

參考資料 (References)

[1] Dylan Yeh、陳建鈞,《市值首度超越 Intel ！ NVIDIA 贏在哪裡？》, 2020
(https://www.bnext.com.tw/article/58410/nvidia-valuation-soars-past-intel-on-graphics-chip-boom)

[2] Orhan G. Yalçın,《Top 5 Deep Learning Frameworks to Watch in 2021 and Why TensorFlow》, 2021
(https://towardsdatascience.com/top-5-deep-learning-frameworks-to-watch-in-2021-and-why-tensorflow-98d8d6667351)

[3] 陳昭明,《深度學習最佳入門邁向 AI 專題實戰》, 2021
(https://www.tenlong.com.tw/products/9789860776263?list_name=b-r7-zh_tw)

[4] Google Cloud 官網指南
(https://cloud.google.com/ai-platform/docs/ml-solutions-overview)

[5] NVIDIA 官網說明
https://developer.nvidia.com/cuda-toolkit-archive)

[6] Colaboratory 官網說明
(https://colab.research.google.com/notebooks/intro.ipynb)

[7] Mike Driscoll,《Jupyter Notebook: An Introduction》
(https://realpython.com/jupyter-notebook-introduction/)

第 2 章

神經網路 (Neural Network) 原理

2-1 必備的數學與統計知識

現在每天幾乎都會看到幾則有關人工智慧 (AI) 的新聞，介紹 AI 的各式研發成果，一般人也許會基於好奇想一窺究竟，了解背後運用的技術與原理，就會發現一堆數學符號及統計公式，可能就會產生疑問：要從事 AI 系統開發，非要搞定數學、統計不可嗎？答案是肯定的，我們都知道機器學習是從資料中學習到知識 (Knowledge Discovery from Data, KDD)，而演算法就是從資料中萃取出知識的果汁機，它必須以數學及統計為理論基礎，才能證明其解法具有公信力與精準度，然而數學 / 統計理論都有侷限，只有在假設成立的情況下，演算法才是有效的，因此，如果不瞭解演算法各個假設，隨意套用公式，就好像無視交通規則，在馬路上任意飆車一樣的危險。

▲ 圖片來源：Decision makers need more math[1]

因此，以深度學習而言，我們至少需要熟悉以下學科：

1. 線性代數 (Linear Algebra)
2. 微積分 (Calculus)
3. 統計與機率 (Statistics and Probability)
4. 線性規劃 (linear programming)

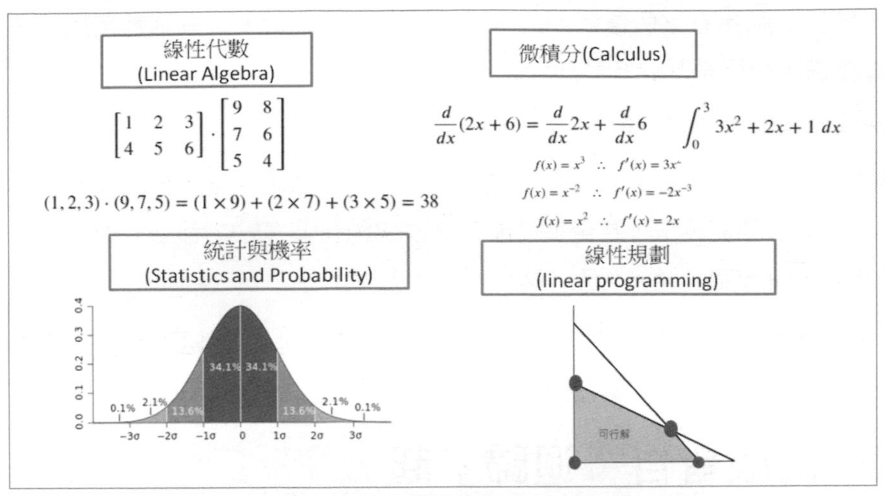

▲ 圖 2.1 必備的數學與統計知識

以神經網路優化求解的過程為例，4 門學科就全部用上了，如下圖：

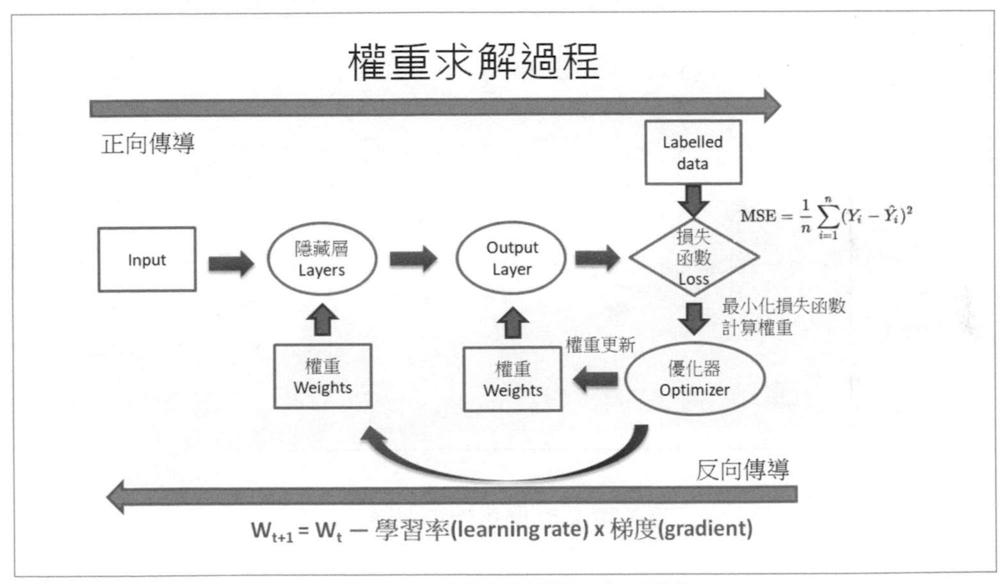

▲ 圖 2.2 神經網路權重求解過程

1. 正向傳導：藉由『線性代數』計算誤差及損失函數。
2. 反向傳導：透過『偏微分』計算梯度，同時，利用『線性規劃』優化技巧尋找最佳解。

3. 『統計』則串聯整個環節，例如資料的探索與分析、損失函數定義、效能衡量指標，通通都基於統計的理論架構而成的。

4. 深度學習的推論以『機率』為基礎，預測目標值。

四項學科相互為用，貫穿整個求解過程，因此，要通曉深度學習的運作原理，並且正確選用各種演算法，甚至進而能夠修改或創新演算法，都必須對其背後的數學和統計，有一定基礎的認識，以免誤用 / 濫用。

相關的數理基礎可參考拙著『深度學習最佳入門邁向 AI 專題實戰』第二章的介紹，本書直接切入主題，針對張量 (Tensor) 運算進行較詳盡的說明。

2-2 萬般皆自『迴歸』起

要探究神經網路優化的過程，要先了解簡單線性迴歸求解，線性迴歸方程式如下：

$$y = wx + b$$

已知樣本 (x, y) 要求解方程式中的參數權重 (w)、偏差 (b)。

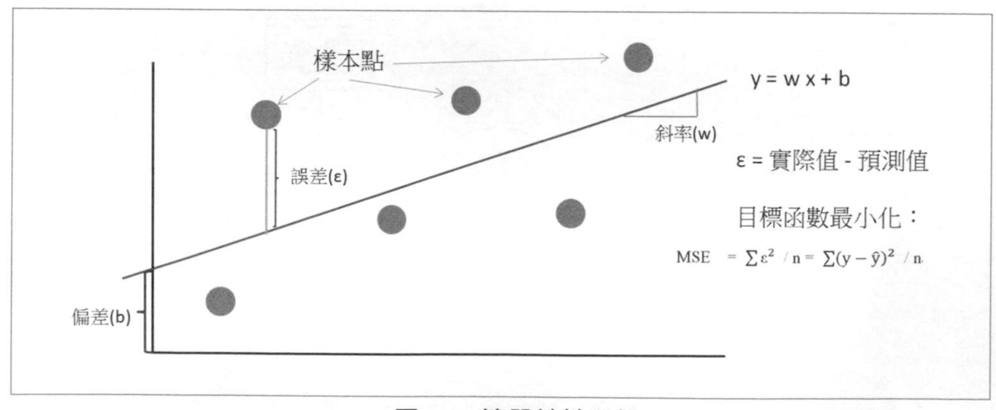

▲ 圖 2.3 簡單線性迴歸

一般求解方法有兩種：

1. 『最小平方法』(Ordinary Least Square, OLS)
2. 『最大概似估計法』(Maximum Likelihood Estimation, MLE)

以『最小平方法』為例，首先定義『目標函數』 (Object Function) 或稱『損失

函數』(Loss Function) 為『均方誤差』(MSE)，即預測值與實際值差距的平方和，MSE 當然愈小愈好，所以它是一個最小化的問題，我們可以利用偏微分推導出公式，過程如下：

1. $MSE = \sum \varepsilon^2 \ / n = \sum(y-\hat{y})^2 \ / n$

其中 ε：誤差，即實際值 (y) 與預測值 () 之差

n：為樣本個數

2. MSE = SSE / n，n 為常數，不影響求解，可忽略：

$SSE = \sum \varepsilon^2 = \sum(y-\hat{y})^2 = \sum(y-wx-b)^2$

3. 分別對 w 及 b 偏微分，並且令一階導數 =0，可以得到兩個聯立方程式，進而求得 w 及 b。

4. 先對 b 偏微分，又因

$f'(x) = g(x)g(x) = g'(x)g(x) + g(x)g'(x) = 2\,g(x)g'(x)$ ：

$$\frac{dSSE}{db} = 2\sum_{i=1}^{n}(y-wx-b) = 0$$

→ 兩邊同除 2

$$\sum_{i=1}^{n}(y-wx-b) = 0$$

→ 分解

$$\sum_{i=1}^{n} y - \sum_{i=1}^{n} wx - \sum_{i=1}^{n} b = 0$$

→ 除以 n，為 x、y 的平均數

$$\bar{y} - w\bar{x} - b = 0$$

→ 移項

$$b = \bar{y} - w\bar{x}$$

5. 對 w 偏微分：

$$\frac{dSSE}{dw} = -2\sum_{i=1}^{n}(y - wx - b)\,x = 0$$

→ 兩邊同除 -2

$$\sum_{i=1}^{n}(y - wx - b)\,x = 0$$

→ 分解

$$\sum_{i=1}^{n} yx - \sum_{i=1}^{n} wx - \sum_{i=1}^{n} bx = 0$$

→ 代入步驟 4 的計算結果

$$\sum_{i=1}^{n} yx - \sum_{i=1}^{n} wx - \sum_{i=1}^{n}(\bar{y} - w\bar{x})x = 0$$

→ 化簡

$$\sum_{i=1}^{n}(y - \bar{y})x - w\sum_{i=1}^{n}(x^2 - \bar{x}x) = 0$$

$$w = \sum_{i=1}^{n}(y - \bar{y})x \;/\; \sum_{i=1}^{n}(x^2 - \bar{x}x)$$

$$w = \sum_{i=1}^{n}(y - \bar{y})x \;/\; \sum_{i=1}^{n}(x - \bar{x})^2$$

結論：

$$w = \sum_{i=1}^{n}(y - \bar{y})x \ / \ \sum_{i=1}^{n}(x - \bar{x})^2$$

$$b = \bar{y} - w\bar{x}$$

範例

01 現有一個世界人口統計資料集，以年度 (year) 為 x，人口數為 y，依上述公式計算迴歸係數 w、b。

➤ 下列程式碼請參考【02_01_ 線性迴歸 .ipynb】。

1. 使用 Pandas 相關函數計算，程式撰寫如下：

```
1  # 使用 OLS 公式計算 w、b
2  # 載入套件
3  import matplotlib.pyplot as plt
4  import numpy as np
5  import math
6  import pandas as pd
7
8  # 載入資料集
9  df = pd.read_csv('./data/population.csv')
10
11 w = ((df['pop'] - df['pop'].mean()) * df['year']).sum() \
12     / ((df['year'] - df['year'].mean())**2).sum()
13 b = df['pop'].mean() - w * df['year'].mean()
14
15 print(f'w={w}, b={b}')
```

- 執行結果：

w=0.061159358661557375, b=-116.35631056117687

2. 改用 NumPy 的現成函數 polyfit 驗算：

```
1  # 使用 NumPy 的現成函數 polyfit()
2  coef = np.polyfit(df['year'], df['pop'], deg=1)
3  print(f'w={coef[0]}, b={coef[1]}')
```

- 執行結果：答案相去不遠。

w=0.061159358661554586, b=-116.35631056117121

3. 上面公式，x 只限一個，若以矩陣計算則更具通用性，多元迴歸亦可適用，即模型可以有多個特徵 (x)，為簡化模型，將 b 視為 w 的一環，即

$$y=wx+b \Rightarrow y=wx+b*1 \Rightarrow y=[w\ b]\begin{bmatrix}X\\1\end{bmatrix} \Rightarrow y=w^{new}x^{new}$$

一樣對 SSE 偏微分，一階導數 =0 有最小值，公式推導如下：

$$SSE = \sum \varepsilon^2 = (y-\hat{y})^2 = (y-wx)^2 = yy' - 2wxy + w'x'xw$$

$$\frac{dSSE}{dw} = -2xy + 2wx'x = 0$$

→ 移項、整理

$$(xx')\ w = xy$$

→ 移項

$$w = (xx')^{-1}\ xy$$

4. 使用 NumPy 相關函數計算，程式撰寫如下：

```
1  import numpy as np
2  
3  X = df[['year']].values
4  
5  # b = b * 1
6  one=np.ones((len(df), 1))
7  
8  # 將 x 與 one 合併
9  X = np.concatenate((X, one), axis=1)
10 
11 y = df[['pop']].values
12 
13 # 求解
14 w = np.linalg.inv(X.T @ X) @ X.T @ y
15 print(f'w={w[0, 0]}, b={w[1, 0]}')
```

- 執行結果與上一段相同。

02 再以 Scikit-Learn 的房價資料集為例，求解線性迴歸，該資料集有多個特徵 (x)。

1. 以矩陣計算的方式，完全不變。

```
1  import numpy as np
2  from sklearn.datasets import load_boston
3  
4  # 載入 Boston 房價資料集
```

```
5  X, y = load_boston(return_X_y=True)
6
7  # b = b * 1
8  one=np.ones((X.shape[0], 1))
9
10 # 將 x 與 one 合併
11 X = np.concatenate((X, one), axis=1)
12
13 # 求解
14 w = np.linalg.inv(X.T @ X) @ X.T @ y
15 w
```

- 執行結果如下：

```
array([-1.08011358e-01,  4.64204584e-02,  2.05586264e-02,  2.68673382e+00,
       -1.77666112e+01,  3.80986521e+00,  6.92224640e-04, -1.47556685e+00,
        3.06049479e-01, -1.23345939e-02, -9.52747232e-01,  9.31168327e-03,
       -5.24758378e-01,  3.64594884e+01])
```

2. 以 Scikit-Learn 的線性迴歸類別驗證答案。

```
1 from sklearn.linear_model import LinearRegression
2
3 X, y = load_boston(return_X_y=True)
4
5 lr = LinearRegression()
6 lr.fit(X, y)
7
8 lr.coef_, lr.intercept_
```

- 執行結果與採用矩陣計算的結果完全相同。

3. PyTorch 自 v1.9 起提供線性代數函數庫 [2]，可直接呼叫，程式改寫如下：

```
1  import numpy as np
2  from sklearn.datasets import load_boston
3  import torch
4
5  # 載入 Boston 房價資料集
6  X, y = load_boston(return_X_y=True)
7
8  X_tensor = torch.from_numpy(X)
9
10 # b = b * 1
11 one=torch.ones((X.shape[0], 1))
12
13 # 將 x 與 one 合併
14 X = torch.cat((X_tensor, one), axis=1)
15
16
17 # 求解
18 w = torch.linalg.inv(X.T @ X) @ X.T @ y
19 w
```

- 執行結果與 NumPy 計算完全相同。

2-3 神經網路

有了以上的基礎後，我們就可以進一步探討神經網路 (Neural Network) 如何求解，這是進入深度學習領域非常重要的概念。

2-3-1 神經網路概念

神經網路是深度學習最重要的演算法，它主要是模擬生物神經網路的傳導系統，希望透過層層解析，歸納出預測的結果。

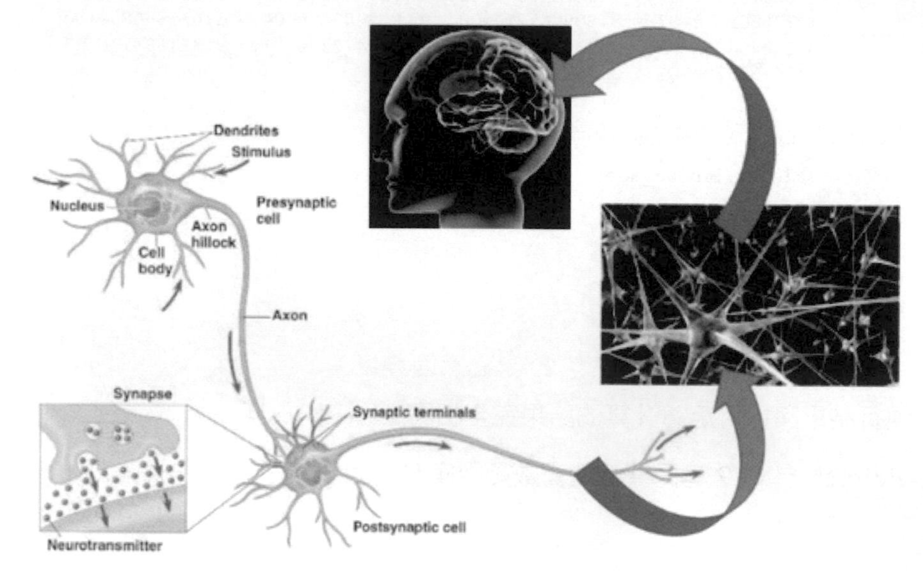

▲ 圖 2.4 生物神經網路的傳導系統

生物神經網路中表層的神經元接收到外界訊號，歸納分析後，再透過神經末梢，將分析結果傳給下一層的每個神經元，下一層神經元進行相同的動作，再往後傳導，最後傳至大腦，大腦作出最後的判斷與反應。

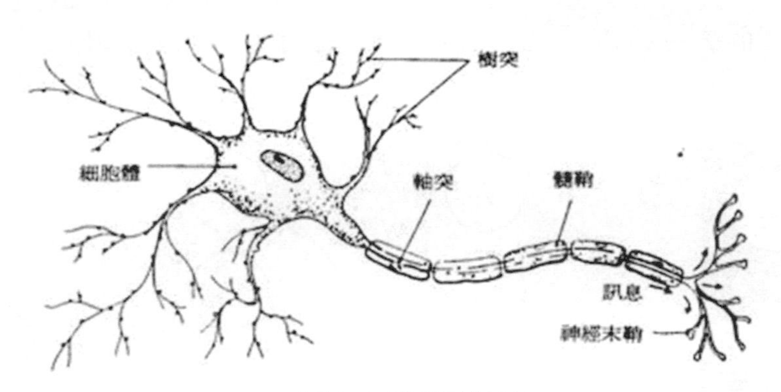

▲ 圖 2.5 神經元結構

於是，AI 科學家將上述生物神經網路簡化成下列的網路結構：

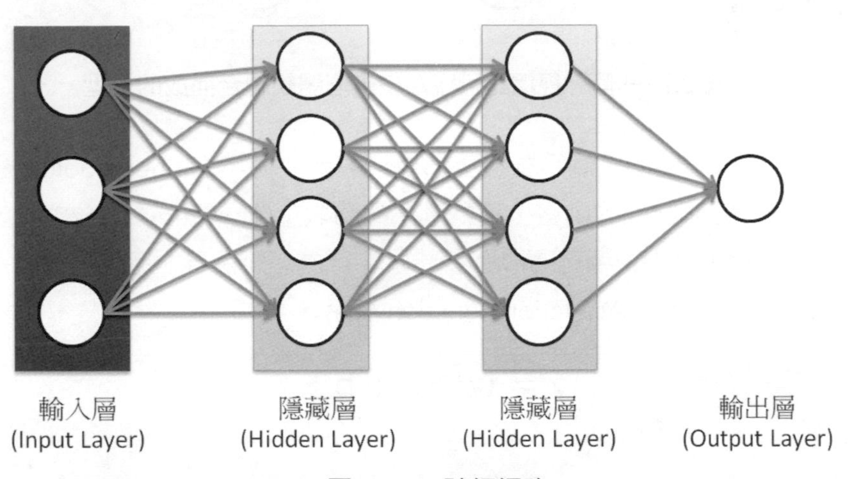

▲ 圖 2.6 AI 神經網路

AI 神經網路最簡單的連接方式稱為完全連接 (Full connected, FC)，亦即每一神經元均連接至下一層的每個神經元，因此，我們可以把第二層以後的神經元均視為一條迴歸線的 y，它的特徵變數 (x) 就是前一層的每一個神經元，如下圖，例如 y1、z1 兩條迴歸線。

$$y_1 = w_1x_1 + w_2x_2 + w_3x_3 + b$$

$$z_1 = w_1y_1 + w_2y_2 + w_3y_3 + b$$

所以，簡單的講，一個神經網路可視為多條迴歸線組合而成的模型。

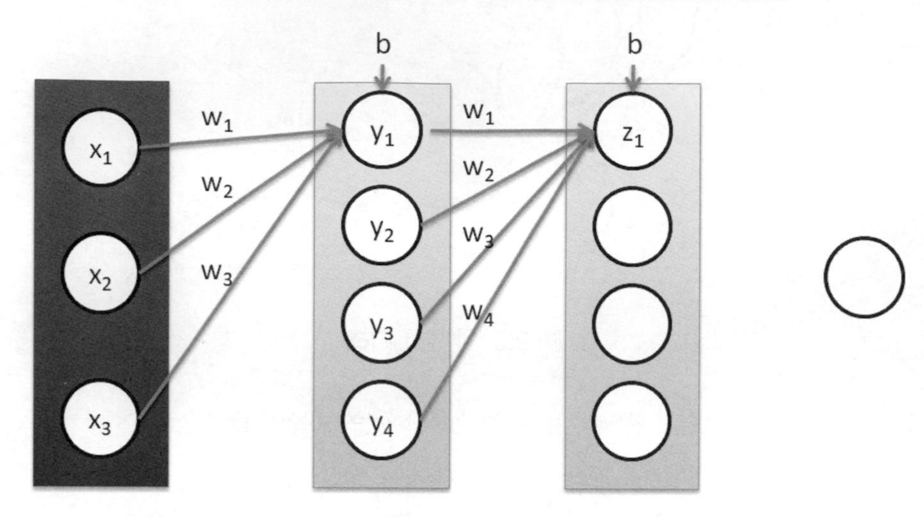

▲ 圖 2.7　一個神經網路可視為多條迴歸線組合而成的模型

以上的迴歸線是線性的，為了支援更通用性的解決方案 (Generic Solution)，模型還會乘上一個非線性的函數，稱為『激勵函數』(Activation Function)，期望也能解決非線性的問題，如下圖所示。由於中譯為激勵函數並不能明確表達其原意，故以下直接以英文 Activation Function 表示。

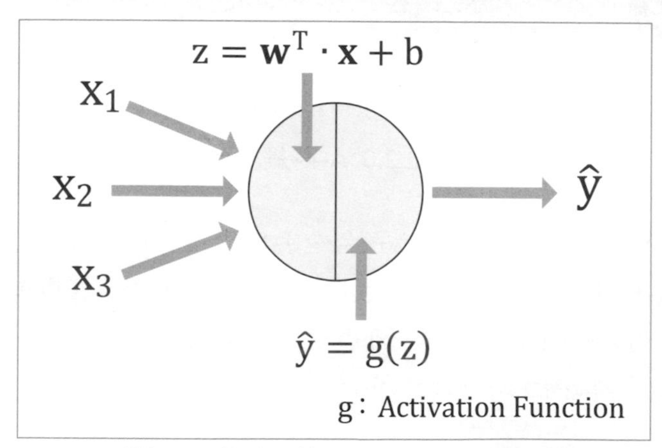

▲ 圖 2.8　激勵函數 (Activation Function)

如果不考慮 Activation Function，每一條線性迴歸線的權重 (Weight) 及偏差 (Bias) 可以透過最小平方法 (OLS) 求解，但乘上非線性的 Activation Function，就比較難用單純的數學公式求解了，因此，學者就利用優化 (Optimization) 理論，針對權重、偏差各參數分別偏微分，沿著切線 (即梯度) 逐步逼近，找到最佳解，這種演算法就稱為『梯度下降法』 (Gradient Descent)。

有一個很好的比喻來形容這個求解過程，『當我們在山頂時，不知道下山的路，於是，就沿路往下走，遇到叉路時，就選擇坡度最大的叉路走，直到抵達平地為止。』，所以梯度下降法利用『偏微分』(Partial Differential)，求算斜率，依斜率的方向，一步步的往下走，逼近最佳解，直到損失函數沒有顯著改善為止，這時我們就認為已經找到最佳解了。

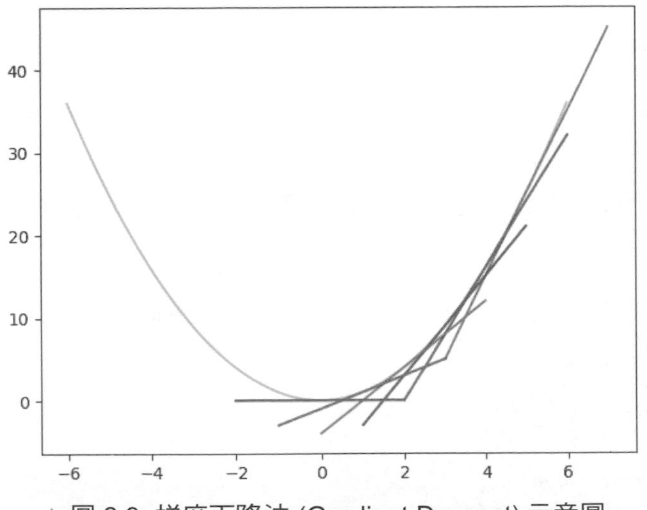

▲ 圖 2.9 梯度下降法 (Gradient Descent) 示意圖

2-3-2 梯度下降法 (Gradient Descent)

梯度其實就是斜率，單變數迴歸線的權重稱為斜率，多變數迴歸線時，須個別作偏微分求取權重值，就稱為梯度。以下，先針對單變數求解，示範如何使用梯度下降法 (Gradient Descent) 求取最小值。

範例

01 假定損失函數 $f(x) = x^2$，而非 MSE，請使用梯度下降法求取最小值。

注意：損失函數又稱為目標函數或成本函數，在神經網路相關文獻中大多稱為損失函數，本書從善如流，以下將統一以『損失函數』取代『目標函數』。

➤ 下列程式碼請參考【02_02_梯度下降法.ipynb】。

1. 定義函數 (func) 及其導數 (dfunc)：

```
# 載入套件
import numpy as np
import matplotlib.pyplot as plt

# 目標函數(損失函數):y=x^2
def func(x): return x ** 2 #np.square(x)

# 目標函數的一階導數:dy/dx=2*x
def dfunc(x): return 2 * x
```

2. 定義梯度下降法函數，反覆更新 x，更新的公式如下，後面章節我們會推算公式的由來。

- 新的 x = 目前的 x - 學習率 (learning_rate) * 梯度 (gradient)

```
# 梯度下降
# x_start: x的起始點
# df: 目標函數的一階導數
# epochs: 執行週期
# lr: 學習率
def GD(x_start, df, epochs, lr):
    xs = np.zeros(epochs+1)
    x = x_start
    xs[0] = x
    for i in range(epochs):
        dx = df(x)
        # x更新 x_new = x — learning_rate * gradient
        x += - dx * lr
        xs[i+1] = x
    return xs
```

3. 設定起始點、學習率 (lr)、執行週期數 (epochs) 等參數後，呼叫梯度下降法求解。

```
 1 # 超參數(Hyperparameters)
 2 x_start = 5       # 起始權重
 3 epochs = 15       # 執行週期數
 4 lr = 0.3          # 學習率
 5 
 6 # 梯度下降法
 7 # *** Function 可以直接當參數傳遞 ***
 8 w = GD(x_start, dfunc, epochs, lr=lr)
 9 print (np.around(w, 2))
10 
11 t = np.arange(-6.0, 6.0, 0.01)
12 plt.plot(t, func(t), c='b')
13 plt.plot(w, func(w), c='r', marker ='o', markersize=5)
14 
15 # 設定中文字型
16 plt.rcParams['font.sans-serif'] = ['Microsoft JhengHei'] # 正黑體
17 plt.rcParams['axes.unicode_minus'] = False # 矯正負號
18 
19 plt.title('梯度下降法', fontsize=20)
20 plt.xlabel('X', fontsize=20)
21 plt.ylabel('損失函數', fontsize=20)
22 plt.show()
```

- 執行結果：

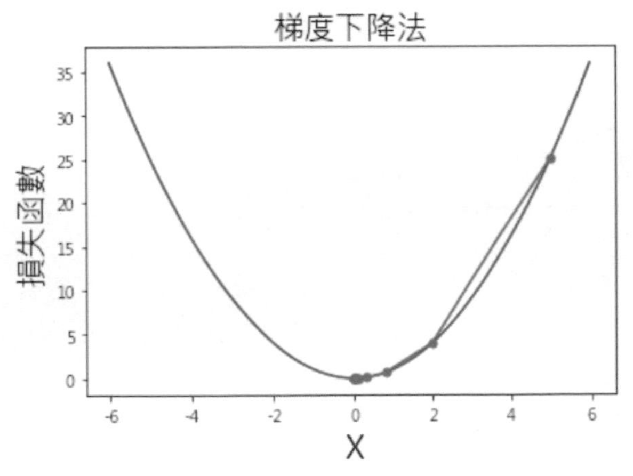

- 每一執行週期的損失函數如下，隨著 x 變化，損失函數逐漸收斂，即前後週期的損失函數差異逐漸縮小，最後當 x=0 時，損失函數 f(x) 等於 0，為函數的最小值，與最小平方法 (OLS) 的計算結果相同。

[5. 2, 0.8, 0.32, 0.13, 0.05, 0.02, 0.01, 0, 0, 0, 0, 0, 0, 0, 0]

- 如果改變起始點 (x_start) 為其他值，例如 -5，依然可以找到相同的最小值。

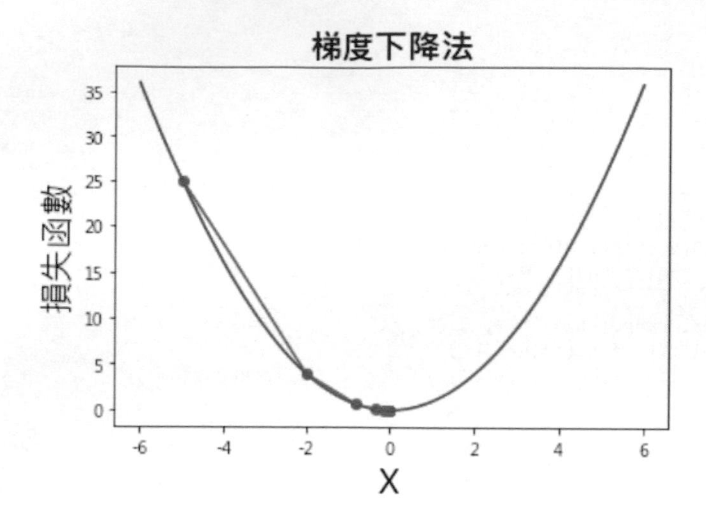

02 假定損失函數 $f(x) = 2x^4 - 3x^2 + 2x - 20$，請使用梯度下降法求取最小值。

1. 定義函數及其微分：

```
1  # 損失函數
2  def func(x): return 2*x**4-3*x**2+2*x-20
3
4  # 損失函數一階導數
5  def dfunc(x): return 8*x**3-6*x+2
```

2. 繪製損失函數。

```
1  from numpy import arange
2  t = arange(-6.0, 6.0, 0.01)
3  plt.plot(t, func(t), c='b')
4
5  # 設定中文字型
6  plt.rcParams['font.sans-serif'] = ['Microsoft JhengHei'] # 正黑體
7  plt.rcParams['axes.unicode_minus'] = False # 矯正負號
8
9  plt.title('梯度下降法', fontsize=20)
10 plt.xlabel('X', fontsize=20)
11 plt.ylabel('損失函數', fontsize=20)
12 plt.show()
```

- 執行結果：

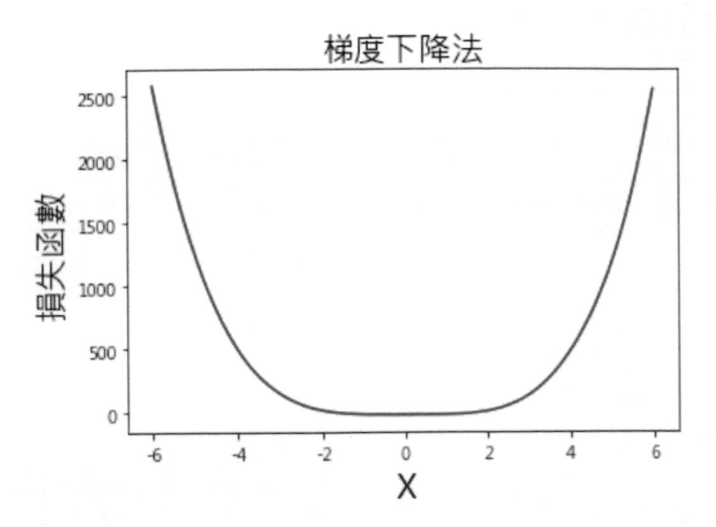

3. 梯度下降法函數 (GD) 不變，執行程式，如果學習率不變 (lr = 0.3)，會出現錯誤訊息：『Result too large』，原因是學習率過大，梯度下降過程錯過最小值，往函數左方逼近，造成損失函數值越來越大，最後導致溢位。

```
OverflowError                             Traceback (most recent call last)
<ipython-input-20-e4de47c74444> in <module>
      6 # 梯度下降法
      7 # *** Function 可以直接當參數傳遞 ***
----> 8 w = GD(x_start, dfunc, epochs, lr=lr)
      9 print (np.around(w, 2))
     10

<ipython-input-3-32de2a0b3ea7> in GD(x_start, df, epochs, lr)
      9     xs[0] = w
     10     for i in range(epochs):
---> 11         dx = df(w)
     12         # 權重的更新 W_new = W — learning_rate * gradient
     13         w += - dx * lr

<ipython-input-17-2c5b4a8cd0cb> in dfunc(x)
      3
      4 # 損失函數一階導數
----> 5 def dfunc(x): return 8*x**3-6*x+2
      6

OverflowError: (34, 'Result too large')
```

4. 修改學習率 (lr = 0.001)，同時增加執行週期數 (epochs = 15000)，避免還未逼近到最小值，就先提早結束。

```
1 # 超參數(Hyperparameters)
2 x_start = 5       # 起始權重
3 epochs = 15000    # 執行週期數
4 lr = 0.001        # 學習率
```

- 執行結果：當 x=0.51 時，函數有最小值。

```
[5.    4.03 3.53 ... 0.51 0.51 0.51]
```

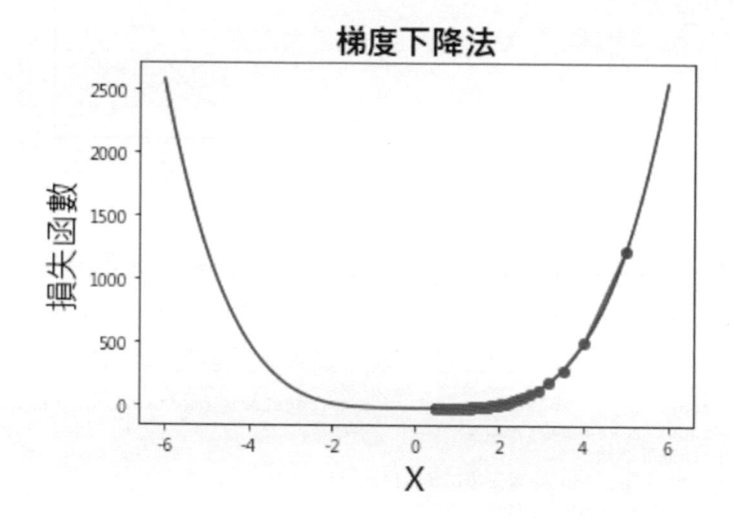

觀察上述範例，不管函數為何，我們以相同的梯度下降法 (GD 函數) 都能夠找到函數最小值，最重要的關鍵是『x 的更新公式』：

新的 x = 目前的 x - 學習率 (learning_rate) * 梯度 (gradient)

接著我們會說明此公式的由來，也就是神經網路求解的精華所在。

2-3-3 神經網路求解

神經網路求解是一個正向傳導與反向傳導反覆執行的過程，如下圖所示。

1. 由於神經網路是多條迴歸線的組合，建立模型的主要任務就是計算出每條迴歸線的權重 (w) 與偏差 (b)。

2. 依上述範例的邏輯，一開始我們指定 w、b 為任意值，建立迴歸方程式 y=wx+b，將特徵值 (x) 帶入方程式，可以求得預測值 ()，進而計算出損失函數，例如 MSE，這個過程稱為『正向傳導』(Forward Propagation)。

3. 透過最小化 MSE 的目標和偏微分，可以找到更好的 w、b，並依學習率來更新每一層神經網路的 w、b，此過程稱之為『反向傳導』(Backpropagation)。這部份可以藉由微分的連鎖率 (Chain Rule)，一次逆算出每一層神經元對應的 w、b，公式為：

   $W_{t+1} = W_t$ - **學習率** (learning rate) x **梯度** (gradient)

   其中：

   梯度 = - 2 * x * (y -) [稍後證明]

   學習率：優化器事先設定的固定值或動能函數。

4. 重複 2、3 步驟，一直到損失函數不再有明顯改善為止。

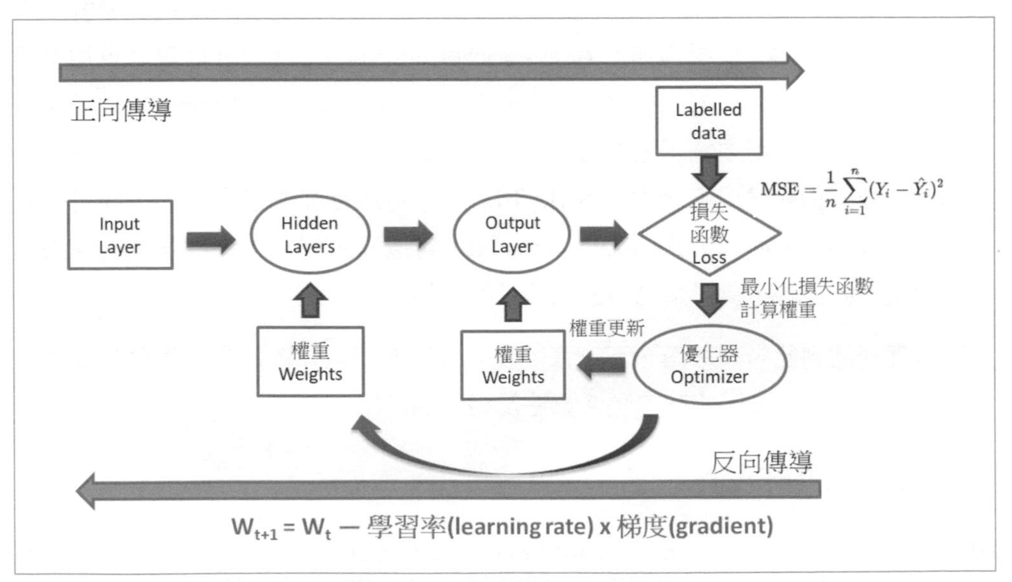

▲ 圖 2.9 神經網路權重求解過程

梯度 (gradient) 公式證明如下：

1. 損失函數 $MSE = \frac{\sum(y-\hat{y})^2}{n}$，因 n 為常數，故僅考慮分子，即 SSE。
2. $SSE = \sum(y-\hat{y})^2 = \sum(y-wx)^2 = \sum(y^2 - 2ywx + w^2x^2)$
3. 以矩陣表示，$SSE = y^2 - 2ywx + w^2x^2$
4. $\frac{\partial SSE}{\partial w} = -2yx + 2wx^2 = -2\,x\,(y - wx) = -2\,x(y-\hat{y})$
5. 同理，$\frac{\partial SSE}{\partial b} = -2\,x^0(y-\hat{y}) = -2\,(y-\hat{y})$
6. 為了簡化公式，常把係數 2 拿掉。
7. 最後公式為：

   調整後權重 = 原權重 + (學習率 * 梯度)
8. 有些文章將梯度負號拿掉，公式就修正為：

   調整後權重 = 原權重 - (學習率 * 梯度)。

以上是以 MSE 為損失函數時的梯度計算公式，若使用其他損失函數，梯度計算結果也會有所不同，如果再加上 Activation Function，梯度公式計算就更加複雜了，還好，深度學習框架均提供自動微分 (Automatic Differentiation)、計算梯度的功能，我們就不用煩惱了。後續有些演算法會自訂損失函數，會因而產生意想不到的功能，例如『風格轉換』(Style Transfer) 可以合成兩張圖像，生成對抗網路 (Generative Adversarial Network, GAN)，可以產生幾可亂真的圖像。也因為如此關鍵，我們才花費了這麼多的篇幅鋪陳『梯度下降法』。

基礎原理介紹到此告一段落，下一章，我們就以 PyTorch 實作自動微分、梯度下降、神經網路層，進而構建各種演算法及相關的應用。

參考資料 (References)

[1] Keith McNulty,《Decision makers need more math》, 2018 (https://towardsdatascience.com/decision-makers-need-more-math-ed4d4fe3dc09)

[2] PyTorch 線性代數函數庫說明文件 (https://pytorch.org/docs/stable/linalg.html)

第二篇

PyTorch 基礎篇

PyTorch 是 Facebook AI 實驗室 (Facebook's AI Research lab, FAIR) 於 2016 年 9 月發佈的深度學習框架，它是自 Torch 移植過來的 (以 Lua 程式語言開發)，是深度學習最佳的入門套件之一，而且 PyTorch 官網很貼心提供中文版的說明文件，不過，個人認為內容順暢性還是不如 Keras(https://keras.io/)，因此，筆者才有撰寫此書的動機。

本篇將介紹 PyTorch 的整體架構，包含下列內容：

❶ **從張量 (Tensor) 運算，到自動微分 (Automatic Differentiation)，再到神經層，最後構建完整的神經網路。**

❷ **說明神經網路的各項函數，例如 Activation Function、損失函數 (Loss Function)、優化器 (Optimizer)、效能衡量指標 (Metrics)，並介紹運用梯度下降法找到最佳解的原理與過程。**

❸ **示範 PyTorch 各項工具的使用，包含 TensorBoard 視覺化工具、PyTorch Dataset/DataLoader、PyTorch Serve 佈署等。**

❹ **神經網路完整流程的實踐。**

❺ **卷積神經網路 (Convolutional Neural Network, CNN)。**

❻ **預先訓練的模型 (Pre-trained Model)。**

❼ **轉移學習 (Transfer Learning)。**

第 3 章
PyTorch 學習路徑與主要功能

3-1 PyTorch 學習路徑

梯度下降法是神經網路主要求解的方法，計算過程需要大量使用張量 (Tensor) 運算，另外，在反向傳導的過程中，則要進行偏微分，計算梯度，求解多層結構的神經網路，因此，大多數的深度學習套件至少會具備下列功能：

1. 張量運算：包括各種向量、矩陣運算。
2. 自動微分 (Auto Differentiation)：透過偏微分計算梯度。
3. 各種神經層 (Layers) 及神經網路 (Neural Network) 模型構建。

所以學習的路徑可以從簡單的張量運算開始，再逐漸熟悉高階的神經層函數，以奠定扎實的基礎。

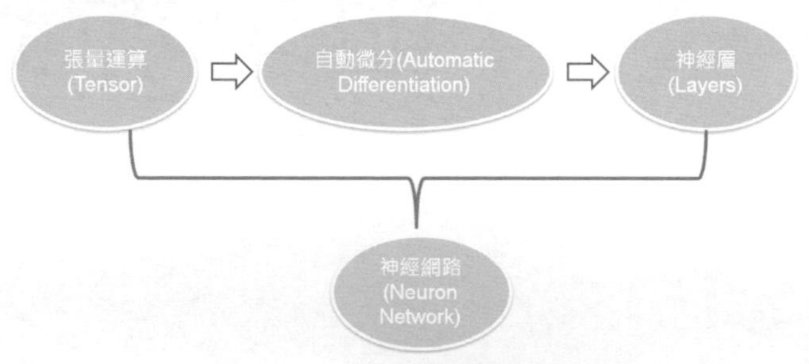

▲ 圖 3.1 PyTorch 學習路徑

掌握到 PyTorch 的核心之後，再外擴至支援工具 (TensorBoard)、移動裝置 (Mobile)、佈署工具 (TorchServe)、TorchScript、效能提升工具 (Profiler)、平行及分散式處理…等。

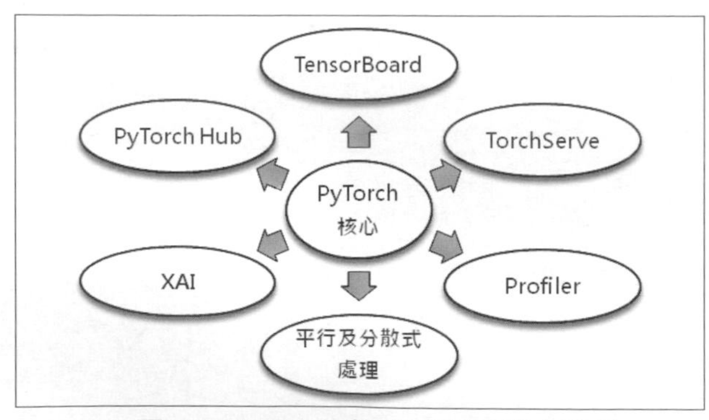

▲ 圖 3.2 PyTorch 其他工具與擴充模組

3-2 張量運算

張量 (Tensor) 是描述向量空間 (vector space) 中物體的特徵，包括零維的純量 (Scalar)、一維的向量 (Vector)、二維的矩陣 (Matrix) 或更多維度的張量，線性代數則是說明張量如何進行各種運算，它被廣泛應用於各種數值分析的領域。以下就以實例說明張量的概念與運算，PyTorch 線性代數函數庫也都遵循 NumPy 套件的設計理念與語法，包括傳播 (Broadcasting) 機制，甚至函數名稱都相同。

深度學習模型的輸入 / 輸出格式以張量表示，所以，我們先熟悉向量、矩陣的相關運算及程式撰寫語法。

➤ 本節的程式碼請參閱【03_01_ 張量運算 .ipynb】。

3-2-1 向量 (Vector)

向量 (Vector) 是一維的張量，它與線段的差別是除了長度 (Magnitude) 以外，還有方向 (Direction)，數學表示法為：

$$\vec{v} = \begin{bmatrix} 2 \\ 1 \end{bmatrix}$$

以圖形表示如下：

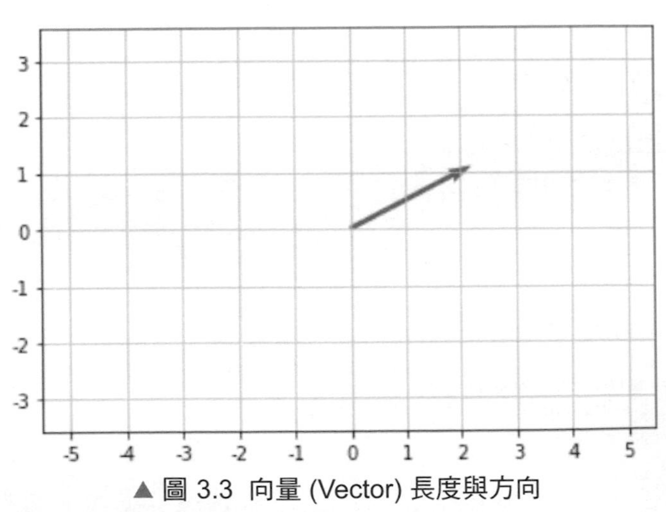

▲ 圖 3.3 向量 (Vector) 長度與方向

1. 長度 (magnitude)：計算公式為歐幾里得距離 (Euclidean distance)。

$$\| \vec{v} \| = \sqrt{v_1^2 + v_2^2} = \sqrt{5}$$

程式撰寫如下：

```
1 # 向量(Vector)
2 v = np.array([2,1])
3 
4 # 向量長度(magnitude)計算
5 (v[0]**2 + v[1]**2) ** (1/2)
```

可以直接呼叫 np.linalg.norm() 計算向量長度：

```
1 # 使用 np.linalg.norm() 計算向量長度(magnitude)
2 import numpy as np
3 
4 magnitude = np.linalg.norm(v)
5 print(magnitude)
```

也可以使用 PyTorch 的 torch.linalg.norm() 計算，但是要先將向量轉換為 PyTorch 格式。

```
1 # 使用 PyTorch
2 torch.linalg.norm(torch.FloatTensor(v))
```

2. 方向 (direction)：使用 $\tan^{-1}()$ 函數計算。

$$\tan(\theta) = \frac{1}{2}$$

移項如下：

$$\theta = \tan^{-1}(\frac{1}{2}) \approx 26.57°$$

```
1 import math
2 import numpy as np
3 
4 # 向量(Vector)
5 v = np.array([2,1])
6 
7 vTan = v[1] / v[0]
8 print ('tan(θ) = 1/2')
9 
10 theta = math.atan(vTan)
11 print('弳度(radian) =', round(theta,4))
12 print('角度(degree) =', round(theta*180/math.pi, 2))
13 
14 # 也可以使用 math.degrees() 轉換角度
15 print('角度(degree) =', round(math.degrees(theta), 2))
```

- 計算得到 θ 的單位為弳度，可轉為大部分人比較熟悉的角度。

3. 向量四則運算規則

  - 加減乘除一個常數：常數直接對每個元素作加減乘除。
  - 加減乘除另一個向量：兩個向量的相同位置的元素作加減乘除，所以兩個向量的元素個數須相等。

4. 向量加減法：加減一個常數，長度、方向均改變。程式撰寫如下：

```
1  # 載入套件
2  import numpy as np
3  import matplotlib.pyplot as plt
4
5  # 向量(Vector) + 2
6  v = np.array([2,1])
7  v1 = np.array([2,1]) + 2
8  v2 = np.array([2,1]) - 2
9
10 # 原點
11 origin = [0], [0]
12
13 # 畫有箭頭的線
14 plt.quiver(*origin, *v1, scale=10, color='r')
15 plt.quiver(*origin, *v, scale=10, color='b')
16 plt.quiver(*origin, *v2, scale=10, color='g')
17
18 plt.annotate('orginal vector',(0.025, 0.01), xycoords='data'
19              , fontsize=16)
20
21 # 作圖
22 plt.axis('equal')
23 plt.grid()
24
25 plt.xticks(np.arange(-0.05, 0.06, 0.01), labels=np.arange(-5, 6, 1))
26 plt.yticks(np.arange(-3, 5, 1) / 100, labels=np.arange(-3, 5, 1))
27 plt.show()
```

- 執行結果：

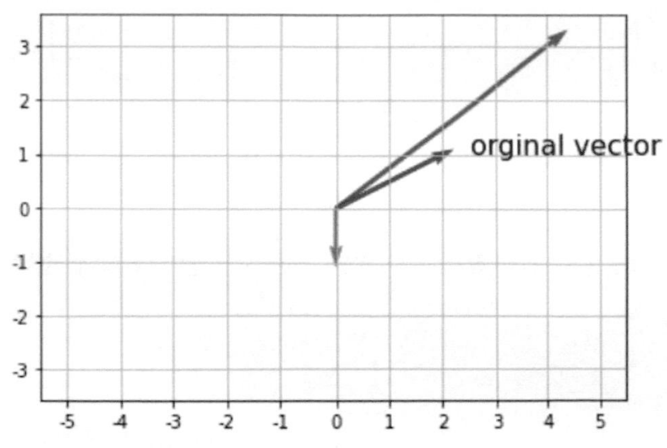

▲ 圖 3.4 向量加減一個常數，長度、方向均改變

5. 向量乘除法：乘除一個常數，長度改變、方向不改變。

```
1  # 載入套件
2  import numpy as np
3  import matplotlib.pyplot as plt
4
5  # 向量(Vector) * 2
6  v = np.array([2,1])
7  v1 = np.array([2,1]) * 2
8  v2 = np.array([2,1]) / 2
9
10 # 原點
11 origin = [0], [0]
12
13 # 畫有箭頭的線
14 plt.quiver(*origin, *v1, scale=10, color='r')
15 plt.quiver(*origin, *v, scale=10, color='b')
16 plt.quiver(*origin, *v2, scale=10, color='g')
17
18 plt.annotate('orginal vector',(0.025, 0.008), xycoords='data'
19              , color='b', fontsize=16)
20
21 # 作圖
22 plt.axis('equal')
23 plt.grid()
24
25 plt.xticks(np.arange(-0.05, 0.06, 0.01), labels=np.arange(-5, 6, 1))
26 plt.yticks(np.arange(-3, 5, 1) / 100, labels=np.arange(-3, 5, 1))
27 plt.show()
```

- 執行結果：

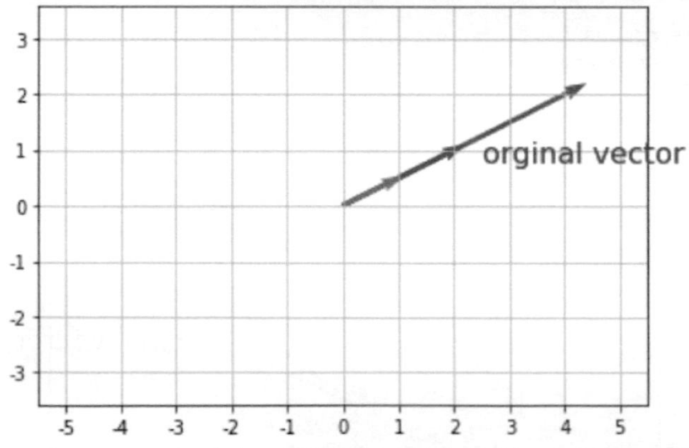

▲ 圖 3.5 向量乘除一個常數，長度改變、方向不改變

6. 向量加減乘除另一個向量：兩個向量的相同位置的元素作加減乘除。

```
# 載入套件
import numpy as np
import matplotlib.pyplot as plt

# 向量(Vector) * 2
v = np.array([2,1])
s = np.array([-3,2])
v2 = v+s

# 原點
origin = [0], [0]

# 畫有箭頭的線
plt.quiver(*origin, *v, scale=10, color='b')
plt.quiver(*origin, *s, scale=10, color='b')
plt.quiver(*origin, *v2, scale=10, color='g')

plt.annotate('orginal vector',(0.025, 0.008), xycoords='data'
             , color='b', fontsize=16)

# 作圖
plt.axis('equal')
plt.grid()

plt.xticks(np.arange(-0.05, 0.06, 0.01), labels=np.arange(-5, 6, 1))
plt.yticks(np.arange(-3, 5, 1) / 100, labels=np.arange(-3, 5, 1))
plt.show()
```

- 執行結果：

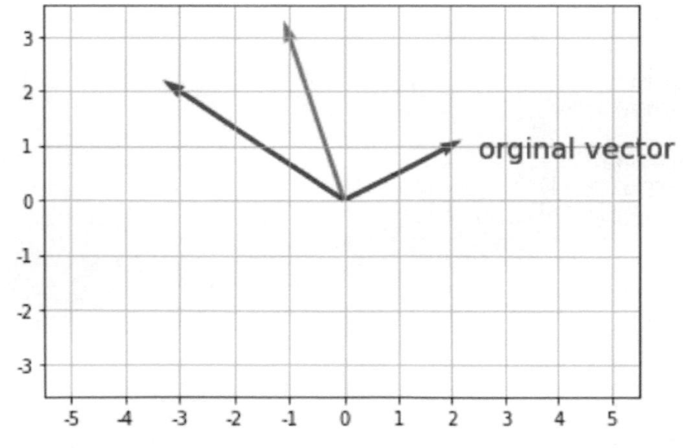

▲圖 3.6 向量加另一個向量，長度、方向均會改變

7. 『內積』或稱『點積』(Dot Product)。

$$\vec{v} \cdot \vec{s} = (v_1 \cdot s_1) + (v_2 \cdot s_2) \ldots + (v_n \cdot s_n)$$

NumPy 是以 @ 作為內積的運算符號，而非 *。

```
1  # 載入套件
2  import numpy as np
3
4  # 向量(Vector)
5  v = np.array([2,1])
6  s = np.array([-3,2])
7
8  #『內積』或稱『點積乘法』(Dot Product)
9  d = v @ s
10
11 print (d)
```

8. 計算兩個向量的夾角，公式如下：

$$\vec{v} \cdot \vec{s} = \|\vec{v}\| \|\vec{s}\| \cos(\theta)$$

移項：

$$\cos(\theta) = \frac{\vec{v} \cdot \vec{s}}{\|\vec{v}\| \|\vec{s}\|}$$

再利用 $\cos^{-1}()$ 計算夾角 θ。

```
1  # 載入套件
2  import math
3  import numpy as np
4
5  # 向量(Vector)
6  v = np.array([2,1])
7  s = np.array([-3,2])
8
9  # 計算長度(magnitudes)
10 vMag = np.linalg.norm(v)
11 sMag = np.linalg.norm(s)
12
13 # 計算 cosine(θ)
14 cos = (v @ s) / (vMag * sMag)
15
16 # 計算 θ
17 theta = math.degrees(math.acos(cos))
18
19 print(theta)
```

3-2-2 矩陣 (Matrix)

矩陣是二維的張量，擁有列 (Row) 與行 (Column)，可用以表達一個平面 N 個點 (Nx2)、或一個 3D 空間 N 個點 (Nx3)，例如：

$$A = \begin{bmatrix} 1 & 2 & 3 \\ 4 & 5 & 6 \end{bmatrix}$$

1. 矩陣加法 / 減法與向量相似，相同位置的元素作運算即可，但乘法運算通常是指內積 (dot product)，使用 @。試對兩個矩陣相加：

$$\begin{bmatrix} 1 & 2 & 3 \\ 4 & 5 & 6 \end{bmatrix} + \begin{bmatrix} 6 & 5 & 4 \\ 3 & 2 & 1 \end{bmatrix} = \begin{bmatrix} 7 & 7 & 7 \\ 7 & 7 & 7 \end{bmatrix}$$

程式撰寫如下：

```
1  # 載入套件
2  import numpy as np
3
4  # 矩陣
5  A = np.array([[1,2,3],
6                [4,5,6]])
7  B = np.array([[6,5,4],
8                [3,2,1]])
9
10 # 加法
11 print(A + B)
```

2. 試對兩個矩陣相乘

$$\begin{bmatrix} 1 & 2 & 3 \\ 4 & 5 & 6 \end{bmatrix} \cdot \begin{bmatrix} 9 & 8 \\ 7 & 6 \\ 5 & 4 \end{bmatrix} = ?$$

解題：左邊矩陣的第 2 維須等於右邊矩陣的第 1 維，即 (m, k) x (k, n) = (m, n)

$$\begin{bmatrix} 1 & 2 & 3 \\ 4 & 5 & 6 \end{bmatrix} \cdot \begin{bmatrix} 9 & 8 \\ 7 & 6 \\ 5 & 4 \end{bmatrix} = \begin{bmatrix} 38 & 32 \\ 101 & 86 \end{bmatrix}$$

其中左上角的計算過程為 (1,2,3)．(9,7,5)=(1×9)+(2×7)+(3×5)=38，右上角的計算過程為 (1,2,3)．(8,6,4)=(1×8)+(2×6)+(3×4)=32，以此類推，如下圖。

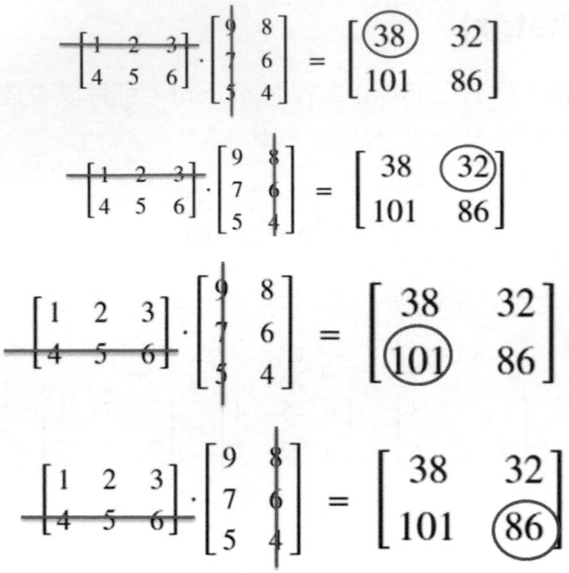

$$\begin{bmatrix}1 & 2 & 3\\4 & 5 & 6\end{bmatrix}\cdot\begin{bmatrix}9 & 8\\7 & 6\\5 & 4\end{bmatrix}=\begin{bmatrix}38 & 32\\101 & 86\end{bmatrix}$$

$$\begin{bmatrix}1 & 2 & 3\\4 & 5 & 6\end{bmatrix}\cdot\begin{bmatrix}9 & 8\\7 & 6\\5 & 4\end{bmatrix}=\begin{bmatrix}38 & 32\\101 & 86\end{bmatrix}$$

$$\begin{bmatrix}1 & 2 & 3\\4 & 5 & 6\end{bmatrix}\cdot\begin{bmatrix}9 & 8\\7 & 6\\5 & 4\end{bmatrix}=\begin{bmatrix}38 & 32\\101 & 86\end{bmatrix}$$

$$\begin{bmatrix}1 & 2 & 3\\4 & 5 & 6\end{bmatrix}\cdot\begin{bmatrix}9 & 8\\7 & 6\\5 & 4\end{bmatrix}=\begin{bmatrix}38 & 32\\101 & 86\end{bmatrix}$$

▲ 圖 2.7 矩陣相乘

```
1  # 載入套件
2  import numpy as np
3
4  # 矩陣
5  A = np.array([[1,2,3],
6                [4,5,6]])
7  B = np.array([[9,8],
8                [7,6],
9                [5,4],
10              ])
11
12 # 乘法
13 print(A @ B)
```

3. 矩陣 (A、B) 相乘，A x B 是否等於 B x A ？

```
1  # 乘法：A x B != B x A
2
3  A = np.array([[1,2],
4                [4,5]])
5  B = np.array([[9,8],
6                [7,6],
7               ])
8
9  print(A @ B)
10 print()
11 print(B @ A)
12 print()
13 print('A x B != B x A')
```

- 執行結果：A x B 不等於 B x A。

```
[[23 20]
 [71 62]]

[[41 58]
 [31 44]]

A x B != B x A
```

4. 矩陣在運算時，除了一般的加減乘除外，還有一些特殊的矩陣，包括轉置矩陣 (Transpose)、反矩陣 (Inverse)、對角矩陣 (Diagonal matrix)、單位矩陣 (Identity matrix)、… 等。
   - 轉置矩陣：列與行互換。

$$\begin{bmatrix} 1 & 2 & 3 \\ 4 & 5 & 6 \end{bmatrix}^T = \begin{bmatrix} 1 & 4 \\ 2 & 5 \\ 3 & 6 \end{bmatrix}$$

   $(A^T)^T = A$：進行兩次轉置，會回復成原來的矩陣。

5. 對上述矩陣作轉置。

```
1  import numpy as np
2
3  A = np.array([[1,2,3],
4                [4,5,6]])
5
6  # 轉置矩陣
7  print(A.T)
```

- 也可以使用 np.transpose(A)。

6. 反矩陣 (A^{-1})：A 必須為方陣，即列數與行數須相等，且必須是非奇異方陣 (non-singular)，即每一列或行之間不可以相依於其他列或行。

```
1  import numpy as np
2
3  A = np.array([[1,2,3],
4                [4,5,6],
5                [7,8,9],
6               ])
7  print(np.linalg.inv(A))
```

- 執行結果：

```
[[ 3.15251974e+15 -6.30503948e+15  3.15251974e+15]
 [-6.30503948e+15  1.26100790e+16 -6.30503948e+15]
 [ 3.15251974e+15 -6.30503948e+15  3.15251974e+15]]
```

7. 若 A 為非奇異 (Non-singular) 矩陣，則 A @ A^{-1} = 單位矩陣 (I)。所謂的非奇異矩陣是任一列不能為其他列的倍數或多列的組合，包括各種四則運算。矩陣的行也須符合相同的規則。

8. 試對下列矩陣驗算 A @ A^{-1} 是否等於單位矩陣 (I)。

$$A = \begin{bmatrix} 9 & 8 \\ 7 & 6 \end{bmatrix}$$

```
1  # A @ A反矩陣 = 單位矩陣(I)
2  A = np.array([[9,8],
3                [7,6],
4               ])
5
6  print(np.around(A @ np.linalg.inv(A)))
```

- 執行結果：

```
[[1. 0.]
 [0. 1.]]
```

- 結果為單位矩陣，表示 A 為非奇異 (Non-singular) 矩陣。

9. 試對下列矩陣驗算 A @ A^{-1} 是否等於單位矩陣 (I)。

$$A = \begin{bmatrix} 1 & 2 & 3 \\ 4 & 5 & 6 \\ 7 & 8 & 9 \end{bmatrix}$$

```
1  # A @ A反矩陣 != 單位矩陣(I)
2  # A 為 singular 矩陣
3  # 第二行 = 第一行 + 1
4  # 第三行 = 第一行 + 2
5  A = np.array([[1,2,3],
6                [4,5,6],
7                [7,8,9],
8               ])
9
10 print(np.around(A @ np.linalg.inv(A)))
```

- 執行結果：

```
[[ 0.  1. -0.]
 [ 0.  2. -1.]
 [ 0.  3.  2.]]
```

- A 為奇異 (Singular) 矩陣，因為

  第二行 = 第一行 + 1

  第三行 = 第一行 + 2

  故 A @ A^{-1} 不等於單位矩陣。

3-2-3 使用 PyTorch

1. 顯示 PyTorch 版本。

```
1 # 載入套件
2 import torch
3
4 # 顯示版本
5 print(torch.__version__)
```

2. 檢查 GPU 及 CUDA Toolkit 是否存在。

```
1 # 檢查 GPU 及 cuda toolkit 是否存在
2 torch.cuda.is_available()
```

- 執行結果為 True，表示有偵測到 GPU，反之為 False。

3. 如果要知道 GPU 的詳細規格，可安裝 PyCuda 套件。請注意在 Windows 環境下，無法以 pip install pycuda 安裝，須至『Unofficial Windows Binaries for Python Extension Packages』 (https://www.lfd.uci.edu/~gohlke/pythonlibs/?cm_mc_uid=08085305845514542921829&cm_mc_sid_50200000=1456395916#pycuda) 下載對應 Python、Cuda Toolkit 版本的二進位檔案。

   舉例來說，Python v3.8，且安裝 Cuda Toolkit v10.1 則須下載：
   pycuda-2020.1+cuda101-cp38-cp38-win_amd64.whl，並執行：
   pip install pycuda-2020.1+cuda101-cp38-cp38-win_amd64.whl。

- 接著就可以執行本書所附的範例：

  python GpuQuery.py。

- 執行結果如下，即可顯示 GPU 的詳細規格，重要資訊排列在前面：

```
偵測 1 個CUDA裝置

裝置 0: GeForce GTX 1050 Ti
        計算能力: 6.1
        GPU記憶體: 4096 MB
        6 個處理器, 各有 128 個CUDA核心數, 共 768 個CUDA核心數

        ASYNC_ENGINE_COUNT: 5
        CAN_MAP_HOST_MEMORY: 1
        CLOCK_RATE: 1392000
        COMPUTE_CAPABILITY_MAJOR: 6
        COMPUTE_CAPABILITY_MINOR: 1
        COMPUTE_MODE: DEFAULT
        CONCURRENT_KERNELS: 1
        ECC_ENABLED: 0
        GLOBAL_L1_CACHE_SUPPORTED: 1
        GLOBAL_MEMORY_BUS_WIDTH: 128
        GPU_OVERLAP: 1
        INTEGRATED: 0
        KERNEL_EXEC_TIMEOUT: 1
        L2_CACHE_SIZE: 1048576
        LOCAL_L1_CACHE_SUPPORTED: 1
        MANAGED_MEMORY: 1
        MAXIMUM_SURFACE1D_LAYERED_LAYERS: 2048
        MAXIMUM_SURFACE1D_LAYERED_WIDTH: 32768
```

4. 使用 torch.tensor 建立張量變數，PyTorch 會根據變數值決定資料型態，也可以宣告特定型態，如整數 (torch.IntTensor)、長整數 (torch. LongTensor)、浮點數 (torch.FloatTensor)。

```
1  tensor = torch.tensor([[1, 2]])
2  print(tensor)
3
4  tensor2 = torch.IntTensor([[1, 2]])
5  print(tensor2)
6
7  tensor3 = torch.LongTensor([[1, 2]])
8  print(tensor3)
9
10 tensor4 = torch.FloatTensor([[1, 2]])
11 print(tensor4)
```

5. 四則運算。

```
1  # 張量運算
2  A = torch.tensor([[1,2,3],
3                [4,5,6]])
4  B = torch.tensor([[9,8,7],
5                [7,6,5]
6               ])
7
8  print(A + B)  # 加法
9  print(A - B)  # 減法
10 print(A * B)  # 乘法
```

```
11 print(A / B)  # 除法
12
13 # 內積
14 A = torch.tensor([[1,2,3],
15                   [4,5,6]])
16 B = torch.tensor([[9,8],
17                   [7,6],
18                   [5,4],
19                  ])
20 print(A @ B)
```

- 執行結果如下：

```
tensor([[10, 10, 10],
        [11, 11, 11]])
tensor([[-8, -6, -4],
        [-3, -1,  1]])
tensor([[ 9, 16, 21],
        [28, 30, 30]])
tensor([[0.1111, 0.2500, 0.4286],
        [0.5714, 0.8333, 1.2000]])
tensor([[ 38,  32],
        [101,  86]])
```

- 如果只要顯示數值，可轉為 NumPy 陣列，例如：

  x.numpy()

6. NumPy 變數轉 PyTorch 張量變數。

```
1 import numpy as np
2
3 array = np.array([[1, 2]])
4 # Numpy -> PyTorch
5 tensor = torch.from_numpy(array)
6 tensor
```

7. TensorFlow 常用的 reduce_sum 函數，是沿著特定軸加總，輸出會少一維，以 PyTorch 撰寫可使用 sum() 替代：

```
1 # TensorFlow reduce_sum 的等式
2 A = torch.FloatTensor([[1,2,3],
3                        [4,5,6]])
4 A.sum(axis=1)
```

- 執行結果，沿著行，對每一列加總，輸出會少一維：

  tensor([6., 15.])

8. 稀疏矩陣 (Sparse Matrix) 運算：稀疏矩陣是指矩陣內只有很少數的非零元素，如果依一般的矩陣儲存會非常浪費記憶體，運算也是如此，因為大部份項目為零，不需浪費時間計算，所以，科學家針對稀疏矩陣設計特殊的資料儲存結構及運算演算法，PyTorch 也支援此類資料型態。

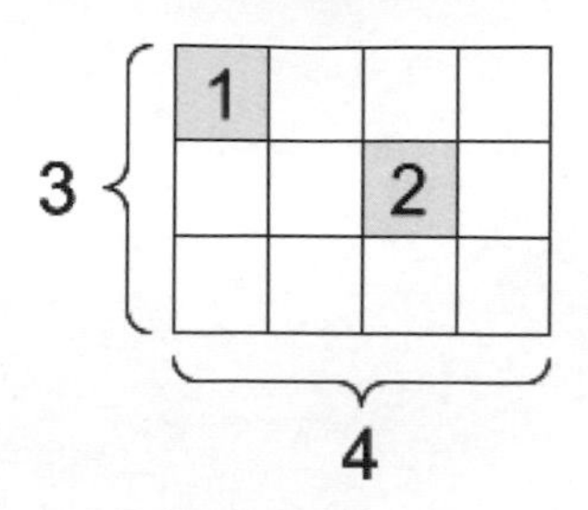

▲ 圖 3.7　稀疏矩陣 (Sparse Matrix)

9. TensorFlow 會自動決定變數在 CPU 或 GPU 運算，但 **PyTorch 套件稍嫌麻煩，必須手動將變數搬移至 CPU 或 GPU 運算，不允許一個變數在 CPU，另一個變數在 GPU，進行運算會出現錯誤**。程式撰寫時要注意下列事項：

- 變數搬移至 CPU/GPU，可使用 .to('cpu') 或 .to('cuda')，若有多張 GPU 卡，可指定搬移至某一張，例如第一張，.to('cuda:0')，也可以使用 .cuda()、.cpu()。
- 雖然手動搬移比 TensorFlow 麻煩，不過，這種作法有助於記憶體管理，碰到 GPU 記憶體有限時，可以改在 CPU 運算，可避免類似 TensorFlow 常發生記憶體不足 (OOM) 的現象。
- 變數在 CPU/GPU 搬移時，需花費一點時間，若運算量不大且不複雜時，可直接在 CPU 運算。

```
1  # CPU -> GPU
2  tensor_gpu = tensor.cuda()
3  print(tensor_gpu)
4
5  # 若有多個 GPU，可指定 GPU 序號
6  tensor_gpu_2 = tensor.to('cuda:0')
7  print(tensor_gpu_2)
8
9  # GPU -> CPU
10 tensor_cpu = tensor_gpu.cpu()
11 print(tensor_cpu)
```

- 執行結果：

```
tensor([[1, 2]], device='cuda:0', dtype=torch.int32)
tensor([[1, 2]], device='cuda:0', dtype=torch.int32)
tensor([[1, 2]], dtype=torch.int32)
```

10. CPU 與 GPU 變數不可混合運算。

```
1 tensor_gpu + tensor_cpu
```

- 執行結果如下：

```
---------------------------------------------------------------------------
RuntimeError                              Traceback (most recent call last)
<ipython-input-12-a07362b22321> in <module>
----> 1 tensor_gpu + tensor_cpu

RuntimeError: Expected all tensors to be on the same device, but found at least two devices, cuda:0 and cpu!
```

- 這樣寫才對：tensor_gpu + tensor_cpu.cuda()

11. 要在擁有 GPU 卡及只有 CPU 的硬體均能執行，可以撰寫如下：

```
1 device = 'cuda' if torch.cuda.is_available() else 'cpu'
2
3 tensor_gpu.to(device) + tensor_cpu.to(device)
```

12. PyTorch 稀疏矩陣只需設定有值的位置 (indices) 和數值 (values)，如下，i 為位置陣列，v 為數值陣列：

```
1 # 定義稀疏矩陣有值的(row, column)，例如第一個值在(0, 2)，第一/二列的第一欄
2 i = torch.LongTensor([[0, 1, 1],
3                       [2, 0, 2]])
4 # 稀疏矩陣的值
5 v = torch.FloatTensor([3, 4, 5])
6
7 # 定義稀疏矩陣的尺寸(2, 3)，並轉為正常的矩陣
8 torch.sparse.FloatTensor(i, v, torch.Size([2,3])).to_dense()
```

- 執行結果如下，例如第一個值 (3) 在 (0, 2)，第二個值 (4) 在 (1, 0) ，第三個值 (5) 在 (1, 2)：

```
tensor([[0., 0., 3.],
        [4., 0., 5.]])
```

13. 稀疏矩陣運算寫法如下。

```
1 # 稀疏矩陣運算
2 a = torch.sparse.FloatTensor(i, v, torch.Size([2,3])) + \
3     torch.sparse.FloatTensor(i, v, torch.Size([2,3]))
4 a.to_dense()
```

- 執行結果：

```
tensor([[ 0.,  0.,  6.],
        [ 8.,  0., 10.]])
```

14. 要直接禁用 GPU 卡，可執行下列指令，❗注意 必須要在檔案一開始就執行，否則無效。

```
1  # 載入套件
2  import torch
3  import os
4
5  os.environ["CUDA_VISIBLE_DEVICES"] = "-1"
6  # 檢查 GPU 及 cuda toolkit 是否存在
7  print(torch.cuda.is_available())
```

15. 若有多張 GPU 卡，可指定搬移至某一張 GPU。

```
1  import os
2
3  os.environ["CUDA_VISIBLE_DEVICES"] = "0"
```

3-3 自動微分 (Automatic Differentiation)

反向傳導時，會更新每一層的權重，這時就輪到偏微分運算派上用場，所以，深度學習套件的第二項主要功能就是自動微分 (Automatic Differentiation)。

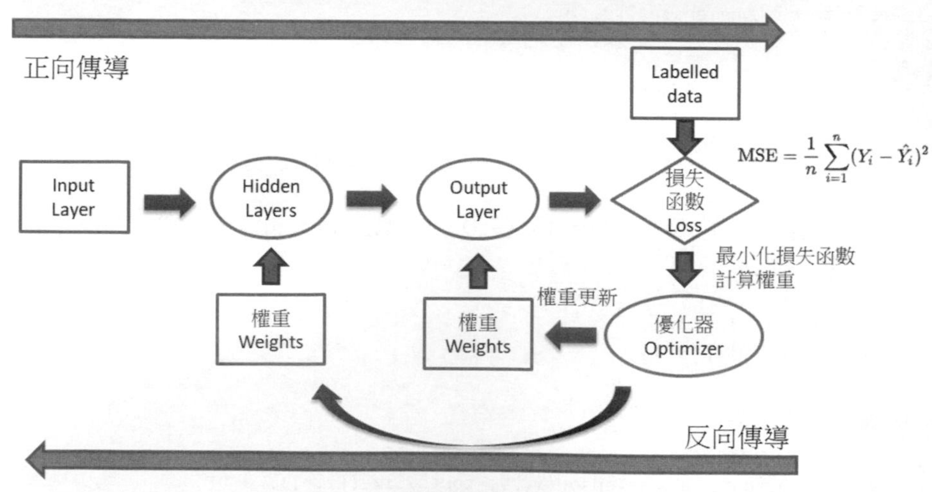

▲ 圖 3.8 神經網路權重求解過程

➤ 下列程式碼請參考【03_02_ 自動微分 .ipynb】。

1. 變數 y 即會對 x 自動偏微分。

```
1  import torch
2
3  # 設定 x 參與自動微分
4  x = torch.tensor(4.0, requires_grad=True)
5
6  y = x ** 2              # y = x^2
7
8  print(y)
9  print(y.grad_fn)        # y 梯度函數
10 y.backward()            # 反向傳導
11 print(x.grad)           # 取得梯度
```

- 變數 x 要參與自動微分，須指定參數 requires_grad=True。
- 設定 y 是 x 的多項式，y.grad_fn 可取得 y 的梯度函數。
- 執行 y.backward()，會進行反向傳導，即偏微分 $\frac{dy}{dx}$。
- 透過 x.grad 可取得梯度，若有多個變數也是如此。
- 執行結果，x^2 對 x 自動偏微分，得 2x，因 x=4，故 x 梯度 =8。

```
tensor(16., grad_fn=<PowBackward0>)
<PowBackward0 object at 0x0000024AA19EA7C0>
tensor(8.)
```

2. 下列程式碼可取得自動微分相關的屬性值。

```
1  import torch
2
3  # 設定變數值
4  x = torch.tensor(1.0, requires_grad = True)
5  y = torch.tensor(2.0)
6  z = x * y
7
8  # 顯示自動微分相關屬性
9  for i, name in zip([x, y, z], "xyz"):
10     print(f"{name}\ndata: {i.data}\nrequires_grad: {i.requires_grad}\n" +
11           "grad: {i.grad}\ngrad_fn: {i.grad_fn}\nis_leaf: {i.is_leaf}\n")
```

- 執行結果：

```
x
data: 1.0
requires_grad: True
grad: {i.grad}
grad_fn: {i.grad_fn}
is_leaf: {i.is_leaf}
```

```
y
data: 2.0
requires_grad: False
grad: {i.grad}
grad_fn: {i.grad_fn}
is_leaf: {i.is_leaf}

z
data: 2.0
requires_grad: True
grad: {i.grad}
grad_fn: {i.grad_fn}
is_leaf: {i.is_leaf}
```

3. 來看一個較複雜的例子，以神經網路進行分類時，常使用交叉熵 (Cross entropy) 作為損失函數，下圖表達 Cross entropy = CE (y, wx + b)。

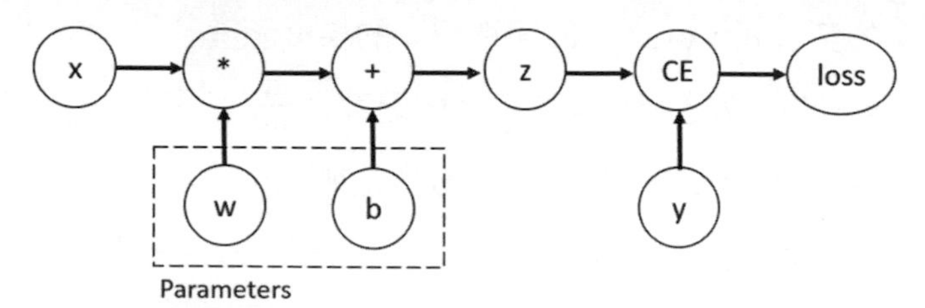

▲ 圖 3.9 交叉熵 (Cross entropy) 運算圖

- 運算圖 (Computational Graph)：PyTorch 會依據程式，建構運算圖，描述梯度下降時，變數運算的順序，如圖，先算 x，再算 z，最後計算 loss。

```
1 x = torch.ones(5)
2 y = torch.zeros(3)
3 w = torch.randn(5, 3, requires_grad=True)
4 b = torch.randn(3, requires_grad=True)
5 z = torch.matmul(x, w)+b
6 loss = torch.nn.functional.binary_cross_entropy_with_logits(z, y)
7
8 print('z 梯度函數：', z.grad_fn)
9 print('loss 梯度函數：', loss.grad_fn)
```

- torch.nn.functional.binary_cross_entropy_with_logits：PyTorch 提供的交叉熵函數。

- 執行結果：

```
z 梯度函數： <AddBackward0 object at 0x000002111057DDF0>
loss 梯度函數： <BinaryCrossEntropyWithLogitsBackward0 object at 0x000002111062EB80>
```

4. 自動微分：z 是 w、b 的函數，而 loss 又是 z 的函數，故只要對 loss 進行反向傳導即可。

```
1 loss.backward()
2 print(w.grad)          # w梯度值
3 print(b.grad)          # b梯度值
```

- 執行結果，w、b 梯度分別為：

```
tensor([[0.3148, 0.3112, 0.2117],
        [0.3148, 0.3112, 0.2117],
        [0.3148, 0.3112, 0.2117],
        [0.3148, 0.3112, 0.2117],
        [0.3148, 0.3112, 0.2117]])
tensor([0.3148, 0.3112, 0.2117])
```

5. TensorFlow 有使用常數 (Constant) 及變數 (Variable)，而 PyTorch 自 v0.4.0 起已棄用 Variable，直接使用 tensor 即可，但網路上依然常見 Variable，特此說明，詳情請參閱參考資料說明 [1]。

```
1 # Variable 在 v0.4.0已被棄用，直接使用 tensor 即可
2 from torch.autograd import Variable
3 x = Variable(torch.ones(1), requires_grad=True)
4 y = x + 1
5 y.backward()
6 print(x.grad)
```

- 上例以 torch.ones 替代 Variable。

```
1 # 替代 Variable
2 x2 = torch.ones(1, requires_grad=True)
3 y = x2 + 1
4 y.backward()
5 print(x2.grad)
```

6. 模型訓練時，會反覆執行正向 / 反向傳導，以找到最佳解，因此，梯度下降會執行很多次，這時要注意兩件事：

- y.backward 執行後，預設會將運算圖銷毀，y.backward 將無法再執行，故要保留運算圖，須加參數 retain_graph=True。
- 梯度會不斷累加，因此，執行 y.backward 後要重置 (reset) 梯度，指令如下：

```
x.grad.zero_()
```

7. 不重置梯度：

```
1  x = torch.tensor(5.0, requires_grad=True)
2  y = x ** 3              # y = x^3
3
4  y.backward(retain_graph=True) # 梯度下降
5  print(f'一次梯度下降={x.grad}')
6
7  y.backward(retain_graph=True) # 梯度下降
8  print(f'二次梯度下降={x.grad}')
9
10 y.backward() # 梯度下降
11 print(f'三次梯度下降={x.grad}')
```

- 執行結果：

  一次梯度下降 =75.0

  二次梯度下降 =150.0

  三次梯度下降 =225.0

- 二次、三次梯度下降應該都是 75，結果都累加。

8. 梯度重置：x.grad.zero_()。

```
1  x = torch.tensor(5.0, requires_grad=True)
2  y = x ** 3              # y = x^3
3
4  y.backward(retain_graph=True) # 梯度下降
5  print(f'一次梯度下降={x.grad}')
6  x.grad.zero_()                # 梯度 reset
7
8  y.backward(retain_graph=True) # 梯度下降
9  print(f'二次梯度下降={x.grad}')
10 x.grad.zero_()                # 梯度 reset
11
12 y.backward() # 梯度下降
13 print(f'三次梯度下降={x.grad}')
```

9. 多個變數梯度下降。

```
1  x = torch.tensor(5.0, requires_grad=True)
2  y = x ** 3              # y = x^3
3  z = y ** 2              # z = y^2
4
5  z.backward() # 梯度下降
6  print(f'x 梯度下降 ={x.grad}') # 6 * x^5
```

- 執行結果：z = 6 * (x^5) = 18750。

接著我們改寫【02_02_ 梯度下降法 .ipynb】，將改用 PyTorch 函數微分。

1. 只更動微分函數：原來是自己手動計算，現改用自動微分。

```
 9  # 自動微分
10  def dfunc(x):
11      x = torch.tensor(float(x), requires_grad=True)
12      y = x ** 2 # 目標函數(損失函數)
13      y.backward()
14      return x.grad
```

- 執行結果：與【02_02_ 梯度下降法 .ipynb】相同。

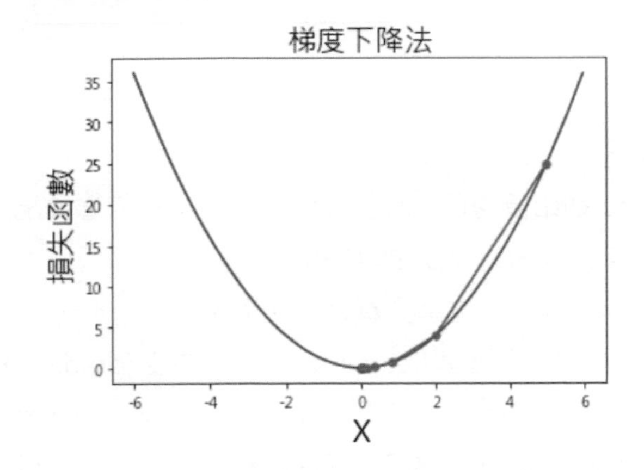

2. 再作一題，將函數改為 $2x^4-3x^2+2x-20$。要縮小學習率 (0.001)，免得錯過最小值，同時增大執行週期數 (15000)。

```
4  # 自動微分
5  def dfunc(x):
6      x = torch.tensor(float(x), requires_grad=True)
7      y = 2*x**4-3*x**2+2*x-20
8      y.backward()
9      return x.grad
```

- 執行結果：與【02_02_ 梯度下降法 .ipynb】相同。

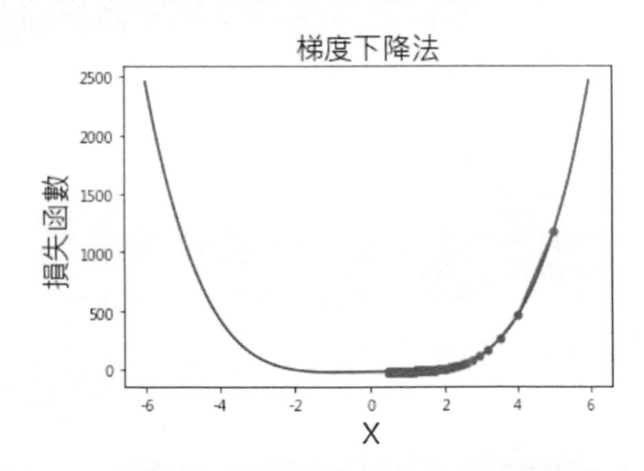

最後我們來作一個完整範例，使用梯度下降法對線性迴歸求解，方程式如下，求 w、b 的最佳解。

$$y = wx + b$$

➤ 下列程式碼請參考【03_03_ 簡單線性迴歸 .ipynb】。

1. 載入套件。

```
1  # 載入套件
2  import numpy as np
3  import torch
```

2. 定義訓練函數：

- 剛開始 w、b 初始值均可設為任意值，這裡使用常態分配之隨機亂數。
- 定義損失函數 =MSE，公式見 11 行。
- 依照 2-3-3 章節證明，權重更新公式如下：
  新權重 = 原權重 - 學習率 (learning_rate) * 梯度 (gradient)
- 權重更新必須在『設定不參與梯度下降』，才能運算，參見 15~18 行。
- 每一訓練週期的 w、b、損失函數都儲存至陣列，以利後續觀察，參見 22~24 行。要取得 w、b、損失函數的值，可以使用 .item() 轉為常數，也可以 .detach().numpy() 轉為 NumPy 陣列，detach 作用是將變數脫離梯度下降的控制。
- 記得梯度重置，包括 w、b。

```
1   def train(X, y, epochs=100, lr=0.0001):
2       loss_list, w_list, b_list=[], [], []
3   
4       # w、b 初始值均設為常態分配之隨機亂數
5       w = torch.randn(1, requires_grad=True, dtype=torch.float)
6       b = torch.randn(1, requires_grad=True, dtype=torch.float)
7       for epoch in range(epochs):   # 執行訓練週期
8           y_pred = w * X + b        # 預測值
9   
10          # 計算損失函數值
11          MSE = torch.mean(torch.square(y_pred - y))
12          MSE.backward()
13  
14          # 設定不參與梯度下降，w、b才能運算
15          with torch.no_grad():
16              # 新權重 = 原權重 — 學習率(learning_rate) * 梯度(gradient)
17              w -= lr * w.grad
18              b -= lr * b.grad
19  
```

```
20          # detach：與運算圖分離，numpy()：轉成陣列
21          # w.detach().numpy()
22          w_list.append(w.item())  # w.item()：轉成常數
23          b_list.append(b.item())
24          loss_list.append(MSE.item())
25
26          # 梯度重置
27          w.grad.zero_()
28          b.grad.zero_()
29
30      return w_list, b_list, loss_list
```

3. 產生線性隨機資料 100 筆，介於 0~50。

```
1  # 產生線性隨機資料100筆，介於 0-50
2  n = 100
3  X = np.linspace(0, 50, n)
4  y = np.linspace(0, 50, n)
5
6  # 資料加一點雜訊(noise)
7  X += np.random.uniform(-10, 10, n)
8  y += np.random.uniform(-10, 10, n)
```

4. 執行訓練。

```
1  # 執行訓練
2  w_list, b_list, loss_list = train(torch.tensor(X), torch.tensor(y))
3
4  # 取得 w、b 的最佳解
5  print(f'w={w_list[-1]}, b={b_list[-1]}')
```

- 執行結果：

w=0.942326545715332, b=1.1824959516525269

5. 執行訓練 100,000 次。

```
1  # 執行訓練
2  w_list, b_list, loss_list = train(torch.tensor(X), torch.tensor(y), epochs=100000)
3
4  # 取得 w、b 的最佳解
5  print(f'w={w_list[-1]}, b={b_list[-1]}')
```

- 執行結果有差異：

w=0.8514814972877502, b=4.500218868255615

6. 以 NumPy 驗證。

```
1  # 執行訓練
2  coef = np.polyfit(X, y, deg=1)
3
4  # 取得 w、b 的最佳解
5  print(f'w={coef[0]}, b={coef[1]}')
```

- 執行結果：

  w=0.8510051491073364, b=4.517198474698629

- 與梯度下降法訓練 100,000 次較相近，顯示梯度下降法收斂較慢，需要較多執行週期的訓練，與預設的學習率 (lr) 有關，讀者可以調整反覆測試。
- 所以說深度學習是一黑箱科學，必須靠實驗與經驗，才能找到最佳參數值。

7. 訓練 100 次的模型繪圖驗證。

```
1 import matplotlib.pyplot as plt
2 
3 plt.scatter(X, y, label='data')
4 plt.plot(X, w_list[-1] * X + b_list[-1], 'r-', label='predicted')
5 plt.legend()
```

- 執行結果：雖然訓練次數不足，但迴歸線也確實在樣本點的中線。

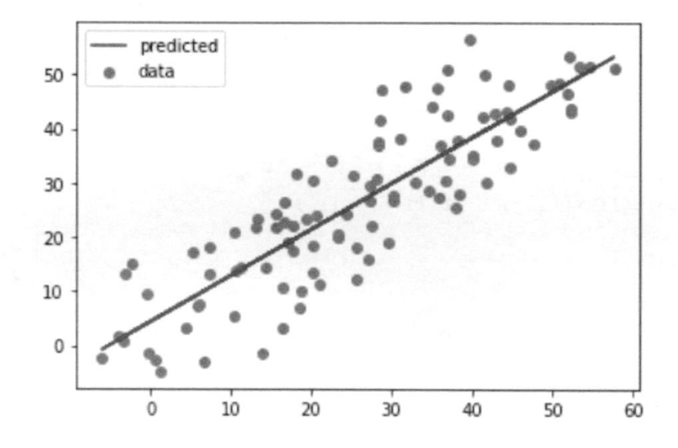

8. NumPy 模型繪圖驗證。

```
1 # NumPy 求得的迴歸線
2 import matplotlib.pyplot as plt
3 
4 plt.scatter(X, y, label='data')
5 plt.plot(X, coef[0] * X + coef[1], 'r-', label='predicted')
6 plt.legend()
```

- 執行結果：迴歸線確實在樣本點的中線。

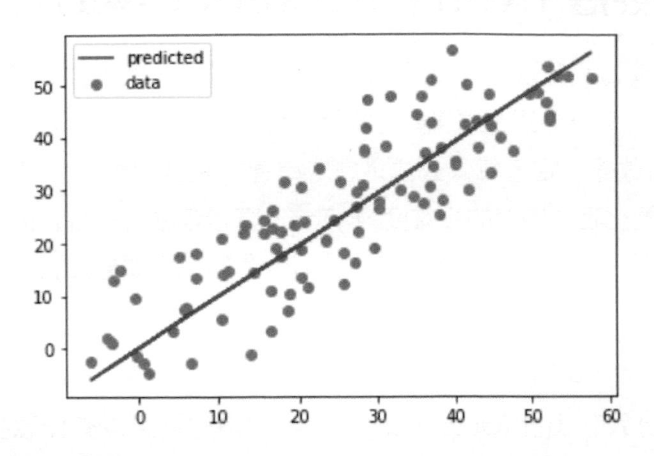

9. 損失函數繪圖驗證。

```
1 plt.plot(loss_list)
```

- 執行結果：大約在第 10 個執行週期後就收斂了。

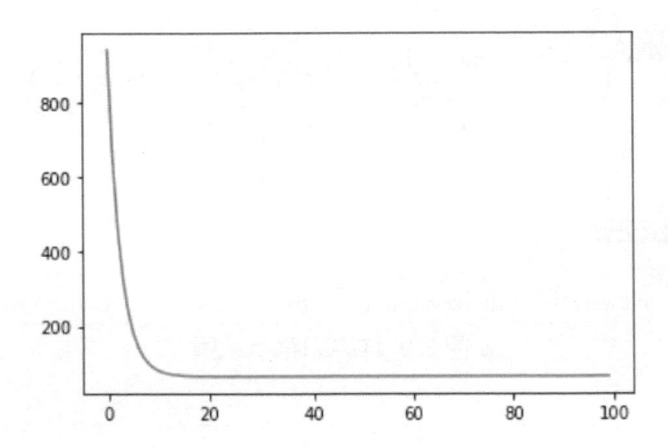

有了 PyTorch 自動微分的功能，反向傳導變得非常簡單，若要改用其他損失函數，只需修改一下公式，其他程式碼都照舊，就搞定了，這一節模型訓練的程式架構非常重要，只要熟悉每個環節，後續複雜的模型也可以運用自如。

3-4 神經層 (Neural Network Layer)

上一節運用自動微分實現一條簡單線性迴歸線的求解，然而神經網路是多條迴歸線的組合，並且每一條迴歸線可能再乘上非線性的 Activation Function，假如使用自動微分函數逐一定義每條公式，層層串連，程式可能要很多個迴圈才能完成。所以為了簡化程式開發的複雜度，PyTorch 直接建構各式各樣的神經層 (Layer) 函數，可以使用神經層組合神經網路的結構，我們只需要專注在演算法的設計即可，輕鬆不少。

神經網路是多個神經層組合而成的，如下圖，包括輸入層 (Input Layer)、隱藏層 (Hidden Layer) 及輸出層 (Output Layer)，其中隱藏層可以有任意多層，廣義來說，隱藏層大於或等於兩層，即稱為『深度』(Deep) 學習。

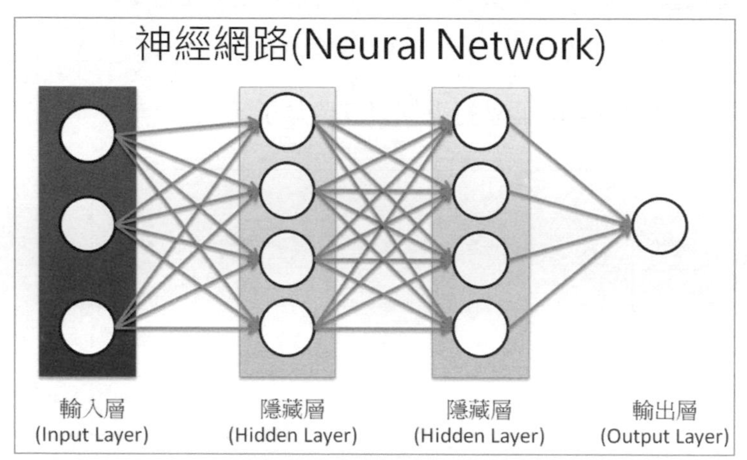

▲ 圖 3.9 神經網路示意圖

PyTorch 提供十多類神經層，每一類別又有很多種神經層，都定義在 torch.nn 命名空間下，可參閱官網說明 [2]。

首先介紹完全神經層 (Linear Layers)，參閱上圖，即上一層神經層的每一個神經元 (圖中的圓圈) 都連接到下一層神經層的每一個神經元，所以也稱為『完全連接層』，又分為 Linear、Bilinear、LazyLinear 等，可參閱維基百科 [3]，接下來，我們就來實作完全連接層。

範例

01 進行實驗，熟悉完全連接層的基本用法。

➤ 下列程式碼請參考【03_04_ 完全連接層 .ipynb】。

1. 載入套件。

```
1 # 載入套件
2 import torch
```

2. 產生隨機亂數的輸入資料，輸出二維資料。

```
1 input = torch.randn(128, 20)
2 input.shape
```

3. 建立神經層，Linear 參數依序為：
   - 輸入神經元個數。
   - 輸出神經元個數。
   - 是否產生偏差項 (bias)。
   - 裝置：None、CPU('cpu') 或 GPU('cuda')。
   - 資料型態。
   - Linear 神經層的轉換為 $y = xA^T + b$，y 為輸出，x 為輸入。

```
1 # 建立神經層
2 # Linear參數依序為：輸入神經元個數, 輸出神經元個數
3 layer1 = torch.nn.Linear(20, 30)
```

4. 神經層計算：未訓練 Linear 就是執行矩陣內積，維度 (128, 20) @ (20, 30) = (128, 30)。

```
1 output = layer1(input)
2 output.shape
```

- 執行結果：torch.Size([128, 30])。

再測試 Bilinear 神經層，Bilinear 有兩個輸入神經元個數，轉換為 $y = x_1^T A^T x_2 + b$。

1. 建立神經層。

```
1 layer2 = torch.nn.Bilinear(20, 30, 40)
2 input1 = torch.randn(128, 20)
3 input2 = torch.randn(128, 30)
```

2. Bilinear 神經層計算：未訓練 Linear 就是執行矩陣內積，維度

   (128, 20) @ (20, 40) + (128, 30) @ (20, 40) = (128, 40)

```
1 output = layer2(input1, input2)
2 output.shape
```

- 執行結果：torch.Size([128, 40])。

02 引進完全連接層，估算簡單線性迴歸的參數 w、b。

➤ 下列程式碼請參考【03_05_ 簡單線性迴歸 _ 神經層 .ipynb】。

1. 產生隨機資料，與上一節範例相同。

```
1 # 載入套件
2 import numpy as np
3 import tensorflow as tf
4 
5 # 產生線性隨機資料100筆，介於 0-50
6 n = 100
7 X = np.linspace(0, 50, n)
8 y = np.linspace(0, 50, n)
9 
10 # 資料加一點雜訊(noise)
11 X += np.random.uniform(-10, 10, n)
12 y += np.random.uniform(-10, 10, n)
```

2. 定義模型函數：導入神經網路模型，簡單的順序型模型內含 Linear 神經層及扁平層 (Flatten)，扁平層參數設定哪些維度要轉成一維，設定起訖 (0, -1) 將所有維度轉成一維。

```
1 # 定義模型
2 def create_model(input_feature, output_feature):
3     model = torch.nn.Sequential(
4         torch.nn.Linear(input_feature, output_feature),
5         torch.nn.Flatten(0, -1) # 所有維度轉成一維
6     )
7     return model
```

- 可測試扁平層如下，Flatten() 預設起訖參數為 (1, -1)，故結果為 2 維，通常第 1 維為筆數，第 2 維為分類的預測答案：

```
1 # 測試扁平層(Flatten)
2 input = torch.randn(32, 1, 5, 5)
3 m = torch.nn.Sequential(
4     torch.nn.Conv2d(1, 32, 5, 1, 1),
5     torch.nn.Flatten()
6 )
7 output = m(input)
8 output.size()
```

- 執行結果：torch.Size([32, 288])。

3. 定義訓練函數：

- 定義模型：神經網路僅使用一層完全連接層，而且輸入只有一個神經元，即 X，輸出也只有一個神經元，即 y。偏差項 (bias) 預設值為 True，除了一個神經元輸出外，還會有一個偏差項，設定其實就等於 y=wx+b。
- 定義損失函數：直接使用 MSELoss 函數取代 MSE 公式。

```
1 def train(X, y, epochs=2000, lr=1e-6):
2     model = create_model(1, 1)
3
4     # 定義損失函數
5     loss_fn = torch.nn.MSELoss(reduction='sum')
```

4. 使用迴圈，反覆進行正向 / 反向傳導的訓練：

- 計算 MSE：改為 loss_fn(y_pred, y)。
- 梯度重置：改由 model.zero_grad() 取代 w、b 逐一設定。
- 權重更新：改用 model.parameters 取代 w、b 逐一更新。
- model[0].weight、model[0].bias 可取得權重、偏差項。

```
 7     loss_list, w_list, b_list=[], [], []
 8     for epoch in range(epochs):   # 執行訓練週期
 9         y_pred = model(X)         # 預測值
10
11         # 計算損失函數值
12         # print(y_pred.shape, y.shape)
13         MSE = loss_fn(y_pred, y)
14
15         # 梯度重置：改由model.zero_grad() 取代w、b 逐一設定。
16         model.zero_grad()
17
18         # 反向傳導
19         MSE.backward()
20
21         # 權重更新：改用 model.parameters 代替 w、b 逐一更新
22         with torch.no_grad():
23             for param in model.parameters():
24                 param -= lr * param.grad
25
26         # 記錄訓練結果
27         linear_layer = model[0]
28         if (epoch+1) % 1000 == 0 or epochs < 1000:
29             w_list.append(linear_layer.weight[:, 0].item())  # w.item()：轉成常數
30             b_list.append(linear_layer.bias.item())
31             loss_list.append(MSE.item())
32
33     return w_list, b_list, loss_list
```

5. 執行訓練。

```
1  # 執行訓練
2  X2, y2 = torch.FloatTensor(X.reshape(X.shape[0], 1)), torch.FloatTensor(y)
3  w_list, b_list, loss_list = train(X2, y2, epochs=10**5, lr=1e-4)
4
5  # 取得 w、b 的最佳解
6  print(f'w={w_list[-1]}, b={b_list[-1]}')
```

- 執行結果：w=0.847481906414032, b=3.2166433334350586。

6. 以 NumPy 驗證。

```
1  # 執行訓練
2  coef = np.polyfit(X, y, deg=1)
3
4  # 取得 w、b 的最佳解
5  print(f'w={coef[0]}, b={coef[1]}')
```

- 執行結果：答案非常相近。

  w=0.8510051491073364, b=4.517198474698629□

7. 顯示迴歸線。

```
1  import matplotlib.pyplot as plt
2
3  plt.scatter(X, y, label='data')
4  plt.plot(X, w_list[-1] * X + b_list[-1], 'r-', label='predicted')
5  plt.legend()
```

- 執行結果：

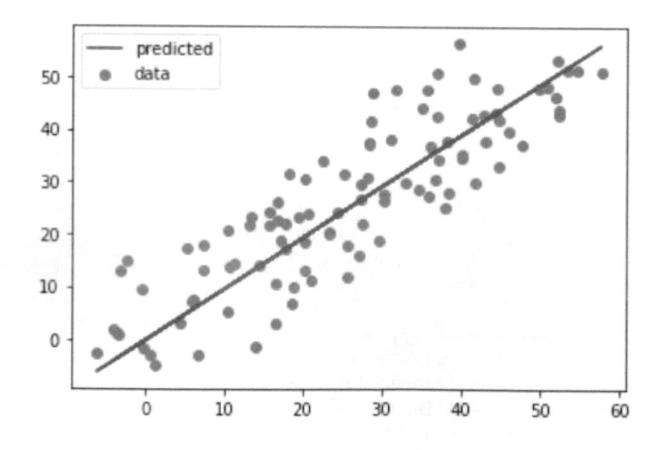

8. NumPy 模型繪圖驗證。

```
1  # NumPy 求得的迴歸線
2  import matplotlib.pyplot as plt
3
4  plt.scatter(X, y, label='data')
5  plt.plot(X, coef[0] * X + coef[1], 'r-', label='predicted')
6  plt.legend()
```

- 執行結果：非常相近。

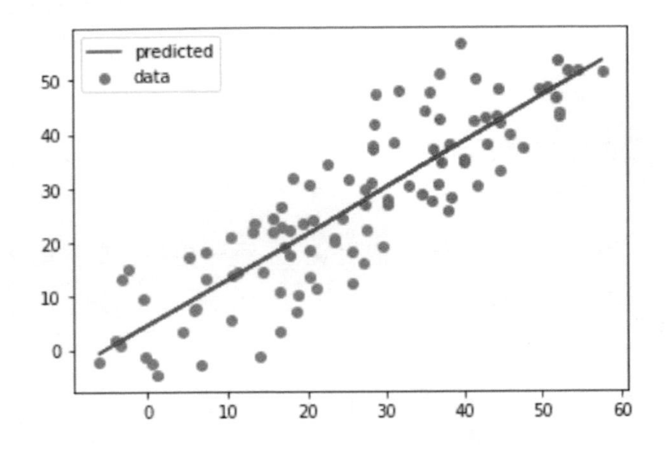

9. 損失函數繪圖。

```
2  plt.plot(loss_list)
```

- 執行結果：在第 25 個執行週期左右就已經收斂。

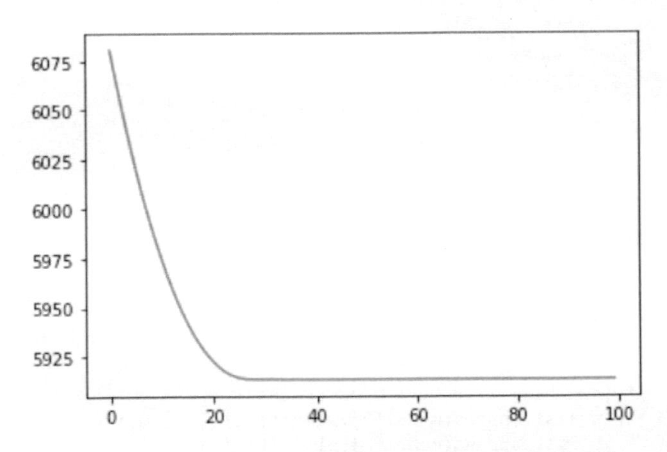

03 接著我們再更進一步，引進優化器(Optimizer)，操控學習率，參閱圖3.8。

- **這裡僅列出與範例 2 的差異，完整程式請參見程式【03_06_ 簡單線性迴歸 _ 神經層 _ 優化器 .ipynb】。**

1. 定義訓練函數：

- 定義優化器：之前為固定的學習率，改用 Adam 優化器，它會採取動態衰減 (Decay) 的學習率，參見第 8 行。PyTorch 提供非常多種的優化器，下一章會詳細說明。
- 梯度重置：改由優化器 (Optimizer) 控制，optimizer.zero_grad() 取代 model.zero_grad()，參見第 19 行。
- 權重更新：改用 optimizer.step() 取代 w、b 逐一更新，參見第 25 行。

```
1  def train(X, y, epochs=100, lr=1e-4):
2      model = create_model(1, 1)
3  
4      # 定義損失函數
5      loss_fn = torch.nn.MSELoss(reduction='sum')
6  
7      # 定義優化器
8      optimizer = torch.optim.Adam(model.parameters(), lr=lr)
9  
10     loss_list, w_list, b_list=[], [], []
11     for epoch in range(epochs):   # 執行訓練週期
12         y_pred = model(X)         # 預測值
13 
14         # 計算損失函數值
15         # print(y_pred.shape, y.shape)
16         MSE = loss_fn(y_pred, y)
17 
18         # 梯度重置：改由優化器(Optimizer)控制
19         optimizer.zero_grad()
20 
21         # 反向傳導
22         MSE.backward()
23 
24         # 權重更新：改用 model.parameters 取代 w、b 逐一更新
25         optimizer.step()
26 
27         # 記錄訓練結果
28         if (epoch+1) % 1000 == 0 or epochs < 1000:
29             w_list.append(model[0].weight[:, 0].item())  # w.item()：轉成常數
30             b_list.append(model[0].bias.item())
31             loss_list.append(MSE.item())
32 
33     return w_list, b_list, loss_list
```

2. 訓練結果與範例 2 相同，**注意 若出現 w 或 b=nan，損失等於無窮大 (inf)，表示梯度下降可能錯過最小值，繼續往下尋找，碰到這種情況，可調低學習率試試看。**

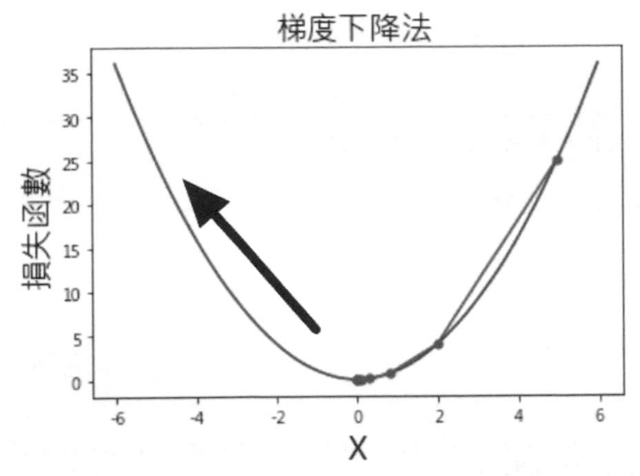

04 除了迴歸之外，也可以處理『分類』(Classification) 的問題，資料集採用 Scikit-learn 套件內建的鳶尾花 (Iris)。

➤ 下列程式碼請參考【03_07_IRIS 分類 .ipynb】。

1. 載入套件。

```
1 # 載入套件
2 import numpy as np
3 import pandas as pd
4 from sklearn import datasets
5 import torch
```

2. 載入 IRIS 資料集：有花萼長 / 寬、花瓣長 / 寬共 4 個特徵。

```
1 dataset = datasets.load_iris()
2 df = pd.DataFrame(dataset.data, columns = dataset.feature_names)
3 df.head()
```

- 執行結果：

	sepal length (cm)	sepal width (cm)	petal length (cm)	petal width (cm)
0	5.1	3.5	1.4	0.2
1	4.9	3.0	1.4	0.2
2	4.7	3.2	1.3	0.2
3	4.6	3.1	1.5	0.2
4	5.0	3.6	1.4	0.2

3. 資料分割成訓練及測試資料，測試資料佔 20%。

```
from sklearn.model_selection import train_test_split
X_train, X_test, y_train, y_test = train_test_split(df.values,
                                    dataset.target, test_size=0.2)
```

4. 進行 one-hot encoding 轉換：y 變成 3 個變數，代表 3 個品種的機率。

```
# one-hot encoding
y_train_encoding = pd.get_dummies(y_train)
y_test_encoding = pd.get_dummies(y_test)
```

- 也可以使用 PyTorch 函數。

```
# 使用 PyTorch 函數
torch.nn.functional.one_hot(torch.LongTensor(y_train))
```

5. 轉成 PyTorch Tensor。

```
# 轉成 PyTorch Tensor
X_train = torch.FloatTensor(X_train)
y_train_encoding = torch.FloatTensor(y_train_encoding.values)
X_test = torch.FloatTensor(X_test)
y_test_encoding = torch.FloatTensor(y_test_encoding.values)
X_train.shape, y_train_encoding.shape
```

6. 建立神經網路模型：

- Linear(4, 3)：4 個輸入特徵，3 個品種預測值。
- Softmax 激勵函數會將預測值轉為機率形式。

```
model = torch.nn.Sequential(
    torch.nn.Linear(4, 3),
    torch.nn.Softmax(dim=1)
)
```

7. 定義損失函數、優化器：與之前相同。

```
loss_function = torch.nn.MSELoss(reduction='sum')
optimizer = torch.optim.Adam(model.parameters(), lr=0.01)
```

8. 訓練模型：第 9~10 行比較實際值與預測值相等的筆數，並轉為百分比。

```
epochs=1000
accuracy = []
losses = []
for i in range(epochs):
    y_pred = model(X_train)
    loss = loss_function(y_pred, y_train_encoding)

    #print(np.argmax(y_pred.detach().numpy(), axis=1))
    accuracy.append((np.argmax(y_pred.detach().numpy(), axis=1) == y_train)
                    .sum()/y_train.shape[0]*100)
    losses.append(loss.item())
```

```
12
13      # 梯度重置
14      optimizer.zero_grad()
15
16      # 反向傳導
17      loss.backward()
18
19      # 執行下一步
20      optimizer.step()
21
22      if i%100 == 0:
23          print(loss.item())
```

9. 繪製訓練過程的損失及準確率趨勢圖。

```
1  import matplotlib.pyplot as plt
2
3  # fix 中文亂碼
4  from matplotlib.font_manager import FontProperties
5  plt.rcParams['font.sans-serif'] = ['Microsoft JhengHei']  # 微軟正黑體
6  plt.rcParams['axes.unicode_minus'] = False
7
8  plt.figure(figsize=(12,6))
9  plt.subplot(1,2,1)
10 plt.title('損失', fontsize=20)
11 plt.plot(range(0,epochs), losses)
12
13 plt.subplot(1,2,2)
14 plt.title('準確率', fontsize=20)
15 plt.plot(range(0,epochs), accuracy)
16 plt.ylim(0,100)
17 plt.show()
```

- 執行結果：在第 400 個執行週期左右就已經收斂。

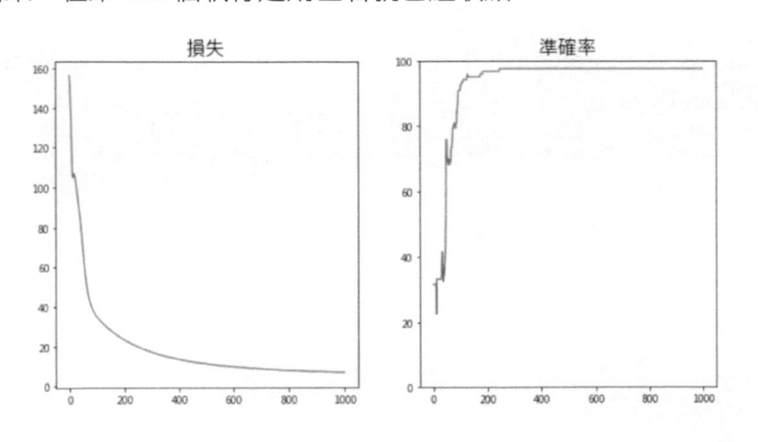

10. 模型評估：評估測試資料的準確度。

```
1 predict_test = model(X_test)
2 _, y_pred = torch.max(predict_test, 1)
3
4 print(f'測試資料準確度: {((y_pred.numpy() == y_test).sum()/y_test.shape[0]):.2f}')
```

- 執行結果：100% 準確，不過，資料分割是採隨機抽樣，每次結果均不相同。

3-5 總結

這一章介紹了張量基本運算、以自動微分實現梯度下降法，之後更進一步，使用神經層、優化器構建神經網路，解決機器學習常見的迴歸與分類的問題，逐步深入探討神經網路的奧妙。

讀到這裡，大家可能會有許多疑問，像是能否使用更多的神經層，甚至更複雜的神經網路結構？答案是肯定的，下一章我們將正式邁入深度學習的殿堂，學習如何應用 PyTorch 解決各種影像、自然語言辨識，並且詳細剖析各個函數的用法及參數說明。

參考資料 (References)

[1] Quora,《What is the difference between a Tensor and a Variable in Pytorch?》, 2019
(https://www.quora.com/What-is-the-difference-between-a-Tensor-and-a-Variable-in-Pytorch)

[2] PyTorch 官網關於神經層的說明
(https://pytorch.org/docs/stable/nn.html)

[3] 維基百科關於完全神經層 (Linear Layers) 的介紹
(https://en.wikipedia.org/wiki/Activation_function)

第 4 章

神經網路實作

接下來，將開始以神經網路實作各種應用，可以暫時跟數學 / 統計説再見了，內容會著重於概念的澄清與程式的撰寫。筆者會盡可能的運用大量圖解，幫助讀者迅速掌握各種演算法的原理，避免流於長篇大論。

首先藉由『手寫阿拉伯數字辨識』的案例，實作機器學習流程的 10 大步驟，並詳細解説構建神經網路的函數用法及各項參數代表的意義，到最後我們會撰寫一個完整的視窗介面程式及網頁程式，讓終端使用者 (End User) 親身體驗 AI 應用程式，期望激發使用者對『企業導入 AI』有更多的發想。

4-1　撰寫第一支神經網路程式

手寫阿拉伯數字辨識，問題定義如下：

1. 讀取手寫阿拉伯數字的影像，將影像中的每個像素當成一個特徵。資料來源為 MNIST 機構所收集的 60000 筆訓練資料，另含 10000 筆測試資料，每筆資料是一個阿拉伯數字，寬高為 (28, 28) 的點陣圖形。
2. 建立神經網路模型，利用梯度下降法，求解模型的參數值，一般稱為權重 (Weight)。
3. 依照模型推算每一個影像是 0~9 的機率，再以最大機率者為預測結果。

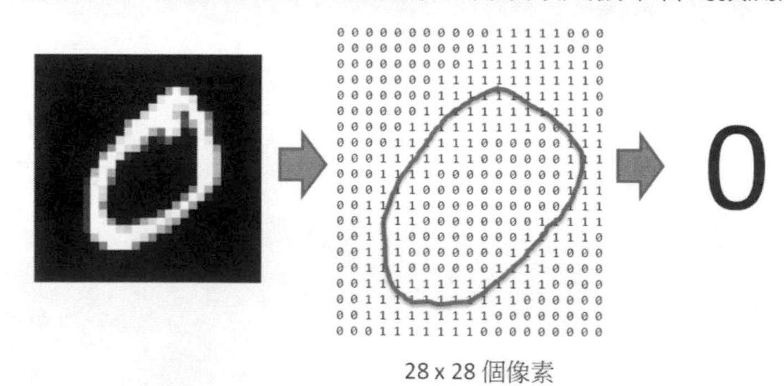

▲ 圖 4.1　手寫阿拉伯數字辨識，左圖為輸入的圖形，中間為圖形的像素，右圖為預測結果

4-1-1　最簡短的程式

TensorFlow v1.x 版使用會話 (Session) 及運算圖 (Computational Graph) 的概念來編寫，光是將兩個張量相加就寫上一大段程式，被對手 Facebook PyTorch 批

評得體無完膚，於是 TensorFlow v2.x 為了回擊對手，一雪前恥，官網直接出大招，在文件首頁展示一支超短程式，示範如何撰寫手寫阿拉伯數字的辨識，要證明改版後的 TensorFlow 確實超好用，現在我們就來看看這支程式。

範例

01 TensorFlow 官網的手寫阿拉伯數字辨識 [1]。

➤ 下列程式碼請參考【04_01_ 手寫阿拉伯數字辨識 .ipynb】。

```
1  import tensorflow as tf
2  mnist = tf.keras.datasets.mnist
3
4  # 匯入 MNIST 手寫阿拉伯數字 訓練資料
5  (x_train, y_train),(x_test, y_test) = mnist.load_data()
6
7  # 特徵縮放至 (0, 1) 之間
8  x_train, x_test = x_train / 255.0, x_test / 255.0
9
10 # 建立模型
11 model = tf.keras.models.Sequential([
12   tf.keras.layers.Flatten(input_shape=(28, 28)),
13   tf.keras.layers.Dense(128, activation='relu'),
14   tf.keras.layers.Dropout(0.2),
15   tf.keras.layers.Dense(10, activation='softmax')
16 ])
17
18 # 設定優化器(optimizer)、損失函數(loss)、效能衡量指標(metrics)
19 model.compile(optimizer='adam',
20               loss='sparse_categorical_crossentropy',
21               metrics=['accuracy'])
22
23 # 模型訓練，epochs：執行週期，validation_split：驗證資料佔 20%
24 model.fit(x_train, y_train, epochs=5, validation_split=0.2)
25
26 # 模型評估
27 model.evaluate(x_test, y_test)
```

• 執行結果如下：

```
Epoch 1/5
1500/1500 [==============================] - 5s 3ms/step - loss: 0.5336 - accuracy: 0.8432 - val_loss: 0.1558 - val_accuracy:
0.9555
Epoch 2/5
1500/1500 [==============================] - 5s 3ms/step - loss: 0.1676 - accuracy: 0.9505 - val_loss: 0.1134 - val_accuracy:
0.9657
Epoch 3/5
1500/1500 [==============================] - 5s 3ms/step - loss: 0.1203 - accuracy: 0.9646 - val_loss: 0.0975 - val_accuracy:
0.9704
Epoch 4/5
1500/1500 [==============================] - 5s 3ms/step - loss: 0.0981 - accuracy: 0.9703 - val_loss: 0.0968 - val_accuracy:
0.9717
Epoch 5/5
1500/1500 [==============================] - 5s 3ms/step - loss: 0.0786 - accuracy: 0.9758 - val_loss: 0.0958 - val_accuracy:
0.9713
313/313 [==============================] - 1s 3ms/step - loss: 0.0807 - accuracy: 0.9752

[0.08072374016046524, 0.9751999974250793]
```

上述的程式扣除註解，僅 10 多行，然而辨識的準確率竟高達 97~98%，TensorFlow 藉此成功扳回一城，PyTorch 隨後也開發出 Lightning 套件模仿 TensorFlow/Keras，訓練也直接使用 model.fit，取代梯度重置、權重更新迴圈，雙方攻防精采萬分。

02 以 PyTorch Lightning 撰寫手寫阿拉伯數字辨識，須先安裝套件，指令如下：

```
pip install pytorch-lightning
```

官網首頁的程式複製如【04_02_ 手寫阿拉伯數字辨識 _Lightning.ipynb】，程式不夠簡潔，筆者至官網教學範例複製一段更短的程式如下。

➤ 下列程式碼請參考【04_03_ 手寫阿拉伯數字辨識 _Lightning_short.ipynb】。

1. 設定相關參數。

```
2 PATH_DATASETS = "" # 預設路徑
3 AVAIL_GPUS = min(1, torch.cuda.device_count()) # 使用GPU或CPU
4 BATCH_SIZE = 256 if AVAIL_GPUS else 64  # 批量
```

2. 建立模型：指定另一種損失函數『交叉熵』(cross entropy) 及 Adam 優化器，寫法與 TensorFlow/Keras 專家模式相似。

```
1  # 建立模型
2  class MNISTModel(LightningModule):
3      def __init__(self):
4          super().__init__()
5          self.l1 = torch.nn.Linear(28 * 28, 10) # 完全連接層
6
7      def forward(self, x):
8          # relu activation function + 完全連接層
9          return torch.relu(self.l1(x.view(x.size(0), -1)))
10
11     def training_step(self, batch, batch_nb):
12         x, y = batch
13         loss = F.cross_entropy(self(x), y)  # 交叉熵
14         return loss
15
16     def configure_optimizers(self):
17         return torch.optim.Adam(self.parameters(), lr=0.02) # Adam 優化器
```

3. 訓練模型：

- 下載 MNIST 訓練資料。
- 建立模型物件。

- 建立 DataLoader：DataLoader 是一種 Python Generator，一次只載入一批訓練資料至記憶體，可節省記憶體的使用。
- 模型訓練：與 TensorFlow/Keras 一樣使用 fit。

```
1  # 下載 MNIST 手寫阿拉伯數字 訓練資料
2  train_ds = MNIST(PATH_DATASETS, train=True, download=True,
3                   transform=transforms.ToTensor())
4
5  # 建立模型物件
6  mnist_model = MNISTModel()
7
8  # 建立 DataLoader
9  train_loader = DataLoader(train_ds, batch_size=BATCH_SIZE)
10
11 # 模型訓練
12 trainer = Trainer(gpus=AVAIL_GPUS, max_epochs=3)
13 trainer.fit(mnist_model, train_loader)
```

果然很簡單。

03 手寫阿拉伯數字辨識完整範例，請參閱【**04_04_ 手寫阿拉伯數字辨識 _Lightning_accuracy.ipynb**】，內含準確率的計算。由於，我們的重點並不會放在這個套件上，所以這裡就不再逐行說明了。

4-1-2 程式強化

上一節的範例『手寫阿拉伯數字辨識』是官網為了炫技刻意縮短了程式，本節將會按照機器學習流程的 10 大步驟，撰寫此範例的完整程式，並針對每個步驟仔細解析，務必理解每一行程式背後代表的意涵。

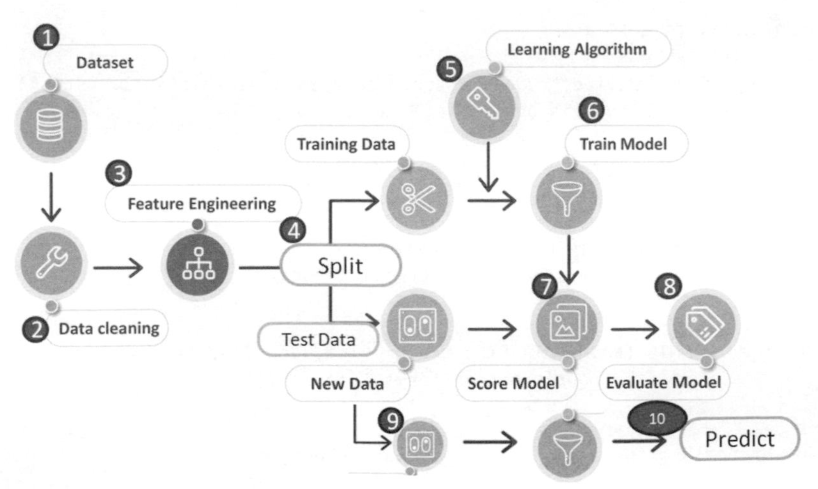

▲ 圖 4.2 機器學習流程 10 大步驟

範例

01 依據上圖 10 大步驟撰寫手寫阿拉伯數字辨識。訓練資料集採用 MNIST 資料庫，它的資料來源是美國高中生及人口普查局員工手寫的 0~9 阿拉伯數字，如下圖：

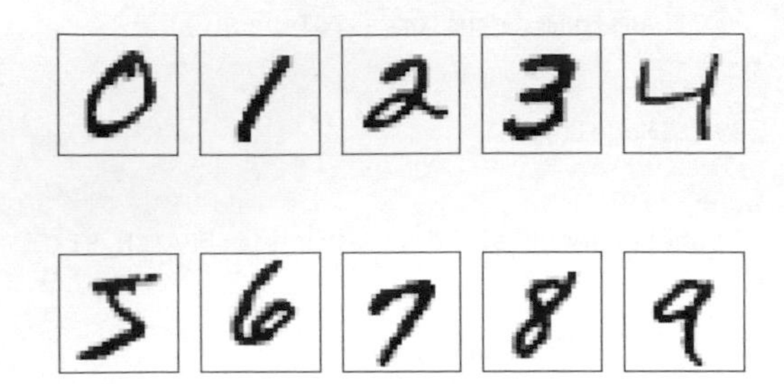

➤ 下列程式碼請參考【04_05_ 手寫阿拉伯數字辨識 _ 完整版 .ipynb】。

1. 載入套件。

```
1  import os
2  import torch
3  from torch import nn
4  from torch.nn import functional as F
5  from torch.utils.data import DataLoader, random_split
6  from torchmetrics import Accuracy
7  from torchvision import transforms
8  from torchvision.datasets import MNIST
```

2. 設定參數，包括 GPU 的偵測，並決定是否使用 GPU。

- PATH_DATASETS：是資料集下載存放的路徑，空字串表程式目前的資料夾。

```
1  PATH_DATASETS = "" # 預設路徑
2  BATCH_SIZE = 1024  # 批量
3  device = torch.device("cuda" if torch.cuda.is_available() else "cpu")
4  "cuda" if torch.cuda.is_available() else "cpu"
```

3. 步驟 1 載入 MNIST 手寫阿拉伯數字資料集

```
1  # 下載 MNIST 手寫阿拉伯數字 訓練資料
2  train_ds = MNIST(PATH_DATASETS, train=True, download=True,
3                   transform=transforms.ToTensor())
4
5  # 下載測試資料
6  test_ds = MNIST(PATH_DATASETS, train=False, download=True,
7                   transform=transforms.ToTensor())
8
9  # 訓練/測試資料的維度
10 print(train_ds.data.shape, test_ds.data.shape)
```

- train=True：為訓練資料，train=False：為測試資料。
- 執行結果：取得 60000 筆訓練資料，10000 筆測試資料，每筆資料是一個阿拉伯數字，寬高各為 (28, 28) 的點陣圖形，要注意資料的維度及其大小，必須與模型的輸入規格契合。

```
(60000, 28, 28) (60000,) (10000, 28, 28) (10000,)
```

4. 步驟❷ 對資料集進行探索與分析 (EDA)，首先觀察訓練資料的目標值 (y)，即影像的真實結果。

```
1 # 訓練資料前10筆圖片的數字
2 y_train[:10]
```

- 執行結果如下，每筆資料是一個阿拉伯數字。

```
array([5, 0, 4, 1, 9, 2, 1, 3, 1, 4], dtype=uint8)
```

5. 列印第一筆訓練資料的像素。

```
1 # 顯示第1張圖片內含值
2 x_train[0]
```

- 執行結果如下，每筆像素的值介於 (0, 255) 之間，為灰階影像，0 為白色，255 為最深的黑色，❶注意 **這與 RGB 色碼剛好相反，RGB 黑色為 0，白色為 255。**

```
[  0,   0,   0,   0,   0,   0,   0,   0,   0,   0,   0,   0,   0,
   0,   0,   0,   0,   0,   0,   0,   0,   0,   0,   0,   0,   0,
   0,   0],
[  0,   0,   0,   0,   0,   0,   0,   0,   0,   0,   0,   0,   3,
  18,  18,  18, 126, 136, 175,  26, 166, 255, 247, 127,   0,   0,
   0,   0],
[  0,   0,   0,   0,   0,   0,   0,   0,  30,  36,  94, 154, 170,
 253, 253, 253, 253, 253, 225, 172, 253, 242, 195,  64,   0,   0,
   0,   0],
[  0,   0,   0,   0,   0,   0,   0,  49, 238, 253, 253, 253, 253,
 253, 253, 253, 253, 251,  93,  82,  82,  56,  39,   0,   0,   0,
   0,   0],
[  0,   0,   0,   0,   0,   0,   0,  18, 219, 253, 253, 253, 253,
 253, 198, 182, 247, 241,   0,   0,   0,   0,   0,   0,   0,   0,
   0,   0],
[  0,   0,   0,   0,   0,   0,   0,   0,  80, 156, 107, 253, 253,
 205,  11,   0,  43, 154,   0,   0,   0,   0,   0,   0,   0,   0,
   0,   0],
```

6. 為了看清楚圖片的手寫的數字，將非 0 的數值轉為 1，變為黑白兩色的圖片。

```
1  # 將非0的數字轉為1，顯示第1張圖片
2  data = train_ds.data[0].clone()
3  data[data>0]=1
4  data = data.numpy()
5  
6  # 將轉換後二維內容顯示出來，隱約可以看出數字為 5
7  text_image=[]
8  for i in range(data.shape[0]):
9      text_image.append(''.join(data[i].astype(str)))
10 text_image
```

- 執行結果如下，筆者以筆描繪 1 的範圍，隱約可以看出是 5。

```
['0000000000000000000000000000',
 '0000000000000000000000000000',
 '0000000000000000000000000000',
 '0000000000000000000000000000',
 '0000000000000000000000000000',
 '0000000000001111111111110000',
 '0000000011111111111111110000',
 '0000000111111111111111100000',
 '0000000111111111110000000000',
 '0000000011111110110000000000',
 '0000000001111100000000000000',
 '0000000000011110000000000000',
 '0000000000011110000000000000',
 '0000000000011111100000000000',
 '0000000000001111110000000000',
 '0000000000000111111000000000',
 '0000000000000001111100000000',
 '0000000000000000111100000000',
 '0000000000000011111110000000',
 '0000000000001111111100000000',
 '0000000000111111111000000000',
 '0000000011111111110000000000',
 '0000001111111111000000000000',
 '0000111111111100000000000000',
 '0000111111110000000000000000',
 '0000000000000000000000000000',
 '0000000000000000000000000000',
 '0000000000000000000000000000']
```

7. 顯示第一筆訓練資料圖像，確認是 5。

```
1  # 顯示第1張圖片圖像
2  import matplotlib.pyplot as plt
3  
4  # 第一筆資料
5  X2 = x_train[0,:,:]
6  
```

```
 7  # 繪製點陣圖，cmap='gray':灰階
 8  plt.imshow(X2.reshape(28,28), cmap='gray')
 9
10  # 隱藏刻度
11  plt.axis('off')
12
13  # 顯示圖形
14  plt.show()
```

- 執行結果：

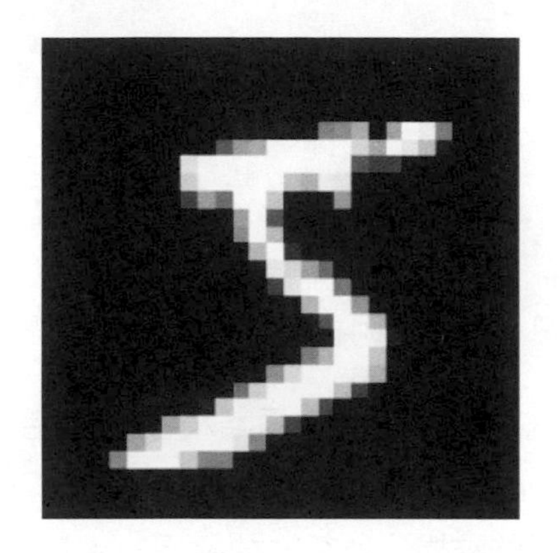

8. 步驟 ③ 使用 TensorFlow 進行特徵工程，將特徵縮放成 (0, 1) 之間，可提高模型準確度，並且可以加快收斂速度。但是，PyTorch 卻會造成優化求解無法收斂，要特別注意，PyTorch 特徵縮放是在訓練時，DataLoader 載入資料才會進行，與 TensorFlow 不同，要設定特徵縮放可在下載 MNIST 指令內設定，如下，請參閱 **【04_07_ 手寫阿拉伯數字辨識 _Normalize.ipynb】**。

```
1  transform=transforms.Compose([
2      transforms.ToTensor(),
3      transforms.Normalize((0.1307,), (0.3081,))
4      ])
5
6
7  # 下載 MNIST 手寫阿拉伯數字 訓練資料
8  train_ds = MNIST(PATH_DATASETS, train=True, download=True,
9                   transform=transform)
```

- 第 3 行指定標準化，平均數為 0.1307，標準差為 0.3081，這兩個數字是官網範例建議的值，函數用法請參閱 [2]。
- 第 8 行套用特徵縮放的轉換 (transform=transform)。

9. 步驟 ④ 資料分割為訓練及測試資料，此步驟無需進行，因為載入 MNIST 資料時，已經切割好了。

10. 步驟 5 建立模型結構如下：

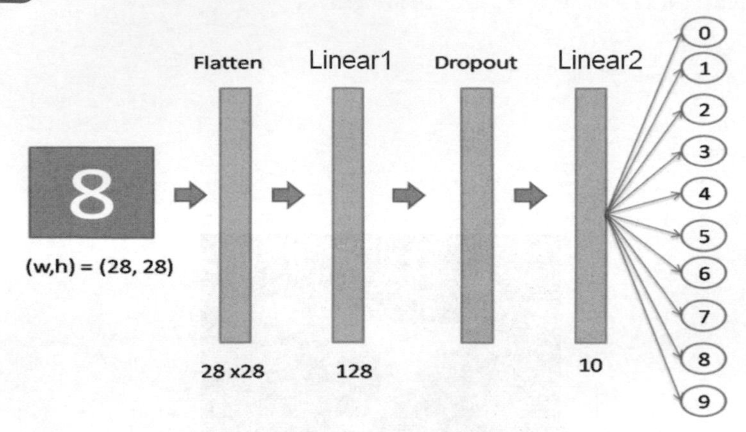

▲ 圖 4.3 手寫阿拉伯數字辨識的模型結構

PyTorch 與 TensorFlow/Keras 一樣提供兩類模型，包括順序型模型 (Sequential Model) 及 Functional API 模型，順序型模型使用 torch.nn.Sequential 函數包覆各項神經層，適用於簡單的結構，執行時神經層一層接一層的順序執行，另一種類型為 Functional API 使用 torch.nn.functional 函數，可以設計成較複雜的模型結構，包括多個輸入層或多個輸出層，也允許分叉，後續使用到時再詳細說明。這裡使用簡單的順序型模型，內含各種神經層如下：

```
1  # 建立模型
2  model = torch.nn.Sequential(
3      torch.nn.Flatten(),
4      torch.nn.Linear(28 * 28, 256),
5      nn.Dropout(0.2),
6      torch.nn.Linear(256, 10),
7      # 使用nn.CrossEntropyLoss()時，不需要將輸出經過softmax層，否則計算的損失會有誤
8      # torch.nn.Softmax(dim=1)
9  ).to(device)
```

- 扁平層 (Flatten Layer)：將寬高各 28 個像素的圖壓扁成一維陣列 (28 x 28 = 784 個特徵)。
- 完全連接層 (Linear Layer)：第一個參數為輸入的神經元個數，通常是上一層的輸出，TensorFlow/Keras 不用設定，但 PyTorch 需要設定，比較麻煩，第二個參數為輸出的神經元個數，設定為 256 個神經元，亦即 256 條迴歸線，每一條迴歸線有 784 個特徵。輸出通常訂為 4 的倍數，並無建議值，可經由實驗調校取得較佳的參數值。

- Dropout Layer：類似正則化 (Regularization)，希望避免過度擬合，在每一個訓練週期隨機丟棄一定比例 (0.2) 的神經元，一方面可以估計較少的參數，另一方面能夠取得多個模型的均值，避免受極端值影響，藉以矯正過度擬合的現象。通常會在每一層完全連接層 (Linear) 後面加一個 Dropout，比例也無建議值。

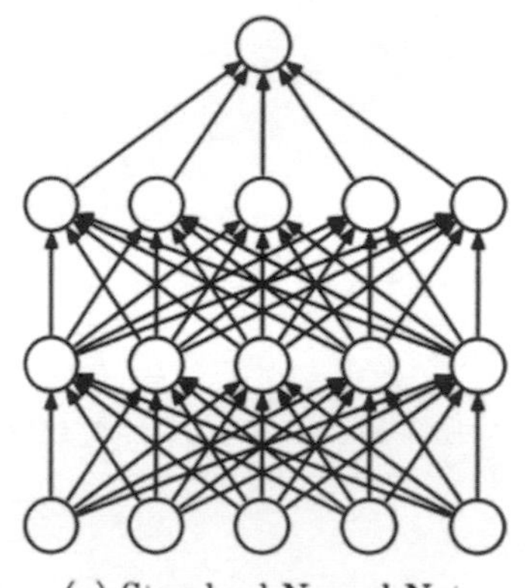

▲ 圖 4.2 左邊為標準的神經網路，右邊是 Dropout Layer 形成的的神經網路。

- 第二個完全連接層 (Linear)：為輸出層，因為要辨識 0~9 十個數字，故輸出要設成 10，一般透過 Softmax Activation Function，可以將輸出轉為機率形式，即預測 0~9 的個別機率，再從中選擇最大機率者為預測值，不過，若使用交叉熵 (nn.CrossEntropyLoss)，PyTorch 已內含 Softmax 處理，不需額外再加 Softmax 層，否則計算的損失會有誤，這與 TensorFlow/Keras 不同，要特別注意，詳情請參閱 PyTorch 官網 CrossEntropyLoss 的說明 [3] 或『交叉熵損失，softmax 函數和 torch.nn.CrossEntropyLoss() 中文』[4]。
- 最後一行 to(device)：**要記得輸入資料與模型必須一致，一律使用 GPU 或 CPU，不可混用**。

11. 步驟 6 結合訓練資料及模型，進行模型訓練。

```
1  epochs = 5
2  lr=0.1
3
4  # 建立 DataLoader
5  train_loader = DataLoader(train_ds, batch_size=600)
6
7  # 設定優化器(optimizer)
8  # optimizer = torch.optim.Adam(model.parameters(), lr=lr)
9  optimizer = torch.optim.Adadelta(model.parameters(), lr=lr)
```

```
10
11 criterion = nn.CrossEntropyLoss()
12
13 model.train()
14 loss_list = []
15 for epoch in range(1, epochs + 1):
16     for batch_idx, (data, target) in enumerate(train_loader):
17         data, target = data.to(device), target.to(device)
18 #         if batch_idx == 0 and epoch == 1: print(data[0])
19
20         optimizer.zero_grad()
21         output = model(data)
22         loss = criterion(output, target)
23         loss.backward()
24         optimizer.step()
25
26         if batch_idx % 10 == 0:
27             loss_list.append(loss.item())
28             batch = batch_idx * len(data)
29             data_count = len(train_loader.dataset)
30             percentage = (100. * batch_idx / len(train_loader))
31             print(f'Epoch {epoch}: [{batch:5d} / {data_count}] ({percentage:.0f} %)' +
32                   f'  Loss: {loss.item():.6f}')
```

- 第 1 行設定執行週期。
- 第 2 行設定學習率。
- 第 5 行設定 DataLoader，可一次取一批資料訓練，節省記憶體。
- 第 8~9 行設定優化器 (Optimizer)：PyTorch 提供多種優化器，各有優點，後續會介紹，本例使用哪一種優化器均可。
- 第 11 行設定損失函數為交叉熵 (CrossEntropyLoss)，PyTorch 提供多種損失函數，後續會詳細介紹。
- 第 13 行設定模型進入訓練階段，各神經層均會被執行，有別於評估階段。
- 第 14~32 行進行模型訓練，並顯示訓練過程與損失值，損失值多少不重要，需觀察損失值是否隨著訓練逐漸收斂 (顯著減少)。

12. 對訓練過程的損失繪圖：

```
1 import matplotlib.pyplot as plt
2
3 plt.plot(loss_list, 'r')
```

- 執行結果：隨著執行週期 (epoch) 次數的增加，損失越來越低。

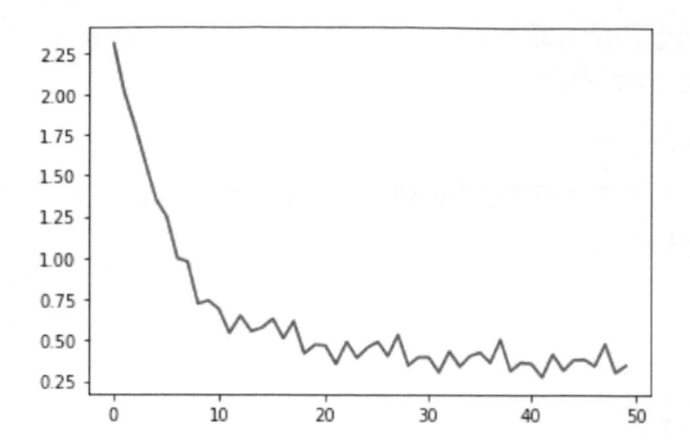

13. 步驟 7 評分 (Score Model)，輸入測試資料，計算出損失及準確率。

```
# 建立 DataLoader
test_loader = DataLoader(test_ds, shuffle=False, batch_size=BATCH_SIZE)

model.eval()
test_loss = 0
correct = 0
with torch.no_grad():
    for data, target in test_loader:
        data, target = data.to(device), target.to(device)
        output = model(data)

        # sum up batch loss
        test_loss += criterion(output, target).item()

        # 預測
        pred = output.argmax(dim=1, keepdim=True)

        # 正確筆數
        correct += pred.eq(target.view_as(pred)).sum().item()

# 平均損失
test_loss /= len(test_loader.dataset)
# 顯示測試結果
batch = batch_idx * len(data)
data_count = len(test_loader.dataset)
percentage = 100. * correct / data_count
print(f'平均損失: {test_loss:.4f}, 準確率: {correct}/{data_count}' +
      f' ({percentage:.0f}%)\n')
```

- 執行結果：平均損失 : 0.3345, 準確率 : 9057/10000 (91%)。
- 第 4 行設定模型進入評估階段，Dropout 神經層不會被執行，因它是抑制過度擬合，只用於訓練階段，這一行非常重要，否則預測會失準。

- 第 7~19 行預測所有測試資料，記得要包在 with torch.no_grad() 內，宣告內嵌的程式碼不作梯度下降，否則程式會出現錯誤。
- 第 13 行是計算損失並累加。
- 第 16 行是預測並找最高機率的類別索引值，參數 keepdim=True 表示不修改 output 變數的維度。
- 第 19 行是計算準確筆數並累加。

14. 實際比對測試資料的前 20 筆。

```
1  # 實際預測 20 筆資料
2  predictions = []
3  with torch.no_grad():
4      for i in range(20):
5          data, target = test_ds[i][0], test_ds[i][1]
6          data = data.reshape(1, *data.shape).to(device)
7          output = torch.argmax(model(data), axis=-1)
8          predictions.append(str(output.item()))
9
10 # 比對
11 print('actual    :', test_ds.targets[0:20].numpy())
12 print('prediction: ', ' '.join(predictions[0:20]))
```

- 執行結果如下，第 9 筆資料錯誤，其餘全部正確。

```
actual    : [7 2 1 0 4 1 4 9 5 9 0 6 9 0 1 5 9 7 3 4]
prediction:  7 2 1 0 4 1 4 9 6 9 0 6 9 0 1 5 9 7 3 4
```

15. 顯示第 9 筆資料的機率。

```
1  # 顯示第 9 筆的機率
2  import numpy as np
3
4  i=8
5  data = test_ds[i][0]
6  data = data.reshape(1, *data.shape).to(device)
7  #print(data.shape)
8  predictions = torch.softmax(model(data), dim=1)
9  print(f'0~9預測機率: {np.around(predictions.cpu().detach().numpy(), 2)}')
10 print(f'0~9預測機率: {np.argmax(predictions.cpu().detach().numpy(), axis=-1)}')
```

- 執行結果：發現 6 的機率高很多。

```
0~9預測機率: [[0.01 0.   0.04 0.   0.04 0.01 0.88 0.   0.01 0.  ]]
0~9預測機率: [6]
```

16. 顯示第 9 筆圖像。

```
1 # 顯示第 9 筆圖像
2 X2 = test_ds[i][0]
3 plt.imshow(X2.reshape(28,28), cmap='gray')
4 plt.axis('off')
5 plt.show()
```

第 9 筆圖像如下圖，像 5 又像 6。

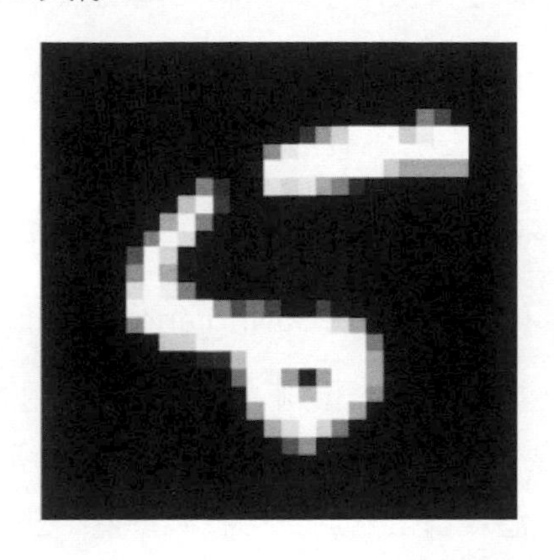

17. 步驟 8 效能評估，暫不進行，之後可調校相關『超參數』(Hyperparameter) 及模型結構，尋找最佳模型和參數。超參數是指在模型訓練前可以調整的參數，例如學習率、執行週期、權重初始值、訓練批量等，但不含模型求算的參數如權重 (Weight) 或偏差項 (Bias)。

18. 步驟 9 模型佈署，將最佳模型存檔，再開發使用者介面或提供 API，連同模型檔一併佈署到上線環境 (Production Environment)。

```
1 # 模型存檔
2 torch.save(model, 'model.pt')
3
4 # 模型載入
5 model = torch.load('model.pt')
```

- 副檔名通常以 .pt 或 .pth 儲存，建議使用 .pt。
- 上述指令會將模型結構與權重一併存檔，如果只要儲存權重，可執行以下指令，這部分概念與 TensorFlow 相同，但 TensorFlow 是儲存至目錄，而 PyTorch 是儲存至檔案，副檔名建議使用 .pth，與上述模型結構與權重一併存檔有所區別：

```
1 # 權重存檔
2 torch.save(model.state_dict(), 'model.pth')
3 
4 # 權重載入
5 model.load_state_dict(torch.load('model.pth'))
```

- model.parameters() 只含學習到的參數 (learnable parameters)，例如權重與偏差，model.state_dict() 會使用字典資料結構對照每一層神經層及其參數。
- 可顯示每一層的 state_dict 維度。

```
1 # 顯示每一層的 state_dict 維度
2 print("每一層的 state_dict:")
3 for param_tensor in model.state_dict():
4     print(param_tensor, "\t", model.state_dict()[param_tensor].size())
```

- 更詳細的用法可參照 PyTorch 官網 Saving and Loading Models [5]。

19. 步驟 ⑩ 系統上線，提供新資料預測，之前都是使用 MNIST 內建資料測試，但嚴格來說並不可靠，因為這些都是出自同一機構所收集的資料，所以建議讀者自己利用繪圖軟體親自撰寫測試。我們準備一些圖檔，放在 myDigits 目錄內，讀者可自行修改，再利用下列程式碼測試，**注意** **從圖檔讀入影像後要反轉顏色**，顏色 0 為白色，與 RGB 色碼不同，它的 0 為黑色。另外，使用 skimage 套件讀取圖檔，像素會自動縮放至 [0,1] 之間，不需再進行轉換。

```
1 # 使用小畫家，繪製 0~9，實際測試看看
2 from skimage import io
3 from skimage.transform import resize
4 import numpy as np
5 
6 # 讀取影像並轉為單色
7 for i in range(10):
8     uploaded_file = f'./myDigits/{i}.png'
9     image1 = io.imread(uploaded_file, as_gray=True)
10 
11     # 縮為 (28, 28) 大小的影像
12     image_resized = resize(image1, (28, 28), anti_aliasing=True)
13     X1 = image_resized.reshape(1,28, 28) #/ 255.0
14 
15     # 反轉顏色，顏色0為白色，與 RGB 色碼不同，它的 0 為黑色
16     X1 = torch.FloatTensor(1-X1).to(device)
17 
18     # 預測
19     predictions = torch.softmax(model(X1), dim=1)
20     # print(np.around(predictions.cpu().detach().numpy(), 2))
21     print(f'actual/prediction: {i} {np.argmax(predictions.detach().cpu().numpy())}')
```

20. 顯示模型的彙總資訊。

```
1 print(model)
```

- 執行結果：包括每一神經層的名稱及輸出入參數的個數。

```
Sequential(
  (0): Flatten(start_dim=1, end_dim=-1)
  (1): Linear(in_features=784, out_features=256, bias=True)
  (2): Dropout(p=0.2, inplace=False)
  (3): Linear(in_features=256, out_features=10, bias=True)
)
```

- 也可以使用下列指令：

```
for name, module in model.named_children():
    print(f'{name}: {module}')
```

21. 也可以安裝 torchinfo 或 torch-summary 套件顯示較美觀的彙總資訊。

- 以下列指令安裝：

```
pip install torchinfo
```

- 使用下列指令顯示彙總資訊，summary 第 2 個參數為輸入資料的維度，含筆數：

```
1 from torchinfo import summary
2 summary(model, (60000, 28, 28)) # input dimension size
```

- 執行結果：

```
==========================================================================================
Layer (type:depth-idx)                   Output Shape              Param #
==========================================================================================
Sequential                               --                        --
├─Flatten: 1-1                           [60000, 784]              --
├─Linear: 1-2                            [60000, 256]              200,960
├─Dropout: 1-3                           [60000, 256]              --
├─Linear: 1-4                            [60000, 10]               2,570
==========================================================================================
Total params: 203,530
Trainable params: 203,530
Non-trainable params: 0
Total mult-adds (G): 12.21
==========================================================================================
Input size (MB): 188.16
Forward/backward pass size (MB): 127.68
Params size (MB): 0.81
Estimated Total Size (MB): 316.65
==========================================================================================
```

22. PyTorch 無法像 TensorFlow 一樣繪製如下的模型圖。

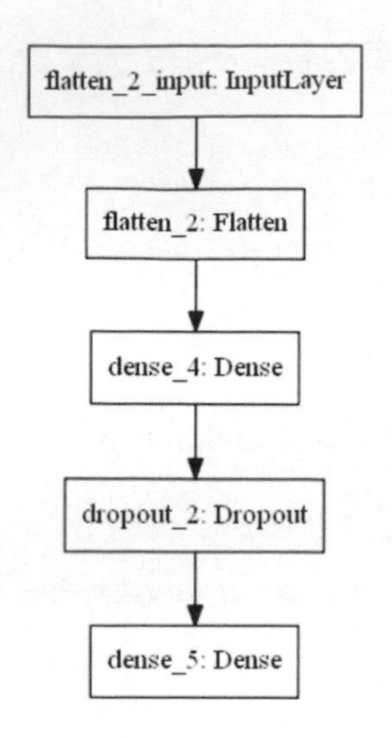

以上依機器學習流程的 10 大步驟撰寫了一支完整的程式，之後的任何模型或應用，都可遵循相同的流程，完成各項專案，因此，熟悉流程的每個步驟非常重要。下一節我們會做些實驗來說明建構模型的考量，同時解答教學現場同學們常提出的問題。

4-1-3 實驗

前一節我們完成了第一支神經網路程式，也見識到它的威力，扣除變數的檢查，短短幾行的程式就能夠辨識手寫阿拉伯數字，且準確率達到 90% 左右，或許讀者會心生一些疑問：

1. 模型結構為什麼要設計成兩層完全連接層 (Linear)？更多層準確率會提高嗎？
2. 第一層完全連接層 (Linear) 輸出為什麼要設為 256？設為其他值會有何影響？
3. Activation Function 也可以抑制過度擬合，將 Dropout 改為 Activation Function ReLu，準確率會有何不同？
4. 優化器 (optimizer)、損失函數 (loss)、效能衡量指標 (metrics) 有哪些選擇？設為其他值會有何影響？
5. Dropout 比例為 0.2，設為其他值會更好嗎？
6. 影像為單色灰階，若是彩色可以辨識嗎？如何修改？
7. 執行週期 (epoch) 設為 5，設為其他值會更好嗎？
8. 準確率可以達到 100% 嗎？這樣企業才可以安心導入。
9. 如果要辨識其他物件，程式要修改那些地方？
10. 如果要辨識多個數字，例如輸入 4 位數，要如何辨識？

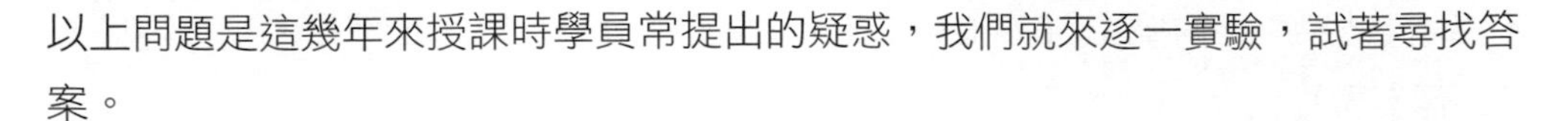

以上問題是這幾年來授課時學員常提出的疑惑，我們就來逐一實驗，試著尋找答案。

問題① 模型結構為什麼要設計成兩層完全連接層 (Linear)？更多層準確率會提高嗎？

✓ 解答

1. 前面曾經說過，神經網路是多條迴歸線的組合，而且每一條迴歸線可能還會包在 Activation Function 內，變成非線性的函數，因此，要單純以數學求解幾乎不可能，只能以優化方法求得近似解，但是，只有凸集合的資料集，才保證有全局最佳解 (Global Minimization)，以 MNIST 為例，總共有 28x28=784 個像素，每個像素視為一個特徵，即 784 度空間，它是否為凸集合，是否存在最佳解？我們無從得知，因此嚴格講，到目前為止，神經網路依然是一個黑箱 (Black Box) 科學，我們只知道它威力強大，但如何達到較佳的準確率，仍舊需要經驗與反覆的實驗，因此，模型結構並沒有明確規定要設計成幾層，要隨著不同的問題及資料集進行實驗，case by case 進行效能調校，找尋較佳的參數值。
2. 理論上，越多層架構，迴歸線就越多條，預測應當越準確，像是後面介紹的 ResNet 模型就高達 150 層，然而，經過實驗證實，一旦超過某一界限後，準確率可能會不升反降，這跟訓練資料量有關，如果只有少量的資料，要估算過多的參數 (w、b)，自然準確率不高。
3. 我們就來小小實驗一下，多一層完全連接層 (Linear)，準確率是否會提高？請參閱程式【**04_05_ 手寫阿拉伯數字辨識 _ 實驗 2.ipynb**】。
4. 修改模型結構如下，加一對完全連接層 (Linear)/Dropout，其餘程式碼不變。

```
1  # 建立模型
2  model = torch.nn.Sequential(
3      torch.nn.Flatten(),
4      torch.nn.Linear(28 * 28, 256),
5      nn.Dropout(0.2),
6      torch.nn.Linear(256, 64),
7      nn.Dropout(0.2),
8      torch.nn.Linear(64, 10),
9  ).to(device)
```

- 執行結果：平均損失 : 0.0003, 準確率 : 9069/10000 (91%)，準確率稍微提升，不顯著。

問題②　第一層完全連接層 (Linear) 輸出為什麼要設為 256？設為其他值會有何影響？

解答

1. 輸出的神經元個數可以任意設定，一般來講，會使用 4 的倍數，以下我們修改為 512，請參閱程式**【04_05_ 手寫阿拉伯數字辨識 _ 實驗 3.ipynb】**。

- 執行結果：平均損失 : 0.0003, 準確率 : 9076/10000 (91%)，準確率稍微提升，不顯著。

2. 同問題 1，照理來說，神經元個數越多，迴歸線就越多，特徵也越多，預測應該會越準確，但經過驗證，準確率並未顯著提高。依據『Deep Learning with TensorFlow 2 and Keras』[6] 一書測試如下圖，也是有一個極限，超過就會不升反降。

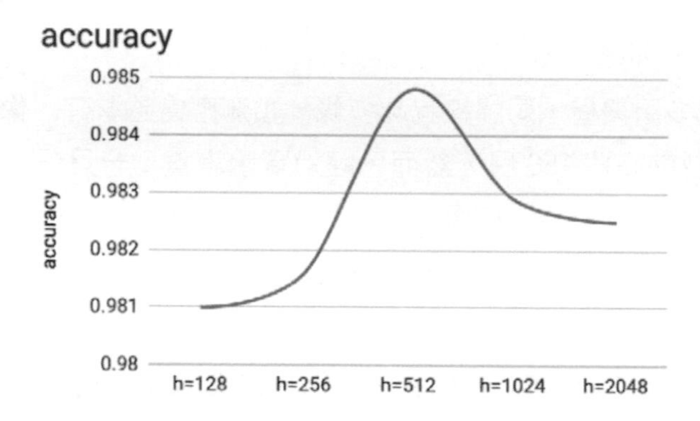

3. 神經元個數越多，訓練時間就越長，如下圖：

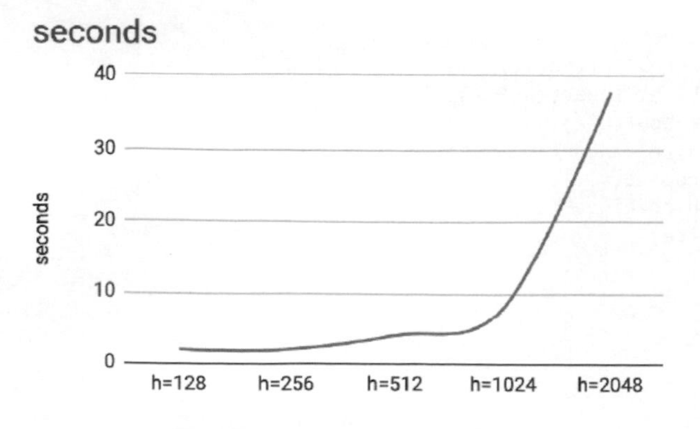

問題③ Activation Function 也可以抑制過度擬合，將 Dropout 改為 Activation Function ReLu，準確率會有何不同？，請參閱程式【04_05_ 手寫阿拉伯數字辨識 _ 實驗 4.ipynb】。

✓ 解答

Activation Function 有很多種，後面會有詳盡介紹，可先參閱維基百科 [7]，部份表格擷取如下，包括函數的名稱、機率分配圖形、公式及一階導數：

Name	Plot	Function, $f(x)$	Derivative of f, $f'(x)$
Identity		x	1
Binary step		$\begin{cases} 0 & \text{if } x < 0 \\ 1 & \text{if } x \geq 0 \end{cases}$	$\begin{cases} 0 & \text{if } x \neq 0 \\ \text{undefined} & \text{if } x = 0 \end{cases}$
Logistic, sigmoid, or soft step		$\sigma(x) = \frac{1}{1+e^{-x}}$ [1]	$f(x)(1-f(x))$
tanh		$\tanh(x) = \frac{e^x - e^{-x}}{e^x + e^{-x}}$	$1 - f(x)^2$
Rectified linear unit (ReLU)[11]		$\begin{cases} 0 & \text{if } x \leq 0 \\ x & \text{if } x > 0 \end{cases} = \max\{0, x\} = x\mathbf{1}_{x>0}$	$\begin{cases} 0 & \text{if } x < 0 \\ 1 & \text{if } x > 0 \\ \text{undefined} & \text{if } x = 0 \end{cases}$
Gaussian error linear unit (GELU)[6]		$\frac{1}{2}x\left(1 + \text{erf}\left(\frac{x}{\sqrt{2}}\right)\right) = x\Phi(x)$	$\Phi(x) + x\phi(x)$
Softplus[12]		$\ln(1+e^x)$	$\frac{1}{1+e^{-x}}$

早期隱藏層大都使用 Sigmoid 函數，近幾年發現 ReLU 準確率較高。

1. 將 Dropout 改為 ReLU，如下所示：

```
1  # 建立模型
2  model = torch.nn.Sequential(
3      torch.nn.Flatten(),
4      torch.nn.Linear(28 * 28, 512),
5      torch.nn.ReLU(),
6      torch.nn.Linear(512, 10),
7  ).to(device)
```

- 執行結果：平均損失 : 0.0003, 準確率 : 9109/10000 (91%)，準確率稍微提升，不顯著。
- 新資料預測是否有比較精準？結果並不理想。
- 一般而言，神經網路使用 Dropout 比正則化 (Regularizer) 更理想。

問題④ 優化器 (Optimizer)、損失函數 (Loss)、效能衡量指標 (Metrics) 有哪些選擇？設為其他值會有何影響？

✓ 解答

1. 優化器有很多種，從最簡單的固定值的學習率 (SGD)，到很複雜的動態改變的學習率，甚至是能夠自訂優化器，詳情請參考 [8]。優化器的選擇，主要會影響收斂的速度，大多數的狀況下，Adam 優化器都有不錯的表現，不過，在下一節介紹的 CNN 模型搭配 Adam 優化器卻發生無法收斂的狀況，而 TensorFlow 則不會，可見一個同名的優化器在不同套件上，開發的細節仍有所差異。
2. 損失函數也種類繁多，包括常見的 MSE、Cross Entropy，其他更多的請參考 PyTorch 官網 [9]。損失函數的選擇，主要也是影響著收斂的速度，另外，某些自訂損失函數有特殊功能，例如風格轉換 (Style Transfer)，它能夠製作影像合成的效果，生成對抗網路 (GAN) 更是發揚光大，後面章節會有詳細的介紹。
3. 效能衡量指標 (metrics)：除了準確率 (Accuracy)，還可以計算精確率 (Precision)、召回率 (Recall)、F1…，尤其是面對不平衡的樣本時。

問題⑤ Dropout 比例為 0.2，設為其他值會更好嗎？

✓ 解答

將 Dropout 比例改為 0.5，測試看看，請參閱程式【04_05_**手寫阿拉伯數字辨識**_**實驗** 5.ipynb】。

- 執行結果：平均損失 : 0.0003, 準確率 : 9034/10000 (90%)，準確率略為降低。
- 拋棄比例過高時，準確率會陡降。
- 新資料預測是否有比較準？結果並不理想。

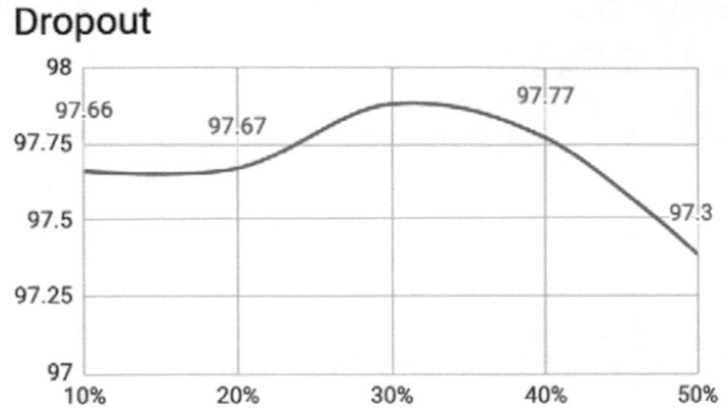

問題⑥ 目前 MNIST 影像為單色灰階，若是彩色可以辨識嗎？如何修改？

✓解答 可以，若顏色有助於辨識，可以將 RGB 三通道分別輸入辨識，後面我們談到卷積神經網路 (Convolutional Neural Networks，CNN) 時會有範例說明。

問題⑦ 執行週期 (epoch) 設為 5，設為其他值會更好嗎？

✓解答 將執行週期 (epoch) 改為 10，請參閱程式【04_05_ **手寫阿拉伯數字辨識 _ 實驗** 6.ipynb】。

```
1 epochs = 10
2 lr=0.1
```

- 執行結果：平均損失 : 0.0003, 準確率 : 9165/10000 (92%)，準確率略為提高。
- 但損失率到後來已降不下去了。

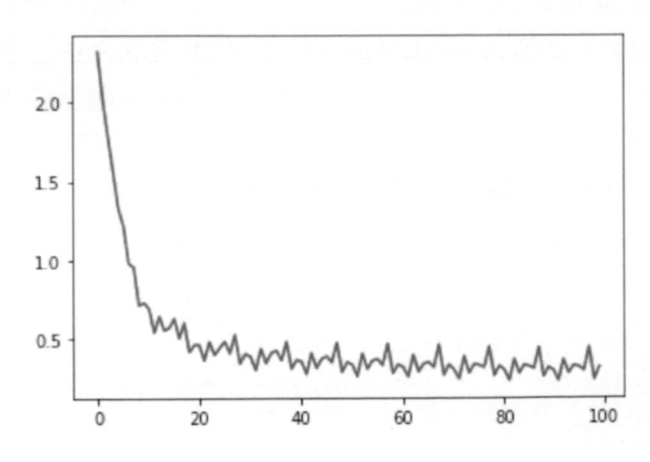

- 理論上，訓練週期越多，準確率越高，然而，過多的訓練週期會造成過度擬合 (Overfitting)，反而會使準確率降低。

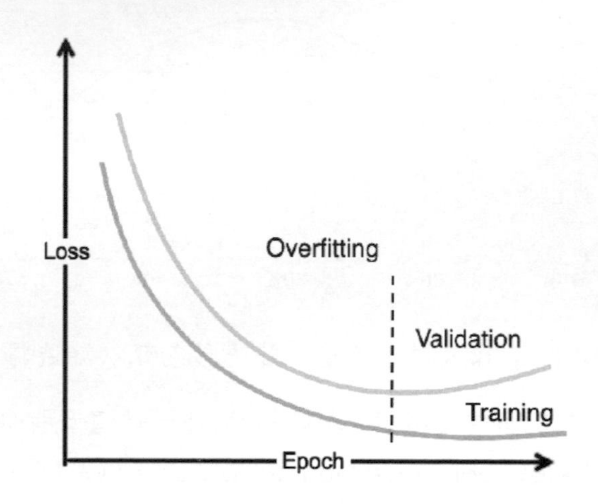

問題⑧ 準確率可以達到 100% 嗎？

✔解答 很少模型準確率能夠達到 100%，除非是用數學推導出來的模型，優化只是求近似解而已，另一方面，由於神經網路是從訓練資料中學習到知識，而測試或預測資料並不參與訓練，若與訓練資料分佈有所差異，甚至來自不同的機率分配，準確率很難能達到 100%。

問題⑨ 如果要辨識其他物件，程式要修改那些地方？

✔解答 我們只需修改很少的程式碼，就可以辨識其他物件，例如，Zalando 公司提供另一個類似的資料集 FashionMNIST，它包含女人身上的 10 種配件，請參閱【04_06_FashionMNIST **辨識 _ 完整版** .ipynb】，除了載入資料的指令不同之外，其他的程式碼幾乎不變。這也説明了一點，**神經網路並不是真的認識 0~9 或女人身上的 10 種配件，它只是從像素資料中推估出的模型，即所謂的『從資料中學習到知識』**(Knowledge Discovery from Data, KDD)，以 MNIST 而言，模型只是統計 0~9 這 10 個數字，他們的像素大部份分佈在哪些位置而已。FashionMNIST 資料集下載指令如下：

```
2 train_ds = FashionMNIST(PATH_DATASETS, train=True, download=True,
3                  transform=transforms.ToTensor())
```

問題 ⑩ 如果要辨識多個數字，例如輸入 4 位數，要如何辨識？

✔ 解答 可以使用影像處理分割數字，再分別依序輸入模型預測即可，或者更簡單的方法，直接將視覺介面 (UI) 設計成 4 格，規定使用者只能在每個格子內各輸入一個數字。

以上的實驗大多只針對單一參數作比較，假如要同時比較多個變數，就必須跑遍所有參數組合，這樣程式豈不是很複雜嗎？別擔心，有一些套件可以幫忙，包括 Keras Tuner、hyperopt、Ray Tune、Ax…等，在後續『超參數調校』有較詳細的介紹。

由於 MNIST 的模型辨識率很高，要觀察超參數調整對模型的影響，並不容易，建議找一些辨識率較低的模型進行相關實驗，例如 FashionMNIST、CiFar 資料集，才能有比較顯著的效果，FashionMNIST 的準確率只有 81% 左右，實驗比較能觀察出差異。

4-2 模型種類

PyTorch 與 TensorFlow/Keras 一樣，提供兩類模型結構：

1. Sequential model：順序型模型使用 torch.nn.Sequential 函數包覆各項神經層，適用於簡單的結構，執行時神經層一層接一層的順序執行。
2. Functional API：使用 torch.nn.functional 函數，可以設計成較複雜的模型結構，包括多個輸入層或多個輸出層，也允許分叉及合併。PyTorch 並未正式命名為 Functional API，筆者為方便學習，自行採用 TensorFlow/Keras 的專門術語。

4-2-1 Sequential model

➤ 下列程式碼請參考【04_09_Sequential_vs_Functional.ipynb】。

1. torch.nn.Sequential 包含各式的神經層，簡潔的寫法如下：

```
1 model = nn.Sequential(
2           nn.Linear(256,20),
3           nn.ReLU(),
4           nn.Linear(20,64),
5           nn.ReLU(),
6           nn.Softmax(dim=1),
7         )
```

2. 可以為每一神經層命名，使用字典 (OrderedDict) 資料結構，設定名稱及神經層種類，逐一配對。

```
1  # 使用 OrderedDict 可指定名稱
2  from collections import OrderedDict
3  model = nn.Sequential(OrderedDict([
4            ('linear1', nn.Linear(256,20)),
5            ('relu1', nn.ReLU()),
6            ('linear2', nn.Linear(20,64)),
7            ('relu2', nn.ReLU()),
8            ('softmax', nn.Softmax(dim=1))
9          ]))
```

3. **注意** 上一層的輸出神經元個數要等於下一層的輸入神經元個數，PyTorch 必須同時設定輸入與輸出個數，而 TensorFlow/Keras 在第一層設定輸入與輸出個數，在第二層只要設定輸出個數即可，因為輸入可從上一層的輸出得知，這點 TensorFlow/Keras 就略勝一籌，不要小看這一點，進階神經層如 CNN、RNN 接到 Linear，要算 Linear 的輸入個數，就要傷腦筋了。

4. 可顯示模型結構如下。

```
1  from torchinfo import summary
2  summary(model, (1, 256))
```

- 執行結果：

```
==========================================================================================
Layer (type:depth-idx)                   Output Shape              Param #
==========================================================================================
Sequential                               --                        --
├─Linear: 1-1                            [1, 20]                   5,140
├─ReLU: 1-2                              [1, 20]                   --
├─Linear: 1-3                            [1, 64]                   1,344
├─ReLU: 1-4                              [1, 64]                   --
├─Softmax: 1-5                           [1, 64]                   --
==========================================================================================
Total params: 6,484
Trainable params: 6,484
Non-trainable params: 0
Total mult-adds (M): 0.01
==========================================================================================
Input size (MB): 0.00
Forward/backward pass size (MB): 0.00
Params size (MB): 0.03
Estimated Total Size (MB): 0.03
==========================================================================================
```

4-2-2 Functional API

使用 torch.nn.functional 函數，可以設計成較複雜的模型結構，包括多個輸入層或多個輸出層，也允許分叉及合併。相關函數與 torch.nn 幾乎可以一一對照，只是 torch.nn.functional 函數名稱均使用小寫，可參閱 PyTorch 官網 torch.nn.functional 的說明 [10]。

➤ 下列程式碼請參考【04_09_Sequential_vs_Functional.ipynb】後半部。

範例

01 先看一個簡單的範例，看看 torch.nn.functional.linear 的用法。

- 第 2 行：torch.nn.functional 通常會被取別名為 F。
- 第 6 行：torch.nn.functional 下的函數必須輸入張量的值，而非張量的維度。
- F.linear 的參數有兩個：輸入張量、權重，其中權重是初始值，訓練過程會不斷更新。

```
1 # linear 用法
2 from torch.nn import functional as F
3
4 inputs = torch.randn(100, 256)
5 weight = torch.randn(20, 256)
6 x = F.linear(inputs, weight)
```

02 將上述順序型模型改寫為 Functional API。

- 在第二層之後的完全連接層要指定權重並不合理，因此，通常還是以 nn.Linear 取代 F.linear。
- F.relu(x)：表示 relu 接在 x 的下一層。

```
1 inputs = torch.randn(100, 256)
2 x = nn.Linear(256,20)(inputs)
3 x = F.relu(x)
4 x = nn.Linear(20, 10)(x)
5 x = F.relu(x)
6 x = F.softmax(x, dim=1)
```

03 使用類別定義模型，這是一般 Functional API 定義模型的方式。

- 類別至少要包含兩個方法 (Method)：init、forward。
- init 函數內宣告要使用的神經層物件。

- forward 函數內定義神經層的串連。
- 扁平層函數為 torch.flatten(x, 1)，命名空間不是 torch.nn.functional，第 2、3 個參數是打扁的起迄的維度，第 3 個參數預設為 -1，表最後一個維度。

```
1  class Net(nn.Module):
2      def __init__(self):
3          super(Net, self).__init__()
4          self.fc1 = nn.Linear(784,256)
5          self.fc2 = nn.Linear(256, 10)
6          self.dropout1 = nn.Dropout(0.2)
7          self.dropout2 = nn.Dropout(0.2)
8  
9      def forward(self, x):
10         x = torch.flatten(x, 1)
11         x = self.fc1(x)
12         x = self.dropout1(x)
13         x = self.fc2(x)
14         x = self.dropout2(x)
15         output = F.softmax(x, dim=1)
16         return output
```

- 使用的指令如下：

  model = Net()

- 可顯示模型結構如下。

```
1  from torchinfo import summary
2  
3  model = Net()
4  summary(model, (1, 28, 28))
```

- 執行結果如下：

```
==========================================================================================
Layer (type:depth-idx)                   Output Shape              Param #
==========================================================================================
Net                                      --                        --
├─Linear: 1-1                            [1, 256]                  200,960
├─Dropout: 1-2                           [1, 256]                  --
├─Linear: 1-3                            [1, 10]                   2,570
├─Dropout: 1-4                           [1, 10]                   --
==========================================================================================
Total params: 203,530
Trainable params: 203,530
Non-trainable params: 0
Total mult-adds (M): 0.20
==========================================================================================
Input size (MB): 0.00
Forward/backward pass size (MB): 0.00
Params size (MB): 0.81
Estimated Total Size (MB): 0.82
==========================================================================================
```

04 使用類別定義模型，進行手寫阿拉伯數字辨識 (MNIST)。

➤ 下列程式碼請參考【04_10_手寫阿拉伯數字辨識_專家模式.ipynb】。

以下只說明差異的程式碼。

- 定義模型。

```
1  # 建立模型
2  class Net(nn.Module):
3      def __init__(self):
4          super().__init__()
5          self.fc1 = nn.Linear(28 * 28, 256) # 完全連接層
6          self.dropout1 = nn.Dropout(0.2)
7          self.fc2 = nn.Linear(256, 10) # 完全連接層
8  
9      def forward(self, x):
10         # 完全連接層 + dropout + 完全連接層 + dropout + log_softmax
11         x = torch.flatten(x, 1)
12         x = self.fc1(x)
13         x = self.dropout1(x)
14         x = self.fc2(x)
15         # x = self.dropout2(x)
16         # output = F.softmax(x, dim=1)
17         return x #output
18 
19 # 建立模型物件
20 model = Net().to(device)
```

- 訓練模型：使用 CrossEntropyLoss()，模型不可加 SoftMax 層。

```
1  epochs = 5
2  lr=0.1
3  
4  # 建立 DataLoader
5  train_loader = DataLoader(train_ds, batch_size=600)
6  
7  # 設定優化器(optimizer)
8  # optimizer = torch.optim.Adam(model.parameters(), lr=lr)
9  optimizer = torch.optim.Adadelta(model.parameters(), lr=lr)
10 
11 # 設定損失函數(loss)
12 criterion = nn.CrossEntropyLoss()
13 
14 model.train()
15 loss_list = []
16 for epoch in range(1, epochs + 1):
17     for batch_idx, (data, target) in enumerate(train_loader):
18         data, target = data.to(device), target.to(device)
19 
20         optimizer.zero_grad()
21         output = model(data)
22         loss = criterion(output, target)
23         loss.backward()
```

```
24          optimizer.step()
25
26          if batch_idx % 10 == 0:
27              loss_list.append(loss.item())
28              batch = batch_idx * len(data)
29              data_count = len(train_loader.dataset)
30              percentage = (100. * batch_idx / len(train_loader))
31              print(f'Epoch {epoch}: [{batch:5d} / {data_count}] ({percentage:.0f} %)' +
32                    f'  Loss: {loss.item():.6f}')
```

- 結果與順序模型差異不大。

05 使用另一種損失函數 -- Negative Log Likelihood Loss，進行手寫阿拉伯數字辨識 (MNIST)，函數介紹可參閱官網說明 [11]。

➤ 下列程式碼請參考【04_11_手寫阿拉伯數字辨識_專家模式_NLL_LOSS.ipynb】。

以下只說明差異的程式碼。

- 定義模型：使用 F.log_softmax 取代 F.softmax(第 17 行)，可避免損失為負值。

```
1   # 建立模型
2   class Net(nn.Module):
3       def __init__(self):
4           super().__init__()
5           self.fc1 = torch.nn.Linear(28 * 28, 256) # 完全連接層
6           self.dropout1 = nn.Dropout(0.2)
7           self.fc2 = torch.nn.Linear(256, 10) # 完全連接層
8           self.dropout2 = nn.Dropout(0.2)
9
10      def forward(self, x):
11          # 完全連接層 + dropout + 完全連接層 + dropout + log_softmax
12          x = torch.flatten(x, 1)
13          x = self.fc1(x)
14          x = self.dropout1(x)
15          x = self.fc2(x)
16          x = self.dropout2(x)
17          output = F.log_softmax(x, dim=1)
18          return output
19
20  # 建立模型物件
21  model = Net().to(device)
```

- 訓練模型：使用 F.nll_loss 取代 CrossEntropyLoss()，才可加 SoftMax 層 (第 19 行)。

```
1   epochs = 5
2   lr=0.1
3
4   # 建立 DataLoader
5   train_loader = DataLoader(train_ds, batch_size=600)
6
```

```
 7  # 設定優化器(optimizer)
 8  optimizer = torch.optim.Adam(model.parameters(), lr=lr)
 9
10  model.train()
11  loss_list = []
12  for epoch in range(1, epochs + 1):
13      for batch_idx, (data, target) in enumerate(train_loader):
14          data, target = data.to(device), target.to(device)
15
16          optimizer.zero_grad()
17          output = model(data)
18          # 計算損失(Loss)
19          loss = F.nll_loss(output, target)
20          loss.backward()
21          optimizer.step()
22
23          if batch_idx % 10 == 0:
24              loss_list.append(loss.item())
25              batch = batch_idx * len(data)
26              data_count = len(train_loader.dataset)
27              percentage = (100. * batch_idx / len(train_loader))
28              print(f'Epoch {epoch}: [{batch:5d} / {data_count}] ({percentage:.0f} %)' +
29                    f'  Loss: {loss.item():.6f}')
```

- 評分：使用 F.nll_loss(output, target, reduction='sum').item()，計算多筆測試資料的損失和 (第 13 行)。

```
 1  # 建立 DataLoader
 2  test_loader = DataLoader(test_ds, batch_size=600)
 3
 4  model.eval()
 5  test_loss = 0
 6  correct = 0
 7  with torch.no_grad():
 8      for data, target in test_loader:
 9          data, target = data.to(device), target.to(device)
10          output = model(data)
11
12          # sum up batch loss
13          test_loss += F.nll_loss(output, target, reduction='sum').item()
14
15          # 預測
16          pred = output.argmax(dim=1, keepdim=True)
17
18          # 正確筆數
19          correct += pred.eq(target.view_as(pred)).sum().item()
20
21  # 平均損失
22  test_loss /= len(test_loader.dataset)
23  # 顯示測試結果
24  batch = batch_idx * len(data)
25  data_count = len(test_loader.dataset)
26  percentage = 100. * correct / data_count
27  print(f'平均損失: {test_loss:.4f}, 準確率: {correct}/{data_count}' +
28        f' ({percentage:.0f}%)\n')
```

4-3 神經層 (Layer)

神經層是神經網路的主要成員，PyTorch 有各式各樣的神經層，詳情可參閱官網 [9]，以下列舉一些比較常見的類別，隨著演算法的發明，還會不斷的增加，也可以自訂神經層 (Custom layer)。

- 完全連接層 (Linear Layers)
- 卷積神經層 (Convolution Layers)
- 池化神經層 (Pooling Layers)
- 常態化神經層 (Normalization layers)
- 循環神經層 (Recurrent Layers)
- Transformer Layers
- Dropout Layers

由於中文翻譯大部份都不貼切原意，建議讀者儘可能使用英文術語。

4-3-1 完全連接層 (Linear Layer)

完全連接層 (Linear) 是最常見的神經層，上一層每個輸出的神經元 (y) 都會完全連接到下一層的每個輸入的神經元 (x)，即 y = wx + b。語法如下：

torch.nn.Linear(in_features, out_features, bias=True, device=None, dtype=None)

- in_features：輸入神經元個數。
- out_features：輸出神經元個數。
- bias：訓練出的模型是否含偏差項 (bias)。
- device：以 CPU 或 GPU 裝置訓練。
- dtype：輸出入張量的資料型態。

通常只設前面兩個參數。

請參閱程式【03_04_ 完全連接層 .ipynb】。

4-3-2 Dropout Layer

Dropout layer 在每一 epoch/step 訓練時，會隨機丟棄設定比例的輸入神經元，避免過度擬合，只在訓練時運作，預測時會忽視 Dropout，不會有任何作用。語法如下：

torch.nn.Dropout(p=0.5, inplace=False)

參數說明如下：

1. p：丟棄的比例，介於 (0, 1) 之間。
2. inplace=True：對輸入直接修改，不另產生變數，節省記憶體，通常不設定。

根據大部份學者的經驗，在神經網路中使用 Dropout 會比正則化 (Regularizer)[13] 效果來的好。

Dropout 不會影響輸出神經元個數。

```
1  # 載入套件
2  import torch
3
4  m = torch.nn.Dropout(p=0.2)
5  input = torch.randn(20, 16)
6  output = m(input)
7  output.shape
```

- 執行結果：輸入維度為 (20, 16)，輸出維度仍是 (20, 16)。

其他的神經層在後續演算法使用到時再說明。

4-4 激勵函數 (Activation Functions)

Activation Function 是將方程式乘上非線性函數，變成非線性模型，目的是希望能提供更通用的解決方案，而非單純的線性迴歸。

$$Output = activation\,function(x_1w_1 + x_2w_2 + \cdots + x_nw_n + bias)$$

PyTorch 提供非常多種的 Activation Function 函數，可參閱官網 Activation Functions 介紹 [10]。

範例

列舉常用的 Activation Function 函數並進行測試。

➤ 下列程式碼請參考【04_12_Activation_Functions.ipynb】。

1. ReLU：早期隱藏層使用 Sigmoid 函數，近年發現 ReLU 效果較好。公式：ReLU(x) = max(0,x)，將小於 0 的數值會轉換為 0，即過濾掉負值的輸入。

```
1  # 載入套件
2  import torch
3
4  m = torch.nn.ReLU()
5  input = torch.tensor([5, 2, 0, -10])
6  output = m(input)
7  output
```

- 執行結果：[5, 2, 0, 0]。

2. LeakyReLU：ReLU 將小於 0 的數值轉換為 0，會造成某些特徵 (x) 失效，為保留所有的特徵，LeakyReLU 將小於 0 的數值會轉換為非常小的負值，而非 0。公式：LeakyReLU(x)=max(0,x) + negative_slope * min(0,x)。

```
1  m = torch.nn.LeakyReLU()
2  input = torch.tensor([5, 2, 0, -10, -100], dtype=float)
3  output = m(input)
4  output
```

- 執行結果：[5.0000, 2.0000, 0.0000, -0.1000, -1.0000]。

3. Sigmoid：即羅吉斯迴歸 (Logistic regression)，將輸入值轉換為 [0, 1]，適合二分類。

   公式：$\text{Sigmoid}(x) = \frac{1}{1+e^{-x}}$

```
1  m = torch.nn.Sigmoid()
2  input = torch.tensor([5, 2, 0, -10, -100], dtype=float)
3  output = m(input)
4  output
```

- 執行結果：[9.9331e-01, 8.8080e-01, 5.0000e-01, 4.5398e-05, 3.7201e-44]，均介於 [0, 1] 之間。

4. Tanh：將輸入值轉換為 [-1, 1]，適合二分類。

   公式：$\text{Tanh}(x) = \frac{e^x - e^{-x}}{e^x + e^{-x}}$

```
1 m = torch.nn.Tanh()
2 input = torch.tensor([5, 2, 0, -10, -100], dtype=float)
3 output = m(input)
4 output
```

- 執行結果：[0.9999, 0.9640, 0.0000, -1.0000, -1.0000]，均介於 [-1, 1] 之間。

5. Softmax：將輸入轉換為機率，總和為 1，通常使用在最後一層，方便比較每一類的預測機率大小。

   公式：$\text{Softmax}(x) = \frac{e^{x_i}}{\sum_j e^{x_j}}$

```
1 m = torch.nn.Softmax(dim=1)
2 input = torch.tensor([[1.0, 2.0, 3.0, 4.0]], dtype=float)
3 output = m(input)
4 output
```

- 執行結果：[0.0321, 0.0871, 0.2369, 0.6439]，總和為 1。

4-5 損失函數 (Loss Functions)

損失函數 (Loss Functions) 又稱為目標函數 (Objective Function)、成本函數 (Cost Function)，演算法以損失最小化為目標，估算模型所有的參數，即權重與偏差，例如迴歸的損失函數為『均方誤差』(MSE)，我們也可以定義不同的損失函數，產生各式各樣的應用，例如後續會討論的『風格轉換』(Style Transfer)、生成對抗網路 (GAN)…。

PyTorch 支援許多損失函數，可參閱官網關於損失函數的介紹 [9]。

範例

列舉常用的損失函數並進行測試。

➤ 下列程式碼請參考【04_13_損失函數.ipynb】。

1. 『均方誤差』(MSE)：通常用於預測連續型的變數 (y)。語法如下：torch.nn.MSELoss(reduction='mean')，若 reduction='sum'，得到『誤差平方和』(SSE)。

```
1 # 載入套件
2 import torch
3 
4 loss = torch.nn.MSELoss()  # 產生MSE物件
```

```
5  input = torch.randn(3, 5, requires_grad=True)
6  target = torch.randn(3, 5) # 目標值
7  output = loss(input, target) # 計算預測值與目標值之均方誤差
8  output
```

- 執行結果：tensor(1.8842, grad_fn=<MseLossBackward0>)。
- 損失的參數應為預測值與目標值，上述的程式只是測試，將 input 直接帶入。

2. 『絕對誤差』(MAE)：使用 torch.nn.L1Loss。
3. CrossEntropyLoss：交叉熵 (Cross Entropy)，通常用於預測離散型的變數 (y)。語法如下：

   torch.nn.CrossEntropyLoss(weight=None, reduction='mean', label_smoothing=0.0)

- weight：每一類別佔的權重，若為 None，每一類別的權重均等。
- reduction：與 MSELoss 相同，多一種選項 None，表不作加總或平均。
- label_smoothing：計算後的損失函數是否要平滑化，可設範圍為 [0, 1]，0 表不平滑化，1 表完全平滑化。

```
1  loss = torch.nn.CrossEntropyLoss()  # 產生物件
2  input = torch.randn(3, 5, requires_grad=True)
3  target = torch.empty(3, dtype=torch.long).random_(5) # 目標值
4  output = loss(input, target) # 計算預測值與目標值之均方誤差
5  output.backward()
6  output
```

- 執行結果：tensor(2.4065, grad_fn=<NllLossBackward0>)。
- **注意** TensorFlow 使用交叉熵時，目標值 (y) 要先進行 One-hot encoding 轉換，將單一變數變成 n 個變數，n 為 y 的類別數，例如辨識 0~9，n=10。或者採用 SparseCategoricalCrossentropy，y 即可不轉換，但 PyTorch 很貼心，可接受原本的 y 或經 One-hot encoding 的 y，兩者均可。

PyTorch 還有很多的損失函數，可用於語音、自然語言處理上，後續如有使用，再詳細介紹。

4-6 優化器 (Optimizer)

優化器是神經網路中反向傳導的求解方法，著重在兩方面：

1. 設定學習率的變化，加速求解的收斂速度。
2. 避開馬鞍點 (Saddle Point) 等局部最小值，並且找到全局的最小值 (Global Minimum)。

優化的過程如下圖，隨著訓練的過程，沿著等高線逐步逼近圓心，權重不斷更新，最終得到近似最佳解。

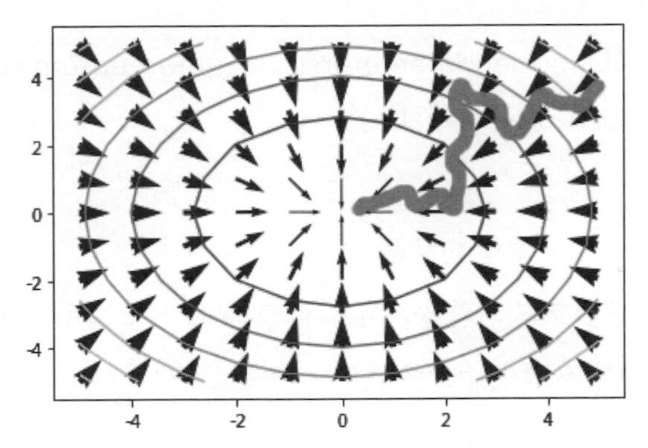

▲ 圖 4.2 隨機梯度下降法 (Stochastic Gradient Descent, SGD) 求解圖示

PyTorch 支援很多種不同的優化器，可參閱官網中關於優化器介紹 [8]，大部分都是動態調整的學習率，一開始離最佳解很遠時，學習率可加大，越接近最佳解時，學習率就要逐步變小，以免錯過最佳解。常見的優化器如下：

- SGD
- Adam
- RMSprop
- Adadelta
- Adagrad
- Adamax
- Nadam
- AMSGrad

各種優化器的公式可參考『Gradient Descent Optimizers』[15] 或『10 Stochastic Gradient Descent Optimisation Algorithms + Cheat Sheet』[16]，優缺點比較可參考『Various Optimization Algorithms For Training Neural Network』[17]。

範例

列舉常用的優化器並進行測試。

➤ 下列程式碼請參考【04_10_Optimizer.ipynb】。

1. 隨機梯度下降法 (Stochastic Gradient Decent, SGD)：是最常見、最單純的優化器，語法為：

   torch.optim.SGD(model.parameters(), lr, , momentum=0, dampening=0, weight_decay=0, nesterov=False)

   可以設定為

- model.parameters()：模型的參數 (權重)。
- lr：學習率，為必填參數，若未設定其他參數時，學習率為固定值。
- momentum：學習率變化速率的動能。
- weight_decay：L2 懲罰項的權重衰減率。
- nesterov：是否使用 Nesterov momentum，預設值是 False。要瞭解技術細節可參閱『Understanding Nesterov Momentum (NAG)』[18]。

```
1  # 載入套件
2  import torch
3  
4  # 建立模型
5  model = torch.nn.Sequential(
6      torch.nn.Flatten(),
7      torch.nn.Linear(28 * 28, 256),
8      torch.nn.Dropout(0.2),
9      torch.nn.Linear(256, 10),
10 )
11 
12 criterion = torch.nn.CrossEntropyLoss()
13 
14 # 隨機梯度下降法(SGD)
15 optimizer = torch.optim.SGD(model.parameters(), lr=0.1, momentum=0.9)
16 
17 optimizer.zero_grad()
18 input = torch.randn(3, 28 * 28, requires_grad=True)
19 target = torch.empty(3, dtype=torch.long).random_(5) # 目標值
```

```
20  loss = criterion(model(input), target)
21  loss.backward()
22  optimizer.step()
```

- 第 14 行：建立隨機梯度下降法 (SGD) 優化器。
- 第 22 行：優化器執行一個步驟，反向傳導，更新權重。

2. Adam(Adaptive Moment Estimation)：是最常用的優化器，這裡引用 Kingma 等學者於 2014 年發表的『Adam: A Method for Stochastic Optimization』[19] 一文所作的評論『Adam 計算效率高、記憶體耗費少，適合大資料集及參數個數很多的模型』。

Adam 語法：

torch.optim.Adam(model.parameters(), lr, betas, eps, weight_decay, amsgrad)

- model.parameters()：模型的參數 (權重)。
- lr：學習率，為必填參數，若未設定其他參數時，學習率為固定值。
- betas：計算平均梯度及其平方項的係數。
- eps：公式分母的加項，以改善優化的穩定性。
- weight_decay：L2 懲罰項的權重衰減率。
- amsgrad：是否使用 AMSGrad，技術細節可參閱『一文告訴你 Adam、AdamW、Amsgrad 區別和聯繫』[20]。

3. 另外還有幾種常用的優化器：

- Adagrad(Adaptive Gradient-based optimization)：設定每個參數的學習率更新頻率不同，較常變動的特徵使用較小的學習率，較少調整，反之，使用較大的學習率，比較頻繁的調整，主要是針對稀疏的資料集。
- RMSprop：每次學習率更新是除以均方梯度 (average of squared gradients)，以指數的速度衰減。
- Adadelta：是 Adagrad 改良版，學習率更新會配合過去的平均梯度調整。

各種優化器會在一些比較特殊的狀況下，突破馬鞍點，順利找到全局的最小值，一般情況下採用 Adam 及預設參數值即可，大致都可以達到梯度下降的效果。

網路上也有許多優化器的比較和動畫，有興趣的讀者可參閱『Alec Radford's animations for optimization algorithms』[21]。

不管是神經層、Activation Function、損失函數或優化器，Functional API 都有對應的函數，都在 torch.nn.functional 命名空間內，與 torch.nn 應無差別，端視我們要採取哪一類的模型而定。相關 Functional API 函數可參閱官網 torch.nn.functional 介紹 [10]。

4-7 效能衡量指標 (Performance Metrics)

效能衡量指標是定義模型優劣的衡量標準，要了解各種效能衡量指標，先要理解混淆矩陣 (Confusion Matrix)，以二分類而言，如下圖。

		真實	
		真(True)	假(False)
預測	陽性 (Positive)	TP	FP
	陰性 (Negative)	TN	FN

▲ 圖 4.3 混淆矩陣 (Confusion Matrix)

1. 橫軸為預測結果，分為陽性 (Positive, 簡稱 P)、陰性 (Negative, 簡稱 N)。
2. 縱軸為真實狀況，分為真 (True, 簡稱 T)、假 (False, 簡稱 F)。
3. 依預測結果及真實狀況的組合，共分為四種狀況：

- TP(真陽性)：預測為陽性，且預測正確。
- TN(真陰性)：預測為陰性，且預測正確。
- FP(偽陽性)：預測為陽性，但預測錯誤，又稱型一誤差 (Type I Error)，或 α 誤差。
- FN(偽陰性)：預測為陰性，但預測錯誤，又稱型二誤差 (Type II Error)，或 β 誤差。

4. 有了TP/TN/FP/FN之後，我們就可以定義各種效能衡量指標，常見的有四種：

- 準確率（Accuracy）= (TP+TN)/(TP+FP+FN+TN)，即『預測正確數 / 總數』。
- 精確率（Precision）= TP/(TP+FP)，即『正確預測陽性數 / 總陽性數』。
- 召回率（Recall）= TP/(TP+FN)，即『正確預測陽性數 / 實際為真的總數』。
- F1 = 精確率與召回率的調和平均數，即 1 / ((1 / Precision) + (1 / Recall))。

5. FP(偽陽性) 與 FN(偽陰性) 是相衝突的，以 Covid-19 檢驗為例，如果降低陽性認定值，可以盡最大可能找到所有的確診者，減少偽陰性，避免傳染病擴散，但有些沒染疫的人因而被誤判，偽陽性相對增加，導致資源的浪費，更嚴重可能造成醫療體系崩潰，得不償失，所以，疾病管制署 (CDC) 會因應疫情的發展，隨時調整陽性認定值。

6. 除了準確率之外，為什麼還需要參考其他指標？

- 以醫療檢驗設備來舉例，假設某疾病實際染病的比率為 1%，這時我們拿一個故障的檢驗設備，它不管有無染病，都判定為陰性，這時候計算設備準確率，結果竟然是 99%。會有這樣離譜的統計，是因為在此案例中，驗了 100 個樣本，確實只錯一個。所以，碰到真假比例懸殊的不平衡 (Imbalanced) 樣本，必須使用其他指標來衡量效能。
- 精確率：再以醫療檢驗設備為例，我們只關心被驗出來的陽性病患，有多少比例是真的染病，而不去關心驗出為陰性者，因為驗出為陰性，通常不會再被複檢，或者不放心又跑到其他醫院複檢，醫院其實很難追蹤他們是否真的沒患病。
- 召回率：比方 Covid-19，我們關心的是所有的染病者有多少比例被驗出陽性，因為一旦有漏網之魚 (偽陰性)，可能就會造成重大的傷害，如社區傳染。

7. 針對二分類，還有一種較客觀的指標稱為 ROC/AUC 曲線，它是在各種檢驗門檻值下，以假陽率為 X 軸，真陽率為 Y 軸，繪製出來的曲線，稱為 ROC。覆蓋的面積 (AUC) 越大，表示模型在各種門檻值下的平均效能越好，這個指標有別於一般預測固定以 0.5 當作判斷真假的基準。

TensorFlow/Keras 的效能衡量指標可參閱 Keras 官網 [22]，但 PyTorch 不提供相關效能衡量指標的函數，可以使用 NumPy 或 scikit-learn 的函數，可參閱『scikit-learn 文件』[23]，如果要一律採用 PyTorch 相關的套件，有興趣的讀者可以參閱『TorchMetrics 文件』[24]，本文採用 scikit-learn。

➤ **下列三個範例的程式碼請參考【04_15_ 效能衡量指標 .ipynb】。**

範例

01 假設有 8 筆資料如下，請計算混淆矩陣 (Confusion Matrix)。

實際值 = [0, 0, 0, 1, 1, 1, 1, 1]

預測值 = [0, 1, 0, 1, 0, 1, 0, 1]

1. 載入相關套件

```
1 import numpy as np
2 import matplotlib.pyplot as plt
3 from sklearn.metrics import accuracy_score, classification_report
4 from sklearn.metrics import precision_score, recall_score, confusion_matrix
```

2. Scikit-learn 提供混淆矩陣 (Confusion Matrix) 函數，程式碼如下。

```
1 from sklearn.metrics import confusion_matrix
2
3 y_true = [0, 0, 0, 1, 1, 1, 1, 1] # 實際值
4 y_pred = [0, 1, 0, 1, 0, 1, 0, 1] # 預測值
5
6 # 混淆矩陣(Confusion Matrix)
7 tn, fp, fn, tp  = confusion_matrix(y_true, y_pred).ravel()
8 print(f'TP={tp}, FP={fp}, TN={tn}, FN={fn}')
```

- **注意** Scikit-learn 提供的混淆矩陣，傳回值與圖 4.3 位置不同。
- 實際值與預測值上下比較，TP 為 (1, 1)、FP 為 (0, 1)、TN 為 (0, 0)、FN 為 (1, 0)。
- 執行結果：TP=3, FP=1, TN=2, FN=2。

3. 繪圖

```
# 顯示矩陣
fig, ax = plt.subplots(figsize=(2.5, 2.5))

# 1:藍色, 0:白色
ax.matshow([[1, 0], [0, 1]], cmap=plt.cm.Blues, alpha=0.3)

# 標示文字
ax.text(x=0, y=0, s=tp, va='center', ha='center')
ax.text(x=1, y=0, s=fp, va='center', ha='center')
ax.text(x=0, y=1, s=tn, va='center', ha='center')
ax.text(x=1, y=1, s=fn, va='center', ha='center')

plt.xlabel('實際', fontsize=20)
plt.ylabel('預測', fontsize=20)

# x/y 標籤
plt.xticks([0,1], ['T', 'F'])
plt.yticks([0,1], ['P', 'N'])
plt.show()
```

- 執行結果：

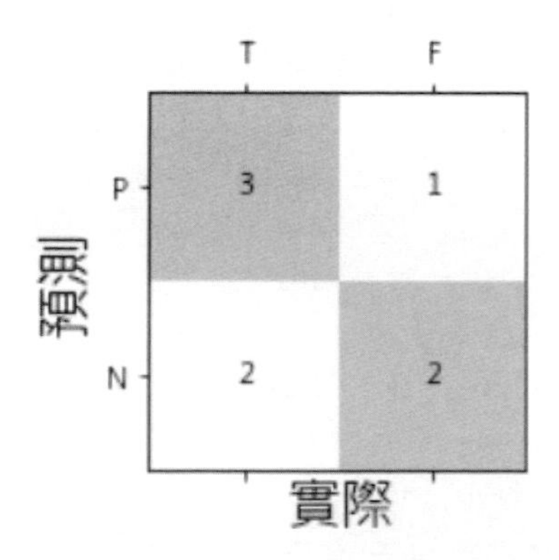

02 依上述資料計算效能衡量指標。

1. 準確率。

```
print(f'準確率:{accuracy_score(y_true, y_pred)}')
print(f'驗算={(tp+tn) / (tp+tn+fp+fn)}')
```

- 執行結果：0.625。

2. 計算精確率。

```
print(f'精確率:{precision_score(y_true, y_pred)}')
print(f'驗算={(tp) / (tp+fp)}')
```

- 執行結果：0. 75。

3. 計算召回率。

```
1 print(f'召回率:{recall_score(y_true, y_pred)}')
2 print(f'驗算={(tp) / (tp+fn)}')
```

- 執行結果：0.6。

03 依資料檔 data/auc_data.csv 計算 AUC。

1. 讀取資料檔

```
1 # 讀取資料
2 import pandas as pd
3 df=pd.read_csv('./data/auc_data.csv')
4 df
```

- 執行結果：

	predict	actual
0	0.11	0
1	0.35	0
2	0.72	1
3	0.10	1
4	0.99	1
5	0.44	1
6	0.32	0
7	0.80	1
8	0.22	1
9	0.08	0
10	0.56	1

2. 以 Scikit-learn 函數計算 AUC

```
1 from sklearn.metrics import roc_curve, roc_auc_score, auc
2 
3 # fpr：假陽率，tpr：真陽率, threshold：各種決策門檻
4 fpr, tpr, threshold = roc_curve(df['actual'], df['predict'])
5 print(f'假陽率={fpr}\n\n真陽率={tpr}\n\n決策門檻={threshold}')
```

- 執行結果：

```
假陽率=[0.         0.         0.         0.14285714 0.14285714 0.28571429
 0.28571429 0.57142857 0.57142857 0.71428571 0.71428571 1.        ]

真陽率=[0.         0.09090909 0.27272727 0.27272727 0.63636364 0.63636364
 0.81818182 0.81818182 0.90909091 0.90909091 1.         1.        ]

決策門檻=[1.99 0.99 0.8  0.73 0.56 0.48 0.42 0.32 0.22 0.11 0.1  0.03]
```

3. 繪製 AUC

```
# 繪圖
auc1 = auc(fpr, tpr)
## Plot the result
plt.title('ROC/AUC')
plt.plot(fpr, tpr, color = 'orange', label = 'AUC = %0.2f' % auc1)
plt.legend(loc = 'lower right')
plt.plot([0, 1], [0, 1],'r--')
plt.xlim([0, 1])
plt.ylim([0, 1])
plt.ylabel('True Positive Rate')
plt.xlabel('False Positive Rate')
plt.show()
```

- 執行結果：

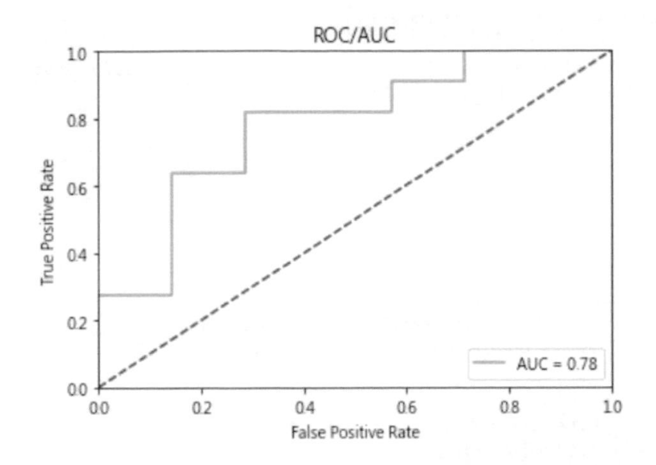

4-8 超參數調校 (Hyperparameter Tuning)

這一節來研究超參數 (Hyperparameters) 對效能的影響，在章節 4-1-3 只對單一變數進行調校，假如要同時調校多個超參數，有一些套件可以幫忙，包括 Ray Tune、Keras Tuner、hyperopt、Ax…等。

PyTorch 官網推薦 Ray Tune [25]，Ray 是一個非常強大的平行處理的套件，它其中一個模組 Ray Tune 是用於效能調校，以下就介紹其基本的用法。首先安裝套件，指令如下：

```
pip install ray
```

範例 使用 Ray Tune 對神經網路進行超參數調校。

➤ 下列程式碼請參考【04_16_ 超參數調校 .ipynb】。

1. 載入套件。

```
1 import numpy as np
2 import torch
3 import torch.optim as optim
4 import torch.nn as nn
5 from torchvision import datasets, transforms
6 from torch.utils.data import DataLoader
7 import torch.nn.functional as F
8 from ray import tune
9 from ray.tune.schedulers import ASHAScheduler
```

2. 判斷是否有 GPU：若有則使用 GPU。

```
1 device = torch.device("cuda" if torch.cuda.is_available() else "cpu")
2 "cuda" if torch.cuda.is_available() else "cpu"
```

3. 建立模型。

```
 1 class ConvNet(nn.Module):
 2     def __init__(self):
 3         super(ConvNet, self).__init__()
 4         # In this example, we don't change the model architecture
 5         # due to simplicity.
 6         self.conv1 = nn.Conv2d(1, 3, kernel_size=3)
 7         self.fc = nn.Linear(192, 10)
 8 
 9     def forward(self, x):
10         x = F.relu(F.max_pool2d(self.conv1(x), 3))
11         x = x.view(-1, 192)
12         x = self.fc(x)
13         return F.log_softmax(x, dim=1)
```

4. 定義模型訓練及測試函數，測試函數要傳回效能衡量指標給 Ray 作判斷，以決定最佳超參數組合。

```
 1 # 訓練週期
 2 EPOCH_SIZE = 5
 3 
 4 # 定義模型訓練函數
 5 def train(model, optimizer, train_loader):
 6     model.train()
 7     for batch_idx, (data, target) in enumerate(train_loader):
 8         data, target = data.to(device), target.to(device)
 9         optimizer.zero_grad()
10         output = model(data)
11         loss = F.nll_loss(output, target)
12         loss.backward()
13         optimizer.step()
```

```
14
15 # 定義模型測試函數
16 def test(model, data_loader):
17     model.eval()
18     correct = 0
19     total = 0
20     with torch.no_grad():
21         for batch_idx, (data, target) in enumerate(data_loader):
22             data, target = data.to(device), target.to(device)
23             outputs = model(data)
24             # 準確數計算
25             _, predicted = torch.max(outputs.data, 1)
26             total += target.size(0)
27             correct += (predicted == target).sum().item()
28
29     return correct / total
```

5. 定義特徵縮放函數：採用標準化，平均數 0.1307，標準差 0.3081。

```
1 mnist_transforms = transforms.Compose(
2     [transforms.ToTensor(),
3      transforms.Normalize((0.1307, ), (0.3081, ))
4     ])
```

6. 定義資料載入及模型訓練函數，還包括：

- 優化器：使用組態參數，提供多種組合的測試，config 為組態參數內容。
- 訓練結果交回給 Ray Tune：tune.report(mean_accuracy=acc)，指定 acc 為平均準確率，作為效能比較的基準。
- 每 5 週期存檔一次。

```
1 def train_mnist(config):
2     # 載入 MNIST 手寫阿拉伯數字資料
3     train_loader = DataLoader(
4         datasets.MNIST("", train=True, transform=mnist_transforms),
5         batch_size=64,
6         shuffle=True)
7     test_loader = DataLoader(
8         datasets.MNIST("", train=False, transform=mnist_transforms),
9         batch_size=64,
10        shuffle=True)
11
12    # 建立模型
13    model = ConvNet().to(device)
14
15    # 優化器，使用組態參數
16    optimizer = optim.SGD(model.parameters(),
17                          lr=config["lr"], momentum=config["momentum"])
18    # 訓練 10 週期
19    for i in range(10):
20        train(model, optimizer, train_loader)
```

```
21          # 測試
22          acc = test(model, test_loader)
23
24          # 訓練結果交回給 Ray Tune
25          tune.report(mean_accuracy=acc)
26
27          # 每 5 週期存檔一次
28          if i % 5 == 0:
29              torch.save(model.state_dict(), "./model.pth")
```

7. 定義參數調校的組態：

- 學習率 (learning rate) 測試選項含 0.01, 0.1, 0.5，使用 grid_search 表示每一選項都要測試，若使用 choice，則是多選一，sample_from 則是隨機抽樣。
- 學習率動能 (momentum)：採均勻分配抽樣。
- 除了上述優化器參數外，可以調校任何超參數及模型的神經元個數均可。
- Ray Tune 提供非常多的隨機分配，詳情請參考『Search Space API』[26]。
- 第 12 行：實際執行參數調校，若無 GPU，請移除 resources_per_trial={'gpu': 1}，另外，參數調校預設執行 10 個回合，可以加入 num_samples 參數，指定回合數。

```
 1 # 參數組合
 2 search_space = {
 3     #"lr": tune.sample_from(lambda spec: 10**(-10 * np.random.rand())),
 4     "lr": tune.grid_search([0.01, 0.1, 0.5]), # 每一選項都要測試
 5     "momentum": tune.uniform(0.1, 0.9)        # 均勻分配抽樣
 6 }
 7
 8 # 加下一行，採分散式處理
 9 # ray.init(address="auto")
10
11 # 執行參數調校
12 analysis = tune.run(train_mnist, config=search_space, resources_per_trial={'gpu': 1})
```

- 執行結果如下，依平均準確率 (acc) 降冪排列，最佳參數組合為 lr: 0.01, momentum: 0.620798，平均準確率 : 0.9644。

Trial name	status	loc	lr	momentum	acc	iter	total time (s)
train_mnist_632aa_00000	TERMINATED	127.0.0.1:21828	0.01	0.620798	0.9644	10	142.228
train_mnist_632aa_00001	TERMINATED	127.0.0.1:22708	0.1	0.409923	0.9625	10	137.528
train_mnist_632aa_00002	TERMINATED	127.0.0.1:21072	0.5	0.651037	0.1135	10	138.692

8. 對訓練過程的準確率繪圖。

```
1  import matplotlib.pyplot as plt
2  
3  # 取得實驗的參數
4  config_list = []
5  for i in analysis.get_all_configs().keys():
6      config_list.append(analysis.get_all_configs()[i])
7  
8  # 繪圖
9  plt.figure(figsize=(12,6))
10 dfs = analysis.trial_dataframes
11 for i, d in enumerate(dfs.values()):
12     plt.subplot(1,3,i+1)
13     plt.title(config_list[i])
14     d.mean_accuracy.plot()
15 plt.tight_layout()
16 plt.show()
```

- 執行結果如下，第一個組合準確率最高，且接近收斂：

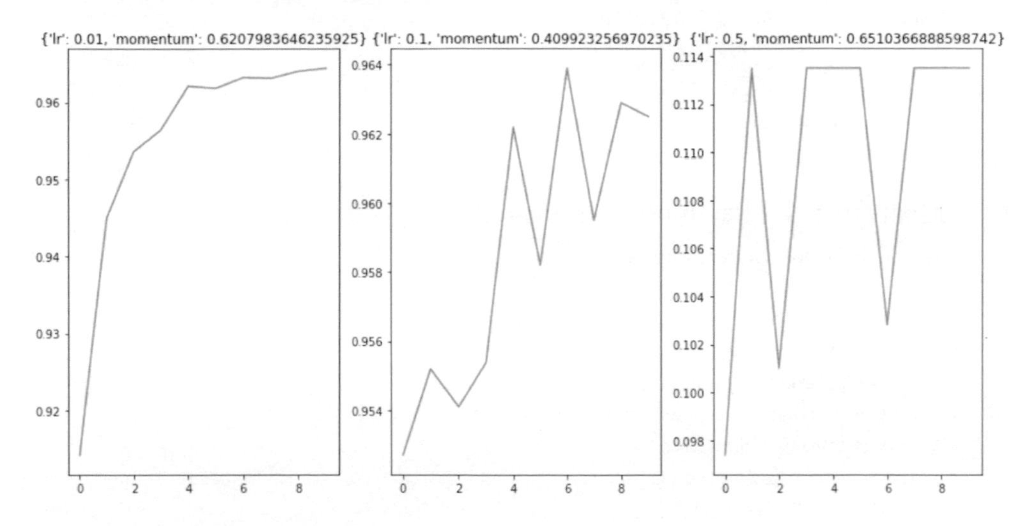

9. 顯示詳細調校內容：例如每一回合 (Trial) 訓練過程的準確率及執行時間。

```
1  for i in dfs.keys():
2      parameters = i.split("\\")[-1]
3      print(f'{parameters}\n', dfs[i][['mean_accuracy', 'time_total_s']])
```

- 截取兩個參數組合的執行結果如下：

```
train_mnist_632aa_00000_0_lr=0.01,momentum=0.6208_2022-01-02_21-10-41
    mean_accuracy  time_total_s
0         0.9142     23.599039
1         0.9450     36.718488
2         0.9536     49.732055
3         0.9564     62.833749
4         0.9621     75.938153
5         0.9618     89.218834
6         0.9632    102.366150
7         0.9631    115.633676
8         0.9640    128.915956
9         0.9644    142.228140
train_mnist_632aa_00001_1_lr=0.1,momentum=0.40992_2022-01-02_21-10-42
    mean_accuracy  time_total_s
0         0.9527     21.514920
1         0.9552     34.425164
2         0.9541     47.275895
3         0.9554     60.217369
4         0.9622     73.019098
5         0.9582     85.883695
6         0.9639     98.806184
7         0.9595    111.709021
8         0.9629    124.651322
9         0.9625    137.528468
```

- 其他欄位可參考『Ray Tune 使用手冊』[27]。
  - `config`: The hyperparameter configuration
  - `date`: String-formatted date and time when the result was processed
  - `done`: True if the trial has been finished, False otherwise
  - `episodes_total`: Total number of episodes (for RLLib trainables)
  - `experiment_id`: Unique experiment ID
  - `experiment_tag`: Unique experiment tag (includes parameter values)
  - `hostname`: Hostname of the worker
  - `iterations_since_restore`: The number of times `tune.report()/trainable.train()` has been called after restoring the worker from a checkpoint
  - `node_ip`: Host IP of the worker
  - `pid`: Process ID (PID) of the worker process
  - `time_since_restore`: Time in seconds since restoring from a checkpoint.
  - `time_this_iter_s`: Runtime of the current training iteration in seconds (i.e. one call to the trainable function or to `_train()` in the class API.
  - `time_total_s`: Total runtime in seconds.
  - `timestamp`: Timestamp when the result was processed
  - `timesteps_since_restore`: Number of timesteps since restoring from a checkpoint
  - `timesteps_total`: Total number of timesteps
  - `training_iteration`: The number of times `tune.report()` has been called
  - `trial_id`: Unique trial ID

10. 顯示各組合的執行結果。

```
1 analysis.results_df
```

- 執行結果如下：

trial_id	mean_accuracy	time_this_iter_s	done	timesteps_total	episodes_total	training_iteration	experiment_id	date	timestamp
632aa_00000	0.9644	13.312184	True	None	None	10	e635b4cc50164158a2385aeed6bf481e	2022-01-02_21-13-06	1641129186
632aa_00001	0.9625	12.877146	True	None	None	10	6fe5ee93539148baa431cb0473c73e0d	2022-01-02_21-15-26	1641129326
632aa_00002	0.1135	13.038788	True	None	None	10	8705d0f4763f47c1be798a6faf64cc65	2022-01-02_21-17-52	1641129472

11. 取得最佳模型參數：取最大 (max) 的平均準確率 (mean_accuracy)，若有多筆同分，取最後一筆。

```
1 best_trial = analysis.get_best_trial("mean_accuracy", "max", "last")
2 best_trial.config
```

- 執行結果：{'lr': 0.01, 'momentum': 0.6207983646235925}

12. 之後可載入最佳模型。

```
1 logdir = analysis.get_best_logdir("mean_accuracy", mode="max")
2 state_dict = torch.load(os.path.join(logdir, "model.pth"))
3
4 model = ConvNet().to(device)
5 model.load_state_dict(state_dict)
```

13. 使用最佳模型測試。

```
1 test_ds = datasets.MNIST('', train=False, download=True, transform=mnist_transforms)
2
3 # 建立 DataLoader
4 test_loader = DataLoader(test_ds, shuffle=False, batch_size=1000)
5
6 model.eval()
7 correct = 0
8 with torch.no_grad():
9     for data, target in test_loader:
10         data, target = data.to(device), target.to(device)
11         output = model(data)
12
13         # 正確筆數
14         _, predicted = torch.max(output, 1)
15         correct += (predicted == target).sum().item()
16
17 # 顯示測試結果
18 data_count = len(test_loader.dataset)
19 percentage = 100.0 * correct / data_count
20 print(f'準確率: {correct}/{data_count} ({percentage:.0f}%)\n')
```

- 執行結果：準確率非常高，達到 9722/10000 (97%)。

上述程式只是簡單的範例，Ray Tune 還有更多進階的函數及參數可供使用，詳情可參閱 Pytorch 官網範例 [25] 及 Ray Tune 官網 [28]。

參數調校是深度學習中非常重要的步驟，因為深度學習是一個黑箱科學，加上我們對於高維資料的聯合機率分配也是一無所知，唯有透過大量的實驗，才能獲得較佳的模型。但困難的是，模型訓練的執行非常耗時，如何透過各種方法或套件的協助，平行處理或分散至多台機器執行，縮短調校時間，是建構 AI 模型時須認真思考的課題。

參考資料 (References)

[1] TensorFlow 官網的手寫阿拉伯數字辨識
(https://www.tensorflow.org/overview)

[2] PyTorch 官網 Normalize 用法的介紹
(https://pytorch.org/vision/stable/transforms.html#torchvision.transforms.Normalize)

[3] PyTorch 官網 CrossEntropyLoss 的說明
(https://pytorch.org/docs/stable/generated/torch.nn.CrossEntropyLoss.html#crossentropyloss)

[4] fledlingbird,《交叉熵損失，softmax 函數和 torch.nn.CrossEntropyLoss() 中文》, 2019
(https://www.cnblogs.com/fledlingbird/p/10718096.html)

[5] PyTorch 官網 Saving and Loading Models
(https://pytorch.org/tutorials/beginner/saving_loading_models.html#saving-loading-model-across-devices)

[6] Antonio Gulli、Amita Kapoor、Sujit Pal,《Deep Learning with TensorFlow 2 and Keras》, 2019
(https://www.amazon.com/Deep-Learning-TensorFlow-Keras-Regression/dp/1838823417)

[7] 維基百科 Activation Function 的介紹
(https://en.wikipedia.org/wiki/Activation_function)

[8] PyTorch 優化器的介紹
(https://pytorch.org/docs/stable/optim.html#algorithms)

[9] PyTorch 損失函數的介紹
(https://pytorch.org/docs/stable/nn.html#loss-functions)

[10] PyTorch 官網 torch.nn.functional 的說明
(https://pytorch.org/docs/stable/nn.functional.html)

[11] PyTorch 官網 Negative Log Likelihood Loss 的說明
(https://pytorch.org/docs/stable/generated/torch.nn.functional.nll_loss.html)

[12] PyTorch 神經層的介紹
(https://pytorch.org/docs/stable/nn.html)

[13] Geoffrey E. Hinton、Nitish Srivastava、Alex Krizhevsky,《Improving neural networks by preventing co-adaptation of feature detectors》, 2012
(https://arxiv.org/abs/1207.0580)

[14] PyTorch Activation Function 的介紹
(https://pytorch.org/docs/stable/nn.html#non-linear-activations-weighted-sum-nonlinearity)

[15] Naoki,《Gradient Descent Optimizers》, 2021
(https://naokishibuya.medium.com/gradient-descent-optimizers-80d29f22deb5)

[16] Raimi Karim,《10 Stochastic Gradient Descent Optimisation Algorithms + Cheat Sheet》, 2018
(https://towardsdatascience.com/10-gradient-descent-optimisation-algorithms-86989510b5e9)

[17] Sanket Doshi,《Various Optimization Algorithms For Training Neural Network》, 2019
(https://towardsdatascience.com/optimizers-for-training-neural-network-59450d71caf6)

[18] Dominik Schmidt,《Understanding Nesterov Momentum (NAG)》, 2018
(https://dominikschmidt.xyz/nesterov-momentum/)

[19] Diederik P. Kingma、Jimmy Ba,《Adam: A Method for Stochastic Optimization》, 2014
(https://arxiv.org/abs/1412.6980)

[20] 深度學習於 NLP,《一文告訴你 Adam、AdamW、Amsgrad 區別和聯繫》, 2018
(https://zhuanlan.zhihu.com/p/39543160)

[21] Deniz Yuret,《Alec Radford's animations for optimization algorithms》, 2015 (http://www.denizyuret.com/2015/03/alec-radfords-animations-for.html)

[22] Keras 官網中效能衡量指標的介紹 (https://keras.io/api/metrics/)

[23] scikit-learn 文件 (https://scikit-learn.org/stable/modules/model_evaluation.html)

[24] TorchMetrics 文件 (https://torchmetrics.readthedocs.io/en/stable/pages/quickstart.html)

[25] PyTorch 官網關於 Ray Tune 的介紹 (https://pytorch.org/tutorials/beginner/hyperparameter_tuning_tutorial.html)

[26] Search Space API (https://docs.ray.io/en/latest/tune/api_docs/search_space.html#random-distributions-api)

[27] Ray Tune 使用手冊 (https://docs.ray.io/en/latest/tune/user-guide.html#auto-filled-metrics)

[28] Ray Tune 官網範例 (https://docs.ray.io/en/latest/tune/index.html)

第 5 章

PyTorch 進階功能

除了建構模型外，PyTorch 還提供各種的工具和指令，在程式開發流程中使用，包括資料集 (Dataset)、資料載入器 (DataLoader)、前置處理、TensorBoard、除錯等功能，認識這些功能可以使程式執行更有效率，也比較容易找出錯誤。

5-1 資料集 (Dataset) 及資料載入器 (DataLoader)

torch.utils.data.Dataset 是 PyTorch 內建資料結構，可同時儲存特徵 (x) 及目標 (y)，包含一些內建的資料集：

1. 影像資料集：例如 MNIST、FashionMNIST 等，可參考 Pytorch 官網『torchvision.datasets』[1]。
2. 語音資料集：可參考 Pytorch 官網『torchaudio.datasets』[2]。
3. 文字資料集：可參考 Pytorch 官網『torchtext.datasets』[3]。
4. 除此之外，還可以自訂資料集。

範例 載入資料集，並讀取相關資料。

➤ 下列程式碼請參考【05_01_Datasets.ipynb】。

1. 載入套件。

```
1 import os
2 import torch
3 from torchvision.datasets import MNIST, FashionMNIST
4 from torch.utils.data import DataLoader, random_split
5 from torchvision import transforms
```

2. 檢查是否有 GPU。

```
1 device = torch.device("cuda" if torch.cuda.is_available() else "cpu")
2 "cuda" if torch.cuda.is_available() else "cpu"
```

3. 載入 MNIST 手寫阿拉伯數字資料。MNIST 等資料集都有 5 個參數：

- 根路徑 (root)：資料集下載後儲存的目錄，空字串表目前資料夾。
- train：True 表下載訓練資料集，反之，False 表下載測試資料集。
- download：True 表資料集不存在則自網路下載，False 表不會自動下載。
- transform：資料集讀入後特徵 (x) 要作何種轉換，至少要轉成 PyTorch Tensor。各種轉換可參考 Pytorch 官網『torchvision.transforms』[4]。

- target_transform：資料集讀入後目標 (y) 要作何種轉換。

```
# 下載 MNIST 手寫阿拉伯數字 訓練資料
train_ds = MNIST("", train=True, download=True,
                 transform=transforms.ToTensor())

# 下載測試資料
test_ds = MNIST(PATH_DATASETS, train=False, download=True,
                 transform=transforms.ToTensor())

# 訓練/測試資料的維度
print(train_ds.data.shape, test_ds.data.shape)
```

4. 讀取資料：直接指定索引值，例如 train_ds.data[0]，即可讀取第一筆資料。

   注意 使用 train_ds.data[0] 讀取資料並不會應用到 Transform 函數，必須使用 DataLoader 讀取資料，Transform 函數才會發生效果。

```
# 顯示第1張圖片圖像
import matplotlib.pyplot as plt

# 第一筆資料
X = train_ds.data[0]

# 繪製點陣圖，cmap='gray':灰階
plt.imshow(X.reshape(28,28), cmap='gray')

# 隱藏刻度
plt.axis('off')

# 顯示圖形
plt.show()
```

- 執行結果：

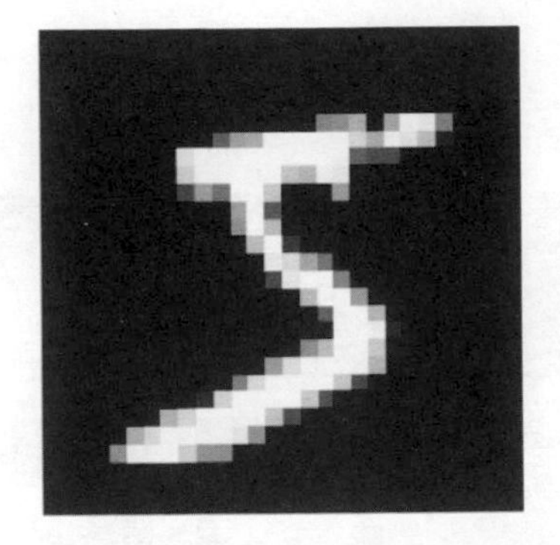

5. 再看另一個資料集 FashionMNIST，同時說明資料轉換 (Transform) 及自訂資料集 (Custom Dataset) 的用法。

```
training_data = FashionMNIST(
    root="data",
    train=True,
    download=True,
    transform=transforms.ToTensor()
)

test_data = FashionMNIST(
    root="data",
    train=False,
    download=True,
    transform=transforms.ToTensor()
)
```

6. 任意抽樣 9 筆資料顯示：labels_map 是目標值與名稱的對照。

```
labels_map = {
    0: "T-shirt",
    1: "Trouser",
    2: "Pullover",
    3: "Dress",
    4: "Coat",
    5: "Sandal",
    6: "Shirt",
    7: "Sneaker",
    8: "Bag",
    9: "Ankle Boot",
}
figure = plt.figure(figsize=(8, 8))
cols, rows = 3, 3
for i in range(1, cols * rows + 1):
    sample_idx = torch.randint(len(training_data), size=(1,)).item()
    img, label = training_data[sample_idx]
    figure.add_subplot(rows, cols, i)
    plt.title(labels_map[label])
    plt.axis("off")
    plt.imshow(img.squeeze(), cmap="gray")
plt.show()
```

- 執行結果：

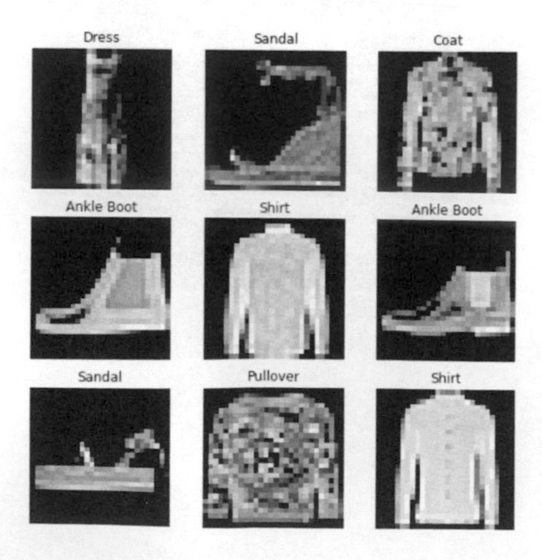

7. 資料轉換(Transform)：PyTorch提供非常多的轉換函數，包括轉換成PyTorch Tensor、放大/縮小、剪裁、彩色轉灰階、各種資料增補(Data Augmentation)的效果等，可減少資料前置處理的負擔，TensorFlow目前則缺乏類似的功能。我們先來看單張圖片的轉換，程式碼修改自Pytorch官網『ILLUSTRATION OF TRANSFORMS』[5]。

8. 讀取範例圖檔：使用skimage套件內建的女太空人圖像。

```
1 import skimage
2 
3 orig_img = skimage.data.astronaut()
4 skimage.io.imsave('images_test/astronaut.jpg', orig_img)
5 plt.imshow(orig_img)
```

- 執行結果：

9. 轉換輸入須為Pillow格式，故再以Pillow函數讀取圖檔。

```
1 # 轉換輸入須為 Pillow 格式
2 from PIL import Image
3 
4 orig_img = Image.open('images_test/astronaut.jpg')
```

10. 定義繪圖函數。

```
1 from PIL import Image
2 from pathlib import Path
3 import matplotlib.pyplot as plt
4 import numpy as np
5 import torchvision.transforms as T
6 
7 def plot(imgs, with_orig=True, row_title=None, **imshow_kwargs):
8     if not isinstance(imgs[0], list):
9         # Make a 2d grid even if there's just 1 row
10        imgs = [imgs]
11
12    num_rows = len(imgs)
13    num_cols = len(imgs[0]) + with_orig
14    fig, axs = plt.subplots(nrows=num_rows, ncols=num_cols, squeeze=False)
15    for row_idx, row in enumerate(imgs):
```

```
16            row = [orig_img] + row if with_orig else row
17            for col_idx, img in enumerate(row):
18                ax = axs[row_idx, col_idx]
19                ax.imshow(np.asarray(img), **imshow_kwargs)
20                ax.set(xticklabels=[], yticklabels=[], xticks=[], yticks=[])
21
22        if with_orig:
23            axs[0, 0].set(title='Original image')
24            axs[0, 0].title.set_size(8)
25        if row_title is not None:
26            for row_idx in range(num_rows):
27                axs[row_idx, 0].set(ylabel=row_title[row_idx])
28
29        plt.tight_layout()
```

11. 圖片放大 / 縮小。

```
1 # resize
2 resized_imgs = [T.Resize(size=size)(orig_img) for size in (30, 50, 100, orig_img.size)]
3 plot(resized_imgs)
```

- 執行結果：第 1 張為原圖，之後為縮小成 30、50、100、原比例的圖，可以看到縮小後再經 ax.imshow 放大顯示就變模糊了。

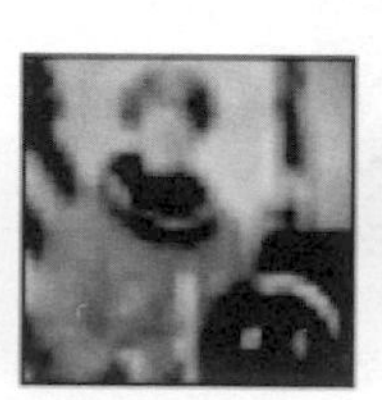

12. 自中心裁剪。

```
1 center_crops = [T.CenterCrop(size=size)(orig_img) for size in (30, 50, 100, orig_img.size)]
2 plot(center_crops)
```

- 執行結果：第 1 張為原圖，之後為裁剪成 30、50、100、原比例的圖，可以看到以中心點為參考點，向外裁剪。

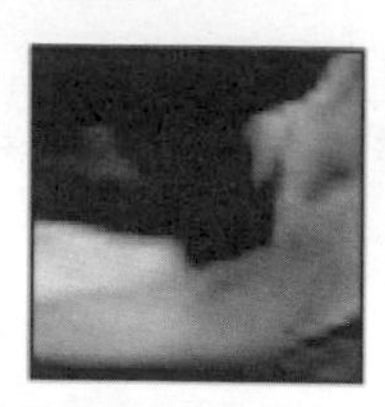
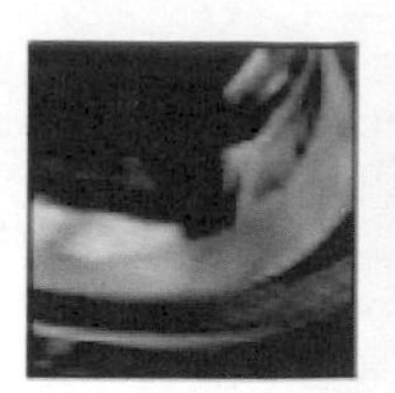
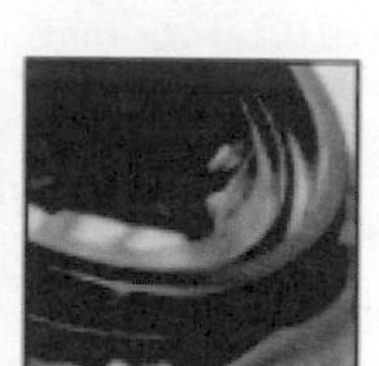

13. FiveCrop：以左上、右上、左下、右下及中心點為參考點，一次裁剪 5 張圖。

```
1 (top_left, top_right, bottom_left, bottom_right, center) = T.FiveCrop(size=(100, 100))(orig_img)
2 plot([top_left, top_right, bottom_left, bottom_right, center])
```

- 執行結果：

Original image

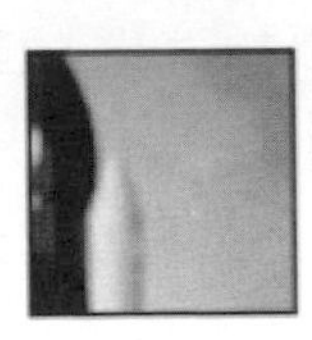
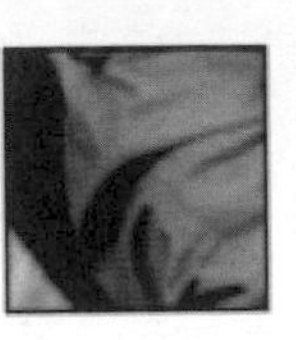
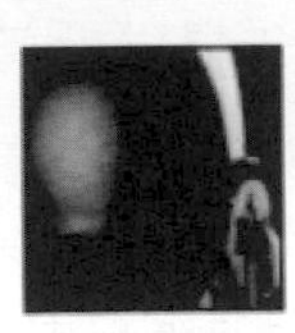
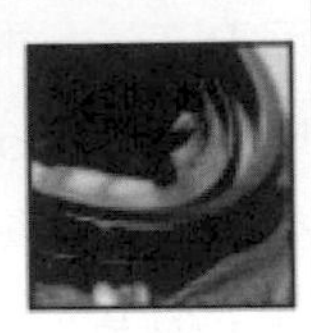

14. 轉灰階。

```
1 gray_img = T.Grayscale()(orig_img)
2 plot([gray_img], cmap='gray')
```

- 執行結果：

Original image

15. 旁邊補零：指定補零寬度為 3、10、30、50。

```
1 padded_imgs = [T.Pad(padding=padding)(orig_img) for padding in (3, 10, 30, 50)]
2 plot(padded_imgs)
```

- 執行結果： 觀察邊框的寬窄。

Original image

總共超過 20 種轉換，中文說明可參考『PyTorch 學習筆記（三）：transforms 的二十二個方法』[6]，這些效果都可以任意組合至 transforms.Compose 函數內。

另外，處理圖像時常會作特徵縮放，在 TensorFlow 範例會採取正規化 (Normalization)，公式為 (x-min)/(max-min)，使 x 的範圍介於 [0,1] 之間，而 PyTorch 並未提供此轉換，通常改採標準化，但卻命名為 Normalize，與 Normalization 會有點混淆，公式為 (x-μ)/δ，請特別注意。一般而言，標準化是假設 x 是常態分配，但像素顏色 0~255，應該屬均勻分配，採正規化似乎比較合理，但 PyTorch 官網採用常態分配，我們就不計較了。

程式碼如下，含兩組參數，第一組為 RGB 三色的平均數 (μ)，第二組為 RGB 三色的標準差 (δ)，至於數值為何不一致，這是從 ImageNet 大量資料集統計的結果：

transforms.Normalize((0.485, 0.456, 0.406), (0.229, 0.224, 0.225))

若圖像為單色，程式碼如下：

transforms.Normalize((0.1307,), (0.3081,))

可參考程式**【04_07_ 手寫阿拉伯數字辨識 _Normalize.ipynb】**。

若要採取正規化，完整範例可參考程式**【05_02_ 手寫阿拉伯數字辨識 _MinMaxScaler.ipynb】**，辨識率不佳，可見 PyTorch 與 TensorFlow 在圖像的細部處理上是有所差異的。

16. 接著，我們實作一個範例，並同時示範自訂資料集的作法，將一目錄下的所有檔案製作成資料集，並轉換為正確的輸入格式。

17. 先製作一個目標名稱與代碼的對照表，之後將檔名轉換為目標代碼。

```
1  # 目標名稱 --> 目標代碼
2  labels_code = {v.lower():k for k, v in labels_map.items()}
```

18. 自訂資料集：自訂資料集類別必須包含三個方法，__init__、__len__、__getitem__，作用分別為初始化、總筆數、取得下一筆資料，這種方式不必一次載入所有圖像，可以節省記憶體的耗用。

```
1  import os
2  import pandas as pd
3  from torchvision.io import read_image
4  from torch.utils.data import Dataset
```

```
 5  import re
 6
 7  class CustomImageDataset(Dataset):
 8      def __init__(self, img_dir, transform=None, target_transform=None):
 9          self.img_labels = [file_name for file_name in os.listdir(img_dir)]
10          self.img_dir = img_dir
11          self.transform = transform
12          self.target_transform = target_transform
13
14      def __len__(self):
15          return len(self.img_labels)
17      def __getitem__(self, idx):
18          # 組合檔案完整路徑
19          img_path = os.path.join(self.img_dir, self.img_labels[idx])
20          # 讀取圖檔
21          image = read_image(img_path)
22          # 去除副檔名
23          label = self.img_labels[idx].split('.')[0]
24          # 將檔名數字去除
25          label = re.sub('[0-9]','', label)
26
27          # 轉換
28          if self.transform:
29              image = self.transform(image)
30          if self.target_transform:
31              label = self.target_transform(label)
32
33          # 將三維轉為二維
34          image = image.reshape(*image.shape[1:])
35          # 反轉顏色，顏色0為白色，與 RGB 色碼不同，它的 0 為黑色
36          image = 1.0-image
37          label = labels_code[label.lower()]
38
39          return image, label
```

19. 載入【04_06_FashionMNIST 辨識 _ 完整版 .ipynb】儲存的模型。

```
1  # 模型載入
2  model = torch.load('./FashionMNIST.pt')
```

20. 建立轉換：依序『轉灰階』、『縮放』、『居中』、『轉 PyTorch Tensor』。

```
1  # 建立 transforms
2  transform = transforms.Compose([
3      transforms.Grayscale(),
4      transforms.Resize((28, 28)),
5      transforms.CenterCrop(28),
6      # transforms.PILToTensor(),
7      transforms.ConvertImageDtype(torch.float),
8  ])
```

21. 建立 DataLoader：載入自訂資料集，進行測試。

```
10 # 建立 DataLoader
11 test_loader = DataLoader(CustomImageDataset('./fashion_test_data', transform)
12                          , shuffle=False, batch_size=10)
13
14 model.eval()
15 criterion = nn.CrossEntropyLoss()
16 test_loss = 0
17 correct = 0
18 with torch.no_grad():
19     for data, target in test_loader:
20         data, target = data.to(device), target.to(device)
21         output = model(data)
22         # sum up batch loss
23         test_loss += criterion(output, target).item()
24
25         # 預測
26         pred = output.argmax(dim=1, keepdim=True)
27
28         # 正確筆數
29         correct += pred.eq(target.view_as(pred)).sum().item()
30
31 # 平均損失
32 test_loss /= len(test_loader.dataset)
33 # 顯示測試結果
34 data_count = len(test_loader.dataset)
35 percentage = 100. * correct / data_count
36 print(f'平均損失: {test_loss:.4f}, 準確率: {correct}/{data_count}' +
37       f' ({percentage:.0f}%)\n')
```

- 執行結果：與【04_06_FashionMNIST 辨識 _ 完整版 .ipynb】測試結果相同。

Dataset 一次取一筆資料，使用 DataLoader 則可以一次取一『批』資料，方便我們作批次測試，加快訓練及測試速度，參數如下：

- 第一個參數：Dataset。
- batch_size：批量。
- shuffle：讀取資料前是否先洗牌。
- 不透過迴圈，一次取一『批』資料。

```
1 # 一次取一『批』資料
2 data, target = next(iter(test_loader))
3 print(data.shape, target)
```

- 執行結果：torch.Size([7, 28, 28]) tensor([8, 5, 5, 6, 0, 1, 1])，取出 7 筆資料 (不足 10 筆)。

有關語音及文字資料集在後續章節再作介紹。

5-2 TensorBoard

TensorBoard 是一種視覺化的診斷工具，功能非常強大，可以顯示模型結構、訓練過程，包括圖片、文字和音訊資料。在訓練的過程中啟動 TensorBoard，能夠即時觀看訓練過程。TensorBoard 雖是 Tensorflow 團隊所開發的，但 PyTorch 也極力推薦使用，因此，若未安裝 Tensorflow，可獨立安裝 TensorBoard，指令如下：

```
pip install tensorboard
```

5-2-1 TensorBoard 功能

TensorBoard 包含下列功能：

1. 追蹤損失和準確率等效能衡量指標 (Metrics)，並以視覺化呈現。

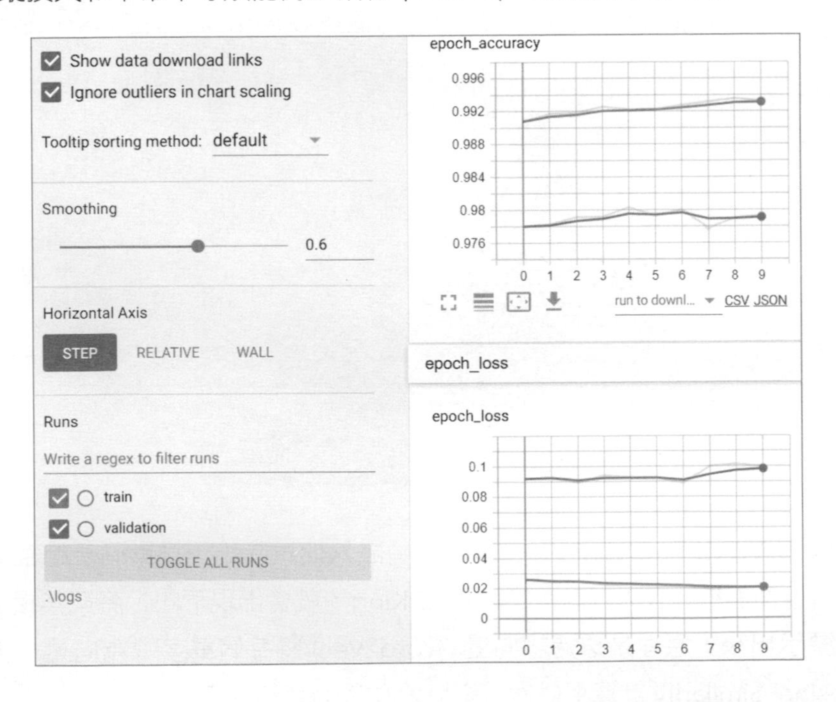

2. 顯示運算圖 (Computational Graph)：包括張量運算 (tensor operation) 和神經層 (layers)。

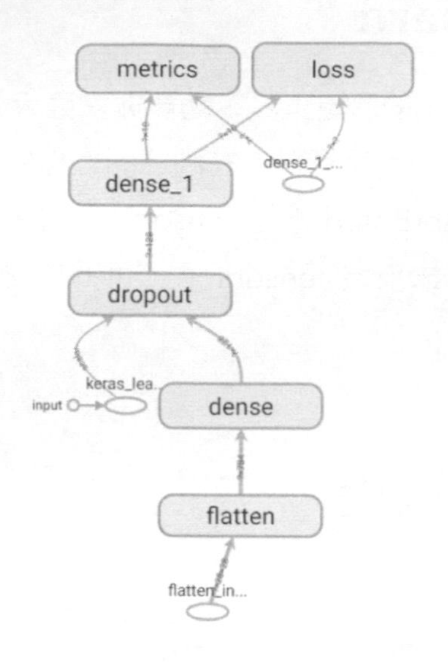

3. 直方圖 (Histogram)：顯示訓練過程中的權重 (weights)、偏差 (bias) 的機率分配。

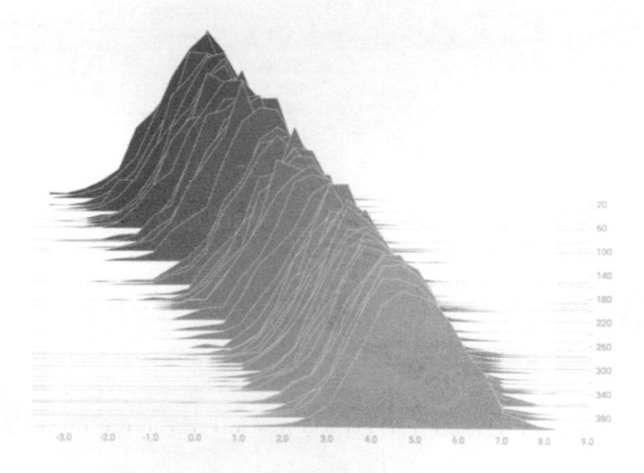

4. 詞嵌入 (Word Embedding) 展示：把詞嵌入向量降維，投影到三維空間來顯示。畫面右邊可輸入任意單字，例如 King，就會出現下圖，將與其相近的單字顯示出來，原理是透過詞向量 (Word2Vec) 將每個單字轉為向量，再利用 Cosine_Similarity 計算相似性，詳情會在後續章節介紹。

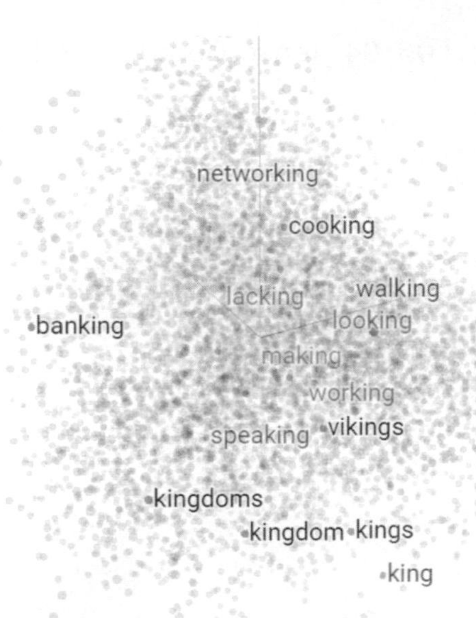

5. 顯示圖片、文字和音訊資料。

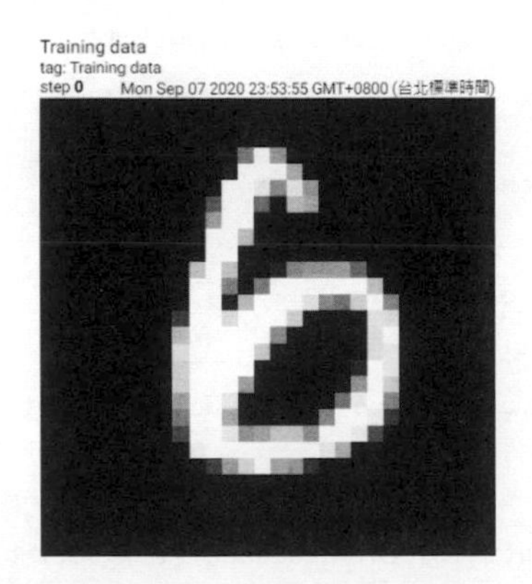

5-2-2 測試

首先在程式中必須將資訊寫入工作記錄檔 (Log)，之後，可以啟動 TensorBoard 觀看工作記錄檔 (Log)，我們直接以範例展示。

範例

01 先介紹寫入工作記錄檔的 API，包括影像、語音均可寫入，甚至嵌入 (Embedding) 向量 (後續章節說明)。

➤ 下列程式碼請參考【05_04_TensorBoard.ipynb】。

1. 載入套件。

```
import matplotlib.pyplot as plt
import numpy as np

import torch
import torchvision
import torchvision.transforms as transforms

import torch.nn as nn
import torch.nn.functional as F
import torch.optim as optim
```

2. 使用內建資料集 FashionMNIST，建立 transform、trainset、trainloader，設定批量 =4。

```
# transforms
transform = transforms.Compose(
    [transforms.ToTensor(),
    transforms.Normalize((0.5,), (0.5,))])

# datasets
trainset = torchvision.datasets.FashionMNIST('.',
    download=True,
    train=True,
    transform=transform)
testset = torchvision.datasets.FashionMNIST('.',
    download=True,
    train=False,
    transform=transform)

# dataloaders
trainloader = torch.utils.data.DataLoader(trainset, batch_size=4,
                                        shuffle=True, num_workers=2)


testloader = torch.utils.data.DataLoader(testset, batch_size=4,
                                        shuffle=False, num_workers=2)
```

3. 設定 log 目錄，開啟 log 檔案。

```
from torch.utils.tensorboard import SummaryWriter

# 設定工作記錄檔目錄
writer = SummaryWriter('runs/fashion_mnist_experiment_1')
```

4. 寫入圖片。

```
# 讀取資料
dataiter = iter(trainloader)
images, labels = dataiter.next()

```

```
5 # 建立圖像方格
6 img_grid = torchvision.utils.make_grid(images)
7
8 # 寫入 tensorboard
9 writer.add_image('four_fashion_mnist_images', img_grid)
```

5. 這時可先啟動 TensorBoard，觀看執行結果。點選『Images』頁籤，如果沒有出現頁籤，可至下拉式選單點選，以下出現一批 4 張圖像。

- 啟動 TensorBoard：需指定 Log 目錄，如下。
  tensorboard --logdir=runs
- 也可以在 Jupyter Notebook 啟動：先載入 TensorBoard notebook 擴充程式 (Extension)，即可在 Jupyter notebook 啟動 TensorBoard。
  %load_ext tensorboard
  %tensorboard --logdir=runs
- 啟動後即可使用網頁瀏覽器觀看：
  http://localhost:6006/

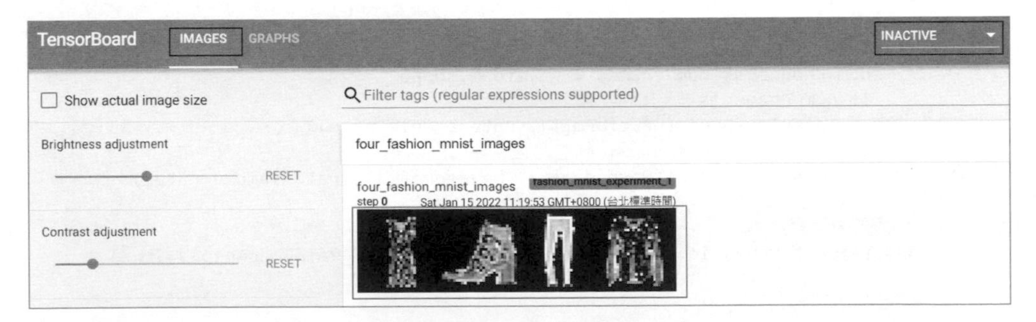

6. 語音也可以寫入 Log，有下列事項要注意：

- 需另外安裝套件，以支援語音處理，Windows 作業系統要安裝 PySoundFile，Linux 作業系統則要安裝 sox。
- 使用 DataLoader，要讀取一批多筆語音資料時，要注意每一筆資料要等長，否則 next 指令會出錯，故常設定 batch_size=1。
- 語音寫入 Log，要加參數採樣率 (sample_rate)，否則播放會變異音：
  writer.add_audio('audio', waveform, sample_rate=sample_rate)

7. 下載語音資料集：multiprocessing.Process 可平行下載 yes/no 內建資料集。

```
import torchaudio
import os
import multiprocessing

# 建立目錄
_SAMPLE_DIR = "_sample_data"
YESNO_DATASET_PATH = os.path.join(_SAMPLE_DIR, "yes_no")
os.makedirs(YESNO_DATASET_PATH, exist_ok=True)

# 讀取資料
def _download_yesno():
    if os.path.exists(os.path.join(YESNO_DATASET_PATH, "waves_yesno.tar.gz")):
        return
    torchaudio.datasets.YESNO(root=YESNO_DATASET_PATH, download=True)

YESNO_DOWNLOAD_PROCESS = multiprocessing.Process(target=_download_yesno)
YESNO_DOWNLOAD_PROCESS.start()
YESNO_DOWNLOAD_PROCESS.join()
```

8. 語音寫入 Log：含播放語音。

```
from IPython.display import Audio, display

# 播放語音函數
def play_audio(waveform, sample_rate):
    waveform = waveform.numpy()

    num_channels, num_frames = waveform.shape
    if num_channels == 1: # 單聲道
        display(Audio(waveform[0], rate=sample_rate))
    elif num_channels == 2: # 立體聲道
        display(Audio((waveform[0], waveform[1]), rate=sample_rate))

# 讀取語音資料集
dataset = torchaudio.datasets.YESNO(YESNO_DATASET_PATH, download=True)

# 讀取 3 筆資料
for i in [1, 3, 5]:
    waveform, sample_rate, label = dataset[i]
    # 寫入 tensorboard
    writer.add_audio('audio_'+str(i), waveform, sample_rate=sample_rate)
    # 播放語音
    play_audio(waveform, sample_rate)
```

9. 使用 TensorBoard，點選『Graphs』頁籤，觀看執行結果，可點選『Play』(三角形符號) 播放語音，每個檔有 8 個音。

10. 若使用 DataLoader 將語音寫入 Log，程式碼如下：

```
# datasets
trainset = torchaudio.datasets.YESNO(YESNO_DATASET_PATH,
    download=True)
```

```
4
5 # dataloaders, batch_size必須為1，否則 next 會出錯，因為每筆語音長度不一致
6 trainloader = torch.utils.data.DataLoader(trainset, batch_size=1,
7                                            shuffle=True)
```

11. 將語音寫入 Log：注意需加 [0]，因 next() 傳回是陣列。

```
1 # 讀取資料
2 dataiter = iter(trainloader)
3 # 下一行會出錯，因為每筆語音長度不一致，可能要使用 transform
4 waveform, sample_rate, label = dataiter.next()
5
6 # 寫入 tensorboard
7 writer.add_audio('audio', waveform[0], sample_rate=sample_rate.numpy()[0])
```

12. 模型也可以寫入 Log：先建立模型。

```
 1 class Net(nn.Module):
 2     def __init__(self):
 3         super(Net, self).__init__()
 4         self.conv1 = nn.Conv2d(1, 6, 5)
 5         self.pool = nn.MaxPool2d(2, 2)
 6         self.conv2 = nn.Conv2d(6, 16, 5)
 7         self.fc1 = nn.Linear(16 * 4 * 4, 120)
 8         self.fc2 = nn.Linear(120, 84)
 9         self.fc3 = nn.Linear(84, 10)
10
11     def forward(self, x):
12         x = self.pool(F.relu(self.conv1(x)))
13         x = self.pool(F.relu(self.conv2(x)))
14         x = x.view(-1, 16 * 4 * 4)
15         x = F.relu(self.fc1(x))
16         x = F.relu(self.fc2(x))
17         x = self.fc3(x)
18         return x
19
20 net = Net()
```

13. 寫入模型：第一個參數為模型物件，第二個參數為模型輸入。

```
1 writer.add_graph(net, images)
```

14. 使用 TensorBoard，點選『Graphs』頁籤，觀看執行結果。

- 以滑鼠雙擊 (Double click) Net 方塊，可看到詳細模型結構。
- 以滑鼠雙擊 (Double click) input/output 方塊，可看到輸入 / 輸出規格。

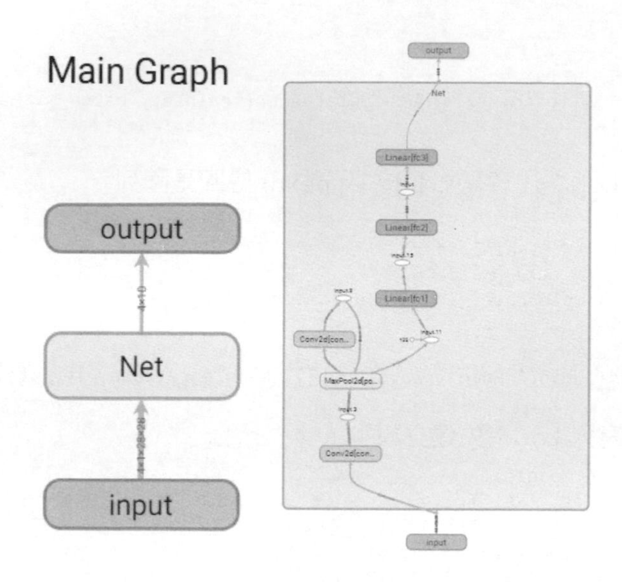

15. 顯示嵌入向量投影機 (Projector)：將影像轉換為向量，連同類別名稱一併寫入 Log。不過，指令 writer.add_embedding 會發生錯誤，需先以下列指令修正。

```
1  # 修正 writer.add_embedding 錯誤
2  import tensorflow as tf
3  import tensorboard as tb
4  tf.io.gfile = tb.compat.tensorflow_stub.io.gfile
```

16. 隨機抽樣 100 筆資料，轉為二維向量，寫入 Log。

```
1  # 隨機抽樣函數
2  def select_n_random(data, labels, n=100):
3      perm = torch.randperm(len(data))
4      return data[perm][:n], labels[perm][:n]
5
6  # 隨機抽樣
7  images, labels = select_n_random(trainset.data, trainset.targets)
8
9  # 類別名稱
10 classes = ('T-shirt/top', 'Trouser', 'Pullover', 'Dress', 'Coat',
11         'Sandal', 'Shirt', 'Sneaker', 'Bag', 'Ankle Boot')
12
13 # 轉換類別名稱
14 class_labels = [classes[lab] for lab in labels]
15
16 # 轉為二維向量，以利顯示
17 features = images.view(-1, 28 * 28)
18
19 # 將 embeddings 寫入 Log
20 writer.add_embedding(features, metadata=class_labels,
21                     label_img=images.unsqueeze(1))
```

- 點選『Projector』頁籤，觀看執行結果：可看到相同類別的影像會聚集在一起。

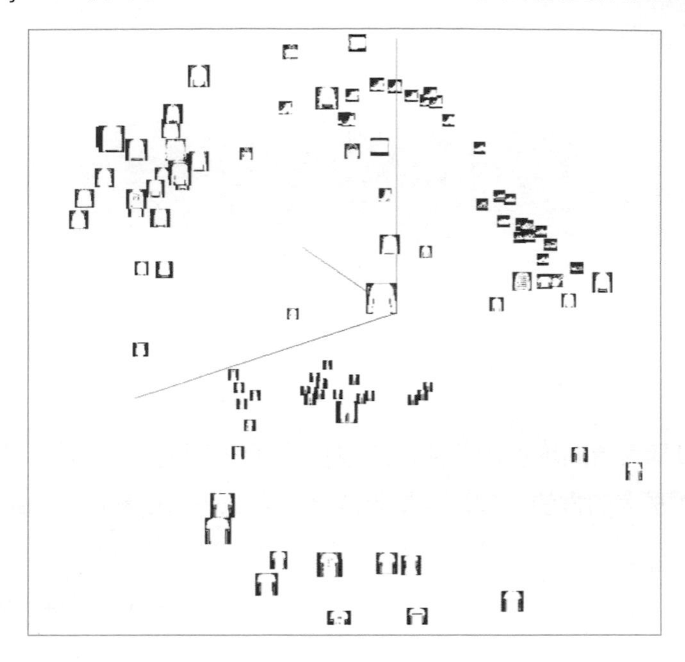

17. 最後記得將緩衝區清空，並關閉 Log。

```
1 writer.flush()
2 writer.close()
```

02 記錄訓練過程的損失：以 MNIST 辨識作測試，前面載入資料與建立模型程式碼的流程不變，在訓練時將步驟序號及損失寫入 Log。以下僅列出關鍵的程式碼。

➤ 下列程式碼請參考【05_06_手寫阿拉伯數字辨識_TensorBoard.ipynb】。

1. 訓練時將步驟序號 (n) 及損失 (loss) 寫入 Log。writer.add_scalar 可寫入單一變數，第一個參數為變數名稱，第二個參數為變數值。

```
25         # 將損失寫入log
26         n+=1
27         writer.add_scalar("Loss/train", loss, n)
```

2. 啟動 TensorBoard：

   tensorboard --logdir=runs_2。

3. 啟動後即可點選『Scalars』頁籤，使用網頁瀏覽器觀看：
   http://localhost:6006/

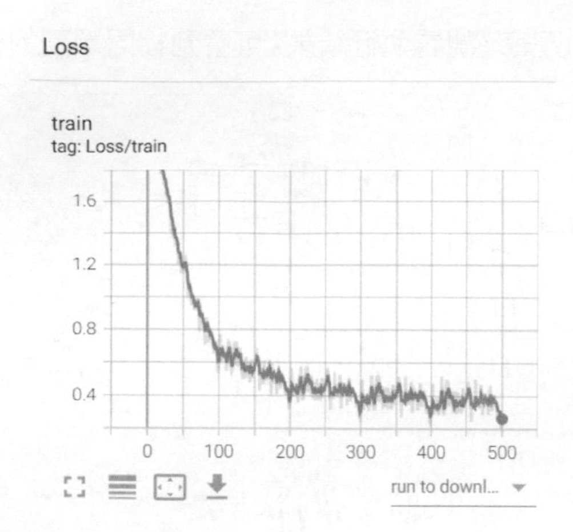

TensorBoard 隨著時間增加的功能越來越多，都快可以另外寫成一本書了，以上我們只作了很簡單的實驗，如果需要更詳細的資訊，可以參閱 TensorBoard 官網的指南 [7]。

TensorFlow 與 TensorBoard 完全整合，不過 PyTorch 並沒有提供所有的功能。

5-3 模型佈署 (Deploy) 與 TorchServe

一般深度學習的模型安裝的選項如下：

1. 本地伺服器 (Local Server)。
2. 雲端伺服器 (Cloud Server)。
3. 邊緣運算 (IoT Hub)：譬如要偵測全省的溫度，我們會在各縣市安裝上千個感測器，每個 IoT Hub 會負責多個感測器的信號接收、初步過濾和分析，分析完成後再將資料後送到資料中心。

呈現的方式可能是網頁、手機 App 或桌面程式，以下先就網頁開發作一說明。

5-3-1 自行開發網頁程式

若是自行開發網頁程式，並且安裝在本地伺服器的話，可以運用 Python 套件，例如 Django、Flask 或 Streamlit，快速建立網頁。其中以 Streamlit 最為簡單，不需要懂 HTML/CSS/Javascript，只靠 Python 一招半式就可以搞定一個初階的網站，以下我們實際建立一個手寫阿拉伯數字的辨識網站。

1. 安裝 Streamlit 套件：

   pip install streamlit

2. 執行此 Python 程式，必須以 streamlit run 開頭，而非 python 執行，例如：

   streamlit run 05_07_web.py

3. 網頁顯示後，拖曳 myDigits 目錄內的任一檔案至畫面中的上傳圖檔區域，就會顯示辨識結果，也可以使用小畫家等繪圖軟體書寫數字。

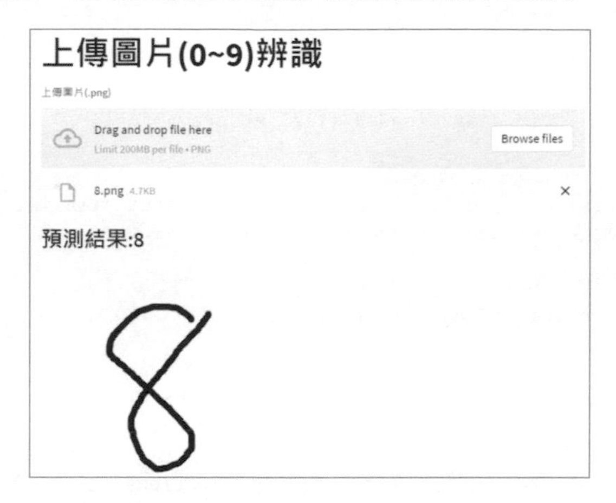

程式碼說明如下：

➤ 完整程式請參閱【05_07_web.py】。

1. 載入相關套件。

```
3  import streamlit as st
4  from skimage import io
5  from skimage.transform import resize
6  import numpy as np
7  import torch
```

2. 模型載入：其中 @st.cache 可以將模型儲存至快取 (Cache)，避免每一次請求都至硬碟讀取，拖慢預測速度。

```
9  # 模型載入
10 device = torch.device("cuda" if torch.cuda.is_available() else "cpu")
11 @st.cache(allow_output_mutation=True)
12 def load_model():
13     return torch.load('./model.pt').to(device)
14 
15 model = load_model()
```

3. 上傳圖檔。

```
14  # 上傳圖檔
15  uploaded_file = st.file_uploader("上傳圖片(.png)", type="png")
```

4. 檔案上傳後，執行下列工作：

- 第 24~28 行：把圖像縮小成寬高各為 (28, 28)。
- 第 31 行：RGB 的白色為 255，但訓練資料 MNIST 的白色為 0，故需反轉顏色。
- 第 34 行：辨識上傳檔案。

```
22  if uploaded_file is not None:
23      # 讀取上傳圖檔
24      image1 = io.imread(uploaded_file, as_gray=True)
25
26      # 縮為 (28, 28) 大小的影像
27      image_resized = resize(image1, (28, 28), anti_aliasing=True)
28      X1 = image_resized.reshape(1,28, 28) #/ 255.0
29
30      # 反轉顏色，顏色0為白色，與 RGB 色碼不同，它的 0 為黑色
31      X1 = torch.FloatTensor(1-X1).to(device)
32
33      # 預測
34      predictions = torch.softmax(model(X1), dim=1)
35
36      # 顯示預測結果
37      st.write(f'### 預測結果:{np.argmax(predictions.detach().cpu().numpy())}')
38
39      # 顯示上傳圖檔
40      st.image(image1)
```

5-3-2 TorchServe

TorchServe 與 TensorFlow Serving 類似，直接提供一個具有彈性且強大的網頁服務，支援平行處理、分散處理及批次處理，架構如下：

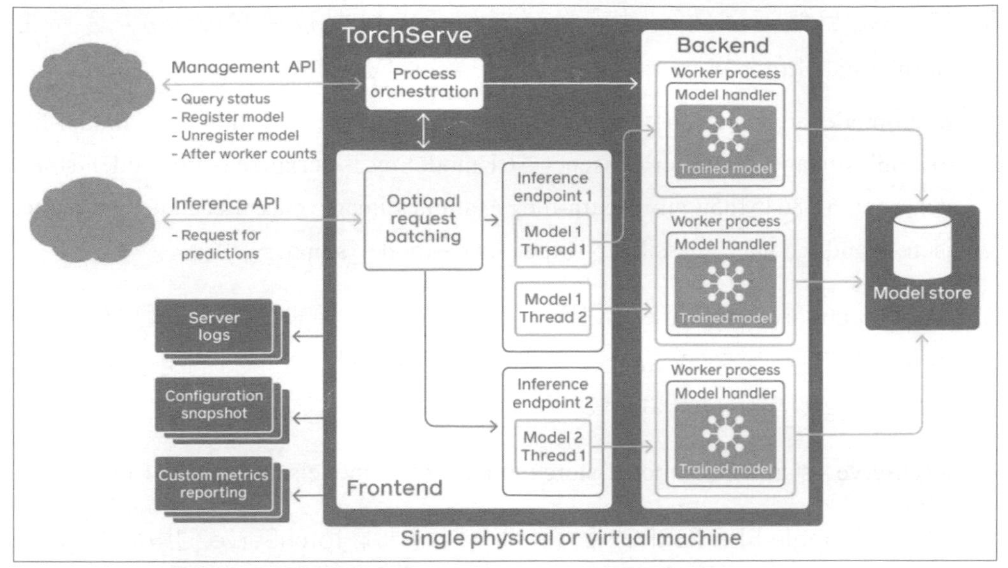

▲ 圖 5.1 TorchServe 系統架構，圖片來源：TorchServe GitHub [8]

TorchServe 安裝非常複雜，筆者花了一天才測試成功，詳細說明可參閱 TorchServe 官網 [9]。依照 TorchServe GitHub 說明，安裝及使用程序如下：

1. 安裝 Java Run Time(JRE)，必須為 v.11 以上 (https://download.java.net/java/GA/jdk11/9/GPL/openjdk-11.0.2_windows-x64_bin.zip)，並在環境變數 Path 加入 C:\Program Files\Java\jdk-11.0.2\bin，在環境變數 CLASSPATH 加入 C:\Program Files\Java\jdk-11.0.2\lib。
2. 安裝 TorchServe，指令如下，**注意** **官網漏列 captum 套件安裝，筆者就卡關一個晚上，未安裝時會出現錯誤訊息『Load model failed』**：

   pip install torchserve torch-model-archiver torch-workflow-archiver captum
3. 下載 TorchServe GitHub 原始碼：

   git clone https://github.com/pytorch/serve.git
4. 複製模型：建立 model_store 子目錄，自 https://download.pytorch.org/models/densenet161-8d451a50.pth 下載訓練好的 DenseNet 模型至 model_store 子目錄，**注意** 必須是 torch.save(model.state_dict(), " model.pt")，而非 torch.save(model, 'model.pt')。

5. 在 serve 目錄下開啟 cmd 或終端機，產生模型存檔 (Archive)：會產生 densenet161.mar 檔案，筆者已將下列指令存成 archive.bat。

   ```
   torch-model-archiver --force --model-name densenet161 --version 1.0 --model-file examples\image_classifier\densenet_161\model.py --serialized-file model_store\densenet161-8d451a50.pth --extra-files examples\image_classifier\index_to_name.json --handler image_classifier --export-path=model_store
   ```

6. 啟動 TorchServe 伺服器端：注意有無錯誤訊息，預設會啟動三個 worker，筆者已將下列指令存成 run.bat，參數 --ncs 會忽略上次執行的組態檔，預設為背景 (Background) 執行。

   ```
   torchserve --start --ncs --model-store model_store --models densenet161.mar
   ```

7. 再安裝 Google RPC (GRPC) 相關套件，以利連線 TorchServe 伺服器：

   ```
   pip install -U grpcio protobuf grpcio-tools
   ```

8. 產生 GRPC 用戶端組態檔，筆者已將下列指令存成 generate_inference_client.bat：

   ```
   python -m grpc_tools.protoc --proto_path=frontend/server/src/main/resources/proto/ --python_out=ts_scripts --grpc_python_out=ts_scripts frontend/server/src/main/resources/proto/inference.proto frontend/server/src/main/resources/proto/management.proto
   ```

9. 預測：指定一張圖片 (kitten.jpg)，送出請求，筆者已將下列指令存成 inference.bat。

   ```
   python ts_scripts/torchserve_grpc_client.py infer densenet161 examples/image_classifier/kitten.jpg
   ```

- 執行結果：如下，預測為虎斑貓 (tabby)，機率為 46%。

```
{
    "tabby": 0.4666188061237335,
    "tiger_cat": 0.46449077129364014,
    "Egyptian_cat": 0.0661403015255928,
```

```
        "lynx": 0.0012924385955557227,
        "plastic_bag": 0.00022909721883479506
}
```

10. 停止 TorchServe 伺服器執行。

```
torchserve --stop
```

範例 再看一個例子，使用模型辨識 MNIST，說明如何運作自訂的模型服務。

程序參閱 serve\examples\image_classifier\mnist\README.md，整理如下，相關檔案均位於 serve\examples\image_classifier\mnist 目錄：

1. 建立模型結構：內容如 mnist.py。
2. 準備訓練好的模型檔：mnist_cnn.pt。
3. 輸入資料處理：內容如 mnist_handler.py。
4. 產生模型存檔 (Archive)：會產生 mnist.mar 檔案，。

```
torch-model-archiver --model-name mnist --version 1.0 --model-file examples/image_classifier/mnist/mnist.py --serialized-file examples/image_classifier/mnist/mnist_cnn.pt --handler  examples/image_classifier/mnist/mnist_handler.py --export-path=model_store
```

5. 啟動 TorchServe 伺服器端：注意有無錯誤訊息。

```
torchserve --start --ncs --model-store model_store --models mnist.mar
```

6. 預測：指定一張圖片 (2.png)，送出請求。

```
python ts_scripts/torchserve_grpc_client.py infer mnist examples\image_classifier\mnist\test_data\2.png
```

- 執行結果：2，辨識無誤，如果要使用自己的圖像，注意要黑白反轉。

由上述範例可以看出 Server 端完全不必撰寫程式，非常方便，但是，前置安裝要細心處理，忽略一個步驟，可能就會發生錯誤，serve\examples 目錄下還有很多的範例模型，讀者可以自己試試看。

參考資料 (References)

[1] Pytorch 官網 torchvision.datasets
(https://pytorch.org/vision/stable/datasets.html)

[2] Pytorch 官網 torchaudio.datasets
(https://pytorch.org/audio/stable/datasets.html)

[3] Pytorch 官網 torchtext.datasets
(https://pytorch.org/text/stable/datasets.html)

[4] Pytorch 官網 torchvision.transforms
(https://pytorch.org/vision/stable/transforms.html)

[5] Pytorch 官網 ILLUSTRATION OF TRANSFORMS
(https://pytorch.org/vision/stable/auto_examples/plot_transforms.html#illustration-of-transforms)

[6] 余霆嵩,《PyTorch 學習筆記（三）：transforms 的二十二個方法》, 2018
(https://zhuanlan.zhihu.com/p/53367135)

[7] TensorFlow 官網的 TensorBoard 指南
(https://www.tensorflow.org/tensorboard/get_started)

[8] TorchServe GitHub
(https://github.com/pytorch/serve)

[9] TorchServe 官網
(https://pytorch.org/serve/)

第 6 章

卷積神經網路 (Convolutional Neural Network)

第三波人工智慧浪潮在自然使用者介面 (Natural User Interface, NUI) 有突破性的進展，包括影像 (Image、Video)、語音 (Voice) 與文字 (Text) 的辨識 / 生成 / 分析，機器學會人類日常生活中所使用的溝通方式，與使用者的互動不僅更具親和力，也能對週遭的環境作出更合理、更有智慧的判斷與反應。將這種能力附加到產品上，可使產品的應用發展爆發無限可能，包括自駕車 (Self-Driving)、無人機 (Drone)、智慧家庭 (Smart Home)、製造 / 服務機器人 (Robot)、聊天機器人 (ChatBot) ... 等，不勝枚舉。

從這一章開始，我們逐一來探討影像 (Image、Video)、語音 (Voice)、文字 (Text) 的相關演算法。

6-1 卷積神經網路簡介

之前程式辨識阿拉伯數字，是使用像素 (Pixel) 作為特徵，與人類辨識圖形的方式有所差異，我們通常不會逐點辨識圖形內的數字，以像素辨識圖形有以下缺點：

1. 手寫阿拉伯數字，通常都會將字寫在中央，所以中央的像素重要性應遠大於周邊的像素。
2. 像素之間有所關聯，而非互相獨立，比如 1，為一垂直線。
3. 人類辨識數字應該是觀察線條或輪廓，而非逐個像素檢視。

因此，卷積神經網路 (Convolutional Neural Network, CNN) 引進了卷積層 (Convolution Layer)，先進行『特徵萃取』(Feature Extraction)，將像素轉換為各種線條特徵，再交給完全連接層 (Linear) 辨識，也就是圖 1.7 機器學習流程的第 3 步驟 -- 特徵工程 (Feature Engineering)。

卷積 (Convolution) 簡單説就是將圖形抽樣化 (Abstraction)，把不必要的資訊刪除，例如色彩、背景等，下圖經過三層卷積後，有些圖依稀可辨識出人臉的輪廓了，因此，模型即可依據這些線條辨識出是人、車或其他動物。

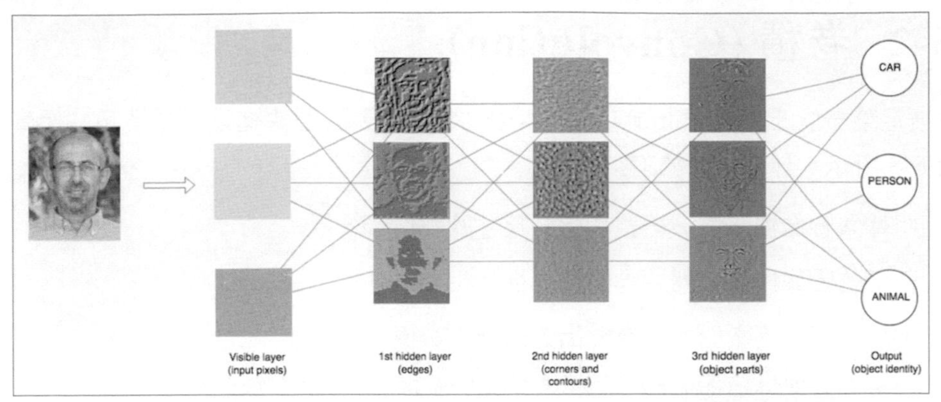

▲ 圖 6.1 卷積神經網路 (Convolutional Neural Network, CNN) 的特徵萃取

卷積神經網路 (Convolutional Neural Network)，以下簡稱 CNN，它的模型結構如下：

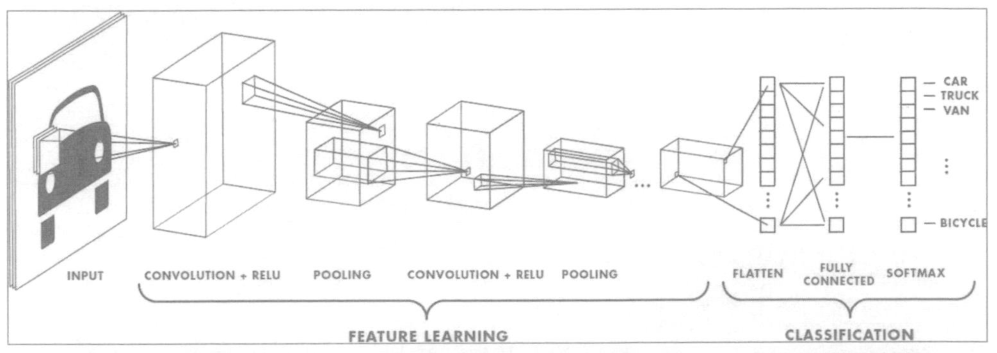

▲ 圖 6.2 卷積神經網路 (Convolutional Neural Network, CNN) 的模型結構

1. 先輸入一張圖像，可以是彩色的，每個色彩通道 (Channel) 分別卷積再合併。
2. 圖像經過卷積層 (Convolution Layer) 運算，變成特徵圖 (Feature Map)，卷積可以指定很多個，卷積矩陣內容不是預定的，而是在訓練過程中由反向傳導推估出來的，這與傳統的影像處理不同，另外，卷積層後面通常會附加 ReLU Activation Function。
3. 卷積層後面還會接一個池化層 (Pooling)，作下採樣 (Down Sampling)，以降低模型的參數個數，避免模型過於龐大。
4. 最後把特徵圖 (Feature Map) 壓扁成一維 (Flatten)，交給完全連接層辨識。

6-2 卷積 (Convolution)

卷積定義一個濾波器 (Filter) 或稱卷積核 (Kernel)，對圖像進行『乘積和』運算，如下圖所示，計算步驟如下：

1. 將輸入圖像依照濾波器裁切相同尺寸的部份圖像。
2. 裁切的圖像與濾波器相同的位置進行相乘。
3. 加總所有格的數值，即為輸出的第一格數值。
4. 逐步向右滑動視窗 (如圖 6.4)，回到步驟 1，計算下一格的值。
5. 滑到最右邊後，再往下滑動視窗，繼續進行。

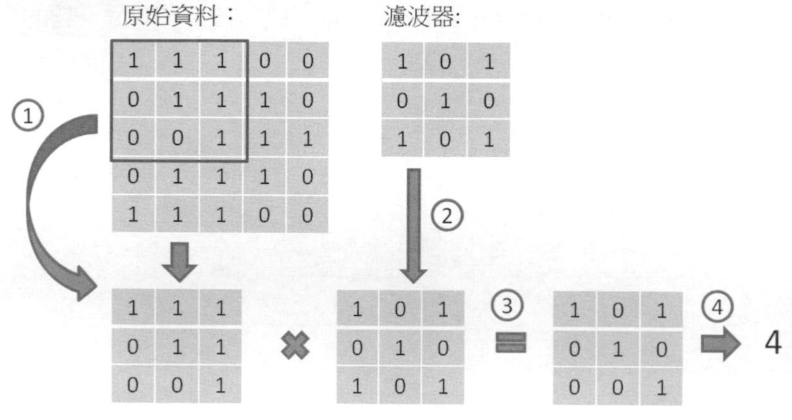

▲ 圖 6.3 卷積計算 (1)

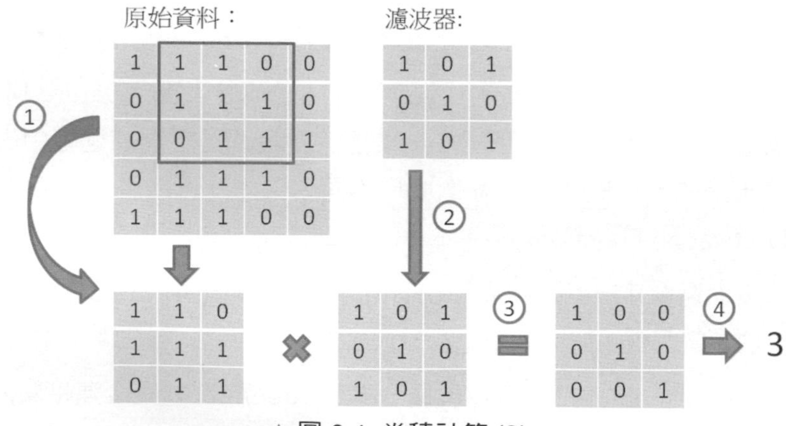

▲ 圖 6.4 卷積計算 (2)

網路上有許多動畫或影片可以參考，例如『Convolutional Neural Networks—Simplified』[1] 文中卷積計算的 GIF 動畫 [2]。

範例

01 使用程式計算卷積。

➤ 下列程式碼請參考【06_01_convolutions.ipynb】。

1. 準備資料及濾波器 (Filter)。

```
1  import numpy as np
2
3  # 測試資料
4  source_map = np.array(list('1110001110001110011001100')).astype(np.int)
5  source_map = source_map.reshape(5,5)
6  print('原始資料：')
7  print(source_map)
8
9  # 濾波器(Filter)
10 filter1 = np.array(list('101010101')).astype(np.int).reshape(3,3)
11 print('\n濾波器:')
12 print(filter1)
```

- 執行結果：

```
原始資料：
[[1 1 1 0 0]
 [0 1 1 1 0]
 [0 0 1 1 1]
 [0 0 1 1 0]
 [0 1 1 0 0]]

濾波器:
[[1 0 1]
 [0 1 0]
 [1 0 1]]
```

2. 計算卷積。

```
1  # 計算卷積
2  # 初始化計算結果的矩陣
3  width = height = source_map.shape[0] - filter1.shape[0] + 1
4  result = np.zeros((width, height))
5
6  # 計算每一格
7  for i in range(width):
8      for j in range(height):
9          value1 =source_map[i:i+filter1.shape[0], j:j+filter1.shape[1]] * filter1
10         result[i, j] = np.sum(value1)
11 print(result)
```

- 執行結果：

```
[4. 3. 4.]
[2. 4. 3.]
[2. 3. 4.]
```

3. 使用 SciPy 套件提供的卷積函數驗算，執行結果一致。

```
1 # 使用 scipy 計算卷積
2 import scipy
3
4 # convolve2d：二維卷積
5 scipy.signal.convolve2d(source_map, filter1, mode='valid')
```

卷積計算時，其實還有兩個參數：

1 補零 (Padding)：上面的卷積計算會使得圖像尺寸變小，因為，滑動視窗時，裁切的視窗會不足 2 個 (濾波器寬度 3-1=2)，PyTorch 預設為不補零，即圖像尺寸會變小，若要補零直接指定個數即可。反觀 TensorFlow 的 Padding 只有兩個選項：

- Padding='same'：在圖像周遭補上不足的列與行，使計算結果的矩陣尺寸不變 (same)，與原始圖像尺寸相同。
- Padding='valid'：不補零，即 Padding=0。

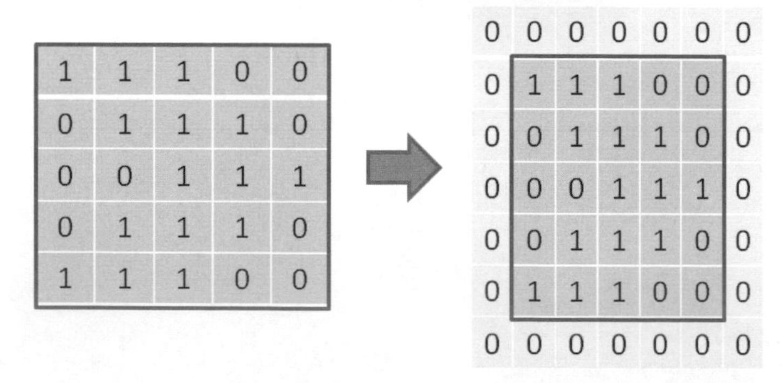

▲ 圖 6.5 Padding='same'，在圖像周遭補上不足的列與行

2 滑動視窗的步數 (Stride)：圖 6.4 是 Stride=1，圖 6.6 是 Stride=2，可減少要估算的參數個數。

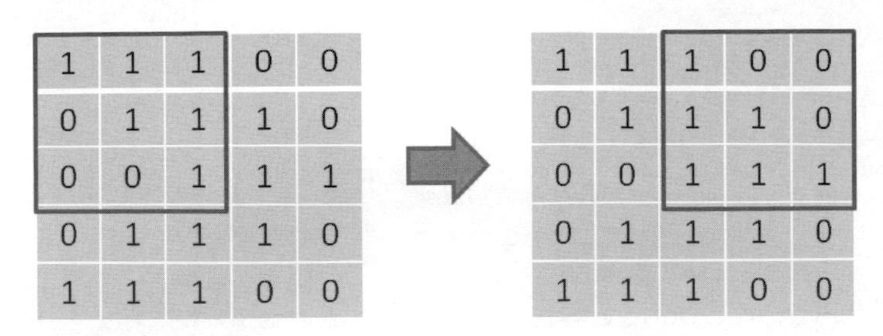

▲ 圖 6.6 Stride=2，一次滑動 2 格視窗

以上是二維的卷積 (Conv2d) 的運作，通常應用在圖像上。PyTorch/TensorFlow 還提供 Conv1d、Conv3d，其中 Conv1d 因只考慮上下文 (Context Sensitive)，所以可應用於語音或文字方面，Conv3d 則可應用於立體的物件。還有 nn.ConvTransposeNd 提供反卷積 (Deconvolution) 或稱上採樣 (Up Sampling) 的功能，由特徵圖重建圖像。卷積和反卷積兩者相結合，可以組合成 AutoEncoder 模型，它是許多生成模型的基礎演算法，可以去除雜訊，生成乾淨的圖像。

6-3 各式卷積

雖然 CNN 會自動配置卷積的種類，不過我們還是來看看各式卷積的影像處理效果，進而加深大家對 CNN 的理解。

➤ 下列程式碼請參考【06_01_convolutions.ipynb】後半部。

1. 首先定義一個卷積的影像轉換函數，如下：

```
1  # 卷積的影像轉換函數，padding='same'
2  from skimage.exposure import rescale_intensity
3  
4  def convolve(image, kernel):
5      # 取得圖像與濾波器的寬高
6      (iH, iW) = image.shape[:2]
7      (kH, kW) = kernel.shape[:2]
8  
9      # 計算 padding='same' 單邊所需的補零行數
10     pad = int((kW - 1) / 2)
11     image = cv2.copyMakeBorder(image, pad, pad, pad, pad, cv2.BORDER_REPLICATE)
12     output = np.zeros((iH, iW), dtype="float32")
13 
14     # 卷積
15     for y in np.arange(pad, iH + pad):
16         for x in np.arange(pad, iW + pad):
```

```
17              roi = image[y - pad:y + pad + 1, x - pad:x + pad + 1]  # 裁切圖像
18              k = (roi * kernel).sum()                               # 卷積計算
19              output[y - pad, x - pad] = k                           # 更新計算結果的矩陣
20
21      # 調整影像色彩深淺範圍至 (0, 255)
22      output = rescale_intensity(output, in_range=(0, 255))
23      output = (output * 255).astype("uint8")
24
25      return output       # 回傳結果影像
```

2. 需要安裝 Python OpenCV 套件，OpenCV 是一個影像處理的套件。

   pip install opencv-python

3. 將影像灰階化：skimage 全名為 scikit-image，也是一個影像處理的套件，功能較 OpenCV 簡易。

```
1  # pip install opencv-python
2  import skimage
3  import cv2
4
5  # 自 skimage 取得內建的圖像
6  image = skimage.data.chelsea()
7  cv2.imshow("original", image)
8
9  # 灰階化
10 gray = cv2.cvtColor(image, cv2.COLOR_BGR2GRAY)
11 cv2.imshow("gray", gray)
12
13 # 按 Enter 關閉視窗
14 cv2.waitKey(0)
15 cv2.destroyAllWindows()
```

- 執行結果：

原圖：

灰階化：

4. 模糊化 (Blur)：濾波器設定為周圍點的平均，就可以讓圖像模糊化，一般用於消除紅眼現象或是雜訊。

```
1  # 小模糊 filter
2  smallBlur = np.ones((7, 7), dtype="float") * (1.0 / (7 * 7))
3
4  # 卷積
5  convoleOutput = convolve(gray, smallBlur)
6  opencvOutput = cv2.filter2D(gray, -1, smallBlur)
7  cv2.imshow("little Blur", convoleOutput)
8
9  # 大模糊
10 largeBlur = np.ones((21, 21), dtype="float") * (1.0 / (21 * 21))
11
12 # 卷積
13 convoleOutput = convolve(gray, largeBlur)
14 opencvOutput = cv2.filter2D(gray, -1, largeBlur)
15 cv2.imshow("large Blur", convoleOutput)
16
17 # 按 Enter 關閉視窗
18 cv2.waitKey(0)
19 cv2.destroyAllWindows()
```

- 小模糊：7x7 矩陣。

- 大模糊：：21x21 矩陣，濾波器尺寸越大，影像越模糊。

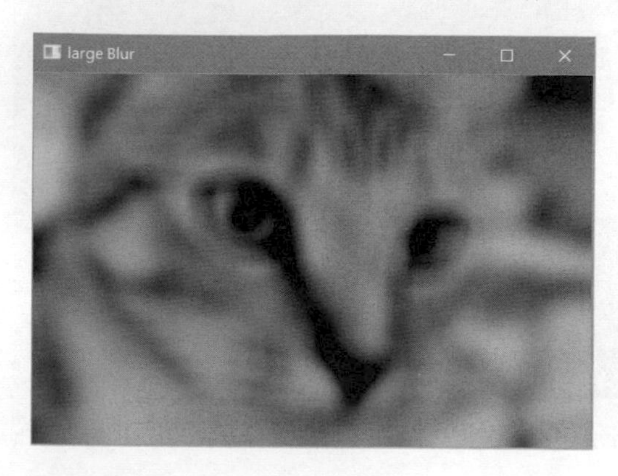

5. 銳化 (sharpen)：可使圖像的對比更加明顯。

```
1  # sharpening filter
2  sharpen = np.array((
3      [0, -1, 0],
4      [-1, 5, -1],
5      [0, -1, 0]), dtype="int")
6
7  # 卷積
8  convoleOutput = convolve(gray, sharpen)
9  opencvOutput = cv2.filter2D(gray, -1, sharpen)
10 cv2.imshow("sharpen", convoleOutput)
11
12 # 按 Enter 關閉視窗
13 cv2.waitKey(0)
14 cv2.destroyAllWindows()
```

- 執行結果：卷積凸顯中間點，使圖像特徵越明顯。

6. Laplacian 邊緣偵測：可偵測圖像的輪廓。

```
# Laplacian filter
laplacian = np.array((
    [0, 1, 0],
    [1, -4, 1],
    [0, 1, 0]), dtype="int")

# 卷積
convoleOutput = convolve(gray, laplacian)
opencvOutput = cv2.filter2D(gray, -1, laplacian)
cv2.imshow("laplacian edge detection", convoleOutput)

# 按 Enter 關閉視窗
cv2.waitKey(0)
cv2.destroyAllWindows()
```

- 執行結果：卷積凸顯邊緣，顯現圖像週邊線條。

7. Sobel X 軸邊緣偵測：沿著 X 軸偵測邊緣，故可偵測垂直線特徵。

```
# Sobel x-axis filter
sobelX = np.array((
    [-1, 0, 1],
    [-2, 0, 2],
    [-1, 0, 1]), dtype="int")

# 卷積
convoleOutput = convolve(gray, sobelX)
opencvOutput = cv2.filter2D(gray, -1, sobelX)
cv2.imshow("x-axis edge detection", convoleOutput)

# 按 Enter 關閉視窗
cv2.waitKey(0)
cv2.destroyAllWindows()
```

- 執行結果：卷積行由小至大，顯現圖像垂直線條。

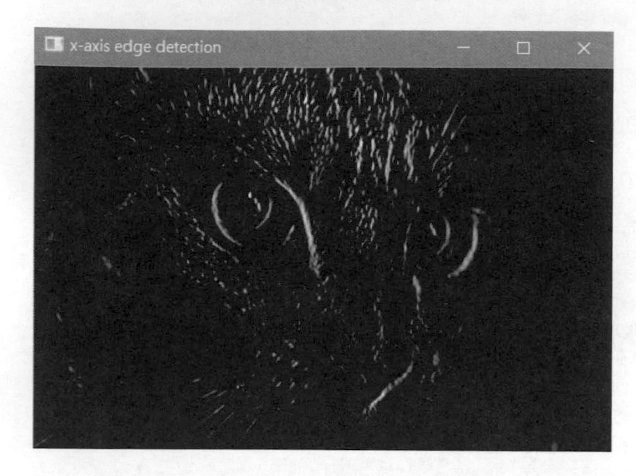

8. Sobel Y 軸邊緣偵測：沿著 Y 軸偵測邊緣，故可偵測水平線特徵。

```
1  # Sobel y-axis filter
2  sobelY = np.array((
3      [-1, -2, -1],
4      [0, 0, 0],
5      [1, 2, 1]), dtype="int")
6
7  # 卷積
8  convoleOutput = convolve(gray, sobelY)
9  opencvOutput = cv2.filter2D(gray, -1, sobelY)
10 cv2.imshow("y-axis edge detection", convoleOutput)
11
12 # 按 Enter 關閉視窗
13 cv2.waitKey(0)
14 cv2.destroyAllWindows()
```

- 執行結果：卷積列由小至大，顯現圖像水平線條。

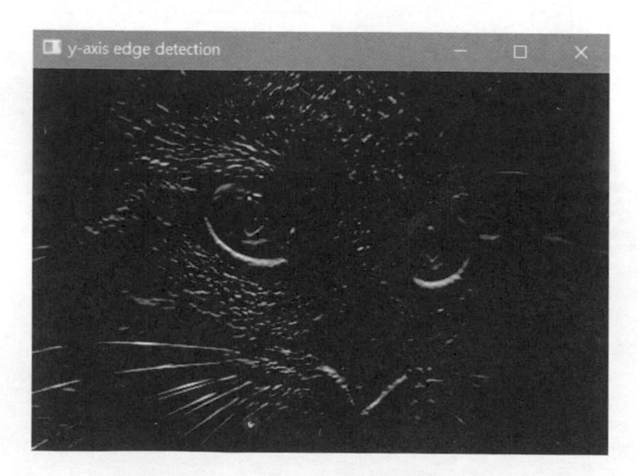

6-4 池化層 (Pooling Layer)

通常卷積層的濾波器個數會設定為 4 的倍數，總輸出等於 (筆數 x W_out x H_out x 濾波器個數)，會使輸出尺寸變得很大，因此會透過池化層 (Pooling Layer) 進行採樣 (Down Sampling)，只取滑動視窗內的最大值或平均值，換句話說，就是將整個滑動視窗轉化為一個點，這樣就能有效降低每一層輸入的尺寸，同時也能保有每個視窗的特徵。我們來舉個例子說明會比較清楚。

以最大池化層 (Max Pooling) 為例：

1. 下圖左邊為原始圖像。
2. 假設濾波器尺寸為 (2, 2)、Stride = 2。
3. 滑動視窗取 (2, 2)，如下圖左上角的框，取最大值 =6。
4. 接著再滑動 2 步，如圖 6.8，取最大值 =8。

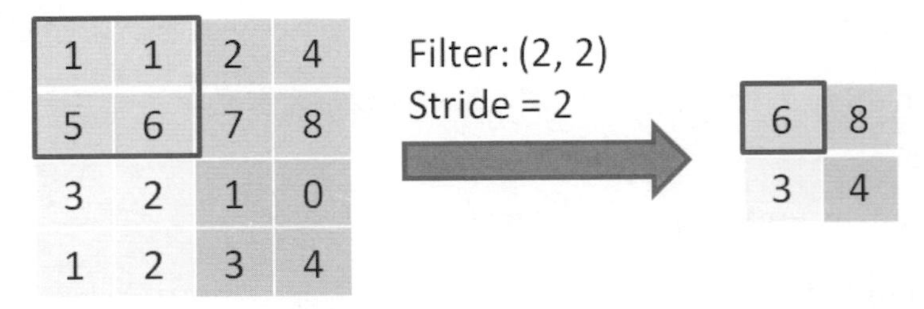

▲ 圖 6.7 最大池化層 (Max Pooling)

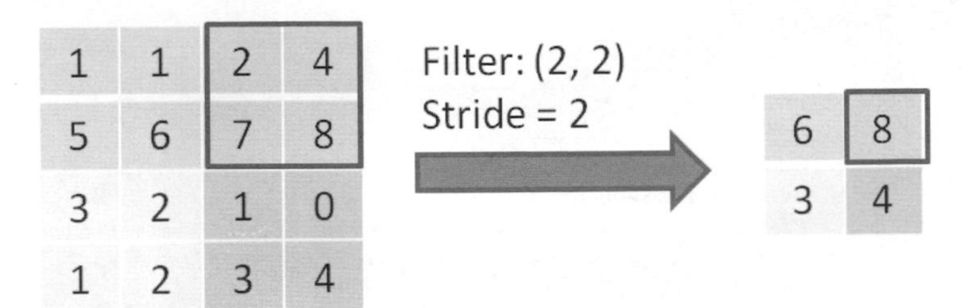

▲ 圖 6.8 最大池化層 -- 滑動 2 步

6-5 CNN 模型實作

一般卷積會採用 3x3 或 5x5 的濾波器，尺寸越大，可以萃取越大的特徵，但相對的，較小的特徵就容易被忽略。而池化層通常會採用 2x2，stride=2 的濾波器，使用越大的尺寸，會使得參數個數減少很多，但萃取到的特徵也相對減少。

以下就先以 CNN 模型實作 MNIST 辨識。

範例

01 將手寫阿拉伯數字辨識的模型改用 CNN。

➤ **完整程式請參閱【06_02_MNIST_CNN.ipynb】，以下僅介紹差異的程式碼。**

1. 改用 CNN 模型：使用兩組 Conv2d/MaxPool2d，比較特別的是使用 2 個 nn.Sequential 各包一組 Conv2d/MaxPool2d。Conv2d 參數依序如下：

- in-channel：輸入通道數，第一個 Conv2d 要指定顏色數，單色為 1，彩色為 3(R/G/B)。
- out-channel：輸出通道數，為要產生的濾波器個數。
- kernel size：濾波器尺寸。
- Stride：滑動的步數。
- Padding：補零的行數。

```
1  # 建立模型
2  class ConvNet(nn.Module):
3      def __init__(self, num_classes=10):
4          super(ConvNet, self).__init__()
5          self.layer1 = nn.Sequential(
6              # Conv2d 參數： in-channel, out-channel, kernel size, Stride, Padding
7              nn.Conv2d(1, 16, kernel_size=5, stride=1, padding=2),
8              nn.BatchNorm2d(16),
9              nn.ReLU(),
10             nn.MaxPool2d(kernel_size=2, stride=2))
11         self.layer2 = nn.Sequential(
12             nn.Conv2d(16, 32, kernel_size=5, stride=1, padding=2),
13             nn.BatchNorm2d(32),
14             nn.ReLU(),
15             nn.MaxPool2d(kernel_size=2, stride=2))
16         self.fc = nn.Linear(7*7*32, num_classes)
```

```
17
18      def forward(self, x):
19          out = self.layer1(x)
20          out = self.layer2(out)
21          out = out.reshape(out.size(0), -1)
22          out = self.fc(out)
23          out = F.log_softmax(out, dim=1)
24          return out
25
26  model = ConvNet().to(device)
```

2. 之前講過 PyTorch 的完全連接層需要指定輸入及輸出參數，這時就麻煩了，從卷積 / 池化層輸出的神經元個數是多少呢？亦即第 16 行的 7*7*32 是怎麼計算出來的？因 Padding/Stride 設定，輸出會有所差異，因此，我們必須仔細計算，才能作為下一完全連接層的輸入參數。

- 卷積層輸出圖像寬度公式如下：

  W_out = (W-F+2P)/S+1

  其中

  W：輸入圖像寬度

  F：濾波器 (Filter) 寬度

  P：補零的行數 (Padding)

  S：滑動的步數 (Stride)

- 池化層輸出圖像寬度的公式與卷積層相同。
- 卷積 / 池化層輸出神經元的公式：

  輸出圖像寬度 * 輸出圖像高度 * 濾波器個數

- TensorFlow 完全連接層只須填輸出參數，完全沒有這方面的困擾。
- 筆者將相關計算公式寫成多個函數如下。

```
1  # 卷積/池化層公式計算
2  import math
3
4  # W, F, P, S : image Width, Filter width, Padding, Stride
5  def Conv_Width(W, F, P, S):
6      return math.floor(((W - F + 2 * P) / S) + 1)
7
8  def Conv_Output_Volume(W, F, P, S, out):
9      return Conv_Width(W, F, P, S) ** 2 * out
```

```
10
11  # C: no of channels
12  def Conv_Parameter_Count(F, C, out):
13      return F ** 2 * C * out
14
15  def Pool_Width(W, F, P, S):
16      return Conv_Width(W, F, P, S)
17
18  # filter_count: no of filter in last conv
19  # stride count default value = Filter width
20  def Pool_Output_Volume(W, F, P, S, filter_count):
21      return Conv_Output_Volume(W, F, P, S, filter_count)
22
23  def Pool_Parameter_Count(W, F, S):
24      return 0
```

4. 測試。

```
1  # Conv2d/MaxPool2d/Conv2d/MaxPool2d
2  c1_Width = Conv_Width(28, 5, 2, 1)
3  p1_Width = Pool_Width(c1_Width, 2, 0, 2)
4  c2_Width = Conv_Width(p1_Width, 5, 2, 1)
5  p2_out = Pool_Output_Volume(c2_Width, 2, 0, 2, 32)
6  p2_out, 7*7*32
```

- 執行結果：1568，即 7*7*32。
- 如果模型定義錯誤，會產生錯誤訊息，同時也會出現正確的輸出個數，屆時再依據錯誤訊息更正也可以，這是投機的小技巧，例如：
  RuntimeError: mat1 and mat2 shapes cannot be multiplied (1000x12544 and 9216x128)
  表示要把 9216 改成 12544。

5. 驗證：顯示模型的彙總資訊，內含各層輸入及輸出參數。

```
1  # 顯示模型的彙總資訊
2  for name, module in model.named_children():
3      print(f'{name}: {module}')
```

- 執行結果：如下程式碼最後一行，1568，即 7*7*32。

```
layer1: Sequential(
  (0): Conv2d(1, 16, kernel_size=(5, 5), stride=(1, 1), padding=(2, 2))
  (1): BatchNorm2d(16, eps=1e-05, momentum=0.1, affine=True, track_running_stats=True)
  (2): ReLU()
  (3): MaxPool2d(kernel_size=2, stride=2, padding=0, dilation=1, ceil_mode=False)
)
layer2: Sequential(
  (0): Conv2d(16, 32, kernel_size=(5, 5), stride=(1, 1), padding=(2, 2))
  (1): BatchNorm2d(32, eps=1e-05, momentum=0.1, affine=True, track_running_stats=True)
  (2): ReLU()
  (3): MaxPool2d(kernel_size=2, stride=2, padding=0, dilation=1, ceil_mode=False)
)
fc: Linear(in_features=1568, out_features=10, bias=True)
```

6. 以測試資料評分。

```
# 建立 DataLoader
test_loader = DataLoader(test_ds, shuffle=False, batch_size=BATCH_SIZE)

model.eval()
test_loss = 0
correct = 0
with torch.no_grad():
    for data, target in test_loader:
        data, target = data.to(device), target.to(device)
        output = model(data)

        # sum up batch loss
        test_loss += F.nll_loss(output, target).item()

        # 預測
        output = model(data)

        # 計算正確數
        _, predicted = torch.max(output.data, 1)
        correct += (predicted == target).sum().item()

# 平均損失
test_loss /= len(test_loader.dataset)
# 顯示測試結果
batch = batch_idx * len(data)
data_count = len(test_loader.dataset)
percentage = 100. * correct / data_count
print(f'平均損失: {test_loss:.4f}, 準確率: {correct}/{data_count}' +
      f' ({percentage:.2f}%)\n')
```

- 執行結果：準確率約 97.11%，實際預測前 20 筆資料，完全正確。

7. 以筆者手寫的檔案測試。

```
# 讀取影像並轉為單色
for i in range(10):
    uploaded_file = f'./myDigits/{i}.png'
    image1 = io.imread(uploaded_file, as_gray=True)

    # 縮為 (28, 28) 大小的影像
    image_resized = resize(image1, tuple(data_shape)[2:], anti_aliasing=True)
    X1 = image_resized.reshape(*data_shape)

    # 反轉顏色，顏色0為白色，與 RGB 色碼不同，它的 0 為黑色
    X1 = 1.0-X1

    X1 = torch.FloatTensor(X1).to(device)

    # 預測
    predictions = torch.softmax(model(X1), dim=1)
    # print(np.around(predictions.cpu().detach().numpy(), 2))
    print(f'actual/prediction: {i} {np.argmax(predictions.detach().cpu().numpy())}')
```

- 執行結果：比之前的效果好多了，只有數字 9 辨識錯誤，不過，筆者把訓練週期加大為 10，因為只訓練 5 週期，損失似乎還未趨於收斂。

```
actual/prediction: 0 0
actual/prediction: 1 1
actual/prediction: 2 2
actual/prediction: 3 3
actual/prediction: 4 4
actual/prediction: 5 5
actual/prediction: 6 6
actual/prediction: 7 7
actual/prediction: 8 8
actual/prediction: 9 7
```

從卷積層運算觀察，CNN 模型有兩個特點：

1. 部分連接 (Locally Connected or Sparse Connectivity)： 完全連接層 (Linear) 每個輸入的神經元完全連接 (Full Connected) 至每個輸出的神經元，但卷積層的輸出神經元則只連接滑動視窗神經元，如下圖。想像一下，假設在手臂上拍打一下，手臂以外的神經元應該不會收到訊號，既然沒收到訊號，理所當然就不必往下一層傳送訊號了，所以，下一層的神經元只會收到上一層少數神經元的訊號，接收到的範圍稱之為『感知域』(Reception Field)。

   由於部分連接的關係，神經層中每條迴歸線的輸入特徵因而大幅減少，要估算的權重個數也就少了很多。

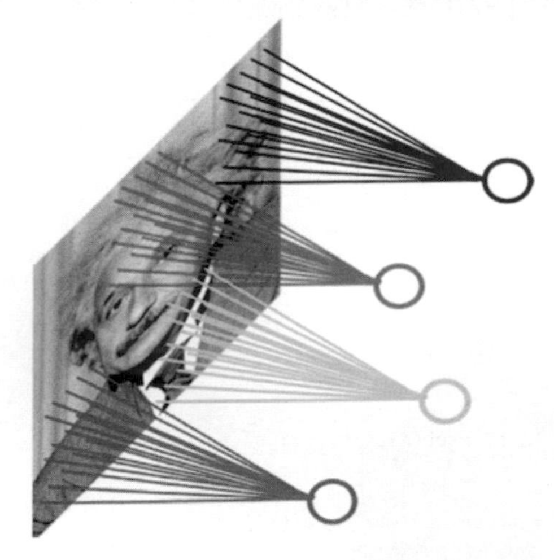

▲ 圖 6.9 部分連接 (Locally Connected)

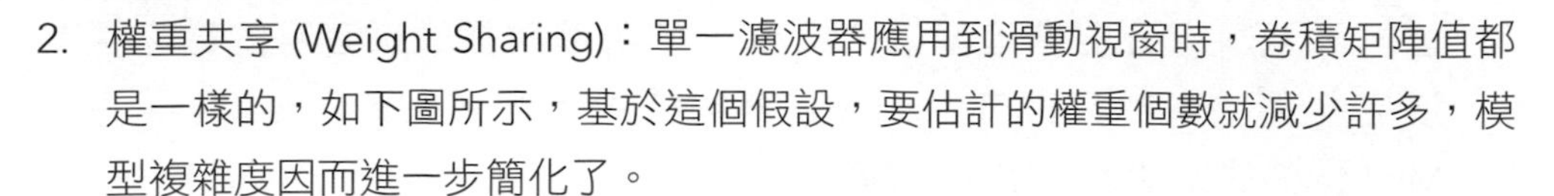

2. 權重共享 (Weight Sharing)：單一濾波器應用到滑動視窗時，卷積矩陣值都是一樣的，如下圖所示，基於這個假設，要估計的權重個數就減少許多，模型複雜度因而進一步簡化了。

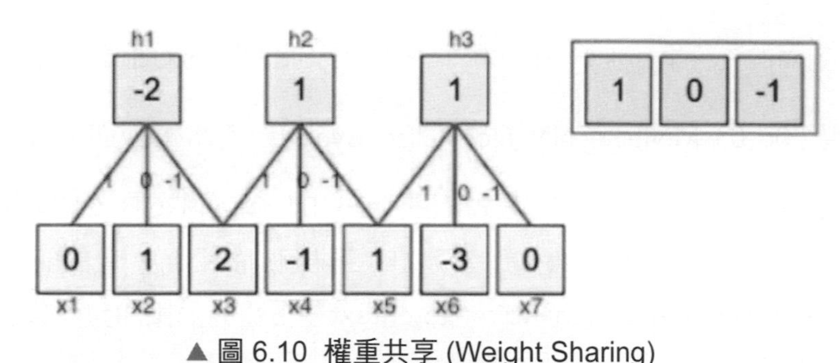

▲ 圖 6.10 權重共享 (Weight Sharing)

基於以上的兩個假設，CNN 模型參數會比較少。

另外為什麼 CNN 模型輸入資料要加入色彩通道 (Channel)？這是因為有些情況加入色彩，會比較容易辨識，比如獅子大部份是金黃色的，又或者偵測是否有戴口罩，只要圖像上有一塊白色的矩形，我們應該就能假定有戴口罩，當然目前口罩顏色已經是五花八門，需要更多的訓練資料，才能正確辨識。

02 加入標準化 (Normalize) 前置處理，通常訓練可以較快速收斂，且準確度可以提高。

➤ 下列程式碼請參考【06_03_MNIST_CNN_Normalize.ipynb】。

1. 標準化：其中的平均數 / 標準差是依據 ImageNet 資料集統計出來的最佳值 (第 3 行)，並在 DataSet 中設定轉換函數 (第 8 行)。

```
1  transform=transforms.Compose([
2      transforms.ToTensor(),
3      transforms.Normalize(mean=(0.1307,), std=(0.3081,))
4      ])
5  
6  # 下載 MNIST 手寫阿拉伯數字 訓練資料
7  train_ds = MNIST(PATH_DATASETS, train=True, download=True,
8                   transform=transform)
9  
10 # 下載測試資料
11 test_ds = MNIST(PATH_DATASETS, train=False, download=True,
12                  transform=transform)
13 
14 # 訓練/測試資料的維度
15 print(train_ds.data.shape, test_ds.data.shape)
```

2. 以測試資料評分的準確率為 98.39%，無明顯助益，筆者寫的數字還是沒有全對。這部分與 TensorFlow 測試結果有所差異，TensorFlow 採取 MinMaxScaler 準確率會明顯提高。

03 前面的資料集都是單色的圖像，我們也使用彩色的圖像測試看看。

直接複製【06_03_MNIST_CNN_Normalize.ipynb】，稍作修改即可。

➤ **以下僅說明關鍵程式碼，完整程式參閱【06_04_Cifar_RGB_CNN.ipynb】。**

1. 載入套件：PyTorch 對影像、語音及文字提供個別的命名空間 (Namespace)，分別為 torchvision、torchaudio、torchtext，相關的函數和資料集都涵蓋在內。

```
1 import torch
2 import torchvision
3 import torchvision.transforms as transforms
```

2. 載入 Cifar10 資料，與單色的圖像辨識相同，但不需轉換為單色，標準化 (Normalize) 的平均數 / 標準差也可以依據 ImageNet 資料集統計出來的最佳值設定，這裡單純設定為 0.5，讀者可試試有無差異。

```
1  # 資料轉換
2  transform = transforms.Compose(
3      [transforms.ToTensor(),
4       # 讀入圖像範圍介於[0, 1]之間，將之轉換為 [-1, 1]
5       transforms.Normalize((0.5, 0.5, 0.5), (0.5, 0.5, 0.5))])
6  
7  # 批量
8  batch_size = 8
9  
10 # 載入資料集，如果出現 BrokenPipeError 錯誤，將 num_workers 改為 0
11 train_ds = torchvision.datasets.CIFAR10(root='./CIFAR10', train=True,
12                                         download=True, transform=transform)
13 train_loader = torch.utils.data.DataLoader(train_ds, batch_size=batch_size,
14                                            shuffle=True, num_workers=2)
15 
16 test_ds = torchvision.datasets.CIFAR10(root='./CIFAR10', train=False,
17                                        download=True, transform=transform)
18 test_loader = torch.utils.data.DataLoader(test_ds, batch_size=batch_size,
19                                           shuffle=False, num_workers=2)
20 
21 # 訓練/測試資料的維度
22 print(train_ds.data.shape, test_ds.data.shape)
```

- 執行結果如下：訓練資料共 50,000 筆，測試資料共 10,000 筆，圖像尺寸為 (32, 32)，有三個顏色 (R/G/B)。

  (50000, 32, 32, 3) (10000, 32, 32, 3)

3. CIFAR 10 資料集共 10 種類別。

```
1 classes = ('plane', 'car', 'bird', 'cat',
2            'deer', 'dog', 'frog', 'horse', 'ship', 'truck')
```

4. 觀察資料內容：顯示 8 筆圖片。

- **注意** 自 DataLoader 讀出的維度為 [8, 3, 32, 32]，顏色放在第 2 維，這是配合 Conv2d 的輸入要求，要顯示圖像，必須將顏色放在最後一維 (第 9 行)。

- 以 DataLoader 讀取的圖像範圍介於 [0, 1] 之間，經過轉換後資料介於 [-1, 1]，要顯示圖像將資料還原 (第 6 行)，公式為 $(x * \delta) + \mu$。

```
1  import matplotlib.pyplot as plt
2  import numpy as np
3
4  # 圖像顯示函數
5  def imshow(img):
6      img = img * 0.5 + 0.5  # 還原圖像
7      npimg = img.numpy()
8      # 顏色換至最後一維
9      plt.imshow(np.transpose(npimg, (1, 2, 0)))
10     plt.show()
11
12
13 # 取一筆資料
14 dataiter = iter(train_loader)
15 images, labels = dataiter.next()
16 print(images.shape)
17
18 # 顯示圖像
19 plt.figure(figsize=(10,6))
20 imshow(torchvision.utils.make_grid(images))
21 # 顯示類別
22 print(' '.join(f'{classes[labels[j]]:5s}' for j in range(batch_size)))
```

- 執行結果：解析度不是很高，圖像有點模糊，下面有對應的標注 (Label)。

5. 建立 CNN 模型：，第 8 行 Conv2d 第 1 個參數為 3，即顏色通道數，表 R/G/B 三顏色。

```
import torch.nn as nn
import torch.nn.functional as F

class Net(nn.Module):
    def __init__(self):
        super().__init__()
        # 顏色要放在第1維，3:RGB三顏色
        self.conv1 = nn.Conv2d(3, 6, 5)
        self.pool = nn.MaxPool2d(2, 2)
        self.conv2 = nn.Conv2d(6, 16, 5)
        self.fc1 = nn.Linear(16 * 5 * 5, 120)
        self.fc2 = nn.Linear(120, 84)
        self.fc3 = nn.Linear(84, 10)

    def forward(self, x):
        x = self.pool(F.relu(self.conv1(x)))
        x = self.pool(F.relu(self.conv2(x)))
        x = torch.flatten(x, 1)
        x = F.relu(self.fc1(x))
        x = F.relu(self.fc2(x))
        x = self.fc3(x)
        return x
```

6. 定義訓練函數：同前，只是逐步將相關程式碼模組化，以提高生產力。

```
def train(model, device, train_loader, criterion, optimizer, epoch):
    model.train()
    loss_list = []
    for batch_idx, (data, target) in enumerate(train_loader):
        data, target = data.to(device), target.to(device)

        optimizer.zero_grad()
        output = model(data)
        loss = criterion(output, target)
        loss.backward()
        optimizer.step()

        if (batch_idx+1) % 10 == 0:
            loss_list.append(loss.item())
            batch = (batch_idx+1) * len(data)
            data_count = len(train_loader.dataset)
            percentage = (100. * (batch_idx+1) / len(train_loader))
            print(f'Epoch {epoch}: [{batch:5d} / {data_count}] ' +
                  f'({percentage:.0f} %)  Loss: {loss.item():.6f}')
    return loss_list
```

7. 定義測試函數：同前。

```
def test(model, device, test_loader):
    model.eval()
    test_loss = 0
    correct = 0
```

```
def test(model, device, test_loader):
    model.eval()
    test_loss = 0
    correct = 0
    with torch.no_grad():
        for data, target in test_loader:
            data, target = data.to(device), target.to(device)
            output = model(data)
            _, predicted = torch.max(output.data, 1)
            correct += (predicted == target).sum().item()

    # 平均損失
    test_loss /= len(test_loader.dataset)
    # 顯示測試結果
    data_count = len(test_loader.dataset)
    percentage = 100. * correct / data_count
    print(f'準確率: {correct}/{data_count} ({percentage:.2f}%)')
```

8. 執行訓練：筆者原來使用之前的損失函數 (F.nll_loss) 及優化器 (Adadelta)，但訓練效果不佳，後來依照原文使用的 nn.CrossEntropyLoss、SGD，才得到比較合理的模型。另外，呼叫 train 函數時，若使用 nn.CrossEntropyLoss，後面要加 ()，因為它是類別，要先建立物件才能計算損失，其他損失函數以 F. 開頭為函數，可直接使用。

```
epochs = 10
lr=0.1

# 建立模型
model = Net().to(device)

# 定義損失函數
# 注意，nn.CrossEntropyLoss是類別，要先建立物件，要加 ()，其他損失函數不需要
criterion = nn.CrossEntropyLoss() # F.nll_loss

# 設定優化器(optimizer)
#optimizer = torch.optim.Adadelta(model.parameters(), lr=lr)
optimizer = torch.optim.SGD(model.parameters(), lr=lr, momentum=0.9)

loss_list = []
for epoch in range(1, epochs + 1):
    loss_list += train(model, device, train_loader, criterion, optimizer, epoch)
    #test(model, device, test_loader)
    optimizer.step()
```

9. 評分。

```
test(model, device, test_loader)
```

- 執行結果：準確率為 57.31%，比單色圖像辨識準確率低很多，因為背景圖案不是單純的白色。

10. 測試一批資料。

```
batch_size=8
test_loader = torch.utils.data.DataLoader(test_ds, batch_size=batch_size)
dataiter = iter(test_loader)
images, labels = dataiter.next()

# 顯示圖像
plt.figure(figsize=(10,6))
imshow(torchvision.utils.make_grid(images))

print('真實類別: ', ' '.join(f'{classes[labels[j]]:5s}'
                            for j in range(batch_size)))

# 預測
outputs = model(images.to(device))

_, predicted = torch.max(outputs, 1)

print('預測類別: ', ' '.join(f'{classes[predicted[j]]:5s}'
                               for j in range(batch_size)))
```

- 執行結果：有一半辨識錯誤。

```
真實類別:  cat   ship  ship  plane frog  frog  car   frog
預測類別:  cat   car   car   ship  deer  frog  car   frog
```

11. 計算各類別的準確率：觀察是否有特別難以辨識的類別，可針對該類別進一步處理。

```
# 初始化各類別的正確數
correct_pred = {classname: 0 for classname in classes}
total_pred = {classname: 0 for classname in classes}

# 預測
batch_size=1000
test_loader = torch.utils.data.DataLoader(test_ds, batch_size=batch_size)
model.eval()
with torch.no_grad():
    for data, target in test_loader:
        data, target = data.to(device), target.to(device)
        outputs = model(data)
        _, predictions = torch.max(outputs, 1)
        # 計算各類別的正確數
        for label, prediction in zip(target, predictions):
            if label == prediction:
                correct_pred[classes[label]] += 1
```

```
18            total_pred[classes[label]] += 1
19
20
21 # 計算各類別的準確率
22 for classname, correct_count in correct_pred.items():
23     accuracy = 100 * float(correct_count) / total_pred[classname]
24     print(f'{classname:5s}: {accuracy:.1f} %')
```

- 執行結果：cat、dog 準確率偏低，後續我們會試著改善模型準確率。

```
plane: 41.1 %
car  : 66.8 %
bird : 50.0 %
cat  : 27.5 %
deer : 51.5 %
dog  : 30.5 %
frog : 72.8 %
horse: 74.0 %
ship : 76.6 %
truck: 82.3 %
```

另外，資料前置處理補充說明如下：

- 影像 / 視訊資料可使用 Pillow、scikit-image、OpenCV 套件存取。
- 語音資料可使用 scipy、librosa 套件存取。
- 文字資料可使用 NLTK、SpaCy 套件存取。

6-6 影像資料增補 (Data Augmentation)

之前的辨識手寫阿拉伯數字程式，還有以下缺點：

1. 使用 MNIST 的測試資料，辨識率達 98%，但如果以繪圖軟體裡使用滑鼠書寫的檔案測試，辨識率就差很多了。這是因為 MNIST 的訓練資料與滑鼠撰寫的樣式有所差異，MNIST 資料是請受測者先寫在紙上，再掃描存檔，所以圖像會有深淺不一的灰階和鋸齒狀，與使用滑鼠書寫不太一樣，所以，如果要實際應用，還是須自行收集訓練資料，準確率才會提升。
2. 若要自行收集資料，找上萬個測試者書寫，可能不太容易，又加上有些人書寫可能字體歪斜、偏一邊、或字體大小不同，都會影響預測準確度，這時可以藉由『資料增補』(Data Augmentation) 技術，自動產生各種變形的訓練資料，讓模型更強健 (Robust)。

資料增補可將一張正常圖像，轉換成各式的圖像，例如旋轉、偏移、拉近 / 拉遠、亮度等效果，將這些資料當作訓練資料，訓練出來的模型，就較能辨識有缺陷的圖像。

PyTorch 提供的資料增補函數很多元，可參閱『TRANSFORMING AND AUGMENTING IMAGES』[3]，我們已在 5-1 節測試過，詳情請參閱程式【**05_01_Datasets.ipynb**】。

範例

01 將資料增補函數整合至【06_03_MNIST_CNN_Normalize.ipynb】中。

➤ 完整程式請參閱【06_05_Data_Augmentation_MNIST.ipynb】。

1. 程式幾乎不需改變，只要在資料轉換加上隨機轉換 (Random*)，注意 資料增補函數很多，但阿拉伯數字有書寫方向，有些隨機轉換不可採用，例如水平轉換 (RandomHorizontalFlip)，若使用的話，3 就變成 ε 了。相關的效果可參閱 PyTorch 官網『ILLUSTRATION OF TRANSFORMS』[4]。

```
1  from torchvision import transforms
2  
3  train_transforms = transforms.Compose([
4      #transforms.ColorJitter(), # 亮度、飽和度、對比資料增補
5      # 裁切部分圖像，再調整圖像尺寸
6      transforms.RandomResizedCrop(28, scale=(0.8, 1.0)),
7      transforms.RandomRotation(degrees=(-10, 10)), # 旋轉 10 度
8      #transforms.RandomHorizontalFlip(), # 水平翻轉
9      #transforms.RandomAffine(10), # 仿射
10     transforms.ToTensor(),
11     transforms.Normalize(mean=(0.1307,), std=(0.3081,))
12     ])
13 
14 test_transforms = transforms.Compose([
15     transforms.Resize((28,28)), # 調整圖像尺寸
16     transforms.ToTensor(),
17     transforms.Normalize(mean=(0.1307,), std=(0.3081,))
18     ])
```

- 訓練資料要資料增補，測試資料不需要。

2. 以測試資料評分，準確度為 98.54%，並未顯著提高。

3. 測試自行書寫的數字，原來的模型無法正確辨識筆者寫的 9，經過資料增補後，已經可以正確辨識了。注意使用不同套件，讀出的像素值區間會有所不同。

- 使用 torchvision.io.read_image 讀取檔案，像素介於 [0, 1]，傳回的資料型態為 torch.Tensor。
- 使用 PIL 讀取檔案，像素介於 [0, 255]，傳回的資料型態為 image，須以 np.array() 轉換成 NumPy ndarray，才能進行運算，之後，再利用 Image.fromarray() 轉回 Image。
- 使用 scikit-image 讀取檔案，像素介於 [0, 1] ，傳回的資料型態為 NumPy ndarray。

4. 先使用 PIL 讀取檔案，測試自行書寫的數字。

```
1  # 使用PIL讀取檔案，像素介於[0, 255]
2  import PIL.Image as Image
3
4  data_shape = data.shape
5
6  for i in range(10):
7      uploaded_file = f'./myDigits/{i}.png'
8      image1 = Image.open(uploaded_file).convert('L')
9
10     # 縮為 (28, 28) 大小的影像
11     image_resized = image1.resize(tuple(data_shape)[2:])
12     X1 = np.array(image_resized).reshape([1]+list(data_shape)[1:])
13     # 反轉顏色，顏色0為白色，與 RGB 色碼不同，它的 0 為黑色
14     X1 = 1.0-(X1/255)
15
16     # 圖像轉換
17     X1 = (X1 - 0.1307) / 0.3081
18
19     # 顯示轉換後的圖像
20     # imshow(X1)
21
22     X1 = torch.FloatTensor(X1).to(device)
23
24     # 預測
25     output = model(X1)
26     # print(output, '\n')
27     _, predicted = torch.max(output.data, 1)
28     print(f'actual/prediction: {i} {predicted.item()}')
```

- 執行結果：準確率 100%。

5. 使用 scikit-image 讀取檔案，測試自行書寫的數字。

```
# 使用 skimage 讀取檔案，像素介於[0, 1]
from skimage import io
from skimage.transform import resize

# 讀取影像並轉為單色
for i in range(10):
    uploaded_file = f'./myDigits/{i}.png'
    image1 = io.imread(uploaded_file, as_gray=True)

    # 縮為 (28, 28) 大小的影像
    image_resized = resize(image1, tuple(data_shape)[2:], anti_aliasing=True)
    X1 = image_resized.reshape([1]+list(data_shape)[1:])
    # 反轉顏色，顏色0為白色，與 RGB 色碼不同，它的 0 為黑色
    X1 = 1.0-X1

    # 圖像轉換
    X1 = (X1 - 0.1307) / 0.3081

    # 顯示轉換後的圖像
    # imshow(X1)

    X1 = torch.FloatTensor(X1).to(device)

    # 預測
    output = model(X1)
    _, predicted = torch.max(output.data, 1)
    print(f'actual/prediction: {i} {predicted.item()}')
```

- 執行結果：預測結果相同。

6. 自訂資料集：可與訓練資料採取一致的轉換，較不易出錯。若是以次目錄名稱為標註，可直接使用 torchvision.datasets.ImageFolder，不必自訂資料集。

```
class CustomImageDataset(torch.utils.data.Dataset):
    def __init__(self, img_dir, transform=None, target_transform=None
                 , to_gray=False, size=28):
        self.img_labels = [file_name for file_name in os.listdir(img_dir)]
        self.img_dir = img_dir
        self.transform = transform
        self.target_transform = target_transform
        self.to_gray = to_gray
        self.size = size

    def __len__(self):
        return len(self.img_labels)

    def __getitem__(self, idx):
        # 組合檔案完整路徑
        img_path = os.path.join(self.img_dir, self.img_labels[idx])
        # 讀取圖檔
        mode = 'L' if self.to_gray else 'RGB'
        image = Image.open(img_path, mode='r').convert(mode)
        image = Image.fromarray(1.0-(np.array(image)/255))
```

```
21
22          # print(image.shape)
23          # 去除副檔名
24          label = int(self.img_labels[idx].split('.')[0])
25
26          # 轉換
27          if self.transform:
28              image = self.transform(image)
29          if self.target_transform:
30              label = self.target_transform(label)
31
32          return image, label
```

7. 使用自訂資料集預測。

```
1 ds = CustomImageDataset('./myDigits', to_gray=True, transform=test_transforms)
2 data_loader = torch.utils.data.DataLoader(ds, batch_size=10,shuffle=False)
3
4 test(model, device, data_loader)
```

- 執行結果：準確率為 100%。

8. 驗證：修改 test 函數，顯示每一筆資料實際值與預測值。

```
1  model.eval()
2  test_loss = 0
3  correct = 0
4  with torch.no_grad():
5      for data, target in data_loader:
6          print(target)
7          data, target = data.to(device), target.to(device)
8
9          # 預測
10         output = model(data)
11         _, predicted = torch.max(output.data, 1)
12         correct += (predicted == target).sum().item()
13         print(predicted)
```

- 執行結果：

  tensor([0, 1, 2, 3, 4, 5, 6, 7, 8, 9])

  tensor([0, 1, 2, 3, 4, 5, 6, 7, 8, 9], device='cuda:0')

02 單色圖像結果非常完美，我們就進一步撰寫書寫介面試試看模型是否可以派上用場。

程式：cnn_desktop\main.py。

1. 先複製【06_05_Data_Augmentation_MNIST.ipynb】程式產生的 cnn_augmentation_model.pt 模型至本程式所在目錄。

2. 載入套件。

```
1  from tkinter import *
2  from tkinter import filedialog
3  from PIL import ImageDraw, Image, ImageGrab
4  import numpy as np
5  from skimage import color
6  from skimage import io
7  import os
8  import io
9  import torch
10 import torch
11 from torch import nn
12 from torch.nn import functional as F
```

3. 載入模型。

```
148 # 載入模型
149 def loadModel():
150     model = torch.load('cnn_augmentation_model.pt').to(device)
151     return model
```

4. 預測。

```
111             # 圖像轉為 PyTorch 張量
112             img = np.reshape(img, (1, 1, 28, 28))
113             data = torch.FloatTensor(img).to(device)
114 
115             # 預測
116             output = model(data)
117             # Get index with highest probability
118             _, predicted = torch.max(output.data, 1)
119             #print(pred)
120             self.prediction_text.delete("1.0", END)
121             self.prediction_text.insert(END, predicted.item())
```

5. 複製模型結構：發現使用 Functional API 的 Class 也需放入程式中，才能順利使用模型。

```
123 class Net(nn.Module):
124     def __init__(self):
125         super(Net, self).__init__()
126         self.conv1 = nn.Conv2d(1, 32, 3, 1)
127         self.conv2 = nn.Conv2d(32, 64, 3, 1)
128         self.dropout1 = nn.Dropout(0.25)
129         self.dropout2 = nn.Dropout(0.5)
130         self.fc1 = nn.Linear(9216, 128)
131         self.fc2 = nn.Linear(128, 10)
132 
133     def forward(self, x):
134         x = self.conv1(x)
135         x = F.relu(x)
136         x = self.conv2(x)
137         x = F.relu(x)
138         x = F.max_pool2d(x, 2)
139         x = self.dropout1(x)
```

```
140         x = torch.flatten(x, 1)
141         x = self.fc1(x)
142         x = F.relu(x)
143         x = self.dropout2(x)
144         x = self.fc2(x)
145         output = F.log_softmax(x, dim=1)
146         return output
```

6. 視窗介面使用 Tkinter，細節請參考程式檔。
7. 執行 python main.py：以滑鼠書寫後，按下『辨識』鈕，辨識結果就會出現在右下文字框，測試結果非常好。

03 接著再試試 CIFAR 彩色圖像的資料增補。

➤ 下列程式碼請參考【06_06_Data_Augmentation_CIFAR.ipynb】。

1. 資料轉換加上水平翻轉 (RandomHorizontalFlip)、隨機裁切 (RandomCrop)，其他轉換也可以添加，不過 CIFAR 圖像解析度過低，而且偵測的物件均佔滿整個圖片，因此添加其他轉換似乎無太大助益。

```
1  image_width = 32
2  train_transforms = transforms.Compose([
3      # 裁切部分圖像，再調整圖像尺寸
4      #transforms.RandomResizedCrop(image_width, scale=(0.8, 1.0)),
5      #transforms.RandomRotation(degrees=(-10, 10)), # 旋轉 10 度
6      #transforms.RandomHorizontalFlip(), # 水平翻轉
7      transforms.RandomHorizontalFlip(p=0.5),
8      transforms.RandomCrop(image_width, padding=4),
9      #transforms.ColorJitter(), # 亮度、飽和度、對比資料增補
10     #transforms.RandomAffine(10), # 仿射
```

```
11      transforms.ToTensor(),
12      transforms.Normalize(mean=(0.1307,), std=(0.3081,))
13      ])
14
15  test_transforms = transforms.Compose([
16      transforms.Resize((image_width, image_width)), # 調整圖像尺寸
17      transforms.ToTensor(),
18      transforms.Normalize(mean=(0.1307,), std=(0.3081,))
19      ])
```

2. 改用 CIFAR 資料集。

```
1  # 載入資料集，如果出現 BrokenPipeError 錯誤，將 num_workers 改為 0
2  train_ds = torchvision.datasets.CIFAR10(root='./CIFAR10', train=True,
3                                  download=True, transform=train_transforms)
4
5  train_loader = torch.utils.data.DataLoader(train_ds, batch_size=BATCH_SIZE,
6                                  shuffle=True, num_workers=2)
7
8  test_ds = torchvision.datasets.CIFAR10(root='./CIFAR10', train=False,
9                                  download=True, transform=test_transforms)
10
11 test_loader = torch.utils.data.DataLoader(test_ds, batch_size=BATCH_SIZE,
12                                 shuffle=False , num_workers=2)
13
14 # 訓練/測試資料的維度
15 print(train_ds.data.shape, test_ds.data.shape)
```

3. 訓練模型：發現添加轉換後，一個訓練週期的筆數仍然是 50,000 筆，並未增加，也就是我們產生更多樣化的資料，但並未隨同原來的訓練資料一起被取出訓練，只是以轉換後的增補資料取代原資料，因此，筆者增加訓練週期 (10 → 20)，以增加資料被廣泛抽中的機會，同時也調小學習率，希望以更小的步幅尋求最佳解。

```
1  epochs = 20
2  lr=0.01
3
4  # 建立模型
5  model = Net().to(device)
6
7  # 定義損失函數
8  # 注意，nn.CrossEntropyLoss是類別，要先建立物件，要加 ()，其他損失函數不需要
9  criterion = nn.CrossEntropyLoss() # F.nll_loss
10
11 # 設定優化器(optimizer)
12 #optimizer = torch.optim.Adadelta(model.parameters(), lr=lr)
13 optimizer = torch.optim.SGD(model.parameters(), lr=lr, momentum=0.9)
14
15 loss_list = []
16 for epoch in range(1, epochs + 1):
17     loss_list += train(model, device, train_loader, criterion, optimizer, epoch)
18     #test(model, device, test_loader)
19     optimizer.step()
```

- 執行結果：觀察下圖，損失尚未收斂，準確率為 49.34%，反而下降，原因應該是背景過於複雜、訓練資料不足，就算再多的轉換也無濟於事。

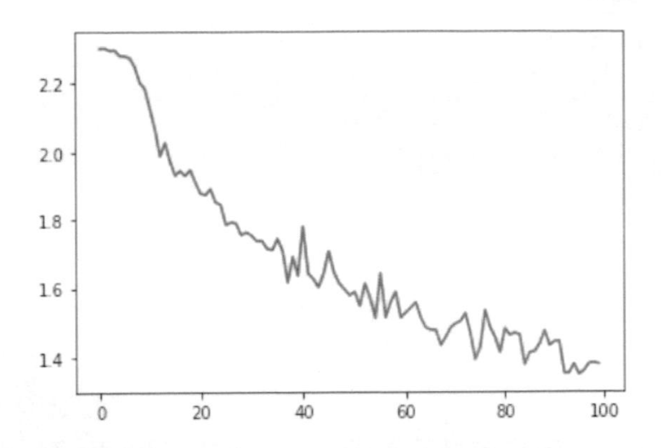

筆者在網路上搜尋其他先進的作法，發現兩篇文章可供參考：

1. 『PyTorch Implementation of CIFAR-10 Image Classification Pipeline Using VGG Like Network』[5] 較複雜的 VGG 模型 (後續會介紹)，使用資料增補，分別訓練 40/80/120/160/300 週期，發現訓練 160 週期後，準確率可達 90% 以上，再訓練更多週期，則會產生過度擬合的現象，即驗證資料的準確率會背離訓練的準確率，如下圖。

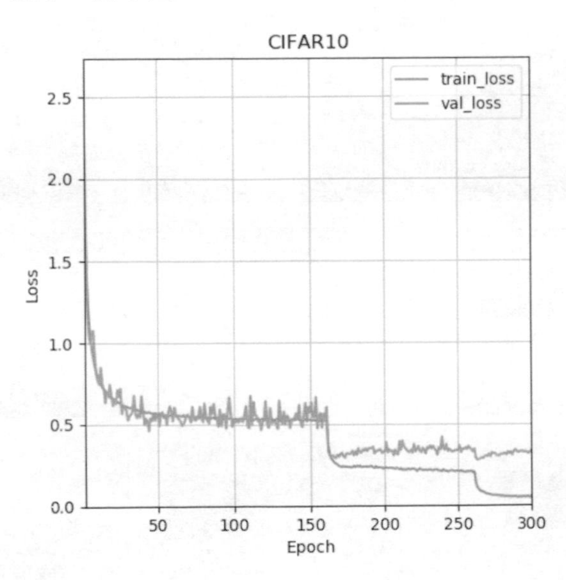

2. 『How Data Augmentation Improves your CNN performance?』[2] 一文使

用 ResNet 模型 (後續會介紹)，訓練 15 週期，未使用資料增補，準確率可達 75%，使用資料增補，準確率可達 83%。

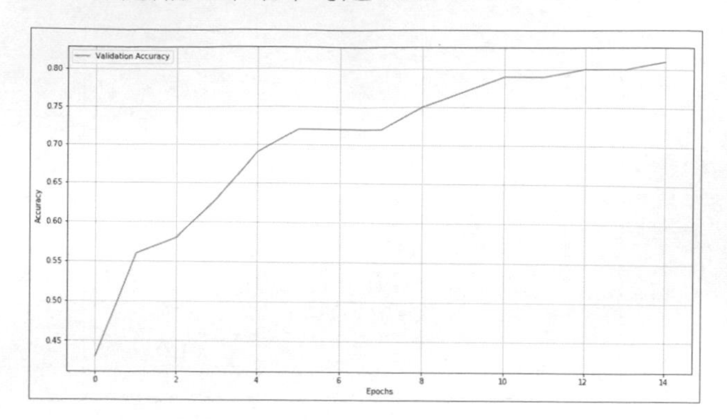

從以上的實驗得知，資料增補並不重要，較複雜的模型及更多訓練週期，才是 CIFAR 辨識準確率提升的關鍵因素。

TensorFlow 提供的資料增補功能效果就比較明顯，讀者可以比較看看，另外還有其他的函數庫，提供更多的資料增補效果，比方 Albumentations [7]，包含的類型多達 70 種，很多都是 TensorFlow/PyTorch 所沒有的效果，例如下圖的顏色資料增補：

6-7 可解釋的 AI(eXplainable AI, XAI)

雖然前文有提過深度學習是黑箱科學，但是，科學家們依然試圖解釋模型是如何辨識的，這方面的研究領域統稱為『可解釋的 AI』(eXplainable AI, XAI)，研究目的如下：

1. 確認模型辨識的結果是合理的：深度學習永遠不會跟你說錯，『垃圾進、垃圾出』(Garbage In, Garbage Out)，就算是很離譜的輸入，模型還是會給你一個答案，因此確認模型推估的合理性是相當重要的。
2. 改良演算法：唯有知其所以然，才能有較大的進步，光是靠參數的調校，只能有微幅的改善。目前機器學習還只能從資料中學習到知識 (Knowledge Discovery from Data, KDD)，要進階到機器能具有智慧 (Wisdom) 及感知 (Feeling) 能力，實現真正的人工智慧，勢必要有更突破性的發展。

目前 XAI 用視覺化的方式呈現特徵對模型的影響力，例如：

1. 使用卷積層萃取圖像的線條特徵，我們可以觀察到轉換後的結果嗎？
2. 甚至更進一步，我們可以知道哪些線條對辨識最有幫助嗎？

接下來我們以兩個實例展示相關的作法。

範例 01 重建卷積層處理後的影像：觀察每一次的卷積層 / 池化層處理後圖像會有何種變化。

此範例部分程式碼參考『How to Visualize Filters and Feature Maps in Convolutional Neural Networks』[8]、『Extracting Features from an Intermediate Layer of a Pretrained ResNet Model in PyTorch』[9]。

➤ 下列程式碼請參閱【06_07_XAI.ipynb】。

1. 載入套件：torchsummary 套件可顯示模型結構資訊，安裝指令如下。

   pip install torchsummary

```
1 import torch
2 from torchvision import models
3 from torch import nn
4 import numpy as np
5 from torchsummary import summary
```

2. 載入 ResNet 18 模型：為求程式碼簡潔，採用預先訓練好的模型 ResNet，它含有多組的卷積層 / 池化層，我們可以觀察多次卷積後的效果。也可以採用其他預先訓練的模型或自建模型。

```
1 rn18 = models.resnet18(pretrained=True)
```

3. 顯示神經層名稱：以下指令只能顯示神經層區塊 (Layer Block)，每一區塊又內含很多神經層。

```
1 children_counter = 0
2 for n,c in rn18.named_children():
3     print("Children Counter: ",children_counter," Layer Name: ",n)
4     children_counter+=1
```

- 執行結果：layer1/ layer2/ layer3/ layer4 層內含卷積層 / 池化層。

```
Children Counter:  0 Layer Name:  conv1
Children Counter:  1 Layer Name:  bn1
Children Counter:  2 Layer Name:  relu
Children Counter:  3 Layer Name:  maxpool
Children Counter:  4 Layer Name:  layer1
Children Counter:  5 Layer Name:  layer2
Children Counter:  6 Layer Name:  layer3
Children Counter:  7 Layer Name:  layer4
Children Counter:  8 Layer Name:  avgpool
Children Counter:  9 Layer Name:  fc
```

4. 顯示神經層明細。

```
1 rn18._modules
```

- 執行結果：layer1 層內含卷積層 / BatchNorm2d 層等等。

```
OrderedDict([('conv1',
              Conv2d(3, 64, kernel_size=(7, 7), stride=(2, 2), padding=(3, 3), bias=False)),
             ('bn1',
              BatchNorm2d(64, eps=1e-05, momentum=0.1, affine=True, track_running_stats=True)),
             ('relu', ReLU(inplace=True)),
             ('maxpool',
              MaxPool2d(kernel_size=3, stride=2, padding=1, dilation=1, ceil_mode=False)),
             ('layer1',
              Sequential(
                (0): BasicBlock(
                  (conv1): Conv2d(64, 64, kernel_size=(3, 3), stride=(1, 1), padding=(1, 1), bias=False)
                  (bn1): BatchNorm2d(64, eps=1e-05, momentum=0.1, affine=True, track_running_stats=True)
                  (relu): ReLU(inplace=True)
                  (conv2): Conv2d(64, 64, kernel_size=(3, 3), stride=(1, 1), padding=(1, 1), bias=False)
                  (bn2): BatchNorm2d(64, eps=1e-05, momentum=0.1, affine=True, track_running_stats=True)
                )
                (1): BasicBlock(
                  (conv1): Conv2d(64, 64, kernel_size=(3, 3), stride=(1, 1), padding=(1, 1), bias=False)
                  (bn1): BatchNorm2d(64, eps=1e-05, momentum=0.1, affine=True, track_running_stats=True)
                  (relu): ReLU(inplace=True)
                  (conv2): Conv2d(64, 64, kernel_size=(3, 3), stride=(1, 1), padding=(1, 1), bias=False)
                  (bn2): BatchNorm2d(64, eps=1e-05, momentum=0.1, affine=True, track_running_stats=True)
                )
              )),
             ('layer2',
```

5. 另一角度觀察模型：使用 torchsummary。

```
1 from torchsummary import summary
2 
3 summary(rn18.to(device), input_size=(3, 224, 224))
```

- 執行結果： 共 68 層，完整資訊請參考程式執行結果。

```
----------------------------------------------------------------
        Layer (type)               Output Shape         Param #
================================================================
            Conv2d-1         [-1, 64, 112, 112]           9,408
       BatchNorm2d-2         [-1, 64, 112, 112]             128
              ReLU-3         [-1, 64, 112, 112]               0
         MaxPool2d-4           [-1, 64, 56, 56]               0
            Conv2d-5           [-1, 64, 56, 56]          36,864
       BatchNorm2d-6           [-1, 64, 56, 56]             128
              ReLU-7           [-1, 64, 56, 56]               0
            Conv2d-8           [-1, 64, 56, 56]          36,864
       BatchNorm2d-9           [-1, 64, 56, 56]             128
             ReLU-10           [-1, 64, 56, 56]               0
       BasicBlock-11           [-1, 64, 56, 56]               0
           Conv2d-12           [-1, 64, 56, 56]          36,864
      BatchNorm2d-13           [-1, 64, 56, 56]             128
             ReLU-14           [-1, 64, 56, 56]               0
           Conv2d-15           [-1, 64, 56, 56]          36,864
      BatchNorm2d-16           [-1, 64, 56, 56]             128
             ReLU-17           [-1, 64, 56, 56]               0
       BasicBlock-18           [-1, 64, 56, 56]               0
           Conv2d-19          [-1, 128, 28, 28]          73,728
      BatchNorm2d-20          [-1, 128, 28, 28]             256
             ReLU-21          [-1, 128, 28, 28]               0
           Conv2d-22          [-1, 128, 28, 28]         147,456
      BatchNorm2d-23          [-1, 128, 28, 28]             256
           Conv2d-24          [-1, 128, 28, 28]           8,192
      BatchNorm2d-25          [-1, 128, 28, 28]             256
             ReLU-26          [-1, 128, 28, 28]               0
```

6. 以下移除 layer1 後面的神經層，視覺化卷積結果，觀察重建後的圖像。

- new_model 類別：可指定神經層名稱，以移除部分後面的神經層。

- 第 23 行建立該類別之物件。

```
1  class new_model(nn.Module):
2      def __init__(self, output_layer):
3          super().__init__()
4          self.output_layer = output_layer
5          self.pretrained = models.resnet18(pretrained=True)
6          self.children_list = []
7          # 依序取得每一層
8          for n,c in self.pretrained.named_children():
9              self.children_list.append(c)
10             # 找到特定層即終止
```

```
11              if n == self.output_layer:
12                  print('found !!')
13                  break
14
15          # 建構新模型
16          self.net = nn.Sequential(*self.children_list)
17          self.pretrained = None
18
19      def forward(self,x):
20          x = self.net(x)
21          return x
22
23  model = new_model(output_layer = 'layer1')
24  model = model.to(device)
```

7. 使用 torchsummary，再觀察模型：只剩 18 層 (地獄？)。

```
1  from torchsummary import summary
2
3  summary(rn18.to(device), input_size=(3, 224, 224))
```

- 執行結果：

```
----------------------------------------------------------------
        Layer (type)               Output Shape         Param #
================================================================
            Conv2d-1         [-1, 64, 112, 112]           9,408
       BatchNorm2d-2         [-1, 64, 112, 112]             128
              ReLU-3         [-1, 64, 112, 112]               0
         MaxPool2d-4           [-1, 64, 56, 56]               0
            Conv2d-5           [-1, 64, 56, 56]          36,864
       BatchNorm2d-6           [-1, 64, 56, 56]             128
              ReLU-7           [-1, 64, 56, 56]               0
            Conv2d-8           [-1, 64, 56, 56]          36,864
       BatchNorm2d-9           [-1, 64, 56, 56]             128
             ReLU-10           [-1, 64, 56, 56]               0
       BasicBlock-11           [-1, 64, 56, 56]               0
           Conv2d-12           [-1, 64, 56, 56]          36,864
      BatchNorm2d-13           [-1, 64, 56, 56]             128
             ReLU-14           [-1, 64, 56, 56]               0
           Conv2d-15           [-1, 64, 56, 56]          36,864
      BatchNorm2d-16           [-1, 64, 56, 56]             128
             ReLU-17           [-1, 64, 56, 56]               0
       BasicBlock-18           [-1, 64, 56, 56]               0
================================================================
```

8. 預測模型：以貓的圖片為例。

```
1  from PIL import Image
2  import matplotlib.pyplot as plt
3  import torchvision.transforms as transforms
4
5  img = Image.open("./images_test/cat.jpg")
6  plt.imshow(img)
7  plt.axis('off')
```

```
 8  plt.show()
 9
10  resize = transforms.Resize([224, 224])
11  img = resize(img)
12
13  to_tensor = transforms.ToTensor()
14  img = to_tensor(img).to(device)
15  img = img.reshape(1, *img.shape)
16  out = model(img)
17  out.shape
```

- 執行結果： ResNet 18 模型的輸入寬 / 高為 (224, 224)、彩色，輸出格式為 512 個 (7, 7) 的矩陣。

```
torch.Size([1, 512, 7, 7])
```

9. 重建 8x8 格圖像：只顯示部分卷積結果。

```
 1  # 重建 8x8 圖像
 2  def show_grid(out):
 3      square = 8
 4      plt.figure(figsize=(12, 10))
 5      for fmap in out.cpu().detach().numpy():
 6          # plot all 64 maps in an 8x8 squares
 7          ix = 1
 8          for _ in range(square):
 9              for _ in range(square):
10                  # specify subplot and turn of axis
11                  ax = plt.subplot(square, square, ix)
12                  ax.set_xticks([])
13                  ax.set_yticks([])
14                  # plot filter channel in grayscale
15                  plt.imshow(fmap[ix-1, :, :], cmap='gray')
16                  ix += 1
17          # show the figure
18          plt.show()
19
20  show_grid(out)
```

- 執行結果：可以看見第一層影像處理結果，有的濾波器可以抓到輪廓，有的則是漆黑一片。

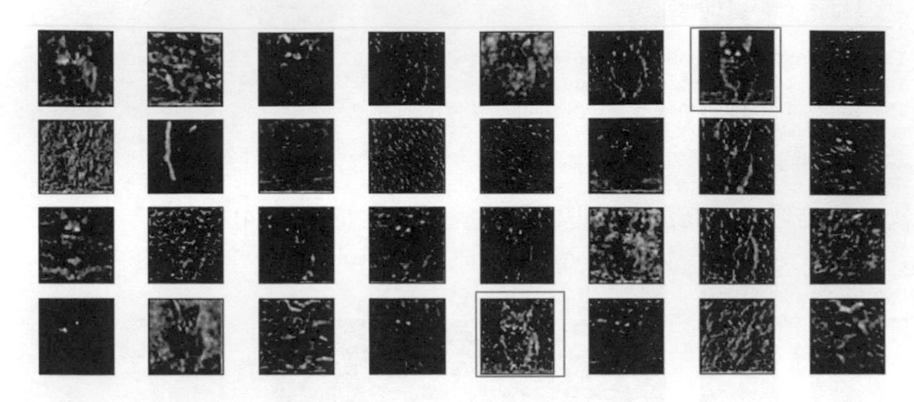

10. 重建第 2 層卷積層的輸出圖像。

```
1 model = new_model(output_layer = 'layer2').to(device)
2 out = model(img)
3 show_grid(out)
```

- 執行結果：逐漸抽象化，已經認不出來是貓了。

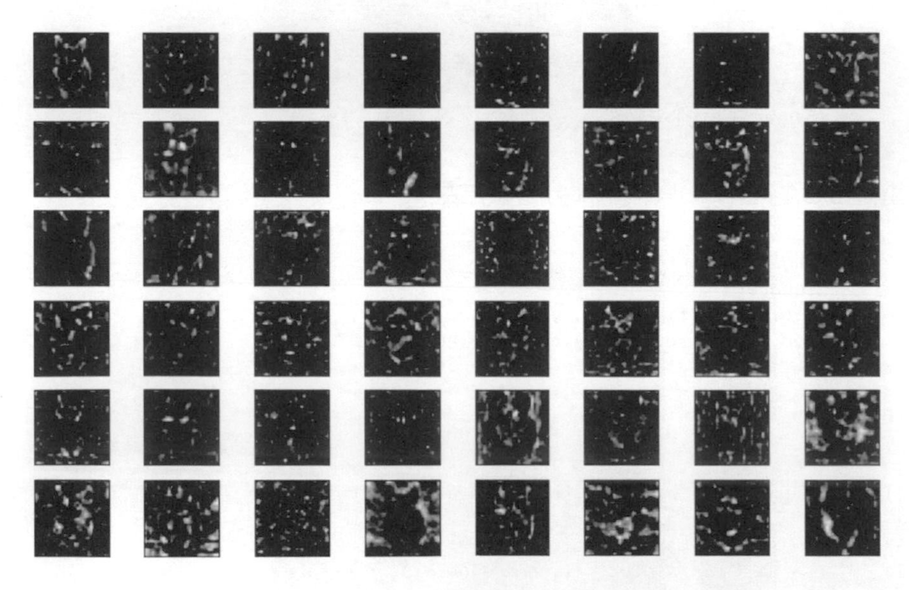

11. 重建第 3 層卷積層的輸出圖像。

```
1 model = new_model(output_layer = 'layer3').to(device)
2 out = model(img)
3 show_grid(out)
```

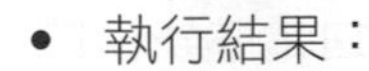

- 執行結果：

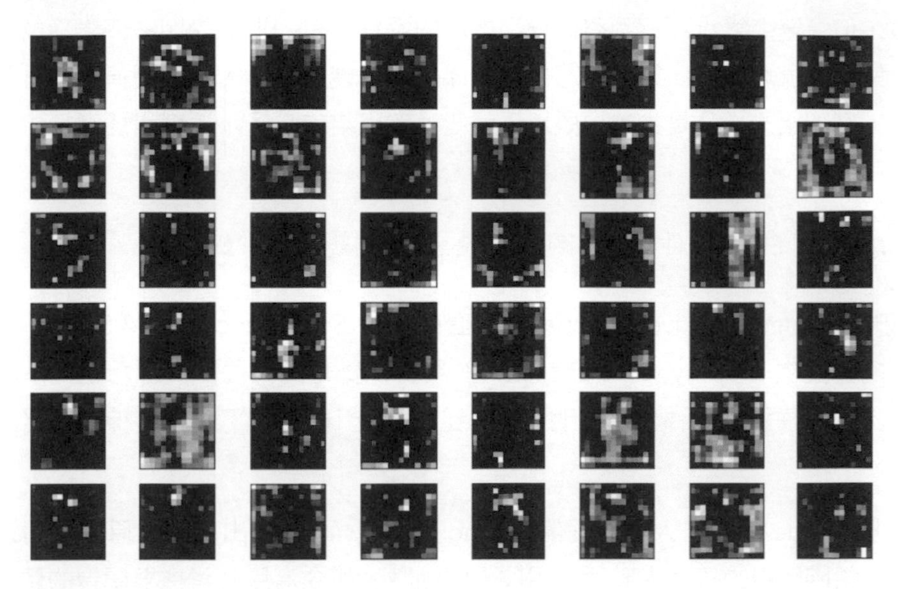

12. 重建第 4 層卷積層的輸出圖像。

```
1 model = new_model(output_layer = 'layer4').to(device)
2 out = model(img)
3 show_grid(out)
```

- 執行結果：完全認不出來是貓了。

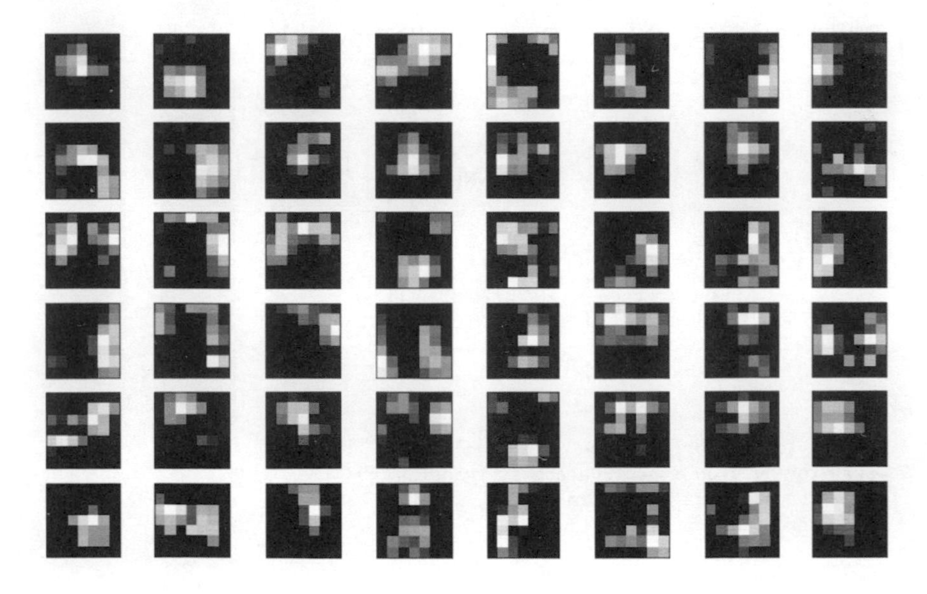

從以上的實驗，可以很清楚看到 CNN 的處理過程，雖然我們不明白電腦辨識的邏輯，但是至少能夠觀察到整個模型處理的過程。有人舉例說明多個卷積層的作用，第一層偵測線條，第二層將偵測線條組合、幾何形狀，第三層偵測出耳朵、鼻子，例如貓的耳朵是尖的，所以，就能辨識出貓或狗了，這就是逐漸抽象化的過程。

02 使用 Shap 套件，觀察圖像的那些位置對辨識最有幫助。

SHAP (SHapley Additive exPlanations) 套件是由 Scott Lundberg 及 Su-In Lee 所開發的，提供 Shapley value 的計算，並具有視覺化的介面，目標希望能解釋各種機器學習模型。套件使用說明可參考這個網址 [10]，以下僅說明神經網路的應用。

Shapley value 是由多人賽局理論 (Game Theory) 而發展出來的，原本是用來分配利益給團隊中的每個人時所使用的分配函數，如今沿用到了機器學習的領域，則被應用在特徵對預測結果的個別影響力評估。詳細的介紹可參考維基百科 [11]。

Shap 套件安裝：pip install shap。

此程式修改自『PyTorch Deep Explainer MNIST example』[12]。

➤ 下列程式碼請參考【06_08_Shap_MNIST.ipynb】。

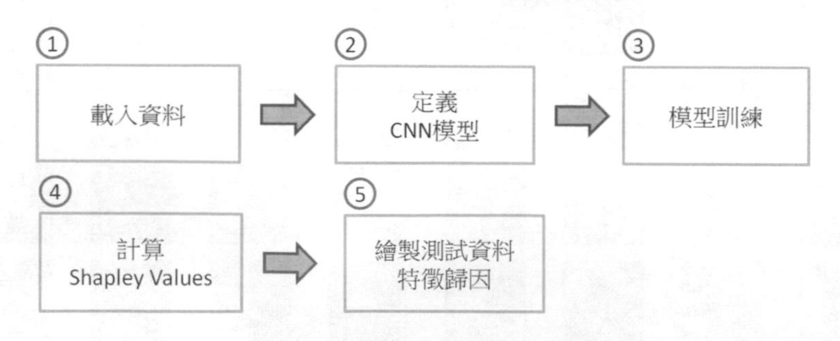

1. 載入套件。

```
1 import torch, torchvision
2 from torchvision import datasets, transforms
3 from torch import nn, optim
4 from torch.nn import functional as F
5
6 import numpy as np
7 import shap
```

2. 載入 MNIST 資料集。

```
1  from torchvision.datasets import MNIST
2
3  batch_size = 128
4  num_epochs = 2
5
6  # 下載 MNIST 手寫阿拉伯數字 訓練資料
7  train_ds = MNIST('.', train=True, download=True,
8                   transform=transforms.ToTensor())
9
10 # 下載測試資料
11 test_ds = MNIST('.', train=False, download=True,
12                  transform=transforms.ToTensor())
13
14 # 訓練/測試資料的維度
15 print(train_ds.data.shape, test_ds.data.shape)
16
17 train_loader = torch.utils.data.DataLoader(
18     datasets.MNIST('mnist_data', train=True, download=True,
19                    transform=transforms.Compose([
20                        transforms.ToTensor()
21                    ])),
22     batch_size=batch_size, shuffle=True)
23
24 test_loader = torch.utils.data.DataLoader(
25     datasets.MNIST('mnist_data', train=False, transform=transforms.Compose([
26                        transforms.ToTensor()
27                    ])),
28     batch_size=batch_size, shuffle=True)
```

3. 定義 CNN 模型：也可使用其他模型做測試。

```
1  class Net(nn.Module):
2      def __init__(self):
3          super(Net, self).__init__()
4
5          self.conv_layers = nn.Sequential(
6              nn.Conv2d(1, 10, kernel_size=5),
7              nn.MaxPool2d(2),
8              nn.ReLU(),
9              nn.Conv2d(10, 20, kernel_size=5),
10             nn.Dropout(),
11             nn.MaxPool2d(2),
12             nn.ReLU(),
13         )
14         self.fc_layers = nn.Sequential(
15             nn.Linear(320, 50),
16             nn.ReLU(),
17             nn.Dropout(),
18             nn.Linear(50, 10),
19             nn.Softmax(dim=1)
20         )
21
22     def forward(self, x):
23         x = self.conv_layers(x)
24         x = x.view(-1, 320)
25         x = self.fc_layers(x)
26         return x
27
28 model = Net().to(device)
```

4. 定義訓練 / 測試函數。

```
# 訓練函數
def train(model, device, train_loader, optimizer, epoch):
    model.train()
    for batch_idx, (data, target) in enumerate(train_loader):
        data, target = data.to(device), target.to(device)
        optimizer.zero_grad()
        output = model(data)
        loss = F.nll_loss(output.log(), target)
        loss.backward()
        optimizer.step()
        if batch_idx % 100 == 0:
            print('Train Epoch: {} [{}/{} ({:.0f}%)]\tLoss: {:.6f}'.format(
                epoch, batch_idx * len(data), len(train_loader.dataset),
                100. * batch_idx / len(train_loader), loss.item()))

# 測試函數
def test(model, device, test_loader):
    model.eval()
    test_loss = 0
    correct = 0
    with torch.no_grad():
        for data, target in test_loader:
            data, target = data.to(device), target.to(device)
            output = model(data)
            test_loss += F.nll_loss(output.log(), target).item()
            pred = output.max(1, keepdim=True)[1]
            correct += pred.eq(target.view_as(pred)).sum().item()

    test_loss /= len(test_loader.dataset)
    print('\nTest set: Average loss: {:.4f}, Accuracy: {}/{} ({:.0f}%)\n'.format(
        test_loss, correct, len(test_loader.dataset),
    100. * correct / len(test_loader.dataset)))
```

5. 模型訓練：

```
optimizer = optim.SGD(model.parameters(), lr=0.01, momentum=0.5)

for epoch in range(1, num_epochs + 1):
    train(model, device, train_loader, optimizer, epoch)
    test(model, device, test_loader)
```

6. Shapley Values 計算：以前面 100 筆為背景值， 計算 Shapley Value，測試 5 筆資料。

```
# 以前面 100 筆為背景值， 計算 Shapley Value
batch = next(iter(test_loader))
images, _ = batch
images = images.to(device)

background = images[:100]
test_images = images[100:105]

e = shap.DeepExplainer(model, background)
shap_values = e.shap_values(test_images)
```

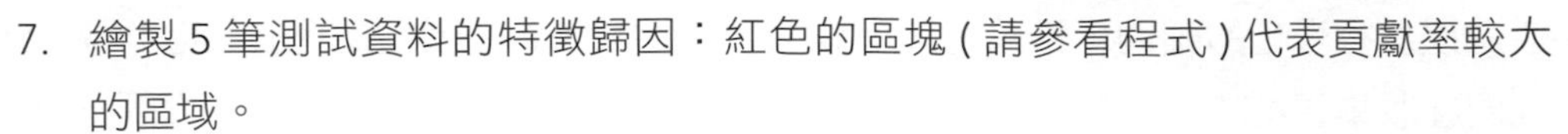

7. 繪製 5 筆測試資料的特徵歸因：紅色的區塊 (請參看程式) 代表貢獻率較大的區域。

```
1 shap_numpy = [np.swapaxes(np.swapaxes(s, 1, -1), 1, 2) for s in shap_values]
2 test_numpy = np.swapaxes(np.swapaxes(test_images.cpu().numpy(), 1, -1), 1, 2)
3
4 # plot the feature attributions
5 shap.image_plot(shap_numpy, -test_numpy)
```

- 執行結果：每一列第一個數字為真實的標記，後面為預測每個數字貢獻率較大的區域。

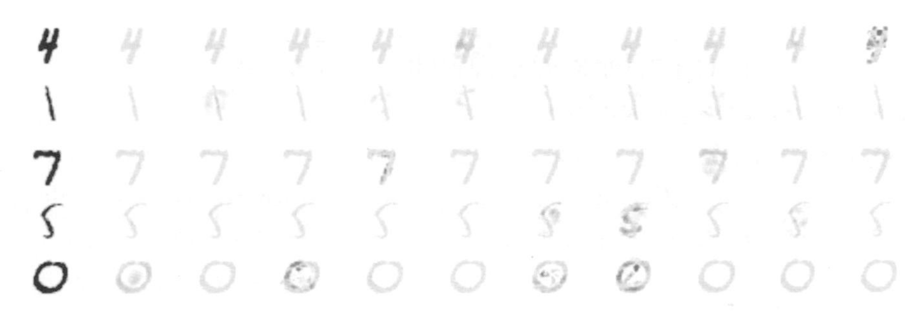

從 Shap 套件的功能，我們很容易判斷出中央位置是辨識的重點區域，這與我們認知是一致的。另一個名為 LIME[13] 的套件，與 Shap 套件齊名，讀者如果對這領域有興趣，可以由此深入研究，筆者就偷懶一下嘍。

還有一篇論文《Learning Deep Features for Discriminative Localization》[14] 提出了 Class Activation Mapping 概念，可以描繪辨識的熱區，如下圖所示。Kaggle 也有一篇超讚的實作 [15]，值得大家好好欣賞一番。

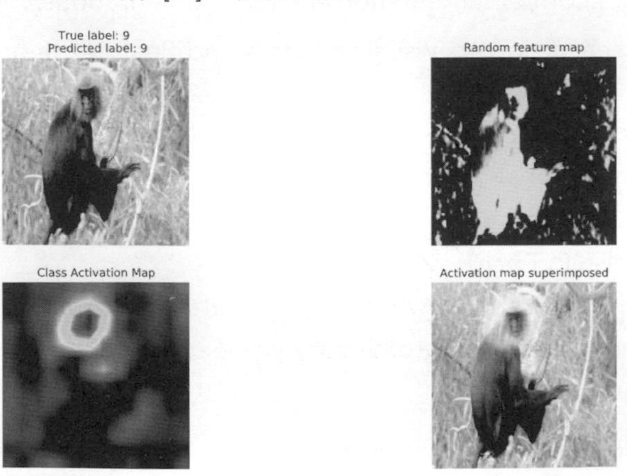

▲ 圖 6.12 左上角的圖像為原圖，左下角的圖像顯示了辨識熱區，即猴子的頭和頸部都是辨識的主要關鍵區域

透過以上視覺化的輔助，不只可以幫助我們更瞭解 CNN 模型的運作，也能夠讓我們在收集資料時，有較明確的方向知道重點應該要放在哪裡，當然，如果未來能有更創新的想法，來改良演算法，那就可以開香檳慶祝了。

參考資料 (References)

[1] Prateek Karkare,《Convolutional Neural Networks—Simplified》, 2019 (https://medium.com/x8-the-ai-community/cnn-9c5e63703c3f)

[2] 《Convolutional Neural Networks—Simplified》文中卷積計算的 GIF 動畫 (https://miro.medium.com/max/963/1*wpbLgTW_lopZ6JtDqVByuA.gif)

[3] Pytorch 官網 TRANSFORMING AND AUGMENTING IMAGES (https://pytorch.org/vision/master/transforms.html)

[4] PyTorch 官網 ILLUSTRATION OF TRANSFORMS (https://pytorch.org/vision/stable/auto_examples/plot_transforms.html#sphx-glr-auto-examples-plot-transforms-py)

[5] Antti Isosalo,《PyTorch Implementation of CIFAR-10 Image Classification Pipeline Using VGG Like Network》 (https://github.com/aisosalo/CIFAR-10)

[6] Dhruvil Karani,《How Data Augmentation Improves your CNN performance?》, 2020 (https://medium.com/swlh/how-data-augmentation-improves-your-cnn-performance-an-experiment-in-pytorch-and-torchvision-e5fb36d038fb)

[7] Albumentations (https://github.com/albumentations-team/albumentations)

[8] Jason Brownlee,《How to Visualize Filters and Feature Maps in Convolutional Neural Networks》, 2019 (https://machinelearningmastery.com/how-to-visualize-filters-and-feature-maps-in-convolutional-neural-networks/)

[9] Siladittya Manna,《Extracting Features from an Intermediate Layer of a Pretrained ResNet Model in PyTorch》, 2021 (https://medium.com/the-owl/extracting-features-from-an-intermediate-layer-of-a-pretrained-model-in-pytorch-easy-way-62631c7fa8f6)

[10] SHAP 套件的安裝與介紹說明 (https://github.com/slundberg/shap)

[11] 維基百科中關於 Shapley value 的介紹
(https://en.wikipedia.org/wiki/Shapley_value)

[12] PyTorch Deep Explainer MNIST example
(https://shap.readthedocs.io/en/latest/example_notebooks/image_examples/image_classification/PyTorch%20Deep%20Explainer%20MNIST%20example.html)

[13] LIME 套件的安裝與介紹說明
(https://github.com/marcotcr/lime)

[14] Bolei Zhou, Aditya Khosla, Agata Lapedriza et al,《Learning Deep Features for Discriminative Localization》, 2015
(https://arxiv.org/pdf/1512.04150.pdf)

[15] Kaggle 中介紹的實作
(https://www.kaggle.com/aakashnain/what-does-a-cnn-see)

第 7 章

預先訓練的模型 (Pre-trained Model)

透過 CNN 模型和資料增補的強化，我們已經能夠建立準確度還不錯的模型，然而，與近幾年影像辨識競賽中的冠、亞軍模型相比較，只能算是小巫見大巫了，冠、亞軍模型的神經層數量有些高達 100 多層，若要自行訓練這些模型就需要花上幾天甚至幾個星期的時間，難道縮短訓練時間的辦法，只剩購置企業級伺服器這個選項嗎？

幸好 PyTorch、TensorFlow/Keras 等深度學習框架早已為我們這些升斗小民設想好了，直接提供事先訓練好的模型，我們可以完全套用，也可以只採用部份模型，再接上自訂的神經層，進行其他物件的辨識，這些預先訓練好的模型就稱為『Pre-trained Model』。

7-1 預先訓練模型的簡介

近幾年在 ImageNet 舉辦的競賽 (ILSVRC)，所產生的冠亞軍大都是 CNN 模型的變型，整個演進過程非常精彩，簡述如下：

1. 2012 年冠軍 AlexNet 一舉將錯誤率減少 10% 以上，且首度導入 Dropout 層。
2. 2014 年亞軍 VGGNet 承襲 AlexNet 思路，建立更多層的模型，VGG 16/19 分別包括 16 及 19 層卷積層及池化層。
3. 2014 年圖像分類冠軍 GoogNet & Inception 同時導入多種不同尺寸的 Kernel，讓系統決定最佳 Kernel 尺寸。Inception 引入 Batch Normalization 等觀念，參見『Batch Normalization: Accelerating Deep Network Training by Reducing Internal Covariate Shift』[1]。
4. 2015 年冠軍 ResNet 發現到 20 層以上的模型在其前面幾層會發生退化 (degradation) 的狀況，因而提出以『殘差』(Residual) 的方法來解決問題，參見『Deep Residual Learning for Image Recognition』[2]。

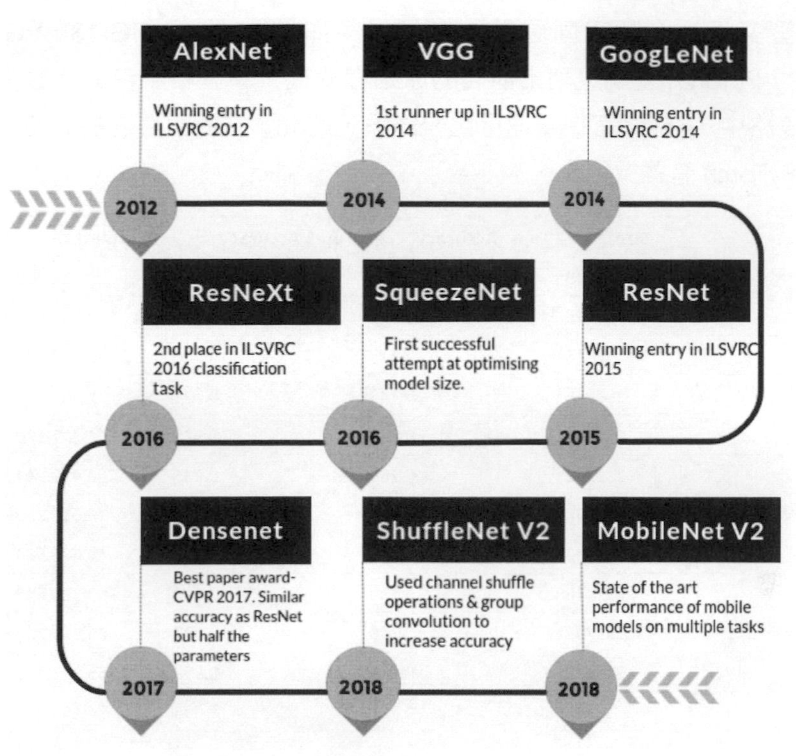

▲ 圖 7.1 ImageNet 競賽 (ILSVRC) 歷年冠亞軍，圖片來源：『PyTorch for Beginners: Image Classification using Pre-trained models』[3]

PyTorch 收錄許多預先訓練的模型 [4]，隨著版本的更新，提供的模型愈來愈多，目前 (2022 年) 包括：

- AlexNet
- VGG
- ResNet
- SqueezeNet
- DenseNet
- Inception v3
- GoogLeNet
- ShuffleNet v2
- MobileNetV2
- MobileNetV3
- ResNeXt
- Wide ResNet
- MNASNet
- EfficientNet
- RegNet

每種模型又細分多個不同層數的模型，例如 VGG-11、VGG-13、VGG-16 及 VGG-19，PyTorch 官網還列出他們的原始程式碼，準確率、參數個數及層數也整理在表格中，Keras 官網整理得比較詳盡，因此，在此引用它的表格，雖然準確率與 PyTorch 有些微差異。

Model	Size	Top-1 Accuracy	Top-5 Accuracy	Parameters	Depth
Xception	88 MB	0.790	0.945	22,910,480	126
VGG16	528 MB	0.713	0.901	138,357,544	23
VGG19	549 MB	0.713	0.900	143,667,240	26
ResNet50	98 MB	0.749	0.921	25,636,712	-
ResNet101	171 MB	0.764	0.928	44,707,176	-
ResNet152	232 MB	0.766	0.931	60,419,944	-
ResNet50V2	98 MB	0.760	0.930	25,613,800	-
ResNet101V2	171 MB	0.772	0.938	44,675,560	-
ResNet152V2	232 MB	0.780	0.942	60,380,648	-
InceptionV3	92 MB	0.779	0.937	23,851,784	159
InceptionResNetV2	215 MB	0.803	0.953	55,873,736	572
MobileNet	16 MB	0.704	0.895	4,253,864	88
MobileNetV2	14 MB	0.713	0.901	3,538,984	88
DenseNet121	33 MB	0.750	0.923	8,062,504	121
DenseNet169	57 MB	0.762	0.932	14,307,880	169
DenseNet201	80 MB	0.773	0.936	20,242,984	201
NASNetMobile	23 MB	0.744	0.919	5,326,716	-
NASNetLarge	343 MB	0.825	0.960	88,949,818	-
EfficientNetB0	29 MB	-	-	5,330,571	-
EfficientNetB1	31 MB	-	-	7,856,239	-
EfficientNetB2	36 MB	-	-	9,177,569	-
EfficientNetB3	48 MB	-	-	12,320,535	-
EfficientNetB4	75 MB	-	-	19,466,823	-
EfficientNetB5	118 MB	-	-	30,562,527	-
EfficientNetB6	166 MB	-	-	43,265,143	-
EfficientNetB7	256 MB	-	-	66,658,687	-

▲ 圖 7.2 Keras 提供的預先訓練模型，圖片來源：『Keras Applications』[5]

上述表格的欄位說明如下：

1. Size：模型檔案大小。
2. Top-1 Accuracy：預測一次就正確的準確率。
3. Top-5 Accuracy：預測五次中有一次正確的準確率。
4. Parameters：模型參數 (權重、偏差) 的數目。
5. Depth：模型層數。

PyTorch、Keras 研發團隊將這些模型先進行訓練與參數調校，並且存檔，使用者就不用自行訓練，直接套用即可，故稱為預先訓練的模型 (Pre-trained Model)。

這些模型主要應用在圖像辨識，各模型結構的複雜度和準確率有所差異，下圖是各模型的比較，這裡提供各位一個簡單的選用原則，如果是注重準確率，可選擇準確率較高的模型，例如 ResNet 152，反之，如果要佈署在手機上，就可考慮使用檔案較小的模型，例如 MobileNet。

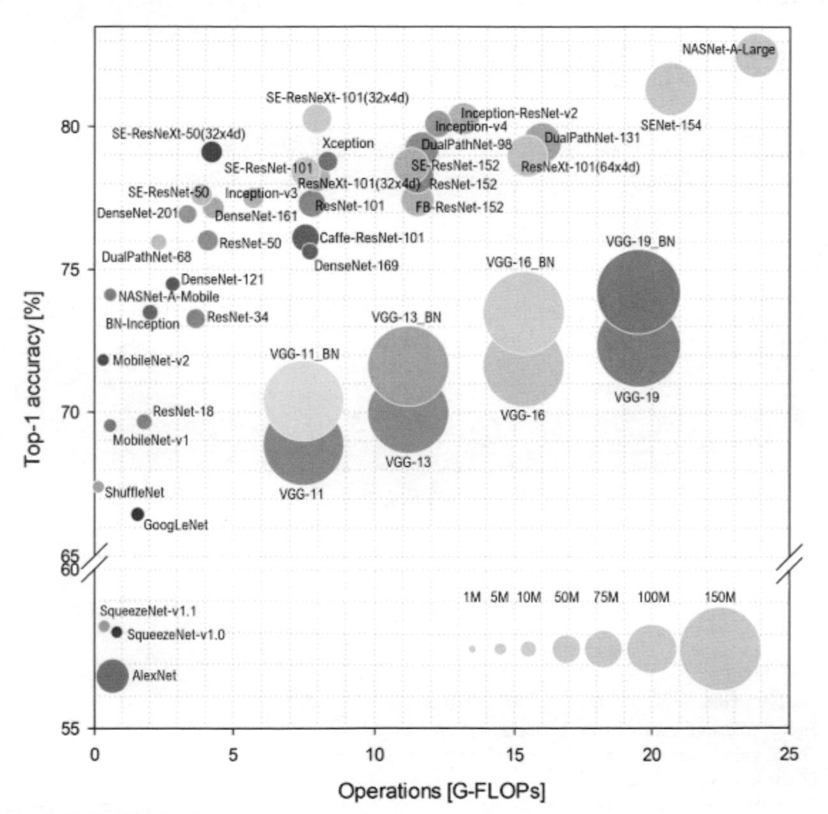

▲ 圖 7.3 預先訓練模型的準確率與計算速度之比較，圖片來源：『How to Choose the Best Keras Pre-Trained Model for Image Classification』[6]

這些模型使用 ImageNet 100 萬張圖片作為訓練資料集，內含 1,000 種類別，類別內容請參考 Yagnesh Revar GitHub [2]，幾乎涵蓋了日常生活中會看到的物件類別，例如動物、植物、交通工具 ... 等，所以如果要辨識的物件屬於這 1000 種，就可以直接套用模型，反之，如果要辨識這 1000 種以外的物件，就需要接上自訂的輸入層及完全連接層 (Linear)，只利用預先訓練模型的中間層萃取特徵。

因此應用這些預先訓練的模型，有三種方式：

1. 採用完整的模型，可辨識 ImageNet 所提供 1000 種物件。
2. 採用部分的模型，只萃取特徵，不作辨識。
3. 採用部分的模型，並接上自訂的輸入層和完全連接層 (Linear)，即可辨識這 1000 種以外的物件。

以下我們就依照這三種方式各實作一個範例。

7-2 採用完整的模型

預先訓練的模型的第一種用法，是採用完整的模型來辨識 1000 種物件，直接了當。

範例

01 使用 VGG16 模型進行物件的辨識，也藉此熟悉預先訓練模型的結構與用法。

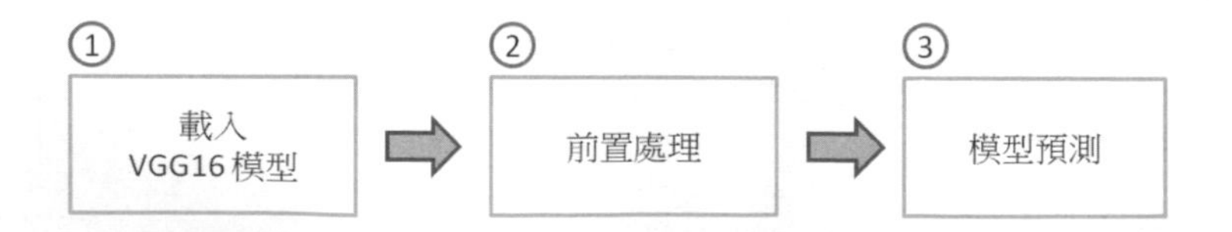

➤ 程式：【07_01_pretrained_model.ipynb】。

1. 載入套件：

```
1 import torch
2 from torchvision import models
3 from torch import nn
4 import numpy as np
5 from torchsummary import summary
```

2. 載入 VGG16 模型：

```
1 model = models.vgg16(pretrained=True)
```

- pretrained=True：會把訓練好的權重一併載入，反之，只載入模型結構。

3. 顯示神經層名稱：

```
1 model = models.vgg16(pretrained=True)
```

- 執行結果：VGG 16 使用多組的卷積 / 池化層，共有 3 個區塊。

```
Children Counter:  0  Layer Name:  features
Children Counter:  1  Layer Name:  avgpool
Children Counter:  2  Layer Name:  classifier
```

4. 顯示神經層明細：

```
1 model.modules
```

- 執行結果：可以看到 3 個區塊內的神經層。

```
<bound method Module.modules of VGG(
  (features): Sequential(
    (0): Conv2d(3, 64, kernel_size=(3, 3), stride=(1, 1), padding=(1, 1))
    (1): ReLU(inplace=True)
    (2): Conv2d(64, 64, kernel_size=(3, 3), stride=(1, 1), padding=(1, 1))
    (3): ReLU(inplace=True)
    (4): MaxPool2d(kernel_size=2, stride=2, padding=0, dilation=1, ceil_mode=False)
    (5): Conv2d(64, 128, kernel_size=(3, 3), stride=(1, 1), padding=(1, 1))
    (6): ReLU(inplace=True)
    (7): Conv2d(128, 128, kernel_size=(3, 3), stride=(1, 1), padding=(1, 1))
    (8): ReLU(inplace=True)
    (9): MaxPool2d(kernel_size=2, stride=2, padding=0, dilation=1, ceil_mode=False)
    (10): Conv2d(128, 256, kernel_size=(3, 3), stride=(1, 1), padding=(1, 1))
    (11): ReLU(inplace=True)
    (12): Conv2d(256, 256, kernel_size=(3, 3), stride=(1, 1), padding=(1, 1))
    (13): ReLU(inplace=True)
    (14): Conv2d(256, 256, kernel_size=(3, 3), stride=(1, 1), padding=(1, 1))
    (15): ReLU(inplace=True)
    (16): MaxPool2d(kernel_size=2, stride=2, padding=0, dilation=1, ceil_mode=False)
    (17): Conv2d(256, 512, kernel_size=(3, 3), stride=(1, 1), padding=(1, 1))
```

- torch.nn.Sequential(*list(model.children())[:]) 也可以達到相同的效果。
- 使用 torchsummary 的 summary(model, input_size=(3, 224, 224)) 只顯示明細。
- model._modules.keys()：只顯示 3 個區塊名稱。
- model.features：顯示 features 區塊的明細。

- model.features[0]：顯示 features 區塊內的第一個神經層。
- model.classifier[-1].out_features：顯示 classifier 區塊內的最後一個神經層的輸出。

5. 任選一張圖片預測所屬類別。

```
1  from PIL import Image
2  from torchvision import transforms
3
4  filename = './images_test/cat.jpg'
5  input_image = Image.open(filename)
6
7  transform = transforms.Compose([
8      transforms.Resize(224),
9      transforms.ToTensor(),
10     transforms.Normalize(mean=[0.485, 0.456, 0.406],
11                          std=[0.229, 0.224, 0.225])
12 ])
13 input_tensor = transform(input_image)
14 input_batch = input_tensor.unsqueeze(0).to(device) # 增加一維(筆數)
15
16 # 預測
17 model.eval()
18 with torch.no_grad():
19     output = model(input_batch)
20
21 # 轉成機率
22 probabilities = torch.nn.functional.softmax(output[0], dim=0)
23 print(probabilities)
```

- 執行結果：顯示所有類別的機率。

```
tensor([9.6767e-08, 4.2125e-07, 7.1025e-09, 4.2960e-08, 3.6617e-09, 5.4819e-07,
        7.3084e-10, 6.0334e-06, 2.4721e-04, 1.4279e-06, 5.4144e-06, 8.3407e-06,
        6.0837e-06, 1.8260e-06, 2.4115e-06, 1.5520e-06, 5.5406e-06, 1.5232e-05,
        4.1942e-07, 1.0240e-06, 5.1658e-07, 7.9180e-06, 1.8201e-08, 4.9936e-07,
        1.7920e-07, 2.8996e-07, 3.1131e-07, 4.0312e-08, 1.3995e-07, 3.7367e-07,
        8.9198e-07, 8.6777e-07, 3.2260e-06, 2.2061e-08, 1.4229e-08, 2.1457e-07,
        5.5169e-07, 1.8037e-07, 7.1420e-06, 2.2228e-06, 1.2892e-06, 7.9648e-07,
        9.2213e-06, 9.4030e-06, 2.4247e-06, 3.0765e-06, 1.3920e-06, 7.1425e-06,
        4.1772e-07, 5.0599e-08, 7.0444e-08, 3.5808e-06, 9.1419e-07, 4.3269e-07,
        6.3600e-06, 1.0685e-07, 1.6913e-07, 5.3218e-08, 6.5058e-07, 2.2943e-06,
        7.0011e-06, 4.6382e-07, 2.0770e-06, 1.6658e-05, 3.8818e-07, 2.0196e-07,
        4.4105e-06, 3.9283e-07, 2.6178e-06, 5.3054e-08, 1.9659e-07, 2.6170e-07,
```

6. 顯示最大機率的類別代碼。

```
1  # 顯示最大機率的類別代碼
2  print(f'{torch.argmax(probabilities).item()}: {torch.max(probabilities).item()}')
```

- 執行結果：索引值 285，機率 : 0.71。

285: 0.7133557200431824

7. 顯示最大機率的類別名稱，torchvision 原始程式碼 [8] 有類別列表，也可以自 https://raw.githubusercontent.com/pytorch/hub/master/imagenet_classes.txt 下載。

```
1 # 顯示最大機率的類別名稱
2 with open("imagenet.categories", "r") as f:
3     # 取第一欄
4     categories = [s.strip().split(',')[0] for s in f.readlines()]
5 categories[torch.argmax(probabilities).item()]
```

- 執行結果：埃及貓 (Egyptian cat)。

8. 改用其他模型亦可。

```
1  # 載入 resnet50 模型
2  model = models.resnet50(pretrained=True).to(device)
3
4  # 預測
5  model.eval()
6  with torch.no_grad():
7      output = model(input_batch)
8
9  # 轉成機率
10 probabilities = torch.nn.functional.softmax(output[0], dim=0)
11 max_item = torch.argmax(probabilities).item()
12 print(f'{max_item} {categories[max_item]}: {torch.max(probabilities).item()}')
```

- 執行結果：結果相同。
- 若使用官網程式轉換，先 Resize(256)，再 CenterCrop(224)，執行結果為虎斑貓 (tabby)，竟然與前面不同，辨識結果應該不對，再進一步確認。

  281 tabby: 0.2819097936153412

9. 顯示前 5 名。

```
1 # 顯示前5名
2 top5_prob, top5_catid = torch.topk(probabilities, 5)
3 for i in range(top5_prob.size(0)):
4     print(f'{categories[top5_catid[i]]:12s}:{top5_prob[i].item()}')
```

- 執行結果：第三名才是埃及貓 (Egyptian cat)。

```
tabby       :0.2819097936153412
tiger cat   :0.19214917719364166
Egyptian cat:0.18028706312179565
lynx        :0.17349961400032043
hamper      :0.01312144286930561
```

各個預先訓練模型預測結果竟然有所差異，與圖 7.3 比較，resnet50 比 vgg16 準確率高，但實測結果並不相符，筆者猜測應該是跟 MNIST 類似，以本身的測試資料較準，但自行蒐集的資料預測就沒那麼好了，TensorFlow 也有這方面的問題，請參閱【**07_02_Keras_applications.ipynb**】，因此，還是要多多蒐集資料，仔細測試與使用。

7-3 採用部分模型

預先訓練的模型的第二種用法，是採用部分模型，只萃取特徵，不作辨識。例如，一個 3D 模型的網站，提供模型搜尋功能，首先使用者上傳要搜尋的圖檔，網站即時比對出相似的圖檔，顯示在網頁上讓使用者勾選下載，操作請參考 Sketchfab 網站 [9]，類似的功能亦可適用到許多場域，譬如比對嫌疑犯、商品推薦…等。

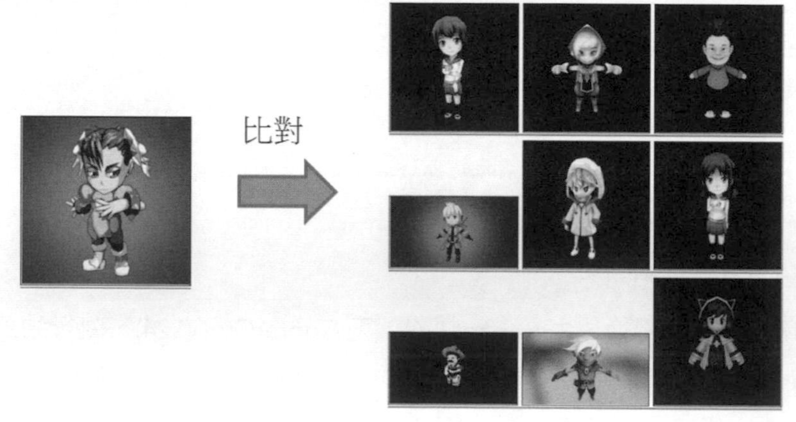

▲ 圖 7.4 3D 模型搜尋，資料來源：Using Keras' Pretrained Neural Networks for Visual Similarity Recommendations [10]

範例

02 使用 VGG16 模型進行物件的辨識。

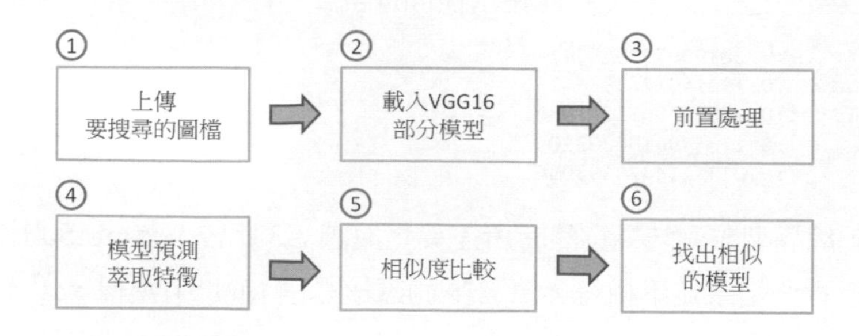

➤ 程式：【07_03_cosine_similarity.ipynb】。

1. 載入套件。

```
1 import torch
2 from torchvision import models
3 from torch import nn
4 from torchsummary import summary
5 import numpy as np
```

2. 載入 VGG 16 模型，並顯示模型結構。

```
1 # 載入VGG 16 模型
2 model = models.vgg16(pretrained=True)
3 model._modules
```

- 執行結果：最後一個區塊為辨識層。

```
OrderedDict([('features',
              Sequential(
                (0): Conv2d(3, 64, kernel_size=(3, 3), stride=(1, 1), padding=(1, 1))
                (1): ReLU(inplace=True)
                (2): Conv2d(64, 64, kernel_size=(3, 3), stride=(1, 1), padding=(1, 1))
                (3): ReLU(inplace=True)
                (4): MaxPool2d(kernel_size=2, stride=2, padding=0, dilation=1, ceil_mode=False)
                (5): Conv2d(64, 128, kernel_size=(3, 3), stride=(1, 1), padding=(1, 1))
                (6): ReLU(inplace=True)
                (7): Conv2d(128, 128, kernel_size=(3, 3), stride=(1, 1), padding=(1, 1))
                (8): ReLU(inplace=True)
                (9): MaxPool2d(kernel_size=2, stride=2, padding=0, dilation=1, ceil_mode=False)
                (10): Conv2d(128, 256, kernel_size=(3, 3), stride=(1, 1), padding=(1, 1))
                (11): ReLU(inplace=True)
                (12): Conv2d(256, 256, kernel_size=(3, 3), stride=(1, 1), padding=(1, 1))
                (13): ReLU(inplace=True)
                (14): Conv2d(256, 256, kernel_size=(3, 3), stride=(1, 1), padding=(1, 1))
                (15): ReLU(inplace=True)
                (16): MaxPool2d(kernel_size=2, stride=2, padding=0, dilation=1, ceil_mode=False)
                (17): Conv2d(256, 512, kernel_size=(3, 3), stride=(1, 1), padding=(1, 1))
                (18): ReLU(inplace=True)
                (19): Conv2d(512, 512, kernel_size=(3, 3), stride=(1, 1), padding=(1, 1))
                (20): ReLU(inplace=True)
                (21): Conv2d(512, 512, kernel_size=(3, 3), stride=(1, 1), padding=(1, 1))
                (22): ReLU(inplace=True)
                (23): MaxPool2d(kernel_size=2, stride=2, padding=0, dilation=1, ceil_mode=False)
                (24): Conv2d(512, 512, kernel_size=(3, 3), stride=(1, 1), padding=(1, 1))
                (25): ReLU(inplace=True)
                (26): Conv2d(512, 512, kernel_size=(3, 3), stride=(1, 1), padding=(1, 1))
                (27): ReLU(inplace=True)
                (28): Conv2d(512, 512, kernel_size=(3, 3), stride=(1, 1), padding=(1, 1))
                (29): ReLU(inplace=True)
                (30): MaxPool2d(kernel_size=2, stride=2, padding=0, dilation=1, ceil_mode=False)
              )),
             ('avgpool', AdaptiveAvgPool2d(output_size=(7, 7))),
             ('classifier',
              Sequential(
                (0): Linear(in_features=25088, out_features=4096, bias=True)
                (1): ReLU(inplace=True)
                (2): Dropout(p=0.5, inplace=False)
                (3): Linear(in_features=4096, out_features=4096, bias=True)
                (4): ReLU(inplace=True)
                (5): Dropout(p=0.5, inplace=False)
                (6): Linear(in_features=4096, out_features=1000, bias=True)
              ))])
```

3. 移除最後一個區塊，因為這個範例不進行辨識。

```
class new_model(nn.Module):
    def __init__(self, pretrained, output_layer):
        super().__init__()
        self.output_layer = output_layer
        self.pretrained = pretrained
        self.children_list = []
        # 依序取得每一層
        for n,c in self.pretrained.named_children():
            self.children_list.append(c)
            # 找到特定層即終止
            if n == self.output_layer:
                print('found !!')
                break

        # 建構新模型
        self.net = nn.Sequential(*self.children_list)
        self.pretrained = None

    def forward(self,x):
        x = self.net(x)
        return x

model = new_model(model, 'avgpool')
model = model.to(device)
model._modules
```

- 執行結果：最後一個區塊已被移除。

4. 萃取特徵：任選一張圖片，例如老虎側面照，取得圖檔的特徵向量。

```
# 任選一張圖片，例如老虎側面照，取得圖檔的特徵向量
from PIL import Image
from torchvision import transforms

filename = './images_test/tiger2.jpg'
input_image = Image.open(filename)

transform = transforms.Compose([
    transforms.Resize((224, 224)),
    transforms.ToTensor(),
    transforms.Normalize(mean=[0.485, 0.456, 0.406],
                         std=[0.229, 0.224, 0.225])
])
input_tensor = transform(input_image)
input_batch = input_tensor.unsqueeze(0).to(device) # 增加一維(筆數)

# 預測
model.eval()
with torch.no_grad():
    output = model(input_batch)
output
```

- 執行結果：得到圖檔的特徵向量如下。

```
tensor([[[[0.0000, 0.0000, 0.0000,  ..., 0.0000, 0.0000, 0.0000],
          [0.0000, 0.0000, 0.0000,  ..., 0.2543, 0.0000, 0.0000],
          [0.0000, 0.0000, 0.0000,  ..., 0.0000, 0.0000, 0.0000],
          ...,
          [2.1993, 0.0000, 0.0000,  ..., 0.0000, 0.0000, 0.2719],
          [1.5349, 0.0000, 0.0000,  ..., 0.0000, 1.7577, 5.2424],
          [0.0000, 0.0000, 0.0000,  ..., 0.4238, 2.0388, 5.9582]],

         [[0.0000, 0.0000, 0.0000,  ..., 0.0000, 0.6102, 1.0531],
          [0.7704, 0.0000, 0.0000,  ..., 0.0000, 2.1455, 2.3483],
          [2.3654, 0.4831, 0.0000,  ..., 0.0000, 0.0000, 1.4597],
          ...,
          [0.0000, 2.7323, 5.3333,  ..., 1.9977, 2.2498, 1.4196],
          [0.0000, 3.2158, 3.4539,  ..., 0.5091, 1.0910, 0.5525],
          [0.0000, 0.0000, 0.0000,  ..., 0.0000, 0.0000, 0.0000]],
```

5. 先取得 images_test 目錄下所有 .jpg 檔案名稱。

```
1  from os import listdir
2  from os.path import isfile, join
3
4  # 取得 images_test 目錄下所有 .jpg 檔案名稱
5  img_path = './images_test/'
6  image_files = np.array([f for f in listdir(img_path)
7          if isfile(join(img_path, f)) and f[-3:] == 'jpg'])
8  image_files
```

- 執行結果：

```
array(['astronaut.jpg', 'bird.jpg', 'bird2.jpg', 'cat.jpg', 'daisy1.jpg',
       'daisy2.jpg', 'deer.jpg', 'elephant.jpg', 'elephant2.jpg',
       'lion1.jpg', 'lion2.jpg', 'panda1.jpg', 'panda2.jpg', 'panda3.jpg',
       'rose2.jpg', 'tiger1.jpg', 'tiger2.jpg', 'tiger3.jpg'],
      dtype='<U13')
```

6. 取得 images_test 目錄下所有 .jpg 檔案的像素，並轉換及合併。

```
1  import os
2
3  # 合併所有圖檔
4  model.eval()
5  X = torch.tensor([])
6  for filename in image_files:
7      input_image = Image.open(os.path.join(img_path, filename))
8      input_tensor = transform(input_image)
9      input_batch = input_tensor.unsqueeze(0).to(device) # 增加一維(筆數)
10     if len(X.shape) == 1:
11         # print(input_batch.shape)
12         X = input_batch
13     else:
14         # print(input_batch.shape)
15         X = torch.cat((X, input_batch), dim=0)
```

7. 預測：取得所有圖檔的特徵向量。

```
# 預測所有圖檔
with torch.no_grad():
    features = model(X)
features.shape
```

- 執行結果： 18 筆圖像維度為 [18, 512, 7, 7]。

8. 相似度比較：使用 cosine_similarity 比較特徵向量。Cosine Similarity 計算兩個向量的夾角，如下圖，判斷兩個向量的方向是否近似，Cosine 介於 (-1, 1) 之間，越接近 1，表示方向越相近。

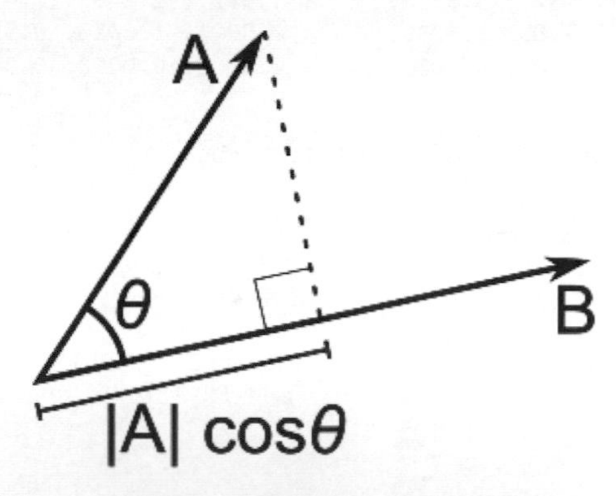

▲ 圖 7.5 夾角與 Cosine 函數

```
from sklearn.metrics.pairwise import cosine_similarity

# 比較 Tiger2.jpg 與其他圖檔特徵向量
no=-2
print(image_files[no])

# 轉為二維向量，類似扁平層(Flatten)
features2 = features.cpu().reshape((features.shape[0], -1))

# 排除 Tiger2.jpg 的其他圖檔特徵向量
other_features = np.concatenate((features2[:no], features2[no+1:]))

# 使用 cosine_similarity 計算 Cosine 函數
similar_list = cosine_similarity(features2[no:no+1], other_features,
                                 dense_output=False)

# 顯示相似度，由大排到小
print(np.sort(similar_list[0])[::-1])

# 依相似度，由大排到小，顯示檔名
image_files2 = np.delete(image_files, no)
image_files2[np.argsort(similar_list[0])[::-1]]
```

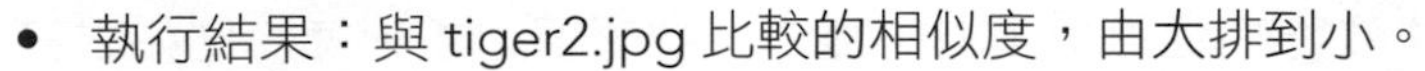

- 執行結果：與 tiger2.jpg 比較的相似度，由大排到小。

```
[0.28911456 0.2833875  0.23362085 0.18441461 0.17196876 0.16713579
 0.14983664 0.12871663 0.11995038 0.11563288 0.10740422 0.09983709
 0.09405126 0.08491081 0.08096127 0.06599604 0.04436902]
```

- 對應的檔名：

```
['tiger1.jpg', 'tiger3.jpg', 'lion1.jpg', 'lion2.jpg',
 'elephant2.jpg', 'cat.jpg', 'elephant.jpg', 'panda1.jpg',
 'bird2.jpg', 'panda3.jpg', 'bird.jpg', 'panda2.jpg', 'deer.jpg',
 'daisy2.jpg', 'rose2.jpg', 'astronaut.jpg', 'daisy1.jpg'],
```

結果如預期一樣是正確的。再比對 bird.jpg，結果不如預期，可能是圖像尺寸與未等比例縮放的問題。無論如何，利用這種方式，不只能夠比較 ImageNet 1000 類中的物件，也可以比較其他的物件，不限於既有的物件範圍，因為我們只借用預先訓練模型萃取特徵的能力。

7-4 轉移學習 (Transfer Learning)

預先訓練模型的第三種用法，是採用部分的模型，再加上自訂的輸入層和辨識層，如此就能夠不受限於模型原先辨識的物件，這就是所謂的『轉移學習』(Transfer Learning) 或者翻譯為『遷移學習』。其實不使用預先訓練的模型，直接建構 CNN 模型，也是可以辨識出任何物件的，然而為什麼要使用預先訓練的模型呢？原因歸納如下：

1. 預先訓練模型使用大量高品質的資料 (ImageNet 為普林斯頓大學與史丹福大學所主導的專案，有名校掛保證！☺)，又加上設計較複雜的模型結構，例如 ResNet 高達有 150 層，準確率因此大大提高。
2. 使用較少的訓練資料：因為模型前半段已經訓練好了。
3. 訓練速度比較快：只需要重新訓練自訂的辨識層即可。

一般的轉移學習分為兩階段：

1. 建立預先訓練的模型 (Pre-trained Model)：包括目前介紹的視覺應用的模型，也包含後面章節會談到的自然語言模型 -- Transformer、BERT，他們利用大量的訓練資料和複雜的模型結構，取得通用性的圖像與自然語言特徵向量。

2. 微調 (Fine Tuning)：依照特定應用領域的需求，微調模型並訓練，例如本節所述，利用預先訓練模型的前半段，再加入自訂的神經層，進行特殊類別的辨識。

範例 03 使用 ResNet18 模型，辨識自訂資料集，程式源自『TRANSFER LEARNING FOR COMPUTER VISION TUTORIAL』[11]，筆者進行一些修改和註解。

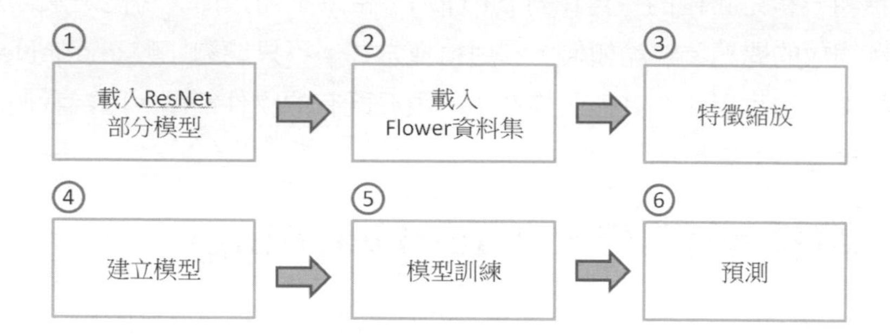

➤ 程式：【07_04_transfer_learning.ipynb】。

1. 載入套件。

```
1  import torch
2  import torch.nn as nn
3  import torch.optim as optim
4  from torch.optim import lr_scheduler
5  import numpy as np
6  import torchvision
7  from torchvision import datasets, models, transforms
8  import matplotlib.pyplot as plt
9  import time
10 import os
11 import copy
```

2. 載入 hymenoptera 資料集：只含蜜蜂 (Bee) 及螞蟻 (Ant) 兩個類別。

```
1  # 訓練資料進行資料增補，驗證資料不需要
2  data_transforms = {
3      'train': transforms.Compose([
4          transforms.RandomResizedCrop(224), # 資料增補
5          transforms.RandomHorizontalFlip(),
6          transforms.ToTensor(),
7          transforms.Normalize([0.485, 0.456, 0.406], [0.229, 0.224, 0.225])
8      ]),
9      'val': transforms.Compose([
10         transforms.Resize(256),
```

```
11         transforms.CenterCrop(224),
12         transforms.ToTensor(),
13         transforms.Normalize([0.485, 0.456, 0.406], [0.229, 0.224, 0.225])
14     ]),
15 }
16 
17 # 使用 ImageFolder 可方便轉換為 dataset
18 data_dir = './hymenoptera_data'
19 image_datasets = {x: datasets.ImageFolder(os.path.join(data_dir, x),
20                                           data_transforms[x])
21                   for x in ['train', 'val']}
22 dataloaders = {x: torch.utils.data.DataLoader(image_datasets[x], batch_size=4,
23                                              shuffle=True, num_workers=4)
24               for x in ['train', 'val']}
25 
26 # 取得資料筆數
27 dataset_sizes = {x: len(image_datasets[x]) for x in ['train', 'val']}
28 
29 # 取得類別
30 class_names = image_datasets['train'].classes
```

- 執行結果：共 244 筆訓練資料、153 筆驗證資料。

3. 取得一批資料顯示圖像。

```
 1 def imshow(inp, title=None):
 2     inp = inp.numpy().transpose((1, 2, 0))
 3     mean = np.array([0.485, 0.456, 0.406])
 4     std = np.array([0.229, 0.224, 0.225])
 5     inp = std * inp + mean
 6     inp = np.clip(inp, 0, 1)
 7     plt.imshow(inp)
 8     if title is not None:
 9         plt.title(title)
10     plt.pause(0.001)  # pause a bit so that plots are updated
11 
12 
13 # 取得一批資料
14 inputs, classes = next(iter(dataloaders['train']))
15 
16 # 顯示一批資料
17 out = torchvision.utils.make_grid(inputs)
18 imshow(out, title=[class_names[x] for x in classes])
```

- 執行結果：

4. 定義模型訓練函數。

```
# 同時含訓練/評估
def train_model(model, criterion, optimizer, scheduler, num_epochs=25):
    since = time.time()

    best_model_wts = copy.deepcopy(model.state_dict())
    best_acc = 0.0

    for epoch in range(num_epochs):
        print('Epoch {}/{}'.format(epoch, num_epochs - 1))
        print('-' * 10)

        # Each epoch has a training and validation phase
        for phase in ['train', 'val']:
            if phase == 'train':
                model.train()  # Set model to training mode
            else:
                model.eval()   # Set model to evaluate mode

            running_loss = 0.0
            running_corrects = 0

            # 逐批訓練或驗證
            for inputs, labels in dataloaders[phase]:
                inputs = inputs.to(device)
                labels = labels.to(device)

                # zero the parameter gradients
                optimizer.zero_grad()
                # 訓練時需要梯度下降
                with torch.set_grad_enabled(phase == 'train'):
                    outputs = model(inputs)
                    _, preds = torch.max(outputs, 1)
                    loss = criterion(outputs, labels)

                    # 訓練時需要 backward + optimize
                    if phase == 'train':
                        loss.backward()
                        optimizer.step()

                # 統計損失
                running_loss += loss.item() * inputs.size(0)
                running_corrects += torch.sum(preds == labels.data)
            if phase == 'train':
                scheduler.step()

            epoch_loss = running_loss / dataset_sizes[phase]
            epoch_acc = running_corrects.double() / dataset_sizes[phase]

            print('{} Loss: {:.4f} Acc: {:.4f}'.format(
                phase, epoch_loss, epoch_acc))

            # 如果是評估階段，且準確率創新高即存入 best_model_wts
            if phase == 'val' and epoch_acc > best_acc:
                best_acc = epoch_acc
                best_model_wts = copy.deepcopy(model.state_dict())
        print()
```

```
59        time_elapsed = time.time() - since
60        print('Training complete in {time_elapsed // 60:.0f}m {time_elapsed % 60:.0f}s')
61        print(f'Best val Acc: {best_acc:4f}')
62
63        # 載入最佳模型
64        model.load_state_dict(best_model_wts)
65        return model
```

5. 定義顯示預測結果的函數。

```
1  def imshow2(inp, title=None):
2      inp = inp.numpy().transpose((1, 2, 0))
3      mean = np.array([0.485, 0.456, 0.406])
4      std = np.array([0.229, 0.224, 0.225])
5      inp = std * inp + mean
6      inp = np.clip(inp, 0, 1)
7      plt.imshow(inp)
```

```
1  def visualize_model(model, num_images=6):
2      was_training = model.training
3      model.eval()
4      images_so_far = 0
5      fig = plt.figure()
6
7      with torch.no_grad():
8          for i, (inputs, labels) in enumerate(dataloaders['val']):
9              inputs = inputs.to(device)
10             labels = labels.to(device)
11
12             outputs = model(inputs)
13             _, preds = torch.max(outputs, 1)
14
15             for j in range(inputs.size()[0]):
16                 images_so_far += 1
17                 plt.subplot(num_images//4+1, 4, images_so_far)
18                 plt.axis('off')
19                 plt.title(class_names[preds[j]])
20                 imshow2(inputs.cpu().data[j])
21
22                 if images_so_far == num_images:
23                     model.train(mode=was_training)
24                     return
25         model.train(mode=was_training)
26     plt.tight_layout()
27     plt.show()
```

6. 建立模型結構：使用 ResNet18 加上自訂的辨識層，直接將最後一層改為只辨識兩類，或在最後一層再加上一個辨識層，優化器採用排程 (scheduler)，隨著執行週期，學習率逐漸降低，以追求更精準的最佳解，同時兼顧訓練時間的縮短。

```
1  model_ft = models.resnet18(pretrained=True)
2  num_ftrs = model_ft.fc.in_features
3  # 改為自訂辨識層
4  model_ft.fc = nn.Linear(num_ftrs, 2)
5
6  model_ft = model_ft.to(device)
7
8  # 定義損失函數
9  criterion = nn.CrossEntropyLoss()
10
11 # 定義優化器
12 optimizer_ft = optim.SGD(model_ft.parameters(), lr=0.001, momentum=0.9)
13
14 # 每7個執行週期，學習率降 0.1
15 exp_lr_scheduler = lr_scheduler.StepLR(optimizer_ft, step_size=7, gamma=0.1)
```

7. 模型訓練：CPU 訓練時間約需 15~20 分鐘，GPU 訓練時間不需 5 分鐘。

```
1  model_ft = train_model(model_ft, criterion, optimizer_ft, exp_lr_scheduler,
2                         num_epochs=25)
```

- 執行結果： 訓練時間 4 分鐘，最佳準確率 (Best val Acc): 0.934641

8. 顯示預測結果。

```
1  visualize_model(model_ft)
```

- 執行結果：還蠻準確的。

9. 改進：可設定預先訓練的模型不用重新訓練，CPU 訓練時間可以減半。

```
1  model_conv = torchvision.models.resnet18(pretrained=True)
2  for param in model_conv.parameters():
3      # 不用重新訓練
4      param.requires_grad = False
```

進階的技巧可參考 Pytorch 官網『Quantized Transfer Learning for Computer Vision Tutorial』[12]，其說明如何調換神經層。

7-5 Batch Normalization 說明

上一節我們使用複雜的 ResNet18 模型，其中內含許多的 Batch Normalization 神經層，它在神經網路的反向傳導時可消除梯度消失 (Gradient Vanishing) 或梯度爆炸 (Gradient Exploding) 現象，所以，我們花點時間研究其原理與應用時機。

當神經網路包含很多神經層時，經常會在其中放置一些 Batch Normalization 層，顧名思義，它的用途應該是特徵縮放，然而，究竟內部是如何運作的？有哪些好處？運用的時機？擺放的位置？

Sergey Ioffe 與 Christian Szegedy 在 2015 年首次提出 Batch Normalization，論文標題為『Batch Normalization: Accelerating Deep Network Training by Reducing Internal Covariate Shift』[13]。簡單來說，Batch Normalization 即為特徵縮放，將前一層的輸出標準化後，再轉至下一層，標準化公式如下：

$$\frac{x-\mu}{\delta}$$

標準化的好處就是讓收斂速度快一點，假如沒有標準化的話，模型通常會針對梯度較大的變數先優化，進而造成收斂路線曲折前進，如下圖，左圖是特徵未標準化的優化路徑，右圖則是標準化後的優化路徑。

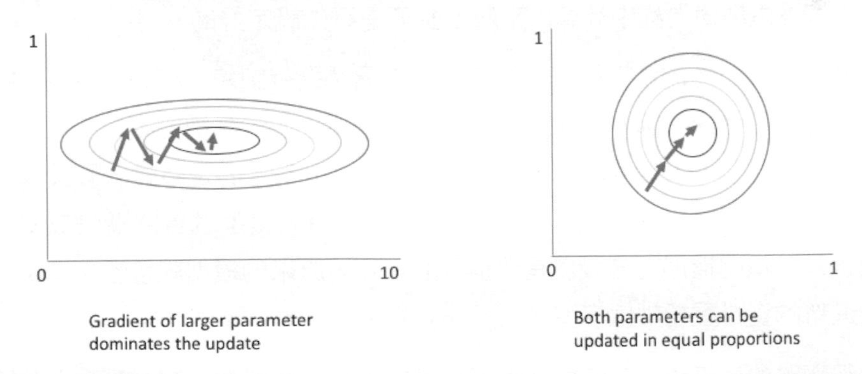

▲ 圖 7.5 未標準化 vs. 標準化優化過程的示意圖，圖片來源：Why Batch Normalization Matters? [14]

Batch Normalization 另外再引進兩個變數 γ、β，分別控制規模縮放 (Scale) 和偏移 (Shift)。

Input: Values of x over a mini-batch: $\mathcal{B} = \{x_{1...m}\}$;
Parameters to be learned: γ, β

Output: $\{y_i = \text{BN}_{\gamma,\beta}(x_i)\}$

$$\mu_{\mathcal{B}} \leftarrow \frac{1}{m}\sum_{i=1}^{m} x_i \qquad \text{// mini-batch mean}$$

$$\sigma_{\mathcal{B}}^2 \leftarrow \frac{1}{m}\sum_{i=1}^{m} (x_i - \mu_{\mathcal{B}})^2 \qquad \text{// mini-batch variance}$$

$$\widehat{x}_i \leftarrow \frac{x_i - \mu_{\mathcal{B}}}{\sqrt{\sigma_{\mathcal{B}}^2 + \epsilon}} \qquad \text{// normalize}$$

$$y_i \leftarrow \gamma\widehat{x}_i + \beta \equiv \text{BN}_{\gamma,\beta}(x_i) \qquad \text{// scale and shift}$$

▲ 圖 7.6 Batch Normalization 公式，圖片來源：Why Batch Normalization Matters? [14]

補充說明：

1. 標準化是在訓練時『逐批』處理的，而非同時所有資料一起標準化，通常加在 Activation Function 之前。
2. ε 是為了避免分母為 0 而加上的一個微小正數。
3. γ、β 值是由訓練過程中計算出來的，並不是事先設定好的。

假設我們要建立小狗的辨識模型，收集黃狗的圖片進行訓練，模型完成後，卻拿有斑紋的狗的圖片來辨識，效果想當然會變差，要改善的話則必須重新收集資料再訓練一次，這種現象就稱為『Covariate Shift』，正式的定義是『假設我們要使用 X 預測 Y 時，當 X 的分配隨著時間有所變化時，模型就會逐漸失效』。股價預測也是類似的情形，當股價長期趨勢上漲時，原來的模型就慢慢失準了，除非納入最新的資料重新訓練模型。

由於神經網路的權重會隨著反向傳導不斷更新，每一層的輸出都會受到上一層的輸出影響，這是一種迴歸的關係，隨著神經層越多，整個神經網路的輸出有可能會逐漸偏移，此種現象稱之為『Internal Covariate Shift』。

而 Batch Normalization 就可以矯正『Internal Covariate Shift』現象，它在輸出至下一層的神經層時，每批資料都會先被標準化，這使得輸入資料的分布全屬於 N(0, 1) 的標準常態分配，因此，不管有多少層神經層，都不用擔心發生輸出逐漸偏移的問題。

至於什麼是梯度消失和梯度爆炸？這是由於 CNN 模型共享權值 (Shared Weights) 的關係，使得梯度逐漸消失或爆炸，原因如下，相同的 W 值若是經過很多層：

- 如果 W<1 →模型前幾層的 n 愈大，W^n 會趨近於 0，則影響力逐漸消失，即梯度消失 (Gradient Vanishing)。
- 如果 W>1 →模型前幾層的 n 愈大，W^n 會趨近於∞，則造成模型優化無法收斂，即梯度爆炸 (Gradient Explosion)。

只要經過 Batch Normalization，將每一批標準化後，梯度都會重新計算，這樣就不會有梯度消失和梯度爆炸的狀況發生了。除此之外，根據原作者的說法，Batch Normalization 還有以下優點：

- 優化收斂速度快 (Train faster)。
- 可使用較大的學習率 (Use higher learning rates)，加速訓練過程。
- 權重初始化較容易 (Parameter initialization is easier)。
- 不使用 Batch Normalization 時，Activation function 容易在訓練過程中消失或提早停止學習，但如果經過 Batch Normalization 則又會再復活 (Makes activation functions viable by regulating the inputs to them)。
- 準確率全面性提升 (Better results overall)。
- 類似 Dropout 的效果，可防止過度擬合 (It adds noise which reduces overfitting with a regularization effect)，所以，當使用 Batch Normalization 時，就**不需要加 Dropout 層了**，為避免效果加乘過強，反而造成低度擬合 (Underfitting)。

有一篇文章『On The Perils of Batch Norm』[15] 做了一個很有趣的實驗，使用兩個資料集模擬『Internal Covariate Shift』現象，一個是 MNIST 資料集，背景是單純白色，另一個則是 SVHN 資料集，有複雜的背景，實驗過程如下：

1. 首先合併兩個資料集來訓練第一種模型，如下圖所示：

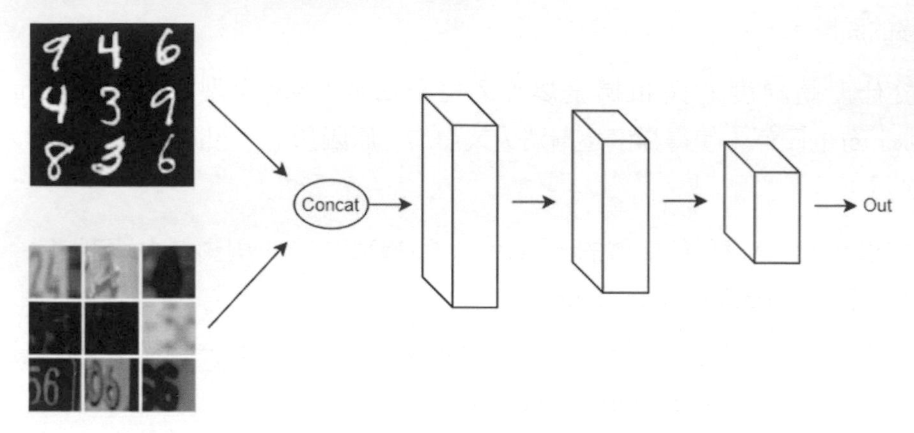

▲ 圖 7.7　合併兩個資料集來訓練一個模型

2. 再使用兩個資料集各自分別訓練模型，但共享權值，為第二種模型，如下圖：

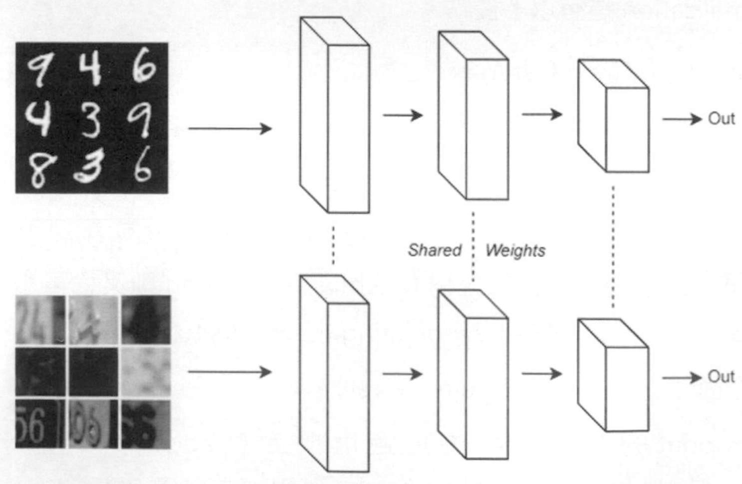

▲ 圖 7.8　使用兩個資料集個別訓練模型，但共享權值

兩種模型都有插入 Batch Normalization，比較結果，前者即單一模型準確度較高，因為 Batch Normalization 可以矯正『Internal Covariate Shift』現象。後者

則由於資料集內容的不同，兩個模型共享權值本來就不合理。

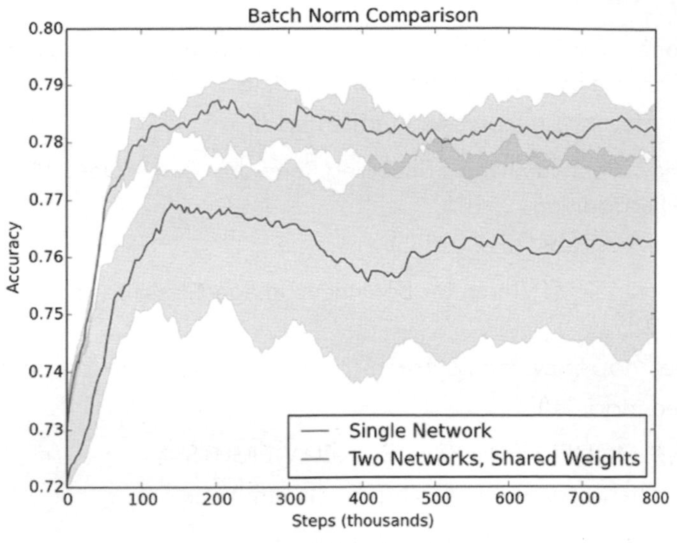

▲ 圖 7.9 兩種模型準確率比較

3. 第三種模型：使用兩個資料集訓練兩個模型，個別作 Batch Normalization，但不共享權值。比較結果，第三種模型效果最好。

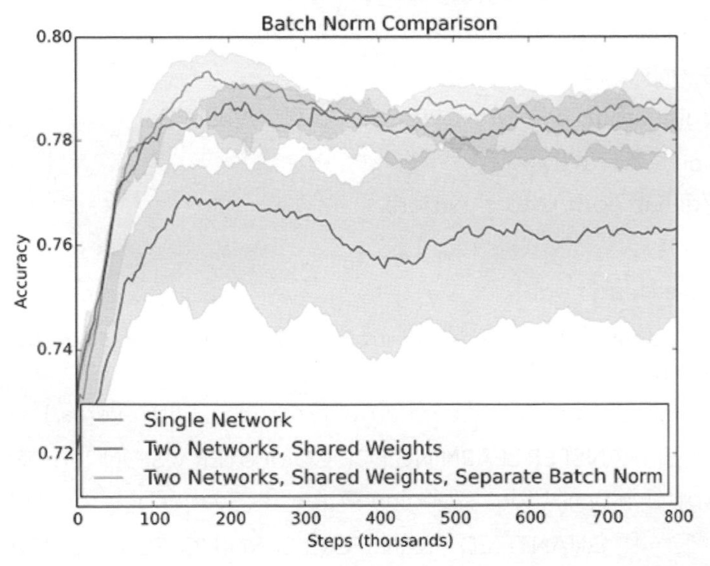

▲ 圖 7.10 三種模型準確率的比較

參考資料 (References)

[1] Sergey Ioffe、Christian Szegedy,《Batch Normalization: Accelerating Deep Network Training by Reducing Internal Covariate Shift》, 2015
(http://proceedings.mlr.press/v37/ioffe15.pdf)

[2] Kaiming He、Xiangyu Zhang、Shaoqing Ren、Jian Sun,《Deep Residual Learning for Image Recognition》, 2015
(https://arxiv.org/abs/1512.03385)

[3] Vishwesh Shrimali,《PyTorch for Beginners: Image Classification using Pre-trained models》, 2019
(https://learnopencv.com/pytorch-for-beginners-image-classification-using-pre-trained-models/)

[4] Pytorch 官網 MODELS AND PRE-TRAINED WEIGHTS
(https://pytorch.org/vision/stable/models.html)

[5] Keras 官網 Keras Applications
(https://keras.io/api/applications/)

[6] Marie Stephen Leo,《How to Choose the Best Keras Pre-Trained Model for Image Classification》, 2020
(https://towardsdatascience.com/how-to-choose-the-best-keras-pre-trained-model-for-image-classification-b850ca4428d4)

[7] yrevar GitHub
(https://gist.github.com/yrevar/942d3a0ac09ec9e5eb3a)

[8] torchvision 原始程式碼
(https://github.com/pytorch/vision)

[9] Sketchfab 網站
(https://sketchfab.com/)

[10] Ethan Rosenthal,《Using Keras' Pretrained Neural Networks for Visual Similarity Recommendations》, 2016
(https://www.ethanrosenthal.com/2016/12/05/recasketch-keras/)

[11] Pytorch 官網 TRANSFER LEARNING FOR COMPUTER VISION TUTORIAL
(https://pytorch.org/tutorials/beginner/transfer_learning_tutorial.html)

[12] Pytorch 官網 QUANTIZED TRANSFER LEARNING FOR COMPUTER VISION TUTORIAL
(https://pytorch.org/tutorials/intermediate/quantized_transfer_learning_

tutorial.html)

[13] Sergey Ioffe、Christian Szegedy,《Batch Normalization: Accelerating Deep Network Training by Reducing Internal Covariate Shift》, 2015 (https://arxiv.org/pdf/1502.03167.pdf)

[14] Aman Sawarn,《Why Batch Normalization Matters?》, 2020 (https://medium.com/towards-artificial-intelligence/why-batch-normalization-matters-4a6d753ba309)

[15] alexirpan,《On The Perils of Batch Norm》, 2017 (https://www.alexirpan.com/2017/04/26/perils-batch-norm.html)

第三篇

進階的影像應用

恭喜各位勇士們通過卷積神經網路 (CNN) 的關卡，越過一座高山，本篇就來好好秀一下努力的成果，展現 CNN 在各領域應用上有哪些厲害的功能吧！

本篇的菜色超澎湃，包括下列主題：

- 物件偵測 (Object Detection)。
- 語義分割 (Semantic Segmentation)。
- 人臉辨識 (Facial Recognition)。
- 風格轉換 (Style Transfer)。
- 光學文字辨識 (Optical Character Recognition, OCR)。

第 8 章

物件偵測 (Object Detection)

前面介紹的圖像辨識模型，一張圖片中僅含有一個物件，接下來要登場的物件偵測可以同時偵測多個物件，並且標示出物件的位置。但是標示位置有什麼用處呢？現今最熱門的物件偵測演算法 YOLO，發明人 Joseph Redmon 提出一張有趣的照片：

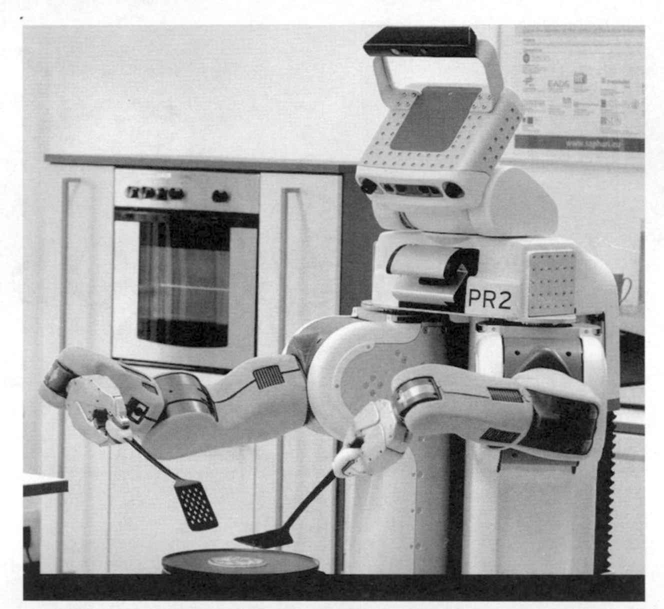

▲ 圖 8.1 機器人煎餅，圖片來源：Real-Time Grasp Detection Using Convolutional Neural Networks[1]

機器人要能完成煎餅的任務，它必須知道煎餅的所在位置，才能夠將餅翻面，如果有兩張以上的餅，還需知道要翻哪一張。不只機器人工作時需要電腦視覺，其他領域也會用到物件偵測，譬如：

1. 自駕車 (Self-driving Car)：需要即時掌握前方路況及閃避障礙物。
2. 智慧交通：車輛偵測，利用一輛車在兩個時間點的位置，計算車速，進而可以推算道路壅塞的狀況，也可以用來偵測違規車輛。
3. 玩具、無人機、飛彈…等都可以作類似的應用。
4. 異常偵測 (Anomaly Detection)：可以在生產線上架設攝影機，即時偵測異常的瑕疵，像是印刷電路板、產品外觀…等。
5. 無人商店的購物籃掃描，自動結帳。

8-1 圖像辨識模型的發展

綜觀歷年 ImageNet ILSVRC 挑戰賽 (Large Scale Visual Recognition Challenge) 的競賽題目，從 2011 年的影像分類 (Classification) 與定位 (Classification with Localization) [2]，到 2017 年，題目擴展至物體定位 (Object Localization)、物體偵測 (Object Detection)、影片物體偵測 (Object Detection from Video) [3]。我們可從中觀察到圖像辨識模型的發展史，了解到整個技術的演進。目前圖像辨識大概分為下列四大類型，如下圖所示：

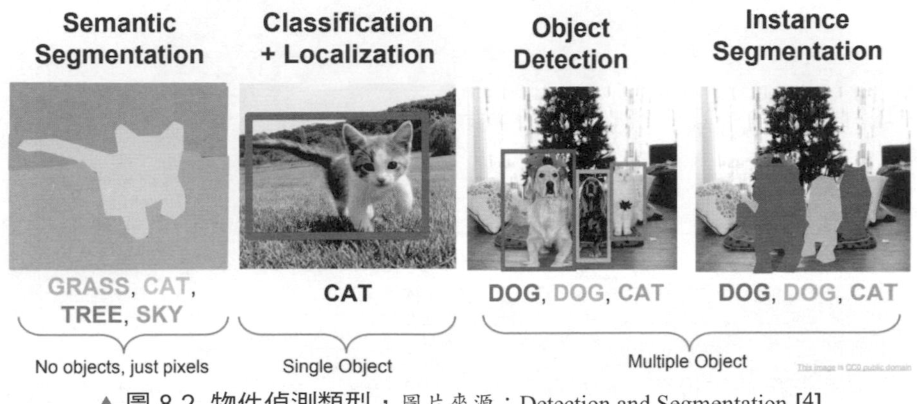

▲ 圖 8.2 物件偵測類型，圖片來源：Detection and Segmentation [4]

1. 語義分割 (Semantic Segmentation)：按照物件類別來劃分像素區域，但不區分實例 (Instance)。拿上圖的第 4 張照片為例，照片中有 2 隻狗，都使用同一種顏色表達，即是語義分割， 2 隻狗使用不同顏色來表示，區分實例，則稱為實例分割。

2. 定位 (Classification + Localization)：標記單一物件 (Single Object) 的類別與所在的位置。

3. 物件偵測 (Object Detection)：標註多個物件 (Multiple Object) 的類別與所在的位置。

4. 實例分割 (Instance Segmentation)：標記實例 (Instance)，同一類的物件可以區分，並標示個別的位置，尤其是物件之間有重疊時。

接下來就逐一介紹上述四類演算法，並說明如何利用 PyTorch 實作。

8-2 滑動視窗 (Sliding Window)

物件偵測要能夠同時辨識物件的類別與位置，如果拆開來看就是兩項任務 (Task)：

1. 分類 (Classification)：辨識物件的類別。
2. 迴歸 (Regression)：找到物件的位置，包括物件左上角的座標和寬度 / 高度。

在使用神經網路前，我們先介紹物件偵測的傳統方法，結合滑動視窗 (Sliding Window)、影像金字塔 (Image Pyramid) 及方向梯度直方圖 (Histogram of oriented gradient, HOG) 三者，步驟如下：

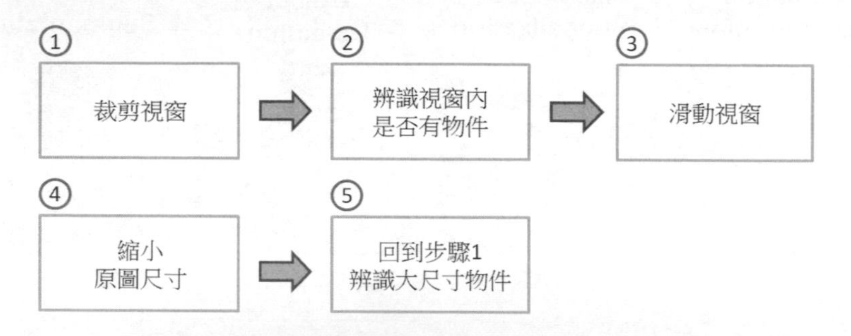

1. 設定某一尺寸的視窗，比如寬高各為 128 像素，由原圖左上角起裁剪成視窗大小。
2. 辨識視窗內是否有物件存在。
3. 滑動視窗，再次裁剪，並回到步驟 2，直到全圖掃描完為止。
4. 縮小原圖尺寸後，再重新回到步驟 1，辨識視窗保持不變，這樣就可以尋找較大尺寸的物件。

這種將原圖縮小成各種尺寸的方式稱為『影像金字塔』(Image Pyramid)，詳情請參閱『Image Pyramids with Python and OpenCV』[5] 一文，如下圖所示：

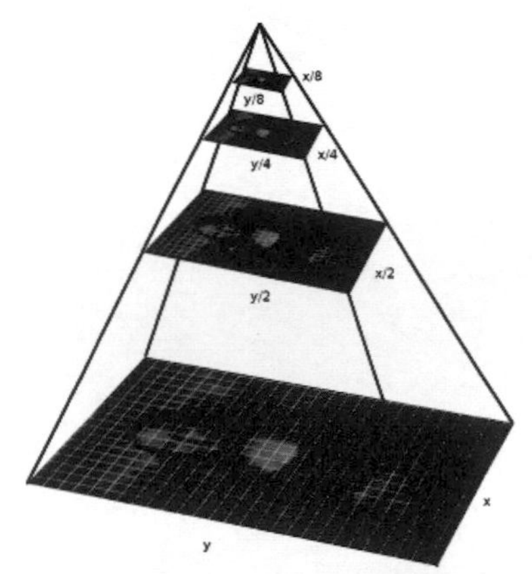

▲ 圖 8.3 影像金字塔 (Image Pyramid)，最下層為原圖，往上逐步縮小原圖尺寸，圖片來源：IIPImage [6]

範例

01 先實作滑動視窗及影像金字塔。本範例程式修改自『Sliding Windows for Object Detection with Python and OpenCV』[7]。

➤ 程式：【08_01_Sliding_Window_And_Image_Pyramid.ipynb】。

1. 載入套件，需先安裝 OpenCV、imutils，imutils 為一簡單版的影像處理套件。

```
1  # 載入套件
2  import cv2
3  import time
4  import imutils
```

2. 定義影像金字塔操作函數：逐步縮小原圖尺寸，以便找到較大尺寸的物件。

```
1  # 影像金字塔操作
2  # image：原圖，scale：每次縮小倍數，minSize：最小尺寸
3  def pyramid(image, scale=1.5, minSize=(30, 30)):
4      # 第一次傳回原圖
5      yield image
6  
7      while True:
8          # 計算縮小後的尺寸
9          w = int(image.shape[1] / scale)
10         # 縮小
11         image = imutils.resize(image, width=w)
12         # 直到最小尺寸為止
13         if image.shape[0] < minSize[1] or image.shape[1] < minSize[0]:
14             break
15         # 傳回縮小後的圖像
16         yield image
```

3. 定義滑動視窗函數。

```
1  # 滑動視窗
2  def sliding_window(image, stepSize, windowSize):
3      for y in range(0, image.shape[0], stepSize):     # 向下滑動 stepSize 格
4          for x in range(0, image.shape[1], stepSize): # 向右滑動 stepSize 格
5              # 傳回裁剪後的視窗
6              yield (x, y, image[y:y + windowSize[1], x:x + windowSize[0]])
```

4. 測試。

```
1  # 讀取一個圖檔
2  image = cv2.imread('./lena.jpg')
3
4  # 視窗尺寸
5  (winW, winH) = (128, 128)
6
7  # 取得影像金字塔各種尺寸
8  for resized in pyramid(image, scale=1.5):
9      # 滑動視窗
10     for (x, y, window) in sliding_window(resized, stepSize=32,
11                                          windowSize=(winW, winH)):
12         # 視窗尺寸不合即放棄，滑動至邊緣時，尺寸過小
13         if window.shape[0] != winH or window.shape[1] != winW:
14             continue
15         # 標示滑動的視窗
16         clone = resized.copy()
17         cv2.rectangle(clone, (x, y), (x + winW, y + winH), (0, 255, 0), 2)
18         cv2.imshow("Window", clone)
19         cv2.waitKey(1)
20         # 暫停
21         time.sleep(0.025)
22
23 # 結束時關閉視窗
24 cv2.destroyAllWindows()
```

- 執行結果：

- 由於 Jupyter Notebook 不適合播放動畫，請執行以下指令，py 檔內容與【08_01_Sliding_Window_And_Image_Pyramid.ipynb】完全相同：

```
python 08_01_Sliding_Window_And_Image_Pyramid.py
```

8-3 方向梯度直方圖 (HOG)

再使用『方向梯度直方圖』(Histogram of oriented gradient, HOG)，是抓取圖像輪廓線條的演算法，先將圖片切成很多個區域 (Cell)，從每個區域中找出方向梯度，並把它描繪出來，就形成了物件的輪廓，與其它邊緣萃取的演算法比起來，它對環境的變化有較強 (Robust) 的適應力，例如較不受光線影響。有關 HOG 的詳細內容可參閱『方向梯度直方圖（HOG）』[8] 一文。

▲ 圖 8.4 HOG 處理：左圖為原圖，右圖為 HOG 處理過後的圖，可抓到物件的輪廓

根據『Histogram of Oriented Gradients and Object Detection』[9] 一文的介紹，結合了 HOG 的物件偵測，流程如下：

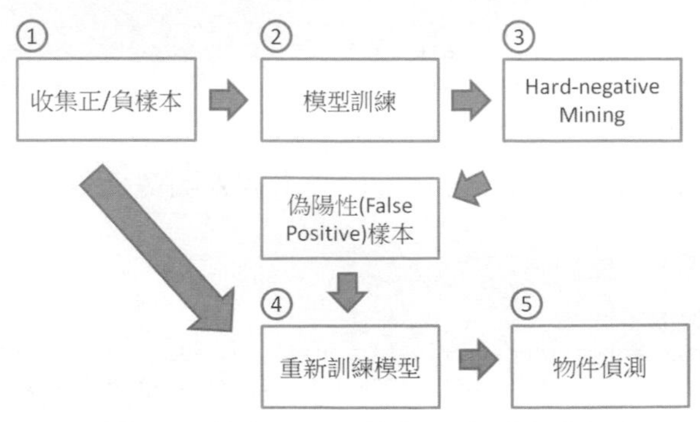

▲ 圖 8.5 結合 HOG 的物件偵測之流程圖

1. 收集正樣本 (Positive set)：集結目標物件的各式圖像樣本，包括不同視角、尺寸、背景的圖像。
2. 收集負樣本 (Negative set)：集結無目標物件的各式圖像樣本，若有找到相近的物件則更好，可增加辨識準確度。
3. 使用以上正 / 負樣本與分類演算法訓練二分類模型，判斷是否包含目標物件，一般使用『支援向量機』(SVM) 演算法。
4. Hard-negative Mining：掃描負樣本，使用滑動視窗的技巧，將每個視窗餵入模型來預測，如果有偵測到目標物件，即是偽陽性 (False Positive)，接著將這些圖像加到訓練資料集中重新進行訓練，這個步驟可以重複很多次，能夠有效地提高模型準確率，類似 Boosting 整體學習演算法。
5. 使用最後的模型進行物件偵測：將目標物件的圖像使用滑動視窗與影像金字塔技巧，餵入模型進行辨識，找出合格的視窗。
6. 篩選合格的視窗：使用 Non-Maximum Suppression (NMS) 演算法，剔除多餘重疊的視窗。

範例

02 使用 HOG、滑動視窗及 SVM 進行物件偵測。

➤ **程式：【08_02_HOG-Face-Detection.ipynb】，修改自 Scikit-Image 的範例。**

1. 載入套件：本例使用 scikit-image 套件，OpenCV 也有支援類似的函數

```
1 # Scikit-Image 的範例
2 # 載入套件
3 import numpy as np
4 import matplotlib.pyplot as plt
5 from skimage.feature import hog
6 from skimage import data, exposure
```

2. HOG 測試：使用 Scikit-Image 內建的女太空人圖像來測試 HOG 的效果。

```
1 # 測試圖片
2 image = data.astronaut()
3
4 # 取得圖片的 hog
5 fd, hog_image = hog(image, orientations=8, pixels_per_cell=(16, 16),
6                     cells_per_block=(1, 1), visualize=True, multichannel=True)
7
```

```
8  # 原圖與 hog圖比較
9  fig, (ax1, ax2) = plt.subplots(1, 2, figsize=(12, 6), sharex=True, sharey=True)
10 
11 ax1.axis('off')
12 ax1.imshow(image, cmap=plt.cm.gray)
13 ax1.set_title('Input image')
14 
15 # 調整對比，讓顯示比較清楚
16 hog_image_rescaled = exposure.rescale_intensity(hog_image, in_range=(0, 10))
17 
18 ax2.axis('off')
19 ax2.imshow(hog_image_rescaled, cmap=plt.cm.gray)
20 ax2.set_title('Histogram of Oriented Gradients')
21 plt.show()
```

- 執行結果：原圖與 HOG 處理過後的圖比較。

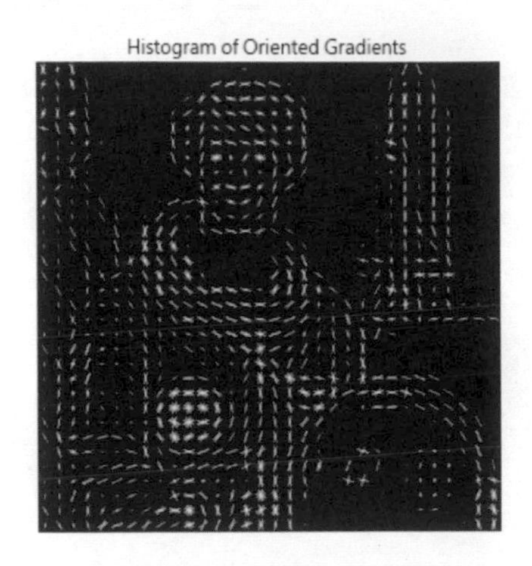

3. 收集正樣本 (positive set)：使用 scikit-learn 內建的人臉資料集作為正樣本，共有 13233 筆。

```
1 # 收集正樣本 (positive set)
2 # 使用 scikit-learn 的人臉資料集
3 from sklearn.datasets import fetch_lfw_people
4 faces = fetch_lfw_people()
5 positive_patches = faces.images
6 positive_patches.shape
```

4. 觀察正樣本中部份的圖片。

```
1 # 顯示正樣本部份圖片
2 fig, ax = plt.subplots(4,6)
3 for i, axi in enumerate(ax.flat):
4     axi.imshow(positive_patches[500 * i], cmap='gray')
5     axi.axis('off')
```

- 執行結果：每張圖片寬高為 (62, 47)。

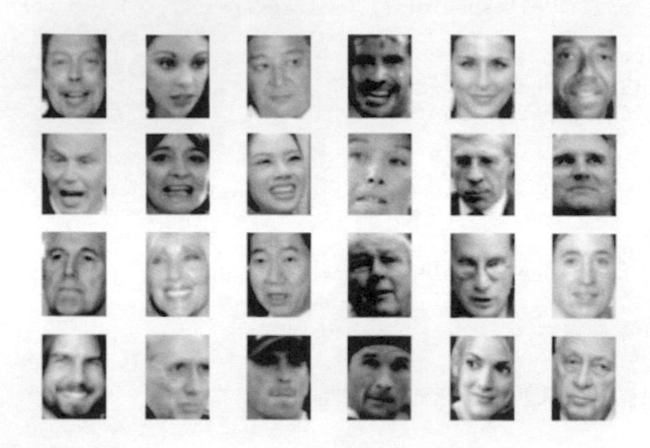

5. 收集負樣本 (negative set)：使用 Scikit-Image 內建的資料集，共有 9 筆。

```
1  # 收集負樣本 (negative set)
2  # 使用 Scikit-Image 的非人臉資料
3  from skimage import data, transform, color
4  
5  imgs_to_use = ['hubble_deep_field', 'text', 'coins', 'moon',
6                 'page', 'clock','coffee','chelsea','horse']
7  images = [color.rgb2gray(getattr(data, name)())
8            for name in imgs_to_use]
9  len(images)
```

6. 增加負樣本筆數：將負樣本轉換為不同的尺寸，也可以使用資料增補技術。

```
1  # 將負樣本轉換為不同的尺寸
2  from sklearn.feature_extraction.image import PatchExtractor
3  
4  # 轉換為不同的尺寸
5  def extract_patches(img, N, scale=1.0, patch_size=positive_patches[0].shape):
6      extracted_patch_size = tuple((scale * np.array(patch_size)).astype(int))
7      # PatchExtractor：產生不同尺寸的圖像
8      extractor = PatchExtractor(patch_size=extracted_patch_size,
9                                 max_patches=N, random_state=0)
10     patches = extractor.transform(img[np.newaxis])
11     if scale != 1:
12         patches = np.array([transform.resize(patch, patch_size)
13                             for patch in patches])
14     return patches
15 
16 # 產生 27000 筆圖像
17 negative_patches = np.vstack([extract_patches(im, 1000, scale)
18                               for im in images for scale in [0.5, 1.0, 2.0]])
19 negative_patches.shape
```

- 執行結果：產生 27000 筆圖像。

7. 觀察負樣本中部份的圖片。

```
# 顯示部份負樣本
fig, ax = plt.subplots(4,6)
for i, axi in enumerate(ax.flat):
    axi.imshow(negative_patches[600 * i], cmap='gray')
    axi.axis('off')
```

- 執行結果：

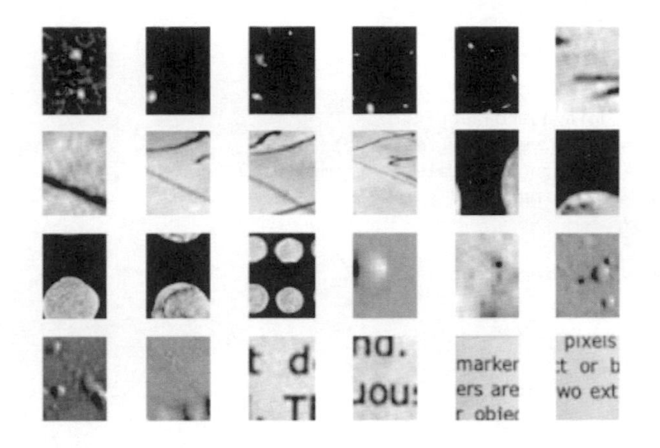

8. 合併正樣本與負樣本。

```
# 合併正樣本與負樣本
from skimage import feature    # To use skimage.feature.hog()
from itertools import chain

X_train = np.array([feature.hog(im)
                    for im in chain(positive_patches,
                                    negative_patches)])
y_train = np.zeros(X_train.shape[0])
y_train[:positive_patches.shape[0]] = 1
```

9. 使用 SVM 進行二分類的訓練：使用 GridSearchCV 尋求最佳參數值。

```
# 使用 SVM 作二分類的訓練
from sklearn.svm import LinearSVC
from sklearn.model_selection import GridSearchCV

# C為矯正過度擬合強度的倒數，使用 GridSearchCV 尋求最佳參數值
grid = GridSearchCV(LinearSVC(dual=False), {'C': [1.0, 2.0, 4.0, 8.0]},cv=3)
grid.fit(X_train, y_train)
grid.best_score_
```

- 執行結果：最佳模型準確率為 98.77%。

10. 取得最佳參數值。

```
# C 最佳參數值
grid.best_params_
```

11. 依最佳參數值再訓練一次，取得最終模型。

```
# 依最佳參數值再訓練一次
model = grid.best_estimator_
model.fit(X_train, y_train)
```

12. 新圖像測試：需先轉為灰階圖像。

```
# 取新圖像測試
test_img = data.astronaut()
test_img = color.rgb2gray(test_img)
test_img = transform.rescale(test_img, 0.5)
test_img = test_img[:120, 60:160]


plt.imshow(test_img, cmap='gray')
plt.axis('off');
```

- 執行結果：

13. 定義滑動視窗函數。

```
# 滑動視窗函數
def sliding_window(img, patch_size=positive_patches[0].shape,
                   istep=2, jstep=2, scale=1.0):
    Ni, Nj = (int(scale * s) for s in patch_size)
    for i in range(0, img.shape[0] - Ni, istep):
        for j in range(0, img.shape[1] - Ni, jstep):
            patch = img[i:i + Ni, j:j + Nj]
            if scale != 1:
                patch = transform.resize(patch, patch_size)
            yield (i, j), patch
```

14. 計算 Hog：使用滑動視窗來計算每一滑動視窗的 Hog，餵入模型辨識。

```
1 # 使用滑動視窗計算每一視窗的 Hog
2 indices, patches = zip(*sliding_window(test_img))
3 patches_hog = np.array([feature.hog(patch) for patch in patches])
4 
5 # 辨識每一視窗
6 labels = model.predict(patches_hog)
7 labels.sum() # 偵測到的總數
```

- 執行結果： 共有 55 個合格視窗。

15. 顯示這 55 個合格視窗。

```
1 # 將每一個偵測到的視窗顯示出來
2 fig, ax = plt.subplots()
3 ax.imshow(test_img, cmap='gray')
4 ax.axis('off')
5 
6 # 取得左上角座標
7 Ni, Nj = positive_patches[0].shape
8 indices = np.array(indices)
9 
10 # 顯示
11 for i, j in indices[labels == 1]:
12     ax.add_patch(plt.Rectangle((j, i), Nj, Ni, edgecolor='red',
13                                alpha=0.3, lw=2, facecolor='none'))
```

- 執行結果：

16. 篩選合格視窗：使用 Non-Maximum Suppression(NMS) 演算法，剔除多餘的視窗。以下採用『Non-Maximum Suppression for Object Detection in Python』[10] 一文的程式碼。

- 定義 NMS 演算法函數：這是由 Pedro Felipe Felzenszwalb 等學者發明的演算法，執行速度較慢，Tomasz Malisiewicz [11] 因而提出改善的演算法。函數的重疊比例門檻 (overlapThresh) 參數一般設為 0.3~0.5 之間。

```
1  # Non-Maximum Suppression演算法 by Felzenszwalb et al.
2  # boxes：所有候選的視窗，overlapThresh：視窗重疊的比例門檻
3  def non_max_suppression_slow(boxes, overlapThresh=0.5):
4      if len(boxes) == 0:
5          return []
6
7      pick = []          # 儲存篩選的結果
8      x1 = boxes[:,0]   # 取得候選的視窗的左/上/右/下 座標
9      y1 = boxes[:,1]
10     x2 = boxes[:,2]
11     y2 = boxes[:,3]
12
13     # 計算候選視窗的面積
14     area = (x2 - x1 + 1) * (y2 - y1 + 1)
15     idxs = np.argsort(y2)    # 依視窗的底Y座標排序
17     # 比對重疊比例
18     while len(idxs) > 0:
19         # 最後一筆
20         last = len(idxs) - 1
21         i = idxs[last]
22         pick.append(i)
23         suppress = [last]
24
25         # 比對最後一筆與其他視窗重疊的比例
26         for pos in range(0, last):
27             j = idxs[pos]
28
29             # 取得所有視窗的涵蓋範圍
30             xx1 = max(x1[i], x1[j])
31             yy1 = max(y1[i], y1[j])
32             xx2 = min(x2[i], x2[j])
33             yy2 = min(y2[i], y2[j])
34             w = max(0, xx2 - xx1 + 1)
35             h = max(0, yy2 - yy1 + 1)
36
37             # 計算重疊比例
38             overlap = float(w * h) / area[j]
39
40             # 如果大於門檻值，則儲存起來
41             if overlap > overlapThresh:
42                 suppress.append(pos)
43
44         # 刪除合格的視窗，繼續比對
45         idxs = np.delete(idxs, suppress)
46
47     # 傳回合格的視窗
48     return boxes[pick]
```

17. 呼叫 non_max_suppression_slow 函數，剔除多餘的視窗。

```
1  # 使用 Non-Maximum Suppression演算法，剔除多餘的視窗。
2  candidate_boxes = []
3  for i, j in indices[labels == 1]:
4      candidate_boxes.append([j, i, Nj, Ni])
5  final_boxes = non_max_suppression_slow(np.array(candidate_boxes).reshape(-1, 4))
6  
7  # 將每一個合格的視窗顯示出來
8  fig, ax = plt.subplots()
9  ax.imshow(test_img, cmap='gray')
10 ax.axis('off')
11 
12 # 顯示
13 for i, j, Ni, Nj in final_boxes:
14     ax.add_patch(plt.Rectangle((i, j), Ni, Nj, edgecolor='red',
15                                alpha=0.3, lw=2, facecolor='none'))
```

- 執行結果： 得到兩個合格視窗。

以上範例的過程中省略了一些細節，譬如 Hard-negative mining、影像金字塔，這個例子無法偵測多個不同實體 (Instance) 與不同尺寸的物件。所以我們再來看另一個範例，可使用任何 CNN 模型結合影像金字塔，進行多物件、多實體的偵測。

範例

03 預先訓練模型可以辨識 1000 種物件，我們以 ResNet50 辨識裁剪的圖片是否含物件，取代前例的 HOG：。

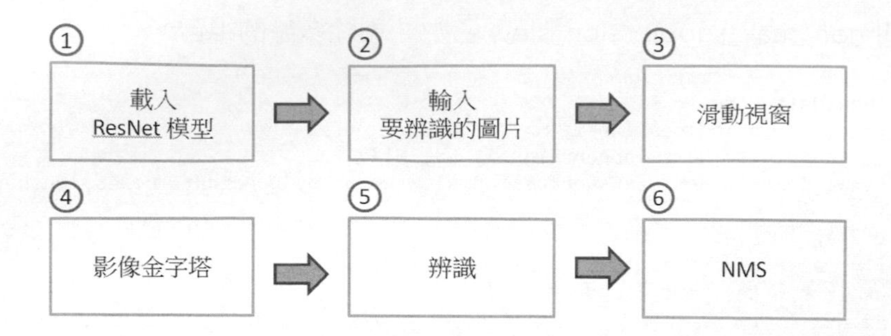

➤ 程式：【08_03_Object_Detection.ipynb】。

1. 載入套件：

```
1 import torch
2 import torch.nn as nn
3 import torch.optim as optim
4 from torch.optim import lr_scheduler
5 import torchvision
6 from torchvision import datasets, models, transforms
7 import numpy as np
8 import time
9 import cv2
```

2. 參數設定：此範例是辨識自行車的圖像 (bike.jpg)。

```
1 # 參數設定
2 WIDTH = 600                     # 圖像縮放為 (600, 600)
3 PYR_SCALE = 1.5                 # 影像金字塔縮放比例
4 WIN_STEP = 16                   # 視窗滑動步數
5 ROI_SIZE = (250, 250)           # 視窗大小
6 INPUT_SIZE = (224, 224)         # CNN的輸入尺寸
```

3. 載入 ResNet50 模型：(❶注意) 本例一次預測數百個視窗會造成 GPU 記憶體不足，故改用 CPU，直接令 device = "cpu"。

```
1 model = models.resnet50(pretrained=True).to(device)
```

4. 讀取要辨識的圖片。

```
1 from PIL import Image
2 
3 filename = './images_Object_Detection/bike.jpg'
4 orig = Image.open(filename)
5 # 等比例縮放圖片
6 orig = orig.resize((WIDTH, int(orig.size[1] / orig.size[0] * WIDTH)))
7 orig.size
```

5. 定義滑動視窗和影像金字塔函數，這部分與範例 1 的流程相同。

```
# 滑動視窗函數
def sliding_window(image, step, ws):
    for y in range(0, image.size[1] - ws[1], step):     # 向下滑動 stepSize 格
        for x in range(0, image.size[0] - ws[0], step): # 向右滑動 stepSize 格
            # 傳回裁剪後的視窗
            yield (x, y, image.crop((x, y, x + ws[0], y + ws[1])))

# 影像金字塔函數
# image：原圖，scale：每次縮小倍數，minSize：最小尺寸
def image_pyramid(image, scale=1.5, minSize=(224, 224)):
    # 第一次傳回原圖
    yield image

    # keep looping over the image pyramid
    while True:
        # 計算縮小後的尺寸
        w = int(image.size[1] / scale)
        image = image.resize((w,w))

        # 直到最小尺寸為止
        if image.size[0] < minSize[1] or image.size[1] < minSize[0]:
            break

        # 傳回縮小後的圖像
        yield image
```

6. 定義轉換函數：PyTorch 預設支援 PIL 格式，但它像素操作較不方便，故定義格式轉換函數。

```
# 轉換函數
transform = transforms.Compose([
    transforms.Resize(INPUT_SIZE),
    transforms.ToTensor(),
    transforms.Normalize(mean=[0.485, 0.456, 0.406],
                         std=[0.229, 0.224, 0.225])
])

# PIL格式轉換為OpenCV格式
def PIL2CV2(orig):
    pil_image = orig.copy()
    open_cv_image = np.array(pil_image)
    return open_cv_image[:, :, ::-1].copy()
```

7. 經由影像金字塔與滑動視窗操作，取得每一個要偵測的視窗。

```
# 產生影像金字塔
pyramid = image_pyramid(orig, scale=PYR_SCALE, minSize=ROI_SIZE)
rois = torch.tensor([])     # 候選框
locs = []     # 位置
for image in pyramid:
    # 框與原圖的比例
    scale = WIDTH / float(image.size[0])
    print(image.size, 1/scale)

```

```
10      # 滑動視窗
11      for (x, y, roiOrig) in sliding_window(image, WIN_STEP, ROI_SIZE):
12          # 取得候選框
13          x = int(x * scale)
14          y = int(y * scale)
15          w = int(ROI_SIZE[0] * scale)
16          h = int(ROI_SIZE[1] * scale)
17
18          # 縮放圖形以符合模型輸入規格
19          roi = transform(roiOrig)
20          roi = roi.unsqueeze(0) # 增加一維(筆數)
21
22          # 加入輸出變數中
23          if len(rois.shape) == 1:
24              rois = roi
25          else:
26              rois = torch.cat((rois, roi), dim=0)
27          locs.append((x, y, x + w, y + h))
28
29  rois = rois.to(device)
```

8. 預測。

```
1  # 讀取類別列表
2  with open("imagenet_classes.txt", "r") as f:
3      categories = [s.strip() for s in f.readlines()]
4
5  # 預測
6  model.eval()
7  with torch.no_grad():
8      output = model(rois)
9
10 # 轉成機率
11 probabilities = torch.nn.functional.softmax(output, dim=1)
12
13 # 取得第一名
14 top_prob, top_catid = torch.topk(probabilities, 1)
15 probabilities
```

9. 檢查預測結果：只挑辨識機率須大於設定值且辨識結果為自行車，代碼為 671。

```
1  MIN_CONFIDENCE = 0.4  # 辨識機率門檻值
2
3  labels = {}
4  for (i, p) in enumerate(zip(top_prob.numpy().reshape(-1),
5                              top_catid.numpy().reshape(-1))):
6      (prob, imagenetID) = p
7      label = categories[imagenetID]
8
9      # 機率大於設定值，則放入候選名單
10     if prob >= MIN_CONFIDENCE:
11         # 只偵測自行車(671)
12         if imagenetID != 671: continue # bike
```

```
13            # 放入候選名單
14            box = locs[i]
15            L = labels.get(label, [])
16            L.append((box, prob))
17            labels[label] = L
18
19    labels.keys()
```

10. 定義 NMS 函數：使用程式【08_02_HOG-Face-Detection.ipynb】的 non_max_suppression_slow 函數，也可以使用 nms_pytorch 函數，程式來自『Non Maximum Suppression: Theory and Implementation in PyTorch』[12]，由於程式碼過長，故不列出。

11. 進行 NMS，並對偵測到的物件畫框。

```
1  # 掃描每一個類別
2  for label in labels.keys():
3      #if label != categories[671]: continue # bike
4
5      # 複製原圖
6      open_cv_image = PIL2CV2(orig)
7
8      # 畫框
9      for (box, prob) in labels[label]:
10         (startX, startY, endX, endY) = box
11         cv2.rectangle(open_cv_image, (startX, startY), (endX, endY),
12             (0, 255, 0), 2)
13
14     # 顯示 NMS(non-maxima suppression) 前的框
15     cv2.imshow("Before NMS", open_cv_image)
16
17     # NMS
18     open_cv_image2 = PIL2CV2(orig)
19     boxes = np.array([p[0] for p in labels[label]])
20     proba = np.array([p[1] for p in labels[label]])
21     # print(boxes.shape, proba.shape)
22     # boxes = nms_pytorch(torch.cat((torch.tensor(boxes),
23     #    torch.tensor(proba).reshape(proba.shape[0], -1)), dim=1) ,
24     #    MIN_CONFIDENCE) # non max suppression
25     boxes = non_max_suppression_slow(boxes, MIN_CONFIDENCE) # non max suppression
27     color_list=[(0, 255, 0), (255, 0, 0), (255, 255, 0), (0, 0, 0), (0, 255, 255)]
28     for i, x in enumerate(boxes):
29         # startX, startY, endX, endY, label = x.numpy()
30         startX, startY, endX, endY = x #.numpy()
31         # 畫框及類別
32         cv2.rectangle(open_cv_image2, (int(startX), int(startY)), (int(endX), int(endY))
33                       , color_list[i%len(color_list)], 2)
34         startY = startY - 15 if startY - 15 > 0 else startY + 15
35         cv2.putText(open_cv_image2, str(label), (int(startX), int(startY)),
36             cv2.FONT_HERSHEY_SIMPLEX, 0.45, (0, 0, 255), 2)
37
38     # 顯示
39     cv2.imshow("After NMS", open_cv_image2)
40     cv2.waitKey(0)
41
42 cv2.destroyAllWindows()    # 關閉所有視窗
```

- 執行結果：左圖顯示所有候選的視窗，右圖顯示 NMS 過濾後的視窗。

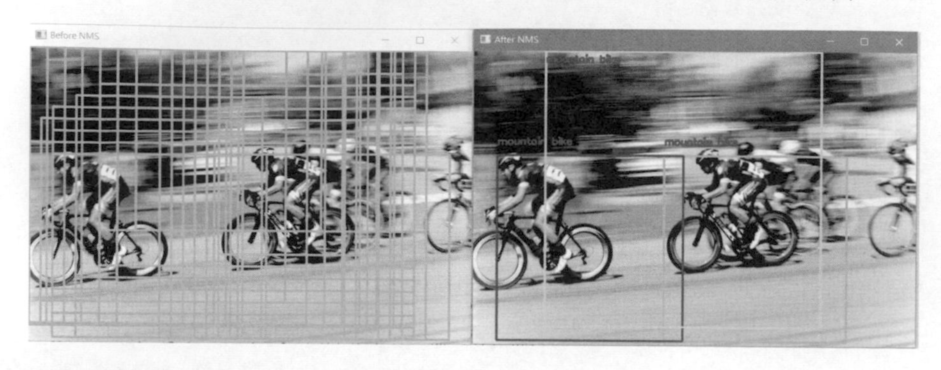

這個程式有以下缺點：

1. 滑動視窗及影像金字塔要偵測的視窗很多，偵測耗時。
2. 使用 ResNet 或其他辨識單一物件的演算法，不管哪一視窗都會偵測一種類別，就算裡面沒有物件，也會有一類機率最大，這並不是我們所希望的。
3. 如果有重疊的自行車圖像，無法被偵測到。

後續物件偵測專用的演算法可以改善這些缺點。由於物件偵測的應用範圍非常廣泛，因此有許多學者前仆後繼地提出各種改良的演算法，試圖提高準確率並加快辨識速度，接下來我們就沿著前輩們的研究軌跡，逐步深入探討。

8-4 R-CNN 物件偵測

結合滑動視窗、影像金字塔及 HOG 的演算法雖然很好用，但是它還是有以下的缺點：

1. 滑動視窗加上影像金字塔，需要檢查的視窗個數太多了，耗時過久。
2. 一個 SVM 分類器只能偵測一個物件。
3. 通用性的 CNN 模型辨識並不準確，尤其是重疊的物件。

因此，從 2014 年開始，每年都有改良的演算法出現，如下圖：

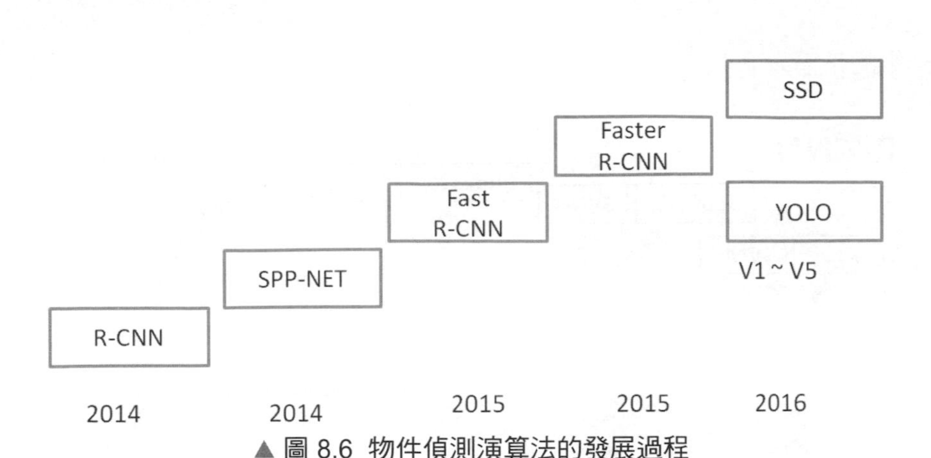

▲ 圖 8.6 物件偵測演算法的發展過程

2014 年由 Ross B. Girshick 等學者提出 Regions with CNN 演算法，以下簡稱 R-CNN，論文題目為『Rich feature hierarchies for accurate object detection and semantic segmentation』[13]。

R-CNN 架構及步驟如下：

1. 讀取要辨識的圖片。
2. 使用區域推薦 (Region Proposal) 演算法，找到 2000 個候選區域 (Candidate Region)。
3. 使用 CNN 萃取每一個候選區域特徵。
4. 將上一步驟之輸出交由 SVM 辨識。

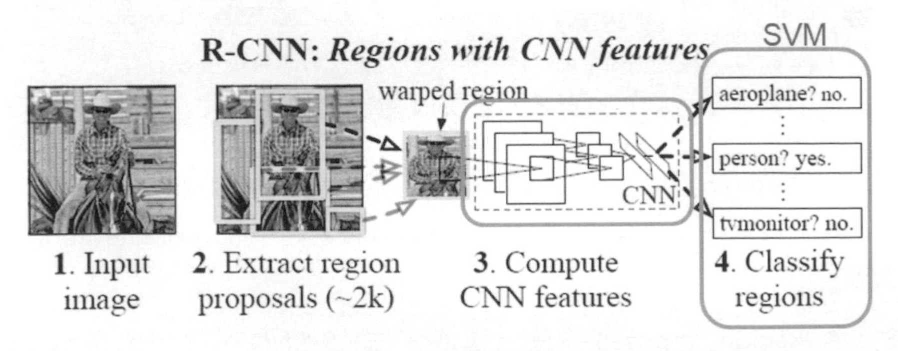

▲ 圖 8.7 R-CNN 架構，圖片來源：Rich feature hierarchies for accurate object detection and semantic segmentation [13]

更詳細的架構如下：

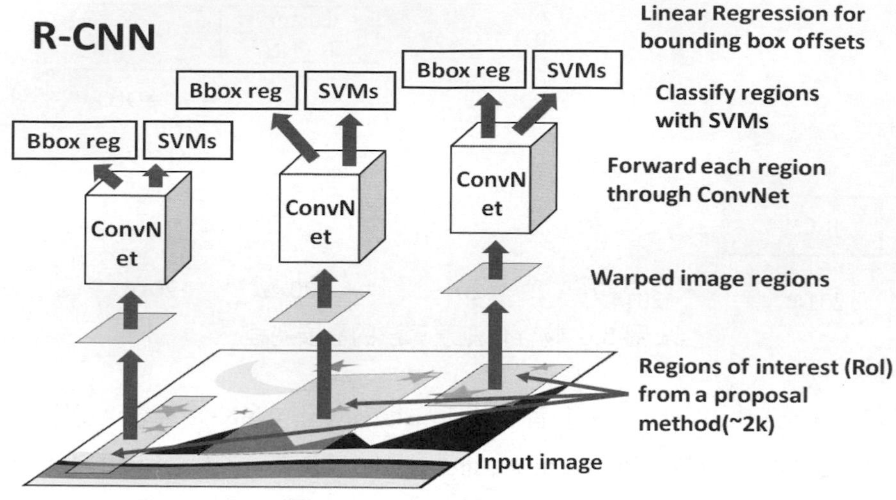

▲ 圖 8.8 另一視角的 R-CNN 架構

程式處理流程如下：

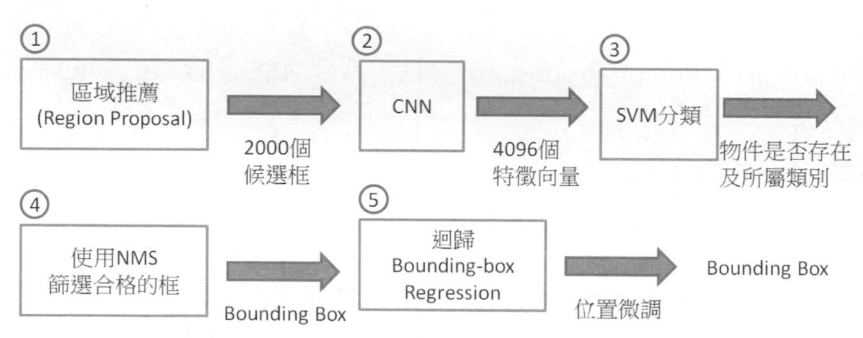

▲ 圖 8.9 R-CNN 處理流程

1. 區域推薦 (Region Proposal)：用途為改善滑動視窗的過程檢查過多視窗的問題，使用區域推薦演算法，只找出 2000 個候選區域 (Candidate Region) 輸入到模型。

區域推薦 (Region Proposal) 不只一種演算法，R-CNN 所採用的是 Selective Search，它會依據顏色 (color)、紋理 (texture)、規模 (Scale)、空間關係 (Enclosure) 來進行合併，接著再選取 2000 個最有可能包含物件的區域，稱之為候選區域。

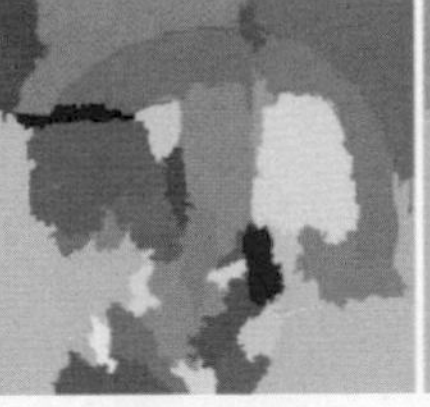

▲ 圖 8.10 區域推薦 (Region Proposal)：最左邊的圖為原圖，將顏色、紋理、規模、空間關係相近的區域合併，最後變成最右邊圖的區域。

2. 特徵萃取 (Feature Extractor)：將 2000 個候選區域使用影像變形轉換 (Image Warping)，轉成固定尺寸 227 x 227 的圖像，餵入 CNN 進行特徵萃取，每個候選區域轉換成 4096 個特徵向量。
3. SVM 分類器：比對特徵向量，偵測物件是否存在與所屬的類別，(❶ 注意) 一種類使用一個二分類 SVM。
4. 使用 Non-Maximum Suppression (NMS) 篩選合格的框：選取可信度較高的候選區域為基準，計算與基準框的 IoU(Intersection-over Union)，高 IoU 值表示高度重疊，就可以把它們過濾掉，類似上一節的作法。

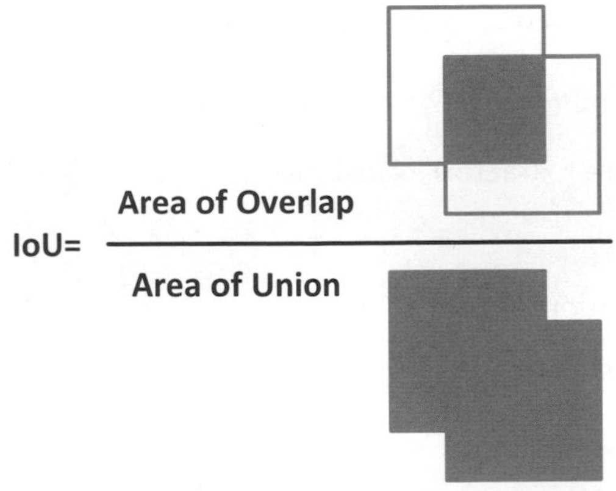

▲ 圖 8.11 IoU：分母為與目標框聯集的面積，分子為與目標框交集的面積

5. 位置微調：利用迴歸 (Bounding-box Regression) 微調預測區域的位置。

利用迴歸計算候選區域的四個變數：中心點 (P_x, P_y) 與寬高 (P_w, P_h)，其微調公式如下，G 為預估值。推論過程有點複雜，詳情可參考原文附錄 C。

$$\hat{G}_x = P_w d_x(P) + P_x \quad (1)$$
$$\hat{G}_y = P_h d_y(P) + P_y \quad (2)$$
$$\hat{G}_w = P_w \exp(d_w(P)) \quad (3)$$
$$\hat{G}_h = P_h \exp(d_h(P)). \quad (4)$$

損失函數如下，採用 Ridge Regression，以最小平方法估算出來的權重：

$$\mathbf{w}_\star = \underset{\hat{\mathbf{w}}_\star}{\operatorname{argmin}} \sum_i^N (t_\star^i - \hat{\mathbf{w}}_\star^{\mathrm{T}} \phi_5(P^i))^2 + \lambda \left\| \hat{\mathbf{w}}_\star \right\|^2. \quad (5)$$

微調後的目標值 t_*：

$$t_x = (G_x - P_x)/P_w \quad (6)$$
$$t_y = (G_y - P_y)/P_h \quad (7)$$
$$t_w = \log(G_w/P_w) \quad (8)$$
$$t_h = \log(G_h/P_h). \quad (9)$$

整個 R-CNN 處理流程涉及相當多的演算法，包括：

1. 區域推薦 (Region Proposal)：Selective Search。
2. 特徵萃取 (Feature Extractor)：AlexNet，也可採取 VGG 或者其他 CNN 模型。
3. SVM 分類器。
4. Non-Maximum Suppression (NMS)。
5. Bounding-box Regression。

範例

04 區域推薦 (Region Proposal)：OpenCV 擴展版支援 Selective Search 演算法。此範例程式修改自『Selective Search for Object Recognition』[14]。

➤ 程式：【08_04_selective_search_test.py】。

執行：【python 08_04_selective_search_test.py】< 圖檔 > < 演算法類別 >

1. 需安裝 OpenCV 擴展版：先解除安裝 OpenCV，再安裝擴展版，一般版與擴展版只能擇其一。

   pip uninstall opencv-contrib-python opencv-python
   pip install opencv-contrib-python

2. 演算法有三種類別，差異不大，有興趣的讀者可詳閱 OpenCV 官網說明：

- SingleStrategy。
- SelectiveSearchQuality。
- SelectiveSearchFast。

3. 操作：一開始會呈現 10 個框，可利用下列按鍵增減。

- +：增加 10 個框。
- -：減少 10 個框。
- q：程式結束。

4. Selective Search 程式碼如下：rects 會含所有的候選區域。

```
12    cv2.setUseOptimized(True)
13    cv2.setNumThreads(8)
14    gs = cv2.ximgproc.segmentation.createSelectiveSearchSegmentation()
15    gs.setBaseImage(img)
16    gs.switchToSelectiveSearchFast()
17    rects = gs.process()
```

範例

05 修改【08_03_Object_Detection.ipynb】，以 Selective Search 取代滑動視窗及影像金字塔，以下僅說明差異的程式碼。

➤ 完整程式請參閱【08_05_Object_Detection_with_selective_search.ipynb】。

1. 以 Selective Search 取代滑動視窗及影像金字塔，取得每一個要偵測的候選區域。

```
1  # 產生 Selective Search 影像
2  import matplotlib.pyplot as plt
3  
4  plt.figure(figsize=(16, 16))
5  def Selective_Search(img_path):
6      img = cv2.imread(img_path)
7      img = cv2.resize(img, (WIDTH, int(orig.size[1] / orig.size[0] * WIDTH))
8                       , interpolation=cv2.INTER_AREA)
9      img=cv2.cvtColor(img,cv2.COLOR_BGR2RGB)
10 
11     # 執行 Selective Search
12     cv2.setUseOptimized(True)
13     cv2.setNumThreads(8)
14     gs = cv2.ximgproc.segmentation.createSelectiveSearchSegmentation()
15     gs.setBaseImage(img)
16     gs.switchToSelectiveSearchFast()
17     rects = gs.process()
18     # print(rects)
19 
20     rois = torch.tensor([])    # 候選框
21     locs = []    # 位置
22     j=1
23     for i in range(len(rects)):
24         x, y, w, h = rects[i]
25         if w < 100 or w > 400 or h < 100: continue
27         # 框與原圖的比例
28         scale = WIDTH / float(w)
29 
30         # 縮放圖形以符合模型輸入規格
31         crop_img = img[y:y+h, x:x+w]
32         crop_img = Image.fromarray(crop_img)
33         if j <= 100:
34             plt.subplot(10, 10, j)
35             plt.imshow(crop_img)
36         j+=1
37 
38         roi = transform(crop_img)
39         roi = roi.unsqueeze(0) # 增加一維(筆數)
40 
41         # 加入輸出變數中
42         if len(rois.shape) == 1:
43             rois = roi
44         else:
45             rois = torch.cat((rois, roi), dim=0)
46         locs.append((x, y, x + w, y + h))
47 
48     return rois.to(device), locs
49 
50 rois, locs = Selective_Search(filename)
51 plt.tight_layout()
```

- 執行結果：候選區域大小不一，為加快執行速度，刪除過小區域，同時也刪除過大區域，避免最後 NMS 會刪除其他區域，請參見程式碼第 25 行。

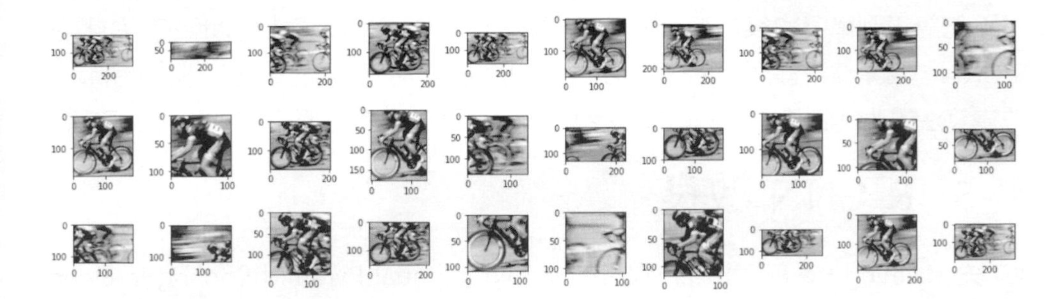

2. 其他程式碼幾乎不用改。

- 執行結果：左圖是初步篩選的候選區域，右圖是 NMS 篩選後的候選區域，抓到兩個物件。

以上的範例並未使用 Bounding-box Regression，原作者有提供 R-CNN 程式碼 [15]，但須安裝 MATLAB、Caffe 才能執行，超出本書範圍，後面針對改良的 Faster R-CNN 再進行測試。

R-CNN 依然不盡理想的原因如下：

1. 每張圖經由區域推薦處理過後，各會產生出 2000 個候選區域，每個區域都需經過辨識，執行時間還是過長，而且區域推薦也不具備自我學習能力。
2. 每個區域經由 CNN 模型萃取 4096 個特徵向量，合計有 2000 x 4096 = 8,192,000 個特徵向量，記憶體消耗也很大。
3. 每筆資料都要經過 CNN、SVM、迴歸三個模型的訓練與預測，過於複雜。

總體而論，物件偵測不只追求高準確率，更要求能夠即時偵測，像是自駕車，總不能等撞到障礙物後才偵測到，那就悲劇了。原作者雖然以 Caffe(C++) 開發 R-CNN，希望縮短偵測時間，但仍需要 40 多秒才能偵測一張圖像，因此引發一波演算法的改良浪潮，參閱圖 8.6。接下來，我們就來介紹各個改良演算法的發想。

8-5　R-CNN 改良

首先 Kaiming He 等學者提出 SPP-Net(Spatial Pyramid Pooling in Deep Convolutional Networks for Visual Recognition) 演算法，針對 R-CNN 把每個候選區域都需要變形轉換才能輸入 CNN 的缺點進行改良，作法如下：

1. R-CNN 每一個尺寸候選區域都需轉換為固定尺寸才能輸入 CNN 模型，各個區域的長寬不一，非等比例的轉換會造成準確度降低，SPP-Net 作者所提出『Spatial pyramid pooling』(SPP) 神經層，各種尺寸的輸入圖像都能產生一個固定長度的輸出，作者在最後一個卷積層後增加了一個 SPP 層，負責轉換成固定長度的特徵萃取。
2. 其他的處理與 R-CNN 類似。

R-CNN 與 SPP-Net 的模型結構比較，示意圖如下：

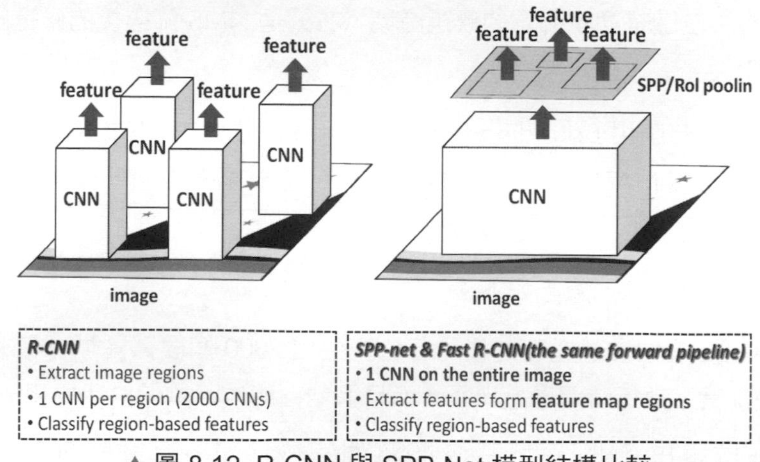

▲ 圖 8.12 R-CNN 與 SPP-Net 模型結構比較

SPP 還是有缺點：

1. 雖然解決了 CNN 計算過多的狀況，但沒有處理分類 (SVM) 與迴歸過慢的問題。

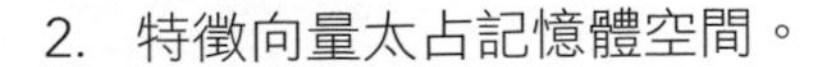

2. 特徵向量太占記憶體空間。

詳細處理流程可參閱『Spatial Pyramid Pooling in Deep Convolutional Networks for Visual Recognition』[16] 一文，中文說明可參閱『SPP-Net 論文詳解』[17] 的內容。

參酌 PyTorch[18] 或 Keras[19] 程式碼，可幫助理解細節。以 PyTorch 為例，模型架構如下，節錄自程式【cnn_with_spp.py】，作者在第 46 行增加一 SPP 神經層：

```
34          x = self.conv1(x)
35          x = self.LReLU1(x)
36
37          x = self.conv2(x)
38          x = F.leaky_relu(self.BN1(x))
39
40          x = self.conv3(x)
41          x = F.leaky_relu(self.BN2(x))
42
43          x = self.conv4(x)
44          # x = F.leaky_relu(self.BN3(x))
45          # x = self.conv5(x)
46          spp = spatial_pyramid_pool(x,1,[int(x.size(2)),int(x.size(3))]
47                                     ,self.output_num)
48          # print(spp.size())
49          fc1 = self.fc1(spp)
50          fc2 = self.fc2(fc1)
51          s = nn.Sigmoid()
52          output = s(fc2)
53          return output
```

- SPP 神經層轉換邏輯請參考程式【spp_layer.py】，將各種輸入尺寸轉為統一的尺寸。

之後 Ross B. Girshick 陸續提出 Fast R-CNN、Faster R-CNN 等演算法。

Fast R-CNN 作法：

1. 將整個圖像直接經由 CNN 轉成特徵向量，不再使用 2000 個候選區域輸入 CNN。
2. 自訂一個 RoI(Region of Interest) 池化層，透過候選區域在整個圖像的所在位置，換算出每個候選區域的特徵向量。
3. 其他流程與 R-CNN 類似。

Fast R-CNN 模型結構如下：

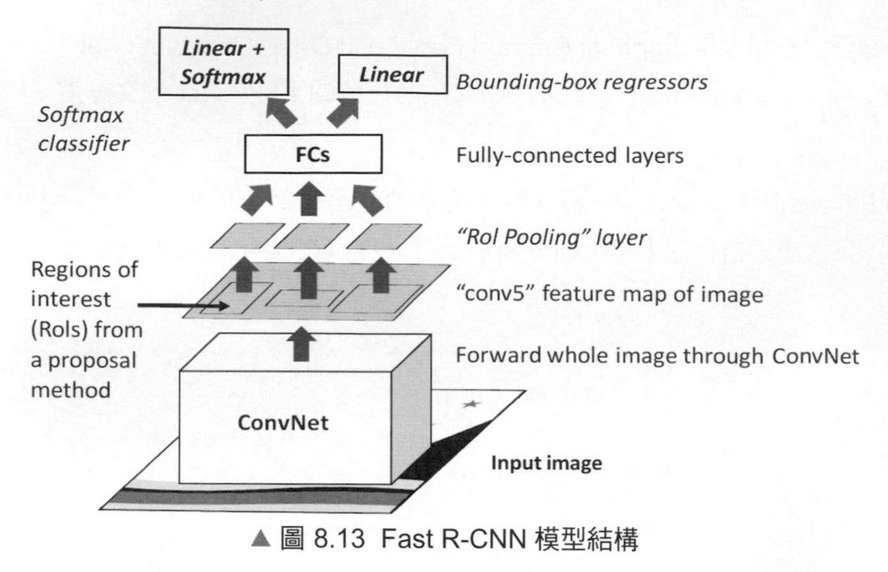

▲ 圖 8.13 Fast R-CNN 模型結構

優點：

1. CNN 模型只需訓練原圖就好，不用訓練 2000 個候選區域。
2. 透過 RoI 池化層得到固定尺寸的特徵後，只要連接辨識層進行分類即可。

由於使用區域推薦演算法找 2000 張候選區域，還是太耗時，Ross B. Girshick 決定放棄使用 selective search，引進 RPN (Region Proposal Network) 神經層，開發 Faster R-CNN 模型，CNN 輸出的特徵圖 (Feature Map) 同時提供 RPN 及分類器使用，可以同步處理，大大提高執行速度，可參照下圖說明。

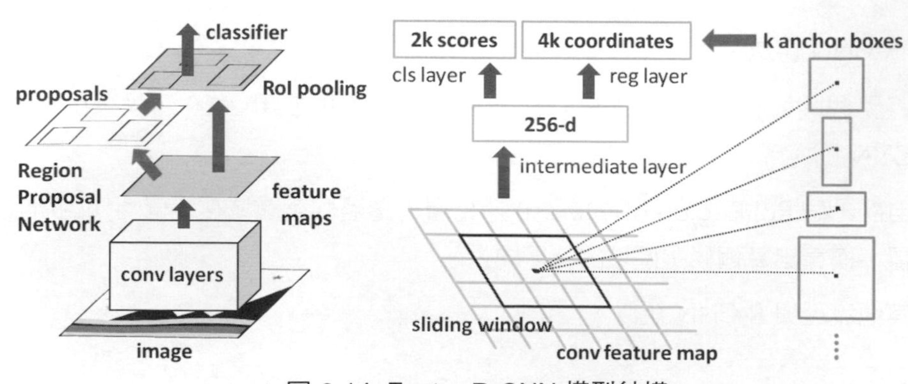

▲ 圖 8.14 Faster R-CNN 模型結構

其中 RPN 會依據 CNN 輸出的特徵圖產生固定幾種尺寸的 Anchor Box，作為候選視窗，不再使用 Selective Search 費力的找尋 2000 個候選區域。

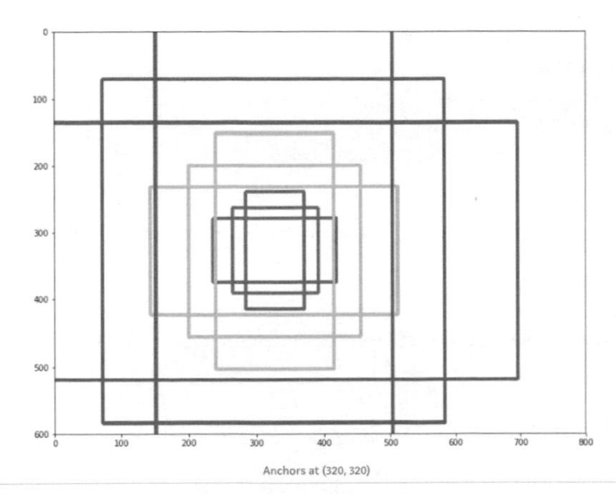

▲ 圖 8.15 Anchor Box

網路上有許多關於 Faster R-CNN 的解說，其中『捋一捋 pytorch 官方 FasterRCNN 代碼』[20] 一文有非常詳盡的說明，有興趣的讀者可參閱。也可以參考『Train your own object detector with Faster-RCNN & PyTorch』[21] 的 Github 程式碼【faster_RCNN.py】，他使用 PyTorch 函數建構 Faster R-CNN 的模型架構。

雖然 Ross B. Girshick 在 GitHub 放上 Faster R-CNN 程式碼 [22]，但安裝不僅複雜，執行環境的要求也很高 (Caffe/C++)，還好，網路上還有許多 TensorFlow/PyTorch 改寫的程式碼，以下先參考『Faster R-CNN Object Detection with PyTorch』[23] 一文測試。

範例

06 使用 Faster R-CNN 演算法進行物件偵測。本範例程式修改自『Faster R-CNN Object Detection with PyTorch』[23]。

➤ 程式：【08_06_Faster_RCNN.ipynb】。

1. 載入套件。

```
1 from PIL import Image
2 import matplotlib.pyplot as plt
3 import torch
4 import torchvision.transforms as T
5 import torchvision
6 import torch
7 import numpy as np
8 import cv2
9 import os
```

2. 載入模型：要測試的候選區域很多，為防 GPU 記憶體不足，請將 device 設為 cpu。

```
1 model = torchvision.models.detection.fasterrcnn_resnet50_fpn(pretrained=True).to(device)
2 model.eval()
```

- 執行結果：可以看到模型結構，請觀察最後三個區塊，分別是 FeaturePyramidNetwork(FPN)、RegionProposalNetwork(RPN) 及 RoIHeads，他們就是 Faster R-CNN 精華之處，FPN 詳細說明可參考『Feature Pyramid Networks for Object Detection』[24]。

```
(fpn): FeaturePyramidNetwork(
    (inner_blocks): ModuleList(
      (0): Conv2d(256, 256, kernel_size=(1, 1), stride=(1, 1))
      (1): Conv2d(512, 256, kernel_size=(1, 1), stride=(1, 1))
      (2): Conv2d(1024, 256, kernel_size=(1, 1), stride=(1, 1))
      (3): Conv2d(2048, 256, kernel_size=(1, 1), stride=(1, 1))
    )
    (layer_blocks): ModuleList(
      (0): Conv2d(256, 256, kernel_size=(3, 3), stride=(1, 1), padding=(1, 1))
      (1): Conv2d(256, 256, kernel_size=(3, 3), stride=(1, 1), padding=(1, 1))
      (2): Conv2d(256, 256, kernel_size=(3, 3), stride=(1, 1), padding=(1, 1))
      (3): Conv2d(256, 256, kernel_size=(3, 3), stride=(1, 1), padding=(1, 1))
    )
    (extra_blocks): LastLevelMaxPool()
  )
)
(rpn): RegionProposalNetwork(
  (anchor_generator): AnchorGenerator()
  (head): RPNHead(
    (conv): Conv2d(256, 256, kernel_size=(3, 3), stride=(1, 1), padding=(1, 1))
    (cls_logits): Conv2d(256, 3, kernel_size=(1, 1), stride=(1, 1))
    (bbox_pred): Conv2d(256, 12, kernel_size=(1, 1), stride=(1, 1))
  )
)
(roi_heads): RoIHeads(
  (box_roi_pool): MultiScaleRoIAlign(featmap_names=['0', '1', '2', '3'], output_size=
  (box_head): TwoMLPHead(
```

3. 訂定 COCO 資料集類別：COCO 與 Pascal VOC 是物件偵測常用的測試資料集，其中 COCO 有 80 個類別，Pascal VOC 有 20 個類別。

```
COCO_INSTANCE_CATEGORY_NAMES = [
    '__background__', 'person', 'bicycle', 'car', 'motorcycle', 'airplane', 'bus',
    'train', 'truck', 'boat', 'traffic light', 'fire hydrant', 'N/A', 'stop sign',
    'parking meter', 'bench', 'bird', 'cat', 'dog', 'horse', 'sheep', 'cow',
    'elephant', 'bear', 'zebra', 'giraffe', 'N/A', 'backpack', 'umbrella', 'N/A', 'N/A',
    'handbag', 'tie', 'suitcase', 'frisbee', 'skis', 'snowboard', 'sports ball',
    'kite', 'baseball bat', 'baseball glove', 'skateboard', 'surfboard', 'tennis racket',
    'bottle', 'N/A', 'wine glass', 'cup', 'fork', 'knife', 'spoon', 'bowl',
    'banana', 'apple', 'sandwich', 'orange', 'broccoli', 'carrot', 'hot dog', 'pizza',
    'donut', 'cake', 'chair', 'couch', 'potted plant', 'bed', 'N/A', 'dining table',
    'N/A', 'N/A', 'toilet', 'N/A', 'tv', 'laptop', 'mouse', 'remote', 'keyboard', 'cell phone',
    'microwave', 'oven', 'toaster', 'sink', 'refrigerator', 'N/A', 'book',
    'clock', 'vase', 'scissors', 'teddy bear', 'hair drier', 'toothbrush'
]

len(COCO_INSTANCE_CATEGORY_NAMES)
```

- 執行結果：共 91 類，其中有多類是 NA，原作者在後續的論文中將之刪除。

4. 定義預測函數：這裡是關鍵程式碼，透過預先訓練好的模型預測，即可得到預測類別、定界框 (Bounding box) 及分數，可設定分數的門檻值，將過低分數的定界框刪除。定界框即偵測到物件的所在範圍。

```
def get_prediction(img_path, threshold):
    # 讀取圖檔
    img = Image.open(img_path)
    # 預測
    transform = T.Compose([T.ToTensor()])
    img = transform(img)
    pred = model([img])
    # 取得預測類別、定界框(bounding box)及分數
    pred_class = [COCO_INSTANCE_CATEGORY_NAMES[i] \
                  for i in list(pred[0]['labels'].numpy())]
    pred_boxes = [[(int(i[0]), int(i[1])), (int(i[2]), int(i[3]))] \
                  for i in list(pred[0]['boxes'].detach().numpy())]
    pred_score = list(pred[0]['scores'].detach().numpy())

    # 篩選超過門檻值的框
    pred_t = [pred_score.index(x) for x in pred_score if x>threshold][-1]
    pred_boxes = pred_boxes[:pred_t+1]
    pred_class = pred_class[:pred_t+1]
    return pred_boxes, pred_class
```

5. 定義物件偵測的 API：呼叫上述函數，依結果將圖像畫出定界框。

```
def object_detection_api(img_path, threshold=0.5, rect_th=3, text_size=2, text_th=2):
    # 預測
    boxes, pred_cls = get_prediction(img_path, threshold)

    # 畫框
    img = cv2.imread(img_path)
    img = cv2.cvtColor(img, cv2.COLOR_BGR2RGB)
    for i in range(len(boxes)):
        cv2.rectangle(img, boxes[i][0], boxes[i][1],color=(0,255,0), thickness=rect_th)
        cv2.putText(img,pred_cls[i], (boxes[i][0][0], boxes[i][0][1]-10),
                    cv2.FONT_HERSHEY_SIMPLEX,
                    text_size, (0,255,0),thickness=text_th)
    plt.figure(figsize=(20,30))
    plt.imshow(img)
    plt.xticks([])
    plt.yticks([])
    plt.show()
```

6. 測試：呼叫上述函數。

```
2 object_detection_api('./images_Object_Detection/people.jpg', threshold=0.8)
```

- 執行結果：可偵測到每一個人，包括重疊的人物。

- 可測試其他圖檔試試看，準確率相當高。

除了 COCO 類別外，讀者一定很想訓練自訂的類別，『Train your own object detector with Faster-RCNN & PyTorch』[21] 一文有說明如何重新訓練模型，筆者不在此說明，而會在後續使用較夯的 YOLO 模型訓練模型。

Facebook 還提供一個更完整的 Detectron 套件，目前已開發至第二版 (Detectron 2)，只能安裝在 Linux/Mac 環境，Windows 使用者可以在 Google Colaboratory 上進行測試。

07 使用 Detectron2 套件進行物件偵測。

➤ **程式：【Detectron2 Tutorial.ipynb】，需在 Google Colaboratory 上執行，請上傳程式至 Google 雲端硬碟，接著再 double click 檔案即可。記得要在選單『執行階段』選取 GPU。**

詳細說明請參閱『Getting Started with Detectron2』[25]：開啟範例檔：https://colab.research.google.com/drive/16jcaJoc6bCFAQ96jDe2HwtXj7BMD_-m5。

1. 確認 PyTorch、gcc 安裝 OK，且 PyTorch 版本須為 1.7 或以上。

2. 安裝 Detectron2 套件。

3. 自 Model Zoo 下載 Detectron2 預先訓練的模型。

4. 預測。

```
cfg = get_cfg()
# add project-specific config (e.g., TensorMask) here if you're not running a model in detectron2's core library
cfg.merge_from_file(model_zoo.get_config_file("COCO-InstanceSegmentation/mask_rcnn_R_50_FPN_3x.yaml"))
cfg.MODEL.ROI_HEADS.SCORE_THRESH_TEST = 0.5  # set threshold for this model
# Find a model from detectron2's model zoo. You can use the https://dl.fbaipublicfiles... url as well
cfg.MODEL.WEIGHTS = model_zoo.get_checkpoint_url("COCO-InstanceSegmentation/mask_rcnn_R_50_FPN_3x.yaml")
predictor = DefaultPredictor(cfg)
outputs = predictor(im)
```

5. 顯示物件偵測結果。

- 執行結果：效果超好，非常厲害，就連背景中旁觀的人群都可以被正確偵測。

6. 上傳斑馬照片。

```
# Upload the results
from google.colab import files
files.upload()
```

7. 讀取檔案，進行物件偵測。

```
# 讀取檔案，進行物件偵測
im = cv2.imread("./zebra.jpg")
cv2_imshow(im)
predictor = DefaultPredictor(cfg)
outputs = predictor(im)
outputs
```

- 執行結果：偵測到三個定界框。

  [46.5412, 94.6141, 234.9006, 258.9107],

  [180.8245, 86.8508, 418.6142, 261.7740],

  [342.8438, 103.8605, 563.8304, 266.2300]

  和三個信賴度：[0.9992, 0.9986, 0.9983]，機率都相當高。

8. 顯示物件偵測結果。

```
v = Visualizer(im[:, :, ::-1], MetadataCatalog.get(cfg.DATASETS.TRAIN[0]), scale=1.2)
out = v.draw_instance_predictions(outputs["instances"].to("cpu"))
cv2_imshow(out.get_image()[:, :, ::-1])
```

- 執行結果：

這個套件真的超強，除了成功抓到所有物件之外，更是已經做到了實例分割 (Instance Segmentation)，掃描到的物件不僅有定界框，還有準確的遮罩 (Mask)。

檔案後面還示範了以下功能：

1. 使用自訂的資料集，偵測自己有興趣的物件。在 Google Colaboratory 上訓練只需幾分鐘的時間就可以完成。
2. 人體骨架的偵測。
3. 全景視訊的物件偵測。

8-6 YOLO 演算法簡介

由於 R-CNN 屬兩階段 (Two Stage) 的演算法，第一階段先利用區域推薦找出候選區域，第二階段才是進行物件偵測，所以在偵測速度上始終是一個瓶頸，難以滿足即時偵測的要求，後來有學者提出了一階段 (Single Shot) 的演算法，主要區分為兩類：YOLO 及 SSD。

R-CNN 經過一連串的改良後，物件偵測的速度比較，如下表，最新版速度比原版增快了 250 倍。

	R-CNN	Fast R-CNN	Faster R-CNN
Test Time per Image	50 Seconds	2 Seconds	0.2 Seconds
Speed Up	1x	25x	250x

▲ 圖 8.16 R-CNN 各演算法之物件偵測的速度

看似很好了，然而 YOLO 發明人 Joseph Redmon 在 2016 年的 CVPR 研討會 (You Only Look Once: Unified, Real-Time Object Detection) 中有兩張投影片非常有意思，一輛轎車平均車身長約 8 英呎 (Feet)，假如使用 Faster R-CNN 偵測下一個路況的話，車子早已行駛了 12 英呎，也就是 1 又 1/2 個車身的距離，相對的，如果使用 YOLO 偵測下一個路況，車子則只行駛了 2 英呎，即 1/4 個車身的距離，安全性是否會提高許多？相信答案已不言而喻，非常有說服力。

	Pascal 2007 mAP	Speed	
DPM v5	33.7	.07 FPS	14 s/img
R-CNN	66.0	.05 FPS	20 s/img
Fast R-CNN	70.0	.5 FPS	2 s/img
Faster R-CNN	73.2	7 FPS	140 ms/img

▲ 圖 8.17　Faster R-CNN 演算法物件偵測的速度

	Pascal 2007 mAP	Speed	
DPM v5	33.7	.07 FPS	14 s/img
R-CNN	66.0	.05 FPS	20 s/img
Fast R-CNN	70.0	.5 FPS	2 s/img
Faster R-CNN	73.2	7 FPS	140 ms/img
YOLO	63.4	45 FPS	22 ms/img

▲ 圖 8.18　YOLO 演算法物件偵測的速度

YOLO(You Only Look Once) 是現在最夯的物件偵測演算法，於 2016 年由 Joseph Redmon 提出，他本人開發至第三版，但因某些因素離開此研究領域，其他學者繼續接手，直至 2020 年已開發到第五版了。

- V1：2016 年 5 月 · Joseph Redmon
  You Only Look Once: Unified, Real-Time Object Detection
- V2： 2017 年 12 月 · Joseph Redmon
  YOLO9000: Better, Faster, Stronger
- V3： 2018 年 4 月 · Joseph Redmon
  YOLOv3: An Incremental Improvement
- V4： 2020 年 4 月 · Alexey Bochkovskiy
  YOLOv4: Optimal Speed and Accuracy of Object Detection
- V5： 2020 年 6 月 · Glenn Jocher
  PyTorch based version of YOLOv5

▲ 圖 8.19　YOLO 版本演進

YOLO 各版本的平均準確度 (mAP) 與速度的比較，如下圖所示：

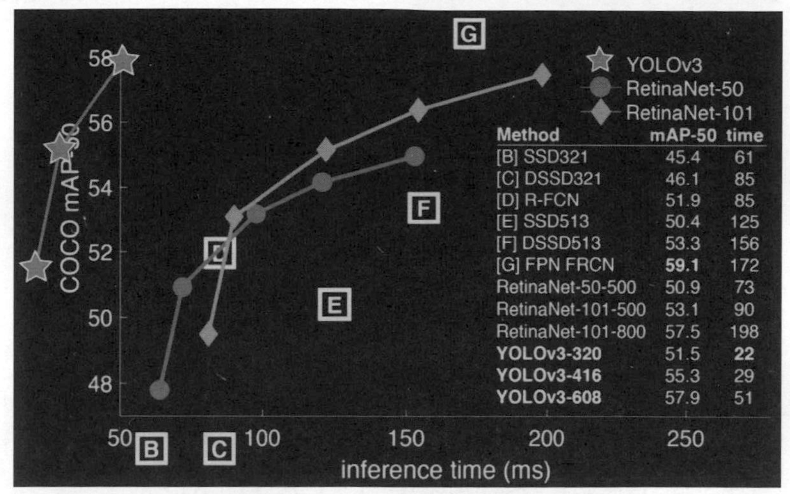

▲ 圖 8.20 YOLO 版本 v1~v3 的比較，圖片來源：YOLO 官網 [26]

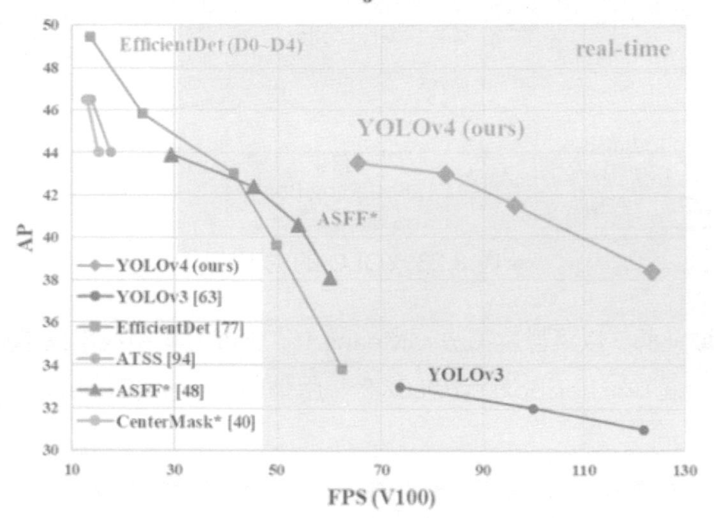

▲ 圖 8.21 YOLO 版本 v4、v3 的比較，圖片來源：YOLOv4: Optimal Speed and Accuracy of Object Detection [27]

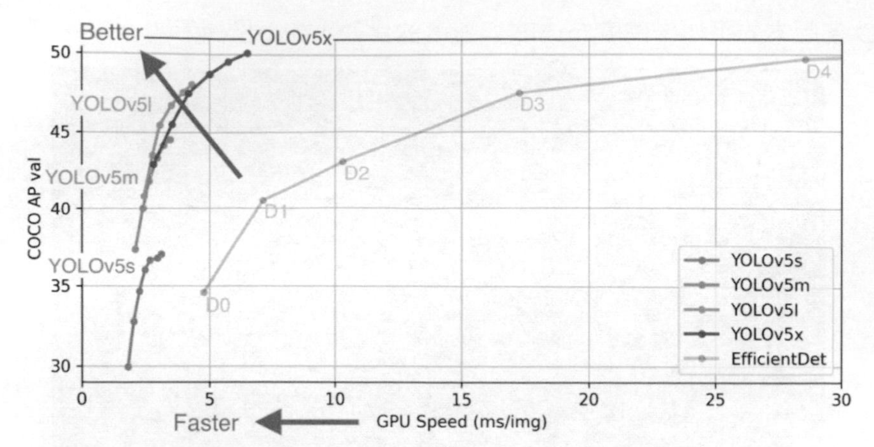

▲ 圖 8.22 YOLO 版本 v5 的各模型比較，圖片來源：YOLO5 GitHub[28]

YOLO 的快速，部分是犧牲準確率所換來的，它作法如下：

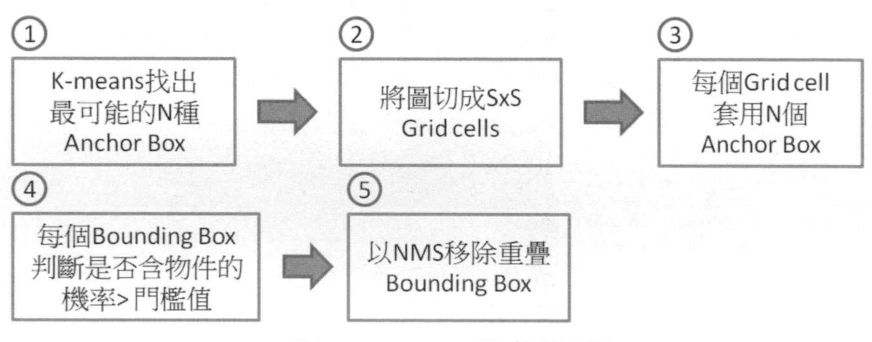

▲ 圖 8.23 YOLO 的處理流程

1. 放棄區域推薦，以集群演算法 K-Means，從訓練資料中找出最常見的 N 種尺寸的候選框 (Anchor Box)。YOLOv5 採用遺傳演算法 (Genetic algorithm) 生成候選框。
2. 直接將圖像劃分成 (s, s) 個網格 (Grid)：每個網格只檢查多種不同尺寸的 Anchor Box 是否含有物件而已。
3. 輸入 CNN 模型，計算每個候選框含有物件的機率。
4. 同時計算每一個網格可能含有各種物件的機率，假設每一網格最多只能含一個物件。

5. 合併步驟 3、4 的資訊，並找出合格的候選區域。
6. 以 NMS 移除重疊定界框 (Bounding Box)。

觀察下面示意圖，有助於 YOLO 的理解。

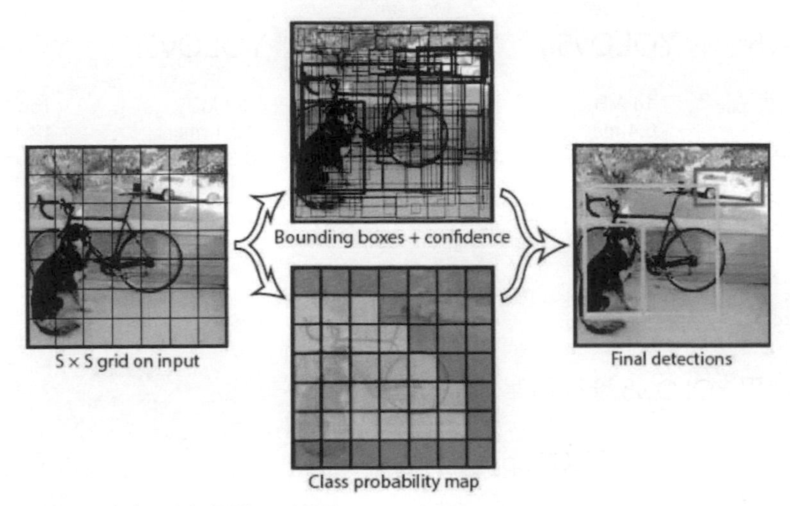

▲ **圖 8.24 YOLO 處理流程的示意圖**，圖片來源：You Only Look Once: Unified, Real-Time Object Detection [29]

YOLO 為求速度快，程式碼採用 C/CUDA 開發，稱為 Darknet 架構，可以在 Darknet 執行各種版本的 YOLO 模型，本書不剖析原始程式碼，只聚焦下列重點：

1. 環境建置。
2. 範例應用。
3. 自訂資料集。

8-7 YOLO 測試

PyTorch 直接支援 YOLO v5，它又分為多種尺寸，大模型準確率 (mAP) 高，但檔案大，載入速度慢，小模型準確率稍低，但檔案小，載入速度快，適合手機使用，請參考下圖。

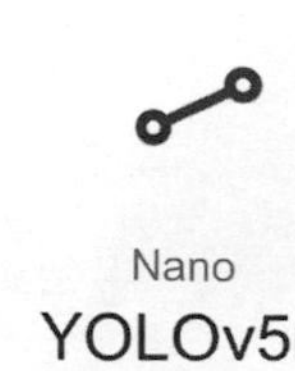

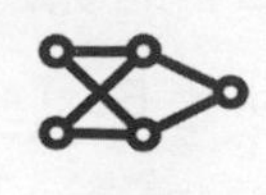

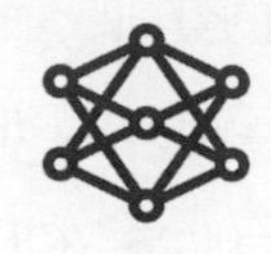

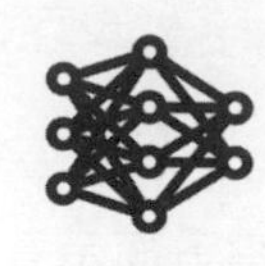

▲ 圖 8.25 YOLO v5 模型比較，圖片來源：PyTorch 官網 YOLO v5 [30]

範例

08 使用 YOLO v5 進行物件偵測。

➤ 程式：【08_07_YOLO5.ipynb】。

1. 安裝：需安裝許多套件，官網直接提供 requirements.txt，指令如下：

   pip install -qr https://raw.githubusercontent.com/ultralytics/yolov5/master/requirements.txt

   大部分都是 Anaconda 已安裝的套件，很快就可以執行完成。

2. 載入套件。

```
1 import torch
```

3. 載入小的模型。

```
1 model = torch.hub.load('ultralytics/yolov5', 'yolov5s', pretrained=True).to(device)
```

- 執行結果：使用 GPU，模型共 213 層。

```
Using cache found in C:\Users\mikec/.cache\torch\hub\ultralytics_yolov5_master
YOLOv5  2021-11-4 torch 1.10.0+cu113 CUDA:0 (NVIDIA GeForce GTX 1050 Ti, 4096MiB)

Fusing layers...
Model Summary: 213 layers, 7225885 parameters, 0 gradients
Adding AutoShape...
```

4. 預測：可一次輸入多個圖檔，批次處理。

```
1  # 批次處理
2  imgs = ['https://ultralytics.com/images/zidane.jpg',
3          './images_Object_Detection/car.jpg']
4
5  # 預測
6  results = model(imgs)
7
8  # 輸出結果
9  results.print()
```

- 執行結果： 顯示偵測到的物件類別及個數，還有處理速度。

```
image 1/2: 720x1280 2 persons, 1 tie
image 2/2: 2139x3500 10 cars
Speed: 665.5ms pre-process, 86.1ms inference, 161.3ms NMS per image at shape (2, 3, 416, 640)
```

5. 預測結果存檔：預設會存入 .\runs\detect\exp 目錄內。

```
1  results.save()
```

6. 顯示結果：會以預設圖檔編輯工具顯示，如不喜歡，可直接開啟上述目錄觀看。

```
1  results.show()
```

- 執行結果：

7. 顯示定界框、預測機率及類別。

```
1  results.xyxy[0]
```

- 執行結果：第一張圖的 3 個物件，含左上角 / 右下角座標、預測機率及類別。

```
tensor([[7.54500e+02, 3.92500e+01, 1.14200e+03, 7.13000e+02, 8.76465e-01, 0.00000e+00],
        [1.24000e+02, 1.99875e+02, 9.58000e+02, 7.10500e+02, 5.62500e-01, 0.00000e+00],
        [4.40500e+02, 4.27500e+02, 5.00500e+02, 7.16500e+02, 5.20020e-01, 2.70000e+01]], device='cuda:0')
```

8. 以表格顯示定界框、預測機率及類別，非常貼心。

```
1 results.pandas().xyxy[0]
```

- 執行結果：

	xmin	ymin	xmax	ymax	confidence	class	name
0	752.00	45.75	1148.0	716.0	0.875977	0	person
1	100.25	201.50	1001.0	718.5	0.572266	0	person
2	438.50	422.25	510.0	720.0	0.525879	27	tie

使用非常簡單，載入模型、偵測、顯示結果三個步驟。

8-8 YOLO 環境建置

本書以 YOLO v4 為例來示範環境建置的步驟，其他版本程序也差不多。官網同時提供 Linux 與 Windows 作業系統下的建置程序，在 Linux 上用 GCC 編譯器建置比較簡單，不過筆者習慣使用 Windows 作業系統，因此，本文主要是介紹如何在 Windows 下建置 Darknet。

Linux 作業系統下的建置程序可使用 Google Colaboratory 測試，程序如下：

1. 先開啟一個空白的 Colaboratory 檔案。
2. 下載原始程式碼，輸入

   !git clone https://github.com/pjreddie/darknet
3. 輸入下列指令，可以看到 darknet 目錄：

   ls -l

```
total 8
drwxr-xr-x 10 root root 4096 Jan 18 13:00 darknet/
drwxr-xr-x  1 root root 4096 Jan  7 14:33 sample_data/
```

4. 切換至 darknet 目錄：

   cd darknet

5. 編譯 darknet：

   !make

6. 下載模型權重檔：

   !wget https://pjreddie.com/media/files/yolov3.weights

7. 預測：在 data 目錄內有許多圖檔可供測試，yolov3.cfg 為組態檔，定義模型結構及偵測類別資訊，須與權重檔配合。

   !./darknet detect cfg/yolov3.cfg ./yolov3.weights data/horses.jpg

- horses.jpg 圖檔如下：

- 執行結果：5 匹馬偵測到 4 匹，其中一匹馬重疊較嚴重，未偵測到。

```
Loading weights from ./yolov3.weights...Done!
data/horses.jpg: Predicted in 18.520353 seconds.
horse: 100%
horse: 100%
horse: 96%
horse: 95%
```

完整程式可參閱【08_08_Yolo_on_colab.ipynb】，也可以放至 Google 雲端硬碟，直接開啟。

接著介紹 Windows 作業系統建置 YOLO 的方式，因為大神 Joseph Redmon 已經不玩了，後續有很多學者投入開發，所以 YOLO v4 在 GitHub 上百花齊放有非常多的版本，筆者就以 Alexey Bochkovskiy 的版本來說明建置步驟。

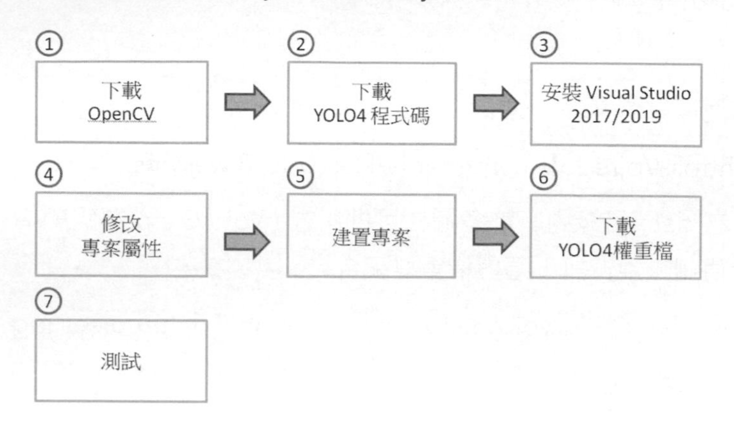

1. 下載 OpenCV：自 OpenCV 官網 (https://opencv.org/releases/) 下載 OpenCV Windows 版，要注意是 C 的版本，不是 OpenCV-Python 喔。
2. 解壓縮至 c:\ 或 d:\，以下假設安裝在 d:\。

3. 下載 YOLO4 程式碼：自 https://github.com/AlexeyAB/darknet 下載程式碼，並解壓縮，以下假設安裝在 D:\darknet-master。

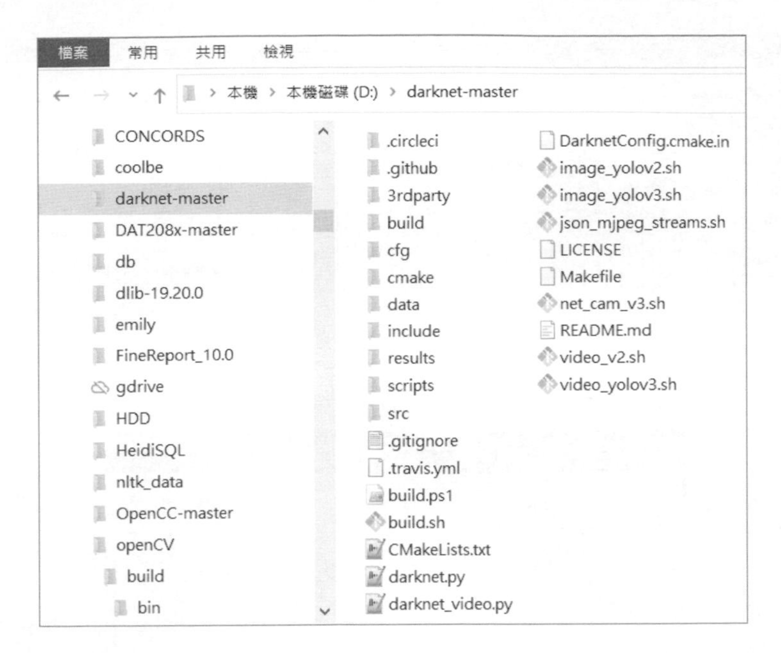

4. 安裝 Visual Studio 2019，新版應該也可以，以 Visual Studio 開啟 D:\darknet-master\build\darknet\darknet.sln 檔案，就會出現升級視窗，點選『確定』。 提醒一下，若無 NVidia 獨立顯卡，請改成開啟 darknet_no_gpu.sln。

5. 將專案組態 (Configuration) 改為 x64 (64 位元)。

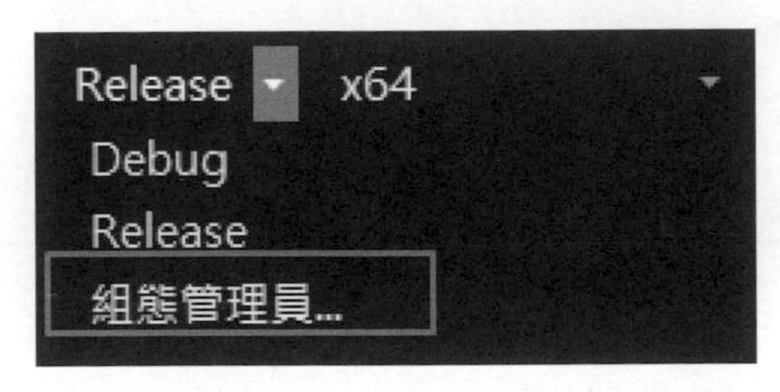

6. 修改專案屬性，編修『VC++ Directories』>『Include Directories』，加上：

   D:\opencv\build\include

   D:\opencv\build\include\opencv2

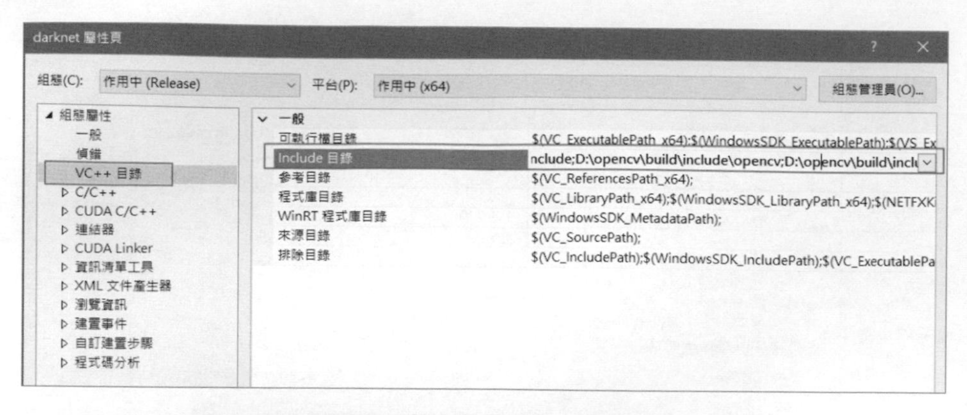

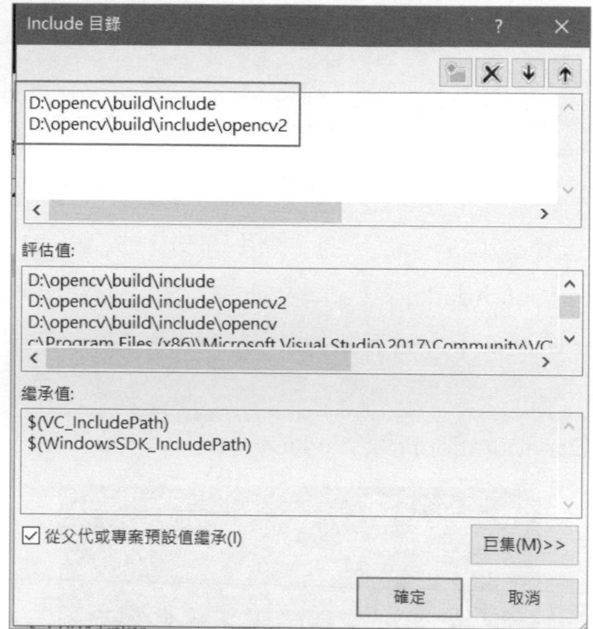

7. 編修『連結器』>『輸入』>『其他相依性』，加上：

   D:\openCV\build\x64\vc15\lib\opencv_world430.lib

   檔名會隨著 OpenCV 版本而有所不同。

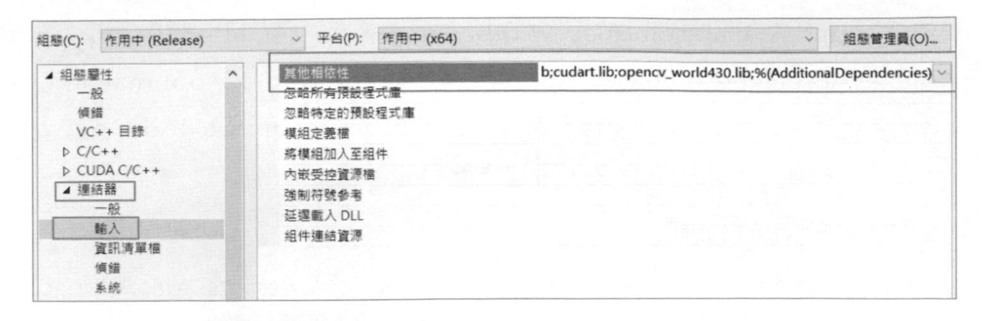

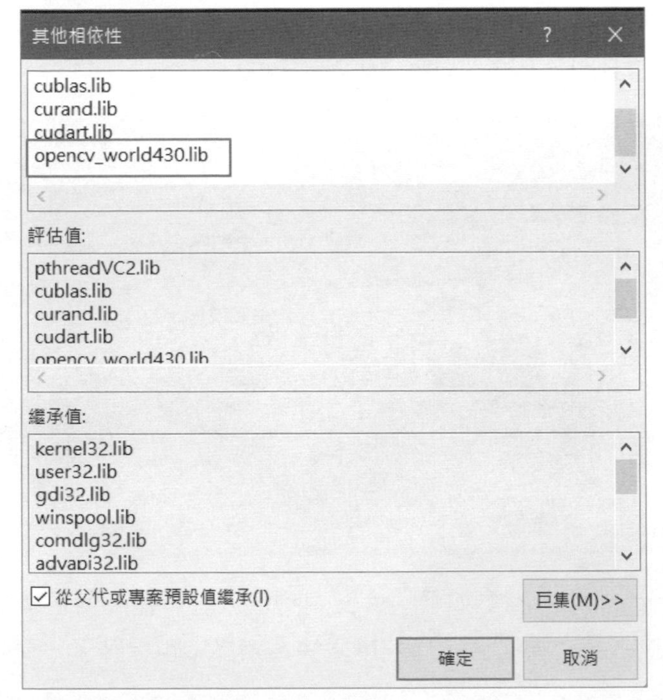

8. 在 darknet 專案上按滑鼠右鍵，選『重建』，若出現『建置成功』，即表示大功告成了，執行檔放在 D:\darknet-master\build\darknet\x64 目錄下。
9. 複製 D:\openCV\build\x64\vc15\lib\opencv_world430.lib 至 D:\darknet-master\build\darknet\x64 目錄下。留意若是使用 vs 2017，目錄應改為 vc14。

10. 依照 https://github.com/AlexeyAB/darknet 指示，從 https://github.com/AlexeyAB/darknet/releases/download/darknet_yolo_v3_optimal/yolov4.weights 下載 yolov4.weights，放入 D:\darknet-master\build\darknet\x64\weights 目錄中，如果不存在，可建立此目錄。

11. 執行下列指令進行測試：

    darknet.exe detect .\cfg\yolov4.cfg .\weights\yolov4.weights .\data\dog.jpg

- 執行結果：可以偵測到自行車 (bike)、狗 (dog)、貨車 (Truck)、盆栽植物 (Potted plant)，機率分別為 92%、98%、92%、33%。

12. 再偵測 horses.jpg，指令如下，會偵測到 5 匹馬，連高度重疊的馬也偵測到了，YOLO v4 果然厲害，不僅速度變快，辨識率也提升了，真是台灣之光啊 [31]。

13. 另外目錄下還有許多 .cmd 指令檔可以測試，例如 darknet_yolo_v3_video.cmd 可偵訊視訊檔 test.mp 中的物件。
14. 若要使用 Python 直接呼叫 Darknet API，需建置 yolo_cpp_dll.sln，專案屬性同上修改。
15. 複製必要的函數庫至目前的目錄 (D:\darknet-master\build\darknet\x64) 下，測試指令如下：

    python darknet_images.py --input data/dog.jpg --weights weights/yolov4.weights

- darknet_images.py 位在根目錄內。
- 如果發生 yolo_cpp_dll.dll 找不到的錯誤，請檢查下列事項：

```
Traceback (most recent call last):
  File "darknet.py", line 211, in <module>
    lib = CDLL(winGPUdll, RTLD_GLOBAL)
  File "C:\Anaconda3\lib\ctypes\__init__.py", line 373, in __init__
    self._handle = _dlopen(self._name, mode)
FileNotFoundError: Could not find module 'yolo_cpp_dll.dll' (or one of its dependencies)
```

  - yolo_cpp_dll.dll、pthreadGC2.dll、pthreadVC2.dll、opencv_world430.lib 是否在目前目錄內。
  - 如果還是有錯誤，通常是找不到 NVidia 的 CUDA 函數庫，須修改 darknet.py，在 import 下加入：
    - os.add_dll_directory('c:/Program Files/NVIDIA GPU Computing Toolkit/CUDA/v11.1/bin') # 注意 須與編譯的版本相符
    - os.add_dll_directory(os.path.dirname(__file__))

16. darknet.py 內含 performBatchDetect 函數，可一次測試多個檔案。
17. 要使用 C++ 呼叫 yolo_cpp_dll.dll，可先編譯 yolo_console_dll.sln，然後再執行下列指令進行測試：

    yolo_console_dll.exe data/coco.names cfg/yolov4.cfg weights/yolov4.weights dog.jpg

    執行結果如下，包括物件名稱 /Id/ 框座標和寬高 / 機率：

```
bicycle - obj_id = 1,  x = 114, y = 127, w = 458, h = 298, prob = 0.923
dog - obj_id = 16,  x = 128, y = 225, w = 184, h = 316, prob = 0.979
car - obj_id = 2,  x = 468, y = 76, w = 211, h = 92, prob = 0.229
truck - obj_id = 7,  x = 463, y = 76, w = 220, h = 93, prob = 0.923
```

使用 VS 2019 須注意下列事項：

1. 要使用其他版本的 CUDA：可修改 darknet.vcxproj、yolo_cpp_dll.vcxproj，將所有的 CUDA 改為對應的版本。

```
306  <ImportGroup Label="ExtensionTargets">
307    <Import Project="$(VCTargetsPath)\BuildCustomizations\CUDA 10.1.targets" />
308  </ImportGroup>
```

2. 複製 C:\Program Files\NVIDIA GPU Computing Toolkit\CUDA\v10.1\extras\visual_studio_integration\MSBuildExtensions*.* 至『C:\Program Files (x86)\Microsoft Visual Studio\2019\Community\MSBuild\Microsoft\VC\v160\BuildCustomizations』目錄內。
3. 修改專案屬性 > C/C++ > 命令列，在其他選項加 /FS，點選『套用』鈕，清除舊專案後，再建置新的專案。
4. 若出現『dropout_layer_kernels.cu error code 2』的錯誤，則在『工具 > 選項 > 專案和方案 > 建置並執行』中的『平時專案組件的最大數目』項目修改為 1。

另外，官網介紹兩種 Windows 版的建置方法：

1. CMake：官網比較建議的方式。
2. vcpkg：程序相對複雜。

第一種方法雖然很順利地建置成功，但卻在測試時發生了以下錯誤：

```
Done! Loaded 162 layers from weights-file
CUDA status Error: file: F:/darknet-master/src/blas_kernels.cu : add_bias_gpu()
09:29:26

 CUDA Error: invalid device function

CUDA Error: invalid device function: Invalid argument
```

第二種方法較花時間，因為它會下載許多軟體，包括 NVidia SDK、ffmpeg、… 等原始程式碼，需重新建置，所以要耐心等候。

1. 前置作業須先安裝下列軟體：
   - CMake (https://cmake.org/download/)
   - VS 2019 須安裝 VC toolset、English language pack 元件。

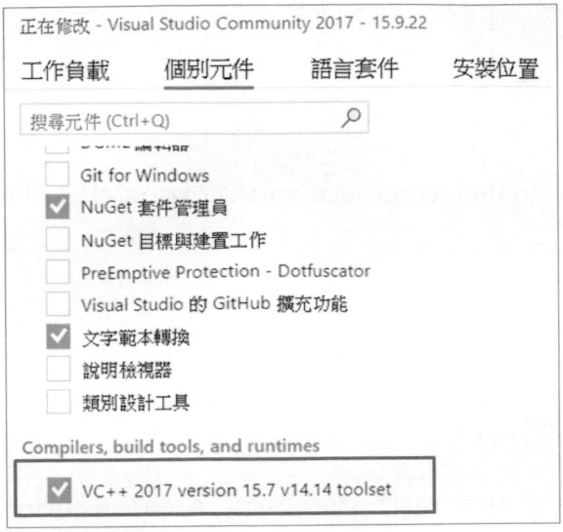

正在修改 - Visual Studio Community 2017 - 15.9.22

工作負載 個別元件 語言套件 安裝位置

搜尋元件 (Ctrl+Q)

- [ ] Git for Windows
- [x] NuGet 套件管理員
- [ ] NuGet 目標與建置工作
- [ ] PreEmptive Protection - Dotfuscator
- [ ] Visual Studio 的 GitHub 擴充功能
- [x] 文字範本轉換
- [ ] 說明檢視器
- [ ] 類別設計工具

Compilers, build tools, and runtimes

- [x] VC++ 2017 version 15.7 v14.14 toolset

正在修改 - Visual Studio Community 2017 - 15.9.22

工作負載 個別元件 語言套件

您可將其他語言套件新增至您的 Visual Studio 安裝。

- [ ] 俄文
- [ ] 土耳其文
- [ ] 德文
- [ ] 捷克文
- [ ] 日文
- [ ] 法文
- [ ] 波蘭文
- [ ] 簡體中文
- [x] 繁體中文
- [ ] 義大利文
- [x] 英文

- NVidia CUDA SDK：CUDA 版本 > 10.0，cuDNN 版本 > 7.0。
- OpenCV：版本須 > 2.4。
- Git for Windows (https://git-scm.com/download/win)。

2. 複製 C:\Program Files\NVIDIA GPU Computing Toolkit\CUDA\v10.1\extras\visual_studio_integration\MSBuildExtensions*.* 至『C:\Program Files (x86)\Microsoft Visual Studio\2019\Community\MSBuild\Microsoft\VC\v160\BuildCustomizations』目錄內。

3. 建立一個新目錄，在『開始』按滑鼠右鍵，開啟『Windows Powershell』，執行以下指令：

- cd < 新目錄 >
- git clone https://github.com/microsoft/vcpkggit clone https://github.com/microsoft/vcpkg
- cd vcpkg
- $env:VCPKG_ROOT=$PWD
- .\bootstrap-vcpkg.bat
- .\vcpkg install darknet[opencv-base,cuda,cudnn]:x64-windows 執行約需要 20 分鐘。
- cd ..
- git clone https://github.com/AlexeyAB/darknet
- cd darknet
- powershell -ExecutionPolicy Bypass -File .\build.ps1 執行約需要 10 分鐘。

大功告成後，執行檔會放在 darknet\build_win_release 目錄內，自 https://github.com/AlexeyAB/darknet/releases/download/darknet_yolo_v3_optimal/yolov4.weights 下載 yolov4.weights，放入 build_win_release\weights 目錄，執行

darknet.exe detect ..\cfg\yolov4.cfg .\weights\yolov4.weights ..\data\dog.jpg

執行結果：可以偵測到自行車 (bike)、狗 (dog)、貨車 (Truck)、盆栽植物 (Potted plant)，機率分別為 92%、98%、92%、33%。

YOLO 特別強調速度，因此，要實際應用於專案，應採用 C/C++ 建置辨識的模組，可依照 darknet-master\build\darknet\yolo_console_dll.sln 方案來進行修改。

8-9 YOLO 模型訓練

YOLO 預設模型是採用 COCO [32] 或 Pascal VOC 資料集 [33]，假若要偵測的物件不在這些類別當中，則需自行訓練模型，大致步驟如下：

1. 準備資料集：若只是要測試處理影像，不想製作資料集的話，可直接下載 COCO 資料集，內含影像與標註檔 (Annotation)，接著遵循 YOLO 步驟實作，但可能要訓練好多天，後續筆者使用『Open Images Dataset』，可以選擇部分類別，縮短測試時間。
2. 使用標記工具軟體，例如 LabelImg[34]，產生 YOLO 格式的標註檔。LabelImg 安裝步驟如下：

   1.1. conda install pyqt=5

   1.2. conda install -c anaconda lxml

1.3. pyrcc5 -o libs/resources.py resources.qrc

1.4. 執行 LabelImg：

python labelImg.py

▲ 圖 8.26 LabelImg 標記工具

3. 模型訓練：參閱官網的教學步驟 [35]，訓練非常耗時，處理完成 300 張圖檔，大約需要 6 個小時。

範例

09 使用自訂資料集訓練 YOLO 模型。內容參考『Create your own dataset for YOLOv4 object detection in 5 minutes』[36] 及 YOLO4 GitHub [37] 這兩篇文章的做法。

1. 下載資料前置處理程式

   git clone https://github.com/theAIGuysCode/OIDv4_ToolKit.git

2. 在 OIDv4_ToolKit 目錄開啟終端機 (cmd)，並安裝相關套件：

   pip install -r requirements.txt

3. 至『Open Images Dataset』 網 站 (https://storage.googleapis.com/openimages/web/index.html) 下載訓練資料，它包含 350 種類別可應用在實例分割 (Instance Segmentation) 上，我們只取三種類別來測試，避免訓練

太久。在 OIDv4_ToolKit 目錄，執行下列指令，下載訓練資料：

python main.py downloader --classes Balloon Person Dog --type_csv train --limit 200

注意 出現『missing files』錯誤訊息時，請輸入 y。

4. 執行下列指令，下載測試資料：

   python main.py downloader --classes Balloon Person Dog --type_csv test --limit 200

   注意 出現『missing files』錯誤訊息時，請輸入 y。

5. 建立一個 classes.txt 檔案，內容如下：

   Balloon
   Person
   Dog

6. 執行下列指令，產生 YOLO 標註檔 (Annotation)，即每個影像檔都會有一個同名的標註檔 (*.txt)：

   python convert_annotations.py

   標註檔的內容為：

   < 類別 ID> < 標註框中心點 X 座標 > < 標註框中心點 Y 座標 > < 標註框寬度 > < 標註框高度 >。

7. 移除 OID\Dataset\train、OID\Dataset\test 子目錄下的 Label 目錄，包括：

- OID\Dataset\train\Balloon\Label
- OID\Dataset\train\Dog\Label
- OID\Dataset\train\Person\Label
- OID\Dataset\test\Balloon\Label
- OID\Dataset\test\Dog\Label
- OID\Dataset\test\Person\Label

8. 接著參考 YOLO4 GitHub 的說明，切換到之前建置的 darknet-master\build\darknet\x64 目錄。

9. 下　載 https://github.com/AlexeyAB/darknet/releases/download/darknet_yolo_v3_optimal/yolov4.conv.137

10. 複製 cfg/yolov4-custom.cfg 為 yolo-obj.cfg。並將 yolo-obj.cfg 進行下列更改：

- 修改第 6 行的 batch=64，改為 batch=16，筆者 GPU 記憶體只有 4GB，所以發生記憶體不足的錯誤，改為 16 即可順利執行，副作用是要花費更多的訓練時間。
- 修改第 7 行為 subdivisions=16。
- 修改第 20 行為『max_batches = 6000』，公式為類別數 (3) x 2000=6000。
- 修改第 22 行為『steps=4800,5400』，為 6000 的 80%、90%。
- 修改第 8 行為 width=416，即輸入影像寬度。
- 修改第 9 行為 height=416，即輸入影像高度。
- 修改 [yolo] 段落的 classes=80 改為 classes=3(第 970、1058、1146 行)。
- 修改 [yolo] 段落前一個 [convolutional] 的 filters=255 改為 filters=24(第 963、1051、1139 行)，公式為 (類別數 +5) x 3=24。

11. 在 darknet-master\build\darknet\x64\data\ 目錄建立一個 obj.names 檔案，內容如下：

```
Balloon
Person
Dog
```

12. 在 darknet-master\build\darknet\x64\data\ 目錄建立一個 obj.data 檔案，內容如下：

```
classes  = 3
train    = data/train.txt
valid    = data/test.txt
names    = data/obj.names
backup   = backup/
```

13. 複 製 OID\Dataset\train、OID\Dataset\test 目 錄 至 darknet-master\build\darknet\x64\data\obj\ 目錄下。

14. 在 darknet-master\build\darknet\x64\data\ 目錄建立一個 train.txt 檔案，內容如下，並將每個訓練的影像檔案相對路徑放入：

    data/obj/train/Balloon/0016f577f9811ad3.jpg

    筆者寫了一支程式 gen_train.py，產生 train.txt 檔案：

    python gen_train.py

15. 在 darknet-master\build\darknet\x64\data\ 目錄建立一個 test.txt 檔案，內容如下，將每個要訓練的影像檔案相對路徑放入：

    data/obj/test/Balloon/00b585e025287555.jpg

    執行程式 gen_train.py，產生 test.txt 檔案：

    python gen_train.py test

16. 開啟終端機 (cmd)，執行模型訓練：

    darknet.exe detector train data/obj.data yolo-obj.cfg yolov4.conv.137

- 在筆者的機器上大約執行了 8 個小時，真是苦啊，如果讀者要再自行標註影像的話，需有長期抗戰的準備。
- 若中途當機，可指定 backup 目錄下最大執行週期的檔案，繼續執行訓練：

  darknet.exe detector train data/obj.data yolo-obj.cfg backup\yolo-obj_5000.weights

- 執行完成後，會產生 backup\yolo-obj_final.weights 權重檔。
- 訓練時會產生損失函數的變化，如下圖。

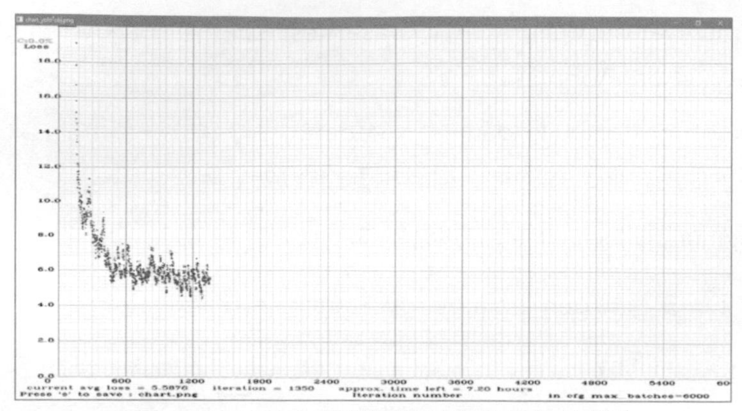

▲ 圖 8.27　YOLO 模型訓練時損失函數的變化

17. 自 test 目錄下或網路任取一檔案測試，執行下列指令：

darknet.exe detector test data/obj.data yolo-obj.cfg backup\yolo-obj_final.weights

- 輸入

  D:\1\darknet-master\build\darknet\x64\data\obj\test\
  Balloon\633dfe8635d30dad.jpg

- 效果不是很好，雖然有捕捉到人和氣球，不過氣球的機率 (0.31) 偏低，可能與第 10 步驟改成 batch=16 有關係，因原作者建議值為 64，又或者是 max_batches = 6000 應該加大吧。

▲ 圖 8.28　YOLO 模型測試結果

以上只是筆者簡單的實驗，相關的設定檔放在 code\YOLO_custom_datasets 目錄內，完整的目錄檔案過大，無法放入，請讀者見諒。上述訓練的步驟，在實際專案執行時，應該尚有一些改善空間，但最重要的還是要弄到一台高檔的 GPU 機器，用金錢換時間，畢竟人生苦短啊！

另外，筆者也使用『Eastern Cottontail Rabbits Dataset』[38]，進行 YOLO 模型訓練，有興趣的讀者可參閱『YOLO v4 模型訓練實作』[39]。

8-10 YOLOv5 模型訓練

YOLO v4 使用自訂資料集 (Custom Dataset) 訓練，需先建置 Darknet，要安裝 C++ 開發環境，比較複雜，訓練要很久，YOLO v5 解決了這些問題，單一指令就可以進行模型訓練，先至官網 [30] 下載程式，再執行下列指令：

```
python train.py --img 640 --batch 16 --epochs 3 --data coco128.yaml --weights yolov5s.pt
```

筆者依『Custom Object Detection Training using YOLOv5』[40] 一文訓練 7 個類別，約 30 分鐘就搞定了，之後偵測圖像或影片均沒有問題。

8-11 SSD 演算法

與 YOLO 齊名，Single Shot MultiBox Detector(SSD) 演算法也屬於一階段的演算法，在速度上比 R-CNN 系列演算法快，而在準確率 (mAP) 上比 YOLO v1 高，但卻好景不常，後來 YOLO 不斷的升級改良，SSD 的網路聲量好像就變小了。

System	VOC2007 test *mAP*	FPS (Titan X)	Number of Boxes	Input resolution
Faster R-CNN (VGG16)	73.2	7	~6000	~1000 x 600
YOLO (customized)	63.4	45	98	448 x 448
SSD300* (VGG16)	77.2	46	8732	300 x 300
SSD512* (VGG16)	**79.8**	19	24564	512 x 512

▲ 圖 8.29 R-CNN、YOLO、SSD 比較表，資料來源：SSD 官網 [41]

SSD 比較特別的地方是它採用 VGG 模型，並且在中間使用多個卷積層擷取特徵圖 (Feature map)，同時進行預測。

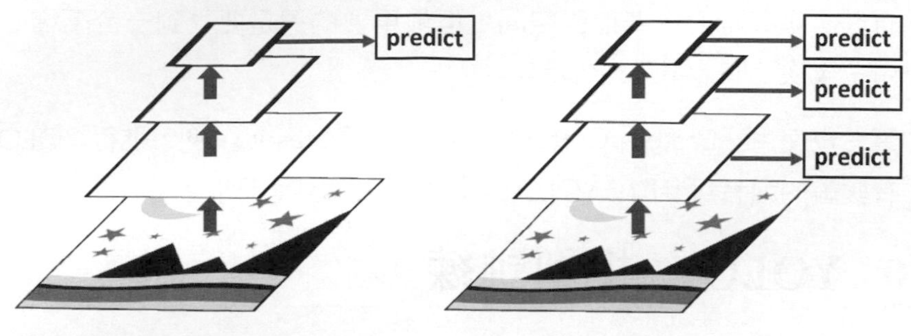

▲ 圖 8.30　左圖為 YOLO 模型，右圖為 SSD

詳細說明可參閱『一文看盡目標檢測演算法 SSD 的核心架構與設計思想』[43]。

它也是用 Caffe 架構開發的，SSD 官網 [40] 並未說明在 Windows 作業系統下要如何編譯，不過，PyTorch Hub 提供的 SSD300 模型 API，可直接使用。

範例

10 使用 SSD 演算法進行物件偵測。

程式：【08_09_SSD.ipynb】。

1. 載入相關套件。

```
1 import torch
```

2. 載入模型。

```
1 ssd_model = torch.hub.load('NVIDIA/DeepLearningExamples:torchhub', 'nvidia_ssd').to(device)
2 utils = torch.hub.load('NVIDIA/DeepLearningExamples:torchhub', 'nvidia_ssd_processing_utils')
3 ssd_model.eval()
```

- 執行結果：可看到 SSD 模型結構，非常複雜。

3. 取得 COCO 類別。

```
1 classes_to_labels = utils.get_coco_object_dictionary()
2 classes_to_labels
```

4. 下載圖像。

```
# 下載 3 張圖像
uris = [
    'http://images.cocodataset.org/val2017/000000397133.jpg',
    'http://images.cocodataset.org/val2017/000000037777.jpg',
    'http://images.cocodataset.org/val2017/000000252219.jpg'
]

# 轉為張量
inputs = [utils.prepare_input(uri) for uri in uris]
tensor = utils.prepare_tensor(inputs)
```

5. 預測：SSD 會產生 8732 個候選框，篩選預測機率 > 0.4 的定界框，以刪除不準確的候選框。

```
# 預測
with torch.no_grad():
    detections_batch = ssd_model(tensor)

# 篩選預測機率 > 0.4 的定界框
results_per_input = utils.decode_results(detections_batch)
best_results_per_input = [utils.pick_best(results, 0.40)
                          for results in results_per_input]
```

6. 顯示結果。

```
# 顯示結果
from matplotlib import pyplot as plt
import matplotlib.patches as patches

for image_idx in range(len(best_results_per_input)):
    fig, ax = plt.subplots(1)
    # 顯示原圖
    image = inputs[image_idx] / 2 + 0.5
    ax.imshow(image)

    # 顯示偵測結果
    bboxes, classes, confidences = best_results_per_input[image_idx]
    for idx in range(len(bboxes)):
        left, bot, right, top = bboxes[idx]
        x, y, w, h = [val * 300 for val in \
                      [left, bot, right - left, top - bot]]
        rect = patches.Rectangle((x, y), w, h, linewidth=1,
                                 edgecolor='r', facecolor='none')
        ax.add_patch(rect)
        ax.text(x, y, "{} {:.0f}%".format(classes_to_labels[classes[idx] - 1],
              confidences[idx]*100), bbox=dict(facecolor='white', alpha=0.5))
plt.show()
```

- 執行結果：

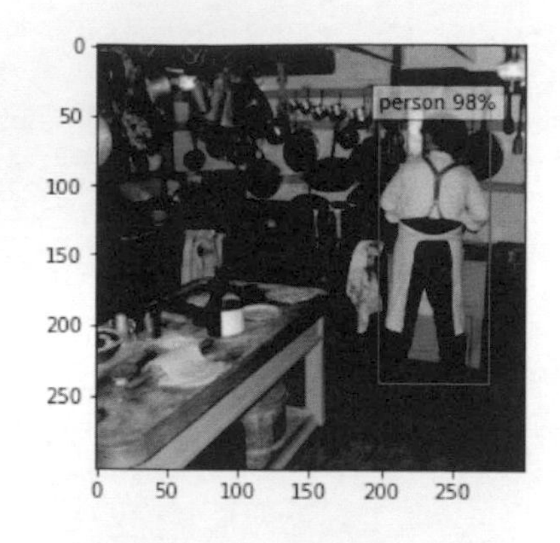

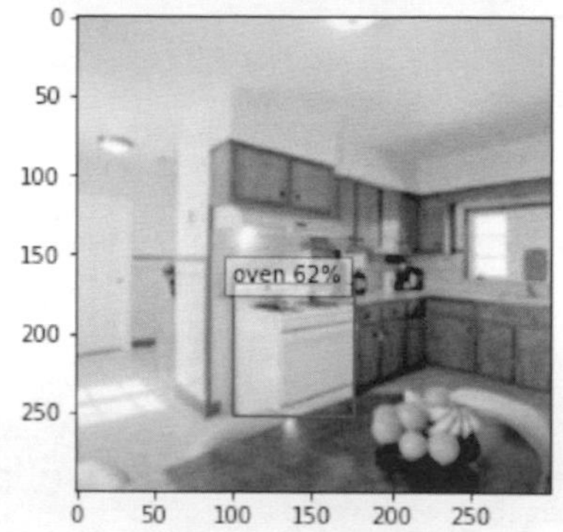

8-12 物件偵測的效能衡量指標

物件偵測的效能衡量指標是採『平均精確度均值』（mean Average Precision，mAP），YOLO 官網展示的圖表針對各種模型比較 mAP。

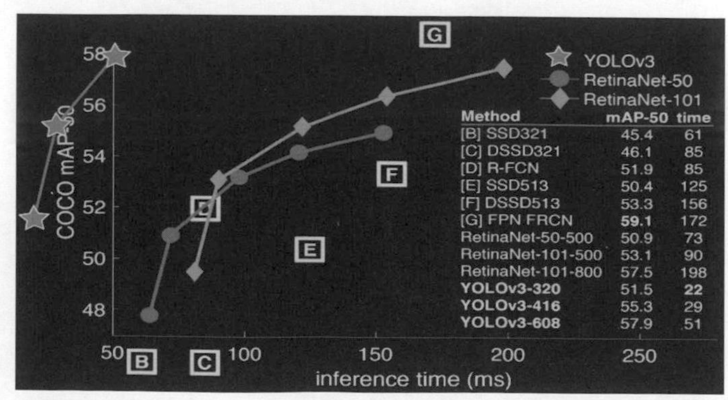

▲ 圖 8.31 YOLO 與其他模型比較，圖片來源：YOLO 官網 [26]

第四章介紹過的 ROC/AUC 效能衡量指標，是以預測機率為基準，計算各種閾值 (門檻值) 下的真陽率與偽陽率，以偽陽率為 X 軸，真陽率為 Y 軸，繪製出 ROC 曲線。而 mAP 也類似 ROC/AUC，以 IoU 為基準，計算各種閾值 (門檻值) 下的精確率 (Precision) 與召回率 (Recall)，以召回率為 X 軸，精確率為 Y 軸，繪製出 mAP 曲線。

不過，物件偵測模型通常是多分類，不是二分類，因此，採取計算各個種類的平均精確度，繪製後如下左方圖表，通常會調整成右方圖表的粗線，因為，在閾值低的精確率一定比閾值高的精確率更好，所以作此調整。

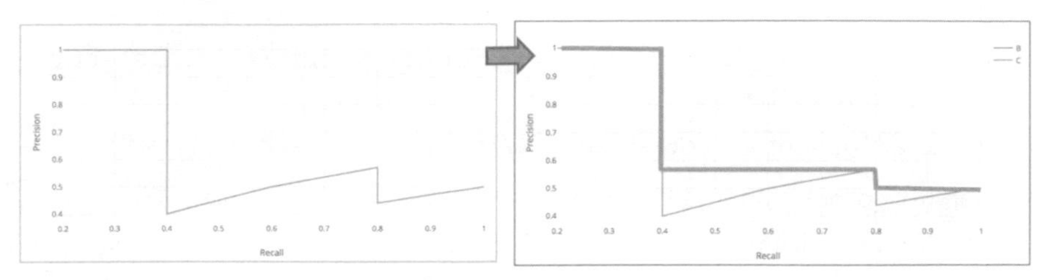

▲ 圖 8.32 mAP 曲線，左圖是實際計算的結果，右圖是調整後的結果

8-13 總結

這一章我們認識了許多物件偵測的演算法，包括 HOG、R-CNN、YOLO、SSD，同時也實作許多範例，像是傳統的影像金字塔、R-CNN、PyTorch Detectron2、YOLO、TensorFlow Object Detection API，還包含圖像和視訊偵測，也可自訂資料集訓練模型，證明我們的確有能力，將物件偵測技術導入到專案中使用。

演算法各有優劣，Faster R-CNN 雖然較慢，但準確度高，儘管 YOLO 早期為了提升執行速度犧牲了準確度，但經過幾個版本升級後，準確度也已大幅提高。所以建議讀者在實際應用時，還是應該多方嘗試，找出最適合的模型，譬如在邊緣運算的場域使用輕量模型，不只要求辨識速度快，更要節省記憶體的使用。

現在許多學者開始研究動態物件偵測，例如姿態 (Pose) 偵測，可用來辨識體育運動姿勢是否標準，協助運動員提升成績，另外還有手勢偵測 [43]、體感遊戲、製作皮影戲 [44] 等，也很好玩。

參考資料 (References)

[1] Joseph Redmon、Anelia Angelova,《Real-Time Grasp Detection Using Convolutional Neural Networks》, 2015
(https://docs.google.com/presentation/d/1Zc9-iR1eVz-zysinwb7bzLGC2no2ZiaD897_14dGbhw/edit?usp=sharing)

[2] 2011 年 ImageNet ILSVRC 挑戰賽比賽說明
(http://image-net.org/challenges/LSVRC/2011/index)

[3] 2017 年 ImageNet ILSVRC 挑戰賽比賽說明
(http://image-net.org/challenges/LSVRC/2017/)

[4] Fei-Fei Li、Justin Johnson、Serena Yeung,《Lecture 11: Detection and Segmentation》, 2017
(http://cs231n.stanford.edu/slides/2017/cs231n_2017_lecture11.pdf)

[5] Adrian Rosebrock,《Image Pyramids with Python and OpenCV》, 2015
(https://www.pyimagesearch.com/2015/03/16/image-pyramids-with-python-and-opencv/)

[6] IIPImage
(https://iipimage.sourceforge.io/documentation/images/)

[7] Adrian Rosebrock,《Sliding Windows for Object Detection with Python and OpenCV》, 2015
(https://www.pyimagesearch.com/2015/03/23/sliding-windows-for-object-detection-with-python-and-opencv/)

[8] 素娜 93,《方向梯度直方圖（HOG）》, 2017
(https://www.jianshu.com/p/6f69c751e9e7)

[9] Adrian Rosebrock,《Histogram of Oriented Gradients and Object Detection》, 2014
(https://www.pyimagesearch.com/2014/11/10/histogram-oriented-gradients-object-detection/)

[10] Adrian Rosebrock,《Non-Maximum Suppression for Object Detection in Python》, 2014
(https://www.pyimagesearch.com/2014/11/17/non-maximum-suppression-object-detection-python/)

[11] Tomasz Malisiewicz,《Ensemble of Exemplar-SVMs for Object Detection and Beyond》
(http://www.cs.cmu.edu/~tmalisie/projects/iccv11/index.html)

[12] Jatin Prakash,《Non Maximum Suppression: Theory and Implementation in PyTorch》, 2021
(https://learnopencv.com/non-maximum-suppression-theory-and-implementation-in-pytorch/)

[13] Ross Girshick、Jeff Donahue、Trevor Darrell、Jitendra Malik,《Rich feature hierarchies for accurate object detection and semantic segmentation》, 2014
(https://arxiv.org/pdf/1311.2524.pdf)

[14] J. R. R. Uijlings、K. E. A. van de Sande、T. Gevers、A. W. M. Smeulders,《Selective Search for Object Recognition》, 2012
(https://github.com/object-detection-algorithm/selectivesearch)

[15] Github『R-CNN: Regions with Convolutional Neural Network Features』
(https://github.com/rbgirshick/rcnn)

[16] Kaiming He、Xiangyu Zhang、Shaoqing Ren、Jian Sun,《Spatial Pyramid Pooling in Deep Convolutional Networks for Visual Recognition》, 2015
(https://arxiv.org/abs/1406.4729)

[17] v1_vivian,《SPP-Net 論文詳解》, 2017
(https://www.itread01.com/content/1542334444.html)

[18] Github『A simple Spatial Pyramid Pooling layer which could be added in CNN』
(https://github.com/yueruchen/sppnet-pytorch)

[19] Github『Spatial pyramid pooling layers for keras』
(https://github.com/yhenon/keras-spp)

[20] 白裳,《捋一捋 pytorch 官方 FasterRCNN 代碼》, 2021
(https://zhuanlan.zhihu.com/p/145842317)

[21] Johannes Schmidt,《Train your own object detector with Faster-RCNN & PyTorch》, 2021
(https://johschmidt42.medium.com/train-your-own-object-detector-with-faster-rcnn-pytorch-8d3c759cfc70)

[22] Ross B. Girshick 於 GitHub 上放置的 Faster R-CNN 程式碼 (https://github.com/rbgirshick/py-faster-rcnn)

[23] Shangeth Rajaa、Satya Mallick,《Faster R-CNN Object Detection with PyTorch》, 2019
(https://learnopencv.com/faster-r-cnn-object-detection-with-pytorch)

[24] Tsung-Yi Lin、Piotr Dollár、Ross Girshick,《Feature Pyramid Networks for Object Detection》, 2016
(https://arxiv.org/abs/1612.03144)

[25] 『Getting Started with Detectron2』
(https://detectron2.readthedocs.io/en/latest/tutorials/getting_started.html)

[26] YOLO 官網 YOLO 版本 v1~v3 的比較
(https://pjreddie.com/darknet/yolo/)

[27] Alexey Bochkovskiy、Chien-Yao Wang、Hong-Yuan Mark Liao,《YOLOv4: Optimal Speed and Accuracy of Object Detection》, 2020
(https://arxiv.org/abs/2004.10934)

[28] YOLO5 GitHub
(https://github.com/ultralytics/yolov5)

[29] Joseph Redmon、Santosh Divvala、Ross Girshick、Ali Farhadi,《You Only Look Once: Unified, Real-Time Object Detection》, 2016
(https://docs.google.com/presentation/d/1kAa7NOamBt4calBU9iHgT8a86RRHz9Yz2oh4-GTdX6M/edit?usp=sharing)

[30] PyTorch 官網 YOLO v5
(https://pytorch.org/hub/ultralytics_yolov5)

[31] 王若樸,《【冠軍模型幕後推手：中研院資訊所博士後研究員王建堯】靠軟硬整合實力拿下兩次世界第一》, 2021
(https://www.ithome.com.tw/news/148302)

[32] COCO 資料集的 80 個類別
(https://github.com/amikelive/coco-labels/blob/master/coco-labels-2014_2017.txt)

[33] Pascal VOC 資料集
(http://host.robots.ox.ac.uk/pascal/VOC/index.html#bestpractice)

[34] Github LabelImg
(https://github.com/tzutalin/labelImg)

[35] YOLO 模型訓練的教學步驟
(https://github.com/AlexeyAB/darknet#how-to-train-to-detect-your-custom-objects)

[36] Aditya Chakraborty,《Create your own dataset for YOLOv4 object detection in 5 minutes》, 2020
(https://medium.com/analytics-vidhya/create-your-own-dataset-for-yolov4-object-detection-in-5-minutes-fdc988231088)

[37] YOLO4 GitHub
(https://github.com/AlexeyAB/darknet)

[38] 『Eastern Cottontail Rabbits Dataset』
(https://public.roboflow.com/object-detection/eastern-cottontail-rabbits/1)

[39] 陳昭明,《YOLO v4 模型訓練實作》, 2021
(https://ithelp.ithome.com.tw/articles/10282549)

[40] Sovit Rath, Custom Object Detection Training using YOLOv5, 2022
(https://learnopencv.com/custom-object-detection-training-using-yolov5)

[41] SSD 官網
(https://github.com/weiliu89/caffe/tree/ssd)

[42] LoveMIss-Y,《一文看盡目標檢測演算法 SSD 的核心架構與設計思想》, 2019
(https://blog.csdn.net/qq_27825451/article/details/89137697)

[43] Oz Ramos,《Introducing Handsfree.js - Integrate hand, face, and pose gestures to your frontend》, 2021
(https://handsfree.js.org/guide/misc/intro.html#examples)

[44] Jen Looper,《Ombromanie: Creating Hand Shadow stories with Azure Speech and TensorFlow.js Handposes》, 2021
(https://dev.to/azure/ombromanie-creating-hand-shadow-stories-with-azure-speech-and-tensorflow-js-handposes-3cln)

第 9 章 進階的影像應用

除了物件偵測之外，CNN 還有許多影像方面的應用，譬如：

- 語義分割 (Semantic segmentation)。
- 風格轉換 (Style Transfer)。
- 影像標題 (Image Captioning)。
- 姿態辨識 (Pose Detection 或 Action Detection)。
- 生成對抗網路 (GAN) 各式的應用。
- 深度偽造 (Deep Fake)。

本章將繼續探討以上這些應用領域，其中生成對抗網路 (GAN) 的內容較多，會以專章來介紹。

9-1 語義分割 (Semantic Segmentation) 介紹

物件偵測是以整個物件作為標記 (Label)，而語義分割 (Semantic Segmentation) 則以每個像素 (Pixel) 作為標記 (Label)，區分物件涵蓋的區域，如下圖：

經過語義分割後產生如下圖，各物件以不同顏色的像素表示。

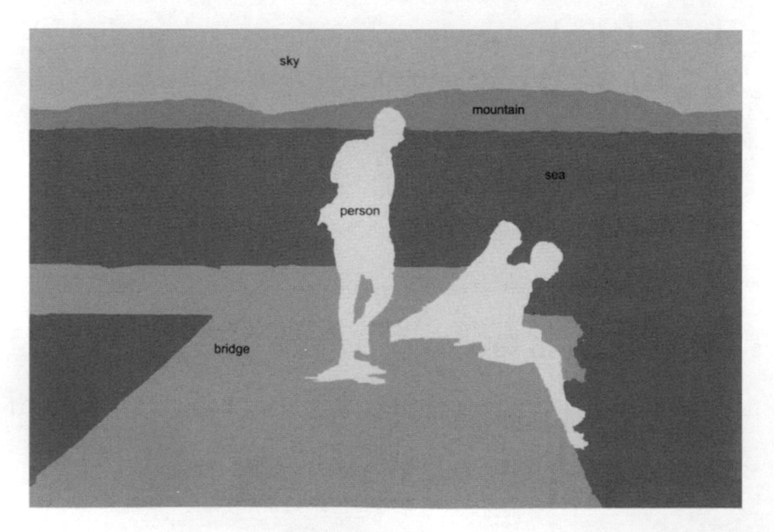

甚至更進一步，進行實例分割 (Instance Segmentation)，相同類別的物件也以不同的顏色表示。

語義分割的應用非常廣泛，例如：

1. 自駕車的影像識別。
2. 醫療診斷：斷層掃描 (CT)、核磁共振 (MRI) 的疾病區域標示。
3. 衛星照片。
4. 機器人的影像識別。

語義分割的原理是先利用 CNN 進行特徵萃取 (Feature Extraction)，再運用萃取的特徵向量來重建影像，如下圖：

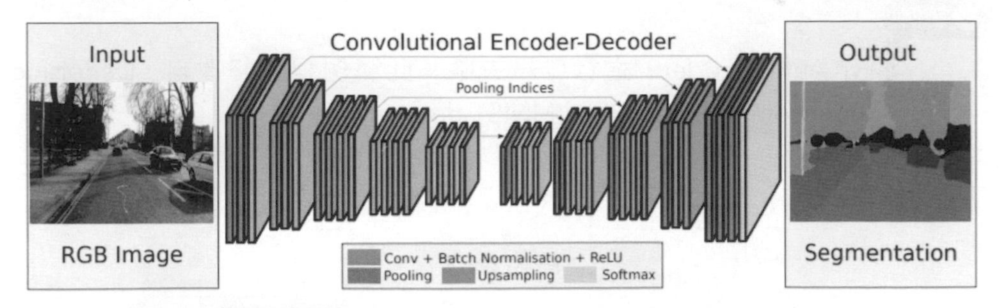

▲ 圖 9.1 語義分割的示意圖，圖片來源：SegNet: A Deep Convolutional Encoder-Decoder Architecture for Image Segmentation [1]

這種『原始影像 → 特徵萃取 → 重建影像』的作法，泛稱為『自動編碼器』(AutoEncoder, AE) 架構，許多進階的演算法都以此架構為基礎，因此，我們先來探究 AutoEncoder 架構。

9-2 自動編碼器 (AutoEncoder)

自動編碼器 (AutoEncoder, AE) 透過特徵萃取得到訓練資料的共同特徵，一些雜訊會被過濾掉，接著再依據特徵向量重建影像，這樣就可以達到『去雜訊』(Denosing) 的目的，此作法也可以擴展到語義分割 (Semantic segmentation)、風格轉換 (Style Transfer)、U-net、生成對抗網路 (GAN)⋯等各式各樣的演算法。

AutoEncoder 由 Encoder 與 Decoder 組合而成：

- 編碼器 (Encoder)：即為萃取特徵的過程，類似於 CNN 模型，但不含最後的分類層 (Dense)。
- 解碼器 (Decoder)：根據萃取的特徵來重建影像。

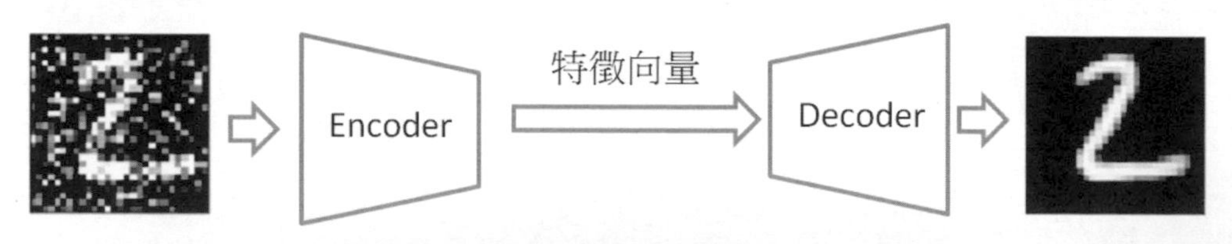

▲ 圖 9.2 自動編碼器 (AutoEncoder) 示意圖

接下來，我們實作 AutoEncoder，使用 MNIST 資料集，示範如何將雜訊去除。

範例

01 實作 AutoEncoder，進行雜訊去除。此範例程式修改自『Denoising Autoencoder in Pytorch on MNIST dataset』[2]。

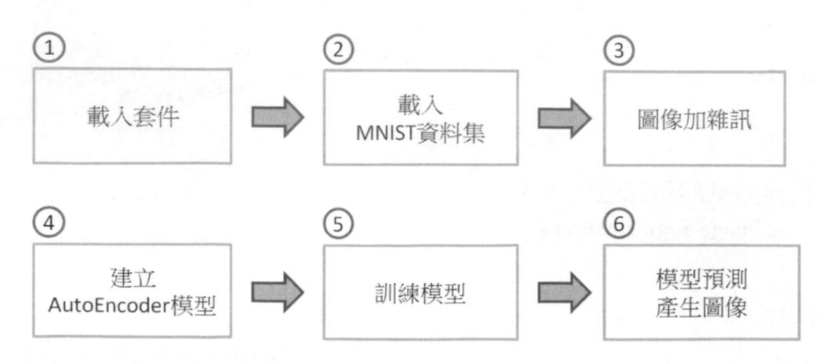

➤ 下列程式碼請參考【09_01_MNIST_Autoencoder.ipynb】。

1. 載入相關套件。

```
1  import matplotlib.pyplot as plt
2  import numpy as np
3  import pandas as pd
4  import random
5  import os
6  
7  import torch
8  import torchvision
9  from torchvision import transforms
10 from torch.utils.data import DataLoader,random_split
11 from torch import nn
12 import torch.nn.functional as F
13 import torch.optim as optim
14 from sklearn.manifold import TSNE
```

2. 參數設定。

```
1 PATH_DATASETS = "" # 預設路徑
2 BATCH_SIZE = 256  # 批量
3 device = torch.device("cuda" if torch.cuda.is_available() else "cpu")
4 "cuda" if torch.cuda.is_available() else "cpu"
```

3. 取得 MNIST 訓練資料，只取圖像 (X)，不需要 Label(Y)，因為程式只要進行特徵萃取，不用辨識。

```
1 train_ds = torchvision.datasets.MNIST(PATH_DATASETS, train=True, download=True)
2 test_ds  = torchvision.datasets.MNIST(PATH_DATASETS, train=False, download=True)
```

4. 顯示任意 20 筆 MNIST 圖像。

```
1 fig, axs = plt.subplots(4, 5, figsize=(8,8))
2 for ax in axs.flatten():
3     # 隨機抽樣
4     img, label = random.choice(train_ds)
5     ax.imshow(np.array(img), cmap='gist_gray')
6     ax.set_title('Label: %d' % label)
7     ax.set_xticks([])
8     ax.set_yticks([])
9 plt.tight_layout()
```

• 執行結果：

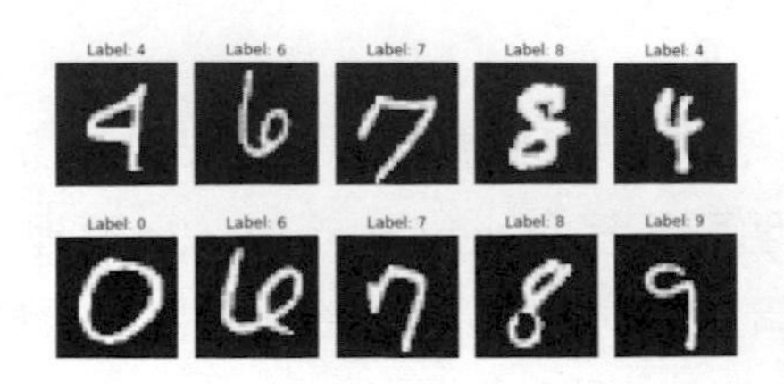

5. 建立 DataLoader，切割 20% 訓練資料作為驗證資料，以計算驗證資料的損失及準確率。

```
# 轉為張量
train_ds.transform = transforms.ToTensor()
test_ds.transform = transforms.ToTensor()

# 切割20%訓練資料作為驗證資料
m=len(train_ds) # 總筆數
train_data, val_data = random_split(train_ds, [int(m-m*0.2), int(m*0.2)])

train_loader = torch.utils.data.DataLoader(train_data, batch_size=BATCH_SIZE)
valid_loader = torch.utils.data.DataLoader(val_data, batch_size=BATCH_SIZE)
test_loader = torch.utils.data.DataLoader(test_ds, batch_size=BATCH_SIZE,shuffle=True)
```

6. 定義 AutoEncoder 模型：含編碼器 (Encoder) 及解碼器 (Decoder)，編碼器使用卷積層萃取線條特徵向量，解碼器以特徵向量重建圖像。一般編碼器只要卷積層，萃取特徵，不需要完全連接層，不過這個範例編碼器含有完全連接層，也是可行。

```
class Encoder(nn.Module):
    def __init__(self, encoded_space_dim,fc2_input_dim):
        super().__init__()

        # Convolution
        self.encoder_cnn = nn.Sequential(
            nn.Conv2d(1, 8, 3, stride=2, padding=1),
            nn.ReLU(True),
            nn.Conv2d(8, 16, 3, stride=2, padding=1),
            nn.BatchNorm2d(16),
            nn.ReLU(True),
            nn.Conv2d(16, 32, 3, stride=2, padding=0),
            nn.ReLU(True)
        )

        self.flatten = nn.Flatten(start_dim=1)

        self.encoder_lin = nn.Sequential(
            nn.Linear(3 * 3 * 32, 128),
            nn.ReLU(True),
            nn.Linear(128, encoded_space_dim)
        )

    def forward(self, x):
        x = self.encoder_cnn(x)
        x = self.flatten(x)
        x = self.encoder_lin(x)
        return x
```

7. 解碼器 (Decoder)：含轉置卷積層 (ConvTranspose2d)，也稱為反卷積層，把圖像放大，詳細說明可參考『ConvTranspose2d 原理，深度網路如何進行上採樣』[3]，內含動畫，它並不是單純的將一點複製成 NxN 點，而是會考慮周邊的點，類似卷積運算。

```
class Decoder(nn.Module):
    def __init__(self, encoded_space_dim,fc2_input_dim):
        super().__init__()

        self.decoder_lin = nn.Sequential(
            nn.Linear(encoded_space_dim, 128),
            nn.ReLU(True),
            nn.Linear(128, 3 * 3 * 32),
            nn.ReLU(True)
        )

        self.unflatten = nn.Unflatten(dim=1, unflattened_size=(32, 3, 3))

        self.decoder_conv = nn.Sequential(
            # 反卷積
            nn.ConvTranspose2d(32, 16, 3, stride=2, output_padding=0),
            nn.BatchNorm2d(16),
            nn.ReLU(True),
            nn.ConvTranspose2d(16, 8, 3, stride=2, padding=1, output_padding=1),
            nn.BatchNorm2d(8),
            nn.ReLU(True),
            nn.ConvTranspose2d(8, 1, 3, stride=2, padding=1, output_padding=1)
        )

    def forward(self, x):
        x = self.decoder_lin(x)
        x = self.unflatten(x)
        x = self.decoder_conv(x)
        x = torch.sigmoid(x)
        return x
```

8. 建立模型：根據上述類別建立物件，d 是 encoder 輸出個數，也是 decoder 輸入個數，可作調整，方便參數調校。

```
# 固定隨機亂數種子，以利掌握執行結果
torch.manual_seed(0)

# encoder 輸出個數、decoder 輸入個數
d = 4
encoder = Encoder(encoded_space_dim=d,fc2_input_dim=128).to(device)
decoder = Decoder(encoded_space_dim=d,fc2_input_dim=128).to(device)
```

9. 定義損失函數及優化器：可選擇其他損失函數及優化器。

```
loss_fn = torch.nn.MSELoss()
lr= 0.001 # Learning rate

params_to_optimize = [
    {'params': encoder.parameters()},
    {'params': decoder.parameters()}
]

optim = torch.optim.Adam(params_to_optimize, lr=lr)
```

10. 定義加雜訊 (Noise) 的函數：noise_factor 愈大，雜訊愈多。

```
def add_noise(inputs,noise_factor=0.3):
    noise = inputs+torch.randn_like(inputs)*noise_factor
    noise = torch.clip(noise,0.,1.)
    return noise
```

11. 定義訓練函數：與一般訓練不同的是第 10 行，將資料先加雜訊再訓練。

```
 1 def train_epoch_den(encoder, decoder, device, dataloader,
 2                     loss_fn, optimizer,noise_factor=0.3):
 3     # 指定為訓練階段
 4     encoder.train()
 5     decoder.train()
 6     train_loss = []
 7     # 訓練
 8     for image_batch, _ in dataloader:
 9         # 加雜訊
10         image_noisy = add_noise(image_batch,noise_factor)
11         image_noisy = image_noisy.to(device)
12         # 編碼
13         encoded_data = encoder(image_noisy)
14         # 解碼
15         decoded_data = decoder(encoded_data)
16         # 計算損失
17         loss = loss_fn(decoded_data, image_noisy)
18         # 反向傳導
19         optimizer.zero_grad()
20         loss.backward()
21         optimizer.step()
22         # print(f'損失：{loss.data}')
23         train_loss.append(loss.detach().cpu().numpy())
24 
25     return np.mean(train_loss)
```

12. 定義測試函數：與一般訓練相同，將資料先加雜訊再測試，並將解碼結果存入 conc_out 變數。

```
 1 def test_epoch_den(encoder, decoder, device, dataloader,
 2                    loss_fn,noise_factor=0.3):
 3     # 指定為評估階段
 4     encoder.eval()
 5     decoder.eval()
 6     with torch.no_grad(): # No need to track the gradients
 7         conc_out = []
 8         conc_label = []
 9         for image_batch, _ in dataloader:
10             # 加雜訊
11             image_noisy = add_noise(image_batch,noise_factor)
12             image_noisy = image_noisy.to(device)
13             # 編碼
14             encoded_data = encoder(image_noisy)
15             # 解碼
16             decoded_data = decoder(encoded_data)
17             # 輸出存入 conc_out 變數
18             conc_out.append(decoded_data.cpu())
19             conc_label.append(image_batch.cpu())
20         # 合併
21         conc_out = torch.cat(conc_out)
22         conc_label = torch.cat(conc_label)
23         # 驗證資料的損失
24         val_loss = loss_fn(conc_out, conc_label)
25     return val_loss.data
```

13. 定義重建圖像的函數：顯示原圖、加雜訊的圖及重建的圖像，作為比較。

```
# fix 中文亂碼
from matplotlib.font_manager import FontProperties
plt.rcParams['font.sans-serif'] = ['Microsoft JhengHei'] # 微軟正黑體
plt.rcParams['axes.unicode_minus'] = False

def plot_ae_outputs_den(epoch,encoder,decoder,n=5,noise_factor=0.3):
    plt.figure(figsize=(10,4.5))
    for i in range(n):
        ax = plt.subplot(3,n,i+1)
        img = test_ds[i][0].unsqueeze(0)
        image_noisy = add_noise(img,noise_factor)
        image_noisy = image_noisy.to(device)

        encoder.eval()
        decoder.eval()

        with torch.no_grad():
            rec_img  = decoder(encoder(image_noisy))

        if epoch == 0:
            plt.imshow(img.cpu().squeeze().numpy(), cmap='gist_gray')
            ax.get_xaxis().set_visible(False)
            ax.get_yaxis().set_visible(False)
            if i == n//2:
                ax.set_title('原圖')
            ax = plt.subplot(3, n, i + 1 + n)
            plt.imshow(image_noisy.cpu().squeeze().numpy(), cmap='gist_gray')
            ax.get_xaxis().set_visible(False)
            ax.get_yaxis().set_visible(False)
            if i == n//2:
                ax.set_title('加雜訊')

        if epoch == 0:
            ax = plt.subplot(3, n, i + 1 + n + n)
        else:
            ax = plt.subplot(1, n, i + 1)
        plt.imshow(rec_img.cpu().squeeze().numpy(), cmap='gist_gray')
        ax.get_xaxis().set_visible(False)
        ax.get_yaxis().set_visible(False)
        if epoch == 0 and i == n//2:
            ax.set_title('重建圖像')
    plt.subplots_adjust(left=0.1,
                        bottom=0.1,
                        right=0.7,
                        top=0.9,
                        wspace=0.3,
                        hspace=0.3)
    plt.show()
```

14. 訓練。

```
noise_factor = 0.3
num_epochs = 30
history_da={'train_loss':[],'val_loss':[]}

for epoch in range(num_epochs):
    # print(f'EPOCH {epoch + 1}/{num_epochs}')
    # 訓練
    train_loss=train_epoch_den(
        encoder=encoder,
        decoder=decoder,
        device=device,
        dataloader=train_loader,
        loss_fn=loss_fn,
        optimizer=optim,noise_factor=noise_factor)
    # 驗證
    val_loss = test_epoch_den(
        encoder=encoder,
        decoder=decoder,
        device=device,
        dataloader=valid_loader,
        loss_fn=loss_fn,noise_factor=noise_factor)
    # Print Validation loss
    history_da['train_loss'].append(train_loss)
    history_da['val_loss'].append(val_loss)
    print(f'EPOCH {epoch + 1}/{num_epochs} \t 訓練損失：{train_loss:.3f}' +
          f' \t 驗證損失： {val_loss:.3f}')
    plot_ae_outputs_den(epoch,encoder,decoder,noise_factor=noise_factor)
```

- 執行結果：隨著訓練，生成的圖像愈清晰且正確。
- 第 1 個執行週期如下：

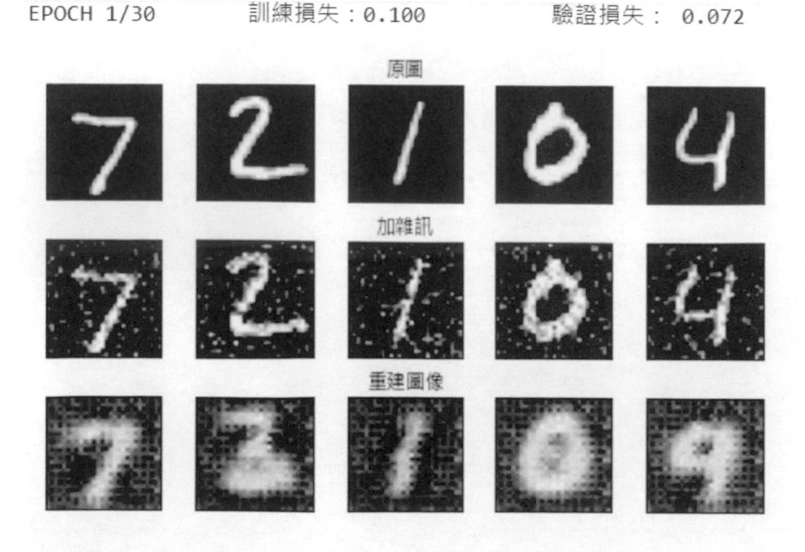

- 第 30 個執行週期如下：很明顯清晰許多。

EPOCH 30/30　　訓練損失：0.049　　驗證損失： 0.038

  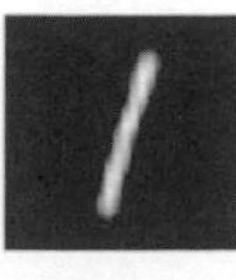  

15. 使用隨機亂數生成圖像：輸入 4 個數字的向量生成圖像，以下程式碼輸入由淺色至深色的向量生成圖像。

```
1  def plot_reconstructed(decoder, r0=(-5, 10), r1=(-10, 5), n=10):
2      plt.figure(figsize=(20,8.5))
3      w = 28
4      img = np.zeros((n*w, n*w))
5      # 隨機亂數
6      for i, y in enumerate(np.linspace(*r1, n)):
7          for j, x in enumerate(np.linspace(*r0, n)):
8              z = torch.Tensor([[x, y], [x, y]]).reshape(-1,4).to(device)
9              # print(z.shape)
10             x_hat = decoder(z)
11             x_hat = x_hat.reshape(28, 28).to('cpu').detach().numpy()
12             img[(n-1-i)*w:(n-1-i+1)*w, j*w:(j+1)*w] = x_hat
13     plt.imshow(img, extent=[*r0, *r1], cmap='gist_gray')
14
15 plot_reconstructed(decoder, r0=(-1, 1), r1=(-1, 1))
```

- 執行結果：可生成任意的數字。

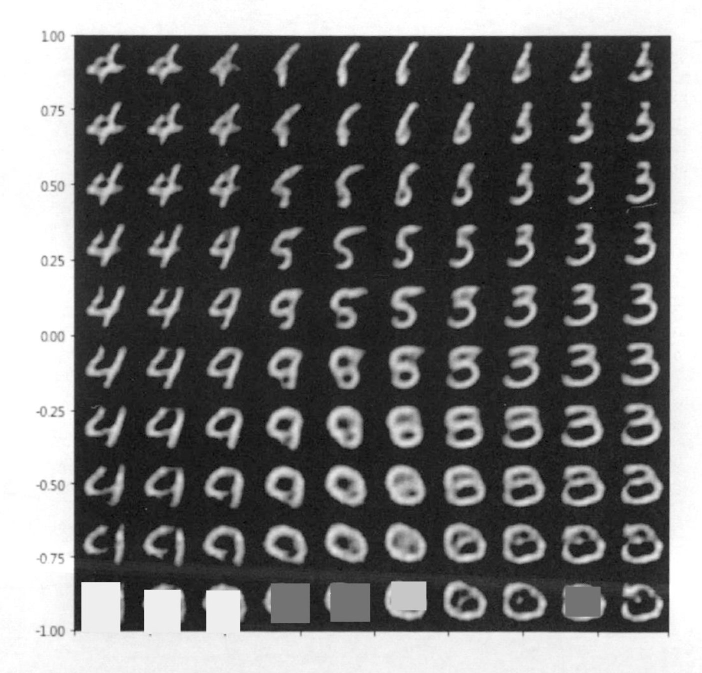

16. 觀察模型中間的潛在因子 (Latent Factor)：編碼器的輸出設定為 4，故輸出 4 個變數。

```
encoded_samples = []
for sample in test_ds:
    img = sample[0].unsqueeze(0).to(device)
    label = sample[1]
    # Encode image
    encoder.eval()
    with torch.no_grad():
        encoded_img  = encoder(img)
    # Append to list
    encoded_img = encoded_img.flatten().cpu().numpy()
    encoded_sample = {f"變數 {i}": enc for i, enc in enumerate(encoded_img)}
    encoded_sample['label'] = label
    encoded_samples.append(encoded_sample)

encoded_samples = pd.DataFrame(encoded_samples)
encoded_samples
```

- 執行結果：測試資料集共 10,000 筆資料。

	Enc. Variable 0	Enc. Variable 1	Enc. Variable 2	Enc. Variable 3	label
0	-2.708830	1.352979	0.896718	-1.138998	7
1	0.459103	0.874820	1.723890	0.092751	2
2	-1.225864	2.091084	0.537997	0.920463	1
3	0.379200	-0.963157	-0.327787	0.176350	0
4	-0.998168	0.381464	-1.376472	-0.394563	4
...	...	...	...	...	...
9995	-0.532613	0.377049	1.552729	-0.078492	2
9996	0.798871	0.384637	0.918125	-0.138463	3
9997	-1.602299	0.892798	-0.702039	0.356077	4
9998	-0.493146	-0.269544	-0.146604	0.931693	5
9999	1.264596	-0.389804	-0.610143	0.470594	6

17. 使用前兩個變數為座標軸繪圖。

```
import plotly.express as px
import plotly.graph_objects as go

fig = px.scatter(encoded_samples, x='變數 0', y='變數 1',
                 color=encoded_samples.label.astype(str), opacity=0.7)
fig_widget = go.FigureWidget(fig)
fig_widget
```

- 執行結果：測試資料集共 10,000 筆資料，阿拉伯數字無法區分得很清楚。

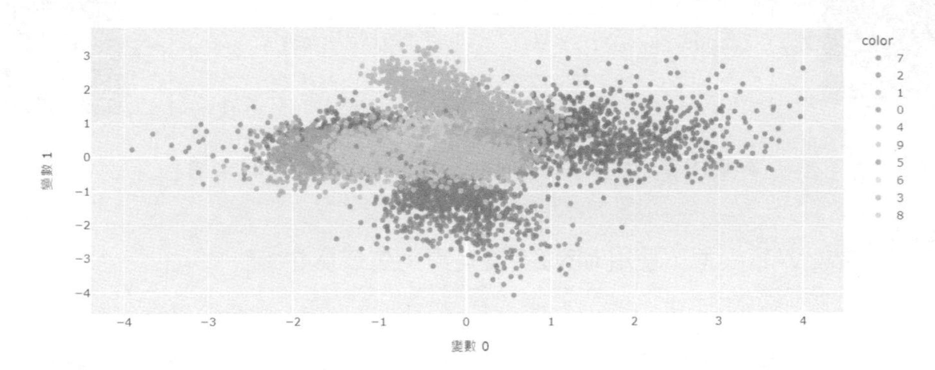

18. 採 TSNE 降維，並繪圖：將 4 個變數萃取成 2 個特徵。

```
1 # TSNE 降維
2 tsne = TSNE(n_components=2)
3 tsne_results = tsne.fit_transform(encoded_samples.drop(['label'],axis=1))
4
5 # 繪圖
6 fig = px.scatter(tsne_results, x=0, y=1, color=encoded_samples.label.astype(str)
7                 ,labels={'0': 'tsne-變數1', '1': 'tsne-變數2'})
8 fig_widget = go.FigureWidget(fig)
9 fig_widget
```

- 執行結果：阿拉伯數字區分得很清楚，表示模型效果還不錯。

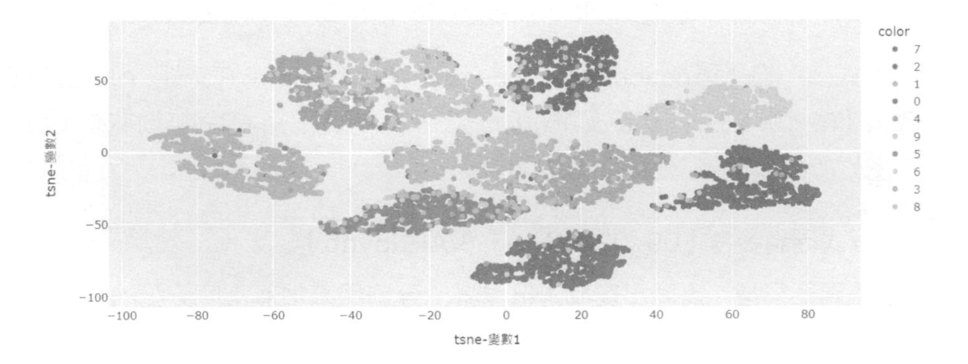

AutoEncoder 屬於非監督式學習算法，不需要標記 (Labeling)。另外還有一個 AutoEncoder 的變形 (Variants)，稱為 Variational AutoEncoders (VAE)，將編碼器輸出轉為機率分配 (通常使用常態分配)，解碼時依據機率分配進行抽樣，取得輸出，利用此概念去除雜訊則會更穩健(Robust)，VAE 常與生成對抗網路 (GAN) 相提並論，可以用來生成影像。

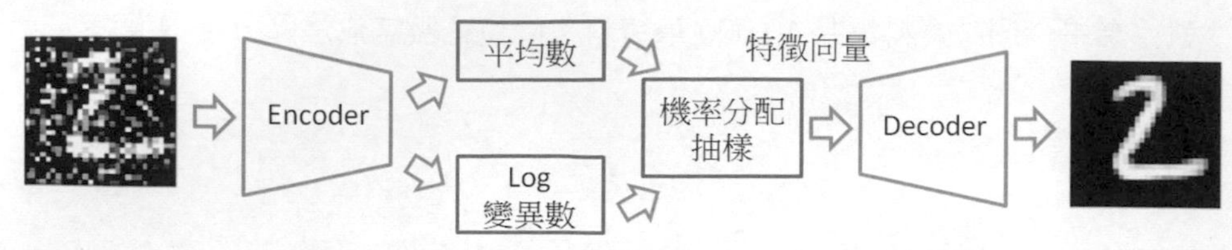

▲ 圖 9.3 Variational AutoEncoders (VAE) 的架構

02 建立 VAE 模型，使用 MNIST 資料集，生成影像。

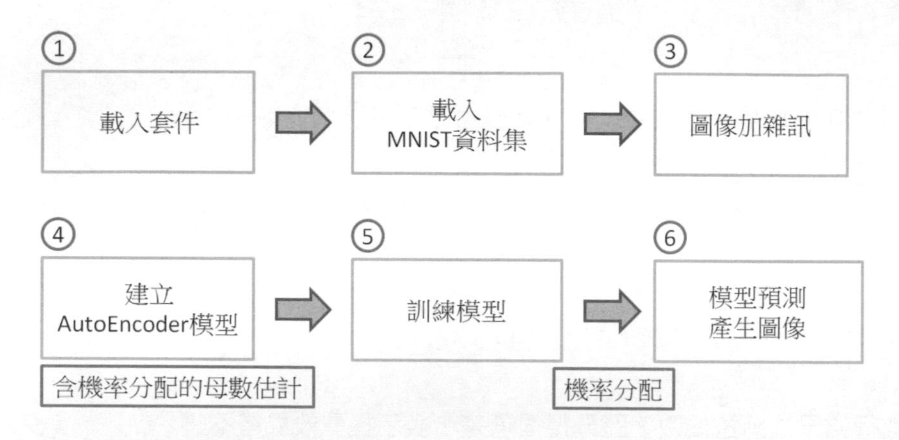

* VAE 的編碼器輸出不是特徵向量，而是機率分配的母數 μ 和 log(δ)。

本範例程式參考自『Variational AutoEncoders (VAE) with PyTorch』[4]，並且直接修改自【09_01_MNIST_Autoencoder.ipynb】，大部分的程式碼均不變，故下文僅列出修改的地方。

➤ 下列程式碼請參考【09_02_MNIST_VAE.ipynb】。

1. 定義編碼器模型：將輸出變成兩份資料，分別用來估算常態分配的平均數、變異數。

```
1  class Encoder(nn.Module):
2      def __init__(self, encoded_space_dim,fc2_input_dim):
3          super().__init__()
4
5          # Convolution
6          self.encoder_cnn = nn.Sequential(
7              nn.Conv2d(1, 8, 3, stride=2, padding=1),
8              nn.ReLU(True),
9              nn.Conv2d(8, 16, 3, stride=2, padding=1),
10             nn.BatchNorm2d(16),
```

```
11                nn.ReLU(True),
12                nn.Conv2d(16, 32, 3, stride=2, padding=0),
13                nn.ReLU(True)
14            )
15
16            self.flatten = nn.Flatten(start_dim=1)
17
18            self.encoder_lin = nn.Sequential(
19                nn.Linear(3 * 3 * 32, 128),
20            )
21
22            self.encFC1 = nn.Linear(128, encoded_space_dim)
23            self.encFC2 = nn.Linear(128, encoded_space_dim)
24
25        def forward(self, x):
26            x = self.encoder_cnn(x)
27            x = self.flatten(x)
28            x = self.encoder_lin(x)
29            mu = self.encFC1(x)
30            logVar = self.encFC2(x)
31            return mu, logVar
```

2. 定義抽樣函數：根據平均數 (mu) 和 Log 變異數 (log_var) 取隨機亂數。

```
1 def resample(mu, logVar):
2     std = torch.exp(logVar/2)
3     eps = torch.randn_like(std) # N(0, 1) 抽樣
4     return mu + std * eps
```

3. 解碼器不變。

4. 定義損失函數及優化器：損失函數改用 KL 散度 (Kullback-Leibler Divergence)，它是測量兩個分配的差異程度，因為編碼器輸出的是機率分配，KL 散度通常搭配二分類交叉熵 (Cross Entropy) 作為損失函數。

```
1  # KL divergence
2  def loss_fn(out, imgs, mu, logVar):
3      kl_divergence = 0.5 * torch.sum(1 + logVar - mu.pow(2) - logVar.exp())
4      return F.binary_cross_entropy(out, imgs, size_average=False) - kl_divergence
5
6  lr= 0.001 # Learning rate
7
8  params_to_optimize = [
9      {'params': encoder.parameters()},
10     {'params': decoder.parameters()}
11 ]
12
13 optim = torch.optim.Adam(params_to_optimize, lr=lr)
```

5. 定義訓練函數：在編碼器後面呼叫 resample，自機率分配中隨機抽樣，再傳給解碼器 (第 13~16 行)，同時損失函數也呼叫上述函數 (第 18 行)。

```
1  def train_epoch_den(encoder, decoder, device, dataloader,
2                      loss_fn, optimizer,noise_factor=0.3):
3      # 指定為訓練階段
4      encoder.train()
5      decoder.train()
6      train_loss = []
7      # 訓練
8      for image_batch, _ in dataloader:
9          # 加雜訊
10         image_noisy = add_noise(image_batch,noise_factor)
11         image_noisy = image_noisy.to(device)
12         # 編碼
13         mu, logVar = encoder(image_noisy)
14         encoded_data = resample(mu, logVar)
15         # 解碼
16         decoded_data = decoder(encoded_data)
17         # 計算損失
18         loss = loss_fn(decoded_data, image_noisy, mu, logVar)
19
20         # 反向傳導
21         optimizer.zero_grad()
22         loss.backward()
23         optimizer.step()
24         # print(f'損失：{loss.data}')
25         train_loss.append(loss.detach().cpu().numpy())
26
27     return np.mean(train_loss)
```

6. 測試函數：同訓練函數方式修改。

```
1  def test_epoch_den(encoder, decoder, device, dataloader,
2                     loss_fn,noise_factor=0.3):
3      # 指定為評估階段
4      encoder.eval()
5      decoder.eval()
6      val_loss=0.0
7      with torch.no_grad(): # No need to track the gradients
8          conc_out = []
9          conc_label = []
10         for image_batch, _ in dataloader:
11             # 加雜訊
12             image_noisy = add_noise(image_batch,noise_factor)
13             image_noisy = image_noisy.to(device)
14             # 編碼
15             mu, logVar = encoder(image_noisy)
16             encoded_data = resample(mu, logVar)
17             # 解碼
18             decoded_data = decoder(encoded_data)
19             # 輸出存入 conc_out 變數
20             conc_out.append(decoded_data.cpu())
21             conc_label.append(image_batch.cpu())
22             val_loss +=  loss_fn(decoded_data.cpu(), image_batch.cpu(), mu, logVar)
23         # 合併
24         conc_out = torch.cat(conc_out)
25         conc_label = torch.cat(conc_label)
26         # 驗證資料的損失
27     return val_loss.data
```

7. 重建圖像的函數：同訓練函數方式修改。

```
18             rec_img  = decoder(resample(*encoder(image_noisy)))
```

8. 訓練：程式碼不需修改，但要加大訓練執行週期，因為隨機抽樣可能會造成資料不均勻，筆者使用 50 個執行週期，似乎還不夠。

- 執行結果：一開始比 AutoEncoder 糟糕，模糊一片，之後漸漸清晰，但是訓練中途，會出現變糟的狀況 (第 36 執行週期)，應該是隨機抽樣，抽到較不好的樣本。

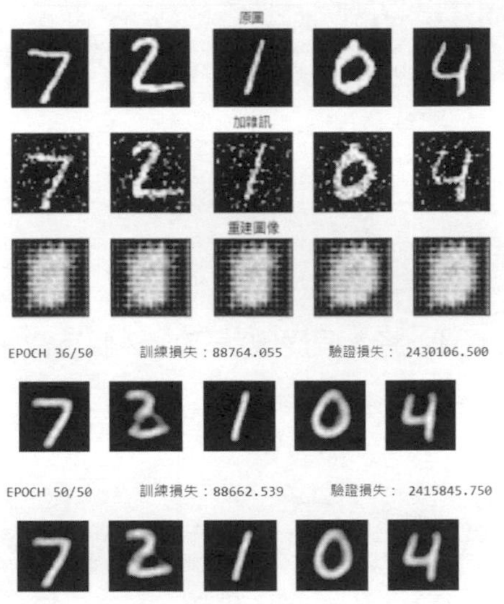

9. 使用隨機亂數生成圖像。

- 執行結果：比 AutoEncoder 清晰。

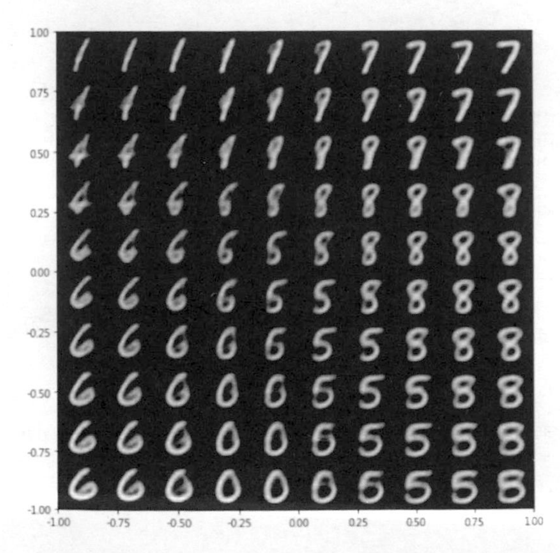

10. 取前兩個變數繪圖。

- 執行結果：所有數字混在一起，無法辨別。

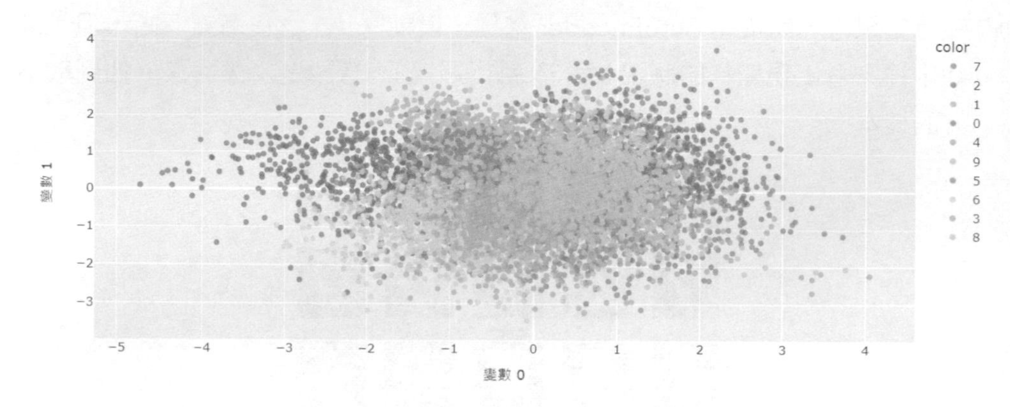

11. 採 TSNE 降維，並繪圖：將 4 個變數萃取成 2 個特徵。

- 執行結果：阿拉伯數字區分得很清楚，表示模型效果還不錯。

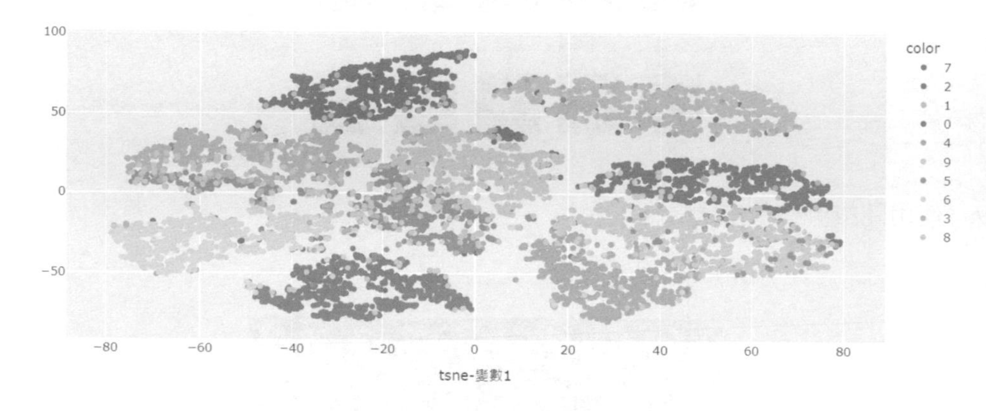

AutoEncoder 模型除了去雜訊外，還有以下應用：

1. 降維 (Dimensionality Reduction)，如上圖。
2. 特徵萃取 (Feature Extraction)，如編碼器。
3. 影像壓縮 (Image Compression)：利用降維，可對影像減色，達到縮小檔案的功能。
4. 影像搜尋 (Image Search)：利用特徵萃取，以 Cosine Similarity 比對特徵。
5. 異常偵測 (Anomaly Detection)：與影像搜尋相似，但找差異過大的特徵。

6. 遺失值的差補 (Missing Value Imputation)：輸入有缺陷的數據，AutoEncoder 可生成完整的數據。

詳情可參閱『7 Applications of Auto-Encoders every Data Scientist should know』一文 [5]。

9-3 語義分割 (Semantic segmentation) 實作

語義分割 (Semantic Segmentation) 或稱影像分割 (Image Segmentation) 將每個像素 (Pixel) 作為標記 (Label)，為避免抽樣造成像素資訊遺失，因此模型不使用池化層 (Pooling)，學者提出許多演算法：

1. SegNet [1]，全名為影像分割的 Encoder-Decoder 架構 (Deep Convolutional Encoder-Decoder Architecture for Image Segmentation)：使用反卷積放大特徵向量，還原圖像。
2. DeepLab [6]：以卷積作用在多種尺寸的圖像，得到 Score Map 後，再利用 Score Map 與 Conditional Random Field (CRF) 演算法，以內插法 (interpolate) 的方式還原圖像，詳細處理流程可參閱原文。

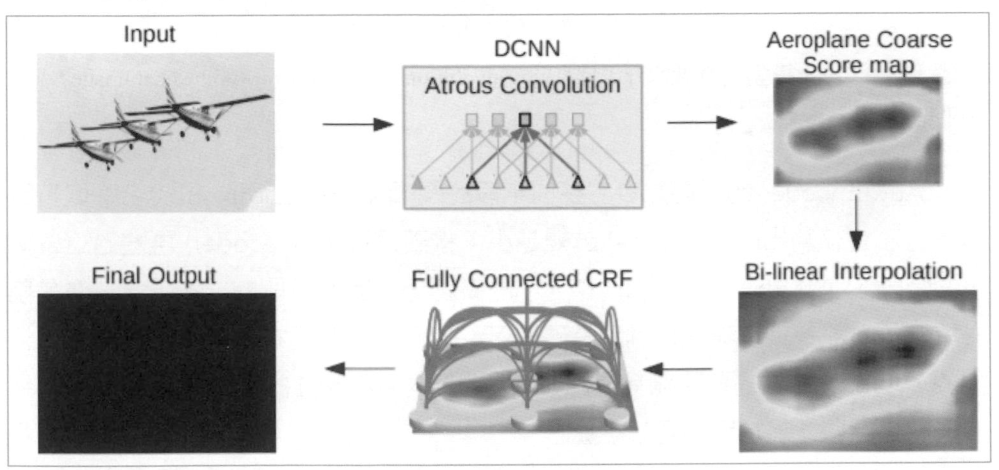

▲ 圖 9.4 DeepLab 的處理流程

3. RefineNet [7]：反卷積需佔大量記憶體，尤其是高解析度的圖像，所以 RefineNet 提出一種節省記憶體的方法。

4. PSPnet [8]：使用多種尺寸的池化層，稱為金字塔時尚 (Pyramid Fashion)，金字塔掌握影像各個部份的圖像資料，利用此金字塔還原圖像。
5. U-Net [9]：廣泛應用於生物醫學的影像分割，這個模型很常被提到，且有許多的變形，所以，我們就來認識這個模型。

U-Net 是 AutoEncoder 的變形 (Variant)，由於它的模型結構為 U 型而得名。

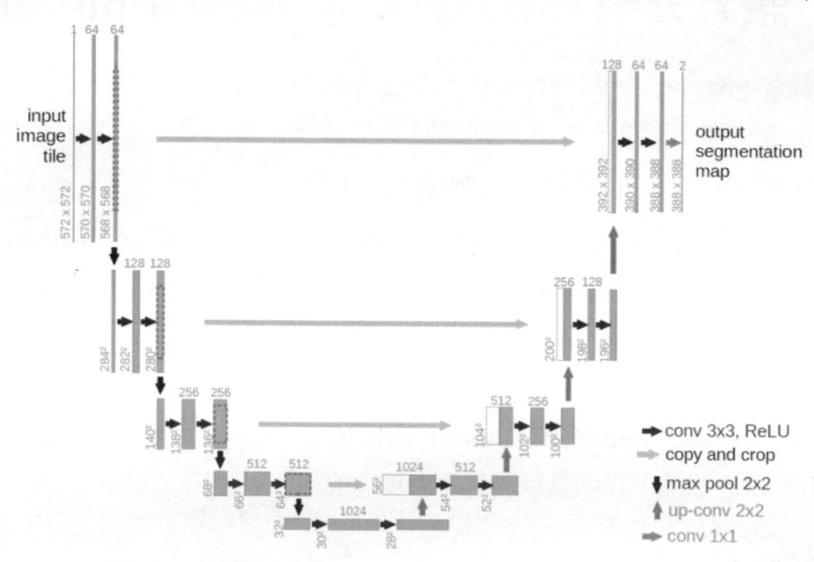

▲ 圖 9.5 U-Net 模型，圖片來源：U-Net: Convolutional Networks for Biomedical Image Segmentation [9]

傳統 AutoEncoder 的問題點發生在前半段的編碼器 (Encoder)，由於它萃取特徵的過程，會使輸出的尺寸 (Size) 越變越小，接著解碼器 (Decoder) 再透過這些變小的特徵，重建出一個與原圖同樣大小的新圖像，因此原圖的很多資訊，像是前文所談的雜訊，就沒辦法傳遞到解碼器了。這個特點應用在去除雜訊上是十分恰當的，但假若目標是要偵測異常點 (如檢測黃斑部病變) 的話，那就糟糕了，經過模型過濾後，異常點通通都不見了。

所以，U-Net 在原有編碼器與解碼器的聯繫上，增加了一些連結，每一段編碼器的輸出都與其對面的解碼器相連接，使得編碼器每一層的資訊，都會額外輸入到一樣尺寸的解碼器，如圖 9.5 橫跨 U 型兩側的中間長箭頭，這樣在重建的過程中就比較不會遺失重要資訊。

範例 03

以 U-Net 實作語義分割，先看看如何建構 U-Net 模型。程式來自 Naoto Usuyama 提供的範例 [10]，**注意** 此範例需要較大的 GPU 記憶體，筆者 PC 無法執行，故需在 Google Colab 上執行。

語義分割需準備輸入圖像及遮罩 (Mask) 圖像，遮罩指出物件所在位置。本範例使用程式產生隨機資料，在一個空白圖像隨意擺放各種形狀的物件，之後利用 U-Net 偵測出物件所在位置，並標示不同的顏色。

➤ 下列程式碼請參考【09_03_unet_resnet18.ipynb】。

1. 下載原始程式碼。

```
1  import os
2
3  if not os.path.exists("pytorch_unet"):
4      !git clone https://github.com/usuyama/pytorch-unet.git
5
6  %cd pytorch-unet
```

2. 載入相關套件。

```
1  import matplotlib.pyplot as plt
2  import numpy as np
3  import helper
4  import simulation # simulation.py
```

3. 測試 simulation.py 生成的圖像。

```
1  # 產生3張圖像，寬高各為 192，裡面有6個隨機擺放的圖案。
2  input_images, target_masks = simulation.generate_random_data(
3                                      192, 192, count=3)
4
5  print("input_images shape and range", input_images.shape,
6        input_images.min(), input_images.max())
7  print("target_masks shape and range", target_masks.shape,
8        target_masks.min(), target_masks.max())
9
10 # 輸入圖像，改為單色
11 input_images_rgb = [x.astype(np.uint8) for x in input_images]
12
13 # 遮罩(Mask)圖像，使用彩色
14 target_masks_rgb = [helper.masks_to_colorimg(x) for x in target_masks]
15
16 # 顯示圖像：左邊原圖為輸入，右邊遮罩(Mask)圖像為目標
17
18 helper.plot_side_by_side([input_images_rgb, target_masks_rgb])
```

- 執行結果：產生 3 對圖像，寬高各為 192，裡面有 6 個隨機擺放的圖案，顯示圖像，左邊原圖為輸入，右邊遮罩 (Mask) 圖像為目標 (Target)。

- 原圖像素介於 [0, 255]，遮罩像素介於 [0, 1] 之間。

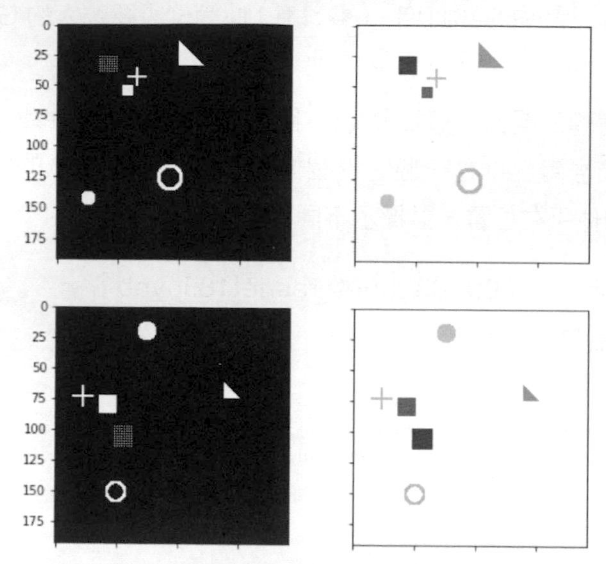

4. 建立 Dataset。

```
1  from torch.utils.data import Dataset, DataLoader
2  from torchvision import transforms, datasets, models
3  
4  # 自訂資料集，一次傳回原圖、遮罩圖像各一個
5  class SimDataset(Dataset):
6      def __init__(self, count, transform=None):
7          self.input_images, self.target_masks = \
8              simulation.generate_random_data(192, 192, count=count)
9          self.transform = transform
10 
11     def __len__(self):
12         return len(self.input_images)
13 
14     def __getitem__(self, idx):
15         image = self.input_images[idx]
16         mask = self.target_masks[idx]
17         if self.transform:
18             image = self.transform(image)
19 
20         return [image, mask]
```

5. 建立 DataLoader：產生訓練及驗證圖像各 2000 筆。

```
1  # 轉換
2  trans = transforms.Compose([
3    transforms.ToTensor(),
4    transforms.Normalize([0.485, 0.456, 0.406], [0.229, 0.224, 0.225]) # imagenet
5  ])
```

```
 6
 7 # 產生訓練及驗證圖像各2000筆
 8 train_set = SimDataset(2000, transform = trans)
 9 val_set = SimDataset(200, transform = trans)
10
11 image_datasets = {
12   'train': train_set, 'val': val_set
13 }
14
15 batch_size = 25
16
17 dataloaders = {
18   'train': DataLoader(train_set, batch_size=batch_size, shuffle=True, num_workers=0),
19   'val': DataLoader(val_set, batch_size=batch_size, shuffle=True, num_workers=0)
20 }
```

- 執行結果：正確產生 3 對圖像無誤。

6. 建立還原轉換函數，並測試一批資料。

```
 1 import torchvision.utils
 2
 3 # 還原轉換
 4 def reverse_transform(inp):
 5     inp = inp.numpy().transpose((1, 2, 0))
 6     mean = np.array([0.485, 0.456, 0.406])
 7     std = np.array([0.229, 0.224, 0.225])
 8     inp = std * inp + mean
 9     inp = np.clip(inp, 0, 1)
10     inp = (inp * 255).astype(np.uint8)
11
12     return inp
13
14 # 取得一批資料測試
15 inputs, masks = next(iter(dataloaders['train']))
16 print(inputs.shape, masks.shape)
17 plt.imshow(reverse_transform(inputs[3]))
```

7. 建立 U-Net 模型：使用預先訓練的模型 resnet18 當作編碼器，在後面建立類似解碼器的架構，再將解碼器卷積層 (conv) 與對邊的編碼器神經層相連。由於程式碼過長且重複，這裡截取重要程式碼說明。

- 使用預先訓練的模型 resnet18。

```
14         # 載入 resnet18 模型
15         self.base_model = torchvision.models.resnet18(pretrained=True)
16         self.base_layers = list(self.base_model.children())
```

- 第 59 行建立反卷積層 (upsample)。
- 第 61 行找到對面的神經層，並包覆一層卷積層 (convrelu)，convrelu 是卷積層加 ReLu Activation Function。

- 第 63 行將上述兩個神經層合併，接到下一層。
- 其他的程式碼均比照辦理。

```
58          # 新增神經層
59          x = self.upsample(x)
60          # 對面的神經層
61          layer2 = self.layer2_1x1(layer2)
62          # 連接新增的神經層及對面的神經層
63          x = torch.cat([x, layer2], dim=1)
64          x = self.conv_up2(x)
```

8. 定義損失函數：U-Net 使用的損失函數非常特別，採用二分類交叉熵 (binary cross entropy) 加上 dice loss，主要是它能克服不平衡的資料集 (Unbalanced Dataset)，並且兼顧精確率 (Precision) 及召回率 (Recall)，因為語義分割主要是要找出遮罩的位置，而非預測準確率，詳細的說明可參閱『語義分割之 dice loss 深度分析』[11]。

```
1  from collections import defaultdict
2  import torch.nn.functional as F
3  from loss import dice_loss
4
5  checkpoint_path = "checkpoint.pth"
6
7  # 損失採 binary cross entropy + dice loss
8  def calc_loss(pred, target, metrics, bce_weight=0.5):
9      bce = F.binary_cross_entropy_with_logits(pred, target)
10
11     pred = torch.sigmoid(pred)
12     dice = dice_loss(pred, target)
13
14     loss = bce * bce_weight + dice * (1 - bce_weight)
15
16     metrics['bce'] += bce.data.cpu().numpy() * target.size(0)
17     metrics['dice'] += dice.data.cpu().numpy() * target.size(0)
18     metrics['loss'] += loss.data.cpu().numpy() * target.size(0)
19
20     return loss
21
22 # 計算效能衡量指標
23 def print_metrics(metrics, epoch_samples, phase):
24     outputs = []
25     for k in metrics.keys():
26         outputs.append(f"{k}: {(metrics[k] / epoch_samples):4f}")
27
28     print(f"{phase}: {", ".join(outputs)}")
```

9. 建立訓練及評估函數：程式碼並無特別之處，與前面的範例類似。
10. 訓練模型：與前面的範例類似。
11. 預測。

```
import math

# 建立新資料
test_dataset = SimDataset(3, transform = trans)
test_loader = DataLoader(test_dataset, batch_size=3, shuffle=False, num_workers=0)

# 取一批資料測試
inputs, labels = next(iter(test_loader))
inputs = inputs.to(device)
labels = labels.to(device)
print('inputs.shape', inputs.shape)
print('labels.shape', labels.shape)

# 預測
model.eval()
pred = model(inputs)
pred = torch.sigmoid(pred) # 轉為 [0, 1] 之間
pred = pred.data.cpu().numpy()
print('pred.shape', pred.shape)

# 原圖還原轉換
input_images_rgb = [reverse_transform(x) for x in inputs.cpu()]

# 遮罩
target_masks_rgb = [helper.masks_to_colorimg(x) for x in labels.cpu().numpy()]

# 預測轉成圖像
pred_rgb = [helper.masks_to_colorimg(x) for x in pred]

## 左邊: 原圖, 中間: 遮罩圖像(target), 右邊: 預測圖像
helper.plot_side_by_side([input_images_rgb, target_masks_rgb, pred_rgb])
```

- 執行結果：下圖中間為實際值，右邊為預測圖像，遮罩的位置相當準確，當然，這只是示範 U-Net 模型的開發方式，應該以實際案例測試為準。

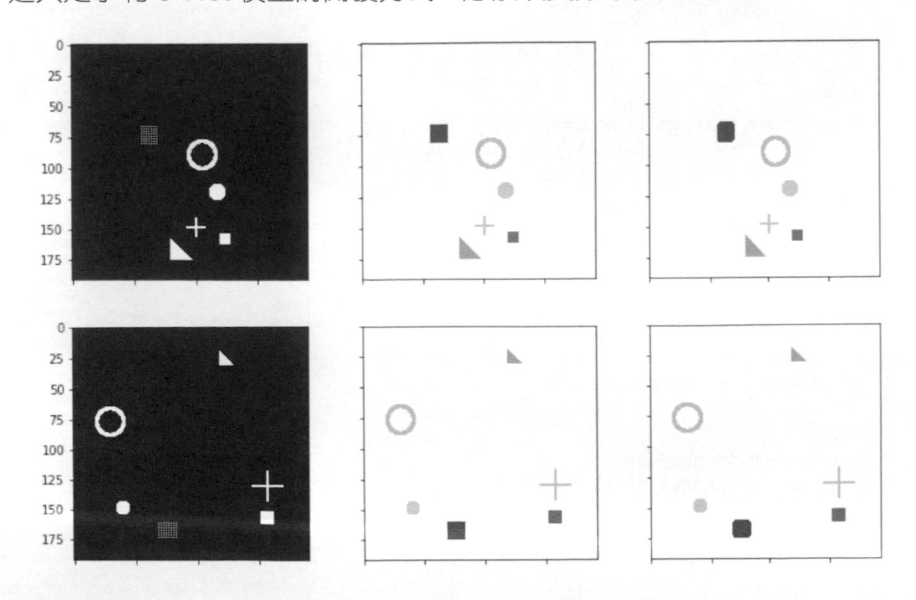

04 PyTorch直接支援U-Net預先訓練模型，並示範如何應用在腦瘤的診斷，相關程式碼請參考『U-NET FOR BRAIN MRI』[12]，資料集在『Kaggle Brain MRI segmentation』[13]，檔案近1GB，有興趣的讀者可下載測試。

➤ 下列程式碼請參考【09_04_brain_segmentation_unet.ipynb】。

1. 載入U-Net預先訓練模型。

```
1  import torch
2  model = torch.hub.load('mateuszbuda/brain-segmentation-pytorch', 'unet',
3      in_channels=3, out_channels=1, init_features=32, pretrained=True)
```

2. 下載一個範例圖檔。

```
1  # 下載一個範例圖檔
2  import urllib
3  
4  url="https://github.com/mateuszbuda/brain-segmentation-pytorch/" + \
5      "raw/master/assets/TCGA_CS_4944.png"
6  filename = "U_Net/TCGA_CS_4944.png"
7  urllib.request.urlretrieve(url, filename)
```

3. 預測：注意官網的範例有針對圖像進行標準化(第14行)，但筆者實測結果不佳，故捨棄不用，讀者可以解除註解試試看。

```
1  import numpy as np
2  from PIL import Image
3  from torchvision import transforms
4  
5  # 開啟檔案
6  input_image = Image.open(filename)
7  
8  # 計算圖像的平均值及標準差
9  m, s = np.mean(input_image, axis=(0, 1)), np.std(input_image, axis=(0, 1))
10 
11 # 轉換
12 preprocess = transforms.Compose([
13     transforms.ToTensor(),
14 #     transforms.Normalize(mean=m, std=s),
15 ])
16 input_tensor = preprocess(input_image)
17 input_batch = input_tensor.unsqueeze(0)
18 
19 # 如果有GPU，將資料、模型轉至 GPU
20 if torch.cuda.is_available():
21     input_batch = input_batch.to('cuda')
22     model = model.to('cuda')
23 
24 # 預測
25 with torch.no_grad():
26     output = model(input_batch)
27 
28 # 顯示有不正常部位的機率
29 print(torch.round(output[0]))
```

- 執行結果：

```
tensor([[[0., 0., 0.,  ..., 0., 0., 0.],
         [0., 0., 0.,  ..., 0., 0., 0.],
         [0., 0., 0.,  ..., 0., 0., 0.],
         ...,
         [0., 0., 0.,  ..., 0., 0., 0.],
         [0., 0., 0.,  ..., 0., 0., 0.],
         [0., 0., 0.,  ..., 0., 0., 0.]]], device='cuda:0')
```

4. 比較原圖與預測結果。

```
1  import matplotlib.pyplot as plt
2
3  # 原圖
4  plt.subplot(1,2,1)
5  plt.imshow(plt.imread(filename))
6  plt.axis('off')
7
8  # 預測結果
9  plt.subplot(1,2,2)
10 plt.imshow(torch.round(output[0]).cpu().numpy().reshape(256, 256), cmap='gray')
11 plt.axis('off')
12 plt.show()
```

- 執行結果：右圖遮罩位置與原圖綠色部位大致吻合。

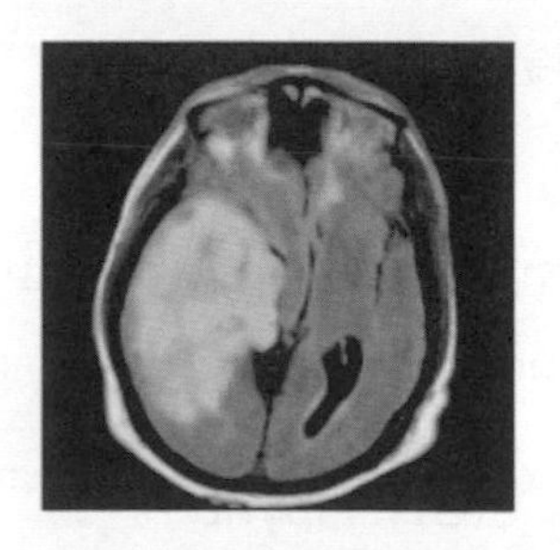

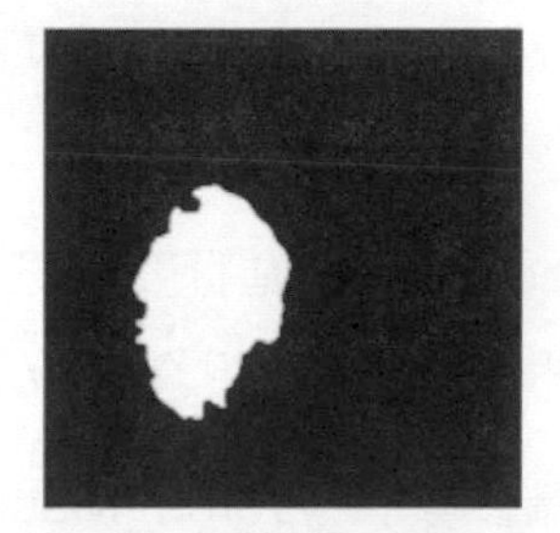

9-4 實例分割 (Instance Segmentation)

上一節的語義分割，同類別的物件只能夠以相同顏色呈現，如要做到同類別的物件以不同顏色呈現的話，就會輪到實例分割 (Instance Segmentation) 上場了。

而實例分割所使用的 Mask R-CNN 演算法係由 Facebook AI Research 在 2017 年所發表 [14]。Mask R-CNN 為 Faster R-CNN 的延伸，不只會框住物件，更能產生不同顏色的遮罩 (Mask)，如下圖所示。

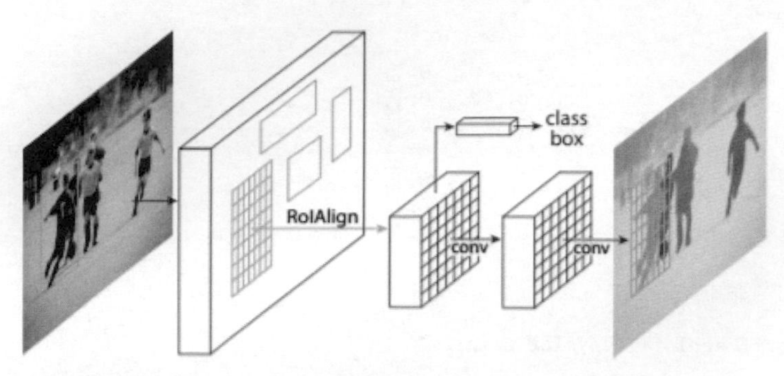

▲ 圖 9.6 Mask R-CNN 模型，圖片來源：Mask R-CNN [14]

除了辨識物件之外，實例分割還有以下延伸的應用：

1. 去背：偵測到物件後，將物件以外的背景全部去除。
2. 移除特殊的物件：將偵測到的物件移除後，根據周遭的顏色填補移除的區域。例如在觀光景點拍照時，最困擾的就是有陌生人一起入鏡，這時即可利用此技術將之移除，PhotoShop 就有提供類似的功能。

直接來看一個實例，使用 Mask R-CNN 預先好的訓練模型。

範例 05 使用 Mask R-CNN 進行實例分割。此範例程式修改自『Mask R-CNN Instance Segmentation with PyTorch』[15]。

➤ 下列程式碼請參考【PyTorch_Mask_RCNN.ipynb】。

1. 載入相關套件。

```
1  from PIL import Image
2  import matplotlib.pyplot as plt
3  import torch
4  import torchvision.transforms as T
5  import torchvision
6  import torch
7  import numpy as np
8  import cv2
9  import random
10 import time
11 import os
```

2. 定義 COCO 資料集辨識物件名稱。

```
1  COCO_INSTANCE_CATEGORY_NAMES = [
2      '__background__', 'person', 'bicycle', 'car', 'motorcycle', 'airplane', 'bus',
3      'train', 'truck', 'boat', 'traffic light', 'fire hydrant', 'N/A', 'stop sign',
4      'parking meter', 'bench', 'bird', 'cat', 'dog', 'horse', 'sheep', 'cow',
5      'elephant', 'bear', 'zebra', 'giraffe', 'N/A', 'backpack', 'umbrella', 'N/A', 'N/A',
6      'handbag', 'tie', 'suitcase', 'frisbee', 'skis', 'snowboard', 'sports ball',
7      'kite', 'baseball bat', 'baseball glove', 'skateboard', 'surfboard', 'tennis racket',
8      'bottle', 'N/A', 'wine glass', 'cup', 'fork', 'knife', 'spoon', 'bowl',
9      'banana', 'apple', 'sandwich', 'orange', 'broccoli', 'carrot', 'hot dog', 'pizza',
10     'donut', 'cake', 'chair', 'couch', 'potted plant', 'bed', 'N/A', 'dining table',
11     'N/A', 'N/A', 'toilet', 'N/A', 'tv', 'laptop', 'mouse', 'remote', 'keyboard', 'cell phone',
12     'microwave', 'oven', 'toaster', 'sink', 'refrigerator', 'N/A', 'book',
13     'clock', 'vase', 'scissors', 'teddy bear', 'hair drier', 'toothbrush'
14 ]
```

3. 下載 Mask RCNN 預先訓練模型。

```
1 # Mask RCNN 預先訓練模型
2 model = torchvision.models.detection.maskrcnn_resnet50_fpn(pretrained=True)
3 model
```

- 執行結果：可以看到完整的模型結構，Faster RCNN 後面加上遮罩預測層。

```
(mask_roi_pool): MultiScaleRoIAlign(featmap_names=['0', '1', '2', '3'], output_size=(14, 14)
(mask_head): MaskRCNNHeads(
  (mask_fcn1): Conv2d(256, 256, kernel_size=(3, 3), stride=(1, 1), padding=(1, 1))
  (relu1): ReLU(inplace=True)
  (mask_fcn2): Conv2d(256, 256, kernel_size=(3, 3), stride=(1, 1), padding=(1, 1))
  (relu2): ReLU(inplace=True)
  (mask_fcn3): Conv2d(256, 256, kernel_size=(3, 3), stride=(1, 1), padding=(1, 1))
  (relu3): ReLU(inplace=True)
  (mask_fcn4): Conv2d(256, 256, kernel_size=(3, 3), stride=(1, 1), padding=(1, 1))
  (relu4): ReLU(inplace=True)
)
(mask_predictor): MaskRCNNPredictor(
  (conv5_mask): ConvTranspose2d(256, 256, kernel_size=(2, 2), stride=(2, 2))
  (relu): ReLU(inplace=True)
  (mask_fcn_logits): Conv2d(256, 91, kernel_size=(1, 1), stride=(1, 1))
)
```

4. 定義物件偵測相關函數：包括設定遮罩的顏色、物件偵測及遮罩上色、顯示結果。

```
1  # 設定遮罩的顏色
2  def random_colour_masks(image):
3      colours = [[0, 255, 0],[0, 0, 255],[255, 0, 0],[0, 255, 255], \
4                 [255, 255, 0],[255, 0, 255],[80, 70, 180],[250, 80, 190],\
5                 [245, 145, 50],[70, 150, 250],[50, 190, 190]]
6      r = np.zeros_like(image).astype(np.uint8)
7      g = np.zeros_like(image).astype(np.uint8)
8      b = np.zeros_like(image).astype(np.uint8)
9      r[image == 1], g[image == 1], b[image == 1] = colours[random.randrange(0,10)]
10     coloured_mask = np.stack([r, g, b], axis=2)
11     return coloured_mask
```

```
1  # 物件偵測，傳回遮罩、邊框、類別
2  def get_prediction(img_path, threshold):
3      img = Image.open(img_path)
4      transform = T.Compose([T.ToTensor()])
5      img = transform(img)
6      pred = model([img])
7      pred_score = list(pred[0]['scores'].detach().numpy())
8      pred_t = [pred_score.index(x) for x in pred_score if x>threshold][-1]
9      masks = (pred[0]['masks']>0.5).squeeze().detach().cpu().numpy()
10     pred_class = [COCO_INSTANCE_CATEGORY_NAMES[i] \
11                   for i in list(pred[0]['labels'].numpy())]
12     pred_boxes = [[(int(i[0]), int(i[1])), (int(i[2]), int(i[3]))] \
13                   for i in list(pred[0]['boxes'].detach().numpy())]
14     masks = masks[:pred_t+1]
15     pred_boxes = pred_boxes[:pred_t+1]
16     pred_class = pred_class[:pred_t+1]
17     return masks, pred_boxes, pred_class
```

```
1  # 物件偵測含遮罩上色、顯示結果
2  def instance_segmentation_api(img_path, threshold=0.5, rect_th=3,
3                                text_size=2, text_th=2):
4      masks, boxes, pred_cls = get_prediction(img_path, threshold)
5      img = cv2.imread(img_path)
6      img = cv2.cvtColor(img, cv2.COLOR_BGR2RGB)
7      for i in range(len(masks)):
8          rgb_mask = random_colour_masks(masks[i])
9          img = cv2.addWeighted(img, 1, rgb_mask, 0.5, 0)
10         print(boxes[i][0], boxes[i][1])
11         cv2.rectangle(img, boxes[i][0], boxes[i][1],color=(0, 255, 0), \
12                       thickness=rect_th)
13         cv2.putText(img,pred_cls[i], boxes[i][0], cv2.FONT_HERSHEY_SIMPLEX,\
14                     text_size, (0,255,0),thickness=text_th)
15     plt.figure(figsize=(20,30))
16     plt.imshow(img)
17     plt.xticks([])
18     plt.yticks([])
19     plt.show()
```

5. 流程測試：測試每一個步驟。

```
1  # 顯示側視圖檔
2  img = Image.open('./Mask_RCNN/PennFudanPed/PNGImages/FudanPed00001.png')
3  plt.imshow(img)
4  plt.show()
```

- 執行結果：本圖來自『Penn-Fudan Database for Pedestrian Detection and Segmentation』[16]。

6. 模型預測，並顯示模型第一筆預測內容。

```
1  # 模型預測
2  transform = T.Compose([T.ToTensor()])
3  img_tensor = transform(img)
4
5  model.eval()
6  pred = model([img_tensor])
7
8  # 顯示模型第一筆預測內容
9  pred[0]
```

- 含邊框座標 (Box)、物件類別 (Label)、機率 (Score) 及遮罩 (Mask)，共偵測到 3 個物件。

```
{'boxes': tensor([[158.9167, 174.7144, 301.3432, 433.7520],
         [418.4989, 165.8801, 535.9410, 490.1069],
         [242.6754, 223.8777, 269.8047, 257.7699]], grad_fn=<StackBackward0>),
 'labels': tensor([ 1,  1, 27]),
 'scores': tensor([0.9998, 0.9996, 0.1162], grad_fn=<IndexBackward0>),
 'masks': tensor([[[[0., 0., 0.,  ..., 0., 0., 0.],
           [0., 0., 0.,  ..., 0., 0., 0.],
           [0., 0., 0.,  ..., 0., 0., 0.],
           ...,
```

7. 顯示遮罩：一般遮罩門檻值為 0.5，可作適當調整。

```
1  # 保留遮罩值>0.5的像素，其他一律為 0
2  masks = (pred[0]['masks']>0.5).squeeze().detach().cpu().numpy()
3
4  # 顯示遮罩
5  plt.imshow(masks[0], cmap='gray')
6  plt.axis('off')
7  plt.show()
```

- 執行結果：

8. 遮罩上色：隨機使用不同顏色。

```
1  # 遮罩上色
2  mask1 = random_colour_masks(masks[0])
3  plt.imshow(mask1)
4  plt.axis('off')
5  plt.show()
```

- 執行結果：

9. 原圖加遮罩。

```
1  # 原圖加遮罩
2  blend_img = cv2.addWeighted(np.asarray(img), 0.5, mask1, 0.5, 0)
3  # 第 2 個遮罩
4  mask2 = random_colour_masks(masks[1])
5  blend_img = cv2.addWeighted(np.asarray(blend_img), 0.5, mask2, 0.5, 0)
6
7  plt.imshow(blend_img)
8  plt.axis('off')
9  plt.show()
```

- 執行結果：每個遮罩使用不同的顏色。

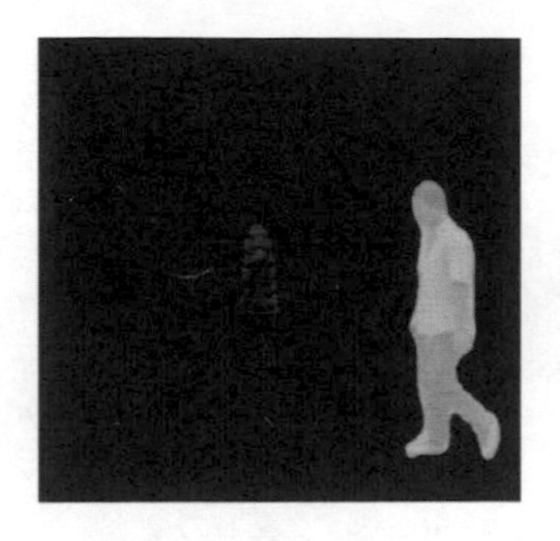

10. 完整 API 測試：結合以上所有步驟成為單一函數 instance_segmentation_api。

```
1 instance_segmentation_api('./Mask_RCNN/people1.jpg', 0.5, rect_th=1,
2                               text_size=1, text_th=1)
```

- 執行結果：除了遮罩外還有邊框。

11. 背影及重疊的物件也能偵測到。

```
1 instance_segmentation_api('./Mask_RCNN/people2.jpg', 0.8,
2                           rect_th=1, text_size=1, text_th=1)
```

- 執行結果：

舉一例子説明 Mask-RCNN 實際應用，例如把照片背景模糊化。

1. 定義函數，偵測所有物件，傳回遮罩。

```
1  # 偵測所有物件，傳回遮罩
2  def pick_person_mask(img_path, threshold=0.5, rect_th=3, text_size=3, text_th=3):
3      # get the predicted masks and boxes and their corresponding labels
4      masks, boxes, pred_cls = get_prediction(img_path, threshold)
5      # pick the indices belonging to person
6      person_ids = [i for i in range(len(pred_cls)) if pred_cls[i]=="person"]
7      # pick the masks with the person-ids
8      person_masks = masks[person_ids, :, :]
9      # create a single mask out of all the instances and clip them
10     persons_mask = person_masks.sum(axis=0)
11     persons_mask = np.clip(persons_mask, 0,1)
12     return persons_mask
```

2. 照片背景模糊化。

- 模型預測，取得人物遮罩。
- 把遮罩 RGB 設為相同值。
- 使用 OpenCV 的 GaussianBlur 函數將照片模糊化。
- 照片合成：人物部分採用原圖，其他部分使用模糊化的圖。
- 顯示原圖與生成圖，比較背景的處理效果。

```
1  # 讀取檔案
2  img_path = "./Mask_RCNN/blur.jpg"
3  img = cv2.imread(img_path)
4  
5  # 取得人物遮罩
6  person_mask = pick_person_mask(img_path, threshold=0.5, rect_th=3
```

```
7                                    , text_size=3, text_th=3).astype(np.uint8)
8   # 把遮罩 RGB 設為相同值
9   person_mask = np.repeat(person_mask[:, :, None], 3, axis=2)
10
11  # 照片模糊化
12  img_blur = cv2.GaussianBlur(img, (21, 21), 0)
13
14  # 人物部分採用原圖，其他部分使用模糊化的圖
15  final_img = np.where(person_mask==1, img, img_blur)
16
17  # fix 中文亂碼
18  from matplotlib.font_manager import FontProperties
19  plt.rcParams['font.sans-serif'] = ['Microsoft JhengHei'] # 微軟正黑體
20  plt.rcParams['axes.unicode_minus'] = False
21
22  # 顯示原圖與生成圖，比較背景的處理效果
23  plt.figure(figsize=(15,15))
24  plt.subplot(121)
25  plt.title('原圖')
26  plt.imshow(img[:,:,::-1])
27  plt.subplot(122)
28  plt.title('生成圖')
29  plt.imshow(final_img[:,:,::-1])
30  plt.show()
```

- 執行結果：請看程式碼執行結果，人物身旁的落葉全部變模糊了。

關於去背的應用，網路上還有一個模型 MODNet [17]，去背效果更好，它提供一個展示程式【MODNet_Image_Matting_Demo_colab.ipynb】，可在 Google Colaboratory 順利執行，效果如下，左邊為原圖，中間為去背圖，右邊為遮罩：

筆者將程式稍作修改，亦可在本機上執行。展示程式使用 gdown 指定代碼 (1mcr7ALciuAsHCpLnrtG_eop5-EYhbCmz) 下載預先訓練的模型，這部分不知如何在本機執行，故筆者先在 Colaboratory 執行，下載模型，供本機使用。兩支程式及預先訓練模型分別收錄在本書範例的 MODNet 目錄下。

PyTorch 官網有提供另一範例『TORCHVISION OBJECT DETECTION FINETUNING TUTORIAL』[18]，程式碼執行有錯誤，且不如上例清楚，但它有一豐富的資料集可供測試。

Facebook AI 實驗室另外開發一個套件 Detectron2 [19]，支援更完整、更多的功能，可惜只能安裝在 Linux 作業系統內，詳情可參閱 Detectron2 官網文件 [20]。

9-5 風格轉換 (Style Transfer) -- 人人都可以是畢卡索

接著來認識另一個有趣的 AutoEncoder 變形，稱為『風格轉換』(Neural Style Transfer)，把一張照片轉換成某一幅畫的風格，如下圖。讀者可以在手機下載『Prisma』App 來玩玩，它能夠在拍照後，將照片風格即時轉換，內建近二十種的大師畫風可供選擇，只是轉換速度有點慢。

▲ 圖 9.7 風格轉換 (Style Transfer)，原圖 + 風格圖像 = 生成圖像，圖片來源：fast-style-transfer GitHub [21]

之前有一則關於美圖影像實驗室 (MTlab) 的新聞，『催生全球首位 AI 繪師 Andy，美圖搶攻人工智慧卻面臨一大挑戰』[22]，該公司號稱投資了 1.99 億元人民幣，研發團隊超過 60 人，將風格轉換速度縮短到 3 秒鐘，開發成『美圖秀秀』App，大受歡迎，之後更趁勢推出專屬手機，狂銷 100 多萬台，算得上少數成功的 AI 商業模式。

風格轉換演算法由 Leon A. Gatys 等學者於 2015 年提出 [23]，主要作法是重新定義損失函數，分為『內容損失』(Content Loss) 與『風格損失』(Style Loss)，並利用 AutoEncoder 的解碼器合成圖像，隨著訓練週期，損失逐漸變小，亦即生成的圖像會越接近於原圖與風格圖的合成。

內容損失函數比較單純，即原圖與生成圖像的像素差異平方和，定義如下：

$$J_{content}(C,G) = \frac{1}{4 \times n_H \times n_W \times n_C} \sum \left(a^{(C)} - a^{(G)}\right)^2$$

n_H、n_W：原圖的寬、高。

n_C：色彩通道數。

$a^{(C)}$：原圖的像素。

$a^{(G)}$：生成圖像的像素。

風格損失函數為該演算法的重點，如何量化抽象的畫風是一大挑戰，Gatys 等學者想到的方法是，先定義 Gram 矩陣 (Matrix) 後，再利用 Gram 矩陣來定義風格損失。

Gram Matrix：兩個特徵向量進行點積，代表特徵的關聯性，顯現那些特徵是同時出現的，亦即風格。因此，風格損失就是要最小化風格圖像與生成圖像的 Gram 差異平方和，如下：

$$J_{style}(S,G) = \frac{1}{4 \times n_c^2 \times (n_H \times n_W)^2} \sum_{i=l}^{n_c} \sum_{j=1}^{n_c} \left(G^{(S)} - G^{(G)}\right)^2$$

$G^{(S)}$：風格圖像的 Gram。

$G^{(G)}$：生成圖像的 Gram。

上式只是單一神經層的風格損失，結合所有神經層的風格損失，定義如下：

$$J_{style}(S,G) = \sum_l \lambda^{(l)} J_{style}^{(l)}(S,G)$$

λ：每一層的權重。

總損失函數：

$$J(G) = \alpha J_{content}(C,G) + \beta J_{style}(S,G)$$

α、β：控制內容與風格的比重，可以控制生成圖像要偏重風格的比例。

接下來，我們就來進行實作。

範例

06 使用風格轉換演算法進行圖檔的轉換。提醒一下，範例中的內容圖即是原圖的意思。本範例程式修改自官網提供的範例『NEURAL TRANSFER USING PYTORCH』[24]。

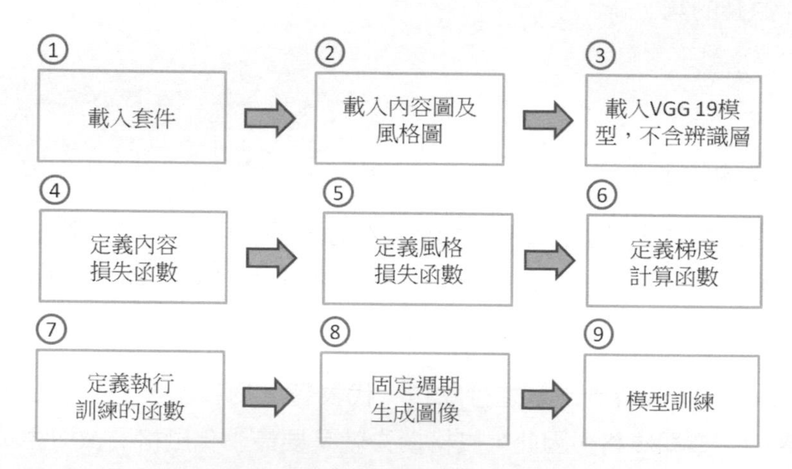

➤ 下列程式碼請參考【09_06_Neural_Style_Transfer.ipynb】。

1. 載入相關套件。

```
1  from __future__ import print_function
2  import torch
3  import torch.nn as nn
4  import torch.nn.functional as F
5  import torch.optim as optim
6  from PIL import Image
7  import matplotlib.pyplot as plt
8  import torchvision.transforms as transforms
9  import torchvision.models as models
10 import copy
```

2. 判斷是否使用 GPU。

```
1  device = torch.device("cuda" if torch.cuda.is_available() else "cpu")
```

3. 定義讀取圖檔、顯示 / 轉換圖像的函數。

```
1  # 如果無 GPU 使用較小尺寸的圖像
2  imsize = 512 if torch.cuda.is_available() else 128
3
4  # 轉換
5  loader = transforms.Compose([
6      transforms.Resize((imsize, imsize)),  # 統一圖像尺寸
```

```
7         transforms.ToTensor()])
8
9   # 讀取圖檔，轉為張量
10  def image_loader(image_name):
11      image = Image.open(image_name)
12      image = loader(image).unsqueeze(0) # 增加一維
13      return image.to(device, torch.float)
14
15  unloader = transforms.ToPILImage()  # 張量轉為 PIL Image 格式
16
17  # 顯示圖像
18  def imshow(tensor, title=None):
19      image = tensor.cpu().clone()  # 複製張量
20      image = image.squeeze(0)      # 減少一維
21      image = unloader(image)
22      plt.axis('off')
23      plt.imshow(image)
24      if title is not None:
25          plt.title(title)
26      plt.pause(0.001) # 顯示多張圖須停頓，等畫面更新
```

4. 載入內容圖檔 (舞者)、風格圖檔 (拾穗)。

```
1  style_img = image_loader("./StyleTransfer/des_glaneuses.jpg")
2  content_img = image_loader("./StyleTransfer/dancing.jpg")
3  print(style_img.shape, content_img.shape)
4  imshow(style_img, title='Style Image')
5  imshow(content_img, title='Content Image')
```

- 執行結果：

Style Image

Content Image

5. 定義內容損失函數：為內容圖與生成圖特徵向量之差的平方和 (MSE)，也可以採用上述理論的公式。

```
1  class ContentLoss(nn.Module):
2      def __init__(self, target,):
3          super(ContentLoss, self).__init__()
4          # we 'detach' the target content from the tree used
5          # to dynamically compute the gradient: this is a stated value,
6          # not a variable. Otherwise the forward method of the criterion
7          # will throw an error.
8          self.target = target.detach()
9  
10     def forward(self, input):
11         self.loss = F.mse_loss(input, self.target)
12         return input
```

6. 定義風格損失函數：先定義 Gram Matrix 計算函數，再定義風格損失函數。

```
1  def gram_matrix(input):
2      # a: 批量(=1)
3      # b: feature map 數量
4      # (c,d): feature maps維度大小 (N=c*d)
5      a, b, c, d = input.size()
6  
7      features = input.view(a * b, c * d)  # resise F_XL into \hat F_XL
8  
9      G = torch.mm(features, features.t())  # compute the gram product
10 
11     return G.div(a * b * c * d)
```

```
1  class StyleLoss(nn.Module):
2      def __init__(self, target_feature):
3          super(StyleLoss, self).__init__()
4          self.target = gram_matrix(target_feature).detach()
5  
6      def forward(self, input):
7          G = gram_matrix(input)
8          self.loss = F.mse_loss(G, self.target)
9          return input
```

7. 定義模型：載入 VGG 19 模型。

```
1  cnn = models.vgg19(pretrained=True).features.to(device).eval()
```

8. 定義標準化函數。

```
1  cnn_normalization_mean = torch.tensor([0.485, 0.456, 0.406]).to(device)
2  cnn_normalization_std = torch.tensor([0.229, 0.224, 0.225]).to(device)
3  
4  # 標準化函數
5  class Normalization(nn.Module):
6      def __init__(self, mean, std):
7          super(Normalization, self).__init__()
8          # .view the mean and std to make them [C x 1 x 1] so that they can
9          # directly work with image Tensor of shape [B x C x H x W].
10         # B is batch size. C is number of channels. H is height and W is width.
11         self.mean = torch.tensor(mean).view(-1, 1, 1)
12         self.std = torch.tensor(std).view(-1, 1, 1)
```

```
13
14      def forward(self, img):
15          # normalize img
16          return (img - self.mean) / self.std
```

9. 定義內容圖和風格圖輸出的卷積層名稱。

```
1 # 在下列卷積層後計算損失
2 content_layers_default = ['conv_4']
3 style_layers_default = ['conv_1', 'conv_2', 'conv_3', 'conv_4', 'conv_5']
```

10. 修改模型：只取 VGG19 的卷積層、池化層、ReLU Activation Function 及 Batch Normalization 層，並計算卷積層後的損失函數。

```
1  # 定義卷積層後的損失計算函數
2  def get_style_model_and_losses(cnn, normalization_mean, normalization_std,
3                                 style_img, content_img,
4                                 content_layers=content_layers_default,
5                                 style_layers=style_layers_default):
6      # 標準化
7      normalization = Normalization(normalization_mean, normalization_std).to(device)
8
9      # 變數初始化
10     content_losses = []
11     style_losses = []
12
13     # 模型先加入標準化的神經層
14     model = nn.Sequential(normalization)
15
16     i = 0  # increment every time we see a conv
17     for layer in cnn.children():
18         if isinstance(layer, nn.Conv2d):
19             i += 1
20             name = f'conv_{i}'
21         elif isinstance(layer, nn.ReLU):
22             name = f'relu_{i}'
23             # inplace=True 效果不佳
24             layer = nn.ReLU(inplace=False)
25         elif isinstance(layer, nn.MaxPool2d):
26             name = f'pool_{i}'
27         elif isinstance(layer, nn.BatchNorm2d):
28             name = f'bn_{i}'
29         else:
30             raise RuntimeError(f'Unrecognized layer: {layer.__class__.__name__}')
31
32         model.add_module(name, layer)
33
34         if name in content_layers:
35             # add content loss:
36             target = model(content_img).detach()
37             content_loss = ContentLoss(target)
38             model.add_module(f"content_loss_{i}", content_loss)
39             content_losses.append(content_loss)
40
41         if name in style_layers:
42             # add style loss:
43             target_feature = model(style_img).detach()
44             style_loss = StyleLoss(target_feature)
```

```
45              model.add_module(f"style_loss_{i}", style_loss)
46              style_losses.append(style_loss)
47
48      # 不加入卷積層後的辨識層
49      for i in range(len(model) - 1, -1, -1):
50          if isinstance(model[i], ContentLoss) or isinstance(model[i], StyleLoss):
51              break
52
53      model = model[:(i + 1)]
54
55      return model, style_losses, content_losses
```

11. 定義執行訓練的函數：以梯度下降法訓練模型。

```
1  def get_input_optimizer(input_img):
2      # 設定 input image 要優化
3      optimizer = optim.LBFGS([input_img])
4      return optimizer
5
6  def run_style_transfer(cnn, normalization_mean, normalization_std,
7                         content_img, style_img, input_img, num_steps=300,
8                         style_weight=1000000, content_weight=1):
9      print('Building the style transfer model..')
10     model, style_losses, content_losses = get_style_model_and_losses(cnn,
11         normalization_mean, normalization_std, style_img, content_img)
12
13     # 優化 input image, 而不是求權重
14     input_img.requires_grad_(True)
15     model.requires_grad_(False)
16     optimizer = get_input_optimizer(input_img)
17
18     print('優化 ..')
19     run = [0]
20     while run[0] <= num_steps:
21         def closure():
22             # 限定像素值介於 [0, 1]
23             with torch.no_grad():
24                 input_img.clamp_(0, 1)
25
26             # 計算損失
27             optimizer.zero_grad()
28             model(input_img)
29             style_score = 0
30             content_score = 0
32             for sl in style_losses:
33                 style_score += sl.loss
34             for cl in content_losses:
35                 content_score += cl.loss
36
37             style_score *= style_weight
38             content_score *= content_weight
39
40             loss = style_score + content_score
41             loss.backward()
42
43             # 顯示執行訊息
44             run[0] += 1
45             if run[0] % 50 == 0:
46                 print("run {}:".format(run))
```

```
47                print('Style Loss : {:4f} Content Loss: {:4f}'.format(
48                    style_score.item(), content_score.item()))
49                print()
50
51            return style_score + content_score
52
53        optimizer.step(closure)
54
55    with torch.no_grad():
56        input_img.clamp_(0, 1)
57
58    return input_img
```

12. 呼叫上述函數，執行模型訓練。

```
1  input_img = content_img.clone()
2  output = run_style_transfer(cnn, cnn_normalization_mean, cnn_normalization_std,
3                              content_img, style_img, input_img)
4
5  plt.ion()
6
7  plt.figure()
8  imshow(output, title='Output Image')
9
10 # sphinx_gallery_thumbnail_number = 4
11 plt.ioff()
12 plt.show()
```

- 執行結果：執行 300 個步驟。

```
run [50]:
Style Loss : 197.640305 Content Loss: 10.030561

run [100]:
Style Loss : 115.270218 Content Loss: 10.154602

run [150]:
Style Loss : 59.683624 Content Loss: 11.227819

run [200]:
Style Loss : 43.104721 Content Loss: 11.281847

run [250]:
Style Loss : 37.712021 Content Loss: 11.065491

run [300]:
Style Loss : 31.204447 Content Loss: 10.808176
```

13. 測試另一組圖檔。

```
1  style_img = image_loader("./StyleTransfer/mirror.jpg")
2  content_img = image_loader("./StyleTransfer/dancing.jpg")
3  print(style_img.shape, content_img.shape)
4  imshow(style_img, title='Style Image')
5  imshow(content_img, title='Content Image')
```

● 執行結果：

14. 風格轉換。

```
1  input_img = content_img.clone()
2  output = run_style_transfer(cnn, cnn_normalization_mean, cnn_normalization_std,
3                              content_img, style_img, input_img)
4
5  plt.ion()
6
7  plt.figure()
8  imshow(output, title='Output Image')
9
10 # sphinx_gallery_thumbnail_number = 4
11 plt.ioff()
12 plt.show()
```

● 執行結果：

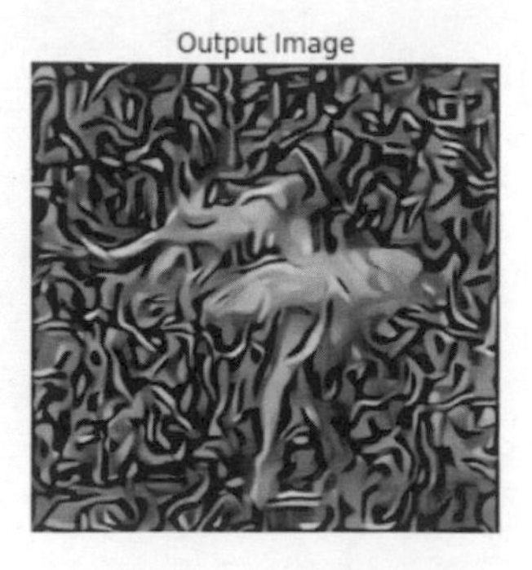

範例有一些參數可以調整，譬如，run_style_transfer 函數的 style_weight、content_weight 參數代表風格圖 / 原圖影響生成圖像的比例，讀者可以試試看，也許可以創作出獨一無二的驚人畫作。

上述程式生成一張圖像需要花很長時間，在如今的社群媒體時代，就算這酷炫的效果抓住了大眾的眼球，也難以造成流行，因此在網路上有許多的研究，討論如何加快演算法速度，有興趣的讀者可搜尋『Fast Style Transfer』。另外，也有同學問到，如果用同一張風格圖，對另一張新的內容圖進行風格轉換，也要重新訓練嗎？ 答案是不一定，這是一個值得研究的課題。開發美圖秀秀的公司砸了近兩億人民幣，才將速度縮短至 3 秒，可見技術難度頗高，所以，速度絕對是商業模式重要的考量因素。

風格轉換是一個非常有趣的應用，除了轉換成名畫風格之外，也可將照片卡通化，或是針對臉部美肌，凡此種種都值得一試。當然，不只有風格轉換演算法可以這樣玩，其他像 GAN 或 OpenCV 影像處理也都能做到類似的功能，大家一起天馬行空，胡思亂想吧！

9-6 臉部辨識 (Facial Recognition)

臉部辨識 (Facial Recognition) 的應用面向非常廣泛，國內廠商不論是系統廠商、PC 廠商、NAS 廠商，甚至是電信業者，都已涉獵此一領域，推出各種五花八門的相關產品，目前已有以下這些應用類型：

1. 智慧保全：結合門禁系統，運用在家庭、學校、員工宿舍、飯店、機場登機檢查、出入境比對、黑名單 / 罪犯 / 失蹤人口比對…等方面。
2. 考勤系統：上下班臉部刷卡取代卡片。
3. 商店即時監控：即時辨識 VIP 和黑名單客戶的進出，進行客戶關懷、發送折扣碼、或記錄停留時間，作為商品陳列與改善經營效能的參考依據。
4. 快速結帳：以臉部辨識取代刷卡付帳。
5. 人流統計：針對有人數容量限制的公共場所，如百貨公司、遊樂園、體育場館，透過臉部辨識，進行人數控管。.
6. 情緒分析：辨識臉部情緒，發生意外時能迅速通報救援，或進行滿意度調查。
7. 社群軟體上傳照片的辨識：標註朋友姓名等。

依據技術類別可細分為：

1. 臉部偵測 (Face Detection)：與物件偵測類似，因此運用物件偵測技術即可做到此功能，偵測圖像中有那些臉部和其位置。
2. 臉部特徵點檢測 (Facial Landmarks Detection)：偵測臉部的特徵點，用來比對兩張臉是否屬於同一人。
3. 臉部追蹤 (Face Tracking)：在視訊中追蹤移動中的臉部，可辨識人移動的軌跡。
4. 臉部辨識 (Face Recognition)，分為兩種：
   - 4.1 臉部識別 (Face Identification)：從 N 個人中找出認識的人。
   - 4.2 臉部驗證 (Face Verification)：驗證臉部特徵是否符合特定人，例如，出入境檢查旅客是否與其護照上的大頭照相符合。

各項臉部辨識技術及支援的套件，如下圖：

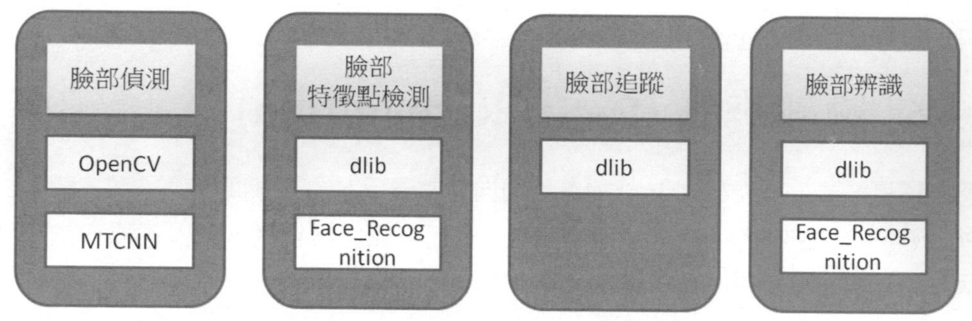

▲ 圖 9.8　臉部辨識的技術類別與相關套件支援

接下來，我們就逐一實作這些相關功能。

9-6-1　臉部偵測 (Face Detection)

OpenCV 使用 Haar Cascades 演算法來進行各種物件的偵測，它會將各種物件的特徵記錄在 XML 檔案，稱為級聯分類器 (Cascade File)，可在 OpenCV 或 OpenCV-Python 安裝目錄內找到 (haarcascade_*.xml)，筆者已把相關檔案複製到範例程式目錄下。

Haar Cascades 技術發展較早，辨識速度快，能夠做到即時偵測，缺點則是準確度較差，容易造成偽陽性，即誤認臉部特徵。它的架構類似卷積，如下圖所示，以各種濾波器 (Filters) 掃描圖像，像是眼部比臉頰暗，鼻樑比臉頰亮等。

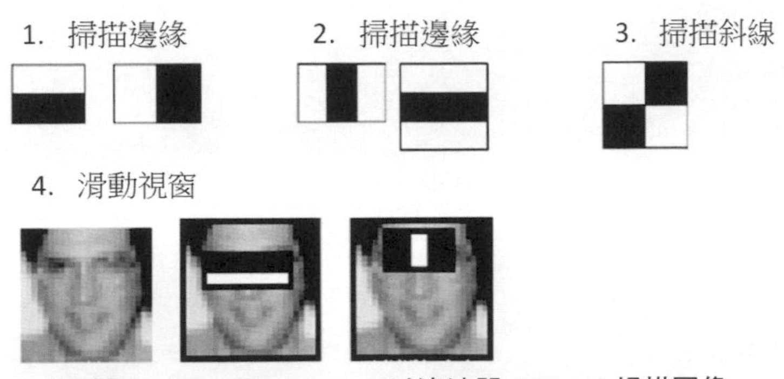

▲ 圖 9.9 Haar Cascades 以濾波器 (Filters) 掃描圖像

範例

01 使用 OpenCV 進行臉部偵測 (Face Detection)。

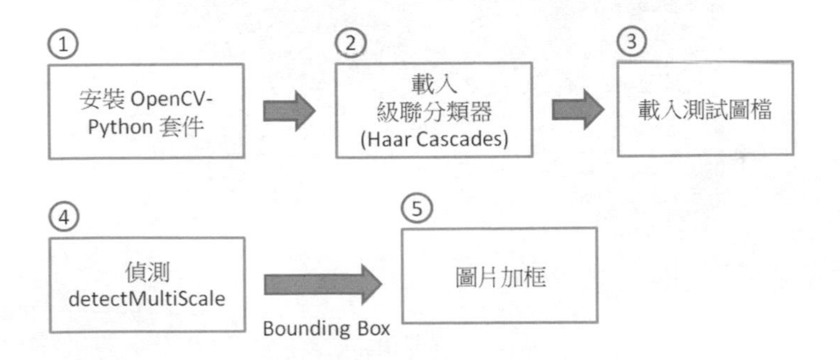

➤ 下列程式碼請參考【09_07_Face Detection_opencv.ipynb】。

1. 載入相關套件，包含 OpenCV-Python。

```
1 # 載入相關套件
2 import cv2
3 from cv2 import CascadeClassifier
4 from cv2 import rectangle
5 import matplotlib.pyplot as plt
6 from cv2 import imread
```

2. 載入臉部的級聯分類器 (face cascade file)。

```
1  # 載入臉部級聯分類器(face cascade file)
2  face_cascade = './cascade_files/haarcascade_frontalface_alt.xml'
3  classifier = cv2.CascadeClassifier(face_cascade)
```

3. 載入測試圖檔。

```
1  # 載入圖檔
2  image_file = "./images_face/teammates.jpg"
3  image = imread(image_file)
4
5  # OpenCV 預設為 BGR 色系，轉為 RGB 色系
6  im_rgb = cv2.cvtColor(image, cv2.COLOR_BGR2RGB)
7
8  # 顯示圖像
9  plt.imshow(im_rgb)
10 plt.axis('off')
11 plt.show()
```

- 執行結果：

4. 偵測臉部並顯示圖像。

```
1  # 偵測臉部
2  bboxes = classifier.detectMultiScale(image)
3  # 臉部加框
4  for box in bboxes:
5      # 取得框的座標及寬高
6      x, y, width, height = box
7      x2, y2 = x + width, y + height
8      # 加白色框
9      rectangle(im_rgb, (x, y), (x2, y2), (255,255,255), 2)
10
11 # 顯示圖像
12 plt.imshow(im_rgb)
13 plt.axis('off')
14 plt.show()
```

- 執行結果：全部人的臉都有被正確偵測到。

5. 載入另一圖檔。

```
1 # 載入圖檔
2 image_file = "./images_face/classmates.jpg"
3 image = imread(image_file)
4
5 # OpenCV 預設為 BGR 色系，轉為 RGB 色系
6 im_rgb = cv2.cvtColor(image, cv2.COLOR_BGR2RGB)
7
8 # 顯示圖像
9 plt.imshow(im_rgb)
10 plt.axis('off')
11 plt.show()
```

- 執行結果：臉部特寫。

6. 偵測臉部並顯示圖像。

```
1 # 偵測臉部
2 bboxes = classifier.detectMultiScale(image)
3 # 臉部加框
4 for box in bboxes:
5     # 取得框的座標及寬高
```

```python
    x, y, width, height = box
    x2, y2 = x + width, y + height
    # 加紅色框
    rectangle(im_rgb, (x, y), (x2, y2), (255,0,0), 5)

# 顯示圖像
plt.imshow(im_rgb)
plt.axis('off')
plt.show()
```

- 執行結果： 就算圖像中的臉部占據畫面較大，還是可以正確偵測到。

7. 同時載入眼睛與微笑的級聯分類器。

```python
# 載入眼睛級聯分類器(eye cascade file)
eye_cascade = './cascade_files/haarcascade_eye_tree_eyeglasses.xml'
classifier = cv2.CascadeClassifier(eye_cascade)

# 載入微笑級聯分類器(smile cascade file)
smile_cascade = './cascade_files/haarcascade_smile.xml'
smile_classifier = cv2.CascadeClassifier(smile_cascade)
```

8. 偵測臉部並顯示圖像。

```python
im_rgb_clone = im_rgb.copy()
# 偵測臉部
bboxes = classifier.detectMultiScale(image)
# 臉部加框
for box in bboxes:
    # 取得框的座標及寬高
    x, y, width, height = box
    x2, y2 = x + width, y + height
    # 加白色框
    rectangle(im_rgb_clone, (x, y), (x2, y2), (255,0,0), 5)

# 偵測微笑
# scaleFactor=2.5：掃描時每次縮減掃描視窗的尺寸比例。
# minNeighbors=20：每一個被選中的視窗至少要有鄰近且合格的視窗數
bboxes = smile_classifier.detectMultiScale(image, 2.5, 20)
```

```
16 #微笑加框
17 for box in bboxes:
18     # 取得框的座標及寬高
19     x, y, width, height = box
20     x2, y2 = x + width, y + height
21     # 加白色框
22     rectangle(im_rgb_clone, (x, y), (x2, y2), (255,0,0), 5)
23 #     break
24 
25 # 顯示圖像
26 plt.imshow(im_rgb_clone)
27 plt.axis('off')
28 plt.show()
```

- 執行結果：左邊人臉的眼睛少抓了一個，嘴巴誤抓好幾個。這是筆者調整 detectMultiScale 參數多次後，所能得到的較佳結果。

9. 修改程式，以臉部範圍偵測眼睛及嘴巴，這樣就不會有誤判了。

```
1  im_rgb_clone = im_rgb.copy()
2  # 偵測臉部
3  bboxes = classifier.detectMultiScale(image)
4  # 臉部加框
5  for box in bboxes:
6      # 取得框的座標及寬高
7      x, y, width, height = box
8      x2, y2 = x + width, y + height
9      # 加白色框
10     rectangle(im_rgb_clone, (x, y), (x2, y2), (255,0,0), 5)
11 
12 # 偵測微笑
13 # scaleFactor=2.5：掃描時每次縮減掃描視窗的尺寸比例。
14 # minNeighbors=20：每一個被選中的視窗至少要有鄰近且合格的視窗數
15 bboxes = smile_classifier.detectMultiScale(image, 2.5, 20)
16 #微笑加框
17 for box in bboxes:
18     # 取得框的座標及寬高
19     x, y, width, height = box
20     x2, y2 = x + width, y + height
```

```
21      # 加白色框
22      rectangle(im_rgb_clone, (x, y), (x2, y2), (255,0,0), 5)
23  #     break
24
25  # 顯示圖像
26  plt.imshow(im_rgb_clone)
27  plt.axis('off')
28  plt.show()
```

- 執行結果：

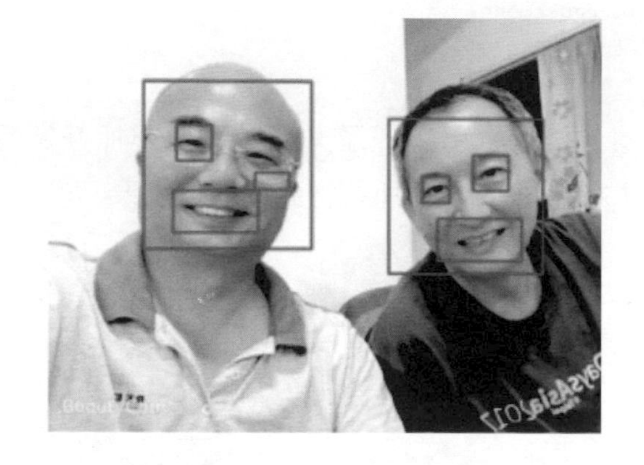

detectMultiScale 相關參數的介紹如下：

1. scaleFactor：設定每次掃描視窗縮小的尺寸比例，設定較小值，會偵測到較多合格的視窗。
2. minNeighbors：每一個被選中的視窗至少要有鄰近且合格的視窗數，設定較大值，會讓偽陽性降低，但會使偽陰性提高。
3. minSize：小於這個設定值，會被過濾掉，格式為 (w, h)。
4. maxSize：大於這個設定值，會被過濾掉，格式為 (w, h)。

9-6-2 MTCNN 演算法

Haar Cascades 技術發展較早，使用很簡單，但是要能準確偵測，必須因應圖像的色澤、光線、物件大小來調整參數，並不容易。因此，近幾年發展改用深度學習演算法進行臉部偵測，較知名的演算法 MTCNN 係由 Kaipeng Zhang 等學者於 2016 年『Joint Face Detection and Alignment using Multi-task Cascaded Convolutional Networks』發表 [25]。

MTCNN 的架構是運用影像金字塔加上三個神經網路，如下圖所示，四個部分的功能各為：

1. 影像金字塔 (Image Pyramid)：擷取不同尺寸的臉部。
2. 建議網路 (Proposal Network or P-Net)：類似區域推薦，找出候選的區域。
3. 強化網路 (Refine Network or R-Net)：找出合格框 (bounding boxes)。
4. 輸出網路 (Output Network or O-Net)：找出臉部特徵點 (Landmarks)。

乍看下來，會不會覺得有些熟悉？其實 MTCNN 的作法與物件偵測演算法 Faster R-CNN 類似。

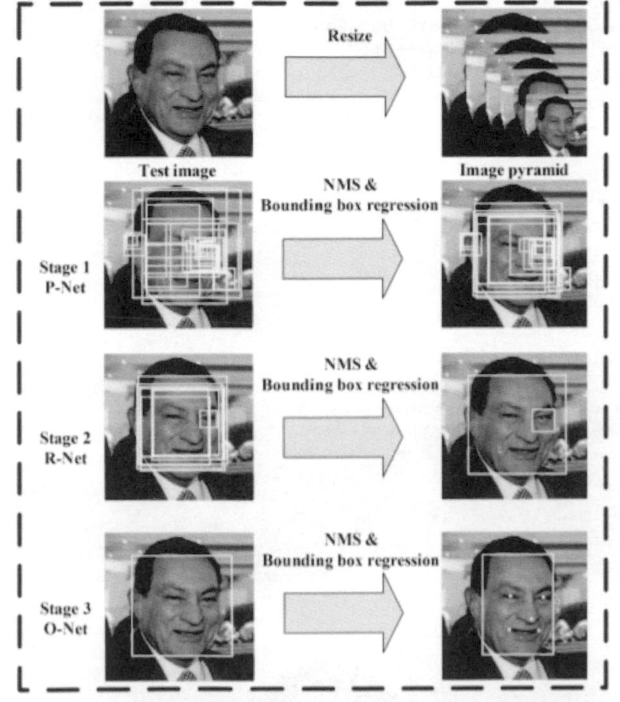

▲ 圖 9.10 MTCNN 使用影像金字塔加上三個神經網路

原作者使用 Caffe/C 開發 [26]，許多人將其以 Python 改寫，TensorFlow 套件名稱為 mtcnn [27]，安裝指令如下：

```
pip install mtcnn
```

PyTorch 套件名稱為 facenet-pytorch[28]，安裝指令如下：

pip install facenet-pytorch

範例

02 使用 MTCNN 進行臉部偵測。本範例程式及資料來自官網 [27]。

➤ 下列程式碼請參考【09_08_Face Detection_mtcnn.ipynb】。

1. 載入套件。

```
from facenet_pytorch import MTCNN, InceptionResnetV1
import torch
from torch.utils.data import DataLoader
from torchvision import datasets
import numpy as np
import pandas as pd
import os
```

2. 判斷是否使用 GPU。

```
device = torch.device("cuda" if torch.cuda.is_available() else "cpu")
```

3. 載入並顯示圖檔。

```
from PIL import Image
import matplotlib.pyplot as plt

image_file = './MTCNN/angelina_jolie/1.jpg'
image = Image.open(image_file)
```

```
# 顯示圖像
plt.imshow(image)
plt.axis('off')
plt.show()
```

• 執行結果：

4. 建立 MTCNN 物件，偵測臉部，MTCNN 參數設定如下：

- margin：邊框厚度。
- min_face_size：最小臉部偵測尺寸。
- thresholds：門檻值，須設定三色彩通道。
- factor：影像金字塔縮放比例。
- post_process：後製處理。
- 還有許多其他參數，可使用 help(MTCNN) 查看説明。
- 以下程式均設為預設值。

```
1 # 建立 MTCNN 物件
2 mtcnn = MTCNN(
3     image_size=160, margin=0, min_face_size=20,
4     thresholds=[0.6, 0.7, 0.7], factor=0.709, post_process=True,
5     device=device
6 )
```

5. 辨識並裁切圖檔，並顯示圖像：偵測出的圖像色彩通道在第一維，須轉換至最後一維，部分像素值會超出範圍，故須限定像素值範圍介於 [0, 1]，筆者發現大部分像素值範圍散佈介於 [-1, 1]，故加 1 再除以 2，才不會使圖像偏暗。

```
1 # 辨識
2 image_cropped = mtcnn(image)
3 # 色彩通道在第一維，轉換至最後一維
4 image_cropped = torch.permute(image_cropped, (1, 2, 0))
5 # 限定像素值範圍介於 [0, 1]
6 image_cropped = image_cropped.clamp(-1, 1)
7 image_cropped = (image_cropped + 1) *.5  # 使像素值介於 [0, 1] 之間
```

```
1 # 顯示圖像
2 plt.imshow(image_cropped)
3 plt.axis('off')
4 plt.show()
```

- 執行結果：。

6. 再看另一個應用，臉部驗證，比較多個臉部的相似性，先建立 Inception ResNet 預先訓練模型。

```
1 # 建立 inception resnet 預先訓練模型
2 resnet = InceptionResnetV1(pretrained='vggface2').eval().to(device)
```

7. 載入 MTCNN 資料夾下所有影像：。

```
1 def collate_fn(x):
2     return x[0]
3
4 dataset = datasets.ImageFolder('./MTCNN')
5 dataset.idx_to_class = {i:c for c, i in dataset.class_to_idx.items()}
6 loader = DataLoader(dataset, collate_fn=collate_fn)
```

8. 使用 MTCNN 識別臉部，並取得臉部向量。

- MTCNN 加參數 return_prob=True，可額外取得臉部識別的機率。

```
1 aligned = []
2 names = []
3 for x, y in loader:
4     x_aligned, prob = mtcnn(x, return_prob=True)
5     if x_aligned is not None:
6         print(f'臉部識別的機率: {prob:8f}')
7         # 取得臉部向量
8         aligned.append(x_aligned)
9         # 取得姓名
10        names.append(dataset.idx_to_class[y])
```

9. 將識別的臉部轉換為嵌入向量。

```
1 aligned = torch.stack(aligned).to(device)
2 embeddings = resnet(aligned).detach().cpu()
```

10. 比較嵌入向量相似性。

```
1 # 計算夾角
2 dists = [[(e1 - e2).norm().item() for e2 in embeddings] for e1 in embeddings]
3 pd.DataFrame(dists, columns=names, index=names)
```

- 執行結果：值愈小愈相似，發現同性較相似。

	angelina_jolie	bradley_cooper	kate_siegel	paul_rudd	shea_whigham
angelina_jolie	0.000000	1.447480	0.887728	1.429847	1.399073
bradley_cooper	1.447480	0.000000	1.313749	1.013447	1.038684
kate_siegel	0.887728	1.313749	0.000000	1.388377	1.379654
paul_rudd	1.429847	1.013447	1.388377	0.000000	1.100503
shea_whigham	1.399073	1.038684	1.379654	1.100503	0.000000

再看如何對視訊進行臉部追蹤，須額外安裝一個套件 mmcv：

pip install mmcv

1. 載入套件。

```
1 import mmcv, cv2
2 from PIL import Image, ImageDraw
3 from IPython import display
```

2. 建立 MTCNN 物件：keep_all=True 會傳回所有偵測到的臉部。

```
1 mtcnn = MTCNN(keep_all=True, device=device)
```

3. 載入視訊，並撥放視訊。

```
1 video_path = './MTCNN/video.mp4'
2 video = mmcv.VideoReader(video_path)
3 frames = [Image.fromarray(cv2.cvtColor(frame, cv2.COLOR_BGR2RGB))
4           for frame in video]
5
6 display.Video(video_path, width=640)
```

- 執行結果：

4. 臉部追蹤、畫框。

```
1  frames_tracked = []
2  for i, frame in enumerate(frames):
3      print('\rTracking frame: {}'.format(i + 1), end='')
4
5      # 臉部追蹤
6      boxes, _ = mtcnn.detect(frame)
7
8      # 臉部畫框
9      frame_draw = frame.copy()
10     draw = ImageDraw.Draw(frame_draw)
11     for box in boxes:
12         draw.rectangle(box.tolist(), outline=(255, 0, 0), width=6)
13
14     # 存至 frames_tracked
15     frames_tracked.append(frame_draw.resize((640, 360), Image.BILINEAR))
16 print('\nDone')
```

5. 播放臉部畫框的視訊。

```
1 d = display.display(frames_tracked[0], display_id=True)
2 i = 1
3 try:
4     while True:
5         d.update(frames_tracked[i % len(frames_tracked)])
6         i += 1
7 except KeyboardInterrupt:
8     pass
```

- 執行結果：會連續播放，須按暫停鍵，才能執行下一格。

6. 存檔。

```
1 dim = frames_tracked[0].size
2 fourcc = cv2.VideoWriter_fourcc(*'FMP4')
3 video_tracked = cv2.VideoWriter('video_tracked.mp4', fourcc, 25.0, dim)
4 for frame in frames_tracked:
5     video_tracked.write(cv2.cvtColor(np.array(frame), cv2.COLOR_RGB2BGR))
6 video_tracked.release()
```

9-6-3 臉部追蹤 (Face Tracking)

臉部追蹤 (Face Tracking) 可在影片中追蹤特定人的臉部，這裡使用的套件是 face-recognition，安裝指令如下：

pip install face-recognition

注意 face-recognition 是以 dlib 為基礎的套件，它使用 C++ 開發，所以要先安裝 dlib 套件，在 Windows 作業環境下，必須備妥下列工具建置 dlib：

1. Microsoft Visual Studio 2017/2019，相關說明請參考筆者的部落文『dlib 安裝心得 -- Windows 環境』[29]。
2. CMake for Windows：安裝後將 bin 路徑 (例如 C:\Program Files\CMake\bin) 加入環境變數 Path 中。
3. 建置 dlib：python setup.py build。
4. 安裝 dlib：python setup.py insatll。

範例

03 使用 Face-Recognition 套件進行臉部偵測。

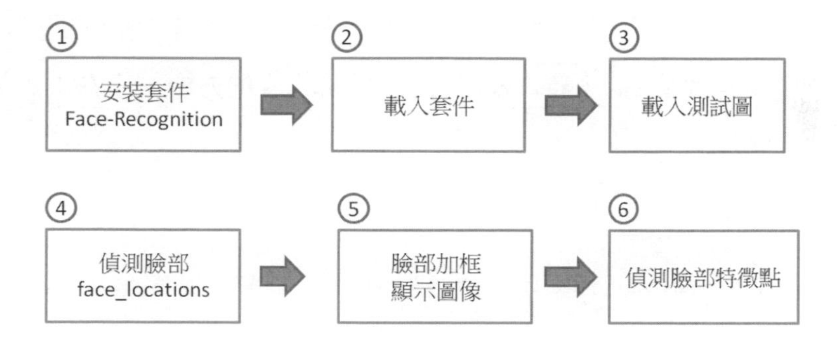

➤ 下列程式碼請參考【09_09_Face_Recognition.ipynb】。

1. 載入相關套件，包含 Face-Recognition。

```
1 # 安裝套件： pip install face-recognition
2 # 載入相關套件
3 import matplotlib.pyplot as plt
4 from matplotlib.patches import Rectangle, Circle
5 import face_recognition
```

2. 載入並顯示圖檔。

```
1 # 載入圖檔
2 image_file = "./images_face/classmates.jpg"
3 image = plt.imread(image_file)
4
5 # 顯示圖像
6 plt.imshow(image)
7 plt.axis('off')
8 plt.show()
```

- 執行結果：

3. 呼叫 face_locations 函數偵測臉部。

```
1 # 偵測臉部
2 faces = face_recognition.face_locations(image)
```

4. 臉部加框，顯示圖像，注意 框的座標所代表的方向依序為上 / 左 / 下 / 右 (逆時鐘)。

```
1 # 臉部加框
2 ax = plt.gca()
3 for result in faces:
4     # 取得框的座標
5     y1, x1, y2, x2 = result
6     width, height = x2 - x1, y2 - y1
7     # 加紅色框
8     rect = Rectangle((x1, y1), width, height, fill=False, color='red')
9     ax.add_patch(rect)
10
11 # 顯示圖像
12 plt.imshow(image)
13 plt.axis('off')
14 plt.show()
```

- 執行結果：

5. 偵測臉部特徵點並顯示。

```python
# 偵測臉部特徵點並顯示
from PIL import Image, ImageDraw

# 載入圖檔
image = face_recognition.load_image_file(image_file)

# 轉為 Pillow 圖像格式
pil_image = Image.fromarray(image)

# 取得圖像繪圖物件
d = ImageDraw.Draw(pil_image)

# 偵測臉部特徵點
face_landmarks_list = face_recognition.face_landmarks(image)

for face_landmarks in face_landmarks_list:
    # 顯示五官特徵點
    for facial_feature in face_landmarks.keys():
        print(f"{facial_feature} 特徵點: {face_landmarks[facial_feature]}\n")

    # 繪製特徵點
    for facial_feature in face_landmarks.keys():
        d.line(face_landmarks[facial_feature], width=5, fill='green')

# 顯示圖像
plt.imshow(pil_image)
plt.axis('off')
plt.show()
```

- 執行結果如下：

五官特徵點的座標。

```
chin 特徵點: [(958, 485), (968, 525), (982, 562), (999, 598), (1022, 630), (1054, 657), (1092, 677), (1135, 693), (1179, 689), (1220, 670), (1249, 639), (1274, 606), (1291, 567), (1298, 524), (1296, 478), (1291, 433), (1283, 387)]

left_eyebrow 特徵點: [(969, 464), (978, 434), (1002, 417), (1032, 413), (1061, 415)]

right_eyebrow 特徵點: [(1119, 397), (1142, 373), (1172, 361), (1204, 364), (1228, 382)]

nose_bridge 特徵點: [(1098, 440), (1107, 477), (1115, 512), (1124, 548)]

nose_tip 特徵點: [(1092, 557), (1112, 562), (1133, 565), (1151, 552), (1167, 538)]

left_eye 特徵點: [(1006, 473), (1019, 458), (1038, 454), (1058, 461), (1042, 467), (1024, 472)]

right_eye 特徵點: [(1147, 436), (1160, 417), (1179, 409), (1201, 414), (1186, 423), (1167, 430)]

top_lip 特徵點: [(1079, 606), (1100, 595), (1121, 586), (1142, 585), (1160, 576), (1186, 570), (1215, 567), (1207, 571), (1164, 585), (1145, 593), (1125, 596), (1088, 605)]

bottom_lip 特徵點: [(1215, 567), (1197, 598), (1176, 619), (1155, 628), (1134, 631), (1109, 626), (1079, 606), (1088, 605), (1128, 612), (1149, 610), (1168, 601), (1207, 571)]
```

臉部輪廓畫線。

04 使用 Face-Recognition 套件進行視訊臉部追蹤，程式修改自 face-recognition GitHub 的範例 [30]。

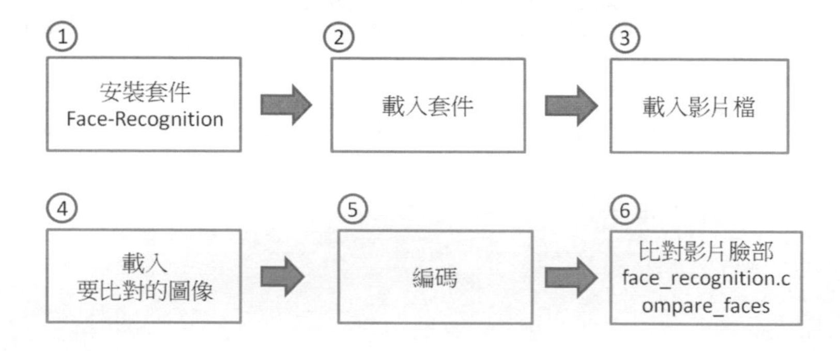

➤ 下列程式碼請參考【09_10_Face_Tracking.ipynb】。

1. 載入相關套件。

```
1 # 安裝套件： pip install face-recognition
2 # 載入相關套件
3 import matplotlib.pyplot as plt
4 from matplotlib.patches import Rectangle, Circle
5 import face_recognition
6 import cv2
```

2. 載入影片檔。

```
1 # 載入影片檔
2 input_movie = cv2.VideoCapture("./images_face/short_hamilton_clip.mp4")
3 length = int(input_movie.get(cv2.CAP_PROP_FRAME_COUNT))
4 print(f'影片幀數：{length}')
```

- 執行結果：影片總幀數為 275。

3. 指定輸出檔名，(❗注意) 影片解析度設為 (640, 360)，故輸入的影片不得低於此解析度，否則輸出檔將會無法播放。

```
1 # 指定輸出檔名
2 fourcc = cv2.VideoWriter_fourcc(*'XVID')
3 # 每秒幀數(fps):29.97，影片解析度(Frame Size)：(640, 360)
4 output_movie = cv2.VideoWriter('./images_face/output.avi',
5                               fourcc, 29.97, (640, 360))
```

4. 載入要辨識的圖像，範例設定這兩個人：Lin-Manuel Miranda(美國歌手) 與 Barack Obama(美國總統)，需先編碼 (Encode) 為向量，以利臉部比對。

```
1 # 載入要辨識的圖像
2 image_file = 'lin-manuel-miranda.png' # 美國歌手
3 lmm_image = face_recognition.load_image_file("./images_face/"+image_file)
4 # 取得圖像編碼
5 lmm_face_encoding = face_recognition.face_encodings(lmm_image)[0]
6
7 # obama
8 image_file = 'obama.jpg' # 美國總統
9 obama_image = face_recognition.load_image_file("./images_face/"+image_file)
10 # 取得圖像編碼
11 obama_face_encoding = face_recognition.face_encodings(obama_image)[0]
12
13 # 設定陣列
14 known_faces = [
15     lmm_face_encoding,
16     obama_face_encoding
17 ]
18
19 # 目標名稱
20 face_names = ['lin-manuel-miranda', 'obama']
```

5. 變數初始化。

```
1 # 變數初始化
2 face_locations = [] # 臉部位置
3 face_encodings = [] # 臉部編碼
4 face_names = []     # 臉部名稱
5 frame_number = 0    # 幀數
```

6. 比對臉部並存檔。

```
1 # 偵測臉部並寫入輸出檔
2 while True:
3     # 讀取一幀影像
4     ret, frame = input_movie.read()
5     frame_number += 1
6
7     # 影片播放結束，即跳出迴圈
8     if not ret:
9         break
10
11     # 將 BGR 色系轉為 RGB 色系
```

```
11      # 將 BGR 色系轉為 RGB 色系
12      rgb_frame = frame[:, :, ::-1]
13
14      # 找出臉部位置
15      face_locations = face_recognition.face_locations(rgb_frame)
16      # 編碼
17      face_encodings = face_recognition.face_encodings(rgb_frame, face_locations)
18
19      # 比對臉部
20      face_names = []
21      for face_encoding in face_encodings:
22          # 比對臉部編碼是否與圖檔符合
23          match = face_recognition.compare_faces(known_faces, face_encoding,
24                                                 tolerance=0.50)
25
26          # 找出符合臉部的名稱
27          name = None
28          for i in range(len(match)):
29              if match[i] and 0 < i < len(face_names):
30                  name = face_names[i]
31                  break
32
33          face_names.append(name)
34
35      # 輸出影片標記臉部位置及名稱
36      for (top, right, bottom, left), name in zip(face_locations, face_names):
37          if not name:
38              continue
39
40          # 加框
41          cv2.rectangle(frame, (left, top), (right, bottom), (0, 0, 255), 2)
42
43          # 標記名稱
44          cv2.rectangle(frame, (left, bottom - 25), (right, bottom), (0, 0, 255)
45                        , cv2.FILLED)
46          font = cv2.FONT_HERSHEY_DUPLEX
47          cv2.putText(frame, name, (left + 6, bottom - 6), font, 0.5,
48                      (255, 255, 255), 1)
49
50      # 將每一幀影像存檔
51      print("Writing frame {} / {}".format(frame_number, length))
52      output_movie.write(frame)
53
54  # 關閉輸入檔
55  input_movie.release()
56  # 關閉所有視窗
57  cv2.destroyAllWindows()
```

- 執行結果：

```
Writing frame 4 / 275
Writing frame 5 / 275
Writing frame 6 / 275
Writing frame 7 / 275
Writing frame 8 / 275
Writing frame 9 / 275
Writing frame 10 / 275
Writing frame 11 / 275
Writing frame 12 / 275
Writing frame 13 / 275
Writing frame 14 / 275
Writing frame 15 / 275
Writing frame 16 / 275
Writing frame 17 / 275
Writing frame 18 / 275
Writing frame 19 / 275
Writing frame 20 / 275
Writing frame 21 / 275
```

7. 輸出的影片為 images_face/output.avi 檔案：觀看影片後發現，偵測速度較慢，Obama 並未偵測到，因圖片檔是正面照，而影像檔則是側面的畫面。但瑕不掩瑜，大致上仍追蹤得到主要影像的動態。

05 改用 WebCam 進行臉部即時追蹤，程式修改自 face-recognition GitHub 的範例 [30]。

➤ 下列程式碼請參考【09_11_Face_Tracking_webcam.ipynb】。

由於步驟重疊的部分較多，所以只說明與範例 4 有差異的程式碼。

1. 以讀取 WebCam 取代載入影片檔。

```
1 # 指定第一台 webcam
2 video_capture = cv2.VideoCapture(0)
```

2. 讀取 WebCam 一幀影像：第 4 行。

```
1 # 偵測臉部並即時顯示
2 while True:
3     # 讀取一幀影像
4     ret, frame = video_capture.read()
```

3. 偵測臉部的處理均相同，但存檔改成即時顯示。

```
46     # 顯示每一幀影像
47     cv2.imshow('Video', frame)
```

4. 按 q 即可跳出迴圈。

```
49     # 按 q 即跳出迴圈
50     if cv2.waitKey(1) & 0xFF == ord('q'):
51         break
```

原作者也示範一個例子，可在 Raspberry pi 執行，即時進行臉部追蹤。

9-6-4 臉部特徵點偵測

偵測臉部特徵點可使用 Face-Recognition、dlib 或者 OpenCV 套件，以上這三種都可偵測到 68 個特徵點，如下圖：

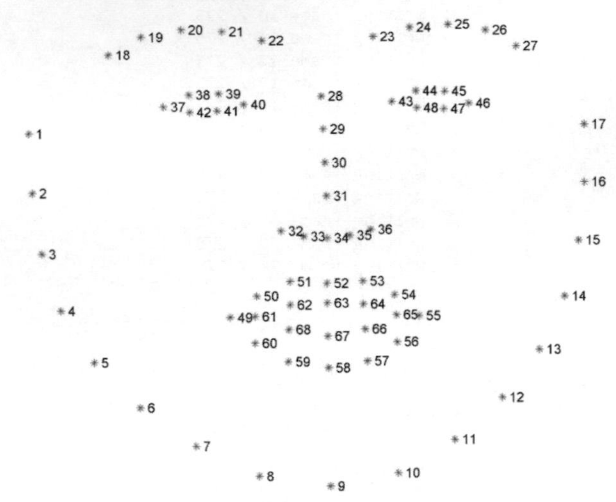

▲ 圖 9.11　臉部 68 個特徵點的位置

公司訊連科技轉投資的玩美移動號稱可以偵測臉部特徵點達 200 點，相關新聞可參閱『訊連養出 14 億美元獨角獸，玩美移動憑什麼赴美 IPO ？』[31]。

Face-Recognition 套件偵測臉部特徵點已在【09_09_Face_Recognition.ipynb】實作過了，不再多作介紹。前面安裝的 dlib 套件本身就是一套包含了機器學習、數值分析、計算機視覺、影像處理等功能的函數庫。

範例

06 使用 dlib 實作臉部特徵點的偵測。

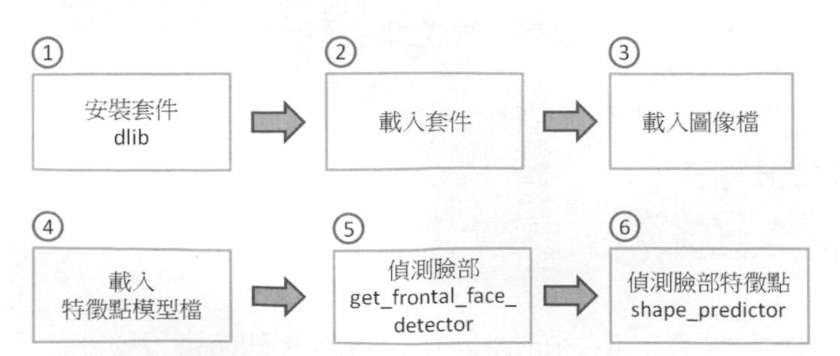

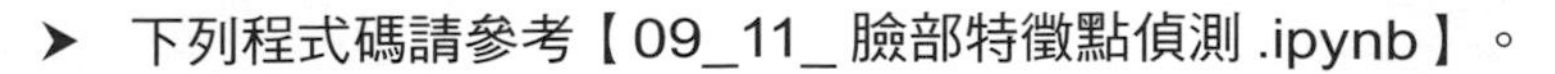

➤ 下列程式碼請參考【09_11_ 臉部特徵點偵測 .ipynb】。

1. 載入相關套件，imutils 套件是一個簡易的影像處理函數庫，安裝指令如下：

- pip install imutils

```
1  # 載入相關套件
2  import dlib
3  import cv2
4  import matplotlib.pyplot as plt
5  from matplotlib.patches import Rectangle, Circle
6  from imutils import face_utils
```

2. 載入並顯示圖檔。

```
1  # 載入圖檔
2  image_file = "./images_face/classmates.jpg"
3  image = plt.imread(image_file)
4
5  # 顯示圖像
6  plt.imshow(image)
7  plt.axis('off')
8  plt.show()
```

- 執行結果：

3. 偵測臉部特徵點並顯示：

- dlib 特徵點模型檔為 shape_predictor_68_face_landmarks.dat，可偵測 68 個點，如果只需要偵測 5 個點就好，可載入 shape_predictor_5_face_landmarks.dat。
- dlib.get_frontal_face_detector：偵測臉部。
- dlib.shape_predictor：偵測臉部特徵點。

```
1  # 載入 dlib 以 HOG 基礎的臉部偵測模型
2  model_file = "shape_predictor_68_face_landmarks.dat"
3  detector = dlib.get_frontal_face_detector()
4  predictor = dlib.shape_predictor(model_file)
5  
6  # 偵測圖像的臉部
7  rects = detector(image)
8  
9  print(f'偵測到{len(rects)}張臉部.')
10 # 偵測每張臉的特徵點
11 for (i, rect) in enumerate(rects):
12     # 偵測特徵點
13     shape = predictor(image, rect)
14 
15     # 轉為 NumPy 陣列
16     shape = face_utils.shape_to_np(shape)
17 
18     # 標示特徵點
19     for (x, y) in shape:
20         cv2.circle(image, (x, y), 10, (0, 255, 0), -1)
21 
22 # 顯示圖像
23 plt.imshow(image)
24 plt.axis('off')
25 plt.show()
```

- 執行結果：

偵測到2張臉部.

4. 偵測視訊檔也沒問題，按 Esc 鍵即可提前結束。

```
1  # 讀取視訊檔
2  cap = cv2.VideoCapture('./images_face/hamilton_clip.mp4')
3  while True:
4      # 讀取一幀影像
5      _, image = cap.read()
6  
7      # 偵測圖像的臉部
8      rects = detector(image)
9      for (i, rect) in enumerate(rects):
10         # 偵測特徵點
```

```
11            shape = predictor(image, rect)
12            shape = face_utils.shape_to_np(shape)
13
14            # 標示特徵點
15            for (x, y) in shape:
16                cv2.circle(image, (x, y), 2, (0, 255, 0), -1)
17
18        # 顯示影像
19        cv2.imshow("Output", image)
20
21        k = cv2.waitKey(5) & 0xFF    # 按 Esc 跳離迴圈
22        if k == 27:
23            break
24
25    # 關閉輸入檔
26    cap.release()
27    # 關閉所有視窗
28    cv2.destroyAllWindows()
```

OpenCV 針對臉部特徵點的偵測，提供三種演算法：

1. FacemarkLBF：Shaoqing Ren 等學者於 2014 年發表『Face Alignment at 3000 FPS via Regressing Local Binary Features』所提出的 [32]。
2. FacemarkAAM：Georgios Tzimiropoulos 等學者於 2013 年發表『Optimization problems for fast AAM fitting in-the-wild』所提出的 [33]。
3. FacemarkKamezi：V.Kazemi 和 J. Sullivan 於 2014 年發表『One Millisecond Face Alignment with an Ensemble of Regression Trees』所提出的 [34]。

我們分別實驗一下，看看有什麼差異。

07 使用 OpenCV 套件進行臉部特徵點偵測。

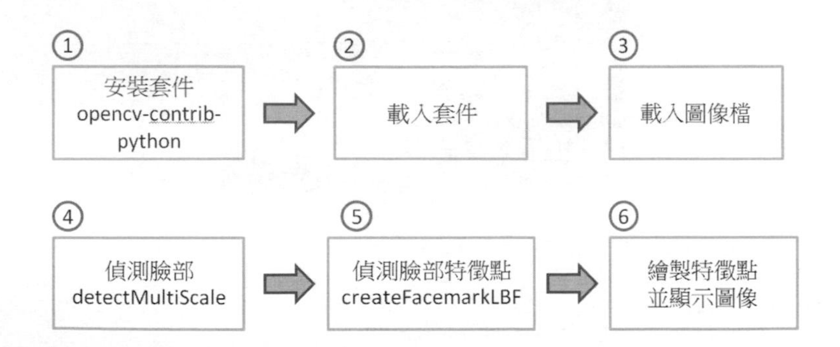

➤ 下列程式碼請參考【09_12_Landmark_OpenCV.ipynb】。

1. 載入相關套件：注意只有 OpenCV 擴充版提供相關 API，所以，須執行下列指令，改安裝 OpenCV 擴充版：

- 解除安裝： pip uninstall opencv-python opencv-contrib-python
- 安裝套件： pip install opencv-contrib-python

```
1 # 解除安裝套件： pip uninstall opencv-python opencv-contrib-python
2 # 安裝套件：    pip install opencv-contrib-python
3 # 載入相關套件
4 import cv2
5 import numpy as np
6 from matplotlib import pyplot as plt
```

2. 載入並顯示圖檔：使用 Lena 圖像測試。

```
1 # 載入圖檔
2 image_file = "./images_Object_Detection/lena.jpg"
3 image = cv2.imread(image_file)
4 
5 # 顯示圖像
6 image_RGB = cv2.cvtColor(image, cv2.COLOR_BGR2RGB)
7 plt.imshow(image_RGB)
8 plt.axis('off')
9 plt.show()
```

- 執行結果：

3. 使用 FacemarkLBF 偵測臉部特徵點。

```
1 # 偵測臉部
2 cascade = cv2.CascadeClassifier("./cascade_files/haarcascade_frontalface_alt2.xml")
3 faces = cascade.detectMultiScale(image , 1.5, 5)
4 print("faces", faces)
5 
6 # 建立臉部特徵點偵測的物件
7 facemark = cv2.cv2.face.createFacemarkLBF()
8 # 訓練模型 lbfmodel.yaml 下載自：
```

```
9  # https://raw.githubusercontent.com/kurnianggoro/GSOC2017/master/data/lbfmodel.yaml
10 facemark .loadModel("OpenCV/lbfmodel.yaml")
11 # 偵測臉部特徵點
12 ok, landmarks1 = facemark.fit(image , faces)
13 print ("landmarks LBF", ok, landmarks1)
```

- 執行結果：顯示臉部和特徵點的座標。

```
faces [[225 205 152 152]]
landmarks LBF True [array([[[201.31314, 268.08807],
        [201.5153 , 293.1106 ],
        [204.91422, 317.07196],
        [210.71988, 340.4278 ],
        [222.97098, 360.37122],
        [240.34521, 375.51422],
        [260.10678, 386.35587],
        [280.64197, 392.04227],
        [298.6573 , 390.89835],
        [311.434  , 384.88406],
        [318.37827, 371.23538],
        [324.82266, 357.113  ],
        [331.87363, 342.1786 ],
        [339.7072 , 327.1501 ],
        [346.04462, 311.9719 ],
        [349.2847 , 296.59448],
        [348.95883, 280.12585],
        [236.43172, 252.06743],
```

4. 繪製特徵點並顯示圖像。

```
1 # 繪製特徵點
2 for p in landmarks1[0][0]:
3     cv2.circle(image, tuple(p.astype(int)), 5, (0, 255, 0), -1)
4 
5 # 顯示圖像
6 image_RGB = cv2.cvtColor(image, cv2.COLOR_BGR2RGB)
7 plt.imshow(image_RGB)
8 plt.axis('off')
9 plt.show()
```

- 執行結果：很準確，可惜無法偵測到左上角被帽子遮蔽的部分。

5. 改用 FacemarkAAM 來偵測臉部特徵點。

```
1  # 建立臉部特徵點偵測的物件
2  facemark = cv2.face.createFacemarkAAM()
3  # 訓練模型 aam.xml 下載自：
4  # https://github.com/berak/tt/blob/master/aam.xml
5  facemark.loadModel("OpenCV/aam.xml")
6  # 偵測臉部特徵點
7  ok, landmarks2 = facemark.fit(image , faces)
8  print ("Landmarks AAM", ok, landmarks2)
```

6. 繪製特徵點並顯示圖像：過程與前面的程式碼相同。

```
1  # 繪製特徵點
2  for p in landmarks1[0][0]:
3      cv2.circle(image, tuple(p.astype(int)), 5, (0, 255, 0), -1)
4
5  # 顯示圖像
6  image_RGB = cv2.cvtColor(image, cv2.COLOR_BGR2RGB)
7  plt.imshow(image_RGB)
8  plt.axis('off')
9  plt.show()
```

- 執行結果：左上角反而多出一些錯誤的特徵點。

7. 換用 FacemarkKamezi 偵測臉部特徵點。

```
1  # 建立臉部特徵點偵測的物件
2  facemark = cv2.face.createFacemarkKazemi()
3  # 訓練模型 face_landmark_model.dat 下載自：
4  # https://github.com/opencv/opencv_3rdparty/tree/contrib_face_alignment_20170818
5  facemark.loadModel("./OpenCV/face_landmark_model.dat")
6  # 偵測臉部特徵點
7  ok, landmarks2 = facemark.fit(image , faces)
8  print ("Landmarks Kazemi", ok, landmarks2)
```

8. 繪製特徵點並顯示圖像：過程與前面的程式碼相同。

```
1  # 繪製特徵點
2  for p in landmarks1[0][0]:
3      cv2.circle(image, tuple(p.astype(int)), 5, (0, 255, 0), -1)
4
5  # 顯示圖像
6  image_RGB = cv2.cvtColor(image, cv2.COLOR_BGR2RGB)
7  plt.imshow(image_RGB)
8  plt.axis('off')
9  plt.show()
```

- 執行結果：左上角也是多出一些錯誤的特徵點。

9-6-5 臉部驗證 (Face Verification)

偵測完臉部特徵點後，利用線性代數的法向量比較多張臉的特徵點，就能找出哪一張臉最相似，使用 Face-Recognition 或 dlib 套件都可以。

範例

08 使用 Face-Recognition 或 dlib 套件，比對哪一張臉最相似。

➤ 下列程式碼請參考【09_13_Face_Verification.ipynb】。

1. 載入相關套件：使用 Face-Recognition 套件。

```
1  # 載入相關套件
2  import face_recognition
3  import numpy as np
4  from matplotlib import pyplot as plt
```

2. 載入所有要比對的圖檔。

```
1  # 載入圖檔
2  known_image_1 = face_recognition.load_image_file("./images_face/jared_1.jpg")
3  known_image_2 = face_recognition.load_image_file("./images_face/jared_2.jpg")
4  known_image_3 = face_recognition.load_image_file("./images_face/jared_3.jpg")
5  known_image_4 = face_recognition.load_image_file("./images_face/obama.jpg")
6
7  # 標記圖檔名稱
8  names = ["jared_1.jpg", "jared_2.jpg", "jared_3.jpg", "obama.jpg"]
9
10 # 顯示圖像
11 unknown_image = face_recognition.load_image_file("./images_face/jared_4.jpg")
12 plt.imshow(unknown_image)
13 plt.axis('off')
14 plt.show()
```

- 執行結果：

3. 圖像編碼：使用 face_recognition.face_encodings 函數編碼。

```
1  # 圖像編碼
2  known_image_1_encoding = face_recognition.face_encodings(known_image_1)[0]
3  known_image_2_encoding = face_recognition.face_encodings(known_image_2)[0]
4  known_image_3_encoding = face_recognition.face_encodings(known_image_3)[0]
5  known_image_4_encoding = face_recognition.face_encodings(known_image_4)[0]
6  known_encodings = [known_image_1_encoding, known_image_2_encoding,
7                     known_image_3_encoding, known_image_4_encoding]
8  unknown_encoding = face_recognition.face_encodings(unknown_image)[0]
```

4. 使用 face_recognition.compare_faces 進行比對。

```
1 # 比對
2 results = face_recognition.compare_faces(known_encodings, unknown_encoding)
3 print(results)
```

- 執行結果：[True, True, True, False]，前三筆符合，完全正確。

5. 載入相關套件：改用 dlib 套件。

```
1 # 載入相關套件
2 import dlib
3 import cv2
4 import numpy as np
5 from matplotlib import pyplot as plt
```

6. 載入模型：包括特徵點偵測、編碼、臉部偵測。

```
1 # 載入模型
2 pose_predictor_5_point = dlib.shape_predictor("shape_predictor_5_face_landmarks.dat")
3 face_encoder = dlib.face_recognition_model_v1("dlib_face_recognition_resnet_model_v1.dat")
4 detector = dlib.get_frontal_face_detector()
```

7. 定義臉部編碼與比對的函數：由於 dlib 無相關現成的函數，必須自行撰寫。

```
 1 # 找出哪一張臉最相似
 2 def compare_faces_ordered(encodings, face_names, encoding_to_check):
 3     distances = list(np.linalg.norm(encodings - encoding_to_check, axis=1))
 4     return zip(*sorted(zip(distances, face_names)))
 5
 6
 7 # 利用線性代數的法向量比較兩張臉的特徵點
 8 def compare_faces(encodings, encoding_to_check):
 9     return list(np.linalg.norm(encodings - encoding_to_check, axis=1))
10
11 # 圖像編碼
12 def face_encodings(face_image, number_of_times_to_upsample=1, num_jitters=1):
13     # 偵測臉部
14     face_locations = detector(face_image, number_of_times_to_upsample)
15     # 偵測臉部特徵點
16     raw_landmarks = [pose_predictor_5_point(face_image, face_location)
17                      for face_location in face_locations]
18     # 編碼
19     return [np.array(face_encoder.compute_face_descriptor(face_image,
20                                  raw_landmark_set, num_jitters)) for
21                                  raw_landmark_set in raw_landmarks]
```

8. 載入圖檔並顯示。

```
1 # 載入圖檔
2 known_image_1 = cv2.imread("./images_face/jared_1.jpg")
3 known_image_2 = cv2.imread("./images_face/jared_2.jpg")
4 known_image_3 = cv2.imread("./images_face/jared_3.jpg")
5 known_image_4 = cv2.imread("./images_face/obama.jpg")
6 unknown_image = cv2.imread("./images_face/jared_4.jpg")
7 names = ["jared_1.jpg", "jared_2.jpg", "jared_3.jpg", "obama.jpg"]
```

9. 圖像編碼。

```
1  # 圖像編碼
2  known_image_1_encoding = face_encodings(known_image_1)[0]
3  known_image_2_encoding = face_encodings(known_image_2)[0]
4  known_image_3_encoding = face_encodings(known_image_3)[0]
5  known_image_4_encoding = face_encodings(known_image_4)[0]
6  known_encodings = [known_image_1_encoding, known_image_2_encoding,
7                     known_image_3_encoding, known_image_4_encoding]
8  unknown_encoding = face_encodings(unknown_image)[0]
```

10. 比對。

```
1  # 比對
2  computed_distances = compare_faces(known_encodings, unknown_encoding)
3  computed_distances_ordered, ordered_names = compare_faces_ordered(known_encodings,
4                                                   names, unknown_encoding)
5  print('比較兩張臉的法向量距離：', computed_distances)
6  print('排序：', computed_distances_ordered)
7  print('依相似度排序：', ordered_names)
```

- 執行結果：顯示兩張臉的法向量距離，數字愈小表示愈相似。未知的圖像是 Jared，比對結果前 3 名都是 Jared。

```
比較兩張臉的法向量距離： [0.3998327850880958, 0.4104153798439364, 0.3913189516694114, 0.9053701677487068]
排序： (0.3913189516694114, 0.3998327850880958, 0.4104153798439364, 0.9053701677487068)
依相似度排序： ('jared_3.jpg', 'jared_1.jpg', 'jared_2.jpg', 'obama.jpg')
```

9-7 光學文字辨識 (OCR)

除了前面的介紹，另外還有很多其他類型的影像應用，例如：

1. 光學文字辨識 (Optical Character Recognition, OCR)。
2. 影像修復 (Image Inpainting)：用周圍的影像將部分影像作修復，可用於抹除照片中不喜歡的物件。
3. 3D 影像的建構與辨識。

利用深度學習開發影像相關的應用系統，也是種類繁多，舉例來說：

1. 防疫：是否有戴口罩的偵測、社交距離的計算。
2. 交通：道路壅塞狀況的偵測、車速計算、車輛的違規 (越線、闖紅燈) 等。
3. 智慧製造：機器人與機器手臂的視覺輔助。
4. 企業運用：考勤、安全監控。

光學文字辨識，是把圖像中的印刷字辨識為文字，以節省大量的輸入時間或抄寫錯誤，可應用於支票號碼 / 金額辨識、車牌辨識 (Automatic Number Plate

Recognition, ANPR) 等，但也有人拿來破解登入用的圖形碼驗證 (Captcha)，我們就來看看如何實作 OCR 辨識。

Tesseract OCR 是目前很盛行的 OCR 軟體，HP 公司於 2005 年開放原始程式碼 (Open Source)，以 C++ 開發而成的，可由原始程式碼建置，或直接安裝已建置好的程式，在這裡我們採取後者，自 https://github.com/UB-Mannheim/tesseract/wiki 下載最新版 exe 檔，直接執行即可。安裝完成後，將安裝路徑下的 bin 子目錄放入環境變數 path 內。若要以 Python 呼叫 Tesseract OCR，需額外安裝 pytesseract 套件，指令如下：

```
pip install pytesseract
```

最簡單的測試指令如下：

```
tesseract <圖檔> <辨識結果檔>
```

例如辨識一張發票檔 (./images_ocr/receipt.png) 的指令為：

```
tesseract ./images_ocr/receipt.png ./images_ocr/result.txt -l eng --psm 6 --dpi 70
```

其中 -l eng：為辨識英文，--psm 6：指單一區塊 (a single uniform block of text)。相關的參數請參考『Tesseract OCR 官網』[35]，也可以直接執行 tesseract --help-extra，有摘要說明。

```
              Welcome to Mel's

Check #: 0001                     12/20/11
Server: Josh F                     4:38 PM
Table: 7/1                       Guests: 2
------------------------------------------
2 Beef Burgr (@9.95/ea)              19.90
   SIDE: Fries
1 Bud Light                           3.79
1 Bud                                 4.50
------------------------------------------
Sub-total                            28.19
Sales Tax                             2.50
TOTAL                                30.69

------------------------------------------
Balance Due                          30.69

        Thank you for your patronage!
```

▲ 圖 9.12 發票，圖片來源：A comprehensive guide to OCR with Tesseract, OpenCV and Python [36]

- 執行結果：幾乎全對，只有特殊符號誤判。

```
1  Welcome to Mel's
2  Check #: 0001 12/20/11
3  Server: Jesh F 4:38 PM
4  Table: 7/1 Guests: 2
5  2 Beef Burgr (€9.95/ea) 19,90
6  SIDE: Fries
7
8  1 Bud Light 3.79
9  1 Bud 4.50
10 Sub-total 28.19
11 Sales Tax 2.50
12 TOTAL 30.69
13 Balance Due 30.69
14
15 Thank you for your patronage! :
16 FF
```

範例

09 以 Python 呼叫 Tesseract OCR API，辨識中、英文。

➤ 下列程式碼請參考【09_14_OCR.ipynb】。

1. 載入相關套件。

```python
# 載入相關套件
import cv2
import pytesseract
import matplotlib.pyplot as plt
```

2. 載入並顯示圖檔。

```python
# 載入圖檔
image = cv2.imread('./images_ocr/receipt.png')

# 顯示圖檔
image_RGB = cv2.cvtColor(image, cv2.COLOR_BGR2RGB)
plt.figure(figsize=(10,6))
plt.imshow(image_RGB)
plt.axis('off')
plt.show()
```

3. OCR 辨識：呼叫 image_to_string 函數。

```python
# 參數設定
custom_config = r'--psm 6'
# OCR 辨識
print(pytesseract.image_to_string(image, config=custom_config))
```

- 執行結果：與直接下指令的辨識結果大致相同。

4. 只辨識數字：參數設定加『outputbase digits』。

```
1 # 參數設定，只辨識數字
2 custom_config = r'--psm 6 outputbase digits'
3 # OCR 辨識
4 print(pytesseract.image_to_string(image, config=custom_config))
```

- 執行結果：

```
0001 122011
4338-
71 2
29.95 19.90
1 3.79
1 4.50
- 28.19
2.50
0 30.69
30.69
```

5. 只辨識有限字元。

```
1 # 參數設定白名單，只辨識有限字元
2 custom_config = r'-c tessedit_char_whitelist=abcdefghijklmnopqrstuvwxyz --psm 6'
3 # OCR 辨識
4 print(pytesseract.image_to_string(image, config=custom_config))
```

- 執行結果：

```
elcometoels
heck
erverdeshf
able uests
eefurgrea
efries

udight
ud
ubtotal
alesfax
a
alanceue

hankyouforyourpatronage a
```

6. 設定黑名單：只辨識有限字元。

```
1 # 參數設定黑名單，只辨識有限字元
2 custom_config = r'-c tessedit_char_blacklist=abcdefghijklmnopqrstuvwxyz --psm 6'
3 # OCR 辨識
4 print(pytesseract.image_to_string(image, config=custom_config))
```

- 執行結果：

```
W  M]'
C #: 0001 12/20/11
S: J F 4:38 PM
T: 7/1 G: 2
2 B B (€9.95/) 19,90
SIDE: F

1 B L 3.79
1 B 4.50
S-] 28.19
S T 2.50
TOTAL 30.69
BI D 30.69

T  é! ‘
```

7. 辨識多國文字：先載入並顯示圖檔。

```
1 # 載入圖檔
2 image = cv2.imread('./images_ocr/chinese.png')
3
4 # 顯示圖檔
5 image_RGB = cv2.cvtColor(image, cv2.COLOR_BGR2RGB)
6 plt.figure(figsize=(10,6))
7 plt.imshow(image_RGB)
8 plt.axis('off')
9 plt.show()
```

- 圖檔如下：

Tesseract OCR 是目前很盛行的 OCR 軟體，HP 公司於 2005 年開放原始程式碼 (Open Source)，以 C++開發而成的，可由原始程式碼建置安裝，或直接安裝已建置好的程式，我們採取後者，先自 https://github.com/UB-Mannheim/tesseract/wiki 下載最新版 exe 檔，直接執行即可，安裝完成後，將安裝路徑下 bin 子目錄放入環境變數 Path 內。若要以 Python 呼叫 Tesseract OCR，需額外安裝 pytesseract 套件，指令如下：
pip install pytesseract

8. 辨識多國文字：先自 https://github.com/tesseract-ocr/tessdata_best 下載各國字形檔，放入安裝目錄的 tessdata 子目錄內 (C:\Program Files\Tesseract-OCR\tessdata)。

```
1 # 辨識多國文字，中文繁體、日文及英文
2 custom_config = r'-l chi_tra+jpn+eng --psm 6'
3 # OCR 辨識
4 print(pytesseract.image_to_string(image, config=custom_config))
```

- 執行結果：中文辨識的效果不如預期，即使改採新細明體字型，效果亦不佳。

```
Tesseract OCR 苑 目 前 禎 盛 行 的 OCR 軟 · HP 公 司 於 2005 年 開 放 原 始 程 式 碼
(Open Souree), 以 CH+ 開 發 而 戒 的 · 可 田 原 委 程 式 殉 建 畜 安 裕 · 戒 直 接 安 襄 己 建
置 好 的 程 式 ， 我 們 採 取 後 者 ， 先 自 https:/github.com` UB-NMIannheimtesseractwiki
下 載 最 新 版 exe 檔 ， 直 接 執 行 即 可 ， 安 裝 完 成 後 ， 將 安 裝 路 徑 下 bin 子 目 錄 放 入
環 境 變 數 Path 內 。 若 要 以 Python 呼 司 Tesseract OCR， 需 額 外 安 裝 pytesseract 会
件 · 拾 令 如 下 :

pip install pytesseract.
```

afr (Afrikaans), **amh** (Amharic), **ara** (Arabic), **asm** (Assamese), **aze** (Azerbaijani), **aze_cyrl** (Azerbaijani - Cyrilic), **bel** (Belarusian), **ben** (Bengali), **bod** (Tibetan), **bos** (Bosnian), **bre** (Breton), **bul** (Bulgarian), **cat** (Catalan; Valencian), **ceb** (Cebuano), **ces** (Czech), **chi_sim** (Chinese simplified), **chi_tra** (Chinese traditional), **chr** (Cherokee), **cos** (Corsican), **cym** (Welsh), **dan** (Danish), **deu** (German), **div** (Dhivehi), **dzo** (Dzongkha), **ell** (Greek, Modern, 1453-), **eng** (English), **enm** (English, Middle, 1100-1500), **epo** (Esperanto), **equ** (Math / equation detection module), **est** (Estonian), **eus** (Basque), **fas** (Persian), **fao** (Faroese), **fil** (Filipino), **fin** (Finnish), **fra** (French), **frk** (Frankish), **frm** (French, Middle, ca.1400-1600), **fry** (West Frisian), **gla** (Scottish Gaelic), **gle** (Irish), **glg** (Galician), **grc** (Greek, Ancient, to 1453), **guj** (Gujarati), **hat** (Haitian; Haitian Creole), **heb** (Hebrew), **hin** (Hindi), **hrv** (Croatian), **hun** (Hungarian), **hye** (Armenian), **iku** (Inuktitut), **ind** (Indonesian), **isl** (Icelandic), **ita** (Italian), **ita_old** (Italian - Old), **jav** (Javanese), **jpn** (Japanese), **kan** (Kannada), **kat** (Georgian), **kat_old** (Georgian - Old), **kaz** (Kazakh), **khm** (Central Khmer), **kir** (Kirghiz; Kyrgyz), **kmr** (Kurdish Kurmanji), **kor** (Korean), **kor_vert** (Korean vertical), **lao** (Lao), **lat** (Latin), **lav** (Latvian), **lit** (Lithuanian), **ltz** (Luxembourgish), **mal** (Malayalam), **mar** (Marathi), **mkd** (Macedonian), **mlt** (Maltese), **mon** (Mongolian), **mri** (Maori), **msa** (Malay), **mya** (Burmese), **nep** (Nepali), **nld** (Dutch; Flemish), **nor** (Norwegian), **oci** (Occitan post 1500), **ori** (Oriya), **osd** (Orientation and script detection module), **pan** (Panjabi; Punjabi), **pol** (Polish), **por** (Portuguese), **pus** (Pushto; Pashto), **que** (Quechua), **ron** (Romanian; Moldavian; Moldovan), **rus** (Russian), **san** (Sanskrit), **sin** (Sinhala; Sinhalese), **slk** (Slovak), **slv** (Slovenian), **snd** (Sindhi), **spa** (Spanish; Castilian), **spa_old** (Spanish; Castilian - Old), **sqi** (Albanian), **srp** (Serbian), **srp_latn** (Serbian - Latin), **sun** (Sundanese), **swa** (Swahili), **swe** (Swedish), **syr** (Syriac), **tam** (Tamil), **tat** (Tatar), **tel** (Telugu), **tgk** (Tajik), **tha** (Thai), **tir** (Tigrinya), **ton** (Tonga), **tur** (Turkish), **uig** (Uighur; Uyghur), **ukr** (Ukrainian), **urd** (Urdu), **uzb** (Uzbek), **uzb_cyrl** (Uzbek - Cyrilic), **vie** (Vietnamese), **yid** (Yiddish), **yor** (Yoruba)

▲ 圖 9.13 Tesseract 4 支援的語言，圖片來源：Tesseract 官網的語言列表 [37]

9-8 車牌辨識 (ANPR)

車牌辨識 (Automatic Number Plate Recognition, ANPR) 系統已行之有年了，早期用像素逐點辨識，或將數字細線化後，再比對線條，但最近幾年改採深度學習進行辨識，它已被應用到許多場域：

1. 機車檢驗：檢驗單位的電腦會先進行車牌辨識。
2. 停車場：當車輛進場時，系統會先辨識車牌並記錄，要出場時會辨識車牌，自動扣款。

範例 10

以 OpenCV 及 Tesseract OCR 進行車牌辨識。此範例程式修改自『Car License Plate Recognition using Raspberry Pi and OpenCV』[38]。

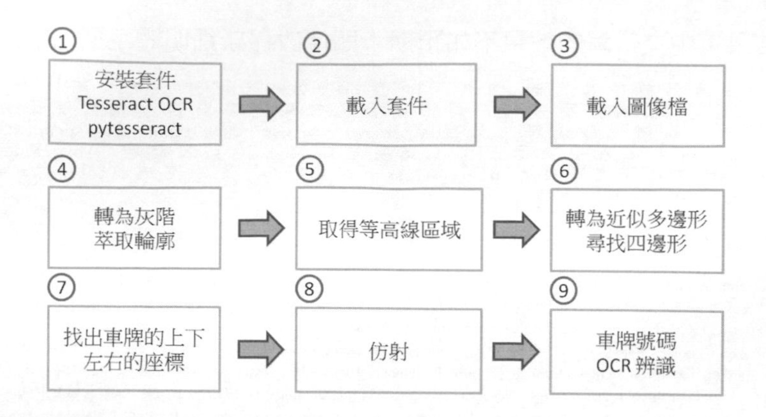

➤ 下列程式碼請參考【09_15_ANPR.ipynb】。

1. 載入相關套件。

```
1  # 載入相關套件
2  import cv2
3  import imutils
4  import numpy as np
5  import matplotlib.pyplot as plt
6  import pytesseract
7  from PIL import Image
```

2. 載入並顯示圖檔。

```
1  # 載入圖檔
2  image = cv2.imread('./images_ocr/2.jpg',cv2.IMREAD_COLOR)
3
4  # 顯示圖檔
5  image_RGB = cv2.cvtColor(image, cv2.COLOR_BGR2RGB)
6  plt.imshow(image_RGB)
7  plt.axis('off')
8  plt.show()
```

- 執行結果：此測試圖來自原程式。

3. 直接進行 OCR 辨識車牌號碼。

```
1  # 車牌號碼 OCR 辨識
2  char_whitelist='ABCDEFGHIJKLMNOPQRSTUVWXYZ1234567890'
3  text = pytesseract.image_to_string(image, config=
4            f'-c tessedit_char_whitelist={char_whitelist} --psm 6 ')
5  print("車牌號碼：",text)
```

- 執行結果：會得到車牌號碼以外的許多英數字。

```
車牌號碼： W
BA
M YVSS
LS 5 PN 8S
A 7 S
SS N
I PP
ME
AS
4
RR J S
RT 222571
```

4. 先轉為灰階，會比較容易辨識，再萃取輪廓。

```
1  # 萃取輪廓
2  gray = cv2.cvtColor(image, cv2.COLOR_BGR2GRAY) # 轉為灰階
3  gray = cv2.bilateralFilter(gray, 11, 17, 17)   # 模糊化，去除雜訊
4  edged = cv2.Canny(gray, 30, 200)               # 萃取輪廓
5
6  # 顯示圖檔
7  plt.imshow(edged, cmap='gray')
8  plt.axis('off')
9  plt.show()
```

- 執行結果：

5. 取得等高線區域，並排序，取前 10 個區域。

```
# 取得等高線區域，並排序，取前10個區域
cnts = cv2.findContours(edged.copy(), cv2.RETR_TREE, cv2.CHAIN_APPROX_SIMPLE)
cnts = imutils.grab_contours(cnts)
cnts = sorted(cnts, key = cv2.contourArea, reverse = True)[:10]
```

6. 找第一個含四個點的等高線區域：將等高線區域轉為近似多邊形，接著尋找四邊形的等高線區域。

```
# 找第一個含四個點的等高線區域
screenCnt = None
for i, c in enumerate(cnts):
    # 計算等高線區域周長
    peri = cv2.arcLength(c, True)
    # 轉為近似多邊形
    approx = cv2.approxPolyDP(c, 0.018 * peri, True)
    # 等高線區域維度
    print(c.shape)

    # 找第一個含四個點的多邊形
    if len(approx) == 4:
        screenCnt = approx
        print(i)
        break
```

7. 在原圖上繪製多邊形，框住車牌。

```
# 在原圖上繪製多邊形，即車牌
if screenCnt is None:
    detected = 0
    print("No contour detected")
else:
    detected = 1

if detected == 1:
    cv2.drawContours(image, [screenCnt], -1, (0, 255, 0), 3)
    print(f'車牌座標=\n{screenCnt}')
```

8. 去除車牌以外的圖像，找出車牌的上下左右的座標，計算車牌寬高。

```
# 去除車牌以外的圖像
mask = np.zeros(gray.shape,np.uint8)
new_image = cv2.drawContours(mask,[screenCnt],0,255,-1,)
new_image = cv2.bitwise_and(image, image, mask=mask)

# 轉為浮點數
src_pts = np.array(screenCnt, dtype=np.float32)

# 找出車牌的上下左右的座標
left = min([x[0][0] for x in src_pts])
right = max([x[0][0] for x in src_pts])
top = min([x[0][1] for x in src_pts])
bottom = max([x[0][1] for x in src_pts])
```

```
14
15 # 計算車牌寬高
16 width = right - left
17 height = bottom - top
18 print(f'寬度={width}, 高度={height}')
```

9. 仿射 (affine transformation)，將車牌轉為矩形：仿射可將偏斜的梯形轉為矩形，筆者發現等高線區域的各點座標都是以**逆時針排列**，因此，當要找出第一點座標在哪個方向時，通常它會位在上方或左方，所以不需考慮右下角。

```
1 # 計算仿射(affine transformation)的目標區域座標，須與擷取的等高線區域座標順序相同
2 if src_pts[0][0][0] > src_pts[1][0][0] and src_pts[0][0][1] < src_pts[3][0][1]:
3     print('起始點為右上角')
4     dst_pts = np.array([[width, 0], [0, 0], [0, height], [width, height]], dtype=np.float32)
5 elif src_pts[0][0][0] < src_pts[1][0][0] and src_pts[0][0][1] > src_pts[3][0][1]:
6     print('起始點為左下角')
7     dst_pts = np.array([[0, height], [width, height], [width, 0], [0, 0]], dtype=np.float32)
8 else:
9     print('起始點為左上角')
10    dst_pts = np.array([[0, 0], [0, height], [width, height], [width, 0]], dtype=np.float32)
11
12 # 仿射
13 M = cv2.getPerspectiveTransform(src_pts, dst_pts)
14 Cropped = cv2.warpPerspective(gray, M, (int(width), int(height)))
```

10. 車牌號碼 OCR 辨識：限定車牌號碼只有大寫字母及數字。

```
1 # 車牌號碼 OCR 辨識
2 char_whitelist='ABCDEFGHIJKLMNOPQRSTUVWXYZ1234567890'
3 text = pytesseract.image_to_string(Cropped, config=
4             f'-c tessedit_char_whitelist={char_whitelist} --psm 6 ')
5 print("車牌號碼：",text)
```

- 執行結果： HR26BR9044，完全正確。

11. 顯示原圖和車牌。

```
1 # 顯示原圖及車牌
2 cv2.imshow('Orignal image',image)
3 cv2.imshow('Cropped image',Cropped)
4
5 # 車牌存檔
6 cv2.imwrite('Cropped.jpg', Cropped)
7
8 # 按 Enter 鍵結束
9 cv2.waitKey(0)
10
11 # 關閉所有視窗
12 cv2.destroyAllWindows()
```

- 執行結果：

- 車牌：

12. 再使用 images_ocr/1.jpg 測試，車牌為 NAX-6683，辨識為 NAY-6683，X 誤認為 Y，有可能是台灣車牌的字型不同，可使用台灣車牌字型供 Tesseract OCR 使用。

- 車牌：

另外，筆者實驗發現，若鏡頭拉遠或拉近，而造成車牌過大或過小的話，都有可能辨識錯誤，所以，實際進行時，鏡頭最好與車牌距離能固定，會比較容易辨識。假如圖像的畫面太雜亂，取到的車牌區域也有可能是錯的，而這問題相對容易處理，當 OCR 辨識不到字或者字數不足時，就再找其他的等高線區域，即可解決。

從這個範例可以得知，通常一個實際的案例，並不會像內建的資料集一樣，可以直接套用，常常都需要進行前置處理，如灰階化、萃取輪廓、找等高線區域、仿射等等，資料清理 (Data Clean) 完才可餵入模型加以訓練，而且為了適應環境變化，這些工作還必須反覆進行。所以有人統計，光是收集資料、整理資料、特徵工程等工作就佔專案 85% 的時間，只有把最 boring、dirty 的工作處理好，才是專案成功的關鍵因素，這與參加 Kaggle 競賽是截然不同的感受，魔鬼總是藏在細節裡。

9-9 卷積神經網路的缺點

CNN 的應用領域那麼多元，相當實用，但是它仍存在一些缺陷：

1. 卷積不管特徵在圖像的哪個位置，只針對局部視窗進行特徵辨識，因此，下列兩張圖，辨識結果是相同的，這種現象稱為『位置無差異性』(Position Invariant)。

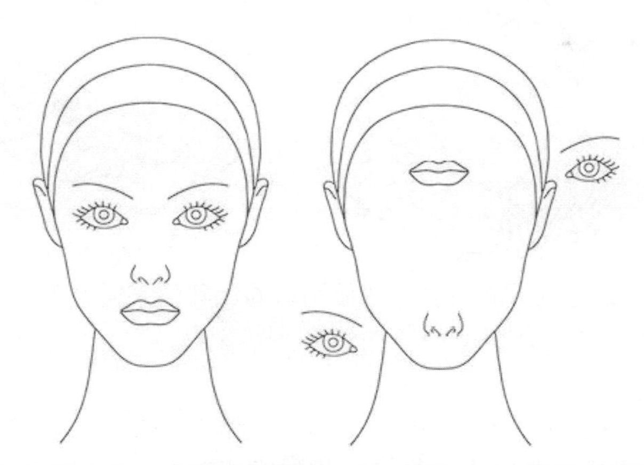

▲ 圖 9.14 左圖是正常的人臉，右圖五官移位，兩者對 CNN 來說是無差異的。圖片來源：Disadvantages of CNN models [39]

2. 圖像中的物件如果經過旋轉或傾斜，CNN 就無法辨識了，如下圖：

▲ 圖 9.15 右圖為左圖側轉近 180 度的樣子，如此 CNN 就辨識不了。圖片來源：Disadvantages of CNN models [39]

3. 圖像座標轉換，人眼可以辨識不同的物件特徵，但對於 CNN 來說卻難以理解，如下圖：

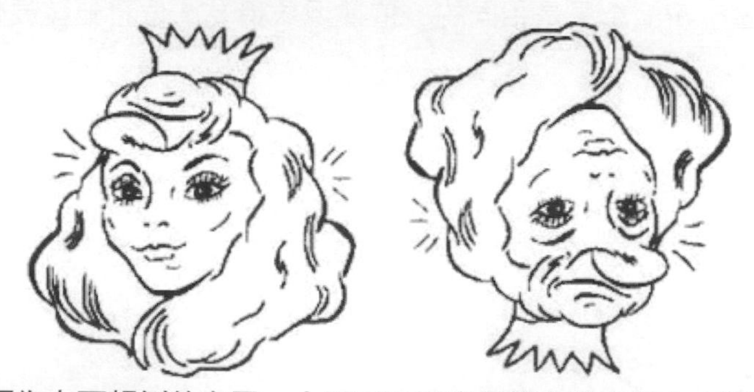

▲ 圖 9.16 右圖為上下顛倒的左圖，人眼可以看出年輕人與老年人，然而 CNN 就很難理解。圖片來源：Disadvantages of CNN models [39]

因此，Geoffrey Hinton 等學者就提出了『膠囊演算法』(Capsules)，用來改良 CNN 的缺點，有興趣的讀者可以進一步研究 Capsules。

參考資料 (References)

[1] Vijay Badrinarayanan、Alex Kendall、Roberto Cipolla,《SegNet: A Deep Convolutional Encoder-Decoder Architecture for Image Segmentation》, 2015 (https://arxiv.org/abs/1511.00561)

[2] Eugenia Anello,《Denoising Autoencoder in Pytorch on MNIST dataset》, 2021 (https://ai.plainenglish.io/denoising-autoencoder-in-pytorch-on-mnist-dataset-a76b8824e57e)

[3] 月下花弄影,《ConvTranspose2d 原理，深度網路如何進行上採樣》, 2019 (https://blog.csdn.net/qq_27261889/article/details/86304061)

[4] Alexander Van de Kleut,《Variational AutoEncoders (VAE) with PyTorch》, 2020 (https://avandekleut.github.io/vae/)

[5] Satyam Kumar,《7 Applications of Auto-Encoders every Data Scientist should know》, 2021 (https://towardsdatascience.com/6-applications-of-auto-encoders-every-data-scientist-should-know-dc703cbc892b)

[6] Liang-Chieh Chen、George Papandreou 等 人,《DeepLab: Semantic Image Segmentation with Deep Convolutional Nets, Atrous Convolution, and Fully Connected CRFs》, 2017 (https://arxiv.org/pdf/1606.00915.pdf)

[7] Guosheng Lin、Anton Milan、Chunhua Shen,《RefineNet: Multi-Path Refinement Networks for High-Resolution Semantic Segmentation》, 2016 (https://arxiv.org/pdf/1611.06612.pdf)

[8] Hengshuang Zhao、Jianping Shi、Xiaojuan Qi,《Pyramid Scene Parsing Network》, 2017 (https://arxiv.org/pdf/1612.01105.pdf)

[9] Olaf Ronneberger、Philipp Fischer、Thomas Brox,《U-Net: Convolutional Networks for Biomedical Image Segmentation》, 2015 (https://arxiv.org/pdf/1505.04597.pdf)

[10] Naoto Usuyama,『usuyama_pytorch-unet』範例 (https://github.com/usuyama/pytorch-unet)

[11] 皮特潘,《語義分割之 dice loss 深度分析》, 2020 (https://zhuanlan.zhihu.com/p/269592183)

[12] Mateusz Buda，《PyTorch U-NET FOR BRAIN MRI》
(https://pytorch.org/hub/mateuszbuda_brain-segmentation-pytorch_unet)

[13] Mateusz Buda，《Kaggle Brain MRI segmentation》，2019
(https://www.kaggle.com/mateuszbuda/lgg-mri-segmentation)

[14] Kaiming He、Georgia Gkioxari、Piotr Dollár，Ross Girshick 等人，《Mask R-CNN》，2017
(https://arxiv.org/pdf/1703.06870.pdf)

[15] Satya Mallick,《Mask R-CNN Instance Segmentation with PyTorch》，2019
(https://learnopencv.com/mask-r-cnn-instance-segmentation-with-pytorch/)

[16] Penn-Fudan Database for Pedestrian Detection and Segmentation
(https://www.cis.upenn.edu/~jshi/ped_html/)

[17] Github MODNet
(https://github.com/ZHKKKe/MODNet)

[18] PyTorch 官網『TORCHVISION OBJECT DETECTION FINETUNING TUTORIAL』
(https://pytorch.org/tutorials/intermediate/torchvision_tutorial.html)

[19] Github Detectron2
(https://github.com/facebookresearch/detectron2)

[20] Detectron2 官網文件
(https://detectron2.readthedocs.io/en/latest/tutorials/install.html)

[21] fast-style-transfer GitHub
(https://github.com/lengstrom/fast-style-transfer)

[22] 翁書婷，《催生全球首位 AI 繪師 Andy，美圖搶攻人工智慧卻面臨一大挑戰》，2017
(https://www.bnext.com.tw/article/47330/ai-andy-meitu)

[23] Leon A. Gatys、Alexander S. Ecker、Matthias Bethge,《A Neural Algorithm of Artistic Style》，2015
(https://arxiv.org/abs/1508.06576)

[24] PyTorch 官網提供的範例『NEURAL TRANSFER USING PYTORCH』
(https://pytorch.org/tutorials/advanced/neural_style_tutorial.html#neural-transfer-using-pytorch)

[25] Kaipeng Zhang、Zhanpeng Zhang、Zhifeng Li、Yu Qiao,《Joint Face Detection and Alignment using Multi-task Cascaded Convolutional Networks》，2016
(https://arxiv.org/abs/1604.02878)

[26] GitHub MTCNN_face_detection_alignment
(https://github.com/kpzhang93/MTCNN_face_detection_alignment)

[27] Github mtcnn
(https://github.com/ipazc/mtcnn)

[28] Github facenet-pytorch
(https://github.com/timesler/facenet-pytorch)

[29] 陳昭明，《dlib 安裝心得 -- Windows 環境》, 2020
(https://ithelp.ithome.com.tw/articles/10231535)

[30] face-recognition GitHub 的範例
(https://github.com/ageitgey/face_recognition)

[31] 羅之盈，《訊連養出 14 億美元獨角獸，玩美移動憑什麼赴美 IPO ？》, 2022
(https://www.gvm.com.tw/article/87786)

[32] Shaoqing Ren、Xudong Cao、Yichen Wei 等人，《Face Alignment at 3000 FPS via Regressing Local Binary Features》, 2014
(http://www.jiansun.org/papers/CVPR14_FaceAlignment.pdf)

[33] Georgios Tzimiropoulos、Maja Pantic, 《Optimization problems for fast AAM fitting in-the-wild》, 2013
(https://ibug.doc.ic.ac.uk/media/uploads/documents/tzimiro_pantic_iccv2013.pdf)

[34] V.Kazemi、J. Sullivan, 《One Millisecond Face Alignment with an Ensemble of Regression Trees》, 2014
(http://www.csc.kth.se/~vahidk/face_ert.html)

[35] Tesseract OCR 官網
(https://github.com/tesseract-ocr/tesseract/blob/master/doc/tesseract.1.asc)

[36] Filip Zelic、Anuj Sable, 《A comprehensive guide to OCR with Tesseract, OpenCV and Python》, 2021
(https://nanonets.com/blog/ocr-with-tesseract/)

[37] Tesseract 官網的語言列表
(https://github.com/tesseract-ocr/tesseract/blob/master/doc/tesseract.1.asc#LANGUAGES)

[38] Aswinth Raj, 《Car License Plate Recognition using Raspberry Pi and OpenCV》, 2019
(https://circuitdigest.com/microcontroller-projects/license-plate-recognition-using-raspberry-pi-and-opencv)

[39] Disadvantages of CNN models
(https://iq.opengenus.org/disadvantages-of-cnn/)

第 10 章

生成對抗網路 (GAN)

話説水能載舟，亦能覆舟，AI 雖然給人類帶來了許多便利，但也造成不小的危害。近幾年氾濫的深度偽造 (Deepfake) 就是一例，它利用 AI 技術偽造政治人物與明星的視訊，效果能夠做到真假難辨，一旦在網路上散播開來，就會造成莫大的災難，根據統計，名人色情片 8 成都是偽造的。深度偽造的基礎演算法就是『生成對抗網路』(Generative Adversarial Network, GAN)，本章就來介紹此一課題。

Facebook 人工智慧研究院 Yann LeCun 在接受 Quora 專訪時說到：「GAN 與其變形是近十年最有趣的想法」(This, and the variations that are now being proposed is the most interesting idea in the last 10 years in ML, in my opinion.)，一句話造成 GAN 一炮而紅，其作者 Ian Goodfellow(真的是好傢伙 !) 也成為各界競相邀請演講的對象。

另外，2018 年 10 月紐約佳士得藝術拍賣會，也賣出第一幅以 GAN 演算法所繪製的肖像畫，最後得標價為 $432,500 美金。有趣的是，畫作右下角還列出 GAN 的損失函數，相關報導可參見『全球首次！ AI 創作肖像畫 10 月佳士得拍賣』[1] 及『Is artificial intelligence set to become art's next medium?』[2]。

▲ 圖 10.1 Edmond de Belamy 肖像畫，圖片來源：佳士得網站 [3]

此後有人統計每 28 分鐘就有一篇與 GAN 相關的論文發表。

10-1 生成對抗網路介紹

關於生成對抗網路有一個很生動的比喻：它是由兩個神經網路所組成，一個網路扮演偽鈔製造者 (Counterfeiter)，不斷製造假鈔，另一個網路則扮演警察，不斷從偽造者那邊拿到假鈔，並判斷真假，然後，偽造者就根據警察判斷結果的回饋，不停改良，直到最後假鈔變成真假難辨 (天啊！這是什麼電影情節！)，這就是 GAN 的概念。

偽鈔製造者稱為『生成模型』（Generative model），警察則是『判 模型』（Discriminative model），簡單的架構如下圖：

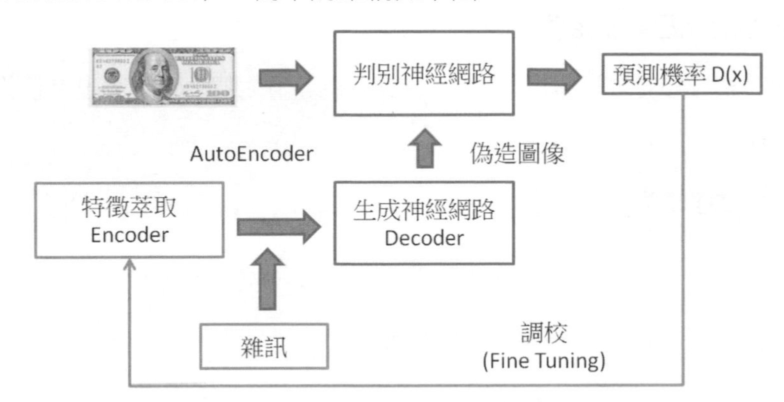

▲ 圖 10.2 生成對抗網路 (Generative Adversarial Network, GAN) 的架構

處理流程如下：

1. 先訓練判別神經網路：從訓練資料中抽取樣本，餵入判別神經網路，期望預測機率 D(x) ≒ 1，相反的，判斷來自生成網路的偽造圖片，期望預測機率 D(G(z)) ≒ 0。
2. 訓練生成網路：剛開始以常態分配或均勻分配產生雜訊 (z)，餵入生成神經網路，生成偽造圖片。
3. 透過判 網路的反向傳導 (Backpropagation)，更新生成網路的權重，亦即改良偽造圖片的準確度 (技術)，反覆訓練，直到產生精準的圖片為止。

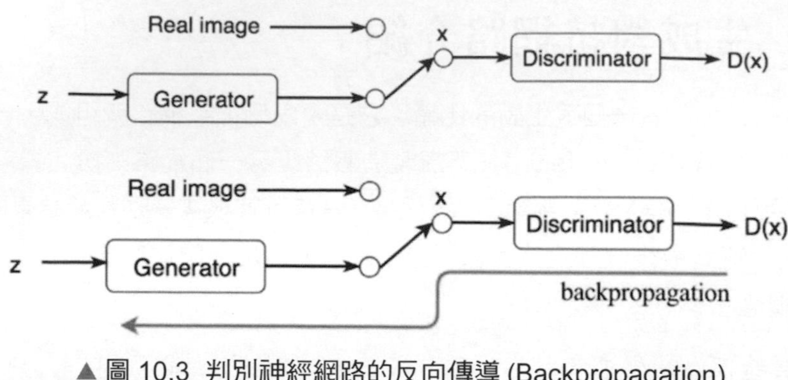

▲ 圖 10.3 判別神經網路的反向傳導 (Backpropagation)

GAN 根據以上流程重新定義損失函數。

1. 判別神經網路的損失函數：前半段為真實資料的判別，後半段為偽造資料的判別。

$$\max_D V(D) = \underbrace{\mathbb{E}_{\boldsymbol{x} \sim p_{\text{data}}(\boldsymbol{x})}[\log D(\boldsymbol{x})]}_{\text{recognize real images better}} + \underbrace{\mathbb{E}_{\boldsymbol{z} \sim p_{\boldsymbol{z}}(\boldsymbol{z})}[\log(1 - D(G(\boldsymbol{z})))]}_{\text{recognize generated images better}}$$

- x：訓練資料，故預測機率 D(x) 愈大愈好。
- E：為期望值，因為訓練資料並不完全相同，故預測機率有高有低。
- z：偽造資料，預測機率 D(G(z)) 愈小愈好，調整為 1- D(G(z))，變成愈大愈好。
- 兩者相加當然是愈大愈好。
- 取 Log：並不會影響最大化求解，通常機率相乘會造成多次方，不容易求解，故取 Log，變成一次方函數。

2. 生成神經網路的損失函數：即判別神經網路損失函數的右邊多項式，生成神經網路期望偽造資料被分類為真的機率愈大愈好，故差距愈小愈好。

$$\min_G V(G) = \mathbb{E}_{\boldsymbol{z} \sim p_{\boldsymbol{z}}(\boldsymbol{z})}[\log(1 - D(G(\boldsymbol{z})))]$$

3. 兩個網路損失函數合而為一的表示法如下：

$$\min_G \max_D V(D, G) = \mathbb{E}_{x \sim p_{data}}[\log D(x)] + \mathbb{E}_{z \sim p_z}[\log(1 - D(G(z)))]$$

- 因為函數左邊的多項式與生成神經網路的損失函數無關，故加上亦無礙。

整個演算法的虛擬碼如下，使用小批量梯度下降法，最小化損失函數。

Algorithm 1 Minibatch stochastic gradient descent training of generative adversarial nets. The number of steps to apply to the discriminator, k, is a hyperparameter. We used $k = 1$, the least expensive option, in our experiments.

for number of training iterations **do**
  for k steps **do**
   • Sample minibatch of m noise samples $\{z^{(1)}, \ldots, z^{(m)}\}$ from noise prior $p_g(z)$.
   • Sample minibatch of m examples $\{x^{(1)}, \ldots, x^{(m)}\}$ from data generating distribution $p_{\text{data}}(x)$.
   • Update the discriminator by ascending its stochastic gradient:

$$\nabla_{\theta_d} \frac{1}{m} \sum_{i=1}^{m} \left[\log D\left(x^{(i)}\right) + \log\left(1 - D\left(G\left(z^{(i)}\right)\right)\right) \right].$$

  end for
  • Sample minibatch of m noise samples $\{z^{(1)}, \ldots, z^{(m)}\}$ from noise prior $p_g(z)$.
  • Update the generator by descending its stochastic gradient:

$$\nabla_{\theta_g} \frac{1}{m} \sum_{i=1}^{m} \log\left(1 - D\left(G\left(z^{(i)}\right)\right)\right).$$

end for
The gradient-based updates can use any standard gradient-based learning rule. We used momentum in our experiments.

▲ 圖 10.4 GAN 演算法的虛擬碼

生成網路希望生成出來的圖片越來越逼真，能通過判 網路的檢驗，而判 網路則希望將生成網路所製造的圖片都判定為假資料，兩者目標相反，互相對抗，故稱為『生成對抗網路』。

10-2 生成對抗網路種類

GAN 不是只有一種模型，其變形非常多，可以參閱『The GAN Zoo』[4]，有上百種模型，其功能各有不同，譬如：

1. CGAN：參閱『Pose Guided Person Image Generation』[5]，可生成不同的姿勢。

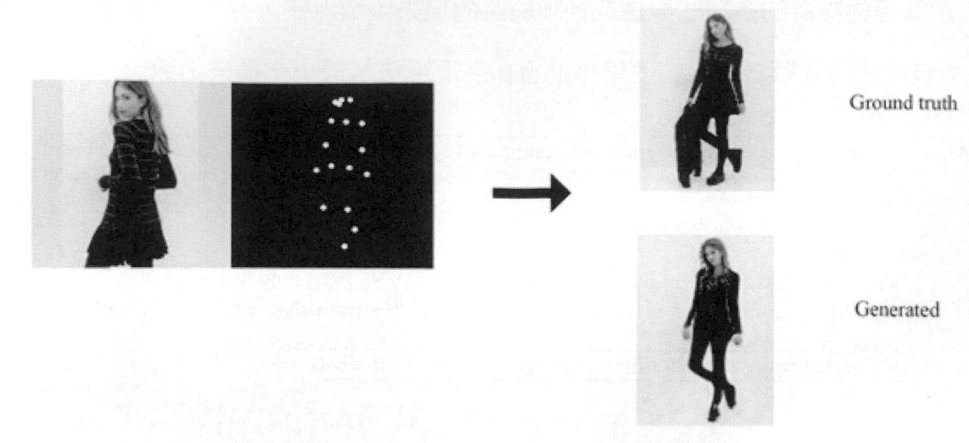

▲ 圖 10.5 CGAN 演算法的姿勢生成

2. ACGAN： 參 閱『Towards the Automatic Anime Characters Creation with Generative Adversarial Networks』[6]，可生成不同的動漫人物。

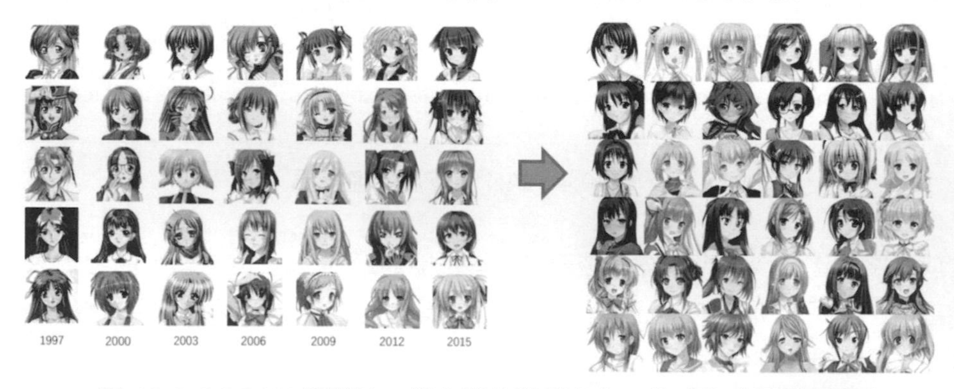

▲ 圖 10.6 ACGAN 演算法，從左邊的動漫角色，生成為右邊的新角色

作者有附一個展示的網站 MakeGirlsMoe [7]，可利用不同的模型與參數，生成各種動漫人物。

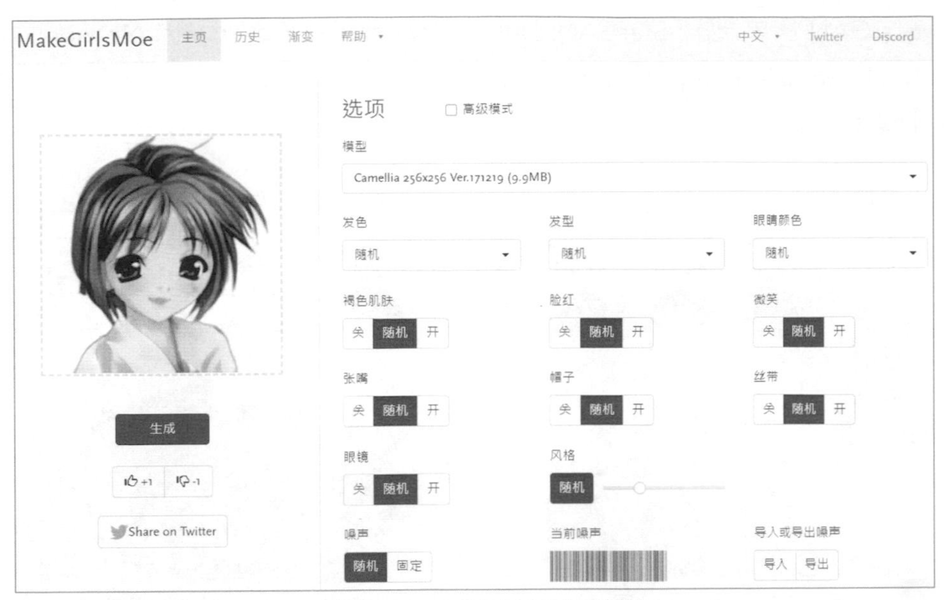

▲ 圖 10.7 ACGAN 展示網站

3. CycleGAN：風格轉換，作者也有附一個展示的網站 MIL WebDNN[8]，可選擇不同的風格圖，生成各式風格的照片或視訊。

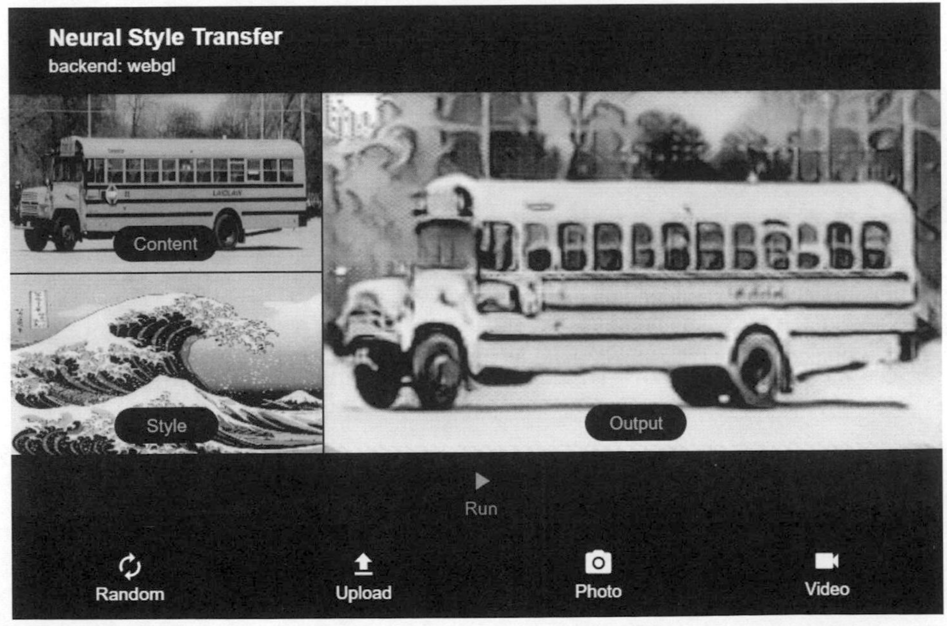

▲ 圖 10.8 CycleGAN 的展示網站

4. StarGAN： 參 閱『StarGAN: Unified Generative Adversarial Networks for Multi-Domain Image-to-Image Translation』[9]，生成不同的臉部表情，轉換膚色、髮色或是性別，程式碼在『StarGAN GitHub』[10]。

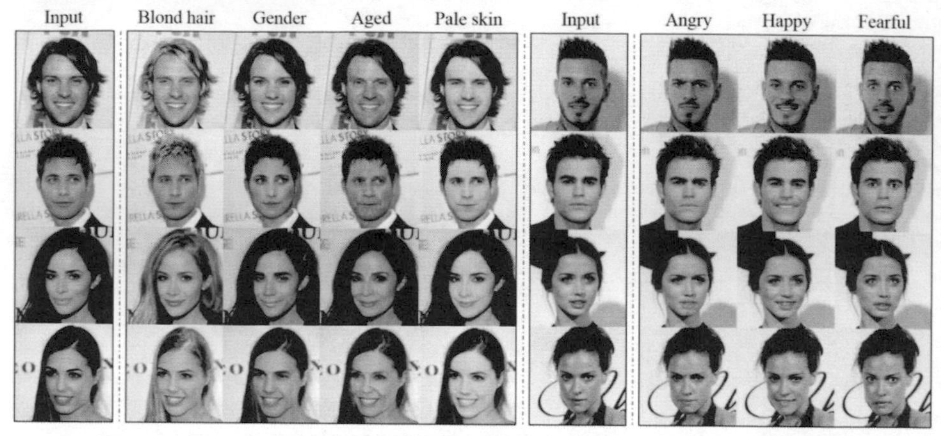

▲ 圖 10.9 StarGAN 展示，將左邊的臉轉換膚色、髮色、性別或表情

5. SRGAN：可以生成高解析度的圖像，參閱『Photo-Realistic Single Image Super-Resolution Using a Generative Adversarial Network』[11]。

▲ 圖 10.10　SRGAN 展示，由左而右從低解析度的圖像生成為高解析度的圖像

6. StyleGAN2：功能與語義分割 (Image Segmentation) 相反，它是從語義分割圖渲染成實景圖，參閱『Analyzing and Improving the Image Quality of StyleGAN』[12]，程式在 [13]。

▲ 圖 10.11 StyleGAN2 展示，從右邊的圖像生成為左邊的圖像

限於篇幅，僅介紹一小部分的演算法，讀者如有興趣可參閱『GAN — Some cool applications of GAN』[14] 一文有更多種演算法的介紹。

只要修改原創者 GAN 的損失函數，即可產生不同的神奇效果，所以，根據『The GAN Zoo』[4] 的統計，GAN 相關的論文數量呈現爆炸性成長。

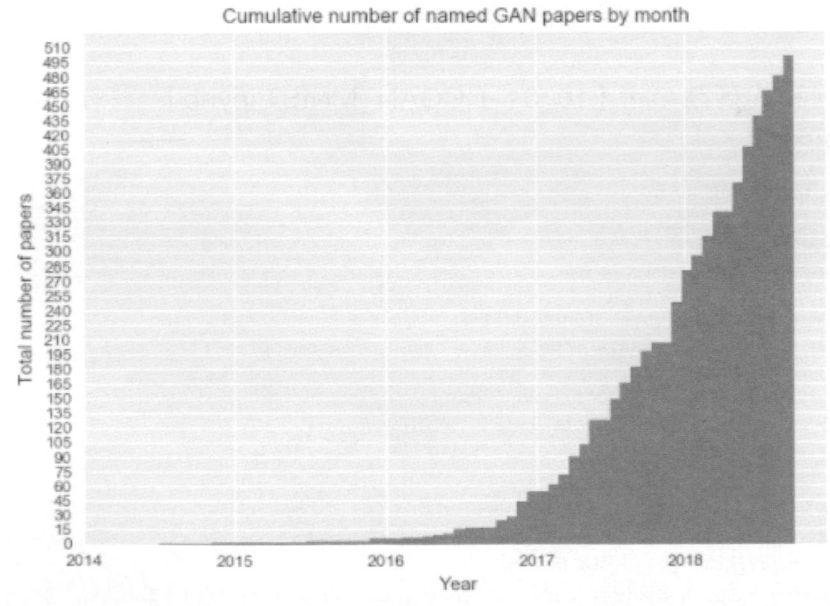

▲ 圖 10.12 與 GAN 有關的論文數量呈現爆炸性的成長

10-3 DCGAN

先來實作 DCGAN(Deep Convolutional Generative Adversarial Network) 演算法。

範例

01 以 MNIST 資料實作 DCGAN 演算法，產生手寫阿拉伯數字。此範例程式修改自『DCGAN-MNIST-pytorch』[15]。

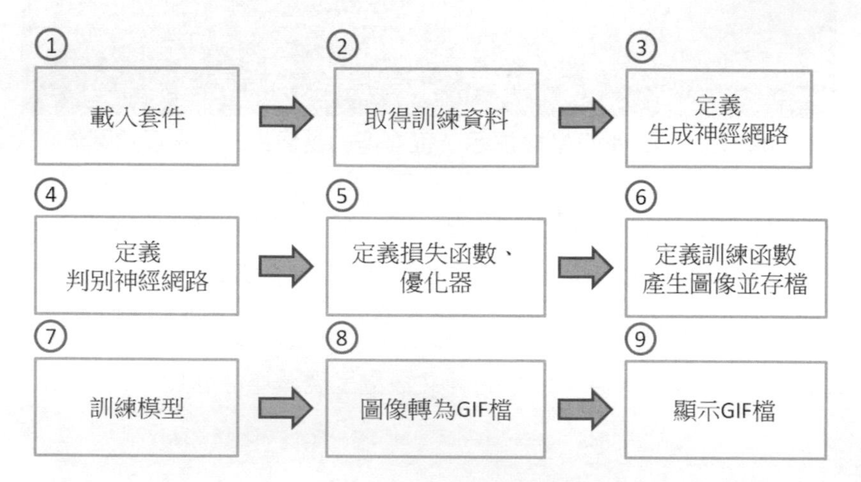

➤ 下列程式碼請參考【10_01_DCGAN_MNIST.ipynb】，訓練資料集：MNIST。

1. 載入相關套件。

```
1 import os
2 import torch
3 from torch import nn
4 from torch.nn import functional as F
5 from torch.utils.data import DataLoader, random_split
6 from torchmetrics import Accuracy
7 from torchvision import transforms
8 from torchvision.datasets import MNIST
9 from torchvision import utils as vutils
```

2. 設定參數。

```
1 PATH_DATASETS = "" # 預設路徑
2 BATCH_SIZE = 64  # 批量
3 device = torch.device("cuda" if torch.cuda.is_available() else "cpu")
4 "cuda" if torch.cuda.is_available() else "cpu"
```

3. 取得訓練資料，轉為 Dataset、Data loader。

```
1  # 轉換
2  transform=transforms.Compose([
3      transforms.Resize(28),
4      transforms.ToTensor(),
5      transforms.Normalize((0.5,), (0.5,)),
6  ])
7
8  # 下載 MNIST 手寫阿拉伯數字 訓練資料
9  dataset = MNIST(PATH_DATASETS, train=True, download=True,
10                  transform=transform)
11 dataloader = torch.utils.data.DataLoader(dataset
12                     , batch_size=BATCH_SIZE, shuffle=True)
13
14 # 訓練資料的維度
15 print(dataset.data.shape)
```

4. 定義神經網路參數：雜訊維度為生成神經網路輸入的規格。

```
1 nz = 100   # 生成神經網路雜訊維度
2 ngf = 64   # 生成神經網路濾波器個數
3 ndf = 64   # 判別神經網路濾波器個數
```

5. 定義神經網路權重初始值：依據 DCGAN 論文，卷積層權重初始值必須是 N(0.0, 0.02) 的隨機亂數，Batch Normalization 層則為 N(1.0, 0.02)。

```
1 def weights_init(m):
2     classname = m.__class__.__name__
3     if classname.find('Conv') != -1:
4         m.weight.data.normal_(0.0, 0.02) # 卷積層權重初始值
5     elif classname.find('BatchNorm') != -1:
6         m.weight.data.normal_(1.0, 0.02) # Batch Normalization 層權重初始值
7         m.bias.data.fill_(0)
```

6. 定義生成神經網路：

- use_bias=False：訓練不產生偏差項，因為要生成的影像盡量是像素所構成的。
- Conv2DTranspose：反卷積層，進行上採樣 (Up Sampling)，由小圖插補為大圖，strides=(2, 2) 表示寬高各增大 2 倍。
- 最後產生寬高為 (28,28) 的單色向量。

```
1 class Generator(nn.Module):
2     def __init__(self, nc=1, nz=100, ngf=64):
3         super(Generator, self).__init__()
4         self.main = nn.Sequential(
5             # input is Z, going into a convolution
6             nn.ConvTranspose2d(nz, ngf * 8, 4, 1, 0, bias=False),
7             nn.BatchNorm2d(ngf * 8),
8             nn.ReLU(True),
9             # state size. (ngf*8) x 4 x 4
```

```
10                nn.ConvTranspose2d(ngf * 8, ngf * 4, 4, 2, 1, bias=False),
11                nn.BatchNorm2d(ngf * 4),
12                nn.ReLU(True),
13                # state size. (ngf*4) x 8 x 8
14                nn.ConvTranspose2d(ngf * 4, ngf * 2, 4, 2, 1, bias=False),
15                nn.BatchNorm2d(ngf * 2),
16                nn.ReLU(True),
17                # state size. (ngf*2) x 16 x 16
18                nn.ConvTranspose2d(ngf * 2, ngf, 4, 2, 1, bias=False),
19                nn.BatchNorm2d(ngf),
20                nn.ReLU(True),
21                nn.ConvTranspose2d(ngf, nc, kernel_size=1,
22                                   stride=1, padding=2, bias=False),
23                nn.Tanh()
24            )
25
26        def forward(self, input):
27            output = self.main(input)
28            return output
29
30    netG = Generator().to(device)
31    netG.apply(weights_init)
```

7. 定義判別神經網路：類似一般的 CNN 判別模型，但要去除池化層，避免資訊損失。

- LeakyReLU：避免資料為 0。

```
1    class Discriminator(nn.Module):
2        def __init__(self, nc=1, ndf=64):
3            super(Discriminator, self).__init__()
4            self.main = nn.Sequential(
5                # input is (nc) x 64 x 64
6                nn.Conv2d(nc, ndf, 4, 2, 1, bias=False),
7                nn.LeakyReLU(0.2, inplace=True),
8                # state size. (ndf) x 32 x 32
9                nn.Conv2d(ndf, ndf * 2, 4, 2, 1, bias=False),
10               nn.BatchNorm2d(ndf * 2),
11               nn.LeakyReLU(0.2, inplace=True),
12               # state size. (ndf*2) x 16 x 16
13               nn.Conv2d(ndf * 2, ndf * 4, 4, 2, 1, bias=False),
14               nn.BatchNorm2d(ndf * 4),
15               nn.LeakyReLU(0.2, inplace=True),
16               # state size. (ndf*4) x 8 x 8
17               nn.Conv2d(ndf * 4, 1, 4, 2, 1, bias=False),
18               nn.Sigmoid()
19           )
20
21       def forward(self, input):
22           output = self.main(input)
23           return output.view(-1, 1).squeeze(1)
24
25   netD = Discriminator().to(device)
26   netD.apply(weights_init)
```

8. 定義損失函數為二分類交叉熵 (BinaryCrossentropy)、優化器為 Adam。

- 判別神經網路的損失函數為『真實影像』加上『生成影像』的損失函數和，因為判別神經網路會同時接收真實影像和生成影像。

```
# 設定損失函數
criterion = nn.BCELoss()

# 設定優化器(optimizer)
optimizerD = torch.optim.Adam(netD.parameters(), lr=0.0002, betas=(0.5, 0.999))
optimizerG = torch.optim.Adam(netG.parameters(), lr=0.0002, betas=(0.5, 0.999))
```

9. 進行模型訓練：訓練了 25 個週期，訓練時間需 2 個小時以上。

```
fixed_noise = torch.randn(64, nz, 1, 1, device=device)
real_label = 1.0
fake_label = 0.0
niter = 25
# 模型訓練
for epoch in range(niter):
    for i, data in enumerate(dataloader, 0):
        ############################################################
        # (1) 判別神經網路: maximize log(D(x)) + log(1 - D(G(z)))
        ############################################################
        # 訓練真實資料
        netD.zero_grad()
        real_cpu = data[0].to(device)
        batch_size = real_cpu.size(0)
        label = torch.full((batch_size,), real_label, device=device)

        output = netD(real_cpu)
        errD_real = criterion(output, label)
        errD_real.backward()
        D_x = output.mean().item()

        # 訓練假資料
        noise = torch.randn(batch_size, nz, 1, 1, device=device)
        fake = netG(noise)
        label.fill_(fake_label)
        output = netD(fake.detach())
        errD_fake = criterion(output, label)
        errD_fake.backward()
        D_G_z1 = output.mean().item()
        errD = errD_real + errD_fake
        optimizerD.step()
        ############################################################
        # (2) 判別神經網路: maximize log(D(G(z)))
        ############################################################
        netG.zero_grad()
        label.fill_(real_label)
        output = netD(fake)
        errG = criterion(output, label)
        errG.backward()
        D_G_z2 = output.mean().item()
        optimizerG.step()
        if i % 200 == 0:
            print('[%d/%d][%d/%d] Loss_D: %.4f Loss_G: %.4f D(x): %.4f D(G(z)): %.4f / %.4f'
                  % (epoch+1, niter, i, len(dataloader),
```

```
46                    errD.item(), errG.item(), D_x, D_G_z1, D_G_z2))
47            vutils.save_image(real_cpu,'gan_output/real_samples.png' ,normalize=True)
48            fake = netG(fixed_noise)
49            vutils.save_image(fake.detach(),'gan_output/fake_samples_epoch_%03d.png'
50                            % (epoch), normalize=True)
51    torch.save(netG.state_dict(), 'gan_weights/netG_epoch_%d.pth' % (epoch))
52    torch.save(netD.state_dict(), 'gan_weights/netD_epoch_%d.pth' % (epoch))
```

- 執行結果：可以觀察兩個網路的損失變化。
- 執行過程中會將每一週期的權重存檔。

10. 新資料預測。

```
1  import matplotlib.pyplot as plt
2  
3  batch_size = 25
4  latent_size = 100
5  
6  fixed_noise = torch.randn(batch_size, latent_size, 1, 1).to(device)
7  fake_images = netG(fixed_noise)
8  fake_images_np = fake_images.cpu().detach().numpy()
9  fake_images_np = fake_images_np.reshape(fake_images_np.shape[0], 28, 28)
10 R, C = 5, 5
11 for i in range(batch_size):
12     plt.subplot(R, C, i + 1)
13     plt.axis('off')
14     plt.imshow(fake_images_np[i], cmap='gray')
15 plt.show()
```

- 執行結果：輸出的數字已可正常識別。

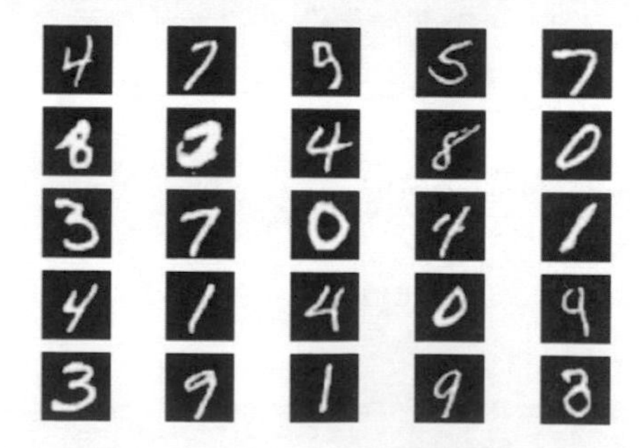

11. 將訓練過程中的存檔圖像轉為 GIF 檔：：需先安裝 imageio 套件，以利產生 GIF 動畫。

    !pip install -q imageio

12. 產生 GIF 檔。

```
1  import imageio
2  import glob
3
4  # 產生 GIF 檔
5  anim_file = './gan_output/dcgan.gif'
6  with imageio.get_writer(anim_file, mode='I') as writer:
7      filenames = glob.glob('./gan_output/fake_samples*.png')
8      filenames = sorted(filenames)
9      for filename in filenames:
10         image = imageio.imread(filename)
11         writer.append_data(image)
```

13. 顯示 GIF 檔。

- 執行結果：注意 GIF 檔會不斷循環播放，也可以打開檔案總管點選 dcgan.gif 檢視。
- 或是比較 fake_samples_epoch_000.png、fake_samples_epoch_024.png 的差異，可以看出訓練的成效。

接著以名人臉部資料集，生成近似真實的圖像，程式修改自 PyTorch 官網『DCGAN Tutorial』[16]。

02 以名人臉部資料集實作 DCGAN 演算法。此範例程式邏輯與【10_01_DCGAN_MNIST.ipynb】幾乎相同，只是圖像尺寸不同，本資料集為彩色，相關的模型定義要隨之改變。

➤ **下列程式碼請參考【10_02_DCGAN_Face.ipynb】，訓練資料集：名人臉部。**

1. 載入相關套件。

```python
import os
import torch
from torch import nn
from torch.nn import functional as F
from torch.utils.data import DataLoader, random_split
from torchmetrics import Accuracy
from torchvision import transforms
from torchvision import datasets
from torchvision import utils as vutils
import matplotlib.pyplot as plt
import numpy as np
```

2. 設定參數。

```python
PATH_DATASETS = "" # 預設路徑
BATCH_SIZE = 128  # 批量
image_size = 64
device = torch.device("cuda" if torch.cuda.is_available() else "cpu")
"cuda" if torch.cuda.is_available() else "cpu"
```

3. 定義神經網路參數。

```python
nz = 100   # 生成神經網路雜訊維度
ngf = 64   # 生成神經網路濾波器個數
ndf = 64   # 判別神經網路濾波器個數
nc = 3     # 顏色通道
```

4. 自 https://drive.google.com/uc?id=1O7m1010EJjLE5QxLZiM9Fpjs7Oj6e684 下載 img_align_celeba.zip，約 1.3GB，解壓縮至 celeba_gan 目錄，產生資料集 (dataset)，圖像縮放為 (64, 64)。

```python
# 轉換
transform=transforms.Compose([
    transforms.Resize(image_size),
    transforms.CenterCrop(image_size),
    transforms.ToTensor(),
    transforms.Normalize((0.5, 0.5, 0.5), (0.5, 0.5, 0.5)),
])

# 訓練資料
dataset = datasets.ImageFolder(root='celeba_gan',
                               transform=transform)
dataloader = torch.utils.data.DataLoader(dataset
                    , batch_size=BATCH_SIZE, shuffle=True)

# 顯示圖檔
real_batch = next(iter(dataloader))
plt.figure(figsize=(8,8))
plt.axis("off")
plt.title("Training Images")
plt.imshow(np.transpose(vutils.make_grid(real_batch[0].to(device)[:64]
                    , padding=2, normalize=True).cpu(),(1,2,0)));
```

- 執行結果：

5. 定義神經網路權重初始值：與上例相同。

```
1 def weights_init(m):
2     classname = m.__class__.__name__
3     if classname.find('Conv') != -1:
4         m.weight.data.normal_(0.0, 0.02) # 卷積層權重初始值
5     elif classname.find('BatchNorm') != -1:
6         m.weight.data.normal_(1.0, 0.02) # Batch Normalization 層權重初始值
7         m.bias.data.fill_(0)
```

6. 定義生成神經網路：結構稍有差異。

```
1 class Generator(nn.Module):
2     def __init__(self, nc=3, nz=100, ngf=ngf):
3         super(Generator, self).__init__()
4         self.main = nn.Sequential(
5             # input is Z, going into a convolution
6             nn.ConvTranspose2d( nz, ngf * 8, 4, 1, 0, bias=False),
7             nn.BatchNorm2d(ngf * 8),
8             nn.ReLU(True),
9             # state size. (ngf*8) x 4 x 4
10            nn.ConvTranspose2d(ngf * 8, ngf * 4, 4, 2, 1, bias=False),
11            nn.BatchNorm2d(ngf * 4),
12            nn.ReLU(True),
13            # state size. (ngf*4) x 8 x 8
14            nn.ConvTranspose2d( ngf * 4, ngf * 2, 4, 2, 1, bias=False),
15            nn.BatchNorm2d(ngf * 2),
16            nn.ReLU(True),
17            # state size. (ngf*2) x 16 x 16
```

```
18                nn.ConvTranspose2d( ngf * 2, ngf, 4, 2, 1, bias=False),
19                nn.BatchNorm2d(ngf),
20                nn.ReLU(True),
21                # state size. (ngf) x 32 x 32
22                nn.ConvTranspose2d( ngf, nc, 4, 2, 1, bias=False),
23                nn.Tanh()
24            )
25
26    def forward(self, input):
27        output = self.main(input)
28        return output
29
30 netG = Generator().to(device)
31 netG.apply(weights_init)
```

7. 定義判別神經網路：結構稍有差異。

```
1  class Discriminator(nn.Module):
2      def __init__(self, nc=3, ndf=ndf):
3          super(Discriminator, self).__init__()
4          self.main = nn.Sequential(
5              # input is (nc) x 64 x 64
6              nn.Conv2d(nc, ndf, 4, 2, 1, bias=False),
7              nn.LeakyReLU(0.2, inplace=True),
8              # state size. (ndf) x 32 x 32
9              nn.Conv2d(ndf, ndf * 2, 4, 2, 1, bias=False),
10             nn.BatchNorm2d(ndf * 2),
11             nn.LeakyReLU(0.2, inplace=True),
12             # state size. (ndf*2) x 16 x 16
13             nn.Conv2d(ndf * 2, ndf * 4, 4, 2, 1, bias=False),
14             nn.BatchNorm2d(ndf * 4),
15             nn.LeakyReLU(0.2, inplace=True),
16             # state size. (ndf*4) x 8 x 8
17             nn.Conv2d(ndf * 4, ndf * 8, 4, 2, 1, bias=False),
18             nn.BatchNorm2d(ndf * 8),
19             nn.LeakyReLU(0.2, inplace=True),
20             # state size. (ndf*8) x 4 x 4
21             nn.Conv2d(ndf * 8, 1, 4, 1, 0, bias=False),
22             nn.Sigmoid()
23         )
24
25     def forward(self, input):
26         output = self.main(input)
27         return output.view(-1, 1).squeeze(1)
28
29 netD = Discriminator().to(device)
30 netD.apply(weights_init)
```

8. 設定損失函數、優化器 (optimizer)：與上例相同。

```
1 # 設定損失函數
2 criterion = nn.BCELoss()
3
4 # 設定優化器(optimizer)
5 optimizerD = torch.optim.Adam(netD.parameters(), lr=0.0002, betas=(0.5, 0.999))
6 optimizerG = torch.optim.Adam(netG.parameters(), lr=0.0002, betas=(0.5, 0.999))
```

9. 進行模型訓練：因訓練資料更多，只訓練 10 週期，程式邏輯與上例相同，不再複製。

- 執行結果：筆者的 PC 執行 1 週期就需花 2~3 個小時，如果單純使用 CPU，那可以先去睡個覺，隔天再來看結果了，若為實際的專案就會有完成時間的壓力，這時候 GPU 卡就顯得格外重要。

- 比較第 1 及第 10 個週期結果，圖像品質差異非常明顯。

- 執行 10 個週期的結果：如下圖，雖然有改善，但仍然不符預期。

10. 新資料預測：使用生成模型產生圖像，因為是彩色圖像，與上例的處理略有差異。

```
1 batch_size = 25
2 latent_size = 100
3
4 fixed_noise = torch.randn(batch_size, latent_size, 1, 1).to(device)
5 # 產生圖像，clamp 使像素值介於 [-1, 1] 之間
6 fake_images = netG(fixed_noise).clamp(min=-1, max=1)
7 fake_images_np = fake_images.cpu()
```

```
8  fake_images_np = fake_images_np.reshape(-1, 3, image_size, image_size)
9  fake_images_np = torch.permute(fake_images_np, (0, 2, 3, 1)).detach().numpy()
10 fake_images_np = (fake_images_np + 1) *.5  # 使像素值介於 [0, 1] 之間
11 R, C = 5, 5
12 plt.figure(figsize=(8, 8))
13 for i in range(batch_size):
14     plt.subplot(R, C, i + 1)
15     plt.axis('off')
16     plt.imshow(fake_images_np[i])
17 plt.show();
```

- 執行結果：圖像品質差異很大，少數圖像品質不錯。

10-4 Progressive GAN

Progressive GAN 也稱為 Progressive Growing GAN 或 PGAN，它是 NVIDIA 2017 年發表的一篇文章『Progressive Growing of GANs for Improved Quality, Stability, and Variation』[17] 中所提到的演算法，它可以生成高畫質且穩定的圖像，小圖像透過層層的神經層不斷擴大，直到所要求的尺寸為止，大部份是針對人臉的生成。

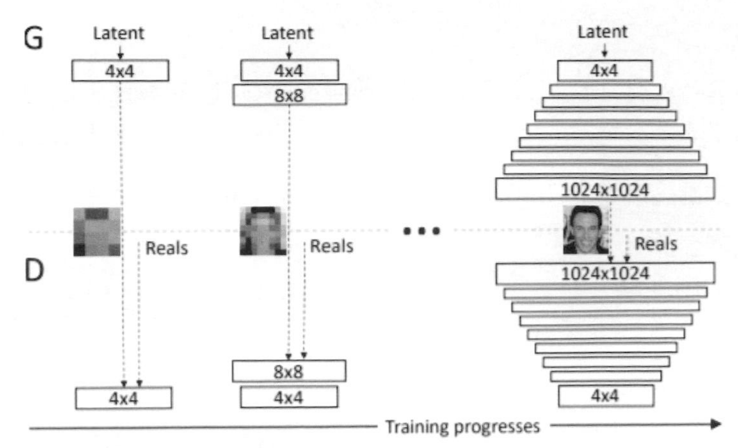

▲ 圖 10.13 Progressive GAN 的示意圖，要生成的圖像尺寸愈大，神經層就增加愈多，圖片來源：『Progressive Growing of GANs for Improved Quality, Stability, and Variation』[17]

它厲害的地方是演算法生成的尺寸可以大於訓練資料集的任何圖像，這稱為『超解析度』(Super Resolution)。網路架構如下：

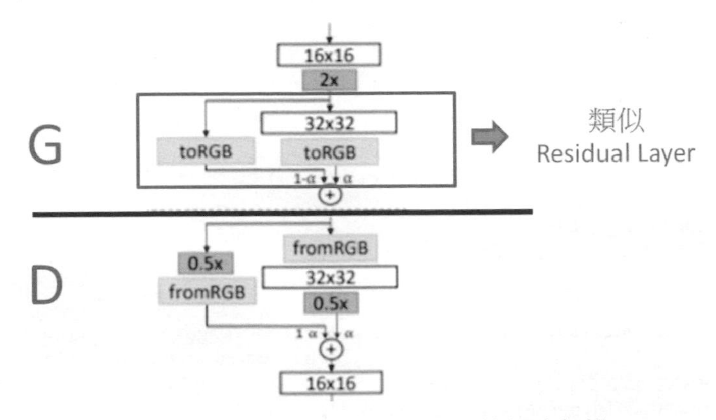

▲ 圖 10.14 Progressive GAN 的網路架構

生成網路 (G) 使用類似像 Residual 神經層，一邊輸入原圖像，另一邊輸入為反卷積層，使用權重 α，訂定兩個輸入層的比例。判別網路 (D) 與生成網路 (G) 做反向操作，進行辨識。使用名人臉部資料集進行模型訓練，根據論文估計，使用 8 顆 Tesla V100 GPU，大約要訓練 4 天左右，才可以得到不錯的效果。讀到這裡，對我們升斗小民來說，簡直是晴天霹靂，根本不用玩了。還好，PyTorch Hub 提供預先訓練好的模型，我們馬上來測試一下吧。

範例

03 再拿名人臉部資料集來實作 Progressive GAN 演算法。此範例程式來自『High-quality image generation of fashion, celebrity faces』[18]。

➤ 下列程式碼請參考【10_03_PGAN_Face.ipynb】，訓練資料集：名人臉部。

1. 載入相關套件。

```
1  import torch
2  import torchvision
3  import matplotlib.pyplot as plt
```

2. 載入預先訓練好的 PGAN 模型。

```
1  use_gpu = True if torch.cuda.is_available() else False
2  
3  # trained on high-quality celebrity faces "celebA" dataset
4  # this model outputs 512 x 512 pixel images
5  model = torch.hub.load('facebookresearch/pytorch_GAN_zoo:hub',
6                         'PGAN', model_name='celebAHQ-512',
7                         pretrained=True, useGPU=use_gpu)
```

- 輸出圖像尺寸為 512 x 512，另外還支援 256 x 256。

3. 呼叫 model.test 產生圖像。

```
1  # 產生圖像個數
2  num_images = 4
3  # 產生雜訊資料
4  noise, _ = model.buildNoiseData(num_images)
5  # 產生圖像
6  with torch.no_grad():
7      generated_images = model.test(noise)
8  
9  # clamp 使像素值介於 [0, 1] 之間
10 grid = torchvision.utils.make_grid(generated_images.clamp(min=-1, max=1)
11                                   , scale_each=True, normalize=True)
12 # permute 設定色彩通道在最後一維
13 plt.imshow(grid.permute(1, 2, 0).cpu().numpy())
14 plt.axis('off');
```

- 執行結果：效果不是很好，模型訓練週期仍不足。

10-5 Conditional GAN

DCGAN 生成的圖片是隨機的，以 MNIST 資料集而言，生成圖像的確會是數字，但無法控制要生成哪一個數字。Conditional GAN 增加了一個條件 (Condition)，即目標變數 Y，用來控制生成的數字。

Conditional GAN 也稱為 cGAN，它是 Mehdi Mirz 等學者於 2014 年發表的一篇文章『Conditional Generative Adversarial Nets』[19] 中所提出的演算法，它修改 GAN 損失函數如下：

$$\min_G \max_D V(D,G) = \mathbb{E}_{\boldsymbol{x}\sim p_{\text{data}}(\boldsymbol{x})}[\log D(\boldsymbol{x}|\boldsymbol{y})] + \mathbb{E}_{\boldsymbol{z}\sim p_z(\boldsymbol{z})}[\log(1 - D(G(\boldsymbol{z}|\boldsymbol{y})))]$$

將單純的 D(x) 改為條件機率 D(x|y)。

範例

04 以 Fashion MNIST 資料集實作 Conditional GAN 演算法。此範例程式修改自『Kaggle PyTorch Conditional GAN』[20]。

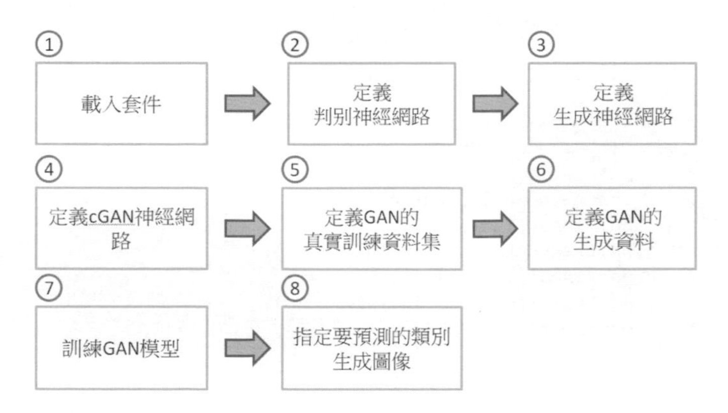

➤ 下列程式碼請參考【10_04_CGAN_FashionMNIST.ipynb】。

1. 載入相關套件。

```
1 import torch
2 import torch.nn as nn
3 import pandas as pd
4 import numpy as np
5 from torchvision import transforms
6 from torch.utils.data import Dataset, DataLoader
7 from PIL import Image
```

```
 8  from torch import autograd
 9  from torch.autograd import Variable
10  from torchvision.utils import make_grid
11  import matplotlib.pyplot as plt
12  from torchvision.datasets import FashionMNIST
```

2. 設定參數。

```
1  BATCH_SIZE = 64  # 批量
2  device = torch.device("cuda" if torch.cuda.is_available() else "cpu")
```

3. 載入 FashionMNIST 資料。

```
 1  # 轉換
 2  transform=transforms.Compose([
 3     transforms.ToTensor(),
 4     transforms.Normalize((0.5,), (0.5,)),
 5  ])
 6
 7  dataset = FashionMNIST('', train=True, download=True,
 8                   transform=transform)
 9  data_loader = torch.utils.data.DataLoader(dataset
10                   , batch_size=BATCH_SIZE, shuffle=True)
```

4. 定義生成神經網路：輸入的標註 (Label) 需轉為 One-hot encoding，成為 10 個變數。

```
 1  class Generator(nn.Module):
 2      def __init__(self):
 3          super().__init__()
 4
 5          # 設定嵌入層，作為 Label 的輸入
 6          self.label_emb = nn.Embedding(10, 10)
 7
 8          self.model = nn.Sequential(
 9              nn.Linear(110, 256),
10              nn.LeakyReLU(0.2, inplace=True),
11              nn.Linear(256, 512),
12              nn.LeakyReLU(0.2, inplace=True),
13              nn.Linear(512, 1024),
14              nn.LeakyReLU(0.2, inplace=True),
15              nn.Linear(1024, 784),
16              nn.Tanh()
17          )
18
19      def forward(self, z, labels):
20          z = z.view(z.size(0), 100)
21          c = self.label_emb(labels)
22          x = torch.cat([z, c], 1)  # 合併輸入
23          out = self.model(x)
24          return out.view(x.size(0), 28, 28)
```

5. 定義判別神經網路：輸入的標註 (Label) 處理方式與生成神經網路相同。

```
1  class Discriminator(nn.Module):
2      def __init__(self):
3          super().__init__()
4  
5          # 設定嵌入層，作為 Label 的輸入
6          self.label_emb = nn.Embedding(10, 10)
7  
8          self.model = nn.Sequential(
9              nn.Linear(794, 1024),
10             nn.LeakyReLU(0.2, inplace=True),
11             nn.Dropout(0.3),
12             nn.Linear(1024, 512),
13             nn.LeakyReLU(0.2, inplace=True),
14             nn.Dropout(0.3),
15             nn.Linear(512, 256),
16             nn.LeakyReLU(0.2, inplace=True),
17             nn.Dropout(0.3),
18             nn.Linear(256, 1),
19             nn.Sigmoid()
20         )
21 
22     def forward(self, x, labels):
23         x = x.view(x.size(0), 784)
24         c = self.label_emb(labels)
25         x = torch.cat([x, c], 1)  # 合併輸入
26         out = self.model(x)
27         return out.squeeze()
```

6. 建立模型。

```
1  generator = Generator().to(device)
2  discriminator = Discriminator().to(device)
```

7. 設定損失函數、優化器 (optimizer)。

```
1  criterion = nn.BCELoss()
2  d_optimizer = torch.optim.Adam(discriminator.parameters(), lr=1e-4)
3  g_optimizer = torch.optim.Adam(generator.parameters(), lr=1e-4)
```

8. 定義生成網路訓練函數。

```
1  def generator_train_step(batch_size, discriminator, generator,
2                           g_optimizer, criterion):
3      g_optimizer.zero_grad()
4      z = Variable(torch.randn(batch_size, 100)).to(device)
5      fake_labels = Variable(torch.LongTensor(np.random.randint(0, 10,
6                             batch_size))).to(device)   # 隨機亂數 [1, 10]
7      fake_images = generator(z, fake_labels)
8      validity = discriminator(fake_images, fake_labels)
9      g_loss = criterion(validity, Variable(torch.ones(batch_size)).to(device))
10     g_loss.backward()
11     g_optimizer.step()
12     return g_loss.data.item()
```

9. 定義判別網路訓練函數：同時訓練真實及偽造影像。

```
def discriminator_train_step(batch_size, discriminator, generator
                             , d_optimizer, criterion, real_images, labels):
    d_optimizer.zero_grad()

    # 訓練真實影像
    real_validity = discriminator(real_images, labels)
    real_loss = criterion(real_validity, Variable(torch.ones(
                batch_size)).to(device))

    # 訓練偽造影像
    z = Variable(torch.randn(batch_size, 100)).to(device)
    fake_labels = Variable(torch.LongTensor(np.random.randint(
                0, 10, batch_size))).to(device)  # 隨機亂數 [1, 10]
    fake_images = generator(z, fake_labels)
    fake_validity = discriminator(fake_images, fake_labels)
    fake_loss = criterion(fake_validity, Variable(torch.zeros(
                batch_size)).to(device))

    d_loss = real_loss + fake_loss
    d_loss.backward()
    d_optimizer.step()
    return d_loss.data.item()
```

10. 訓練模型。

```
num_epochs = 30
n_critic = 5
display_step = 300
for epoch in range(num_epochs):
    print('Starting epoch {}...'.format(epoch))
    for i, (images, labels) in enumerate(data_loader):
        real_images = Variable(images).to(device)
        labels = Variable(labels).to(device)
        generator.train()
        batch_size = real_images.size(0)
        d_loss = discriminator_train_step(len(real_images), discriminator,
                                          generator, d_optimizer, criterion,
                                          real_images, labels)


        g_loss = generator_train_step(batch_size, discriminator,
                                      generator, g_optimizer, criterion)

    generator.eval()
    print('g_loss: {}, d_loss: {}'.format(g_loss, d_loss))
    z = Variable(torch.randn(9, 100)).to(device)
    labels = Variable(torch.LongTensor(np.arange(9))).to(device)
    sample_images = generator(z, labels).unsqueeze(1).data.cpu()
    grid = make_grid(sample_images, nrow=3, normalize=True)\
            .permute(1,2,0).numpy()
    plt.imshow(grid)
    plt.axis('off')
    plt.show()
```

- 執行結果：模型訓練需要很長時間，先去做其他事，再回來看結果。
- 左圖是 epoch 0，中間是 epoch 10，右圖是 epoch 29，最終結果。可看出生成過程，影像逐漸改善。

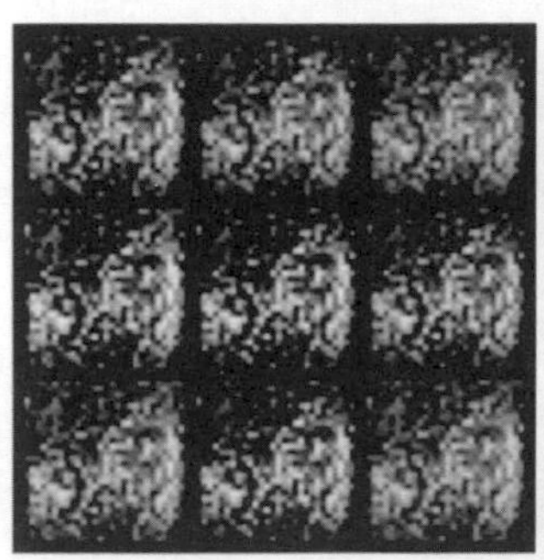
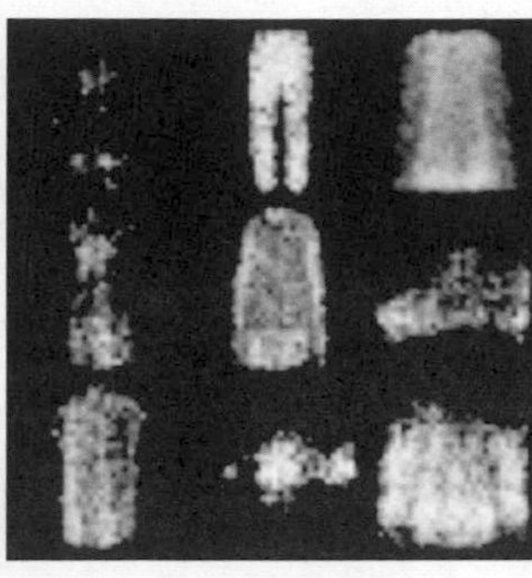
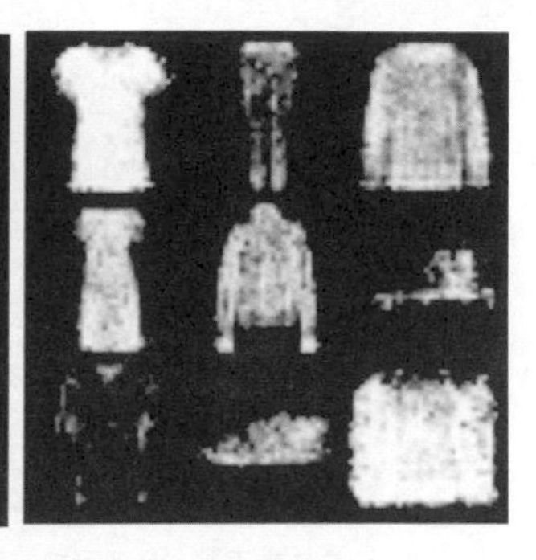

11. 生成新資料、顯示圖像：每一欄均為同類物件，程式可指定要生成的物件類別。

```
# 標註名稱
label_names = ['T-Shirt', 'Trouser', 'Pullover', 'Dress', 'Coat'
               , 'Sandal', 'Shirt', 'Sneaker', 'Bag', 'Ankle boot']
z = Variable(torch.randn(100, 100)).to(device)
labels = Variable(torch.LongTensor([i for _ in range(10) for i
                                    in range(10)])).to(device)

# 生成圖像
sample_images = generator(z, labels).unsqueeze(1).data.cpu()
grid = make_grid(sample_images, nrow=10, normalize=True)\
                        .permute(1,2,0).numpy()

# 顯示圖像
fig, ax = plt.subplots(figsize=(15,15))
ax.imshow(grid)
plt.yticks([])
plt.xticks(np.arange(15, 300, 30), label_names,
           rotation=45, fontsize=20);
```

- 執行結果：

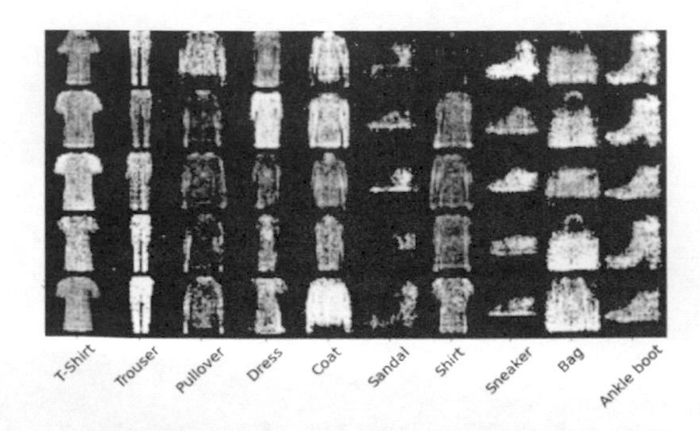

上例是運用 Conditional GAN 很簡單的例子，只是把標記 (Label) 一併當作 X，輸入模型中訓練，作為條件 (Condition) 或限制 (Constraint)。另外還有很多延伸的作法，例如 ColorGAN，它把前置處理的輪廓圖作為條件，與雜訊一併當作 X，就可以生成與原圖相似的圖像，並且可以為灰階圖上色，相關細節可參閱『Colorization Using ConvNet and GAN』[21] 或『End-to-End Conditional GAN-based Architectures for Image Colourisation』[22]。

▲ 圖 10.15 ColorGAN，圖片來源：『Colorization Using ConvNet and GAN』[21]

10-6 Pix2Pix

Pix2Pix 為 Conditional GAN 演算法的應用，出自於 Phillip Isola 等學者在 2016 年發表的『Image-to-Image Translation with Conditional Adversarial Networks』[23]，它能夠將影像進行像素的轉換，故稱為 Pix2Pix，可應用於：

1. 將語義分割的街景圖轉換為真實圖像
2. 將語義分割的建築外觀轉換為真實圖像
3. 將衛星照轉換為地圖
4. 將白天圖像轉換為夜晚圖像
5. 將輪廓圖轉為實物圖像

▲ 圖 10.16 將語義分割的街景圖轉換為真實圖像，以下圖片來源均來自『Image-to-Image Translation with Conditional Adversarial Networks』[23]

▲ 圖 10.17 將衛星照片轉換為地圖，反之亦可

▲ 圖 10.18 將白天圖像轉換為夜晚圖像

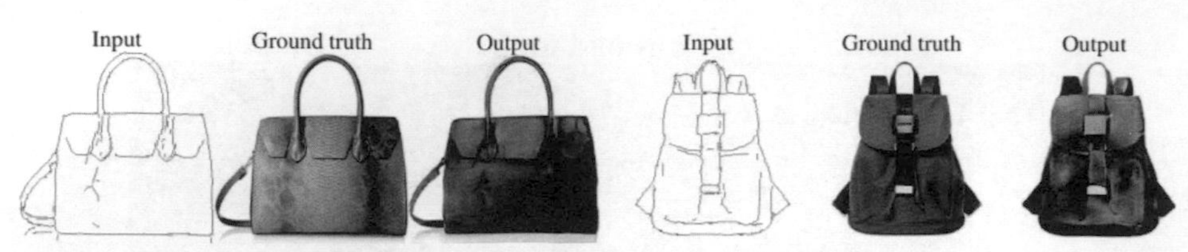

▲ 圖 10.19 將輪廓圖轉為實物圖像

生成網路採用的 U-net 結構，引進了『Skip-connect』的技巧，即每一層反卷積層的輸入都是『前一層的輸出』加『與該層對稱的卷積層的輸出』，解碼時可從對稱的編碼器得到對應的資訊，使得生成的圖像保有原圖像的特徵。

判別網路額外考慮輸入圖像的判別，將真實圖像、生成圖像與輸入圖像合而為一，作為判別網路的輸入，進行辨識。原生的 GAN 在預測像素時，是以真實資料對應的『單一像素』進行辨識，然而 Pix2Pix 則引用 PatchGAN 的思維，利用卷積將圖像切成多個較小的區域，每個像素與對應的『區域』進行辨識 (Softmax)，計算最大可能的輸出。PatchGAN 可參見『Image-to-Image Translation with Conditional Adversarial Networks』[23] 一文。

範例

05 以 CMP Facade Database 資料集實作 Pix2Pix GAN 演算法。此範例程式修改自『Kaggle Pix2Pix PyTorch』[24]。

CMP Facade Database[25] 共有 12 類的建築物局部外型，如外觀 (façade)、造型 (molding)、屋簷 (cornice)、柱子 (pillar)、窗戶 (window)、門 (door) 等。資料集自 http://efrosgans.eecs.berkeley.edu/pix2pix/datasets/facades.tar.gz 下載。

➤ 下列程式碼請參考【10_05_Pix2Pix.ipynb】。

1. 載入相關套件。

```
1  import numpy as np
2  import matplotlib.pyplot as plt
3  import os, time, pickle, json
4  from glob import glob
5  from PIL import Image
6  import cv2
7  from typing import List, Tuple, Dict
8  from statistics import mean
9  from tqdm import tqdm
```

```
10
11 import torch
12 import torch.nn as nn
13 from torchvision import transforms
14 from torchvision.utils import save_image
15 from torch.utils.data import DataLoader
```

2. 載入資料：含訓練 (train) 及驗證 (val) 資料。

```
1  MEAN = (0.5, 0.5, 0.5,)
2  STD = (0.5, 0.5, 0.5,)
3  RESIZE = 64
4
5  def read_path(filepath) -> List[str]:
6      root_path = "./datasets/facades"
7      path = os.path.join(root_path, filepath)
8      dataset = []
9      for p in glob(path+"/"+"*.jpg"):
10         dataset.append(p)
11     return dataset
12
13
14 class Transform():
15     def __init__(self, resize=RESIZE, mean=MEAN, std=STD):
16         self.data_transform = transforms.Compose([
17             transforms.Resize((resize, resize)),
18             transforms.ToTensor(),
19             transforms.Normalize(mean, std)
20         ])
21
22     def __call__(self, img: Image.Image):
23         return self.data_transform(img)
26 class Dataset(object):
27     def __init__(self, files: List[str]):
28         self.files = files
29         self.trasformer = Transform()
30
31     def _separate(self, img) -> Tuple[Image.Image, Image.Image]:
32         img = np.array(img, dtype=np.uint8)
33         h, w, _ = img.shape
34         w = int(w/2)
35         return Image.fromarray(img[:, w:, :]), Image.fromarray(img[:, :w, :])
36
37     def __getitem__(self, idx: int) -> Tuple[torch.Tensor, torch.Tensor]:
38         img = Image.open(self.files[idx])
39         input, output = self._separate(img)
40         input_tensor = self.trasformer(input)
41         output_tensor = self.trasformer(output)
42         return input_tensor, output_tensor
43
44     def __len__(self):
45         return len(self.files)
46
47 train = read_path("train")
48 val = read_path("val")
49 train_ds = Dataset(train)
50 val_ds = Dataset(val)
```

3. 定義圖像處理的函數。

```
# 使像素值介於 [0, 1] 之間
def clamp_image(img: torch.Tensor):
    img = ((img.clamp(min=-1, max=1)+1)/2).permute(1, 2, 0)
    return img

# 顯示兩個圖像
def show_img_sample(img: torch.Tensor, img1: torch.Tensor):
    fig, axes = plt.subplots(1, 2, figsize=(10, 6))
    ax = axes.ravel()
    ax[0].imshow(clamp_image(img))
    ax[0].set_xticks([])
    ax[0].set_yticks([])
    ax[0].set_title("label image", c="g")
    ax[1].imshow(clamp_image(img1))
    ax[1].set_xticks([])
    ax[1].set_yticks([])
    ax[1].set_title("input image", c="g")
    plt.subplots_adjust(wspace=0, hspace=0)
    plt.show()
```

4. 顯示兩個圖像。

```
show_img_sample(train_ds.__getitem__(1)[0], train_ds.__getitem__(1)[1])
```

- 執行結果：左為語義分割圖 (Label)，右為實景圖 (Photo)。

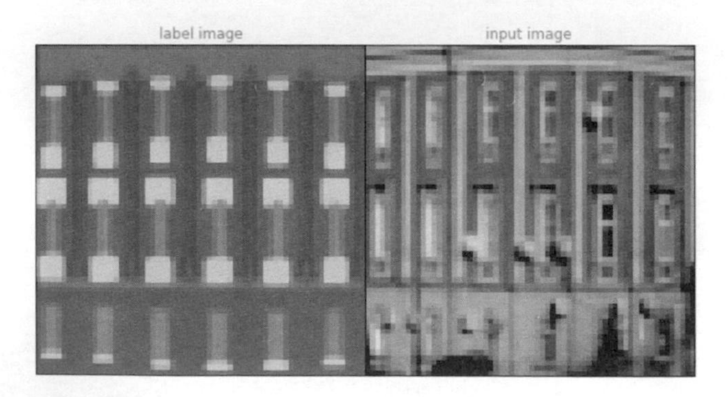

5. 建立 Data Loader。

```
BATCH_SIZE = 16
device = "cuda" if torch.cuda.is_available() else "cpu"
torch.manual_seed(0)
np.random.seed(0)

train_dl = DataLoader(train_ds, batch_size=BATCH_SIZE, shuffle=True, drop_last=True)
val_dl = DataLoader(val_ds, batch_size=BATCH_SIZE, shuffle=False, drop_last=False)
```

6. 定義生成網路訓練函數：U-Net 結構，多點連接。

```
1  class Generator(nn.Module):
2      def __init__(self):
3          super(Generator, self).__init__()
4          self.enc1 = self.conv2Relu(3, 32, 5)
5          self.enc2 = self.conv2Relu(32, 64, pool_size=4)
6          self.enc3 = self.conv2Relu(64, 128, pool_size=2)
7          self.enc4 = self.conv2Relu(128, 256, pool_size=2)
8  
9          self.dec1 = self.deconv2Relu(256, 128, pool_size=2)
10         self.dec2 = self.deconv2Relu(128+128, 64, pool_size=2)
11         self.dec3 = self.deconv2Relu(64+64, 32, pool_size=4)
12         self.dec4 = nn.Sequential(
13             nn.Conv2d(32+32, 3, 5, padding=2),
14             nn.Tanh()
15         )
16 
17     def conv2Relu(self, in_c, out_c, kernel_size=3, pool_size=None):
18         layer = []
19         if pool_size:
20             # Down width and height
21             layer.append(nn.AvgPool2d(pool_size))
22         # Up channel size
23         layer.append(nn.Conv2d(in_c, out_c, kernel_size,
24                                padding=(kernel_size-1)//2))
25         layer.append(nn.LeakyReLU(0.2, inplace=True))
26         layer.append(nn.BatchNorm2d(out_c))
27         layer.append(nn.ReLU(inplace=True))
28         return nn.Sequential(*layer)
30     def deconv2Relu(self, in_c, out_c, kernel_size=3,
31                     stride=1, pool_size=None):
32         layer = []
33         if pool_size:
34             # Up width and height
35             layer.append(nn.UpsamplingNearest2d(
36                 scale_factor=pool_size))
37         # Down channel size
38         layer.append(nn.Conv2d(in_c, out_c, kernel_size,
39                                stride, padding=1))
40         layer.append(nn.BatchNorm2d(out_c))
41         layer.append(nn.ReLU(inplace=True))
42         return nn.Sequential(*layer)
43 
44     def forward(self, x):
45         x1 = self.enc1(x)
46         x2 = self.enc2(x1)
47         x3 = self.enc3(x2)
48         x4 = self.enc4(x3) # (b, 256, 4, 4)
49 
50         out = self.dec1(x4)
51         # concat channel
52         out = self.dec2(torch.cat((out, x3), dim=1))
53         out = self.dec3(torch.cat((out, x2), dim=1))
54         out = self.dec4(torch.cat((out, x1), dim=1))
55         return out # (b, 3, 64, 64)
```

7. 定義判別神經網路。

```
class Discriminator(nn.Module):
    def __init__(self):
        super(Discriminator, self).__init__()
        self.layer1 = self.conv2relu(6, 16, 5, cnt=1)
        self.layer2 = self.conv2relu(16, 32, pool_size=4)
        self.layer3 = self.conv2relu(32, 64, pool_size=2)
        self.layer4 = self.conv2relu(64, 128, pool_size=2)
        self.layer5 = self.conv2relu(128, 256, pool_size=2)
        self.layer6 = nn.Conv2d(256, 1, kernel_size=1)

    def conv2relu(self, in_c, out_c, kernel_size=3, pool_size=None, cnt=2):
        layer = []
        for i in range(cnt):
            if i == 0 and pool_size != None:
                # Down width and height
                layer.append(nn.AvgPool2d(pool_size))
            # Down channel size
            layer.append(nn.Conv2d(in_c if i == 0 else out_c,
                                   out_c,
                                   kernel_size,
                                   padding=(kernel_size-1)//2))
            layer.append(nn.BatchNorm2d(out_c))
            layer.append(nn.LeakyReLU(0.2, inplace=True))
        return nn.Sequential(*layer)

    def forward(self, x, x1):
        x = torch.cat((x, x1), dim=1)
        out = self.layer5(self.layer4(self.layer3(self.layer2(self.layer1(x)))))
        return self.layer6(out) # (b, 1, 2, 2)
```

8. 定義訓練函數。

```
def train_fn(train_dl, G, D, criterion_bce, criterion_mae,
             optimizer_g, optimizer_d):
    G.train()
    D.train()
    LAMBDA = 100.0
    total_loss_g, total_loss_d = [], []
    for i, (input_img, real_img) in enumerate(tqdm(train_dl)):
        input_img = input_img.to(device)
        real_img = real_img.to(device)

        real_label = torch.ones(input_img.size()[0], 1, 2, 2)
        fake_label = torch.zeros(input_img.size()[0], 1, 2, 2)
        # 生成網路訓練
        fake_img = G(input_img)
        fake_img_ = fake_img.detach().cpu()
        out_fake = D(fake_img, input_img).cpu()
        loss_g_bce = criterion_bce(out_fake, real_label)
        loss_g_mae = criterion_mae(fake_img, real_img)
        loss_g = loss_g_bce + LAMBDA * loss_g_mae
        total_loss_g.append(loss_g.item())

        optimizer_g.zero_grad()
        optimizer_d.zero_grad()
        loss_g.backward(retain_graph=True)
        optimizer_g.step()

```

```
27          # 判別網路訓練
28          out_real = D(real_img.to(device), input_img.to(device))
29          loss_d_real = criterion_bce(out_real.to(device),
30                                      real_label.to(device))
31          out_fake = D(fake_img_.to(device), input_img)
32          loss_d_fake = criterion_bce(out_fake.to(device),
33                                      fake_label.to(device))
34          loss_d = loss_d_real + loss_d_fake
35          total_loss_d.append(loss_d.item())
36
37          optimizer_g.zero_grad()
38          optimizer_d.zero_grad()
39          loss_d.backward()
40          optimizer_d.step()
41      return mean(total_loss_g), mean(total_loss_d), fake_img.detach().cpu()
42
43  def saving_img(fake_img, e):
44      os.makedirs("generated", exist_ok=True)
45      save_image(fake_img, f"generated/fake{str(e)}.png", range=(-1.0, 1.0)
46                 , normalize=True)
47
48  def saving_logs(result):
49      with open("train.pkl", "wb") as f:
50          pickle.dump([result], f)
51
52  def saving_model(D, G, e):
53      os.makedirs("weight", exist_ok=True)
54      torch.save(G.state_dict(), f"weight/G{str(e+1)}.pth")
55      torch.save(D.state_dict(), f"weight/D{str(e+1)}.pth")
57  def show_losses(g, d):
58      fig, axes = plt.subplots(1, 2, figsize=(14,6))
59      ax = axes.ravel()
60      ax[0].plot(np.arange(len(g)).tolist(), g)
61      ax[0].set_title("Generator Loss")
62      ax[1].plot(np.arange(len(d)).tolist(), d)
63      ax[1].set_title("Discriminator Loss")
64      plt.show()
```

9. 進行訓練。

```
1   def train_loop(train_dl, G, D, num_epoch, lr=0.0002, betas=(0.5, 0.999)):
2       G.to(device)
3       D.to(device)
4       optimizer_g = torch.optim.Adam(G.parameters(), lr=lr, betas=betas)
5       optimizer_d = torch.optim.Adam(D.parameters(), lr=lr, betas=betas)
6       criterion_mae = nn.L1Loss()
7       criterion_bce = nn.BCEWithLogitsLoss()
8       total_loss_d, total_loss_g = [], []
9       result = {}
10
11      for e in range(num_epoch):
12          loss_g, loss_d, fake_img = train_fn(train_dl, G, D, criterion_bce
13                                  , criterion_mae, optimizer_g, optimizer_d)
14          total_loss_d.append(loss_d)
15          total_loss_g.append(loss_g)
16          saving_img(fake_img, e+1)
17
18          if e%10 == 0:
19              saving_model(D, G, e)
```

```
20      try:
21          result["G"] = total_loss_d
22          result["D"] = total_loss_g
23          saving_logs(result)
24          show_losses(total_loss_g, total_loss_d)
25          saving_model(D, G, e)
26          print("successfully save model")
27      finally:
28          return G, D

30  G = Generator()
31  D = Discriminator()
32  EPOCH = 10
33  trained_G, trained_D = train_loop(train_dl, G, D, EPOCH)
```

10. 定義生成資料的相關函數。

```
1   def load_model(name):
2       G = Generator()
3       G.load_state_dict(torch.load(f"weight/G{name}.pth",
4                                    map_location={"cuda": "cpu"}))
5       G.eval()
6       return G.to(device)
7
8   def train_show_img(name, G):
9       root = "generated"
10      fig, axes = plt.subplots(int(name), 1, figsize=(12, 18))
11      ax = axes.ravel()
12      for i in range(int(name)):
13          filename = os.path.join(root, f"fake{str(i+1)}.png")
14          ax[i].imshow(Image.open(filename))
15          ax[i].set_xticks([])
16          ax[i].set_yticks([])
17
18  def de_norm(img):
19      img_ = img.mul(torch.FloatTensor(STD).view(3, 1, 1))
20      img_ = img_.add(torch.FloatTensor(MEAN).view(3, 1, 1)).detach()
21      # img_ = ((img_.clamp(min=-1, max=1)+1)/2).permute(1, 2, 0)
22      img_ = img_.clamp(min=-1, max=1).permute(1, 2, 0)
23      return img_.numpy()

25  def evaluate(val_dl, name, G):
26      with torch.no_grad():
27          fig, axes = plt.subplots(6, 8, figsize=(12, 12))
28          ax = axes.ravel()
29          for input_img, real_img in tqdm(val_dl):
30              input_img = input_img.to(device)
31              real_img = real_img.to(device)
32
33              fake_img = G(input_img)
34              batch_size = input_img.size()[0]
35              batch_size_2 = batch_size * 2
36
37              for i in range(batch_size):
38                  ax[i].imshow(de_norm(input_img[i].cpu()))
39                  ax[i+batch_size].imshow(de_norm(real_img[i].cpu()))
40                  ax[i+batch_size_2].imshow(de_norm(fake_img[i].cpu()))
41                  ax[i].set_xticks([])
42                  ax[i].set_yticks([])
43                  ax[i+batch_size].set_xticks([])
```

```
44                  ax[i+batch_size].set_yticks([])
45                  ax[i+batch_size_2].set_xticks([])
46                  ax[i+batch_size_2].set_yticks([])
47                  if i == 0:
48                      ax[i].set_ylabel("Input Image", c="g")
49                      ax[i+batch_size].set_ylabel("Real Image", c="g")
50                      ax[i+batch_size_2].set_ylabel("Generated Image", c="r")
51              plt.subplots_adjust(wspace=0, hspace=0)
52              break
```

11. 測試：生成 5 批新資料。

```
1 train_show_img(5, trained_G)
```

- 執行結果：

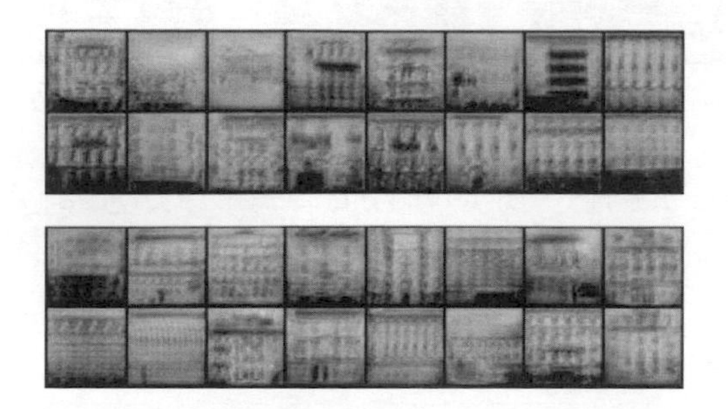

12. 評估。

```
1 evaluate(val_dl, 5, trained_G)
```

- 執行結果：第 1~2 排為輸入圖像，第 3~4 排為真實圖像，第 5~6 排為生成圖像。

另外可以參閱 Jun-Yan Zhu 開發的專案『pytorch-CycleGAN-and-pix2pix』[26]，除了訓練的程式，也可以使用預先訓練的模型測試，如下指令可以生成 Pix2Pix 圖像：

```
python test.py --dataroot ./datasets/facades --name facades_pix2pix --model pix2pix --direction BtoA
```

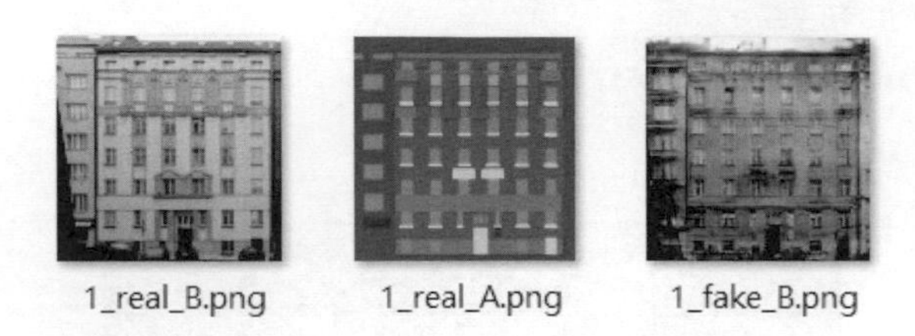

右圖為生成的 Pix2Pix 圖像，亦即輸入簡單線條的 1_real_A.png 及風格圖 1_real_B.png，會生成具有該風格及線條的 1_fake_B.png。

10-7 CycleGAN

前面 GAN 演算法處理的都是成對轉換資料，CycleGAN 則是針對非成對的資料生成圖像。成對的意思是一張原始圖像對應一張目標圖像，下圖右方表示多對多的資料，也就是給予不同的場域 (Domain)，原始圖像就可以合成指定場景的圖像。

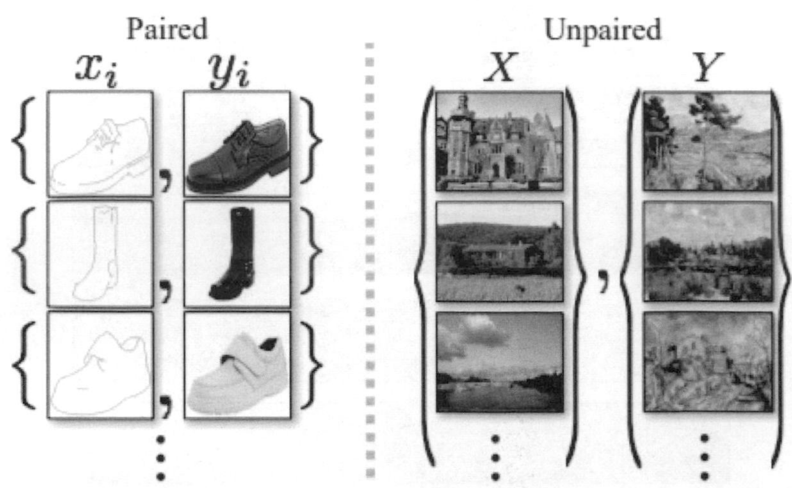

▲ 圖 10.20 成對的資料 (左方) vs. 非成對的資料 (右方)，以下圖片來源均來自『Unpaired Image-to-Image Translation using Cycle-Consistent Adversarial Networks』[27]

CycleGAN 或稱 Cycle-Consistent GAN，也是 Jun-Yan Zhu 等學者於 2017 年發表的一篇文章『Unpaired Image-to-Image Translation using Cycle-Consistent Adversarial Networks』[27] 中提出的演算法，概念如下圖：

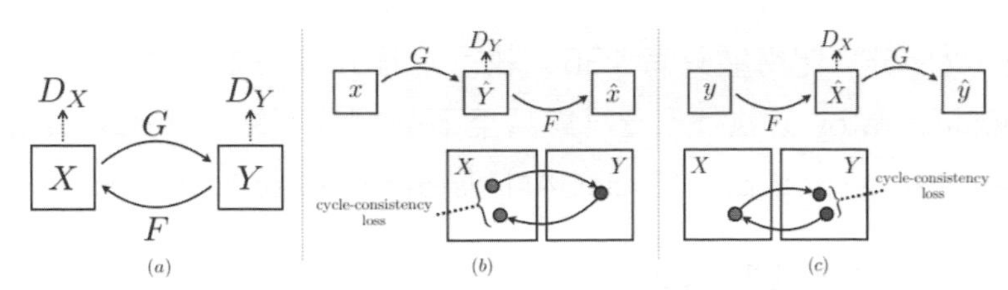

▲ 圖 10.21 CycleGAN 網路結構

- 上圖 (a)：有兩個生成網路，G 將圖像由 X 場域 (Domain) 生成 Y 場域的圖像，F 網路則是相反功能，由 Y 場域 (Domain) 生成 X 場域的圖像。
- 上圖(b)：引進 cycle consistency losses 概念，可以做到 x → G(x) → F(G(x)) ≈ x，即 x 經過 G、F 轉換，可得到近似 x 的圖像，稱為 Forward cycle-consistency loss。
- 上圖 (c)：從另一場域 y 開始，也可以做到 y → F(y) → G(F(y)) ≈ y，稱為 Backward cycle-consistency loss。
- 整個模型類似兩個 GAN 網路的組合，具備循環機制，因此，損失函數如下：

$$L(G, F, DX, DY) = LGAN(G, D_Y, X, Y) + LGAN(F, D_X, Y, X) + \lambda Lcyc(G, F)$$

其中：

$$\mathcal{L}_{\text{cyc}}(G, F) = \mathbb{E}_{x\sim p_{\text{data}}(x)}[\|F(G(x)) - x\|_1] + \mathbb{E}_{y\sim p_{\text{data}}(y)}[\|G(F(y)) - y\|_1]$$

λ 控制 G、F 損失函數的相對重要性。

這種機制可應用到影像增強 (Photo Enhancement)、影像彩色化 (Image Colorization)、風格轉換 (Style Transfer) 等功能，如下圖，幫一般的馬匹塗上斑馬紋。

▲ 圖 10.22 CycleGAN 的功能展示

範例

06 以 horse2zebra 資料集實作 CycleGAN 演算法。

由於筆者本機 GPU 記憶體只有 4GB，執行本程式會發生記憶體不足，故移至 Google Colaboratoy 上執行。資料集請至下列網址下載：https://people.eecs.berkeley.edu/~taesung_park/CycleGAN/datasets/horse2zebra.zip。

➤ 下列程式碼請參考【10_06_ CycleGAN.ipynb】。

1. 載入相關套件。

```
1  import os
2  import numpy as np
3  import glob
4  import time
5  import PIL.Image as Image
6  from tqdm.notebook import tqdm
7  from itertools import chain
8  from collections import OrderedDict
9  import random
10
11 import torch
12 import torch.nn as nn
13 import torchvision.utils as vutils
14 import torchvision.datasets as dset
15 import torch.nn.functional as F
16 from torch.utils.data import DataLoader
17 import torchvision.transforms as transforms
18 import matplotlib.pylab as plt
19 import ipywidgets
20 from IPython import display
```

2. 上傳資料集：將資料下載至本機後，再上傳至 Colab 虛擬機，也可以直接使用 gdown 指令下載至虛擬機。

```
1 from google.colab import files
2 files.upload()
```

3. 解壓縮，並重新命名目錄，以利 ImageFolder 建立 dataset。

```
1 !unzip ./horse2zebra.zip
```

```
1 import shutil, sys
2 shutil.move("./horse2zebra/trainA", "./horses_train/A")
3 shutil.move("./horse2zebra/trainB", "./zebra_train/B")
4 shutil.move("./horse2zebra/testA", "./horses_test/A")
5 shutil.move("./horse2zebra/testB", "./zebra_test/B")
```

4. 為 4 個子目錄建立 dataset、data loader，以下僅列一段，其他子目錄均類似。

```
1  bs = 5
2  workers = 2
3  image_size = (256,256)
4  dataroot = './horses_train/'
5  dataset_horses_train = dset.ImageFolder(root=dataroot,
6                             transform=transforms.Compose([
7                                 transforms.Resize(image_size),
8                                 transforms.CenterCrop(image_size),
9                                 transforms.ToTensor(),
10                                transforms.Normalize((0, 0, 0), (1, 1, 1)),
11                            ]))
12 dataloader_train_horses = torch.utils.data.DataLoader(dataset_horses_train,
13                          batch_size=bs, shuffle=True, num_workers=workers)
14 real_batch = next(iter(dataloader_train_horses))
15 print(real_batch[0].shape)
16 plt.figure(figsize=(8,8))
17 plt.axis("off")
18 plt.title("Training Images")
19 plt.imshow(np.transpose(vutils.make_grid(real_batch[0].to(device)[:10],
20                         padding=2, normalize=True).cpu(),(1,2,0)))
```

5. 定義繪製 4 個影像的函數：真實的馬、生成的斑馬、真實的斑馬、生成的馬，程式分兩個模型，以 G_A2B 將馬變成斑馬，以 G_B2A 將斑馬變成馬。

```
1  def plot_images_test(dataloader_test_horses, dataloader_zebra_test):
2      batch_a_test = next(iter(dataloader_test_horses))[0].to(device)
3      real_a_test = batch_a_test.cpu().detach()
4      # 將馬變成斑馬
5      fake_b_test = G_A2B(batch_a_test ).cpu().detach()
6
7      plt.figure(figsize=(10,10))
8      plt.imshow(np.transpose(vutils.make_grid((real_a_test[:4]+1)/2,
9                          padding=2, normalize=True).cpu(),(1,2,0)))
10     plt.axis("off")
11     plt.title("Real horses")
12     plt.show()
13
14     plt.figure(figsize=(10,10))
15     plt.imshow(np.transpose(vutils.make_grid((fake_b_test[:4]+1)/2,
16                         padding=2, normalize=True).cpu(),(1,2,0)))
17     plt.axis("off")
18     plt.title("Fake zebras")
19     plt.show()
21     batch_b_test = next(iter(dataloader_zebra_test))[0].to(device)
22     real_b_test = batch_b_test.cpu().detach()
23     # 將斑馬變成馬
24     fake_a_test = G_B2A(batch_b_test ).cpu().detach()
25
26     plt.figure(figsize=(10,10))
27     plt.imshow(np.transpose(vutils.make_grid((real_b_test[:4]+1)/2,
28                         padding=2, normalize=True).cpu(),(1,2,0)))
29     plt.axis("off")
30     plt.title("Real zebras")
31     plt.show()
32
33     plt.figure(figsize=(10,10))
34     plt.imshow(np.transpose(vutils.make_grid((fake_a_test[:4]+1)/2,
35                         padding=2, normalize=True).cpu(),(1,2,0)))
36     plt.axis("off")
37     plt.title("Fake horses")
38     plt.show()
```

6. 定義繪製 8 個影像的函數：額外繪製 Identity horses、Identity zebras、Recovered horses、Recovered zebras，邏輯與上一函數類似，不在此列出程式碼，請直接參閱範例。Identity 表，圖像經過 A2B、B2A 兩次轉換會保持不變。Recovered 則為 B2A、A2B 兩次轉換的結果。

7. 定義模型存檔與載入的函數。

```
def save_models(G_A2B, G_B2A, D_A, D_B, name):
    torch.save(G_A2B, "/content/gdrive/My Drive/model_proj3/"+name+"_G_A2B.pt")
    torch.save(G_B2A, "/content/gdrive/My Drive/model_proj3/"+name+"_G_B2A.pt")
    torch.save(D_A, "/content/gdrive/My Drive/model_proj3/"+name+"_D_A.pt")
    torch.save(D_B, "/content/gdrive/My Drive/model_proj3/"+name+"_D_B.pt")

def load_models(name):
    G_A2B=torch.load("/content/gdrive/My Drive/model_proj3/"+name+"_G_A2B.pt")
    G_B2A=torch.load("/content/gdrive/My Drive/model_proj3/"+name+"_G_B2A.pt")
    D_A=torch.load("/content/gdrive/My Drive/model_proj3/"+name+"_D_A.pt")
    D_B=torch.load("/content/gdrive/My Drive/model_proj3/"+name+"_D_B.pt")
    return G_A2B, G_B2A, D_A, D_B

#save_models(G_A2B, G_B2A, D_A, D_B, "test")
#G_A2B, G_B2A, D_A, D_B= load_models("test")
```

8. 定義生成網路訓練函數。

```
norm_layer = nn.InstanceNorm2d
class ResBlock(nn.Module):
    def __init__(self, f):
        super(ResBlock, self).__init__()
        self.conv = nn.Sequential(nn.Conv2d(f, f, 3, 1, 1), norm_layer(f), nn.ReLU(),
                                  nn.Conv2d(f, f, 3, 1, 1))
        self.norm = norm_layer(f)
    def forward(self, x):
        return F.relu(self.norm(self.conv(x)+x))

class Generator(nn.Module):
    def __init__(self, f=64, blocks=9):
        super(Generator, self).__init__()
        layers = [nn.ReflectionPad2d(3),
                  nn.Conv2d(  3,   f, 7, 1, 0), norm_layer(  f), nn.ReLU(True),
                  nn.Conv2d(  f, 2*f, 3, 2, 1), norm_layer(2*f), nn.ReLU(True),
                  nn.Conv2d(2*f, 4*f, 3, 2, 1), norm_layer(4*f), nn.ReLU(True)]
        for i in range(int(blocks)):
            layers.append(ResBlock(4*f))
        layers.extend([
                nn.ConvTranspose2d(4*f, 4*2*f, 3, 1, 1), nn.PixelShuffle(2),
                                   norm_layer(2*f), nn.ReLU(True),
                nn.ConvTranspose2d(2*f,   4*f, 3, 1, 1), nn.PixelShuffle(2),
                                   norm_layer(  f), nn.ReLU(True),
                nn.ReflectionPad2d(3), nn.Conv2d(f, 3, 7, 1, 0),
                nn.Tanh()])
        self.conv = nn.Sequential(*layers)

    def forward(self, x):
        return self.conv(x)
```

9. 定義判別網路訓練函數。

```
nc=3
ndf=64
class Discriminator(nn.Module):
    def __init__(self):
        super(Discriminator, self).__init__()
        self.main = nn.Sequential(
            # input is (nc) x 128 x 128
            nn.Conv2d(nc,ndf,4,2,1, bias=False),
            nn.LeakyReLU(0.2, inplace=True),
            # state size. (ndf) x 64 x 64
            nn.Conv2d(ndf,ndf*2,4,2,1, bias=False),
            nn.InstanceNorm2d(ndf * 2),
            nn.LeakyReLU(0.2, inplace=True),
            # state size. (ndf*2) x 32 x 32
            nn.Conv2d(ndf*2, ndf * 4, 4, 2, 1, bias=False),
            nn.InstanceNorm2d(ndf * 4),
            nn.LeakyReLU(0.2, inplace=True),
            # state size. (ndf*4) x 16 x 16
            nn.Conv2d(ndf*4,ndf*8,4,1,1),
            nn.InstanceNorm2d(ndf*8),
            nn.LeakyReLU(0.2, inplace=True),
            # state size. (ndf*8) x 15 x 15
            nn.Conv2d(ndf*8,1,4,1,1)
            # state size. 1 x 14 x 14
        )

    def forward(self, input):
        return self.main(input)
```

10. 定義判別網路及生成網路的損失函數。

```
def LSGAN_D(real, fake):
    return (torch.mean((real - 1)**2) + torch.mean(fake**2))

def LSGAN_G(fake):
    return  torch.mean((fake - 1)**2)
```

11. 建立判別及生成網路。

```
import itertools

G_A2B = Generator().to(device)
G_B2A = Generator().to(device)
D_A = Discriminator().to(device)
D_B = Discriminator().to(device)

# Initialize Loss function
criterion_Im = torch.nn.L1Loss()

# Learning rate for optimizers
lr = 0.0002

# Optimizers
# optimizer_G = torch.optim.Adam(itertools.chain(G_A2B.parameters(), G_B2A.parameters()),
#                                 lr=lr, betas=(0.5, 0.999))
optimizer_G_A2B = torch.optim.Adam(G_A2B.parameters(), lr=lr, betas=(0.5, 0.999))
optimizer_G_B2A = torch.optim.Adam(G_B2A.parameters(), lr=lr, betas=(0.5, 0.999))
optimizer_D_A = torch.optim.Adam(D_A.parameters(), lr=lr, betas=(0.5, 0.999))
optimizer_D_B = torch.optim.Adam(D_B.parameters(), lr=lr, betas=(0.5, 0.999))
```

12. 訓練模型：程式碼過長，請直接參閱範例。。

13. 存檔：儲存至 CycleGAN 目錄。

```
1 if not os.path.exists('./CycleGAN'):
2     os.makedirs('./CycleGAN')
3 # save last check pointing
4 torch.save(G_A2B.state_dict(), f"./CycleGAN/netG_A2B.pth")
5 torch.save(G_B2A.state_dict(), f"./CycleGAN/netG_B2A.pth")
6 torch.save(D_A.state_dict(), f"./CycleGAN/netD_A.pth")
7 torch.save(D_B.state_dict(), f"./CycleGAN/netD_B.pth")
```

14. 壓縮相關模型，並下載模型檔案。

```
1 # 壓縮相關模型
2 !zip ./model.zip ./CycleGAN/*.*
```

```
1 from google.colab import files
2 files.download('./model.zip')
```

- 筆者執行 3 個小時約完成 7 個執行週期，可以先睡個覺，起床後再看結果。
- 執行結果：以下僅只截圖 2 筆資料，左側為原圖，右側為預測的圖像，效果比訓練樣本差，應該是因為訓練的執行週期不足，原文作者執行了 200 個週期，如果真的照做，乾脆來個三天兩夜的小旅行，再回來看結果，時間都綽綽有餘。

Input Image

Predicted Image

Input Image

Predicted Image

倘若只想測試 CycleGAN 效果，也可以參考『Lornatang_CycleGAN-PyTorch』[28]，依照説明，下載程式、資料及預先訓練模型後，執行下列指令：

```
python test_image.py --file assets/horse.png --model-name weights/horse2zebra/
netG_A2B.pth --cuda
```

執行結果會產生 result.png，比較如下，左圖為原圖 (assets/horse.png)，右圖為生成的圖像 (result.png)：

再試另一個檔案，執行下列指令：

```
python test_image.py --file assets/apple.png --model-name weights/horse2zebra/
netG_A2B.pth --cuda
```

蘋果也加上斑馬紋了，這是因為我們使用 horse2zebra 模型，要下載其他模型可參考 weights\download_weights.sh。

10-8　GAN 挑戰

這一章我們認識了許多種不同的 GAN 演算法，由於大部分是由同一組學者發表的，因此可以看到演化的脈絡。原生 GAN 加上條件後，變成 Conditional GAN，再將生成網路改成對稱型的 U-Net 後，就變成 Pix2Pix GAN，接著再設定兩個 Pix2Pix 循環的網路，就衍生出 CycleGAN。除此之外，許多的演算法也會修改損失函數的定義，來產生各種意想不到的效果，如下表。本書介紹的演算法只是滄海一粟，更多的內容可參考李宏毅老師的 PPT『Introduction of Generative Adversarial Network (GAN)』[29]。

Name	*Paper Link*	*Value Function*
GAN	Arxiv	$L_D^{GAN} = E[\log(D(x))] + E[\log(1 - D(G(z)))]$ $L_G^{GAN} = E[\log(D(G(z)))]$
LSGAN	Arxiv	$L_D^{LSGAN} = E[(D(x) - 1)^2] + E[D(G(z))^2]$ $L_G^{LSGAN} = E[(D(G(z)) - 1)^2]$
WGAN	Arxiv	$L_D^{WGAN} = E[D(x)] - E[D(G(z))]$ $L_G^{WGAN} = E[D(G(z))]$ $W_D \leftarrow clip\_by\_value(W_D, -0.01, 0.01)$
WGAN_GP	Arxiv	$L_D^{WGAN\_GP} = L_D^{WGAN} + \lambda E[(\lvert\nabla D(\alpha x - (1 - \alpha G(z)))\rvert - 1)^2]$ $L_G^{WGAN\_GP} = L_G^{WGAN}$
DRAGAN	Arxiv	$L_D^{DRAGAN} = L_D^{GAN} + \lambda E[(\lvert\nabla D(\alpha x - (1 - \alpha x_p))\rvert - 1)^2]$ $L_G^{DRAGAN} = L_G^{GAN}$
CGAN	Arxiv	$L_D^{CGAN} = E[\log(D(x, c))] + E[\log(1 - D(G(z), c))]$ $L_G^{CGAN} = E[\log(D(G(z), c))]$
infoGAN	Arxiv	$L_{D,Q}^{infoGAN} = L_D^{GAN} - \lambda L_I(c, c')$ $L_G^{infoGAN} = L_G^{GAN} - \lambda L_I(c, c')$
ACGAN	Arxiv	$L_{D,Q}^{ACGAN} = L_D^{GAN} + E[P(class = c \mid x)] + E[P(class = c \mid G(z))]$ $L_G^{ACGAN} = L_G^{GAN} + E[P(class = c \mid G(z))]$
EBGAN	Arxiv	$L_D^{EBGAN} = D_{AE}(x) + \max(0, m - D_{AE}(G(z)))$ $L_G^{EBGAN} = D_{AE}(G(z)) + \lambda \cdot PT$
BEGAN	Arxiv	$L_D^{BEGAN} = D_{AE}(x) - k_t D_{AE}(G(z))$ $L_G^{BEGAN} = D_{AE}(G(z))$ $k_{t+1} = k_t + \lambda(\gamma D_{AE}(x) - D_{AE}(G(z)))$

▲ 圖 10.23 GAN 各種演算法的損失函數，圖片來源：『tensorflow-generative-model-collections』[30]

另一方面，GAN 不光是應用在圖像上，還可以結合自然語言處理 (NLP)、強化學習 (RL) 等技術，擴大應用範圍，像是高解析圖像生成、虛擬人物的生成、資料壓縮、文字轉語音 (Text To Speech, TTS)、醫療、天文、物理、遊戲…等，可以參閱『Tutorial on Deep Generative Models』[31] 一文。

縱使 GAN 應用廣泛，但仍然存在一些挑戰：

1. 生成的圖像模糊：因為神經網路是根據訓練資料求取迴歸，類似求取每個樣本在不同範圍的平均值，所以生成的圖像會是相似點的平均，導致圖像模糊。必須有非常大量的訓練資料，加上相當多的訓練週期，才能產生畫質較佳的圖像。另外，GAN 對超參數特別敏感，包括學習率、濾波器 (Filter) 尺寸，初始值設定得不好，造成生成的資料過差時，判別網路就會都判定為偽，到最後生成網路只能一直產生少數類別的資料了。
2. 梯度消失 (Vanishing Gradient)：當生成的資料過差時，判別網路判定為真的機率接近 0，梯度會變得非常小，因此就無法提供良好的梯度來改善生成器，造成生成器梯度消失。發生這種情形時可以多使用 leaky ReLU activation function、簡化判別網路結構、或增加訓練週期加以改善。
3. 模式崩潰 (Mode Collapse)：是指生成器生成的內容過於雷同，缺少變化。如果訓練資料的類別不只一種，生成網路則會為了讓判別網路辨識的準確率提高，而專注在比較擅長的類別，導致生成的類別缺乏多樣性。以製造偽鈔來舉例，假設鈔票分別有 100 元、500 元與 1000 元，若偽鈔製造者比較善於製作 500 元紙鈔，模型可能就會全部都製作 500 元的偽鈔。
4. 執行訓練時間過久：這是最大的問題了吧，反覆實驗的時候，假如沒有相當的硬體支援，每次調整個參數都要折磨好幾天，再多的耐心也會消磨殆盡。

10-9 深度偽造 (Deepfake)

深度偽造 (Deepfake) 是目前很夯的技術，也是一個 AI 危害人類社會的明顯例子。BuzzFeed.com 在 2018 年放上一段影片，名叫『You Won't Believe What Obama Says In This Video!』[32]，影片中歐巴馬總統的演說全是偽造的，嘴型和聲音都十分逼真，震驚世人，自此以後，各界瘋狂製作各種深度偽造影片，使得網路上的影片真假難辨，造成非常嚴重的假新聞災難。

去年 (2021) 網紅小玉製作「換臉片」遭法辦，引發軒然大波，大眾譁然，後來政府為此修正刑法，違者最重可處七年有期徒刑以遏阻歪風，應該是在技術上，很難讓民眾一眼就能分辨真偽，只好訴諸重刑了，相關新聞可參閱『網紅小玉製作「換臉片」遭法辦！為何 Deepfake 讓 AI 變頭號網路犯罪公敵？』[33]、『遏阻 Deepfake 換臉 A 片 法務部提修法最重關七年』[34]。

深度偽造大部分是在視訊中換臉，由於人在說話時頭部會自然轉動，有各種角度的特寫，因此，必須要收集特定人 360 度的臉部圖像，才能讓演算法成功置換。從網路媒體中收集名人的各種影像是最容易的方式，所以，網路上流傳最多的大部分是偽造名人的影片，如政治人物、明星等。

深度偽造的技術基礎來自 GAN，類似於前面介紹的 CycleGAN，架構如下圖，也能結合臉部辨識的功能，在抓到臉部特徵點 (Landmark) 後，就可以進行原始臉部與要置換臉部的互換。

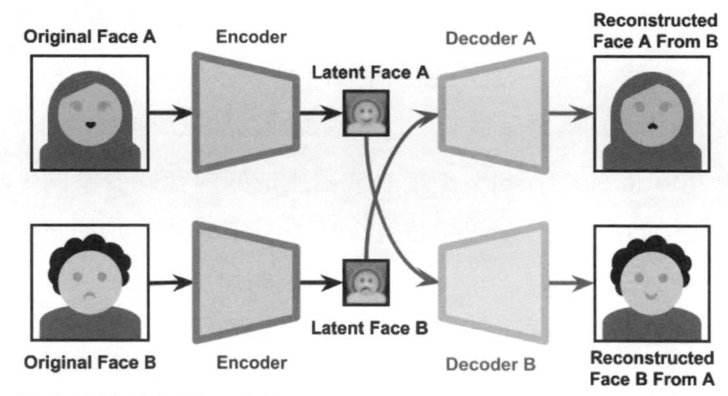

▲ **圖 10.24 深度偽造的架構示意圖**，圖片來源：『Understanding the Technology Behind DeepFakes』[35]

Aayush Bansal 等學者在 2018 年發表『Recycle-GAN: Unsupervised Video Retargeting』[36]，RecycleGAN 是擴充 CycleGAN 的演算法，它的損失函數額外加上了時間同步的相關性 (Temporal Coherence)，如下：

temporal predictor P_X $\quad x_{1:t} = (x_1 \dots x_t)$

$$L_\tau(P_X) = \sum_t ||x_{t+1} - P_X(x_{1:t})||^2,$$

類似時間序列 (Time Series)，t+1 時間點的圖像應該是 1 至 t 時間點的圖像的延續。因此，生成網路的損失函數如下：

$$L_r(G_X, G_Y, P_Y) = \sum_t ||x_{t+1} - G_X(P_Y(G_Y(x_{1:t})))||^2$$

其中：$G_y(x_i)$ 是將 x_i 轉成 y_i 的生成網路

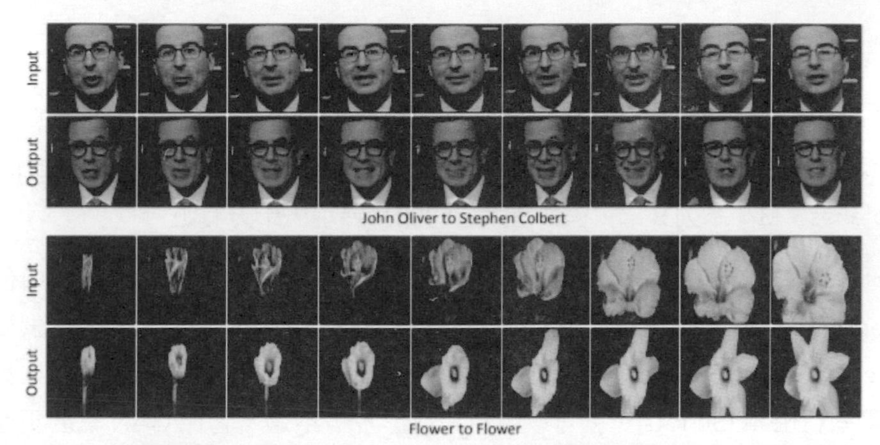

▲ 圖 10.24 視訊是連續的變化，因此 t+1 時間點的圖像應該是 1 至 t 時間點的圖像的延續，圖片來源：『Recycle-GAN: Unsupervised Video Retargeting』[36]

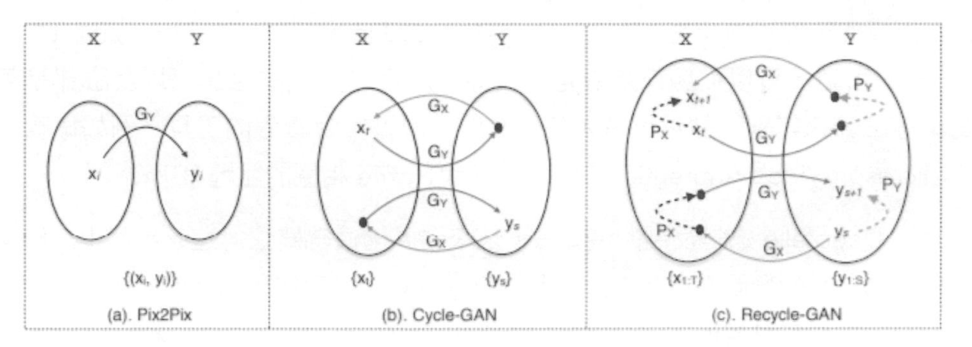

▲ 圖 10.25 RecycleGAN 演算法的演進，圖片來源：『Recycle-GAN: Unsupervised Video Retargeting』[36]

(a) Pix2Pix 是成對 (Paired data) 轉換。

(b) CycleGAN 是循環轉換，使用成對的網路架構。

(c) RecycleGAN 加上時間同步的相關性 (Px、Py)。

因此整體的 RecycleGAN 的損失函數，包括以下部份：

$$\overbrace{\min_{G,P}\max_{D} L_{rg}(G,P,D) = L_g(G_X,D_X) + L_g(G_Y,D_Y)}^{\text{GAN objective}} +$$
$$\underbrace{\lambda_{rx}L_r(G_X,G_Y,P_Y) + \lambda_{ry}L_r(G_Y,G_X,P_X)}_{\text{Recycle Loss}} + \underbrace{\lambda_{\tau x}L_\tau(P_X) + \lambda_{\tau y}L_\tau(P_Y)}_{\text{Recurrent loss}}$$

另外，還有 Face2Face、嘴型同步技術 (Lip-syncing technology) 等演算法，有興趣的讀者可以參閱 Jonathan Hui 的『Detect AI-generated Images & Deepfakes』[37] 系列文章，裡面有大量的圖片展示，十分有趣。

Deepfake 的實作可參閱『DeepFakes in 5 minutes』[38] 一文，它介紹如何利用 DeepFaceLab 套件，在很短的時間內製作出深度偽造的影片，原始程式碼在『DeepFaceLab GitHub』[39]，網頁附有一個視訊『Mini tutorial』說明，只要按步驟執行腳本 (Scripts)，就可以順利完成影片，不過，它比 GAN 需要更強的硬體設備，筆者就不敢測試了。

由於 Deepfake 造成了嚴重的假新聞災難，許多學者及企業紛紛提出反制的方法來辨識真假，簡單的像是『Detect AI-generated Images & Deepfakes (Part 1)』[40] 一文所述，可以從臉部邊緣是否模糊、是否有隨機的雜訊、以及臉部是否對稱等細節來辨別，當然也有大公司推出可辨識影片真假的工具，例如微軟的『Microsoft Video Authenticator』可參閱 ITHome 相關的報導 [41]。

不管是 Deepfake 還是反制的演算法，未來發展都值得關注，這起事件也讓科學家留意到科學的發展必須兼顧倫理與道德，否則，好萊塢科幻片的劇情就不再只是幻想，人類有可能走向自我毀滅的道路。

參考資料 (References)(Endnotes)

[1] 自由時報，《全球首次！ AI 創作肖像畫 10 月佳士得拍賣》，2018
(https://news.ltn.com.tw/news/world/breakingnews/2529174)

[2] 佳士得官網《Is artificial intelligence set to become art's next medium?》
(https://www.christies.com/features/A-collaboration-between-two-artists-one-human-one-a-machine-9332-1.aspx)

[3] 佳士得官網關於 Edmond de Belamy 肖像畫的介紹
(https://www.christies.com/lot/lot-edmond-de-belamy-from-la-famille-de-6166184)

[4] the-gan-zoo GitHub
(https://github.com/hindupuravinash/the-gan-zoo)

[5] Liqian Ma、Xu Jia、Qianru Sun 等人，《Pose Guided Person Image Generation》，2018
(https://arxiv.org/pdf/1705.09368.pdf)

[6] Yanghua Jin、Jiakai Zhang 等人，《Towards the Automatic Anime Characters Creation with Generative Adversarial Networks》，2017
(https://arxiv.org/pdf/1708.05509.pdf)

[7] MakeGirlsMoe
(https://make.girls.moe/#/)

[8] MIL WebDNN
(https://mil-tokyo.github.io/webdnn/)

[9] Yunjey Choi、Minje Choi、Munyoung Kim 等人，《StarGAN: Unified Generative Adversarial Networks for Multi-Domain Image-to-Image Translation》，2017
(https://arxiv.org/abs/1711.09020)

[10] Github stargan
(https://github.com/yunjey/stargan)

[11] Christian Ledig、Lucas Theis、Ferenc Huszár 等人，《Photo-Realistic Single Image Super-Resolution Using a Generative Adversarial Network》，2017
(https://arxiv.org/pdf/1609.04802.pdf)

[12] Tero Karras、Samuli Laine、Miika Aittala 等人，《Analyzing and Improving the Image Quality of StyleGAN》，2020
(https://arxiv.org/pdf/1912.04958.pdf)

[13] Github stylegan2
(https://github.com/NVlabs/stylegan2)

[14] Jonathan Hui,《GAN — Some cool applications of GAN》, 2018
(https://jonathan-hui.medium.com/gan-some-cool-applications-of-gans-4c9ecca35900)

[15] Github DCGAN-MNIST-pytorch
(https://github.com/Ksuryateja/DCGAN-MNIST-pytorch)

[16] PyTorch 官網範例『DCGAN Tutorial』
(https://pytorch.org/tutorials/beginner/dcgan_faces_tutorial.html)

[17] Tero Karras、Timo Aila、Samuli Laine 等人,《Progressive Growing of GANs for Improved Quality, Stability, and Variation》, 2017
(https://arxiv.org/abs/1710.10196)

[18] Fair Hdgan,《PyTorch PROGRESSIVE GROWING OF GANS》
(https://pytorch.org/hub/facebookresearch_pytorch-gan-zoo_pgan/)

[19] Mehdi Mirza、Simon Osindero,《Conditional Generative Adversarial Nets》, 2014
(https://arxiv.org/abs/1411.1784)

[20] Artur Machado Lacerda,《Kaggle PyTorch Conditional GAN》, 2018
(https://www.kaggle.com/arturlacerda/pytorch-conditional-gan)

[21] Qiwen Fu、Wei-Ting Hsu、Mu-Heng Yang,《Colorization Using ConvNet and GAN》, 2017
(http://cs231n.stanford.edu/reports/2017/pdfs/302.pdf)

[22] Marc Górriz Blanch、Marta Mrak、Alan F. Smeaton 等人,《End-to-End Conditional GAN-based Architectures for Image Colourisation》, 2019
(https://github.com/bbc/ColorGAN#end-to-end-conditional-gan-based-architectures-for-image-colourisation)

[23] Phillip Isola、Jun-Yan Zhu、Tinghui Zhou,《Image-to-Image Translation with Conditional Adversarial Networks》, 2016
(https://arxiv.org/abs/1611.07004)

[24] Kooose,《Kaggle Pix2Pix PyTorch》, 2022
(https://www.kaggle.com/kooose/pix2pix-pytorch)

[25] CMP Facade Database
(https://cmp.felk.cvut.cz/~tylecr1/facade/)

[26] Github pytorch-CycleGAN-and-pix2pix
(https://github.com/junyanz/pytorch-CycleGAN-and-pix2pix)

[27] Jun-Yan Zhu、Taesung Park、 Phillip Isola、Alexei A. Efros,《Unpaired Image-to-Image Translation using Cycle-Consistent Adversarial Networks》, 2017
(https://arxiv.org/abs/1703.10593)

[28] Github CycleGAN-PyTorch
(https://github.com/Lornatang/CycleGAN-PyTorch)

[29] 李宏毅老師的 PPT『Introduction of Generative Adversarial Network (GAN)』
(https://speech.ee.ntu.edu.tw/~tlkagk/slide/Tutorial_HYLee_GAN.pdf)

[30] Github tensorflow-generative-model-collections
(https://github.com/hwalsuklee/tensorflow-generative-model-collections)

[31] Shakir Mohamed、Danilo Rezende,《Tutorial on Deep Generative Models》, 2017
(http://www.shakirm.com/slides/DeepGenModelsTutorial.pdf)

[32] BuzzFeedVideo,《You Won't Believe What Obama Says In This Video!》, 2018
(https://www.youtube.com/watch?v=cQ54GDm1eL0)

[33] 蔣曜宇,《網紅小玉製作「換臉片」遭法辦!為何 Deepfake 讓 AI 變頭號網路犯罪公敵?》, 2021
(https://www.bnext.com.tw/article/57260/deepfake-ai-deep-learning)

[34] 鄭鴻達,《遏阻 Deepfake 換臉 A 片 法務部提修法最重關七年》, 2021
(https://udn.com/news/story/7321/5897568)

[35] Alan Zucconi,《Understanding the Technology Behind DeepFakes》, 2018
(https://www.alanzucconi.com/2018/03/14/understanding-the-technology-behind-deepfakes/)

[36] Aayush Bansal、Shugao Ma、Deva Ramanan、Yaser Sheikh,《Recycle-GAN: Unsupervised Video Retargeting》, 2018
(https://arxiv.org/abs/1808.05174)

[37] Jonathan Hui,《Detect AI-generated Images & Deepfakes》, 2020
(https://jonathan-hui.medium.com/detect-ai-generated-images-deepfakes-part-1-b518ed5075f4)

[38] Louis Bouchard,《DeepFakes in 5 minutes》, 2020
(https://pub.towardsai.net/deepfakes-in-5-minutes-155c13d48fa3)

[39] GitHub DeepFaceLab
(https://github.com/iperov/DeepFaceLab)

[40] Jonathan Hui,《Detect AI-generated Images & Deepfakes (Part 1)》, 2020 (https://jonathan-hui.medium.com/detect-ai-generated-images-deepfakes-part-1-b518ed5075f4)

[41] 林妍溱 ,《微軟開發能判別 Deepfake 影像及內容變造的技術》, 2020 (https://www.ithome.com.tw/news/139740)

第四篇

自然語言處理

自然語言處理 (Natural Language Processing, NLP) 顧名思義，就是希望電腦能像人類一樣，看懂文字或聽懂人話，理解語意，並能給予適當的回答，以聊天機器人為例：

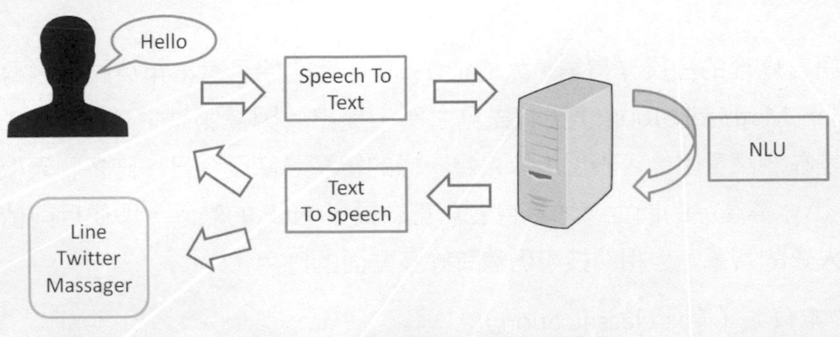

▲ 圖 11.1 聊天機器人概念示意圖

一個簡單的電腦與人類的對話，所涵蓋的技術就包括：

1. 當人對電腦說話，電腦會先把人話轉成文字，稱之為『語音識別』(Speech recognition) 或『語音轉文字』(Speech To Text, STT)。
2. 接著電腦對文字進行解析，瞭解意圖，稱為『自然語言理解』(Natural Language Understanding, NLU)。
3. 之後電腦依據對話回答，有兩種表達方式：
    - 以文字回覆：從語料庫或常用問答 (FAQ) 中找出一段要回覆的文字，這部分稱為『文本生成』(Text Generation)。
    - 以聲音回覆：將回覆文字轉為語音，稱為『語音合成』(Speech Synthesize) 或『文字轉語音』(Text To Speech, TTS)。

整個過程看似容易，實則充滿了各種挑戰，接下來我們把相關技術仔細演練一遍吧！

自然語言處理的發展非常早，大約從 1950 年就開始了，當年英國電腦科學家圖靈 (Alan Mathison Turing) 已有先見之明，提出『圖靈測試』（Turing Test），目的是在測試電腦能否表現出像人類一樣的智慧，時至今日，許多聊天機器人如 Siri、小冰等產品的問世，才算得上真正啟動了 NLP 的熱潮，即便目前依然無法媲美人類的智慧，但相關技術仍然有許多方面的應用：

1. 文本分類（Text classification）。
2. 信息檢索（Information retrieval）。
3. 文字校對（Text proofing）。
4. 自然語言生成（Natural language generation）。
5. 問答系統（Question answering）。
6. 機器翻譯（Machine translation）。
7. 自動摘要（Automatic summarization）。
8. 情緒分析（Sentiment analysis）。
9. 語音識別（Speech recognition）。
10. 音樂方面的應用，比如曲風分類、自動編曲、聲音模仿等等。

第 11 章
自然語言處理的介紹

11-1 詞袋 (BOW) 與 TF-IDF

人類的語言具高度曖昧性，一句話可能有多重的意思或隱喻，而電腦當前還無法真正理解語言或文字的意義，因此，現階段的作法與影像的處理方式類似，先將語音和文字轉換成向量，再對向量進行分析或使用深度學習建模，相關研究的進展非常快，這一節我們從最簡單的方法開始說起。

詞袋 (Bag of Words, BOW) 是把一篇文章進行詞彙的整理，然後統計每個詞彙出現次數，接著經由前幾名的詞彙猜測出全文大意。

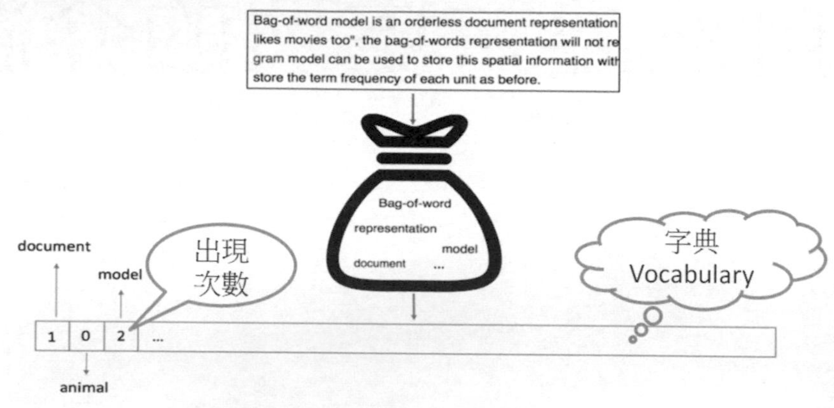

▲ 圖 11.2 詞袋 (Bag of Words, BOW)

作法如下：

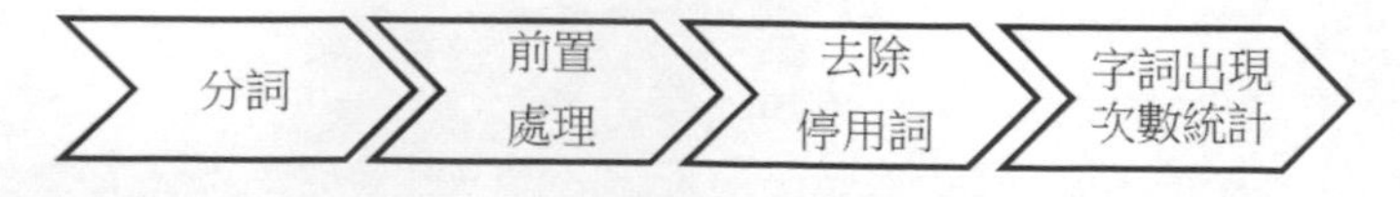

1. 分詞 (Tokenization)：將整篇文章中的每個詞彙切開，整理成生字表或字典 (Vocabulary)。英文較單純，以空白或句點隔開，中文較複雜，須以特殊方式處理。
2. 前置處理 (Preprocessing)：將詞彙作詞形還原、轉換成小寫…等。詞形還原是動詞轉為原形，複數轉為單數等，避免因為詞態不同，詞彙統計出現分歧。
3. 去除停用詞 (Stop Word)： be 動詞、助動詞、代名詞、介係詞、冠詞等不具特殊意義的詞彙稱為停用詞 (Stop Word)，將他們剔除，否則統計結果都是這些詞彙出現最多次。

4. 詞彙出現次數統計：計算每個詞彙在文章出現的次數，並由高至低排列。

範例

01 以 BOW 實作自動摘要。

➤ 下列程式碼請參考【11_01_BOW.ipynb】。

1. 載入相關套件。

```
1 # 載入相關套件
2 import collections
```

2. 設定停用詞：這裡直接設定停用詞，許多套件有整理常用的停用詞，例如 NLTK、spaCy。

```
1 # 停用詞設定
2 stop_words=['\n', 'or', 'are', 'they', 'i', 'some', 'by', '—',
3             'even', 'the', 'to', 'a', 'and', 'of', 'in', 'on', 'for',
4             'that', 'with', 'is', 'as', 'could', 'its', 'this', 'other',
5             'an', 'have', 'more', 'at','don’t', 'can', 'only', 'most']
```

3. 讀取文字檔 news.txt，統計詞彙出現的次數，資料來自『South Korea's Convenience Store Culture』[1] 一文。

```
1  # 讀取文字檔 news.txt，統計字詞出現次數
2
3  # 參數設定
4  maxlen=1000          # 生字表最大個數
5
6  # 生字表的集合
7  word_freqs = collections.Counter()
8  with open('./NLP_data/news.txt','r+', encoding='UTF-8') as f:
9      for line in f:
10         # 轉小寫、分詞
11         words = line.lower().split(' ')
12         # 統計字詞出現次數
13         if len(words) > maxlen:
14             maxlen = len(words)
15         for word in words:
16             if not (word in stop_words):
17                 word_freqs[word] += 1
18
19 print(word_freqs.most_common(20))
```

- 執行結果：

```
[('stores', 15), ('convenience', 14), ('korean', 6), ('these', 6), ('one', 6), ('it’s', 6), ('from', 5), ('my', 5), ('you', 5),
('their', 5), ('just', 5), ('has', 5), ('new', 4), ('do', 4), ('also', 4), ('which', 4), ('find', 4), ('would', 4), ('like',
4), ('up', 4)]
```

- 前 3 名分別為：
  - stores：15 次。
  - convenience：14 次。
  - korean：6 次。
- 因此可以猜測這整篇文章應該是在討論『韓國便利商店』(Korea Convenience Store)，結果與標題契合。

BOW 方法十分簡單，效果也相當不錯，不過它有個缺點，有些詞彙不是停用詞，也經常出現，但與文章主旨無相關性，譬如上文的 only、most，對猜測全文大意沒有幫助，所以，學者提出改良的演算法 TF-IDF(Term Frequency - Inverse Document Frequency)，它會針對跨文件常出現的詞彙給予較低的分數，例如 only 在每一個文件都出現的話，TF-IDF 對他的評分就相對較低，因此，TF-IDF 的公式定義如下：

tf-idf = tf x idf

其中：

1. tf (詞頻 , Term Frequency)：考慮詞彙出現在跨文件的次數，分母為在所有文件中出現的次數，分子為在目前文件中出現的次數。

$$tf_{i,j} = \frac{n_{i,j}}{\sum_k n_{k,j}}$$

2. idf (逆向檔案頻率 , Inverse Document Frequency)：考慮詞彙出現的文件數，單一文件出現特定詞彙多次，也只視為 1 次，分子為總文件數，分母為詞彙出現的文件數，加 1 是避免分母為 0。

$$idf_{i,j} = \log \frac{|D|}{1 + |D_{t_i}|}$$

3. 除了以上的定義，TF-IDF 還有一些變形的公式，可參閱維基百科關於 tf-idf 的說明 [2]。

   除了猜測全文大意之外，TF-IDF 也可以應用到文本分類 (Text Classification) 或問題與答案的配對。

02 以 TF-IDF 實作問答配對。

➤ 下列程式碼請參考【11_02_TFIDF.ipynb】。

1. 載入相關套件。

```
1 # 載入相關套件
2 from sklearn.feature_extraction.text import CountVectorizer
3 from sklearn.feature_extraction.text import TfidfTransformer
4 import numpy as np
```

2. 設定輸入資料：最後一句為問題，其他的例句為回答。

```
1 # 語料：最後一句為問題，其他為回答
2 corpus = [
3     'This is the first document.',
4     'This is the second second document.',
5     'And the third one.',
6     'Is this the first document?',
7 ]
```

3. 將例句轉換為詞頻矩陣，計算各個詞彙出現的次數。

```
1 # 將語料轉換為詞頻矩陣，計算各個字詞出現的次數。
2 vectorizer = CountVectorizer()
3 X = vectorizer.fit_transform(corpus)
4 
5 # 生字表
6 word = vectorizer.get_feature_names()
7 print ("Vocabulary：", word)
```

- 執行結果：

```
Vocabulary： ['and', 'document', 'first', 'is', 'one', 'second', 'the', 'third', 'this']
```

4. 查看四句話的 BOW。

```
1 # 查看四句話的 BOW
2 print ("BOW=\n", X.toarray())
```

- 執行結果：

```
BOW=
 [[0 1 1 1 0 0 1 0 1]
 [0 1 0 1 0 2 1 0 1]
 [1 0 0 0 1 0 1 1 0]
 [0 1 1 1 0 0 1 0 1]]
```

5. TF-IDF 轉換：將例句轉換為 TF-IDF 向量。

```
1 # TF-IDF 轉換
2 transformer = TfidfTransformer()
3 tfidf = transformer.fit_transform(X)
4 print ("TF-IDF=\n", np.around(tfidf.toarray(), 4))
```

- 執行結果：每一個元素均介於 [0, 1] ，為了顯示整齊，取四捨五入，實際運算並不需要。

```
TF-IDF=
 [[0.     0.4388 0.542  0.4388 0.     0.     0.3587 0.     0.4388]
 [0.     0.2723 0.     0.2723 0.     0.8532 0.2226 0.     0.2723]
 [0.5528 0.     0.     0.     0.5528 0.     0.2885 0.5528 0.    ]
 [0.     0.4388 0.542  0.4388 0.     0.     0.3587 0.     0.4388]]
```

6. 比較最後一句與其他例句的相似度：以 cosine_similarity 比較向量的夾角，愈接近 1，表愈相似。

```
1  # 最後一句與其他句的相似度比較
2  from sklearn.metrics.pairwise import cosine_similarity
3  print (cosine_similarity(tfidf[-1], tfidf[:-1], dense_output=False))
```

- 執行結果：第一個例句與最後的問句最相似，結果與文意相符合。

```
(0, 2)        0.1034849000930086
(0, 1)        0.43830038447620107
(0, 0)        1.0
```

11-2 詞彙前置處理

傳統上，我們會使用 NLTK(Natural Language Toolkit) 套件來進行詞彙的前置處理，它具備非常多的功能，並內含超過 50 個語料庫 (Corpora) 可供測試，只可惜它沒有支援中文處理，比較新的 spaCy 套件有支援多國語系。這裡先示範如何運用 NLTK 做一般詞彙的前置處理，之後再介紹可以處理中文資料的套件。

NLTK 分為程式和資料兩個部份。

1. 安裝 NLTK 程式：

   pip install nltk

2. 安裝 NLTK 資料：

   先執行 python，再執行 import nltk; nltk.download()，出現畫面如下，包括套件與相關語料庫，可下載必要的項目。

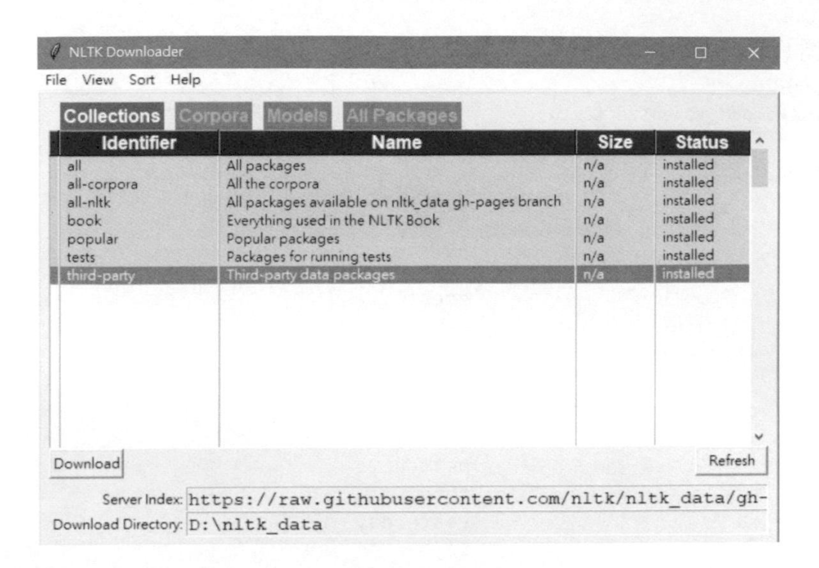

由於檔案眾多，下載時間很久，如需安裝至第二台 PC，可直接複製下載目錄至其他 PC 即可，NLTK 載入語料庫時，會自動檢查所有硬碟機的 \nltk_data 目錄。

範例

01 使用 NLTK 進行詞彙的前置處理。

➤ 下列程式碼請參考【11_03_ 詞彙前置處理 .ipynb】。

1. 載入相關套件。

```
1 # 載入相關套件
2 import nltk
```

2. 輸入測試的文章段落如下：

```
1 # 測試文章段落
2 text="Today is a great day. It is even better than yesterday." + \
3      " And yesterday was the best day ever."
```

3. 將測試的文章段落分割成例句。

```
1 # 分割字句
2 nltk.sent_tokenize(text)
```

• 執行結果：分割成三句。

```
['Today is a great day.',
 'It is even better than yesterday.',
 'And yesterday was the best day ever.']
```

4. 分詞 (Tokenize)。

```
1 # 分詞
2 nltk.word_tokenize(text)
```

- 執行結果：

```
['Today',
 'is',
 'a',
 'great',
 'day',
 '.',
 'It',
 'is',
 'even',
 'better',
 'than',
 'yesterday',
 '.',
 'And',
 'yesterday',
 'was',
 'the',
 'best',
 'day',
 'ever',
 '.']
```

5. 詞形還原有兩類方法：

- 依字根作詞形還原 (Stemming)：速度快，但不一定正確。
- 依字典規則作詞形還原 (Lemmatization)：速度慢，但準確率高。

6. 字根詞形還原 (Stemming)：根據一般文法規則，不管字的涵義，直接進行字根詞形還原，比如 keeps 刪去 s，crashing 刪去 ing，這都正確，但 his 直接刪去 s，就會發生錯誤。

```
1 # 字根詞形還原(Stemming)
2 text = 'My system keeps crashing his crashed yesterday, ours crashes daily'
3 ps = nltk.porter.PorterStemmer()
4 ' '.join([ps.stem(word) for word in text.split()])
```

- 執行結果： his → hi，daily → daili。

```
'My system keep crash hi crash yesterday, our crash daili
```

7. 依字典規則的詞形還原 (Lemmatization)：查詢字典，依單字的不同進行詞形還原，如此 his、daily 均不會改變。

```
1  # 依字典規則的詞形還原(Lemmatization)
2  text = 'My system keeps crashing his crashed yesterday, ours crashes daily'
3  lem = nltk.WordNetLemmatizer()
4  ' '.join([lem.lemmatize(word) for word in text.split()])
```

- 執行結果：完全正確。

```
'My system keep crashing his crashed yesterday, ours crash daily'
```

8. 分詞後剔除停用詞 (Stopwords)：nltk.corpus.stopwords.words('english') 提供常用的停用詞，另外標點符號也可以列入停用詞。

```
1  # 標點符號(Punctuation)
2  import string
3  print('標點符號:', string.punctuation)
4
5  # 測試文章段落
6  text="Today is a great day. It is even better than yesterday." + \
7       " And yesterday was the best day ever."
8  # 讀取停用詞
9  stopword_list = set(nltk.corpus.stopwords.words('english')
10                     + list(string.punctuation))
11
12 # 移除停用詞(Removing Stopwords)
13 def remove_stopwords(text, is_lower_case=False):
14     if is_lower_case:
15         text = text.lower()
16     tokens = nltk.word_tokenize(text)
17     tokens = [token.strip() for token in tokens]
18     filtered_tokens = [token for token in tokens if token not in stopword_list]
19     filtered_text = ' '.join(filtered_tokens)
20     return filtered_text, filtered_tokens
21
22 filtered_text, filtered_tokens = remove_stopwords(text)
23 filtered_text
```

- 執行結果：

```
標點符號: !"#$%&'()*+,-./:;<=>?@[\]^_`{|}~

'Today great day It even better yesterday And yesterday best day ever'
```

9. 進行 BOW 統計。

```
1  # 測試文章段落
2  with open('./NLP_data/news.txt','r+', encoding='UTF-8') as f:
3      text = f.read()
4
5  filtered_text, filtered_tokens = remove_stopwords(text, True)
6
7  import collections
8  # 生字表的集合
9  word_freqs = collections.Counter()
10 for word in filtered_tokens:
11     word_freqs[word] += 1
12 print(word_freqs.most_common(20))
```

- 執行結果：同樣可以抓到文章大意是韓國便利超商。

```
[('’', 35), ('stores', 15), ('convenience', 14), ('one', 8), ('–', 8), ('even', 8), ('seoul', 8), ('city', 7), ('korea', 6),
('korean', 6), ('cities', 6), ('people', 5), ('summer', 4), ('new', 4), ('also', 4), ('find', 4), ('store', 4), ('would', 4),
('like', 4), ('average', 4)]
```

10. 改用正規表達式 (Regular Expression)：上段程式還是有標點符號未剔除，正規表達式可完全剔除停用詞。

```
1  # 移除停用詞(Removing Stopwords)
2  lem = nltk.WordNetLemmatizer()
3  def remove_stopwords_regex(text, is_lower_case=False):
4      if is_lower_case:
5          text = text.lower()
6      tokenizer = nltk.tokenize.RegexpTokenizer(r'\w+') # 篩選文數字(Alphanumeric)
7      tokens = tokenizer.tokenize(text)
8      tokens = [lem.lemmatize(token.strip()) for token in tokens] # 詞形還原
9      filtered_tokens = [token for token in tokens if token not in stopword_list]
10     filtered_text = ' '.join(filtered_tokens)
11     return filtered_text, filtered_tokens
12
13 filtered_text, filtered_tokens = remove_stopwords_regex(text, True)
14 word_freqs = collections.Counter()
15 for word in filtered_tokens:
16     word_freqs[word] += 1
17 print(word_freqs.most_common(20))
```

11. 找出相似詞 (Synonyms)：WordNet 語料庫內含相似詞、相反詞與簡短說明。

```
1  # 找出相似詞(Synonyms)
2  synonyms = nltk.corpus.wordnet.synsets('love')
3  synonyms
```

- 執行結果：列出前 10 名，是以例句顯示，故許多單字均相同。

```
[Synset('love.n.01'),
 Synset('love.n.02'),
 Synset('beloved.n.01'),
 Synset('love.n.04'),
 Synset('love.n.05'),
 Synset('sexual_love.n.02'),
 Synset('love.v.01'),
 Synset('love.v.02'),
 Synset('love.v.03'),
 Synset('sleep_together.v.01')]
```

12. 顯示相似詞說明。

```
1  # 單字說明
2  synonyms[0].definition()
```

- 執行結果：列出第一個相似詞的單字說明。

```
'a strong positive emotion of regard and affection'
```

13. 顯示相似詞的例句。

```
# 單字的例句
synonyms[0].examples()
```

- 執行結果：列出第一個相似詞的例句。

```
['his love for his work', 'children need a lot of love']
```

14. 找出相反詞 (Antonyms)：須先呼叫 lemmas 進行詞形還原，再呼叫 antonyms。

```
# 找出相反詞(Antonyms)
antonyms=[]
for syn in nltk.corpus.wordnet.synsets('ugly'):
    for l in syn.lemmas():
        if l.antonyms():
            antonyms.append(l.antonyms()[0].name())
antonyms
```

- 執行結果：ugly → beautiful。

15. 分析詞性標籤 (POS Tagging)：依照句子結構，顯示每個單字的詞性。

```
# 找出詞性標籤(POS Tagging)
text='I am a human being, capable of doing terrible things'
sentences=nltk.sent_tokenize(text)
for sent in sentences:
    print(nltk.pos_tag(nltk.word_tokenize(sent)))
```

- 執行結果：

```
[('I', 'PRP'), ('am', 'VBP'), ('a', 'DT'), ('human', 'JJ'), ('being', 'VBG'), (',', ','), ('capable', 'JJ'), ('of', 'IN'), ('do
ing', 'VBG'), ('terrible', 'JJ'), ('things', 'NNS')]
```

詞性標籤 (POS Tagging) 列表如下：

- CC (Coordinating Conjunction)：並列連詞。
- CD (Cardinal Digit)：基數。
- DT (Determiner)：量詞。
- EX (Existential)：存在地，例如 There。
- FW (Foreign Word)：外來語。
- IN Preposition/Subordinating Conjunction.：介詞。
- JJ Adjective：形容詞。
- JJR Adjective, Comparative：比較級形容詞。

- JJS Adjective, Superlative：最高級形容詞。
- LS (List Marker)：清單標記。
- MD (Modal)：情態動詞。
- NN Noun, Singular：名詞單數。
- NNS Noun Plural：名詞複數。
- NNP Proper Noun, Singular：專有名詞單數。
- NNPS Proper Noun, Plural：專有名詞複數。
- PDT (Predeterminer)：放在量詞的前面，例如 both、a lot of。
- POS (Possessive Ending)：所有格，例如 parent's。
- PRP (Personal Pronoun)：代名詞，例如 I, he, she。
- PRP$ Possessive Pronoun：所有格代名詞，例如 my, his, hers。
- RB Adverb：副詞，例如 very, silently。
- RBR Adverb, Comparative：比較級副詞，例如 better。
- RBS Adverb, Superlative：最高級副詞，例如 best。
- RP Particle：助詞，例如 give up。
- TO to：例如 go 'to' the store。
- UH Interjection：感嘆詞，例如 errrrrrrrm。
- VB Verb, Base Form：動詞，例如 take。
- VBD Verb, Past Tense：動詞過去式，例如 took。
- VBG Verb, Gerund/Present Participle：動詞進行式，例如 taking。
- VBN Verb, Past Participle：動詞過去分詞，例如 taken。
- VBP Verb, Sing Present, non-3d：動詞現在式單數，例如 take。
- VBZ Verb, 3rd person sing. present：動詞現在式複數，例如 takes。
- WDT wh-determiner：疑問代名詞，例如 which。
- WP wh-pronoun who, what：疑問代名詞。
- WP$ possessive wh-pronoun：疑問代名詞所有格，例如 whose。
- WRB wh-abverb：疑問副詞，例如 where, when。

spaCy 套件提供更強大的分析功能，但由於內容涉及詞向量 (Word2Vec)，所以我們留待後續章節再討論。

11-3 詞向量 (Word2Vec)

BOW 和 TF-IDF 都只著重於詞彙出現在文件中的次數，未考慮語言 / 文字有上下文的關聯，比如，『這間房屋有四扇？』，從上文大概可以推測出最後一個詞彙是『窗戶』，又譬如，我說喜歡吃辣，那我會點『麻婆豆腐』還是『家常豆腐』呢？相信聽到『吃辣』，應該都會猜是『麻婆豆腐』。另一方面，一個語系的單字數有限，中文大概就幾萬個字，我們是否也可以比照影像辨識，對所有的單字建構預先訓練的模型，之後是否就可以實現轉換學習 (Transfer Learning) ？

針對上下文的關聯，Google 研發團隊 Tomas Mikolov 等人於 2013 年提出『詞向量』(Word2Vec)，他們蒐集 1000 億個字 (Word) 加以訓練，將每個單字改以上下文表達，然後轉換為向量，而這就是『詞嵌入』(Word Embedding) 的概念，與 TF-IDF 輸出是稀疏向量不同，詞嵌入的輸出是一個稠密的樣本空間。

詞向量有兩種作法：

1. 連續 BOW(Continuous Bag-of-Words, CBOW)：以單字的上下文預測單字。
2. Continuous Skip-gram Model：剛好相反，以單字預測上下文。

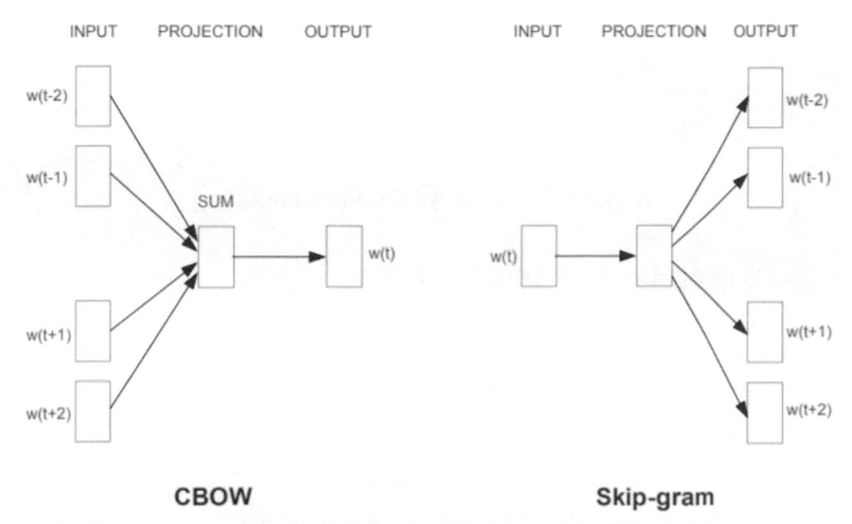

▲ 圖 11.3 CBOW 與 Continuous Skip-gram Model，圖片來源：Exploiting Similarities among Languages for Machine Translation [3]

揭開 CBOW 演算法來看，它就是一個深度學習模型，如下圖：

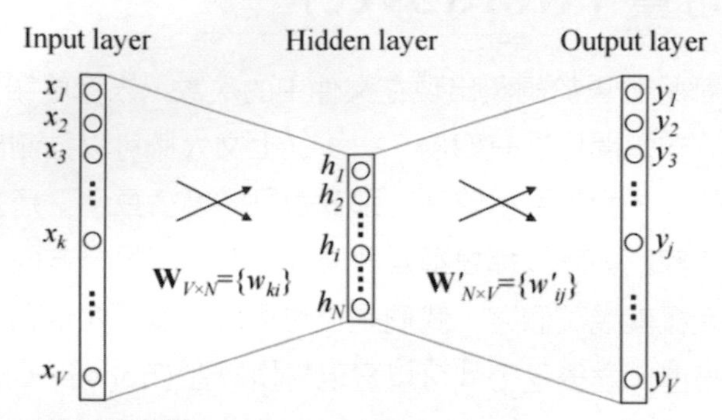

▲ 圖 11.3 CBOW 的網路結構，圖片來源：An Intuitive Understanding of Word Embeddings: From Count Vectors to Word2Vec [4]

以單字的上下文為輸入，以預測的單字為目標，如同下面 2-gram 的模型，例句為 " Hey, this is sample corpus using only one context word."，使用 One-hot encoding，輸出表格如下：

Input	Output			Hey	This	is	sample	corpus	using	only	one	context	word
Hey	this		Datapoint 1	1	0	0	0	0	0	0	0	0	0
this	hey		Datapoint 2	0	1	0	0	0	0	0	0	0	0
is	this		Datapoint 3	0	0	1	0	0	0	0	0	0	0
is	sample		Datapoint 4	0	0	1	0	0	0	0	0	0	0
sample	is		Datapoint 5	0	0	0	1	0	0	0	0	0	0
sample	corpus		Datapoint 6	0	0	0	1	0	0	0	0	0	0
corpus	sample		Datapoint 7	0	0	0	0	1	0	0	0	0	0
corpus	using		Datapoint 8	0	0	0	0	1	0	0	0	0	0
using	corpus		Datapoint 9	0	0	0	0	0	1	0	0	0	0
using	only		Datapoint 10	0	0	0	0	0	1	0	0	0	0
only	using		Datapoint 11	0	0	0	0	0	0	1	0	0	0
only	one		Datapoint 12	0	0	0	0	0	0	1	0	0	0
one	only		Datapoint 13	0	0	0	0	0	0	0	1	0	0
one	context		Datapoint 14	0	0	0	0	0	0	0	1	0	0
context	one		Datapoint 15	0	0	0	0	0	0	0	0	1	0
context	word		Datapoint 16	0	0	0	0	0	0	0	0	1	0
word	context		Datapoint 17	0	0	0	0	0	0	0	0	0	1

▲ 圖 11.4 2-gram 與 One-hot encoding

2-gram 是每次取兩個單字，然後逐步向右滑動一個單字，輸出如下：

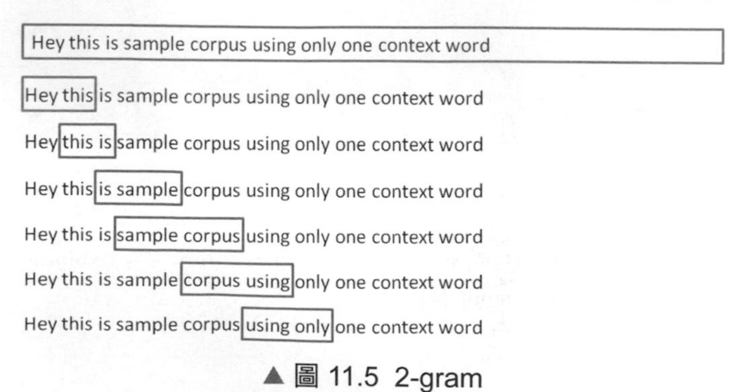

▲ 圖 11.5 2-gram

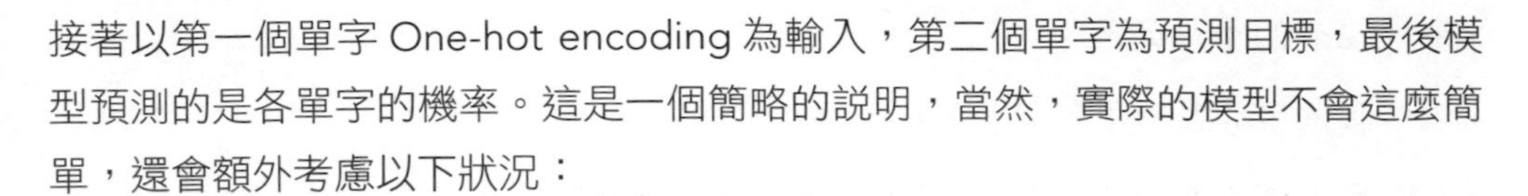

接著以第一個單字 One-hot encoding 為輸入，第二個單字為預測目標，最後模型預測的是各單字的機率。這是一個簡略的說明，當然，實際的模型不會這麼簡單，還會額外考慮以下狀況：

1. 不只考慮上一個單字，會將上下文各 n 個單字都納入考量。
2. 如此作，輸出是 1000 億個單字的機率，模型應該無法承擔如此多的類別，因此改用所謂的『負樣本抽樣』(Negative Sub-sampling)，只推論輸出入是否為上下文，例如 orange, juice，從 P(juice|orange) 改為預測 P(1|<orange, juice>)，亦即從多類別 (1000 億個) 模型轉換成二分類 (真 / 假) 模型。

CBOW 的優點如下：

1. 簡單，而且比傳統確定性模型 (Deterministic methods) 的效能較好。
2. 對比相關矩陣，CBOW 對記憶體消耗節省很多。

CBOW 的缺點如下：

1. 像是 Apple 可能是指『水果』，但也可能是在指『公司名稱』，遇到這樣的情況，CBOW 會取平均值，造成失準，故 CBOW 無法處理一字多義。
2. CBOW 因為輸出高達 1000 億個單字機率，所以優化求解的收斂十分困難。

因此，後續發展出了 Skip-gram 模型，顛倒輸出與輸入，改由單字預測上下文，我們再以同樣的句子來舉例：

Input	Output(Context1)	Output(Context2)
Hey	this	<padding>
this	Hey	is
is	this	sample
sample	is	corpus
corpus	sample	corpus
using	corpus	only
only	using	one
one	only	context
context	one	word
word	context	<padding>

▲ 圖 11.6 Skip-gram 模型的輸出與輸入

Skip-gram 的優點如下：

1. 一個單字可以預測多個上下文，解決了一字多義的問題。
2. 結合『負樣本抽樣』(Negative Sub-sampling) 技術，效能比其他模型佳。負樣本可以是任意單字的排列組合，如果要把所有負樣本放入訓練資料中，數量可能過於龐大，而且會造成不平衡資料 (Imbalanced Data)，因此採用負樣本抽樣的方法。接下來直接以 Gensim 實作 Skip-gram 模型訓練，細節就不介紹，有興趣的讀者可參閱『NLP 102: Negative Sampling and GloVe』[5]。

我們可以利用預先訓練的模型來實驗一下，Gensim 和 spaCy 套件均提供 Word2Vec 模型。

先安裝 Gensim 套件：

- pip install gensim

範例

01 運用 Gensim 進行相似性比較。

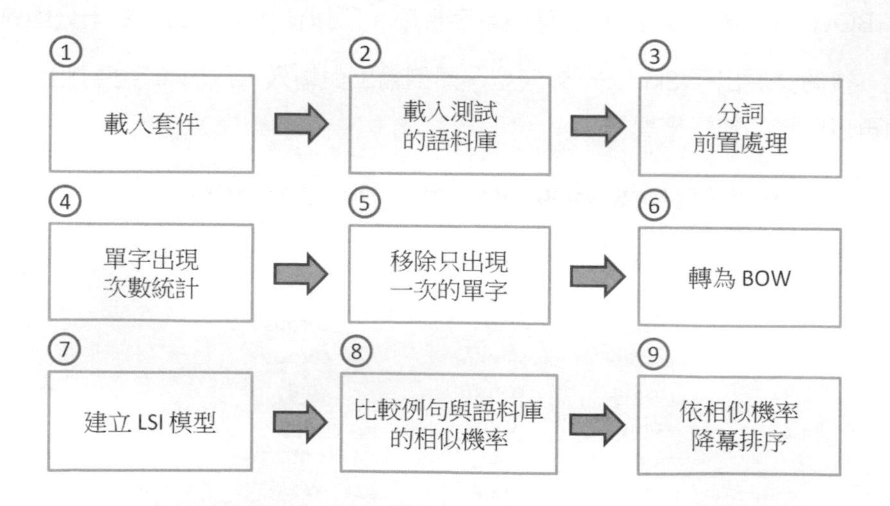

➤ 下列程式碼請參考【11_04_gensim_ 相似性比較 .ipynb】。

1. 載入相關套件。

```
1 # 載入相關套件
2 import pprint  # 較美觀的列印函數
3 import gensim
4 from collections import defaultdict
5 from gensim import corpora
```

2. 測試的文章段落如下。

```
1  # 語料庫
2  documents = [
3      "Human machine interface for lab abc computer applications",
4      "A survey of user opinion of computer system response time",
5      "The EPS user interface management system",
6      "System and human system engineering testing of EPS",
7      "Relation of user perceived response time to error measurement",
8      "The generation of random binary unordered trees",
9      "The intersection graph of paths in trees",
10     "Graph minors IV Widths of trees and well quasi ordering",
11     "Graph minors A survey",
12 ]
```

3. 分詞、前置處理。

```
1 # 任意設定一些停用詞
2 stoplist = set('for a of the and to in'.split())
3
4 # 分詞，轉小寫
5 texts = [
6     [word for word in document.lower().split() if word not in stoplist]
7     for document in documents
8 ]
9 texts
```

- 執行結果：

```
[['human', 'machine', 'interface', 'lab', 'abc', 'computer', 'applications'],
 ['survey', 'user', 'opinion', 'computer', 'system', 'response', 'time'],
 ['eps', 'user', 'interface', 'management', 'system'],
 ['system', 'human', 'system', 'engineering', 'testing', 'eps'],
 ['relation', 'user', 'perceived', 'response', 'time', 'error', 'measurement'],
 ['generation', 'random', 'binary', 'unordered', 'trees'],
 ['intersection', 'graph', 'paths', 'trees'],
 ['graph', 'minors', 'iv', 'widths', 'trees', 'well', 'quasi', 'ordering'],
 ['graph', 'minors', 'survey']]
```

4. 單字出現的次數統計。

```
1 # 單字出現次數統計
2 frequency = defaultdict(int)
3 for text in texts:
4     for token in text:
5         frequency[token] += 1
6 frequency
```

- 執行結果：顯示每個單字出現的次數。

```
defaultdict(int,
            {'human': 2,
             'machine': 1,
             'interface': 2,
             'lab': 1,
             'abc': 1,
             'computer': 2,
             'applications': 1,
             'survey': 2,
             'user': 3,
             'opinion': 1,
             'system': 4,
             'response': 2,
             'time': 2,
             'eps': 2,
             'management': 1,
             'engineering': 1,
             'testing': 1,
             'relation': 1,
             'perceived': 1,
             'error': 1,
             'measurement': 1,
             'generation': 1,
             'random': 1,
```

5. 移除只出現一次的單字：僅專注在較常出現的關鍵字。

```
1 # 移除只出現一次的單字
2 texts = [
3     [token for token in text if frequency[token] > 1]
4     for text in texts
5 ]
6 texts
```

- 執行結果： 每句篩選的結果。

```
[['human', 'interface', 'computer'],
 ['survey', 'user', 'computer', 'system', 'response', 'time'],
 ['eps', 'user', 'interface', 'system'],
 ['system', 'human', 'system', 'eps'],
 ['user', 'response', 'time'],
 ['trees'],
 ['graph', 'trees'],
 ['graph', 'minors', 'trees'],
 ['graph', 'minors', 'survey']]
```

6. 轉為 BOW。

```
1 # 轉為字典
2 dictionary = corpora.Dictionary(texts)
3 
4 # 轉為 BOW
5 corpus = [dictionary.doc2bow(text) for text in texts]
6 corpus
```

- 執行結果：

```
[[(0, 1), (1, 1), (2, 1)],
 [(0, 1), (3, 1), (4, 1), (5, 1), (6, 1), (7, 1)],
 [(2, 1), (5, 1), (7, 1), (8, 1)],
 [(1, 1), (5, 2), (8, 1)],
 [(3, 1), (6, 1), (7, 1)],
 [(9, 1)],
 [(9, 1), (10, 1)],
 [(9, 1), (10, 1), (11, 1)],
 [(4, 1), (10, 1), (11, 1)]]
```

7. 建立 LSI (Latent semantic indexing) 模型：可指定議題的個數，每一項議題皆由所有單字加權組合而成。

```
1 # 建立 LSI (Latent semantic indexing) 模型
2 from gensim import models
3 
4 # num_topics=2：取二維，即兩個議題
5 lsi = models.LsiModel(corpus, id2word=dictionary, num_topics=2)
6 
7 # 兩個議題的 LSI 公式
8 lsi.print_topics(2)
```

- 執行結果：兩項議題的公式。

```
[(0,
  '0.644*"system" + 0.404*"user" + 0.301*"eps" + 0.265*"time" + 0.265*"response" + 0.240*"computer" + 0.221*"human" + 0.206*"su
rvey" + 0.198*"interface" + 0.036*"graph"'),
 (1,
  '0.623*"graph" + 0.490*"trees" + 0.451*"minors" + 0.274*"survey" + -0.167*"system" + -0.141*"eps" + -0.113*"human" + 0.107*"r
esponse" + 0.107*"time" + -0.072*"interface"')]
```

8. 測試 LSI (Latent semantic indexing) 模型。

```
1 # 例句
2 doc = "Human computer interaction"
3 
4 # 測試 LSI (Latent semantic indexing) 模型
5 vec_bow = dictionary.doc2bow(doc.lower().split())
6 vec_lsi = lsi[vec_bow]
7 print(vec_lsi)
```

- 執行結果：將例句帶入到兩項議題公式中，計算 LSI 值，結果比較接近第一項議題。

```
[(0, 0.4618210045327157), (1, -0.07002766527900067)]
```

9. 比較例句與文章段落內每一個句子的相似機率。

```
1 # 比較例句與語料庫每一句的相似機率
2 from gensim import similarities
3 
4 # 比較例句與語料庫的相似性索引
5 index = similarities.MatrixSimilarity(lsi[corpus])
```

```
6
7  # 比較例句與語料庫的相似機率
8  sims = index[vec_lsi]
9
10 # 顯示語料庫的索引值及相似機率
11 print(list(enumerate(sims)))
```

- 執行結果：將例句帶入到兩項議題公式中，計算 LSI 值。

```
[(0, 0.998093), (1, 0.93748635), (2, 0.9984453), (3, 0.98658866), (4, 0.90755945), (5, -0.12416792), (6, -0.1063926), (7, -0.09
879464), (8, 0.05004177)]
```

10. 按照機率進行降冪排序。

```
1  # 依相似機率降冪排序
2  sims = sorted(enumerate(sims), key=lambda item: -item[1])
3  for doc_position, doc_score in sims:
4      print(doc_score, documents[doc_position])
```

- 執行結果：前兩句機率最大，依語意判斷結果正確無誤。

```
0.9984453 The EPS user interface management system
0.998093 Human machine interface for lab abc computer applications
0.98658866 System and human system engineering testing of EPS
0.93748635 A survey of user opinion of computer system response time
0.90755945 Relation of user perceived response time to error measurement
0.05004177 Graph minors A survey
-0.09879464 Graph minors IV Widths of trees and well quasi ordering
-0.1063926 The intersection graph of paths in trees
-0.12416792 The generation of random binary unordered trees
```

Srijith Rajamohan 提供一段簡單的程式碼，以自訂的資料集實作 Word2Vec，包括 CBOW、Skip-Gram，雖然不含 hierarchical softmax、negative sampling 等演算法，但也有助於更深入了解 Word2Vec，詳細說明可參閱『Word2Vec in Pytorch - Continuous Bag of Words and Skipgrams』[6]。

02 Word2Vec 實作。筆者將部分程式碼刪除，以利概念的理解，讀者若要觀看所有的程式碼可參閱原文。

➤ 下列程式碼請參考【11_05_Word2Vec_Pytorch.ipynb】，資料集：nlp_data/word2vec_test.txt。

1. 先實作 CBOW，載入相關套件。

```
1  import torch
2  import torch.nn as nn
3  import torch.nn.functional as F
4  import torch.optim as optim
5  import numpy as np
6  import urllib.request
```

```
 7 from nltk.tokenize import RegexpTokenizer
 8 from nltk.corpus import stopwords
 9 from nltk import word_tokenize
10 import sklearn
11 from sklearn.cluster import KMeans
12 from sklearn.metrics.pairwise import euclidean_distances
```

2. 參數設定：

- 以上文 3 個單字預測目前的單字，CBOW 應該也要考慮下文，不過這是簡單練習，就不修正了。
- 嵌入層輸出為每個單字轉化的向量維度，可設任意值，第 12 章會有詳細的說明。

```
1 torch.manual_seed(1)  # 固定亂數種子
2 CONTEXT_SIZE = 3      # 上下文個數
3 EMBEDDING_DIM = 10    # 嵌入層輸出維度
```

3. 定義文字處理函數。

```
 1 # 以值(value)找鍵值(key)
 2 def get_key(word_id):
 3     for key,val in word_to_ix.items():
 4         if(val == word_id):
 5             return key
 6     return ''
 7 
 8 # 分詞及前置處理
 9 def read_data(file_path, remove_stopwords = False):
10     tokenizer = RegexpTokenizer(r'\w+')
11     if file_path.lower().startswith('http'):
12         data = urllib.request.urlopen(file_path)
13         data = data.read().decode('utf8')
14     else:
15         data = open(file_path, encoding='utf8').read()
16     tokenized_data = word_tokenize(data)
17     if remove_stopwords:
18         stop_words = set(stopwords.words('english'))
19     else:
20         stop_words = set([])
21     stop_words.update(['.',',',':',';','(',')','#','--','...','"'])
22     cleaned_words = [ i for i in tokenized_data if i not in stop_words ]
23     return(cleaned_words)
```

4. 讀取檔案，作為測試的文本 (Text)：可讀取本機或網路檔案，也可以使用 NLTK 內建的語料庫 (Corpus)。

```
1 test_sentence = read_data('./nlp_data/word2vec_test.txt')
2 
3 # 或讀取其他檔案
4 #test_sentence = 'https://www.gutenberg.org/files/57884/57884-0.txt')
```

5. 進行 N-grams 處理：取得單字的上文。

```
1  ngrams = []
2  for i in range(len(test_sentence) - CONTEXT_SIZE):
3      tup = [test_sentence[j] for j in np.arange(i , i + CONTEXT_SIZE) ]
4      ngrams.append((tup,test_sentence[i + CONTEXT_SIZE]))
5  
6  print(ngrams[0], ngrams[1])
```

- 執行結果：文本為 Empathy for the poor may not come easily to people…，處理後前兩筆資料為

  (['Empathy', 'for', 'the'], 'poor') (['for', 'the', 'poor'], 'may')，即 poor 上文為 Empathy for the，may 上文為 for the poor。

6. 詞彙表設定並建立字典，以利由單字取得它的代碼。

```
1  # 取得詞彙表(vocabulary)
2  vocab = set(test_sentence)
3  print("單字個數：",len(vocab))
4  
5  # 建立字典，以單字取得代碼
6  word_to_ix = {word: i for i, word in enumerate(vocab)}
```

7. 建立 CBOW 模型：依序為 embeddings、linear、relu、linear、log_softmax 神經層，embeddings 為嵌入層，會將輸入轉換為實數的向量空間。

```
1  class CBOWModeler(nn.Module):
2      def __init__(self, vocab_size, embedding_dim, context_size):
3          super(CBOWModeler, self).__init__()
4          self.embeddings = nn.Embedding(vocab_size, embedding_dim)
5          self.linear1 = nn.Linear(context_size * embedding_dim, 128)
6          self.linear2 = nn.Linear(128, vocab_size)
7  
8      def forward(self, inputs):
9          # embeds -> linear -> relu -> linear -> log_softmax
10         embeds = self.embeddings(inputs).view((1, -1))
11         out1 = F.relu(self.linear1(embeds))
12         out2 = self.linear2(out1)
13         log_probs = F.log_softmax(out2, dim=1)
14         return log_probs
15 
16     def predict(self,input):
17         # 以上下文預測
18         context_idxs = torch.LongTensor([word_to_ix[w] for w in input])
19         res = self.forward(context_idxs)
20         res_arg = torch.argmax(res)
21         res_val, res_ind = res.sort(descending=True)
22         res_val = res_val[0][:3]  # 前3個預測值
23         res_ind = res_ind[0][:3]  # 前3個預測索引值
24         for arg in zip(res_val,res_ind):
25             print([(key,val,arg[0]) for key,val in word_to_ix.items()
26                                        if val == arg[1]])
```

8. 模型訓練：輸入單字及上文的編碼，進行梯度下降法的訓練。

```
1  losses = []
2  loss_function = nn.NLLLoss()
3  model = CBOWModeler(len(vocab), EMBEDDING_DIM, CONTEXT_SIZE)
4  optimizer = optim.SGD(model.parameters(), lr=0.001)
5  
6  for epoch in range(400):
7      total_loss = 0
8      for context, target in ngrams:
9          # 以單字取得代碼
10         context_idxs = torch.LongTensor([word_to_ix[w] for w in context])
11 
12         # 梯度下降
13         model.zero_grad()
14         log_probs = model(context_idxs)
15         loss = loss_function(log_probs, torch.LongTensor([word_to_ix[target]]))
16         loss.backward()
17         optimizer.step()
18         total_loss += loss.item()
19     losses.append(total_loss)
```

9. 模型預測：輸入上文，即 3 個單字，預測下一個單字。

```
1  model.predict(['of','all','human'])
```

- 執行結果：上文為 of all human，預測下一個單字前 3 名為 afflictions、it、neither，以 of all human 搜尋文本，果然下一個單字為 afflictions。

10. 接著進行 Skip-gram，以相同文本進行 N-grams 處理。

```
1  ngrams = []
2  for i in range(len(test_sentence) - CONTEXT_SIZE):
3      tup = [test_sentence[j] for j in np.arange(i + 1 , i + CONTEXT_SIZE + 1) ]
4      ngrams.append((test_sentence[i],tup))
5  print(ngrams[0], ngrams[1])
```

- 執行結果：與 CBOW 相反，單字 Empathy 的下文為 for the poor。

11. 建立 Skip-Gram 模型：神經層與 CBOW 類似。

```
1  class SkipgramModeler(nn.Module):
2      def __init__(self, vocab_size, embedding_dim, context_size):
3          super(SkipgramModeler, self).__init__()
4          self.embeddings = nn.Embedding(vocab_size, embedding_dim)
5          self.linear1 = nn.Linear(embedding_dim, 128)
6          self.linear2 = nn.Linear(128, context_size * vocab_size)
7          #self.parameters['context_size'] = context_size
8  
9      def forward(self, inputs):
10         # embeds -> linear -> relu -> linear -> log_softmax
11         embeds = self.embeddings(inputs).view((1, -1))
12         out1 = F.relu(self.linear1(embeds))
13         out2 = self.linear2(out1)
```

```
14            log_probs = F.log_softmax(out2, dim=1).view(CONTEXT_SIZE,-1)
15            return log_probs
16
17        def predict(self,input):
18            context_idxs = torch.LongTensor([word_to_ix[input]])
19            res = self.forward(context_idxs)
20            res_arg = torch.argmax(res)
21            res_val, res_ind = res.sort(descending=True)
22            indices = [res_ind[i][0] for i in np.arange(0,3)]
23            for arg in indices:
24                print([(key, val) for key,val in word_to_ix.items()
25                       if val == arg ])
```

12. 模型訓練：神經層與 CBOW 類似。

```
1  losses = []
2  loss_function = nn.NLLLoss()
3  model = SkipgramModeler(len(vocab), EMBEDDING_DIM, CONTEXT_SIZE)
4  optimizer = optim.SGD(model.parameters(), lr=0.001)
5
6  # Freeze embedding layer
7  #model.freeze_layer('embeddings')
8
9  for epoch in range(550):
10     total_loss = 0
11     # model.predict('psychologically')
12
13     for context, target in ngrams:
14         context_idxs = torch.LongTensor([word_to_ix[context]])
15         model.zero_grad()
16         log_probs = model(context_idxs)
17         target_list = torch.LongTensor([word_to_ix[w] for w in target])
18         loss = loss_function(log_probs, target_list)
19         loss.backward()
20         optimizer.step()
21         total_loss += loss.item()
22     losses.append(total_loss)
```

13. 模型預測：輸入 1 個單字，預測下文。

```
1  model.predict('psychologically')
```

- 執行結果：單字 psychologically 的下文為 and physically incapacitating，以 psychologically 搜尋文本，下文果然吻合。

這個範例是讓我們體驗一下 Word2Vec 的實作，如果要正規的訓練 Word2Vec，可使用 Gensim 套件。Gensim 不僅提供 Word2Vec 預先訓練模型，也支援自訂資料訓練的功能，預先訓練模型可提供一般內容的推論，但如果內容是屬於特殊領域，則應該自行訓練模型會比較恰當，Gensim Word2Vec 的用法請參考『Gensim 官網 Word2Vec 說明文件』[7]。

03 運用 Gensim 進行 Word2Vec 訓練與測試。

➤ 下列程式碼請參考【11_06_gensim_Word2Vec.ipynb】。

1. 載入相關套件。

```
1 # 載入相關套件
2 import gzip
3 import gensim
```

2. 以 Gensim 進行簡單測試：把 Gensim 內建的語料庫 common_texts 作為訓練資料，並且對 "hello", "world", "michael" 三個單字進行訓練，產生詞向量。

```
1 from gensim.test.utils import common_texts
2 # size：詞向量的大小，window：考慮上下文各自的長度
3 # min_count：單字至少出現的次數，workers：執行緒個數
4 model_simple = gensim.models.Word2Vec(sentences=common_texts, window=1,
5                                      min_count=1, workers=4)
6 # 傳回 有效的字數及總處理字數
7 model_simple.train([["hello", "world", "michael"]], total_examples=1, epochs=2)
```

- 執行結果：傳回兩個值 (0, 6)，包括所有執行週期的有效字數與總處理字數，其中前者為內部處理的邏輯，不太理解，後者數字為 6=3 個單字 * 2 個執行週期。
- train() 的參數有很多，可參閱上面所提的『Gensim 官網 Word2Vec 説明文件』，這裡僅摘錄此範例所用到的參數。
- sentences：訓練資料。
- size：產生的詞向量大小。
- window：考慮上下文各自的長度。
- min_count：單字至少出現的次數。
- workers：執行緒的個數。

3. 另一個例子。

```
1 sentences = [["cat", "say", "meow"], ["dog", "say", "woof"]]
2 
3 model_simple = gensim.models.Word2Vec(min_count=1)
4 model_simple.build_vocab(sentences)  # 建立生字表(vocabulary)
5 model_simple.train(sentences, total_examples=model_simple.corpus_count
6                    , epochs=model_simple.epochs)
```

- 執行結果：傳回 (1, 30)，其中 30=6 個單字 * 5 個執行週期。

4. 實例測試：載入 OpinRank 語料庫，文章內容是關於車輛與旅館的評論。

```
# 載入 OpinRank 語料庫：關於車輛與旅館的評論
data_file="./Word2Vec/reviews_data.txt.gz"

with gzip.open (data_file, 'rb') as f:
    for i,line in enumerate (f):
        print(line)
        break
```

- 執行結果：

```
b"Oct 12 2009 \tNice trendy hotel location not too bad.\tI stayed in this hotel for one night. As this is a fairly new place so
me of the taxi drivers did not know where it was and/or did not want to drive there. Once I have eventually arrived at the hote
l, I was very pleasantly surprised with the decor of the lobby/ground floor area. It was very stylish and modern. I found the r
eception's staff geeting me with 'Aloha' a bit out of place, but I guess they are briefed to say that to keep up the coroporate
image.As I have a Starwood Preferred Guest member, I was given a small gift upon-check in. It was only a couple of fridge magne
ts in a gift box, but nevertheless a nice gesture.My room was nice and roomy, there are tea and coffee facilities in each room
and you get two complimentary bottles of water plus some toiletries by 'bliss'.The location is not great. It is at the last met
ro stop and you then need to take a taxi, but if you are not planning on going to see the historic sites in Beijing, then you w
ill be ok.I chose to have some breakfast in the hotel, which was really tasty and there was a good selection of dishes. There a
re a couple of computers to use in the communal area, as well as a pool table. There is also a small swimming pool and a gym ar
ea.I would definitely stay in this hotel again, but only if I did not plan to travel to central Beijing, as it can take a long
time. The location is ok if you plan to do a lot of shopping, as there is a big shopping centre just few minutes away from the
hotel and there are plenty of eating options around, including restaurants that serve a dog meat!\t\r\n"
```

5. 讀取 OpinRank 語料庫，並進行前置處理，如分詞。

```
# 讀取 OpinRank 語料庫，並作前置處理
def read_input(input_file):
    with gzip.open (input_file, 'rb') as f:
        for i, line in enumerate (f):
            # 前置處理
            yield gensim.utils.simple_preprocess(line)

# 載入 OpinRank 語料庫，分詞
documents = list(read_input(data_file))
documents
```

- 執行結果：為一個 List。

```
[['oct',
  'nice',
  'trendy',
  'hotel',
  'location',
  'not',
  'too',
  'bad',
  'stayed',
  'in',
  'this',
  'hotel',
  'for',
  'one',
  'night',
  'as',
  'this',
```

6. Word2Vec 模型訓練：約需 10 分鐘。

```
1 # Word2Vec 模型訓練，約10分鐘
2 model = gensim.models.Word2Vec(documents, size=150, window=10,
3                                min_count=2, workers=10)
4 model.train(documents,total_examples=len(documents),epochs=10)
```

- 執行結果：(303,484,226, 415,193,580)，處理達數億個單字。

接下來進行各種測試。

7. 測試『dirty』的相似詞。

```
1 # 測試『骯髒』相似詞
2 w1 = "dirty"
3 model.wv.most_similar(positive=w1) # positive：相似詞
```

- 執行結果：顯示 10 個最相似的單字。

```
[('filthy', 0.8602699041366577),
 ('stained', 0.7798251509666443),
 ('dusty', 0.7683317065238953),
 ('unclean', 0.7638086676597595),
 ('grubby', 0.757234513759613),
 ('smelly', 0.7431163787841797),
 ('dingy', 0.7304496169090271),
 ('disgusting', 0.7111263275146484),
 ('soiled', 0.7099645733833313),
 ('mouldy', 0.706375241279602)]
```

8. 測試『france』的相似詞：topn 可指定列出前 n 名。

```
1 # 測試『法國』相似詞
2 w1 = ["france"]
3 model.wv.most_similar (positive=w1, topn=6) # topn：只列出前 n 名
```

- 執行結果：顯示 6 個最相似的單字。

```
[('germany', 0.6627413034439087),
 ('canada', 0.6545147895812988),
 ('spain', 0.644172728061676),
 ('england', 0.6122641563415527),
 ('mexico', 0.6106705665588379),
 ('rome', 0.6044377684593201)]
```

9. 同時測試多個詞彙：『床、床單、枕頭』的相似詞與『長椅』的相反詞。

```
1 # 測試『床、床單、枕頭』相似詞及『長椅』相反詞
2 w1 = ["bed",'sheet','pillow']
3 w2 = ['couch']
4 model.wv.most_similar (positive=w1, negative=w2, topn=10) # negative：相反詞
```

- 執行結果：顯示 10 個最適合的單字。

```
[('duvet', 0.7157680988311768),
 ('blanket', 0.7036269903182983),
 ('mattress', 0.7003698348999023),
 ('quilt', 0.7003640532493591),
 ('matress', 0.6967926621437073),
 ('pillowcase', 0.665346086025238),
 ('sheets', 0.6376352310180664),
 ('pillows', 0.6317484378814697),
 ('comforter', 0.6119856834411621),
 ('foam', 0.6095048785209656)]
```

10. 比較兩個詞彙的相似機率。

```
1 # 比較兩詞相似機率
2 model.wv.similarity(w1="dirty",w2="smelly")
```

- 執行結果：相似機率為 0.7431163。

11. 挑選出較不相似的詞彙。

```
1 # 選出較不相似的字詞
2 model.wv.doesnt_match(["cat","dog","france"])
```

- 執行結果：france。

12. 接著測試載入預先訓練模型，有兩種方式：程式直接下載或者手動下載後再讀取檔案。

- 程式直接下載。

```
1 # 下載預先訓練的模型
2 import gensim.downloader as api
3 wv = api.load('word2vec-google-news-300')
```

- 手動下載後載入，預先訓練模型的下載網址為：https://drive.google.com/file/d/0B7XkCwpI5KDYNlNUTTlSS21pQmM/edit。

```
1 # 載入本機的預先訓練模型
2 from gensim.models import KeyedVectors
3 
4 # 每個詞向量有 300 個元素
5 model = KeyedVectors.load_word2vec_format(
6     './Word2Vec/GoogleNews-vectors-negative300.bin', binary=True)
```

接下來進行各種測試。

13. 取得 dog 的詞向量。

```
1 # 取得 dog 的詞向量(300個元素)
2 model['dog']
```

- 執行結果：共有 300 個元素。

```
array([ 5.12695312e-02, -2.23388672e-02, -1.72851562e-01,  1.61132812e-01,
       -8.44726562e-02,  5.73730469e-02,  5.85937500e-02, -8.25195312e-02,
       -1.53808594e-02, -6.34765625e-02,  1.79687500e-01, -4.23828125e-01,
       -2.25830078e-02, -1.66015625e-01, -2.51464844e-02,  1.07421875e-01,
       -1.99218750e-01,  1.59179688e-01, -1.87500000e-01, -1.20117188e-01,
        1.55273438e-01, -9.91210938e-02,  1.42578125e-01, -1.64062500e-01,
       -8.93554688e-02,  2.00195312e-01, -1.49414062e-01,  3.20312500e-01,
        3.28125000e-01,  2.44140625e-02, -9.71679688e-02, -8.20312500e-02,
       -3.63769531e-02, -8.59375000e-02, -9.86328125e-02,  7.78198242e-03,
       -1.34277344e-02,  5.27343750e-02,  1.48437500e-01,  3.33984375e-01,
```

14. 測試『woman, king』的相似詞和『man』的相反詞。

```
1 # 測試『woman, king』相似詞及『man』相反詞
2 model.most_similar(positive=['woman', 'king'], negative=['man'])
```

- 執行結果：這就是有名的 king - man + woman = queen。

```
[('queen', 0.7118192911148071),
 ('monarch', 0.6189674139022827),
 ('princess', 0.5902431011199951),
 ('crown_prince', 0.5499460697174072),
 ('prince', 0.5377321243286133),
 ('kings', 0.5236844420433044),
 ('Queen_Consort', 0.5235945582389832),
 ('queens', 0.518113374710083),
 ('sultan', 0.5098593235015869),
 ('monarchy', 0.5087411999702454)]
```

15. 挑選出較不相似的詞彙。

```
1 # 選出較不相似的字詞
2 model.doesnt_match("breakfast cereal dinner lunch".split())
```

- 執行結果：cereal(麥片) 與三餐較不相似。

16. 比較兩詞相似機率。

```
1 # 比較兩詞相似機率
2 model.similarity('woman', 'man')
```

- 執行結果：機率為 0.76640123，'woman', 'man' 是相似的。

由上面測試可以知道，對於一般的文字判斷，使用預先訓練模型都相當準確，但是，如果要判斷特殊領域的相關內容，效果可能就會打折，舉例來說，Kaggle 上有一個很有趣的資料集『辛普生對話』(Dialogue Lines of The Simpsons)，是有關辛普生家庭的卡通劇情問答，像是詢問劇中人物 Bart 與 Nelson 的相似度，結果只有 0.5，這是由於在卡通裡面他們雖然是朋友，但不是很親近，假如使用

預先訓練模型，來推論問題的話，答案應該就不會如此精確，除此之外，還有很多例子，讀者有空不妨測試看看此範例程式『Gensim Word2Vec Tutorial』[8]。

之前都是比較單字的相似度，然而更常見的需求是對『語句』(Sentence) 的比對，譬如常見問答集 (FAQ) 或是對話機器人，系統會先比對問題的相似度，再將答案回覆給使用者，Gensim 支援 Doc2Vec 演算法，可進行語句相似度比較，程式碼如下：

1. 筆者從 Starbucks 官網抓了一段 FAQ 的標題當作測試語料庫。

```
1  import numpy as np
2  import nltk
3  import gensim
4  from gensim.models import Word2Vec
5  from gensim.models.doc2vec import Doc2Vec, TaggedDocument
6  from sklearn.metrics.pairwise import cosine_similarity
7  
8  # 測試語料
9  f = open('./FAQ/starbucks_faq.txt', 'r', encoding='utf8')
10 corpus = f.readlines()
11 # print(corpus)
12 
13 # 參數設定
14 MAX_WORDS_A_LINE = 30  # 每行最多字數
15 
16 # 標點符號(Punctuation)
17 import string
18 print('標點符號:', string.punctuation)
19 
20 # 讀取停用詞
21 stopword_list = set(nltk.corpus.stopwords.words('english')
22                     + list(string.punctuation) + ['\n'])
```

2. 訓練 Doc2Vec 模型。

```
1  # 分詞函數
2  def tokenize(text, stopwords, max_len = MAX_WORDS_A_LINE):
3      return [token for token in gensim.utils.simple_preprocess(text
4                              , max_len=max_len) if token not in stopwords]
5  
6  # 分詞
7  document_tokens=[] # 整理後的字詞
8  for line in corpus:
9      document_tokens.append(tokenize(line, stopword_list))
10 
11 # 設定為 Gensim 標籤文件格式
12 tagged_corpus = [TaggedDocument(doc, [i]) for i, doc in
13                  enumerate(document_tokens)]
14 
15 # 訓練 Doc2Vec 模型
16 model_d2v = Doc2Vec(tagged_corpus, vector_size=MAX_WORDS_A_LINE, epochs=200)
17 model_d2v.train(tagged_corpus, total_examples=model_d2v.corpus_count,
18                 epochs=model_d2v.epochs)
```

3. 比較語句的相似度。

```
1  # 測試
2  questions = []
3  for i in range(len(document_tokens)):
4      questions.append(model_d2v.infer_vector(document_tokens[i]))
5  questions = np.array(questions)
6  # print(questions.shape)
7
8  # 測試語句
9  # text = "find allergen information"
10 text = "mobile pay"
11 filtered_tokens = tokenize(text, stopword_list)
12 # print(filtered_tokens)
13
14 # 比較語句相似度
15 similarity = cosine_similarity(model_d2v.infer_vector(
16     filtered_tokens).reshape(1, -1), questions, dense_output=False)
17
18 # 選出前 10 名
19 top_n = np.argsort(np.array(similarity[0]))[::-1][:10]
20 print(f'前 10 名 index:{top_n}\n')
21 for i in top_n:
22     print(round(similarity[0][i], 4), corpus[i].rstrip('\n'))
```

- 執行結果：以 "mobile pay"(手機支付) 尋找前 10 名相似的語句，結果還不錯。讀者可再試試其他語句，筆者測試其他的結果並不理想，後面改用 BERT 模型時，準確率會提升許多。

另外 TensorBoard 還提供一個詞嵌入的視覺化工具 Embedding Projector [9]，可以觀察單字間的距離，支援 3D 的向量空間，讀者可以按下列步驟操作：

1. 在右方的搜尋欄位輸入單字後，系統就會顯示候選字。
2. 選擇其中一個候選字，接著系統會顯示相似字，且利用各種演算法 (PCA、T-SNE、UMAP) 來降維，以 3D 介面顯示單字間的距離。
3. 點選『Isolate 101 points』：只顯示距離最近的 101 個單字。
4. 也可以修改詞嵌入的模型：Word2Vec All、Word2Vec 10K、GNMT(全球語言神經機器翻譯) 等。

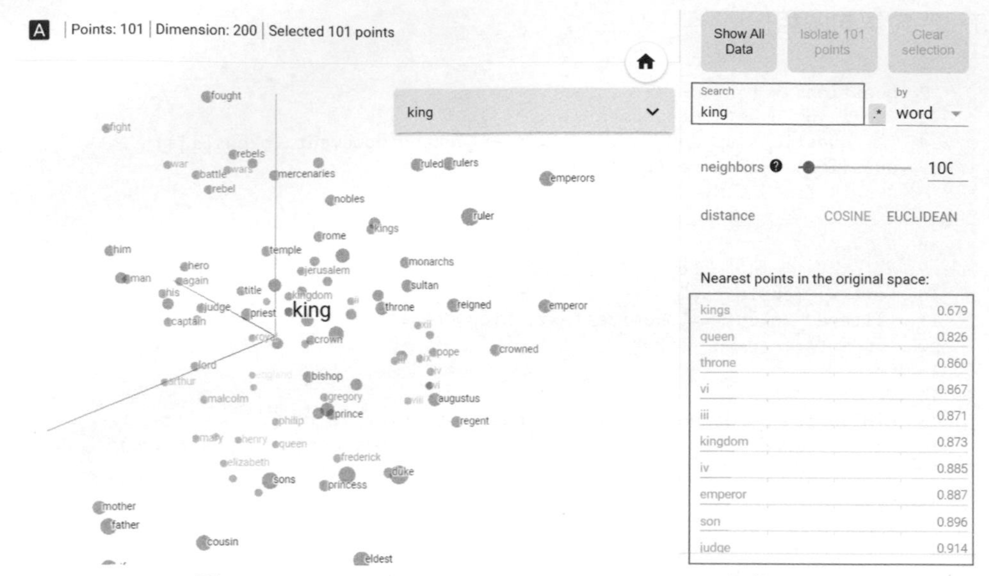

▲ 圖 11.7 TensorFlow Embedding Projector 視覺化工具

11-4　GloVe 模型

GloVe(Global Vectors) 是由史丹佛大學 Jeffrey Pennington 等學者於 2014 所提出的另一套詞嵌入模型，與 Word2Vec 齊名，他們認為 Word2Vec 並未考慮全局的機率分配，只以移動視窗內的詞彙為樣本，沒有掌握全文的資訊，因此，提出了『詞彙共現矩陣』(word-word cooccurrence matrix)，考慮詞彙同時出現的機率，解決 Word2Vec 只看局部的缺陷以及 BOW 稀疏向量空間的問題，詳細內容可參閱『GloVe: Global Vectors for Word Representation』[10]。

GloVe 有 4 個預先訓練好的模型：

1. glove.42B.300d.zip [11]：430 億詞彙，300 維向量，佔 1.75 GB 的檔案。
2. glove.840B.300d.zip [12]：8400 億詞彙，300 維向量，佔 2.03 GB 的檔案。
3. glove.6B.300d.zip [13]：60 億詞彙，300 維向量，佔 822 MB 的檔案。
4. glove.twitter.27B.zip [14]：270 億詞彙，200 維向量，佔 1.42 GB 的檔案。

GloVe 詞向量模型檔的格式十分簡單，每列是一個單字，每個欄位以空格隔開，第一欄為單字，第二欄以後為該單字的詞向量。所以，通常把模型檔讀入後，轉

為字典 (dict) 的資料型態，以利查詢。

範例

04 GloVe 測試。

➤ 下列程式碼請參考【11_07_GloVe.ipynb】。

1. 載入 GloVe 詞向量檔 glove.6B.300d.txt。

```
# 載入相關套件
import numpy as np

# 載入GLoVe詞向量檔 glove.6B.300d.txt
embeddings_dict = {}
with open("./glove/glove.6B.300d.txt", 'r', encoding="utf-8") as f:
    for line in f:
        values = line.split()
        word = values[0]
        vector = np.asarray(values[1:], "float32")
        embeddings_dict[word] = vector
```

2. 取得 GloVe 的詞向量：任選一個單字 (love) 測試，取得 GloVe 的詞向量。

```
# 隨意測試一個單字(love)，取得 GloVe 的詞向量
embeddings_dict['love']
```

• 部份執行結果：

```
array([-4.5205e-01, -3.3122e-01, -6.3607e-02,  2.8325e-02, -2.1372e-01,
        1.6839e-01, -1.7186e-02,  4.7309e-02, -5.2355e-02, -9.8706e-01,
        5.3762e-01, -2.6893e-01, -5.4294e-01,  7.2487e-02,  6.6193e-02,
       -2.1814e-01, -1.2113e-01, -2.8832e-01,  4.8161e-01,  6.9185e-01,
       -2.0022e-01,  1.0082e+00, -1.1865e-01,  5.8710e-01,  1.8482e-01,
        4.5799e-02, -1.7836e-02, -3.3952e-01,  2.9314e-01, -1.9951e-01,
       -1.8930e-01,  4.3267e-01, -6.3181e-01, -2.9510e-01, -1.0547e+00,
        1.8231e-01, -4.5040e-01, -2.7800e-01, -1.4021e-01,  3.6785e-02,
        2.6487e-01, -6.6712e-01, -1.5204e-01, -3.5001e-01,  4.0864e-01,
       -7.3615e-02,  6.7630e-01,  1.8274e-01, -4.1660e-02,  1.5014e-02,
        2.5216e-01, -1.0109e-01,  3.1915e-02, -1.1298e-01, -4.0147e-01,
        1.7274e-01,  1.8497e-03,  2.4456e-01,  6.8777e-01, -2.7019e-01,
        8.0728e-01, -5.8296e-02,  4.0550e-01,  3.9893e-01, -9.1688e-02,
       -5.2080e-01,  2.4570e-01,  6.3001e-02,  2.1421e-01,  3.3197e-01,
       -3.4299e-01, -4.8735e-01,  2.2264e-02,  2.7862e-01,  2.3881e-01,
```

3. 指定以歐基里德 (euclidean) 距離計算相似性：找出最相似的 10 個單字。

```
# 以歐基里德(euclidean)距離計算相似性
from scipy.spatial.distance import euclidean

def find_closest_embeddings(embedding):
    return sorted(embeddings_dict.keys(),
                  key=lambda word: euclidean(embeddings_dict[word], embedding))

print(find_closest_embeddings(embeddings_dict["king"])[1:10])
```

- 執行結果：大部份與『king』的意義相似。

'queen', 'monarch', 'prince', 'kingdom', 'reign', 'ii', 'iii', 'brother', 'crown'

4. 任選 100 個單字，並以散佈圖觀察單字的相似度。

```
1  # 任意選 100 個單字
2  words =  list(embeddings_dict.keys())[100:200]
3  # print(words)
4
5  from sklearn.manifold import TSNE
6  import matplotlib.pyplot as plt
7
8  # 以 T-SNE 降維至二個特徵
9  tsne = TSNE(n_components=2)
10 vectors = [embeddings_dict[word] for word in words]
11 Y = tsne.fit_transform(vectors)
12
13 # 繪製散佈圖，觀察單字相似度
14 plt.figure(figsize=(12, 10))
15 plt.scatter(Y[:, 0], Y[:, 1])
16 for label, x, y in zip(words, Y[:, 0], Y[:, 1]):
17     plt.annotate(label, xy=(x, y), xytext=(0, 0), textcoords="offset points")
```

- 執行結果：每次的執行結果均不相同，可以看到相似詞都集中在局部區域。

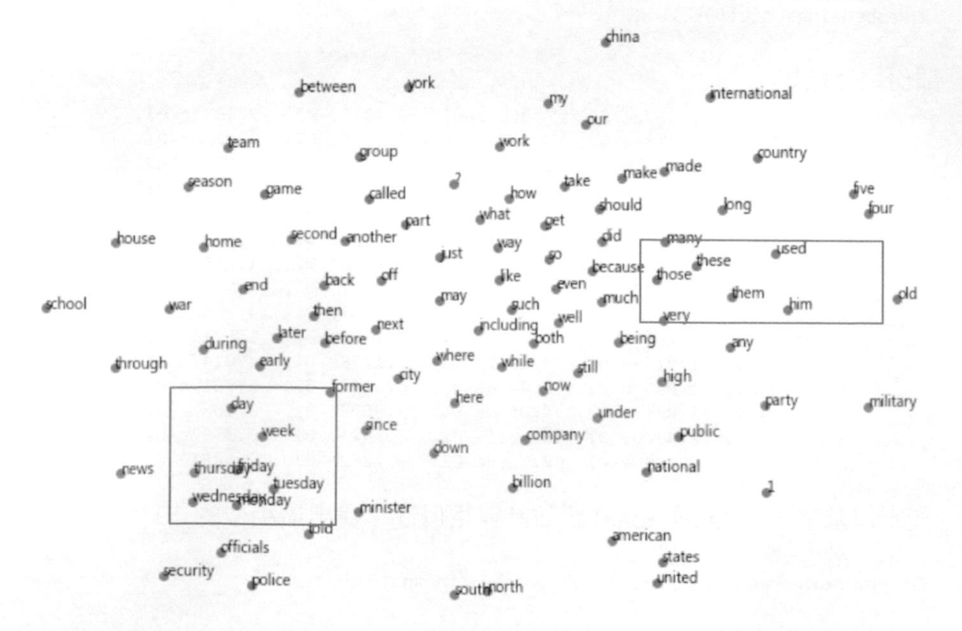

11-5 中文處理

前面介紹的都是英文語料，中文是否也可以比照辦理呢？答案是肯定的，NLP 所有作法都有考慮非英語系的支援。Jieba 套件提供中文分詞的功能，而 spaCy 套件則有支援中文語料的模型，現在我們就來介紹這兩個套件的用法。

Jieba 的主要功能包括：

1. 分詞 (Tokenization)。
2. 關鍵字萃取 (Keyword Extraction)。
3. 詞性標註 (POS)。

Jieba 安裝指令如下：

1. pip install jieba
2. 預設為簡體語詞字典，須自 https://github.com/APCLab/jieba-tw/tree/master/jieba 下載繁體字典，可直接覆蓋安裝目錄的檔案 dict.txt，也可以於程式中使用 set_dictionary() 設定繁體字典，我們使用後者。

範例

05 以 Jieba 套件進行中文分詞。

➤ 下列程式碼請參考【11_08_中文_NLP.ipynb】。

1. 簡體字分詞：包含三種模式。

- 全模式 (Full Mode)：顯示所有可能的片語。
- 精確模式：只顯示最有可能的片語，此為預設模式。
- 搜索引擎模式：使用隱馬可夫鏈 (HMM) 模型。

```
1 # 載入相關套件
2 import numpy as np
3 import jieba
4 
5 # 分詞
6 text = "小明硕士毕业于中国科学院计算所，后在日本京都大学深造"
7 # cut_all=True : 全模式
8 seg_list = jieba.cut(text, cut_all=True)
9 print("全模式: " + "/ ".join(seg_list))
```

```
10
11 # cut_all=False：精確模式
12 seg_list = jieba.cut(text, cut_all=False)
13 print("精確模式: " + "/ ".join(seg_list))
14
15 # cut_for_search：搜索引擎模式
16 seg_list = jieba.cut_for_search(text)
17 print('搜索引擎模式: ', ', '.join(seg_list))
```

- 執行結果：

```
全模式: 小/ 明/ 硕士/ 毕业/ 于/ 中国/ 中国科学院/ 科学/ 科学院/ 学院/ 计算/ 计算所/ ，/ 后/ 在/ 日本/ 日本京都大学/ 京都/ 京都大学/ 大
学/ 深造
精確模式: 小明/ 硕士/ 毕业/ 于/ 中国科学院/ 计算所/ ，/ 后/ 在/ 日本京都大学/ 深造
搜索引擎模式:  小明, 硕士, 毕业, 于, 中国, 科学, 学院, 科学院, 中国科学院, 计算, 计算所, ，, 后, 在, 日本, 京都, 大学, 日本京都大学, 深
造
```

2. 繁體字分詞：先呼叫 set_dictionary()，設定繁體字典 dict.txt。

```
1 # 設定繁體字典
2 jieba.set_dictionary('./jieba/dict.txt')
3
4 # 分詞
5 text = "新竹的交通大學在新竹的大學路上"
6
7 # cut_all=True：全模式
8 seg_list = jieba.cut(text, cut_all=True)
9 print("全模式: " + "/ ".join(seg_list))
10
11 # cut_all=False：精確模式
12 seg_list = jieba.cut(text, cut_all=False)
13 print("精確模式: " + "/ ".join(seg_list))
14
15 # cut_for_search：搜索引擎模式
16 seg_list = jieba.cut_for_search(text)
17 print('搜索引擎模式: ', ', '.join(seg_list))
```

- 執行結果：

```
全模式: 新竹/ 的/ 交通/ 交通大/ 大學/ 在/ 新竹/ 的/ 大學/ 大學路/ 學路/ 路上
精確模式: 新竹/ 的/ 交通/ 大學/ 在/ 新竹/ 的/ 大學路/ 上
搜索引擎模式:  新竹, 的, 交通, 大學, 在, 新竹, 的, 大學, 學路, 大學路, 上
```

3. 分詞後，顯示詞彙的位置。

```
1 text = "新竹的交通大學在新竹的大學路上"
2 result = jieba.tokenize(text)
3 print("單字\t開始位置\t結束位置")
4 for tk in result:
5     print(f"{tk[0]}\t{tk[1]:-2d}\t{tk[2]:-2d}")
```

- 執行結果：

```
單字    開始位置 結束位置
新竹      0       2
的        2       3
交通      3       5
大學      5       7
在        7       8
新竹      8      10
的       10      11
大學路   11      14
上       14      15
```

4. 加詞：假如詞彙不在預設的字典中，可使用 add_word() 將詞彙加入字典中，各行各業的專門術語都可以利用此方式加入，不必直接修改 dict.txt。

```
1  # 測試語句
2  text = "張惠妹在演唱會演唱三天三夜"
3  
4  # 加詞前的分詞
5  seg_list = jieba.cut(text, cut_all=False)
6  print("加詞前的分詞: " + "/ ".join(seg_list))
7  
8  # 加詞
9  jieba.add_word('三天三夜')
10 
11 seg_list = jieba.cut(text, cut_all=False)
12 print("加詞後的分詞: " + "/ ".join(seg_list))
```

- 執行結果：原本『三天三夜』分為兩個詞『三天三』、『夜』，加詞後，分詞就正確了。

```
加詞前的分詞: 張惠妹/ 在/ 演唱會/ 演唱/ 三天三/ 夜
加詞後的分詞: 張惠妹/ 在/ 演唱會/ 演唱/ 三天三夜
```

5. 關鍵字萃取：呼叫 extract_tags() 函數，萃取關鍵字，參數 topk 可指定顯示的筆數。測試語句來自 2021 年台中缺水的新聞 [15]。

```
1  # 測試語句來自新聞 https://news.ltn.com.tw/news/life/breakingnews/3497315
2  with open('./jieba/news.txt', encoding='utf8') as f:
3      text = f.read()
4  
5  # 加詞前的分詞
6  import jieba.analyse
7  
8  jieba.analyse.extract_tags(text, topK=10)
```

- 執行結果： 新聞標題為『中市明第二輪分區限水 百貨業買 20 個水塔桶』，以下萃取的關鍵字還算不錯。

'百貨公司', '水車', '中友', '用水', '限水', '封閉', '數間', '公廁', '因應', '20'

6. 設定停用詞改進：呼叫 stop_words(file_name) 函數。

```
1  # 測試語句來自新聞 https://news.ltn.com.tw/news/life/breakingnews/3497315
2  with open('./jieba/news.txt', encoding='utf8') as f:
3      text = f.read()
4
5  import jieba.analyse
6
7  # 設定停用詞
8  jieba.analyse.set_stop_words('./jieba/stop_words.txt')
9
10 # 加詞前的分詞
11 jieba.analyse.extract_tags(text, topK=10)
```

- 執行結果： 設定停用詞為『20、因應、52』，萃取的關鍵字調整如下。

'百貨公司','水車','中友','用水','限水','封閉','數間','公廁','百貨','週二'

7. 取得詞性 (POS) 標註：呼叫 posseg.cut 函數，可使用 POSTokenizer 自訂分詞器。

```
1  # 測試語句
2  text = "張惠妹在演唱會演唱三天三夜"
3
4  # 詞性(POS)標註
5  words = jieba.posseg.cut(text)
6  for word, flag in words:
7      print(f'{word} {flag}')
```

- 執行結果：

```
張惠妹 N
在 P
演唱會 N
演唱 Vt
三天三夜 x
```

詞性代碼表可參閱『彙整中文與英文的詞性標註代號』[16] 一文，內文有完整的說明與範例。

11-6 spaCy 套件

spaCy 套件支援超過 64 種語言，不只有 Wod2Vec 詞向量模型，也支援 BERT 預先訓練的模型，主要的功能包括：

項次	功能	説明
1.	分詞 (Tokenization)	詞彙切割。
2.	詞性標籤 (POS Tagging)	分析語句中每個單字的詞性。
3.	文法解析 (Dependency Parsing)	依文法解析單字的相依性。
4.	詞性還原 (Lemmatization)	還原成詞彙的原形。
5.	語句切割 (Sentence Boundary Detection)	將文章段落切割成多個語句。
6.	命名實體識別 (Named Entity Recognition)	識別語句中的命名實體，例如人名、地點、機構名稱等。
7.	實體連結 (Entity Linking)	根據知識圖譜連結實體。
8.	相似性比較 (Similarity)	單字或語句的相似性比較。
9.	文本分類 (Text Classification)	對文章或語句進行分類。
10.	語意標註 (Rule-based Matching)	類似 Regular expression，依據語意找出詞彙的順序。
11.	模型訓練 (Training)	
12.	模型存檔 (Serialization)	

1. 可利用 spaCy 網頁 [17] 的選單產生安裝指令，產生的指令如下：

- pip install spacy
- 支援 GPU，須配合 CUDA 版本：pip install -U spacy[cuda111]
  - cuda111：為 cuda v11.1 版。

2. 下載詞向量模型，spaCy 稱為 pipeline，指令如下：

- 英文：python -m spacy download en_core_web_sm
- 中文：python -m spacy download zh_core_web_sm
- 其他語系可參考『spaCy Quickstart 網頁』[18]。

3. 詞向量模型分成大型 (lg)、中型 (md) 、小型 (sm)。
4. 中文分詞有三個選項，可在組態檔 (config.cfg) 選擇：

- char：預設選項。
- jieba：使用 Jieba 套件分詞。
- pkuseg：支援多領域分詞，可參閱『pkuseg GitHub』[19]，依照文件說明，pkuseg 的各項效能 (Precision、Recall、F1) 比 jieba 來得好。

spaCy 相關功能的展示，可參考 spaCy 官網『spaCy 101: Everything you need to know』[20] 的說明，以下就依照該文測試相關的功能。

範例

06 spaCy 相關功能測試。

➤ 下列程式碼請參考【11_09_spaCy_test.ipynb】。

1. 載入相關套件。

```
1 # 載入相關套件
2 import spacy
```

2. 載入小型詞向量模型。

```
1 # 載入詞向量模型
2 nlp = spacy.load("en_core_web_sm")
```

3. 分詞及取得詞性標籤 (POS Tagging)：

- token 的屬性可參閱『spaCy Token』[21]。
- 詞性標籤表則請參考『glossary.py GitHub』[22]。

```
1 # 分詞及取得詞性標籤(POS Tagging)
2 doc = nlp("Apple is looking at buying U.K. startup for $1 billion")
3 for token in doc:
4     print(token.text, token.pos_, token.dep_)
```

- 執行結果：

```
Apple PROPN nsubj
is AUX aux
looking VERB ROOT
at ADP prep
buying VERB pcomp
U.K. PROPN dobj
startup NOUN advcl
for ADP prep
$ SYM quantmod
1 NUM compound
billion NUM pobj
```

4. 取得詞性標籤詳細資訊。

```
1 # 取得詳細的詞性標籤(POS Tagging)
2 for token in doc:
3     print(token.text, token.lemma_, token.pos_, token.tag_, token.dep_,
4           token.shape_, token.is_alpha, token.is_stop)
```

- 執行結果：

```
Apple Apple PROPN NNP nsubj Xxxxx True False
is be AUX VBZ aux xx True True
looking look VERB VBG ROOT xxxx True False
at at ADP IN prep xx True True
buying buy VERB VBG pcomp xxxx True False
U.K. U.K. PROPN NNP dobj X.X. False False
startup startup NOUN NN advcl xxxx True False
for for ADP IN prep xxx True True
$ $ SYM $ quantmod $ False False
1 1 NUM CD compound d False False
billion billion NUM CD pobj xxxx True False
```

5. 以 displaCy Visualizer 顯示語意分析圖，displacy.serve 的參數請參閱 displaCy visualizer 的說明文件 [23]。

```
1 # 顯示語意分析圖
2 from spacy import displacy
3 
4 displacy.serve(doc, style="dep")
```

- 執行結果：可使用網頁瀏覽 http://127.0.0.1:5000。箭頭表示依存關係，例如 looking 的主詞是 Apple，buying 的受詞是 UK。

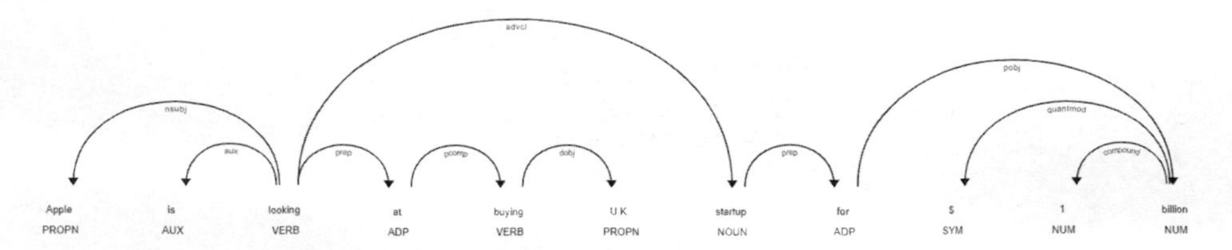

6. 以 displaCy visualizer 標示命名實體 (Named Entity)。

```
# 標示實體
text = "When Sebastian Thrun started working on self-driving cars " + \
       "at Google in 2007, few people outside of the company took him seriously."

doc = nlp(text)
# style="ent"：實體
displacy.serve(doc, style="ent")
```

- 執行結果：可使用網頁瀏覽 http://127.0.0.1:5000。

When Sebastian Thrun PERSON started working on self-driving cars at Google in 2007 DATE , few people outside of the company took him

7. 繁體中文分詞。

```
# 繁體中文分詞
import spacy

nlp = spacy.load("zh_core_web_sm")
doc = nlp("清華大學位於新竹")
for token in doc:
    print(token.text, token.pos_, token.dep_)
```

- 執行結果：大學被切割成兩個詞，結果不太正確，建議實際執行時可以先用簡體分詞後，再轉回繁體。

```
清華 NOUN compound:nn
大 ADJ amod
學位 NOUN nsubj
於 ADP case
新竹 PROPN ROOT
```

8. 簡體中文分詞。

```
# 簡體中文分詞
import spacy

nlp = spacy.load("zh_core_web_sm")
doc = nlp("清华大学位于北京")
for token in doc:
    print(token.text, token.pos_, token.dep_)
```

- 執行結果：

```
清华 PROPN compound:nn
大学 NOUN nsubj
位于 VERB ROOT
北京 PROPN dobj
```

9. 顯示中文語意分析圖。

```
1  # 顯示中文語意分析圖
2  from spacy import displacy
3
4  displacy.serve(doc, style="dep")
```

- 執行結果：可使用網頁瀏覽 http://127.0.0.1:5000。

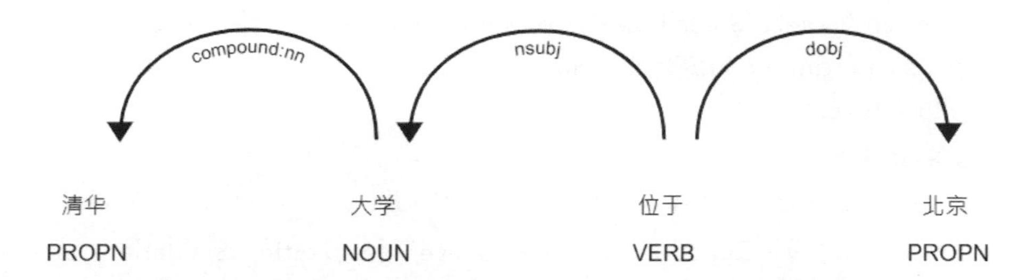

10. 分詞，並判斷是否不在字典中 (Out of Vocabulary, OOV)。

```
1  # 分詞，並判斷是否不在字典中(Out of Vocabulary, OOV)
2  nlp = spacy.load("en_core_web_md")
3  tokens = nlp("dog cat banana afskfsd")
4
5  for token in tokens:
6      print(token.text, token.has_vector, token.vector_norm, token.is_oov)
```

- 執行結果： afskfsd 不在字典中，**注意** 必須使用中型 (md) 以上的模型，小型 (sm) 會出現錯誤。

```
dog True 7.0336733 False
cat True 6.6808186 False
banana True 6.700014 False
afskfsd False 0.0 True
```

11. 相似度比較。

```
1  # 相似度比較
2  nlp = spacy.load("en_core_web_md")
3
4  # 測試兩語句
5  doc1 = nlp("I like salty fries and hamburgers.")
6  doc2 = nlp("Fast food tastes very good.")
7
8  # 兩語句的相似度比較
9  print(doc1, "<->", doc2, doc1.similarity(doc2))
10
11 # 關鍵字的相似度比較
12 french_fries = doc1[2:4]
13 burgers = doc1[5]
14 print(french_fries, "<->", burgers, french_fries.similarity(burgers))
```

- 執行結果：

```
I like salty fries and hamburgers. <-> Fast food tastes very good. 0.7799485853415737
salty fries <-> hamburgers 0.7304624
```

參考資料 (References)

[1] Sebastian Andrei,《South Korea's Convenience Store Culture》, 2018 (https://medium.com/@sebastian_andrei/south-koreas-convenience-store-culture-187c33a649a6)

[2] 維基百科關於 tf-idf 的說明 (https://en.wikipedia.org/wiki/Tf%E2%80%93idf)

[3] Tomas Mikolov、Quoc V. Le、Ilya Sutskever,《Exploiting Similarities among Languages for Machine Translation》, 2013 (https://arxiv.org/pdf/1309.4168v1.pdf)

[4] NSS,《An Intuitive Understanding of Word Embeddings: From Count Vectors to Word2Vec》, 2017 (https://www.analyticsvidhya.com/blog/2017/06/word-embeddings-count-word2veec/)

[5] Ria Kulshrestha,《NLP 102: Negative Sampling and GloVe》, 2019 (https://towardsdatascience.com/nlp-101-negative-sampling-and-glove-936c88f3bc68)

[6] Dr. Srijith Rajamohan,《Word2Vec in Pytorch - Continuous Bag of Words and Skipgrams》, 2018 (https://srijithr.gitlab.io/post/word2vec/)

[7] Gensim 官網關於 Word2Vec 的說明 (https://radimrehurek.com/gensim/models/word2vec.html)

[8] Pierre Megret,《Gensim Word2Vec Tutorial》, 2019 (https://www.kaggle.com/pierremegret/gensim-word2vec-tutorial)

[9] Embedding Projector (https://projector.tensorflow.org/)

[10] Jeffrey Pennington、Richard Socher、Christopher D. Manning,《GloVe: Global Vectors for Word Representation》, 2014 (https://www.aclweb.org/anthology/D14-1162.pdf)

[11] glove.42B.300d.zip
(https://nlp.stanford.edu/data/wordvecs/glove.42B.300d.zip)

[12] glove.840B.300d.zip
(https://nlp.stanford.edu/data/wordvecs/glove.840B.300d.zip)

[13] glove.6B.300d.zip
(https://nlp.stanford.edu/data/wordvecs/glove.6B.zip)

[14] glove.twitter.27B.zip
(https://nlp.stanford.edu/data/wordvecs/glove.twitter.27B.zip)

[15] 自由時報 蘇金鳳，《中市明第二輪分區限水 百貨業買 20 個水塔桶》，2021
(https://news.ltn.com.tw/news/life/breakingnews/3497315)

[16] 布丁布丁吃布丁，《彙整中文與英文的詞性標註代號》，2017
(http://blog.pulipuli.info/2017/11/fasttag-identify-part-of-speech-in.html)

[17] spaCy
(https://spacy.io/usage)

[18] spaCy Quickstart
(https://spacy.io/usage/models)

[19] pkuseg GitHub
(https://github.com/explosion/spacy-pkuseg)

[20] spaCy『spaCy 101: Everything you need to know』
(https://spacy.io/usage/spacy-101)

[21] spaCy Token
(https://spacy.io/api/token)

[22] glossary.py GitHub
(https://github.com/explosion/spaCy/blob/master/spacy/glossary.py)

[23] displaCy visualizer 的說明文件
(https://spacy.io/api/top-level#displacy)

第 12 章
自然語言處理的演算法

上一章我們認識了自然語言處理的前置處理和詞向量應用，接下來這章將探討自然語言處理相關的深度學習演算法。

自然語言的推斷 (Inference) 不僅需要考慮語文上下文的關聯，還要考量人類特殊的能力 -- 記憶力，譬如，我們從小就學習歷史，講到治水，第一個可能想到治水的老祖宗『大禹』，講到台灣嘉南水庫，就會聯想到『八田與一』，這就是記憶力的影響，就算時間再久遠，都會深印在腦中。因此，NLP 相關的深度學習演算法要能夠提升預測準確率，模型就必須額外添加上下文關聯與記憶力的功能。

我們會依照循環神經網路發展的軌跡依序說明，從簡單的 RNN、LSTM、注意力機制 (Attention)、到 Transformer 等演算法，包括目前最夯的 BERT 模型。

12-1　循環神經網路 (RNN)

一般神經網路以迴歸為基礎，以特徵 (x) 預測目標 (y)，但 NLP 的特徵並不互相獨立，他們有上下文的關聯，因此，循環神經網路 (Recurrent Neural Network, 以下簡稱 RNN) 就像自迴歸 (Auto-regression) 模型一樣，會考慮同一層前面的神經元影響。可以用數學式表示兩者的差異：

- 迴歸：$y=Wx+b$

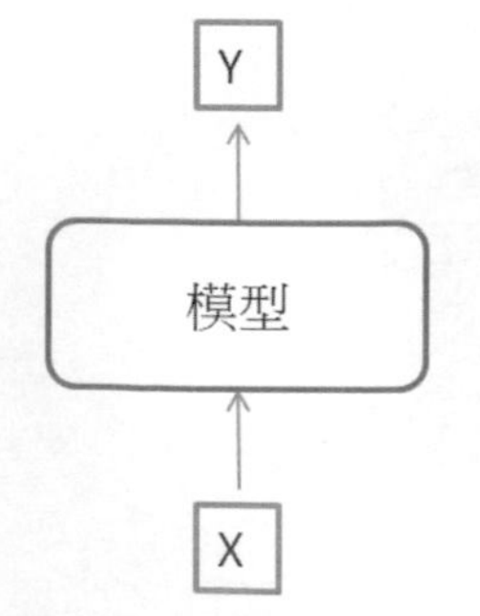

▲ 圖 12.1　迴歸的示意圖

- RNN：

  $h_t = W * h_{t-1} + U * x_t + b$

  $y = V * h_t$

  其中 W、U、V 都是權重，h 為隱藏層的輸出。

可以看到時間點 t 的 h 會受到前一時間點的 h_{t-1} 影響，如下圖：

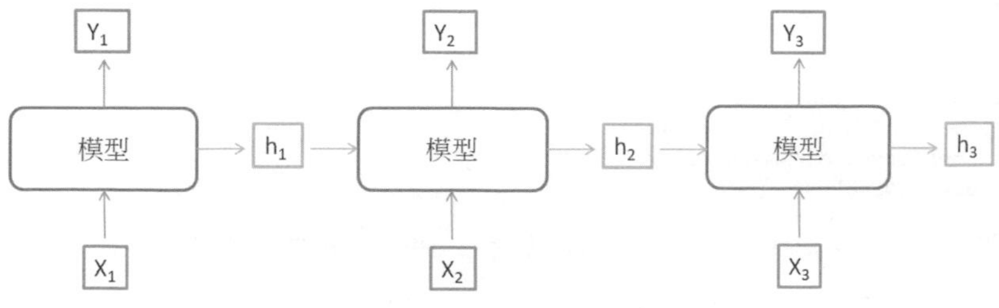

▲ 圖 12.2 RNN 的示意圖

由於每一個時間點的模型都類似，因此又可簡化為下圖的循環網路，這不僅有助於理解，在開發時也可簡化為遞迴結構：

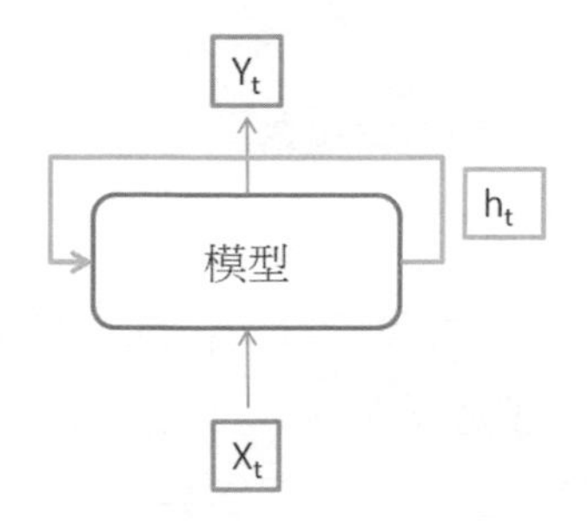

▲ 圖 12.3 RNN 循環

歸納上述說明，一般神經網路假設同一層的神經元是互相獨立的，而 RNN 則將同一層的前一個神經元也視為輸入。

PyTorch 直接支援嵌入層 (Embedding layer)、RNN 神經層以及相關的文字處理的輔助函數，以上均含在 torchtext 模組中，就讓我們透過實作逐步瞭解各函數用法。

torchtext 需額外安裝，指令如下：

```
pip install torchtext
```

範例

01 簡單的 RNN 模型測試。

➤ 下列程式碼請參考【12_01_RNN_test.ipynb】。

1. 載入相關套件：以下先對嵌入層、RNN 神經層進行簡單測試，以瞭解他們的輸入 / 輸出規格及參數的設定。

```
1 import torch
2 import torch.nn as nn
3 import torch.nn.functional as F
4 import torch.optim as optim
5 import torchtext
```

2. 嵌入層：在自然語言處理時，通常會在 RNN 神經層前先插入一個嵌入層，將輸入轉換成二維矩陣，即每個單字以一維向量表示，第二維為語句長度。之前使用 BOW 時，在詞彙表 (Vocabulary) 很大的情況下，轉換後會造成稀疏矩陣，即矩陣中的元素大部分為 0，不僅浪費記憶體空間，也會影響計算的效能，改用嵌入層可以將輸入轉換為稠密的向量空間 (dense vector)。嵌入層的參數如下：

- num_embeddings：詞彙表的單字個數。
- embedding_dim：輸出向量的元素個數。
- padding_idx：指定索引值的權重不參與梯度下降，為固定值，通常是指不包含在詞彙表中的單字，一般是插入詞彙表最前面，即索引值為 0，若不填此參數，表示輸入語句不會有詞彙表外的單字。
- freeze：是否凍結嵌入層，若先利用 Word2Vec/GloVe 等預先訓練模型轉換為詞向量，嵌入層就不用參與訓練，此參數即可設為 True，或之後下指令 embeds.weight.requires_grad = False。
- 其他參數請參閱 PyTorch 官網嵌入層説明 [1]。

3. 嵌入層測試：輸入兩筆資料，內含值 (0~5) 為在詞彙表中的索引值，故 nn.Embedding 第一個參數為 6，表示詞彙表含 6 個單字。

```
1 x = torch.LongTensor([[0,1,2], [3,4,5]])
2 embeds = nn.Embedding(6, 5)
3 print(embeds(x))
```

- 執行結果：nn.Embedding 第二個參數為 5，表示每個單字以 5 個實數表示。

```
tensor([[[ 0.6531, -1.9722, -0.6393,  0.9719, -0.5552],
         [ 1.7436,  0.6179,  0.5530, -0.0325,  0.9319],
         [ 0.0876, -0.2328,  2.6156, -0.7486, -1.1053]],

        [[-0.6745, -0.8500, -0.7149, -1.9410, -0.1172],
         [ 0.4337, -2.5339,  0.5160,  0.1252, -1.2865],
         [-0.7444,  0.9612,  0.7005, -0.3367, -0.9618]]],
       grad_fn=<EmbeddingBackward0>)
```

4. 顯示嵌入層的起始權重：與其他的神經層一樣，起始權重都是取隨機亂數，嵌入層起始權重預設為標準常態分配 N(0, 1)。

```
1 embeds.weight
```

- 執行結果： 6x5 矩陣。

```
tensor([[-0.2854,  0.4994, -1.2292,  0.0285, -1.4484],
        [-0.4937,  0.7987, -0.5471,  1.5526,  1.3826],
        [-0.1778, -1.9945,  0.3916,  0.7550,  0.2322],
        [ 0.2465,  0.7877,  0.3312,  0.5031, -0.3601],
        [ 0.9708,  0.3138, -0.4496,  1.8550,  0.6466],
        [ 2.1568,  0.5826, -1.4558,  0.1674,  1.6133]]
```

- 輸出是依照索引值查詢上表而來的。若模型經過訓練，權重會不斷的更新，輸出也會隨之改變。

5. 輸入改為 1~6：nn.Embedding 第一個參數須改為 7，即詞彙表應含 0~6，共 7 個單字，因為輸入最大索引值為 6。

```
1 x = torch.LongTensor([[1,2,3], [4,5,6]])
2 embeds = nn.Embedding(7, 5)
3 print(embeds(x))
```

6. 以英文單字輸入：需先利用字典 (word_to_ix)，將單字轉為索引值，再輸入至嵌入層。

```
1 # 測試資料
2 word_to_ix = {"hello": 0, "world": 1}
3 # 詞彙表(vocabulary)含2個單字, 轉換為5維的向量
4 embeds = nn.Embedding(2, 5)
5 # 測試 hello
6 lookup_tensor = torch.LongTensor([word_to_ix["hello"]])
7 hello_embed = embeds(lookup_tensor)
8 print(hello_embed)
```

- 執行結果：

  [[1.9159, -0.2962, -0.0246, 1.7593, 0.1425]]

7. RNN 層測試：RNN 神經層通常會接在嵌入層後面，也可以單獨使用，參數如下：

- input_size：特徵個數。
- hidden_size：隱藏層的神經元個數 H_{out}。
- num_layers：RNN 神經層的層數，層數大於 1，稱為堆疊 (Stacked) RNN，比 TensorFlow 方便很多，TensorFlow 需層層設定，每一層的相關參數必須正確設定才能運作。

- dropout：若大於 0，則 RNN 後會加上 dropout 層，此參數為它拋棄神經元的比例。
- bidirectional：RNN 預設只考慮上文，若要同時考慮上下文，可設為 True。
- RNN 輸入的維度可以是二維 (L、H_{in}) 或三維 (L、N、H_{in})，後者含批量。
  - L 是序列長度 (sequence length)，即字串長度。
  - H_{in} 即特徵個數 (input_size)。
  - N 是批量 (batch size)。
- batch_first：若是 True，輸入維度須為 (N、L、H_{in})，若是二維 (L、H_{in})，則無影響，參數預設值為 False。
- RNN 輸出有兩個，若輸入維度是二維，以下的 N 也會去掉：
  - 輸出 (Output)：維度為 (L、N、H_{out})，包含最後一層的輸出特徵，❗注意 **採雙向 (bidirectional=True) 時，輸出個數會有 2 倍，接在後面的神經層輸入參數設定要相符，才不會出錯。**
  - 隱藏層狀態 (hidden state)：維度為 (num_layers、N、H_{out})，包含每一層最後的隱藏層狀態，❗注意 **採雙向 (bidirectional=True) 時**，維度為 (num_layers*2、N、H_{out})，**接在後面的神經層輸入參數設定要相符，才不會出錯**。
- RNN 兩種輸出的區別如下圖，例如輸入為『TAKE』4 個字母，經 RNN 處理後，輸出 (Output) 為每個字母預測的結果，隱藏層狀態 (hidden state) 為每一神經層最後的隱藏層狀態。如果只要最後的結果，通常會取 hn[-1]。

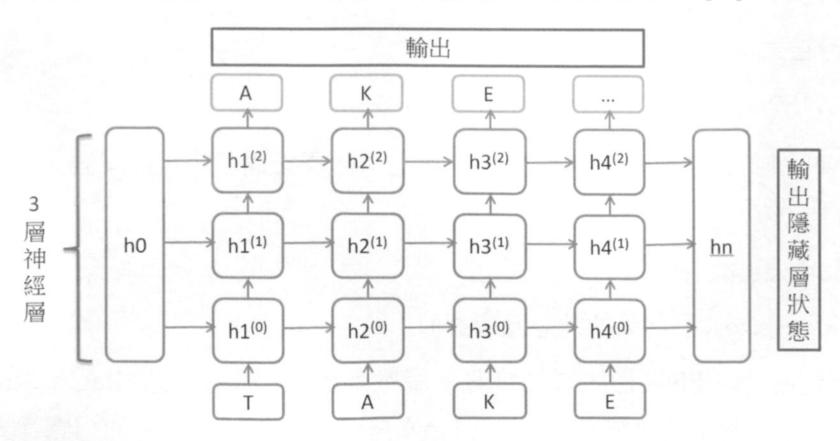

- 其他參數請參閱 PyTorch 官網 RNN 層說明 [2]。

8. 測試：輸入為二維 (L、H_{in})。

```
1 # 測試資料
2 input = torch.randn(5, 10)
3 # 建立 RNN 物件
4 rnn = nn.RNN(10, 20, 2)
5 # RNN 處理
6 output, hn = rnn(input)
7 # 顯示輸出及隱藏層的維度
8 print(output.shape, hn.shape)
```

- 執行結果：輸出維度為 [5, 20] (L、H_{out})，隱藏層維度為 [2, 20] (num_layers、H_{out})。

9. 測試：輸入為三維 (L、N、H_{in})。

```
1 # 測試資料
2 input = torch.randn(5, 4, 10)
3 # 建立 RNN 物件
4 rnn = nn.RNN(10, 20, 2)
5 # RNN 處理
6 output, hn = rnn(input)
7 # 顯示輸出及隱藏層的維度
8 print(output.shape, hn.shape)
```

- 執行結果：輸出維度為 [5, 4, 20] (L、N、H_{out})，隱藏層維度為 [2, 4, 20] (num_layers、N、H_{out})。

10. RNN 的輸入可以有初始的隱藏層狀態 (h_0)，h_0 最後一維需等於 H_{out}。

```
 1 # 測試資料
 2 input = torch.randn(5, 3, 10)
 3 # 建立 RNN 物件
 4 rnn = nn.RNN(10, 20, 2)
 5 # 隱藏層的輸入
 6 h0 = torch.randn(2, 3, 20)
 7 # RNN 處理
 8 output, hn = rnn(input, h0)
 9 # 顯示輸出及隱藏層的維度
10 print(output.shape, hn.shape)
```

- 執行結果：輸出維度為 [5, 3, 20]，隱藏層維度為 [2, 3, 20]。

接著介紹 PyTorch 前置處理功能，除了 NLTK、spaCy 等套件外，PyTorch 也提供簡單的前置處理功能。

11. 分詞：

```
1 from torchtext.data.utils import get_tokenizer
2 
3 tokenizer = get_tokenizer('basic_english')
4 
5 text = 'Could have done better.'
6 tokenizer(text)
```

- 執行結果：['could', 'have', 'done', 'better', '.']。

12. 詞彙表處理：PyTorch 詞彙表物件，可提供詞彙表建立、單字與索引值互轉等功能。

```
from torchtext.vocab import vocab
from collections import Counter, OrderedDict

# BOW 統計
counter = Counter(tokenizer(text))
# 依出現次數降冪排列
sorted_by_freq_tuples = sorted(counter.items(),
                               key=lambda x: x[1], reverse=True)
# 建立詞彙字典
ordered_dict = OrderedDict(sorted_by_freq_tuples)

# 建立詞彙表物件，並加一個未知單字(unknown)的索引值
vocab_object = torchtext.vocab.vocab(ordered_dict, specials=["<unk>"])
# 設定詞彙表預設值為未知單字(unknown)的索引值
vocab_object.set_default_index(vocab_object["<unk>"])

# 測試
vocab_object['done']
```

13. 取得詞彙表的所有單字。

```
vocab_object.get_itos()
```

- 執行結果：['<unk>', 'could', 'have', 'done', 'better', '.']。

14. 取得詞彙表的單字個數。

```
vocab_object.__len__()
```

- 執行結果：6。

15. 資料轉換函數：去除標點符號、建立詞彙表物件。

```
import string

def create_vocabulary(text_list):
    # 取得標點符號
    stopwords = list(string.punctuation)

    # 去除標點符號
    clean_text_list = []
    clean_tokens_list = []
    for text in text_list:
        tokens = tokenizer(text)
        clean_tokens = []
        for w in tokens:
            if w not in stopwords:
                clean_tokens.append(w)
        clean_tokens_list += clean_tokens
```

```
        clean_text_list.append(' '.join(clean_tokens))

    # 建立詞彙表物件
    counter = Counter(clean_tokens_list)
    sorted_by_freq_tuples = sorted(counter.items(),
                                   key=lambda x: x[1], reverse=True)
    ordered_dict = OrderedDict(sorted_by_freq_tuples)
    vocab_object = torchtext.vocab.vocab(ordered_dict, specials=["<unk>"])
    vocab_object.set_default_index(vocab_object["<unk>"])
    # 將輸入字串轉為索引值：自詞彙表物件查詢索引值
    clean_index_list = []
    for clean_tokens_list in clean_text_list:
        clean_index_list.append(
            vocab_object.lookup_indices(clean_tokens_list.split(' ')))

    # 輸出 詞彙表物件、去除標點符號的字串陣列、字串陣列的索引值
    return vocab_object, clean_text_list, clean_index_list
```

整合以上功能，實作一個簡單的案例，說明相關的處理程序。

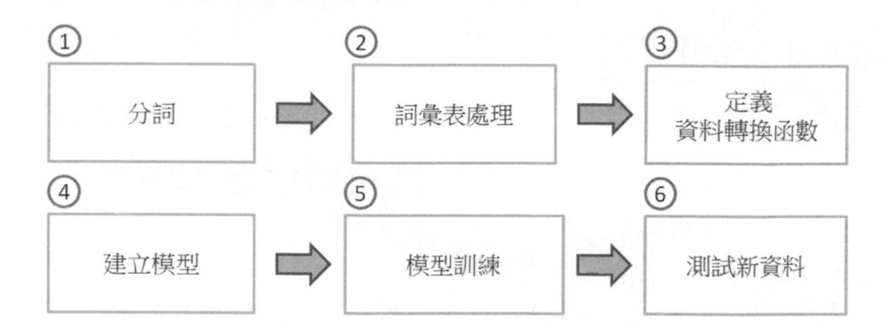

1. 建立詞彙表：整理輸入語句，截長補短，使語句長度一致。

```
maxlen = 4      # 語句最大字數
# 測試資料
docs = ['Well done!',
        'Good work',
        'Great effort',
        'nice work',
        'Excellent!',
        'Weak',
        'Poor effort!',
        'not good',
        'poor work',
        'Could have done better']

vocab_object, clean_text_list, clean_index_list = create_vocabulary(docs)

# 若字串過長，刪除多餘單字
clean_index_list = torchtext.functional.truncate(clean_index_list, maxlen)

# 若字串長度不足，後面補 0
while len(clean_index_list[0]) < maxlen:
    clean_index_list[0] += [0]
torchtext.functional.to_tensor(clean_index_list, 0) # 0：不足補0
```

- 執行結果：

```
tensor([[ 6,  2,  0,  0],
        [ 3,  1,  0,  0],
        [ 7,  4,  0,  0],
        [ 8,  1,  0,  0],
        [ 9,  0,  0,  0],
        [10,  0,  0,  0],
        [ 5,  4,  0,  0],
        [11,  3,  0,  0],
        [ 5,  1,  0,  0],
        [12, 13,  2, 14]])
```

2. 嵌入層轉換。

```
1 # 測試
2 embeds = nn.Embedding(vocab_object.__len__(), 5)
3 X = torchtext.functional.to_tensor(clean_index_list, 0) # 0:不足補0
4 embed_output = embeds(X)
5 print(embed_output.shape)
```

- 執行結果：[10, 4, 5]。

3. 再接完全連接層 (Linear)，進行分類預測，正面情緒為 1，負面情緒為 0。

- 嵌入層輸出為 2 維或 3 維，而完全連接層輸入為 1 維，故須使用 reshape 轉換成 1 維。

```
1  class RecurrentNet(nn.Module):
2      def __init__(self, vocab_size, embed_dim, num_class):
3          super().__init__()
4          self.embedding = nn.Embedding(vocab_size, embed_dim)
5          self.fc = nn.Linear(embed_dim * maxlen, num_class) # 要乘以 maxlen
6          self.embed_dim = embed_dim
7          self.init_weights()
8
9      def init_weights(self):
10         initrange = 0.5
11         self.embedding.weight.data.uniform_(-initrange, initrange)
12         self.fc.weight.data.uniform_(-initrange, initrange)
13         self.fc.bias.data.zero_()
14
15     def forward(self, text):
16         embedded = self.embedding(text)
17         out = embedded.reshape(embedded.size(0), -1) # 轉換成1維
18         return self.fc(out)
19
20 model = RecurrentNet(vocab_object.__len__(), 10, 1)
```

- 以上模型也可使用 nn.EmbeddingBag：EmbeddingBag 會將詞向量平均，也可以設定加總 (mode="sum") 或最大值 (mode="max")，會將 2 維轉換成 1 維。

```
1  class RecurrentNet(nn.Module):
2      def __init__(self, vocab_size, embed_dim, num_class):
3          super().__init__()
4          self.embedding = nn.EmbeddingBag(vocab_size, embed_dim)
5          self.fc = nn.Linear(embed_dim, num_class)
6          self.embed_dim = embed_dim
7          self.init_weights()
8
9      def init_weights(self):
10         initrange = 0.5
11         self.embedding.weight.data.uniform_(-initrange, initrange)
12         self.fc.weight.data.uniform_(-initrange, initrange)
13         self.fc.bias.data.zero_()
14
15     def forward(self, text):
16         embedded = self.embedding(text)
17         return self.fc(embedded)
18
19 model = RecurrentNet(vocab_object.__len__(), 10, 1)
```

4. 模型訓練。

```
1  # 定義 10 個語句的正面(1)或負面(0)的情緒
2  y = torch.FloatTensor([1,1,1,1,1,0,0,0,0,0])
3  X = torchtext.functional.to_tensor(clean_index_list, 0) # 0:不足補0
4
5  # 指定優化器、損失函數
6  criterion = torch.nn.MSELoss()
7  optimizer = torch.optim.Adam(model.parameters())
8
9  # 模型訓練
10 for epoch in range(1000):
11     outputs = model.forward(X) #forward pass
12     optimizer.zero_grad()
13     loss = criterion(outputs.reshape(-1), y)
14     loss.backward()
15     optimizer.step()
16     if epoch % 100 == 0:
17         #print(outputs.shape)
18         print(f"Epoch: {epoch}, loss: {loss.item():1.5f}")
```

- 執行結果：經過訓練後，觀察損失逐漸降低。

```
Epoch: 0, loss: 0.48356
Epoch: 100, loss: 0.17130
Epoch: 200, loss: 0.07601
Epoch: 300, loss: 0.03124
Epoch: 400, loss: 0.00997
Epoch: 500, loss: 0.00296
Epoch: 600, loss: 0.00108
Epoch: 700, loss: 0.00049
Epoch: 800, loss: 0.00025
Epoch: 900, loss: 0.00013
```

5. 訓練資料預測。

```
1 # 模型評估
2 model.eval()
3 model(X)
```

- 執行結果：機率在0.5以上為正面，反之為負面，前5句為正面，後5句為負面，結果與真實答案相符。

```
tensor([[ 1.0000e+00],
        [ 9.8935e-01],
        [ 1.0092e+00],
        [ 9.9873e-01],
        [ 9.9942e-01],
        [-2.1182e-03],
        [-1.3330e-02],
        [ 5.5699e-03],
        [ 1.5421e-02],
        [-1.7509e-06]], grad_fn=<AddmmBackward0>)
```

6. 測試資料預測。

```
1 # 測試資料
2 test_docs = ['great effort', 'well done',
3         'poor effort']
4
5 # 轉成數值
6 clean_index_list = []
7 for text in test_docs:
8     clean_index_list.append(vocab_object.lookup_indices(text.split(' ')))
9 while len(clean_index_list[0]) < maxlen:
10     clean_index_list[0] += [0]
11
12 clean_index_list = torchtext.functional.truncate(clean_index_list, maxlen)
13 X = torchtext.functional.to_tensor(clean_index_list, 0) # 0:不足補0
14 model(X)
```

- 執行結果：判斷正確。

```
tensor([[ 1.0004e+00],
        [ 1.0005e+00],
        [-8.5166e-04]], grad_fn=<AddmmBackward0>)
```

以上是使用 PyTorch 內建的嵌入層轉換，如果使用預先訓練好的詞向量轉換是否更方便，而且更準確呢？畢竟詞向量的訓練樣本較齊全，且輸出更高的維度。PyTorch 支援 GloVe、FastText 及 CharNGram 三種詞向量，各有多種模型及維度，整理如下，也可參閱 PyTorch 原始程式碼 [3]：

- charngram.100d
- fasttext.en.300d

- fasttext.simple.300d
- glove.42B.300d
- glove.840B.300d
- glove.twitter.27B.25d
- glove.twitter.27B.50d
- glove.twitter.27B.100d
- glove.twitter.27B.200d
- glove.6B.50d
- glove.6B.100d
- glove.6B.200d
- glove.6B.300d

以下我們就以 GloVe 為例進行測試。

1. 讀取 GloVe 50 維的詞向量，轉換為 GloVe 50 維的詞向量。

```
1 # https://pytorch.org/text/stable/vocab.html#glove
2 examples = ['great']
3 vec = torchtext.vocab.GloVe(name='6B', dim=50)
4 ret = vec.get_vecs_by_tokens(examples, lower_case_backup=True)
5 ret
```

- 執行結果：

```
tensor([[-0.0266,  1.3357, -1.0280, -0.3729,  0.5201, -0.1270, -0.3543,  0.3782,
         -0.2972,  0.0939, -0.0341,  0.9296, -0.1402, -0.6330,  0.0208, -0.2153,
          0.9692,  0.4765, -1.0039, -0.2401, -0.3632, -0.0048, -0.5148, -0.4626,
          1.2447, -1.8316, -1.5581, -0.3747,  0.5336,  0.2088,  3.2209,  0.6455,
          0.3744, -0.1766, -0.0242,  0.3379, -0.4190,  0.4008, -0.1145,  0.0512,
         -0.1521,  0.2986, -0.4405,  0.1109, -0.2463,  0.6625, -0.2695, -0.4966,
         -0.4162, -0.2549]])
```

2. 顯示詞向量大小。

```
1 vec.vectors.size()
```

- 執行結果：(400000, 50) 表示此模型含 40 萬個單字，每一單字以 50 維向量表示。

3. 查詢單字的詞向量索引值。

```
1 vec.stoi['great']
```

4. 建立模型：Embedding 不需訓練，直接設定嵌入層權重，詳細說明可參閱『How to use Pre-trained Word Embeddings in PyTorch』[4]。

```
1  class RecurrentNet(nn.Module):
2      def __init__(self, weights_matrix, num_embeddings, embedding_dim, num_class):
3          super().__init__()
4          self.embedding = nn.EmbeddingBag(num_embeddings, embedding_dim)
5          # 設定嵌入層權重
6          self.embedding.load_state_dict({'weight': weights_matrix})
7          self.fc = nn.Linear(embedding_dim, num_class)
8  
9      def forward(self, text):
10         embedded = self.embedding(text)
11         return self.fc(embedded)
```

5. 測試資料轉換。

```
1  docs = ['Well done!',
2          'Good work',
3          'Great effort',
4          'nice work',
5          'Excellent!',
6          'Weak',
7          'Poor effort!',
8          'not good',
9          'poor work',
10         'Could have done better']
11 
12 # 將詞彙表轉為詞向量
13 clean_text_list = []
14 clean_tokens_list = []
15 for i, text in enumerate(docs):
16     tokens = tokenizer(text.lower())
17     clean_tokens = []
18     for w in tokens:
19         if w not in stopwords:
20             clean_tokens.append(w)
21     clean_tokens_list += clean_tokens
22     clean_text_list.append(clean_tokens)
23     tokens_vec = vec.get_vecs_by_tokens(clean_tokens)
24 vocab_list = list(set(clean_tokens_list))
25 weights_matrix = vec.get_vecs_by_tokens(vocab_list)
```

6. 定義 10 個語句的正面 (1) 或負面 (0) 的情緒，並將 10 個語句轉換為詞彙表索引值。

```
1  # 定義 10 個語句的正面(1)或負面(0)的情緒
2  y = torch.FloatTensor([1,1,1,1,1,0,0,0,0,0])
3  X = torch.LongTensor(np.zeros((len(docs), maxlen)))
4  for i, item in enumerate(clean_text_list):
5      for j, token in enumerate(item):
6          if token in vocab_list:
7              X[i, j] = vocab_list.index(token)
8  X
```

- 執行結果：

```
tensor([[ 9,  6,  0,  0],
        [10,  4,  0,  0],
        [13, 12,  0,  0],
        [ 0,  4,  0,  0],
        [ 7,  0,  0,  0],
        [ 8,  0,  0,  0],
        [ 2, 12,  0,  0],
        [ 5, 10,  0,  0],
        [ 2,  4,  0,  0],
        [ 3, 11,  6,  1]])
```

7. 模型訓練：將詞彙表的詞向量(weights_matrix)餵入模型，設定為嵌入層權重。

```
1  # 建立模型物件
2  model = RecurrentNet(torch.FloatTensor(weights_matrix), len(vocab_list), 50, 1)
3
4  # 指定優化器、損失函數
5  criterion = torch.nn.MSELoss()
6  optimizer = torch.optim.Adam(model.parameters())
7
8  # 模型訓練
9  for epoch in range(1000):
10     outputs = model.forward(X) #forward pass
11     optimizer.zero_grad()
12     loss = criterion(outputs.reshape(-1), y)
13     loss.backward()
14     optimizer.step()
15     if epoch % 100 == 0:
16         #print(outputs.shape)
17         print(f"Epoch: {epoch}, loss: {loss.item():1.5f}")
```

8. 觀察訓練資料的預測結果。

```
1  # 模型評估
2  model.eval()
3  model(X)
```

- 執行結果：完全正確。

```
tensor([[ 1.0002e+00],
        [ 1.0006e+00],
        [ 1.0018e+00],
        [ 9.9592e-01],
        [ 1.0006e+00],
        [ 7.7283e-04],
        [-2.3356e-03],
        [-3.8705e-04],
        [ 3.5572e-03],
        [-4.7453e-05]], grad_fn=<AddmmBackward0>)
```

9. 觀察測試資料的預測結果。

```
1  # 測試資料
2  test_docs = ['great effort', 'well done',
3          'poor effort']
4
5  # 轉成數值
6  X = torch.LongTensor(np.zeros((len(test_docs), maxlen)))
7  clean_text_list = []
8  for i, text in enumerate(test_docs):
9      tokens = tokenizer(text.lower())
10     clean_tokens = []
11     for w in tokens:
12         if w not in stopwords:
13             clean_tokens.append(w)
14     clean_text_list.append(clean_tokens)
15
16 for i, item in enumerate(clean_text_list):
17     for j, token in enumerate(item):
18         if token in vocab_list:
19             X[i, j] = vocab_list.index(token)
20
21 # 預測
22 model.eval()
23 model(X)
```

- 執行結果：完全正確。

以上方式並不能預測訓練資料以外的單字，為了改善此缺點，以下將 GloVe 所有詞向量設定為嵌入層權重。

1. 建立模型。

```
1  class RecurrentNet2(nn.Module):
2      def __init__(self, vec, embedding_dim, num_class):
3          super().__init__()
4          # 將整個詞向量設定為嵌入層權重，且嵌入層設為不訓練
5          self.embedding = nn.EmbeddingBag.from_pretrained(vec, freeze=True)
6          self.fc = nn.Linear(embedding_dim, num_class)
7  .
8      def forward(self, text):
9          embedded = self.embedding(text)
10         return self.fc(embedded)
11
12 model = RecurrentNet2(vec.vectors, vec.dim, 1)
```

2. 將訓練資料轉換為 GloVe 詞向量索引值。

```
1  # 測試資料
2  docs = ['Well done!',
3          'Good work',
4          'Great effort',
5          'nice work',
6          'Excellent!',
7          'Weak',
```

```
8            'Poor effort!',
9            'not good',
10           'poor work',
11           'Could have done better']
12
13   # 轉成數值
14   X = torch.LongTensor(np.zeros((len(docs), maxlen)))
15
16   for i, text in enumerate(docs):
17       tokens = tokenizer(text.lower())
18       clean_tokens = []
19       j=0
20       for w in tokens:
21           if w not in stopwords:
22               # 轉成詞向量索引值
23               X[i, j] = vec.stoi[w]
24               j+=1
25   X
```

3. 模型訓練。

```
1   # 指定優化器、損失函數
2   criterion = torch.nn.MSELoss()
3   optimizer = torch.optim.Adam(model.parameters())
4
5   # 模型訓練
6   for epoch in range(1000):
7       outputs = model.forward(X) #forward pass
8       optimizer.zero_grad()
9       loss = criterion(outputs.reshape(-1), y)
10      loss.backward()
11      optimizer.step()
12      if epoch % 100 == 0:
13          #print(outputs.shape)
14          print(f"Epoch: {epoch}, loss: {loss.item():1.5f}")
15
16  model.eval()
17  model(X)
```

4. 輸入訓練資料以外的單字測試。

```
1   # 測試資料
2   test_docs = ['great job', 'well done',
3           'poor job']
4
5   # 轉成數值
6   X = torch.LongTensor(np.zeros((len(test_docs), maxlen)))
7   for i, text in enumerate(test_docs):
8       tokens = tokenizer(text.lower())
9       clean_tokens = []
10      j=0
11      for w in tokens:
12          if w not in stopwords:
13              X[i, j] = vec.stoi[w]
14              j+=1
15  X
```

- 執行結果：job 索引值不會為 0。

```
tensor([[353, 664,  0,  0],
        [143, 751,  0,  0],
        [992, 664,  0,  0]])
```

5. 觀察測試資料的預測結果。

```
1 # 預測
2 model.eval()
3 model(X)
```

- 執行結果：與之前結果略為不同，若測試語句較長，效果就能彰顯。

```
tensor([[ 0.6623],
        [ 0.8730],
        [-0.4088]], grad_fn=<AddmmBackward0>)
```

12-2 PyTorch 內建文本資料集

PyTorch 提供非常多內建的文本資料集 (Text Datasets)，可用於文本分類 (Text Classification)、語言模型 (Language Modeling)、機器翻譯 (Machine Translation)、序列標註 (Sequence Tagging)、問答集 (Question Answer) 及非監督式學習 (Unsupervised Learning)，詳細說明可參閱『PyTorch TorchText Datasets』[5]。要使用這些資料集，需要額外安裝套件，指令如下：

pip install torchdata

TorchData 提供 DataPipe 資料格式，是一種迭代器 (Iterator) 的資料結構，方便逐批讀取資料，可輕易和 DataLoader 整合，相關資料可參考『PyTorch TorchData Tutorial』[6]。

範例 02

實作新聞的文本分類 (Text Classification)。本範例程式來自『Text classification with the torchtext library』[7]。

➤ 下列程式碼請參考【12_02_Text_Classification.ipynb】。

資料集：AG News 是 Antonio Gulli 新聞語料庫的子集合，相關說明可參閱『AG 語料庫介紹』[8]。共有 4 類新聞：國際 (World)、運動 (Sports)、商業 (Business) 及科技 (Sci/Tec)。

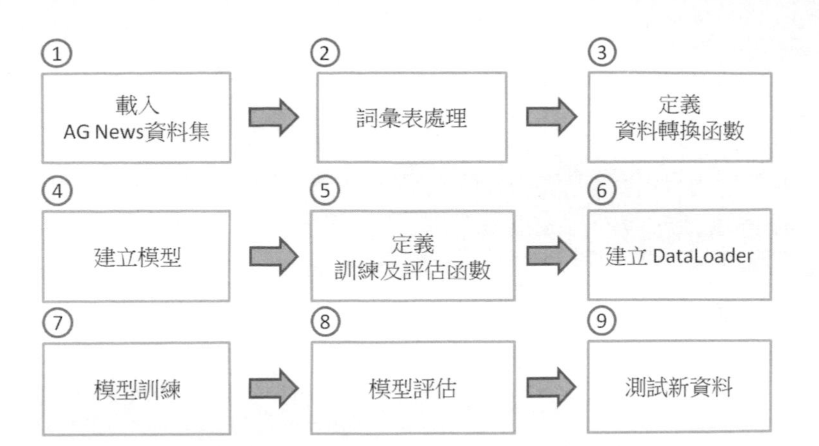

1. 載入 AG News 資料集。

```
1 import torch
2 from torchtext.datasets import AG_NEWS
3
4 news = AG_NEWS(split='train')
5
6 type(news)
```

- 執行結果如下，MapperIterDataPipe 是 DataPipe 的衍生類別。

torch.utils.data.datapipes.iter.callable.MapperIterDataPipe

2. 建立迭代器 (Iterator)：逐批讀取資料，以節省記憶體的使用。

```
1 train_iter = iter(AG_NEWS(split='train'))
```

3. 測試：讀取下一筆資料。

```
1 # 取得下一筆資料
2 next(train_iter)
```

- 執行結果：。

```
(3,
 "Wall St. Bears Claw Back Into the Black (Reuters) Reuters - Short-sellers, Wall Street's dwindling\\band of ultra-cynics, are seeing green again.")
```

4. 詞彙表處理。

```
1 from torchtext.data.utils import get_tokenizer
2 from torchtext.vocab import build_vocab_from_iterator
3
4 # 分詞
5 tokenizer = get_tokenizer('basic_english')
6
7 # 建立 Generator 函數
```

```
8   def yield_tokens(data_iter):
9       for _, text in data_iter:
10          yield tokenizer(text)
11
12  # 由 train_iter 建立詞彙字典
13  vocab = build_vocab_from_iterator(yield_tokens(train_iter), specials=["<unk>"])
14
15  # 設定預設的索引值
16  vocab.set_default_index(vocab["<unk>"])
```

5. 判斷 GPU 是否存在。

```
1   device = torch.device("cuda" if torch.cuda.is_available() else "cpu")
```

6. 測試詞彙字典。

```
1   # 測試詞彙字典，取得單字的索引值
2   vocab(['here', 'is', 'an', 'example'])
```

- 執行結果：[475, 21, 30, 5297]。

7. 參數設定。

```
1   EPOCHS = 10 # 訓練週期數
2   LR = 5   # 學習率
3   BATCH_SIZE = 64 # 訓練批量
4   # 取得標註個數
5   num_class = len(set([label for (label, text) in news]))
6   vocab_size = len(vocab)
7   emsize = 64
```

8. 定義資料轉換函數。

```
1   text_pipeline = lambda x: vocab(tokenizer(x)) # 分詞、取得單字的索引值
2   label_pipeline = lambda x: int(x) - 1 # 換成索引值
```

9. 測試資料轉換。

```
1   # 測試資料轉換
2   print(text_pipeline('here is an example'))
3   label_pipeline('10')
```

- 執行結果：[475, 21, 30, 5297]，與詞彙字典測試結果相同。

10. 建立模型：僅使用嵌入層及完全連接層，嵌入層將文字轉成向量，完全連接層依據向量進行分類。

```
1   from torch import nn
2
3   class TextClassificationModel(nn.Module):
4       def __init__(self, vocab_size, embed_dim, num_class):
5           super().__init__()
6           self.embedding = nn.EmbeddingBag(vocab_size, embed_dim, sparse=True)
```

```
        self.fc = nn.Linear(embed_dim, num_class)
        self.init_weights()

    def init_weights(self):
        initrange = 0.5
        self.embedding.weight.data.uniform_(-initrange, initrange)
        self.fc.weight.data.uniform_(-initrange, initrange)
        self.fc.bias.data.zero_()

    def forward(self, text, offsets):
        embedded = self.embedding(text, offsets)
        return self.fc(embedded)

model = TextClassificationModel(vocab_size, emsize, num_class).to(device)
```

11. 定義訓練及評估函數。

```
import time

# 訓練函數
def train(dataloader):
    model.train()
    total_acc, total_count = 0, 0
    log_interval = 500
    start_time = time.time()

    for idx, (label, text, offsets) in enumerate(dataloader):
        optimizer.zero_grad()
        predicted_label = model(text, offsets)
        loss = criterion(predicted_label, label)
        loss.backward()
        torch.nn.utils.clip_grad_norm_(model.parameters(), 0.1)
        optimizer.step()
        total_acc += (predicted_label.argmax(1) == label).sum().item()
        total_count += label.size(0)
        if idx % log_interval == 0 and idx > 0:
            elapsed = time.time() - start_time
            print('| epoch {:3d} | {:5d}/{:5d} batches '
                  '| accuracy {:8.3f}'.format(epoch, idx, len(dataloader),
                                              total_acc/total_count))
            total_acc, total_count = 0, 0
            start_time = time.time()
# 評估函數
def evaluate(dataloader):
    model.eval()
    total_acc, total_count = 0, 0

    with torch.no_grad():
        for idx, (label, text, offsets) in enumerate(dataloader):
            predicted_label = model(text, offsets)
            loss = criterion(predicted_label, label)
            total_acc += (predicted_label.argmax(1) == label).sum().item()
            total_count += label.size(0)
    return total_acc/total_count
```

12. 建立 DataLoader：collate_batch 是 DataLoader 的前置處理函數，將特徵 (X)、目標 (Y) 整理成所需格式。

- ❶ 注意 使用 EmbeddingBag 時，每筆資料不需要補 0，變成等長，只要在呼叫 EmbeddingBag 時，第二個參數放入每筆資料的起始位置即可，程式碼中的 offsets 就是在記錄這個資訊。

```
1  from torch.utils.data import DataLoader
2  from torch.utils.data.dataset import random_split
3  from torchtext.data.functional import to_map_style_dataset
4
5  # 批次處理
6  def collate_batch(batch):
7      label_list, text_list, offsets = [], [], [0]
8      for (_label, _text) in batch:
9          label_list.append(label_pipeline(_label))
10         processed_text = torch.tensor(text_pipeline(_text), dtype=torch.int64)
11         text_list.append(processed_text)
12         offsets.append(processed_text.size(0)) # 設定每筆資料的起始位置
13     label_list = torch.tensor(label_list, dtype=torch.int64)
14     offsets = torch.tensor(offsets[:-1]).cumsum(dim=0)  # 每筆資料的起始位置累加
15     text_list = torch.cat(text_list)
16     return label_list.to(device), text_list.to(device), offsets.to(device)
18 train_iter, test_iter = AG_NEWS()
19 # 轉換為 DataSet
20 train_dataset = to_map_style_dataset(train_iter)
21 test_dataset = to_map_style_dataset(test_iter)
22 # 資料切割，95% 作為訓練資料
23 num_train = int(len(train_dataset) * 0.95)
24 split_train_, split_valid_ = \
25     random_split(train_dataset, [num_train, len(train_dataset) - num_train])
26
27 # 建立DataLoader
28 train_dataloader = DataLoader(split_train_, batch_size=BATCH_SIZE,
29                               shuffle=True, collate_fn=collate_batch)
30 valid_dataloader = DataLoader(split_valid_, batch_size=BATCH_SIZE,
31                               shuffle=True, collate_fn=collate_batch)
32 test_dataloader = DataLoader(test_dataset, batch_size=BATCH_SIZE,
33                              shuffle=True, collate_fn=collate_batch)
```

13. 模型訓練。

```
1  criterion = torch.nn.CrossEntropyLoss()
2  optimizer = torch.optim.SGD(model.parameters(), lr=LR)
3  scheduler = torch.optim.lr_scheduler.StepLR(optimizer, 1.0, gamma=0.1)
4
5  total_accu = None
6  for epoch in range(1, EPOCHS + 1):
7      epoch_start_time = time.time()
8      train(train_dataloader)
9      accu_val = evaluate(valid_dataloader)
10     if total_accu is not None and total_accu > accu_val:
```

```
11            scheduler.step()
12        else:
13            total_accu = accu_val
14        print('-' * 59)
15        print('| end of epoch {:3d} | time: {:5.2f}s | '
16              'valid accuracy {:8.3f} '.format(epoch,
17                                              time.time() - epoch_start_time,
18                                              accu_val))
19        print('-' * 59)
```

- 執行結果：

```
| epoch   8 |   500/ 1782 batches | accuracy    0.940
| epoch   8 |  1000/ 1782 batches | accuracy    0.938
| epoch   8 |  1500/ 1782 batches | accuracy    0.940
-----------------------------------------------------------
| end of epoch   8 | time: 11.22s | valid accuracy    0.916
-----------------------------------------------------------
| epoch   9 |   500/ 1782 batches | accuracy    0.938
| epoch   9 |  1000/ 1782 batches | accuracy    0.941
| epoch   9 |  1500/ 1782 batches | accuracy    0.938
-----------------------------------------------------------
| end of epoch   9 | time: 11.85s | valid accuracy    0.916
-----------------------------------------------------------
| epoch  10 |   500/ 1782 batches | accuracy    0.939
| epoch  10 |  1000/ 1782 batches | accuracy    0.940
| epoch  10 |  1500/ 1782 batches | accuracy    0.939
-----------------------------------------------------------
| end of epoch  10 | time: 11.29s | valid accuracy    0.916
-----------------------------------------------------------
```

14. 模型評估。

```
1 print(f'測試資料準確度: {evaluate(test_dataloader):.3f}')
```

- 執行結果，準確度 : 0.904。

15. 測試新資料。

```
1  # 新聞類別
2  ag_news_label = {1: "World",
3                   2: "Sports",
4                   3: "Business",
5                   4: "Sci/Tec"}
6
7  # 預測
8  def predict(text, text_pipeline):
9      with torch.no_grad():
10         text = torch.tensor(text_pipeline(text)).to(device)
11         output = model(text, torch.tensor([0])).to(device)
12         return output.argmax(1).item() + 1
13
14 # 測試資料
15 ex_text_str = "MEMPHIS, Tenn. - Four days ago, Jon Rahm was \
```

```
16         enduring the season's worst weather conditions on Sunday at The \
17         Open on his way to a closing 75 at Royal Portrush, which \
18         considering the wind and the rain was a respectable showing. \
19         Thursday's first round at the WGC-FedEx St. Jude Invitational \
20         was another story. With temperatures in the mid-80s and hardly any \
21         wind, the Spaniard was 13 strokes better in a flawless round. \
22         Thanks to his best putting performance on the PGA Tour, Rahm \
23         finished with an 8-under 62 for a three-stroke lead, which \
24         was even more impressive considering he'd never played the \
25         front nine at TPC Southwind."
26
27  print(ag_news_label[predict(ex_text_str, text_pipeline)])
```

- 執行結果：Sports，屬於運動類新聞。

16. 再從美國職業棒球大聯盟 (MLB) 剪一段新聞存入檔案，進行測試。

```
1  my_test = open('./nlp_data/news.txt', encoding='utf8').read()
2  print(ag_news_label[predict(my_test, text_pipeline)])
```

- 執行結果：Sports，屬於運動類新聞。

上述模型僅使用嵌入層及完全連接層，若要插入 RNN 層，模型建構如下，請參閱程式【12_03_RNN_Text_Classification.ipynb】：

```
1  from torch import nn
2
3  class TextClassificationModel(nn.Module):
4      def __init__(self, vocab_size, embed_dim, num_class):
5          super().__init__()
6          self.embedding = nn.EmbeddingBag(vocab_size, embed_dim, sparse=True)
7          self.rnn = nn.RNN(embed_dim, 32)
8          self.fc = nn.Linear(32, num_class)
9          self.init_weights()
10
11     def init_weights(self):
12         initrange = 0.5
13         self.embedding.weight.data.uniform_(-initrange, initrange)
14         self.fc.weight.data.uniform_(-initrange, initrange)
15         self.fc.bias.data.zero_()
16
17     def forward(self, text, offsets):
18         embedded = self.embedding(text, offsets)
19         rnn_out, h_out = self.rnn(embedded)
20         return self.fc(rnn_out)
21
22 model = TextClassificationModel(vocab_size, emsize, num_class).to(device)
```

在文本分類上，是否使用 RNN 層並不重要，但若是其他任務，例如文本生成 (Text Generation)，要預測下一個單字或句子，RNN 層就很重要了。

12-3 長短期記憶網路 (LSTM)

簡單 (Vanilla) RNN 只考慮上文 (上一個神經元)，如果要同時考慮下文，可以直接設定參數 bidirectional=True 即可，要多個 RNN，也只要設定參數 num_layers=N。

但是簡單的 RNN 還是有一個重大的瑕疵，它跟 CNN 一樣，為簡化模型均假設『權值共享』(Shared Weights)，因此，公式由 h_t、h_{t-1}、h_{t-2}⋯，往前推：

$$h_t = W * h_{t-1} + U * x_t + b$$

$$h_{t-1} = W * h_{t-2} + U * x_{t-1} + b$$

$$\rightarrow h_t = W * (W * h_{t-2} + U * x_{t-1} + b) + U * x_t + b$$

$$\rightarrow h_t = (W^2 * h_{t-2} + W * U * x_{t-1} + W * b) + U * x_t + b$$

- 若 W<1，則越前面的神經層 W^n 會愈來愈小，造成影響力越小，這種現象稱為『梯度消失』(Vanishing Gradient)。
- 反之，若 W>1，則越前面的神經層 W^n 會愈來愈大，造成『梯度爆炸』(Exploding Gradient)，優化求解無法收斂。

梯度消失導致考慮的上文長度有限，因此，Hochreiter 和 Schmidhuber 於 1997 年提出『長短期記憶網路』(Long Short Term Memory Network, LSTM) 演算法，額外維護一條記憶網路，希望能讓較久遠的記憶發揮影響力，例如，談到『草船借箭』，我們會直接聯想到『孔明借東風』，以下圖比較 LSTM 與簡單 RNN 的差別：

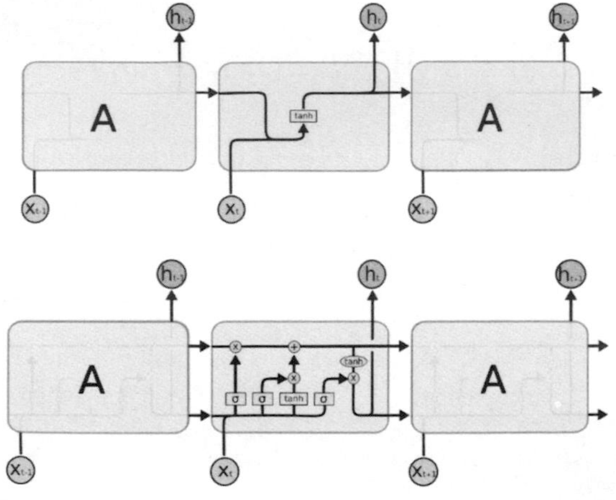

▲ 圖 12.4 RNN 與 LSTM 內部結構的比較，上圖為 RNN，下圖為 LSTM，圖片來源：Understanding LSTM Networks [9]

我們將圖 12.4 的 LSTM 進行拆解，就可以瞭解 LSTM 的運算機制：

1. 額外維護一條記憶線 (Cell state)。

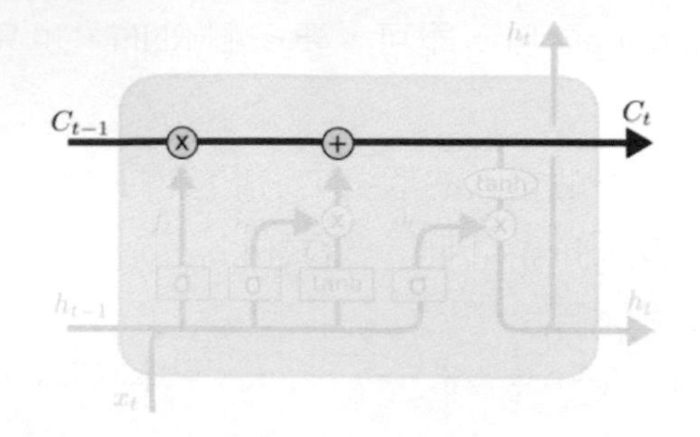

2. LSTM 多了四個閥 (Gate)，用來維護記憶網路與預測網路：即圖 12.4 中的 ⊗、⊕ (原圖粉紅色標誌)。

3. 遺忘閥 (Forget Gate)：決定之前記憶是否刪除，σ 為 sigmoid 神經層，輸出為 0 時，乘以原記憶，表示刪除，反之則為保留記憶。

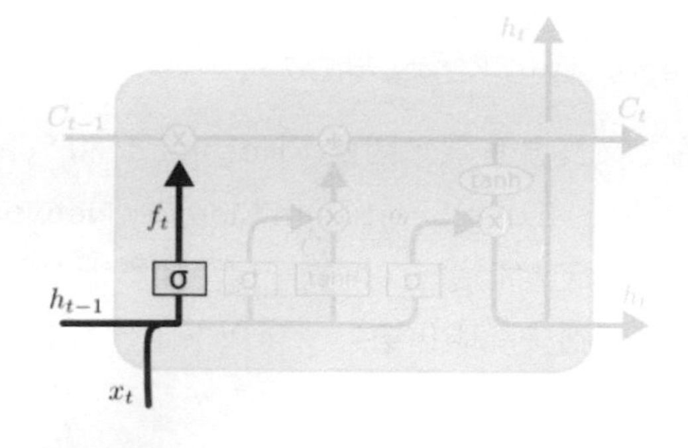

$$f_t = \sigma\left(W_f \cdot [h_{t-1}, x_t] \ + \ b_f\right)$$

4. 輸入閥 (Input Gate)：輸入含目前的特徵 (x_t) 加 t-1 時間點的隱藏層 (h_{t-1})，透過 σ(sigmoid)，得到輸出 (i_t) ，而記憶 (Ct) 使用 tanh activation function，其值介於 (-1, 1)，兩者相乘，再加入到記憶線上。

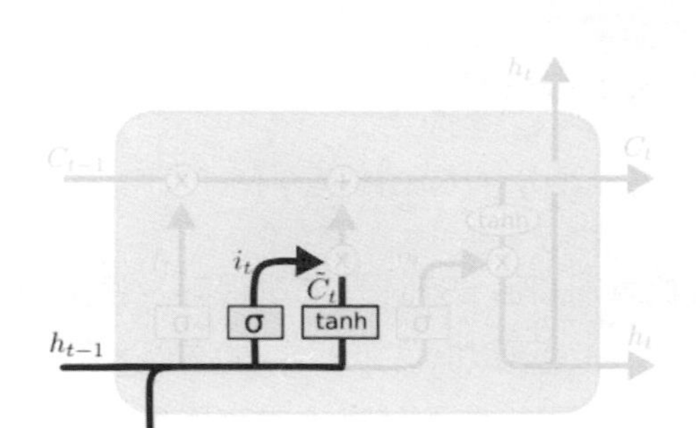

$$i_t = \sigma\left(W_i \cdot [h_{t-1}, x_t] \ + \ b_i\right)$$
$$\tilde{C}_t = \tanh(W_C \cdot [h_{t-1}, x_t] \ + \ b_C)$$

5. 更新閥 (Update Gate)：更新記憶 (Ct)，為之前的記憶加上目前增加的資訊。

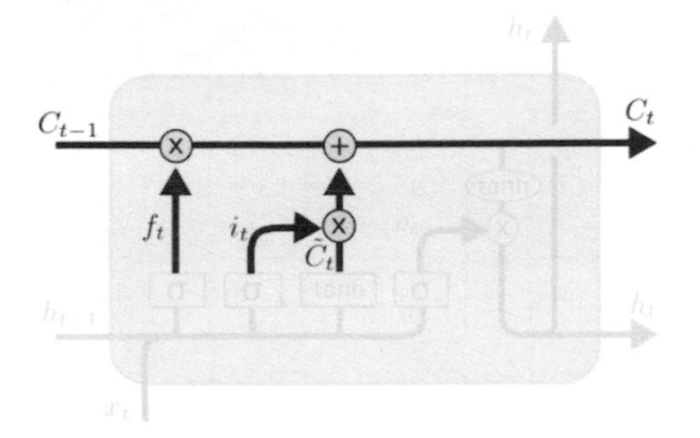

$$C_t = f_t * C_{t-1} + i_t * \tilde{C}_t$$

6. 輸出閥 (Output Gate)：將目前 RNN 神經層的輸出，乘以更新的記憶 (Ct)，即為 LSTM 輸出。

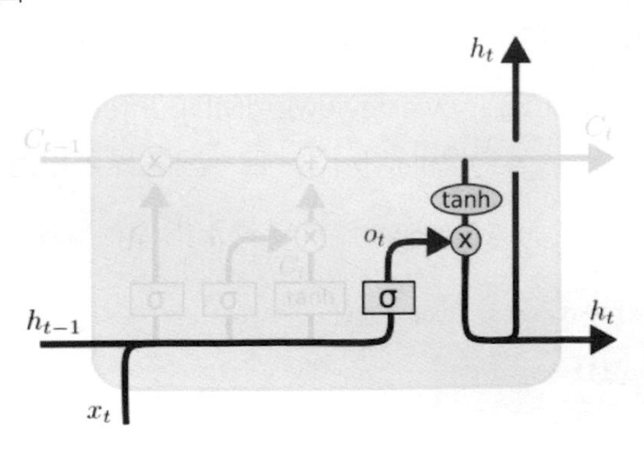

$$o_t = \sigma\left(W_o\left[h_{t-1}, x_t\right] + b_o\right)$$

$$h_t = o_t * \tanh\left(C_t\right)$$

依照前面的拆解，大概就能知道 LSTM 是怎麼保存及使用記憶了，網路上也有人直接用 NumPy 開發 LSTM，可以徹底瞭解上述運算，不過，既然深度學習套件均已直接定義 LSTM 神經層了，我們就直接拿來用了。

LSTM 神經層與 RNN 參數設定幾乎一樣，詳細說明可參閱『PyTorch LSTM 神經層』[10]，輸出會多一個記憶體狀態 (cn)。

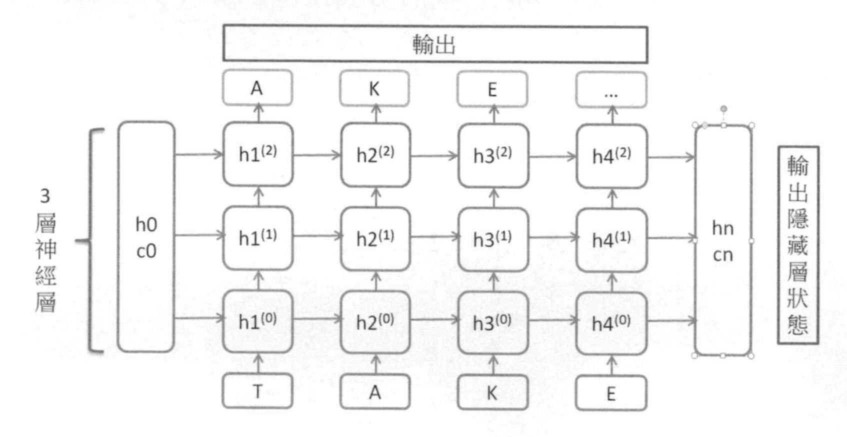

範例

03 以 LSTM 實作情緒分析 (Sentiment Analysis)，判別評論屬於正面或負面。

➤ 下列程式碼請參考【12_05_LSTM_IMDB_Sentiment_Analysis.ipynb】。

資料集：影評資料集 (IMDB movie review)，IMDB(Internet Movie Database) 是蒐集全球影音資訊的網站，它提供這份語料庫，讓各界可以進行相關研究。

1. 載入 IMDB 資料集：與 AG News 資料集載入指令相似。

```
1 import torch
2 from torchtext.datasets import IMDB
3
4 imdb = IMDB(split='train')
5
6 type(imdb)
```

2. 測試。

```
1  # 取得下一筆資料
2  train_iter = iter(IMDB(split='train'))
3
4  data = next(train_iter)
5  data
```

- 執行結果：第一個欄位為正面 (pos) 或負面 (neg) 情緒。

```
('neg',
 'I rented I AM CURIOUS-YELLOW from my video store because of all the controversy that surrounded it when it was first released
in 1967. I also heard that at first it was seized by U.S. customs if it ever tried to enter this country, therefore being a fan
of films considered "controversial" I really had to see this for myself.<br /><br />The plot is centered around a young Swedish
drama student named Lena who wants to learn everything she can about life. In particular she wants to focus her attentions to m
aking some sort of documentary on what the average Swede thought about certain political issues such as the Vietnam War and rac
e issues in the United States. In between asking politicians and ordinary denizens of Stockholm about their opinions on politic
s, she has sex with her drama teacher, classmates, and married men.<br /><br />What kills me about I AM CURIOUS-YELLOW is that
40 years ago, this was considered pornographic. Really, the sex and nudity scenes are few and far between, even then it\'s not
shot like some cheaply made porno. While my countrymen mind find it shocking, in reality sex and nudity are a major staple in S
wedish cinema. Even Ingmar Bergman, arguably their answer to good old boy John Ford, had sex scenes in his films.<br /><br />I
do commend the filmmakers for the fact that any sex shown in the film is shown for artistic purposes rather than just to shock
people and make money to be shown in pornographic theaters in America. I AM CURIOUS-YELLOW is a good film for anyone wanting to
study the meat and potatoes (no pun intended) of Swedish cinema. But really, this film doesn\'t have much of a plot.')
```

3. 之後的程式碼均類似，就不重複說明了，完整內容請參照範例程式，以下僅列出重大差異處。

4. 建立模型：使用 Embedding + LSTM + Linear 神經層，LSTM 採雙向 (bidirectional=True)，會產生兩倍的輸出，故下一層輸入個數要乘以 2。

```
1  from torch import nn
2
3  class TextClassificationModel(nn.Module):
4      def __init__(self, vocab_size, embed_dim, num_class):
5          super().__init__()
6          self.embedding = nn.EmbeddingBag(vocab_size, embed_dim, sparse=True)
7          self.rnn = nn.LSTM(embed_dim, hidden_dim, bidirectional=True)
8          self.fc = nn.Linear(hidden_dim * 2, num_class)
9          self.init_weights()
10
11     def init_weights(self):
12         initrange = 0.5
13         self.embedding.weight.data.uniform_(-initrange, initrange)
14         self.fc.weight.data.uniform_(-initrange, initrange)
15         self.fc.bias.data.zero_()
16
17     def forward(self, text, offsets):
18         embedded = self.embedding(text, offsets)
19         rnn_out, h_out = self.rnn(embedded)
20         return self.fc(rnn_out)
21
22 model = TextClassificationModel(vocab_size, emsize, num_class).to(device)
```

5. 模型評估執行結果為 0.874。筆者改用 RNN 模型執行，結果為 0.827，LSTM 雖然準確率較高，但差異並不明顯。RNN 程式為【12_04_RNN_IMDB_Sentiment_Analysis.ipynb】。

12-4　自訂資料集

以上均使用 PyTorch 內建資料，如果是自行收集的檔案資料，要如何處理呢？仍以 IMDB 資料集為例，但是資料集是外部檔案，而非內建資料集，可自 https://ai.stanford.edu/~amaas/data/sentiment/aclImdb_v1.tar.gz 下載，解壓縮，可能需要解壓縮 2 次，會先解壓縮為 aclImdb_v1.tar，再解壓縮為 aclImdb 目錄，檔案個數非常多，需耐心等候，喝杯咖啡提神一下吧。

範例

04 使用自訂資料集，以 LSTM 實作情緒分析 (Sentiment Analysis)。程式碼與上例架構類似，僅說明差異之處。

➤ 下列程式請參考【12_06_LSTM_Custom_IMDB_Sentiment_Analysis.ipynb】，資料集：IMDB 資料集。

1. 自訂資料集：與【06_05_Data_Augmentation_MNIST.ipynb】的 CustomImageDataset 類似，實作 __init__、__getitem__、__len__ 方法即可，唯一要注意的是第 22 行，以次目錄名稱作為標註 (Label)，即 Y。

```
1  # 資料集所在目錄
2  data_base_path = './aclImdb/'
3
4  class ImdbDataset(torch.utils.data.Dataset):
5      def __init__(self, mode):
6          super(ImdbDataset, self).__init__()
7          if mode == "train":
8              text_path = [os.path.join(data_base_path, i) for i in ["train/neg", "train/pos"]]
9          else:
10             text_path = [os.path.join(data_base_path, i) for i in ["test/neg", "test/pos"]]
11         # print(text_path)
12
13         self.total_file_path_list = []
14         for i in text_path:
15             self.total_file_path_list.extend([os.path.join(i, j) for j in os.listdir(i)])
16         # print(len(self.total_file_path_list))
17
18     def __getitem__(self, idx):
19         cur_path = self.total_file_path_list[idx]
20         cur_filename = os.path.basename(cur_path)
21         # print(cur_path)
22         label = 0 if cur_path.find('/neg') > 0 else 1
```

```
23          # text = tokenizer(open(cur_path, encoding="utf-8").read().strip())
24          text = open(cur_path, encoding="utf-8").read().strip()
25          return label, text
26
27      def __len__(self):
28          return len(self.total_file_path_list)
```

2. 測試 Dataset。

```
1 # 取得下一筆資料
2 dataset = ImdbDataset(mode="train")
3 print(dataset[0])
```

- 執行結果：0 代表負面 , 1 代表正面。

```
(0, "Story of a man who has unnatural feelings for a pig. Starts out with a opening scene that is a terrific example of absurd
comedy. A formal orchestra audience is turned into an insane, violent mob by the crazy chantings of it's singers. Unfortunately
it stays absurd the WHOLE time with no general narrative eventually making it just too off putting. Even those from the era sho
uld be turned off. The cryptic dialogue would make Shakespeare seem easy to a third grader. On a technical level it's better th
an you might think with some good cinematography by future great Vilmos Zsigmond. Future stars Sally Kirkland and Frederic Forr
est can be seen briefly.")
```

3. 建立 DataLoader：collate_batch 函數不變，第 17 行直接透過 DataSet 轉成 DataLoader，不須經過 Iterator。

```
1  from torch.utils.data import DataLoader
2
3  # 批次處理
4  def collate_batch(batch):
5      label_list, text_list, offsets = [], [], [0]
6      for (_label, _text) in batch:
7          label_list.append(label_pipeline(_label))
8          processed_text = torch.tensor(text_pipeline(_text), dtype=torch.int64)
9          text_list.append(processed_text)
10         offsets.append(processed_text.size(0)) # 設定每筆資料的起始位置
11     label_list = torch.tensor(label_list, dtype=torch.int64)
12     offsets = torch.tensor(offsets[:-1]).cumsum(dim=0)  # 單字的索引值累加
13     text_list = torch.cat(text_list)
14     return label_list.to(device), text_list.to(device), offsets.to(device)
15
16 dataloader = DataLoader(dataset, batch_size=BATCH_SIZE, shuffle=True,
17                         collate_fn=collate_batch)
```

4. 測試 DataLoader。

```
1 # 取得3筆資料
2 for idx,(label,text, offset) in enumerate(dataloader):
3     print("idx：",idx)
4     print("label:",label)
5     print("text:",text)
6     print("offset:",offset)
7     if idx >= 2:
8         break
```

- 執行結果：可以觀察 offset 的數值，它是每一筆在該批資料的起始位置。

```
idx : 0
label: tensor([1, 0, 0, 0, 0, 1, 1, 0, 0, 1, 0, 0, 0, 1, 0, 0, 0, 1, 1, 0, 0, 0, 0, 0,
        1, 1, 1, 1, 1, 1, 0, 0, 0, 1, 0, 0, 1, 0, 1, 1, 0, 0, 0, 1, 1, 0, 0, 1,
        0, 0, 0, 0, 1, 1, 1, 0, 1, 1, 1, 1, 1, 0, 0, 0])
text: tensor([ 1039,    10,    16,  ...,     7, 10889,   156])
offset: tensor([    0,   275,   700,  1040,  1245,  2053,  2268,  2477,  2615,  2946,
         3038,  3442,  4040,  4182,  4371,  4480,  4610,  4874,  5089,  5278,
         5470,  6123,  6354,  6721,  7220,  7545,  8196,  8290,  8495,  8722,
         8973,  9134,  9346,  9559,  9735,  9872, 10007, 10620, 10754, 11239,
        11926, 12088, 12274, 12468, 12592, 12829, 12923, 13157, 13291, 13464,
        13599, 13745, 14528, 14734, 15103, 15246, 15389, 15624, 15708, 15958,
        16102, 16168, 16694, 16863])
idx : 1
label: tensor([0, 0, 1, 0, 0, 1, 1, 0, 1, 0, 0, 0, 0, 1, 0, 1, 1, 1, 0, 1, 0, 0, 0, 1,
        1, 0, 0, 0, 1, 1, 0, 1, 1, 1, 0, 1, 0, 1, 0, 0, 1, 0, 1, 0, 1, 0, 1, 1,
        1, 0, 1, 1, 1, 0, 1, 1, 0, 1, 1, 0, 0, 0, 0, 0])
text: tensor([  59,   12, 1212,  ...,    2,  130,   35])
offset: tensor([    0,   214,   663,   917,  1046,  1294,  1330,  1709,  1973,  2147,
         2306,  2441,  2779,  3046,  3701,  4811,  5177,  5316,  5831,  6122,
```

5. 後續的程式碼均與上例相同，實測準確率也與上例差不多。

網路上也有一篇文章『pytorch 實現 IMDB 資料集情感分類』[11]，採用較一般性的處理方法，可以和本程式對照比較。

在網路上 RNN 系列的演算法採用 LSTM 較為普遍，如果是較複雜的應用，可以考慮使用堆疊 LSTM (Stacked LSTM)、雙向 (bidirectional)，只要設定 nn.LSTM 類別中設定參數 num_layers、bidirectional，就可輕易達成，比 TensorFlow 容易多了，但要注意，模型輸出及隱藏層狀態的維度均會因設定不同而改變，可參閱前文説明。

12-5 時間序列預測

RNN 特性是考慮上下文 (Context) 的影響，恰好與時間序列 (Time Series) 相同，例如氣溫、股票行情、營收…，資料都有時間的相關性及延續性，接下來看一個實例，使用 RNN 進行時間序列的預測，並藉以説明 RNN 並不只是作文本分類而已。

範例 05

時間序列預測，以 LSTM 演算法預測航空公司的未來營收，包括以下各種模型測試：

1. 前期資料為 X，當期資料為 Y。
2. 取前 3 期的資料作為 X，即以 t-3、t-2、t-1 期預測 t 期。
3. 以 t-3 期 (單期) 預測 t 期。
4. 將每個週期再分多批訓練。
5. Stacked LSTM：使用多層的 LSTM。

此範例程式修改自『Time Series Prediction with LSTM Recurrent Neural Networks in Python with Keras』[12]。

➤ 下列程式碼請參考【12_07_LSTM_Time_Series.ipynb】。

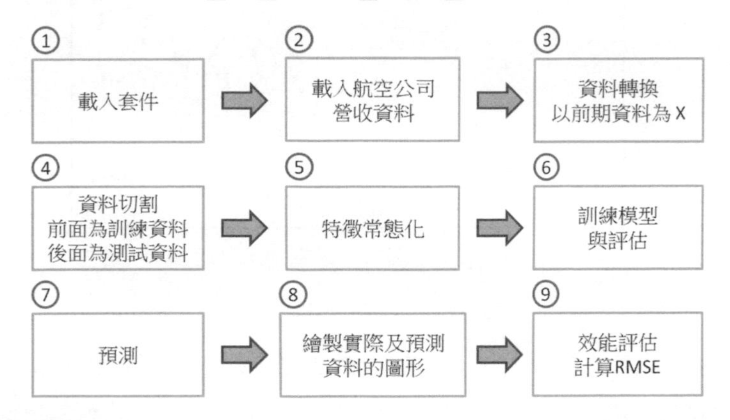

1. 載入相關套件。

```
1 import torch
2 import torch.nn as nn
3 import torch.nn.functional as F
4 import torch.optim as optim
5 import torchtext
6 import numpy as np
7 import pandas as pd
8 import os
9 import matplotlib.pyplot as plt
```

2. 判斷 GPU 是否存在。

```
1 device = torch.device("cuda" if torch.cuda.is_available() else "cpu")
```

3. 載入航空公司的營收資料：這份資料年代久遠，每月一筆資料，自 1949 年 1 月至 1960 年 12 月。

```
1 df = pd.read_csv('./nlp_data/airline-passengers.csv')
2 df.head()
```

4. 繪圖：透過圖表可以發現，航空公司的營收除了有淡旺季之分以外，還有逐步上升的成長趨勢。

```
1  # 繪圖
2  df2 = df.set_index('Month')
3  df2.plot(legend=None)
4  plt.xticks(rotation=30);
```

- 執行結果：

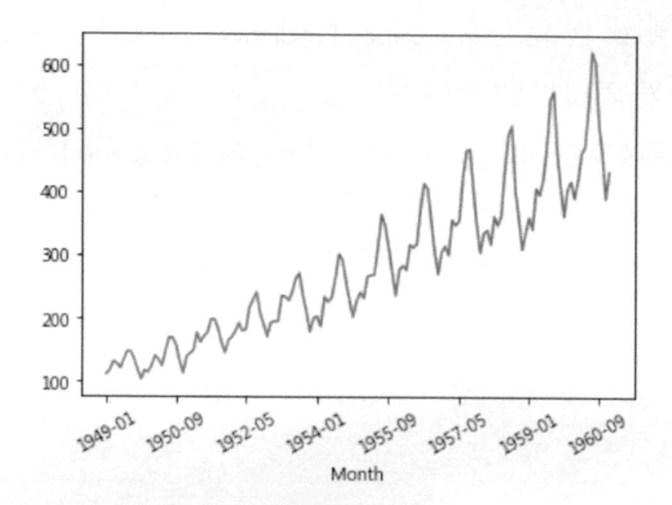

5. 轉換資料：以前期資料為 X，當期資料為 Y，以前期營收預測當期營收。因此訓練資料和測試資料不採取隨機切割，前面 2/3 為訓練資料，後面 1/3 為測試資料，並對特徵進行常態化。

```
1  from sklearn.preprocessing import MinMaxScaler
2  look_back = 1 # 以前N期資料為 X，當期資料為 Y
3  
4  # 函數：以前N期資料為 X，當前期資料為 Y
5  def create_dataset(data1, look_back):
6      x, y = [], []
7      for i in range(len(data1)-look_back-1):
8          _x = data1[i:(i+look_back)]
9          _y = data1[i+look_back]
10         x.append(_x)
11         y.append(_y)
12 
13     return torch.Tensor(np.array(x)), torch.Tensor(np.array(y))
14 
15 dataset = df2[['Passengers']].values.astype('float32')
16 
17 # X 常態化
18 scaler = MinMaxScaler()
```

```
19 dataset = scaler.fit_transform(dataset)
20 
21 # 資料分割
22 train_size = int(len(dataset) * 0.67)
23 test_size = len(dataset) - train_size
24 train_data, test_data = dataset[0:train_size,:], dataset[train_size:len(dataset),:]
25 
26 trainX, trainY = create_dataset(train_data, look_back)
27 testX, testY = create_dataset(test_data, look_back)
28 dataset.shape, trainY.shape
```

6. 建立模型：LSTM 串接 Linear，函數可設定多層的 LSTM。

- LSTM 的 batch_first=True，是將輸出的資料中批量移至第一維。
- LSTM 串接 Linear 的資料使用取最後一層的隱藏層狀態，並轉成二維。也可以取用最後一個輸出，請參見程式**【12_08_LSTM_Time_Series_Use_Output.ipynb】**。

```
1  class TimeSeriesModel(nn.Module):
2      def __init__(self, look_back, hidden_size=4, num_layers=1):
3          super().__init__()
4          self.hidden_size = hidden_size
5          self.num_layers = num_layers
6          self.rnn = nn.LSTM(1, self.hidden_size, num_layers=self.num_layers
7                             , batch_first=True)
8          self.fc = nn.Linear(self.hidden_size, 1)
9          self.init_weights()
10 
11     def init_weights(self):
12         initrange = 0.5
13         self.fc.weight.data.uniform_(-initrange, initrange)
14         self.fc.bias.data.zero_()
15 
16     def forward(self, x):
17         #print(x.shape)
18         # rnn_out, h_out = self.rnn(x)
19         h_0 = torch.zeros(self.num_layers, x.size(0), self.hidden_size)
20         c_0 = torch.zeros(self.num_layers, x.size(0), self.hidden_size)
21         out, (h_out, _) = self.rnn(x, (h_0, c_0))
22         #print(h_out.shape)
23 
24         # 取最後一層的 h，並轉成二維
25         h_out = h_out[-1].view(-1, self.hidden_size)
26         return self.fc(h_out)
27 
28 model = TimeSeriesModel(look_back, hidden_size=4, num_layers=1).to(device)
```

7. 模型訓練：由於訓練資料較少，故訓練較多執行週期 (2000)。

```
1  num_epochs = 2000
2  learning_rate = 0.01
3
4  def train(trainX, trainY):
5      criterion = torch.nn.MSELoss()  # MSE
6      optimizer = torch.optim.Adam(model.parameters(), lr=learning_rate)
7
8      for epoch in range(num_epochs):
9          optimizer.zero_grad()
10         outputs = model(trainX)
11         if epoch <= 0: print(outputs.shape)
12         loss = criterion(outputs, trainY)
13         loss.backward()
14         optimizer.step()
15         if epoch % 100 == 0:
16             print(f"Epoch: {epoch}, loss: {loss.item():.5f}")
17
18 train(trainX, trainY)
```

- 執行結果：大約在 600 週期前就收斂了。

```
Epoch: 0, loss: 0.03078
Epoch: 100, loss: 0.00193
Epoch: 200, loss: 0.00191
Epoch: 300, loss: 0.00190
Epoch: 400, loss: 0.00190
Epoch: 500, loss: 0.00190
Epoch: 600, loss: 0.00190
Epoch: 700, loss: 0.00190
Epoch: 800, loss: 0.00190
Epoch: 900, loss: 0.00190
Epoch: 1000, loss: 0.00190
```

8. 模型評估。

```
1  model.eval()
2  trainPredict = model(trainX).detach().numpy()
3  testPredict = model(testX).detach().numpy()
4  trainPredict.shape
```

9. 預測後還原常態化，計算訓練及測試資料的均方根誤差 (RMSE)。

```
1  from sklearn.metrics import mean_squared_error
2  import math
3
4  # 還原常態化的訓練及測試資料
5  trainPredict = scaler.inverse_transform(trainPredict)
6  trainY_actual = scaler.inverse_transform(trainY.reshape(-1, 1))
7  testPredict = scaler.inverse_transform(testPredict)
8  testY_actual = scaler.inverse_transform(testY.reshape(-1, 1))
9  print(trainY_actual.shape, trainPredict.shape)
10
11 # 計算 RMSE
12 trainScore = math.sqrt(mean_squared_error(trainY_actual, trainPredict.reshape(-1)))
```

```
13 print(f'Train RMSE: {trainScore:.2f}')
14 testScore = math.sqrt(mean_squared_error(testY_actual, testPredict.reshape(-1)))
15 print(f'Test RMSE:  {testScore:.2f}')
```

- 執行結果：訓練資料和測試資料的 RMSE 分別為 22.56、56.09。

10. 繪製實際資料和預測資料的圖表。

```
1  # 訓練資料的 X/Y
2  trainPredictPlot = np.empty_like(dataset)
3  trainPredictPlot[:, :] = np.nan
4  trainPredictPlot[1:len(trainPredict)+look_back, :] = trainPredict
5
6  # 測試資料 X/Y
7  testPredictPlot = np.empty_like(dataset)
8  testPredictPlot[:, :] = np.nan
9  testPredictPlot[-testPredict.shape[0]-1:-1, :] = testPredict
10
11 # 繪圖
12 plt.plot(scaler.inverse_transform(dataset), label='Actual')
13 plt.plot(trainPredictPlot, label='train predict')
14 plt.plot(testPredictPlot, label='test predict')
15 plt.legend()
16 plt.show()
```

- 執行結果：請參閱程式，藍色線條為實際值，橘色為訓練資料的預測值，綠色為測試資料的預測值。預測值與實際值相差不遠。

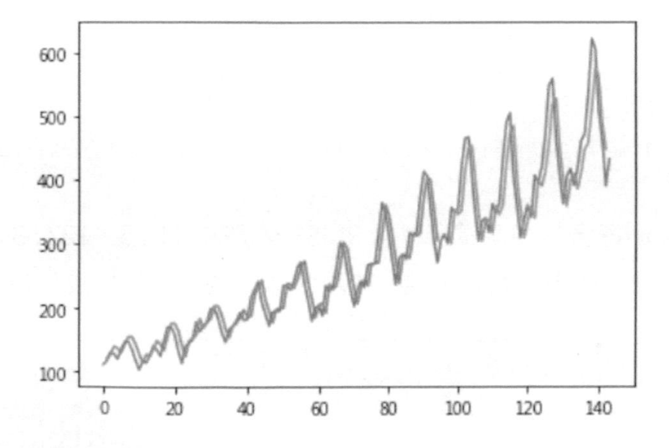

11. Loopback 改為 3：X 由前 1 期改為前 3 期，即以 t-3、t-2、t-1 期預測 t 期。

```
1 # 以前期資料為 X，當前期資料為 Y
2 look_back = 3
3 trainX, trainY = create_dataset(train_data, look_back)
4 testX, testY = create_dataset(test_data, look_back)
5
6 model = TimeSeriesModel(look_back, hidden_size=4, num_layers=1).to(device)
7 train(trainX, trainY)
```

- 執行結果：需要較長週期收斂。

12. 模型訓練、評估與繪製圖表：程式均不須修改。

- 執行結果：訓練資料和測試資料的 RMSE 近似以 1 期預測結果，使用多期預測，有移動平均的效果，預測曲線會比較平緩，比較不容易受到激烈變化的樣本點影響。

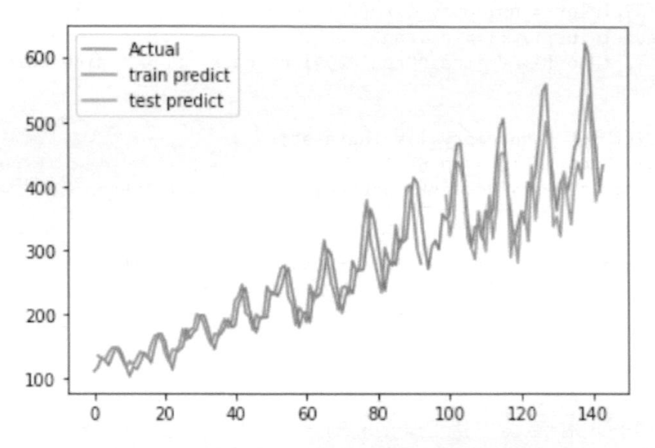

13. 多層 (Stacked)LSTM 預測：將 LSTM 層數設為 3(num_layers=3)。

```
1  # 以前期資料為 X，當前期資料為 Y
2  look_back = 3
3  trainX, trainY = create_dataset(train_data, look_back)
4  testX, testY = create_dataset(test_data, look_back)
5
6  model = TimeSeriesModel(look_back, hidden_size=4, num_layers=3).to(device)
7  train(trainX, trainY)
```

- 執行結果：訓練資料和測試資料的 RMSE 分別為 11.75、122.53，測試 RMSE 比較差，應該是因為資料很單純，使用太複雜的網路結構反而沒有助益。

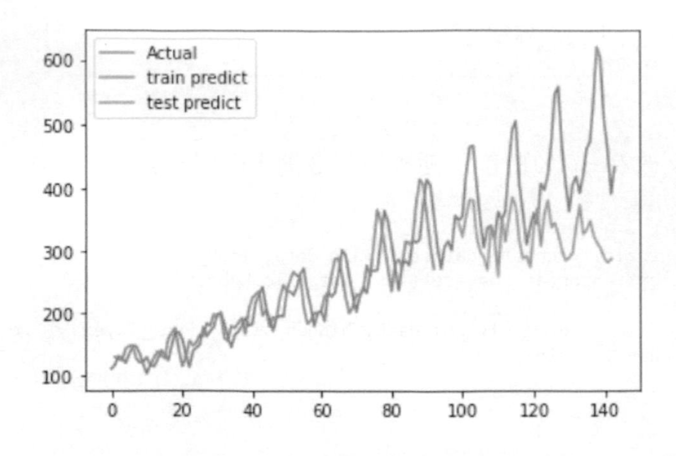

12-6 Gate Recurrent Unit (GRU)

Gate Recurrent Unit (GRU) 也是 RNN 變形的演算法，由 Kyunghyun Cho 在 2014 年提出的，可參閱『Empirical Evaluation of Gated Recurrent Neural Networks on Sequence Modeling』[13]，主要就是要改良 LSTM 缺陷：

1. LSTM 計算過慢，GRU 可改善訓練速度。
2. 簡化 LSTM 模型，節省記憶體的空間。

LSTM 是由遺忘閥 (Forget gate) 與輸入閥 (Input gate) 來維護記憶狀態 (Cell State)，然而因為這部分太過耗時，所以 GRU 廢除記憶狀態，直接使用隱藏層輸出 (h_t)，並且將前述兩個閥改由更新閥 (Update gate) 替代，兩個模型的架構比較圖如下。

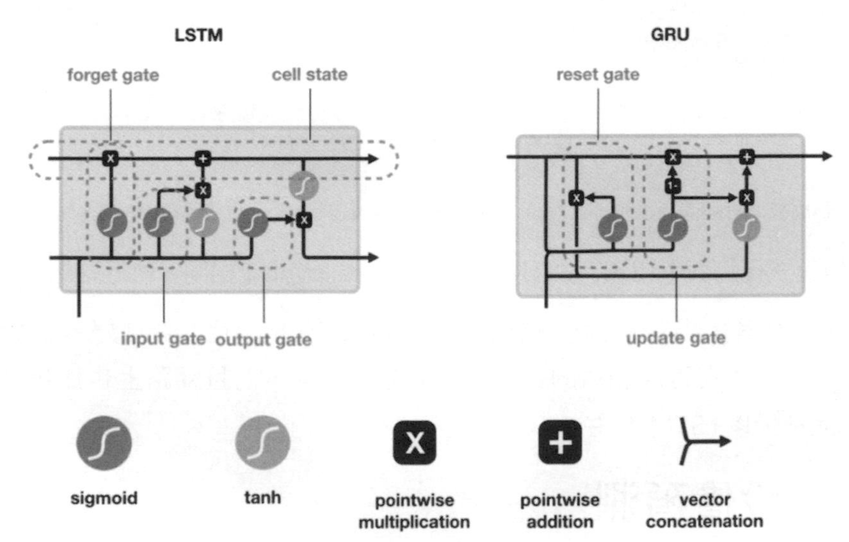

▲ 圖 12.5 LSTM 與 GRU 內部結構的比較，左圖為 LSTM，右圖為 GRU，圖片來源：『Illustrated Guide to LSTM's and GRU's: A step by step explanation』[14]

範例

06 以 GRU 預測航空公司乘客數。

➤ 下列程式碼請參考【12_09_GRU_Time_Series.ipynb】。

1. 只要將 nn.LSTM 換成 nn.GRU 即可，PyTorch 的 GRU 沒有記憶線，故須把 c 刪除。

```
1  class TimeSeriesModel(nn.Module):
2      def __init__(self, look_back, hidden_size=4, num_layers=1):
3          super().__init__()
4          self.hidden_size = hidden_size
5          self.num_layers = num_layers
6          self.rnn = nn.GRU(1, self.hidden_size, num_layers=self.num_layers
7                            , batch_first=True)
8          self.fc = nn.Linear(self.hidden_size, 1)
9          self.init_weights()
10
11     def init_weights(self):
12         initrange = 0.5
13         self.fc.weight.data.uniform_(-initrange, initrange)
14         self.fc.bias.data.zero_()
15
16     def forward(self, x):
17         #print(x.shape)
18         # rnn_out, h_out = self.rnn(x)
19         h_0 = torch.zeros(self.num_layers, x.size(0), self.hidden_size)
20         out, h_out = self.rnn(x, h_0)
21         #print(h_out.shape)
22
23         # 取最後一層的 h，並轉成二維
24         h_out = h_out[-1].view(-1, self.hidden_size)
25         return self.fc(h_out)
26
27 model = TimeSeriesModel(look_back, hidden_size=4, num_layers=1).to(device)
```

2. 其他程式碼均與【12_07_LSTM_Time_Series.ipynb】相同，執行結果也類似。

雖然 GRU 作者提出效能比較圖表，説明 GRU 的效能比 LSTM 好，不過，稍微吐槽一下，筆者實際測試的結果，差異並不明顯，而且網路上也比較少提到 GRU，大多仍以 LSTM 為主流，因此就不詳細研究了。

12-7 股價預測

由於 LSTM 與時間序列模型很類似，網路上有許多文章探討『以 LSTM 預測股票價格』，我們就來實作看看。

範例

07 以 LSTM 演算法預測股價。此範例程式修改自『Predicting stock prices with LSTM』[15]，且程式流程與【12_07_LSTM_Time_Series】近似，以下僅説明有重大差異之處。

➤ 下列程式碼請參考【12_10_Stock_Forecast.ipynb】。資料集：本範例使用亞馬遜企業股票 [16]，也可以使用台股。

1. 載入測試資料。

```
1 df = pd.read_csv('./nlp_data/AMZN_2006-01-01_to_2018-01-01.csv')
2 df.head()
```

- 執行結果：

Date	Open	High	Low	Close	Volume	Name
2006-01-03	47.47	47.85	46.25	47.58	7582127	AMZN
2006-01-04	47.48	47.73	46.69	47.25	7440914	AMZN
2006-01-05	47.16	48.20	47.11	47.65	5417258	AMZN
2006-01-06	47.97	48.58	47.32	47.87	6154285	AMZN
2006-01-09	46.55	47.10	46.40	47.08	8945056	AMZN

2. 繪圖：繪製收盤價線圖。

```
1 df2 = df.set_index('Date')
2 df2.Close.plot(legend=None)
3 plt.xticks(rotation=30);
```

- 執行結果：

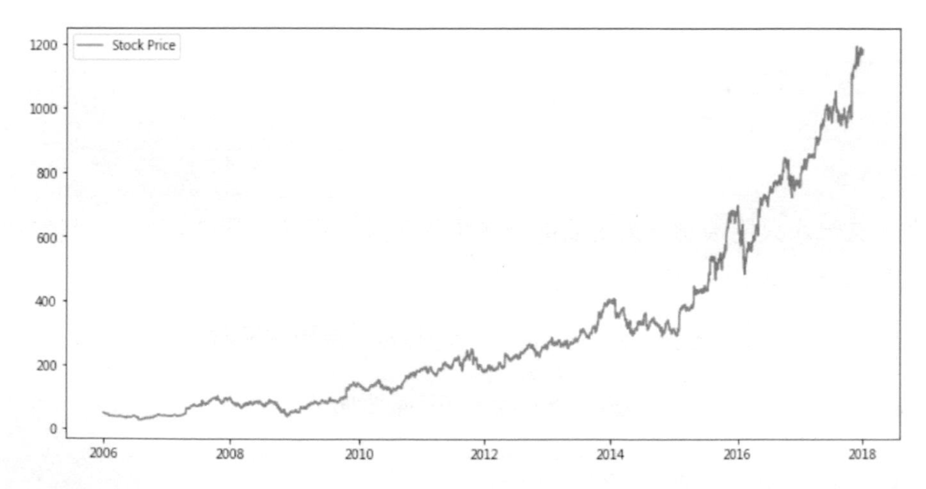

3. 一次預測 1 天，訓練模型，並繪製實際資料和預測資料的圖表：與之前的程式碼相同。

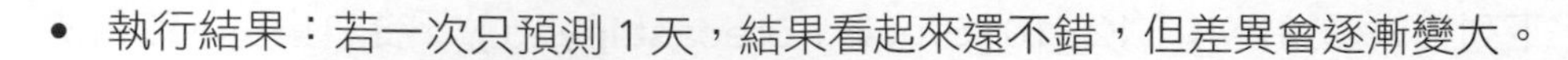

- 執行結果：若一次只預測 1 天，結果看起來還不錯，但差異會逐漸變大。

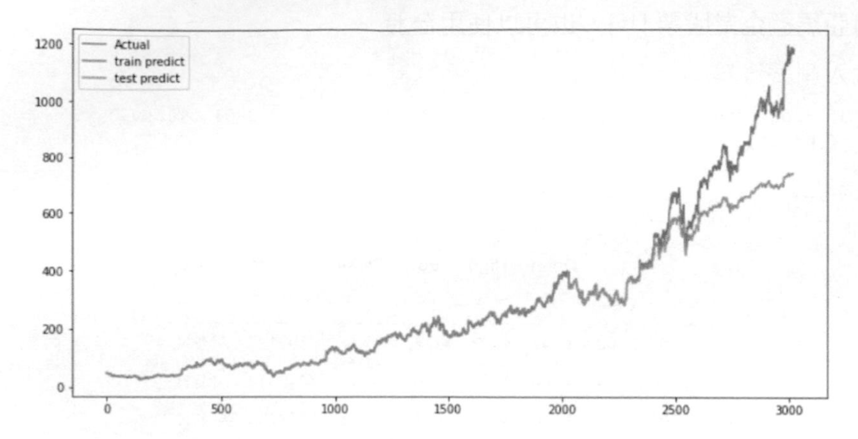

- 模型改用 LSTM 的輸出取代隱藏層狀態，可提高準確率。

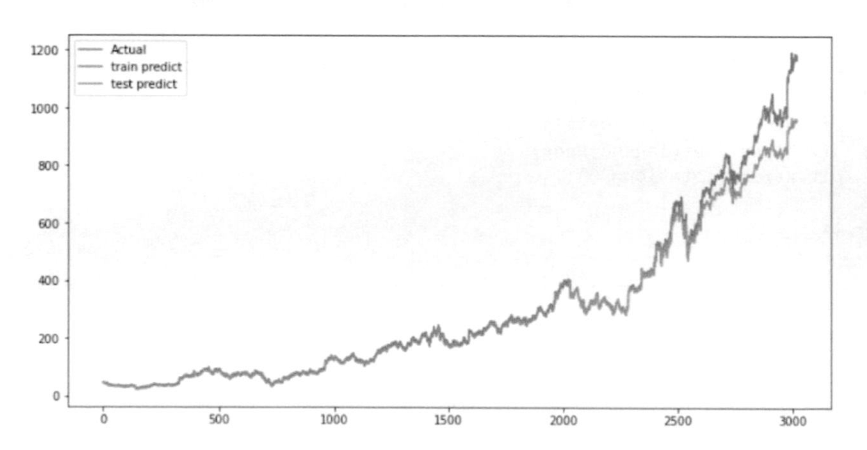

以上程式一次只能預測一天，要能一次預測多天，可將目標 (Y) 改為多個變數，例如每筆資料有 10 個 Y，請參看程式『預測多期』段落。

1. 前置處理函數：多加一個參數 forward_days，為預測天數。

```
1  # 函數：以前N期資料為 X，當前期資料為 Y
2  def create_dataset(data1, look_back, forward_days):
3      x, y = [], []
4      for i in range(len(data1) - look_back - forward_days + 1):
5          _x = data1[i:(i+look_back)]
6          _y = data1[i+look_back:(i+look_back+forward_days)]
7          x.append(_x)
8          y.append(_y)
9
10     x, y = np.array(x), np.array(y)
11     return torch.Tensor(x), torch.Tensor(y.reshape(y.shape[0], y.shape[1]))
```

2. 建立資料集。

```
1 look_back = 10 # 以前10期資料為 X
2 forward_days = 10  # 預測天數
3 trainX, trainY = create_dataset(train_data, look_back, forward_days)
4 testX, testY = create_dataset(test_data, look_back, forward_days)
```

3. 建立模型：多加一個參數 forward_days。

```
1  class TimeSeriesModel(nn.Module):
2      def __init__(self, look_back, forward_days, hidden_size=4, num_layers=1):
3          super().__init__()
4          self.hidden_size = hidden_size
5          self.num_layers = num_layers
6          self.rnn = nn.LSTM(1, self.hidden_size, num_layers=self.num_layers
7                             , batch_first=True)
8          self.fc = nn.Linear(self.hidden_size, forward_days)
9          self.init_weights()
10
11     def init_weights(self):
12         initrange = 0.5
13         self.fc.weight.data.uniform_(-initrange, initrange)
14         self.fc.bias.data.zero_()
15
16     def forward(self, x):
17         #print(x.shape)
18         # rnn_out, h_out = self.rnn(x)
19         h_0 = torch.zeros(self.num_layers, x.size(0), self.hidden_size)
20         c_0 = torch.zeros(self.num_layers, x.size(0), self.hidden_size)
21         out, (h_out, _) = self.rnn(x, (h_0, c_0))
22         #print(h_out.shape)
23
24         # 取最後一層的 h，並轉成二維
25         h_out = h_out[-1].view(-1, self.hidden_size)
26         return self.fc(h_out)
27
28 model = TimeSeriesModel(look_back, forward_days, hidden_size=20,
29                         num_layers=1).to(device)
```

4. 模型訓練與評估：程式碼不變。

- 執行結果：訓練 RMSE= 7.67，測試 RMSE= 29.24，均很理想。

5. 繪製測試資料的預測值與實際值的比較。

```
1  plt.figure(figsize=(12,6))
2  # 真實資料
3  plt.plot(range(len(dataset)), scaler.inverse_transform(dataset), 'b', label='Actual')
4
5  # 訓練資料
6  for i in range(trainPredict.shape[0]):
7      plt.plot(range(i, i+forward_days), trainPredict[i], 'orange')
8
9  # 測試資料
10 for i in range(testPredict.shape[0]):
11     plt.plot(range(i+trainPredict.shape[0], i+trainPredict.shape[0]+forward_days),
12              testPredict[i], 'r')
13 plt.show()
```

- 執行結果：預測很接近實際值，看起來似乎很好。

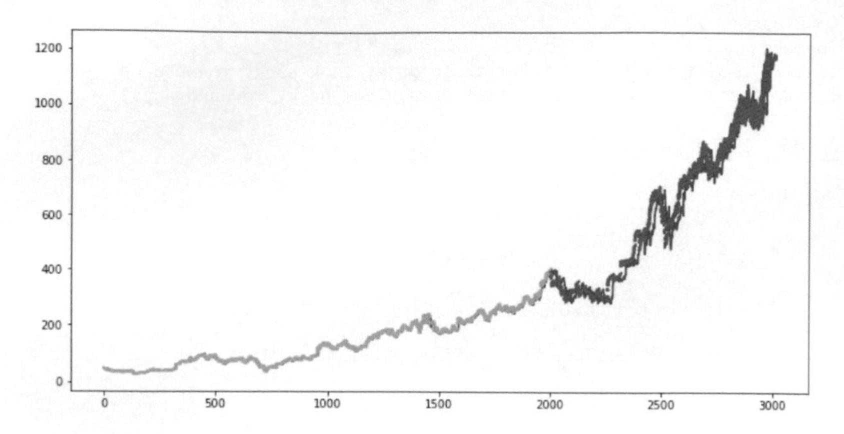

6. 拉近看：繪製訓練資料的前 20 條預測值。

```
1  plt.figure(figsize=(12,6))
2  # 真實資料
3  plt.plot(range(len(dataset)), scaler.inverse_transform(dataset), 'b', label='Actual')
4
5  # 訓練資料
6  for i in range(trainPredict.shape[0]):
7      plt.plot(range(i, i+forward_days), trainPredict[i], 'orange')
8
9  # 測試資料
10 for i in range(testPredict.shape[0]):
11     plt.plot(range(i+trainPredict.shape[0], i+trainPredict.shape[0]+forward_days),
12              testPredict[i], 'r')
13 plt.show()
```

- 執行結果：預測值完全沒有抓到實際值的變化，上圖其實只是鏡頭拉遠的效果而已。

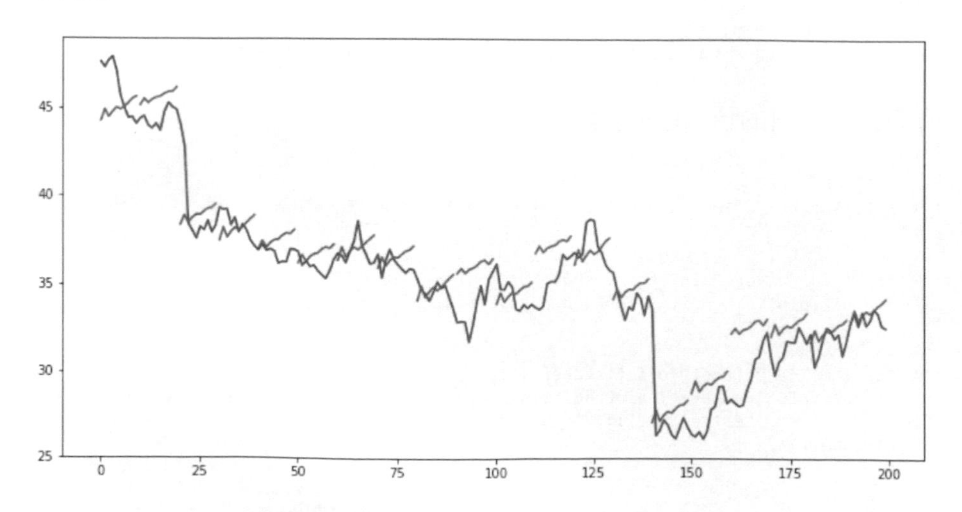

由上圖觀察，模型無法抓到股價的變動，原因如下：

1. 股價非穩態 (Non-stationary)：每個時間點的股價平均數與標準差都不一致，違反迴歸的基本假設，例如上圖，股價資料有長期下降趨勢，並非完全隨機跳動。因此，時間序列預測通常會將股價轉換為收益率 (Return Rate)，使資料呈現穩態後，再輸入模型。
2. 股價變化非常大，單純以歷史資料預測未來股價，模型過於簡化。
3. 可以進一步使用回測 (Back testing) 衡量模型的有效性，觀察策略是否奏效，簡單的回測作法可參考筆者撰寫的『演算法交易 (Algorithmic Trading) 實作』[17] 一文。

雖然實驗效果不佳，但 LSTM 與傳統的時間序列 (Time Series) 理論相比，LSTM 提供更有彈性的作法，除了股價外，我們可以輸入更多的變數，例如各種財務比率、技術指標、總經指標、籌碼面指標…，有興趣的讀者不妨實驗看看，也許可以在股海中淘到第一桶金喔。

12-8 注意力機制 (Attention Mechanism)

RNN 從之前的隱藏層狀態取得上文的資訊，LSTM 則額外維護一條記憶線 (Cell State)，目的都是希望能藉由記憶的方式來提高預測的準確性，但是，兩個演算法都侷限於上文的序列順序，導致越靠近預測目標的資訊，權重越大。實際上當我們在閱讀一篇文章時，往往會對文中的標題、人事時地物或強烈的形容詞特別注意，這就是所謂的注意力機制 (Attention Mechanism)，對於圖像也是如此，例如下圖，嬰兒的臉部與右下方整疊的紙尿褲是注意力熱區。

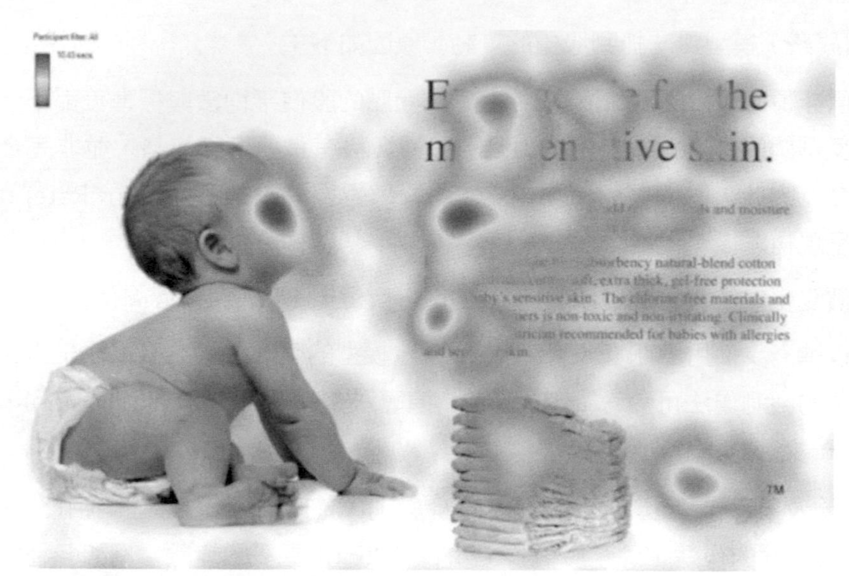

▲ 圖 12.6 人類的視覺注意力分佈，圖片來源：『深度學習中的注意力機制 (2017 版)』[18]

透過注意力機制，額外把重點單字或部位納入考量，而不只是上下文。它的概念影響非常巨大，近幾年發展的模型均受到它的啟發，例如 Transformer、BERT 等，下面我們就來瞧瞧它的作法。

機器翻譯 (Neural Machine Translation, NMT) 屬於文本生成的模型，一般稱為序列到序列 (Sequence to Sequence, Seq2Seq) 模型，是 Encoder-Decoder 的變形，結構如下圖，其中的 Context Vector 是 Encoder 輸出的上下文向量，類似 CNN AutoEncoder 萃取的特徵向量。

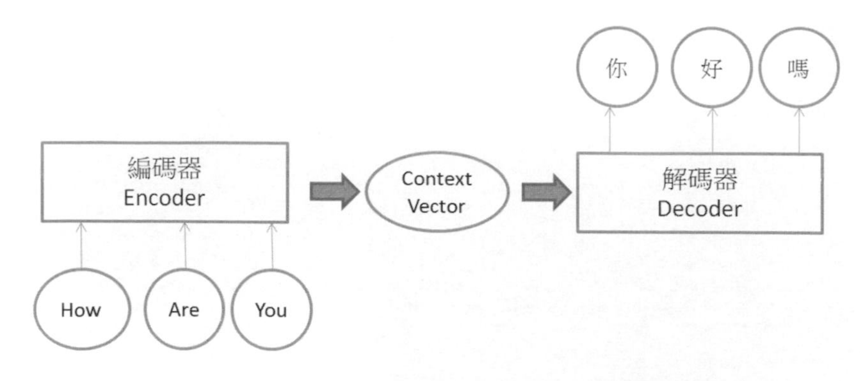

▲ 圖 12.7 Seq2Seq 模型，『How are you』翻譯為『你好嗎』

也可以應用於對話問答。

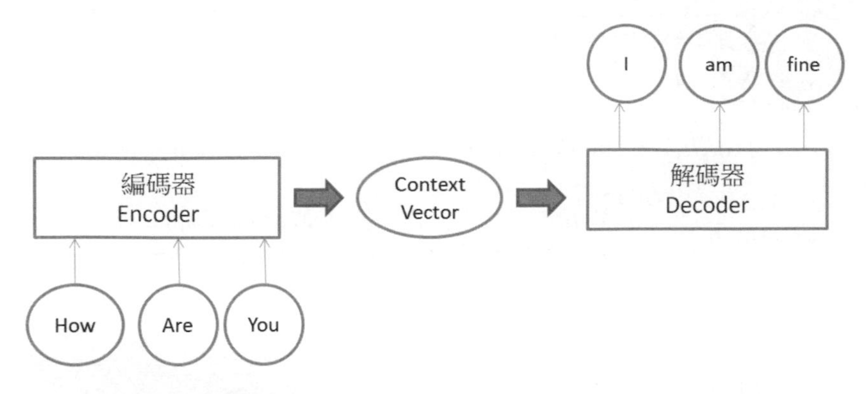

▲ 圖 12.8 對話問答，問『How are you』，回答『I am fine』

而注意力機制就是把編碼器 (encoder) 的隱藏層輸出都乘上一個權重 (weight)，與 Context Vector 混合計算成 Attention Vector，用以預測下一個詞彙，這個機制會應用到解碼器的每一層，如下圖所示。

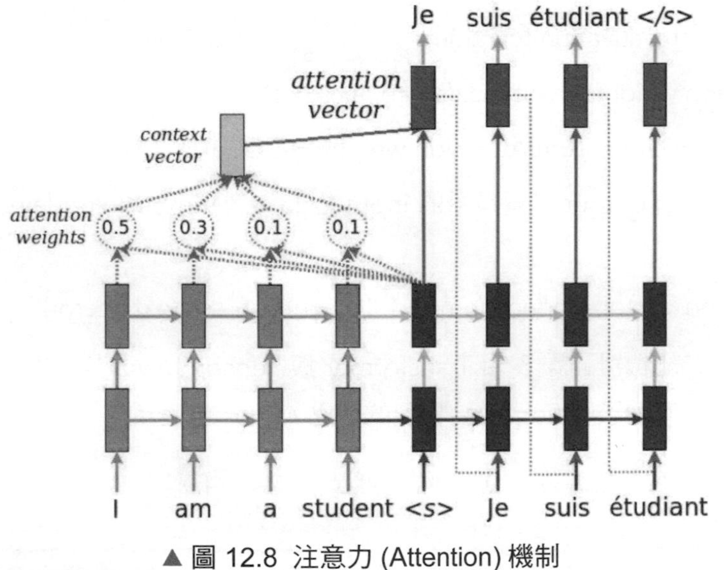

▲ 圖 12.8 注意力 (Attention) 機制

權重 (weight) 的計算方式有兩種，分別由 Luong 和 Bahdanau 提出的乘法與加法的公式，它利用完全連接層 (Dense) 及 Softmax activation function，優化求得整個語句內每個詞彙可能的機率。

$$\alpha_{ts} = \frac{\exp\left(\text{score}(\boldsymbol{h}_t, \bar{\boldsymbol{h}}_s)\right)}{\sum_{s'=1}^{S} \exp\left(\text{score}(\boldsymbol{h}_t, \bar{\boldsymbol{h}}_{s'})\right)} \quad \text{[Attention weights]}$$

$$\boldsymbol{c}_t = \sum_s \alpha_{ts} \bar{\boldsymbol{h}}_s \quad \text{[Context vector]}$$

$$\boldsymbol{a}_t = f(\boldsymbol{c}_t, \boldsymbol{h}_t) = \tanh(\boldsymbol{W_c}[\boldsymbol{c}_t; \boldsymbol{h}_t]) \quad \text{[Attention vector]}$$

$$\text{score}(\boldsymbol{h}_t, \bar{\boldsymbol{h}}_s) = \begin{cases} \boldsymbol{h}_t^\top \boldsymbol{W} \bar{\boldsymbol{h}}_s & \text{[Luong's multiplicative style]} \\ \boldsymbol{v}_a^\top \tanh\left(\boldsymbol{W_1 h}_t + \boldsymbol{W_2} \bar{\boldsymbol{h}}_s\right) & \text{[Bahdanau's additive style]} \end{cases}$$

▲ 圖 12.9 Attention weight 公式

虛擬程式碼如下：

1. score = FC(tanh(FC(EO) + FC(H)))，其中

   FC：完全連接層

   EO：Encoder 輸出 (output)

   H：所有隱藏層輸出

   tanh：tanh activation function

2. Attention weights = softmax(score, axis = 1)
3. Context vector = sum(Attention weights * EO, axis = 1)
4. Embedding output = 解碼器的 input 經嵌入層 (Embedding layer) 處理後的輸出。
5. Attention Vector = concat(embedding output, context vector)。

推薦『淺談神經機器翻譯 & 用 Transformer 與 TensorFlow 2 英翻中』[19] 一文的流程圖動畫，有助了解 Seq2Seq 模型的特點。

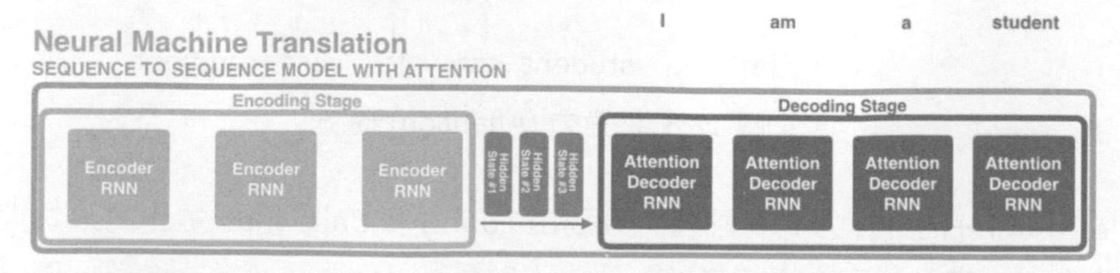

▲ 圖 12.10 Seq2Seq 模型加上注意力機制，圖片來源：同上 [19]

單純的 Seq2Seq 模型，未加上注意力機制，動畫網址為 https://leemeng.tw/images/transformer/seq2seq-unrolled-no-attention.mp4。

Seq2Seq 模型加上注意力機制，動畫網址為 https://leemeng.tw/images/transformer/seq2seq-unrolled-with-attention.mp4。

注意力機制目的就是要建構如下的關聯，『eating』與『apple』是高度相關，『eating』與『green』是低度相關：

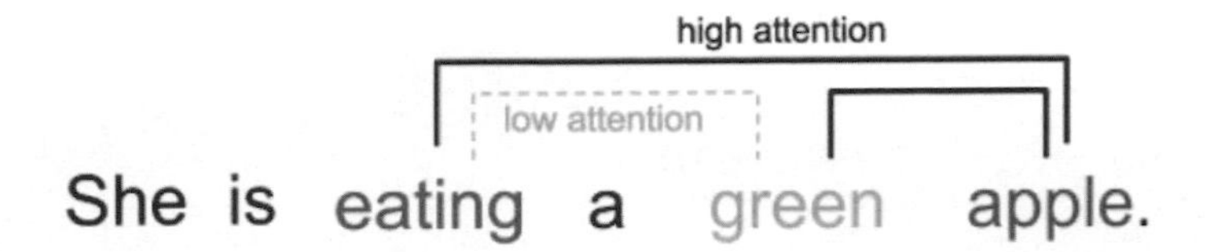

▲ 圖 12.11 注意力機制範例，圖片來源：『Attention? Attention!』[20]

範例

08 使用 Seq2Seq 架構，加上注意力 (Attention) 機制，實作神經機器翻譯 (NMT)。此範例修改自 PyTorch 官網所提供的範例『Translation with a sequence to sequence network and attention』[21]。

➤ 下列程式碼請參考【12_11_seq2seq_translation.ipynb】。

資料集：自 https://download.pytorch.org/tutorial/data.zip 下載法文 / 英文對照檔 data.zip，解壓縮後取得 eng-fra.txt。

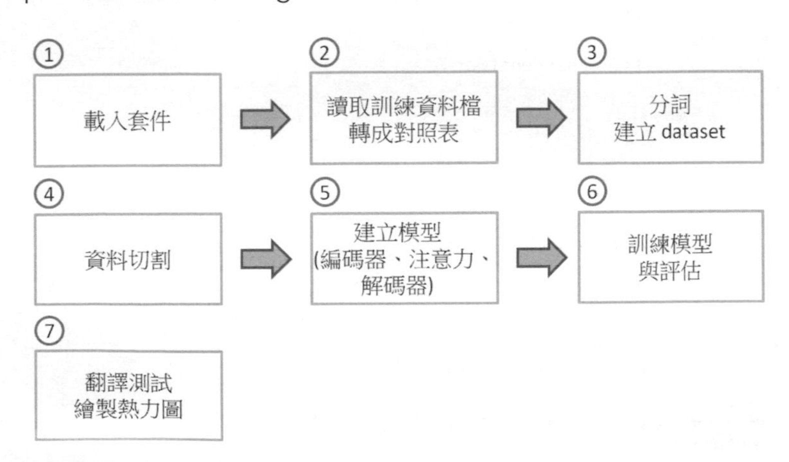

1. 載入相關套件。

```
%matplotlib inline
from __future__ import unicode_literals, print_function, division
from io import open
import unicodedata
import string
import re
import random

import torch
import torch.nn as nn
from torch import optim
import torch.nn.functional as F
```

2. 文字的前置處理函數。

```
SOS_token = 0  # 字句的開頭加一標誌
EOS_token = 1  # 字句的結尾加一標誌

# 前置處理函數
class Lang:
    def __init__(self, name):
        self.name = name
        self.word2index = {} # 單字轉代碼的字典
        self.word2count = {}
        self.index2word = {0: "SOS", 1: "EOS"}  # 代碼轉單字的字典
        self.n_words = 2  # Count SOS and EOS

    def addSentence(self, sentence):
        for word in sentence.split(' '):
            self.addWord(word) # 分詞

    def addWord(self, word): # 建立詞彙表
        if word not in self.word2index:
            self.word2index[word] = self.n_words
            self.word2count[word] = 1
            self.index2word[self.n_words] = word
            self.n_words += 1
        else:
            self.word2count[word] += 1
```

```
# Unicode 轉 ASCII
# https://stackoverflow.com/a/518232/2809427
def unicodeToAscii(s):
    return ''.join(
        c for c in unicodedata.normalize('NFD', s)
        if unicodedata.category(c) != 'Mn'
    )

# 轉小寫、去除前後的空白、去除標點符號
def normalizeString(s):
    s = unicodeToAscii(s.lower().strip())
    s = re.sub(r"([.!?])", r" \1", s)
    s = re.sub(r"[^a-zA-Z.!?]+", r" ", s)
    return s
```

```
# 讀取檔案
def readLangs(lang1, lang2, reverse=False):
    print("Reading lines...")

    # 讀取檔案、分行
    lines = open(f'./nlp_data/{lang1}-{lang2}.txt', encoding='utf-8').\
        read().strip().split('\n')

    # 每行分欄
    pairs = [[normalizeString(s) for s in l.split('\t')] for l in lines]

    # 法文翻譯為英文，或反向
    if reverse:
        pairs = [list(reversed(p)) for p in pairs]
        input_lang = Lang(lang2)
        output_lang = Lang(lang1)
    else:
        input_lang = Lang(lang1)
        output_lang = Lang(lang2)

    return input_lang, output_lang, pairs
```

```
# 每句只限翻譯 10 個單字
MAX_LENGTH = 10

# 特殊縮寫字對照表
eng_prefixes = (
    "i am ", "i m ",
    "he is", "he s ",
    "she is", "she s ",
    "you are", "you re ",
    "we are", "we re ",
    "they are", "they re "
)

# 超過 10 個單字的字句刪除
def filterPair(p):
    return len(p[0].split(' ')) < MAX_LENGTH and \
        len(p[1].split(' ')) < MAX_LENGTH and \
        p[1].startswith(eng_prefixes)


def filterPairs(pairs):
    return [pair for pair in pairs if filterPair(pair)]
```

```
# 前置處理：整合以上函數
def prepareData(lang1, lang2, reverse=False):
    input_lang, output_lang, pairs = readLangs(lang1, lang2, reverse)
    print("Read %s sentence pairs" % len(pairs))
    pairs = filterPairs(pairs)
    print("Trimmed to %s sentence pairs" % len(pairs))
    print("Counting words...")
    for pair in pairs:
        input_lang.addSentence(pair[0])
        output_lang.addSentence(pair[1])
    print("Counted words:")
```

```
12         print(input_lang.name, input_lang.n_words)
13         print(output_lang.name, output_lang.n_words)
14         return input_lang, output_lang, pairs
15
16     # eng-fra.txt檔案讀取與處理
17     input_lang, output_lang, pairs = prepareData('eng', 'fra', True)
18     # 隨機顯示一筆
19     print(random.choice(pairs))
```

- 執行結果：共 135842 句，超過 10 個單字的字句刪除，剩 10599 句，法文辭彙表有 4345 個單字，英文辭彙表有 2803 個單字，隨機顯示一筆法文 / 英文對照。

```
Reading lines...
Read 135842 sentence pairs
Trimmed to 10599 sentence pairs
Counting words...
Counted words:
fra 4345
eng 2803
['tu es prudent .', 'you re careful .']
```

3. 建立 Seq2Seq 模型：分為 Encoder、Decoder 兩個網路。

4. 建立 Encoder 模型：含嵌入層、GRU 層，輸入法文。

```
1  class EncoderRNN(nn.Module):
2      def __init__(self, input_size, hidden_size):
3          super(EncoderRNN, self).__init__()
4          self.hidden_size = hidden_size
5
6          self.embedding = nn.Embedding(input_size, hidden_size)
7          self.gru = nn.GRU(hidden_size, hidden_size)
8
9      def forward(self, input, hidden):
10         embedded = self.embedding(input).view(1, 1, -1)
11         output = embedded
12         output, hidden = self.gru(output, hidden)
13         return output, hidden
14
15     def initHidden(self):
16         return torch.zeros(1, 1, self.hidden_size, device=device)
```

5. 建立 Decoder 模型：含嵌入層、GRU 層，使用 Encoder 的輸出 (context vector) 作為隱藏層的初始狀態 (h0)，結合英文輸入。

```
1  class DecoderRNN(nn.Module):
2      def __init__(self, hidden_size, output_size):
3          super(DecoderRNN, self).__init__()
4          self.hidden_size = hidden_size
5
```

```
 6          self.embedding = nn.Embedding(output_size, hidden_size)
 7          self.gru = nn.GRU(hidden_size, hidden_size)
 8          self.out = nn.Linear(hidden_size, output_size)
 9          self.softmax = nn.LogSoftmax(dim=1)
10
11      def forward(self, input, hidden):
12          output = self.embedding(input).view(1, 1, -1)
13          output = F.relu(output)
14          output, hidden = self.gru(output, hidden)
15          output = self.softmax(self.out(output[0]))
16          return output, hidden
17
18      def initHidden(self):
19          return torch.zeros(1, 1, self.hidden_size, device=device)
```

6. Attention Decoder：加上注意力的 Decoder 模型，是上面 Decoder 的加強版。

- 將 Encoder 的輸出與英文輸入結合，利用完全連接層 (Linear) 計算注意力的權重，模型如下圖，其中 attn 是完全連接層。

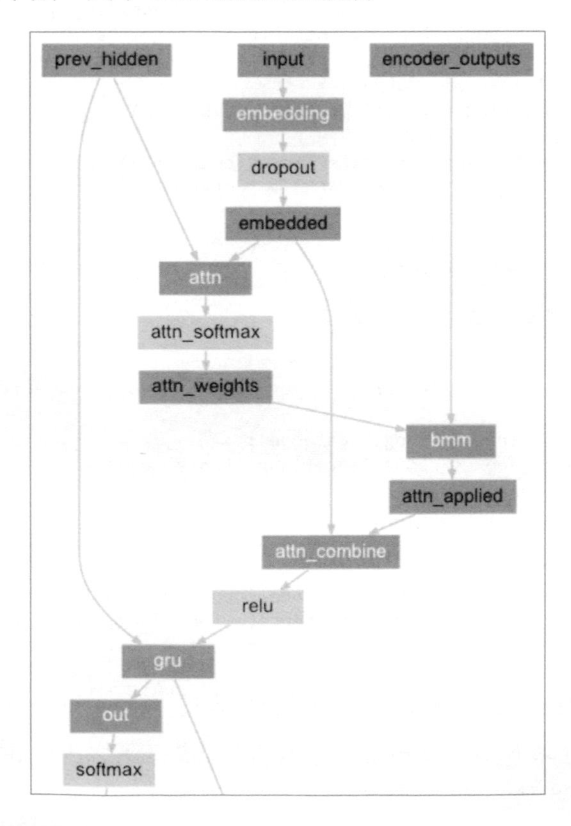

```
1  class AttnDecoderRNN(nn.Module):
2      def __init__(self, hidden_size, output_size, dropout_p=0.1, max_length=MAX_LENGTH):
3          super(AttnDecoderRNN, self).__init__()
4          self.hidden_size = hidden_size
5          self.output_size = output_size
6          self.dropout_p = dropout_p
7          self.max_length = max_length
8
9          self.embedding = nn.Embedding(self.output_size, self.hidden_size)
10         self.attn = nn.Linear(self.hidden_size * 2, self.max_length)
11         self.attn_combine = nn.Linear(self.hidden_size * 2, self.hidden_size)
12         self.dropout = nn.Dropout(self.dropout_p)
13         self.gru = nn.GRU(self.hidden_size, self.hidden_size)
14         self.out = nn.Linear(self.hidden_size, self.output_size)
16     def forward(self, input, hidden, encoder_outputs):
17         embedded = self.embedding(input).view(1, 1, -1)
18         embedded = self.dropout(embedded)
19
20         attn_weights = F.softmax(
21             self.attn(torch.cat((embedded[0], hidden[0]), 1)), dim=1)
22         attn_applied = torch.bmm(attn_weights.unsqueeze(0),
23                                  encoder_outputs.unsqueeze(0))
24
25         output = torch.cat((embedded[0], attn_applied[0]), 1)
26         output = self.attn_combine(output).unsqueeze(0)
27
28         output = F.relu(output)
29         output, hidden = self.gru(output, hidden)
30
31         output = F.log_softmax(self.out(output[0]), dim=1)
32         return output, hidden, attn_weights
33
34     def initHidden(self):
35         return torch.zeros(1, 1, self.hidden_size, device=device)
```

7. 定義張量轉換函數：字句與張量互轉。

```
1  def indexesFromSentence(lang, sentence):
2      return [lang.word2index[word] for word in sentence.split(' ')]
3
4  def tensorFromSentence(lang, sentence):
5      indexes = indexesFromSentence(lang, sentence)
6      indexes.append(EOS_token)
7      return torch.tensor(indexes, dtype=torch.long, device=device).view(-1, 1)
8
9  def tensorsFromPair(pair):
10     input_tensor = tensorFromSentence(input_lang, pair[0])
11     target_tensor = tensorFromSentence(output_lang, pair[1])
12     return (input_tensor, target_tensor)
```

8. 定義模型訓練函數：程式碼實現兩種模式『Free-Running』、『Teacher Forcing』，Free-Running 就是一般 RNN 的模式，以上一步驟的隱藏層輸出 h_{t-1}，作為下一步驟的輸入，而 Teacher Forcing 則採用上一步驟的實際標註 (Y)

，作為下一步驟的輸入，就像有一位老師隨時在旁邊指導，這樣做的好處是訓練時不會偏離正軌過大，但缺點則是易造成過度擬合，如果測試資料與訓練資料機率分佈不同時，會造成測試準確度不佳。

- 本範例採用混合模式，以第 1 行程式碼決定採用 Teacher Forcing 的機率，每一週期都採用隨機亂數，決定是否採用 Teacher Forcing(第 27 行)。
- 第 36 行程式碼採用 Teacher Forcing，第 44 行採用 Free-Running。

```
1   teacher_forcing_ratio = 0.5 # 採用 Teacher Forcing 的機率
2
3   def train(input_tensor, target_tensor, encoder, decoder, encoder_optimizer,
4             decoder_optimizer, criterion, max_length=MAX_LENGTH):
5       encoder_hidden = encoder.initHidden()
6
7       encoder_optimizer.zero_grad()
8       decoder_optimizer.zero_grad()
9
10      input_length = input_tensor.size(0)
11      target_length = target_tensor.size(0)
12
13      encoder_outputs = torch.zeros(max_length, encoder.hidden_size, device=device)
14
15      loss = 0
16
17      for ei in range(input_length):
18          encoder_output, encoder_hidden = encoder(
19              input_tensor[ei], encoder_hidden)
20          encoder_outputs[ei] = encoder_output[0, 0]
21
22      decoder_input = torch.tensor([[SOS_token]], device=device)
23
24      decoder_hidden = encoder_hidden
26      # 取隨機亂數，決定是否採用 Teacher Forcing
27      use_teacher_forcing = True if random.random() < teacher_forcing_ratio else False
28
29      # Teacher Forcing 模式
30      if use_teacher_forcing:
31          for di in range(target_length):
32              decoder_output, decoder_hidden, decoder_attention = decoder(
33                  decoder_input, decoder_hidden, encoder_outputs)
34              loss += criterion(decoder_output, target_tensor[di])
35              # 以上一步驟的實際標註(Y)，作為下一步驟的輸入
36              decoder_input = target_tensor[di]
37
38      else: # Free-Running 模式
39          for di in range(target_length):
40              decoder_output, decoder_hidden, decoder_attention = decoder(
41                  decoder_input, decoder_hidden, encoder_outputs)
42              topv, topi = decoder_output.topk(1)
43              # 以上一步驟的隱藏層輸出，作為下一步驟的輸入
44              decoder_input = topi.squeeze().detach()
45
```

```
46                loss += criterion(decoder_output, target_tensor[di])
47                if decoder_input.item() == EOS_token:
48                    break
49
50        loss.backward()
51
52        encoder_optimizer.step()
53        decoder_optimizer.step()
54
55        return loss.item() / target_length
```

9. 定義計算執行時間的函數。

```
1  import time
2  import math
3
4  # 換算為分鐘
5  def asMinutes(s):
6      m = math.floor(s / 60)
7      s -= m * 60
8      return f'{m}m {s}s'
9
10 # 計算執行時間
11 def timeSince(since, percent):
12     now = time.time()
13     s = now - since
14     es = s / (percent)
15     rs = es - s
16     return f'{asMinutes(s)} (- {asMinutes(rs)})'
```

10. 定義訓練週期函數：整合以上函數。

```
1  def trainIters(encoder, decoder, n_iters, print_every=1000, plot_every=100
2                , learning_rate=0.01):
3      start = time.time()
4      plot_losses = []
5      print_loss_total = 0  # 初始化列印的損失值
6      plot_loss_total = 0   # 初始化繪製的損失值
7
8      # 定義優化器、損失函數
9      encoder_optimizer = optim.SGD(encoder.parameters(), lr=learning_rate)
10     decoder_optimizer = optim.SGD(decoder.parameters(), lr=learning_rate)
11     training_pairs = [tensorsFromPair(random.choice(pairs))
12                       for i in range(n_iters)]
13     criterion = nn.NLLLoss()
14
15     # 訓練週期
16     for iter in range(1, n_iters + 1):
17         training_pair = training_pairs[iter - 1]
18         input_tensor = training_pair[0]
19         target_tensor = training_pair[1]
20
21         loss = train(input_tensor, target_tensor, encoder,
22                      decoder, encoder_optimizer, decoder_optimizer, criterion)
23         print_loss_total += loss
24         plot_loss_total += loss
25
```

```
26          if iter % print_every == 0:
27              print_loss_avg = print_loss_total / print_every
28              print_loss_total = 0
29              print(f'{timeSince(start, iter / n_iters)}' +
30                    f' ({iter} {iter / n_iters * 100}%) {print_loss_avg:.4f}')
32          if iter % plot_every == 0:
33              plot_loss_avg = plot_loss_total / plot_every
34              plot_losses.append(plot_loss_avg)
35              plot_loss_total = 0
36
37      showPlot(plot_losses)
```

11. 定義繪圖函數：使用 plt.switch_backend('agg')，需加『%matplotlib inline』，圖形才會顯示。

```
1  import matplotlib.pyplot as plt
2  plt.switch_backend('agg')
3  import matplotlib.ticker as ticker
4  import numpy as np
5
6  def showPlot(points):
7      plt.figure()
8      fig, ax = plt.subplots()
9      # this locator puts ticks at regular intervals
10     loc = ticker.MultipleLocator(base=0.2)
11     ax.yaxis.set_major_locator(loc)
12     plt.plot(points)
```

12. 定義模型評估函數。

```
1  def evaluate(encoder, decoder, sentence, max_length=MAX_LENGTH):
2      with torch.no_grad():
3          input_tensor = tensorFromSentence(input_lang, sentence)
4          input_length = input_tensor.size()[0]
5          encoder_hidden = encoder.initHidden()
6
7          encoder_outputs = torch.zeros(max_length, encoder.hidden_size, device=device)
8
9          for ei in range(input_length):
10             encoder_output, encoder_hidden = encoder(input_tensor[ei],
11                                                      encoder_hidden)
12             encoder_outputs[ei] += encoder_output[0, 0]
13
14         decoder_input = torch.tensor([[SOS_token]], device=device)  # SOS
15
16         decoder_hidden = encoder_hidden
17
18         decoded_words = []
19         decoder_attentions = torch.zeros(max_length, max_length)
20
21         for di in range(max_length):
22             decoder_output, decoder_hidden, decoder_attention = decoder(
23                 decoder_input, decoder_hidden, encoder_outputs)
24             decoder_attentions[di] = decoder_attention.data
25             topv, topi = decoder_output.data.topk(1)
```

```
26                if topi.item() == EOS_token:
27                    decoded_words.append('<EOS>')
28                    break
29                else:
30                    decoded_words.append(output_lang.index2word[topi.item()])
31
32                decoder_input = topi.squeeze().detach()
33
34            return decoded_words, decoder_attentions[:di + 1]
```

13. 模型訓練：筆者使用 GTX 1050 Ti 顯卡，訓練 75,000 週期約 70 分鐘。

```
1 hidden_size = 256
2 encoder1 = EncoderRNN(input_lang.n_words, hidden_size).to(device)
3 attn_decoder1 = AttnDecoderRNN(hidden_size, output_lang.n_words,
4                                dropout_p=0.1).to(device)
5
6 trainIters(encoder1, attn_decoder1, 75000, print_every=5000)
```

- 執行結果：

```
4m 28s (- 62m 38s) (5000 6%) 2.8160
9m 1s (- 58m 38s) (10000 13%) 2.2702
13m 36s (- 54m 24s) (15000 20%) 1.9482
18m 11s (- 50m 2s) (20000 26%) 1.7116
23m 10s (- 46m 20s) (25000 33%) 1.5424
28m 9s (- 42m 14s) (30000 40%) 1.3399
33m 15s (- 38m 0s) (35000 46%) 1.2217
38m 4s (- 33m 18s) (40000 53%) 1.0693
42m 45s (- 28m 30s) (45000 60%) 0.9944
47m 24s (- 23m 42s) (50000 66%) 0.8953
52m 8s (- 18m 57s) (55000 73%) 0.8258
56m 52s (- 14m 13s) (60000 80%) 0.7477
61m 35s (- 9m 28s) (65000 86%) 0.6795
66m 14s (- 4m 43s) (70000 93%) 0.6376
70m 52s (- 0m 0s) (75000 100%) 0.5740
```

14. 任選 10 筆訓練資料評估。

```
1  def evaluateRandomly(encoder, decoder, n=10):
2      for i in range(n):
3          pair = random.choice(pairs)
4          print('>', pair[0])
5          print('=', pair[1])
6          output_words, attentions = evaluate(encoder, decoder, pair[0])
7          output_sentence = ' '.join(output_words)
8          print('<', output_sentence)
9          print('')
10
11 evaluateRandomly(encoder1, attn_decoder1)
```

- 執行結果：每一筆含三列，第 1 列為輸入值，第 2 列為實際值，第 3 列為預測值，大部分預測均正確。

```
> elles en sont presque la .
= they re almost here .
< they re almost here . <EOS>

> je travaille pour une entreprise de commerce .
= i m working for a trading firm .
< i m a a for a few . <EOS>

> nous sommes des survivantes .
= we re survivors .
< we re survivors . <EOS>

> il est impopulaire pour une raison quelconque .
= he is unpopular for some reason .
< he is unpopular for some reason . <EOS>
```

15. Attention 視覺化：輸入一句法文，顯示關聯圖，X 軸為輸入，Y 軸為預測值。

```
1 output_words, attentions = evaluate(
2     encoder1, attn_decoder1, "je suis trop froid .")
3 plt.matshow(attentions.numpy())
```

- 執行結果：可以看出不是呈對角線，也就是每個英文單字依賴的注意力，不是對齊的法文單字。

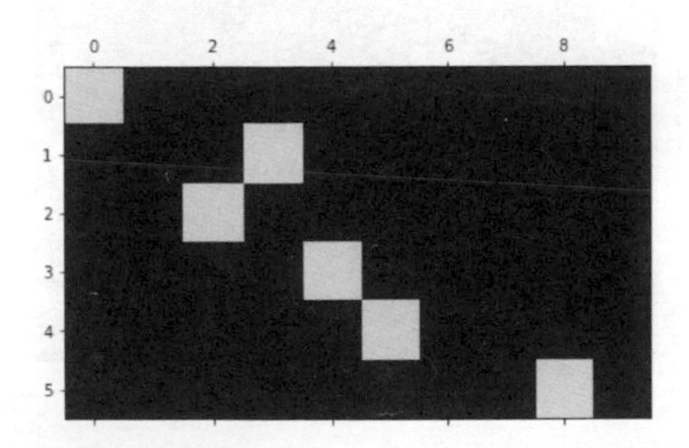

16. Attention 視覺化加強版：把單字顯示在座標軸。

```
1  def showAttention(input_sentence, output_words, attentions):
2      # Set up figure with colorbar
3      fig = plt.figure()
4      ax = fig.add_subplot(111)
5      cax = ax.matshow(attentions.numpy(), cmap='bone')
6      fig.colorbar(cax)
7
8      # Set up axes
9      ax.set_xticklabels([''] + input_sentence.split(' ') +
10                        ['<EOS>'], rotation=90)
11     ax.set_yticklabels([''] + output_words)
12
13     # Show label at every tick
14     ax.xaxis.set_major_locator(ticker.MultipleLocator(1))
15     ax.yaxis.set_major_locator(ticker.MultipleLocator(1))
```

```
16
17      plt.show()
18
19  def evaluateAndShowAttention(input_sentence):
20      output_words, attentions = evaluate(
21          encoder1, attn_decoder1, input_sentence)
22      print('input =', input_sentence)
23      print('output =', ' '.join(output_words))
24      showAttention(input_sentence, output_words, attentions)
25
26  # 測試4句法文
27  evaluateAndShowAttention("elle a cinq ans de moins que moi .")
28  evaluateAndShowAttention("elle est trop petit .")
29  evaluateAndShowAttention("je ne crains pas de mourir .")
30  evaluateAndShowAttention("c est un jeune directeur plein de talent .")
```

- 執行結果：英文的 is too 都依賴法文的 petit 較大。

```
input = elle est trop petit .
output = she is too dressed . <EOS>
```

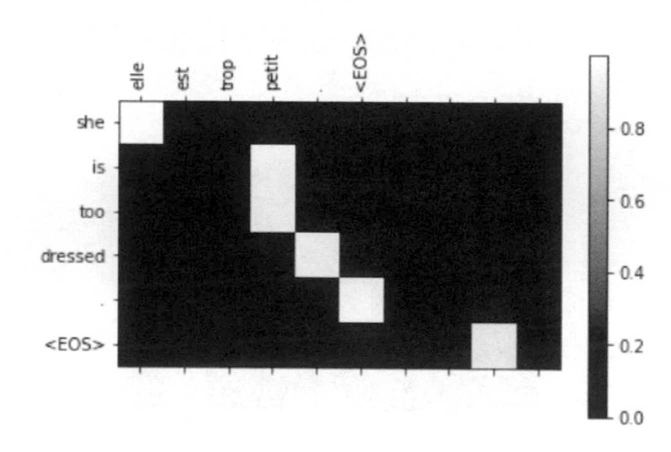

本例還可以進行以下實驗：

1. 改為中翻英，可以自 https://www.manythings.org/anki/ 下載 cmn-eng.zip，內容為簡體中文，可使用 MS Word 翻譯為繁體中文。
2. 使用 Word2Vec/GloVe 取代嵌入層的訓練。
3. 使用 Stacked LSTM、改變隱藏層神經元個數，比較執行時間及準確率。

Seq2Seq 模型處理一對一的訓練資料，還有下列領域的應用：

1. 人機介面：指令與執行。
2. 聊天機器人：聊天與回應。
3. 常用問答集 (FAQ)：問與答。

除了一對一外，按照輸入 / 輸出的個數不同，也可以進行各種型態的應用。

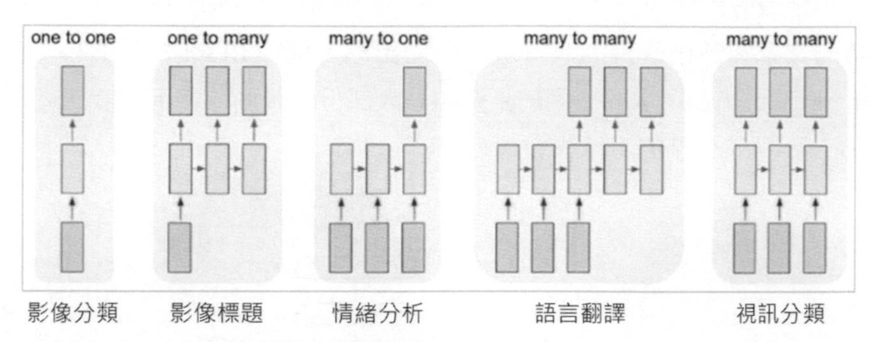

▲ **圖 12.12 Seq2Seq 模型的各種型態和應用**，圖片來源：『The Unreasonable Effectiveness of Recurrent Neural Networks』[22]。

1. 一對一 (one to one)：固定長度的輸入 (input) 與輸出 (output)，即一般的神經網路模型。例如影像分類，輸入一張影像後，預測這張影像所屬的類別。
2. 一對多 (one to many)：單一輸入，多個輸出。例如影像標題（Image Captioning），輸入一個影像後，接著偵測影像內的多個物件，並一一給予標題，這稱之為『Sequence output』。
3. 多對一 (many to one)：多個輸入，單一輸出。例如情緒分析 (Sentiment Analysis)，輸入一大段話後，判斷這段話是正面或負面的情緒表達，這稱之為『Sequence input』。
4. 多對多 (many to many)：多個輸入，多個輸出。例如語言翻譯 (Machine Translation)，輸入一段英文句子後，翻譯成中文，這稱之為『Sequence input and sequence output 』。
5. 另一種多對多 (many to many)：多個輸入，多個輸出『同步』(Synchronize)。例如視訊分類 (Video Classification)，輸入一段影片後，每一幀 (Frame) 都各產生一個標題，這稱之為『Synced sequence input and output』。

12-9 Transformer 架構

Google 的學者 Ashish Vaswani 等人於 2017 年依照 Seq2Seq 模型加上注意力機制，提出了 Transformer 架構，如下圖所示。架構一推出後，立即躍升為 NLP 近年來最夯的演算法，而『Attention Is All You Need』[23] 一文也被公認是必讀的文章，各種改良的演算法也紛紛出籠，例如 BERT、GPT-2、GPT-3、XLNet、ELMo、T5…等，幾乎搶佔了 NLP 大部份的版面，接下來我們就來認識 Transformer 與其相關的演算法。

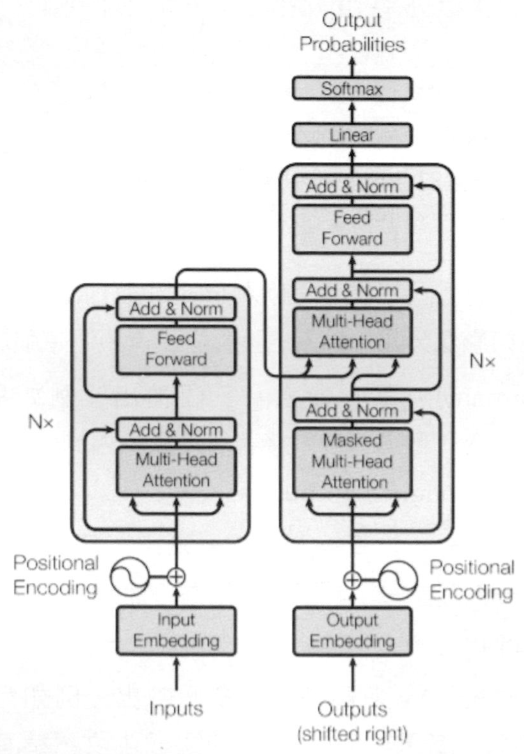

▲ 圖 12.13 Transformer 架構，圖片來源：『Attention Is All You Need』[23]

12-9-1 Transformer 原理

RNN/LSTM/GRU 有個最大的缺點，因為要以上文預測目前的目標，必須以序列的方式，『依序』執行每一個節點的訓練，造成執行效能過慢。而 Transformer

為了克服此一問題，提出『自注意力機制』（Self-Attention mechanism）及多頭 (Multi-head) 機制，取代模型中的 RNN 神經層，以平行處理的方式計算所有的輸出，步驟如下，請同時參考上圖：

1. 首先輸入向量 (Input Vector) 被表徵為 Q、K、V 向量 (Vector)。

- K：Key Vector，為 Encoder 隱藏層狀態的鍵值，即上下文的詞向量。
- V：Value Vector，為 Encoder 隱藏層狀態的輸出值。
- Q：Query Vector，為 Decoder 的前一期輸出。
- 故自注意力機制對應 Q、K、V，共有三種權重，而單純的注意力機制則只有一種權重—Attention Weight。
- 利用神經網路優化可以找到三種權重的最佳值，然後，以輸入向量個別乘以三種權重，即可求得 Q、K、V 向量。

2. Q、K、V 再經過下圖的運算即可得到自注意力矩陣。

- 點積 (Dot product) 運算：Q x K，計算輸入向量與上下文詞彙的相似度。
- 特徵縮放：Q、K 維度開根號，通常 Q、K 維度是 64，故$\sqrt{64} = 8$。
- Softmax 運算：將上述結果轉為機率。
- 找出要重視的上下文詞彙：以 Value Vector 乘以上述機率，較大值為要重視的上下文詞彙。

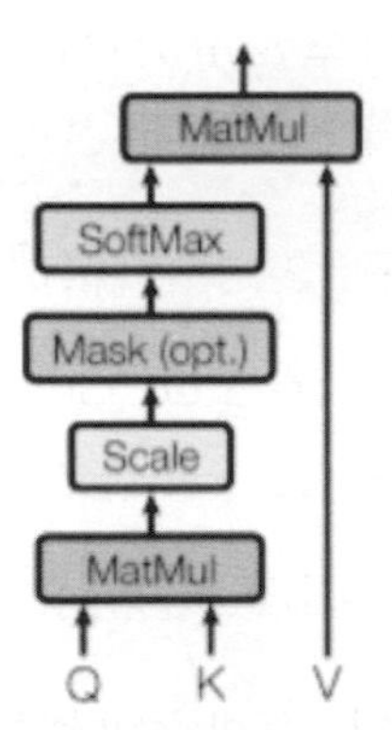

▲ 圖 12.14 『自注意力機制』運算，圖片來源：『Attention Is All You Need』[23]

上圖運算過程以數學式表達如下，即自注意力矩陣公式：

$$Attention\left(Q,K,V\right)=softmax\left(\frac{QK^{T}}{\sqrt{d_k}}\right)V$$

其中 d_k 為 Key Vector 維度，通常是 64。

3. 自注意力機制是多頭 (Multi-Head) 的，通常是 8 個頭，如圖 12.14 的機制，經過內積 (Dot product) 運算，串聯這 8 個頭，如下圖：

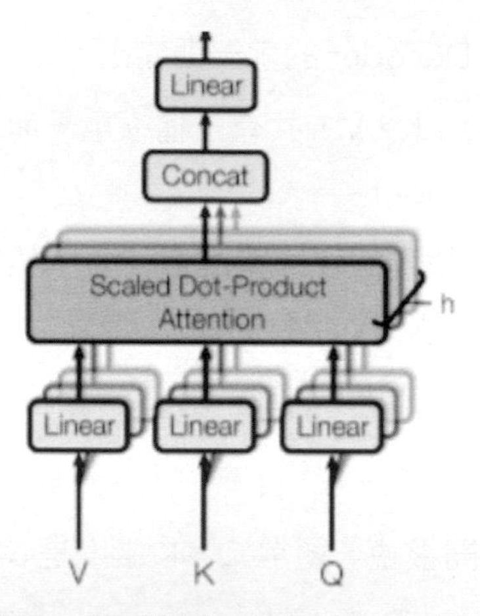

▲ 圖 12.15 『自注意力機制』多頭運算，圖片來源：『Attention Is All You Need』[23]

多頭自注意力矩陣公式如下：

$$MultiHead\left(Q,K,V\right)=concat\left(head_1 head_2...head_n\right)W_O$$
$$where, head_i=Attention\left(QW_i^Q,KW_i^K,VW_i^V\right)$$

4. 最後加上其他的神經層，如圖 12.13，就構成了 Transformer 網路架構。

要瞭解詳細的計算過程請參考『Illustrated: Self-Attention』[24] 一文，它還有附精美的動畫，另外，『The Illustrated Transformer』[25] 也值得一讀。

總而言之，自注意力機制就是要找出應該關注的上下文詞彙，舉例來說：

The animal didn't cross the street because it was too tired.

其中的 it 是代表 animal 還是 street ？

透過自注意力機制，可以幫我們找出 it 與上下文詞彙的關聯度，進而判斷出 it 所代表的是 animal。

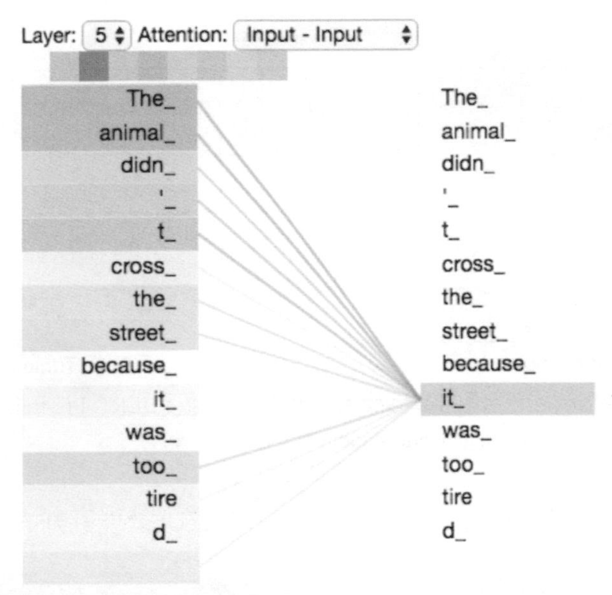

▲ 圖 12.16 『自注意力機制』示意圖，it 與上下文詞彙的關聯度，圖片來源：『The Illustrated Transformer』[23]

12-9-2 Transformer 效能

依『Self-attention in NLP』[26] 一文中的實驗，上述的 Transformer 網路在一台 8 顆 NVIDIA P100 GPU 的伺服器上運作，大約要 3.5 天才能完成訓練，英 / 德文翻譯的準確率 (BLEU) 約 28.4 分，英 / 法文翻譯約 41.8 分。BLEU(Bilingual Evaluation Understudy) 是專為雙語言翻譯所設定的效能衡量指標，是根據 n-gram 的相符數目 (不考慮順序)，乘以對應的權重而得到的分數，詳細的計算可參考『A Gentle Introduction to Calculating the BLEU Score for Text in Python』[27] 一文。

一般作法會分為兩階段：

1. 基礎模型 (Base Model)：利用大量的語料庫訓練一個基礎模型，例如 BERT 使用維基百科上 33 億單字訓練，完成後儲存成預先訓練模型 (Pre-trained model)。

2. 微調 (Fine tuning)：利用預先訓練模型，進行轉移學習 (Transfer Learning)，應用到各種任務 (Task)，如下圖：

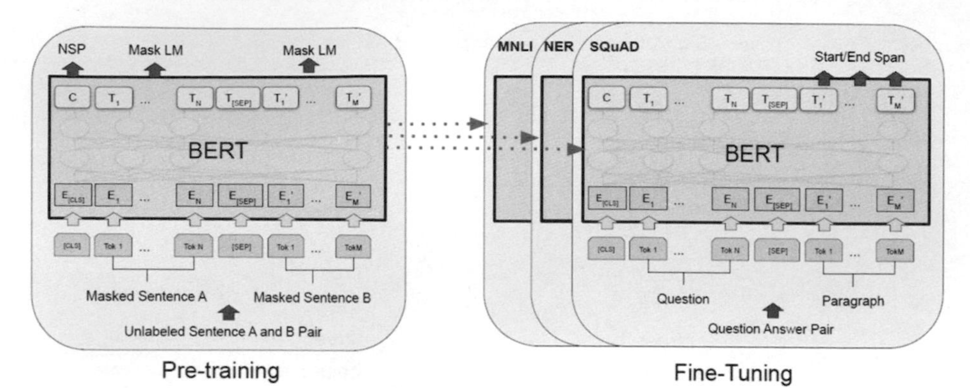

▲ 圖 12.17 Transformer 架構的轉移學習，圖片來源：『BERT: Pre-training of Deep Bidirectional Transformers for Language Understanding』[28]

General Language Understanding Evaluation(GLEU) 效能評判的任務包括：

#	Task	說明
1	MNLI	給定一個前提(Premise)，推斷假設(Hypothesis)是否成立
2	QQP	判斷Quora上的兩個問題句是否同義
3	QNLI	用於判斷文本是否包含問題的答案
4	STS-B	預測兩個句子的相似性，包括5個級別
5	MRPC	判斷兩個句子是否是同義
6	RTE	類似於MNLI，但是只是對蘊含關係的二分類判斷
7	SWAG	從四個句子中選擇為可能為前句下文
8	SST-2	電影評價的情感分析
9	CoLA	語義判斷，判定句子是否語法正確
10	SQuAD	輸出問題的答案
11	CoNLL	NER

兩階段的作法類似之前介紹的影像辨識的預先訓練模型，大型研究機構創建各種預先訓練模型後，我們就可以花費較少的精力與時間，利用這些模型微調以完成各項特定的任務，如下圖：

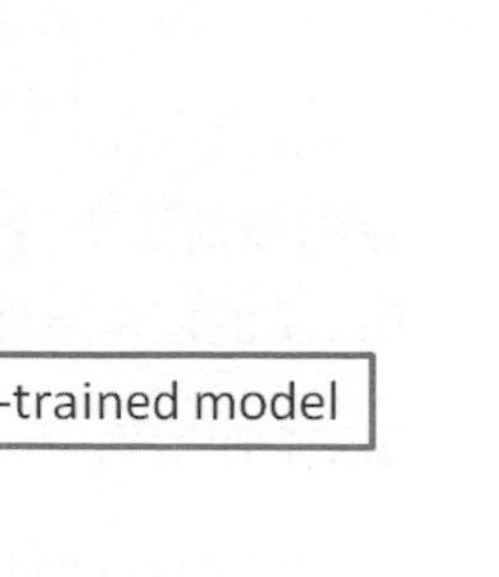

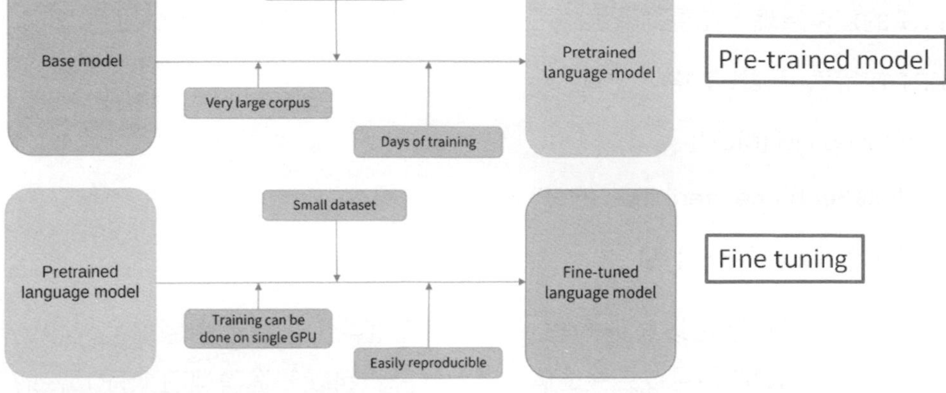

▲ 圖 12.18 Transformer 兩階段特點，圖片來源：『Hugging Face Transformers』[29]

12-10 BERT

BERT (Bidirectional Encoder Representations from Transformers) 顧名思義，就是雙向的Transformer，在2018年Google企業的Jacob Devlin等學者首度發表，是目前最夯的 Transformer 演算法，詳情可參閱『BERT: Pre-training of Deep Bidirectional Transformers for Language Understanding』[28] 一文。

Word2Vec/GloVe 每個單字只以一個多維的詞向量表示，但是，一詞多義是所有語系共有的現象，例如，Apple 是『水果』也可以是『蘋果公司』，Bank 是『銀行』也可能是『岸邊』，BERT 為解決這個問題，提出『上下文相關』(Context Dependent) 的概念，輸入改為一整個句子，而不是一個單字，例如：

We go to the river bank. → bank 是『岸邊』。

I need to go to bank to make a deposit. → bank 是『銀行』。

BERT 演算法比 Transformer 更複雜，要花更多的時間訓練，為什麼還要介紹呢？有以下兩點原因：

1. BERT 有各式各樣的預先訓練模型 (Pre-trained model)，可以進行轉移學習。
2. BERT 支援中文模型。

雖然沒辦法訓練模型，但為了在實務上能靈活運用，我們還是要稍微理解一下 BERT 的運作原理，免得到時候誤用，還不知道為什麼錯，那就糗大了。

BERT 使用兩個訓練策略：

1. Masked LM (MLM)。
2. Next Sentence Prediction (NSP)

12-10-1 Masked LM

RNN/LSTM/GRU 都是以序列的方式，逐一產生輸出，導致訓練速度過慢，而 Masked LM (MLM) 則可以克服這個問題，訓練資料在餵進模型前，有 15% 的詞彙先以 [MASK] 符號取代，即所謂的『遮罩』(Mask)，之後演算法就試圖用未遮罩的詞彙來預測被遮罩的詞彙，類似 CBOW。Masked LM 的架構如下：

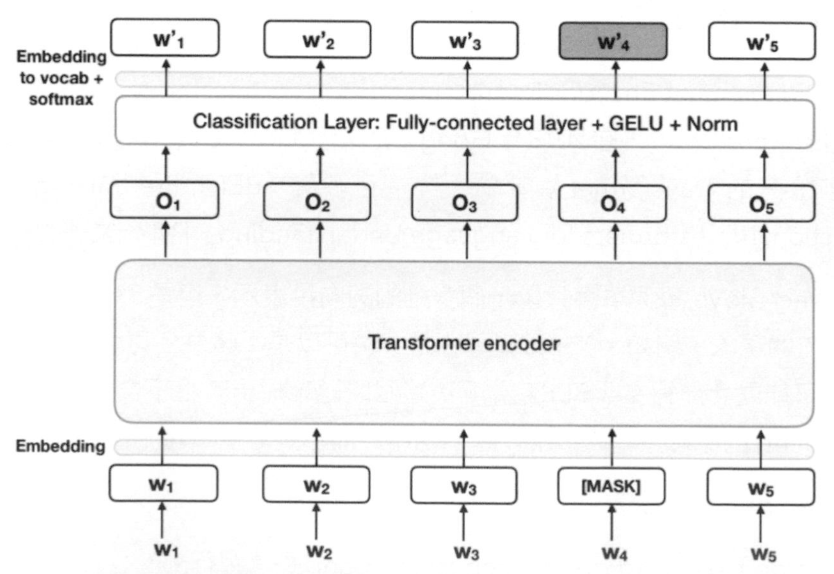

▲ 圖 12.18 Masked LM 架構，圖片來源：『BERT Explained: State of the art language model for NLP』[30]

12-10-2 Next Sentence Prediction

Next Sentence Prediction(NSP) 訓練資料含兩個語句，NSP 預測第 2 句是否是第 1 句的接續下文。訓練時會取樣正負樣本各佔 50%，進行下列的前置處理：

1. 符號詞嵌入 (Token embedding)：[CLS] 插在第 1 句的前面，[SEP] 插在每一句的後面。
2. 語句詞嵌入 (Sentence embedding)：在每個符號 (詞彙) 上加註它是屬於第 1 句或第 2 句。
3. 位置詞嵌入 (Positional embedding)：在每個符號 (詞彙) 上加註它是在合併語句中的第幾個位置。

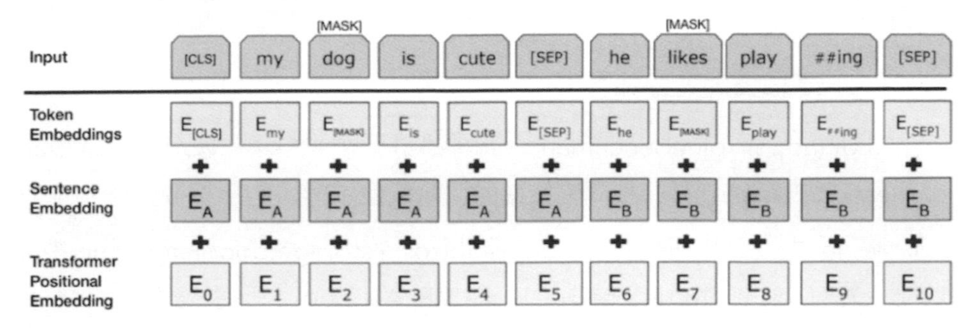

▲ 圖 12.18 Next Sentence Prediction(NSP)，圖片來源：『BERT Explained: State of the art language model for NLP』[30]

這三種詞嵌入就類似於前面『自注意力機制』的 Q、K、V。

BERT 訓練時會結合兩個演算法，目標是最小化兩個策略的合併損失函數，

注意 MLM、NSP 兩項任務都不需要標註資料，可直接由語料庫產生訓練資料，不需要人工標註，比 ImageNet 輕鬆多了，這種方式也稱為『自我學習』(Self Learning)。語音的訓練也可以如法炮製，使用自我學習進行基礎模型的訓練。

根據 BERT GitHub [31] 說明，模型訓練 (Pre-trained model) 在 4~16 個 TPU 的伺服器上要訓練 4 天的時間，這又是身為平凡小民的筆者，不可承受之重，因此，我們還是乖乖的下載預先訓練好的模型，然後集中火力在效能微調 (Fine-tuning) 上比較實際。

12-10-3 BERT 效能微調 (Fine-tuning)

效能微調就是根據不同的應用領域，加入各行業別的知識，使 BERT 能更聰明，有下列應用類型：

1. 分類 (Classification)：加一個分類層 (Dense)，進行情緒分析 (Sentiment analysis) 的判別，可參考 BERT GitHub 的程式 run_classifier.py。
2. 問答 (Question Answering)：比如 SQuAD 資料集，輸入一個問題後，能夠在全文中標示出答案的開頭與結束的位置，可參考 BERT GitHub 的程式 run_squad.py。
3. 命名實體識別 (Named Entity Recognition, NER)：輸入一段文字後，可以標註其中的實體，如人名、組織、日期等。

以分類為例，測試處理程序如下：

1. 自 GLUE(https://gluebenchmark.com/tasks) 下載資料集，較有名的是 Quora Question Pairs，它是科技問答網站的問題配對，辨識問題相似與否。
2. 下載預先訓練模型 BERT-Base(https://storage.googleapis.com/bert_models/2018_10_18/uncased_L-12_H-768_A-12.zip)，解壓縮至一目錄，例如 BERT_BASE_DIR 所指向的目錄。
3. 效能微調：下列是 Linux 指令，Windows 作業環境下可直接把變數帶入。

```
export BERT_BASE_DIR=/path/to/bert/uncased_L-12_H-768_A-12
export GLUE_DIR=/path/to/glue

python run_classifier.py \
  --task_name=MRPC \
  --do_train=true \
  --do_eval=true \
  --data_dir=$GLUE_DIR/MRPC \
  --vocab_file=$BERT_BASE_DIR/vocab.txt \
  --bert_config_file=$BERT_BASE_DIR/bert_config.json \
  --init_checkpoint=$BERT_BASE_DIR/bert_model.ckpt \
  --max_seq_length=128 \
  --train_batch_size=32 \
  --learning_rate=2e-5 \
  --num_train_epochs=3.0 \
  --output_dir=/tmp/mrpc_output/
```

4. 得到結果如下：

```
***** Eval results *****
  eval_accuracy = 0.845588
  eval_loss = 0.505248
  global_step = 343
  loss = 0.505248
```

5. 預測：參數 do_predict=true，輸入放在 input/test.tsv，執行結果則在 output/test_results.tsv。

```
export BERT_BASE_DIR=/path/to/bert/uncased_L-12_H-768_A-12
export GLUE_DIR=/path/to/glue
export TRAINED_CLASSIFIER=/path/to/fine/tuned/classifier

python run_classifier.py \
  --task_name=MRPC \
  --do_predict=true \
  --data_dir=$GLUE_DIR/MRPC \
  --vocab_file=$BERT_BASE_DIR/vocab.txt \
  --bert_config_file=$BERT_BASE_DIR/bert_config.json \
  --init_checkpoint=$TRAINED_CLASSIFIER \
  --max_seq_length=128 \
  --output_dir=/tmp/mrpc_output/
```

也可以使用 SQuAD 問答 (Question Answering) 資料集，與上述程序類似。

注意 效能微調使用 GPU 時，BERT GitHub 建議為 Titan X 或 GTX 1080，否則容易發生記憶體不足的情形。看到這裡，可能有些讀者 (包括筆者) 臉上又三條線了，還好有一些套件可以讓我們直接實驗，不須使用上述程序。

BERT 的變形很多，故統稱為『BERTology』，可參閱『A Primer in BERTology: What we know about how BERT works』[32]，論文發表當時就將近 20 幾種，每一種模型的大小、速度、效能及適用的任務都有所不同。

		Compression	Performance	Speedup	Model	Evaluation
	BERT-base (Devlin et al., 2019)	×1	100%	×1	$BERT_{12}$	All GLUE tasks, SQuAD
	BERT-small	×3.8	91%	-	$BERT_4$†	All GLUE tasks
Distillation	DistilBERT (Sanh et al., 2019a)	×1.5	90%§	×1.6	$BERT_6$	All GLUE tasks, SQuAD
	$BERT_6$-PKD (Sun et al., 2019a)	×1.6	98%	×1.9	$BERT_6$	No WNLI, CoLA, STS-B; RACE
	$BERT_3$-PKD (Sun et al., 2019a)	×2.4	92%	×3.7	$BERT_3$	No WNLI, CoLA, STS-B; RACE
	Aguilar et al. (2019), Exp. 3	×1.6	93%	-	$BERT_6$	CoLA, MRPC, QQP, RTE
	BERT-48 (Zhao et al., 2019)	×62	87%	×77	$BERT_{12}$*†	MNLI, MRPC, SST-2
	BERT-192 (Zhao et al., 2019)	×5.7	93%	×22	$BERT_{12}$*†	MNLI, MRPC, SST-2
	TinyBERT (Jiao et al., 2019)	×7.5	96%	×9.4	$BERT_4$†	No WNLI; SQuAD
	MobileBERT (Sun et al., 2020)	×4.3	100%	×4	$BERT_{24}$†	No WNLI; SQuAD
	PD (Turc et al., 2019)	×1.6	98%	×2.5‡	$BERT_6$†	No WNLI, CoLA and STS-B
	WaLDORf (Tian et al., 2019)	×4.4	93%	×9	$BERT_8$†‖	SQuAD
	MiniLM (Wang et al., 2020b)	×1.65	99%	×2	$BERT_6$	No WNLI, STS-B, $MNLI_{mm}$; SQuAD
	MiniBERT(Tsai et al., 2019)	×6**	98%	×27**	$mBERT_3$†	CoNLL-18 POS and morphology
	BiLSTM-soft (Tang et al., 2019)	×110	91%	×434‡	$BiLSTM_1$	MNLI, QQP, SST-2
Quanti-zation	Q-BERT-MP (Shen et al., 2019)	×13	98%¶	-	$BERT_{12}$	MNLI, SST-2, CoNLL-03, SQuAD
	BERT-QAT (Zafrir et al., 2019)	×4	99%	-	$BERT_{12}$	No WNLI, MNLI; SQuAD
	GOBO(Zadeh and Moshovos, 2020)	×9.8	99%	-	$BERT_{12}$	MNLI
Pruning	McCarley et al. (2020), ff2	×2.2‡	98%‡	×1.9‡	$BERT_{24}$	SQuAD, Natural Questions
	RPP (Guo et al., 2019)	×1.7‡	99%‡	-	$BERT_{24}$	No WNLI, STS-B; SQuAD
	Soft MvP (Sanh et al., 2020)	×33	94%¶	-	$BERT_{12}$	MNLI, QQP, SQuAD
	IMP (Chen et al., 2020), rewind 50%	×1.4–2.5	94–100%	-	$BERT_{12}$	No MNLI-mm; SQuAD
Other	ALBERT-base (Lan et al., 2020b)	×9	97%	-	$BERT_{12}$†	MNLI, SST-2
	ALBERT-xxlarge (Lan et al., 2020b)	×0.47	107%	-	$BERT_{12}$†	MNLI, SST-2
	BERT-of-Theseus (Xu et al., 2020)	×1.6	98%	×1.9	$BERT_6$	No WNLI
	PoWER-BERT (Goyal et al., 2020)	N/A	99%	×2–4.5	$BERT_{12}$	No WNLI; RACE

▲ 圖 12.19 BERT 家族 (BERTology)，圖片來源：『A Primer in BERTology: What we know about how BERT works』[32]

12-11 Transformers 套件

Transformers 套件是由 Hugging Face 所開發的，功能十分強大，它支援數十種的模型，包括 BERT、GPT、T5、XLNet、XLM 等架構，詳情請參閱 Transformers GitHub[33]，其中 BERT 就涵蓋了各種變形。

接下來我們就拿 Transformers 這個套件當例子，做一些實驗，它包含下列功能：

1. 情緒分析 (Sentiment analysis)。
2. 文本生成 (Text generation)：限英文。
3. 命名實體識別 (Named Entity Recognition, NER)。
4. 問題回答 (Question Answering)。
5. 克漏字填空 (Filling masked text)。
6. 文本摘要 (Text Summarization)：將文章節錄出大意。

7. 翻譯 (Translation)。
8. 特徵萃取 (Feature extraction)：類似詞向量，將文字轉換為向量。

除了文字以外，最近 Transformers 也擴展功能至影像 (Image)、語音 (Audio)。

12-11-1 Transformers 套件範例

先安裝套件，指令如下：

pip install transformers

範例

01 情緒分析 (Sentiment analysis)。此範例程式修改自 Transformers 官網的『Quick tour』[34]。

➤ 下列程式碼請參考【12_12_Transformers_Sentiment_Analysis.ipynb】。

1. 載入相關套件。

```
1 # 載入相關套件
2 from transformers import pipeline
```

2. 載入模型：BERT 有許多變形，下列指令預設下載 distilbert-base-uncased-finetuned-sst-2-english 模型，SST-2 即『The Stanford Sentiment Treebank』資料集。

- 若出現『torch_scatter installed with the wrong CUDA version』錯誤，表示目前 torch-scatter 的版本過新，需安裝 2.0.8 版：
  pip install torch-scatter==2.0.8

```
1 # 載入模型
2 classifier = pipeline('sentiment-analysis')
```

3. 情緒分析測試。

```
1 # 正面
2 print(classifier('We are very happy to show you the 🤗 Transformers library.'))
3 
4 # 負面
5 print(classifier('I hate this movie.'))
6 
7 # 否定句也可以正確分類
8 print(classifier('the movie is not bad.'))
```

- 執行結果：非常準確，否定句也可以正確分類，不像之前的 RNN/LSTM/GRU 碰到否定句都無法正確分類。

```
[{'label': 'POSITIVE', 'score': 0.9997795224189758}]
[{'label': 'NEGATIVE', 'score': 0.9996869564056396}]
[{'label': 'POSITIVE', 'score': 0.999536395072937}]
```

4. 一次測試多筆。

```
1  # 一次測試多筆
2  results = classifier(["We are very happy.",
3                        "We hope you don't hate it."])
4  for result in results:
5      print(f"label: {result['label']}, with score: {round(result['score'], 4)}")
```

- 執行結果：非常準確，就連否定句有可能是中性的這點也能夠分辨，像是 don't hate 不討厭，但不意味是喜歡，所以分數只有 0.5。

```
label: POSITIVE, with score: 0.9999
label: NEGATIVE, with score: 0.5309
```

5. 多語系支援：BERT 支援 100 多種語系，提供 24 種模型，以 BERT-base 的檔名 uncased_L-12_H-768_A-12.zip 為例來說明，L-12：12 層神經層，H-768：768 個隱藏層神經元，A-12：12 個頭。（注意）這裡的多語系是指歐美的語言，並不包括中文。

6. 西班牙文 (Spanish) 測試：筆者也不懂西班牙文，可使用 Google 翻譯。

```
1  # 西班牙文(Spanish)
2  # 負面, I hate this movie
3  print(classifier('Odio esta pelicula.'))
4  
5  # the movie is not bad.
6  print(classifier('la pelicula no esta mal.'))
```

- 執行結果：第一句只得 1 顆星，第二句得到 3 顆星。

```
[{'label': '1 star', 'score': 0.4615824222564697}]
[{'label': '3 stars', 'score': 0.6274545788764954}]
```

7. 法文 (French) 測試。

```
1  # 法文(French)
2  # 負面, I hate this movie
3  print(classifier('Je déteste ce film.'))
4  
5  # the movie is not bad.
6  print(classifier('le film n\'est pas mal.'))
```

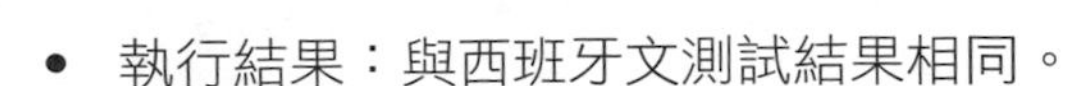

- 執行結果：與西班牙文測試結果相同。

```
[{'label': '1 star', 'score': 0.631117582321167}]
[{'label': '3 stars', 'score': 0.5710769295692444}]
```

02 問題回答 (Question Answering)：從一段文章中截取一段文字作為問題的答案。本範例程式修改自 Transformers 官網『Summary of the tasks』的 Extractive Question Answering [35]。

➤ 下列程式碼請參考【12_13_Question_Answering.ipynb】。

1. 載入相關套件。

```
1  # 載入相關套件
2  from transformers import pipeline
```

2. 載入模型：參數須設為 question-answering。

```
1  # 載入模型
2  nlp = pipeline("question-answering")
```

3. 設定訓練資料。

```
1  # 訓練資料
2  context = r"Extractive Question Answering is the task of extracting an answer " + \
3  "from a text given a question. An example of a question answering " + \
4  "dataset is the SQuAD dataset, which is entirely based on that task. " + \
5  "If you would like to fine-tune a model on a SQuAD task, you may " + \
6  "leverage the examples/question-answering/run_squad.py script."
```

4. 測試 2 筆資料。

```
1  # 測試 2 筆
2  result = nlp(question="What is extractive question answering?", context=context)
3  print(f"Answer: '{result['answer']}', score: {round(result['score'], 4)}",
4          f", start: {result['start']}, end: {result['end']}")
5
6  print()
7
8  result = nlp(question="What is a good example of a question answering dataset?",
9               context=context)
10 print(f"Answer: '{result['answer']}', score: {round(result['score'], 4)}",
11         f", start: {result['start']}, end: {result['end']}")
```

- 執行結果：非常準確，通常是從訓練資料中節錄一段文字當作回答。

```
Answer: 'the task of extracting an answer from a text given a question', score: 0.6226 , start: 33, end: 94

Answer: 'SQuAD dataset', score: 0.5053 , start: 146, end: 159
```

5. 結合分詞 (Tokenizer)：可自訂分詞器，斷句會比較準確，請參閱『Using tokenizers from Tokenizers』[36]，下面使用預設的分詞器。

6. 載入分詞器 (Tokenizer)。

```
from transformers import AutoTokenizer, AutoModelForQuestionAnswering
import torch

# 結合分詞器(Tokenizer)
tokenizer = AutoTokenizer.from_pretrained("bert-large-uncased-whole-word-masking-finetuned-squad")
model = AutoModelForQuestionAnswering.from_pretrained("bert-large-uncased-whole-word-masking-finetuned-squad")
```

7. 載入訓練資料。

```
# 訓練資料
text = r"""
🤗 Transformers (formerly known as pytorch-transformers and pytorch-pretrained-bert) provides general-purpose
architectures (BERT, GPT-2, RoBERTa, XLM, DistilBert, XLNet…) for Natural Language Understanding (NLU) and Natural
Language Generation (NLG) with over 32+ pretrained models in 100+ languages and deep interoperability between
TensorFlow 2.0 and PyTorch.
"""
```

8. 設定問題。

```
# 問題
questions = [
    "How many pretrained models are available in 🤗 Transformers?",
    "What does 🤗 Transformers provide?",
    "🤗 Transformers provides interoperability between which frameworks?",
]
```

9. 推測答案。

```
# 推測答案
for question in questions:
    inputs = tokenizer(question, text, add_special_tokens=True, return_tensors="pt")
    input_ids = inputs["input_ids"].tolist()[0]

    outputs = model(**inputs)
    answer_start_scores = outputs.start_logits
    answer_end_scores = outputs.end_logits

    # Get the most likely beginning of answer with the argmax of the score
    answer_start = torch.argmax(answer_start_scores)
    # Get the most likely end of answer with the argmax of the score
    answer_end = torch.argmax(answer_end_scores) + 1

    answer = tokenizer.convert_tokens_to_string(
        tokenizer.convert_ids_to_tokens(input_ids[answer_start:answer_end])
    )

    print(f"Question: {question}")
    print(f"Answer: {answer}")
```

- 執行結果：非常準確。

```
Question: How many pretrained models are available in 🤗 Transformers?
Answer: over 32 +

Question: What does 🤗 Transformers provide?
Answer: general - purpose architectures

Question: 🤗 Transformers provides interoperability between which frameworks?
Answer: tensorflow 2. 0 and pytorch
```

03 克漏字填空 (Masked Language Modeling)：遮住一個單字，由上下文猜測該單字。此範例程式修改自 Transformers 官網『Summary of the tasks』的 Masked Language Modeling [37]。

➤ 下列程式碼請參考【12_14_Masked_Language_Modeling.ipynb】。

1. 載入相關套件。

```
1 # 載入相關套件
2 from transformers import pipeline
```

2. 載入模型：參數須設為 fill-mask。

```
1 # 載入模型
2 nlp = pipeline("fill-mask")
```

3. 測試。

```
1 # 測試
2 from pprint import pprint
3 pprint(nlp(f"HuggingFace is creating a {nlp.tokenizer.mask_token} " + \
4             "that the community uses to solve NLP tasks."))
```

- 執行結果：列出前 5 名與其分數，框起來的即是猜測的單字。

```
[{'score': 0.17927466332912445,
  'sequence': 'HuggingFace is creating a tool that the community uses to solve '
              'NLP tasks.',
  'token': 3944,
  'token_str': ' tool'},
 {'score': 0.11349395662546158,
  'sequence': 'HuggingFace is creating a framework that the community uses to '
              'solve NLP tasks.',
  'token': 7208,
  'token_str': ' framework'},
 {'score': 0.05243542045354843,
  'sequence': 'HuggingFace is creating a library that the community uses to '
              'solve NLP tasks.',
  'token': 5560,
  'token_str': ' library'},
 {'score': 0.03493538498878479,
  'sequence': 'HuggingFace is creating a database that the community uses to '
              'solve NLP tasks.',
  'token': 8503,
  'token_str': ' database'},
 {'score': 0.028602542355656624,
  'sequence': 'HuggingFace is creating a prototype that the community uses to '
              'solve NLP tasks.',
  'token': 17715,
  'token_str': ' prototype'}]
```

4. 結合分詞 (Tokenizer)。

```
1  # 載入相關套件
2  from transformers import AutoModelForMaskedLM, AutoTokenizer
3  import torch
4  
5  # 結合分詞器(Tokenizer)
6  tokenizer = AutoTokenizer.from_pretrained("distilbert-base-cased")
7  model = AutoModelForMaskedLM.from_pretrained("distilbert-base-cased")
```

5. 推測答案。

```
1  # 推測答案
2  sequence = f"Distilled models are smaller than the models they mimic. " + \
3      f"Using them instead of the large versions would help {tokenizer.mask_token} " + \
4      "our carbon footprint."
5  inputs = tokenizer(sequence, return_tensors="pt")
6  mask_token_index = torch.where(inputs["input_ids"] == tokenizer.mask_token_id)[1]
7  token_logits = model(**inputs).logits
8  mask_token_logits = token_logits[0, mask_token_index, :]
9  top_5_tokens = torch.topk(mask_token_logits, 5, dim=1).indices[0].tolist()
10 for token in top_5_tokens:
11     print(sequence.replace(tokenizer.mask_token, tokenizer.decode([token])))
```

- 執行結果：列出前 5 名與其分數，框起來的即是填上的字。

```
Distilled models are smaller than the models they mimic. Using them instead of the large versions would help reduce our carbon
footprint.
Distilled models are smaller than the models they mimic. Using them instead of the large versions would help increase our carbo
n footprint.
Distilled models are smaller than the models they mimic. Using them instead of the large versions would help decrease our carbo
n footprint.
Distilled models are smaller than the models they mimic. Using them instead of the large versions would help offset our carbon
footprint.
Distilled models are smaller than the models they mimic. Using them instead of the large versions would help improve our carbon
footprint.
```

04 文本生成 (Text Generation)：輸入一段文字，套件會自動生成下一句話，這裡使用 GPT-2 演算法，並非 BERT，同屬於 Transformer 演算法的變形，目前已發展到 GPT-3。此範例程式修改自 Transformers 官網『Summary of the tasks』的 Text Generation [38]。

➤ 下列程式碼請參考【12_15_Text_Generation.ipynb】。

1. 載入相關套件。

```
1  # 載入相關套件
2  from transformers import pipeline
```

2. 載入模型：參數須設為 text-generation。

```
1  # 載入模型
2  text_generator = pipeline("text-generation")
```

3. 測試：max_length=50 表示最大生成字數，do_sample=False 表示不隨機產生，反之為 True 時，每次生成的內容都會不同，像是聊天機器人，使用者會期望機器人表達能夠有變化，不要每次都回答一樣的答案，例如，問『How are you?』，機器人有時候回答『I am fine』，有時候回答『great』、『not bad』。

```
1 # 測試
2 print(text_generator("As far as I am concerned, I will",
3                      max_length=50, do_sample=False))
```

- 執行結果：每次生成的內容均相同。

```
[{'generated_text': 'As far as I am concerned, I will be the first to admit that I am not a fan of the idea of a "free market."
I think that the idea of a free market is a bit of a stretch. I think that the idea'}]
```

4. 測試： do_sample=True 表示隨機產生，每次生成內容均不同。

```
1 # 測試
2 print(text_generator("As far as I am concerned, I will",
3                      max_length=50, do_sample=True))
```

- 執行結果：每次生成的內容均不相同。

```
[{'generated_text': 'As far as I am concerned, I will not be using the name \'Archer\', even though it\'d make all of me cry!\n
\n"I\'ll wait until they leave me, you know, on this little ship, of course,'}]
```

5. 結合分詞 (Tokenizer)：這裡使用 XLNet 演算法，而非 BERT，也屬於 Transformer 演算法的變形。

```
1 # 載入相關套件
2 from transformers import AutoModelForCausalLM, AutoTokenizer
3 
4 # 結合分詞器(Tokenizer)
5 model = AutoModelForCausalLM.from_pretrained("xlnet-base-cased")
6 tokenizer = AutoTokenizer.from_pretrained("xlnet-base-cased")
```

6. 提示：針對短提示，XLNet 通常要補充說明 (Padding)，因為它是針對開放式 (open-ended) 問題而設計的，但 GPT-2 則不用。

```
1 # 針對短提示， XLNet 通常要補充說明(Padding)
2 PADDING_TEXT = """In 1991, the remains of Russian Tsar Nicholas II and his family
3 (except for Alexei and Maria) are discovered.
4 The voice of Nicholas's young son, Tsarevich Alexei Nikolaevich, narrates the
5 remainder of the story. 1883 Western Siberia,
6 a young Grigori Rasputin is asked by his father and a group of men to perform magic.
7 Rasputin has a vision and denounces one of the men as a horse thief. Although his
8 father initially slaps him for making such an accusation, Rasputin watches as the
9 man is chased outside and beaten. Twenty years later, Rasputin sees a vision of
10 the Virgin Mary, prompting him to become a priest. Rasputin quickly becomes famous,
11 with people, even a bishop, begging for his blessing. <eod> </s> <eos>"""
12 
13 # 提示
14 prompt = "Today the weather is really nice and I am planning on "
```

7. 推測答案。

```python
# 推測答案
inputs = tokenizer(PADDING_TEXT + prompt, add_special_tokens=False,
                   return_tensors="pt")["input_ids"]

prompt_length = len(tokenizer.decode(inputs[0]))
outputs = model.generate(inputs, max_length=250, do_sample=True,
                         top_p=0.95, top_k=60)
generated = prompt + tokenizer.decode(outputs[0])[prompt_length + 1 :]

print(generated)
```

- 執行結果：

```
Today the weather is really nice and I am planning on anning on getting some good photos. I need to take some long-running pict
ures of the past few weeks and "in the moment."<eop> We are on a beach, right on the coast of Alaska. It is beautiful. It is pe
aceful. It is very quiet. It is peaceful. I am trying not to be too self-centered. But if the sun doesn
```

05 命名實體識別 (Named Entity Recognition, NER)：找出重要的人 / 地 / 物。此範例程式修改自 Transformers 官網『Summary of the tasks』的 Named Entity Recognition [39]。

➤ **下列程式碼請參考【12_16_NER.ipynb】，預設使用 CoNLL-2003 NER 資料集**

1. 載入相關套件。

```python
# 載入相關套件
from transformers import pipeline
```

2. 載入模型：參數須設為 ner。

```python
# 載入模型
nlp = pipeline("ner")
```

3. 測試。

```python
# 測試資料
sequence = "Hugging Face Inc. is a company based in New York City. " \
           "Its headquarters are in DUMBO, therefore very" \
           "close to the Manhattan Bridge."

# 推測答案
import pandas as pd
df = pd.DataFrame(nlp(sequence))
df
```

- 執行結果：顯示所有實體 (Entity)，word 欄位中以 ## 開頭的，表示與其前一個詞彙結合也是一個實體，例如 ##gging，前一個詞彙為 Hu，即表示 Hu、Hugging 均為實體。

- entity 欄位有下列實體類別：
  - O：非實體。
  - B-MISC：雜項實體的開頭，接在另一個雜項實體的後面。
  - I-MISC：雜項實體。
  - B-PER：人名的開頭，接在另一個人名的後面。
  - I-PER：人名。
  - B-ORG：組織的開頭，接在另一個組織的後面。
  - I-ORG：組織。
  - B-LOC：地名的開頭，接在另一個地名的後面。
  - I- LOC：地名。

	word	score	entity	index	start	end
0	Hu	0.999511	I-ORG	1	0	2
1	##gging	0.989597	I-ORG	2	2	7
2	Face	0.997970	I-ORG	3	8	12
3	Inc	0.999376	I-ORG	4	13	16
4	New	0.999341	I-LOC	11	40	43
5	York	0.999193	I-LOC	12	44	48
6	City	0.999341	I-LOC	13	49	53
7	D	0.986336	I-LOC	19	79	80
8	##UM	0.939624	I-LOC	20	80	82
9	##BO	0.912139	I-LOC	21	82	84
10	Manhattan	0.983919	I-LOC	29	113	122
11	Bridge	0.992424	I-LOC	30	123	129

4. 結合分詞 (Tokenizer)。

```
1 # 載入相關套件
2 from transformers import AutoModelForTokenClassification, AutoTokenizer
3 import torch
4 
5 # 結合分詞器(Tokenizer)
6 model_name = "dbmdz/bert-large-cased-finetuned-conll03-english"
7 model = AutoModelForTokenClassification.from_pretrained(model_name)
8 tokenizer = AutoTokenizer.from_pretrained("bert-base-cased")
```

5. 測試。

```
# NER 類別
label_list = [
    "O",          # 非實體
    "B-MISC",     # 雜項實體的開頭，接在另一雜項實體的後面
    "I-MISC",     # 雜項實體
    "B-PER",      # 人名的開頭，接在另一人名的後面
    "I-PER",      # 人名
    "B-ORG",      # 組織的開頭，接在另一組織的後面
    "I-ORG",      # 組織
    "B-LOC",      # 地名的開頭，接在另一地名的後面
    "I-LOC"       # 地名
]

# 測試資料
sequence = "Hugging Face Inc. is a company based in New York City. " \
           "Its headquarters are in DUMBO, therefore very" \
           "close to the Manhattan Bridge."

# 推測答案
inputs = tokenizer(sequence, return_tensors="pt")
tokens = inputs.tokens()

outputs = model(**inputs).logits
predictions = torch.argmax(outputs, dim=2)

for token, prediction in zip(tokens, predictions[0].numpy()):
    print((token, model.config.id2label[prediction]))
```

- 執行結果：代碼對照説明可參照第 3~11 行。

```
[('[CLS]', 'O'), ('Hu', 'I-ORG'), ('##gging', 'I-ORG'), ('Face', 'I-ORG'), ('Inc', 'I-ORG'), ('.', 'O'), ('is', 'O'), ('a',
'O'), ('company', 'O'), ('based', 'O'), ('in', 'O'), ('New', 'I-LOC'), ('York', 'I-LOC'), ('City', 'I-LOC'), ('.', 'O'), ('It
s', 'O'), ('headquarters', 'O'), ('are', 'O'), ('in', 'O'), ('D', 'I-LOC'), ('##UM', 'I-LOC'), ('##BO', 'I-LOC'), (',', 'O'),
('therefore', 'O'), ('very', 'O'), ('##c', 'O'), ('##lose', 'O'), ('to', 'O'), ('the', 'O'), ('Manhattan', 'I-LOC'), ('Bridge',
'I-LOC'), ('.', 'O'), ('[SEP]', 'O')]
```

06 文本摘要 (Text Summarization)：從篇幅較長的文章中整理出摘要。此範例程式修改自 Transformers 官網『Summary of the tasks』的 Summarization [40]。

➤ 下列程式碼請參考【12_17_Text_Summarization.ipynb】，測試資料集是 CNN 新聞和 Daily Mail 媒體刊登的文章。

1. 載入相關套件。

```
# 載入相關套件
from transformers import pipeline
```

2. 載入模型：參數須設為 summarization。

```
# 載入模型
summarizer = pipeline("summarization")
```

3. 測試。

```
1  # 測試資料
2  ARTICLE = """ New York (CNN) When Liana Barrientos was 23 years old, she got married in Westchester County, New York.
3  A year later, she got married again in Westchester County, but to a different man and without divorcing her first husband.
4  Only 18 days after that marriage, she got hitched yet again. Then, Barrientos declared "I do" five more times, sometimes onl
5  In 2010, she married once more, this time in the Bronx. In an application for a marriage license, she stated it was her "fir
6  Barrientos, now 39, is facing two criminal counts of "offering a false instrument for filing in the first degree," referring
7  2010 marriage license application, according to court documents.
8  Prosecutors said the marriages were part of an immigration scam.
9  On Friday, she pleaded not guilty at State Supreme Court in the Bronx, according to her attorney, Christopher Wright, who de
10 After leaving court, Barrientos was arrested and charged with theft of service and criminal trespass for allegedly sneaking
11 Annette Markowski, a police spokeswoman. In total, Barrientos has been married 10 times, with nine of her marriages occurrin
12 All occurred either in Westchester County, Long Island, New Jersey or the Bronx. She is believed to still be married to four
13 Prosecutors said the immigration scam involved some of her husbands, who filed for permanent residence status shortly after
14 Any divorces happened only after such filings were approved. It was unclear whether any of the men will be prosecuted.
15 The case was referred to the Bronx District Attorney\'s Office by Immigration and Customs Enforcement and the Department of
16 Investigation Division. Seven of the men are from so-called "red-flagged" countries, including Egypt, Turkey, Georgia, Pakis
17 Her eighth husband, Rashid Rajput, was deported in 2006 to his native Pakistan after an investigation by the Joint Terrorism
18 If convicted, Barrientos faces up to four years in prison.  Her next court appearance is scheduled for May 18.
19 """
20
21 # 推測答案
22 print(summarizer(ARTICLE, max_length=130, min_length=30, do_sample=False))
```

- 執行結果：摘要內容還算看得懂。

```
[{'summary_text': ' Liana Barrientos, 39, is charged with two counts of "offering a false instrument for filing in the first de
gree" In total, she has been married 10 times, with nine of her marriages occurring between 1999 and 2002 . At one time, she wa
s married to eight men at once, prosecutors say .'}]
```

4. 結合 Tokenizer：T5 是 Google Text-To-Text Transfer Transformer 的模型，它提供一個框架可以使用多種的模型、損失函數、超參數，來進行不同的任務 (Tasks)，例如翻譯、語意接受度檢查、相似度比較、文本摘要等，詳細說明可參閱『Exploring Transfer Learning with T5: the Text-To-Text Transfer Transformer』[41]。

```
1  # 載入相關套件
2  from transformers import AutoModelForSeq2SeqLM, AutoTokenizer
3
4  model = AutoModelForSeq2SeqLM.from_pretrained("t5-base")
5
6  # 結合分詞器(Tokenizer)
7  tokenizer = AutoTokenizer.from_pretrained("t5-base")
8
9  # T5 最多限 512 個單字
10 inputs = tokenizer("summarize: " + ARTICLE, return_tensors="pt",
11                    max_length=512, truncation=True)
12 outputs = model.generate(
13     inputs["input_ids"], max_length=150, min_length=40,
14     length_penalty=2.0, num_beams=4, early_stopping=True
15 )
16
17 print(tokenizer.decode(outputs[0]))
```

- 執行結果：T5 最多只可輸入 512 個詞彙，故將多餘的文字截斷，產生的摘要也還可以看得懂。

```
['<pad> prosecutors say the marriages were part of an immigration scam. if convicted, barrientos faces two criminal counts of
"offering a false instrument for filing in the first degree" she has been married 10 times, nine of them between 1999 and 200
2.']
```

07 翻譯 (Translation) 功能。此範例程式修改自 Transformers 官網『Summary of the tasks』的 Translation [42]。

➤ 下列程式碼請參考【12_18_Translation.ipynb】，使用 WMT English to German dataset(英翻德資料集)。

1. 載入相關套件。

```
1  # 載入相關套件
2  from transformers import pipeline
```

2. 載入模型：參數設為 translation_en_to_de 表示英翻德。

```
1  # 載入模型
2  translator = pipeline("translation_en_to_de")
```

3. 測試。

```
1  # 測試資料
2  text = "Hugging Face is a technology company based in New York and Paris"
3  print(translator(text, max_length=40))
```

- 執行結果：

```
[{'translation_text': 'Hugging Face ist ein Technologieunternehmen mit Sitz in New York und Paris.'}]
```

4. 結合 Tokenizer。

```
1  # 載入相關套件
2  from transformers import AutoModelForSeq2SeqLM, AutoTokenizer
3
4  model = AutoModelForSeq2SeqLM.from_pretrained("t5-base")
5
6  # 結合分詞器(Tokenizer)
7  tokenizer = AutoTokenizer.from_pretrained("t5-base")
8  text = "translate English to German: Hugging Face is a " + \
9          "technology company based in New York and Paris"
10 inputs = tokenizer(text, return_tensors="pt")
11 outputs = model.generate(inputs["input_ids"], max_length=40,
12                          num_beams=4, early_stopping=True)
13
14 print(tokenizer.decode(outputs[0]))
```

- 執行結果：

```
['<pad> Hugging Face ist ein Technologieunternehmen mit Sitz in New York und Paris.']
```

12-11-2 Transformers 套件效能微調

Transformers 也有提供效能微調的功能，可參閱 Transformers 官網『Training and fine-tuning』[43] 的網頁說明，我們現在就來練習整個程序。Transformers 效能微調可使用下列三種方式：

1. TensorFlow v2。
2. PyTorch。
3. Transformers 的 Trainer。

範例

08 以 Transformers 的 Trainer 物件進行效能微調，此範例程式修改自 [21]。

➤ 下列程式碼請參考【12_19_Custom_Training.ipynb】。

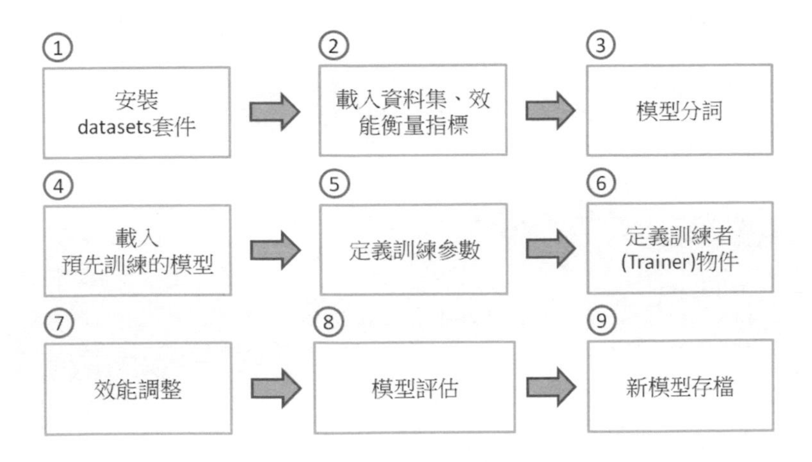

1. 安 裝 datasets 套 件：GLUE Benchmark(https://gluebenchmark.com/tasks) 包含許多任務 (Task) 與測試資料集。

   pip install datasets

2. 定義 GLUE 所有任務 (Task)。

```
1 # 任務(Task)
2 GLUE_TASKS = ["cola", "mnli", "mnli-mm", "mrpc", "qnli", "qqp", "rte", "sst2", "stsb", "wnli"]
```

3. 指定任務為 cola。

```
1  # 指定任務為 cola
2  task = "cola"
3  # 預先訓練模型
4  model_checkpoint = "distilbert-base-uncased"
5  # 批量
6  batch_size = 16
```

4. 載入資料集、效能衡量指標：每個資料集有不同的效能衡量指標。

```
1  import datasets
2
3  actual_task = "mnli" if task == "mnli-mm" else task
4  # 載入資料集
5  dataset = datasets.load_dataset("glue", actual_task)
6  # 載入效能衡量指標
7  metric = datasets.load_metric('glue', actual_task)
```

5. 顯 示 dataset 資 料 內 容：dataset 資 料 型 態 為 DatasetDict， 可 參 考 Transformers 官網的『DatasetDict 說明文件』[45]。

```
1  # 顯示 dataset 資料內容
2  dataset
```

- 執行結果：訓練資料 8551 筆，驗證資料 1043 筆，測試資料 1063 筆。

```
DatasetDict({
    train: Dataset({
        features: ['sentence', 'label', 'idx'],
        num_rows: 8551
    })
    validation: Dataset({
        features: ['sentence', 'label', 'idx'],
        num_rows: 1043
    })
    test: Dataset({
        features: ['sentence', 'label', 'idx'],
        num_rows: 1063
    })
})
```

6. 顯示第一筆內容。

```
1  # 顯示第一筆內容
2  dataset["train"][0]
```

- 執行結果：為正面 / 負面的情緒分析資料。

```
{'idx': 0,
 'label': 1,
 'sentence': "Our friends won't buy this analysis, let alone the next one we propose."}
```

7. 定義隨機抽取資料函數。

```
1  import random
2  import pandas as pd
3  from IPython.display import display, HTML
4
5  # 隨機抽取資料函數
6  def show_random_elements(dataset, num_examples=10):
7      picks = []
8      for _ in range(num_examples):
9          pick = random.randint(0, len(dataset)-1)
10         while pick in picks:
11             pick = random.randint(0, len(dataset)-1)
12         picks.append(pick)
13
14     df = pd.DataFrame(dataset[picks])
15     for column, typ in dataset.features.items():
16         if isinstance(typ, datasets.ClassLabel):
17             df[column] = df[column].transform(lambda i: typ.names[i])
18     display(HTML(df.to_html()))
```

8. 隨機抽取 10 筆資料查看。

```
1  # 隨機抽取10筆資料查看
2  show_random_elements(dataset["train"])
```

- 執行結果：

	idx	label	sentence
0	2722	unacceptable	A bicycle lent to me.
1	6537	unacceptable	Who did you arrange for to come?
2	1451	unacceptable	The cages which we donated wire for the convicts to build with are strong.
3	3119	acceptable	Cynthia munched on peaches.
4	3399	acceptable	Jackie chased the thief.
5	4705	acceptable	Nina got Bill elected to the committee.
6	1942	unacceptable	Every student who ever goes to Europe ever has enough money.
7	5889	acceptable	Bob gave Steve the syntax assignment.
8	4162	acceptable	This Government have been more transparent in the way they have dealt with public finances than any previous government.
9	1261	acceptable	I know two men behind me.

9. 顯示效能衡量指標。

```
1  # 顯示效能衡量指標
2  metric
```

- 執行結果： 包含準確率 (Accuracy)、F1、Pearson 關聯度 (Correlation)、Spearman 關聯度 (Correlation)、Matthew 關聯度 (Correlation)。

```
Metric(name: "glue", features: {'predictions': Value(dtype='int64', id=None),
ge: """
Compute GLUE evaluation metric associated to each GLUE dataset.
Args:
    predictions: list of predictions to score.
        Each translation should be tokenized into a list of tokens.
    references: list of lists of references for each translation.
        Each reference should be tokenized into a list of tokens.
Returns: depending on the GLUE subset, one or several of:
    "accuracy": Accuracy
    "f1": F1 score
    "pearson": Pearson Correlation
    "spearmanr": Spearman Correlation
    "matthews_correlation": Matthew Correlation
```

10. 產生兩筆隨機亂數，測試效能衡量指標。

```
1  # 產生兩筆隨機亂數，測試效能衡量指標
2  import numpy as np
3
4  fake_preds = np.random.randint(0, 2, size=(64,))
5  fake_labels = np.random.randint(0, 2, size=(64,))
6  metric.compute(predictions=fake_preds, references=fake_labels)
```

11. 模型分詞：前置處理以利測試，可取得生字表 (Vocabulary)，設定 use_fast=True 就能夠快速處理。

```
1  from transformers import AutoTokenizer
2
3  # 分詞
4  tokenizer = AutoTokenizer.from_pretrained(model_checkpoint, use_fast=True)
```

12. 測試兩筆資料，進行分詞。

```
1  # 測試兩筆資料，進行分詞
2  tokenizer("Hello, this one sentence!", "And this sentence goes with it.")
```

13. 定義任務的資料集欄位。

```
1  # 任務的資料集欄位
2  task_to_keys = {
3      "cola": ("sentence", None),
4      "mnli": ("premise", "hypothesis"),
5      "mnli-mm": ("premise", "hypothesis"),
6      "mrpc": ("sentence1", "sentence2"),
7      "qnli": ("question", "sentence"),
8      "qqp": ("question1", "question2"),
9      "rte": ("sentence1", "sentence2"),
10     "sst2": ("sentence", None),
11     "stsb": ("sentence1", "sentence2"),
12     "wnli": ("sentence1", "sentence2"),
13 }
```

14. 測試第一筆資料。

```
1  # 測試第一筆資料
2  sentence1_key, sentence2_key = task_to_keys[task]
3  if sentence2_key is None:
4      print(f"Sentence: {dataset['train'][0][sentence1_key]}")
5  else:
6      print(f"Sentence 1: {dataset['train'][0][sentence1_key]}")
7      print(f"Sentence 2: {dataset['train'][0][sentence2_key]}")
```

- 執行結果：Our friends won't buy this analysis, let alone the next one we propose.。

15. 測試 5 筆資料分詞。

```
1  # 測試 5 筆資料分詞
2  def preprocess_function(examples):
3      if sentence2_key is None:
4          return tokenizer(examples[sentence1_key], truncation=True)
5      return tokenizer(examples[sentence1_key], examples[sentence2_key], truncation=True)
6
7  preprocess_function(dataset['train'][:5])
```

- 執行結果：

```
{'input_ids': [[101, 2256, 2814, 2180, 1005, 1056, 4965, 2023, 4106, 1010, 2292, 2894, 1996, 2279, 2028, 2057, 16599, 1012, 10
2], [101, 2028, 2062, 18404, 2236, 3989, 1998, 1045, 1005, 1049, 3228, 2039, 1012, 102], [101, 2028, 2062, 18404, 2236, 3989, 2
030, 1045, 1005, 1049, 3228, 2039, 1012, 102], [101, 1996, 2062, 2057, 2817, 16025, 1010, 1996, 13675, 16103, 2121, 2027, 2131,
1012, 102], [101, 2154, 2011, 2154, 1996, 8866, 2024, 2893, 14163, 8024, 3771, 1012, 102]], 'attention_mask': [[1, 1, 1, 1, 1,
1, 1, 1, 1, 1, 1, 1, 1, 1, 1, 1, 1, 1, 1], [1, 1, 1, 1, 1, 1, 1, 1, 1, 1, 1, 1, 1, 1], [1, 1, 1, 1, 1, 1, 1, 1, 1, 1, 1, 1, 1,
1], [1, 1, 1, 1, 1, 1, 1, 1, 1, 1, 1, 1, 1, 1, 1], [1, 1, 1, 1, 1, 1, 1, 1, 1, 1, 1, 1, 1]]}
```

16. 載入預先訓練的模型。

```
1  from transformers import AutoModelForSequenceClassification, TrainingArguments, Trainer
2
3  # 載入預先訓練的模型
4  num_labels = 3 if task.startswith("mnli") else 1 if task=="stsb" else 2
5  model = AutoModelForSequenceClassification.from_pretrained(model_checkpoint, num_labels=num_labels)
```

17. 定義訓練參數：可參閱 Transformers 官網的『TrainingArguments 說明文件』[46]。

```
1  # 定義訓練參數
2  metric_name = "pearson" if task == "stsb" else "matthews_correlation" \
3                          if task == "cola" else "accuracy"
4
5  args = TrainingArguments(
6      "test-glue",
7      evaluation_strategy = "epoch",
8      learning_rate=2e-5,
9      per_device_train_batch_size=batch_size,
10     per_device_eval_batch_size=batch_size,
11     num_train_epochs=5,
12     weight_decay=0.01,
13     load_best_model_at_end=True,
14     metric_for_best_model=metric_name,
15 )
```

18. 定義效能衡量指標計算的函數。

```
1 # 定義效能衡量指標計算的函數
2 def compute_metrics(eval_pred):
3     predictions, labels = eval_pred
4     if task != "stsb":
5         predictions = np.argmax(predictions, axis=1)
6     else:
7         predictions = predictions[:, 0]
8     return metric.compute(predictions=predictions, references=labels)
```

19. 定義訓練者 (Trainer) 物件：參數包含額外增加的訓練資料。

```
1 # 定義訓練者(Trainer)物件
2 validation_key = "validation_mismatched" if task == "mnli-mm" else \
3                  "validation_matched" if task == "mnli" else "validation"
4 
5 trainer = Trainer(
6     model,
7     args,
8     train_dataset=encoded_dataset["train"],
9     eval_dataset=encoded_dataset[validation_key],
10    tokenizer=tokenizer,
11    compute_metrics=compute_metrics
12 )
```

20. 在預先訓練好的模型基礎上繼續訓練，即是效能調整，在筆者的 PC 上至少訓練了 20 小時。

```
1 trainer.train()
```

- 執行結果：

Epoch	Training Loss	Validation Loss	Matthews Correlation	Runtime	Samples Per Second
1	0.519900	0.484644	0.437994	301.078100	3.464000
2	0.352600	0.519489	0.505773	299.051900	3.488000
3	0.231000	0.538032	0.556475	1863.316700	0.560000
4	0.180900	0.733648	0.515271	241.590500	4.317000
5	0.130700	0.787703	0.538738	242.532000	4.300000

- 訓練時間統計：

```
TrainOutput(global_step=2675, training_loss=0.27276652897629783, metrics={'train_runtime': 57010.5155, 'train_samples_per_secon
d': 0.047, 'total_flos': 356073036950940.0, 'epoch': 5.0, 'init_mem_cpu_alloc_delta': 757764096, 'init_mem_gpu_alloc_delta': 26
8953088, 'init_mem_cpu_peaked_delta': 273670144, 'init_mem_gpu_peaked_delta': 0, 'train_mem_cpu_alloc_delta': -935870464, 'trai
n_mem_gpu_alloc_delta': 1077715968, 'train_mem_cpu_peaked_delta': 1757851648, 'train_mem_gpu_peaked_delta': 21298176})
```

21. 模型評估。

```
1 # 模型評估
2 trainer.evaluate()
```

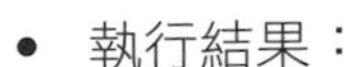

- 執行結果：

```
{'eval_loss': 0.5380318760871887,
 'eval_matthews_correlation': 0.5564748164739529,
 'eval_runtime': 229.9053,
 'eval_samples_per_second': 4.537,
 'epoch': 5.0,
 'eval_mem_cpu_alloc_delta': 507904,
 'eval_mem_gpu_alloc_delta': 0,
 'eval_mem_cpu_peaked_delta': 0,
 'eval_mem_gpu_peaked_delta': 20080128}
```

22. 新模型存檔：未來就能透過 from_pretrained() 載入此效能調整後的模型進行預測。

```
1 # 模型存檔
2 trainer.save_model('./cola')
```

23. 新資料預測。

```
1  # 預測
2  class SimpleDataset:
3      def __init__(self, tokenized_texts):
4          self.tokenized_texts = tokenized_texts
5  
6      def __len__(self):
7          return len(self.tokenized_texts["input_ids"])
8  
9      def __getitem__(self, idx):
10         return {k: v[idx] for k, v in self.tokenized_texts.items()}
11 
12 texts = ["Hello, this one sentence!", "And this sentence goes with it."]
13 tokenized_texts = tokenizer(texts, padding=True, truncation=True)
14 new_dataset = SimpleDataset(tokenized_texts)
15 trainer.predict(new_dataset)
```

- 執行結果：每筆以最大值作為預測結果。

```
PredictionOutput(predictions=array([[-0.55236566,  0.32417056],
       [-1.5994813 ,  1.4773667 ]], dtype=float32), label_ids=None, metrics={'test_runtime': 4.0388, 'test_samples_per_second':
0.495, 'test_mem_cpu_alloc_delta': 20480, 'test_mem_gpu_alloc_delta': 0, 'test_mem_cpu_peaked_delta': 0, 'test_mem_gpu_peaked_d
elta': 609280})
```

24. 之後可進行參數調校，這邊筆者就不繼續往下做了，要不然的話，機器應該會燒壞。

12-11-3 Transformers 的中文模型

中研院也在 Transformers 架構下開發中文預先訓練的模型，稱為『CKIP Transformers』[47]，使用說明可參閱官網文件 [48]，它提供 ALBERT、BERT、GPT2 模型及分詞 (Tokenization)、詞性標記 (POS)、命名實體識別 (NER) 等功能。

範例

09 CKIP Transformers 測試，此範例程式修改自官網文件。

➤ 下列程式碼請參考【12_20_CKIP_Transformers.ipynb】。

1. 載入相關套件。

```
1  from ckip_transformers import __version__
2  from ckip_transformers.nlp import CkipWordSegmenter, \
3                                    CkipPosTagger, CkipNerChunker
4  import torch
```

2. 載入模型：包含分詞 (Tokenization)、詞性標記 (POS)、命名實體識別 (NER)。

- device 參數：可指定使用 CPU 或 GPU，設為 -1 代表使用 CPU。
- level 參數：level 1 最快，level 3 最精準。

```
1  # 指定 device 以使用 GPU，設為 -1 （預設值）代表不使用 GPU
2  device = 0 if torch.cuda.is_available() else -1
3
4  ws_driver = CkipWordSegmenter(level=3, device=device) # 分詞
5  pos_driver = CkipPosTagger(level=3, device=device)    # 詞性標記(POS)
6  ner_driver = CkipNerChunker(level=3, device=device)   # 命名實體識別(NER)
```

3. 測試：任意剪輯兩段新聞進行測試。

```
1  text=['''
2  便利商店除了提供微波食品，也有販賣烤地瓜。一位網友近日在社群網站分享，
3  針對自己在3家超商食用烤地瓜後的看法，並以「甜度」作為評價標準，這則PO文引起許多網友討論。
4  ''',
5  '''
6  從俄羅斯2月24日入侵烏克蘭以來，到今日（4月5日）已有41天，
7  烏克蘭澤倫斯基仍在烏克蘭境內領導軍民抵抗俄國侵略。澤倫斯基4日前往被俄軍大肆屠戮的城鎮布查
8  ，面色凝重地視察當地狀況，澤倫斯基的面貌也和俄國剛入侵時大有不同。''']
9
10 ws  = ws_driver(text)
11 pos = pos_driver(ws)
12 ner = ner_driver(text)
```

4. 顯示執行結果。

```
1  # 顯示分詞、詞性標記結果
2  def pack_ws_pos_sentece(sentence_ws, sentence_pos):
3      res = []
4      for word_ws, word_pos in zip(sentence_ws, sentence_pos):
5          res.append(f"{word_ws}({word_pos})")
6      return "  ".join(res)
7
8  # 顯示執行結果
9  for sentence, sentence_ws, sentence_pos, sentence_ner in zip(text, ws, pos, ner):
10     print(sentence)
```

```
11      print(pack_ws_pos_sentece(sentence_ws, sentence_pos))
12      for entity in sentence_ner:
13          print(entity)
14      print()
```

- 第一段執行結果：分詞、詞性標記都還算正確，包括標點符號。最後兩行有找到數字 NER。

```
(WHITESPACE)  便利商店(Nc)  除了(P)  提供(VD)  微波(Na)  食品(Na)  ，(COMMACATEGORY)  也(D)  有(V_2)  販賣(VD)  烤(VC)  地瓜(Na)
。(PERIODCATEGORY)  一(Neu)  位(Nf)  網友(Na)  近日(Nd)  在(P)  社群(Na)  網站(Nc)  分享(VJ)  ，(COMMACATEGORY)
(WHITESPACE)  針對(P)  自己(Nh)  在(P)  3(Neu)  家(Nf)  超商(Nc)  食用(VC)  烤(VC)  地瓜(Na)  後(Ng)  的(DE)  看法(Na)  ，(COMMAC
ATEGORY)  並(Cbb)  以(P)  「(PARENTHESISCATEGORY)  甜度(Na)  」(PARENTHESISCATEGORY)  作為(VG)  評價(Na)  標準(Na)  ，(COMMACATE
GORY)  這(Nep)  則(Nf)  PO文(FW)  引起(VC)  許多(Neqa)  網友(Na)  討論(VE)  。(PERIODCATEGORY)
(WHITESPACE)
NerToken(word='一', ner='CARDINAL', idx=(22, 23))
NerToken(word='3', ner='CARDINAL', idx=(42, 43))
```

- 第二段執行結果：有標記到許多地名、人名及日期 NER。

```
(WHITESPACE)  從(P)  俄羅斯(Nc)  2月(Nd)  24日(Nd)  入侵(VCL)  烏克蘭(Nc)  以來(Ng)  ，(COMMACATEGORY)  到(P)  今日(Nd)  （(PARENTH
ESISCATEGORY)  4月(Nd)  5日(Nd)  ）(PARENTHESISCATEGORY)  已(D)  有(V_2)  41(Neu)  天(Nf)  ，(COMMACATEGORY)
(WHITESPACE)  烏克蘭(Nc)  澤倫斯基(Nb)  仍(D)  在(P)  烏克蘭(Nc)  境(Na)  內(Ncd)  領導(VC)  軍民(Na)  抵抗(VC)  俄國(Nc)  侵略(VC)
。(PERIODCATEGORY)  澤倫斯基(Nb)  4日(Nd)  前往(VCL)  被(P)  俄軍(Na)  大肆(D)  屠戮(VC)  的(DE)  城鎮(Nc)  布查
(Nc)  ，(COMMACATEGORY)  面色(Na)  凝重(VH)  地(DE)  視察(VE)  當地(Nc)  狀況(Na)  ，(COMMACATEGORY)  澤倫斯基(Nb)  的(DE)  面貌(N
a)  也(D)  和(P)  俄國(Nc)  剛(D)  入侵(VCL)  時(Ng)  大有(VJ)  不同(VH)  。(PERIODCATEGORY)
NerToken(word='俄羅斯', ner='GPE', idx=(2, 5))
NerToken(word='2月24日', ner='DATE', idx=(5, 10))
NerToken(word='烏克蘭', ner='GPE', idx=(12, 15))
NerToken(word='今日（4月5日）', ner='DATE', idx=(19, 27))
NerToken(word='41天', ner='DATE', idx=(29, 32))
NerToken(word='烏克蘭', ner='GPE', idx=(34, 37))
NerToken(word='澤倫斯基', ner='PERSON', idx=(37, 41))
NerToken(word='烏克蘭', ner='GPE', idx=(43, 46))
```

12-11-4 後續努力

以上只就官方的文件與範例介紹，Transformers 套件的功能越來越強大，要熟悉完整功能，尚待後續努力地實驗，BERT 的變形不少，這些變形統稱為『BERTology』，預先訓練的模型可參閱『Transformers Pretrained models』[49]，有提供輕量型模型，如 ALBERT、TinyBERT，也有提供複雜模型，像是 GPT-3，號稱有 1,750 億個參數，更多內容可參閱『AI 趨勢周報第 142 期報導』[50]。

Transformer 架構的出現已經完全顛覆了 NLP 的發展，過往的 RNN/LSTM 模型雖然仍然可以拿來應用，但是遵循 Transformer 架構的模型在準確率上確實有明顯的優勢，因此，推測後續的研究方向應該會逐漸轉移到 Transformer 架構上，而且它不只可應用於 NLP，也開始將觸角伸向影像辨識領域『Vision Transformer』，由此可見 Transformers 套件日益重要，詳情可參閱『AI 趨勢周報第 167 期報導』[51]。

12-12 總結

這一章我們介紹了處理自然語言的相關模型與其演進，包括 RNN、LSTM、GRU、注意力機制、Transformer、BERT 等，同時也實作許多範例，像是情緒分析 (Sentiment Analysis)、神經機器翻譯 (NMT)、語句相似度的比對、問答系統、文本摘要、命名實體識別 (NER)、時間序列 (Time Series) 預測等。相信各位對於 NLP 應用應該已有基本的認識，若要能靈活應用，還是需要找些專案或題目實作，畢竟魔鬼藏在細節裡。提醒一下，由於目前 Transformer 系列的模型在準確度方面已經超越 RNN/LSTM/GRU，所以如果是專案應用，建議應優先採用 Transformer 模型。

參考資料 (References)

[1] PyTorch 官網嵌入層說明
(https://pytorch.org/docs/stable/generated/torch.nn.Embedding.html)

[2] PyTorch 官網 RNN 層說明
(https://pytorch.org/docs/stable/generated/torch.nn.RNN.html)

[3] PyTorch 所支援的詞向量
(https://pytorch.org/text/stable/_modules/torchtext/vocab/vectors.html#GloVe)

[4] Martín Pellarolo,《How to use Pre-trained Word Embeddings in PyTorch》, 2018
(https://medium.com/@martinpella/how-to-use-pre-trained-word-embeddings-in-pytorch-71ca59249f76)

[5] PyTorch 官網 TorchText Datasets
(https://pytorch.org/text/stable/datasets.html)

[6] PyTorch 官網 TorchData Tutorial
(https://pytorch.org/data/beta/tutorial.html#using-datapipes)

[7] PyTorch 官網 Text classification with the torchtext library
(https://pytorch.org/tutorials/beginner/text_sentiment_ngrams_tutorial.html)

[8] Antonio Gulli,《AG's corpus of news articles》
(https://paperswithcode.com/dataset/ags-corpus)

[9] Christopher Olah,《Understanding LSTM Networks》, 2015
(https://colah.github.io/posts/2015-08-Understanding-LSTMs/)

[10] PyTorch LSTM 神經層
(https://pytorch.org/docs/stable/generated/torch.nn.LSTM.html)

[11] 我唱歌比較走心,《pytorch 實現 IMDB 資料集情感分類》, 2021
(https://blog.csdn.net/Delusional/article/details/113357449)

[12] Jason Brownlee,《Time Series Prediction with LSTM Recurrent Neural Networks in Python with Keras》, 2016
(https://machinelearningmastery.com/time-series-prediction-lstm-recurrent-neural-networks-python-keras)

[13] Junyoung Chung、Caglar Gulcehre、KyungHyun Cho、Yoshua Bengio,《Empirical Evaluation of Gated Recurrent Neural Networks on Sequence Modeling》, 2014
(https://arxiv.org/abs/1412.3555)

[14] Michael Phi,《Illustrated Guide to LSTM's and GRU's: A step by step explanation》, 2018
(https://towardsdatascience.com/illustrated-guide-to-lstms-and-gru-s-a-step-by-step-explanation-44e9eb85bf21)

[15] Alexandre Xavier,《Predicting stock prices with LSTM》, 2019
(https://medium.com/neuronio/predicting-stock-prices-with-lstm-349f5a0974d4)

[16] szrlee,《DJIA 30 Stock Time Series》, 2018
(https://www.kaggle.com/szrlee/stock-time-series-20050101-to-20171231)

[17] 陳昭明,《演算法交易 (Algorithmic Trading) 實作》, 2021
(https://ithelp.ithome.com.tw/articles/10255111)

[18] 張俊林博客,《深度學習中的注意力機制 (2017 版)》, 2017
(https://blog.csdn.net/malefactor/article/details/78767781)

[19] Meng Lee,《淺談神經機器翻譯 & 用 Transformer 與 TensorFlow 2 英翻中》, 2019
(https://leemeng.tw/neural-machine-translation-with-transformer-and-tensorflow2.html)

[20] Lilian Weng,《Attention? Attention!》, 2018
(https://lilianweng.github.io/posts/2018-06-24-attention/)

[21] PyTorch 官網範例『Translation with a sequence to sequence network and attention』
(https://pytorch.org/tutorials/intermediate/seq2seq_translation_tutorial.html)

[22] Andrej Karpathy,《The Unreasonable Effectiveness of Recurrent Neural Networks》, 2015
(http://karpathy.github.io/2015/05/21/rnn-effectiveness/)

[23] Ashish Vaswani、Noam Shazeer、Niki Parmar,《Attention Is All You Need》, 2017
(https://arxiv.org/pdf/1706.03762.pdf)

[24] Raimi Karim,《Illustrated: Self-Attention》, 2019
(https://towardsdatascience.com/illustrated-self-attention-2d627e33b20a)

[25] Jay Alammar,《The Illustrated Transformer》, 2018
(http://jalammar.github.io/illustrated-transformer/)

[26] GeeksforGeeks,《Self-attention in NLP》, 2020
(https://www.geeksforgeeks.org/self-attention-in-nlp/)

[27] Jason Brownlee,《A Gentle Introduction to Calculating the BLEU Score for Text in Python》, 2019
(https://machinelearningmastery.com/calculate-bleu-score-for-text-python/)

[28] Jacob Devlin、Ming-Wei Chang、Kenton Lee、Kristina Toutanova,《BERT: Pre-training of Deep Bidirectional Transformers for Language Understanding》, 2018
(https://arxiv.org/abs/1810.04805)

[29] Hugging Face Transformers
(https://huggingface.co/docs/transformers/quicktour)

[30] Rani Horev,《BERT Explained: State of the art language model for NLP》, 2018
(https://towardsdatascience.com/bert-explained-state-of-the-art-language-model-for-nlp-f8b21a9b6270)

[31] BERT GitHub
(https://github.com/google-research/bert)

[32] Anna Rogers、Olga Kovaleva、Anna Rumshisky,《A Primer in BERTology: What we know about how BERT works》, 2020
(https://arxiv.org/abs/2002.12327)

[33] Transformers GitHub
(https://github.com/huggingface/transformers)

[34] Transformers『Quick tour』
(https://huggingface.co/transformers/quicktour.html)

[35] Transformers 官網『Summary of the tasks』的 Extractive Question Answering
(https://huggingface.co/transformers/task_summary.html#extractive-question-answering)

[36] Transformers 官網『Using tokenizers from Tokenizers』
(https://huggingface.co/transformers/fast_tokenizers.html)

[37] Transformers 官網『Summary of the tasks』的 Masked Language Modeling
(https://huggingface.co/transformers/task_summary.html#masked-language-modeling)

[38] Transformers 官網『Summary of the tasks』的 Text Generation
(https://huggingface.co/transformers/task_summary.html#text-generation)

[39] Transformers 官網『Summary of the tasks』的 Named Entity Recognition
(https://huggingface.co/transformers/task_summary.html#named-entity-recognition)

[40] Transformers 官網『Summary of the tasks』的 Summarization
(https://huggingface.co/transformers/task_summary.html#summarization)

[41] Adam Roberts、Staff Software Engineer、Colin Raffel 等 人，《Exploring Transfer Learning with T5: the Text-To-Text Transfer Transformer》, 2020
(https://ai.googleblog.com/2020/02/exploring-transfer-learning-with-t5.html)

[42] Transformers 官網『Summary of the tasks』的 Translation
(https://huggingface.co/transformers/task_summary.html#translation)

[43] Transformers 官網『Training and fine-tuning』
(https://huggingface.co/transformers/training.html#tensorflow)

[44] (https://colab.research.google.com/github/huggingface/notebooks/blob/master/examples/text_classification.ipynb)

[45] Transformers 官網的『DatasetDict 說明文件』
(https://huggingface.co/docs/datasets/package_reference/main_classes.html#datasetdict)

[46] Transformers 官網的『TrainingArguments 說明文件』
(https://huggingface.co/transformers/main_classes/trainer.html#transformers.TrainingArguments)

[47] Github CKIP Transformers
(https://github.com/ckiplab/ckip-transformers)

[48] CKIP Transformers 官網說明
(https://ckip-transformers.readthedocs.io/en/latest/main/readme.html)

[49] Transformers Pretrained models
(https://huggingface.co/transformers/pretrained_models.html)

[50] 王若樸，《AI 趨勢周報第 142 期：推理能力新突破！ OpenAI 新作 GPT-f 能自動證明數學定理》，2020
(https://www.ithome.com.tw/news/140030)

[51] 王若樸，《AI 趨勢周報第 167 期：臉書新模型融合自監督和 Transformer，不需標註資料還能揪出複製圖》，2021
(https://www.ithome.com.tw/news/144208)

第 13 章

聊天機器人 (ChatBot)

這幾年 NLP 的應用範圍相當廣泛，好比說聊天機器人 (ChatBot)，幾乎每一家企業都有這方面的需求，從售前支援 (Pre-sale)、銷售 (Sales) 到售後服務 (Post Services) 等方面，用途十分多元，而支援系統功能的技術則涵蓋了 NLP、NLU、NLG，既要能解析對話 (NLP)、理解問題 (NLU)，又要能回答得體、幽默、周全 (NLG)，技術範圍幾乎整合了上一章所有的範例。另外，如果能結合語音辨識，用說話代替打字，這樣不論身處何時何地，人們都能夠更方便地用手機與機器溝通，或是結合其他的軟 / 硬體，例如社群軟體、智慧音箱等，使得電腦可以更貼近使用者的需求，提供人性化的服務，以往只能在電影裡看見的各種科技場景正逐漸在我們的日常生活中成真。

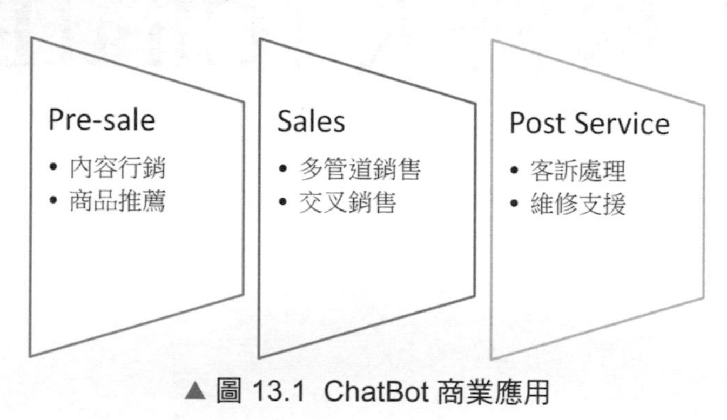

▲ 圖 13.1　ChatBot 商業應用

話說回來，要開發一個功能完善的 ChatBot，除了技術之外，更要有良好的規劃與設計作為基礎，而當中有那些重要的『眉角』呢？現在就帶大家來一探究竟。

13-1　ChatBot 類別

廣義來說，ChatBot 不一定要具備 AI 的功能，只要能自動回應訊息，基本上就稱為 ChatBot。通常一說到聊天機器人，大家直覺都會想到蘋果公司的 Siri，它可以跟使用者天南地北的聊天，話題不管是天氣、金融、音樂、生活資訊都難不倒它，但是，對於一般中小企業而言，這樣的功能並不能帶來商機，他們需要更直接的支援功能，因此我們把 ChatBot 分為以下類別：

1. 不限話題的機器人：能夠與人天南地北的閒聊，包括公開資訊的查詢與應答，比如溫度、股市、撥放音樂等，也包含日常寒暄，不需要精準的答案，只要有趣味性、即時回覆。

2. 任務型機器人：例如專家系統，具備特定領域的專業知識，服務範圍像是醫療、駕駛、航行、加密文件的解密等，著重在複雜的演算法或規則式 (Rule based) 的推理，需給予精準的答案，但不求即時的回覆。
3. 常見問答集 (Frequently Asked Questions, FAQ)：客服中心將長年累積的客戶疑問集結成知識庫，當客戶詢問時，可快速搜尋，找出相似的問題，並將對應的處理方式回覆給客戶，答覆除了要求正確性與話術之外，也講究內容是否淺顯易懂和詳實週延，避免重複而空泛的回答，引發客戶不耐與不滿。
4. 資訊檢索：利用全文檢索的功能，搜尋關鍵字的相關資訊，比如 Google 搜尋，不需要完全精準的資訊，也不要單一的答案，而是提供所有可能的答案，由使用者自行作進一步判斷。
5. 資料庫應用：藉由 SQL 指令來查詢、篩選或統計資料，例如，旅館訂房、餐廳訂位、航班查詢 / 訂位、報價等，這是最傳統的需求，但如果能結合 NLP，讓輸出入介面更友善，例如語音輸入 / 輸出，就可以引爆新一波的商機。

以上這五種類別的 ChatBot 各有不同的訴求，功能設計方向也因而有所差異，所以，在開工之前，務必要先搞清楚老闆要的機器人是哪一種，免得到時候開發出來，老闆才跟你說『這不是我要的』，那就欲哭無淚了。

13-2 ChatBot 設計

上一節談到的 ChatBot 種類非常多元，如果就每一種應用都詳細介紹的話 (雖然筆者很想)，應該可以再寫一本書了，所以本節僅針對共同的關鍵功能進行說明。

ChatBot 的規劃要點如下：

1. 訂定目標：根據規劃的目標，選擇適合的 ChatBot 類別，可以是多種類別的混合體。
2. 收集應用案例 (Use Case)：收集應用的各種狀況和場景，整理成案例，以航空機票的銷售來舉例，就包括了每日空位查詢、旅程推薦、訂票、付款、退換票等，分析每個案例的現況與導入 ChatBot 後的場景與優點。
3. 提供的內容：現在行銷是內容為王 (Content is king) 的時代，有內容的資訊才能吸引人潮並帶來錢潮，這就是大家常聽到的內容行銷 (Content

Marketing)。因此，要評估哪些資訊是有效的、又該如何生產、並以何種方式呈現 (Video、PodCast、部落文…等)。

4. 挑選開發平台，有下列四種方式供選擇：

   4.1 套裝軟體：現在已有許多廠商提供某些行業別的解決方案，像是金融、保險…等各行各業，技術也從傳統的 IVR 順勢轉為 ChatBot，提供更便利的使用介面。

   4.2 ChatBot 平台：許多大型系統廠商都有提供 ChatBot 平台，他們利用獨有的 NLP 技術以及大量的 NER 資訊，整合各種社群軟體，使用者只要直接設定，就可以在雲端使用 ChatBot 並享有相關的服務。廠商包括 Google DialogFlow、微軟的 QnA Maker…。

   4.3 開發工具：許多廠商提供開發工具，方便工程師快速完成一個 ChatBot，例如 Microsoft Bot Framework、Wit.ai…等，可參閱『10 Best Chatbot Development Frameworks to Build Powerful Bots』[1]，另外 Google、Amazon 智慧音箱也都有提供 SDK。

   4.4 自行構建：可以利用套件加速開發，像是 TextBlob、Gemsim、SpaCy、Transforms…等 NLP 函數庫，或是 Rasa、ChatterBot、…等 ChatBot Open Source。

5. 佈署平台：可選擇雲端或本地端，雲端可享有全球服務、或以微服務的方式運作，以使用次數計費，可節省初期的高資本支出，因此，若 ChatBot 不是資料庫交易類別的話，有越來越多企業採用雲端方案。

6. 用戶偏好 (Preference) 與面貌 (Profile)：考量要儲存哪些與業務相關的用戶資訊。

ChatBot 的術語定義如下：

1. 技能 (Skill)：例如銀行的技能包含存提款、定存、換匯、基金購買、房貸等，每一個應用都稱為一種技能。

2. 意圖 (Intent)：技能中每一種對談的用意，例如，技能是旅館訂房，意圖則是有查詢某日是否有空的雙人房、訂房、換日期、退房、付款等。

3. 實體 (Entity)：關鍵的人事時地物，利用前面所提的『命名實體識別』(NER) 找出實體，每一個意圖可指定必要的實體，例如，旅館訂房必須指定日期、房型、住房天數、身分證字號、…等。
4. 例句 (Utterance)：因為不同的人表達同一意圖會有各種的表達方式，所以需要收集大量的例句，來訓練 ChatBot，例如『我要訂 3/21 雙人房』、『明天、雙人房一間』等。
5. 行動 (Action)：所需資訊均已收集完整後，即可作出回應 (Response) 與相關的動作，例如訂房，若已確定日期、房型、住房天數、身分證字號後，即可採取行動，為客人保留房間，並且回應客戶『訂房成功』。
6. 開場白 (Opening Message)：例如歡迎詞 (Welcome)、問候語 (Greeting) 等，通常要有一些例句供隨機使用，避免一成不變，流於枯燥。

對話設計有些注意事項如下：

1. 對話管理：有兩種處理方式，有限狀態機 (Finite-State Machine, FSM) 和槽位填充 (Slot Filling)。
   1.1 有限狀態機 (FSM)：傳統的自動語音應答系統 (IVR) 大多採取這種方式，事先設計問題順序，確認每一個問題都得到適當的回答，才會進到下一狀態，如果中途出錯，就退回到前一狀態重來，銀行 ATM 操作、電腦報修專線…等也都是這種設計方式。

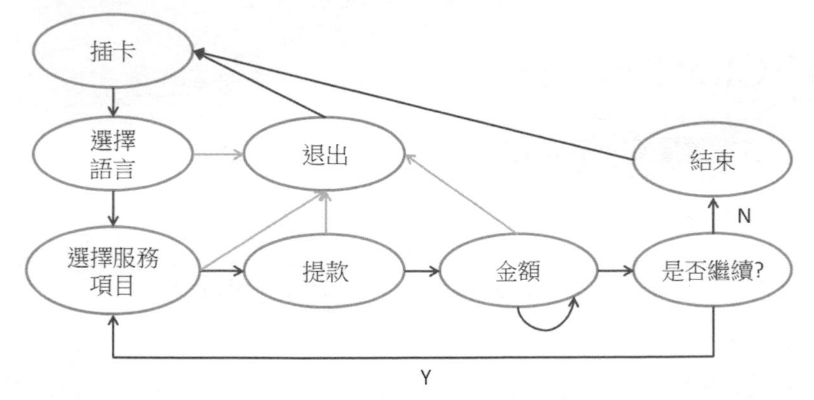

▲ 圖 13.2 ATM 提款的有限狀態機 (FSM)

1.2 槽位填充 (Slot Filling)：有限狀態機的缺點是必須按順序回答問題，並且每次只能回答一個資訊，而且要等到系統唸完問題才能回答，對嫻熟的使用者來説會很不耐，若能引進 NLP 技術，就可以讓使用者用自然對談的方式提供資訊，例如『我要訂 3/21 雙人房』，客戶説一句話，系統就能夠直接處理，若發現資訊有欠缺，系統再詢問欠缺的資訊即可，與真人客服對談一般，不必像往常一樣，『國語請按 1，台語請按 2，客語請按 3，英語請按 4』，只是訂個房還要過五關斬六將。

2. 整合社群媒體，譬如 Line、Facebook Messager、Twitter 等，使用者不需額外安裝軟體，且不用教學，直接在對話群組加入官方帳號，即可開始與 ChatBot 對話。

3. 人機整合：ChatBot 設計千萬不能原地打轉，重複問相同的問題，必須設定跳脱條件，一旦察覺對話不合理，就應停止或轉由客服人員處理，避免引起使用者不快，造成反效果，使用有限狀態機設計方式，常會發生這種錯誤，若狀態已重複兩次以上，就可能是 bug。幾年前，微軟聊天機器人 Tay，推出後不到 24 小時，就因為學會罵人、講髒話，導致微軟緊急將她下架，就是一個血淋淋的案例。

除了技術層面之外，ChatBot 也稱為『Conversational AI』，因此對話的過程，需注意使用者的個資保護，包含像是對話檔案的存取權、對話中敏感資訊的保全，並且讓使用者清楚知道 ChatBot 的能力與應用範圍。

13-3 ChatBot 實作

這一節先以自行建置 ChatBot 的出發點，來看看幾個範例。

範例 NLP 加上相似度比較，製作簡單 ChatBot。

➤ 下列程式碼請參考【13_01_simple_chatbot.ipynb】。

1. 載入相關套件。

```
1  # 載入相關套件
2  import spacy
3  import json
4  import random
5  import pandas as pd
```

2. 載入訓練資料：資料來自『Learn to build your first chatbot using NLTK & Keras』[2]。

```
1  # 訓練資料
2  data_file = open('./chatbot_data/intents.json').read()
3  intents = json.loads(data_file)
4  
5  intent_list = []
6  documents = []
7  responses = []
8  
9  # 讀取所有意圖、例句、回應
10 for i, intent in enumerate(intents['intents']):
11     # 例句
12     for pattern in intent['patterns']:
13         # adding documents
14         documents.append((pattern, intent['tag'], i))
15 
16         # adding classes to our class list
17         if intent['tag'] not in intent_list:
18             intent_list.append(intent['tag'])
19 
20     # 回應(responses)
21     for response in intent['responses']:
22         responses.append((i, response))
23 
24 responses_df = pd.DataFrame(responses, columns=['no', 'response'])
25 
26 print(f'例句個數:{len(documents)}, intent個數:{len(intent_list)}')
27 responses_df
```

- 執行結果：例句個數有 47 個，意圖 (intent) 個數有 9 個。

3. 載入詞向量。

```
1  # 載入詞向量
2  nlp = spacy.load("en_core_web_md")
```

4. 定義前置處理函數：去除停用詞、詞形還原。

```
1  from spacy.lang.en.stop_words import STOP_WORDS
2  
3  # 去除停用詞函數
4  def remove_stopwords(text1):
5      filtered_sentence =[]
6      doc = nlp(text1)
7      for word in doc:
8          if word.is_stop == False: # 停用詞檢查
9              filtered_sentence.append(word.lemma_) # lemma_：詞形還原
10     return nlp(' '.join(filtered_sentence))
11 
12 # 結束用語
13 def say_goodbye():
14     tag = 1 # goodbye 項次
```

```
15        response_filter = responses_df[responses_df['no'] == tag][['response']]
16        selected_response = response_filter.sample().iloc[0, 0]
17        return selected_response
18
19    # 結束用語
20    def say_not_understand():
21        tag = 3 # 不理解的項次
22        response_filter = responses_df[responses_df['no'] == tag][['response']]
23        selected_response = response_filter.sample().iloc[0, 0]
24        return selected_response
```

5. 測試：相似度比較，為防止選出的問題相似度過低，可訂定相似度下限，低於下限即呼叫 say_not_understand()，回覆『我不懂你的意思，請再輸入一次』，高於下限，才回答問題。

```
1   # 測試
2   prob_thread =0.6 # 相似度下限
3   while True:
4       max_score = 0
5       intent_no = -1
6       similar_question = ''
7
8       question = input('請輸入:\n')
9       if question == '':
10          break
11
12      doc1 = remove_stopwords(question)
13
14      # 比對：相似度比較
15      for utterance in documents:
16          # 兩語句的相似度比較
17          doc2 = remove_stopwords(utterance[0])
18          if len(doc1) > 0 and len(doc2) > 0:
19              score = doc1.similarity(doc2)
20              # print(utterance[0], score)
21          # else:
22              # print('\n', utterance[0],'\n')
23
24          if score > max_score:
25              max_score = score
26              intent_no = utterance[2]
27              similar_question = utterance[1] +', '+utterance[0]
28
29      # 若找到相似問題，且高於相似度下限，才回答問題
30      if intent_no == -1 or max_score < prob_thread:
31          print(say_not_understand())
32      else:
33          print(f'你問的是：{similar_question}')
34          response_filter = responses_df[responses_df['no'] == intent_no][['response']]
35          # print(response_filter)
36          selected_response = response_filter.sample().iloc[0, 0]
37          # print(type(selected_response))
38          print(f'回答：{selected_response}')
39
40  # say goodbye!
41  print(f'回答：{say_goodbye()}')
```

- 將回答轉成 Pandas DataFrame，便於篩選與抽樣 (sample)，針對相同問題，可作不同的回覆。
- 執行結果：經過程式調校後，回應的結果還蠻令人滿意的。

```
請輸入:
hello
你問的是：greeting, Hello
回答：Hello, thanks for asking
請輸入:
How you could help me
你問的是：options, What help you provide?
回答：I can guide you through Adverse drug reaction list, Blood pressure tracking, Hospitals and Pharmacies
請輸入:
Adverse drug reaction
你問的是：adverse_drug, How to check Adverse drug reaction?
回答：Navigating to Adverse drug reaction module
請輸入:
blood pressure result
你問的是：blood_pressure_search, Show blood pressure results for patient
回答：Patient ID?
請輸入:
123
我不懂你的意思, 請再輸入一次.
請輸入:
pharmacy
你問的是：pharmacy_search, Find me a pharmacy
回答：Please provide pharmacy name
請輸入:
hospital
你問的是：hospital_search, Hospital lookup for patient
回答：Please provide hospital name or location
請輸入:

回答：Bye! Come back again soon.
```

利用前一章所學的知識，只要短短數十行的程式碼，就可以完成一個具體而微的 ChatBot，當然，它還可以再加強的地方還很多，例如：

1. 中文語料庫測試。
2. 視覺化介面：可以利用 Streamlit、Flask、Django 等套件製作網頁，提供使用者測試。
3. 整合社群軟體：例如 LINE，直接在手機上測試。
4. 使用更完整的語料庫，測試 ChatBot 效能：目前使用 SpaCy 的分詞速度有點慢，應該是詞向量的轉換和前置處理花了一些時間，可以改用 NLTK 試試看。
5. 整合資料庫：例如查詢資料庫，檢查旅館是否有空房、保留訂房等。
6. 利用 NER 萃取實體：有了人事時地物的資訊，可進一步整合資料庫。

13-4 ChatBot 工具套件

網路上有許多的 ChatBot 工具套件，技術架構也相當多樣化，筆者測試了一些套件如下：

1. ChatterBot[3]：採配接器模式 (Adapter Pattern) ，是一個可擴充式的架構，支援多語系。
2. ChatBotAI[4]：以樣板 (Template) 語法訂定各式的樣板，接著再訂定變數嵌入樣板中，除了原本內建的樣板外，也可以自訂樣板和變數，來擴充 ChatBot 的功能。
3. Rasa[5]：以 Markdown 格式訂定意圖 (Intent)、故事 (Story)、回應 (Response)、實體 (Entity) 與對話管理等功能，使用者可以編輯各個組態檔 (*.yml)，重新訓練後，就可以提供 ChatBot 使用。

13-4-1 ChatterBot 實作

ChatterBot 採配接器模式 (Adapter Pattern)，內建多種配接器 (Adapters)，主要分為兩類：Logic adapters、Storage adapters，也能自製配接器，是一個擴充式的架構，也支援多語系。它本身並沒有 NLP 的功能，只是單純的文字比對功能。

範例

01 ChatterBot 測試。

➤ 下列程式碼請參考【13_02_ChatterBot_test.ipynb】。

1. 載入相關套件。

```
1 # 載入相關套件
2 from chatterbot import ChatBot
3 from chatterbot.trainers import ListTrainer
```

2. 訓練：將後一句作為前一句的回答，例如，使用者輸入 Hello 後，ChatBot 則回答『Hi there!』，它會使用到 NLTK 的語料庫。

```
# 訓練資料
chatbot = ChatBot("QA")

# 將後一句作為前一句的回答
conversation = [
    "Hello",
    "Hi there!",
    "How are you doing?",
    "I'm doing great.",
    "That is good to hear",
    "Thank you.",
    "You're welcome."
]

trainer = ListTrainer(chatbot)

trainer.train(conversation)
```

3. 簡單測試。

```
# 測試
response = chatbot.get_response("Good morning!")
print(f'回答：{response}')
```

- 執行結果：由於『Good morning!』不在訓練資料中，所以 ChatBot 就從過往的對話中隨機抽一筆資料出來回答。

4. 測試另一句在訓練資料中的句子：ChatBot 通常會回答後一句，偶爾會回答過往的對話。

```
# 測試
response = chatbot.get_response("Hi there")
print(f'回答：{response}')
```

5. 加入內建的配接器 (Adapters)。

- MathematicalEvaluation：數學式運算，檢視原始碼後發現它是使用 mathparse 函數庫 [6]。
- TimeLogicAdapter：有關時間的函數。
- BestMatch：從設定的句子中找出最相似的句子。

```
bot = ChatBot(
    'Built-in adapters',
    storage_adapter='chatterbot.storage.SQLStorageAdapter',
    logic_adapters=[
        'chatterbot.logic.MathematicalEvaluation',
        'chatterbot.logic.TimeLogicAdapter',
        'chatterbot.logic.BestMatch'
    ],
    database_uri='sqlite:///database.sqlite3'
)
```

- storage_adapter 參數指定對話記錄儲存在 SQL 資料庫或 MongoDB。

6. 測試時間的問題：問現在的時間。

```
1  # 時間測試
2  response = bot.get_response("What time is it?")
3  print(f'回答：{response}')
```

- 問法可檢視原始碼 time_adapter.py。

```
self.positive = kwargs.get('positive', [
    'what time is it',
    'hey what time is it',
    'do you have the time',
    'do you know the time',
    'do you know what time it is',
    'what is the time'
])

self.negative = kwargs.get('negative', [
    'it is time to go to sleep',
    'what is your favorite color',
    'i had a great time',
    'thyme is my favorite herb',
    'do you have time to look at my essay',
    'how do you have the time to do all this'
    'what is it'
])
```

- 執行結果：回答『The current time is 04:37 PM.』。

7. 數學式測試。

```
1  # 算術式測試
2  # 7 + 7
3  response = bot.get_response("What is 7 plus 7?")
4  print(f'回答：{response}')
5  
6  # 8 - 7
7  response = bot.get_response("What is 8 minus 7?")
8  print(f'回答：{response}')
9  
10 # 50 * 100
11 response = bot.get_response("What is 50 * 100?")
12 print(f'回答：{response}')
13 
14 # 50 * (85 / 100)
15 response = bot.get_response("What is 50 * (85 / 100)?")
16 print(f'回答：{response}')
```

- 執行結果：

```
回答：7 plus 7 = 14
回答：8 minus 7 = 1
回答：50 * 100 = 5000
回答：50 * ( 85 / 100 ) = 42.50
```

8. 加入自訂的配接器 (Adapters)：自訂配接器為 my_adapter.py，類別名稱為 MyLogicAdapter。

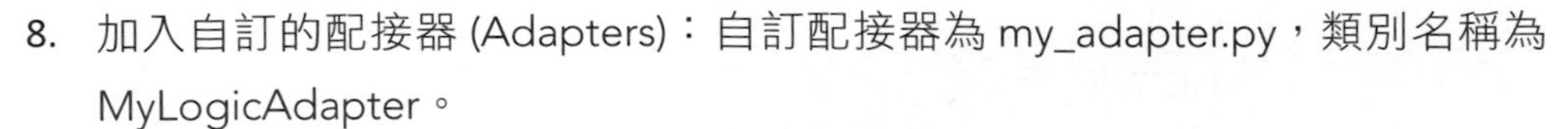

```
bot = ChatBot(
    'custom_adapter',
    storage_adapter='chatterbot.storage.SQLStorageAdapter',
    logic_adapters=[
        'my_adapter.MyLogicAdapter',
        'chatterbot.logic.MathematicalEvaluation',
        'chatterbot.logic.BestMatch',
    ],
    database_uri='sqlite:///database.sqlite3'
)
```

9. 測試自訂配接器。

```
# 測試自訂配接器
response = bot.get_response("我要訂位")
print(f'回答：{response}')
```

- 執行結果：會回答『訂位日期、時間及人數？』或『哪一天？幾點？人數呢？』，這是程式中隨機指定的。
- 自訂配接器必須實現三個函數：
  - __init__：初始化物件。
  - can_process：訂定何種問題由此配接器處理，筆者設定的條件為 statement.text.find(' 訂位 ') >= 0。
  - process：處理回答的函數。

以上範例是一個很簡單的架構，雖然沒有太多 NLP 的功能，提問的句子還必須與訓練資料完全相同，但是，它提供一個可擴充式的架構，讓讀者可以利用各自的配接器開發技能，再結合相似度辨識，找出意圖最相似的問題，最後作出對應的回答，程式就更堪用了。

13-4-2 chatbotAI 實作

chatbotAI 同時提供 AI 的功能與對話管理的架構，可以透過 REST API 與社群軟體進行整合，比方 Facebook Messenger，並且以樣板語言為主，提供學習 (Learn)、 記憶 (Memory) 設定、條件判斷 (Conditional switch)、主題式對話 (Topic-based Conversation Handling) 等功能。

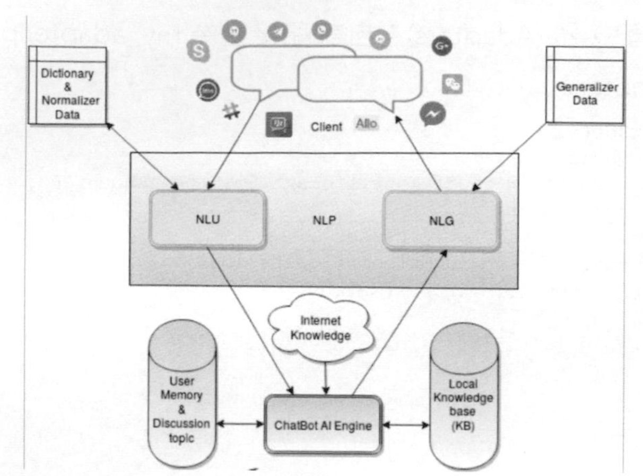

▲ 圖 13.3 chatbotAI 的架構圖，圖片來源：chatbotAI 官網 [4]

範例

02 chatbotAI 測試。

➤ 下列程式碼請參考【13_03_ chatbotAI_test.ipynb】。

1. 載入相關套件。

```
1  # 載入相關套件
2  from chatbot import demo
```

2. 功能展示。

```
1  # 功能展示
2  demo()
```

- 執行結果：> 後面為使用者輸入的問題，一般問題的回答還算得體，要結束的話需輸入 quit。

```
Hi, how are you?
> fine
  Nice to know that you are fine. What else?
> what is your name?
My name is ChatBot
> are you male?
I may be male? -- what do you think?
> how old are you?
Perhaps you can answer your own question.
> are you a kid?
Perhaps you believe I am a kid.
> should I get out tomorrow?
```

```
Why do you ask that?
> weather
Let's change focus a bit... Tell me about your family.
> I have one brother
Now that you have one brother, what will you do next?
> quit
Thank you for talking with me.
```

3. 使用維基百科作為語料庫，需安裝 wikipedia 套件。

   pip install wikipedia

   這個套件可搜尋維基百科的資料，輸入關鍵字後，就可進行多功能的查尋，相關使用說明可參考 wikipedia 套件的官網 [7]。

4. 註冊可接收的關鍵字及負責回應的模組為『維基百科』。

```
1  # 載入相關套件
2  from chatbot import Chat, register_call
3  import wikipedia
4  
5  # 註冊可接收的關鍵字及負責回應的模組
6  @register_call("whoIs")
7  def who_is(session, query):
8      try:
9          # 回應
10         return wikipedia.summary(query)
11     # 例外處理
12     except Exception:
13         for new_query in wikipedia.search(query):
14             try:
15                 return wikipedia.summary(new_query)
16             except Exception:
17                 pass
18     return "I don't know about "+query
```

5. 指定樣板，開始對話。樣本檔案內容如下：

```
{% block %}
    {% client %}(Do you know about|what is|who is|tell me about) (?P<query>.*){% endclient
    {% response %}{% call whoIs: %query %}{% endresponse %}
{% endblock %}
```

- client：使用者。
- response：ChatBot 的回應。
- (Do you know about|what is|who is|tell me about)：可接收的問句開頭。
- call whoIs: %query：指定註冊的 whoIs 模組回應。

```
1  # 第一個問題
2  first_question="Hi, how are you?"
3  
4  # 使用的樣板
5  Chat("chatbot_data/Example.template").converse(first_question)
```

- 執行結果：詢問一些比較專業的問題，都可以應答無礙。

```
Hi, how are you?
> fine
  Nice to know that you are fine. What else?
> what is tensor
In mathematics, a tensor is an algebraic object that describes a (multilinear) relationship between sets of algebraic objects r
elated to a vector space. Objects that tensors may map between include vectors and scalars, and even other tensors. Tensors can
take several different forms - for example: scalars and vectors (which are the simplest tensors), dual vectors, multilinear map
s between vector spaces, and even some operations such as the dot product. Tensors are defined independent of any basis, althou
gh they are often referred to by their components in a basis related to a particular coordinate system.
Tensors are important in physics because they provide a concise mathematical framework for formulating and solving physics prob
lems in areas such as mechanics (stress, elasticity, fluid mechanics, moment of inertia, ...), electrodynamics (electromagnetic
tensor, Maxwell tensor, permittivity, magnetic susceptibility, ...), or general relativity (stress-energy tensor, curvature ten
sor, ... ) and others. In applications, it is common to study situations in which a different tensor can occur at each point of
an object; for example the stress within an object may vary from one location to another. This leads to the concept of a tensor
field. In some areas, tensor fields are so ubiquitous that they are often simply called "tensors".
Tensors were conceived in 1900 by Tullio Levi-Civita and Gregorio Ricci-Curbastro, who continued the earlier work of Bernhard R
iemann and Elwin Bruno Christoffel and others, as part of the absolute differential calculus. The concept enabled an alternativ
e formulation of the intrinsic differential geometry of a manifold in the form of the Riemann curvature tensor.
> tell me about chatbot
Kuki, formerly known as Mitsuku, is a chatbot created from Pandorabots AIML technology by Steve Worswick. It is a five-time win
ner of a Turing Test competition called the Loebner Prize (in 2013, 2016, 2017, 2018, and 2019), for which it holds a world rec
ord. Kuki is available to chat via an online portal, and on Facebook Messenger, Twitch group chat, Telegram and Kik Messenger,
and was available on Skype, but was removed by its developer.
```

6. 使用中文關鍵字發問。

```
1 first_question="你好嗎?"
2 Chat("chatbot_data/Example.template").converse(first_question)
```

- 執行結果：中文關鍵字 (who is 蔡英文) 能夠正確回答。

```
你好嗎?
> 好
I see.
> who is 蔡英文
Tsai Ing-wen (born 31 August 1956) is a Taiwanese politician and academic serving as the seventh president of Taiwan, since 201
6. A member of the Democratic Progressive Party, Tsai is the first female president of Taiwan. She has served as Chair of the D
emocratic Progressive Party (DPP) since 2020, and previously from 2008 to 2012 and 2014 to 2018.
Tsai studied law and international trade, and later became a law professor at Soochow University School of Law and National Che
ngchi University after earning an LLB from National Taiwan University and an LLM from Cornell Law School. She later studied law
at the London School of Economics and Political Science, with her thesis titled "Unfair trade practices and safeguard actions",
and was awarded a Ph.D. in law from the University of London. In 1993, as an independent (without party affiliation), she was a
ppointed to a series of governmental positions, including trade negotiator for WTO affairs, by the then-ruling Kuomintang (KMT)
and was one of the chief drafters of the special state-to-state relations doctrine of President Lee Teng-hui.
After DPP President Chen Shui-bian took office in 2000, Tsai served as Minister of the Mainland Affairs Council throughout Che
n's first term as a non-partisan. She joined the DPP in 2004 and served briefly as a DPP-nominated at-large member of the Legis
lative Yuan. From there, she was appointed Vice Premier under Premier Su Tseng-chang until the cabinet's mass resignation in 20
07. She was elected and assumed DPP leadership in 2008, following her party's defeat in the 2008 presidential election. She res
igned as chair after losing the 2012 presidential election.
```

7. 記憶 (memory) 模組定義：以下使用變數來記憶一個字串或累計值，例如訪客人數，並且使用 key/value 進行儲存。

```
1  # 記憶(memory)模組定義
2  @register_call("increment_count")
3  def memory_get_set_example(session, query):
4      # 一律轉成小寫
5      name=query.strip().lower()
6      # 取得記憶的次數
7      old_count = session.memory.get(name, '0')
8      new_count = int(old_count) + 1
9      # 設定記憶次數
10     session.memory[name]=str(new_count)
11     return f"count  {new_count}"
```

8. 記憶 (memory) 設定測試。

```
# 記憶(memory)測試
chat = Chat("chatbot_data/get_set_memory_example.template")
chat.converse("""
Memory get and set example

Usage:
  increment <name>
  show <name>
  remember <name> is <value>
  tell me about <name>

example:
  increment mango
  show mango
  remember sun is red hot star in our solar system
  tell me about sun
""")
```

- chat.converse()：內含用法說明。
  - increment <name>：變數值加 1。
  - show <name>：顯示變數值。
  - remember <name> is <value>：記憶變數與對應值。
  - tell me about <name>：顯示變數對應值。
- 執行結果：

```
> increment mango
count  1
> increment mango
count  2
> show mango
2
> remember sun is red hot star in our solar system
I will remember sun is red hot star in our solar system
> tell me about sun
sun is red hot star in our solar system
> remember PLG 5/2 比賽結果 is 夢想家勝
I will remember plg 5/2 比賽結果 is 夢想家勝
> tell me about plg 5/2
I don't know about plg 5/2
> tell me about plg 5/2比賽結果
I don't know about plg 5/2比賽結果
> tell me about plg 5/2 比賽結果
plg 5/2 比賽結果 is 夢想家勝
```

chatbotAI 也提供一個擴充性的架構，可透過註冊的模組和樣板，以外掛的方式銜接各種技能。

13-4-3 Rasa 實作

Rasa 是一個 Open Source 的工具軟體，也有付費版本，相當多的文章有提到它。它以 Markdown 格式訂定意圖 (Intent)、故事 (Story)、回應 (Response)、實體 (Entity) 以及對話管理等功能，使用者可以編輯各個組態檔 (*.yml)，重新訓練過後，就可以提供給 ChatBot 來使用。

安裝過程有點挫折，依照 Rasa 官網指示操作的話，會出現錯誤，正確的安裝指令如下：

1. Windows 作業系統

   pip install rasa --ignore-installed ruamel.yaml --user

   ★ --user 參數：會讓 Rasa 被安裝在使用者目錄下。若不加此選項，則會出現權限不足的錯誤訊息，表示 Python site-packages 目錄不容安裝。

2. Linux/Mac 作業系統

   pip install rasa --ignore-installed ruamel.yaml

   在 Windows 作業系統下，Rasa 安裝成功後，程式會放在 c:\users\<user_name>\appdata\roaming\python\python38\scripts\。接著，測試步驟如下：

1. 新增一個專案：

   c:\users\<user_name>\appdata\roaming\python\python38\scripts\rasa.exe init --no-prompt

- 產生一個範例專案，子目錄和檔案列表如下：

- 會依據以上專案檔案，同時進行訓練，完成後建立模型檔，儲存在 models 子目錄內。
- data 子目錄內有幾個重要的檔案：
  - nlu.yml： NLU 訓練資料，包含各類的意圖 (Intent) 和例句 (Utterance)。
  - rules.yml：包含各項規則的意圖和行動。
  - stories.yml：包含各項故事情節，描述多個意圖和行動的順序。
- 根目錄的檔案：
  - domain.yml：包含 Bot 各項的回應 (Response)。
  - config.yml：NLU 訓練的管線 (Pipeline) 與策略 (Policy)。

2. 測試：

   c:\users\<user_name>\appdata\roaming\python\python38\scripts\rasa.exe shell

- 對話過程如下：並沒有太大的彈性，必須完全照著 nlu.yml 問問題。

```
Bot loaded. Type a message and press enter (use '/stop' to exit):
Your input ->  hello
Hey! How are you?
Your input ->  I am fine
Great, carry on!
Your input ->  what is you name
I am a bot, powered by Rasa.
Your input ->  I am disappointed
Here is something to cheer you up:
Image: https://i.imgur.com/nGF1K8f.jpg
Did that help you?
Your input ->  yes
Great, carry on!
Your input ->  great
Great, carry on!
Your input ->  bye
Bye
Your input ->  /stop
2021-05-04 22:15:07 INFO     root  - Killing Sanic server now.
```

3. 故事情節視覺化：

   c:\users\<user_name>\appdata\roaming\python\python38\scripts\rasa.exe visualize

- 執行結果：對應 stories.yml 的內容。

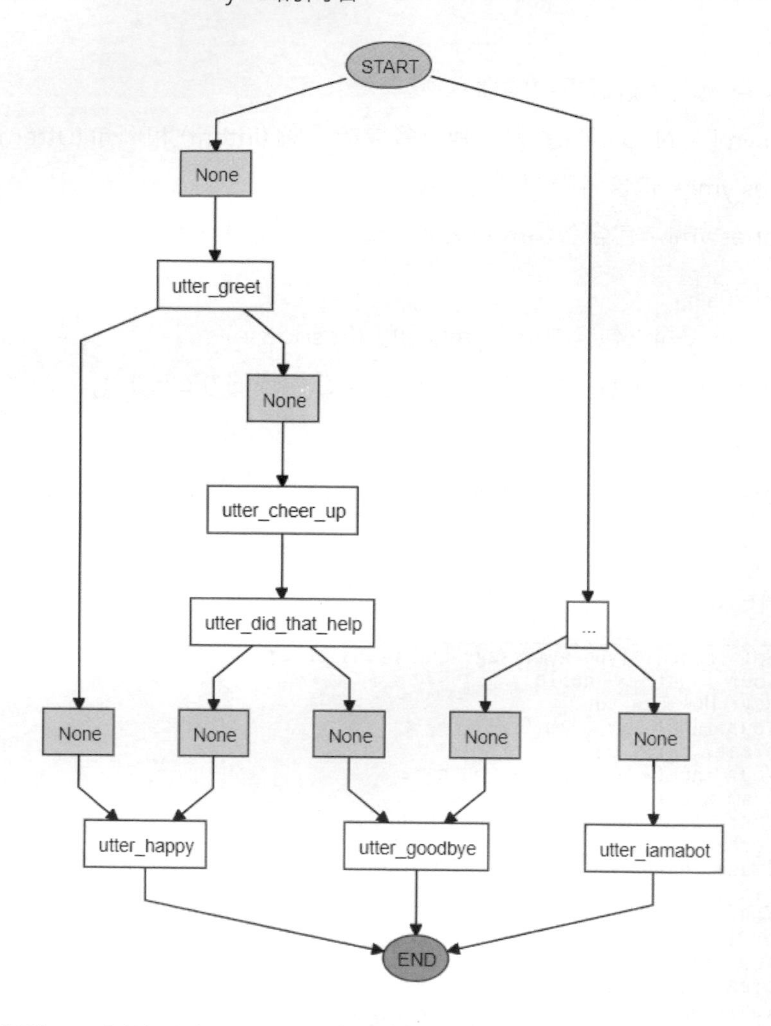

4. 訓練模型：可以修改上述的 .yml 檔案後，重新訓練模型。

   c:\users\<user_name>\appdata\roaming\python\python38\scripts\rasa.exe train

範例

03 建立自訂的行動 (Custom action)。以下新增一個行動，詢問姓名，並單純回答『Hello <name>』。

1. 安裝 Rasa SDK

```
pip install rasa_core_sdk
```

2. 在 domain.yml 檔案內增加以下內容，請參閱範例檔：

- inform 意圖。
- entities、actions。

```
entities:
  - name

actions:
  - action_save_name
```

- responses 增加以下內容：

```
utter_welcome:
- text: "Welcome!"
utter_ask_name:
- text: "What's your name?"
```

3. 在 data\nlu.yml 增加以下內容：

```
- intent: inform
  examples: |
    - my name is [Michael](name)
    - [Philip](name)
    - [Michelle](name)
    - [Mike](name)
    - I'm [Helen](name)
```

4. 在 data\ stories.yml 的每一段 action: utter_ask_name 後面增加以下內容：

```
- intent: inform
  entities:
  - name: "name"
- action: action_save_name
```

5. 在 endpoints.yml 解除註解：

   action_endpoint:

    url: http://localhost:5055/webhook

6. 增加一段 action 處理程式。

```
from typing import Any, Text, Dict, List
from rasa_sdk import Action, Tracker
from rasa_sdk.executor import CollectingDispatcher

class ActionSaveName(Action):
    def name(self):
        return "action_save_name"
    def run(self, dispatcher: CollectingDispatcher,
        tracker: Tracker,
        domain: Dict[Text, Any]) -> List[Dict[Text, Any]]:

        name = \
        next(tracker.get_latest_entity_values("name"))
        dispatcher.utter_message(text=f"Hello, {name}!")
        return []
```

7. 啟動 action 程式：

   c:\users\<user_name>\appdata\roaming\python\python38\scripts\rasa.exe run actions

8. 重新訓練模型。

   c:\users\<user_name>\appdata\roaming\python\python38\scripts\rasa.exe train

9. 測試：

   c:\users\<user_name>\appdata\roaming\python\python38\scripts\rasa.exe shell

- 對話過程如下，確實有回應『Hello <name>』：

```
Your input ->  hello
What's your name?
Your input ->  michael
Hello, michael!
Hey! How are you?
```

Rasa 比較像傳統的 AIML ChatBot，是以問答例句當作訓練資料，算是相對僵硬的方式，且需要大量的人力維護，但好處是可以精準控制回答的內容。

13-5 Dialogflow 實作

現在已經有許多廠商都推出成熟的 ChatBot 產品，只要經過適當的設定，就可以上線了，例如 Google Dialogflow、Microsoft QnA Maker、Azure Bot Service、IBM Watson Assistant 等。以下我們以 DialogFlow 為例介紹整個流程。

依據 Dialogflow 的官網說明 [8]，它是一個 NLU 平台，可將對話功能整合至網頁、手機、語音回應介面，而輸入 / 輸出介面可以是文字或語音。就筆者實驗結果，它主要是以槽位填充 (Slot Filling) 為出發點，並搭配完整的 NER 功能，例如時間，可輸入 today、tomorrow、right now，系統會自動轉換為日期，另外全世界的城市也能辨識，算是一個可輕易上手的產品。

它有兩個版本：Dialogflow CX、Dialogflow ES，前者為進階版本，後者為標準版，可免費試用，我們用免費版本測試，兩者功能的比較表可參閱 Google Dialogflow [9]。

Dialogflow 的術語定義如下：

1. Agent：即 ChatBot，每間公司可建立多個 ChatBot，各司其職。
2. 意圖 (Intent)：與之前定義相同，但更細緻，包含：

- 訓練的片語 (Training phrases)：定義使用者表達意圖的片語，不必列舉所有可能的片語，Dialogflow 有內建的機器學習智能，會自動加入類似的片語。
- 行動 (Action)：ChatBot 接收到意圖後採取的行動。
- 參數 (Parameter)：定義槽位填充所需的資訊，包括必填或選填的參數，Dialogflow 可以從使用者的表達中找出對應的實體 (Entity)。
- 回應 (Response)：行動完畢後，回應使用者的文字或語音。

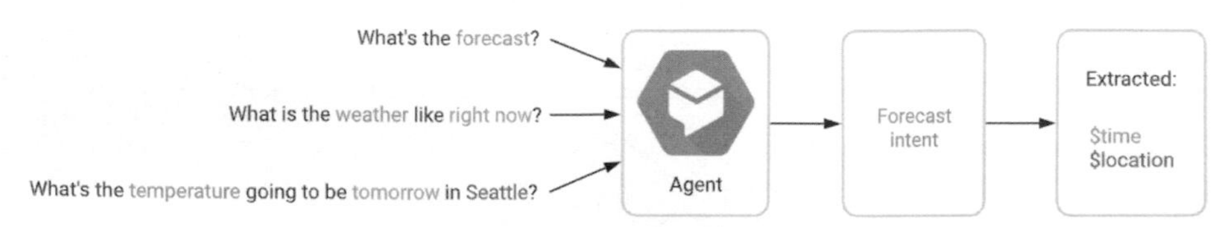

▲ 圖 13.4 Dialogflow 可從意圖中找出時間和地點，圖片來源：Dialogflow 的官網說明 [8]

3. 實體 (Entity)：Dialogflow 已內建許多系統實體 (System Entity) 類別，包括日期、時間、顏色、email 等，還包括多國語系的實體，詳情可參閱官網 [10]。

4. 上下文 (Context)：如下圖，Dialogflow 從第一句話中察覺意圖是『查詢帳戶資訊』(CheckingInfo)，接著會問『何種資訊』，使用者回答『帳戶餘額』後，Dialogflow 即將餘額告訴使用者。Dialogflow 會先辨識意圖，再根據缺乏的資訊進一步詢問，直到所有資訊都滿足為止，才會將答案回覆給使用者，這就是槽位填充 (Slot Filling) 的機制。

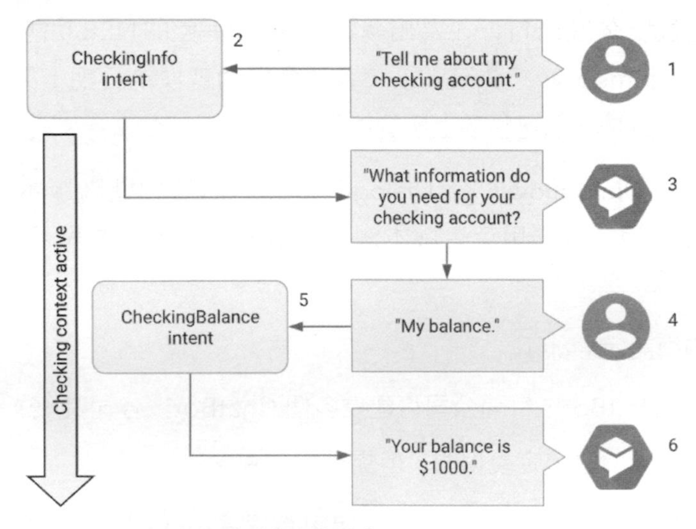

▲ **圖 13.5 Dialogflow 上下文對話的流程**，圖片來源：Dialogflow 的官網說明 [8]

5. 追問意圖 (Follow-up intent)：可依據使用者的回答定義不同的回答方式，以追問意圖，透過此功能可以建立有限狀態機，對於複雜的流程有很大的幫助，Dialogflow 一樣有內建追問意圖的識別，如 Yes/No，可參閱 Google Dialogflow 官網說明 [11]，例如，yes，回答 sure、exactly 也可以。

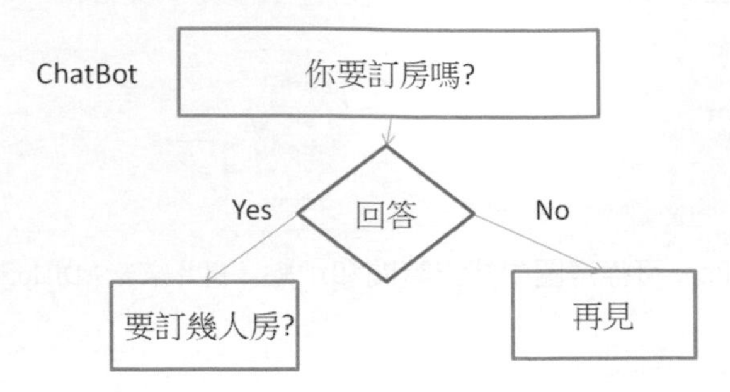

6. 履行 (Fulfillment)：ChatBot 除了回應文字之外，也能夠與資料庫或社群軟體整合，開發者可以撰寫一個服務，整合各種軟硬體。

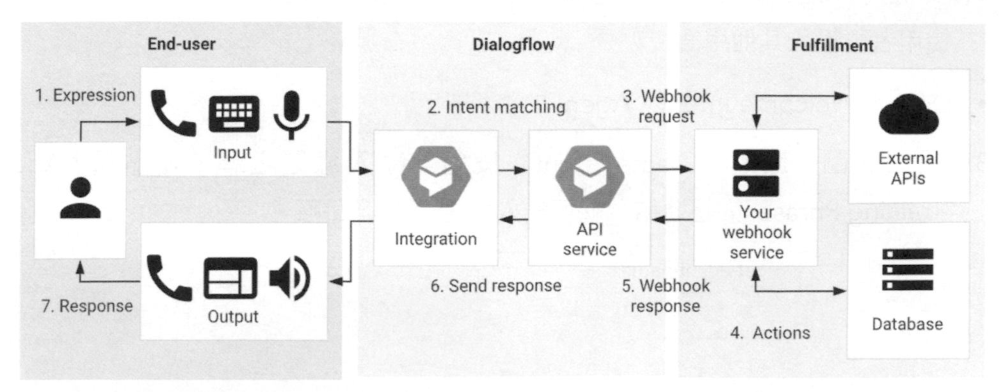

▲ 圖 13.6 履行 (Fulfillment)，圖片來源：Dialogflow 的官網說明 [8]

13-5-1 Dialogflow 基本功能

Dialogflow 不須安裝，直接進入 Dialogflow 設定相關畫面。

1. 建立 Agent：瀏覽 https://dialogflow.cloud.google.com/#/newAgent，輸入相關資訊，支援多語系，包括繁體中文，按『Create』即可。

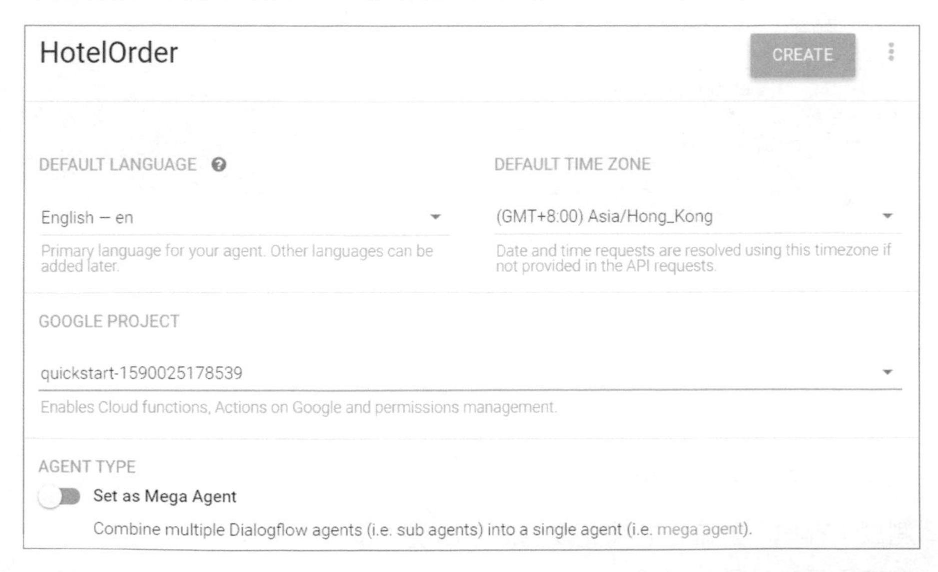

2. 內建意圖：Dialogflow 會預先建立 2 個意圖。

- Default Fallback Intent：不理解使用者的意圖時，會歸屬於此，通常會要求使用者再輸入其他用語。
- Default Welcome Intent：Agent 的歡迎詞。

3. 建立意圖：點擊『Create Intent』按鈕，輸入意圖名稱，並點擊『Add Training Phrases』超連結，就可輸入多組問句與回應。

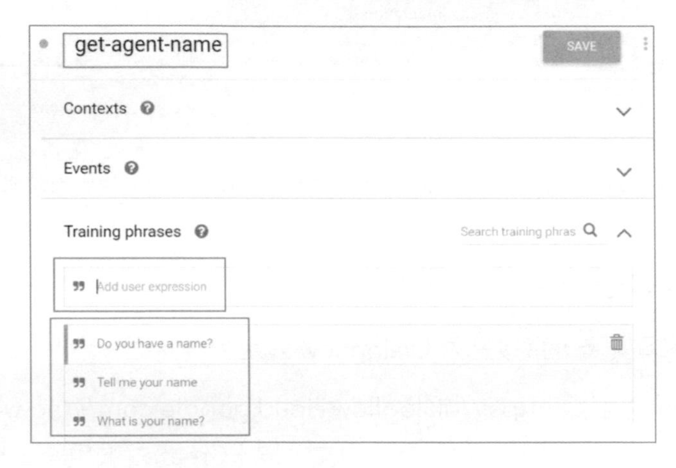

- 回應：點擊『Add Response』超連結

- 存檔：點擊『Save』按鈕。

4. 測試：存檔，並確定訓練完成的訊息出現之後，即可在畫面右側測試，亦可直接用語音輸入。

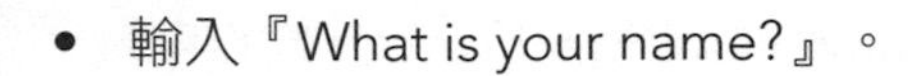

- 輸入『What is your name?』。

- 輸入『Hello』。

5. 參數：輸入的例句如果包含內建的實體 (Entity)，則會被解析出來，當作參數，可進一步設定參數屬性。點選畫面左側 Intent 旁的『+』。

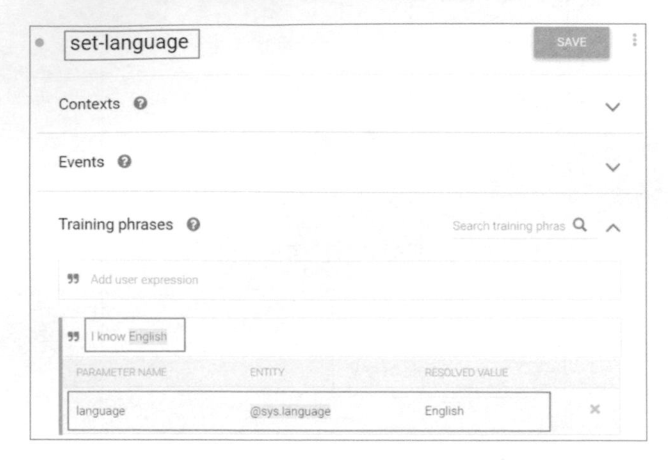

- 例如輸入『I know English』，Dialogflow 偵測到『English』是內建的語言 Entity(@sys.language)，系統自動新增一個參數 (parameter)。
- 可針對參數設定屬性：
  - Required: 是否必要輸入。
  - Parameter Name: 參數名稱。
  - Entity：選擇 Entity 類別，可修改為其他類別。
  - Value：參數的名稱，回應 (Response) 可以由此欄位取得參數值。
  - Is List：參數值是否為 List，即一參數含多個值。
  - Prompts：若輸入的問句或回答欠缺此參數，Agent 會顯示此提示，詢問使用者。

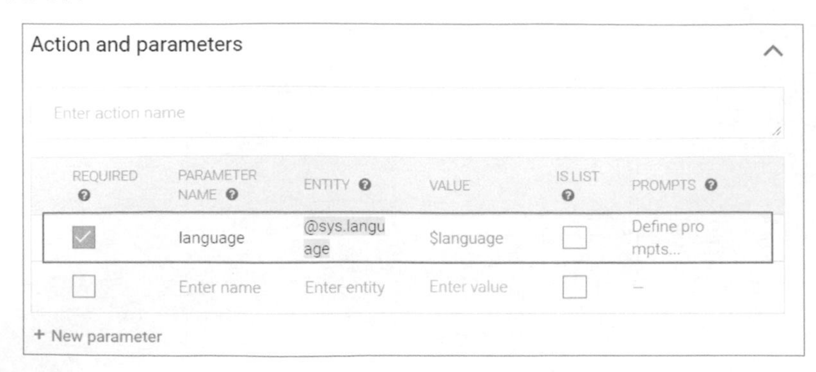

- 輸入回應 (Response)：『Wow! I didn't know you knew $language.』，其中 $language 會自使用者的問句取得變數值。
- 存檔。

6. 測試：輸入『I speak english』，回應的 $language = english。

7. 可建立自訂的實體 (Entity)：點選畫面左側 Entities 旁的『+』。

- 輸入 Entity 和同義字 (Synonym)。
- 存檔。

8. 使用 english 的實體 (Entity)：在原來的『set-language』Entity，輸入例句 (Training phrase)。

- I know javascript.
- I write the logic in python.
- double click『javascript』，選取『language-programming』。

- 輸入回應 (Response)：『$language-programming is an excellent programming language.』。
- 存檔。

9. 測試：輸入『you know js?』。

- 參數 language 若勾選 Required，會出現『what is the language?』。

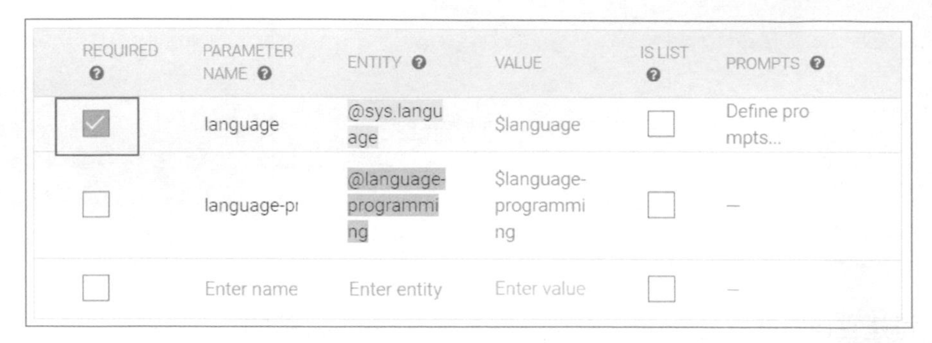

- 全部參數若都不勾選 Required，則會出現『JavaScript is an excellent programming language.』。

REQUIRED	PARAMETER NAME	ENTITY	VALUE	IS LIST
☐	language	@sys.language	$language	☐
☐	language-progran	@language-programming	$language-programming	☐
☐	Enter name	Enter entity	Enter value	☐

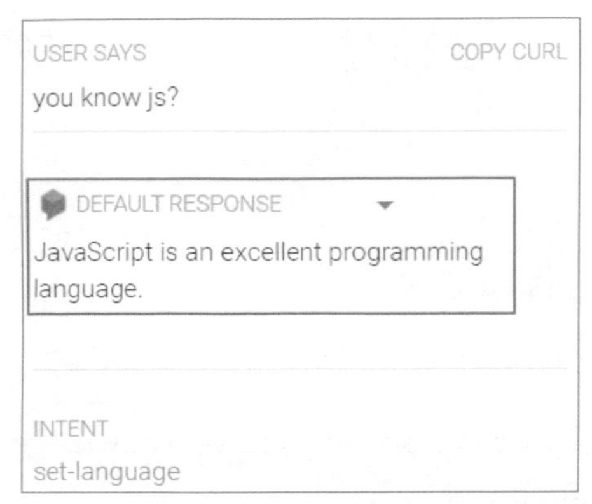

10. 追問意圖 (Follow-up intent)：若需考慮上文回答，可追問詳細意圖。

- 測試：修改回應為『Wow! I didn't know you knew $language. How long have you known $language?』。
- 加追問意圖：點選畫面左側『intents』，將滑鼠移至『set-language』，會出現『Add follow-up intent』，點擊即可，會增加『set-language - custom』追問意圖。

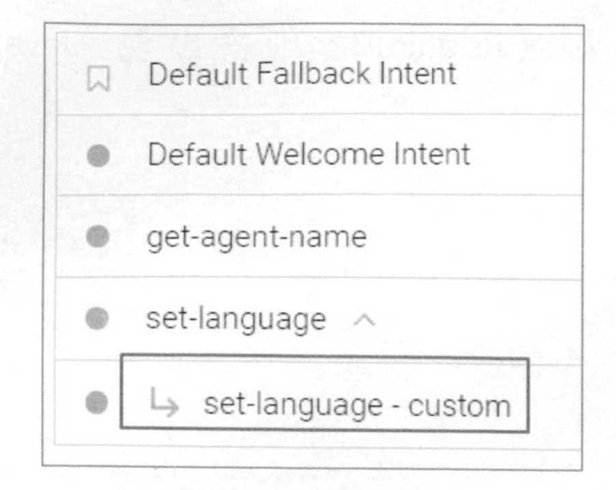

- 點擊『set-language - custom』，輸入例句 (Training phrase)：
  - 3 years
  - about 4 days
  - for 5 years
- 壽命 (Lifespan)：一般意圖的預設壽命為 5 個對話，追問意圖的預設壽命則為 2 個對話，超過 20 分鐘，所有意圖均不保留，即相關的對話狀態會被重置。
- 測 試： 加 入 回 應『I can't believe you've known #set-language-followup.language for $duration!』。
  - 『#』：意圖。
  - 『$』：參數值。

11. 測試追問意圖：

- 輸入『I know French』。

- 輸入『for 5 years』。

13-5-2 履行 (Fulfillment)

履行 (Fulfillment) 是在蒐集完整資訊後採取的行動，撰寫程式完成商業邏輯和交易，可與社群軟體、硬體整合。Dialog 提供兩種履行類型：

1. Webhook：撰寫一個網頁服務 (Web service)，Dialog 透過 POST 請求送給 Webhook，並接收回應。
2. Inline Editor：透過 GCP 建立 Cloud Functions，使用 Node.js 執行環境，這是比較簡單的方式，不過如果是正式的專案開發，還是要選擇 Webhook。

範例 Inline Editor 須建立 GCP 付費帳號，才能使用，以下針對 Webhook 實作。

1. 建立一個新的意圖：輸入兩個例句『order a room in Tainan at 2021/02/05』、『I want a double room in Taipei at 2021-01-01』。

2. 參數『geo-city』、『date-time』均設為必要欄位。

3. 履行 (Fulfillment)：啟用『Enable webhook call for this intent』。
4. 撰寫 Webhook 程式：可使用多種語言撰寫，這裡我們使用 Python 加上 Flask 套件，撰寫 Web 程式，完整程式請參考 dialogflow\webhook\app.py，程式碼後續說明。
5. 程式必須佈署到網際網路上，Dialogflow 才能存取到 app.py。可以使用 ngrok.exe 將內部網址對應到外部網址，這樣就可以先在本機測試，等到測試成功後，再將程式佈署到 Heroku 或其他網站測試，Heroku 是免費的網站佈署平台，試用後可升級為付費帳戶。
6. 啟動 app.py：預設網址為 http://127.0.0.1:5000/。
   python app.py
7. 執行下列指令，取得對應的 https 網址。
   ngrok http 5000
8. 接著設定 Fulfillment：點選畫面左側的 Fulfillment 旁的『+』，啟用 Webhook，並設定上一步驟所取得的 https 網址，後面須加上 /webhook，點擊下方『Save』按鈕即可。

9. 測試：在畫面右側輸入『order a room in Tainan at 2021/02/05』。

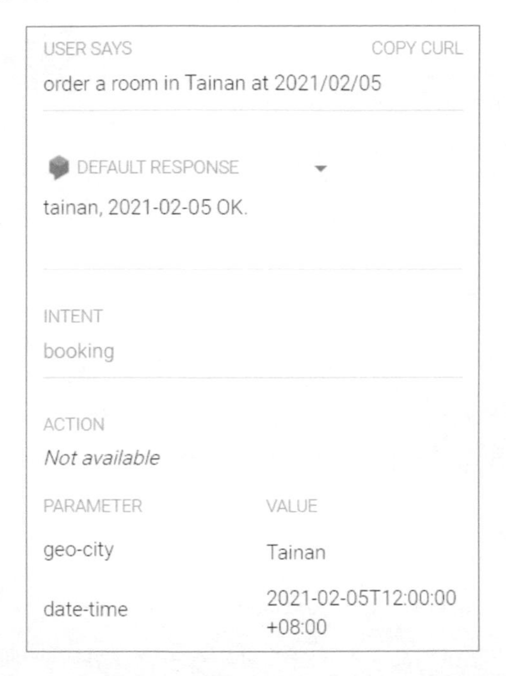

10. 再查看 dialogflow\webhook\test.db SQLite 資料庫，就可以看到每重複執行一次，tainan/2021-02-05 的訂房數 (room_count) 就會加 1。而輸入不同的城市或日期則會新增一筆記錄。SQLite 資料庫可使用 SQLitespy.exe 或其他工具軟體開啟。

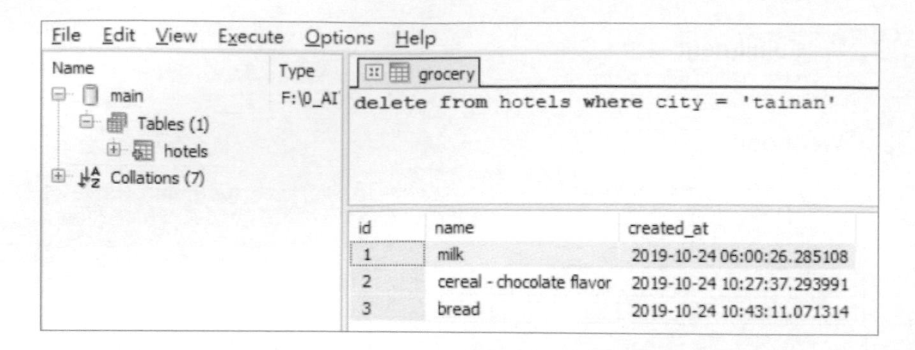

dialogflow\webhook\app.py，程式碼説明如下。

1. 安裝套件。

   pip install flask

   pip install sqlalchemy

2. 載入相關套件。

```
from flask import Flask, request, jsonify, make_response
from sqlalchemy import create_engine
```

3. 宣告 Flask 物件。

```
app = Flask(__name__)
```

4. 定義函數：必須為 @app.route('/webhook', methods=['POST'])。可取得請求、意圖、entity 等。

```
@app.route('/webhook', methods=['POST'])
def hotel_booking():
    # 取得請求
    req = request.get_json(force=True)
    # 取得意圖 set-language
    intent = req.get('queryResult').get('intent')['displayName']
    # 取得 entity
    entityCity = req.get('queryResult').get('parameters')["geo-city"].lower()
    entityDate = req.get('queryResult').get('parameters')["date-time"].lower()
    entityDate = entityDate[:10].replace('/', '-')
```

5. 開啟資料庫連線。

```
# 開啟資料庫連線
engine = create_engine('sqlite:///test.db', convert_unicode=True)
con = engine.connect()
```

6. 更新資料庫：先根據城市、日期查詢資料，若記錄存在，則訂房數加 1，反之，則新增一筆新的記錄，最後傳回 OK 訊息。

```
if intent == 'booking':
    # 根據城市、日期查詢
    sql_cmd = f"select room_count from  hotels "
    sql_cmd += f"where city = '{entityCity}' and order_date = '{entityDate}'"
    result = con.execute(sql_cmd)
    list1 = result.fetchall()

    # 增修記錄
    if len(list1) > 0: # 訂房數加 1
        sql_cmd = f"update hotels set 'room_count' = {list1[-1][-1]+1} "
        sql_cmd += f"where city = '{entityCity}' and order_date = '{entityDate}'"
        result = con.execute(sql_cmd)
    else: # 新增一筆記錄
        sql_cmd = "insert into hotels('city', 'order_date', 'room_count')"
        sql_cmd += f" values ('{entityCity}', '{entityDate}', 1)"
        result = con.execute(sql_cmd)

    # 回應
    response = f'{entityCity}, {entityDate} OK.'
    return make_response(jsonify({ 'fulfillmentText': response }))
```

7. 以上只是示範程式，在實際情況中，我們必須做例外處理，包括程式碼錯誤、意圖、Entity 檢查等。

Dialogflow 還可以整合語音交換機、社群媒體、Spark 等，詳情可參閱『Dialogflow Integrations 説明』[12]。另外，Dialogflow 也內建許多應用程式，可參閱『DialogFlow Prebuilt Agents 説明』[13]。

13-5-3 整合 (Integration)

除了後端資料庫的連結外，DialogFlow 也可以整合許多的前端設備與社群軟體，官網羅列各種類別如下：

1. 電話交換機 (Telephony)

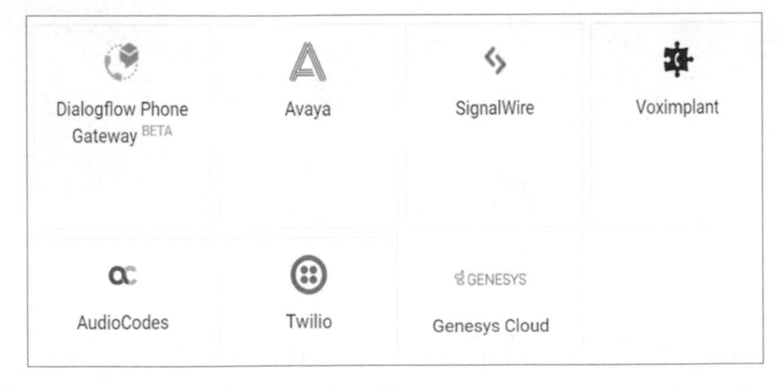

2. 文字類的社群軟體。

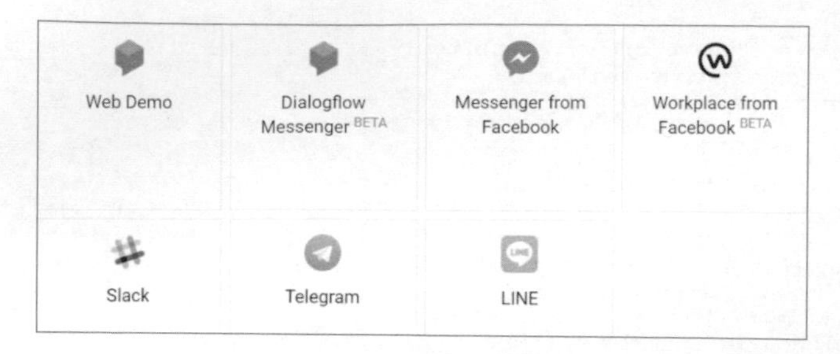

3. 開放原始碼。

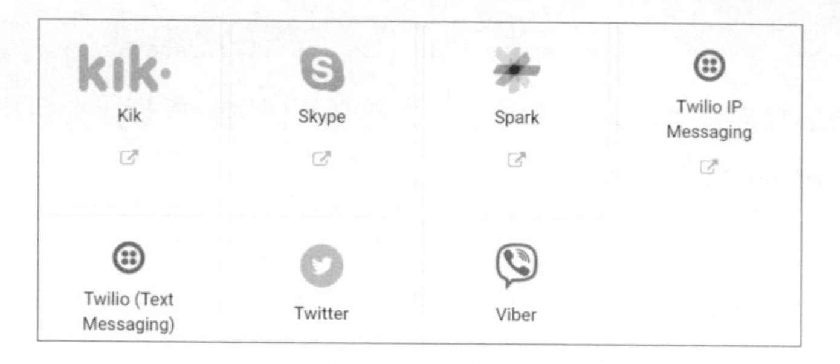

以下說明如何整合 LINE App 的程序。

1. 先至 LINE Developer Console (https://developers.line.biz/console/register/messaging-api/provider) 開通。
2. 建立 Provider：輸入提供服務的個人或公司相關資料。
3. 建立 Channel：選擇要提供的服務類別，點選『Messaging API』，輸入圖檔 (Icon)、名稱、說明等。

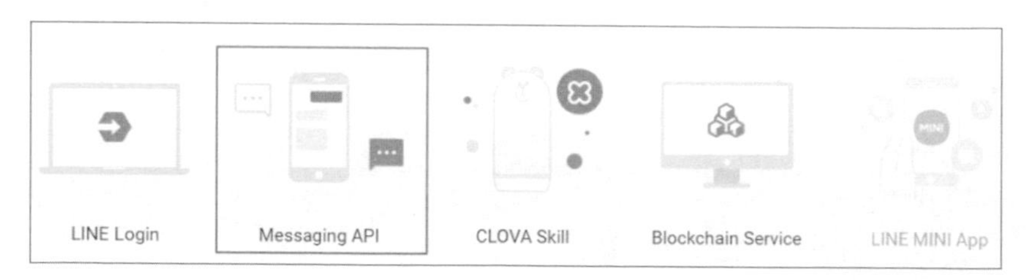

4. 接著至 Channel 的基本設定 (Basic settings) 頁籤，複製 Channel ID、Channel Secret，再至 Messaging API 頁籤，按下『Issue』按鈕，產生 Channel access token，一併複製。

5. 再回到 DialogFlow，點選左邊的 Integration 選單，選擇 LINE，出現彈出式視窗，輸入上一步驟的 Channel ID、Channel Secret、Channel access token，並複製 Webhook URL，點選下方的『Start』按鈕。
6. 切換至 LINE Developer Console，至 Messaging API 頁籤，輸入 Webhook URL，並啟用『Use webhook』。
7. 使用手機或電腦的 LINE，掃描 Messaging API 頁籤的 QR code，將連接此聊天機器人 channel 的 LINE 官方帳號加為好友。
8. 測試的 Intent 內容如下：

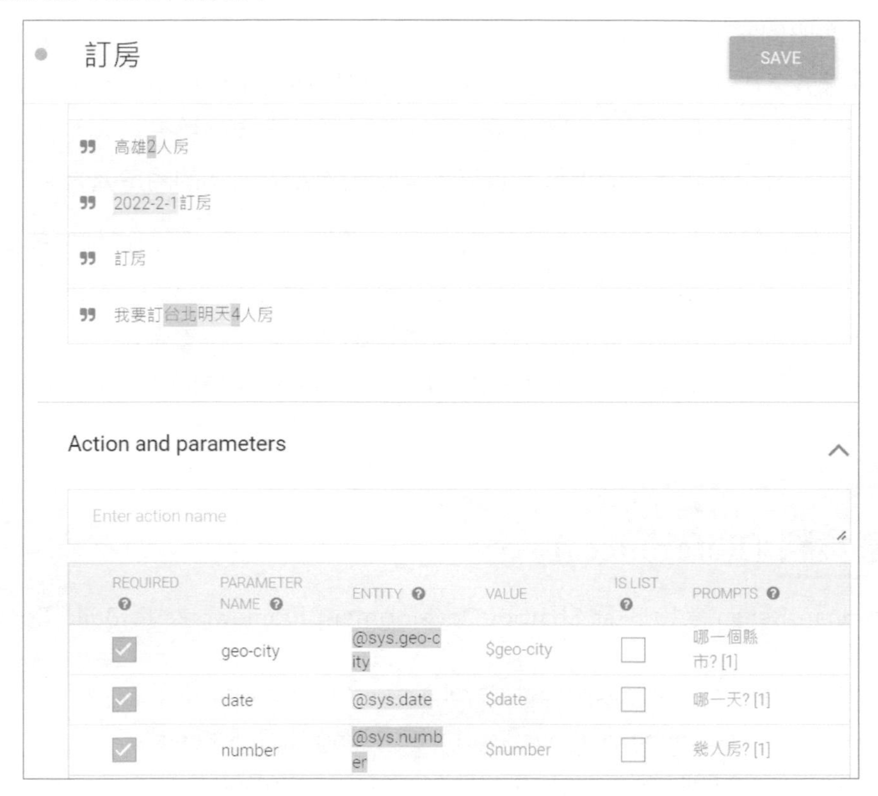

9. 在 LINE 輸入『訂台北明天 4 人房』，會得到回應訊息『你的訂房資訊：台北市, 2022-04-07, 4 人房』，即 Text Response 設定的內容。

測試成功，一行程式都不用寫，就可以整合 DialogFlow 與 LINE，LINE API 的詳細說明可參閱『LINE Developers 文件』[14]。

13-6　結語

以上只侷限於聊天機器人的功能介紹，實務上，我們還可以結合情緒分析、spaCy/ Transformers、推薦…等技術，例如當偵測到使用者情緒是負面時，可轉由真人客服回答，或者讀者連續三次問題都無法回答，落入 Fallback，也可轉由真人客服介入，另外，除了意圖的參數外，也可以使用 Transformers 分析語句，找到關鍵的命名實體 (NER)，最後要提醒讀者『科技進步始終來自人性』，聊天機器人的設計也是如此，有溫度的系統才是聊天機器人成功的關鍵要素。

此外，對於大部分的企業來說，聊天機器人的實用度相當高，可以提供售前支援、銷售甚至是售後服務等多方面的功能，但如何整合既有的業務流程及系統，使得聊天機器人能無縫接軌，使用者 / 員工也能快速上手，是建置系統的一大課題，最後，千萬不要忘記系統要有自我學習的特性，隨著服務時間的累積，系統要越來越聰明。

參考資料 (References)

[1] Adnan Rehan,《10 Best Chatbot Development Frameworks to Build Powerful Bots》, 2020
(https://geekflare.com/chatbot-development-frameworks/)

[2] Data Flair 《Learn to build your first chatbot using NLTK & Keras》
(https://data-flair.training/blogs/python-chatbot-project)

[3] ChatterBot GitHub
(https://github.com/gunthercox/ChatterBot/tree/3eccceddd2a14eccaaeff12df7fa68513a464a00)

[4] ChatBotAI GitHub
(https://github.com/ahmadfaizalbh/Chatbot)

[5] Rasa 官網
(https://rasa.com/)

[6] mathparse GitHub
(https://github.com/gunthercox/mathparse)

[7] Wikipedia GitHub
(https://github.com/goldsmith/Wikipedia)

[8] Dialogflow 的官網說明
(https://cloud.google.com/dialogflow/docs)

[9] Google Dialogflow Editions
(https://cloud.google.com/dialogflow/docs/editions)

[10] Google Dialogflow System entities reference
(https://cloud.google.com/dialogflow/es/docs/reference/system-entities)

[11] Google Dialogflow Predefined follow-up intents
(https://cloud.google.com/dialogflow/es/docs/reference/follow-up-intent-expressions)

[12] Dialogflow Integrations 說明
(https://dialogflow.cloud.google.com/#/agent/get-agent-name-ojw9/integrations)

[13] DialogFlow Prebuilt Agents 說明
(https://dialogflow.cloud.google.com/#/agent/get-agent-name-ojw9/prebuiltAgents/)

[14] LINE Developers 文件
(https://developers.line.biz/zh-hant/docs/messaging-api/getting-started/#using-oa-manager)

第 14 章
語音辨識

近幾年在影像、語音等的『自然使用者介面』(Natural User Interface, NUI) 有了突破性的發展，譬如 Apple Face ID 以臉部辨識登入，手機、智慧音箱可以使用語音輸入，這類操作方式大幅降低輸入的難度，尤其是中老年人。根據統計，人們講話的速度約每分鐘 150~200 字，而打字輸入大概只有每 60 字 / 分，如果能提高語音辨識的能力，語音輸入就會逐漸取代鍵盤打字了，此外，鍵盤在攜帶方便性與親和力來說也遠不及語音。由此可見，要消弭人類與機器之間的隔閡，語音辨識扮演相當重要的角色，接下來我們就來好好認識它的發展。

回歸現實面，語音辨識並不簡單，必須要克服下列挑戰：

1. 說話者的個別差異：包括口音、音調的高低起伏，像是男性和女性的音頻差異就很大。
2. 環境噪音：各種環境會有不同的背景音源，因此辨識前必須先去除噪音。
3. 語調的差異：人在不同的情緒下講話的語調會有所不同，譬如悲傷時講話速度可能較慢，聲音較小而低沉，反之，興奮時，講話速度快，聲音較大。

光是「No」一個簡單的詞，不同的人說就有各式各樣的聲波，如下圖：

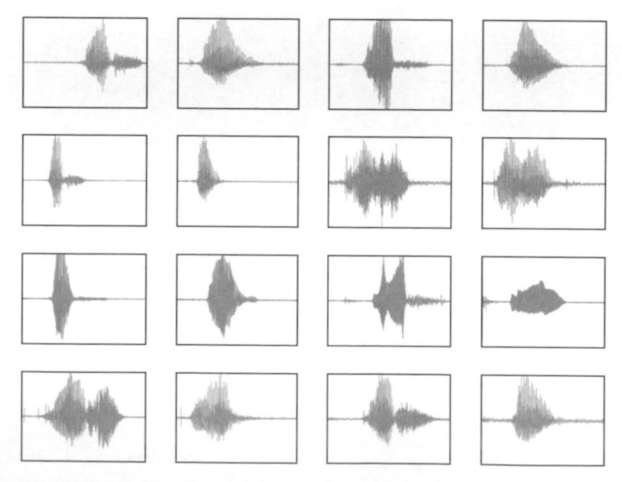

▲ 圖 14.1 一千種 No 的聲波之部分擷取，圖片來源：哥倫比亞大學語音辨識課程講義 [1]

因此，要能辨識不同人的聲音，電腦必須先對收到的訊號做前置處理，之後才能運用各種演算法和資料庫進行辨識，過程中所需的基礎知識包括：

1. 訊號處理 (Signal processing)。
2. 機率與統計 (Probability and statistics)。
3. 語音和語意學 (Phonetics; linguistics)。
4. 自然語言處理 (Natural language processing, NLP)。
5. 機器學習與深度學習。

看到這裡大家應該有點頭痛了，我們試著以簡馭繁，將焦點放在實作上。

14-1 語音基本認識

以說話為例，人類以胸腔壓縮和變換嘴唇、舌頭形狀的方式，產生空氣壓縮與伸張的效果，形成聲波，然後以每秒大約 340 公尺的速度在空氣中傳播，當此聲波傳遞到另一個人的耳朵時，耳膜就會感受到一伸一壓的壓力訊號，接著內耳神經再將此訊號傳遞到大腦，並由大腦解析與判讀，分辨此訊號的意義，詳細說明可參閱『Audio Signal Processing and Recognition』[2]。

聲音的訊號通常如下圖一般是不規則的類比訊號，必須先經過數位化，才能交由電腦處理，作法是每隔一段時間衡量振幅，得到一個數字，這個過程稱為『取樣』(Sampling)，如圖 14.3，之後，再把所有數字記錄下來變成數位音訊，這個過程就是所謂的將類比 (Analog) 訊號轉為數位 (Digital) 訊號。

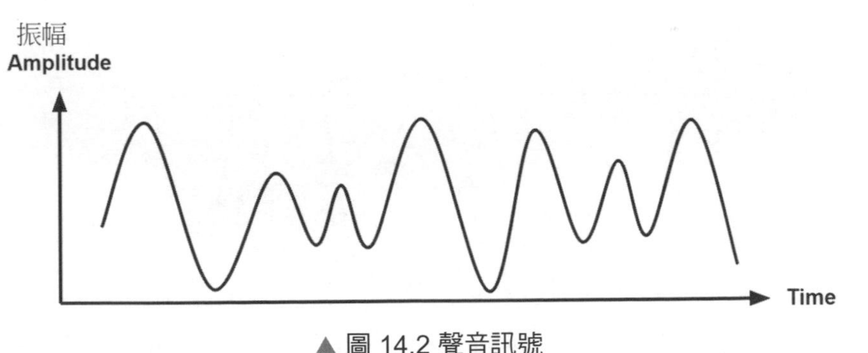

▲ 圖 14.2 聲音訊號

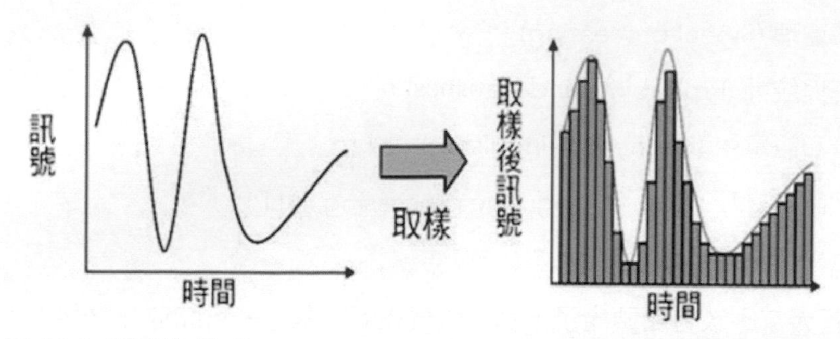

▲ 圖 14.3 聲音取樣 (Sampling)，圖片來源：國立臺灣大學普通物理實驗室 [3]

訊號可由波形的振幅 (Amplitude)、頻率 (Frequency) 及相位 (Phase) 來表示：

1. 振幅：波的高度，可以形容聲音的大小。
2. 頻率：為一秒波動的週期數，可以形容聲音的高低。
3. 相位 (Phase)：描述訊號波形變化的度量，通常以度（角度）作為單位，也稱為相角或相。當訊號波形以週期的方式變化，波形循環一周即為 360 度。

Gfycat 有一個動畫 [4] 說明振幅、頻率及相位所代表的意義，簡單易懂，值得一看。

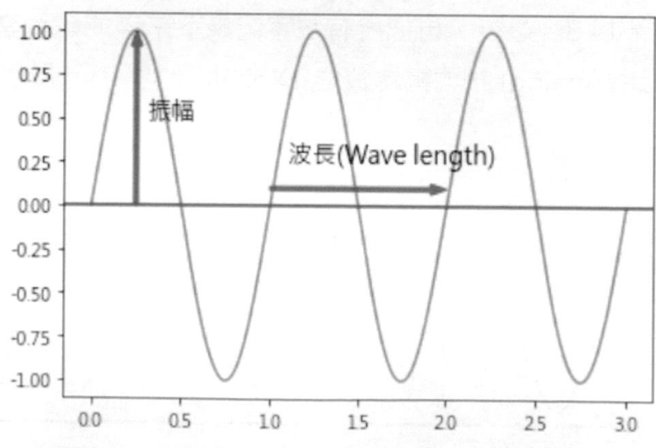

▲ 圖 14.4 振幅 (Amplitude) 與波長 (Wave length)

可參閱程式【**14_01_Amplitude_Frequency_Phase.ipynb**】，作一簡單的測試。

頻率是以赫茲 (Hz) 為單位，赫茲 (Hz) 為訊號每秒振動的週期數，通常人耳可以聽到的頻率約在 20 Hz to 20 kHz 的範圍內，但隨著年齡的增長，人們會對高頻信號越來越不敏感。

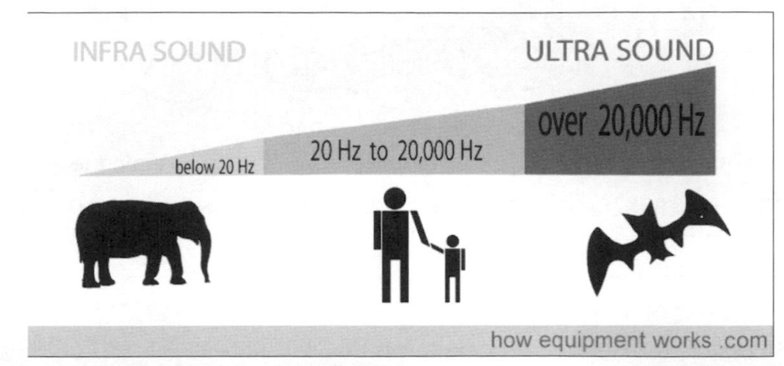

▲ **圖 14.5 動物可聽見的音頻範圍**，圖片來源：『Audio Signal Processing』[5]

根據奈奎斯特 (Nyquist) 定理，訊號重建只有取樣頻率 (Sample Rate) 的一半，以傳統電話為例，通常接收的音頻範圍約為 4K，因此取樣頻率通常是 8K，其他常見裝置的取樣頻率如下：

1. 網路電話：16K。
2. CD：單聲道為 22.05K，立體 (雙) 聲道為 44.1K。
3. DVD：單聲道為 48K，藍光 DVD 為 96K。
4. 其他裝置的取樣頻率可參閱『Sampling (signal processing) 維基百科』[6]。

將訊號轉為數字時，若數字的精度不足也會造成訊號的損失，因此，精度可分為 8、16、32 位元不同的整數精度，這個過程稱為『量化』(Quantization)，傳統電話採 8 位元，網路電話採 16 位元。

訊號經過數位化後，通常會把它存檔或透過網路傳輸給另一端，接著再把數位訊號還原為類比訊號播放，即可原音重現，如下圖所示，要以最小的資料量儲存或傳輸，就牽涉到訊號壓縮的演算法，即編碼 (Encoding) 的機制。

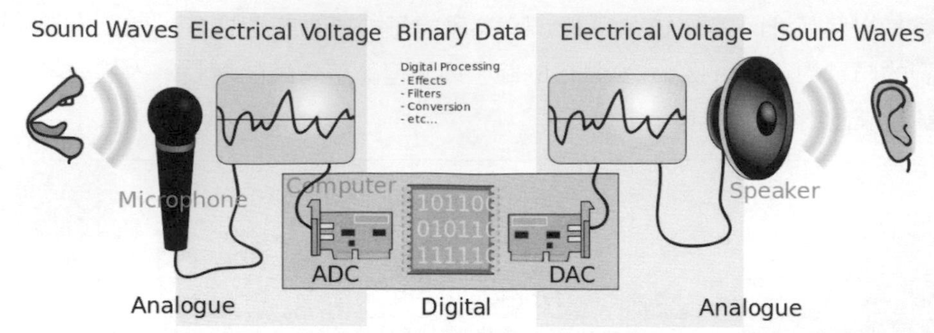

▲ 圖 14.6 訊號的數位化與還原，圖片來源：『File:CPT-Sound-ADC-DAC.svg』[7]

常見的編碼方式有：

1. 脈衝編碼調變 (Pulse-code modulation,PCM)：直接將每一個取樣的振幅存檔或傳輸至對方，這種編碼方式效率不高。
2. 非線性 PCM(Non-linear PCM)：因人類對高頻信號較不敏感，故可以把高頻信號以較低精度編碼，反之，低頻信號採較高精度，可降低編碼量。
3. 可調變 PCM(Adaptive PCM)：由於訊號片段高低不一，因此不必統一編碼，可以將訊號切成很多段，並把每一段都個別編碼，進行正規化(Regularization)後，再作 PCM 編碼。

最常見的語音檔應該是 wav 檔，它支援各式的精度與編碼，常見的是 16 位元精度與 PCM 編碼。

以上的過程可由『示波器』(Oscilloscope) 觀察，如下圖，也能以程式實作。

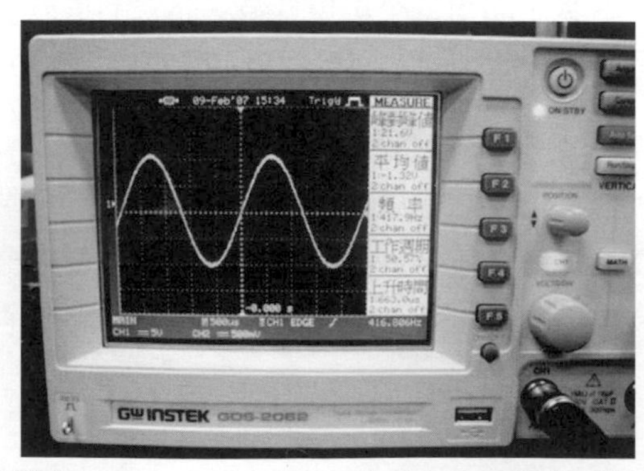

▲ 圖 14.7 示波器 (Oscilloscope)，圖片來源：國立臺灣大學普通物理實驗室 [3]

01 音檔解析。

➤ 下列程式碼請參考【14_02_audio_parsing.ipynb】。

1. 載入相關套件：Jupyter Notebook 本身就支援影像顯示、語音播放。

```
1 # 載入相關套件
2 import IPython
```

2. 播放音檔 (wav)：檔案來源為 [8]，autoplay 設定為 True 時，執行即會自動播放，不須另外按 PLAY 鍵。

```
1 # 檔案來源：https://github.com/maxifjaved/sample-files
2 wav_file = './audio/WAV_1MG.wav'
3 
4 # autoplay=True：自動播放，不須按 PLAY 鍵
5 IPython.display.Audio(wav_file, autoplay=True)
```

- 執行結果：可中止，顯示檔案長度有 33 秒。

3. 取得音檔的屬性：可使用 Python 內建的模組 wave，取得音檔的屬性，相關說明可參閱 wave 說明文件 [9]。

```
1 # 取得音檔的屬性
2 import wave
3 
4 f=wave.open(wav_file)
5 print(f'取樣頻率={f.getframerate()}, 幀數={f.getnframes()}, ' +
6       f'聲道={f.getnchannels()}, 精度={f.getsampwidth()}, ' +
7       f'檔案秒數={f.getnframes() / f.getframerate():.2f}')
8 f.close()
```

- 執行結果：取樣頻率 =8000, 幀數 =268237, 聲道 =2, 精度 =2, 檔案秒數 =33.53。
- getframerate()：取樣頻率。
- getnframes()：音檔總幀數。
- getnchannels()：聲道。
- getsampwidth()：量化精度。
- 檔案秒數 = 音檔總幀數 / 取樣頻率。

4. 使用 PyAudio 函數庫串流播放：每讀一個區塊，就立即播放。

   PyAudio 在 Windows 作業系統下不能使用 pip install PyAudio 順利安裝，請直接至『Unofficial Windows Binaries for Python Extension Packages』(https://www.lfd.uci.edu/~gohlke/pythonlibs/#pyaudio) 下載 PyAudio-0.2.11-cp39-cp39-win_amd64.whl，再執行 pip install PyAudio-0.2.11-cp39-cp39-win_amd64.whl。

   注意 上述為 Python 3.9 對應的檔案名稱，請依照本機安裝的 Python 版本下載及安裝。

```
1  # 使用 PyAudio 串流播放
2  import pyaudio
3
4  def PlayAudio(filename, seconds=-1):
5      # 定義串流區塊大小(stream chunk)
6      chunk = 1024
7
8      # 開啟音檔
9      f = wave.open(filename,"rb")
10
11     # 初始化 PyAudio
12     p = pyaudio.PyAudio()
13
14     # 開啟串流
15     stream = p.open(format = p.get_format_from_width(f.getsampwidth()),
16                     channels = f.getnchannels(), rate = f.getframerate(), output = True)
17
18     # 計算每秒區塊數
19     sample_count_per_second = f.getframerate() / chunk
20
21     # 計算總區塊數
22     if seconds > 0 :
23         total_chunk = seconds * sample_count_per_second
24     else:
25         total_chunk = (f.getnframes() / (f.getframerate() * f.getnchannels())) \
26                       * sample_count_per_second
27
28     print(f'每秒區塊數={sample count per second}, 總區塊數={total chunk}')
29
30     # 每次讀一區塊
31     data = f.readframes(chunk)
32     no=0
33     while data:
34         # 播放區塊
35         stream.write(data)
36         data = f.readframes(chunk)
37         no+=1
38         if seconds > 0 and no > total_chunk :
39             break
40
41     # 關閉串流
```

```
42      stream.stop_stream()
43      stream.close()
44
45      # 關閉 PyAudio
46      p.terminate()
```

5. 呼叫函數播放。

```
1  # 播放音檔
2  PlayAudio(wav_file, -1)
```

- 執行結果：每秒區塊數 =7.8125, 總區塊數 =130.97509765625。

6. 繪製波形：多聲道 wav 檔案格式是交錯儲存的，先說明比較單純的單聲道 wav 檔案讀取。

```
1  # 繪製波形
2  import numpy as np
3  import wave
4  import sys
5  import matplotlib.pyplot as plt
6
7  # 單聲道繪製波形
8  def DrawWavFile_mono(filename):
9      # 開啟音檔
10     f = wave.open(filename, "r")
11
12     # 字串轉換整數
13     signal = f.readframes(-1)
14     signal = np.frombuffer(signal, np.int16)
15     fs = f.getframerate()
16
17     # 非單聲道無法解析
18     if f.getnchannels() == 1:
19         Time = np.linspace(0, len(signal) / fs, num=len(signal))
20
21         # 繪圖
22         plt.figure(figsize=(12,6))
23         plt.title("Signal Wave...")
24         plt.plot(Time, signal)
25         plt.show()
26     else:
27         print('非單聲道無法解析')
```

7. 測試。

```
1  wav_file = './audio/down.wav'
2  DrawWavFile_mono(wav_file)
```

• 執行結果：

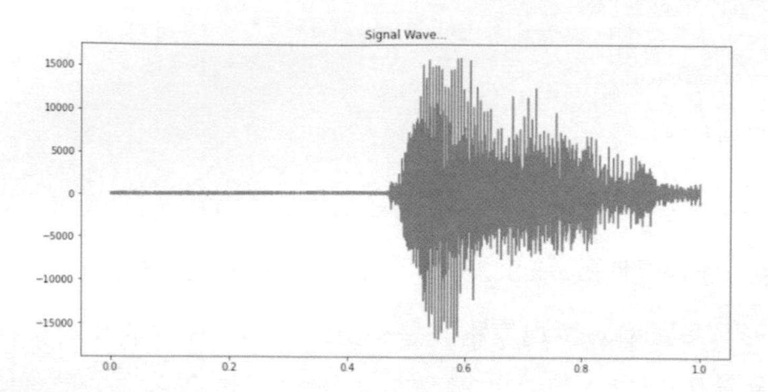

8. 多聲道繪製波形函數。

```
# 多聲道繪製波形
def DrawWavFile_stereo(filename):
    # 開啟音檔
    with wave.open(filename,'r') as wav_file:
        # 字串轉換整數
        signal = wav_file.readframes(-1)
        signal = np.frombuffer(signal, np.int16)

        # 為每一聲道準備一個 list
        channels = [[] for channel in range(wav_file.getnchannels())]

        # 將資料放入每個 list
        for index, datum in enumerate(signal):
            channels[index % len(channels)].append(datum)

        # 計算時間
        fs = wav_file.getframerate()
        Time=np.linspace(0, len(signal)/len(channels)/fs,
                         num=int(len(signal)/len(channels)))

        f, ax = plt.subplots(nrows=len(channels), ncols=1,figsize=(10,6))
        for i, channel in enumerate(channels):
            if len(channels)==1:
                ax.plot(Time,channel)
            else:
                ax[i].plot(Time,channel)
```

9. 測試。

```
wav_file = './audio/WAV_1MG.wav'
DrawWavFile_stereo(wav_file)
```

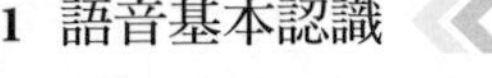

- 執行結果：雙聲道分別如下圖。

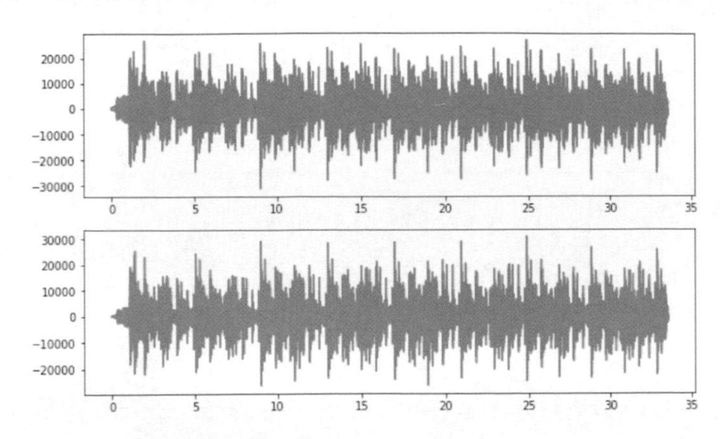

10. 將前面的單、多聲道函數整合在一起。

```
1 # 多聲道繪製波形
2 def DrawWavFile(wav_file):
3     f=wave.open(wav_file)
4     channels = f.getnchannels() # 聲道
5     f.close()
6 
7     if channels == 1:
8         DrawWavFile_mono(wav_file)
9     else:
10        DrawWavFile_stereo(wav_file)
```

11. 測試。

```
1 wav_file = './audio/down.wav'
2 DrawWavFile(wav_file)
3 wav_file = './audio/WAV_1MG.wav'
4 DrawWavFile(wav_file)
```

- 執行結果：

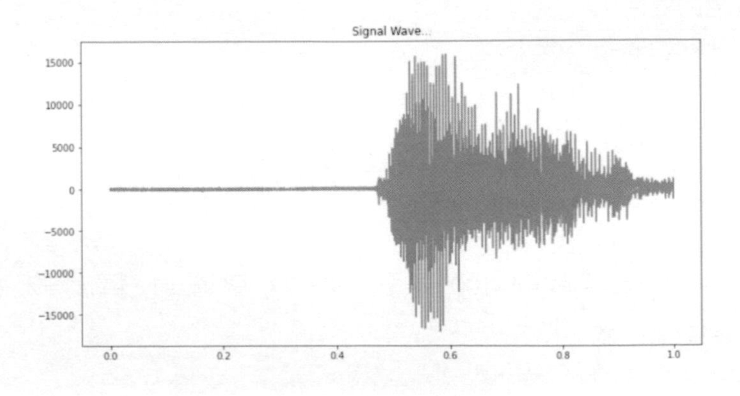

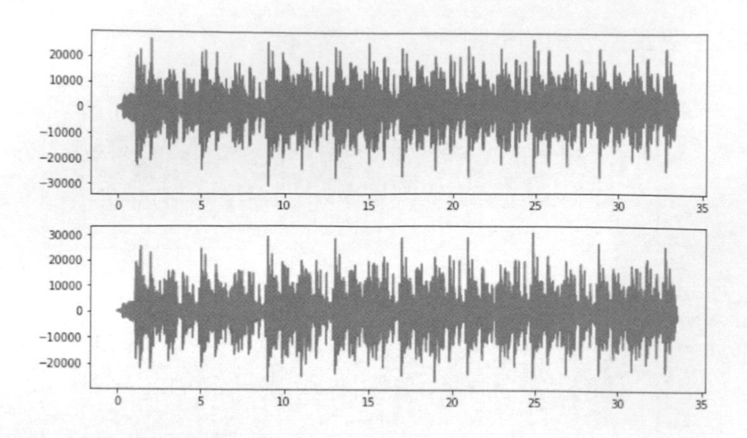

12. 產生音檔：以隨機亂數產生音檔，亂數介於 (-32767, 32767) 之間。

```
1  # 產生音檔
2  import wave, struct, random
3  
4  sampleRate = 44100.0 # 取樣頻率
5  duration = 1.0 # 秒數
6  
7  wav_file = './audio/random.wav'
8  obj = wave.open(wav_file,'w')
9  obj.setnchannels(1) # 單聲道
10 obj.setsampwidth(2)
11 obj.setframerate(sampleRate)
12 for i in range(99999):
13     value = random.randint(-32767, 32767)
14     data = struct.pack('<h', value) # <h : short, big-endian
15     obj.writeframesraw(data)
16 obj.close()
17 
18 IPython.display.Audio(wav_file, autoplay=True)
```

- 執行結果：產生音檔 random.wav，並播放。

13. 取得音檔的屬性。

```
1  # 取得音檔的屬性
2  import wave
3  
4  f=wave.open(wav_file)
5  print(f'取樣頻率={f.getframerate()}, 幀數={f.getnframes()}, ' +
6        f'聲道={f.getnchannels()}, 精度={f.getsampwidth()}, ' +
7        f'檔案秒數={f.getnframes() / f.getframerate():.2f}')
8  f.close()
```

- 執行結果：取樣頻率 =44100, 幀數 =99999, 聲道 =1, 精度 =2, 檔案秒數 =2.27，與設定一致。

14. 雙聲道音檔轉換為單聲道。

```
# 雙聲道音檔轉換為單聲道
import numpy as np

wav_file = './audio/WAV_1MG.wav'
# 開啟音檔
with wave.open(wav_file,'r') as f:
    # 字串轉換整數
    signal = f.readframes(-1)
    signal = np.frombuffer(signal, np.int16)

    # 為每一聲道準備一個 list
    channels = [[] for channel in range(f.getnchannels())]

    # 將資料放入每個 list
    for index, datum in enumerate(signal):
        channels[index % len(channels)].append(datum)

    sampleRate = f.getframerate() # 取樣頻率
    sampwidth = f.getsampwidth()

wav_file_out = './audio/WAV_1MG_mono.wav'
obj = wave.open(wav_file_out,'w')
obj.setnchannels(1) # 單聲道
obj.setsampwidth(sampwidth)
obj.setframerate(sampleRate)
for data in channels[0]:
    obj.writeframesraw(data)
obj.close()
```

15. 測試。

```
# 取得音檔的屬性
import wave

f=wave.open(wav_file)
print(f'取樣頻率={f.getframerate()}, 幀數={f.getnframes()}, ' +
      f'聲道={f.getnchannels()}, 精度={f.getsampwidth()}, ' +
      f'檔案秒數={f.getnframes() / f.getframerate():.2f}')
f.close()
```

- 執行結果：取樣頻率 =8000, 幀數 =268237, 聲道 =2, 精度 =2, 檔案秒數 =33.53。

除了讀取檔案之外，要如何才能直接從麥克風接收音訊或是錄音存檔呢？我們馬上就來看看該怎麼做。

02 錄音與存檔。

➤ 下列程式碼請參考【14_03_Record.ipynb】。

1. SpeechRecognition 套件提供錄音及語音辨識，以下列指令安裝套件：

   pip install SpeechRecognition

2. 另外，文字轉語音 (Text To Speech, TTS) 的技術也已非常成熟，故一併安裝 pyttsx3 套件，下面程式碼會使用到：

   pip install pyttsx3

3. 載入相關套件。

```
1 # 載入相關套件
2 import speech_recognition as sr
3 import pyttsx3
```

4. 列出電腦中的說話者 (Speaker)。

```
1 # 列出電腦中的說話者(Speaker)
2 speak = pyttsx3.init()
3 voices = speak.getProperty('voices')
4 for voice in voices:
5     print("Voice:")
6     print(" - ID: %s" % voice.id)
7     print(" - Name: %s" % voice.name)
8     print(" - Languages: %s" % voice.languages)
9     print(" - Gender: %s" % voice.gender)
10    print(" - Age: %s" % voice.age)
```

- 執行結果：注意每位說話者是講英文或中文。

```
Voice:
 - ID: HKEY_LOCAL_MACHINE\SOFTWARE\Microsoft\Speech\Voices\Tokens\TTS_MS_ZH-TW_HANHAN_11.0
 - Name: Microsoft Hanhan Desktop - Chinese (Taiwan)
 - Languages: []
 - Gender: None
 - Age: None
Voice:
 - ID: HKEY_LOCAL_MACHINE\SOFTWARE\Microsoft\Speech\Voices\Tokens\TTS_MS_EN-US_ZIRA_11.0
 - Name: Microsoft Zira Desktop - English (United States)
 - Languages: []
 - Gender: None
 - Age: None
```

5. 指定說話者：每台電腦安裝的說話者均不同，請以 ID 從中指定一位。

```
1 # 指定說話者
2 speak.setProperty('voice', voices[0].id)
```

6. 錄音：含文字轉語音 (Text To Speech, TTS)，程式會等到持續靜默一段時間 (預設是 0.8 秒) 後才結束。詳細可參閱 SpeechRecognition 官方說明 [10]。

```
1  # 麥克風收音
2  r = sr.Recognizer()
3  with sr.Microphone() as source:
4      # 文字轉語音
5      speak.say('請說話...')
6      # 等待說完
7      speak.runAndWait()
8
9      #降噪
10     r.adjust_for_ambient_noise(source)
11     # 麥克風收音
12     audio = r.listen(source)
```

7. 錄音存檔。

```
1  # 錄音存檔
2  wav_file = "./audio/record.wav"
3  with open(wav_file, "wb") as f:
4      f.write(audio.get_wav_data(convert_rate=16000))
```

8. 語音辨識：需以參數 language 指定要辨識的語系。

```
1  # 語音辨識
2  try:
3      text=r.recognize_google(audio, language='zh-tw')
4      print(text)
5  except e:
6      pass
```

- 筆者唸了一段新聞，內容如下：

  『受鋒面影響，北台灣今天下午大雨特報，有些道路甚至發生積淹，曾文水庫上游也傳來好消息。』

- 辨識結果如下：

  『受封面影響北台灣今天下午大雨特報有些道路甚至發曾記殷曾文水庫上游也傳來好消息。』

- 辨識結果大部份是對的，錯誤的文字均為同音異字。

9. 檢查輸出檔：播放錄音。

```
1  import IPython
2
3  # autoplay=True：自動播放，不須按 PLAY 鍵
4  IPython.display.Audio(wav_file, autoplay=True)
```

10. 取得音檔的屬性。

```
# 取得音檔的屬性
# https://docs.python.org/3/library/wave.html
import wave

f=wave.open(wav_file)
print(f'取樣頻率={f.getframerate()}, 幀數={f.getnframes()}, ' +
      f'聲道={f.getnchannels()}, 精度={f.getsampwidth()}, ' +
      f'檔案秒數={f.getnframes() / (f.getframerate() * f.getnchannels()):.2f}')
f.close()
```

- 執行結果：取樣頻率 =16000, 幀數 =173128, 聲道 =1, 精度 =2, 檔案秒數 =10.82，與設定一致。

11. 讀取音檔，轉為 SpeechRecognition 音訊格式，再進行語音辨識。

```
import speech_recognition as sr

# 讀取音檔，轉為音訊
r = sr.Recognizer()
with sr.WavFile(wav_file) as source:
    audio = r.record(source)

# 語音辨識
try:
    text=r.recognize_google(audio, language='zh-tw')
    print(text)
except e:
    pass
```

- 執行結果如下：錯誤的文字均為同音異字。

  『受封面影響北台灣今天下午大雨特報有些道路甚至發曾記般曾文水庫上游也傳來好消息。』

12. 顯示所有可能的辨識結果及信賴度。

```
# 顯示所有可能的辨識結果及信賴度
dict1=r.recognize_google(audio, show_all=True, language='zh-tw')
for i, item in enumerate(dict1['alternative']):
    if i == 0:
        print(f"信賴度={item['confidence']}, {item['transcript']}")
    else:
        print(f"{item['transcript']}")
```

- 執行結果：

  信賴度 =0.89820588,

  所有可能的辨識結果：

受封面影響飛台灣今天下午大雨特報有些道路甚至發曾記殷曾文水庫上游野傳來好消息
受封面影響飛台灣今天下午大雨特報有些道路甚至發生技菸曾文水庫上游野傳來好消息
受封面影響飛台灣今天下午大雨特報有些道路甚至發生記菸曾文水庫上游野傳來好消息
受封面影響飛台灣今天下午大雨特報有些道路甚至發生氣菸曾文水庫上游野傳來好消息
受封面影響飛台灣今天下午大雨特報有些道路甚至發生記燕曾文水庫上游野傳來好消息

14-2 語音前置處理

另外還有一個非常棒的語音處理套件不得不提，那就是 Librosa，它可以將音訊做進一步的解析和轉換，我們會在後面實作相關功能，更多內容請參閱 Librosa 說明文件 [11]。事實上，PyTorch 也支援類似的功能，我們兩者都會介紹。

在開始測試之前，還有一些關於音訊的概念需要我們先了解。由於音訊通常是一段不規則的波形，很難分析，因此，學者提出『傅立葉轉換』(Fourier transform)，可以把不規則的波形變成多個規律的正弦波形 (Sinusoidal) 相加，如下圖所示。

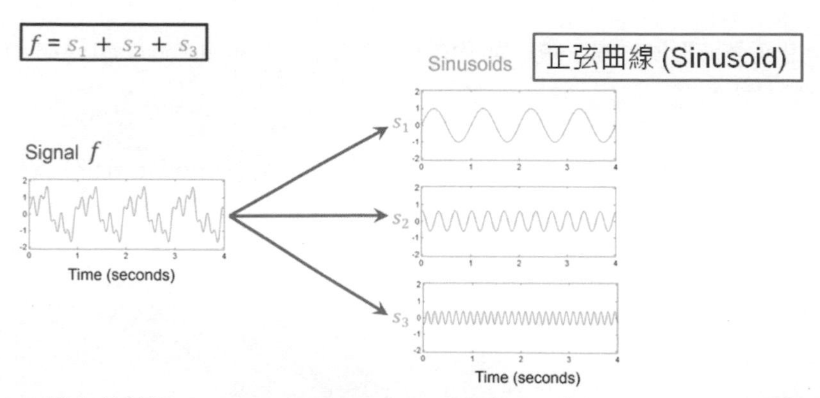

▲ 圖 14.8 傅立葉轉換 (Fourier transform)，圖片來源：『Introduction Basic Audio Feature Extraction』[12]

每段正弦波形可以被表示為：

$$s_{(A,\omega,\varphi)}(t) = A \cdot \sin(2\pi(\omega t - \varphi))$$

其中：

- A：振幅
- ω：頻率
- φ：相位

例如下圖，可以觀察到振幅、頻率、相位是如何影響正弦波形的。

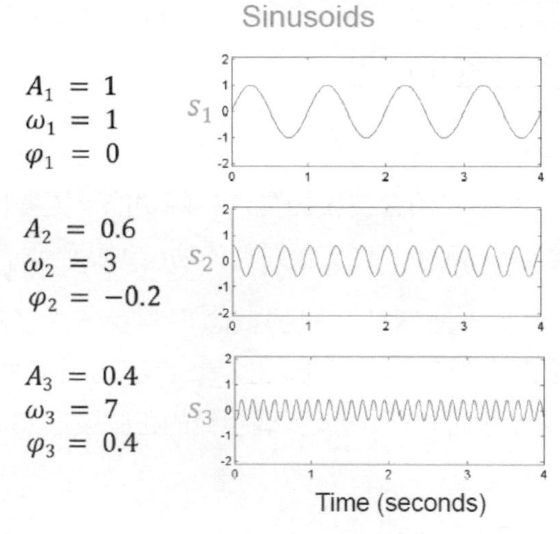

▲ 圖 14.9 正弦波形的振幅、頻率與相位，圖片來源：『Introduction Basic Audio Feature Extraction』[12]

轉換後的波形振幅和頻率均相同，原來的 X 軸為時域 (Time Domain) 就轉為頻域（Frequency Domain）。

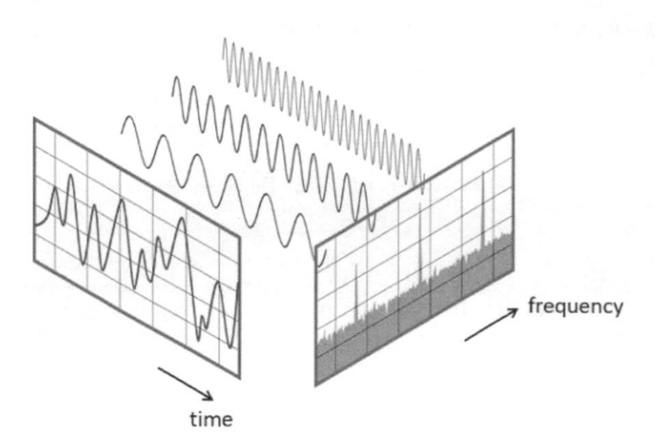

▲ 圖 14.10 傅立葉轉換後，時域 (Time Domain) 轉為頻域（Frequency Domain），
圖片來源：『Audio Data Analysis Using Deep Learning with Python (Part 1)』[13]

不同的頻率混合在一起稱之為頻譜 (Spectrum)，而繪製的圖表就稱為頻譜圖 (Spectrogram)，通常 X 軸為時間，Y 軸為頻率，可以從圖表中觀察到各種頻率的能量。

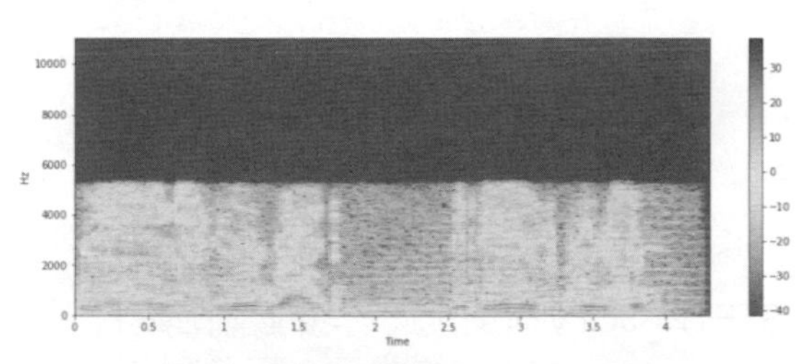

▲ 圖 14.11 頻譜圖 (Spectrogram)

為了方便進行語音辨識，與處理影像一樣，我們會對音訊進行特徵萃取 (Feature Extraction)，常見的有 FBank(Filter Banks)、MFCC（Mel-frequency Cepstral Coefficients）兩種，特徵抽取前須先對聲音做前置處理：

1. 分幀：通常每幀是 25ms，幀與幀之間重疊 10ms，避免遺漏邊界信號。
2. 信號加強：針對高頻信號做加強，使信號更清楚。
3. 加窗 (Window)：目的是消除各個幀的兩端信號可能不連續的現象，常用的窗函數有方窗、漢明窗 (Hamming window) 等。有時候為了考慮上下文，會將相鄰的幀合併成一個幀，這種處理方式稱為『幀疊加』(Frame Stacking)。

4. 去除雜訊 (denoising or noise reduction)。

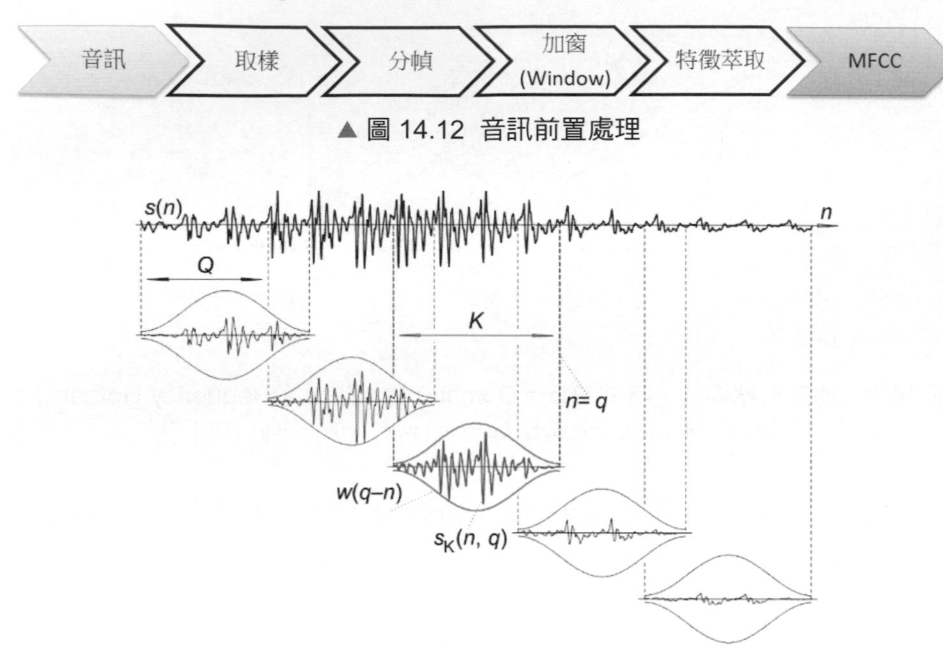

▲ 圖 14.12 音訊前置處理

▲ 圖 14.13 分幀

在計算頻譜時，會將以上的前置處理，包含分幀、加窗、離散傅立葉轉換 (Discrete Fourier Transform, DFT) 合併為一個步驟，稱為短時傅立葉轉換 (Short-Time Fourier Transform, STFT)，SciPy 有支援此一功能，函數名稱為 stft。

範例

03 頻譜圖 (Spectrogram) 即時顯示。由於程式是以動畫呈現，無法在 Jupyter Notebook 上展示，故以 Python 檔案執行。另外，**【14_04_waves.py】**可顯示即時的波形。這兩支程式均源自『Python audio spectrum analyzer』[14]。

➤ 下列程式碼請參考【14_05_spectrogram.py】。

1. 載入相關套件。

```
2 import pyaudio
3 import struct
4 import matplotlib.pyplot as plt
5 import numpy as np
6 from scipy import signal
```

2. 開啟麥克風，設定收音相關參數。

```
 8  # 宣告麥克風變數
 9  mic = pyaudio.PyAudio()
10  
11  # 參數設定
12  FORMAT = pyaudio.paInt16 # 精度
13  CHANNELS = 1 # 單聲道
14  RATE = 48000 # 取樣頻率
15  INTERVAL = 0.32 # 緩衝區大小
16  CHUNK = int(RATE * INTERVAL) # 接收區塊大小
17  
18  # 開啟麥克風
19  stream = mic.open(format=FORMAT, channels=CHANNELS, rate=RATE,
20                  input=True, output=True, frames_per_buffer=CHUNK)
```

3. 頻譜圖 (Spectrogram) 即時顯示：呼叫 signal.spectrogram()，顯示頻譜圖，設定顯示滿 100 張圖表即停止，可依需要彈性調整。

```
22  # 設定X/Y軸標籤
23  plt.ylabel('Frequency [Hz]')
24  plt.xlabel('Time [sec]')
25  
26  i=0
27  while i < 100: # 顯示100次即停止
28      data = stream.read(CHUNK, exception_on_overflow=False)
29      data = np.frombuffer(data, dtype='b')
30  
31      # 繪製頻譜圖
32      f, t, Sxx = signal.spectrogram(data, fs=CHUNK)
33      dBS = 10 * np.log10(Sxx)
34      plt.clf()
35      plt.pcolormesh(t, f, dBS)
36      plt.pause(0.001)
37      i+=1
```

- 執行結果：

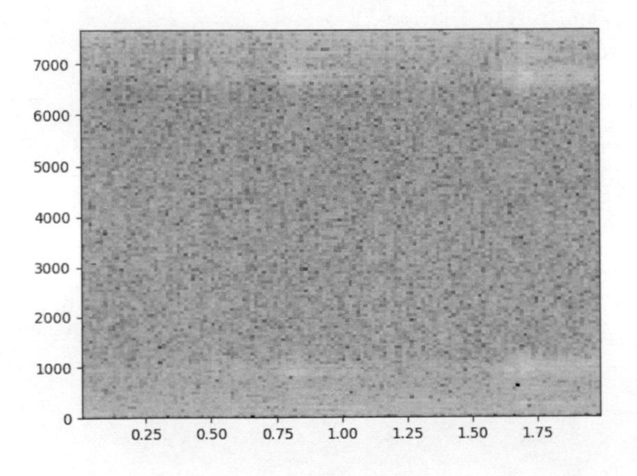

4. 關閉所有裝置。

```
39 # 關閉所有裝置
40 stream.stop_stream()
41 stream.close()
42 mic.terminate()
```

04 音訊前置處理：利用 Librosa 函數庫了解音訊的前置處理程序。

➤ 下列程式碼請參考【14_06_Preprocessing.ipynb】。

1. 載入相關套件。

```
1  # 載入相關套件
2  import IPython
3  import pyaudio
4  import struct
5  import matplotlib.pyplot as plt
6  import numpy as np
7  from scipy import signal
8  import librosa
9  import librosa.display # 一定要加
10 from IPython.display import Audio
```

2. 載入檔案：呼叫 librosa.load()，傳回資料與取樣頻率。

   可設定參數如下：

- hq=True，表示載入時採高品質模式 (high-quality mode)。
- sr=44100，指定取樣頻率。
- res_type='kaiser_fast'，表示快速載入檔案。

```
1 # 檔案來源：https://github.com/maxifjaved/sample-files
2 wav_file = './audio/WAV_1MG.wav'
3 
4 # 載入檔案
5 data, sr = librosa.load(wav_file)
6 print(f'取樣頻率={sr}, 總樣本數={data.shape}')
```

- 執行結果：取樣頻率 =22050, 總樣本數 =(739329,)。

3. 繪製波形。

```
1 # 繪製波形
2 librosa.display.waveplot(data, sr)
```

- 執行結果：

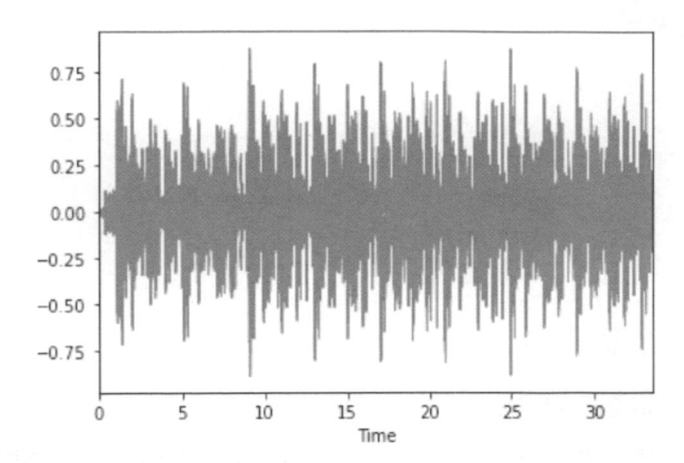

4. 顯示頻譜圖：先呼叫 melspectrogram() 取得梅爾係數 (Mel)，再呼叫 power_to_db() 轉為分貝 (db)，最後呼叫 specshow() 顯示頻譜圖。

```
1 # 載入頻譜圖
2 spec = librosa.feature.melspectrogram(y=data, sr=sr)
3 
4 # 顯示頻譜圖
5 db_spec = librosa.power_to_db(spec, ref=np.max,)
6 librosa.display.specshow(db_spec,y_axis='mel', x_axis='s', sr=sr)
7 plt.colorbar()
```

- 執行結果：顏色越明亮代表該頻率能量越強。

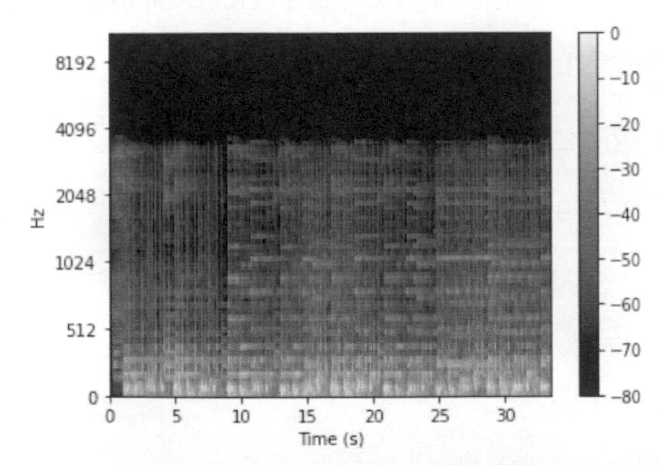

5. 存檔：v0.8 版本後已不支援 librosa.output.write_wav 函數了，須改用 soundfile 套件。

```
1 # 存檔
2 sr = 22050 # sample rate
3 T = 5.0    # seconds
4 t = np.linspace(0, T, int(T*sr), endpoint=False) # time variable
5 x = 0.5*np.sin(2*np.pi*220*t)# pure sine wave at 220 Hz
6 
7 #playing generated audio
8 Audio(x, rate=sr) # load a NumPy array
9 
10 # v0.8後已不支援
11 # librosa.output.write_wav('generated.wav', x, sr) # writing wave file in .wav format
12 import soundfile as sf
13 sf.write('./audio/generated.wav', x, sr, 'PCM_24')
```

6. 接著進行特徵萃取的實作，可作為深度學習模型的輸入。

7. 短時傅立葉變換 (Short-time Fourier transform)：包括分幀、加窗、離散傅立葉轉換，合併為一個步驟。

```
1 # Short-time Fourier transform
2 # return complex matrix D[f, t], which f is frequency, t is time (frame).
3 D = librosa.stft(data)
4 print(D.shape, D.dtype)
```

- 傳回一個矩陣 D，其中包含頻率、時間。
- 執行結果：(1025, 1445) complex64。

8. MFCC：參數 n_mfcc 可指定每秒要傳回幾個 MFCC frame，通常是 13、40 個。

```
1 # mfcc
2 mfcc = librosa.feature.mfcc(y=data, sr=sr, n_mfcc=40)
3 mfcc.shape
```

- 執行結果： (40, 1445)。

9. Log-Mel Spectrogram。

```
1 # Log-Mel Spectrogram
2 melspec = librosa.feature.melspectrogram(data, sr, n_fft=1024,
3                                          hop_length=512, n_mels=128)
4 logmelspec = librosa.power_to_db(melspec)
5 logmelspec.shape
```

- 執行結果： (128, 1445)。

10. 接著說明 Librosa 內建音訊載入的方法。

```
1 # librosa 內建音訊列表
2 librosa.util.list_examples()
```

- 執行結果：

```
AVAILABLE EXAMPLES
------------------------------------------------------------------
brahms          Brahms - Hungarian Dance #5
choice          Admiral Bob - Choice (drum+bass)
fishin          Karissa Hobbs - Let's Go Fishin'
nutcracker      Tchaikovsky - Dance of the Sugar Plum Fairy
trumpet         Mihai Sorohan - Trumpet loop
vibeace         Kevin MacLeod - Vibe Ace
```

11. 載入 Librosa 預設的內建音訊檔。

```
1 # 載入 Librosa 內建音訊
2 y, sr = librosa.load(librosa.util.example_audio_file())
3 print(f'取樣頻率={sr}, 總樣本數={y.shape}')
```

- 執行結果：取樣頻率 =22050, 總樣本數 =(1355168,)。

12. 播放：利用 IPython 模組播放音訊：autoplay=True 會自動播放。

```
1 # 播放
2 Audio(y, rate=sr, autoplay=True)
```

13. 指定 ID 載入內建音訊檔。

```
1 # hq=True : high-quality mode
2 # 布拉姆斯 匈牙利舞曲
3 y, sr = librosa.load(librosa.example('brahms', hq=True))
4 print(f'取樣頻率={sr}, 總樣本數={y.shape}')
5 Audio(y, rate=sr, autoplay=True)
```

14. 音訊處理與轉換：Librosa 支援多種音訊處理與轉換功能，我們逐一來實驗。

15. 重取樣 (Resampling)：從既有的音訊重取樣，通常是從高品質的取樣頻率，透過重取樣，轉換為較低取樣頻率的資料。

```
1 # 重取樣
2 sr_new = 11000
3 y = librosa.resample(y, sr, sr_new)
4 
5 print(len(y), sr_new)
6 
7 Audio(y, rate=sr_new, autoplay=True)
```

16. 將和音與敲擊音分離 (Harmonic/Percussive Separation)：呼叫 librosa.effects.hpss() 可將和音與敲擊音分離，從敲擊音可以找到音樂的節奏 (Tempo)。

```
1 # 和音與敲擊音分離(Harmonic/Percussive Separation)
2 y_h, y_p = librosa.effects.hpss(y)
3 spec_h = librosa.feature.melspectrogram(y_h, sr=sr)
4 spec_p = librosa.feature.melspectrogram(y_p, sr=sr)
5 db_spec_h = librosa.power_to_db(spec_h,ref=np.max)
6 db_spec_p = librosa.power_to_db(spec_p,ref=np.max)
7 
```

```
 8  plt.subplot(2,1,1)
 9  librosa.display.specshow(db_spec_h, y_axis='mel', x_axis='s', sr=sr)
10  plt.colorbar()
11
12  plt.subplot(2,1,2)
13  librosa.display.specshow(db_spec_p, y_axis='mel', x_axis='s', sr=sr)
14  plt.colorbar()
15
16  plt.tight_layout()
```

- 執行結果：

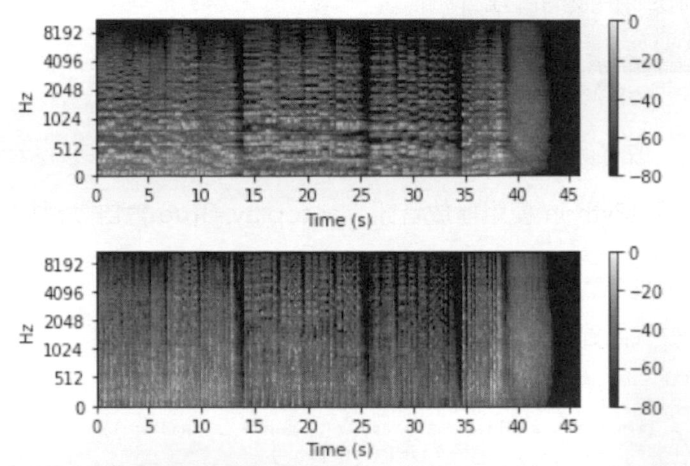

17. 取得敲擊音每分鐘出現的樣本數。

```
1  # 敲擊音每分鐘出現的樣本數
2  print(librosa.beat.tempo(y, sr=sr))
```

- 執行結果：143.5546875。

18. 可分別播放和音與敲擊音。

```
1  # 播放和音(harmonic component)
2  IPython.display.Audio(data=y_h, rate=sr)
```

19. 繪製色度圖 (Chromagram)：chroma 為半音 (semitones)，可萃取音準 (pitch) 資訊。

```
 1  # 萃取音準(pitch)資訊
 2  chroma = librosa.feature.chroma_cqt(y=y_h, sr=sr)
 3  plt.figure(figsize=(18,5))
 4  librosa.display.specshow(chroma, sr=sr, x_axis='time', y_axis='chroma', vmin=0, vmax=1)
 5  plt.title('Chromagram')
 6  plt.colorbar()
 7
 8  plt.figure(figsize=(18,5))
 9  plt.title('Spectrogram')
10  librosa.display.specshow(chroma, sr=sr, x_axis='s', y_axis='chroma', )
```

- 執行結果：y 軸顯示 12 個半音，pitch 是有週期的循環。

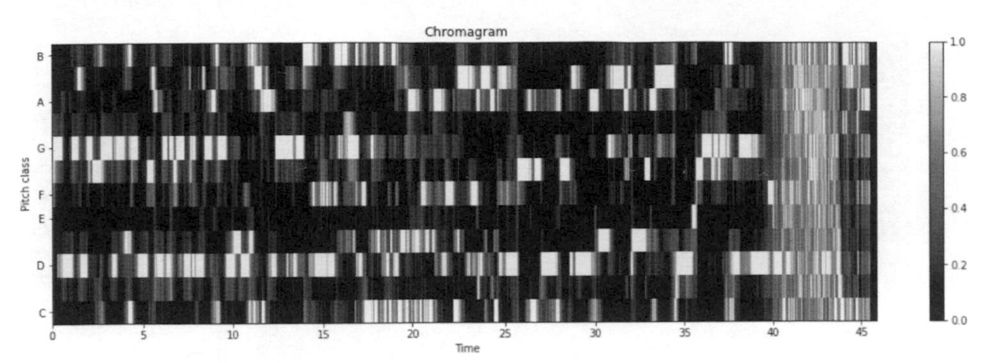

20. 可任意分離頻譜，例如將頻譜分為 8 個成份 (Component)，以非負矩陣分解法 (NMF) 分離頻譜，NMF 類似主成分分析 (PCA)。

```
1  # 將頻譜分為 8 個成份(Component)
2  # Short-time Fourier transform
3  D = librosa.stft(y)
4  
5  # Separate the magnitude and phase
6  S, phase = librosa.magphase(D)
7  
8  # Decompose by nmf
9  components, activations = librosa.decompose.decompose(S, n_components=8, sort=True)
```

21. 顯示成份 (Component) 與 Activations。

```
1  # 顯示成份(Component)與 Activations
2  plt.figure(figsize=(12,4))
3  
4  plt.subplot(1,2,1)
5  librosa.display.specshow(librosa.amplitude_to_db(np.abs(components)
6                           , ref=np.max), y_axis='log')
7  plt.xlabel('Component')
8  plt.ylabel('Frequency')
9  plt.title('Components')
10 
11 plt.subplot(1,2,2)
12 librosa.display.specshow(activations, x_axis='time')
13 plt.xlabel('Time')
14 plt.ylabel('Component')
15 plt.title('Activations')
16 
17 plt.tight_layout()
```

- 執行結果：X 軸為 8 個成份。

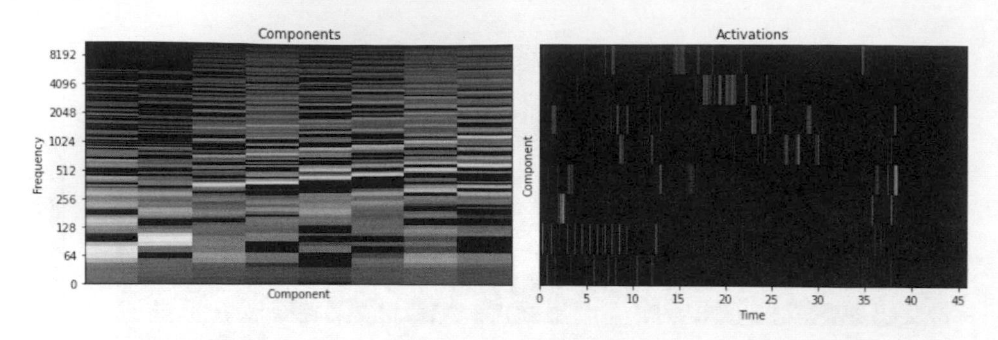

22. 再以分離的 Components 與 Activations 重建音訊。

```
1  # 以 Components 與 Activations 重建音訊
2  D_k = components.dot(activations)
3  
4  # invert the stft after putting the phase back in
5  y_k = librosa.istft(D_k * phase)
6  
7  # And playback
8  print('Full reconstruction')
9  
10 IPython.display.Audio(data=y_k, rate=sr)
```

- 執行結果：播放與原曲一致，這部分的功能可用於音樂合成或修改。

23. 只以第一 Component 與 Activation 重建音訊：播放與原曲大相逕庭。

```
1  # 只以第一 Component 與 Activation 重建音訊
2  k = 0
3  D_k = np.multiply.outer(components[:, k], activations[k])
4  
5  # invert the stft after putting the phase back in
6  y_k = librosa.istft(D_k * phase)
7  
8  # And playback
9  print('Component #{}'.format(k))
10 
11 IPython.display.Audio(data=y_k, rate=sr)
```

24. Pre-emphasis：用途為高頻加強，前面說過，人類對高頻信號較不敏感，所以能利用此技巧，補強音訊裡高頻的部分。

```
1  # Pre-emphasis：強調高頻的部分
2  import matplotlib.pyplot as plt
3  
4  y, sr = librosa.load(wav_file, offset=30, duration=10)
5  
6  y_filt = librosa.effects.preemphasis(y)
7  
```

```
8  # 比較原音與修正的音訊
9  S_orig = librosa.amplitude_to_db(np.abs(librosa.stft(y)), ref=np.max)
10 S_preemph = librosa.amplitude_to_db(np.abs(librosa.stft(y_filt)), ref=np.max)
11 
12 # 繪圖
13 plt.subplot(2,1,1)
14 librosa.display.specshow(S_orig, y_axis='log', x_axis='time')
15 plt.title('Original signal')
16 
17 plt.subplot(2,1,2)
18 librosa.display.specshow(S_preemph, y_axis='log', x_axis='time')
19 fig=plt.title('Pre-emphasized signal')
20 
21 plt.tight_layout()
```

- 執行結果：可以很明顯看到高頻已被補強。

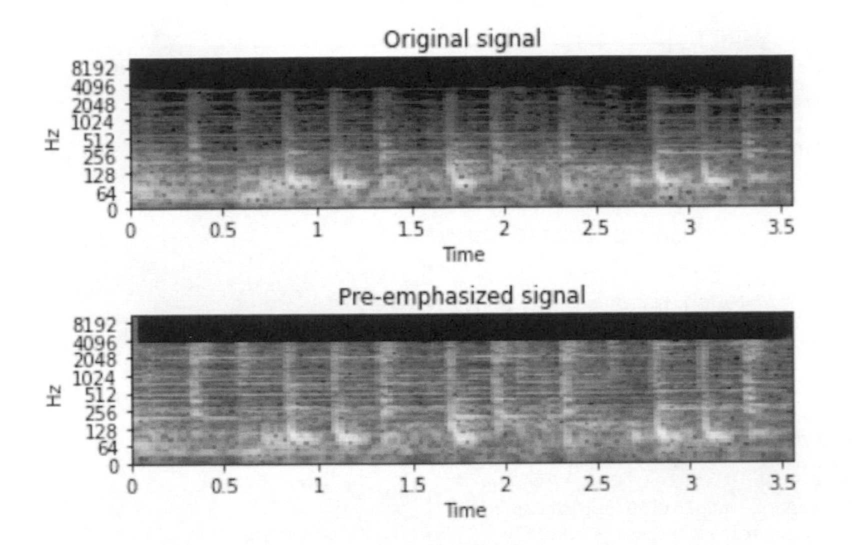

25. 常態化 (Normalization)：在餵入機器學習之前，我們通常會先進行特徵縮放，除了能提高準確率外，也能加快優化求解的收斂速度，具體方式就是直接使用 SciKit-Learn 的 minmax_scale 函數即可。

```
1  # 常態化
2  from sklearn.preprocessing import minmax_scale
3  
4  wav_file = './audio/WAV_1MG.wav'
5  data, sr = librosa.load(wav_file, offset=30, duration=10)
6  
7  plt.subplot(2,1,1)
8  librosa.display.waveplot(data, sr=sr, alpha=0.4)
9  
10 plt.subplot(2,1,2)
11 fig = plt.plot(minmax_scale(data), color='r')
```

- 執行結果：

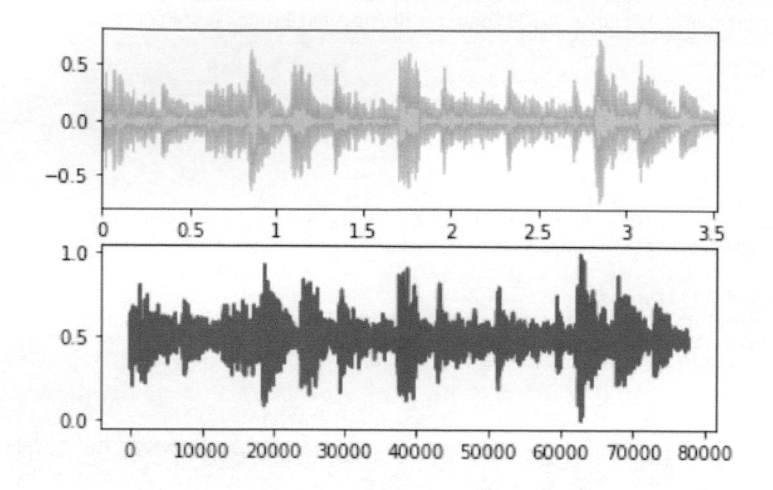

除了 Librosa 套件之外，也有 python_speech_features 套件，提供讀取音檔特徵的功能，包括 MFCC/FBank 等，安裝指令如下：

pip install python_speech_features

05 特徵萃取 MFCC、Filter bank 向量。

➤ 下列程式碼請參考【14_07_python_speech_features.ipynb】。

1. 載入相關套件。

```
1 # 載入相關套件
2 import matplotlib.pyplot as plt
3 from scipy.io import wavfile
4 from python_speech_features import mfcc, logfbank
```

2. 載入音樂檔案。

```
1 # 載入音樂檔案
2 sr, data = wavfile.read("./audio/WAV_1MG.wav")
```

3. 讀取 MFCC、Filter bank 特徵。

```
1 # 讀取 MFCC、Filter bank 特徵
2 mfcc_features = mfcc(data, sr)
3 filterbank_features = logfbank(data, sr)
4
5 # Print parameters
6 print('MFCC 維度:', mfcc_features.shape)
7 print('Filter bank 維度:', filterbank_features.shape)
```

- 執行結果：
    - MFCC 維度 : (6705, 13)。
    - Filter bank 維度 : (6705, 26)。

4. MFCC、Filter bank 繪圖。

```
1  # 繪圖
2  plt.subplot(2,1,1)
3  mfcc_features = mfcc_features.T
4  plt.imshow(mfcc_features, cmap=plt.cm.jet,
5      extent=[0, mfcc_features.shape[1], 0, mfcc_features.shape[0]], aspect='auto')
6  plt.title('MFCC')
7
8  plt.subplot(2,1,2)
9  filterbank_features = filterbank_features.T
10 plt.imshow(filterbank_features, cmap=plt.cm.jet,
11    extent=[0, filterbank_features.shape[1], 0, filterbank_features.shape[0]], aspect='auto')
12 plt.title('Filter bank')
13 plt.tight_layout()
14 plt.show()
```

- 執行結果：

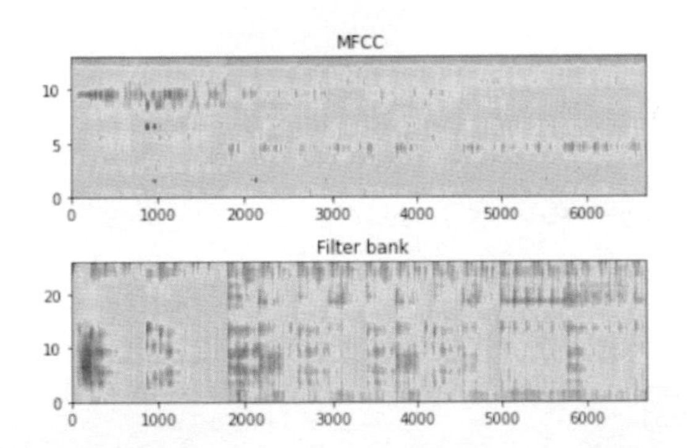

有關音訊的轉換還有另一個選擇，可以下載 FFmpeg 工具程式 [15]，它的功能非常多，包括裁剪、取樣頻率、編碼…等，詳情可參閱 FFmpeg 官網說明 [16]。舉例來說，以下指令是將 input.wav 轉為 output.wav，並改變取樣頻率、聲道、編碼：

ffmpeg.exe -i output.wav -ar 44100 -ac 1 -acodec pcm_s16le output.wav

14-3 PyTorch 語音前置處理

了解前面音訊處理與轉換的內容後，我們算是做好熱身了，接下來，就正式實作幾個深度學習相關的應用。

PyTorch 有一個 Torch Audio 模組，不僅支援深度學習功能，也含語音的前置處理的函數，可以與前面介紹的 Librosa 套件相媲美。

範例

01 PyTorch 語音的前置處理，此範例程式修改自『PyTorch Audio 教學文件』[17]。

➤ 下列程式碼請參考【14_08_torchaudio.ipynb】。

1. 載入相關套件。

```
1 import torch
2 import torchaudio
3 import IPython
4 from IPython.display import Audio
5 import matplotlib.pyplot as plt
6 import os
7 import math
```

2. 下載音檔。

```
1 import requests
2 
3 path = "./audio/steam-train-whistle-daniel_simon.wav"
4 url = "https://pytorch-tutorial-assets.s3.amazonaws.com/steam-train-whistle-daniel_simon.wav"
5 with open(path, 'wb') as file_:
6       file_.write(requests.get(url).content)
```

3. 取得音檔的屬性 (Metadata)。

```
2 wav_file = './audio/steam-train-whistle-daniel_simon.wav'
3 
4 metadata = torchaudio.info(wav_file)
5 print(metadata)
```

- 執行結果：包括取樣率、幀數、聲道數、精度、編碼。
  AudioMetaData(sample_rate=44100, num_frames=109368, num_channels=2, bits_per_sample=16, encoding=PCM_S)。
- PyTorch 支援的編碼有很多種，可參閱 PyTorch Audio 教學文件。

4. 定義操作音檔相關的函數。

```
1 # 取得一段語音的描述統計量
2 def print_stats(waveform, sample_rate=None):
3     if sample_rate:
4         print("Sample Rate:", sample_rate)
5     print("維度:", tuple(waveform.shape))
6     print("資料型態:", waveform.dtype)
```

```
 7      print(f" - 最大值:          {waveform.max().item():6.3f}")
 8      print(f" - 最小值:          {waveform.min().item():6.3f}")
 9      print(f" - 平均數:         {waveform.mean().item():6.3f}")
10      print(f" - 標準差: {waveform.std().item():6.3f}")
11      print()
12      print(waveform)
13      print()

15  # 繪製語音的波形
16  def plot_waveform(waveform, sample_rate, title="Waveform", xlim=None, ylim=None):
17      waveform = waveform.numpy()
18
19      num_channels, num_frames = waveform.shape
20      time_axis = torch.arange(0, num_frames) / sample_rate
21
22      figure, axes = plt.subplots(num_channels, 1)
23      if num_channels == 1:
24          axes = [axes]
25      for c in range(num_channels):
26          axes[c].plot(time_axis, waveform[c], linewidth=1)
27          axes[c].grid(True)
28          if num_channels > 1:
29              axes[c].set_ylabel(f'Channel {c+1}')
30          if xlim:
31              axes[c].set_xlim(xlim)
32          if ylim:
33              axes[c].set_ylim(ylim)
34      figure.suptitle(title)
35      plt.show(block=False)

37  # 繪製語音的頻譜
38  def plot_specgram(waveform, sample_rate, title="Spectrogram", xlim=None):
39      waveform = waveform.numpy()
40
41      num_channels, num_frames = waveform.shape
42      time_axis = torch.arange(0, num_frames) / sample_rate
43
44      figure, axes = plt.subplots(num_channels, 1)
45      if num_channels == 1:
46          axes = [axes]
47      for c in range(num_channels):
48          axes[c].specgram(waveform[c], Fs=sample_rate)
49          if num_channels > 1:
50              axes[c].set_ylabel(f'Channel {c+1}')
51          if xlim:
52              axes[c].set_xlim(xlim)
53      figure.suptitle(title)
54      plt.show(block=False)

56  # 播放語音
57  def play_audio(waveform, sample_rate):
58      waveform = waveform.numpy()
59
60      num_channels, num_frames = waveform.shape
61      if num_channels == 1:
62          display(Audio(waveform[0], rate=sample_rate))
```

```
63     elif num_channels == 2:
64         display(Audio((waveform[0], waveform[1]), rate=sample_rate))
65     else:
66         raise ValueError("不支援超過雙聲道的音檔.")
67 
68 # 取得檔案資訊
69 def inspect_file(path):
70     print("-" * 10)
71     print("Source:", path)
72     print("-" * 10)
73     print(f" - File size: {os.path.getsize(path)} bytes")
74     print(f" - {torchaudio.info(path)}")
```

5. 測試：顯示語音的描述統計量。

```
1 waveform, sample_rate = torchaudio.load(wav_file)
2 print_stats(waveform, sample_rate=sample_rate)
```

- 執行結果：waveform 傳回 Tensor 資料格式。

```
Sample Rate: 44100
維度: (2, 109368)
資料型態: torch.float32
 - 最大值:          0.508
 - 最小值:         -0.449
 - 平均數:          0.000
 - 標準差:  0.118

tensor([[ 0.0027,  0.0063,  0.0092,  ...,  0.0032,  0.0047,  0.0052],
        [-0.0038, -0.0015,  0.0013,  ..., -0.0032, -0.0012, -0.0003]])
```

6. 測試：顯示波形。

```
1 plot_waveform(waveform, sample_rate)
```

- 執行結果：每一聲道顯示一個波形。

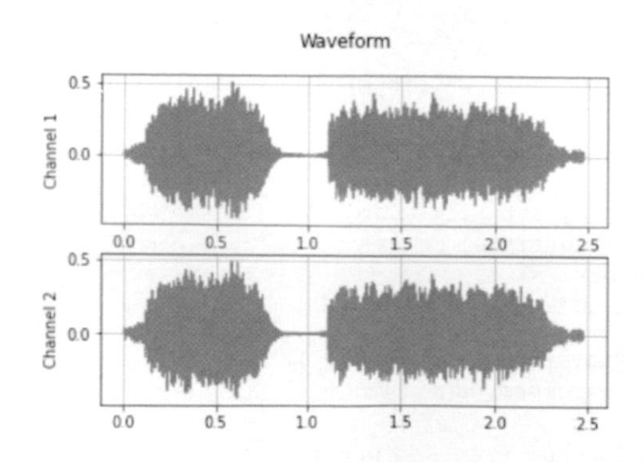

7. 測試：繪製頻譜。

```
1 plot_specgram(waveform, sample_rate)
```

- 執行結果：每一聲道顯示一個頻譜。

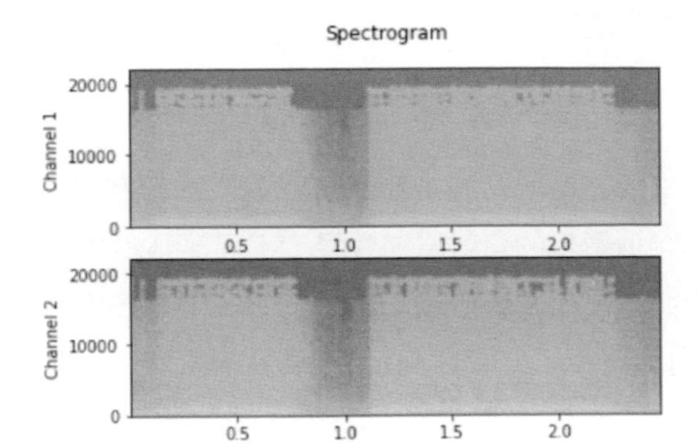

8. 存檔：以 16-bit signed integer Linear PCM 編碼存檔。

```
1 # 以 16-bit signed integer Linear PCM 編碼存檔
2 path = "save_example_PCM_S16.wav"
3 torchaudio.save(
4     path, waveform, sample_rate,
5     encoding="PCM_S", bits_per_sample=16)
6 inspect_file(path)
```

9. 重抽樣：可重新設定抽樣率，取得較低品質的音訊。

```
1 import torchaudio.functional as F
2 
3 # 重抽樣率
4 resample_rate = 4000
5 resampled_waveform = F.resample(waveform, sample_rate, resample_rate)
6 
7 # 繪製頻譜
8 plot_specgram(resampled_waveform, resample_rate)
```

- 執行結果：因重抽樣率只有 4000，故比原來的頻譜線條更明顯。

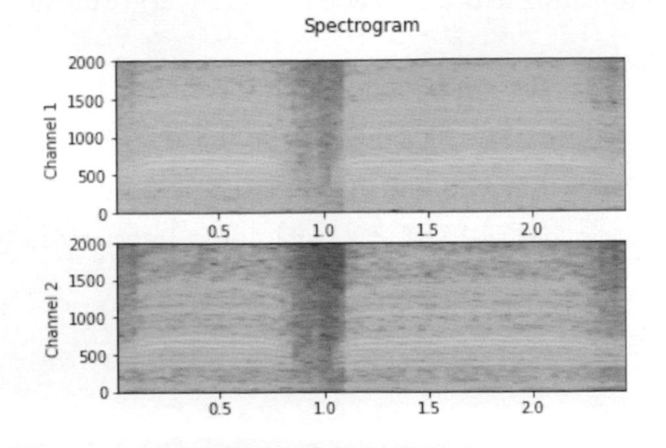

10. 存檔後播放測試：音質明顯較粗糙。

```
path = "./audio/resample.wav"
torchaudio.save(path, resampled_waveform, resample_rate)

# autoplay=True：自動播放，不須按 PLAY 鍵
IPython.display.Audio(wav_file, autoplay=False)
```

11. 音訊資料增補 (Data Augmentation)：Torch Audio 利用 sox 函數庫進行音訊轉換，可做到類似影像的資料增補效果，不過，sox 在 Windows 作業系統下測試有問題 [18]，可參閱 sox_test.ipynb，筆者單獨安裝 sox 工具軟體 [19] 及 pysox 套件 [20]，運作是正常的。pysox 的官網有幾個簡單的範例可測試。

```
import sox
# create transformer
tfm = sox.Transformer()

# 裁剪原音檔 5 至 10.5 秒的片段.
# tfm.trim(5, 10.5)

# 壓縮
tfm.compand()

# 應用 fade in/fade out 效果
tfm.fade(fade_in_len=1.0, fade_out_len=0.5)

# 產生輸出檔
path = "audio/steam-train-whistle-daniel_simon.wav"
out_path = "audio/test.wav" #path.split('.')[0]+'.aiff'
if os.path.exists(out_path):
    os.remove(out_path)
tfm.build_file(path, out_path)

# 輸出至記憶體
array_out = tfm.build_array(input_filepath=path)

# 顯示應用的效果
tfm.effects_log
```

- 執行結果：顯示使用壓縮及淡入 (Fade in)/ 淡出 (Fade out) 的特效。

  ['compand', 'fade']

語音與文字類似，也是要將原始資料轉換為向量，才能交由深度學習的模型辨識，因此會利用特徵萃取 (Feature Extraction)，取得頻譜、FBank、MFCC 等語音特徵，Torch Audio 各種轉換可參考『TorchAudio Transforms』[21]，以下只舉幾種轉換說明。

1. 載入樣本語音檔。

```
1  import torchaudio.functional as F
2  import torchaudio.transforms as T
3  import librosa
4  
5  wav_file = './audio/speech.wav'
6  waveform, sample_rate = torchaudio.load(wav_file)
```

2. 定義時頻 (Spectrogram) 繪圖函數。

```
1  def plot_spectrogram(spec, title=None, ylabel='freq_bin', aspect='auto', xmax=None):
2      fig, axs = plt.subplots(1, 1)
3      axs.set_title(title or 'Spectrogram (db)')
4      axs.set_ylabel(ylabel)
5      axs.set_xlabel('frame')
6      im = axs.imshow(librosa.power_to_db(spec), origin='lower', aspect=aspect)
7      if xmax:
8          axs.set_xlim((0, xmax))
9      fig.colorbar(im, ax=axs)
10     plt.show(block=False)
```

3. 時頻轉換：即短時傅 轉換 (Short-time Fourier transform, STFT)，詳細參數說明請參考『TorchAudio Transforms』。

```
1  n_fft = 1024
2  win_length = None
3  hop_length = 512
4  
5  # 時頻轉換定義
6  spectrogram = T.Spectrogram(
7      n_fft=n_fft,             # 快速傅立葉轉換的長度(Size of FFT)
8      win_length=win_length, # 視窗大小(Window size)
9      hop_length=hop_length, # 視窗終非重疊的Hop length)
10     center=True,             # 是否在音訊前後補資料，使t時間點的框居中
11     pad_mode="reflect",      # 補資料的方式
12     power=2.0,               # 時頻大小的指數(Exponent for the magnitude spectrogram)
13 )
14 # 進行時頻轉換
15 spec = spectrogram(waveform)
16 
17 print_stats(spec)
18 plot_spectrogram(spec[0], title='torchaudio')
```

- 執行結果：因重抽樣率只有 4000，故比原來的頻譜線條更明顯。

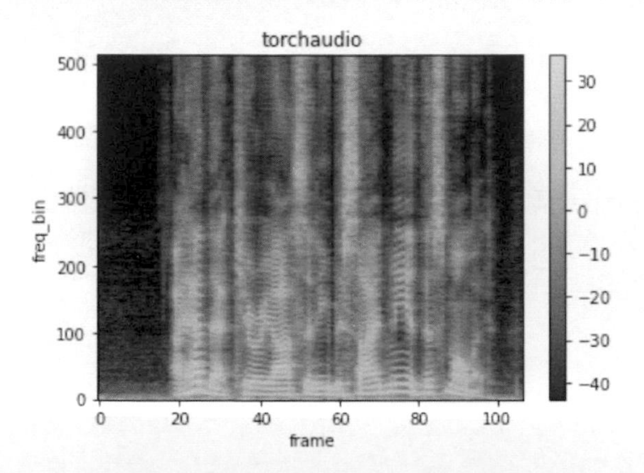

- 下圖有助於理解上述參數的意義。

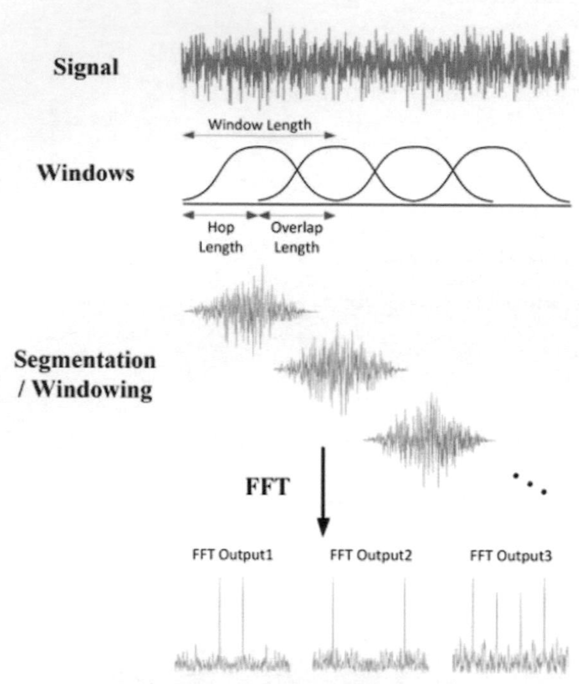

▲ 圖 14.14 STFT 轉換，圖形來源：『Area-Efficient Short-Time Fourier Transform Processor for Time–Frequency Analysis of Non-Stationary Signals』[22]

4. GriffinLim 轉換：由頻譜還原為原始音訊。

```
# 原始音訊
plot_waveform(waveform, sample_rate, title="Original")

griffin_lim = T.GriffinLim(
    n_fft=n_fft,
    win_length=win_length,
    hop_length=hop_length,
)
waveform = griffin_lim(spec)

# 由頻譜還原後的音訊
plot_waveform(waveform, sample_rate, title="Reconstructed")
```

- 執行結果：左圖為原始音訊，右圖為由頻譜還原後的音訊，幾乎完全相同。

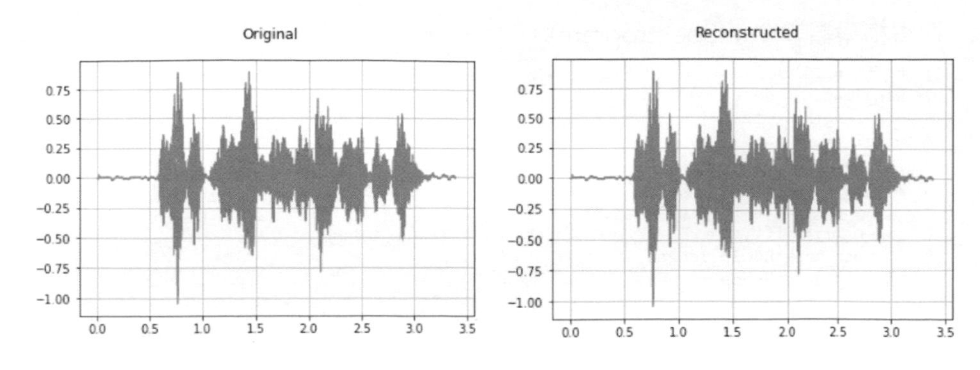

5. 取得 FBank 特徵向量。

```
# FBank 繪圖
def plot_mel_fbank(fbank, title=None):
    fig, axs = plt.subplots(1, 1)
    axs.set_title(title or 'Filter bank')
    axs.imshow(fbank, aspect='auto')
    axs.set_ylabel('frequency bin')
    axs.set_xlabel('mel bin')
    plt.show(block=False)

n_fft = 256
n_mels = 64
sample_rate = 6000

mel_filters = F.melscale_fbanks(
    int(n_fft // 2 + 1),  # 分成的組數(Number of frequencies to highlight)
    n_mels=n_mels,        # FBank 個數
    f_min=0.,             # 最小的頻率
    f_max=sample_rate/2., # 最大的頻率
    sample_rate=sample_rate, # 取樣率
    norm='slaney'         # 區域常態化(Area normalization)
)
plot_mel_fbank(mel_filters, "Mel Filter Bank - torchaudio")
```

- 執行結果：

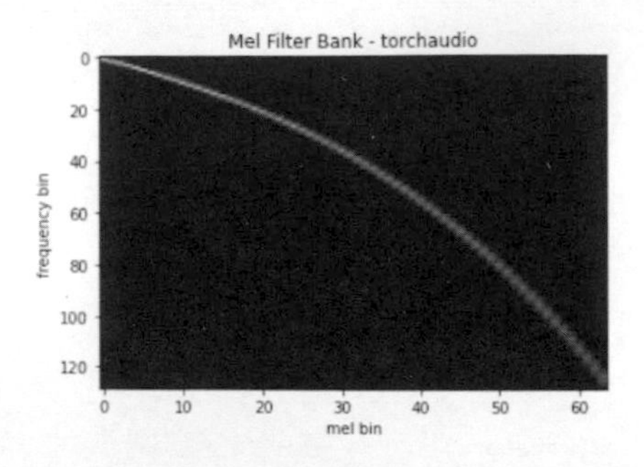

6. 取得梅爾頻譜 (MelSpectrogram)。

```
n_fft = 1024
win_length = None
hop_length = 512
n_mels = 128

mel_spectrogram = T.MelSpectrogram(
    sample_rate=sample_rate, # 取樣率
    n_fft=n_fft,             # 快速傅立葉轉換的長度(Size of FFT)
    win_length=win_length, # 視窗大小(Window size)
    hop_length=hop_length, # 視窗終非重疊的Hop length)
    center=True,           # 是否在音訊前後補資料，使t時間點的框居中
    pad_mode="reflect",    # 補資料的方式
    power=2.0,             # 時頻大小的指數(Exponent for the magnitude spectrogram)
    norm='slaney',         # 區域常態化(Area normalization)
    onesided=True,         # 只傳回一半得結果，避免重複
    n_mels=n_mels,         # FBank 個數
    mel_scale="htk",       # htk or slaney
)

melspec = mel_spectrogram(waveform)
plot_spectrogram(melspec[0], title="MelSpectrogram - torchaudio", ylabel='mel freq')
```

- 執行結果：

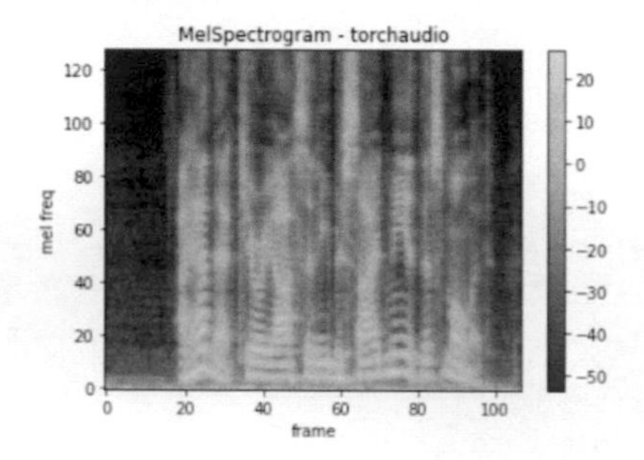

7. 取得梅爾倒頻譜 (MFCC)。

```
n_fft = 2048
win_length = None
hop_length = 512
n_mels = 256
n_mfcc = 256

mfcc_transform = T.MFCC(
    sample_rate=sample_rate,
    n_mfcc=n_mfcc,    # MFCC 個數
    melkwargs={
      'n_fft': n_fft,
      'n_mels': n_mels,
      'hop_length': hop_length,
      'mel_scale': 'htk',
    }
)

mfcc = mfcc_transform(waveform)

plot_spectrogram(mfcc[0])
```

- 執行結果：

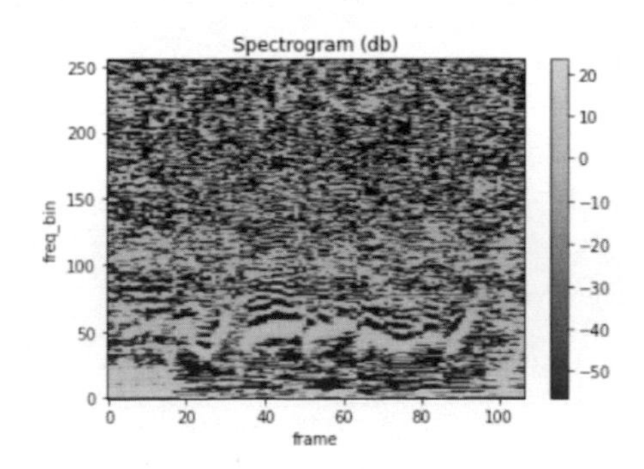

8. 取得音高 (Pitch)：Pitch 即聲音的高、低音的表示法，音訊的頻率越大，Pitch 越高。

```
def plot_pitch(waveform, sample_rate, pitch):
    figure, axis = plt.subplots(1, 1)
    axis.set_title("Pitch Feature")
    axis.grid(True)

    end_time = waveform.shape[1] / sample_rate
    time_axis = torch.linspace(0, end_time,  waveform.shape[1])
    axis.plot(time_axis, waveform[0], linewidth=1, color='gray', alpha=0.3)

    axis2 = axis.twinx()
    time_axis = torch.linspace(0, end_time, pitch.shape[1])
    ln2 = axis2.plot(
        time_axis, pitch[0], linewidth=2, label='Pitch', color='green')

    axis2.legend(loc=0)
    plt.show(block=False)

# 偵測音高
pitch = F.detect_pitch_frequency(waveform, sample_rate)

# 繪製音高
plot_pitch(waveform, sample_rate, pitch)
```

- 執行結果：

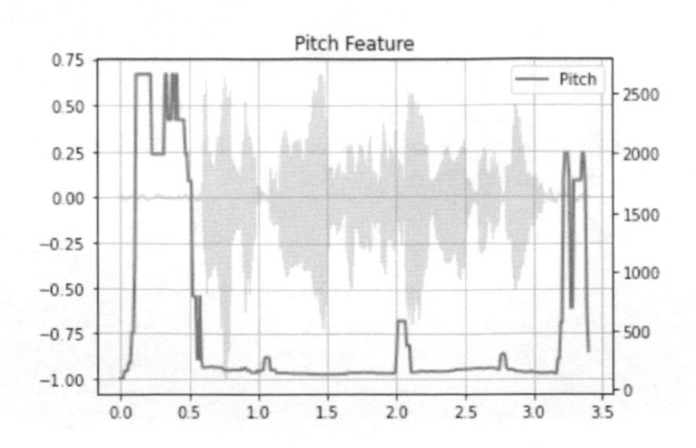

接著討論如何針對以上衍生的特徵，進行增補 (Feature Augmentation)。

1. 先將音訊進行時頻轉換。

```
1  n_fft = 400
2  win_length = None
3  hop_length = None
4
5  # 時頻轉換定義
6  spectrogram = T.Spectrogram(
7      n_fft=n_fft,             # 快速傅立葉轉換的長度(Size of FFT)
8      win_length=win_length,   # 視窗大小(Window size)
9      hop_length=hop_length,   # 視窗終非重疊的Hop length)
10     center=True,             # 是否在音訊前後補資料，使t時間點的框居中
11     pad_mode="reflect",      # 補資料的方式
12     power=None,              # 時頻大小的指數(Exponent for the magnitude spectrogram)
13 )
14 # 進行時頻轉換
15 spec = spectrogram(waveform)
```

2. 音訊拉長、縮短。

```
1  # 音訊延伸轉換
2  stretch = T.TimeStretch()
3
4  # 音訊拉長1.2倍
5  rate = 1.2
6  spec_ = stretch(spec, rate)
7  plot_spectrogram(torch.abs(spec_[0]),
8                   title=f"Stretched x{rate}", aspect='equal', xmax=304)
9
10 plot_spectrogram(torch.abs(spec[0]),
11                  title="Original", aspect='equal', xmax=304)
12
13 # 音訊縮短0.9倍
14 rate = 0.9
15 spec_ = stretch(spec, rate)
16 plot_spectrogram(torch.abs(spec_[0]),
17                  title=f"Stretched x{rate}", aspect='equal', xmax=304)
```

- 執行結果：左圖音訊拉長 1.2 倍，中間圖形為原音訊，右圖音訊縮短 0.9 倍。

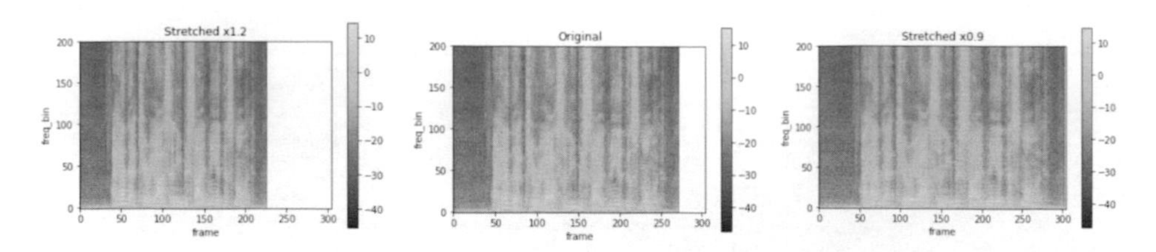

3. 時間遮罩 (Time Masking)：遮罩一段時間 (X 軸) 的音訊。

```
1  torch.random.manual_seed(4)
2
3  plot_spectrogram(spec[0], title="Original")
4
5  masking = T.TimeMasking(time_mask_param=40)
6  spec2 = masking(spec)
7
8  plot_spectrogram(spec2[0], title="Masked along time axis")
```

- 執行結果：遮罩可設定時間長度 (time_mask_param)，TimeMasking 會隨機遮罩，故範例固定隨機種子 (Seed)。

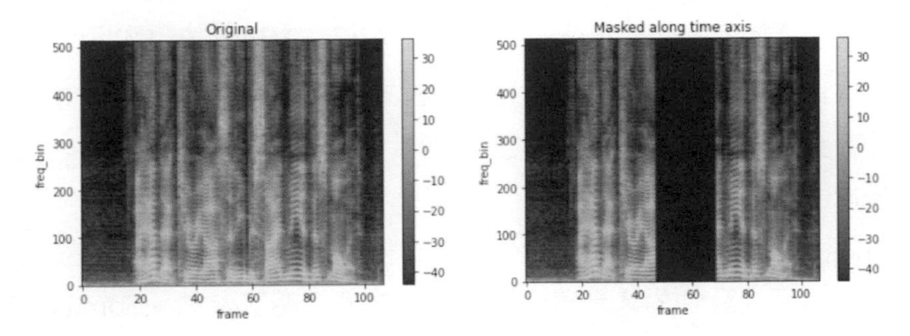

4. 頻率遮罩 (Frequency Masking)：遮罩一段頻率 (Y 軸) 的音訊。

```
1  torch.random.manual_seed(4)
2  plot_spectrogram(spec[0], title="Original")
3
4  masking = T.FrequencyMasking(freq_mask_param=80)
5  spec2 = masking(spec)
6
7  plot_spectrogram(spec2[0], title="Masked along frequency axis")
```

- 執行結果：遮罩可設定頻率長度 (freq_mask_param)，FrequencyMasking 會隨機遮罩，故範例固定隨機種子 (Seed)。

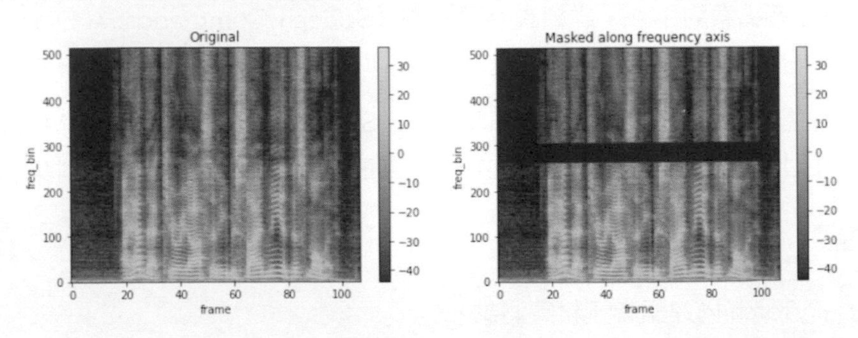

14-4 PyTorch 內建語音資料集

PyTorch 內建許多語音資料集，請參閱『PyTorch 內建語音資料集』[23]，每個資料集都有不同的用途，包括：

1. CMU ARCTIC Dataset(CMUARCTIC)：是卡內基·梅隆大學建構的美式英語的單人演講資料庫，含 1150 個例句 (Utterances)，包括各種類別 (性別、語系、口　音)：aew、ahw、aup、awb、axb、bdl、clb、eey、fem、gka、jmk、ksp、ljm、lnh、rms、rxr、slp 或 slt，預設為 aew，其中 bdl 為男性，slt 為女性。詳細說明可參閱『Pyroomacoustics CMU ARCTIC Corpus』[24]。
2. CMU Pronouncing Dictionary(CMUDict)：發音字典，提供自動語音辨識 (ASR) 使用，資料集格式為每個單字對應一個發音，若一字多音，使用多行表示。詳細說明可參閱『CMU Pronouncing Dictionary 維基百科』[25]。
3. Common Voice(COMMONVOICE)：多語系的資料集，由 Mozilla 公司發起的群眾自發性的錄音集合而成的。詳細說明可參閱『Common Voice Datasets』[26]，也有中文的語音，可參閱『Common Voice 繁體中文』[27]。
4. GTZAN：音樂曲風的資料集，包含 10 類曲風，每類含 100 條 30 秒的音樂。詳細說明可參閱『GTZAN Genre Collection』[28]。
5. YESNO：收錄 60 段錄音，以希伯來語發音，每段含 8 個 Yes/No 的發音。詳細說明可參閱『Open Speech and Language Resources』[29]。
6. SPEECHCOMMANDS：Google 於 2018 年收集一個短指令的資料集，包括常用的詞彙，譬如 stop、play、up、down、right、left 等，共有 35 個類別，每個語音檔案約 1 秒。詳細說明可參閱『Speech Commands: A Dataset for Limited-Vocabulary Speech Recognition』[30]。
7. 其他還有 LIBRISPEECH、LIBRITTS、LJSPEECH、SPEECHCOMMANDS、TEDLIUM、VCTK_092 及 DR_VCTK，請參閱『PyTorch 內建語音資料集』[23]。

範例

02 PyTorch 內建語音資料集測試。

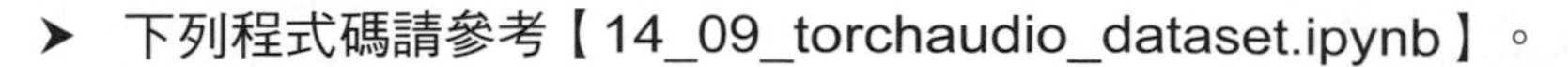

➤ 下列程式碼請參考【14_09_torchaudio_dataset.ipynb】。

1. 載入相關套件：會使用到【14_08_torchaudio_preprocessing.ipynb】的函數，將之存成 audio_util.py，以利重複使用。

```
1 import torch
2 import torchaudio
3 import IPython
4 from IPython.display import Audio
5 import matplotlib.pyplot as plt
6 import os
7 import math
8 import audio_util
```

2. 下載 YES/NO 資料集，並建立 Dataset、DataLoader。

```
1 yesno_data = torchaudio.datasets.YESNO('./audio', download=True)
2 data_loader = torch.utils.data.DataLoader(yesno_data,
3                                   batch_size=1, shuffle=True)
```

3. 顯示第一筆資料。

```
1 yesno_data[0]
```

- 執行結果：包含語音的特徵向量、取樣率及 8 個標記 (Label)，0:No, 1:Yes。

```
(tensor([[ 3.0518e-05,  6.1035e-05,  3.0518e-05,  ..., -1.8616e-03,
          -2.2583e-03, -1.3733e-03]]),
 8000,
 [0, 0, 0, 0, 1, 1, 1, 1])
```

4. 顯示頻譜及播放：顯示第 2、4、6 筆資料。

```
1 for i in [1, 3, 5]:
2     waveform, sample_rate, label = yesno_data[i]
3     audio_util.plot_specgram(waveform, sample_rate, title=f"Sample {i}: {label}")
4     audio_util.play_audio(waveform, sample_rate)
```

- 部分執行結果：8 個標記 (Label)，0:No, 1:Yes。

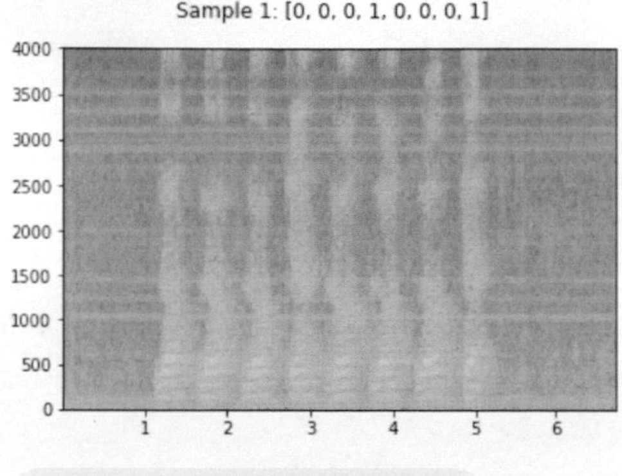

5. 存檔：可使用多媒體播放器收聽。

```
1 wav_file = "./audio/yesno1.wav"
2 torchaudio.save(
3     path, yesno_data[0][0], yesno_data[0][1])
4 inspect_file(path)
```

6. 下載 GTZAN 資料集，並建立 Dataset、DataLoader：資料集有 1.2GB，下載時間有點久。

```
1 dataset1 = torchaudio.datasets.GTZAN('./audio', download=True)
2 data_loader = torch.utils.data.DataLoader(dataset1,
3                                           batch_size=1, shuffle=True)
```

7. 顯示第一筆資料。

```
1 dataset1[0]
```

- 執行結果：包含語音的特徵向量、取樣率及標記 (Label)，為藍調曲風。

```
(tensor([[ 0.0073,  0.0166,  0.0076,  ..., -0.0556, -0.0611, -0.0642]]),
 22050,
 'blues')
```

8. 顯示頻譜及播放：顯示每一種曲風資料。

```
1 for i in range(0, 1000, 100):
2     waveform, sample_rate, label = dataset1[i]
3     audio_util.plot_specgram(waveform, sample_rate, title=f"Sample {i}: {label}")
4     audio_util.play_audio(waveform, sample_rate)
```

- 執行結果：非常棒的音樂。

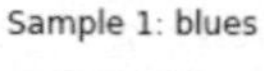

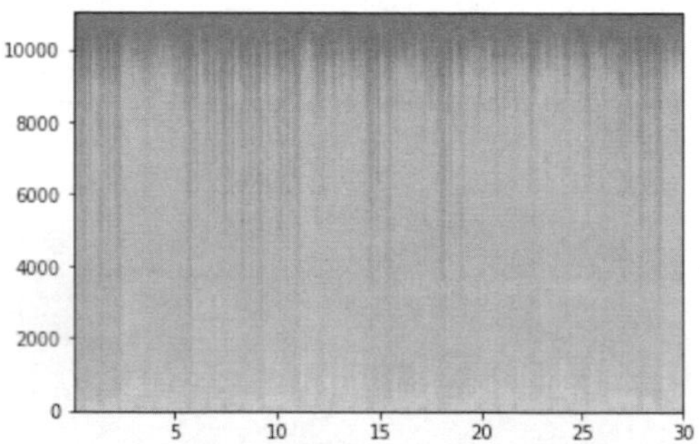

9. 下載 CMU Pronouncing Dictionary 資料集，並建立 Dataset。

```
1 dataset2 = torchaudio.datasets.CMUDict('./audio', download=True)
```

10. 顯示 4 筆資料。

```
1 for i in range(0, 4):
2     print(dataset2[i])
```

- 執行結果：包含單字、發音的音素 (Phoneme)。

```
("'ALLO", ['AA2', 'L', 'OW1'])
("'APOSTROPHE", ['AH0', 'P', 'AA1', 'S', 'T', 'R', 'AH0', 'F', 'IY0'])
("'BOUT", ['B', 'AW1', 'T'])
("'CAUSE", ['K', 'AH0', 'Z'])
```

11. 下載 Speech Commands 資料集，並建立 Dataset：資料集有 2.26GB，下載時間有點久。

```
1 dataset3 = torchaudio.datasets.SPEECHCOMMANDS('./audio', download=True)
```

12. 顯示第一筆資料。

```
1 dataset3[0]
```

- 執行結果：包含語音的特徵向量、取樣率、標記 (Label)、發音者代碼及第 N 個例句，發音應為 back，而非 backward。

```
(tensor([[-0.0658, -0.0709, -0.0753,  ..., -0.0700, -0.0731, -0.0704]]),
 16000,
 'backward',
 '0165e0e8',
 0)
```

13. 顯示頻譜及播放：顯示 10 筆指令。

```
1 for i in range(0, 20000, 2000):
2     waveform, sample_rate, label = dataset3[i]
3     audio_util.plot_specgram(waveform, sample_rate, title=f"Sample {i}: {label}")
4     audio_util.play_audio(waveform, sample_rate)
```

- 執行結果：

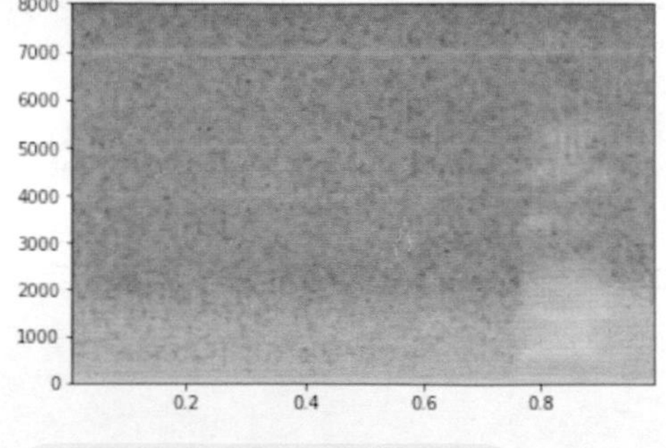

14-5 語音深度學習應用

接下來，就來實作兩個應用。

1. 音樂曲風的分類：依照語音特徵對音樂分門別類。
2. 短指令辨識：常用單字的辨識，例如遊戲操控，Play、Stop、Up、Down、Left、Right 等。

範例

03 音樂曲風的分類。

➤ 下列程式碼請參考【14_10_GTZAN_CNN.ipynb】。

資料集： GTZAN **共有** 10 **個類別，每個類別各有** 100 **首歌，每首歌的長度均為** 30 **秒。**

1. 載入相關套件。

```
1  import torch
2  from torch import nn
3  import torchaudio
4  import torchaudio.transforms as T
5  from torch.nn import functional as F
6  from torch.utils.data import Dataset, DataLoader
7  import IPython
8  from IPython.display import Audio
9  import matplotlib.pyplot as plt
10 import os
11 import math
12 import audio_util
```

2. 設定參數：筆者設定較大的批量，在本機或 Colab 上執行都會造成 GPU 記憶體不足。

```
1  PATH_DATASETS = "./audio" # 預設路徑
2  BATCH_SIZE = 5  # 批量
3  device = torch.device("cuda" if torch.cuda.is_available() else "cpu")
4  "cuda" if torch.cuda.is_available() else "cpu"
```

3. 下載 GTZAN 資料集，並建立 Dataset。

```
1  dataset_GTZAN = torchaudio.datasets.GTZAN(PATH_DATASETS, download=True)
```

4. 共 10 個類別。

```
# label類別
gtzan_genres = [
    "blues",
    "classical",
    "country",
    "disco",
    "hiphop",
    "jazz",
    "metal",
    "pop",
    "reggae",
    "rock",
]
```

5. 音訊轉換為 MFCC：也可以使用其他的特徵，例如頻譜、FBank 等。

```
n_fft = 2048
hop_length = 512
n_mels = 256
n_mfcc = 256

class GTZAN_DS(Dataset):
    def __init__(self, dataset1):
        self.dataset1 = dataset_GTZAN

    def __len__(self):
        return len(self.dataset1)

    def __getitem__(self, n):
        waveform , sample_rate, label = self.dataset1[n]
        mfcc_transform = T.MFCC(
            sample_rate=sample_rate,
            n_mfcc=n_mfcc,   # MFCC 個數
            melkwargs={
              'n_fft': n_fft,
              'n_mels': n_mels,
              'hop_length': hop_length,
              'mel_scale': 'htk',
            }
        )
        mfcc = mfcc_transform(waveform)
        # print(mfcc.shape)
        mfcc = mfcc[:, :, :1280]
        return mfcc, gtzan_genres.index(label)

dataset = GTZAN_DS(dataset_GTZAN)
```

6. 資料分割並採取隨機抽樣：測試資料佔 20%。

```
from torch.utils.data import random_split

test_size = int(len(dataset) * 0.2)
train_size = len(dataset) - test_size

train_ds, test_ds = random_split(dataset, [train_size, test_size])
len(train_ds), len(test_ds)
```

- 執行結果：訓練資料 800 筆、測試資料 200 筆。

7. CNN 模型：使用一般的 Conv+BatchNorm2d+MaxPool2d+Linear 神經層構成的 CNN 模型，網路上有採取較複雜的模型或使用預先訓練模型，讀者可自行測試。

```
1  # 建立模型
2  class ConvNet(nn.Module):
3      def __init__(self, num_classes=10):
4          super(ConvNet, self).__init__()
5          self.layer1 = nn.Sequential(
6              # Conv2d 參數： in-channel, out-channel, kernel size, Stride, Padding
7              nn.Conv2d(1, 16, kernel_size=5, stride=1, padding=2),
8              nn.BatchNorm2d(16),
9              nn.ReLU(),
10             nn.MaxPool2d(kernel_size=2, stride=2))
11         self.layer2 = nn.Sequential(
12             nn.Conv2d(16, 32, kernel_size=5, stride=1, padding=2),
13             nn.BatchNorm2d(32),
14             nn.ReLU(),
15             nn.MaxPool2d(kernel_size=2, stride=2))
16         self.fc1 = nn.Linear(655360, num_classes)
17         # self.fc2 = nn.Linear(1280, num_classes)
18
19     def forward(self, x):
20         out = self.layer1(x)
21         out = self.layer2(out)
22         out = out.reshape(out.size(0), -1)
23         out = self.fc1(out)
24         #out = self.fc2(out)
25         out = F.log_softmax(out, dim=1)
26         return out
27
28 model = ConvNet().to(device)
```

8. 模型訓練。

```
1  epochs = 10
2  lr=0.01
3
4  # 設定優化器(optimizer)
5  optimizer = torch.optim.Adam(model.parameters(), lr=lr)
6
7  model.train()
8  loss_list = []
9  for epoch in range(1, epochs + 1):
10     for batch_idx, (data, target) in enumerate(train_loader):
11         # if batch_idx == 0 and epoch == 1: print(type(data), type(target))
12         data, target = data.to(device), target.to(device)
13
14         optimizer.zero_grad()
15         output = model(data)
16         # if batch_idx == 0 : print(output.shape, target.shape)
17         loss = F.nll_loss(output, target)
18         loss.backward()
19         optimizer.step()
20
21         if (batch_idx+1) % 10 == 0:
22             loss_list.append(loss.item())
23             batch = (batch_idx+1) * len(data)
24             data_count = len(train_loader.dataset)
25             percentage = (100. * (batch_idx+1) / len(train_loader))
26             print(f'Epoch {epoch}: [{batch:5d} / {data_count}] ({percentage:.0f} %)' +
27                   f'  Loss: {loss.item():.6f}')
```

- 執行結果：使用的批量較小，損失波動比較劇烈。

9. 對訓練過程的損失繪圖。

```
1  # 對訓練過程的損失繪圖
2  import matplotlib.pyplot as plt
3  
4  plt.plot(loss_list, 'r')
```

- 執行結果：損失從一開始的 2389，到最後的 0.000751，收斂的效果非常好。

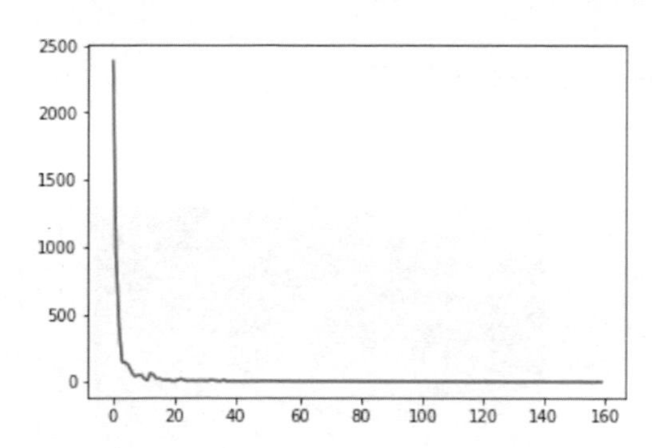

10. 評分。

```
1  model.eval()
2  test_loss = 0
3  correct = 0
4  predictions = []
5  target_list = []
6  with torch.no_grad():
7      for data, target in test_loader:
8          data, target = data.to(device), target.to(device)
9          output = model(data)
10 
11         # sum up batch loss
12         test_loss += F.nll_loss(output, target).item()
13 
14         # 預測
15         output = model(data)
16 
17         # 計算正確數
18         _, predicted = torch.max(output.data, 1)
19         predictions.extend(predicted.cpu().numpy())
20         target_list.extend(target.cpu())
21         correct += (predicted == target).sum().item()
22 
23 # 平均損失
24 test_loss /= len(test_loader.dataset)
25 # 顯示測試結果
26 batch = batch_idx * len(data)
27 data_count = len(test_loader.dataset)
28 percentage = 100. * correct / data_count
29 print(f'平均損失: {test_loss:.4f}, 準確率: {correct}/{data_count}' +
30       f' ({percentage:.2f}%)\n')
```

- 執行結果：訓練 10 週期，準確率為 44.5%，並不高。

  平均損失 : 0.3201, 準確率 : 89/200 (44.50%)。

11. 顯示混淆矩陣。

```
1 from sklearn.metrics import confusion_matrix, ConfusionMatrixDisplay
2 cm = confusion_matrix(target_list, predictions)
3 disp = ConfusionMatrixDisplay(confusion_matrix=cm, display_labels=gtzan_genres)
4 disp.plot()
5 plt.xticks(rotation=90);
```

- 執行結果：classical、metal 被錯認的比例較低，country、disco、reggae 被錯認的比例較高。

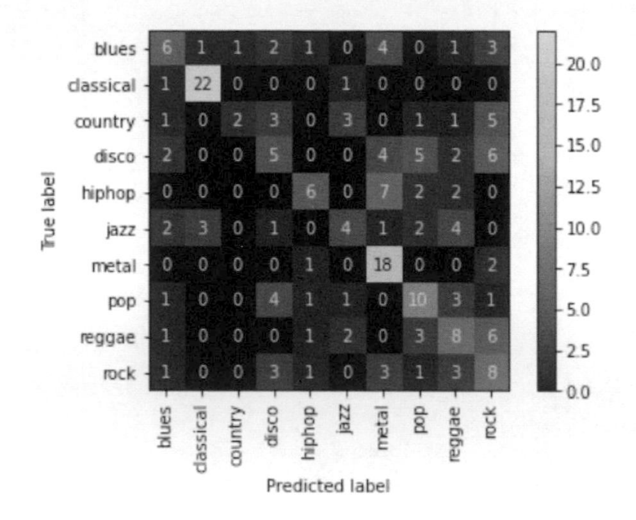

『Music Genre Recognition using Convolutional Neural Networks (CNN) — Part 1』[31] 一文提到兩個改善的方向：

1. 將音樂資料分段 (Segmentation)：每一段視為一筆資料，使用 pydub 套件呼叫 AudioSegment.from_wav() 載入檔案，即可切割，PyTorch 範例可參考『prasad213 music-genre-classification』[32]。
2. 資料增補 (Data Augmentation)：利用資料增補產生更多的資料，可參考 **【14_08_torchaudio_preprocessing.ipynb】** 作法。

上文使用資料分段與資料增補確實能大幅提高準確率，訓練 70 週期後，訓練準確率高達 99.57%，而驗證準確率也達到了 89.03%。範例採用 TensorFlow，而筆者改用 PyTorch 實驗，但因 Sox 整合有問題 (見前文說明)，未使用資料增補，發現準確率僅能達到 50% 左右，作法可參見程式【**14_11_GTZAN_CNN_slicing.ipynb**】。

接著再來看另一個範例，Google 收集一個短指令的資料集，包括常用的詞彙，譬如 stop、play、up、down、right、left 等，共有 35 個類別，如果辨識率很高的話，我們就能應用到各種場域，像是玩遊戲、控制機器人行進、簡報播放…等。

04 短指令辨識。一樣使用 MFCC 向量，餵入 CNN 模型，即可進行分類。同時筆者也會結合錄音實測，示範如何控制錄音與訓練樣本一致 (Alignment)，其中有些技巧將在後面說明。

➤ 下列程式碼請參考【14_12_Speech_Command.ipynb】。

- 資料集：Google's Speech Commands Dataset，也屬 Torch Audio 內建資料集，為求縮短訓練執行時間，我們只保留三個子目錄 bed、cat、happy，其餘均移置他處。
- 每個檔案長度約為 1 秒，無雜音。它也附一個有雜音的目錄，與無雜音的檔案混合在一起，增加辨識的困難度。

1. 載入相關套件。

```
1  import numpy as np
2  import matplotlib.pyplot as plt
3  import os
4  import torch
5  import torch.nn as nn
6  import torch.nn.functional as F
7  import torchaudio.transforms as T
8  import torch.optim as optim
9  import torchaudio
10 from torch.utils.data import Dataset, DataLoader
11 import sys
12 import audio_util
13 from IPython.display import Audio
14 from IPython.core.display import display
```

2. 下載 Speech Commands 資料集，並建立 Dataset。

```
1 dataset = torchaudio.datasets.SPEECHCOMMANDS('./audio', download=True)
```

3. 觀察第一筆資料，共 5 個欄位，分別為語音的特徵向量、取樣率、標記 (Label)、發音者代碼 (Speaker Id) 及第 N 個例句 (Utterance)。

```
1 dataset[0]
```

- 執行結果：

```
(tensor([[ 9.1553e-05,  3.0518e-05,  1.8311e-04,  ..., -3.0518e-05,
          -9.1553e-05,  1.2207e-04]]),
 16000,
 'bed',
 '00176480',
 0)
```

4. 也可直接選取一個檔案測試，該檔案發音為 happy。

```
1  # 任選一檔案測試，發音為 happy
2  train_audio_path = './audio/SpeechCommands/speech_commands_v0.02/'
3  wav_file = train_audio_path+'happy/0ab3b47d_nohash_0.wav'
4  
5  # 播放語音
6  Audio(wav_file, autoplay=False)
```

- 執行結果：可直接點選『Play』按鈕，播放語音。

- 可呼叫 waveform.shape 觀察維度，表單聲道、16000 幀 (Frame)，再觀察取樣率 (sample_rate) 為 16000，故音訊總長度 = 音訊總幀數 / 每秒幀數 =16000/16000=1(秒)。

5. 繪製波形：載入的音訊介於 [-1, 1] 之間，0 為靜音，補足音訊長度通常會補 0。

```
1  # 繪製波形
2  waveform, sample_rate = torchaudio.load(wav_file)
3  audio_util.plot_waveform(waveform, sample_rate)
```

- 執行結果：

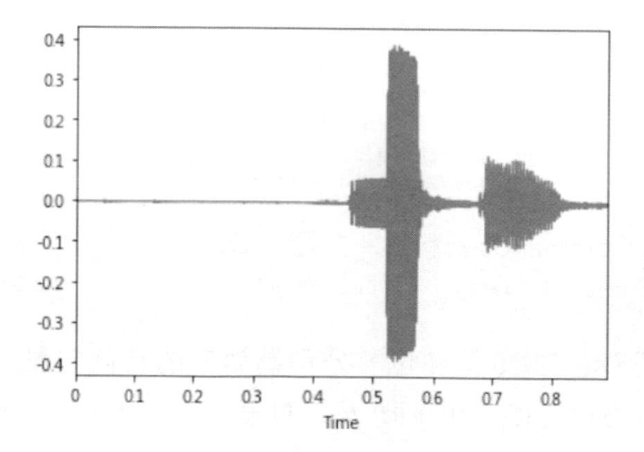

6. 再選一個檔案測試，該檔案發音也為 happy：audio 函數不在最後一行，必須額外呼叫 IPython.core.display.display。

```
1  # 任選一檔案測試，發音為 happy
2  wav_file = train_audio_path+'happy/0b09edd3_nohash_0.wav'
3  
4  # 播放語音
5  display(Audio(wav_file, autoplay=False))
6  
7  # 繪製波形
8  waveform, sample_rate = torchaudio.load(wav_file)
9  audio_util.plot_waveform(waveform, sample_rate)
```

- 執行結果：與上圖相比較，同樣有兩段振幅較大的聲波，此代表 happy 的兩個音節，但是，因為錄音時每個人的起始發音點不同，因此，波形有很大差異，必須收集夠多的訓練資料才能找出共同的特徵。
- 資料長度亦為 1 秒，與上一筆音檔的資料長度相同。
- 可以播放音檔觀察其中的差異。

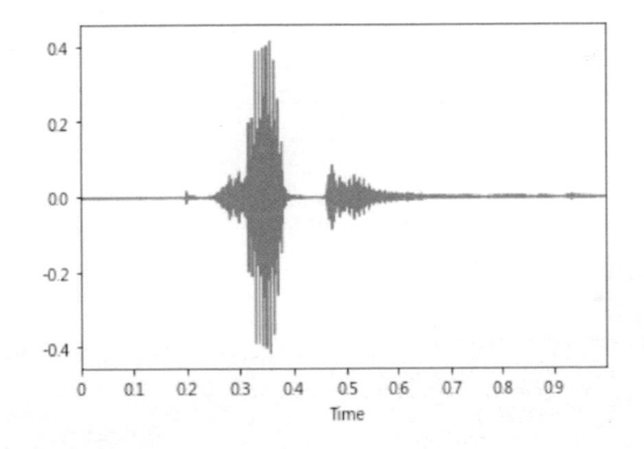

7. 取得音檔的屬性：每個檔案的長度不等，但都接近 1 秒。

```
1  # 取得音檔的屬性
2  info = torchaudio.info(wav_file)
3  print(f'取樣率={info.sample_rate}, 幀數={info.num_frames}, ' +
4        f'聲道={info.num_channels}, 精度={info.bits_per_sample}, ' +
5        f'檔案秒數={info.num_frames / info.sample_rate:.2f}')
```

- 執行結果：取樣頻率 =16000, 幀數 =16000, 聲道 =1, 精度 =16, 檔案秒數 =1。

8. 重抽樣：可針對音訊重抽樣，以降低音訊取樣頻率，縮小檔案或使音訊長度一致。

```
1  # 載入音檔
2  waveform, sample_rate = torchaudio.load(wav_file)
3  
4  # 重抽樣率，每秒取 8000 個樣本
5  resample_rate = 8000
6  resampled_waveform = torchaudio.functional.resample(
7                              waveform, sample_rate, resample_rate)
8  print(f'幀數={resampled_waveform.shape[1]}')
```

- 執行結果：幀數 =8000。

9. 取得所有子目錄名稱，當作標記 (Y)。

```
1  # label類別
2  labels=os.listdir(train_audio_path)
3  labels
```

- 執行結果：['bed', 'cat', 'happy']，共 3 個類別。

10. 接著進行簡單的資料探索 (EDA)：統計子目錄的檔案數。

```
1  # 子目錄的檔案數
2  no_of_recordings=[]
3  for label in labels:
4      waves = [f for f in os.listdir(train_audio_path + '/'+ label) if f.endswith('.wav')]
5      no_of_recordings.append(len(waves))
6  
7  # 繪圖
8  plt.rcParams['font.sans-serif'] = ['Microsoft JhengHei']
9  plt.rcParams['axes.unicode_minus'] = False
10 
11 plt.figure(figsize=(10,6))
12 index = np.arange(len(labels))
13 plt.bar(index, no_of_recordings)
14 plt.xlabel('指令', fontsize=12)
15 plt.ylabel('檔案數', fontsize=12)
16 plt.xticks(index, labels, fontsize=15, rotation=60)
17 plt.title('子目錄的檔案數')
18 print(f'檔案數={no_of_recordings}')
19 plt.show()
```

- 執行結果：檔案數目略有不同。

  檔案數 = [2014, 2031, 2054]。

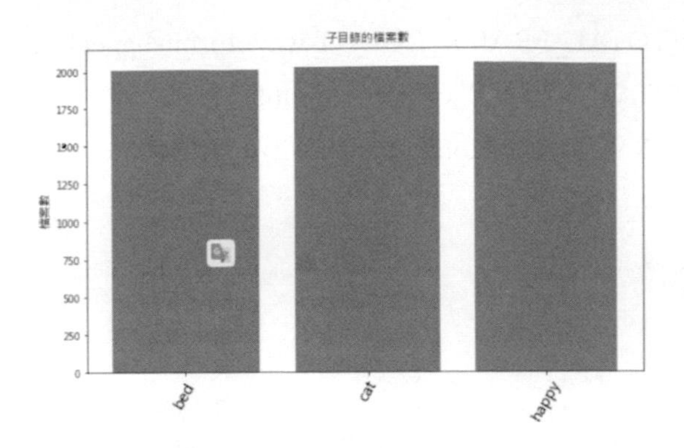

11. 音檔長度統計：

```
1  import seaborn as sns
2  length_list=[]
3  for x in dataset:
4      waveform, sample_rate, label, speaker_id, utterance_number = x
5      length_list.append(waveform.shape[1])
6  sns.histplot(length_list)
```

- 執行結果：以直方圖的方式統計檔案的長度，發現到大部份的音檔是接近 1 秒鐘，但有少數檔案的時間長度非常短，事實上這會影響訓練的準確度，故統一長度有其必要性。
- X 軸為音檔長度，Y 軸為筆數。

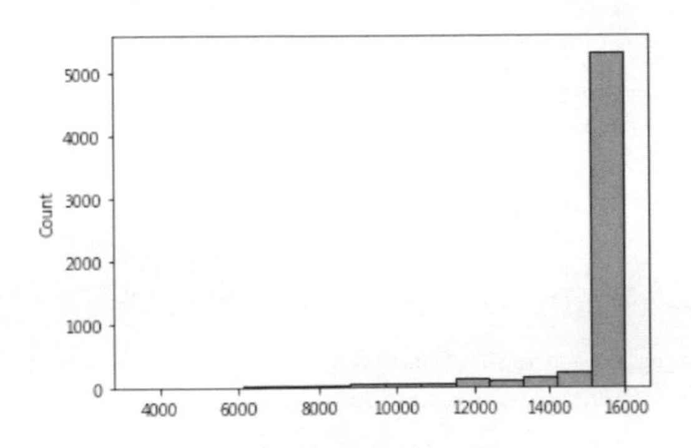

12. 接著開始語音分類的工作：下載資料集，並建立 Dataset。

```
1  dataset = torchaudio.datasets.SPEECHCOMMANDS('./audio', download=True)
```

13. 特徵萃取：音訊截長補短，統一幀數為 16000，並轉換為 MFCC。以下程式利用 F.pad 在長度不足時，右邊補 0，也可以左右各補一半：

left = int(TOTAL_FRAME_COUNT-waveform.shape[1]/2)

right = TOTAL_FRAME_COUNT - int(TOTAL_FRAME_COUNT-waveform.shape[1]/2))

參數可改為 (left, right)。

```
TOTAL_FRAME_COUNT = 16000  # 統一幀數為 16000
n_mfcc = 40  # 萃取 MFCC 個數

class SPEECH_DS(Dataset):
    def __init__(self, dataset1):
        self.dataset1 = dataset1

    def __len__(self):
        return len(self.dataset1)

    def __getitem__(self, n):
        waveform , sample_rate, label, _, _ = self.dataset1[n]
        if waveform.shape[1] < TOTAL_FRAME_COUNT : # 長度不足，右邊補 0
            waveform = F.pad(waveform,
                    (0, TOTAL_FRAME_COUNT-waveform.shape[1]),'constant')
        elif waveform.shape[1] > TOTAL_FRAME_COUNT : # 長度過長則截斷
            waveform = waveform[:, :TOTAL_FRAME_COUNT]
        if waveform.shape[1] != 16000:  # 確認幀數為 16000
            print(waveform.shape[1])

        mfcc_transform = T.MFCC(
            sample_rate=sample_rate,
            n_mfcc=n_mfcc,
        )
        mfcc = mfcc_transform(waveform)
        # print(mfcc)
        return mfcc, labels.index(label)

dataset_new = SPEECH_DS(dataset)
```

14. 資料切割。

```
from torch.utils.data import random_split

test_size = int(len(dataset_new) * 0.2)
train_size = len(dataset_new) - test_size

train_ds, test_ds = random_split(dataset_new, [train_size, test_size])
len(train_ds), len(test_ds)
```

15. 建立 DataLoader：測試時加大批量，以縮短執行時間。

```
train_loader = DataLoader(train_ds, BATCH_SIZE, shuffle=False)
test_loader = DataLoader(test_ds, BATCH_SIZE*2, shuffle=False)
```

16. 建立 CNN 模型，與前一個範例相同，除了最後一層，類別數量改為 3，Linear_Input 的數值可由執行訓練的錯誤訊息獲得。

```
# 建立模型
Linear_Input = 6400
class ConvNet(nn.Module):
    def __init__(self, num_classes=3):
        super(ConvNet, self).__init__()
        self.layer1 = nn.Sequential(
            # Conv2d 參數: in-channel, out-channel, kernel size, Stride, Padding
            nn.Conv2d(1, 16, kernel_size=5, stride=1, padding=2),
            nn.BatchNorm2d(16),
            nn.ReLU(),
            nn.MaxPool2d(kernel_size=2, stride=2))
        self.layer2 = nn.Sequential(
            nn.Conv2d(16, 32, kernel_size=5, stride=1, padding=2),
            nn.BatchNorm2d(32),
            nn.ReLU(),
            nn.MaxPool2d(kernel_size=2, stride=2))
        self.fc = nn.Linear(Linear_Input, num_classes)

    def forward(self, x):
        out = self.layer1(x)
        out = self.layer2(out)
        out = out.reshape(out.size(0), -1)
        out = self.fc(out)
        out = F.log_softmax(out, dim=1)
        return out

model = ConvNet(num_classes=3).to(device)
```

17. 定義評分的函數。

```
def score_model():
    model.eval()
    test_loss = 0
    correct = 0
    prediction_list = []
    target_list = []
    with torch.no_grad():
        for data, target in test_loader:
            data, target = data.to(device), target.to(device)
            # 預測
            output = model(data)

            # sum up batch loss
            test_loss += F.nll_loss(output, target).item()

            # 計算正確數
            _, predicted = torch.max(output.data, 1)
            correct += (predicted == target).sum().item()
            prediction_list.extend(predicted.cpu().numpy())
            target_list.extend(target.cpu().numpy())

    # 平均損失
    test_loss /= len(test_loader.dataset)
    # 顯示測試結果
    batch = batch_idx * len(data)
    data_count = len(test_loader.dataset)
    percentage = 100. * correct / data_count
    print(f'平均損失: {test_loss:.4f}, 準確率: {correct}/{data_count}' +
          f' ({percentage:.2f}%)\n')
    return prediction_list, target_list
```

18. 模型訓練：試採用動態排程，每 20 執行週期，學習率降低 10%，使梯度下降過程更細膩，若刪除此排程，對本範例無顯著影響。

```
1  epochs = 10
2  
3  # 設定優化器(optimizer)
4  optimizer = optim.Adam(model.parameters(), lr=0.001, weight_decay=0.0001)
5  # 每 20 執行週期，學習率降低 10%
6  scheduler = optim.lr_scheduler.StepLR(optimizer, step_size=20, gamma=0.1)
7  
8  model.train()
9  loss_list = []
10 for epoch in range(1, epochs + 1):
11     for batch_idx, (data, target) in enumerate(train_loader):
12         data, target = data.to(device), target.to(device)
13 
14         optimizer.zero_grad()
15         output = model(data)
16         # if batch_idx == 0 : print(output, target)
17         loss = F.nll_loss(output, target)
18         loss.backward()
19         optimizer.step()
20 
21         if (batch_idx+1) % 10 == 0:
22             loss_list.append(loss.item())
23             batch = (batch_idx+1) * len(data)
24             data_count = len(train_loader.dataset)
25             percentage = (100. * (batch_idx+1) / len(train_loader))
26             print(f'Epoch {epoch}: [{batch:5d} / {data_count}] ({percentage:.0f} %)' +
27                   f'  Loss: {loss.item():.6f}')
28     score_model()
29     scheduler.step()
```

- 執行結果：準確度由 70.22% 逐步爬升至 91.22%。

```
Epoch 1: [ 1000 / 4880] (20 %)  Loss: 1.294984
Epoch 1: [ 2000 / 4880] (41 %)  Loss: 1.038083
Epoch 1: [ 3000 / 4880] (61 %)  Loss: 1.007797
Epoch 1: [ 4000 / 4880] (82 %)  Loss: 0.917779
平均損失: 0.0047, 準確率: 856/1219 (70.22%)

Epoch 2: [ 1000 / 4880] (20 %)  Loss: 0.691356
Epoch 2: [ 2000 / 4880] (41 %)  Loss: 0.703693
Epoch 2: [ 3000 / 4880] (61 %)  Loss: 0.529919
Epoch 2: [ 4000 / 4880] (82 %)  Loss: 0.578867
平均損失: 0.0034, 準確率: 955/1219 (78.34%)

Epoch 3: [ 1000 / 4880] (20 %)  Loss: 0.450731
Epoch 3: [ 2000 / 4880] (41 %)  Loss: 0.417602
Epoch 3: [ 3000 / 4880] (61 %)  Loss: 0.347282
Epoch 3: [ 4000 / 4880] (82 %)  Loss: 0.366764
平均損失: 0.0025, 準確率: 1033/1219 (84.74%)
```

19. 評分。

```
1  score_model();
```

- 執行結果：準確度高達 91.22%。

20. 對訓練過程的損失繪圖。

```
1  import matplotlib.pyplot as plt
2
3  plt.plot(loss_list, 'r')
```

- 執行結果：損失逐步降低。

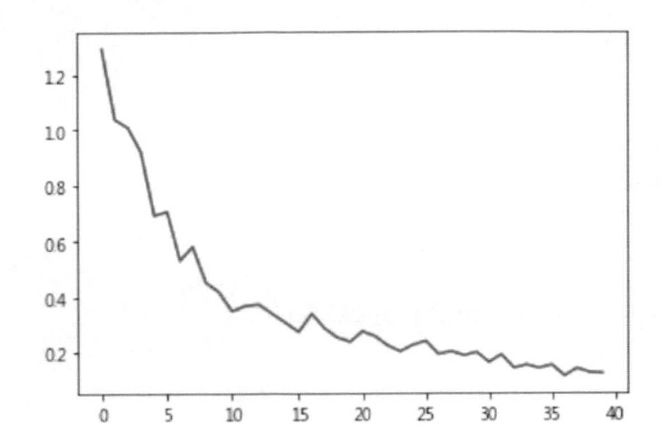

21. 模型存檔與載入。

```
1  # 模型存檔
2  torch.save(model, 'Speech_Command.pth')
3  # 模型載入
4  model = torch.load('Speech_Command.pth')
```

22. 定義一個預測函數，功能包括：

- 統一檔案長度，右邊補 0，過長則截掉。
- 轉為 MFCC。
- 以 MFCC 預測詞彙。

```
1  # 預測函數
2  def predict(wav_file):
3      waveform , sample_rate = torchaudio.load(wav_file)
4
5      if waveform.shape[1] < TOTAL_FRAME_COUNT: # 長度不足，右邊補 0
6          waveform = F.pad(waveform,(0,
7                       TOTAL_FRAME_COUNT-waveform.shape[1]),'constant')
8      elif waveform.shape[1] > TOTAL_FRAME_COUNT: # 長度過長則截斷
9          waveform = waveform[:, :TOTAL_FRAME_COUNT]
10     if waveform.shape[1] != TOTAL_FRAME_COUNT:
11         print(waveform.shape[1])
12
```

```
13        mfcc_transform = T.MFCC(
14            sample_rate=sample_rate,
15            n_mfcc=n_mfcc,   # MFCC 個數
16        )
17        mfcc = mfcc_transform(waveform)
18        mfcc = mfcc.reshape(1,*mfcc.shape)
19        # print(mfcc)
20
21        #print(X_pred.shape, samples.shape)
22        # 預測
23        output = model(mfcc.to(device))
24        _, predicted = torch.max(output.data, 1)
25        return predicted.cpu().item()
```

23. 任選一個檔案進行預測，該檔案發音為 bed。

```
1  # 任選一檔案測試，該檔案發音為 bed
2  predict(train_audio_path+'bed/0d2bcf9d_nohash_0.wav')
```

- 執行結果：0，正確判斷為 bed。

24. 再任選一個檔案測試，該檔案發音為 cat。

```
1  # 任選一檔案測試，該檔案發音為 cat
2  predict(train_audio_path+'cat/0ac15fe9_nohash_0.wav')
```

- 執行結果：1，正確判斷為 cat。

25. 接著再任選一個檔案測試，該檔案發音為 happy。

```
1  # 任選一檔案測試，該檔案發音為 happy
2  predict(train_audio_path+'happy/0ab3b47d_nohash_0.wav')
```

- 執行結果：2，正確判斷為 happy。

26. 自行錄音測試：筆者開發一個錄音程式【14_13_record.py】，用法如下：

    python 14_13_record.py audio/happy.wav

最後的參數為存檔的檔名。程式錄音長度設為 1 秒，也可以利用上述 predict 函數作法，錄製較長的音訊，再截取中間 1 秒鐘的音訊。

27. 測試：分別錄製三個音檔測試，例如 bed.wav 檔案。

```
1  # 測試，該檔案發音為 bed
2  predict('./audio/bed.wav')
```

- 執行結果：0，正確判斷為 bed。
- 盡量模仿訓練資料的發音，預測才會正確。

總結來說，如果用訓練資料進行測試的話，準確率都還不錯，但若是自行錄音則準確率就差強人意了，可能原因有兩點，第一是筆者發音欠佳，第二是錄音的處理方式與訓練方式不同，因此，建議還是要自己收集訓練資料為宜，也建議讀者發揮創意，多做實驗，筆者光這個範例就花了好幾天，才將結果弄得差強人意。

以上是參酌多篇文章後修改而成的程式，之前筆者有發表類似的程式在部落格上，許多網友對這方面的應用非常感興趣，提出很多的問題，讀者可參閱『Day 25：自動語音辨識 (Automatic Speech Recognition) -- 觀念與實踐』[33]，此外，Kaggle 上也有一個關於這個資料集的競賽，可參閱『TensorFlow Speech Recognition Challenge』[34]。

上述實驗只能辨識單字，假使要辨識更長的一句話或一段話，那就力有未逮了，因為講話的方式千變萬化，很難收集到完整的資料來訓練，所以解決的辦法則是把辨識目標切的更細，以音節或音素 (Phoneme) 為單位，並使用語言模型，考慮上下文才能精準預測，下一節我們就來探討相關的技術。

14-6 自動語音辨識 (Automatic Speech Recognition)

自動語音辨識 (Automatic Speech Recognition, ASR) 的目標是將人類的語音轉換為數位信號，之後電腦就可進一步理解說話者的意圖，並做出對應的行動，譬如指令操控，應用於簡報上 / 下頁控制、車輛和居家裝置開關的控制、產生字幕與演講稿等。

英文的詞彙有數萬個，假如要進行分類，模型會很複雜，需要很長的訓練時間，準確率也不會太高，這是因為相似音太多，所以自動語音辨識多改以『音素』（Phoneme）為預測目標，依據維基百科 [35] 的說明如下：

『音素』（Phoneme），又稱『音位』，是人類語言中能夠區別意義的最小聲音單位，一個詞彙由一至多個『音節』所組成，每個音節又由一至多個『音段』所組成，音素類似音段，但音素定義是要能區分語義。

舉例來說，bat 由 3 個音素 /b/、/ae/、/t/ 所組成，連接這些音素，就是 bat 的拼音 (pronunciation)，然後按照拼音就可以猜測到一個英文詞彙 (Word)，當然，有可能發生同音異字的狀況，這時就必須依靠上下文做進一步的推測了。例如下圖，Human 單字被切割成多個音素 HH、Y、UW、M、AH、N。

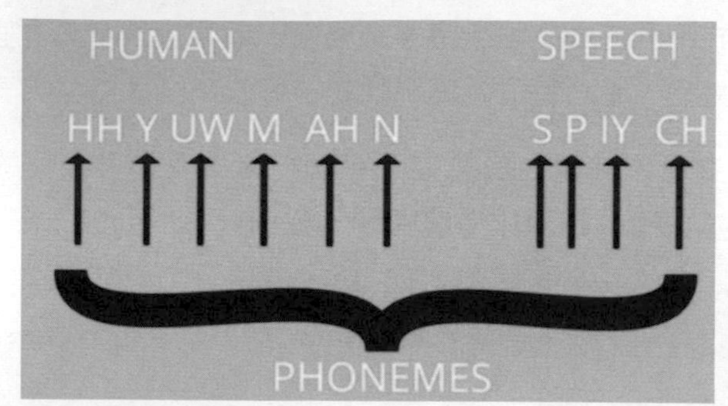

▲ 圖 14.14 音素辨識示意圖，圖片來源：Indian Accent Speech Recognition [36]

各種語言的音素列表可參考『Amazon Polly 支援語言的音素』[5]，以英文 / 美國 (en-US) 為例，音素列表主要包括母音和子音，共約 40~50 個，而中文則另外包含聲調（一聲、二聲、三聲、四聲和輕聲）。

自動語音辨識的流程可分成下列四個步驟：

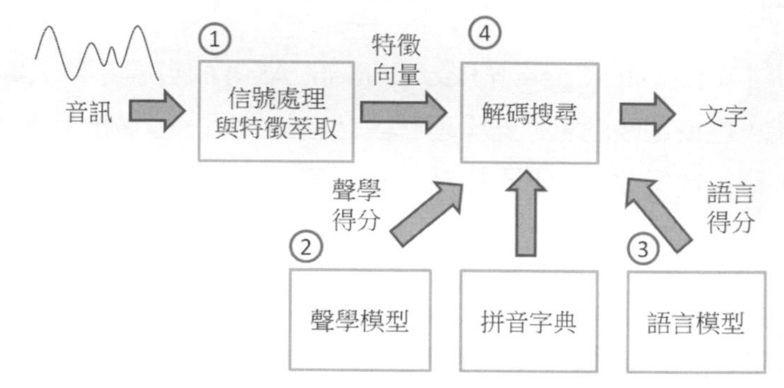

▲ 圖 14.15 自動語音辨識 (Automatic Speech Recognition, ASR) 架構

1. 信號處理與特徵萃取：先將音訊進行傅立葉轉換、去雜音等前置處理，接著轉為特徵向量，比如 MFCC、LPC(Linear Predictive Coding)。
2. 聲學模型 (Acoustic Model)：透過特徵向量，轉換成多個音素，再將音素組合成拼音，然後至拼音字典 (Pronunciation Dictionary) 裡比對，找到對應的詞彙與得分。

3. 語言模型 (Language Model)：依據上一個詞彙，猜測目前的詞彙，事先以 n-gram 為輸入，訓練模型，之後套用此模型，計算一個語言的得分。
4. 解碼搜尋 (Decoding Search)：根據聲學得分和語言得分來比對搜尋出最有可能的詞彙。

經典的 GMM-HMM 演算法是過去數十年來語音辨識的主流，直到 2014 年 Google 學者使用雙向 LSTM，以 CTC(Connectionist Temporal Classification) 為目標函數，將音訊轉成文字，深度學習演算法就此涉足這個領域，不過，目前大部份的工具箱依然以 GMM-HMM 演算法為主，因此，我們還是要先來認識 GMM-HMM 的運作原理。

自動語音辨識的流程可用貝式定理 (Bayes' Theorem) 來表示：

$$W = \arg\max P(W|O) \tag{14.1}$$

$$W = \arg\max \frac{P(O|W)P(W)}{P(O)} \tag{14.2}$$

$$W = \arg\max P(O|W)P(W) \tag{14.3}$$

其中：

1. W 就是我們要預測的詞彙 (W_1、W_2、W_3...)，O 是音訊的特徵向量。
2. P(W|O)：已知特徵向量，預測各個詞彙的機率，故以 argmax 找到獲得最大機率的 W，即為辨識的詞彙。
3. 14.2 公式的 P(O) 不影響 W，可省略，故簡化為 14.3 公式。
4. P(O|W)：通常就是聲學模型，以高斯混合模型 (Gaussian Mixture Model, GMM) 演算法建構。
5. P(W)：語言模型，以隱藏式馬可夫模型 (Hidden Markov Model, HMM) 演算法建構。

高斯混合模型 (Gaussian Mixture Model, 以下簡稱 GMM) 是一種非監督式的演算法，假設樣本是由多個常態分配混合而成的，則演算法會利用最大概似法 (MLE) 推算出母體的統計量 (平均數、標準差)，進而將資料分成多個集群 (Clusters)。應用到聲學模型，就是以特徵向量作為輸入，算出每個詞彙的可能機率。

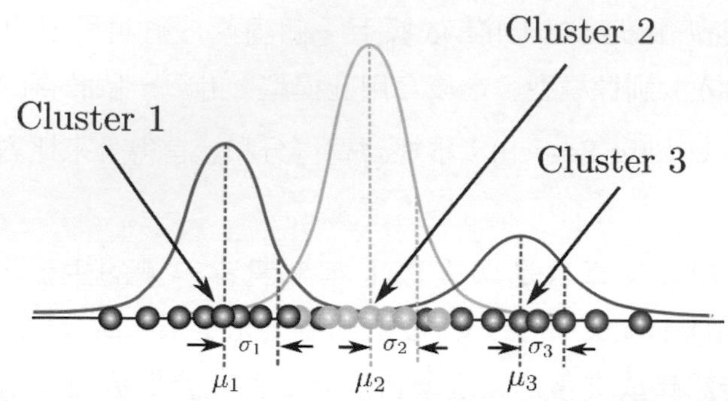

▲ 圖 14.16 一維高斯混合模型 (Gaussian Mixture Model, GMM) 示意圖，圖片來源：『Gaussian Mixture Models Explained』[38]

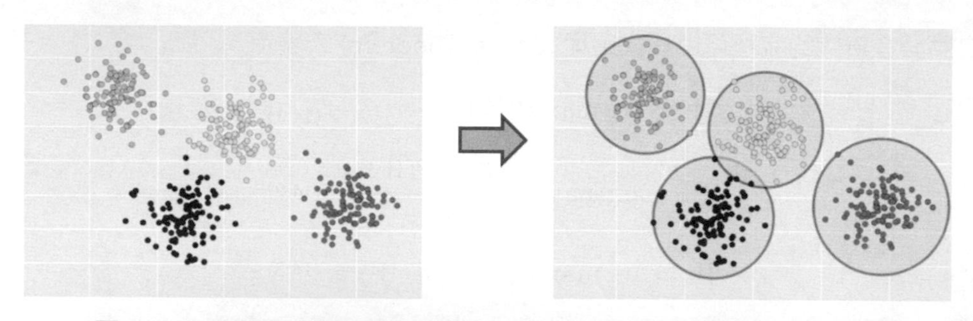

▲ 圖 14.17 二維高斯混合模型 (Gaussian Mixture Model, GMM) 示意圖

以聲學模型推測出多個音素後，就可以比對拼音字典 (Pronunciation Dictionary)，找到相對的詞彙。

```
下雨 x ia4 ii v3
今天 j in1 t ian1
会 h ui4
北京 b ei3 j ing1
去 q v4
吗 m a1
天气 t ian1 q i4
怎么样 z en3 m o5 ii ang4
旅游 l v3 ii ou2
明天 m ing2 t ian1
的 d e5
还是 h ai2 sh i4
中 zh ong1 #1
忠 zh ong1 #2
```

▲ 圖 14.18 拼音字典 (Pronunciation Dictionary) 示意圖，左邊是詞彙，右邊是對照的音素，最後兩個詞彙同音，故標示 #1、#2。圖片來源：『語音辨識系列 2-- 基於 WFST 解碼器 _u012361418 的博客 - 程式師宅基地』[39]

隱藏式馬可夫模型 (Hidden Markov Model，以下簡稱 HMM) 係利用前面的狀態 (k-1、k-2、…) 預測目前狀態 (k)。應用到語言模型，就是以前面的詞彙為輸入，預測下一個詞彙的可能機率，即前面提到 NLP 的 n-gram 語言模型。聲學模型也可以使用 HMM，以前面的音素推測目前的音素，例如一個字的拼音為首是ㄅ，那麼接著ㄆ就絕對不會出現。

$$P(\boldsymbol{w})=\prod_{k=1}^{K}P\left(w_k|w_{k-1},\ldots,w_1\right)$$

又比方，and、but、cat 三個詞彙，採用 bi-gram 模型，我們就要根據上一個詞彙預測下一個詞彙的可能機率，並取其中機率最大者。

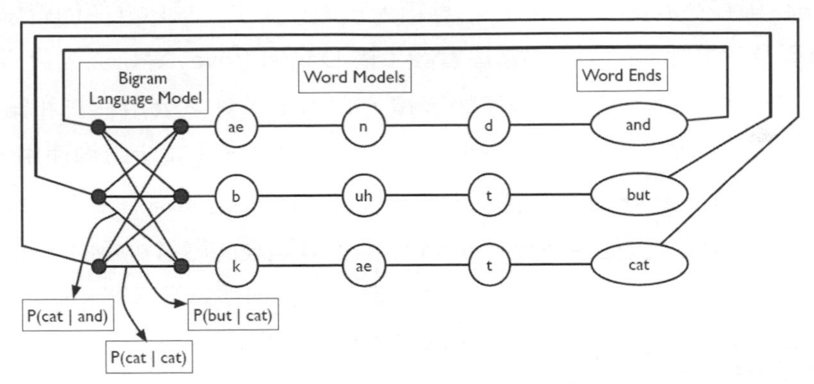

▲ 圖 14.19 bi-gram 語言模型結合 HMM 的示意圖，圖片來源：『愛丁堡大學語音辨 課程』第 11 章 [40]

最後，綜合 GMM 和 HMM 模型所得到的分數，再藉由解碼的方式搜尋最有可能的詞彙。小型的詞彙集可採用『維特比解碼』(Viterbi Decoding) 進行精確搜索 (Exact Search)，但大詞彙 續語音辨 就會遭遇困難，所以一般會改採用『光束搜尋』(Beam Search)、『加權的有限狀態轉換機』(Weighted Finite State Transducers, WFST) 或其他演算法，如要獲得較完整的概念可參閱『現階段大詞彙 續語音辨 研究之簡介』[41] 一文的說明。

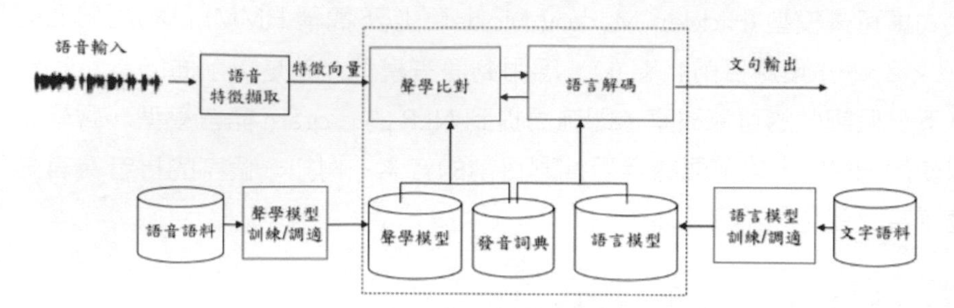

▲ 圖 14.20 大詞彙連續語音辨識的流程

14-7 自動語音辨識實作

Kaldi 是目前較為流行的語音辨識工具箱，它囊括了上一節所介紹的聲學模型、語言模型及解碼搜尋的相關函數庫實踐，由 Daniel Povey 等研究人員所開發，原始程式碼為 C++，其安裝程序較繁複，必須安裝許多公用程式和第三方工具，雖然可以在 Windows 作業系統上安裝，但是許多測試步驟均使用 Shell 腳本 (*.sh)，因此，最好還是安裝在 Linux 環境上，於是筆者在 PC 上另外安裝 Ubuntu 作業系統，並從頭建置 Python 環境，有興趣的讀者可參閱『Ubuntu 巡航記』系列的部落文，總共 5 篇，最後一篇介紹如何編譯及建置 Kaldi 原始程式碼，全程可能要花上一整天的時間，讀者要有一點耐心。

安裝完成之後就可以進行一些測試了，相關操作說明可參考 Kaldi 官網文件 [42]，內容相當多，需投入不少心力來研讀，大家要有心理準備。

另外，各所大學的電機系都有開設整學期的課程，名稱即為語音辨識 (Speech Recognition)，網路上有許多開放性的教材，包括影片和投影片，有興趣的讀者可搜尋一下。

1 台灣大學李琳山教授 Introduction to Digital Speech Processing [43]。

2 哥倫比亞大學 Speech Recognition [44]。

3 愛丁堡大學 Automatic Speech Recognition [45]。

最後，語音辨識必須要收集大量的訓練資料，而 OpenSLR 就有提供非常多可免費下載的資料集和軟體，詳情可參考官網說明 [6]，其中也有中文的語音資料集 CN-Celeb，它包含了 1000 位著名華人的三十萬條語音，而 VoxCeleb 則是知名人士的英語語音資料集，其他較知名的資料集還有：

1. TIMIT[47]：美式英語資料集。
2. LibriSpeech：電子書的英語朗讀資料集，可在 OpenSLR 下載。
3. 維基百科語音資料集 [48]。

14-8 結語

語音除了可以拿來語音辨識之外，還有許多其他方面的應用，譬如：

1. 聲紋辨識：從講話的聲音分辨是否為特定人，屬於生物識別技術 (Biometrics) 的一種，可應用在登入 (Sign in)、犯罪偵測、智慧家庭等領域。
2. 聲紋建模：模擬或創造特定人的聲音唱歌或講話，例如 Siri。
3. 相似性比較：未來也許能夠使用語音搜尋，類似現在的文字、圖像搜尋。
4. 音樂方面的應用：比方曲風辨識、模擬歌手的聲音唱歌、編曲 / 混音…等。

各位讀者看到這裡，應該能深刻了解到，文字、影像、語音辨識是整個人工智慧應用的三大基石，不論是自駕車、機器人、ChatBot、甚至是醫療診斷通通都是建構在這些基礎技術之上。如同前文提到，現今的第三波 AI 浪潮之所以不會像前兩波一樣後繼無力、不了了之，有一部份原因是要歸功於這些基本技術的開發，這就像蓋房子的地基，技術的研發與應用實踐並進，才不會空有理論，最後成為空中樓閣。相信在未來這三大基石還會有更進一步的發展，到時候又會有新的技能被解放，人們能透過 AI 完成的任務也就更多了，換言之，我們學習的腳步永遠不會有停止的一天，筆者與大家共勉之。

參考資料 (References)

[1] Michael Picheny、Bhuvana Ramabhadran、Stanley F. Chen,《Lecture 1 Introduction/Signal Processing, Part I》, 2012
(https://www.ee.columbia.edu/~stanchen/fall12/e6870/slides/lecture1.pdf)

[2] Roger Jang (張智星),《Audio Signal Processing and Recognition (音訊處理與辨識)》, 2005
(http://mirlab.org/jang/books/audioSignalProcessing/audioIntro.asp?language=chinese)

[3] 國立臺灣大學普通物理實驗室官網關於示波器使用教學
(https://web.phys.ntu.edu.tw/gphyslab/modules/tinyd2/index8803.html?id=7)

[4] Gfycat 說明振幅、頻率及相位的動畫
(https://gfycat.com/ickyfilthybobolink)

[5] Pema Grg,《Audio Signal Processing》, 2020
(https://blog.ekbana.com/audio-signal-processing-f7e86d415489)

[6] 維基百科 Sampling (signal processing)
(https://en.wikipedia.org/wiki/Sampling_(signal_processing)#Sampling_rate)

[7] File:CPT-Sound-ADC-DAC.svg Wikimedia Commons
(https://commons.wikimedia.org/wiki/File:CPT-Sound-ADC-DAC.svg)

[8] Github sample-files
(https://github.com/maxifjaved/sample-files)

[9] wave 說明文件
(https://docs.python.org/3/library/wave.html)

[10] SpeechRecognition Project description
(https://pypi.org/project/SpeechRecognition/2.1.2/)

[11] Librosa 說明文件
(https://librosa.org/doc/latest/tutorial.html)

[12] Vincent Koops,《Introduction Basic Audio Feature Extraction》, 2017
(http://www.cs.uu.nl/docs/vakken/msmt/lectures/SMT_B_Lecture5_DSP_2017.pdf)

[13] Nagesh Singh Chauhan,《Audio Data Analysis Using Deep Learning with Python (Part 1)》, 2020
(https://www.kdnuggets.com/2020/02/audio-data-analysis-deep-learning-python-part-1.html)

[14] Henry Haefliger,《Python audio spectrum analyzer》, 2019
(https://medium.com/quick-code/python-audio-spectrum-analyser-6a3c54ad950)

[15] FFmpeg 官網
(http://ffmpeg.org/download.html)

[16] FFmpeg 官網說明
(http://ffmpeg.org/documentation.html)

[17] PyTorch Audio 教學文件
(https://pytorch.org/tutorials/beginner/audio_io_tutorial.html)

[18] Pytorch Torchaudio.Backend
(https://pytorch.org/audio/stable/backend.html)

[19] sox 工具軟體
(https://sourceforge.net/projects/sox/files/sox)

[20] Github pysox
(https://github.com/rabitt/pysox)

[21] Pytorch Torchaudio.Transforms
(https://pytorch.org/audio/stable/transforms.html)

[22] Hohyub Jeon、Yongchul Jung、Seongjoo Lee、Yunho Jung,《Area-Efficient Short-Time Fourier Transform Processor for Time–Frequency Analysis of Non-Stationary Signals》, 2020
(https://www.mdpi.com/2076-3417/10/20/7208/htm)

[23] PyTorch Torchaudio.Datasets
(https://pytorch.org/audio/stable/datasets.html)

[24] Pyroomacoustics CMU ARCTIC Corpus
(https://pyroomacoustics.readthedocs.io/en/pypi-release/pyroomacoustics.datasets.cmu_arctic.html)

[25] 維基百科 CMU Pronouncing Dictionary
(https://en.wikipedia.org/wiki/CMU_Pronouncing_Dictionary)

[26] Common Voice Datasets
(https://commonvoice.mozilla.org/en/datasets)

[27] Common Voice 繁體中文
(https://commonvoice.mozilla.org/zh-TW)

[28] GTZAN Genre Collection
(http://marsyas.info/downloads/datasets.html)

[29] Open Speech and Language Resources
(https://www.openslr.org/1)

[30] Pete Warden,《Speech Commands: A Dataset for Limited-Vocabulary Speech Recognition》, 2018
(https://arxiv.org/abs/1804.03209)

[31] Kunal Vaidya,《Music Genre Recognition using Convolutional Neural Networks (CNN) — Part 1》, 2020
(https://towardsdatascience.com/music-genre-recognition-using-convolutional-neural-networks-cnn-part-1-212c6b93da76)

[32] prasad213 music-genre-classification
(https://jovian.ai/prasad213/music-genre-classification)

[33] 陳昭明,《Day 25：自動語音辨識 (Automatic Speech Recognition) -- 觀念與實踐》, 2018
(https://ithelp.ithome.com.tw/articles/10195763)

[34] kaggle 官網『TensorFlow Speech Recognition Challenge』
(https://www.kaggle.com/c/tensorflow-speech-recognition-challenge)

[35] 維基百科關於音素的說明
(https://zh.wikipedia.org/wiki/ 音位)

[36] Anand P V,《Indian Accent Speech Recognition》, 2020
(https://anandai.medium.com/indian-accent-speech-recognition-2d433eb7edac)

[37] Amazon Polly 支援語言的音素
(https://docs.aws.amazon.com/zh_tw/polly/latest/dg/ref-phoneme-tables-shell.html)

[38] Oscar Contreras Carrasco,《Gaussian Mixture Models Explained》, 2019
(https://towardsdatascience.com/gaussian-mixture-models-explained-6986aaf5a95)

[39] 心學 - 知行合一,《語音辨識系列 2-- 基於 WFST 解碼器 _u012361418 的博客 - 程式師宅基地》, 2019
(http://www.cxyzjd.com/article/u012361418/90289912)

[40] 『愛丁堡大學語音辨 課程』第 11 章
(http://www.inf.ed.ac.uk/teaching/courses/asr/lectures-2019.html)

[41] 陳柏琳，《現階段大詞彙 續語音辨 研究之簡介》，2005
(http://berlin.csie.ntnu.edu.tw/Berlin_Research/Manuscripts/2005_ACLCLP-Newsletter_%E7%8F%BE%E9%9A%8E%E6%AE%B5%E5%A4%A7%E8%A9%9E%E5%BD%99%E9%80%A3%E7%BA%8C%E8%AA%9E%E9%9F%B3%E8%BE%A8%E8%AD%98%E7%A0%94%E7%A9%B6%-E4%B9%8B%E7%B0%A1%E4%BB%8B_Final.pdf)

[42] Kaldi 官網操作說明文件
(http://kaldi-asr.org/doc/index.html)

[43] 台灣大學李琳山教授 Introduction to Digital Speech Processing 2019 Spring
(http://speech.ee.ntu.edu.tw/DSP2019Spring/)

[44] 哥倫比亞大學 Speech Recognition EECS E6870 — Fall 2012
(https://www.ee.columbia.edu/~stanchen/fall12/e6870/outline.html)

[45] 愛丁堡大學 Automatic Speech Recognition (ASR) 2018-19: Lectures
(https://www.inf.ed.ac.uk/teaching/courses/asr/lectures-2019.html)

[46] OpenSLR Resources
(https://www.openslr.org/resources.php)

[47] TIMIT Acoustic-Phonetic Continuous Speech Corpus
(https://catalog.ldc.upenn.edu/LDC93S1)

[48] Wikipedia:WikiProject Spoken Wikipedia
(https://en.wikipedia.org/wiki/Wikipedia:WikiProject_Spoken_Wikipedia)

第五篇

強化學習
(Reinforcement Learning)

第 15 章
強化學習

強化學習 (Reinforcement Learning, RL) 相關的研究少說也有數十年的歷史了，但與另外兩類機器學習相比較冷門，直到 2016 年以強化學習為理論基礎的 AlphaGo，先後擊敗世界圍棋冠軍李世乭、柯潔等人後，開始受到世人的矚目，強化學習才因此一炮而紅，學者專家紛紛投入研發，接下來我們就來探究其原理與應用。

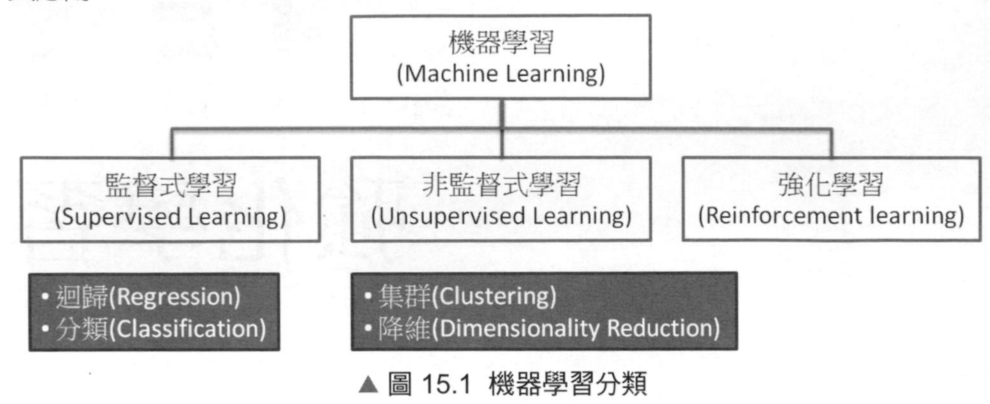

▲ 圖 15.1 機器學習分類

強化學習是指機器與環境的互動過程中，人類不直接提供解決方案，而是透過電腦不斷的嘗試，並在錯誤中學習，稱為試誤法 (Trial and Error)，在嘗試過程中，不斷修正策略，最終電腦就可以學習到最佳的行動策略。打個比方，就像是訓練小狗接飛盤一樣，主人不會教狗如何接飛盤，而是不斷的拋出飛盤讓小狗練習，如果小狗成功接到飛盤，就給予食物獎勵，反之就不給獎勵，經過反覆練習後，毛小孩就能練就一身好功夫了。因此，強化學習並不是單一階段 (One Step) 的演算法，而是多階段、反覆求解，類似梯度下降法的優化過程。

▲ 圖 15.2 訓練小狗接飛盤，如果成功接住飛盤，就給予食物當獎勵

根據維基百科 [1] 的概述，強化學習涉及到的學術領域相當多，包括博弈論 (Game Theory)、自動控制、作業研究、資訊理論、模擬優化、群體智慧 (Swarm Intelligence)、統計學以及遺傳演算法等，同時它的應用領域也是包山包海，例如：

1. 下棋、電玩遊戲策略 (game playing)。
2. 製造 / 醫療 / 服務機器人的控制策略 (Robotic motor control)。
3. 廣告投放策略 (Ad-placement optimization)。
4. 金融投資交易策略 (Stock market trading strategies)。
5. 運輸路線的規劃 (Transportation Routing)。
6. 庫存管理策略 (Inventory Management)、生產排程 (Production scheduling)。

甚至於殘酷的戰爭，只要應用場域能在『模擬』環境下 Trial and Error，並且需要人工智慧提供行動的決策輔助，都是強化學習可以發揮的領域。

15-1 強化學習的基礎

強化學習的理論基礎為『馬可夫決策過程』(Markov Decision Processes，MDP)，主要是指所有的行動決策都會基於當時所處的『狀態』(State) 及行動後帶來的『獎勵』(Reward) 所影響，而狀態與獎勵是由『環境』所決定的，以下列的示意圖說明。

1. 代理人行動後，環境會依據行動更新狀態，並給予獎勵。
2. 代理人觀察所處的狀態及之前的行動，決定下次的行動。

▲ 圖 15.3 馬可夫決策過程的示意圖

各個專有名詞定義如下：

1. 代理人或稱智能體 (Agent)：也就是實際行動的主人翁，比如遊戲中的玩家 (Player) 、下棋者、機器人、金融投資者、接飛盤的狗等，主要的任務是與環境互動，並根據當時的狀態 (State) 與預期會得到的獎勵或懲罰，來決定下一步的行動。代理人可能不只一個，如果有多個則稱為『多代理人』(Multi-Agent) 的強化學習。
2. 環境 (Environment)：根據代理人的行動 (Action)，給予立即或延遲的獎勵 / 懲罰，同時會決定代理人所處的狀態。
3. 狀態 (State)：指代理人所處的狀態，譬如圍棋的棋局、遊戲中玩家 / 敵人 / 寶物的位置、能力和金額。有時候代理人只能觀察到局部的狀態，例如，撲克牌遊戲 21 點 (Black Jack)，莊家有一張牌蓋牌，玩家是看不到的，這種情形稱為『部分觀察』(Partial Observation)，因此狀態也被稱為觀察 (Observation)。
4. 行動 (Action)：代理人依據環境所提示的狀態與獎勵而作出的決策。

整個過程就是代理人與環境互動的過程，可以使用行動軌跡 (trajectory) 來表示：

$$\{S_0 , A_0 , R_1, S_1, A_1, R_2, S_2, \ldots, S_t , A_t , R_{t+1}, S_{t+1}, A_{t+1}, R_{t+2}, S_{t+2}\}$$

其中

- S：狀態 (State)，S_t 是 t 時間點的狀態。
- A：行動 (Action)。
- R：獎勵 (Reward)。
- 行動軌跡：行動 (A_0) 後，代理人會得到獎勵 (R_1)、狀態 (S_1)，之後再採取下一步的行動 (A_1)，不停循環 (A_t , R_{t+1}, S_{t+1}⋯) 直至遊戲結束為止。

馬可夫決策過程的演進，可依資訊量分為三種模型：

1. 馬可夫過程 (Markov Processes，MP)
2. 馬可夫獎勵過程 (Markov Reward Processes，MRP)
3. 馬可夫決策過程 (Markov Decision Processes，MDP)

▲ 圖 15.4 馬可夫決策過程的演進

先從馬可夫過程 (Markov Process, MP) 開始講起，它也稱為『馬可夫鏈』(Markov Chain)，主要內容為描述狀態之間的轉換，例如，假設天氣的變化狀態只有兩種，晴天和雨天，下圖就是一個典型的馬可夫鏈的狀態轉換圖：

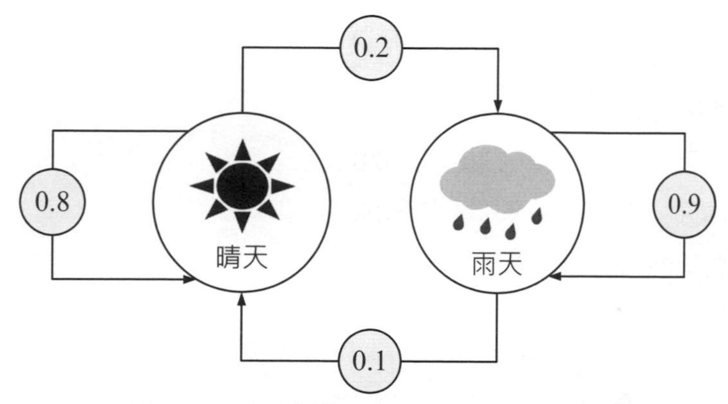

▲ 圖 15.5 馬可夫鏈 (Markov Chain) 的示意圖

也可以使用表格說明，稱為狀態轉換矩陣 (State Transition matrix)：

	晴天	雨天
晴天	0.8	0.2
雨天	0.1	0.9

圖 15.6 狀態轉換矩陣

上面圖表要表達的資訊如下：

1. 今天是晴天，明天也是晴天的機率：0.8。
2. 今天是晴天，明天是雨天的機率：0.2。
3. 今天是雨天，明天是晴天的機率：0.1。

4. 今天是雨天，明天也是雨天的機率：0.9。

也就是說，明日天氣會受今日天氣的影響，換言之，下一個狀態出現的機率會受到目前狀態的影響，符合這種特性的模型就稱為『馬可夫性質』(Markov Property)，即目前狀態 (S_t) 只受前 1 個狀態 (S_{t-1}) 影響，與之前的狀態 (S_{t-2}，S_{t-3}，…) 無關，也可以擴展為受 n 個狀態 (S_{t-1}, S_{t-2}，S_{t-3}，…，S_{t-n}) 影響，類似時間序列。

有了上面圖表資訊，我們就可以推測 n 天後出現晴天或雨天的機率，例如：

1. 今天是晴天，『後天』是晴天的機率 = 0.8 x 0.8 + 0.2 x 0.1 = 0.66，說明如下：

- 今天是晴天，『後天』是晴天有兩種狀況：
- 晴天 → 晴天 → 晴天：

  今天是晴天，明天是晴天的機率 = 0.8

  明天是晴天，後天是晴天的機率 = 0.8

  當兩者情況同時發生，而且事件獨立

  $P(A \cap B) = P(A) \times P(B) = 0.8 \times 0.8 = 0.64$。

- 晴天 → 雨天 → 晴天：

  今天是晴天，明天是雨天的機率 = 0.2

  明天是雨天，後天是晴天的機率 = 0.1

  $P(A \cap B) = P(A) \times P(B) = 0.2 \times 0.1 = 0.02$。

- 兩種狀況的機率相加，0.64 + 0.02 = 0.66。

2. 同理，今天是雨天，『後天』是晴天的機率 = 0.1 x 0.8 + 0.9 x 0.1 = 0.17。

依照上述的推理，我們可以預測 n 天後是晴天或雨天的機率，n = 1, 2, 3, … ∞，這就是馬可夫鏈的理論基礎。

擴充一下，馬可夫鏈加上獎勵 (Reward)，就稱為『馬可夫獎勵過程』(Markov Reward Process, MRP)，即每個轉換除了機率外，還帶有獎勵資訊，如下圖。

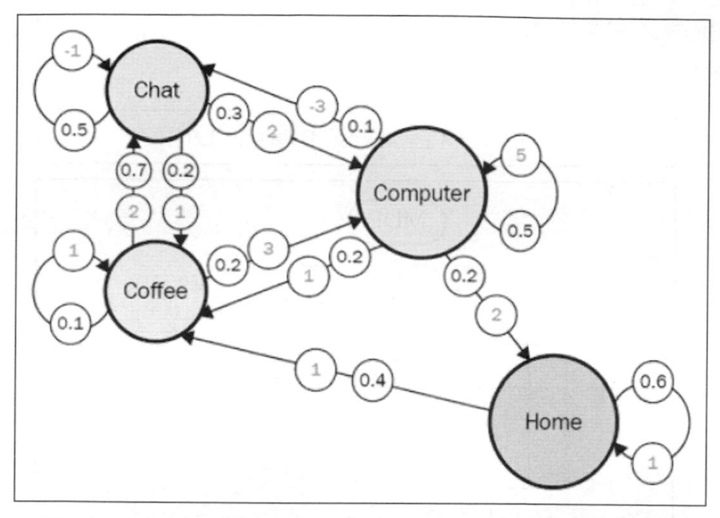

▲ 圖 15.7 馬可夫獎勵過程 (Markov Reward Process, MRP)

上圖是學生作息的狀態轉換，狀態包括聊天 (Chat)、喝咖啡 (Coffee)、玩電腦 (Computer) 和在家 (Home)，依據轉換機率和獎勵，可算出每次轉換後會獲得的獎勵期望值，加總起來就是狀態的期望值，用以表達每個狀態的價值，如下：

$$V(chat) = -1 * 0.5 + 2 * 0.3 + 1 * 0.2 = 0.3$$

$$V(coffee) = 2 * 0.7 + 1 * 0.1 + 3 * 0.2 = 2.1$$

$$V(home) = 1 * 0.6 + 1 * 0.4 = 1.0$$

$$V(computer) = 5 * 0.5 + (-3) * 0.1 + 1 * 0.2 + 2 * 0.2 = 2.8$$

狀態期望值非常重要，它顯露出代理人處在的狀態相對有利的比較，可以作為行動決策的依據，例如我們玩遊戲時，永遠選擇往最有利的狀態前進，後續會有更詳細的說明。

再擴充一下，『馬可夫獎勵過程』再加上『行動轉移矩陣』(Action Transition Matrix) 就是馬可夫決策過程 (Markov Decision Processes，MDP)，那『行動轉移矩陣』又是什麼呢？舉例來說，走迷宮時，玩家決定往上 / 下 / 左 / 右走的機率可能不相等，又如玩剪刀 / 石頭 / 布時，每個人的猜拳偏好都不盡相同，假使第一次雙方平手，第二次出手可能就會參考第一次的結果來出拳，因此出剪刀 /

石頭 / 布的機率又會有所改變，這就是『行動轉移矩陣』，它在每個狀態的轉移矩陣值可能都不一樣，如下圖。

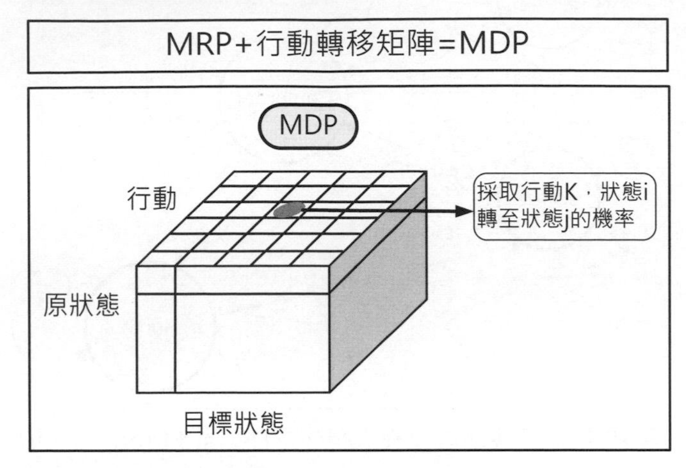

▲ 圖 15.8 馬可夫決策過程 (Markov Decision Process, MDP)

馬可夫決策過程 (以下簡稱 MDP) 的假設是代理人的行動決策是希望『獲得的**累計**獎勵最大化』，並不是依據每一種狀態下的立即獎勵行動，比方説，下棋時我們會為了誘敵進入陷阱，而故意犧牲某些棋子，以求得最後的勝利，因此 MDP 是追求長期累計獎勵的最大化，而非每一步驟的最大獎勵 (短期利益)，累計獎勵稱為『報酬』(Return)。強化學習類似優化求解，目標函數是報酬，希望找到報酬最大化時應採取的行動策略 (Policy)，對比於神經網路求解，神經網路是基於損失函數最小化的前提下，求出各神經元的權重。

我們可將行動轉移矩陣理解為策略 (Policy)，若策略是固定的常數，MDP 就等於 MRP，但是，我們面臨的環境是多變的，策略通常不會一成不變，我們會因應狀態不同，行動策略會隨之調整。總而言之，**強化學習的目標就是在 MDP 的機制下，要找出最佳的行動策略，而目的是希望獲得最大的報酬**。

15-2 強化學習模型

接下來將 MDP 概念轉化為數學模型，將馬可夫決策過程的示意圖轉為數學符號 (第二張圖)。

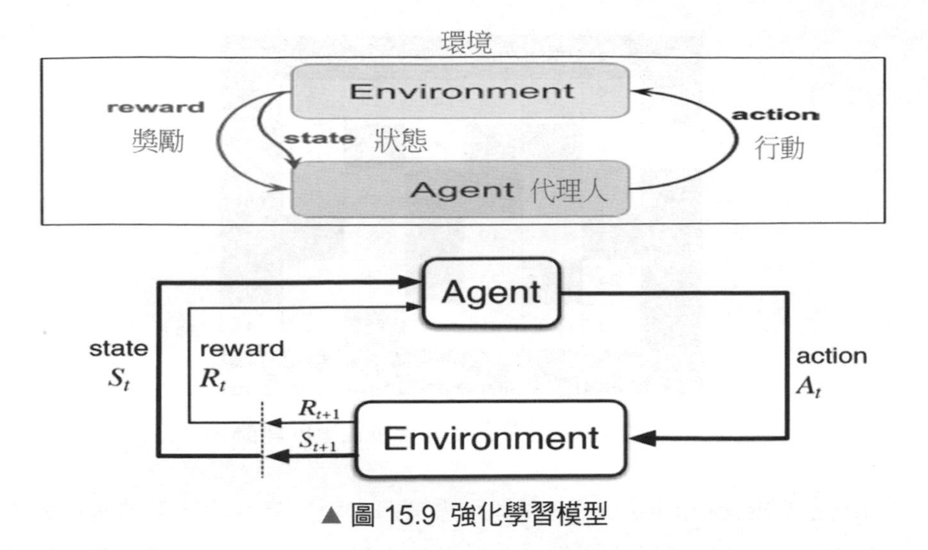

▲ 圖 15.9 強化學習模型

MDP 行動軌跡 (trajectory) 如下：

$\{S_0 , A_0 , R_1, S_1, A_1, R_2, S_2, \cdots, S_t , A_t , R_{t+1}, S_{t+1}, A_{t+1}, R_{t+2}, S_{t+2}\cdots\}$

1. 在狀態 S_0 下，採取行動 A_0，獲得獎勵 R_1，並更新狀態為 S_1，再採取行動 A_1，以此類推，形成軌跡，S、A、R、S、A、R…的循環。

2. 狀態轉移機率：達到狀態 S_{t+1} 的機率如下：

   $p(S_{t+1}| S_t, A_t , S_{t-1}, A_{t-1} , S_{t-2}, A_{t-2}, S_{t-3}, A_{t-3}\cdots)$

   依據『馬可夫性質』的假設，S_{t+1} 只與前一個狀態 (S_t) 有關，上式簡化為 $p(S_{t+1}| S_t, A_t)$。

3. 報酬：就以走迷宮當例子，到達終點時，所累積的獎勵總和稱為報酬，下式為從 t 時間點走到終點 (T) 的累積獎勵。

   $G_t = R_{t+1} + R_{t+2} + R_{t+3} + \cdots + R_T = R_{t+k}$

範例

01 以下圖走迷宮為例，目標是以最短路徑到達終點，故設定每走一步獎勵為 -1，即可算出每一個位置的報酬，計算方法是由終點倒推回起點，假設終點的報酬為 0，倒推結果每個位置的報酬如下圖中的數字。

▲ 圖 15.10 計算迷宮每一個位置的報酬

4. 折扣報酬 (Discount Return)：模型目標是追求報酬最大化，若迷宮很大的話要考慮的獎勵 (R_i) 個數也會很多，為了簡化模型，將每個時間的獎勵乘以一個小於 1 的折扣因子 (γ)，讓越長遠的獎勵越不重要，避免要考慮太多的狀態，類似複利的概念，將未來獎勵轉換為現值，因此報酬公式修正為：

   $G_t = R_{t+1} + \gamma R_{t+2} + \gamma^2 R_{t+3} + \cdots + \gamma^{T-1} R_T = \sum_{k=1}^{T} \gamma^{k-1} R_{t+k}$

   同理 $G_{t+1} = R_{t+2} + \gamma R_{t+3} + \gamma^2 R_{t+4} + \cdots + \gamma^{T-2} R_T$

   兩式相減，$G_t = R_{t+1} + \gamma G_{t+1}$

   即 t 時間點的報酬可由 t+1 時間點的報酬推算出來。

5. 狀態值函數 (State Value Function)：以圖 15.10 的迷宮為例，玩家所在的位置就是狀態，圖中的數字 (報酬) 即是狀態值，代表每個狀態的價值。但從起點走到終點的路徑可能不只一種，故狀態值函數是每條路徑報酬的期望值 (平均數)。

02 再看另一個迷宮遊戲，規則如下，起點為 (1, 1)，終點為 (4, 3) 或 (4, 2)，走到 (4, 3) 獎勵為 1，走到 (4, 2) 獎勵為 -1，每走一步獎勵均為 -0.04。

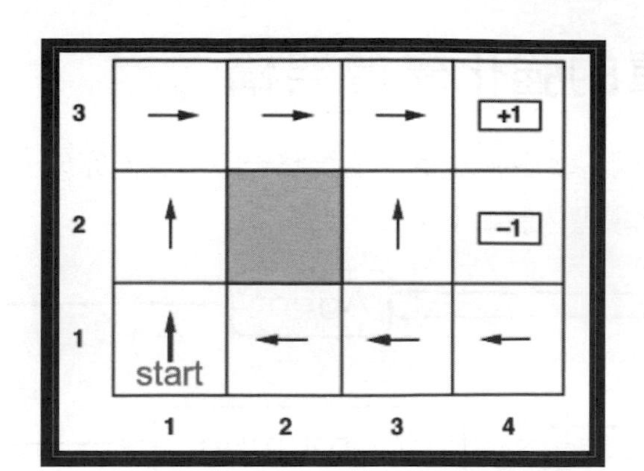

假設有三種走法：

① (1,1) → (1,2) → (1,3) → (1,2) → (1,3) → (2,3) → (3,3) → (4,3)
-0.04 -0.04 -0.04 -0.04 -0.04 -0.04 -0.04 +1

② (1,1) → (1,2) → (1,3) → (2,3) → (3,3) → (3,2) → (3,3) → (4,3)
-0.04 -0.04 -0.04 -0.04 -0.04 -0.04 -0.04 +1

③ (1,1) → (2,1) → (3,1) → (3,2) → (4,2)
-0.04 -0.04 -0.04 -0.04 -1

這三條走法的起點報酬計算如下：

(1) 1 - 0.04 x 7 = 0.72

(2) 1 - 0.04 x 7 = 0.72

(3) -1 - 0.04 x 4 = -1.16

因此 (1, 1) 狀態期望值 = (0.72 + 0.72 + (-1.16)) / 3= 0.28 / 3 ≒ 0.09

狀態值函數以 $V_\pi(s)$ 為表示，其中 π 為特定策略，故公式如下：

$V_\pi(s) = E(G|S=s)$

MDP 依照公式計算出的值函數行動，每次行動後就重新計算所有狀態值函數，週而復始，在每一個狀態下都以最大化狀態或行動值函數為準則，採取行動，以獲取最大報酬，這就是最簡單的策略，稱之為貪婪策略 (Greedy Policy)。

15-3 簡單的強化學習架構

這一節我們把前面剛學到熱騰騰的理論統整一下，就能完成一個初階的程式。回顧前面談到的強化學習機制如下：

▲ 圖 15.11 強化學習機制

藉由強化學習機制，制定物件導向設計 (OOP) 的架構如下：

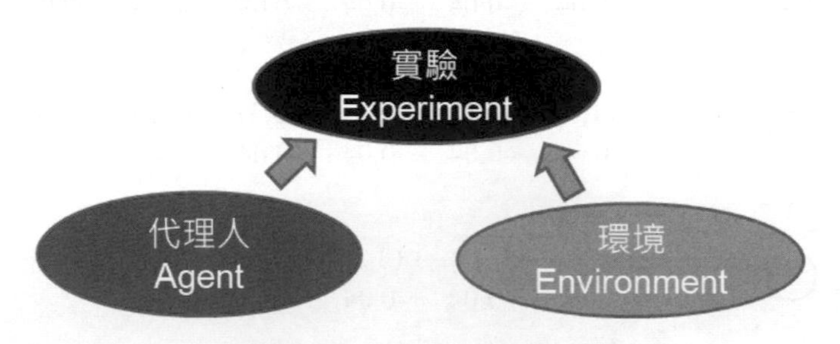

▲ 圖 15.12 強化學習程式架構

程式架構大致分為三個類別或模組，如下所示：

1. 環境 (Environment)：比如迷宮、遊戲或圍棋，它會給予玩家獎勵並負責狀態轉換，若是單人遊戲，環境還要擔任玩家的對手，像是電腦圍棋、井字遊戲。環境的職責 (方法) 如下：

- 初始化 (Init)：需定義狀態空間 (State Space)、獎勵 (Reward) 辦法、行動空間 (Action Space)、狀態轉換 (State Transition definition)。
- 重置 (Reset)：每一回合 (Episode) 結束後，須重新開始，重置所有變數。
- 步驟 (Step)：代理人行動後，環境要驅動下一步的行動軌跡，更新狀態、給予獎勵，並判斷遊戲是否勝負已分，回合結束。
- Render (渲染)：更新每次行動後的畫面顯示。

2. 代理人 (Agent)：即玩家，職責如下：

- 行動 (Act)：代理人依據既定的策略與目前所處的狀態，採取行動，例如上、下、左、右。
- 通常要訂定特殊的策略，會繼承基礎類別 (Agent class)，在衍生的類別中，覆寫行動函數 (Act)，並撰寫策略邏輯。

3. 實驗 (Experiment)：建立兩個類別物件，進行遊戲。

接下來，我們就依照上述架構來開發程式。

範例

01 建立簡單的迷宮遊戲：共有 5 個位置，玩家一開始站在中間位置，每走一步扣分 0.02，走到左端點得 -1 分，走到右端點得 1 分，走到左右端點該回合即結束。

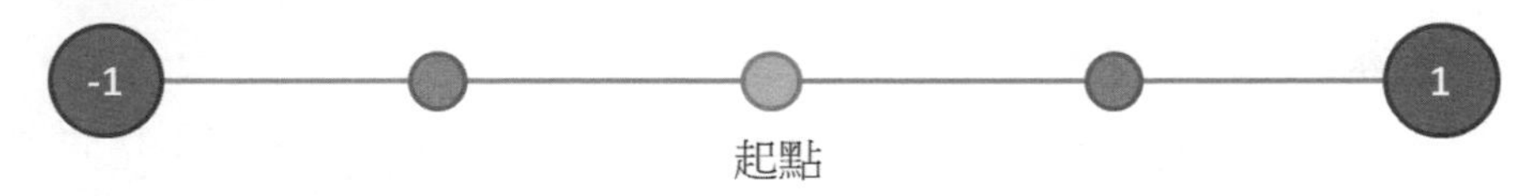

➤ 下列程式碼請參考【RL_15_01_simple_game.py】。

1. 載入相關套件。

```
1 # 載入相關套件
2 import random
```

2. 建立環境類別。

- __init__：初始化，每回合結束後比賽重置 (Reset)。
- get_observation：傳回狀態空間 (State Space)，本遊戲假設有五種 :1、2、3、4、5。
- get_actions：傳回行動空間 (Action Space)，本遊戲假設有兩種 :-1、1，只能往左或往右。
- is_done：判斷比賽回合是否結束。
- step：觸發下一步，根據傳入的行動，更新狀態，並計算獎勵。

```
4 # 環境類別
5 class Environment:
6     def __init__(self): # 初始化
7         self.poistion = 3 # 玩家一開始站中間位置
8
```

```
 9      def get_observation(self):
10          # 狀態空間(State Space)，共有5個位置
11          return [i for i in range(1, 6)]
12
13      def get_actions(self):
14          return [-1, 1] # 行動空間(Action Space)
15
16      def is_done(self): # 判斷比賽回合是否結束
17          # 是否走到左右端點
18          return self.poistion == 1 or self.poistion == 5
```

```
20      # 步驟
21      def step(self, action):
22          # 是否回合已結束
23          if self.is_done():
24              raise Exception("Game over")
25
26          self.poistion += action
27          if self.poistion == 1:
28              reward = -1
29          elif self.poistion == 5:
30              reward = 1
31          else:
32              reward = -0.02
33
34          return self.poistion, reward
```

3. 建立代理人類別：主要是訂定行動策略，本範例採取隨機策略 (第 47 行)。

```
37  # 代理人類別
38  class Agent:
39      # 初始化
40      def __init__(self):
41          pass
42
43      def action(self, env):
44          # 取得狀態
45          current_obs = env.get_observation()
46          # 隨機行動
47          return random.choice(env.get_actions())
```

4. 定義好環境與代理人功能後，就可以進行實驗了。

```
50  if __name__ == "__main__":
51      # 建立實驗，含環境、代理人物件
52      env = Environment()
53      agent = Agent()
54
55      # 進行實驗
56      total_reward=0  # 累計報酬
57      while not env.is_done():
58          # 採取行動
59          action = agent.action(env)
60
61          # 更新下一步
62          state, reward = env.step(action)
63
64          # 計算累計報酬
```

```
65            total_reward += reward
66
67        # 顯示累計報酬
68        print(f"累計報酬: {total_reward:.4f}")
```

- 執行：【python RL_15_01_simple_game.py】。
- 執行結果：累計報酬 : -1.02，由於採隨機策略，因此，每次結果均不相同。

02 呼叫【RL_15_01_simple_game.py】，執行 10 回合。

➤ 下列程式碼請參考【RL_15_02_simple_game_test.py】。

1. 載入【RL_15_01_simple_game.py】。

```
1 # 載入相關套件
2 from RL_15_01_simple_game import Environment, Agent
```

2. 實驗：建立環境、代理人物件。

```
4 # 建立實驗，含環境、代理人物件
5 env = Environment()
6 agent = Agent()
```

3. 進行實驗。

```
8  # 進行實驗
9  for _ in range(10):
10     env.__init__()  # 重置
11     total_reward=0  # 累計報酬
12     while not env.is_done():
13         # 採取行動
14         action = agent.action(env)
15
16         # 更新下一步
17         state, reward = env.step(action)
18
19         # 計算累計報酬
20         total_reward += reward
21
22     # 顯示累計報酬
23     print(f"累計報酬: {total_reward:.4f}")
```

- 執行結果：可以看到每次的結果均不相同，這就是學習的過程。

```
累計報酬: 0.9800
累計報酬: -1.0200
累計報酬: -1.1800
累計報酬: 0.9800
累計報酬: -1.2600
累計報酬: 0.9800
累計報酬: 0.9000
累計報酬: 0.9800
累計報酬: -1.0200
累計報酬: 0.7000
```

03 改以狀態值函數最大者為行動依據，執行10回合，並將程式改成較有彈性，允許更多的節點。

➤ 下列程式碼請參考【RL_15_03_simple_game_with_state_value.ipynb】。

1. 載入相關套件。

```
1 # 載入相關套件
2 import numpy as np
3 import random
```

2. 參數設定：使用15個節點數，可設定為任意奇數測試。

```
1 # 參數設定
2 NODE_COUNT = 15        # 節點數
3 NORMAL_REWARD = -0.02 # 每走一步扣分 0.02
```

3. 建立環境類別：增加以下函數。

- update_state_value：若回合結束，由終點倒推，利用 $G_t = R_{t+1} + \gamma G_{t+1}$ 公式 (γ=1) 更新狀態值函數 (第47~53行)，每一位置 (G_{t+1}) 加上當期獎勵 (R_{t+1})，即為上一位置的狀態值函數 (G_t)。
- get_observation：取得狀態值函數的期望值，即平均數 (第56~63行)，代理人即可以狀態值函數最大者為行動依據。

```
1 # 環境類別
2 class Environment():
3     # 初始化
4     def __init__(self):
5         # 儲存狀態值函數，索引值[0]:不用，從1開始
6         self.state_value = np.full((NODE_COUNT+1), 0.0)
7 
8         # 更新次數，索引值[0]:不用，從1開始
9         self.state_value_count = np.full((NODE_COUNT+1), 0)
10 
11     # 初始化
12     def reset(self):
13         self.poistion = int((1+NODE_COUNT) / 2)  # 玩家一開始站中間位置
14         self.trajectory=[self.poistion] # 行動軌跡
15 
16     def get_states(self):
17         # 狀態空間(State Space)，共有5個位置
18         return [i for i in range(1, 6)]
19 
20     def get_actions(self):
21         return [-1, 1] # 行動空間(Action Space)
22 
23     def is_done(self): # 判斷比賽回合是否結束
24         # 是否走到左右端點
25         if self.poistion == 1 or self.poistion == NODE_COUNT:
26             return True
27         else:
28             return False
```

```
30      # 步驟
31      def step(self, action):
32          # 是否回合已結束
33          if self.is_done():
34              raise Exception("Game over")
35
36          self.poistion += action
37          self.trajectory.append(self.poistion)
38          if self.poistion == 1:
39              reward = -1
40          elif self.poistion == NODE_COUNT:
41              reward = 1
42          else:
43              reward = NORMAL_REWARD
44
45          return self.poistion, reward
46
47      def update_state_value(self, final_value):
48          # 倒推，更新狀態值函數
49          # 缺點：未考慮節點被走過兩次或以上，分數會被重複扣分
50          for i in range(len(self.trajectory)-1, -1, -1):
51              final_value += NORMAL_REWARD
52              self.state_value[self.trajectory[i]] += final_value
53              self.state_value_count[self.trajectory[i]] += 1
54
55      # 取得狀態值函數期望值
56      def get_observation(self):
57          mean1 = np.full((NODE_COUNT+1), 0.0)
58          for i in range(1, NODE_COUNT+1):
59              if self.state_value_count[i] == 0:
60                  mean1[i] = 0
61              else:
62                  mean1[i] = self.state_value[i] / self.state_value_count[i]
63          return mean1
```

4. 代理人類別：比較左右相鄰的節點，以狀態值函數最大者為行動方向，如果兩個的狀態值一樣大，就隨機選擇一個。另外，避免隨機選擇時，陷入重複一左一右的無限循環，加了簡單的循環檢查，如果偵測到循環，則採取相反方向行動，參見第 21~24 行，實驗結果，簡單的循環檢查還是杜絕不了較大的循環。可以將第 23 行註解移除觀察偵測到的循環。

```
1  # 代理人類別
2  class Agent():
3      # 初始化
4      def __init__(self):
5          pass
6
7      def action(self, env):
8          # 取得狀態值函數期望值
9          state_value = env.get_observation()
10
11         # 以左/右節點狀態值函數大者為行動依據，如果兩個狀態值一樣大，隨機選擇一個
12         if state_value[env.poistion-1] > state_value[env.poistion+1]:
13             next_action = -1
14         if state_value[env.poistion-1] < state_value[env.poistion+1]:
15             next_action = 1
```

```
16          else:
17              next_action = random.choice(env.get_actions())
18
19          # 如果偵測到循環，採反向行動
20          if len(env.trajectory)>=3 and \
21              env.poistion + next_action == env.trajectory[-2] and \
22              env.trajectory[-1] == env.trajectory[-3]:
23              # print('loop:', env.trajectory[-3:], env.poistion + next_action)
24              next_action = -next_action
25          return next_action
```

5. 建立實驗：程式邏輯與之前差不多，增加一些檢查及資訊顯示。

- 若行動次數超過 100 次，應該已經陷入循環，提前終止該回合 (第 23~25 行)。
- 提前終止的回合，不更新值函數，以免過度降低循環節點的值函數 (第 29 行)。
- 可以將第 31 行註解移除觀察每回合更新的值函數，藉以了解下一回合的行動依據。

```
 1  # 建立實驗，含環境、代理人物件
 2  env = Environment()
 3  agent = Agent()
 4
 5  # 進行實驗
 6  total_reward_list = []
 7  for i in range(10):
 8      env.reset()  # 重置
 9      total_reward=0  # 累計報酬
10      action_count = 0
11      while not env.is_done():
12          # 採取行動
13          action = agent.action(env)
14          action_count+=1
15
16          # 更新下一步
17          state, reward = env.step(action)
18          #print(state, reward)
19          # 計算累計報酬
20          total_reward += reward
21
22          # 避免一直循環，跑不完
23          if action_count > 100:
24              env.poistion = int((1+NODE_COUNT) / 2)
25              break
27      print(f'trajectory {i}: {env.trajectory}')
28      # 未達終點不更新值函數，以免過度降低循環節點的值函數
29      if action_count <= 100:
30          env.update_state_value(total_reward)
31      # print(f"state value: {list(np.around(env.get_observation()[1:] ,2))}")
32      total_reward_list.append(round(total_reward, 2))
33
34  # 顯示累計報酬
35  print(f"累計報酬: {total_reward_list}")
```

- 執行結果：可以看出每次的結果均不相同，基本上只要有一次往右走，後續幾乎都會往右走，因為，右邊節點值函數都高於左邊節點，表示最佳策略就是一直往右走。

```
trajectory 0: [8, 7, 6, 5, 4, 3, 2, 3, 4, 5, 4, 3, 4, 5, 6, 7, 8, 9, 8, 7, 8, 9, 10, 9, 8, 7, 8, 9, 10, 9, 8, 7, 8, 9, 8, 7, 6,
7, 8, 9, 10, 9, 8, 9, 10, 9, 8, 7, 8, 9, 10, 9, 8, 9, 10, 11, 12, 13, 14, 15]
trajectory 1: [8, 9, 10, 11, 12, 13, 14, 15]
trajectory 2: [8, 9, 10, 11, 12, 13, 14, 15]
trajectory 3: [8, 9, 10, 11, 12, 13, 14, 15]
trajectory 4: [8, 9, 10, 11, 12, 13, 14, 15]
trajectory 5: [8, 9, 10, 11, 12, 13, 14, 15]
trajectory 6: [8, 9, 10, 11, 12, 13, 14, 15]
trajectory 7: [8, 9, 10, 11, 12, 13, 14, 15]
trajectory 8: [8, 9, 10, 11, 12, 13, 14, 15]
trajectory 9: [8, 9, 10, 11, 12, 13, 14, 15]
累計報酬: [-0.16, 0.88, 0.88, 0.88, 0.88, 0.88, 0.88, 0.88, 0.88, 0.88]
```

6. 繪圖。

```
1 # 繪圖
2 import matplotlib.pyplot as plt
3
4 plt.figure(figsize=(10,6))
5 plt.plot(total_reward_list)
```

- 執行結果：各回合的報酬都很穩定，多訓練幾次，偶而會出現一點波動。

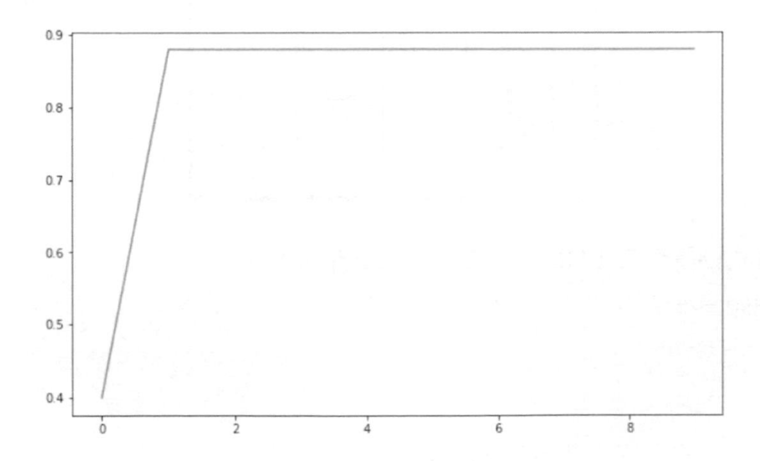

- 把節點數 (NODE_COUNT) 參數改為其他數字，執行結果大致相同。

作一簡單結論如下：

1. 以狀態值函數最大者為行動依據，進行訓練，果然可以找到最佳解，模型就是每個狀態的值函數 (self.state_value)，可以將它存檔，之後實際上線時即可載入模型執行。

2. 這個程式有以下缺點：

- 無法準確偵測所有循環。
- 更新狀態值函數時，若某些節點被走過兩次或以上，分數會被重複扣分，影響之後的行動決策。
- 以上缺點會造成模型不穩定，學習無法保證找到最佳行動策略，永遠往右走，有時候會有無限循環或形成很長的軌跡。

04 測試較複雜的迷宮遊戲，規則如下，起點為 (1, 1)，終點為 (4, 3) 或 (4, 2)，走到 (4, 3) 獎勵為 1，走到 (4, 2) 獎勵為 -1，每走一步獎勵均為 -0.04，(2, 2) 為柱子，不可駐留。

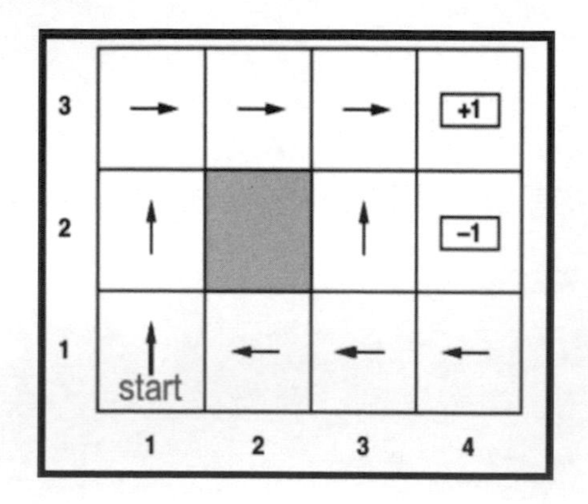

➤ 下列程式碼請參考【RL_15_04_maze.ipynb】。

1. 載入相關套件。

```
1 # 載入相關套件
2 import numpy as np
3 import random
```

2. 參數設定：盡可能的將遊戲參數化，方便之後調整設定測試。

```
1  # 參數設定
2  ROW_COUNT, COLUMN_COUNT = 3, 4          # 3列 x 4行
3  NODE_COUNT = ROW_COUNT * COLUMN_COUNT   # 節點總數
4  NORMAL_REWARD = -0.04 # 每走一步扣分 -0.04
5  WIN_REWARD = 1     # 終點(4, 3)的得分
6  LOSS_REWARD = -1   # 終點(4, 2)的失分
7
8  # 特殊節點
9  WIN_TERMINAL = NODE_COUNT-1     # 得分的終點
10 LOSS_TERMINAL = NODE_COUNT-1-COLUMN_COUNT # 失分的終點
11 WALL_NODES = [5]                # 牆節點，不能駐留的節點
12 # 行動空間
13 (UP, DOWN, LEFT, RIGHT) = range(4) # 上/下/左/右
```

3. 建立環境類別：大致上程式邏輯與上一範例相同，差異如下。

- 更新位置：第 31~46 行，迷宮有邊界，不可超出界線，另外迷宮內有柱子，不可駐留或穿越。
- 考慮節點被走過兩次或以上，分數會被重複扣分，採用首次訪問 (first visit) 的報酬更新狀態值，亦即某一節點在軌跡中出現多次，以第一次走過的狀態值函數為準，請參閱 update_state_value 函數。也有人以平均值函數為準，在本例相差不大，讀者可試試看，修改第 78 行即可。

```
 1 # 環境類別
 2 class Environment():
 3     # 初始化
 4     def __init__(self):
 5         # 儲存狀態值函數
 6         self.state_value = np.full(NODE_COUNT, 0.0)
 7 
 8         # 更新次數
 9         self.state_value_count = np.full(NODE_COUNT, 0)
10 
11     # 初始化
12     def reset(self):
13         self.poistion = 0  # 玩家開始的位置
14         self.trajectory=[self.poistion] # 行動軌跡
15 
16     def get_states(self):
17         # 狀態空間(State Space)
18         return [i for i in range(NODE_COUNT)]
19 
20     def get_actions(self):
21         # 行動空間(Action Space)
22         return [UP, DOWN, LEFT, RIGHT] # 上/下/左/右
23 
24     def is_done(self): # 判斷比賽回合是否結束
25         # 是否走到左右端點
26         if self.poistion == WIN_TERMINAL or self.poistion == LOSS_TERMINAL:
27             return True
28         else:
29             return False
```

```
31     # 更新位置
32     def update_poistion(self, action):
33         if action == DOWN:
34             new_poistion = self.poistion - COLUMN_COUNT
35         if action == UP:
36             new_poistion = self.poistion + COLUMN_COUNT
37         if action == LEFT:
38             new_poistion = self.poistion - 1
39         if action == RIGHT:
40             new_poistion = self.poistion + 1
41 
42         if new_poistion < 0 or new_poistion > NODE_COUNT \
43             or new_poistion in WALL_NODES:
44             return self.poistion
```

```
45
46            return new_poistion
47
48        # 步驟
49        def step(self, action):
50            # 是否回合已結束
51            if self.is_done():
52                raise Exception("Game over")
53
54            self.poistion = self.update_poistion(action)
55            self.trajectory.append(self.poistion)
56            if self.poistion == WIN_TERMINAL:
57                reward = WIN_REWARD
58            elif self.poistion == LOSS_TERMINAL:
59                reward = LOSS_REWARD
60            else:
61                reward = NORMAL_REWARD
63            return self.poistion, reward
64
65        def update_state_value(self, final_value):
66            # 考慮節點被走過兩次或以上，分數會被重複扣分
67            # 採首次訪問(first visit)的報酬更新狀態值
68            distinct_node_list = list(set(self.trajectory))
69            # print('distinct_node_list:', distinct_node_list)
70            distinct_state_value = np.full(len(distinct_node_list), 0.0)
71            # 倒推，更新狀態值函數
72            reverse_trajectory = self.trajectory.copy()
73            reverse_trajectory.reverse()
74            for i in reverse_trajectory:
75                final_value += NORMAL_REWARD
76                # 如有訪問多次的節點，狀態值會被蓋掉
77                index = distinct_node_list.index(i) # 取得索引值
78                distinct_state_value[index] = final_value # 暫存狀態值函數
79
80            # 更新軌跡的狀態值函數
81            # print('distinct_state_value:', distinct_state_value)
82            for index, val in enumerate(distinct_node_list):
83                # 更新狀態值函數
84                self.state_value[val] += distinct_state_value[index]
85                self.state_value_count[val] += 1
86
87        # 取得狀態值函數期望值
88        def get_observation(self):
89            mean1 = np.full(NODE_COUNT, 0.0)
90            for i in range(NODE_COUNT):
91                if self.state_value_count[i] == 0:
92                    mean1[i] = 0
93                else:
94                    mean1[i] = self.state_value[i] / self.state_value_count[i]
95            return mean1
```

4. 建立代理人類別：增加以下程式邏輯。

- check_possible_action 函數：第 7~27 行，找出所在位置可採取的行動。
- 在可允許的行動中，依最大的值函數行動：第 33~43 行。
- 最大狀態值函數的節點若有多個，則隨機抽樣。

- 若發生循環，採取隨機抽樣，選擇其他的行動。
- 若要進一步了解程式碼的邏輯，可將相關的 print 取消註解，有益於觀察選擇行動的過程。

```
1  # 代理人類別
2  class Agent():
3      # 初始化
4      def __init__(self):
5          pass
6
7      def check_possible_action(self, env):
8          possible_actions = env.get_actions()
9          if env.poistion < COLUMN_COUNT: # 最下一列不可向下
10             possible_actions.remove(DOWN)
11         if env.poistion % COLUMN_COUNT == 0: # 第一行不可向左
12             possible_actions.remove(LEFT)
13         if env.poistion >= NODE_COUNT - COLUMN_COUNT : # 最上一列不可向上
14             possible_actions.remove(UP)
15         if env.poistion % COLUMN_COUNT == COLUMN_COUNT -1 : # 最右一行不可向右
16             possible_actions.remove(RIGHT)
17
18         if env.poistion -1 in WALL_NODES : # 向左若遇牆，不可向左
19             possible_actions.remove(LEFT)
20         if env.poistion +1 in WALL_NODES : # 向右若遇牆，不可向右
21             possible_actions.remove(RIGHT)
22         if env.poistion + COLUMN_COUNT in WALL_NODES : # 向上若遇牆，不可向上
23             possible_actions.remove(UP)
24         if env.poistion - COLUMN_COUNT in WALL_NODES : # 向下若遇牆，不可向下
25             possible_actions.remove(DOWN)
26
27         return possible_actions
```

```
29     def action(self, env):
30         # 取得狀態值函數期望值
31         state_value = env.get_observation()
32
33         # 找到最大的狀態值函數
34         max_value = -999
35         next_action_list = []
36         possible_actions = self.check_possible_action(env)
37         # print('possible_actions:', possible_actions)
38         for i in possible_actions:
39             if state_value[env.update_poistion(i)] > max_value:
40                 max_value = state_value[env.update_poistion(i)]
41                 next_action_list = [i]
42             elif state_value[env.update_poistion(i)] == max_value:
43                 next_action_list += [i]
44             # print('next_action:', next_action_list, ', max_value:', max_value)
45
46         if len(next_action_list) == 0:
47             next_action = random.choice(possible_actions)
48         else: # 有多個最大狀態值函數的節點，隨機抽樣
49             next_action = random.choice(next_action_list)
50             new_poistion = env.update_poistion(next_action)
51
52         # 若發生循環，隨機抽樣
53         while len(possible_actions) > 1 and len(env.trajectory)>=4 and \
54             new_poistion == env.trajectory[-2] and \
55             new_poistion == env.trajectory[-4] :
```

```
56                # print('loop:', env.trajectory[-4:], new_poistion)
57                possible_actions.remove(next_action)           # 去除造成循環的行動
58                next_action = random.choice(possible_actions) # 選擇其他的行動
59                new_poistion = env.update_poistion(next_action)
60                # print('change action:', new_poistion)
61
62            # print('next_action:', next_action_list, ', max_value:', max_value)
63            return next_action
```

5. 進行實驗：與上一範例程式邏輯相同。

```
1  # 建立實驗，含環境、代理人物件
2  env = Environment()
3  agent = Agent()
4
5  # 進行實驗
6  total_reward_list = []
7  no = 0
8  done_no = 0
9  while no < 100 and done_no < 41:
10     no += 1
11     env.reset()  # 重置
12     total_reward=0  # 累計報酬
13     action_count = 0
14     while not env.is_done():
15         # 採取行動
16         action = agent.action(env)
17         action_count+=1
18
19         # 更新下一步
20         state, reward = env.step(action)
21         #print(state, reward)
22         # 計算累計報酬
23         total_reward += reward
24
25         # 避免一直循環，跑不完
26         if action_count > 100:
27             env.poistion = 0
28             break

30     print('trajectory', done_no, ':', env.trajectory)
31     # 未達終點不更新值函數，以免過度降低循環節點的值函數
32     if action_count <= 100:
33         env.update_state_value(total_reward)
34         total_reward_list.append(round(total_reward, 2))
35         done_no += 1
36
37     # state_value = np.around(env.get_observation().reshape(ROW_COUNT, COLUMN_COUNT),2)
38     # print(f"state value:\n{np.flip(state_value, axis=0)}") # 列反轉，與圖一致，便於觀察
39     total_reward_list.append(round(total_reward, 2))
40
41 # 顯示累計報酬
42 print(f"累計報酬: {total_reward_list}")
```

- 執行結果：採用首次訪問 (first visit) 的報酬更新狀態值，模型較為穩定，一旦走過勝利的 (4, 3)，就不會走到失敗的 (4, 2)。

```
trajectory 0 : [0, 4, 0, 1, 2, 1, 0, 4, 0, 1, 2, 1, 2, 3, 7]
trajectory 1 : [0, 1, 2, 6, 10, 6, 10, 11]
trajectory 2 : [0, 1, 2, 6, 10, 11]
trajectory 3 : [0, 1, 2, 6, 10, 11]
trajectory 4 : [0, 1, 2, 6, 10, 11]
trajectory 5 : [0, 1, 2, 6, 10, 11]
trajectory 6 : [0, 1, 2, 6, 10, 11]
trajectory 7 : [0, 1, 2, 6, 10, 11]
trajectory 8 : [0, 1, 2, 6, 10, 11]
trajectory 9 : [0, 1, 2, 6, 10, 11]
trajectory 10 : [0, 1, 2, 6, 10, 11]
trajectory 11 : [0, 1, 2, 6, 10, 11]
trajectory 12 : [0, 1, 2, 6, 10, 11]
trajectory 13 : [0, 1, 2, 6, 10, 11]
trajectory 14 : [0, 1, 2, 6, 10, 11]
trajectory 15 : [0, 1, 2, 6, 10, 11]
trajectory 16 : [0, 1, 2, 6, 10, 11]
```

但還是存在一些缺點：

- 若未走過 (4, 3)，有可能一直走向失敗的 (4, 2)，例如下圖，依照最大值函數 (state value) 導引，只有一條路通往失敗的 (4, 2)。要顯示最大值函數須第 37~38 行取消註解

```
trajectory 0 : [0, 4, 8, 4, 0, 1, 0, 4, 8, 9, 8, 9, 10, 6, 10, 6, 2, 3, 7]
state value:
[[-2.36 -2.08 -1.96  0.  ]
 [-2.4   0.   -1.92 -1.72]
 [-2.44 -2.24 -1.8  -1.76]]
trajectory 1 : [0, 1, 2, 3, 7]
state value:
[[-2.36 -2.08 -1.96  0.  ]
 [-2.4   0.   -1.92 -1.44]
 [-1.88 -1.76 -1.52 -1.48]]
trajectory 2 : [0, 1, 2, 3, 7]
state value:
[[-2.36 -2.08 -1.96  0.  ]
 [-2.4   0.   -1.92 -1.35]
 [-1.69 -1.6  -1.43 -1.39]]
trajectory 3 : [0, 1, 2, 3, 7]
```

- 仍然會出現循環。

```
trajectory 22 : [0, 4, 8, 4, 8, 9, 10, 9, 8, 4, 8, 4, 0, 1, 0, 4, 8, 4, 8, 9, 10, 9, 8, 4, 8, 4, 0, 1, 0, 4, 8, 4, 8, 9, 10,
9, 8, 4, 8, 4, 0, 1, 0, 4, 8, 4, 8, 9, 10, 9, 8, 4, 8, 4, 0, 1, 0, 4, 8, 4, 8, 9, 10, 9, 8, 4, 8, 4, 0, 1, 0, 4, 8, 4, 8, 9,
10, 9, 8, 4, 8, 4, 0, 1, 0, 4, 8, 4, 8, 9, 10, 9, 8, 4, 8, 4, 0, 1, 0, 4, 8, 4]
trajectory 22 : [0, 4, 8, 4, 8, 9, 10, 9, 8, 4, 8, 4, 0, 1, 0, 4, 8, 4, 8, 9, 10, 9, 8, 4, 8, 4, 0, 1, 0, 4, 8, 4, 8, 9, 10,
9, 8, 4, 8, 4, 0, 1, 0, 4, 8, 4, 8, 9, 10, 9, 8, 4, 8, 4, 0, 1, 0, 4, 8, 4, 8, 9, 10, 9, 8, 4, 8, 4, 0, 1, 0, 4, 8, 4, 8, 9,
10, 9, 8, 4, 8, 4, 0, 1, 0, 4, 8, 4, 8, 9, 10, 9, 8, 4, 8, 4, 0, 1, 0, 4, 8, 4]
trajectory 22 : [0, 4, 8, 4, 8, 9, 10, 9, 8, 4, 8, 4, 0, 1, 0, 4, 8, 4, 8, 9, 10, 9, 8, 4, 8, 4, 0, 1, 0, 4, 8, 4, 8, 9, 10,
9, 8, 4, 8, 4, 0, 1, 0, 4, 8, 4, 8, 9, 10, 9, 8, 4, 8, 4, 0, 1, 0, 4, 8, 4, 8, 9, 10, 9, 8, 4, 8, 4, 0, 1, 0, 4, 8, 4, 8, 9,
10, 9, 8, 4, 8, 4, 0, 1, 0, 4, 8, 4, 8, 9, 10, 9, 8, 4, 8, 4, 0, 1, 0, 4, 8, 4]
trajectory 22 : [0, 4, 8, 4, 8, 9, 10, 9, 8, 4, 8, 4, 0, 1, 0, 4, 8, 4, 8, 9, 10, 9, 8, 4, 8, 4, 0, 1, 0, 4, 8, 4, 8, 9, 10,
9, 8, 4, 8, 4, 0, 1, 0, 4, 8, 4, 8, 9, 10, 9, 8, 4, 8, 4, 0, 1, 0, 4, 8, 4, 8, 9, 10, 9, 8, 4, 8, 4, 0, 1, 0, 4, 8, 4, 8, 9,
10, 9, 8, 4, 8, 4, 0, 1, 0, 4, 8, 4, 8, 9, 10, 9, 8, 4, 8, 4, 0, 1, 0, 4, 8, 4]
```

因為以上的範例完全依據最大值函數行動，這種策略稱之為貪婪策略 (Greedy Policy)，它有一個致命的缺點，若只有一條路徑可選擇，它就不會探索其他路徑，

因為其他未走過的節點值函數均未更新，永遠不會受到貪婪策略的青睞，但是他們可能是更好的選擇。這問題的解決辦法是行動選擇時，偶爾要保留一些機會用來探索未知路徑，這種策略稱之為 ε-Greedy Policy，後續談到演算法時會作詳細說明。

強化學習要能依照自己所想的方式運作，必須將獎勵、狀態、環境規劃妥當，才會出現預期的結果，上例如果將獎勵調整為 -0.5，即使走過勝利的 (4, 3)，也可能會造成該軌跡的各個節點值函數均為負值，後續行動都不會再選擇走向勝利的路徑，因此這些超參數的規劃是強化學習的關鍵，與演算法一樣重要。

15-4 Gym 套件

根據前面的練習，可以瞭解到強化學習是在各種環境中尋找最佳策略，因此，為了節省開發者的時間，網路上有許多套件設計了各式各樣的『環境』，供大家實驗，也能藉由動畫來展示訓練過程，例如 Gym、Amazon SageMaker 等套件。

以下就來介紹 Gym 套件的用法，它是 OpenAI 開發的學習套件，提供數十種不同的遊戲，Gym 官網 [2] 首頁上有展示一些遊戲畫面。不過請讀者留意，有些遊戲在 Windows 作業環境並不能順利安裝，因為 Gym 是以 gcc 撰寫的。

安裝指令如下：

- pip install gym

如需安裝全部遊戲，可執行以下指令，(❗注意) 這只能在 Linux 環境下執行，而且必須先安裝相關軟體工具，請參考 Gym GitHub 說明 [3]，安裝指令如下：

- pip install "gym[all]"

網路上有一篇文章『Install OpenAI Gym with Box2D and Mujoco in Windows 10』[4] 介紹如何在 Windows 作業環境克服問題。

在 Windows 作業環境下可加裝 Atari 遊戲，Atari 為 1967 年開發的遊戲機，擁有幾十種的遊戲，例如打磚塊 (Breakout)、桌球 (Pong) 等，安裝指令如下：

- pip install "gym[atari, accept-rom-license]"

▲ 圖 15.13 Atari 遊戲機

Gym 提供的環境分為四類：

1. 經典遊戲 (Classic control) 和文字遊戲 (Toy text)：屬於小型的環境，適合初學者開發測試。
2. 演算法類 (Algorithmic)：像是多位數的加法、反轉順序等，這對電腦來說非常簡單，但使用強化學習方式求解的話，是一大挑戰。
3. Atari：Atari 遊戲機內的一些遊戲。
4. 2D and 3D 機器人 (Robot)：機器人模擬環境，其中 Mujoco 是要付費的，可免費試用 30 天。
5. 2021 年 DeepMind 自 OpenAI 買下 Mujoco 版權 [5]，並已改為免費，不過至目前為止 (2022 年)，Gym 並未更新相關安裝程序。Mujoco 的操作可參閱官網文件 [6]。

接下來先認識一下 Gym 的架構，各位可能會覺得有點眼熟，這是由於前面的範例刻意模仿 Gym 的設計架構，因此兩者的環境類別有些類似。

Gym 的環境類別包括以下方法：

1. reset()：比賽一開始或回合結束時，呼叫此方法重置環境。
2. step(action)：傳入行動，觸動下一步，回傳下列資訊。
   - observation：環境更新後的狀態。
   - reward：行動後得到的獎勵。
   - done：布林值，True 表示比賽回合結束，False 表示比賽回合進行中。
   - info：為字典 (dict) 的資料型態，通常是除錯訊息。
3. render()：渲染，即顯示更新後的畫面。
4. close()：關閉環境。

範例

05 Gym 入門實作。

➤ 下列程式碼請參考【RL_15_05_Gym.ipynb】。

1. 載入相關套件。

```
1 # 載入相關套件
2 import gym
3 from gym import envs
```

2. 顯示已註冊的遊戲環境。

```
1 # 已註冊的遊戲
2 all_envs = envs.registry.all()
3 env_ids = [env_spec.id for env_spec in all_envs]
4 print(env_ids)
```

- 執行結果：每個字串代表一種遊戲。

```
['Copy-v0', 'RepeatCopy-v0', 'ReversedAddition-v0', 'ReversedAddition3-v0', 'DuplicatedInput-v0', 'Reverse-v0', 'CartPole-v
0', 'CartPole-v1', 'MountainCar-v0', 'MountainCarContinuous-v0', 'Pendulum-v0', 'Acrobot-v1', 'LunarLander-v2', 'LunarLanderC
ontinuous-v2', 'BipedalWalker-v3', 'BipedalWalkerHardcore-v3', 'CarRacing-v0', 'Blackjack-v0', 'KellyCoinflip-v0', 'KellyCoin
flipGeneralized-v0', 'FrozenLake-v0', 'FrozenLake8x8-v0', 'CliffWalking-v0', 'NChain-v0', 'Roulette-v0', 'Taxi-v3', 'Guessing
Game-v0', 'HotterColder-v0', 'Reacher-v2', 'Pusher-v2', 'Thrower-v2', 'Striker-v2', 'InvertedPendulum-v2', 'InvertedDoublePen
dulum-v2', 'HalfCheetah-v2', 'HalfCheetah-v3', 'Hopper-v2', 'Hopper-v3', 'Swimmer-v2', 'Swimmer-v3', 'Walker2d-v2', 'Walker2d
-v3', 'Ant-v2', 'Ant-v3', 'Humanoid-v2', 'Humanoid-v3', 'HumanoidStandup-v2', 'FetchSlide-v1', 'FetchPickAndPlace-v1', 'Fetch
Reach-v1', 'FetchPush-v1', 'HandReach-v0', 'HandManipulateBlockRotateZ-v0', 'HandManipulateBlockRotateZTouchSensors-v0', 'Han
dManipulateBlockRotateZTouchSensors-v1', 'HandManipulateBlockRotateParallel-v0', 'HandManipulateBlockRotateParallelTouchSenso
rs-v0', 'HandManipulateBlockRotateParallelTouchSensors-v1', 'HandManipulateBlockRotateXYZ-v0', 'HandManipulateBlockRotateXYZT
ouchSensors-v0', 'HandManipulateBlockRotateXYZTouchSensors-v1', 'HandManipulateBlockFull-v0', 'HandManipulateBlock-v0', 'Hand
ManipulateBlockTouchSensors-v0', 'HandManipulateBlockTouchSensors-v1', 'HandManipulateEggRotate-v0', 'HandManipulateEggRotate
TouchSensors-v0', 'HandManipulateEggRotateTouchSensors-v1', 'HandManipulateEggFull-v0', 'HandManipulateEgg-v0', 'HandManipula
```

3. 計算遊戲個數。

```
1 len(env_ids)
```

- 執行結果：有 849 種遊戲，個數依每台機器安裝的情形而有所不同。

4. 任意載入一個環境，例如木棒台車 (CartPole) 遊戲，並顯示行動空間、狀態空間 / 最大值 / 最小值。

```
1 # 載入 木棒台車(CartPole) 遊戲
2 env = gym.make("CartPole-v1")
3
4 # 環境的資訊
5 print(env.action_space)
6 print(env.observation_space)
7 print('observation_space 範圍：')
8 print(env.observation_space.high)
9 print(env.observation_space.low)
```

- 執行結果：行動空間有兩個離散值 (0: 往左，1: 往右)、狀態空間為 Box 資料型態，為連續型變數，維度大小為 4，分別代表台車位置 (Cart Position)、台車速度 (Cart Velocity)、木棒角度 (Pole Angle) 及木棒速度 (Pole Velocity At Tip)，另外顯示 4 項資訊的最大值和最小值。

```
Discrete(2)
Box(4,)
observation_space 範圍：
[4.8000002e+00 3.4028235e+38 4.1887903e-01 3.4028235e+38]
[-4.8000002e+00 -3.4028235e+38 -4.1887903e-01 -3.4028235e+38]
```

5. 載入『打磚塊』(Breakout) 遊戲，顯示環境的資訊。

```
1 # 載入 打磚塊(Breakout) 遊戲
2 env = gym.make("Breakout-v0")
3 
4 # 環境的資訊
5 print(env.action_space)
6 print(env.observation_space)
7 print('observation_space 範圍：')
8 print(env.observation_space.high)
9 print(env.observation_space.low)
```

- 執行結果：相較於木棒台車，打磚塊就複雜許多，官網並未提供相關資訊，可從 GitHub 下載原始程式碼，再觀看程式說明。或是查看安裝目錄，Atari 程式安裝在 anaconda3\Lib\site-packages\atari_py 目錄下，Breakout 原始程式為 ale_interface\src\games\supported\Breakout.cpp。

```
Discrete(4)
Box(210, 160, 3)
observation_space 範圍：
[[[255 255 255]
  [255 255 255]
  [255 255 255]
  ...
  [255 255 255]
  [255 255 255]
  [255 255 255]]

 [[255 255 255]
  [255 255 255]
  [255 255 255]
  ...
  [255 255 255]
  [255 255 255]
  [255 255 255]]
```

6. 實驗木棒台車 (CartPole) 遊戲。

```
1  # 載入 木棒台車(CartPole) 遊戲
2  env = gym.make("CartPole-v1")
3
4  # 重置
5  observation = env.reset()
6  # 將環境資訊寫入日誌檔
7  with open("CartPole_random.log", "w", encoding='utf8') as f:
8      # 執行 1000 次行動
9      for _ in range(1000):
10         # 更新畫面
11         env.render()
12         # 隨機行動
13         action = env.action_space.sample()
14         # 觸動下一步
15         observation, reward, done, info = env.step(action)
16         # 寫入資訊
17         f.write(f"action={action}, observation={observation}," +
18                 f"reward={reward}, done={done}, info={info}\n")
19         # 比賽回合結束，重置
20         if done:
21             observation = env.reset()
22 env.close()
```

- 執行結果：以隨機的方式行動，可以看到台車時而前進，時而後退。

- CartPole_random.log 日誌檔的部份內容如下：

```
action=0, observation=[ 0.02797028 -0.203182    0.00185102  0.28630734],reward=1.0, done=F
action=1, observation=[ 0.02390664 -0.00808649  0.00757717 -0.00579121],reward=1.0, done=F
action=1, observation=[ 0.02374491  0.18692597  0.00746134 -0.29607385],reward=1.0, done=F
action=0, observation=[ 0.02748343 -0.00830155  0.00153987 -0.00104711],reward=1.0, done=F
action=0, observation=[ 0.0273174  -0.20344555  0.00151892  0.29212127],reward=1.0, done=F
action=1, observation=[ 2.32484899e-02 -8.34528672e-03  7.36135014e-03 -8.22245954e-05],re
action=1, observation=[ 0.02308158  0.18667032  0.00735971 -0.2904335 ],reward=1.0, done=F
action=0, observation=[ 0.02681499 -0.00855579  0.00155104  0.00456148],reward=1.0, done=F
action=0, observation=[ 0.02664387 -0.20369996  0.00164227  0.29773338],reward=1.0, done=F
action=1, observation=[ 0.02256988 -0.00860145  0.00759693  0.00556884],reward=1.0, done=F
action=0, observation=[ 0.02239785 -0.20383153  0.00770831  0.30063898],reward=1.0, done=F
```

木棒台車 (CartPole) 的遊戲規則說明如下：

1. 可控制台車往左 (0) 或往右 (1)。
2. 每走一步得一分。
3. 台車一開始定位在中心點，平衡桿是直立 (upright) 的，在行駛中要保持平衡。
4. 符合以下任一條件，即視為失敗：

- 平衡桿偏差超過 12° C。
- 離中心點 2.4 單位。

5. 勝利：依版本有不同的條件。
   - v0：行動超過 200 步。
   - v1：行動超過 500 步。
6. 如果連續 100 回合的平均報酬超過 200 步，即視為解題成功。

Step 函數傳回的內容：

1. observation：環境更新後狀態。

- 台車位置 (Cart Position)。
- 台車速度 (Cart Velocity)。
- 木棒角度 (Pole Angle)。
- 木棒速度 (Pole Velocity At Tip)。

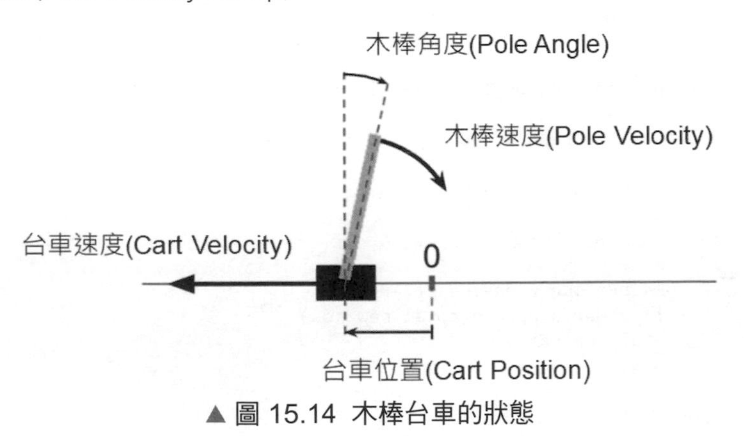

▲ 圖 15.14 木棒台車的狀態

2. reward：行動後得到的獎勵。
3. done：布林值，True 表示比賽回合結束，False 表示比賽回合進行中。
4. info：為字典 (dict) 的資料型態，通常是除錯訊息，本遊戲均不傳回資訊。

06 木棒台車 (CartPole) 實驗。

➤ 下列程式碼請參考【RL_15_06_CartPole.ipynb】。

1. 載入相關套件。

```
# 載入相關套件
import gym
from gym import envs
```

2. 設定比賽回合數。

```
# 參數設定
no = 50          # 比賽回合數
```

3. 實驗：採隨機行動。

```
# 載入 木棒台車(CartPole) 遊戲
env = gym.make("CartPole-v0")

# 重置
observation = env.reset()
all_rewards=[] # 每回合總報酬
total_rewards = 0

while no > 0:    # 執行 50 比賽回合數
    # 隨機行動
    action = env.action_space.sample()
    # 觸動下一步
    observation, reward, done, info = env.step(action)
    # 累計報酬
    total_rewards += reward

    # 比賽回合結束，重置
    if done:
        observation = env.reset()
        all_rewards.append(total_rewards)
        total_rewards = 0
        no-=1

env.close()
```

- 執行結果：如下表所示，結果相當慘烈，沒有一回合走超過 200 步，全軍覆滅，顯示對於強化學習而言這個遊戲很有挑戰性。

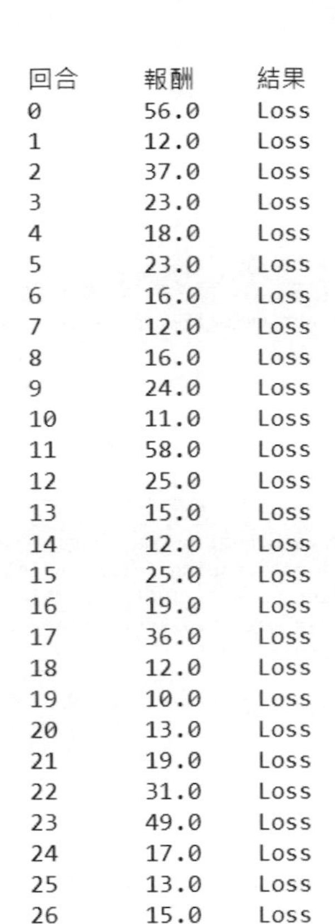

回合	報酬	結果
0	56.0	Loss
1	12.0	Loss
2	37.0	Loss
3	23.0	Loss
4	18.0	Loss
5	23.0	Loss
6	16.0	Loss
7	12.0	Loss
8	16.0	Loss
9	24.0	Loss
10	11.0	Loss
11	58.0	Loss
12	25.0	Loss
13	15.0	Loss
14	12.0	Loss
15	25.0	Loss
16	19.0	Loss
17	36.0	Loss
18	12.0	Loss
19	10.0	Loss
20	13.0	Loss
21	19.0	Loss
22	31.0	Loss
23	49.0	Loss
24	17.0	Loss
25	13.0	Loss
26	15.0	Loss
27	23.0	Loss
28	24.0	Loss

4. 基於上述實驗，可針對問題提出對策如下：
   - 台車距離中心點大於 2.4 單位就算輸了，所以設定每次行動採一左一右的方式，盡量不偏離中心點。
   - 由於台車的平衡桿角度偏差 12 度以上也算輸，故而設定平衡桿角度若偏右 8 度以上，就往右前進，直到角度偏右小於 8 度為止。
   - 反之，偏左也是類似處理。
5. 首先建立 Agent 類別， 撰寫 act 函數實現以上邏輯。

```
1  import math
2
3  # 參數設定
4  left, right = 0, 1  # 台車行進方向
5  max_angle = 8        # 偏右8度以上，就往右前進，偏左也是同樣處理
```

```
class Agent:
    # 初始化
    def __init__(self):
        self.direction = left
        self.last_direction=right

    # 自訂策略
    def act(self, observation):
        # 台車位置、台車速度、平衡桿角度、平衡桿速度
        cart_position, cart_velocity, pole_angle, pole_velocity = observation

        '''
        行動策略：
        1. 設定每次行動採一左一右，盡量不離中心點。
        2. 平衡桿角度偏右8度以上，就往右前進，直到角度偏右小於8度。
        3. 反之，偏左也是同樣處理。
        '''
        if pole_angle < math.radians(max_angle) and \
            pole_angle > math.radians(-max_angle):
            self.direction = (self.last_direction + 1) % 2
        elif pole_angle >= math.radians(max_angle):
            self.direction = right
        else:
            self.direction = left

        self.last_direction = self.direction

        return self.direction
```

6. 以 agent.act(observation) 取代 env.action_space.sample()。

```
no = 50          # 比賽回合數

# 載入 木棒台車(CartPole) 遊戲
env = gym.make("CartPole-v0")

# 重置
observation = env.reset()
all_rewards=[] # 每回合總報酬
total_rewards = 0
agent = Agent()
while no > 0:   # 執行 50 比賽回合數
    # 行動
    action = agent.act(observation) #env.action_space.sample()
    # 觸動下一步
    observation, reward, done, info = env.step(action)
    # 累計報酬
    total_rewards += reward

    # 比賽回合結束，重置
    if done:
        observation = env.reset()
        all_rewards.append(total_rewards)
        total_rewards = 0
        no-=1

env.close()
```

7. 顯示執行結果：雖然比起隨機行動的方式，改良後的報酬增加很多，但結果還是都失敗了。

```
回合    報酬     結果
0       97.0    Loss
1       71.0    Loss
2       112.0   Loss
3       129.0   Loss
4       96.0    Loss
5       78.0    Loss
6       116.0   Loss
7       82.0    Loss
8       84.0    Loss
9       105.0   Loss
10      80.0    Loss
11      62.0    Loss
12      71.0    Loss
13      145.0   Loss
14      72.0    Loss
15      135.0   Loss
16      127.0   Loss
17      78.0    Loss
18      100.0   Loss
19      87.0    Loss
20      93.0    Loss
21      55.0    Loss
22      95.0    Loss
23      66.0    Loss
24      156.0   Loss
25      79.0    Loss
26      48.0    Loss
27      101.0   Loss
28      77.0    Loss
```

上述的解法還有一些缺點：

1. 不具通用性：這個策略就算在木棒台車有效，也不能套用到其他遊戲上。
2. 無自我學習能力：無法隨著訓練次數的增加，使模型更加聰明、準確。

最近看到一篇文章『From Scratch: AI Balancing Act in 50 Lines of Python』[7]，使用簡單的策略行動可達到 500 分，很有意思，程式如下：

1. 定義 Play 函數作為訓練程序。
   - 行動策略選擇：第 20~21 行，行動策略 (policy) 與觀察 (observation) 點積 (dot product)，產生一個數值，若數值 >0，則選擇『向右走』，反之，向左走。

```
 1 import numpy as np
 2
 3 env = gym.make('CartPole-v1')
 4
 5 def play(env, policy):
 6     observation = env.reset()
 7
 8     done = False
 9     score = 0
10     observations = []
11
12     # 訓練5000步
13     for _ in range(5000):
14         observations += [observation.tolist()] # 記錄歷次狀態
15
16         if done: # 回合是否勝負已分
17             break
18
19         # 行動策略選擇
20         outcome = np.dot(policy, observation)
21         action = 1 if outcome > 0 else 0
22
23         # 觸發下一步
24         observation, reward, done, info = env.step(action)
25         score += reward
26
27     return score, observations
```

2. 訓練 10 回合：產生 4 個隨機變數作為策略，範圍均介於 [0, 1] 之間。

```
 1 # 訓練 10 回合
 2 max = (0, [], [])
 3 for _ in range(10):
 4     policy = np.random.rand(1,4) # 產生4個隨機變數
 5     score, observations = play(env, policy) # 開始玩
 6
 7     if score > max[0]: # 取最大分數
 8         max = (score, observations, policy)
 9
10 print('Max Score', max[0])
```

- 執行結果：通常可達 500 分，執行多次偶爾會未達到 500 分。

3. 作者稍微改良一下如下，將隨機變數範圍改為介於 [-0.5, 0.5] 之間，會使 outcome > 0 的機會減少，故改為執行 100 回合，增加訓練週期。

```
 1 # 最終版本
 2 max = (0, [], [])
 3
 4 for _ in range(100): # 訓練 100 回合
 5     policy = np.random.rand(1,4) - 0.5  # 改為 [-0.5, 0.5]
 6     score, observations = play(env, policy)
 7
 8     if score > max[0]:  # 取最大分數
 9         max = (score, observations, policy)
10
11 print('Max Score', max[0])
```

- 執行結果：每次均可達 500 分。

4. 以最大分數的 policy 進行實驗，驗證最佳策略是否有效。

```
1 # 取得最佳策略
2 policy = max[2]
3 policy
```

- 執行結果：最佳策略為 [0.05171018, -0.0624274 , 0.23256838, 0.22154222]。

5. 以最佳策略取代隨機 policy，進行 10 回合驗證。

```
1 for _ in range(10):
2     score, observations = play(env, policy)
3     print('Score: ', score)
```

- 執行結果：確實有效，雖然沒有每次都 500 分以上。

```
Score:  500.0
Score:  210.0
Score:  500.0
Score:  205.0
Score:  143.0
Score:  500.0
Score:  500.0
Score:  215.0
Score:  500.0
Score:  500.0
```

以上的方法正符合嘗試錯誤 (Trial and Error) 的精神，不斷的嘗試並修正行動策略，最終找到最佳策略，雖然木棒台車是一款規則很簡單的遊戲，不過，要能成功解題並不如想像中容易，上述實驗若要採取『狀態值函數最大化』為策略，會碰到另一些難題：

1. 狀態非單一變數，而是四個變數，包括台車的位置和速度、木棒的角度和速度。
2. 這四個變數都是連續性變數，然而計算狀態值函數是針對每一狀態，因此狀態空間必須是離散的，且狀態必須是有限個數，才能倒推計算出狀態值函數。

以上兩個問題可以使用下列技巧處理：

1. 四個變數混合列舉出所有組合。
2. 將連續性變數分組，變成有限個數。

處理的程式碼很簡單如下，四個狀態(台車位置、台車速度、木棒角度、木棒速度)均切成 N 等分 (bin_size)：

```
bins = [np.linspace(-4.8,4.8,bin_size), np.linspace(-4,4,bin_size),
        np.linspace(-0.418,0.418,bin_size), np.linspace(-4,4,bin_size)]
```

詳細的解說及完整的程式可參閱『Solving Open AI's CartPole Using Reinforcement Learning Part-1』[8]。

這裡我們先不作說明，因為後續可以搭配更好的演算法來解決上述問題，所以這題先擱在一邊，待會再回頭搞定它。

15-5 Gym 擴充功能

雖然 Gym 有很多環境供開發者挑選，但萬一還是沒找到完全符合需求的環境該怎麼辦？這時可以利用擴充功能 Wrapper，客製化預設的環境，包括：

1. 修改 step 函數回傳的狀態：預設只會回傳最新的狀態，我們可以利用 ObservationWrapper 達成此一功能。
2. 修改獎勵值：可以利用 RewardWrapper 修改預設的獎勵值。
3. 修改行動值：可以利用 ActionWrapper 餵入行動值。

範例 07

ActionWrapper 示範：執行木棒台車遊戲，原先台車固定往左走，但加上 ActionWrapper 後，會有 1/10 的機率採隨機行動。

➤ 下列程式碼請參考【RL_15_07_Action_Wrapper_test.py】。

1. 載入相關套件。

```
1 import gym
2 import random
```

2. 建立一個 RandomActionWrapper 類別，繼承 gym.ActionWrapper 基礎類別，覆寫 action() 方法。epsilon 變數為隨機行動的機率，每次行動時 (step) 都會呼叫 RandomActionWrapper 的 action()。

```
 4 # 繼承 gym.ActionWrapper 基礎類別
 5 class RandomActionWrapper(gym.ActionWrapper):
 6     def __init__(self, env, epsilon=0.1):
 7         super(RandomActionWrapper, self).__init__(env)
 8         self.epsilon = epsilon # 隨機行動的機率
 9 
10     def action(self, action):
11         # 隨機亂數小於 epsilon，採取隨機行動
12         if random.random() < self.epsilon:
13             print("Random!")
14             return self.env.action_space.sample()
15         return action
```

3. 實驗：step(0) 表示固定往左走，但卻會被 RandomActionWrapper 的 action() 所攔截，結果如下，偶爾會出現隨機行動。

```
18 if __name__ == "__main__":
19     env = RandomActionWrapper(gym.make("CartPole-v0"))
20 
21     for _ in range(50):
22         env.reset()
23         total_reward = 0.0
24         while True:
25             env.render()
26             # 固定往左走
27             print("往左走!")
28             obs, reward, done, _ = env.step(0)
29             total_reward += reward
30             if done:
31                 break
32 
33         print(f"報酬: {total_reward:.2f}")
34     env.close()
```

- 執行結果：偶爾會出現隨機行動 (Random)。

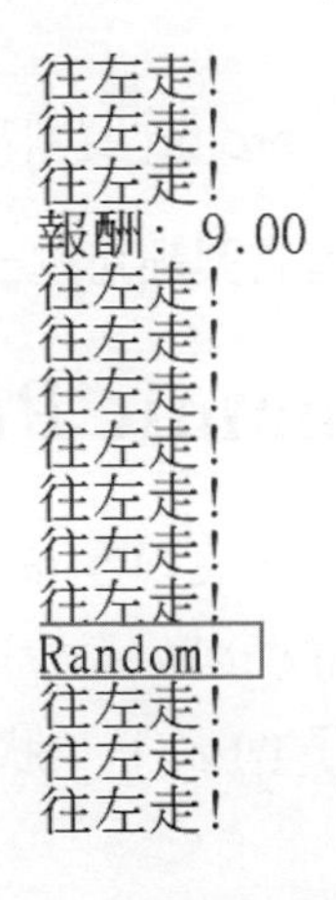

08 使用 wrappers.Monitor 錄影：可將訓練過程存成多段影片檔 (mp4)。

➤ 下列程式碼請參考【RL_15_08_Record_test.py】。

1. 載入相關套件。

```
1  # 載入相關套件
2  import gym
```

2. 錄影：呼叫 Monitor()。

```
4  # 載入環境
5  env = gym.make("CartPole-v0")
6
7  # 錄影
8  env = gym.wrappers.Monitor(env, "recording", force=True)
```

3. 實驗。

```
10  # 實驗
11  for _ in range(50):
12      total_reward = 0.0
13      obs = env.reset()
14
15      while True:
16          env.render()
17          action = env.action_space.sample()
18          obs, reward, done, _ = env.step(action)
19          total_reward += reward
20          if done:
21              break
22
23      print(f"報酬: {total_reward:.2f}")
24
25  env.close()
26
```

- 執行結果：會將錄影結果存在 recording 資料夾。

以上只是列舉兩個簡單的範例，讀者有興趣可進一步參閱官網說明。

15-6 動態規劃 (Dynamic Programming)

為使上述 $G_t = R_{t+1} + \gamma G_{t+1}$ 公式更完善，貝爾曼 (Richard E. Bellman) 於 1957 年提出貝爾曼方程式 (Bellman Equation)，以數學式表達狀態值函數，使策略 (π)、行動轉移機率 (P)、獎勵 (R)、折扣因子 (γ) 及下一狀態的值函數 ($V_\pi(s')$) 等參數構成更周延，公式如下：

$$v_\pi(s) = \sum_a \pi(a|s) \sum_{s'} \mathcal{P}^a_{ss'} \left[\mathcal{R}^a_{ss'} + \gamma v_\pi(s')\right]$$

其中：

- s'：下一狀態。
- π(a|s)：採取特定策略時，在狀態 s 採取行動 a 的機率。
- ：為行動轉移機率，即在狀態 s 採取行動 a，會達到狀態 s' 的機率。
- 後面括號 [] 的部分相當於 $G_t = R_{t+1} + \gamma G_{t+1}$。

Bellman 方程式讓我們可以從下一狀態的獎勵及狀態值函數推算出目前狀態的值函數。看到這裡，讀者可能會愣一下，在目前狀態下怎麼會知道下一個狀態的值函數？不要忘了，強化學習是以嘗試錯誤 (Trial and Error) 的方式進行訓練，因此可從之前的訓練結果推算目前回合的值函數，譬如要算第 50 回合的值函數，可以從 1~49 回合累計的狀態期望值推算，即 $V_\pi(s')$ 是之前回合的狀態期望值，故 Bellman 方程式 $V_\pi(s)$ 是可以算的出來的。

另外，行動值函數 (Action Value Function) 是在特定狀態下，採取某一行動的值函數，類似狀態值函數，公式如下：

$$q_\pi(s,a) = \sum_{s'} \mathcal{P}^a_{ss'} \left[\mathcal{R}^a_{ss'} + \gamma \sum_{a'} \pi(a'|s')\, q_\pi(s',a')\right]$$

$\sum_{a'} \pi(a'|s')\, q_\pi(s',a')$ 類似 $V_\pi(s)$ 公式。

$q_\pi(s, a)$ 可以從下一狀態的獎勵 / 行動值函數推算出來。

狀態值函數與行動值函數的關係可以由『倒推圖』(Backup Diagram) 來表示。

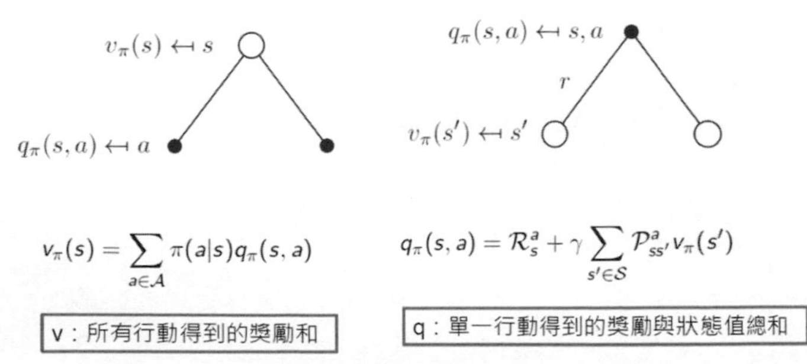

▲ 圖 15.15 狀態值函數與行動值函數的關係 (1)

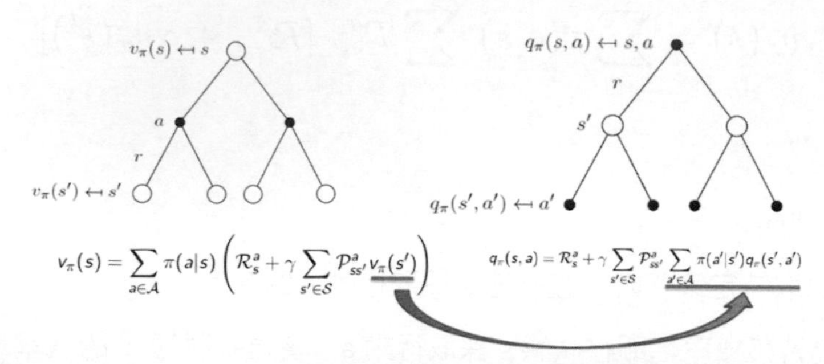

▲ 圖 15.16 狀態值函數與行動值函數的關係 (2)

如果上述的行動轉移機率 (π)、狀態轉移機率 (P) 均為已知，亦即環境是明確的 (deterministic)，我們就可以利用 Bellman 方程式計算出狀態值函數、行動值函數，以反覆的方式求解，這種解法稱為『動態規劃』(Dynamic Programming, DP)，類似程式【RL_15_03_simple_game_with_state_value.ipynb】，不過更為細緻。

動態規劃是將大問題切分成小問題，然後逐一解決每個小問題，由於每個小問題都很類似，因此整合起來就能解決大問題。譬如『費波那契數列』(Fibonacci)，其中 $F_n=F_{n-1}+F_{n-2}$，要計算整個數列的話，可以設計一個 $F_n=F_{n-1}+F_{n-2}$ 函數 (小問題)，以遞迴的方式完成整個數列的計算 (大問題)。

範例

09 費波那契數列計算。

➤ 下列程式碼請參考【RL_15_09_Fibonacci_Calculation.ipynb】。

```
1  def fibonacci(n):
2      if n == 0 or n ==1:
3          return n
4      else:
5          return fibonacci(n-1)+fibonacci(n-2)
6
7  list1=[]
8  for i in range(2, 20):
9      list1.append(fibonacci(i))
10 print(list1)
```

- 執行結果：

```
[1, 2, 3, 5, 8, 13, 21, 34, 55, 89, 144, 233, 377, 610, 987, 1597, 2584, 4181]
```

- 每個小問題的計算結果都會被儲存下來，作為下個小問題的計算基礎。

強化學習將問題切成兩個步驟：

1. 策略評估 (Policy Evaluation)：當玩家走完一回合後，就可以更新所有狀態的值函數，這就稱為策略評估，即將所有狀態重新評估一次，也稱為『預測』(prediction)。
2. 策略改善 (Policy Improvement)：依照策略評估的最新狀態，採取最佳策略，以改善模型，也稱為『控制』(control)，通常都會依據最大的狀態值函數行動，我們稱之為『貪婪』(Greedy) 策略，但其實它是有缺陷的，後面會再詳加說明。

最後，將兩個步驟合併，循環使用，即是所謂的策略循環或策略迭代 (Policy Iteration)，如下圖所示。

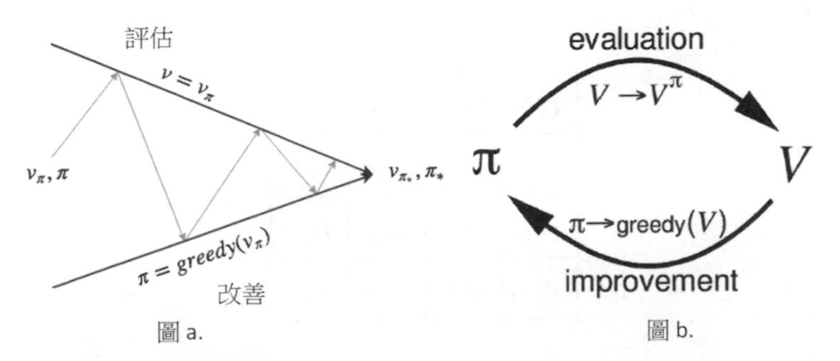

▲ 圖 15.17 策略循環 (Policy Iteration)

圖 a. 表示先走一回合後，進行評估，接著依評估結果採貪婪策略行動，再評估，一直循環下去，直到收斂為止。

圖 b. 強調經過行動策略 π 後，狀態值函數會由原來的 V 變成 V_π，之後再以 V_π 作為行動的依據。

10 Grid World 迷宮，左上角及右下角為終點，每走一步獎勵為 -1。

▲ 圖 15.18 Grid World 迷宮

首先我們先來練習策略評估，計算每一格的狀態值函數。

1. 一開始設定所有位置的狀態值函數均為 0。

0.0	0.0	0.0	0.0
0.0	0.0	0.0	0.0
0.0	0.0	0.0	0.0
0.0	0.0	0.0	0.0

2. 訓練一週期，狀態值函數更新如下，例如 (0, 1) 狀態值函數的計算，有 4 種可能：
   - 往左走到 (0, 0)：狀態值函數 0+-1=-1
   - 往右走到 (0, 2)：狀態值函數 0+-1=-1
   - 往上走碰到邊界仍停留在 (0, 1)：狀態值函數 0+-1=-1
   - 往下走到 (0, 1)：狀態值函數 0+-1=-1
   - 往左 / 右 / 上 / 下，機率均等，即 $\pi(a|s) = 0.25$，故 (-1-1-1-1) * 0.25=-1
   - 其他位置狀態值函數均同理可證，除了起點 / 終點不更新。

0.0	-1.0	-1.0	-1.0
-1.0	-1.0	-1.0	-1.0
-1.0	-1.0	-1.0	-1.0
-1.0	-1.0	-1.0	0.0

3. 再訓練一週期，狀態值函數更新如下，例如 (0, 1) 狀態值函數的計算，有 4 種可能：
   - 往左走到 (0, 0)：狀態值函數 0+-1=-1
   - 往右走到 (0, 2)：狀態值函數 -1+-1=-2
   - 往上走碰到邊界仍停留在 (0, 1)：狀態值函數 -1+-1=-2
   - 往下走到 (0, 1)：狀態值函數 -1+-1=-2
   - 往左 / 右 / 上 / 下，機率均等，即 $\pi(a|s)$ = 0.25，故 (-1-2-2-2) * 0.25=-1.75，畫面只取到小數點第 1 位≒ -1.7。
   - 其他位置狀態值函數均同理可證，請各位讀者練習看看。

0.0	-1.7	-2.0	-2.0
-1.7	-2.0	-2.0	-2.0
-2.0	-2.0	-2.0	-1.7
-2.0	-2.0	-1.7	0.0

4. 再訓練一週期，狀態值函數更新如下，例如 (0, 1) 狀態值函數的計算，有 4 種可能：
   - 往左走到 (0, 0)：狀態值函數 0+-1=-1
   - 往右走到 (0, 2)：狀態值函數 -2+-1=-3
   - 往上走碰到邊界仍停留在 (0, 1)：狀態值函數 -1.75+-1=-2.75
   - 往下走到 (0, 1)：狀態值函數 -2+-1=-3
   - 往左 / 右 / 上 / 下，機率均等，即 $\pi(a|s)$ = 0.25，故 (-1-3-2.75-3) * 0.25=-2.4375，畫面只取到小數點第 1 位≒ -2.4。
   - 其他位置狀態值函數均同理可證，請各位讀者練習看看。

0.0	-2.4	-2.9	-3.0
-2.4	-2.9	-3.0	-2.9
-2.9	-3.0	-2.9	-2.4
-3.0	-2.9	-2.4	0.0

策略評估就依上述方式不斷更新，直至狀態值函數不再顯著變化為止，這時我們就認定已是最佳狀態值函數，類似神經網路訓練，正向傳導 / 反向傳導直至損失函數不再顯著下降為止。接下來撰寫程式實現狀態值函數的計算。

此範例程式修改自 Denny Britz 網站 [9]，他是解答『Reinforcement Learning: An Introduction』[10] 一書的習題，該書可說是強化學習的聖經。

➤ 下列程式碼請參考【RL_15_10_Policy_Evaluation.ipynb】。

1. 載入相關套件。

```
1 # 載入相關套件
2 import numpy as np
3 from lib.envs.gridworld import GridworldEnv
```

2. 建立 Grid World 迷宮環境如下圖，程式為 lib\envs\gridworld.py，定義遊戲規則，❶注意 Grid World在網路上有許多不同的版本，遊戲規則略有差異。

	1	2	3
4	5	6	7
8	9	10	11
12	13	14	

```
1 # 環境
2 env = GridworldEnv()
```

3. 遊戲的行動代碼依順時鐘設定：上 =0, 右 =1, 下 =2, 左 =3。

4. 定義 Grid World 迷宮環境的行動轉移機率)。

```
2 env.P
```

- 執行結果：Json 格式的內容為 { 狀態 : { 行動 : [(轉移機率 , 下一個狀態 , 獎勵 , 是否到達終點), …]}}。下面截圖為狀態 0 及 1 的行動轉移機率，觀察第 2 段第一行的

  1: {0: [(1.0, 1, -1.0, False)]

  表在狀態 1 往上 (0) 的轉移機率為 1，往上走碰到邊界仍停留在 1，獎勵為 1，未到達終點。

```
{0: {0: [(1.0, 0, 0.0, True)],
  1: [(1.0, 0, 0.0, True)],
  2: [(1.0, 0, 0.0, True)],
  3: [(1.0, 0, 0.0, True)]},
 1: {0: [(1.0, 1, -1.0, False)],
  1: [(1.0, 2, -1.0, False)],
  2: [(1.0, 5, -1.0, False)],
  3: [(1.0, 0, -1.0, True)]},
```

5. 先定義一個簡單的策略評估函數，計算狀態值函數。

- 依下列狀態值函數公式更新。

$$v_\pi(s) = \sum_a \pi(a|s) \sum_{s'} \mathcal{P}_{ss'}^a \left[\mathcal{R}_{ss'}^a + \gamma v_\pi(s')\right]$$

```
1  def policy_eval(policy, env, epoch=1, discount_factor=1.0):
2      # 狀態值函數初始化
3      V = np.zeros(env.nS)
4      no = 0
5      while no < epoch:
6          # 更新每個狀態值的函數
7          for s in range(env.nS):
8              v = 0
9              # 計算每個行動後的狀態值函數
10             for a, action_prob in enumerate(policy[s]):
11                 # 取得所有可能的下一狀態值
12                 for  prob, next_state, reward, done in env.P[s][a]:
13                     # 狀態值函數公式，依照所有可能的下一狀態值函數加總
14                     v += action_prob * prob * (reward +
15                                         discount_factor * V[next_state])
16             V[s] = v
17         no+=1
18     return np.array(V)
```

6. 訓練 1 週期：採隨機策略，往上 / 下 / 左 / 右走的機率 (π) 均等。

```
1 # 隨機策略，機率均等
2 random_policy = np.ones([env.nS, env.nA]) / env.nA
3 # 評估
4 v = policy_eval(random_policy, env, 1)
5 print("4x4 狀態值函數:")
6 print(v.reshape(env.shape))
```

- 執行結果：與上述手工計算的結果相符。

```
[[ 0. -1. -1. -1.]
 [-1. -1. -1. -1.]
 [-1. -1. -1. -1.]
 [-1. -1. -1.  0.]]
```

7. 訓練 2 週期。

```
1 v = policy_eval(random_policy, env, 2)
2 print("4x4 狀態值函數:")
3 print(v.reshape(env.shape))
```

- 執行結果：與上述手工計算的結果相符。

```
[[ 0.   -1.75 -2.   -2.  ]
 [-1.75 -2.   -2.   -2.  ]
 [-2.   -2.   -2.   -1.75]
 [-2.   -2.   -1.75  0.  ]]
```

8. 訓練 3 週期。

```
1 v = policy_eval(random_policy, env, 3)
2 print("4x4 狀態值函數:")
3 print(v.reshape(env.shape))
```

- 執行結果：與上述手工計算的結果相符。

```
[[ 0.     -2.4375 -2.9375 -3.    ]
 [-2.4375 -2.875  -3.     -2.9375]
 [-2.9375 -3.     -2.875  -2.4375]
 [-3.     -2.9375 -2.4375  0.    ]]
```

9. 接著進行完整的策略評估函數：不斷更新，直至狀態值函數不再顯著變化為止，即前後兩週期最大差值 < 設定的門檻值才停止更新。

```
1  # 策略評估函數
2  def policy_eval(policy, env, discount_factor=1.0, theta=0.00001):
3      # 狀態值函數初始化
4      V = np.zeros(env.nS)
5      V1 = np.copy(V)
6      while True:
7          delta = 0
8          # 更新每個狀態值的函數
9          for s in range(env.nS):
10             v = 0
11             # 計算每個行動後的狀態值函數
12             for a, action_prob in enumerate(policy[s]):
13                 # 取得所有可能的下一狀態值
14                 for  prob, next_state, reward, done in env.P[s][a]:
15                     # 狀態值函數公式，依照所有可能的下一狀態值函數加總
```

```
16                     v += action_prob * prob * (reward +
17                                    discount_factor * V[next_state])
18             # 比較更新前後的差值，取最大值
19             delta = max(delta, np.abs(v - V[s]))
20             V1[s] = v
21         V = np.copy(V1)
22         # 若最大差值 < 門檻值，則停止評估
23         if delta < theta:
24             break
25     return np.array(V)
```

10. 呼叫策略評估函數，顯示狀態值函數。

```
1 # 隨機策略，機率均等
2 random_policy = np.ones([env.nS, env.nA]) / env.nA
3 # 評估
4 v = policy_eval(random_policy, env)
5
6 print("4x4 狀態值函數:")
7 print(v.reshape(env.shape))
```

- 執行結果：

```
[[  0.         -13.99989315 -19.99984167 -21.99982282]
 [-13.99989315 -17.99986052 -19.99984273 -19.99984167]
 [-19.99984167 -19.99984273 -17.99986052 -13.99989315]
 [-21.99982282 -19.99984167 -13.99989315   0.        ]]
```

11. 驗證答案是否正確：與書中的答案幾近相等。

```
1 # 驗證答案是否正確
2 expected_v = np.array([0, -14, -20, -22, -14, -18, -20, -20, -20, -20, -18, -14, -22, -20, -14, 0])
3 np.testing.assert_array_almost_equal(v, expected_v, decimal=2)
```

11 以上述的策略評估結合策略改善，進行策略循環 (Policy Iteration)。此範例程式修改自 Denny Britz 網站。

➤ 下列程式碼請參考【RL_15_11_Policy_Iteration.ipynb】。

1. 載入相關套件：與前例相同。

```
1 # 載入相關套件
2 import numpy as np
3 from lib.envs.gridworld import GridworldEnv
```

2. 建立 Grid World 迷宮環境：與前例相同。

```
1 # 環境
2 env = GridworldEnv()
```

3. 策略評估函數：與前例相同。

```
1  # 策略評估函數
2  def policy_eval(policy, env, discount_factor=1.0, theta=0.00001):
3      # 狀態值函數初始化
4      V = np.zeros(env.nS)
5      V1 = np.copy(V)
6      while True:
7          delta = 0
8          # 更新每個狀態值的函數
9          for s in range(env.nS):
10             v = 0
11             # 計算每個行動後的狀態值函數
12             for a, action_prob in enumerate(policy[s]):
13                 # 取得所有可能的下一狀態值
14                 for  prob, next_state, reward, done in env.P[s][a]:
15                     # 狀態值函數公式，依照所有可能的下一狀態值函數加總
16                     v += action_prob * prob * (reward +
17                                         discount_factor * V[next_state])
18             # 比較更新前後的差值，取最大值
19             delta = max(delta, np.abs(v - V[s]))
20             V1[s] = v
21         V = np.copy(V1)
22         # 若最大差值 < 門檻值，則停止評估
23         if delta < theta:
24             break
25     return np.array(V)
```

4. 定義策略改善函數：

- one_step_lookahead：依下列公式計算每一種行動的值函數。

$$q_\pi(s,a) = \sum_{s'} \mathcal{P}^a_{ss'} \left[\mathcal{R}^a_{ss'} + \gamma \sum_{a'} \pi(a'|s')\, q_\pi(s',a')\right]$$

- 一開始採隨機策略，進行策略評估，計算狀態值函數。
- 呼叫 one_step_lookahead，計算下一步的行動值函數，找出最佳行動，並更新策略行動機率 (π)。
- 直到已無較佳的行動策略，則回傳策略與狀態值函數。

```
1  # 策略改善函數
2  def policy_improvement(env, policy_eval_fn=policy_eval, discount_factor=1.0):
3      # 計算行動值函數
4      def one_step_lookahead(state, V):
5          A = np.zeros(env.nA)
6          for a in range(env.nA):
7              for prob, next_state, reward, done in env.P[state][a]:
8                  A[a] += prob * (reward + discount_factor * V[next_state])
9          return A
10
```

```
11      # 剛開始採隨機策略，往上/下/左/右走的機率(π)均等
12      policy = np.ones([env.nS, env.nA]) / env.nA
13
14      while True:
15          # 策略評估
16          V = policy_eval_fn(policy, env, discount_factor)
17
18          # 若要改變策略，會設定 policy_stable = False
19          policy_stable = True
20
21          for s in range(env.nS):
22              # 依 P 選擇最佳行動
23              chosen_a = np.argmax(policy[s])
24
25              # 計算下一步的行動值函數
26              action_values = one_step_lookahead(s, V)
27              # 選擇最佳行動
28              best_a = np.argmax(action_values)

30              # 貪婪策略：若有新的最佳行動，修改行動策略
31              if chosen_a != best_a:
32                  policy_stable = False
33              policy[s] = np.eye(env.nA)[best_a]
34
35          # 如果已無較佳行動策略，則回傳策略及狀態值函數
36          if policy_stable:
37              return policy, V
```

5. 執行策略循環。

```
1  # 執行策略循環
2  policy, v = policy_improvement(env)
```

6. 顯示結果。

```
1  # 顯示結果
2  print("策略機率分配:")
3  print(policy)
4  print("")
5
6  print("4x4 策略機率分配 (0=up, 1=right, 2=down, 3=left):")
7  print(np.reshape(np.argmax(policy, axis=1), env.shape))
8  print("")
9
10 print("4x4 狀態值函數:")
11 print(v.reshape(env.shape))
```

- 執行結果：

```
策略機率分配:
[[1. 0. 0. 0.]
 [0. 0. 0. 1.]
 [0. 0. 0. 1.]
 [0. 0. 1. 0.]
 [1. 0. 0. 0.]
 [1. 0. 0. 0.]
 [1. 0. 0. 0.]
 [0. 0. 1. 0.]
 [1. 0. 0. 0.]
 [1. 0. 0. 0.]
 [0. 1. 0. 0.]
 [0. 0. 1. 0.]
 [1. 0. 0. 0.]
 [0. 1. 0. 0.]
 [0. 1. 0. 0.]
 [1. 0. 0. 0.]]

4x4 策略機率分配 (0=up, 1=right, 2=down, 3=left):
[[0 3 3 2]
 [0 0 0 2]
 [0 0 1 2]
 [0 1 1 0]]

4x4 狀態值函數:
[[ 0. -1. -2. -3.]
 [-1. -2. -3. -2.]
 [-2. -3. -2. -1.]
 [-3. -2. -1.  0.]]
```

- 策略機率分配 (π)：代表採取上 / 右 / 下 / 左走的個別機率。
- 4x4 策略機率分配：是將策略機率分配轉化而成的行動矩陣。
- 第三段是狀態值函數 (V)。
- π、V 代表模型的參數，之後可依 π 或 V 行動，例如起點在 (1, 1) 的最佳路徑如下：往上 (0)，在往左 (3)，即到達 (0, 0) 終點。讀者可以測試其他起點，看看是否可順利到達終點。

```
[0 3 3 2]
[0 0 0 2]
[0 0 1 2]
[0 1 1 0]
```

7. 驗證答案是否正確：與書中的答案相對照。

```
1 # 驗證答案是否正確
2 expected_v = np.array([ 0, -1, -2, -3, -1, -2, -3, -2, -2, -3, -2, -1, -3, -2, -1,  0])
3 np.testing.assert_array_almost_equal(v, expected_v, decimal=2)
```

筆者測試另一個遊戲 WindyGridworldEnv(windy_gridworld.py)，在策略評估階段一直無法收斂，接著再測試 Gym 套件內的 FrozenLake-v1 就沒有問題，請參閱【RL_15_11_Policy_Iteration_FrozenLake.ipynb】，讀者可多測試看看。

15-7 值循環 (Value Iteration)

採用策略循環時，在每次策略改善前，必須先作一次策略評估，執行迴圈，更新所有狀態值函數，直至收斂，非常耗時，所以，考量到狀態值函數與行動值函數的更新十分類似，乾脆將其二者合併，以改善策略循環的缺點，這稱之為值循環 (Value Iteration)。

範例 12

以上述的迷宮為例，使用值循環 (Value Iteration)。此範例程式修改自 Denny Britz 網站。

➤ 下列程式碼請參考【RL_15_12_Value_Iteration.ipynb】。

1. 載入相關套件，**前 2 步驟與上例相同**。

```
1 # 載入相關套件
2 import numpy as np
3 from lib.envs.gridworld import GridworldEnv
```

2. 建立 Grid World 迷宮環境。

```
1 # 環境
2 env = GridworldEnv()
```

3. 定義值循環函數：直接以行動值函數取代狀態值函數，將策略評估函數與策略改善函數合而為一。

- 依下列行動值函數公式更新。

$$q_\pi(s,a) = \sum_{s'} \mathcal{P}^a_{ss'} \left[\mathcal{R}^a_{ss'} + \gamma \sum_{a'} \pi(a'|s')\, q_\pi(s',a')\right]$$

```
# 值循環函數
def value_iteration(env, theta=0.0001, discount_factor=1.0):
    # 計算行動值函數
    def one_step_lookahead(state, V):
        A = np.zeros(env.nA)
        for a in range(env.nA):
            for prob, next_state, reward, done in env.P[state][a]:
                A[a] += prob * (reward + discount_factor * V[next_state])
        return A

    # 狀態值函數初始化
    V = np.zeros(env.nS)
    while True:
        delta = 0
        # 更新每個狀態值的函數
        for s in range(env.nS):
            # 計算下一步的行動值函數
            A = one_step_lookahead(s, V)
            best_action_value = np.max(A)
            # 比較更新前後的差值，取最大值
            delta = max(delta, np.abs(best_action_value - V[s]))
            # 更新狀態值函數
            V[s] = best_action_value
        # 若最大差值 < 門檻值，則停止評估
        if delta < theta:
            break
    # 一開始採隨機策略，往上/下/左/右走的機率(π)均等
    policy = np.zeros([env.nS, env.nA])
    for s in range(env.nS):
        # 計算下一步的行動值函數
        A = one_step_lookahead(s, V)
        # 選擇最佳行動
        best_action = np.argmax(A)
        # 永遠採取最佳行動
        policy[s, best_action] = 1.0

    return policy, V
```

4. 執行值循環。

```
# 執行值循環
policy, v = value_iteration(env)
```

5. 顯示結果：與策略循環結果相同。

```
# 顯示結果
print("策略機率分配:")
print(policy)
print("")

print("4x4 策略機率分配 (0=up, 1=right, 2=down, 3=left):")
print(np.reshape(np.argmax(policy, axis=1), env.shape))
print("")

print("4x4 狀態值函數:")
print(v.reshape(env.shape))
```

- 執行結果：

```
策略機率分配:
[[1. 0. 0. 0.]
 [0. 0. 0. 1.]
 [0. 0. 0. 1.]
 [0. 0. 1. 0.]
 [1. 0. 0. 0.]
 [1. 0. 0. 0.]
 [1. 0. 0. 0.]
 [0. 0. 1. 0.]
 [1. 0. 0. 0.]
 [1. 0. 0. 0.]
 [0. 1. 0. 0.]
 [0. 0. 1. 0.]
 [1. 0. 0. 0.]
 [0. 1. 0. 0.]
 [0. 1. 0. 0.]
 [1. 0. 0. 0.]]

4x4 策略機率分配 (0=up, 1=right, 2=down, 3=left):
[[0 3 3 2]
 [0 0 0 2]
 [0 0 1 2]
 [0 1 1 0]]

4x4 狀態值函數:
[[ 0. -1. -2. -3.]
 [-1. -2. -3. -2.]
 [-2. -3. -2. -1.]
 [-3. -2. -1.  0.]]
```

6. 驗證答案是否正確：與書中的答案相對照。

```
1 # 驗證答案是否正確
2 expected_v = np.array([ 0, -1, -2, -3, -1, -2, -3, -2, -2, -3, -2, -1, -3, -2, -1,  0])
3 np.testing.assert_array_almost_equal(v, expected_v, decimal=2)
```

筆者測試另一個遊戲 CliffWalkingEnv(cliff_walking.py)，一直無法收斂，接著再測試 Gym 套件內的 FrozenLake-v1 就沒有問題，請參閱【RL_15_12_Value_Iteration_FrozenLake.ipynb】，讀者可多測試看看。

綜合以上測試，動態規劃的優缺點如下：

1. 適合定義明確的問題，即策略行動機率 (π)、狀態轉移機率 (P) 均為已知的狀況。
2. 適合中小型的模型，狀態空間不超過百萬個，比方說圍棋，狀態空間 $=3^{19x19}=1.74x10^{172}$，狀態值函數更新就會執行太久。另外，可能會有大部份的路徑從未走過，導致樣本代表性不足，造成維數災難 (Curse of Dimensionality)。

15-8　蒙地卡羅 (Monte Carlo)

我們在玩遊戲時，通常不會知道狀態轉移機率 (P)，其他應用領域也是如此，這稱為無模型 (Model Free) 學習，在這樣的情況下，動態規劃的狀態值函數就無法依公式計算。因此，有學者就提出蒙地卡羅 (Monte Carlo, MC) 演算法，透過模擬的方式估計出狀態轉移機率。

根據維基百科 [11] 的描述，它命名的由來相當有趣，二戰時期，美國研發核武器的團隊發明了此計算方式，而發明人之一的斯塔尼斯拉夫·烏拉姆 (Stanis aw Marcin Ulam)，因為他的叔叔經常在摩納哥的蒙地卡羅賭場輸錢，故而將其方法取名為蒙地卡羅。演算法主要就是使用亂數生成器產生數據，進而計算實際問題的答案。

範例

13 先以蒙地卡羅演算法求圓周率 (π)，見證演算法的威力。

➤ 下列程式碼請參考【RL_15_13_MC_Pi.ipynb】。

1. 載入相關套件。

```
1 # 載入相關套件
2 import random
```

2. 計算圓周率 (π)：

- 如下圖，假設有一個正方形與圓形，圓形半徑為 r，則圓形面積為 πr^2，正方形面積為 $(2r)^2=4r^2$。

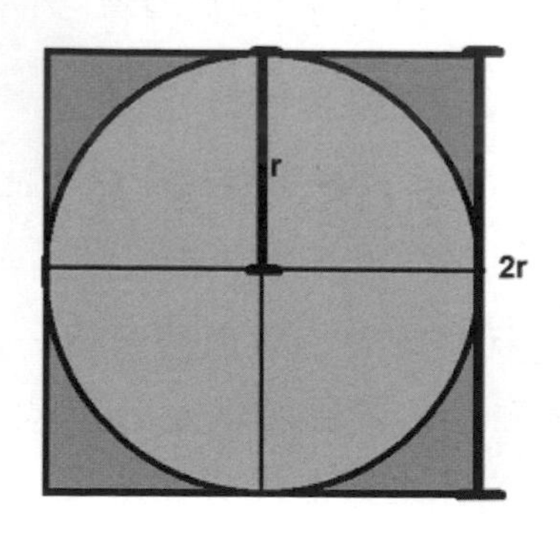

- 在正方形的範圍內隨機產生亂數一千萬個點，計算落在圓形內的點數。
- 落在圓形內的點數 / 一千萬 ≒ $\pi r^2 / 4r^2 = \pi/4$
- 化簡後 π= 4 x (落在圓形內的點數) / 一千萬。

```
1  # 模擬一千萬次
2  run_count=10000000
3  list1=[]
4  
5  # 在 X:(-0.5, -0.5)，Y:(0.5, 0.5) 範圍內產生一千萬個點
6  for _ in range(run_count):
7      list1.append([random.random()-0.5, random.random()-0.5])
8  
9  in_circle_count=0
10 for i in range(run_count):
11     # 計算在圓內的點，即 (X^2 + Y^2 <= 0.5 ^ 2)，其中 半徑=0.5
12     if list1[i][0]**2 + list1[i][1]**2 <= 0.5 ** 2:
13         in_circle_count+=1
14 
15 # 正方形面積： 寬高各為2r，故面積=4*(r**2)
16 # 圓形面積： pi * (r ** 2)
17 # pi = 圓形點數 / 正方形點數
18 pi=(in_circle_count/run_count) * 4
19 pi
```

- 執行結果：得到 π= 3.1418028，與正確答案 3.14159 相去不遠，如果模擬更多的點，就會更相近。

從以上的例子延伸，假如轉移機率未知，我們也可以利用蒙地卡羅演算法估計轉移機率，利用隨機策略去走迷宮，根據結果計算轉移機率。

為了避免無聊，我們換另一款遊戲『21 點撲克牌』(Blackjack) 實驗，讀者如不熟悉遊戲規則，可參照維基百科關於二十一點的説明 [12]。

14 實驗 21 點撲克牌 (Blackjack) 之策略評估。此範例程式修改自 Denny Britz 網站。

➤ 下列程式碼請參考【RL_15_14_Blackjack_Policy_Evaluation.ipynb】。

1. 載入相關套件。

```
1  # 載入相關套件
2  import numpy as np
3  from lib.envs.blackjack import BlackjackEnv
4  from lib import plotting
5  import sys
6  from collections import defaultdict
7  import matplotlib
8  
9  matplotlib.style.use('ggplot') # 設定繪圖的風格
```

2. 建立環境：程式為 lib\envs\blackjack.py。

```
1  # 環境
2  env = BlackjackEnv()
```

3. 試玩：採用的策略為如果玩家手上點數超過 (>=)20 點，才不補牌 (stick)，反之都跟莊家要一張牌 (hit)，策略並不合理，通常超過 16 點就不補牌了，若考慮更周延的話，會再視莊家的點數，才決定是否補牌，讀者可自行更改策略，觀察實驗結果的變化。採用這個不合理的策略，是要測試各種演算法是否能有效提升勝率。

```
1  # 試玩
2  def print_observation(observation):
3      score, dealer_score, usable_ace = observation
4      print(f"玩家分數: {score} (是否持有A: {usable_ace}), 莊家分數: {dealer_score}")
5
6  def strategy(observation):
7      score, dealer_score, usable_ace = observation
8      # 超過20點，不補牌(stick)，否則都跟莊家要一張牌(hit)
9      return 0 if score >= 20 else 1
10
11 # 試玩 20 次
12 for i_episode in range(20):
13     observation = env.reset()
14     # 開始依策略玩牌，最多 100 步驟，中途分出勝負即結束
15     for t in range(100):
16         print_observation(observation)
17         action = strategy(observation)
18         print(f'行動: {["不補牌", "補牌"][action]}')
19         observation, reward, done, _ = env.step(action)
20         if done:
21             print_observation(observation)
22             print(f"輸贏分數: {reward}\n")
23             break
```

- 執行結果： 讀者若不熟悉玩法，可以觀察下列過程。

```
玩家分數: 21 (是否持有A: True), 莊家分數: 9
行動: 不補牌
玩家分數: 21 (是否持有A: True), 莊家分數: 9
輸贏分數: 0

玩家分數: 15 (是否持有A: False), 莊家分數: 3
行動: 補牌
玩家分數: 17 (是否持有A: False), 莊家分數: 3
行動: 補牌
玩家分數: 22 (是否持有A: False), 莊家分數: 3
輸贏分數: -1
```

```
玩家分數: 20 (是否持有A: True), 莊家分數: 6
行動: 不補牌
玩家分數: 20 (是否持有A: True), 莊家分數: 6
輸贏分數: 1

玩家分數: 20 (是否持有A: False), 莊家分數: 1
行動: 不補牌
玩家分數: 20 (是否持有A: False), 莊家分數: 1
輸贏分數: 0
```

4. 定義策略評估函數：主要是透過既定策略計算狀態值函數。

- 實驗 1000 回合，記錄玩牌的過程，然後計算每個狀態的狀態值函數。
- 狀態為 Tuple 資料型態，內含玩家的總點數 0~31、莊家亮牌的點數 1~11(A)、玩家是否拿 A，維度大小為 (32, 11, 2)，其中 A 可為 1 點或 11 點，由持有者自行決定。
- 行動只有兩種：0 為不補牌，1 為補牌。
- **注意** 在一回合中每個狀態有可能被走過兩次以上，例如，一開始持有 A、5，玩家視 A 為 11 點，加總為 16 點，後來補牌後抽到 10 點，改視 A 為 1 點，加總也是 16 點，故 16 點這個狀態被經歷兩次，如果倒推計算狀態值函數，會被重複計算，造成該節點狀態值函數特別大或特別小。解決的方式有兩種：『首次訪問』 (First Visit) 及『每次訪問』(Every Visit)。首次訪問只計算第一次訪問時的報酬，而每次訪問則計算所有訪問的平均報酬，本程式採用首次訪問。

```
1  # 策略評估函數
2  def policy_eval(policy, env, num_episodes, discount_factor=1.0):
3      returns_sum = defaultdict(float)    # 記錄每一個狀態的報酬
4      returns_count = defaultdict(float)  # 記錄每一個狀態的訪問個數
5      V = defaultdict(float) # 狀態值函數
6  
7      # 實驗 N 回合
8      for i_episode in range(1, num_episodes + 1):
9          # 每 1000 回合顯示除錯訊息
10         if i_episode % 1000 == 0:
11             print(f"\r {i_episode}/{num_episodes}回合.", end="")
12             sys.stdout.flush() # 清除畫面
13 
14         # 回合(episode)資料結構為陣列，每一項目含 state, action, reward
15         episode = []
16         state = env.reset()
17         # 開始依策略玩牌，最多 100 步驟，中途分出勝負即結束
18         for t in range(100):
```

```
            action = policy(state)
            next_state, reward, done, _ = env.step(action)
            episode.append((state, action, reward))
            if done:
                break
            state = next_state

        # 找出走過的所有狀態
        states_in_episode = set([tuple(x[0]) for x in episode])
        # 計算每一狀態的值函數
        for state in states_in_episode:
            # 找出每一步驟內的首次訪問(First Visit)
            first_occurence_idx = next(i for i,x in enumerate(episode)
                                       if x[0] == state)
            # 算累計報酬(G)
            G = sum([x[2]*(discount_factor**i) for i,x in
                     enumerate(episode[first_occurence_idx:])])
            # 計算狀態值函數
            returns_sum[state] += G
            returns_count[state] += 1.0
            V[state] = returns_sum[state] / returns_count[state]

    return V
```

5. 訂定策略：與前面策略相同。

```
# 採相同策略
def sample_policy(observation):
    score, dealer_score, usable_ace = observation
    # 超過20點，不補牌(stick)，否則都跟莊家要一張牌(hit)
    return 0 if score >= 20 else 1
```

6. 分別實驗 10,000 與 500,000 回合。

```
# 實驗 10000 回合
V_10k = policy_eval(sample_policy, env, num_episodes=10000)
plotting.plot_value_function(V_10k, title="10,000 Steps")

# 實驗 500,000 回合
V_500k = policy_eval(sample_policy, env, num_episodes=500000)
plotting.plot_value_function(V_500k, title="500,000 Steps")
```

- 執行結果：顯示各狀態的值函數，分成持有 A(比較容易獲勝) 及未持有 A。可以看到當玩家持有的分數很高時，勝率會明顯提升。下列彩色圖表可參考程式執行結果。

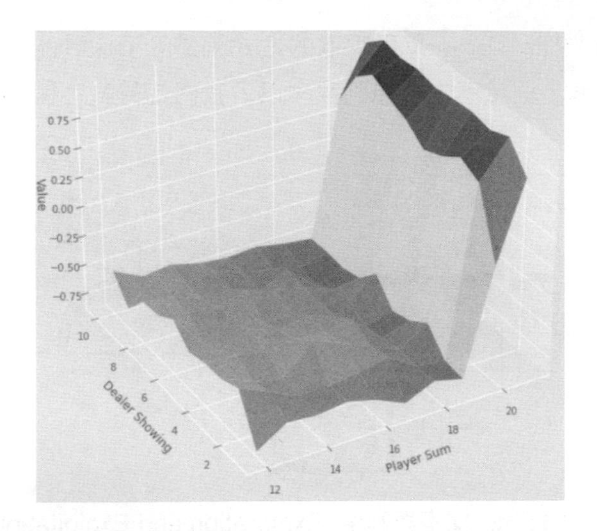

- 持有 A，但分數不高時，勝率也有明顯提升。

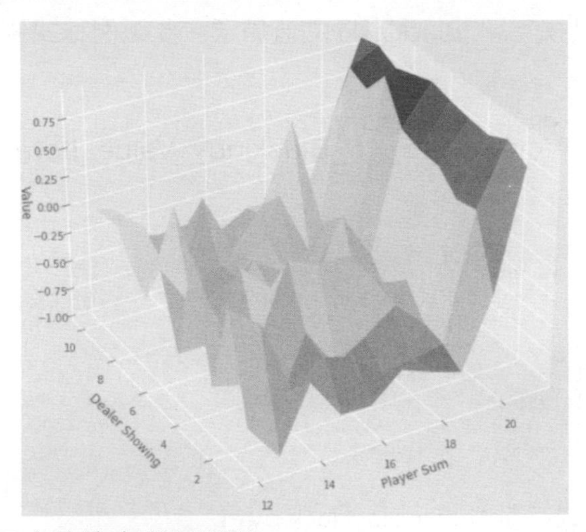

- 實驗 500,000 回合後的表現更明顯。

接著進行值循環 (也可以使用策略循環)，結合策略評估與策略改善。另外，還要介紹一個新的策略 ε-greedy policy，之前策略改善時都是採用貪婪 (greedy) 策略，它有一個弱點，就是一旦發現最大值函數的路徑後，玩家就會一直重複相同的路徑，這樣便失去了尋找較佳路徑的潛在機會，舉例來說，家庭聚餐時，通常會選擇最好的美食餐廳，若為了不踩雷，每次都去之前吃過最好吃的餐廳用餐，那新開的餐廳就永遠沒機會被發現了，這就是所謂的『探索與利用』(Exploration and Exploitation)，而 ε-greedy 所採取的方式就是除了採最佳路徑之外，還保留一定的比例去探索，刻意不走最佳路徑。以下我們就嘗試這種新策略與蒙地卡羅演算法結合。

▲ 圖 15.19　探索與利用 (Exploration and Exploitation)

15 實驗 21 點撲克牌 (Blackjack) 之值循環。此範例程式修改自 Denny Britz 網站。

➤ 下列程式碼請參考【RL_15_15_Blackjack_Value_Iteration.ipynb】。

1. 載入相關套件。

```
1  # 載入相關套件
2  import numpy as np
3  from lib.envs.blackjack import BlackjackEnv
4  from lib import plotting
5  import sys
6  from collections import defaultdict
7  import matplotlib
8
9  matplotlib.style.use('ggplot') # 設定繪圖的風格
```

2. 建立環境：程式為 lib\envs\blackjack.py。

```
1  # 環境
2  env = BlackjackEnv()
```

3. 定義 ε-greedy 策略：若 ε=0.1，則 10 次行動有 1 次採隨機行動。

```
1  # ε-greedy策略
2  def make_epsilon_greedy_policy(Q, epsilon, nA):
3      def policy_fn(observation):
4          # 每個行動的機率初始化，均為 ε / n
5          A = np.ones(nA, dtype=float) * epsilon / nA
6          best_action = np.argmax(Q[observation])
7          # 最佳行動的機率再加 1 - ε
8          A[best_action] += (1.0 - epsilon)
9          return A
10     return policy_fn
```

4. 定義值循環函數：與上例的程式邏輯幾乎相同，主要差異是將狀態值函數改為行動值函數。

```
1  # 值循環函數
2  def value_iteration(env, num_episodes, discount_factor=1.0, epsilon=0.1):
3      returns_sum = defaultdict(float)     # 記錄每一個狀態的報酬
4      returns_count = defaultdict(float)  # 記錄每一個狀態的訪問個數
5      Q = defaultdict(lambda: np.zeros(env.action_space.n)) # 行動值函數
6  
7      # 採用 ε-greedy策略
8      policy = make_epsilon_greedy_policy(Q, epsilon, env.action_space.n)
9  
10     # 實驗 N 回合
11     for i_episode in range(1, num_episodes + 1):
12         # 每 1000 回合顯示除錯訊息
13         if i_episode % 1000 == 0:
14             print(f"\r {i_episode}/{num_episodes}回合.", end="")
15             sys.stdout.flush() # 清除畫面
16 
17         # 回合(episode)資料結構為陣列，每一項目含 state, action, reward
18         episode = []
19         state = env.reset()
20         # 開始依策略玩牌，最多 100 步驟，中途分出勝負即結束
21         for t in range(100):
22             probs = policy(state)
23             action = np.random.choice(np.arange(len(probs)), p=probs)
24             next_state, reward, done, _ = env.step(action)
25             episode.append((state, action, reward))
26             if done:
27                 break
28             state = next_state
30         # 找出走過的所有狀態
31         sa_in_episode = set([(tuple(x[0]), x[1]) for x in episode])
32         for state, action in sa_in_episode:
33             # (狀態, 行動)組合初始化
34             sa_pair = (state, action)
35             # 找出每一步驟內的首次訪問(First Visit)
36             first_occurence_idx = next(i for i,x in enumerate(episode)
37                                        if x[0] == state and x[1] == action)
38             # 算累計報酬(G)
39             G = sum([x[2]*(discount_factor**i) for i,x in
40                      enumerate(episode[first_occurence_idx:])])
41             # 計算行動值函數
42             returns_sum[sa_pair] += G
43             returns_count[sa_pair] += 1.0
44             Q[state][action] = returns_sum[sa_pair] / returns_count[sa_pair]
45 
46     return Q, policy
```

5. 執行值循環。

```
1  # 執行值循環
2  Q, policy = value_iteration(env, num_episodes=500000, epsilon=0.1)
```

6. 顯示執行結果。

```
1 # 顯示結果
2 V = defaultdict(float)
3 for state, actions in Q.items():
4     action_value = np.max(actions)
5     V[state] = action_value
6 plotting.plot_value_function(V, title="Optimal Value Function")
```

- 執行結果：上個範例只有當玩家的分數接近 20 分的時候，值函數特別高，然而，這個策略即使在低分時也有不差的表現，勝率比起上例明顯提升。下列彩色圖表可參考程式執行結果。

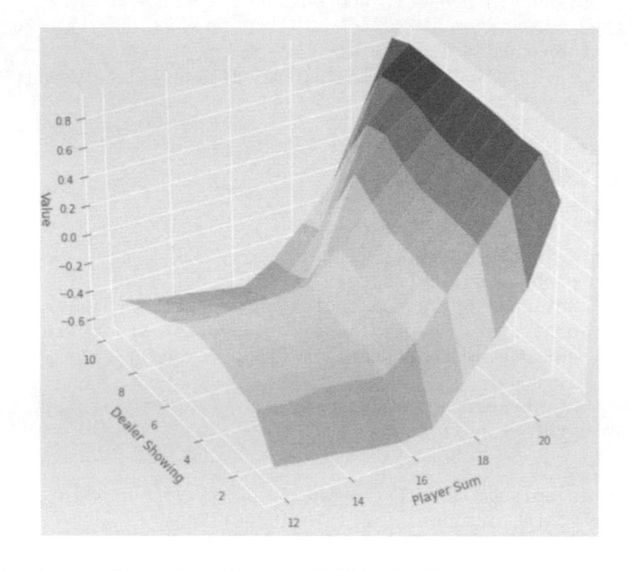

再來看另一種想法，目前為止的值循環在策略評估與策略改良上，均採用同一策略，即 ε-greedy，而這次兩者則各自採用不同策略，即策略評估時採用隨機策略，盡可能走過所有路徑，在策略改良時，改採貪婪策略，盡量求勝。所以，當採用同一策略，我們稱為 On-policy，而採用不同策略則稱為 Off-policy。

16 實驗 21 點撲克牌 (Blackjack) 之 Off-policy 值循環。此範例程式修改自 Denny Britz 網站。

➤ 下列程式碼請參考【RL_15_16_Blackjack_Off_Policy.ipynb】。

1. 載入相關套件。

```
1 # 載入相關套件
2 import numpy as np
3 from lib.envs.blackjack import BlackjackEnv
4 from lib import plotting
5 import sys
6 from collections import defaultdict
7 import matplotlib
8
9 matplotlib.style.use('ggplot') # 設定繪圖的風格
```

2. 建立環境：程式為 lib\envs\blackjack.py。

```
1 # 環境
2 env = BlackjackEnv()
```

3. 定義隨機策略在評估時使用。

```
1 # 隨機策略
2 def create_random_policy(nA):
3     A = np.ones(nA, dtype=float) / nA
4     def policy_fn(observation):
5         return A
6     return policy_fn
```

4. 定義貪婪 (greedy) 策略在改良時使用。

```
1 # 貪婪(greedy)策略
2 def create_greedy_policy(Q):
3     def policy_fn(state):
4         # 每個行動的機率初始化，均為 0
5         A = np.zeros_like(Q[state], dtype=float)
6         best_action = np.argmax(Q[state])
7         # 最佳行動的機率 = 1
8         A[best_action] = 1.0
9         return A
10    return policy_fn
```

5. 定義值循環策略，使用重要性加權抽樣。

- 重要性加權抽樣 (Weighted Importance Sampling)：以值函數大小作為隨機抽樣比例的分母。
- 依重要性加權抽樣，值函數公式如下：

$$Q(S_t, A_t) \leftarrow Q(S_t, A_t) + \frac{W}{C(S_t, A_t)} [G - Q(S_t, A_t)]$$

```
1 # 定義值循環策略，使用重要性加權抽樣
2 def mc_control_importance_sampling(env, num_episodes, behavior_policy, discount_f
3     Q = defaultdict(lambda: np.zeros(env.action_space.n)) # 行動值函數
4     # 重要性加權抽樣(weighted importance sampling)的累計分母
5     C = defaultdict(lambda: np.zeros(env.action_space.n))
6
7     # 在策略改良時，採貪婪策略
8     target_policy = create_greedy_policy(Q)
```

```
9
10      # 實驗 N 回合
11      for i_episode in range(1, num_episodes + 1):
12          # 每 1000 回合顯示除錯訊息
13          if i_episode % 1000 == 0:
14              print(f"\r {i_episode}/{num_episodes}回合.", end="")
15              sys.stdout.flush() # 清除畫面
16
17          # 回合(episode)資料結構為陣列，每一項目含 state, action, reward
18          episode = []
19          state = env.reset()
20          # 開始依策略玩牌，最多 100 步驟，中途分出勝負即結束
21          for t in range(100):
22              # 評估時採用隨機策略
23              probs = behavior_policy(state)
24              # 以值函數大小作為隨機抽樣比例的分母
25              action = np.random.choice(np.arange(len(probs)), p=probs)
26              next_state, reward, done, _ = env.step(action)
27              episode.append((state, action, reward))
28              if done:
29                  break
30              state = next_state
32          G = 0.0 # 報酬初始化
33          W = 1.0 # 權重初始化
34          # 找出走過的所有狀態
35          for t in range(len(episode))[::-1]:
36              state, action, reward = episode[t]
37              # 累計報酬
38              G = discount_factor * G + reward
39              # 累計權重
40              C[state][action] += W
41              # 更新值函數，公式參見書籍
42              Q[state][action] += (W / C[state][action]) * (G - Q[state][action])
43              # 已更新完畢，即跳出迴圈
44              if action !=  np.argmax(target_policy(state)):
45                  break
46              # 更新權重
47              W = W * 1./behavior_policy(state)[action]
48
49      return Q, target_policy
```

6. 執行值循環：評估時採用隨機策略。

```
1  # 執行值循環
2  random_policy = create_random_policy(env.action_space.n)
3  Q, policy = mc_control_importance_sampling(env, num_episodes=500000,
4                                     behavior_policy=random_policy)
```

7. 顯示執行結果。

```
1  # 顯示結果
2  V = defaultdict(float)
3  for state, actions in Q.items():
4      action_value = np.max(actions)
5      V[state] = action_value
6  plotting.plot_value_function(V, title="Optimal Value Function")
```

- 執行結果：玩家分數在低分時勝率也明顯提升。下列彩色圖表可參考程式執行結果。

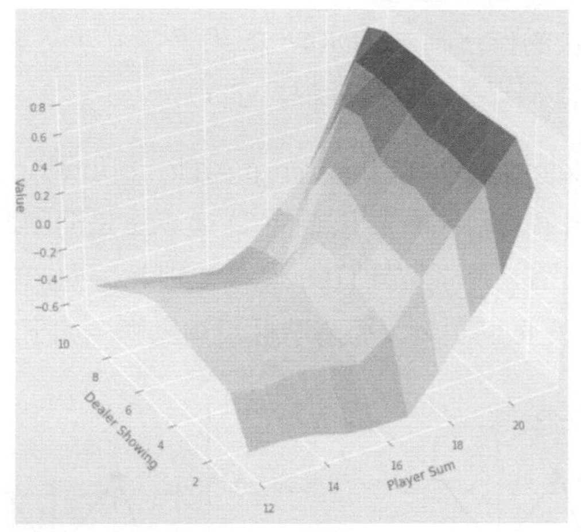

這一節我們學會了運用蒙地卡羅演算法，還有探索與利用、On/Off Policy，使模型勝率提高了不少，這些概念不只可以應用在蒙地卡羅演算法上，也能套用到後續其他的演算法，讀者可視專案不同的需求來選擇。

15-9 時序差分 (Temporal Difference)

蒙地卡羅演算法必須先完成一些回合後，才能計算值函數，接著依據值函數計算出狀態轉移機率，其演算法有以下缺點：

1. 每個回合必須走到終點，才能夠倒推每個狀態的值函數。
2. 假使狀態空間很大的話，還是一樣要走到終點，才能開始下行動決策，速度實在太慢，例如圍棋，根據統計，每下一盤棋平均約需 150 手，而且圍棋共有 $3^{19x19} \fallingdotseq 1.74x10^{172}$ 個狀態，就算使用探索也很難測試到每個狀態，計算值函數。

於是 Richard S. Sutton 提出時序差分 (Temporal Difference, TD) 演算法，透過邊走邊更新值函數的方式，解決上述問題。值函數更新公式如下：

$$v(s_t) = v(s_t) + \alpha[r_{t+1} + \gamma v(s_{t+1}) - v(s_t)]$$

值函數每次加上下一狀態值函數與目前狀態值函數的差額，以目前的行動產生的結果代替 Bellman 公式的期望值，另外，再乘以 α 學習率 (Learning Rate)。這種走一步更新一次的作法稱為 TD(0)，如果是走 n 步更新一次的作法則稱為 TD(n)，進一步引進衰退因子 λ(Decay) 稱為 TD(λ)。

Sutton 在其著作『Reinforcement Learning: An Introduction』[10] 中舉了一個很好的例子，假設要開車回家，蒙地卡羅 (MC) 演算法是開回家才倒推各個中繼點到家的時間，如下左圖。時序差分 (TD) 演算法則是每到一個中繼點就修正預估到家的時間，好處就是即時更新，隨時掌握目前動態，如下右圖。

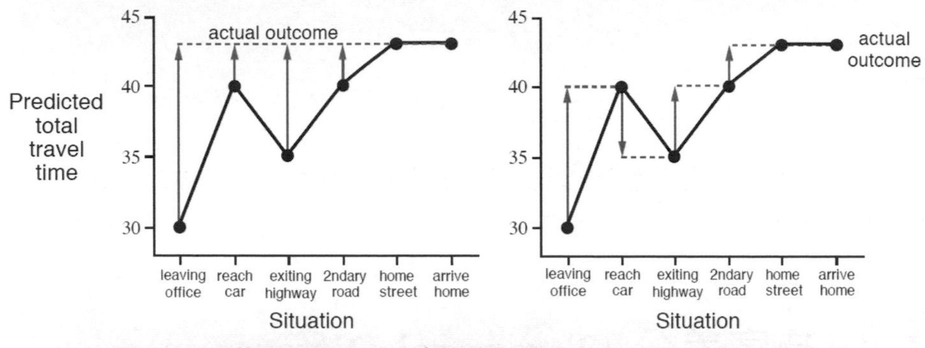

▲ 圖 15.20　蒙地卡羅 (MC) 演算法與時序差分 (TD) 演算法的比較

例如，從辦公室開車回家。

1. 預計 30 分鐘後到家。
2. 下班 5 分鐘後找到車發現下雨了，估計下雨塞車還要 35 分鐘到家。
3. 下班 20 分鐘時下了高速公路發現沒有塞車，估計還要 15 分鐘到家。
4. 下班 30 分鐘時遇到塞車，估計還要 10 分鐘到家。
5. 下班 40 分鐘後到了家附近的小路上，估計還要 3 分鐘到家。
6. 3 分鐘後順利到家。
7. 透過預估分鐘數及實際花費的時間，在每一中繼點都可以修正實際到家總分鐘數，如下表。

State	*Elapsed Time (minutes)*	*Predicted Time to Go*	*Predicted Total Time*
leaving office, friday at 6	0	30	30
reach car, raining	5	35	40
exiting highway	20	15	35
2ndary road, behind truck	30	10	40
entering home street	40	3	43
arrive home	43	0	43

▲ 圖 15.21 開車回家，各個中繼點實際花費的時間 (Elapsed Time)、預計到家的分鐘數 (Predicted Time to Go) 及預估到家總分鐘數 (Predicted Total Time)。

以倒推圖比較動態規劃、蒙地卡羅及時序差分演算法的作法。

1. 動態規劃：逐步搜尋所有的下一個可能狀態，計算值函數期望值。
2. 蒙地卡羅：試走多個回合，再以回推的方式計算值函數期望值。
3. 時序差分：每走一步更新一次值函數。

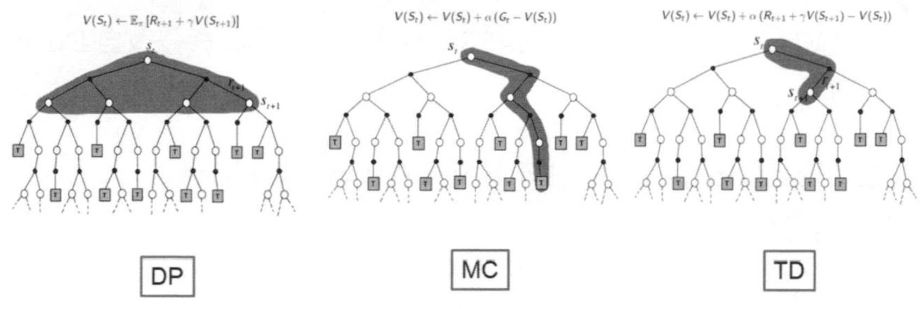

▲ 圖 15.22 動態規劃、蒙地卡羅及時序差分演算法的倒推圖

時序差分有兩個種類的演算法：

1. SARSA 演算法：On Policy 的時序差分。
2. Q-learning 演算法：Off Policy 的時序差分。

15-9-1 SARSA 演算法

先介紹 SARSA 演算法，它的名字是行動軌跡中 5 個元素的縮寫 s_t, a_t, r_{t+1}, s_{t+1}, a_{t+1}，如下圖，意謂著每走一步更新一次：

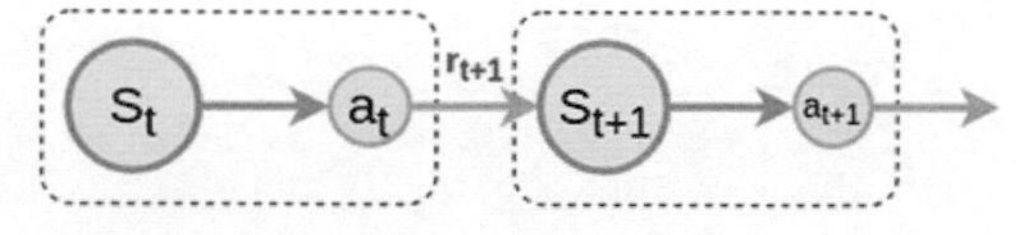

▲ 圖 15.23 SARSA：s_t, a_t, r_{t+1}, s_{t+1}, a_{t+1}

接著我們就來進行演算法的實作，再介紹一款新遊戲 Windy Grid World，與原來的 Grid World 有些差異，變成 10x7 個格子，第 4,5,6,9 行的風力 1 級，第 7,8 行的風力 2 級，分別會把玩家往上吹 1 格和 2 格，而起點 (x) 與終點 (T) 的位置如下：

```
o o o o o o o o o o
o o o o o o o o o o
o o o o o o o o o o
x o o o o o o T o o
o o o o o o o o o o
o o o o o o o o o o
o o o o o o o o o o
```

範例 **17** 實驗 Windy Grid World 之 SARSA 策略。此範例程式修改自 Denny Britz 網站。

➤ 下列程式碼請參考【RL_15_17_SARSA.ipynb】。

1. 載入相關套件。

```
1  # 載入相關套件
2  import gym
3  import itertools
4  import matplotlib
5  import numpy as np
6  import pandas as pd
7  import sys
8  from collections import defaultdict
9  from lib.envs.windy_gridworld import WindyGridworldEnv
10 from lib import plotting
11 
12 matplotlib.style.use('ggplot') # 設定繪圖的風格
```

2. 建立 Windy Grid World 環境。

```
1  # 建立環境
2  env = WindyGridworldEnv()
```

3. 試玩：一律往右走。

```
1  # 試玩
2  print(env.reset()) # 重置
3  env.render()       # 更新畫面
4  
5  print(env.step(1)) # 走下一步
6  env.render()       # 更新畫面
7  
8  print(env.step(1)) # 走下一步
9  env.render()       # 更新畫面
10 
11 print(env.step(1)) # 走下一步
12 env.render()       # 更新畫面
13 
14 print(env.step(1)) # 走下一步
15 env.render()       # 更新畫面
16 
17 print(env.step(1)) # 走下一步
18 env.render()       # 更新畫面
19 
20 print(env.step(1)) # 走下一步
21 env.render()       # 更新畫面
```

- 執行結果：

30：第 30 個點，表示起始點為第 3 列第 0 行，索引值從 0 開始算。

```
o o o o o o o o o o
o o o o o o o o o o
o o o o o o o o o o
x o o o o o o T o o
o o o o o o o o o o
o o o o o o o o o o
o o o o o o o o o o
```

移至第 3 列第 1 行，獎勵為 -1。

(31, -1.0, False, {'prob': 1.0})

```
o o o o o o o o o o
o o o o o o o o o o
o o o o o o o o o o
o x o o o o o T o o
o o o o o o o o o o
o o o o o o o o o o
o o o o o o o o o o
```

...

(33, -1.0, False, {'prob': 1.0})

(24, -1.0, False, {'prob': 1.0}) → 往上吹一格

(15, -1.0, False, {'prob': 1.0}) → 往上吹一格

4. 定義 ε-greedy 策略：與前面相同。

```
1  # 定義 ε-greedy策略
2  def make_epsilon_greedy_policy(Q, epsilon, nA):
3      def policy_fn(observation):
4          # 每個行動的機率初始化，均為 ε / n
5          A = np.ones(nA, dtype=float) * epsilon / nA
6          best_action = np.argmax(Q[observation])
7          # 最佳行動的機率再加 1 - ε
8          A[best_action] += (1.0 - epsilon)
9          return A
10     return policy_fn
```

5. 定義 SARSA 策略：走一步算一步，然後採 ε-greedy 策略，決定行動。

```
1  # 定義 SARSA 策略
2  def sarsa(env, num_episodes, discount_factor=1.0, alpha=0.5, epsilon=0.1):
3      # 行動值函數初始化
4      Q = defaultdict(lambda: np.zeros(env.action_space.n))
5      # 記錄 所有回合的長度及獎勵
6      stats = plotting.EpisodeStats(
7          episode_lengths=np.zeros(num_episodes),
8          episode_rewards=np.zeros(num_episodes))
9
10     # 使用 ε-greedy策略
11     policy = make_epsilon_greedy_policy(Q, epsilon, env.action_space.n)
12
13     # 實驗 N 回合
14     for i_episode in range(num_episodes):
15         # 每 100 回合顯示除錯訊息
16         if (i_episode + 1) % 100 == 0:
17             print(f"\r {(i_episode + 1)}/{num_episodes}回合.", end="")
18             sys.stdout.flush() # 清除畫面
19
20         # 開始依策略實驗
21         state = env.reset()
22         action_probs = policy(state)
23         action = np.random.choice(np.arange(len(action_probs)), p=action_probs)
25         # 每次走一步就更新狀態值
26         for t in itertools.count():
27             # 走一步
28             next_state, reward, done, _ = env.step(action)
29
30             # 選擇下一步行動
31             next_action_probs = policy(next_state)
32             next_action = np.random.choice(np.arange(len(next_action_probs))
33                                            , p=next_action_probs)
```

```
34
35              # 更新長度及獎勵
36              stats.episode_rewards[i_episode] += reward
37              stats.episode_lengths[i_episode] = t
38
39              # 更新狀態值
40              td_target = reward + discount_factor * Q[next_state][next_action]
41              td_delta = td_target - Q[state][action]
42              Q[state][action] += alpha * td_delta
43
44              if done:
45                  break
46
47              action = next_action
48              state = next_state
49
50      return Q, stats
```

6. 執行 SARSA 策略 200 回合。

```
1 # 執行 SARSA 策略
2 Q, stats = sarsa(env, 200)
```

7. 顯示執行結果。

```
1 # 顯示結果
2 fig = plotting.plot_episode_stats(stats)
```

- 執行結果：共有三張圖表。
- 每一回合走到終點的距離：剛開始的時候要走很多步才會到終點，不過執行到大約第 50 回合後就逐漸收斂了，每回合幾乎都相同步數。

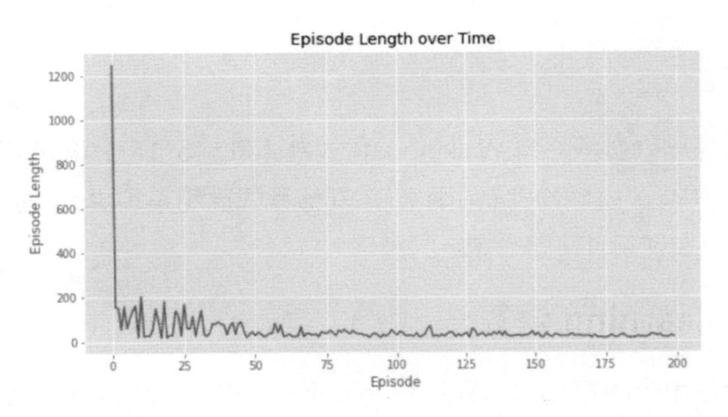

- 每一回合的報酬：每回合獲得的報酬越來越高。

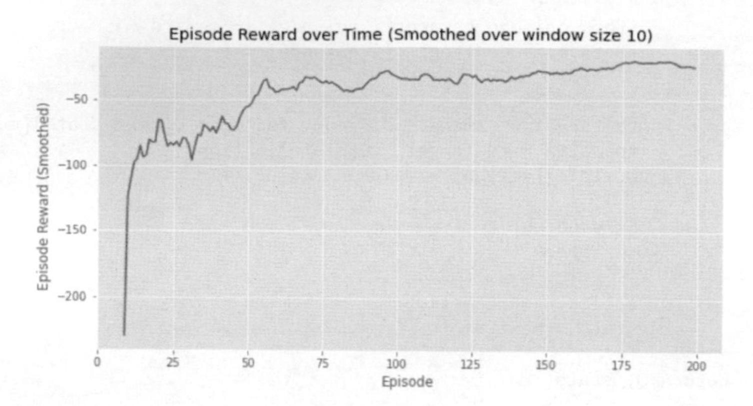

- 累計的步數與回合對比：呈現曲線上揚的趨勢，即每回合到達終點的步數越來越少。

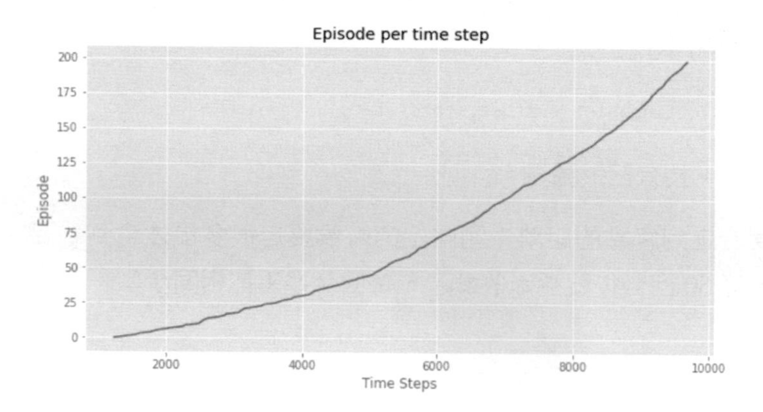

筆者測試另外一款遊戲 Cliff Walking，程式為【RL_15_17_SARSA_CliffWalking.ipynb】，只需修改遊戲物件 (前兩格)，其他程式碼均不須更改，表示演算法相關的程式碼具有通用性，可作廣泛的應用。

15-9-2 Q-learning 演算法

接著說明時序差分的第二種演算法 Q-learning，它與 SARSA 的差別是採取 Off Policy，評估時使用 ε-greedy 策略，而改良時選擇 greedy 策略。使用另一款遊戲 Cliff Walking，同樣也是迷宮，最下面一排除了起點 (x) 與終點 (T) 之外，其他都是陷阱 (C)，踩到陷阱即 Game Over。

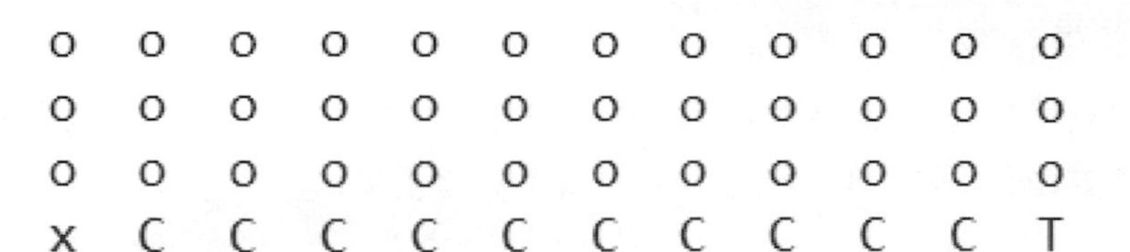

範例

18 實驗 Cliff Walking 之 Q-learning 策略。此範例程式修改自 Denny Britz 網站。

➤ 下列程式碼請參考【RL_15_18_Q_learning.ipynb】。

1. 載入相關套件。

```
1  # 載入相關套件
2  import gym
3  import itertools
4  import matplotlib
5  import numpy as np
6  import pandas as pd
7  import sys
8  from collections import defaultdict
9  from lib.envs.cliff_walking import CliffWalkingEnv
10 from lib import plotting
11
12 matplotlib.style.use('ggplot') # 設定繪圖的風格
```

2. 建立 Cliff Walking 環境。

```
1  # 建立環境
2  env = CliffWalkingEnv()
```

3. 試玩：隨便走。

```
1  # 試玩
2  print(env.reset()) # 重置
3  env.render()        # 更新畫面
4
5  print(env.step(0)) # 往上走
6  env.render()        # 更新畫面
7
8  print(env.step(1)) # 往右走
9  env.render()
10
11 print(env.step(1)) # 往右走
12 env.render()
13
14 print(env.step(2)) # 往下走
15 env.render()
```

- 執行結果：

36：第 36 個點，表示起始點為第 3 列第 0 行，但程式卻是在第 3 列第 6 行，應該是程式邏輯有問題，但不影響測試，就不除錯了。

```
36
o  o  o  o  o  o  o  o  o  o  o  o
o  o  o  o  o  o  o  o  o  o  o  o
o  o  o  o  o  o  o  o  o  o  o  o
x  C  C  C  C  C  C  C  C  C  C  T
```

走到最後一步，移至第 3 列第 2 行，走到陷阱，獎勵 -100。

```
(38, -100.0, True, {'prob': 1.0})
o  o  o  o  o  o  o  o  o  o  o  o
o  o  o  o  o  o  o  o  o  o  o  o
o  o  o  o  o  o  o  o  o  o  o  o
o  C  x  C  C  C  C  C  C  C  C  T
```

4. 定義 ε-greedy 策略：與前面相同。

```
1  # 定義 ε-greedy策略
2  def make_epsilon_greedy_policy(Q, epsilon, nA):
3      def policy_fn(observation):
4          # 每個行動的機率初始化，均為 ε / n
5          A = np.ones(nA, dtype=float) * epsilon / nA
6          best_action = np.argmax(Q[observation])
7          # 最佳行動的機率再加 1 - ε
8          A[best_action] += (1.0 - epsilon)
9          return A
10     return policy_fn
```

5. 定義 Q-learning 策略：評估時採 ε-greedy 策略，改良時選擇 greedy 策略。

```
1  # 定義 Q_learning 策略
2  def q_learning(env, num_episodes, discount_factor=1.0, alpha=0.5, epsilon=0.1):
3      # 行動值函數初始化
4      Q = defaultdict(lambda: np.zeros(env.action_space.n))
5      # 記錄 所有回合的長度及獎勵
6      stats = plotting.EpisodeStats(
7          episode_lengths=np.zeros(num_episodes),
8          episode_rewards=np.zeros(num_episodes))
9
10     # 使用 ε-greedy策略
11     policy = make_epsilon_greedy_policy(Q, epsilon, env.action_space.n)
12
13     # 實驗 N 回合
```

```
14        for i_episode in range(num_episodes):
15            # 每 100 回合顯示除錯訊息
16            if (i_episode + 1) % 100 == 0:
17                print(f"\r {(i_episode + 1)}/{num_episodes}回合.", end="")
18                sys.stdout.flush() # 清除畫面
19
20            # 開始依策略實驗
21            state = env.reset()
22            # 每次走一步就更新狀態值
23            for t in itertools.count():
24                # 使用 ε-greedy策略
25                action_probs = policy(state)
26                # 選擇下一步行動
27                action = np.random.choice(np.arange(len(action_probs)), p=action_probs)
28                next_state, reward, done, _ = env.step(action)

30                # 更新長度及獎勵
31                stats.episode_rewards[i_episode] += reward
32                stats.episode_lengths[i_episode] = t
33
34                # 選擇最佳行動
35                best_next_action = np.argmax(Q[next_state])
36                # 更新狀態值
37                td_target = reward + discount_factor * Q[next_state][best_next_action]
38                td_delta = td_target - Q[state][action]
39                Q[state][action] += alpha * td_delta
40
41                if done:
42                    break
43
44                state = next_state
45
46        return Q, stats
```

6. 執行 Q-learning 策略 500 回合。

```
1  # 執行 Q-learning 策略
2  Q, stats = q_learning(env, 500)
```

7. 顯示執行結果。

```
1  # 顯示結果
2  fig = plotting.plot_episode_stats(stats)
```

- 執行結果：共有三張圖表。
- 每一回合走到終點的距離：與 SARSA 相同，剛開始要走很多步後才會到終點，但執行到大概第 50 回合就逐漸收斂，之後的每個回合幾乎都相同步數。由於，這兩個範例的遊戲不同，不能比較 SARSA 與 Q-learning 的效能，若要比較效能，可改用同一款遊戲進行比較。

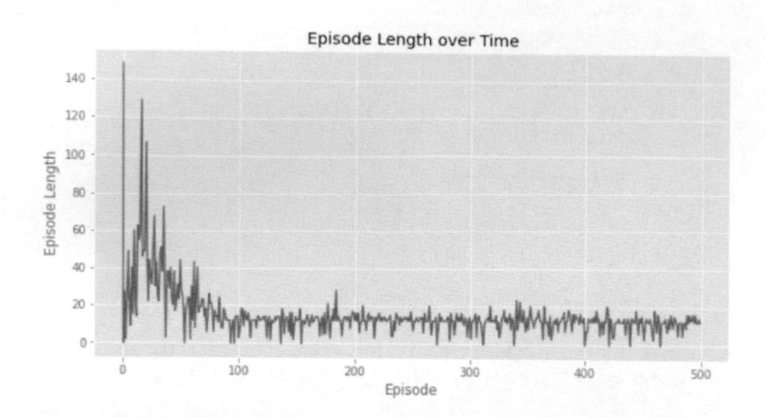

- 每一回合的報酬：每回合獲得的報酬越來越高，不過尚未收斂。

- 累計的步數與回合對比：呈現直線上揚的趨勢，即每回合到達終點的步數差不多，這可能是因為有陷阱的關係，應該分成勝敗兩類比較，會更清楚。

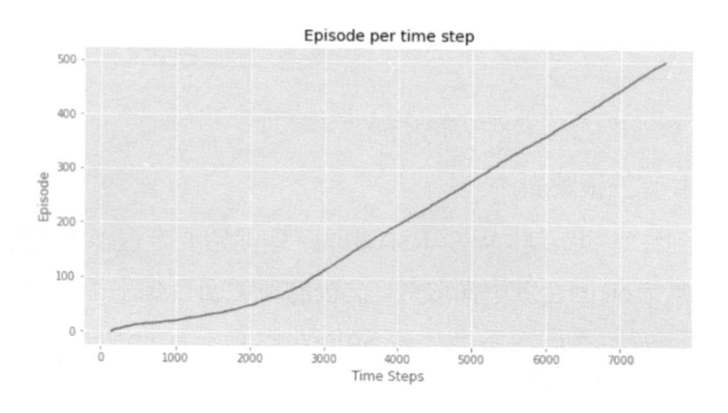

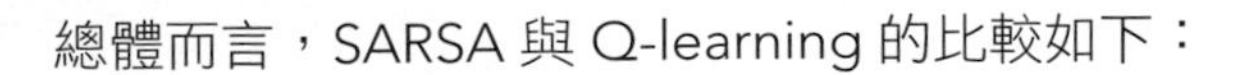

總體而言，SARSA 與 Q-learning 的比較如下：

Sarsa： $q(s_t,a_t)=q(s_t,a_t)+\alpha[r_{t+1}+\gamma q(s_{t+1},a_{t+1})-q(s_t,a_t)]$

Q-learning： $q(s_t,a_t)=q(s_t,a_t)+\alpha[r_{t+1}+\gamma \max_a q(s_{t+1},a)-q(s_t,a_t)]$

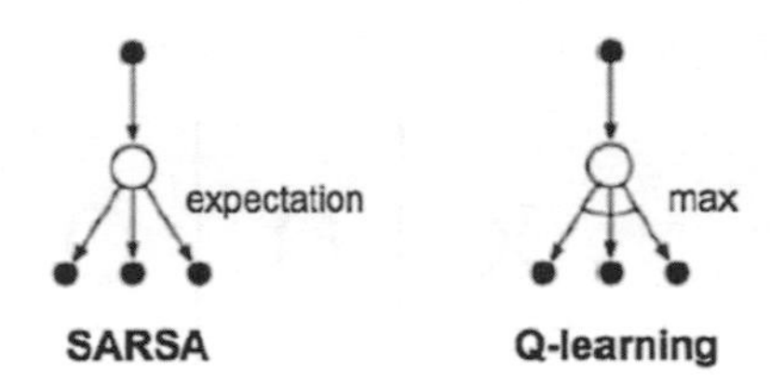

▲ 圖 15.24 SARSA 與 Q-learning 策略的比較

筆者也測試了 Windy Grid World 遊戲，程式為【RL_15_18_Q_learning.ipynb】，讀者可以與上述程式比較。

看了這麼多的演算法，不管是策略循環 (Policy Iteration) 或值循環 (Value Iteration)，總體而言，它們的邏輯與神經網路優化求解，其實有那麼一點相似。

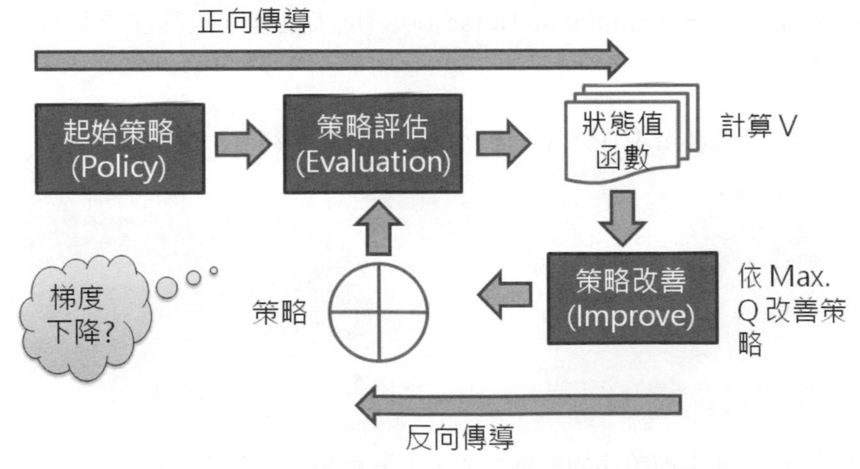

▲ 圖 15.25 策略循環與梯度下降法的比較

15-10 井字遊戲

接著我們就開始實戰吧，拿最簡單的井字遊戲 (Tic-Tac-Toe) 來練習，包括如何把井字遊戲轉換為環境、如何定義狀態及立即獎勵、模型存檔等。

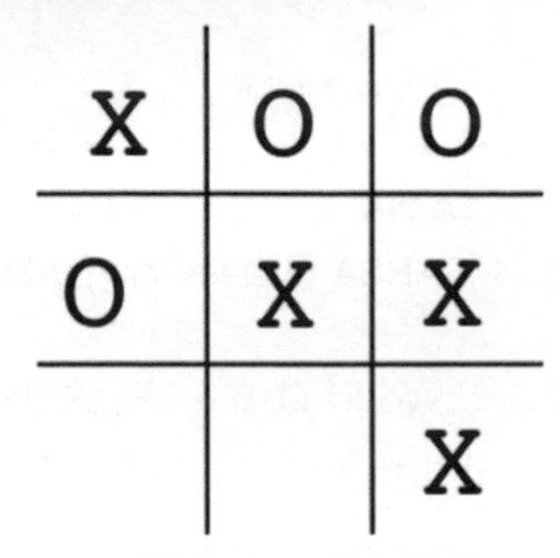

▲ 圖 15.26 井字遊戲

範例

19 實驗井字遊戲之 Q-learning 策略。此範例程式修改自『Reinforcement Learning — Implement TicTacToe』[13]，且程式撰寫成類似 Gym 的架構。

➤ 下列程式碼請參考【TicTacToe_1\ticTacToe.py】。

1. 載入相關套件。

```
1 # 載入相關套件
2 import numpy as np
3 import pickle
4 import os
5
6 # 參數設定
7 BOARD_ROWS = 3 # 列數
8 BOARD_COLS = 3 # 行數
```

2. 定義環境類別：與前面的範例類似，主要就是棋盤重置 (reset)、更新狀態、給予獎勵及判斷輸贏，勝負未分的時候，電腦加 0.1 分，而玩家加 0.5 分，這樣設定是希望電腦能儘速贏得勝利，讀者可以試試看其他的給分方式，若勝負已定，則給 1 分。

3. 環境初始化。

```
10  # 環境類別
11  class Environment:
12      def __init__(self, p1, p2):
13          # 變數初始化
14          self.board = np.zeros((BOARD_ROWS, BOARD_COLS))
15          self.p1 = p1 # 第一個玩家
16          self.p2 = p2 # 第二個玩家
17          self.isEnd = False     # 是否結束
18          self.boardHash = None # 棋盤
19
20          self.playerSymbol = 1 # 第一個玩家使用X
21
22      # 記錄棋盤狀態
23      def getHash(self):
24          self.boardHash = str(self.board.reshape(BOARD_COLS * BOARD_ROWS))
25          return self.boardHash
```

4. 判斷輸贏：取得勝利的情況包括連成一列、一行或對角線。

```
27      # 判斷輸贏
28      def is_done(self):
29          # 連成一列
30          for i in range(BOARD_ROWS):
31              if sum(self.board[i, :]) == 3:
32                  self.isEnd = True
33                  return 1
34              if sum(self.board[i, :]) == -3:
35                  self.isEnd = True
36                  return -1
37
38          # 連成一行
39          for i in range(BOARD_COLS):
40              if sum(self.board[:, i]) == 3:
41                  self.isEnd = True
42                  return 1
43              if sum(self.board[:, i]) == -3:
44                  self.isEnd = True
45                  return -1

47          # 連成對角線
48          diag_sum1 = sum([self.board[i, i] for i in range(BOARD_COLS)])
49          diag_sum2 = sum([self.board[i, BOARD_COLS - i - 1] for i in
50                                                  range(BOARD_COLS)])
51          diag_sum = max(abs(diag_sum1), abs(diag_sum2))
52          if diag_sum == 3:
53              self.isEnd = True
54              if diag_sum1 == 3 or diag_sum2 == 3:
55                  return 1
56              else:
57                  return -1
58
59          # 無空位置即算平手
60          if len(self.availablePositions()) == 0:
61              self.isEnd = True
62              return 0
63          self.isEnd = False
64          return None
```

5. 定義顯示空位置、更新棋盤、給予獎勵等函數。

```
66      # 顯示空位置
67      def availablePositions(self):
68          positions = []
69          for i in range(BOARD_ROWS):
70              for j in range(BOARD_COLS):
71                  if self.board[i, j] == 0:
72                      positions.append((i, j))
73          return positions
74
75      # 更新棋盤
76      def updateState(self, position):
77          self.board[position] = self.playerSymbol
78          # switch to another player
79          self.playerSymbol = -1 if self.playerSymbol == 1 else 1
80
81      # 給予獎勵
82      def giveReward(self):
83          result = self.is_done()
84          # backpropagate reward
85          if result == 1: # 第一玩家贏，P1加一分
86              self.p1.feedReward(1)
87              self.p2.feedReward(0)
88          elif result == -1: # 第二玩家贏，P2加一分
89              self.p1.feedReward(0)
90              self.p2.feedReward(1)
91          else: # 勝負未分，第一玩家加 0.1分，第二玩家加 0.5分
92              self.p1.feedReward(0.1)
93              self.p2.feedReward(0.5)
```

6. 棋盤重置。

```
95      # 棋盤重置
96      def reset(self):
97          self.board = np.zeros((BOARD_ROWS, BOARD_COLS))
98          self.boardHash = None
99          self.isEnd = False
100         self.playerSymbol = 1
```

7. 訓練：這是重點，本例訓練 50,000 回合後，可產生狀態值函數表，將電腦和玩家的狀態值函數表分別存檔 (policy_p1、policy_p2)，policy_p1 為先下子的策略模型，policy_p2 為後下子的策略模型。

```
102     # 開始訓練
103     def play(self, rounds=100):
104         for i in range(rounds):
105             if i % 1000 == 0:
106                 print("Rounds {}".format(i))
107             while not self.isEnd:
108                 # Player 1
109                 positions = self.availablePositions()
110                 p1_action = self.p1.chooseAction(positions, self.board, self.playerSymbol)
111                 # take action and upate board state
112                 self.updateState(p1_action)
113                 board_hash = self.getHash()
114                 self.p1.addState(board_hash)
115                 # check board status if it is end
```

```
116
117                 win = self.is_done()
118                 if win is not None:
119                     # self.showBoard()
120                     # ended with p1 either win or draw
121                     self.giveReward()
122                     self.p1.reset()
123                     self.p2.reset()
124                     self.reset()
125                     break
126                 else:
127                     # Player 2
128                     positions = self.availablePositions()
129                     p2_action = self.p2.chooseAction(positions, self.board, self.playerSymbol)
130                     self.updateState(p2_action)
131                     board_hash = self.getHash()
132                     self.p2.addState(board_hash)
133
134                     win = self.is_done()
135                     if win is not None:
136                         # self.showBoard()
137                         # ended with p2 either win or draw
138                         self.giveReward()
139                         self.p1.reset()
140                         self.p2.reset()
141                         self.reset()
142                         break
```

8. 比賽：與訓練邏輯類似，差別是玩家要自行輸入行動。

```
165             else:
166                 # Player 2
167                 positions = self.availablePositions()
168                 p2_action = self.p2.chooseAction(positions)
169
170                 self.updateState(p2_action)
171                 self.showBoard()
172                 win = self.is_done()
173                 if win is not None:
174                     if win == -1 or win == 1:
175                         print(self.p2.name, " 勝!")
176                     else:
177                         print("平手!")
178                     self.reset()
179                     break
```

9. 顯示棋盤目前的狀態。

```
181     # 顯示棋盤目前狀態
182     def showBoard(self):
183         # p1: x  p2: o
184         for i in range(0, BOARD_ROWS):
185             print('-------------')
186             out = '| '
187             for j in range(0, BOARD_COLS):
188                 if self.board[i, j] == 1:
189                     token = 'x'
190                 if self.board[i, j] == -1:
191                     token = 'o'
192                 if self.board[i, j] == 0:
193                     token = ' '
194                 out += token + ' | '
195             print(out)
196         print('-------------')
```

10. 電腦類別：包括電腦依最大值函數行動、比賽結束前存檔、比賽開始前載入檔案。

11. 初始化。

```
202 # 電腦類別
203 class Player:
204     def __init__(self, name, exp_rate=0.3):
205         self.name = name
206         self.states = []  # record all positions taken
207         self.lr = 0.2
208         self.exp_rate = exp_rate
209         self.decay_gamma = 0.9
210         self.states_value = {}  # state -> value
211 
212     def getHash(self, board):
213         boardHash = str(board.reshape(BOARD_COLS * BOARD_ROWS))
214         return boardHash
```

12. 電腦依最大值函數行動。

```
212     # 電腦依最大值函數行動
213     def chooseAction(self, positions, current_board, symbol):
214         if np.random.uniform(0, 1) <= self.exp_rate:
215             # take random action
216             idx = np.random.choice(len(positions))
217             action = positions[idx]
218         else:
219             value_max = -999
220             for p in positions:
221                 next_board = current_board.copy()
222                 next_board[p] = symbol
223                 next_boardHash = self.getHash(next_board)
224                 value = 0 if self.states_value.get(next_boardHash) is None \
225                           else self.states_value.get(next_boardHash)
226 
227                 # 依最大值函數行動
228                 if value >= value_max:
229                     value_max = value
230                     action = p
231         # print("{} takes action {}".format(self.name, action))
232         return action
```

13. 更新狀態值函數。

```
234     # 更新狀態值函數
235     def addState(self, state):
236         self.states.append(state)
237 
238     # 重置狀態值函數
239     def reset(self):
240         self.states = []
241 
242     # 比賽結束，倒推狀態值函數
243     def feedReward(self, reward):
244         for st in reversed(self.states):
245             if self.states_value.get(st) is None:
246                 self.states_value[st] = 0
247             self.states_value[st] += self.lr * (self.decay_gamma * reward
248                                                 - self.states_value[st])
249             reward = self.states_value[st]
```

14. 存檔、載入檔案。

```
252     def savePolicy(self):
253         fw = open('policy_' + str(self.name), 'wb')
254         pickle.dump(self.states_value, fw)
255         fw.close()
256 
257     # 載入檔案
258     def loadPolicy(self, file):
259         fr = open(file, 'rb')
260         self.states_value = pickle.load(fr)
261         fr.close()
```

15. 玩家類別：自行輸入行動。

```
267 # 玩家類別
268 class HumanPlayer:
269     def __init__(self, name):
270         self.name = name
271 
272     # 行動
273     def chooseAction(self, positions):
274         while True:
275             position = int(input("輸入位置(1~9):"))
276             row = position // 3
277             col = (position % 3) - 1
278             if col < 0:
279                 row -= 1
280                 col = 2
281             # print(row, col)
282             action = (row, col)
283             if action in positions:
284                 return action
285 
286     # 狀態值函數更新
287     def addState(self, state):
288         pass
289 
290     # 比賽結束，倒推狀態值函數
291     def feedReward(self, reward):
292         pass
293 
294     def reset(self):
295         pass
```

16. 畫圖說明輸入規則：說明如何輸入位置。

```
297 # 畫圖說明輸入規則
298 def first_draw():
299     rv = '\n'
300     no=0
301     for y in range(3):
302         for x in range(3):
303             idx = y * 3 + x
304             no+=1
305             rv += str(no)
306             if x < 2:
307                 rv += '|'
308         rv += '\n'
309         if y < 2:
310             rv += '-----\n'
311     return rv
```

- 執行結果：輸入位置的號碼如下。

```
1|2|3
-----
4|5|6
-----
7|8|9
```

17. 主程式：

- 若已訓練過，就不會再訓練了，要重新訓練的話可將 policy_p1、policy_p2 檔案刪除。
- 提供執行參數 2，讓玩家可先下子，指令如下，否則一律由電腦先下子。

python ticTacToe.py 2

```
313 if __name__ == "__main__":  # 主程式
314     import sys
315     if len(sys.argv) > 1:
316         start_player = int(sys.argv[1])
317     else:
318         start_player = 1
319 
320     # 產生物件
321     p1 = Player("p1")
322     p2 = Player("p2")
323     env = Environment(p1, p2)
324 
325     # 訓練
326     if not os.path.exists(f'policy_p{start_player}'):
327         print("開始訓練...")
328         env.play(50000)
329         p1.savePolicy()
330         p2.savePolicy()
331 
332     print(first_draw())  # 棋盤說明
333 
334     # 載入訓練成果
335     p1 = Player("computer", exp_rate=0)
336     p1.loadPolicy(f'policy_p{start_player}')
337     p2 = HumanPlayer("human")
338     env = Environment(p1, p2)
339 
340     # 開始比賽
341     env.play2(start_player)
```

* 執行結果：筆者試了幾回合，要贏電腦還蠻難的。

```
---------------
| o | o | x |
---------------
| x | x | o |
---------------
| o | x | x |
---------------
平手！
```

15-11 連續型狀態變數與 Deep Q-Learning 演算法

透過 15-4 節的實驗，我們了解到木棒台車的狀態是連續型變數，狀態個數無限多個，無法以陣列儲存所有狀態的值函數，接下來介紹的 Deep Q-Learning 演算法，它結合神經網路與強化學習，就可解決這個問題，所以我們繼續以木棒台車實驗。

之前介紹的大部份演算法，包括 Q-Learning，都採用如下表格記錄 Q 值或 V 值，並在訓練中不斷更新表格，並以表格作為行動決策的依據，假設採取貪婪策略，例如在 S1 時就比較 Q11/Q12/Q13/Q14，以最大者作為下一步的行動。這種方式在離散型的狀態且個數不多時非常好用，例如井字遊戲或迷宮，但如果是木棒台車，不管是台車的位置或木棒傾斜的角度都是連續型變數，理論上狀態個數有無限多個，就無法使用表格了，另外，圍棋是 19x19 格的棋盤，狀態個數等於 $3^{19x19}=1.74x10^{172}$，建構這麼大的表格，要更新或搜尋都需要很長的執行時間，並不適合，因此，Deep Q-Learning 就以卷積神經網路取代表格。

	A1(上)	A2(下)	A3(左)	A4(右)
S1	Q11	Q12	Q13	Q14
S2	Q21	Q22	Q23	Q24
S3	Q31	Q32	Q33	Q34
S4	Q41	Q42	Q43	Q44
S5	Q51	Q52	Q53	Q54

另外，Deep Q-Learning(簡稱 DQN) 也引進許多的想法，例如：

1. Experience Replay Memory、Prioritised Replay。
2. Huber 損失函數 (loss)。

以卷積神經網路取代表格，也就是建構一個模型，輸入狀態 S，預測所有行動的 Q 值，因此也稱為 Q 網路，訓練資料可依之前的演算法，就是先採取 ε-greedy 或完全隨機策略，累積一些訓練資料，但是全盤接收會產生問題，因為狀態 S 會有高度時序關聯性，神經網路是假設資料是互相獨立的，另外初期的行動較不準確，因此，使用一個佇列 (Queue)，保持定量的資料，訓練時再從佇列中進行隨機抽樣，避免輸入關聯性，這種作法稱為『Experience Replay Memory』。

神經網路的目標訂為時序差分，公式如下：

$$\delta = Q(s,a) - (r + \gamma \max_a Q(s',a))$$

為避免訓練初期 Q 值不穩定，產生離群值，損失函數採用 Huber Loss，公式如下：

$$\mathcal{L} = \frac{1}{|B|} \sum_{(s,a,s',r) \in B} \mathcal{L}(\delta)$$

$$\text{where} \quad \mathcal{L}(\delta) = \begin{cases} \frac{1}{2}\delta^2 & \text{for } |\delta| \le 1, \\ |\delta| - \frac{1}{2} & \text{otherwise.} \end{cases}$$

在時序差分 (δ) 很小時採用一般的誤差平方和，但 δ 大於 1 時，誤差平方和會放大，故採絕對值。B 為批量，類似均方誤差 (MSE) 的 n。

範例

20 實作 Deep Q-Learning 演算法。

➤ 下列程式碼請參考【RL_15_19_DQN.ipynb】。

1. 載入相關套件。

```
import gym
import torch
import torch.nn as nn
import torch.optim as optim
import torch.nn.functional as F
import torchvision.transforms as T
import math
import random
import numpy as np
import matplotlib
import matplotlib.pyplot as plt
from collections import namedtuple, deque
from itertools import count
from PIL import Image
from IPython import display
```

2. 設定相關環境。

```
# 圖表直接嵌入到 Notebook 之中
%matplotlib inline

# 採 non-block 模式，即 plt.show 不會暫停
plt.ion()

# 判斷是否使用 gpu
device = torch.device("cuda" if torch.cuda.is_available() else "cpu")
```

3. 載入木棒台車遊戲。

```
env = gym.make('CartPole-v0').unwrapped
```

4. 定義 Experience Replay Memory 機制：使用 Python 內建類別 deque 維護佇列，capacity 為佇列最大容量 (筆數)，Transition 定義每一筆資料的欄位名稱。

```
# 定義訓練資料欄位
Transition = namedtuple('Transition',
                        ('state', 'action', 'next_state', 'reward'))

# 定義 Experience Replay Memory 機制
class ReplayMemory(object):

    def __init__(self, capacity):
        self.memory = deque([],maxlen=capacity)

    def push(self, *args):
        """Save a transition"""
        self.memory.append(Transition(*args))

    def sample(self, batch_size):
        return random.sample(self.memory, batch_size)

    def __len__(self):
        return len(self.memory)
```

5. 定義卷積神經網路模型：卷積層 + 批次正規化層 +ReLU 層。

```
class DQN(nn.Module):
    def __init__(self, h, w, outputs):
        super(DQN, self).__init__()
        self.conv1 = nn.Conv2d(3, 16, kernel_size=5, stride=2)
        self.bn1 = nn.BatchNorm2d(16)
        self.conv2 = nn.Conv2d(16, 32, kernel_size=5, stride=2)
        self.bn2 = nn.BatchNorm2d(32)
        self.conv3 = nn.Conv2d(32, 32, kernel_size=5, stride=2)
        self.bn3 = nn.BatchNorm2d(32)

        # 計算 Linear 神經層輸入個數
        def conv2d_size_out(size, kernel_size = 5, stride = 2):
            return (size - (kernel_size - 1) - 1) // stride  + 1
        convw = conv2d_size_out(conv2d_size_out(conv2d_size_out(w)))
        convh = conv2d_size_out(conv2d_size_out(conv2d_size_out(h)))
        linear_input_size = convw * convh * 32
        self.head = nn.Linear(linear_input_size, outputs)

    def forward(self, x):
        x = x.to(device)
        x = F.relu(self.bn1(self.conv1(x)))
        x = F.relu(self.bn2(self.conv2(x)))
        x = F.relu(self.bn3(self.conv3(x)))
        return self.head(x.view(x.size(0), -1))
```

6. 定義相關函數：包括影像轉換為張量、取得台車在螢幕的位置、取得螢幕所有像素，並轉換為張量，當作模型的輸入，也可以直接使用木棒台車的四個狀態值，不過，使用螢幕像素較具通用性，可適用於其他遊戲。

```
# 影像轉換為張量
resize = T.Compose([T.ToPILImage(),
                    T.Resize(40, interpolation=Image.CUBIC),
                    T.ToTensor()])

# 取得台車在螢幕的位置
def get_cart_location(screen_width):
    world_width = env.x_threshold * 2
    scale = screen_width / world_width
    return int(env.state[0] * scale + screen_width / 2.0)

# 取得螢幕所有像素，並轉換為張量
def get_screen():
    # 將螢幕像素格式轉為三維張量：顏色、高度、寬度(CHW).
    screen = env.render(mode='rgb_array').transpose((2, 0, 1))

    # 台車影像只佔螢幕下半部，故只擷取下半部像素
    _, screen_height, screen_width = screen.shape
    screen = screen[:, int(screen_height*0.4):int(screen_height * 0.8)]
    view_width = int(screen_width * 0.6)
    cart_location = get_cart_location(screen_width)
    if cart_location < view_width // 2:
        slice_range = slice(view_width)
    elif cart_location > (screen_width - view_width // 2):
```

```
25          slice_range = slice(-view_width, None)
26      else:
27          slice_range = slice(cart_location - view_width // 2,
28                              cart_location + view_width // 2)
29      screen = screen[:, :, slice_range]
31      # 部分取值(slicing)後，陣列會變成不連續的儲存，使用下列指令，改為連續
32      screen = np.ascontiguousarray(screen, dtype=np.float32) / 255
33      screen = torch.from_numpy(screen)
34      # 加一維度 (BCHW)
35      return resize(screen).unsqueeze(0)
36
37  # 重置遊戲
38  env.reset()
```

7. 超參數設定。

- 採 ε-greedy 策略：初期採隨機的比例較高，之後隨著模型準確率提高逐漸降低隨機比例。
- 使用兩個模型：一個作為訓練 (Training Network)，選擇行動，一個作為預測 (Target Network)，更新 Q 值，所以也稱為『Double Q-learning』，這是因為訓練都是採取隨機抽樣，會不太穩定，因此，預測 Q 值的網路每隔一段時間才更新權值，以減少變異性 (Variance)，本範例採每 100 回合自訓練網路複製權值至 Target 網路。

```
1   BATCH_SIZE = 128      # 批量
2   GAMMA = 0.999         # 折扣率
3   EPS_START = 0.9       # ε greedy策略隨機的初始比例
4   EPS_END = 0.05        # ε greedy策略隨機的最小比例
5   EPS_DECAY = 200       # 隨機的衰退比例
6   TARGET_UPDATE = 10    # 更新Q值的頻率
7
8   # 取得螢幕寬高
9   init_screen = get_screen()
10  _, _, screen_height, screen_width = init_screen.shape
11
12  # 取得行動類別的個數
13  n_actions = env.action_space.n
14
15  # 定義2個網路
16  policy_net = DQN(screen_height, screen_width, n_actions).to(device)
17  target_net = DQN(screen_height, screen_width, n_actions).to(device)
18  target_net.load_state_dict(policy_net.state_dict())
19  target_net.eval()
20
21  # 定義優化器
22  optimizer = optim.RMSprop(policy_net.parameters())
23
24  # 定義佇列及容量
25  memory = ReplayMemory(10000)
```

```
27 # 初始化變數
28 steps_done = 0          # 完成的步驟個數
29 episode_durations = [] # 每回合的遊戲時間
30
31 # 行動選擇
32 def select_action(state):
33     global steps_done
34     sample = random.random()
35     eps_threshold = EPS_END + (EPS_START - EPS_END) * \
36         math.exp(-1. * steps_done / EPS_DECAY)
37     steps_done += 1
38     if sample > eps_threshold:
39         with torch.no_grad():
40             # t.max(1)：取得每一列最大值
41             # [1]：取得索引值
42             return policy_net(state).max(1)[1].view(1, 1)
43     else:
44         return torch.tensor([[random.randrange(n_actions)]],
45                             device=device, dtype=torch.long)

47 # 繪製遊戲時間的線圖
48 def plot_durations():
49     plt.figure(2)
50     plt.clf()
51     durations_t = torch.tensor(episode_durations, dtype=torch.float)
52     plt.title('Training...')
53     plt.xlabel('Episode')
54     plt.ylabel('Duration')
55     plt.plot(durations_t.numpy())
56     # 每 100 回合取平均值繪圖
57     if len(durations_t) >= 100:
58         means = durations_t.unfold(0, 100, 1).mean(1).view(-1)
59         means = torch.cat((torch.zeros(99), means))
60         plt.plot(means.numpy())
61
62     plt.pause(0.001)  # 暫停，讓畫面更新
63     display.clear_output(wait=True) # 清畫面
64     display.display(plt.gcf())      # 得到當前的figure並顯示
```

8. 定義神經網路訓練函數。

```
1 def optimize_model():
2     if len(memory) < BATCH_SIZE: # 累積夠資料才訓練
3         return
4     transitions = memory.sample(BATCH_SIZE) # 隨機抽樣
5     batch = Transition(*zip(*transitions))  # 轉換為輸入格式
6
7     # 生成 next_states 欄位
8     non_final_mask = torch.tensor(tuple(map(lambda s: s is not None,
9                       batch.next_state)), device=device, dtype=torch.bool)
10    non_final_next_states = torch.cat([s for s in batch.next_state
11                                                if s is not None])
12    state_batch = torch.cat(batch.state)
13    action_batch = torch.cat(batch.action)
14    reward_batch = torch.cat(batch.reward)
15
16    # 計算 Q(s_t, a)、選擇行動
```

```
17      state_action_values = policy_net(state_batch).gather(1, action_batch)
18
19      # 更新 Q 值
20      next_state_values = torch.zeros(BATCH_SIZE, device=device)
21      next_state_values[non_final_mask] = target_net(non_final_next_states
22                                              ).max(1)[0].detach()
23      expected_state_action_values = (next_state_values * GAMMA) + reward_batch
24
25      # 計算 Huber loss
26      criterion = nn.SmoothL1Loss()
27      loss = criterion(state_action_values, expected_state_action_values.unsqueeze(1))
29      # 反向傳導
30      optimizer.zero_grad()
31      loss.backward()
32      for param in policy_net.parameters():
33          param.grad.data.clamp_(-1, 1)
34      optimizer.step()
```

9. 模型訓練。

```
1  num_episodes = 300  # 訓練 300 回合
2  for i_episode in range(num_episodes):
3      # Initialize the environment and state
4      env.reset()
5      last_screen = get_screen()
6      current_screen = get_screen()
7      state = current_screen - last_screen # 目前畫面像素與上一時間點之差
8      for t in count(): # 生成連續的變數值，即 0, 1, 2, ...
9          action = select_action(state)
10         _, reward, done, _ = env.step(action.item())
11         reward = torch.tensor([reward], device=device)
12
13         # 取得狀態(螢幕像素)
14         last_screen = current_screen
15         current_screen = get_screen()
16         if not done:
17             next_state = current_screen - last_screen
18         else:
19             next_state = None
20
21         # 存入佇列
22         memory.push(state, action, next_state, reward)
23
24         # Move to the next state
25         state = next_state
27         # 訓練
28         optimize_model()
29         if done:
30             episode_durations.append(t + 1) # 記錄每一回合的步數
31             #plot_durations()
32             break
33
34     # 複製權值至Target網路
35     if i_episode % TARGET_UPDATE == 0:
36         target_net.load_state_dict(policy_net.state_dict())
```

10. 繪製訓練過程。

```
1 plot_durations()  # 繪製訓練過程
2 print('Complete')
3 env.render()  # 渲染畫面
4 env.close()   # 結束遊戲
5 plt.ioff()    # 恢復 Blocked 繪圖模式
6 plt.show();   # 顯示圖形
```

- 執行結果：訓練效果並不是很好，主要是因為使用螢幕像素作為輸入的關係，模型需辨識微小的變化較困難。

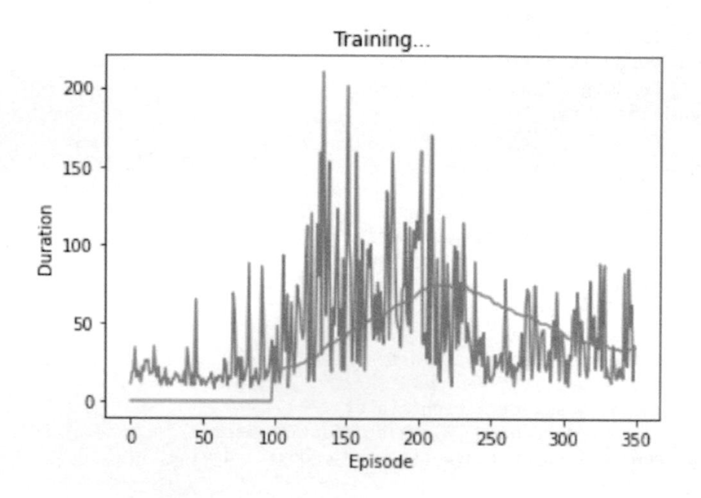

Deep Q-Learning 在 2015 年由 Mnih 等學者首度發表『Human-level control through deep reinforcement learning』[14]，後續有更多的學者提出改良模型，包括：

1. Double Q-learning：雙模型，上述範例已實作。
2. Prioritized Experience Replay：使用目前畫面像素與上一時間點畫面像素之差，上述範例已實作。
3. Dueling Network：卷積神經網路分別輸出狀態期望值 (V) 及行動值 (A)，再根據兩者更新 Q，在某些遊戲，玩家不需知道每一時刻的 Q 值，以賽車為例，只有在撞車時，才需掌握當時的狀態。
4. …。

有興趣的讀者可繼續深入研究各種模型。

15-12 Actor Critic 演算法

Actor Critic 類似 GAN，主要分為兩個神經網路，Actor(行動者) 在評論者 (Critic) 的指導下，優化行動決策，而評論者則負責評估行動決策的好壞，並主導值函數模型的參數更新，詳細的說明可參閱『Keras 官網說明』[15]，以下的程式也來自該網頁。

範例

21 Actor Critic 演算法。

➤ 下列程式碼請參考【RL_15_20_Actor_Critic.py】。

- 執行指令：python RL_15_18_Actor_Critic.py。
- 執行結果：若報酬超過 195 分，即停止，表示模型已非常成熟，部份的執行結果如下，在 763 回合成功達成目標。

```
running reward: 173.41 at episode 680
running reward: 181.18 at episode 690
running reward: 188.73 at episode 700
running reward: 186.98 at episode 710
running reward: 179.31 at episode 720
running reward: 181.53 at episode 730
running reward: 187.06 at episode 740
running reward: 190.73 at episode 750
running reward: 194.45 at episode 760
Solved at episode 763!
```

- 官網也提供兩段錄製的動畫，分別為訓練初期與後期的比較，可以看出後期的木棒台車行駛得相當穩定。
  - 訓練初期：https://i.imgur.com/5gCs5kH.gif。
  - 訓練後期：https://i.imgur.com/5ziiZUD.gif。

【RL_15_19_Actor_Critic.py】程式使用 TensorFlow/Keras，筆者再附上 PyTorch 官網的範例【RL_15_21_DQN.ipynb】，採用 Deep Q learning 演算法，詳細說明請參考 Pytorch 官網『Reinforcement Learning (DQN) Tutorial』[16]。

這裡再介紹一個套件 Stable Baselines3，它提供許多強化學習的進階演算法，直接指定即可，例如：

```
4  # 載入 A2C 演算法
5  model = A2C('MlpPolicy', env, verbose=0)
6  model.learn(total_timesteps=10000)
```

套件安裝指令如下：

pip install stable-baselines3[extra]

pip install piglet

完整程式請參閱【RL_15_22_CartPole_Stable_Baselines3.ipynb】。套件詳細說明請參考 Stable Baselines3 官網說明 [17]。

15-13 實際應用案例

前面我們都圍繞在遊戲的實作上，本節就利用 Q Learning 演算法實作倉庫撿貨系統，說明如何應用強化學習，教會機器人自動撿貨。

範例 22

假設一間倉庫的布置如下圖，目標是教會機器人自動撿貨，並以最短路徑撿貨。假設只有一台機器人，它的位置就是狀態。本範例參考自『How to Automatize a Warehouse Robot』[18]。

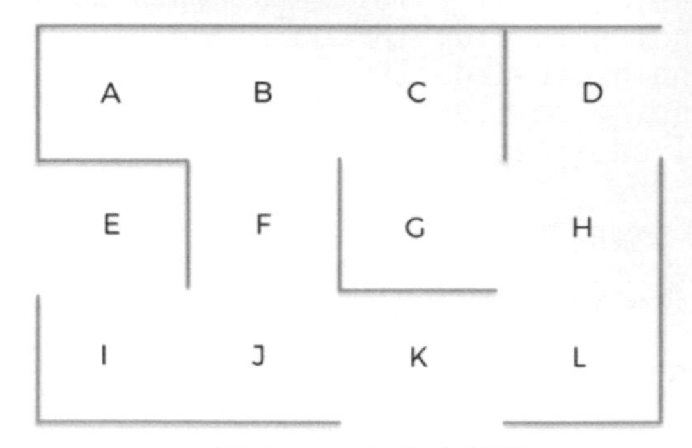

▲ 圖 15.27 倉庫布置圖

➤ 下列程式碼請參考【RL_15_21_Warehouse.ipynb】。

1. 載入套件。

```
1 import numpy as np
```

2. 定義環境 (environment)：機器人的位置、行動空間、行動限制。定義機器人的位置如下：

```
1  # 位置編碼
2  location_to_state = {'A': 0,
3                       'B': 1,
4                       'C': 2,
5                       'D': 3,
6                       'E': 4,
7                       'F': 5,
8                       'G': 6,
9                       'H': 7,
10                      'I': 8,
11                      'J': 9,
12                      'K': 10,
13                      'L': 11}
```

3. 定義行動空間。

```
1 # 行動空間
2 actions = [0,1,2,3,4,5,6,7,8,9,10,11]
```

4. 定義行動限制，假設 G 點為終點，故獎勵設為 1000。依照圖 15.27 倉庫布置圖設定行動限制，列與行均為 A~L，矩陣界定兩點間是否可通行，1: 可到達，0: 不可到達。

```
1  # 行動限制，1: 可到達，0:不可到達
2  R = np.array([[0, 1, 0, 0, 0, 0, 0, 0, 0, 0, 0, 0],
3                [1, 0, 1, 0, 0, 1, 0, 0, 0, 0, 0, 0],
4                [0, 1, 0, 0, 0, 0, 1, 0, 0, 0, 0, 0],
5                [0, 0, 0, 0, 0, 0, 0, 1, 0, 0, 0, 0],
6                [0, 0, 0, 0, 0, 0, 0, 0, 1, 0, 0, 0],
7                [0, 1, 0, 0, 0, 0, 0, 0, 0, 1, 0, 0],
8                [0, 0, 1, 0, 0, 0, 1000, 1, 0, 0, 0, 0],
9                [0, 0, 0, 1, 0, 0, 1, 0, 0, 0, 0, 1],
10               [0, 0, 0, 0, 1, 0, 0, 0, 0, 1, 0, 0],
11               [0, 0, 0, 0, 0, 1, 0, 0, 1, 0, 1, 0],
12               [0, 0, 0, 0, 0, 0, 0, 0, 0, 1, 0, 1],
13               [0, 0, 0, 0, 0, 0, 0, 1, 0, 0, 1, 0]])
```

5. 策略評估：依 TD(1) 演算法更新行動值函數。

```python
# 參數設定
gamma = 0.75
alpha = 0.9

# 行動值函數初始值為 0
Q = np.array(np.zeros([12,12]))

# 訓練 1000 週期
for i in range(1000):
    # 隨機起始點
    current_state = np.random.randint(0,12)
    playable_actions = []
    for j in range(12):
        if R[current_state, j] > 0:
            playable_actions.append(j)
    # 任意行動
    next_state = np.random.choice(playable_actions)
    # 更新行動值函數
    TD = R[current_state, next_state] + gamma*Q[next_state, \
            np.argmax(Q[next_state,])] - Q[current_state, next_state]
    Q[current_state, next_state] = Q[current_state, next_state] + alpha*TD
```

6. 顯示更新結果：越靠近 G 點，值函數越高。

```python
import pandas as pd

q_values = pd.DataFrame(Q, columns=[location for location in location_to_state])
s = q_values.round().style.background_gradient(cmap='GnBu')
s
```

- 執行結果：

	A	B	C	D	E	F	G	H	I	J	K	L
0	0.000000	1687.000000	0.000000	0.000000	0.000000	0.000000	0.000000	0.000000	0.000000	0.000000	0.000000	0.000000
1	1266.000000	0.000000	2251.000000	0.000000	0.000000	1266.000000	0.000000	0.000000	0.000000	0.000000	0.000000	0.000000
2	0.000000	1689.000000	0.000000	0.000000	0.000000	0.000000	3000.000000	0.000000	0.000000	0.000000	0.000000	0.000000
3	0.000000	0.000000	0.000000	0.000000	0.000000	0.000000	0.000000	2251.000000	0.000000	0.000000	0.000000	0.000000
4	0.000000	0.000000	0.000000	0.000000	0.000000	0.000000	0.000000	0.000000	714.000000	0.000000	0.000000	0.000000
5	0.000000	1687.000000	0.000000	0.000000	0.000000	0.000000	0.000000	0.000000	0.000000	951.000000	0.000000	0.000000
6	0.000000	0.000000	2251.000000	0.000000	0.000000	0.000000	3999.000000	2249.000000	0.000000	0.000000	0.000000	0.000000
7	0.000000	0.000000	0.000000	1688.000000	0.000000	0.000000	3000.000000	0.000000	0.000000	0.000000	0.000000	1688.000000
8	0.000000	0.000000	0.000000	0.000000	537.000000	0.000000	0.000000	0.000000	0.000000	951.000000	0.000000	0.000000
9	0.000000	0.000000	0.000000	0.000000	0.000000	1266.000000	0.000000	0.000000	714.000000	0.000000	1267.000000	0.000000
10	0.000000	0.000000	0.000000	0.000000	0.000000	0.000000	0.000000	0.000000	0.000000	951.000000	0.000000	1688.000000
11	0.000000	0.000000	0.000000	0.000000	0.000000	0.000000	0.000000	2249.000000	0.000000	0.000000	1267.000000	0.000000

7. 再加入策略改善：先重新定義行動限制，G 點不為終點，改在訓練中指定。

```
R = np.array([[0, 1, 0, 0, 0, 0, 0, 0, 0, 0, 0, 0],
              [1, 0, 1, 0, 0, 1, 0, 0, 0, 0, 0, 0],
              [0, 1, 0, 0, 0, 0, 1, 0, 0, 0, 0, 0],
              [0, 0, 0, 0, 0, 0, 0, 1, 0, 0, 0, 0],
              [0, 0, 0, 0, 0, 0, 0, 0, 1, 0, 0, 0],
              [0, 1, 0, 0, 0, 0, 0, 0, 0, 1, 0, 0],
              [0, 0, 1, 0, 0, 0, 1, 1, 0, 0, 0, 0],
              [0, 0, 0, 1, 0, 0, 1, 0, 0, 0, 0, 1],
              [0, 0, 0, 0, 1, 0, 0, 0, 0, 1, 0, 0],
              [0, 0, 0, 0, 0, 1, 0, 0, 1, 0, 1, 0],
              [0, 0, 0, 0, 0, 0, 0, 0, 0, 1, 0, 1],
              [0, 0, 0, 0, 0, 0, 0, 1, 0, 0, 1, 0]])
```

8. 定義代碼與位置對照表：訓練函數中會用到。

```
# 定義代碼與位置對照表
state_to_location = {state: location for location,
                     state in location_to_state.items()}
state_to_location
```

- 執行結果：

```
{0: 'A',
 1: 'B',
 2: 'C',
 3: 'D',
 4: 'E',
 5: 'F',
 6: 'G',
 7: 'H',
 8: 'I',
 9: 'J',
 10: 'K',
 11: 'L'}
```

9. 定義路由訓練函數。

```
def route(starting_location, ending_location):
    # starting_location, ending_location：起點、終點
    # 位置轉換為代碼
    ending_state = location_to_state[ending_location]
    # 終點有最高優先度
    R_new = np.copy(R)
    R_new[ending_state, ending_state] = 1000

    # 策略評估：訓練 1000 週期
    Q = np.array(np.zeros([12,12]))
    for i in range(1000):
        current_state = np.random.randint(0,12)
        playable_actions = []
        for j in range(12):
            if R_new[current_state, j] > 0:
```

```
16                  playable_actions.append(j)
17          # 任意行動
18          next_state = np.random.choice(playable_actions)
19          # 更新行動值函數
20          TD = R_new[current_state, next_state] + gamma * \
21              Q[next_state, np.argmax(Q[next_state,])] - Q[current_state, next_state]
22          Q[current_state, next_state] = Q[current_state, next_state] + alpha * TD

24      # 策略改善：依TD找尋最佳路由
25      route = [starting_location]
26      next_location = starting_location
27      while (next_location != ending_location):
28          starting_state = location_to_state[starting_location]
29          next_state = np.argmax(Q[starting_state,])
30          next_location = state_to_location[next_state]
31          route.append(next_location)
32          starting_location = next_location
33      return route
```

10. 測試 E --> G 最佳路由。

```
1  # 測試 E --> G 最佳路由
2  route('E', 'G')
```

- 執行結果：['E', 'I', 'J', 'F', 'B', 'C', 'G']，如下圖。

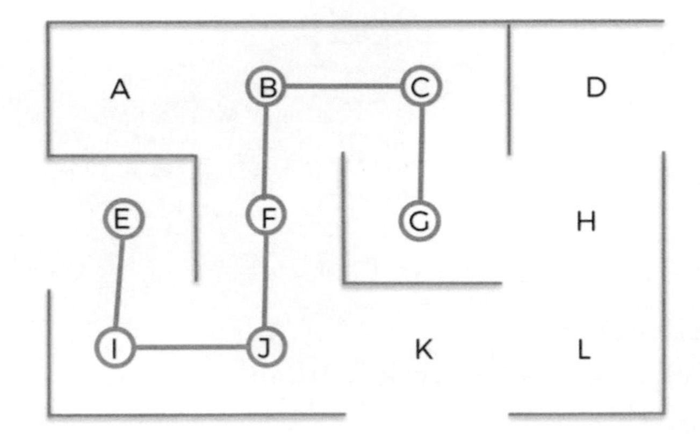

11. 若需經過一個中繼點，可以定義一個函數等於『起點 → 中繼點』+『中繼點 → 終點』。

```
1  # 3 個點的路由
2  def best_route(starting_location, intermediary_location, \
3                 ending_location):
4      # 3 個點的路由 = 2 個點的路由 + 2 個點的路由
5      return route(starting_location, intermediary_location) + \
6              route(intermediary_location, ending_location)[1:]
```

12. 測試 E --> K --> G 最佳路由。

```
1 # 測試 E --> K --> G 最佳路由
2 best_route('E', 'K', 'G')
```

- 執行結果：['E', 'I', 'J', 'K', 'L', 'H', 'G']，如下圖。它可能不是全局的最佳路由 (Global Optimization)，但至少是區域的最佳解 (Local Optimization)。

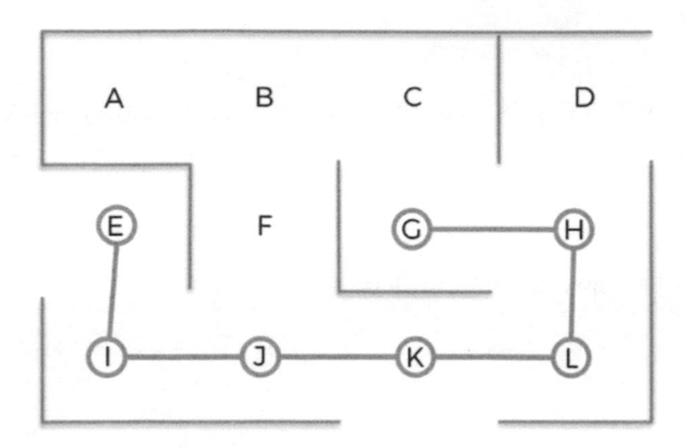

15-14 其他演算法

不管是使用狀態值函數或是行動值函數，前述的演算法都是建立一個陣列來記錄所有的對應值，之後就從陣列中選擇最佳的行動，所以這類演算法被稱為『表格型』(Tabular) 強化學習，作法簡單直接，但只適合離散型的狀態，像木棒台車這種的連續型變數或狀態空間過大，就不適用，變通的方法有兩種：

1. 將連續型變數進行分組，轉換成離散型變數。
2. 使用機率分配或神經網路模型取代表格，以策略評估的訓練資料，來估計模型的參數 (權重)，選擇行動時，就依據模型推斷出最佳預測值，而 Deep Q-learning(DQN) 即是利用神經網路的 Q-learning 演算法。

另外一個研究課題則是多人遊戲的情境，不同於之前介紹的遊戲，玩家都只有一位，現代的遊戲設計重視人際之間的交流，可以有多位玩家同時參與一款遊戲，這時就會產生協同合作或互相對抗的情境，玩家除了考慮獎勵與狀態外，也需觀察其他玩家的狀態，這種演算法稱為『多玩家強化學習』(Multi-agent Reinforcement Learning)，比如許多撲克牌遊戲都屬於多玩家遊戲。

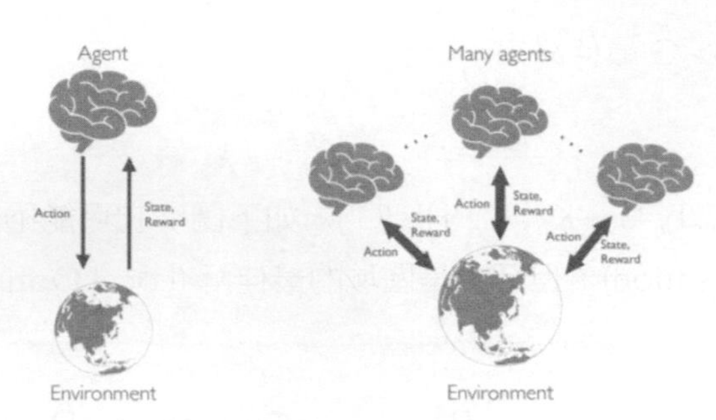

▲ 圖 15.28 單玩家與多玩家強化學習的比較，圖片來源：『An Overview of Multi-Agent Reinforcement Learning from Game Theoretical Perspective』[19]

近年來，強化學習研究的環境越來越複雜，各種演算法相繼推陳出新，可參閱維基百科關於強化學習的介紹 [20]，如下表：

Algorithm	Description	Policy	Action Space	State Space	Operator
Monte Carlo	Every visit to Monte Carlo	Either	Discrete	Discrete	Sample-means
Q-learning	State–action–reward–state	Off-policy	Discrete	Discrete	Q-value
SARSA	State–action–reward–state–action	On-policy	Discrete	Discrete	Q-value
Q-learning - Lambda	State–action–reward–state with eligibility traces	Off-policy	Discrete	Discrete	Q-value
SARSA - Lambda	State–action–reward–state–action with eligibility traces	On-policy	Discrete	Discrete	Q-value
DQN	Deep Q Network	Off-policy	Discrete	Continuous	Q-value
DDPG	Deep Deterministic Policy Gradient	Off-policy	Continuous	Continuous	Q-value
A3C	Asynchronous Advantage Actor-Critic Algorithm	On-policy	Continuous	Continuous	Advantage
NAF	Q-Learning with Normalized Advantage Functions	Off-policy	Continuous	Continuous	Advantage
TRPO	Trust Region Policy Optimization	On-policy	Continuous	Continuous	Advantage
PPO	Proximal Policy Optimization	On-policy	Continuous	Continuous	Advantage
TD3	Twin Delayed Deep Deterministic Policy Gradient	Off-policy	Continuous	Continuous	Q-value
SAC	Soft Actor-Critic	Off-policy	Continuous	Continuous	Advantage

▲ 圖 15.29 強化學習演算法的比較

本書關於演算法的介紹就到此告一段落，想了解更多內容的讀者，可詳閱強化學習的聖經『Reinforcement Learning: An Introduction』[10] 一書。

15-15 結論

上個範例的應用範圍非常廣泛，也可以使用在無人搬運車 (Automated Guided Vehicle, AGV) 或自駕車，它們都是利用攝影機偵測前方的障礙，但更核心的部分是利用強化學習，來採取最佳行動決策。以無人搬運車為例，我們只要模仿上個範例的作法，將辦公室 / 工廠 / 醫院平面圖製成類似迷宮的路徑，進行模擬訓練後，將模型植入到機器人，就可以驅動機器人從 A 點送貨至 B 點。

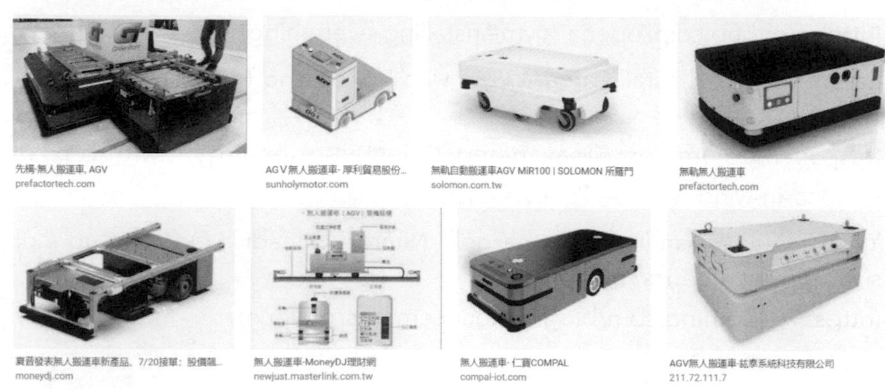

▲ 圖 15.30 各廠牌的無人搬運車 (Automated Guided Vehicle, AGV)

不僅如此，在股票投資、腦部手術等其他領域，也都看得到強化學習的身影，雖然，強化學習理論較為艱深，且需要較紮實的程式基礎，但是，它的好處是不用蒐集大量的訓練資料，也不需標記資料 (Labeling)。

參考資料 (References)

[1] 維基百科關於強化學習的說明
(https://zh.wikipedia.org/wiki/%E5%BC%BA%E5%8C%96%E5%AD%A6%E4%B9%A0)

[2] Gym 官網
(https://gym.openai.com/)

[3] GitHub Gym
(https://github.com/openai/gym#installing-everything)

[4] Sayan Mandal,《Install OpenAI Gym with Box2D and Mujoco in Windows 10》, 2019
(https://medium.com/@sayanmndl21/install-openai-gym-with-box2d-and-mujoco-in-windows-10-e25ee9b5c1d5)

[5] Yuval Tassa、Saran Tunyasuvunakool、Nimrod Gileadi,《Opening up a physics simulator for robotics》, 2021
(https://deepmind.com/blog/announcements/mujoco)

[6] Mujoco 官網操作說明文件
(https://mujoco.readthedocs.io/en/latest/overview.html#examples)

[7] Mike Shi,《From Scratch: AI Balancing Act in 50 Lines of Python》, 2018
(https://towardsdatascience.com/from-scratch-ai-balancing-act-in-50-lines-of-python-7ea67ef717)

[8] Maciej Balawejder,《Solving Open AI's CartPole Using Reinforcement Learning Part-1》, 2021
(https://medium.com/analytics-vidhya/q-learning-is-the-most-basic-form-of-reinforcement-learning-which-doesnt-take-advantage-of-any-8944e02570c5)

[9] Denny Britz Github
(https://github.com/dennybritz/reinforcement-learning)

[10] Richard S. Sutton、Andrew G. Barto,《Reinforcement Learning: An Introduction》, 2018
(http://incompleteideas.net/book/the-book-2nd.html)

[11] 維基百科關於蒙地卡羅方法的說明
(https://zh.wikipedia.org/wiki/ 蒙地卡羅方法)

[12] 維基百科關於二十一點的說明
(https://zh.wikipedia.org/wiki/ 二十一點)

[13] Jeremy Zhang,《Reinforcement Learning — Implement TicTacToe》, 2019
(https://towardsdatascience.com/reinforcement-learning-implement-tictactoe-189582bea542)

[14] Vlodymyr Mnih、Koray Kavukcuoglu、David Silver 等 人 ,《Human-level control through deep reinforcement learning》, 2015
(https://web.stanford.edu/class/psych209/Readings/MnihEtAlHassibis15NatureControlDeepRL.pdf)

[15] Keras 官網 Apoorv Nandan,《Actor Critic Method》, 2020
(https://keras.io/examples/rl/actor_critic_cartpole/)

[16] Pytorch 官網 Adam Paszke,《Reinforcement Learning (DQN) Tutorial》
(https://pytorch.org/tutorials/intermediate/reinforcement_q_learning.html)

[17] Stable Baselines3 官 網 Stable-Baselines3 Docs - Reliable Reinforcement Learning Implementations
(https://stable-baselines3.readthedocs.io/en/master/)

[18] Rob,《Get Started With Q-Learning With Python: How To Automatize A Warehouse Robot》, 2020
(https://medium.datadriveninvestor.com/get-started-with-q-learning-with-python-how-to-automatize-a-warehouse-robot-7bfae0180301)

[19] Yaodong Yang、Jun Wang,《An Overview of Multi-Agent Reinforcement Learning from Game Theoretical Perspective》, 2020
(https://arxiv.org/abs/2011.00583)

[20] 維基百科關於強化學習的介紹
(https://en.wikipedia.org/wiki/Reinforcement_learning)

第 16 章
圖神經網路 (GNN)

16-1　圖形理論 (Graph Theory)

一個圖形包含多個節點 (Node) 及連接節點的邊 (Edge)，節點也稱為頂點 (Vertex)，邊也稱為連結 (Link)，以數學式表達 G=(V, E)。

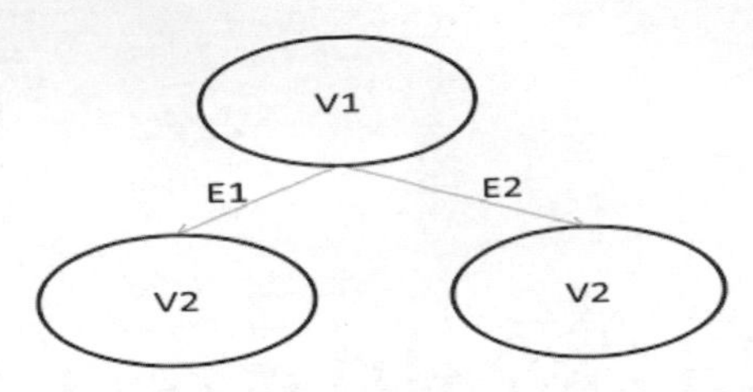

▲圖 16.3　圖形理論 (Graph Theory)

依邊的性質，圖形又分為有向圖 (Directed Graph) 及無向圖 (Undirected Graph)，例如圖 16.1 集團交叉持股，台泥投資中橡 9.61% 股份，反之，中橡持有台泥 9.61% 股份，它具有方向性，所以它就是一個有向圖。另外，如果要表達人際關係，如下圖，John、Mary、Helen、Tom 是朋友，只需以無向圖表示。

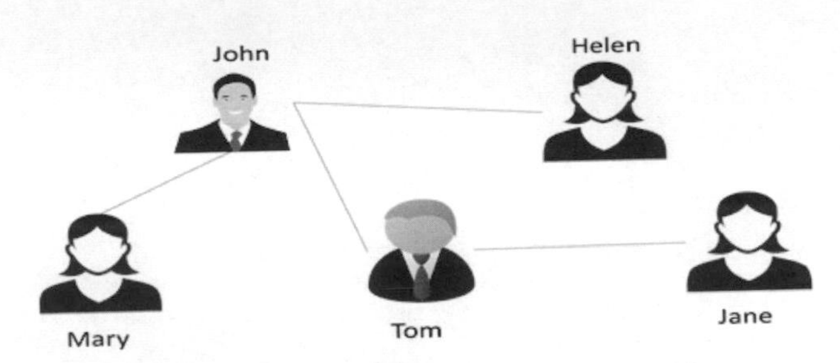

▲圖 16.4　無向圖 (Undirected Graph)

圖形可以使用『相鄰矩陣』(Adjacency Matrix) 表示，例如圖 16.4 可使用矩陣表示：

$$
\begin{bmatrix}
0 & 1 & 1 & 1 & 0 \\
1 & 0 & 0 & 0 & 0 \\
1 & 0 & 0 & 0 & 0 \\
1 & 0 & 0 & 0 & 0 \\
0 & 0 & 1 & 0 & 0
\end{bmatrix}
$$

列 / 行均為 John、Mary、Tom、Helen、Jane，1 代表朋友，0 則代表不是朋友。

又例如美國 66 號公路各地距離可以矩陣表示：

▲ **圖 16.5 美國 66 號公路圖**，圖形來源：Software Catepentry, Advanced NumPy [2]

以洛杉磯 (Los Angeles) 為起點至各地距離分別為 198, 303, 736, 871, 1175, 1475, 1544, 1913, 2448 英里，以矩陣表示：

$$
\begin{bmatrix}
0 & 198 & 303 & 736 & 871 & 1175 & 1475 & 1544 & 1913 & 2448 \\
198 & 0 & 105 & 538 & 673 & 977 & 1277 & 1346 & 1715 & 2250 \\
303 & 105 & 0 & 433 & 568 & 872 & 1172 & 1241 & 1610 & 2145 \\
736 & 538 & 433 & 0 & 135 & 439 & 739 & 808 & 1177 & 1712 \\
871 & 673 & 568 & 135 & 0 & 304 & 604 & 673 & 1042 & 1577 \\
1175 & 977 & 872 & 439 & 304 & 0 & 300 & 369 & 738 & 1273 \\
1475 & 1277 & 1172 & 739 & 604 & 300 & 0 & 69 & 438 & 973 \\
1544 & 1346 & 1241 & 808 & 673 & 369 & 69 & 0 & 369 & 904 \\
1913 & 1715 & 1610 & 1177 & 1042 & 738 & 438 & 369 & 0 & 535 \\
2448 & 2250 & 2145 & 1712 & 1577 & 1273 & 973 & 904 & 535 & 0
\end{bmatrix}
$$

矩陣中數字代表 A 點到 B 點的距離。

以上各點的距離可以利用 NumPy 套件的傳播 (Broadcasting) 機制很容易計算出來，請看下面範例。

範例

01 圖 16.4 的 66 號公路以洛杉磯 (Los Angeles) 為起點至各地距離分別為 198, 303, 736, 871, 1175, 1475, 1544, 1913, 2448 英里，是算各地之間的距離。

➤ 程式：17_01_station_distance.ipynb。

1. 載入 NumPy 套件。

```
1 import numpy as np
```

2. 定義起點至各地距離。

```
1 mileposts = np.array([0, 198, 303, 736, 871, 1175, 1475, 1544, 1913, 2448])
2 mileposts
```

- 執行結果：

```
array([   0,  198,  303,  736,  871, 1175, 1475, 1544, 1913, 2448])
```

3. 將資料轉置，並轉成二維矩陣。

```
1 mileposts[:, np.newaxis]
```

- 執行結果：

```
array([[   0],
       [ 198],
       [ 303],
       [ 736],
       [ 871],
       [1175],
       [1475],
       [1544],
       [1913],
       [2448]])
```

4. 利用傳播機制 (Broadcasting)，擴張為 NxN 矩陣。

```
1 distance_array = np.abs(mileposts - mileposts[:, np.newaxis])
2 distance_array
```

- 執行結果：下表中的每一個數字代表 A 點到 B 點的距離。

```
array([[   0,  198,  303,  736,  871, 1175, 1475, 1544, 1913, 2448],
       [ 198,    0,  105,  538,  673,  977, 1277, 1346, 1715, 2250],
       [ 303,  105,    0,  433,  568,  872, 1172, 1241, 1610, 2145],
       [ 736,  538,  433,    0,  135,  439,  739,  808, 1177, 1712],
       [ 871,  673,  568,  135,    0,  304,  604,  673, 1042, 1577],
       [1175,  977,  872,  439,  304,    0,  300,  369,  738, 1273],
       [1475, 1277, 1172,  739,  604,  300,    0,   69,  438,  973],
       [1544, 1346, 1241,  808,  673,  369,   69,    0,  369,  904],
       [1913, 1715, 1610, 1177, 1042,  738,  438,  369,    0,  535],
       [2448, 2250, 2145, 1712, 1577, 1273,  973,  904,  535,    0]])
```

了解資料結構後，再看看傳統圖形理論的演算法如何應用資料：

1. 搜尋：深度優先搜尋 (DFS) 和廣度優先搜尋 (BFS)。
2. 最短路徑：Dijkstra Algorithm、最近鄰 (Nearest Neighbor)。
3. 最小生成樹 (Minimum Spanning Tree)：Prim’ s Algorithm。
4. 集群 (Clustering)。

話不多說，直接以範例取代文字說明，NetworkX 套件功能強大，不僅可以顯示圖形，也支援非常多圖形理論的演算法 [2]，我們就先來研究這個套件的用法。

安裝指令如下：

pip install networkx -U

02 初探 NetworkX 套件。

➤ 程式：17_02_plot_graph.ipynb。

1. 載入套件。

```
1 import numpy as np
2 import random
3 import networkx as nx
4 from IPython.display import Image
5 import matplotlib.pyplot as plt
```

2. 建立圖形。

```
1 # 建立新圖形
2 G = nx.Graph()
```

3. 加入節點的各種指令。

```
 1 # 加一個節點
 2 G.add_node(1)
 3 
 4 # 一次加 2 個節點
 5 G.add_nodes_from([2, 3])
 6 
 7 # 加 2 個節點，並添加顏色屬性
 8 G.add_nodes_from([
 9     (4, {"color": "red"}),
10     (5, {"color": "green"}),
11 ])
12 
13 # 產生 0~9 共 10 個節點
14 H = nx.path_graph(10)
```

```
15  # 將 H 圖形所有節點，併入 G 圖形
16  G.add_nodes_from(H)
17
18  # 將 H 圖形當作一個節點，併入 G 圖形
19  G.add_node(H)
20
21  # 繪製圖形
22  nx.draw(G, with_labels=True)
```

- 執行結果：

4. 加入邊的各種指令。

```
1  # 加邊，連接節點 1 及 2
2  G.add_edge(1, 2)
3
4  # 另一種寫法
5  e = (2, 3)
6  G.add_edge(*e)
7
8  # 一次加 2 條邊
9  G.add_edges_from([(1, 2), (1, 3)])
10
11 # 繪製圖形
12 nx.draw(G, with_labels=True)
```

- 執行結果：觀察 1、2、3 節點互相連結。

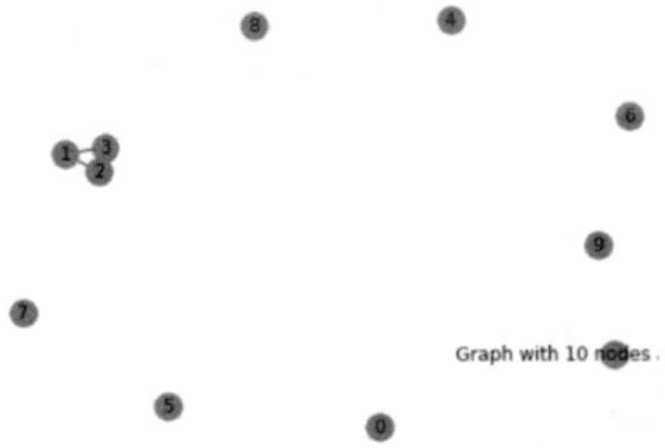

5. 取得節點及邊個數。

```
1  # 取得節點及邊個數
2  G.number_of_nodes(), G.number_of_edges()
```

- 執行結果：共 11 個節點、3 個邊。

6. 取得所有節點及邊的資訊。

```
1 # 取得所有節點及邊
2 G.nodes(), G.edges()
```

- 執行結果：

```
(NodeView((1, 2, 3, 4, 5, 0, 6, 7, 8, 9
 EdgeView([(1, 2), (1, 3), (2, 3)]))
```

7. 取得某一節點所有連結的節點。

```
1 # 加邊，連接節點 3 及 4、4 及 5
2 G.add_edges_from([(3, 4), (4, 5)], color='red')
3
4 # 指定節點名稱，取得連接的節點及屬性
5 G[1], G[4]
```

- 執行結果：節點 1 連結的節點為 2、3。節點 1 連結的節點為 3、5，同時顯示屬性。

```
(AtlasView({2: {}, 3: {}}),
 AtlasView({3: {'color': 'red'}, 5: {'color': 'red'}}))
```

8. 移除節點及邊：移除邊需要指定 2 個連結的節點。

```
1 # 移除節點 2
2 G.remove_node(2)
3
4 # 移除邊 1-3
5 G.remove_edge(1, 3)
6
7 # 移除多個節點
8 G.remove_nodes_from([4, 5])
9
10 # 移除多個邊
11 G.remove_edges_from([(1, 2), (2, 3)])
```

9. 建立新圖形：同時加節點、邊及屬性。

```
1 # 建立新圖形，同時加節點、邊及屬性
2 G = nx.Graph([(1, 2, {"color": "yellow"})])
3
4 # 繪製圖形
5 nx.draw(G, with_labels=True, cmap = plt.get_cmap('rainbow'))
```

10. 清除所有節點及邊。

```
1  # 清除所有節點及邊
2  G.clear()
```

11. 邊可以加入任意屬性，例如權重，可代表距離、長度或其他衡量值，程式碼以權重屬性作為線條的寬度。

```
1  # 建立圖形
2  G = nx.Graph()
3  
4  G.add_edge("1", "2")
5  G.add_edge("1", "6")
6  G.add_edges_from([("1", "3"),
7                    ("3", "4")])
8  G.add_edges_from([("1", "5", {"weight" : 3}),
9                    ("2", "4", {"weight" : 5})])
10 
11 # 權重計算
12 weights = [1 if G[u][v] == {} else G[u][v]['weight'] for u,v in G.edges()]
13 # 以權重作為線條的寬度
14 nx.draw(G, with_labels=True, cmap = plt.get_cmap('rainbow'), width=weights)
```

- 執行結果：有 2 條線的寬度較粗。

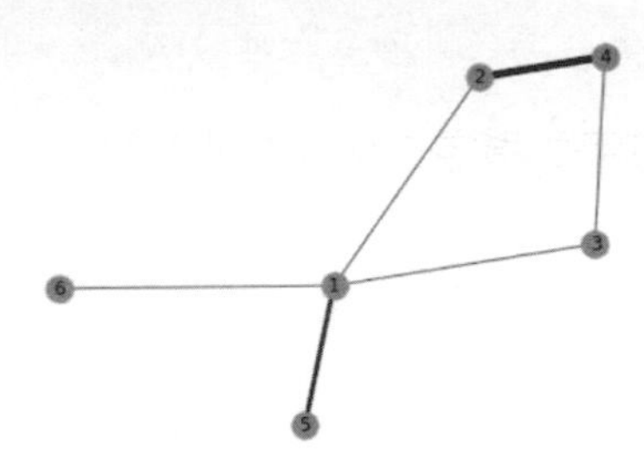

12. 可以載入 XML 檔案，產生圖形。

```
1  clothing_graph = nx.read_graphml("./graph/clothing_graph.graphml")
2  nx.draw_planar(clothing_graph,
3      arrowsize=12,
4      with_labels=True,
5      node_size=1000,
6      node_color="#ffff8f",
7      linewidths=2.0,
8      width=1.5,
9      font_size=14,
10 )
```

- 執行結果：clothing_graph.graphml 檔案是標準的 XML 格式，<node> 為節點，<edge> 為邊，這個圖是 Bumstead 教授有趣的舉例，說明早上起床後的穿戴順序，可參閱 [4]。

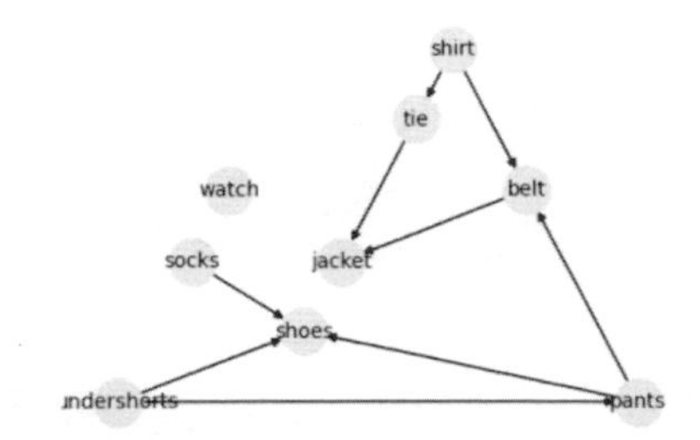

13. 繪製圖形：NetworkX 提供多種繪圖佈局的演算法，詳情可參閱『NetworkX Graph Layout』[5]，較重要的佈局說明如下：

- planar_layout：所有的邊儘量不交叉，指令為 nx.draw_planar。
- kamada_kawai_layout：以 Kamada-Kawai 路徑長度為成本函數，力求路徑長度最小化的情況下得到最佳圖形，生成需要較長的執行時間，指令為 draw_kamada_kawai。
- spring_layout：使用 Fruchterman-Reingold force-directed 演算法，將邊視作彈簧，儘量使節點靠近，指令為 draw_spring。
- circular_layout：使圖形成圓形狀，指令為 draw_circular。

各種佈局可參看以下程式碼執行結果。接下來，介紹各種圖形分析、應用及相關的演算法。

1. 載入 NetworkX 套件內建資料 karate_club_graph，它是空手道俱樂部的社群連結，節點代表會員，邊代表互相有往來。

```
1 # 載入內建資料
2 G_karate = nx.karate_club_graph()
3 # 指定佈局，取得節點座標
4 pos = nx.spring_layout(G_karate)
5 # 繪製圖形
6 nx.draw(G_karate, node_color="#ffff8f", with_labels=True, pos=pos)
```

- 執行結果：

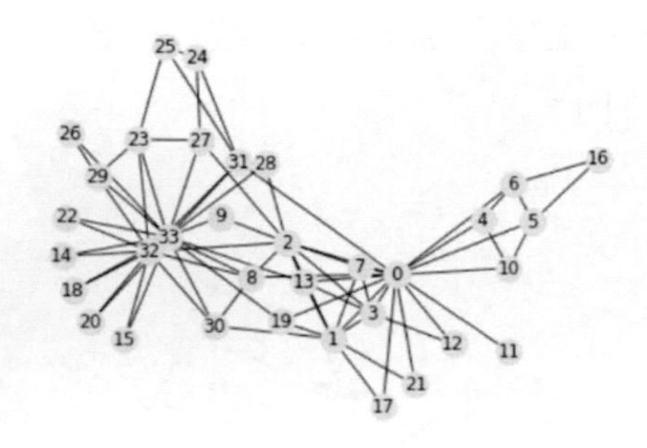

2. 統計每個節點的連結個數。

```
2 G_karate.degree()
```

- 執行結果：0 有 16 個連結，1 有 9 個連結。

```
DegreeView({0: 16, 1: 9, 2: 10, 3: 6, 4: 3, 5: 4, 6: 4, 7: 4, 8: 5, 9: 2, 10: 3, 11: 1, 12: 2, 13: 5, 14: 2, 15: 2, 16: 2, 17: 2, 18: 2, 19: 3, 20: 2, 21: 2, 22: 2, 23: 5, 24: 3, 25: 3, 26: 2, 27: 4, 28: 3, 29: 4, 30: 4, 31: 6, 32: 12, 33: 17})
```

3. 繪製連結個數直方圖。

```
1 degree_freq = np.array(nx.degree_histogram(G_karate)).astype('float')
2 plt.figure(figsize=(10, 8))
3 plt.stem(degree_freq)  # 繪製垂直線
4 plt.ylabel("Frequence")
5 plt.xlabel("Degree")
6 plt.show()
```

- 執行結果：X 軸為連結個數，Y 軸為節點個數。

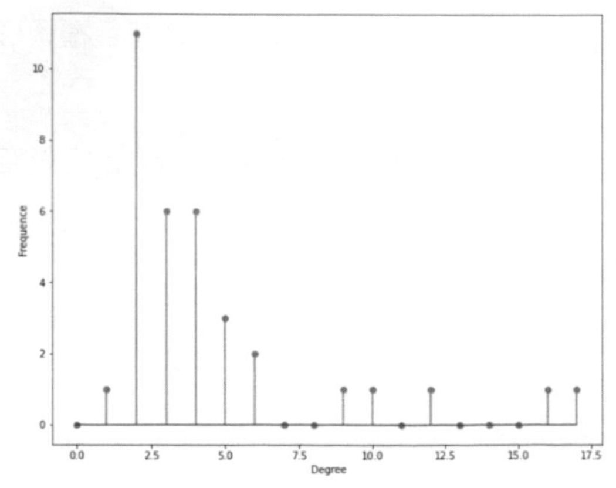

4. 尋找最短路徑。

```
1 # 傳回每一條最短路徑
2 nx.shortest_path(G_karate)
```

- 執行結果：傳回任兩點最短路徑。

```
{0: {0: [0],
  1: [0, 1],
  2: [0, 2],
  3: [0, 3],
  4: [0, 4],
  5: [0, 5],
  6: [0, 6],
  7: [0, 7],
  8: [0, 8],
  10: [0, 10],
  11: [0, 11],
  12: [0, 12],
  13: [0, 13],
  17: [0, 17],
  19: [0, 19],
  21: [0, 21],
  31: [0, 31],
  30: [0, 1, 30],
```

5. 指定起點與終點，可傳回最短路徑。

```
1  # 指定起點與終點，可傳回最短路徑
2  nx.shortest_path(G_karate)[0][23]
```

- 執行結果：0 為起點，23 為終點，最短路徑為 [0, 2, 27, 23]。

6. 一般路徑會有距離，可以使用權重屬性代表距離。生成圖形如下：

```
1  # 圖的邊，weight為距離
2  edges = [(1,2, {'weight':4}),
3          (1,3,{'weight':2}),
4          (2,3,{'weight':1}),
5          (2,4, {'weight':5}),
6          (3,4, {'weight':8}),
7          (3,5, {'weight':10}),
8          (4,5,{'weight':2}),
9          (4,6,{'weight':8}),
10         (5,6,{'weight':5})]
11 # 邊的名稱
12 edge_labels = {(1,2):4, (1,3):2, (2,3):1, (2,4):5, (3,4):8
13                , (3,5):10, (4,5):2, (4,6):8, (5,6):5}
14 
15 # 生成圖
16 G = nx.Graph()
17 for i in range(1,7):
18     G.add_node(i)
19 G.add_edges_from(edges)
20 
21 # 繪圖
22 pos = nx.planar_layout(G)
23 nx.draw(G, node_color="#ffff8f", with_labels=True, pos=pos)
```

```
24
25 # 在邊顯示權重(weight)
26 labels = nx.get_edge_attributes(G,'weight')
27 nx.draw_networkx_edge_labels(G,pos,edge_labels=labels);
```

- 執行結果：邊的標註為距離。

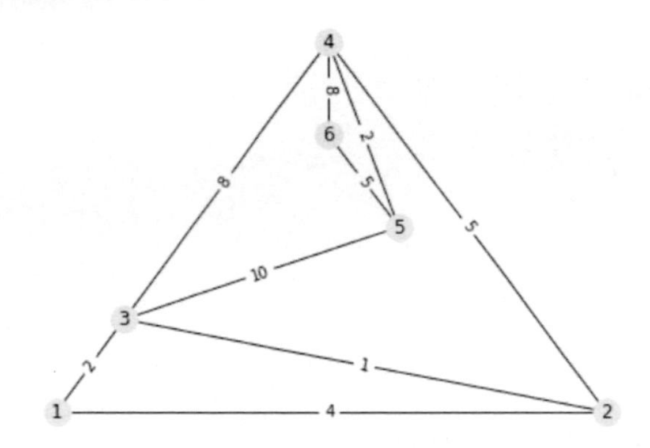

7. 先計算起點為 1，到達其他節點的最短路徑。

```
1 # 起點為 1，到達其他節點的最短路徑
2 p1 = nx.shortest_path(G, source=1, weight='weight')
3 p1
```

- 執行結果：起點 1 到達其他節點的最短路徑。例如最後一行，4->6 有兩條路徑，因為 4->5->6 = 2+5 = 7，而 4->6 = 8，故會選擇前者。

```
{1: [1],
 2: [1, 3, 2],
 3: [1, 3],
 4: [1, 3, 2, 4],
 5: [1, 3, 2, 4, 5],
 6: [1, 3, 2, 4, 5, 6]}
```

8. 可同時指定起點及終點。

```
1 # 起點為 1，終點為 6
2 p1to6 = nx.shortest_path(G, source=1, target=6, weight='weight')
3 p1to6
```

- 執行結果：起點 1 到達終點 6 的最短路徑為 1, 3, 2, 4, 5, 6 。

9. 計算最短路徑的總長度。

```
1 # 最短路徑的總長度
2 length = nx.shortest_path_length(G, source=1, target=6, weight='weight')
3 length
```

- 執行結果：15。
- 多數的演算法也都支援使用權重屬性代表距離，不再贅述。

10. 最小生成樹 (Minimum Spanning Tree)：計算要將所有節點生成一棵樹需要的連結。

```
1 from networkx.algorithms import tree
2 
3 # 最小生成樹
4 mst = tree.minimum_spanning_edges(G_karate, algorithm='prim', data=False)
5 edgelist = list(mst)
6 sorted(edgelist)     # 排序
```

- 執行結果：顯示最小生成樹的所有連結。

```
[(0, 1),
 (0, 2),
 (0, 3),
 (0, 4),
 (0, 5),
 (0, 6),
 (0, 7),
 (0, 8),
 (0, 10),
 (0, 11),
 (0, 12),
 (0, 13),
 (0, 17),
 (0, 19),
 (0, 21),
 (0, 31),
 (1, 30),
 (2, 9),
 (2, 27),
```

11. 極大團 (Maximal Clique)：團內每一個節點需與其他節點都相連，且無法再找到任一節點可加入團內，並符合定義。

```
1 from networkx.algorithms import approximation as aprx
2 
3 max_clique = aprx.max_clique(G_karate)
4 max_clique
```

- 執行結果：{0, 1, 2, 3, 7}。

12. 繪製極大團 (Maximal Clique) 圖形。

```
1 max_clique_subgraph = G_karate.subgraph(max_clique)
2 # 繪製圖形
3 nx.draw_circular(max_clique_subgraph, node_color="#ffff8f", with_labels=True)
```

- 執行結果：

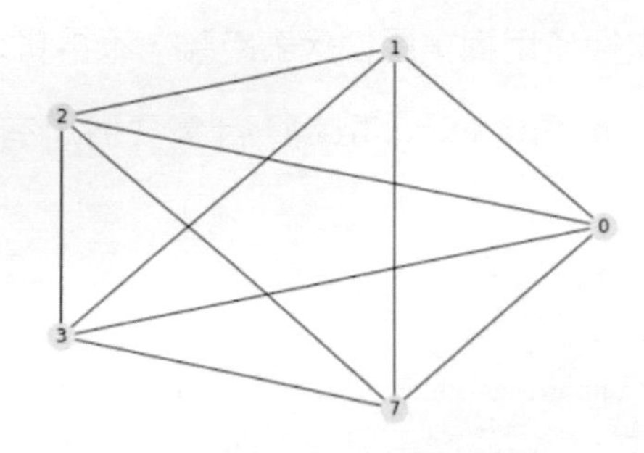

13. 極大團生成：可利用 complete_graph 自動生成極大團，參數為節點個數。

```
1 G = nx.complete_graph(5) # 5 個節點
2 nx.draw(G)
```

- 執行結果：

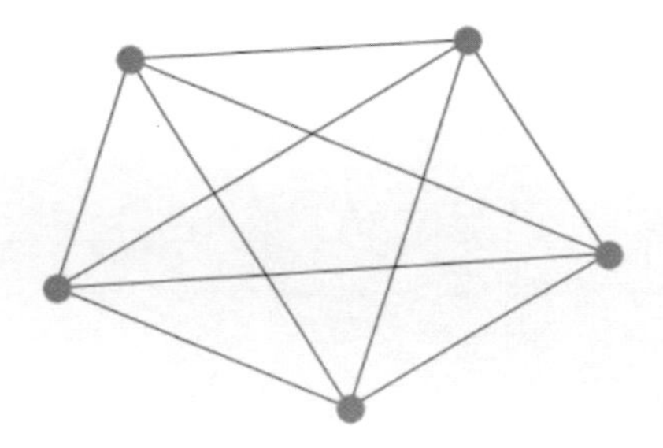

14. 社群偵測 (Community Detection)：依照 Girvan 與 Newman 定義，社群內的節點是緊密連結，而社群間的連結是稀疏的，類似『集群』(Clustering) 的概念。有非常多的演算法支援分群，其中衡量社群的緊密程度稱為 Modularity，它的範圍介於 [-0.5,1）之間，公式如下，可詳閱 [6] 及 [7]：

$$Q = \frac{1}{2m} * \sum_{ij} \left[A_{i,j} - \frac{k_i * k_j}{2m} \right] * \delta(C_i, C_j)$$

NetworkX 支援以下分群法：

- Girvan/Newman
- Louvain

- Asynchronous Fluid
- Kernighan–Lin bipartition

衡量分群的好壞，除了 Modularity，還有 partition_quality，內含 2 項指標：

- coverage：衡量社群的覆蓋程度，公式為社群內的邊 / 總邊數。
- performance：公式為 (intra_edges + inter_edges) / (n * (n-1))，n 為總邊數，intra_edges 為社群內的邊數，邊的兩端均需在社群內，inter_edges 為社群間的邊。

```
1  from networkx.algorithms import community
2
3  # 內建資料，兩個社群，各有 5 個節點，1個相連的節點
4  G = nx.barbell_graph(5, 1)
5  nx.draw_kamada_kawai(G, node_color="#ffff8f", with_labels=True)
```

- 執行結果：內建資料 barbell_graph，固定生成兩個社群，參數為社群內各節點數 (5) 及非社群的節點數 (1)，可隨意設定。

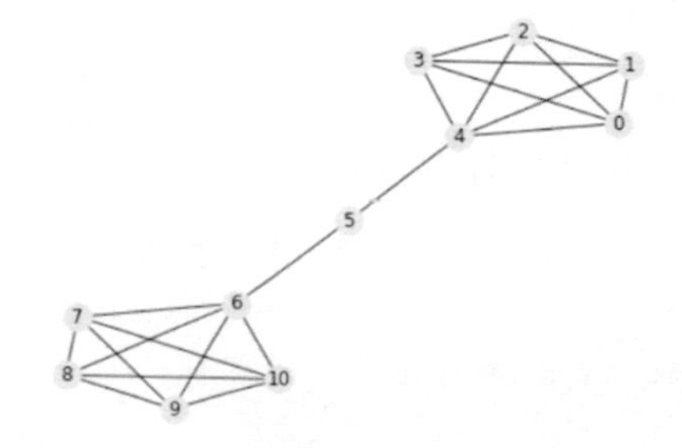

15. Girvan/Newman 分群法：傳回值是一個 Itereator，分次給值，第一次分為 2 群，依序遞增。

```
1  communities_generator = community.girvan_newman(G)
2  top_level_communities = next(communities_generator)
3  top_level_communities
```

- 執行結果：{0, 1, 2, 3, 4}、{5, 6, 7, 8, 9, 10} 兩群。

16. 再呼叫一次，分為 3 群。

```
1  next_level_communities = next(communities_generator)
2  next_level_communities
```

- 執行結果：{0, 1, 2, 3, 4}、{6, 7, 8, 9, 10}、{5}。

17. 可使用迴圈產生不同個社群。

```
1  from networkx.algorithms import community
2  import networkx.algorithms.community as nx_comm
3  import itertools
4
5  k = 4 # 分成 2 ~ k+1 群
6  # Girvan Newman algorithm
7  comp = community.girvan_newman(G)
8  for communities in itertools.islice(comp, k):
9      print(tuple(sorted(c) for c in communities), ":\t\t",
10           community.modularity(G, communities), ":\t",
11           community.partition_quality(G, communities))
```

- 執行結果：分群，並顯示分群的衡量指標 Modularity、Coverage、Performance，從 Performance 看分成3群最佳，其餘指標判斷分成2群最佳。

```
([0, 1, 2, 3, 4], [5, 6, 7, 8, 9, 10]) :          0.45351239669421484 :   (0.9545454545454546, 0.9090909090909091)
([0, 1, 2, 3, 4], [6, 7, 8, 9, 10], [5]) :        0.4514462809917355 :    (0.9090909090909091, 0.9636363636363636)
([0], [1, 2, 3, 4], [6, 7, 8, 9, 10], [5]) :      0.3398760330578512 :    (0.7272727272727273, 0.8909090909090909)
([0], [1], [2, 3, 4], [6, 7, 8, 9, 10], [5]) :    0.25723140495867763 :   (0.5909090909090909, 0.8363636363636363)
```

18. Louvain 分群法：modularity 公式稍有不同，請參閱 [8]。

```
1  G = nx.barbell_graph(5, 1)
2  community.louvain_communities(G)
```

- 執行結果：{0, 1, 2, 3, 4, 5}、{6, 7, 8, 9, 10}。

19. Asynchronous Fluid 分群法：需要指定群的個數。

```
1  for k in range(2, 6):
2      comp = community.asyn_fluid.asyn_fluidc(G, k)
3      print(tuple(sorted(comp)))
```

- 執行結果：此分群法採隨機抽樣，每次執行可能有不同的結果。

```
({0, 1, 2, 3, 4}, {5, 6, 7, 8, 9, 10})
({6, 7, 8, 9, 10}, {0, 1, 2, 3}, {4, 5})
({8, 9}, {10, 7}, {5, 6}, {0, 1, 2, 3, 4})
({9, 10}, {0, 3}, {1, 2, 4}, {8, 6, 7}, {5})
```

NetworkX 是一個很龐大的套件，提供非常多的功能，足以寫一本書介紹，在此僅蜻蜓點水的介紹，因為我們的重點還是放在圖神經網路上。

16-2 PyTorch Geometric(PyG)

上述傳統的演算法可以解決較簡單的問題，例如尋找最短路徑，如果要探索較複雜的問題，例如要比對指紋、圖形分類等多個圖形的比較，就要加入新的思維，這就是引進圖神經網路的原因。

支援圖神經網路的套件至少有三個：

1. PyTorch Geometric(PyG)：建置在 PyTorch 之上。
2. Deep Graph Library(DGL)：建置在 PyTorch、TensorFlow 及 MXNet 之上。
3. Spektral：建置在 TensorFlow 2/Keras 之上。

因本書是以 PyTorch 為主，故我們只介紹 PyG，首先請參閱 PyTorch Geometric(PyG) 官網文件 [9] 產生安裝指令，使用 conda 比較方便，它會偵測目前的環境，決定安裝何種版本，指令如下：

conda install pyg -c pyg

範例

03 PyG 基本功能。

➤ 程式：17_03_PyG.ipynb。

1. 載入相關套件。

```
1 import torch
2 from torch_geometric.data import Data
3 import networkx as nx
```

2. 使用 PyG 建立圖形：PyG 與 NetworkX 的圖形格式不同，建立圖形的指令也不同。

```
1  # 建立新圖形
2  # 定義邊，第一列為起點，第二列為終點，無向圖須設定雙向
3  edge_index = torch.tensor([[0, 1, 1, 2],
4                             [1, 0, 2, 1]], dtype=torch.long)
5  # 節點名稱
6  x = torch.tensor([[-1], [0], [1]], dtype=torch.float)
7
8  # 圖形
9  data = Data(x=x, edge_index=edge_index)
10 data # 節點及邊均為二維
```

3. 建立圖形：先建立邊及節點，再組合成圖形。邊的定義較特別，以二維陣列定義，第一列為起點，第二列為終點，無向圖須雙向設定，即 (1, 0) 及 (0, 1)。

```
1  # 定義邊，第一列為起點，第二列為終點，無向圖須雙向設定
2  edge_index = torch.tensor([[0, 1, 1, 2],
3                             [1, 0, 2, 1]], dtype=torch.long)
4  # 節點名稱
5  x = torch.tensor([[-1], [0], [1]], dtype=torch.float)
6
7  # 建立新圖形
8  data = Data(x=x, edge_index=edge_index)
9  data # 節點及邊均為二維
```

- 執行結果：節點及邊均為二維，有三個節點 (x)，四個邊 (edge_index)，每個邊含 (起點，終點)。

```
Data(x=[3, 1], edge_index=[2, 4])
```

- 建立的圖形如下：

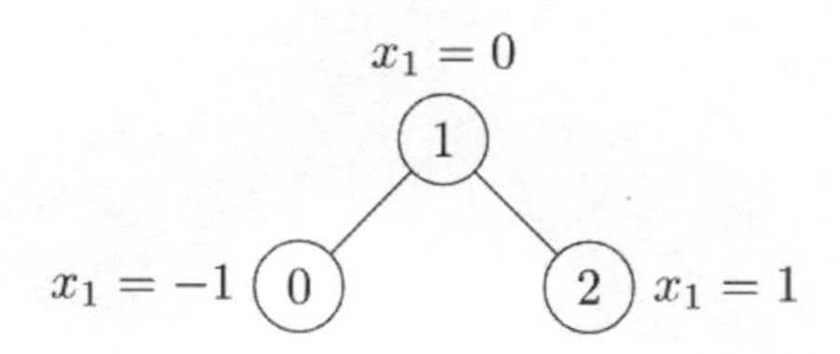

4. 邊的定義有另一種寫法較直覺，每一元素均為 (起點，終點)，之後再轉置 (.t)。

```
1  # 邊有另一種寫法較直覺，每一元素均為(起點，終點)
2  edge_index = torch.tensor([[0, 1],
3                             [1, 0],
4                             [1, 2],
5                             [2, 1]], dtype=torch.long)
6
7  # 節點名稱
8  x = torch.tensor([[-1], [0], [1]], dtype=torch.float)
9
10 # 要加 contiguous
11 data = Data(x=x, edge_index=edge_index.t().contiguous())
12 data # 節點及邊均為二維
```

5. 讀取圖形相關資訊。

```
1  print(f'是否為有向圖:{data.is_directed()}')
2  print(f'圖形鍵值:{data.keys}')
3  print(f'節點名稱:{data["x"]}')
4  print(f'節點個數:{data.num_nodes}')
5  print(f'邊名稱:{data["edge_index"]}')
6  print(f'邊:{data.num_edges}')
7  print(f'節點屬性個數:{data.num_node_features}')
8  print(f'未連結的節點個數:{data.has_isolated_nodes()}')
9  print(f'自我連結的節點個數:{data.has_self_loops()}')
10 print(f'節點屬性個數:{data.num_node_features}')
```

- 執行結果：

```
是否為有向圖:False
圖形鍵值:['x', 'edge_index']
節點名稱:tensor([[-1.],
        [ 0.],
        [ 1.]], device='cuda:0')
節點個數:3
邊名稱:tensor([[0, 1, 1, 2],
        [1, 0, 2, 1]], device='cuda:0')
邊:4
節點屬性個數:1
未連結的節點個數:False
自我連結的節點個數:False
節點屬性個數:1
```

6. 可複製圖形資料至 GPU 記憶體。

```
1  device = torch.device('cuda')
2  data = data.to(device)
```

7. 繪圖：PyG 不提供繪圖功能，需先轉換為 NetworkX 格式，再利用 NetworkX 繪圖，to_networkx/from_networkx 可進行 PyG/NetworkX 格式互轉。

```
1  from torch_geometric.utils.convert import to_networkx
2  def draw_pyg(Data):
3      G = to_networkx(Data, to_undirected=True)
4      # 繪圖
5      nx.draw(G,
6          with_labels=True,
7          node_size=1000,
8          node_color="#ffff8f",
9          width=0.8,
10         font_size=14,
11     )
12 draw_pyg(data)
```

- 執行結果：

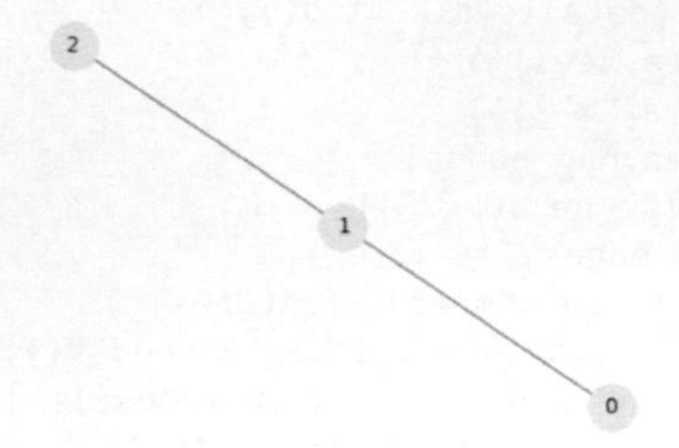

8. 筆者自己也寫一個轉換函數。

```
def draw_pyg2(data):
    G = nx.Graph()

    # nodes
    node_list = data["x"].cpu().numpy().reshape(data["x"].shape[0])
    node_list = node_list.astype(int) # 節點名稱改為整數
    G.add_nodes_from(node_list)

    # edges
    edges = data["edge_index"].cpu().numpy().T
    edge_list = []
    for item in edges:
        edge_list.append((node_list[item[0]], node_list[item[1]]))
    G.add_edges_from(edge_list)

    # 繪圖
    nx.draw(G,
        with_labels=True,
        node_size=1000,
        node_color="#ffff8f",
        width=0.8,
        font_size=14,
    )
    # plt.savefig('grap.png')

draw_pyg2(data)
```

9. 載入內建資料集：PyG 也提供許多資料集，大部份來自 TUDatasets[10]，共有 120 個資料集，範圍涵蓋小分子 (Small molecules)、生物資訊學 (Bioinformatics)、電腦視覺 (Computer vision) 及社群媒體 (Social networks) 等類別，也可直接至 TUDatasets 網站 [11] 下載。

```
1 from torch_geometric.datasets import TUDataset
2 
3 # 載入內建資料
4 dataset = TUDataset(root='./graph/ENZYMES', name='ENZYMES')
5 
6 # 資料集內含的圖形個數
7 len(dataset)
```

- 執行結果：600 個圖形。

10. 取得類別 (Y) 個數 , 特徵 (屬性) 個數。

```
1 # 類別個數, 特徵個數
2 dataset.num_classes, dataset.num_node_features
```

- 執行結果：6, 3。

11. 讀取資料集中的圖形。

```
1 # 讀取第一個圖形
2 dataset[0]
```

- 執行結果：Data(edge_index=[2, 168], x=[37, 3], y=[1])。

12. 隨機抽樣：可先洗牌，再抽樣。

```
1 # 洗牌
2 dataset = dataset.shuffle()
3 # 讀取第一個圖形
4 dataset[0]
```

- 執行結果：Data(edge_index=[2, 218], x=[96, 3], y=[1])，與之前不同。

13. 資料轉換 (Data Transform)：類似 PyTorch 的資料轉換，以下程式碼使用最近鄰 (KNN) 演算法，進行轉換。

- 載入另一個資料集 ShapeNet。
- 執行時間較久，請耐心等候

```
1 import torch_geometric.transforms as T
2 from torch_geometric.datasets import ShapeNet
3 
4 # KNNGraph：使用最近鄰(KNN)演算法，每一點取6個最近的節點
5 dataset = ShapeNet(root='./graph/ShapeNet', categories=['Airplane'],
6                    pre_transform=T.KNNGraph(k=6))
7 
8 dataset[0]
```

- 執行結果：Data(x=[2518, 3], y=[2518], pos=[2518, 3], category=[1], edge_index=[2, 15108])。

14. 資料增補：也可以使用資料增補，產生更多樣化的資料，例如 RandomTranslate 將節點位置隨機移動，程式碼中的參數 0.01 表示變動範圍在 (-0.01, 0.01)，更多的資料增補可參閱官網 Torch Geometric transforms 文件 [12]。

```
1  # 資料增補：RandomTranslate
2  dataset = ShapeNet(root='./graph/ShapeNet', categories=['Airplane'],
3                     pre_transform=T.KNNGraph(k=6),
4                     transform=T.RandomTranslate(0.01))
5
6  dataset[0]
```

16-3 圖神經網路 (GNN)

由於節點及邊都是二維向量，我們會很直覺的引進卷積神經網路，針對圖形進行分類，這種針對圖形的卷積神經網路即泛稱『圖卷積神經網路』(Graph Convolutional Network, GCN)，演算法的細節請參閱 [13]。

範例

04 以圖神經網路進行節點分類，實作論文分類，程式修改自 https://pytorch-geometric.readthedocs.io/en/latest/notes/colabs.html。

➤ 程式：17_04_Node_Classification.ipynb。

1. 載入相關套件。

```
1  import torch
2  from torch_geometric.data import Data
3  import networkx as nx
```

2. 載入內建資料集 Planetoid，它是一個論文引用的關聯圖，節點代表論文，邊代表引用關係，詳細說明請看 Planetoid 類別說明 [14]。

```
1  from torch_geometric.datasets import Planetoid
2
3  # 載入內建資料
4  dataset = Planetoid(root='./graph/Cora', name='Cora')
5
6  # 資料集內含的圖形個數
7  len(dataset)
```

- 執行結果：此資料集只有一個圖形。

3. 資料切割：此資料集已切割訓練、驗證及測試資料，以遮罩的方式篩選節點，形成多筆的資料。

```
1 data = dataset[0]
2 data.train_mask.sum().item(), data.val_mask.sum().item(), data.test_mask.sum().item()
```

- 執行結果：訓練、驗證及測試資料筆數分別為 140, 500, 1000。

4. 標註 (Y) 共有 7 種類別，分別代表論文所屬領域。

```
1 set(data.y.numpy())
```

- 執行結果：{0, 1, 2, 3, 4, 5, 6}。

5. 判斷是否使用 GPU

```
1 device = torch.device('cuda' if torch.cuda.is_available() else 'cpu')
```

6. 定義模型：使用 2 層圖卷積神經層 (GCNConv) + ReLU + Dropout + Log Softmax Activation Function。GCNConv 的細節可參閱『Creating Message Passing Networks』[15]。

```
1  import torch.nn.functional as F
2  from torch_geometric.nn import GCNConv
3  
4  class GCN(torch.nn.Module):
5      def __init__(self):
6          super().__init__()
7          self.conv1 = GCNConv(dataset.num_node_features, 16)
8          self.conv2 = GCNConv(16, dataset.num_classes)
9  
10     def forward(self, data):
11         x, edge_index = data.x, data.edge_index
12 
13         x = self.conv1(x, edge_index)
14         x = F.relu(x)
15         x = F.dropout(x, training=self.training)
16         x = self.conv2(x, edge_index)
17 
18         return F.log_softmax(x, dim=1)
```

7. 模型訓練：訓練 200 個週期。

```
1  model = GCN().to(device)
2  data = dataset[0].to(device)
3  optimizer = torch.optim.Adam(model.parameters(), lr=0.01, weight_decay=5e-4)
4
5  model.train()
6  for epoch in range(200):
7      optimizer.zero_grad()
8      out = model(data)
9      loss = F.nll_loss(out[data.train_mask], data.y[data.train_mask])
10     loss.backward()
11     optimizer.step()
12     print(f'Epoch: {epoch+1:03d}, Loss: {loss:.4f}')
```

- 執行結果：隨著訓練週期，損失愈來愈小。

```
Epoch: 001, Loss: 1.9499
Epoch: 002, Loss: 1.8468
Epoch: 003, Loss: 1.7267
Epoch: 004, Loss: 1.5937
Epoch: 005, Loss: 1.4304
Epoch: 006, Loss: 1.3332
Epoch: 007, Loss: 1.2139
Epoch: 008, Loss: 1.0807
Epoch: 009, Loss: 0.9255
Epoch: 010, Loss: 0.8363
Epoch: 011, Loss: 0.7731
Epoch: 012, Loss: 0.6450
Epoch: 013, Loss: 0.5537
Epoch: 014, Loss: 0.5057
Epoch: 015, Loss: 0.4355
Epoch: 016, Loss: 0.3986
Epoch: 017, Loss: 0.3341
Epoch: 018, Loss: 0.3536
```

8. 模型評估。

```
1  model.eval()
2  pred = model(data).argmax(dim=1)
3  correct = (pred[data.test_mask] == data.y[data.test_mask]).sum()
4  acc = int(correct) / int(data.test_mask.sum())
5  print(f'Accuracy: {acc:.4f}')
```

- 執行結果：準確率為 0.7960。

9. 顯示混淆矩陣 (Confusion matrix)。

```
1  from sklearn.metrics import confusion_matrix
2
3  confusion_matrix(data.y[data.test_mask].cpu().numpy(),
4                   pred[data.test_mask].cpu().numpy())
```

- 執行結果：索引值 3 的錯誤分類比例較高。

```
[ 95,   4,   2,   8,   5,   6,  10]
[  3,  79,   3,   3,   1,   1,   1]
[  3,   5, 131,   4,   0,   1,   0]
[ 23,   7,   7, 240,  29,   8,   5]
[ 10,   1,   2,   8, 121,   6,   1]
[  8,   4,   4,   0,   0,  77,  10]
[  5,   0,   0,   1,   0,   5,  53]
```

10. 繪圖：使用 TSNE 演算法降維至 2 個主成份、畫散佈圖。

```
1  import matplotlib.pyplot as plt
2  from sklearn.manifold import TSNE
3
4  def visualize(h, color):
5      # 降維至2個主成份
6      z = TSNE(n_components=2).fit_transform(h.detach().cpu().numpy())
7
8      plt.figure(figsize=(10,10))
9      plt.xticks([])
10     plt.yticks([])
11
12     plt.scatter(z[:, 0], z[:, 1], s=70, c=color, cmap="Set2")
13     plt.show()
14
15 # 預測
16 model.eval()
17 out = model(data)
18 # 繪圖
19 visualize(out.cpu(), color=data.cpu().y)
```

- 執行結果：每一類論文被有效隔開，表示分類效果不錯。下圖為彩色，請參閱程式執行結果。

05 以圖神經網路進行分子性質 (Molecular Property) 的預測，辨識特定分子結構是否可以抑制 HIV 病毒複製，就資料而言，範例 4 只有一個圖形，程式針對圖形內的節點進行分類，本例則有 188 張圖形，每張圖形是一筆資料，將整張圖輸入模型進行預測。

➤ 程式：17_05_Graph_Classification.ipynb，程式修改自 https://pytorch-geometric.readthedocs.io/en/latest/notes/colabs.html。

1. 載入相關套件。

```
1 import torch
2 from torch_geometric.data import Data
3 import networkx as nx
```

2. 載入內建資料集 TUDataset MUTAG，它是關於分子性質的資料。

```
1 from torch_geometric.datasets import TUDataset
2
3 # 載入內建資料
4 dataset = TUDataset(root='./graph/TUDataset', name='MUTAG')
5
6 print()
7 print(f'Dataset: {dataset}:')
8 print('====================')
9 print(f'Number of graphs: {len(dataset)}')
10 print(f'Number of features: {dataset.num_features}')
11 print(f'Number of classes: {dataset.num_classes}')
12
13 data = dataset[0]  # Get the first graph object.
14
15 print()
16 print(data)
17 print('=============================================================')
18
19 # Gather some statistics about the first graph.
20 print(f'Number of nodes: {data.num_nodes}')
21 print(f'Number of edges: {data.num_edges}')
22 print(f'Average node degree: {data.num_edges / data.num_nodes:.2f}')
23 print(f'Has isolated nodes: {data.has_isolated_nodes()}')
24 print(f'Has self-loops: {data.has_self_loops()}')
25 print(f'Is undirected: {data.is_undirected()}')
```

- 執行結果：

```
Dataset: MUTAG(188):
====================
Number of graphs: 188
Number of features: 7
Number of classes: 2

Data(edge_index=[2, 38], x=[17, 7], edge_attr=[38, 4], y=[1])
=============================================================
Number of nodes: 17
Number of edges: 38
Average node degree: 2.24
Has isolated nodes: False
Has self-loops: False
Is undirected: True
```

3. 資料分割：洗牌後再分割。

```
1 torch.manual_seed(12345)
2 dataset = dataset.shuffle()    # 洗牌
3
4 train_dataset = dataset[:150] # 前 150 筆作為訓練資料
5 test_dataset = dataset[150:]  # 後 38 筆作為測試資料
6
7 print(f'Number of training graphs: {len(train_dataset)}')
8 print(f'Number of test graphs: {len(test_dataset)}')
```

4. 前置處理：由於每張圖形的節點及邊的個數均不相同，要餵入模型前，必須要進行縮放 (Rescaling) 或補零 (Padding)，使每筆資料長度一致，GNN 採取另一種方式，將每批圖的所有節點合併成一張大圖，這樣，每張圖的尺寸就一樣大了，如下圖：

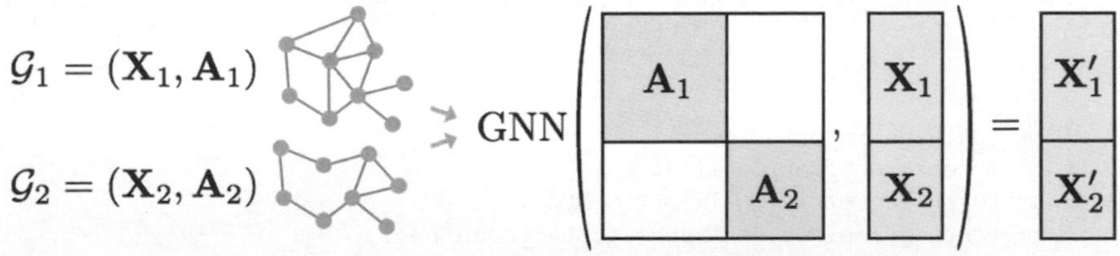

▲ 圖 16.6　節點合併，圖片來源：PyG 官網 Graph Classification with Graph Neural Networks 範例

例如，第一張圖有編號 1~5 節點，第二張圖有編號 3~7 節點，合併後，每張圖都有編號 1~7 節點，只是合併進來的節點沒有與其他節點相連接，PyG 的 DataLoader 可自動完成合併的功能，非常方便。

5. 建立 DataLoader。

```
1  from torch_geometric.loader import DataLoader
2
3  train_loader = DataLoader(train_dataset, batch_size=64, shuffle=True)
4  test_loader = DataLoader(test_dataset, batch_size=64, shuffle=False)
5
6  # 顯示每批資料的內容
7  for step, data in enumerate(train_loader):
8      print(f'Step {step + 1}:')
9      print('=======')
10     print(f'一批內含圖形的個數: {data.num_graphs}')
11     print(data)
12     print()
```

- 執行結果：每批圖的節點會自動合併，每張圖的節點及邊的個數會一致。

```
Step 1:
=======
一批內含圖形的個數: 64
DataBatch(edge_index=[2, 2636], x=[1188, 7], edge_attr=[2636, 4], y=[64], batch=[1188], ptr=[65])

Step 2:
=======
一批內含圖形的個數: 64
DataBatch(edge_index=[2, 2506], x=[1139, 7], edge_attr=[2506, 4], y=[64], batch=[1139], ptr=[65])

Step 3:
=======
一批內含圖形的個數: 22
DataBatch(edge_index=[2, 852], x=[387, 7], edge_attr=[852, 4], y=[22], batch=[387], ptr=[23])
```

6. 判斷是否使用 GPU。

```
1  device = torch.device('cuda' if torch.cuda.is_available() else 'cpu')
```

7. 定義模型：使用 Readout 神經層，它有很多處理方式，這裡使用嵌入向量平均值。

```
1  from torch.nn import Linear
2  import torch.nn.functional as F
3  from torch_geometric.nn import GCNConv
4  from torch_geometric.nn import global_mean_pool
5
6  class GCN(torch.nn.Module):
7      def __init__(self, hidden_channels):
8          super(GCN, self).__init__()
9          torch.manual_seed(12345)
10         self.conv1 = GCNConv(dataset.num_node_features, hidden_channels)
11         self.conv2 = GCNConv(hidden_channels, hidden_channels)
12         self.conv3 = GCNConv(hidden_channels, hidden_channels)
13         self.lin = Linear(hidden_channels, dataset.num_classes)
14
```

```
15      def forward(self, x, edge_index, batch):
16          # 1. 轉成嵌入向量
17          x = self.conv1(x, edge_index)
18          x = x.relu()
19          x = self.conv2(x, edge_index)
20          x = x.relu()
21          x = self.conv3(x, edge_index)
22
23          # 2. Readout layer：求向量平均值
24          x = global_mean_pool(x, batch)  # [batch_size, hidden_channels]
25
26          # 3. 分類
27          x = F.dropout(x, p=0.5, training=self.training)
28          x = self.lin(x)
29
30          return x
```

8. 模型訓練及評估。

```
1  import numpy as np
2
3  model = GCN(hidden_channels=64).to(device)
4  optimizer = torch.optim.Adam(model.parameters(), lr=0.01)
5  criterion = torch.nn.CrossEntropyLoss()
6
7  def train():
8      model.train()
9      for data in train_loader:
10         data = data.to(device)
11         out = model(data.x, data.edge_index, data.batch)
12         loss = criterion(out, data.y)  # 計算損失
13         loss.backward()
14         optimizer.step()
15         optimizer.zero_grad()
16
17 def test(loader):
18     model.eval()
19     correct = 0
20     pred_all = np.array([])
21     actual_all = np.array([])
22     for data in loader:
23         data = data.to(device)
24         out = model(data.x, data.edge_index, data.batch)
25         pred = out.argmax(dim=1)                   # 找最大機率
26         correct += int((pred == data.y).sum())  # 計算正確個數
27         correct_ratio = correct / len(loader.dataset)        # 計算正確比率
28         pred_all = np.concatenate((pred_all, pred.cpu().numpy()))
29         actual_all = np.concatenate((actual_all, data.y.cpu().numpy()))
30     return correct_ratio, pred_all, actual_all # 正確比率, 預測值, 標註類別
32 for epoch in range(1, 171):
33     train()
34     train_acc = test(train_loader)
35     test_acc = test(test_loader)
36     print(f'Epoch: {epoch:03d}, 訓練準確率: {train_acc[0]:.4f}, ' +
37           f'測試準確率: {test_acc[0]:.4f}')
```

- 執行結果：訓練準確率約 80%，測試準確率 79%。

```
Epoch: 155, 訓練準確率: 0.8000, 測試準確率: 0.7895
Epoch: 156, 訓練準確率: 0.8400, 測試準確率: 0.7632
Epoch: 157, 訓練準確率: 0.8200, 測試準確率: 0.6316
Epoch: 158, 訓練準確率: 0.8133, 測試準確率: 0.8158
Epoch: 159, 訓練準確率: 0.7667, 測試準確率: 0.8158
Epoch: 160, 訓練準確率: 0.8133, 測試準確率: 0.6579
Epoch: 161, 訓練準確率: 0.8400, 測試準確率: 0.7368
Epoch: 162, 訓練準確率: 0.7867, 測試準確率: 0.7895
Epoch: 163, 訓練準確率: 0.8267, 測試準確率: 0.7632
Epoch: 164, 訓練準確率: 0.8067, 測試準確率: 0.6842
Epoch: 165, 訓練準確率: 0.7933, 測試準確率: 0.7895
Epoch: 166, 訓練準確率: 0.7867, 測試準確率: 0.7895
Epoch: 167, 訓練準確率: 0.8467, 測試準確率: 0.6842
Epoch: 168, 訓練準確率: 0.8400, 測試準確率: 0.7105
Epoch: 169, 訓練準確率: 0.8067, 測試準確率: 0.7895
Epoch: 170, 訓練準確率: 0.8067, 測試準確率: 0.7895
```

9. 顯示混淆矩陣 (Confusion matrix)。

```
1 from sklearn.metrics import confusion_matrix
2 
3 confusion_matrix(test_acc[2], test_acc[1])
```

- 執行結果：錯誤率偏高。

```
[ 4,  6]
[ 2, 26]
```

10. 繪圖：使用 TSNE 演算法降維至 2 個主成份、畫散佈圖。

```
 1 import matplotlib.pyplot as plt
 2 from sklearn.manifold import TSNE
 3 
 4 def visualize(h, color):
 5     # 降維至2個主成份
 6     z = TSNE(n_components=2).fit_transform(h.detach().cpu().numpy())
 7 
 8     plt.figure(figsize=(10,10))
 9     plt.xticks([])
10     plt.yticks([])
11 
12     plt.scatter(z[:, 0], z[:, 1], s=70, c=color, cmap="Set2")
13     plt.show()
14 
15 # 預測
16 model.eval()
17 test_loader_all = DataLoader(dataset[:], batch_size=len(dataset), shuffle=False)
18 for data in test_loader_all:
19     data = data.to(device)
20     out = model(data.x, data.edge_index, data.batch)
21     pred = out.argmax(dim=1)                # 找最大機率
22 # 繪圖
23 visualize(out.cpu(), color=data.cpu().y)
```

- 執行結果：降維後辨識效果不佳，兩個類別混在一起。

Christopher Morris 等學者後續採用 Neighborhood Normalization[16] 及 Skip-connection[17] 改良演算法，PyG 也實作了該項功能，製作成 GraphConv 神經層，修改後的模型請參閱 17_06_Graph_Classification_improved.ipynb，準確率提高至 92%，降維後的效果也明顯變好。

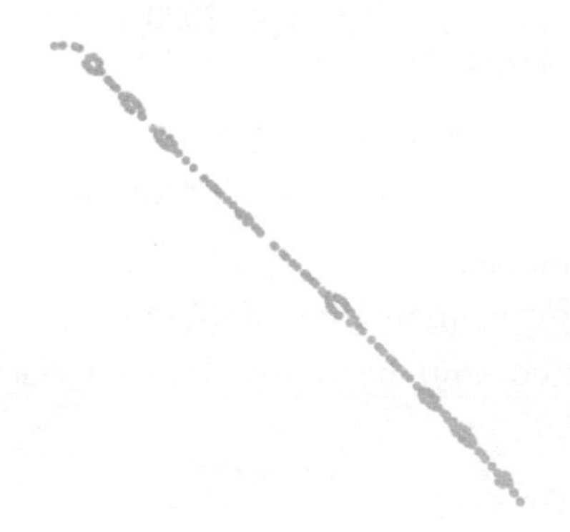

16-4 結論

圖神經網路 (GNN) 提供另一種角度分析影像、文字、知識、社群等圖形資料，網路上討論的聲量有漸增的趨勢，應用的層面也很廣泛，是值得深入研究的領域，同時相關的套件 NetworkX 及 PyG 功能也很強大，提供各式的演算法，入門也很輕鬆，不需從零開始，是筆者的新歡 :)。

參考資料 (References)

[1] Univariate Distribution Relationships
(http://www.math.wm.edu/~leemis/chart/UDR/UDR.html)

[2] Software Catepentry, Advanced NumPy
(https://paris-swc.github.io/advanced-numpy-lesson/03-broadcasting.html)

[3] NetworkX Algorithms
(https://networkx.org/documentation/stable/reference/algorithms/index.html)

[4] Bumstead 教授早上起床後的穿戴順序
(https://networkx.org/nx-guides/content/algorithms/dag/index.html)

[5] NetworkX Graph Layout
(https://networkx.org/documentation/stable/reference/drawing.html#module-networkx.drawing.layout)

[6] community detection 社區發現，隨勛所欲，2020
(https://smiliu.xyz/posts/22257)

[7] Community Detection 演算法，peghoty, 2019
(https://blog.csdn.net/itplus/article/details/9286905)

[8] NetworkX Louvain Communities
(https://networkx.org/documentation/stable/reference/algorithms/generated/networkx.algorithms.community.louvain.louvain_communities.html#louvain-communities)

[9] PyTorch Geometric(PyG) 官網文件
https://pytorch-geometric.readthedocs.io/en/latest/notes/installation.html

[10] Christopher Morris 等學者，TUDatasets
https://chrsmrrs.github.io/datasets/

[11] TUDatasets 網站
https://chrsmrrs.github.io/datasets/docs/datasets/

[12] Torch Geometric transforms
https://pytorch-geometric.readthedocs.io/en/latest/modules/transforms.html

[13] Thomas kipf, Graph Convolutional Network
http://tkipf.github.io/graph-convolutional-networks/

[14] Planetoid 類別說明
https://pytorch-geometric.readthedocs.io/en/latest/modules/datasets.html#torch_geometric.datasets.Planetoid

[15] Creating Message Passing Networks
https://pytorch-geometric.readthedocs.io/en/latest/notes/create_gnn.html

[16] Keyulu Xu 等學者 , How Powerful are Graph Neural Networks?, 2018
https://arxiv.org/abs/1810.02244

[17] Christopher Morris 等學者 , Weisfeiler and Leman Go Neural: Higher-order Graph Neural Networks, 2018
https://arxiv.org/abs/1810.00826